チャート式® 基礎からの 数学A

チャート研究所 編著

はじめに

CHART（チャート）とは 何？

C.O.D.（*The Concise Oxford Dictionary*）には，CHART——Navigator's sea map, with coast outlines, rocks, shoals, *etc.* と説明してある。

海図——浪風荒き問題の海に船出する若き船人に捧げられた海図——問題海の全面をことごとく一眸の中に収め，もっとも安らかな航路を示し，あわせて乗り上げやすい暗礁や浅瀬を一目瞭然たらしめるCHART！　　——昭和初年チャート式代数学巻頭言

本書では，このCHARTの意義に則り，下に示したチャート式編集方針で

問題の急所がどこにあるか，その解法をいかにして思いつくか

をわかりやすく示すことを主眼としています。

チャート式編集方針

1
基本となる事項を，定義や公式・定理という形で覚えるだけではなく，問題を解くうえで直接に役に立つ形でとらえるようにする。

▶

2
問題と基本となる事項の間につながりをつけることを考える——問題の条件を分析して既知の基本事項と結びつけて結論を導き出す。

▶

3
問題と基本となる事項を端的にわかりやすく示したものが CHART である。
CHART によって基本となる事項を問題に活かす。

問.

君の成長曲線を描いてみよう。

Blue Chart Method Mathematics A

CHART INSTITUTE

1　場合の数

集合の要素の個数

▶ 個数定理

・$n(A\cup B)=n(A)+n(B)-n(A\cap B)$
　$A\cap B=\varnothing$ なら　$n(A\cup B)=n(A)+n(B)$

・$n(\overline{A})=n(U)-n(A)$

・$n(A\cup B\cup C)=n(A)+n(B)+n(C)$
　　$-n(A\cap B)-n(B\cap C)-n(C\cap A)$
　　$+n(A\cap B\cap C)$

▶ 集合の要素の個数の性質

・$n(U)\geqq n(A\cup B)$

・$n(A\cap B)\leqq n(A)$　　$n(A\cap B)\leqq n(B)$

・$n(A\cup B)\leqq n(A)+n(B)$

場合の数

▶ 和の法則，積の法則

・和の法則　事柄 A，B の起こり方が，それぞれ a，b 通りで，A と B が同時に起こらないとき，A または B のどちらかが起こる場合の数は $a+b$ 通りである。

・積の法則　事柄 A の起こり方が a 通りあり，そのおのおのに対して事柄 B の起こり方が b 通りあるとすると，A と B がともに起こる場合の数は ab 通りである。

順列・円順列・重複順列

▶ 順列

$${}_n\mathrm{P}_r=n(n-1)(n-2)\cdots\cdots(n-r+1)$$
$$=\frac{n!}{(n-r)!}\qquad(0\leqq r\leqq n)$$

$0!=1$　　特に　${}_n\mathrm{P}_n=n!$

▶ 円順列　$(n-1)!\ \left(=\dfrac{{}_n\mathrm{P}_n}{n}\right)$

▶ じゅず順列　$\dfrac{(n-1)!}{2}\ \left(=\dfrac{\text{円順列}}{2}\right)$

▶ 重複順列　n^r ($n<r$ であってもよい)

(例)　n 個の異なるものを
　A，B 2 組に分ける　2^n-2
　A, B, C 3 組に分ける　$3^n-3(2^n-2)-3$

□ **組合せ，同じものを含む順列**

▶ 組合せの数

$${}_n\mathrm{C}_r=\frac{{}_n\mathrm{P}_r}{r!}=\frac{n!}{r!(n-r)!}\qquad(0\leqq r\leqq n)$$

特に　${}_n\mathrm{C}_n=1$

▶ ${}_n\mathrm{C}_r$ の性質　${}_n\mathrm{C}_r={}_n\mathrm{C}_{n-r}$　$(0\leqq r\leqq n)$
　${}_n\mathrm{C}_r={}_{n-1}\mathrm{C}_{r-1}+{}_{n-1}\mathrm{C}_r$　$(1\leqq r\leqq n-1,\ n\geqq 2)$

▶ 組分け

n 人を A 組 p 人，B 組 q 人，C 組 r 人に分ける

$${}_n\mathrm{C}_p\times{}_{n-p}\mathrm{C}_q$$

単に，3 組に分けるときには注意が必要。
3 組同数なら　$\div 3!$　　2 組同数なら　$\div 2!$

▶ 同じものを含む順列

$${}_n\mathrm{C}_p\times{}_{n-p}\mathrm{C}_q\times{}_{n-p-q}\mathrm{C}_r\times\cdots\cdots=\frac{n!}{p!q!r!\cdots\cdots}$$

ただし　$p+q+r+\cdots\cdots=n$

▶ 重複組合せの数

${}_n\mathrm{H}_r={}_{n+r-1}\mathrm{C}_r$　($n<r$ であってもよい)

2　確　　率

□ **確率とその基本性質**

▶ 確率の定義

全事象 U のどの根元事象も同様に確からしいとき，事象 A の起こる確率 $P(A)$ は

$$P(A)=\frac{n(A)}{n(U)}=\frac{\text{事象 }A\text{ の起こる場合の数}}{\text{起こりうるすべての場合の数}}$$

▶ 基本性質　$0\leqq P(A)\leqq 1$，$P(\varnothing)=0$，$P(U)=1$

▶ 加法定理　事象 A，B が互いに排反のとき

$$P(A\cup B)=P(A)+P(B)$$

▶ 余事象の確率　$P(\overline{A})=1-P(A)$

□ **独立な試行，反復試行の確率**

▶ 独立な試行の確率　2 つの独立な試行 S，T において，S では事象 A が起こり，T では事象 B が起こるという事象を C とすると

$$P(C)=P(A)P(B)$$

▶ 反復試行の確率　1 回の試行で事象 A の起こる確率が p であるとする。この試行を n 回繰り返すとき，事象 A がちょうど r 回起こる確率は　${}_n\mathrm{C}_r p^r(1-p)^{n-r}$

□ **条件付き確率**

▶ 条件付き確率　事象 A が起こったときに事象 B が起こる条件付き確率 $P_A(B)$ は

$$P_A(B)=\frac{n(A\cap B)}{n(A)}=\frac{P(A\cap B)}{P(A)}$$

▶ 確率の乗法定理

$$P(A\cap B)=P(A)P_A(B)$$

□ **期待値**

▶ 期待値　変量 X のとりうる値を x_1，x_2，……，x_n とし，X がこれらの値をとる確率をそれぞれ p_1，p_2，……，p_n とすると，X の期待値 E は

$$E=x_1p_1+x_2p_2+\cdots\cdots+x_np_n$$

ただし $p_1+p_2+\cdots\cdots+p_n=1$

3　図形の性質

□　三角形の辺の比，外心・内心・重心

▶三角形の角の二等分線と比

・△ABC の ∠A の二等分線と辺 BC との交点 P は，辺 BC を AB：AC に内分する。

・AB≠AC である △ABC の ∠A の外角の二等分線と辺 BC の延長との交点 Q は，辺 BC を AB：AC に外分する。

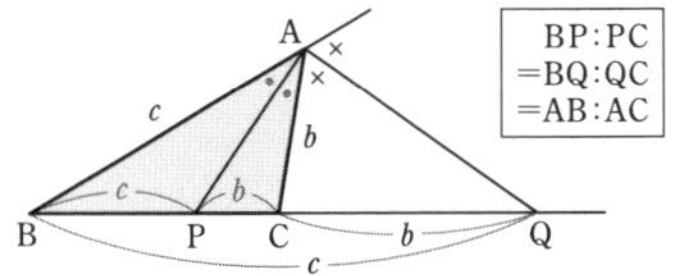

▶外心・内心・重心

・外心……3 辺の垂直二等分線の交点。

・内心……3 つの内角の二等分線の交点。

・重心……3 つの中線の交点。重心は各中線を 2：1 に内分する。

外心 O　　内心 I　　重心 G

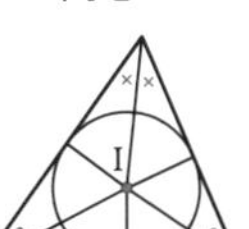

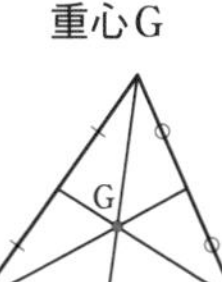

▶垂心　三角形の各頂点から対辺またはその延長に下ろした垂線の交点。

□　チェバの定理，メネラウスの定理

▶チェバの定理

△ABC の頂点 A，B，C と辺上にもその延長上にもない点 O を結ぶ各直線が，対辺またはその延長とそれぞれ P，Q，R で交わるとき

$$\frac{BP}{PC}\cdot\frac{CQ}{QA}\cdot\frac{AR}{RB}=1$$

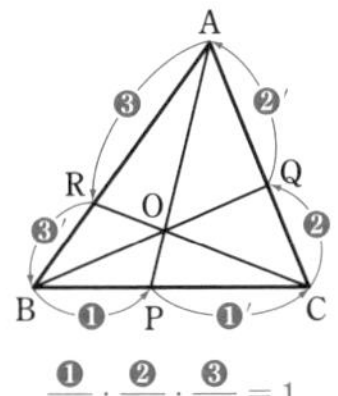

$\frac{❶}{❶'}\cdot\frac{❷}{❷'}\cdot\frac{❸}{❸'}=1$

▶メネラウスの定理

△ABC の辺 BC，CA，AB またはその延長が頂点を通らない直線 ℓ と，それぞれ点 P，Q，R で交わるとき

$$\frac{BP}{PC}\cdot\frac{CQ}{QA}\cdot\frac{AR}{RB}=1$$

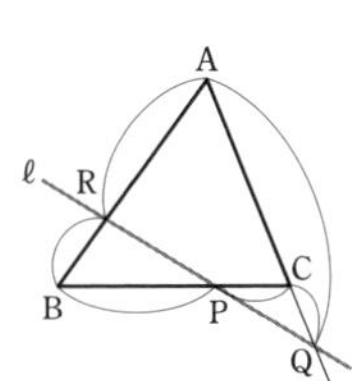

▶三角形の 3 辺の長さの性質

三角形の 3 辺の長さを a，b，c とすると

$|b-c|<a<b+c$　（三角形の成立条件）

□　円周角，円に内接する四角形

▶円周角の定理とその逆

右の図において

4 点 A，B，P，Q が 1 つの円周上にある

⟺ ∠APB＝∠AQB

▶円に内接する四角形

四角形が円に内接するとき，次の ①，② が成り立つ。

①　対角の和は 180°

②　内角は，その対角の外角に等しい。

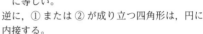

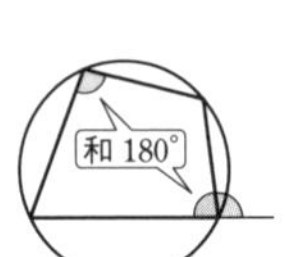

逆に，① または ② が成り立つ四角形は，円に内接する。

□　円と直線，方べきの定理

▶円の接線

・右の図において

OA⊥PA

OB⊥PB

PA＝PB

▶接弦定理とその逆

右の図において

直線 AT が円 O の接線

⟺

∠ACB＝∠BAT

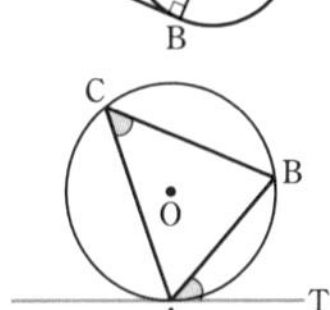

▶方べきの定理

[1]　円の 2 つの弦 AB，CD またはそれらの延長の交点を P とすると

PA･PB＝PC･PD

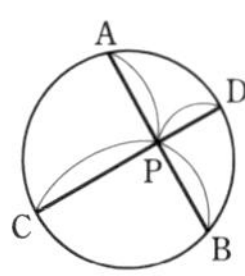

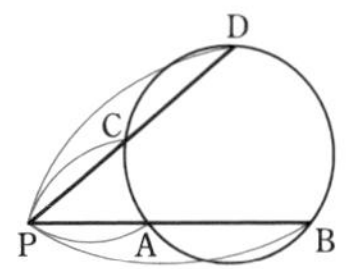

[2]　円の外部の点 P から円に引いた接線の接点を T とし，P を通りこの円と 2 点 A，B で交わる直線を引くと

PA･PB＝PT²

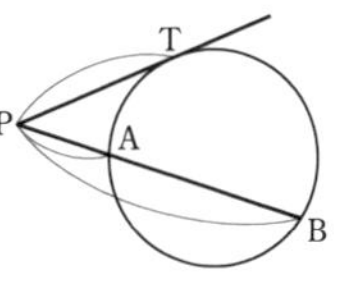

まっさらなノートに、未来を描こう。

新しい世界の入り口に立つ君へ。
次のページから、チャート式との学びの旅が始まります。
1年後、2年後、どんな目標を達成したいか。
10年後、どんな大人になっていたいか。
まっさらなノートを開いて、
君の未来を思いのままに描いてみよう。

好奇心は、君の伸びしろ。

君の成長を支えるひとつの軸、それは「好奇心」。
この答えを知りたい。もっと難しい問題に挑戦してみたい。
数学に必要なのは、多くの知識でも、並外れた才能でもない。
好奇心があれば、初めて目にする公式や問題も、
「高い壁」から「チャンス」に変わる。
「学びたい」「考えたい」というその心が、君を成長させる力になる。

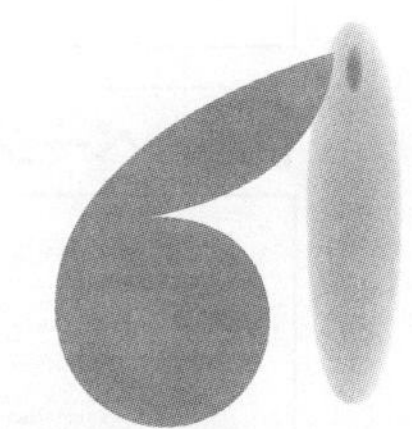

なだらかでいい。日々、成長しよう。

君の成長を支えるもう一つの軸は「続ける時間」。
ライバルより先に行こうとするより、目の前の一歩を踏み出そう。
難しい問題にぶつかったら、焦らず、考える時間を楽しもう。
途中でつまづいたとしても、粘り強く、ゴールに向かって前進しよう。
諦めずに進み続けた時間が、1年後、2年後の君を大きく成長させてくれるから。

その答えが、
君の未来を前進させる解になる。

本書の構成

章トビラ　各章のはじめに，SELECT STUDY とその章で扱う例題の一覧を設けました。SELECT STUDY は，目的に応じ例題を精選して学習する際に活用できます。例題一覧は，各章で掲載している例題の全体像をつかむのに役立ちます。

基本事項のページ

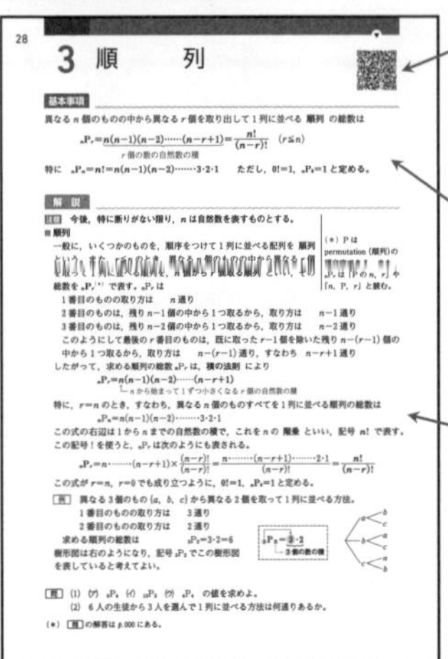

デジタルコンテンツ
各節の例題解説動画や，学習を補助するコンテンツにアクセスできます（詳細は，$p.6$ を参照）。

基本事項
定理や公式など，問題を解く上で基本となるものをまとめています。

解説
用語の説明や，定理・公式の証明なども示してあり，教科書に扱いのないような事柄でも無理なく理解できるようになっています。

例題のページ

基本事項などで得た知識を，具体的な問題を通して身につけます。

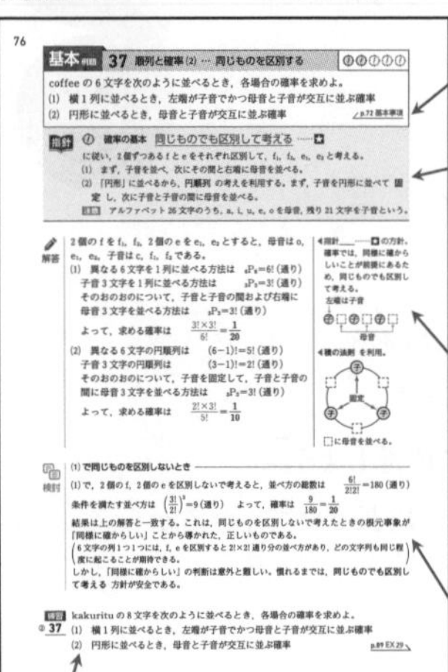

フィードバック・フォワード
関連する例題の番号や基本事項のページを示しました。

指針
問題のポイントや急所がどこにあるか，問題解法の方針をいかにして立てるかを中心に示しました。この指針が本書の特色であるチャート式の真価を最も発揮しているところです。

解答
例題の模範解答例を示しました。側注には適宜解答を補足しています。特に重要な箇所には ★ を付け，指針の対応する部分にも ★ を付けています。解答の流れや考え方がつかみづらい場合には指針を振り返ってみてください。

検討
例題に関連する内容などを取り上げました。特に，発展的な内容を扱う検討には，PLUS ONE をつけています。学習の取捨選択の目安として使用できます。

POINT
重要な公式やポイントとなる式などを取り上げました。

練習
例題の反復問題を1問取り上げました。関連する EXERCISES の番号を示した箇所もあります。

基本例題 …… 基本事項で得た知識をもとに，基礎力をつけるための問題です。教科書で扱われているレベルの問題が中心です。(印は 1 個～3 個)

重要例題 …… 基本例題を更に発展させた問題が中心です。入試対策に向けた，応用力の定着に適した問題がそろっています。(印は 3 個～5 個)

演習例題 …… 他の単元の内容が絡んだ問題や，応用度がかなり高い問題を扱う例題です。「関連発展問題」としてまとめて掲載しています。(印は 3 個～5 個)

コラム

まとめ …… いろいろな場所で学んできた事柄をみやすくまとめています。知識の確認・整理に有効です。

参考事項，補足事項 …… 学んだ事項を発展させた内容を紹介したり，わかりにくい事柄を掘り下げて説明したりしています。

ズーム UP …… 考える力を特に必要とする例題について，更に詳しく解説しています。重要な内容の理解を深めるとともに，**思考力**，**判断力**，**表現力**を高めるのに効果的です。

振り返り …… 複数の例題で学んだ解法の特徴を横断的に解説しています。解法を判断するときのポイントについて，理解を深めることができます。

CHART NAVI …… 本書の効果的な使い方や，指針を読むことの重要性について特集したページです。

EXERCISES

各単元末に，例題に関連する問題を取り上げました。

各問題には対応する例題番号を → で示してあり，適宜 HINT もついています(複数の単元に対して EXERCISES を 1 つのみ掲載，という構成になっている場合もあります)。

総合演習

巻末に，学習の総仕上げのための問題を，2 部構成で掲載しています。

第 1 部 …… 例題で学んだことを振り返りながら，思考力を鍛えることができる問題，解説を掲載しています。大学入学共通テスト対策にも役立ちます。

第 2 部 …… 過去の大学入試問題の中から，入試実践力を高められる問題を掲載しています。

索　引

初めて習う数学の用語を五十音順に並べたもので，巻末にあります。

●難易度数について

例題，練習・EXERCISES の全問に，全 5 段階の難易度数がついています。

①①①①①，① …… 教科書の例レベル

①①①①①，② …… 教科書の例題レベル

①①①①①，③ …… 教科書の節末，章末レベル

①①①①①，④ …… 入試の基本～標準レベル

①①①①①，⑤ …… 入試の標準～やや難レベル

デジタルコンテンツの活用方法

本書では，QR コード*からアクセスできるデジタルコンテンツを豊富に用意しています。これらを活用することで，わかりにくいところの理解を補ったり，学習したことを更に深めたりすることができます。

■ 解説動画

本書に掲載しているすべての例題（基本例題，重要例題，演習例題）の解説動画を配信しています。

数学講師が丁寧に解説しているので，本書と解説動画をあわせて学習することで，例題のポイントを確実に理解することができます。

例えば，

・例題を解いたあとに，その例題の理解を確認したいとき

・例題が解けなかったときや，解説を読んでも理解できなかったとき

といった場面で活用できます。

また，コラム CHART NAVI と連動した，本書を効果的に活用するためのコツを解説した動画も用意しています。

数学講師による解説を **いつでも，どこでも，何度でも** 視聴することができます。

解説動画も活用しながら，チャート式とともに数学力を高めていってください。

■ サポートコンテンツ

本書に掲載した問題や解説の理解を深めるための補助的なコンテンツも用意しています。

例えば，関数のグラフや図形の動きを考察する例題において，画面上で実際にグラフや図形を動かしてみることで，視覚的なイメージと数式を結びつけて学習できるなど，より深い理解につなげることができます。

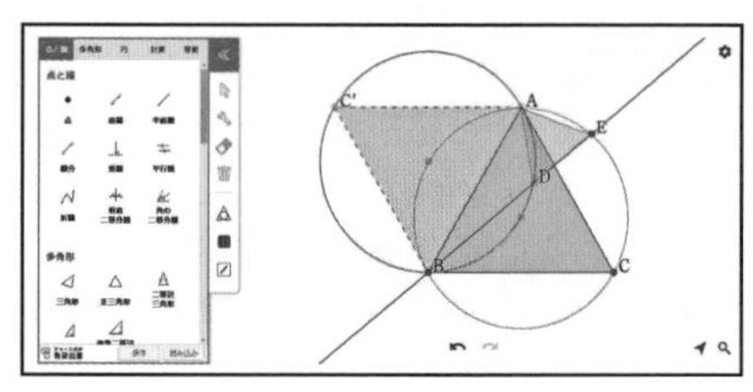

<デジタルコンテンツのご利用について>

デジタルコンテンツはインターネットに接続できるコンピュータやスマートフォン等でご利用いただけます。下記の URL，右の QR コード，もしくは「基本事項」のページにある QR コードからアクセスできます。

https://cds.chart.co.jp/books/3t39887g9b

※追加費用なしにご利用いただけますが，通信料はお客様のご負担となります。Wi-Fi 環境でのご利用をおすすめいたします。学校や公共の場では，マナーを守ってスマートフォンなどをご利用ください。

＊　QR コードは，(株)デンソーウェーブの登録商標です。

目次

コラムの一覧

本書の活用方法

■ 方法 1「自学自習のため」の活用例

週末・長期休暇などの時間のあるときや受験勉強などで，本書の各ページに順々に取り組む場合は，次のようにして学習を進めるとよいでしょう。

第1ステップ …… **基本事項のページを読み，重要事項を確認。**
問題を解くうえでは，知識を整理しておくことが大切。

⬇

第2ステップ …… **例題に取り組み解法を習得，練習を解いて理解の確認。**

① まず，**例題を自分で解いてみよう。**

➡何もわからなかったら，指針を読んで糸口をつかもう。

⬇

② 指針を読んで，**解法やポイントを確認** し，自分の解答と見比べよう。
〈$+\alpha$〉**検討** を読んで応用力を身につけよう。

➡ポイントを見抜く力をつけるために，指針は必ず読もう。また，解答の右の◀も理解の助けになる。

⬇

③ **練習** に取り組んで，そのページで学習したことを **再確認** しよう。

➡わからなかったら，指針をもう一度読み返そう。

⬇

第3ステップ …… **EXERCISES のページで腕試し。**
例題のページの勉強がひと通り終わったら取り組もう。

■ 方法 2「解法を調べるため」の活用例 (解法の辞書としての使い方)

どうやって解いたらいいかわからない問題が出てきたときは，同じ(似た)タイプの例題があるページを本書で探し，**解法をまねる** ことを考えてみましょう。

同じ(似た)タイプの例題があるページを見つけるには

目次 ($p.7$) や 例題一覧 (各章の始め) を利用するとよいでしょう。

大切なこと 解法を調べる際，解答を読むだけでは実力は定着しません。
指針もしっかり読んで，その問題の急所やポイントをつかんでおく ことを意識すると，実力の定着につながります。

■ 方法 3「目的に応じた学習のため」の活用例

短期間で取り組みたいときや，順々に取り組む時間がとれないときは，**目的に応じた例題を選んで学習する** ことも1つの方法です。

詳しくは，次のページの CHART NAVI **「学習計画を立てよう！」** を参照してください。

問題数
1. 例題 156
(基本 118，重要 28，演習 10)
2. 練習 156　3. EXERCISES 107
4. 総合演習 第1部 3，第2部 29
[1.～4. の合計 451]

CHART NAVI 章トビラの活用方法

本書（青チャート）の各章のはじめには，右ページのような **章トビラ** のページがあります。ここでは，章トビラの活用方法を説明します。

① 例題一覧

例題一覧では，その章で取り上げている例題の種類（基本，重要，演習），タイトル，難易度（$p.5$ 参照）を一覧にしています。

青チャートには，教科書レベルから入試対策まで，幅広いレベルの問題を数多く収録しています。章によっては多くの問題があり，不安に思う人もいるかもしれませんが，これだけの問題を収録していることには理由があります。

まず，数学の学習では，公式や定理などの基本事項を覚えるだけでなく，その知識を活用し，問題が解けるようになることが求められます。教科書に載っているような問題はもちろん，多くの入試問題も，基本の積み重ねによって解けるようになります。

また，基本となる考え方の理解だけでなく，具体的な問題，特に入試で頻出の問題を通じて問題解法の理解を深めることも，実力を磨く有効な方法です。

青チャートではこれらの問題を１つ１つ丁寧に解説していますから，基本となる考え方や入試問題の解き方を無理なく身につけることができます。

このように，幅広いレベル，多くのタイプの問題を収録しているため，目的によっては数が多く，負担に感じるかもしれません。そういった場合には，例えば，

基本を定着させたいとき	⟶	**基本例題** を中心に学習
応用力を高めたいとき	⟶	**重要例題** を中心に学習
短期間で復習したいとき	⟶	難易度 ②，③ を中心に学習

のように，目的に応じて取り組む例題を定めることで，効率よく学習できます。

② SELECT STUDY

更に章トビラの **SELECT STUDY** では，３つの学習コースを提案しています。

● **基本定着コース**　● **精選速習コース**　● **実力練成コース**

これらは編集部が独自におすすめする，目的別の例題パッケージです。目標や学習状況に応じ，それに近いコースを選んで取り組むことができます。

以上のように，章トビラも活用しながら，青チャートとともに数学を学んでいきましょう！

数学A 第1章

場 合 の 数

1

① 集合の要素の個数
② 場 合 の 数
③ 順　　列
④ 円順列・重複順列
⑤ 組　合　せ

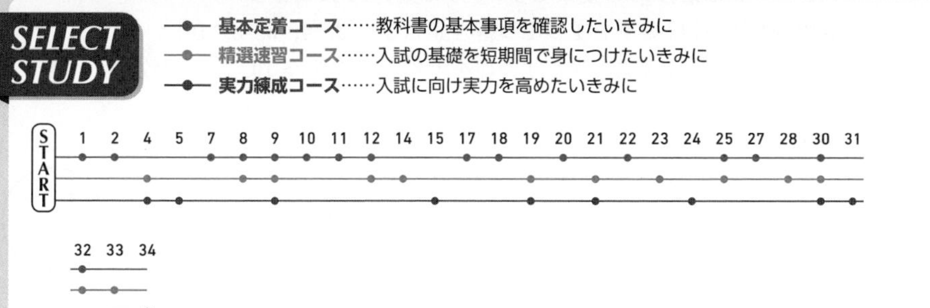

例題一覧

			難易度
①	基本 1	倍数の個数	②
	基本 2	個数の計算（2 つの集合）	②
	重要 3	集合の要素の個数の最大と最小	③
	基本 4	3 つの集合の要素の個数 (1)	③
	重要 5	3 つの集合の要素の個数 (2)	④
②	基本 6	辞書式配列法，樹形図による数え上げ	①
	基本 7	和の法則，積の法則	①
	基本 8	約数の個数と総和	②
	基本 9	(全体)−(…でない) の考えの利用	③
	基本 10	支払いに関する場合の数	②
③	基本 11	数字の順列の基本	①
	基本 12	0 を含む数字の順列	②
	基本 13	隣接する順列，しない順列	②
	基本 14	辞書式に並べる順列	③
	重要 15	完全順列	③
	重要 16	塗り分けの問題 (1)	③
④	基本 17	円順列・じゅず順列 (1)	②
	基本 18	円順列・じゅず順列 (2)	②
	重要 19	塗り分けの問題 (2)	③
	基本 20	重複順列	②
	基本 21	組分けの問題 (1)	③
⑤	基本 22	組合せの基本	②
	基本 23	線分，三角形の個数と組合せ	②
	重要 24	三角形の個数と組合せ	③
	基本 25	組分けの問題 (2)	②
	基本 26	塗り分けの問題 (3)	③
	基本 27	同じものを含む順列	②
	基本 28	順序が定まった順列	③
	基本 29	同じ数字を含む順列	③
	基本 30	最短経路の数	③
	重要 31	同じものを含む円順列	④
	基本 32	重複組合せの基本	③
	基本 33	$x+y+z=n$ の整数解の個数	③
	重要 34	数字の順列（数の大小関係が条件）	④

1　集合の要素の個数

基本事項

注意　このページでは，第１章で必要となる「集合(数学Ⅰ)」の内容をまとめた。

1　集合とその表し方

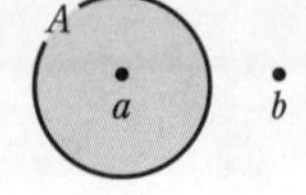

$a \in A$　　$b \notin A$

① 範囲がはっきりしたものの集まりを **集合** といい，集合を構成している１つ１つのものを，その集合の **要素** または **元** という。

② $\boldsymbol{a \in A}$ …… a は集合 A の要素である。a は集合 A に属する。
　$\boldsymbol{b \notin A}$ …… b は集合 A の要素でない。b は集合 A に属さない。

③ **集合の表し方**　[1] 要素を１つ１つ書き並べる。$\{2,\ 4,\ 6,\ 8,\ 10\}$
　　[2] 要素の満たす条件を示す。$\{x \mid 1 \leqq x \leqq 10,\ x$ は偶数$\}$

2　部分集合

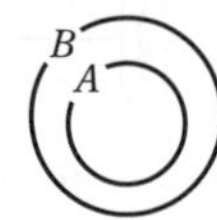

$A \subset B$

① $\boldsymbol{A \subset B}$ …… A は B の **部分集合**　「$x \in A$ ならば $x \in B$」が成り立つ。

② $\boldsymbol{A = B}$ …… A と B は等しい。A と B の要素は完全に一致する。
　「$A \subset B$ かつ $B \subset A$」が成り立つ。

③ **空集合**　$\varnothing$　要素を１つももたない集合。

注意　・$A \subset B$ のとき，A は B に **含まれる**，または B は A を **含む** という。
　・A 自身も A の部分集合である。すなわち　$A \subset A$
　・**空集合 $\varnothing$ はすべての集合の部分集合**，と考える。

3　共通部分，和集合

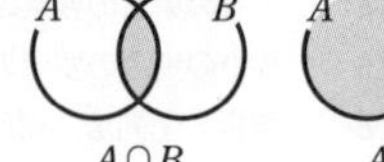

$A \cap B$

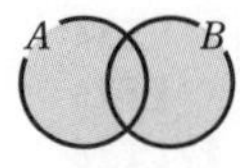

$A \cup B$

共通部分　$\boldsymbol{A \cap B}$　A と B のどちらにも属する要素全体の集合。
　すなわち　$A \cap B = \{x \mid x \in A$ **かつ** $x \in B\}$

和 集 合　$\boldsymbol{A \cup B}$　A と B の少なくとも一方に属する要素全体の集合。
　すなわち　$A \cup B = \{x \mid x \in A$ **または** $x \in B\}$

また，３つの集合 $A,\ B,\ C$ について

共通部分　$\boldsymbol{A \cap B \cap C}$　$A,\ B,\ C$ のどれにも属する要素全体の集合。

和 集 合　$\boldsymbol{A \cup B \cup C}$　$A,\ B,\ C$ の少なくとも１つに属する要素全体の集合。

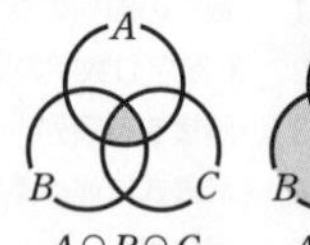

$A \cap B \cap C$　　$A \cup B \cup C$

4　補集合

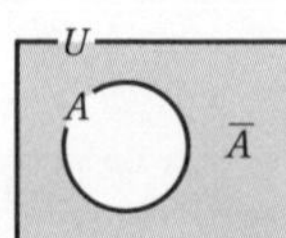

① **補集合** $\overline{A}$　全体集合 U の要素で，A に属さない要素全体の集合。
　すなわち　$\overline{A} = \{x \mid x \in U$ **かつ** $x \notin A\}$

② $A \cap \overline{A} = \varnothing,\quad A \cup \overline{A} = U,\quad \overline{\overline{A}} = A$

③ **ド・モルガンの法則**　$\overline{A \cup B} = \overline{A} \cap \overline{B},\ \overline{A \cap B} = \overline{A} \cup \overline{B}$

基本事項

5 個数定理

有限集合 P の要素の個数を $n(P)$ で表す。U, A, B, C が有限集合のとき

① **和集合の要素の個数**

1 $\boldsymbol{n(A\cup B)=n(A)+n(B)-n(A\cap B)}$

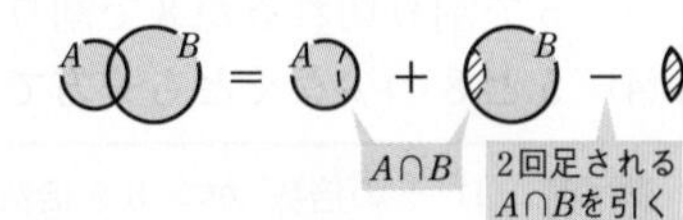

2 $\boldsymbol{A\cap B=\varnothing}$ **のとき**

$$\boldsymbol{n(A\cup B)=n(A)+n(B)}$$

② **補集合の要素の個数**

$\boldsymbol{n(\overline{A})=n(U)-n(A)}$　（U は全体集合，$\overline{A}$ は A の補集合）

③ **3つの集合の和集合の要素の個数**

$$\boldsymbol{n(A\cup B\cup C)=n(A)+n(B)+n(C)-n(A\cap B)-n(B\cap C)-n(C\cap A)+n(A\cap B\cap C)}$$

解　説

■集合の要素の個数の表し方

有限個の要素からなる集合を **有限集合** といい，無限に多くの要素からなる集合を **無限集合** という。集合 A が有限集合のとき，その要素の個数を $\boldsymbol{n(A)}$ で表す。なお，空集合 $\varnothing$ は要素を1つももたないから，$\boldsymbol{n(\varnothing)=0}$ である。

◀n は number の頭文字をとったものである。

■個数定理

集合の要素の個数に関しては，上の基本事項 ①～③ で示した重要な公式がある（本書では **個数定理** ということにする）。そして，公式 ①～③ は，次のように示すことができる。

① $\boldsymbol{n(A\cup B)=n(A)+n(B)-n(A\cap B)}$

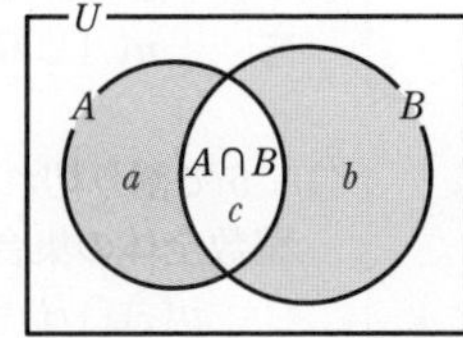

右の図のように，各部分の要素の個数を a, b, c とすると

(右辺)$=(a+c)+(b+c)-c$

$=a+b+c=$(左辺)

よって，公式 ① は成り立つ。

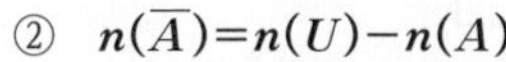

② $\boldsymbol{n(\overline{A})=n(U)-n(A)}$

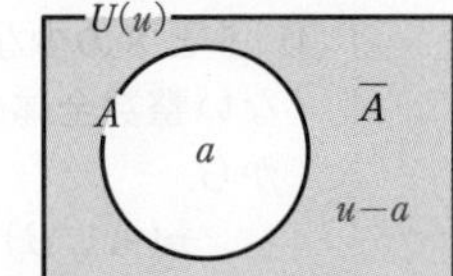

$n(U)=u$, $n(A)=a$ とすると　$n(\overline{A})=u-a=n(U)-n(A)$

ゆえに，公式 ② は成り立つ。

(別証)　$U=A\cup\overline{A}$, $A\cap\overline{A}=\varnothing$ であるから，① より

$n(U)=n(A)+n(\overline{A})$　　よって　$n(\overline{A})=n(U)-n(A)$

③ $\boldsymbol{n(A\cup B\cup C)=n(A)+n(B)+n(C)-n(A\cap B)-n(B\cap C)-n(C\cap A)+n(A\cap B\cap C)}$

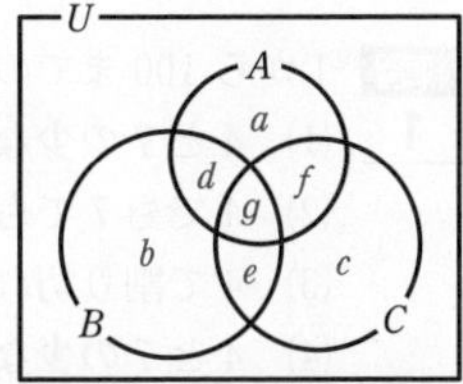

右の図のように，各部分の要素の個数を a, b, c, d, e, f, g とすると

(右辺)$=(a+d+f+g)+(b+d+e+g)+(c+e+f+g)$

$-(d+g)-(e+g)-(f+g)+g$

$=a+b+c+d+e+f+g=$(左辺)

よって，公式 ③ は成り立つ。

基本 例題 1 倍数の個数

100 から 200 までの整数のうち，次の整数の個数を求めよ。

(1) 5 の倍数かつ 8 の倍数　(2) 5 の倍数または 8 の倍数

(3) 5 で割り切れるが 8 で割り切れない整数

(4) 5 と 8 の少なくとも一方で割り切れない整数

p.13 基本事項 5　重要 3

(1) 5 の倍数 かつ 8 の倍数 ⟶ $n(A\cap B)$ のタイプ。
5 と 8 の公倍数であるから，最小公倍数 40 の倍数の個数を求める。

(2) 5 の倍数 または 8 の倍数 ⟶ $n(A\cup B)$ のタイプ。**個数定理の利用。**

(3) $n(A\cap\overline{B})=n(A)-n(A\cap B)$ のタイプ。「●で割り切れる」＝「●の倍数」

(4) 5 と 8 の少なくとも一方で割り切れない数 ⟶ $n(\overline{A}\cup\overline{B})$ のタイプ。
ド・モルガンの法則 $\overline{A}\cup\overline{B}=\overline{A\cap B}$ が使える。$n(A\cap B)$ は (1) で計算済み。

注意 (4) は (2) の補集合ではない。(2) の $A\cup B$ の補集合は $\overline{A\cup B}=\overline{A}\cap\overline{B}$ である。

解答

100 から 200 までの整数全体の集合を U とし，そのうち 5 の倍数，8 の倍数全体の集合をそれぞれ A，B とすると

$A=\{5\cdot20,\ 5\cdot21,\ \cdots\cdots,\ 5\cdot40\}$,

$B=\{8\cdot13,\ 8\cdot14,\ \cdots\cdots,\ 8\cdot25\}$

ゆえに　$n(A)=40-20+1=21$,

$n(B)=25-13+1=13$

◀U，A，B はどんな集合であるかを記す。

◀・は積を表す記号である。
$100=8\cdot12+4$

(1) 5 の倍数かつ 8 の倍数すなわち 40 の倍数全体の集合は $A\cap B$ であり　$A\cap B=\{40\cdot3,\ 40\cdot4,\ 40\cdot5\}$

よって　$n(A\cap B)=\mathbf{3}$

◀5 と 8 の最小公倍数は 40
$100=40\cdot2+20$

(2) 5 の倍数または 8 の倍数全体の集合は $A\cup B$ であるから　$n(A\cup B)=n(A)+n(B)-n(A\cap B)$

$=21+13-3=\mathbf{31}$

◀個数定理

(3) 5 で割り切れるが 8 で割り切れない整数全体の集合は $A\cap\overline{B}$ であるから

$n(A\cap\overline{B})=n(A)-n(A\cap B)$

$=21-3=\mathbf{18}$

(3)
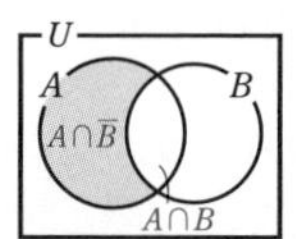

◀$A\cap\overline{B}$ は A から $A\cap B$ を除いた部分。

(4) 5 と 8 の少なくとも一方で割り切れない整数全体の集合は $\overline{A}\cup\overline{B}$ であるから

(4)
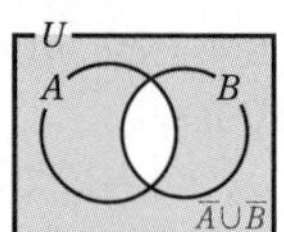

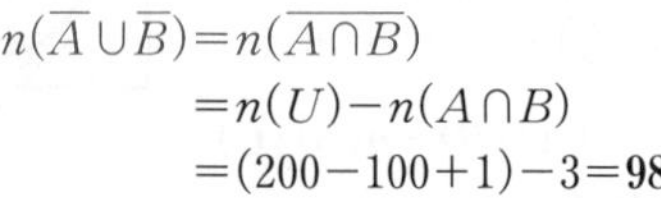

$n(\overline{A}\cup\overline{B})=n(\overline{A\cap B})$

$=n(U)-n(A\cap B)$

$=(200-100+1)-3=\mathbf{98}$

◀ド・モルガンの法則
$\overline{A}\cup\overline{B}=\overline{A\cap B}$

練習 ② 1　1 から 100 までの整数のうち，次の整数の個数を求めよ。

(1) 4 と 7 の少なくとも一方で割り切れる整数

(2) 4 でも 7 でも割り切れない整数

(3) 4 で割り切れるが 7 で割り切れない整数

(4) 4 と 7 の少なくとも一方で割り切れない整数

p.21 EX 1

倍数の個数の問題の扱い方

● 個数定理を使う意味

例題 **1** では，5 の倍数と 8 の倍数を書き並べ，(1)〜(4) で要求された数を数え上げてもよいが，やや手間である。また，数が大きくなると，数え上げる方法ではとても対応できない。そこで，効率よく個数を求めるために，問題の内容を 集合と結びつけ，**個数定理** や **ド・モルガンの法則** を利用する。

個数定理　$n(A\cup B)=n(A)+n(B)-n(A\cap B)$,
$n(\overline{A})=n(U)-n(A)$　[U は全体集合]
ド・モルガンの法則　$\overline{A\cup B}=\overline{A}\cap\overline{B}$　$\overline{A\cap B}=\overline{A}\cup\overline{B}$

個数定理を使うには，個数を求める数の全体を集合で表す必要がある。例題 **1** では
U：100 から 200 までの整数，　A：5 の倍数，　B：8 の倍数
と集合を定め，
かつ・ともに ⟶ ∩　　または・少なくとも一方 ⟶ ∪　　●でない ⟶ $\overline{●}$
のように，問題の内容と集合の記号を対応させることがポイントとなる。ここで，(1) $A\cap B$，(2) $A\cup B$　はわかりやすいが，(3)，(4) について細かく見てみよう。

(3)　5 で割り切れる (A)　かつ
8 で割り切れない ($\overline{B}$)

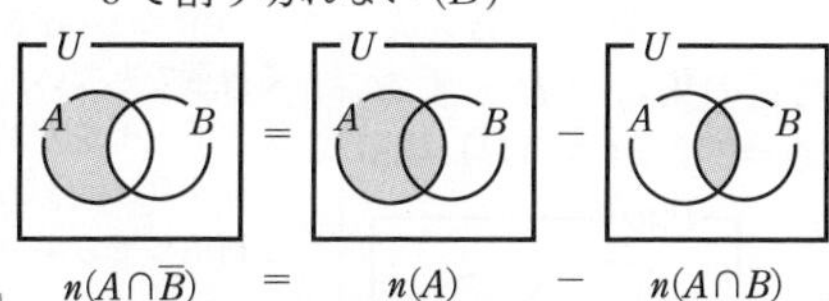

$n(A\cap\overline{B})$　=　$n(A)$　−　$n(A\cap B)$

(4)　5 と 8 の少なくとも一方で割り切れない
＝ 5 で割り切れない ($\overline{A}$)　または
8 で割り切れない ($\overline{B}$)
＝ $\overline{A}\cup\overline{B}$ ＝ $\overline{A\cap B}$
（ド・モルガンの法則）

● 集合の要素の個数を数え上げるときの注意点

1 から n までの整数のうち，k の倍数の個数は，n を k で割ったときの商である。
よって，「1 から 200 まで」のうち 5 の倍数なら，200÷5=40 として個数がわかるが，例題 **1** では「100 から 200 まで」であるから，$n(A)$ を直ちには求められない。
そこで，5 の倍数は $5m$ (m は整数) の形に表されることに注目すると，5 の倍数の集合は，1 から 200 までなら　{5・1，5・2，……，5・19，5・20，5・21，……，5・40}
100 から 200 までなら　{5・20，5・21，……，5・40}（$=A$）
5 に掛けられる整数 m の個数に注目して
$n(A)=40-19=21$
と求められる。

$\overbrace{\underbrace{1,\ 2,\ \cdots,\ 19}_{19\text{個}},\ \underbrace{20,\ 21,\ \cdots,\ 40}_{40-19\text{個}}}^{40\text{個}}$

注意　$n(A)=40-20=20$ としては **誤り！**
間違いやすいので十分に注意しよう。
なお，自然数 m，n ($m<n$) に対して，
m から n までの整数の個数は
$n-(m-1)=n-m+1$
である。

$\overbrace{\underbrace{1,\ 2,\ \cdots,\ m-1}_{m-1\text{個}},\ \underbrace{m,\ m+1,\ \cdots,\ n}_{n-(m-1)\text{個}}}^{n\text{個}}$

基本 例題 2 個数の計算（2つの集合）

①①①①①

100 人の学生について，数学が「好きか，好きでないか」および「得意か，得意でないか」について調査した。好き と答えた者は 43 人，得意 と答えた者は 29 人，好きでもなく得意でもない と答えた者は 35 人であった。〔類 広島経大〕

(1) 数学が好きであり得意でもあると答えた者は何人か。

(2) 数学は好きだが得意でないと答えた者は何人か。 p.13 基本事項 5 重要 3

図をかいて 考える。全体集合を U とし，数学が好きと答えた者の集合を A，数学が得意と答えた者の集合を B とすると，求める人数の集合は，それぞれ右の図の赤く塗った部分である。

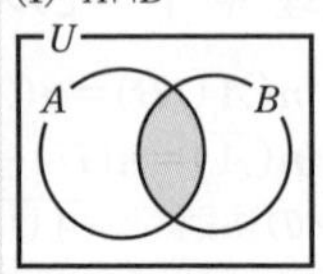

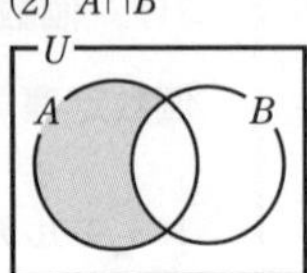

⑴ 求める人数は，**個数定理** から

$n(A\cap B)=n(A)+n(B)-n(A\cup B)$ まず，図から $n(A\cup B)$ を求める。

⑵ 求める人数は $n(A\cap\overline{B})=n(A)-n(A\cap B)$ ここで，⑴の **結果を利用**。

なお，検討 のように，図をかいて **方程式の問題** に帰着させる方法もある。

CHART 集合の要素の個数 図をかいて

1 順々に求める 2 方程式を作る

解答

学生全体の集合を全体集合 U とし，数学が好きと答えた者の集合を A，数学が得意と答えた者の集合を B とすると $n(U)=100$，$n(A)=43$，$n(B)=29$，$n(\overline{A}\cap\overline{B})=35$

(1) 数学が好きであり得意でもあると答えた者の集合は $A\cap B$ である。

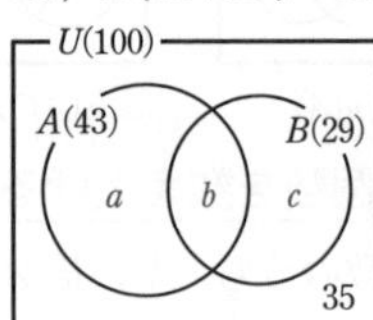

ここで，右の図から

$n(A\cup B)=n(U)-n(\overline{A}\cap\overline{B})^{*)}$

$=100-35=65$（人）

したがって

$n(A\cap B)=n(A)+n(B)-n(A\cup B)$

$=43+29-65=\mathbf{7}$（**人**）

(2) 数学は好きだが得意でないと答えた者の集合は $A\cap\overline{B}$ であるから

$n(A\cap\overline{B})=n(A)-n(A\cap B)$

$=43-7=\mathbf{36}$（**人**）

＊） 全体から「好きでもなく得意でもない」者を引く。ド・モルガンの法則 $\overline{A}\cap\overline{B}=\overline{A\cup B}$ を利用してもよい。

方程式を作る 方針で解いてもよい。図のように，$n(A\cap\overline{B})=a$，$n(A\cap B)=b$，$n(\overline{A}\cap B)=c$ とすると

$a+b+c+35=100$，

$a+b=43$，$b+c=29$

この方程式から $c=22$

(1) $b=\mathbf{7}$ (2) $a=\mathbf{36}$

練習 ② 2 300 人を対象に「2つのテーマパーク P と Q に行ったことがあるか」というアンケートをおこなったところ，P に行ったことがある人が 147 人，Q に行ったことがある人が 86 人，どちらにも行ったことのない人が 131 人であった。

(1) 両方に行ったことのある人の数を求めよ。

(2) どちらか一方にだけ行ったことのある人の数を求めよ。〔関東学院大〕

重要例題 3 集合の要素の個数の最大と最小 ⊘⊘⊘⊘⊘

集合 U とその部分集合 A, B に対して, $n(U)=100$, $n(A)=60$, $n(B)=48$ とする。〔藤田保健衛生大〕

(1) $n(A\cap B)$ の最大値と最小値を求めよ。

(2) $n(\overline{A}\cap B)$ の最大値と最小値を求めよ。

基本 1, 2

指針 (1) $n(A\cap B)=n(A)+n(B)-n(A\cup B)$ において,

$n(A)+n(B)=60+48=108$ で一定であるから

$n(A\cup B)$ が **最大** のとき, $n(A\cap B)$ は **最小**,

$n(A\cup B)$ が **最小** のとき, $n(A\cap B)$ は **最大** となる。

(2) 右の図の B に注目すると

$n(B)=n(A\cap B)+n(\overline{A}\cap B)$

ゆえに $n(\overline{A}\cap B)=48-n(A\cap B)$ ここで, (1) の結果を利用する。

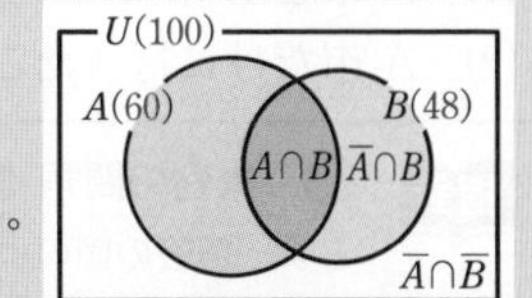

解答 (1) $n(A\cap B)=n(A)+n(B)-n(A\cup B)$

$=60+48-n(A\cup B)=108-n(A\cup B)$

$n(A\cap B)$ が最大になるのは $n(A\cup B)$ が最小となるときである。ここで, $n(A)>n(B)$ であるから, $n(A\cup B)$ が最小となるのは $A\supset B$ のとき, すなわち $n(A\cup B)=n(A)=60$ のときである。

また, $n(A\cap B)$ が最小になるのは $n(A\cup B)$ が最大となるときである。ここで, $n(A)+n(B)>n(U)$ であるから, $n(A\cup B)$ が最大となるのは $A\cup B=U$ のときである。このとき $n(A\cup B)=n(U)=100$

以上から, $n(A\cap B)$ の **最大値** は $108-60=\mathbf{48}$,

最小値 は $108-100=\mathbf{8}$

(2) $n(\overline{A}\cap B)=n(B)-n(A\cap B)=48-n(A\cap B)$

よって, $n(\overline{A}\cap B)$ は, $n(A\cap B)$ が最小のとき最大, $n(A\cap B)$ が最大のとき最小となる。

(1) の結果から, $n(\overline{A}\cap B)$ の

最大値 は $48-8=\mathbf{40}$, **最小値** は $48-48=\mathbf{0}$

$A\supset B$

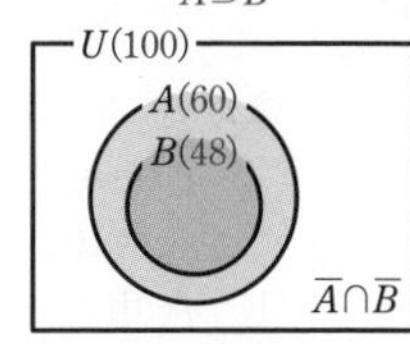

(このとき, $\overline{A}\cap\overline{B}=\overline{A\cup B}$ の要素の個数が最大)

$A\cup B=U$ $(\overline{A}\cap\overline{B}=\varnothing)$

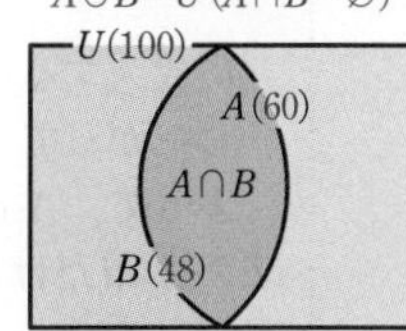

(このとき, $\overline{A}\cap\overline{B}=\overline{A\cup B}$ の要素の個数が最小)

検討 **不等式（数学Ⅰ）の利用**

(2) では, 不等式を利用して考えてもよい。

(1) から $8\leqq n(A\cap B)\leqq 48$ すなわち $-48\leqq -n(A\cap B)\leqq -8$

したがって $48-48\leqq 48-n(A\cap B)\leqq 48-8$

よって $\mathbf{0}\leqq n(\overline{A}\cap B)\leqq \mathbf{40}$

練習 ③ 3 デパートに来た客 100 人の買い物調査をしたところ, A 商品を買った人は 80 人, B 商品を買った人は 70 人であった。両方とも買った人数のとりうる最大値は ^{ア}□ で, 最小値は ^{イ}□ である。また, 両方とも買わなかった人数のとりうる最大値は ^{ウ}□ で, 最小値は ^{エ}□ である。〔久留米大〕

p.21 EX 2

基本例題 4 3つの集合の要素の個数(1)

100人のうち，A市，B市，C市に行ったことのある人の集合を，それぞれA，B，Cで表し，集合Aの要素の個数を$n(A)$で表すと，次の通りであった。

$n(A)=50$，　$n(B)=13$，　$n(C)=30$，　$n(A\cap C)=9$，
$n(B\cap C)=10$，　$n(A\cap B\cap C)=3$，　$n(\overline{A}\cap\overline{B}\cap\overline{C})=28$

(1) A市とB市に行ったことのある人は何人か。
(2) A市だけに行ったことのある人は何人か。

p.13 基本事項 5　重要 5

集合の問題 図をかく　集合が3つになるが，2つの集合の場合と基本は同じ。
まず，解答の図のように，3つの集合の図をかき，わかっている人数を書き込む。
また，3つの集合の場合，個数定理は次のようになる。

$n(A\cup B\cup C)=n(A)+n(B)+n(C)-n(A\cap B)-n(B\cap C)-n(C\cap A)+n(A\cap B\cap C)$

解答

全体集合をUとすると
$n(U)=100$
また　$n(A\cup B\cup C)$
$=n(U)-n(\overline{A}\cap\overline{B}\cap\overline{C})$
$=100-28=72$

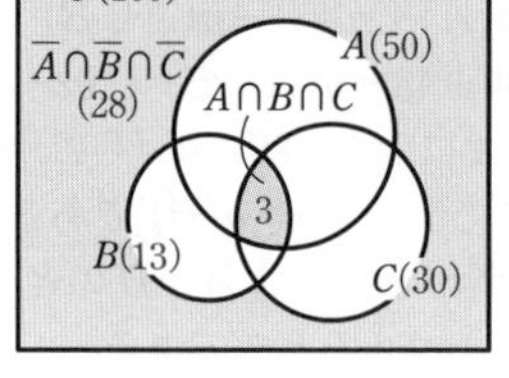

◀図から，ド・モルガンの法則
$\overline{A}\cap\overline{B}\cap\overline{C}=\overline{A\cup B\cup C}$
が成り立つことがわかる。

(1) A市とB市に行ったことのある人の集合は$A\cap B$である。
$n(A\cup B\cup C)=n(A)+n(B)+n(C)-n(A\cap B)-n(B\cap C)-n(C\cap A)+n(A\cap B\cap C)$
に代入すると　$72=50+13+30-n(A\cap B)-10-9+3$
したがって　$n(A\cap B)=5$
よって，A市とB市に行ったことのある人は　**5人**

◀3つの集合の個数定理

(2) A市だけに行ったことのある人の集合は$A\cap\overline{B}\cap\overline{C}$である。
ゆえに　$n(A\cap\overline{B}\cap\overline{C})$
$=n(A\cup B\cup C)-n(B\cup C)$
$=n(A\cup B\cup C)-\{n(B)+n(C)-n(B\cap C)\}$
$=72-(13+30-10)=39$
よって，A市だけに行ったことのある人は　**39人**

(2)
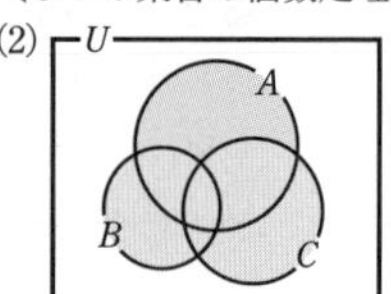

別解　(2)　求める人数は
$n(A)-n(A\cap B)-n(A\cap C)+n(A\cap B\cap C)$
$=50-5-9+3=39$
よって　**39人**

練習 ③ 4　ある高校の生徒140人を対象に，国語，数学，英語の3科目のそれぞれについて，得意か得意でないかを調査した。その結果，国語が得意な人は86人，数学が得意な人は40人いた。そして，国語と数学がともに得意な人は18人，国語と英語がともに得意な人は15人，国語または英語が得意な人は101人，数学または英語が得意な人は55人いた。また，どの科目についても得意でない人は20人いた。このとき，3科目のすべてが得意な人は ア[　　] 人であり，3科目中1科目のみ得意な人は イ[　　] 人である。
〔名城大〕　p.21 EX 3

重要例題 5 3つの集合の要素の個数 (2)

分母を 810，分子を 1 から 809 までの整数とする分数の集合
$\left\{\frac{1}{810},\ \frac{2}{810},\ \cdots\cdots,\ \frac{809}{810}\right\}$ を作る。この集合の要素の中で約分ができないものの個数を求めよ。

基本 4

約分できないのは，分子と分母 810 の最大公約数が 1 であるもので，810 を **素因数分解** すると　$810=2\cdot3^4\cdot5$
よって，分子を取り出した集合 $U=\{1,\ 2,\ \cdots,\ 809\}$ の要素のうち，2 でも 3 でも 5 でも割り切れないものの個数を求めればよい。
A：2 の倍数の集合，B：3 の倍数の集合，C：5 の倍数の集合とすると，求める集合は $\overline{A}\cap\overline{B}\cap\overline{C}$（図の赤い部分）であり
$$n(\overline{A}\cap\overline{B}\cap\overline{C})=n(\overline{A\cup B\cup C})=n(U)-n(A\cup B\cup C)$$

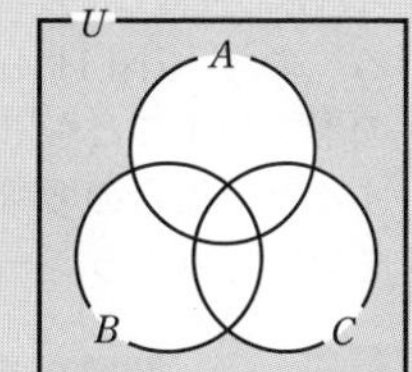

$810=2\cdot3^4\cdot5$ であるから，1 から 809 までの整数のうち，2 でも 3 でも 5 でも割り切れない整数の個数を求めればよい。

1 から 809 までの整数全体の集合を U とすると
$$n(U)=809$$
U の部分集合のうち，2 の倍数全体の集合を A，3 の倍数全体の集合を B，5 の倍数全体の集合を C とする。

$810\notin U$ に注意して，$810=2\cdot405$ から　$n(A)=404$
$810=3\cdot270$ から　$n(B)=269$
$810=5\cdot162$ から　$n(C)=161$

また，$A\cap B$ は 6 の倍数全体の集合で，$810=6\cdot135$ から
$$n(A\cap B)=134$$
$B\cap C$ は 15 の倍数全体の集合で，$810=15\cdot54$ から
$$n(B\cap C)=53$$
$C\cap A$ は 10 の倍数全体の集合で，$810=10\cdot81$ から
$$n(C\cap A)=80$$
$A\cap B\cap C$ は 30 の倍数全体の集合で，$810=30\cdot27$ から
$$n(A\cap B\cap C)=26$$
よって　$n(A\cup B\cup C)=n(A)+n(B)+n(C)-n(A\cap B)-n(B\cap C)-n(C\cap A)+n(A\cap B\cap C)$
$=404+269+161-134-53-80+26=593$

求める個数は　$n(\overline{A}\cap\overline{B}\cap\overline{C})=n(\overline{A\cup B\cup C})$
$=n(U)-n(A\cup B\cup C)$
$=809-593=$ **216**

◀ $810=81\cdot10$
$=3^4\cdot2\cdot5$

◀ $n(A)=405$ ではない。
1 から 810 までであれば，2 の倍数は 405 個あるが，$U=\{1,\ 2,\ \cdots,\ 809\}$ なので，$810\notin U$ である。
なお，$809=2\cdot404+1$ すなわち，809 を 2 で割った商が 404 であることから，$n(A)=404$ としてもよい。

◀ 3つの集合の個数定理

◀ ド・モルガンの法則

◀ $n(\overline{P})=n(U)-n(P)$

練習 5 ④ 分母を 700，分子を 1 から 699 までの整数とする分数の集合
$\left\{\frac{1}{700},\ \frac{2}{700},\ \cdots\cdots,\ \frac{699}{700}\right\}$ を作る。この集合の要素の中で約分ができないものの個数を求めよ。

p.21 EX4

参考事項 集合の要素の個数を表から求める

※全体集合を U，その部分集合を A，B とすると，U は右の〔図 1〕（ベン図）のように，互いに共通部分をもたない 4 つの集合 $A\cap B$，$A\cap\overline{B}$，$\overline{A}\cap B$，$\overline{A}\cap\overline{B}$ に分けられる。また，〔図 1〕は〔図 2〕のように，表の形で表すこともできる。このことに注目すると，集合の要素の個数を，**表を利用して** 求めることができる。この方法で例題 **2** を解いてみよう。

〔図 1〕

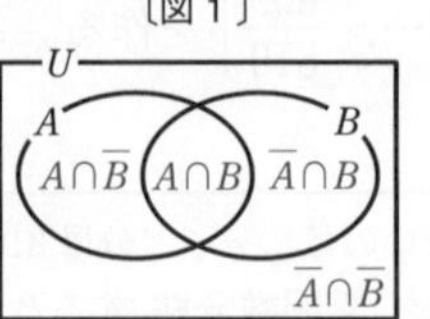

〔図 2〕

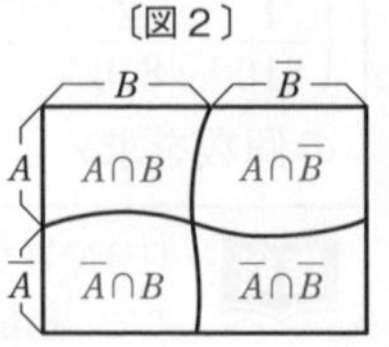

例題 2 ① 問題文で与えられた人数を表に書き込む。（右の，人数が 100，43，29，35 の箇所。）

② 合計人数をもとに，引き算によって残りの空欄（右の □ の箇所）を順に埋めていく。

$n(\overline{A})=100-43=\boxed{57}$，　$n(\overline{B})=100-29=\boxed{71}$，

$n(A\cap\overline{B})=71-35=\boxed{36}$，　$n(\overline{A}\cap B)=57-35=\boxed{22}$，

$n(A\cap B)=43-36=\boxed{7}$　◀ $29-22=\boxed{7}$ でもよい。

表から　(1) $n(A\cap B)=$**7**（人）　(2) $n(A\cap\overline{B})=$**36**（人）

	B	$\overline{B}$	計
A	7	36	43
$\overline{A}$	22	35	57
計	29	71	100

この考え方の利点は，引き算によって人数（表の空欄）をどんどん埋めていくと，個数定理やド・モルガンの法則などを利用しなくても人数を求められる，というところにある。同じようにして例題 **1** を解くと，次のようになる。

例題 1 ① $n(A)=21$，$n(B)=13$，$n(U)=101$ と (1) で求めた $n(A\cap B)=3$ を表に書き込む。

② 残りの空欄（右の □ の箇所）を埋めていく。

表から　(2) $n(A\cup B)=3+18+10=$**31**

(3) $n(A\cap\overline{B})=$**18**

(4) $n(\overline{A}\cup\overline{B})=18+10+70=$**98**

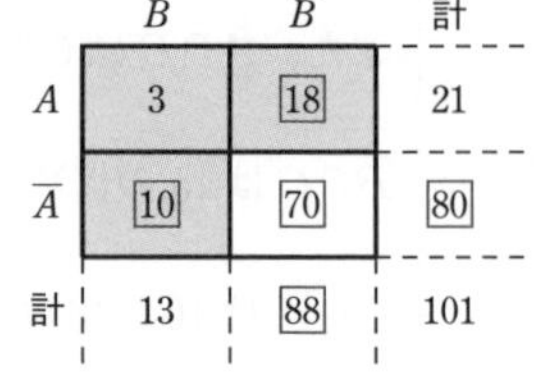

	B	$\overline{B}$	計
A	3	18	21
$\overline{A}$	10	70	80
計	13	88	101

次に，3 つの集合の要素の個数を，表から求める方法を紹介しよう。

例題 4 右の表において，中央の C の枠の内部は集合 C に含まれ，外部は C に含まれないことを意味する。

① 問題文で与えられた人数のうち，100，50，13，30，3，28 を書き込み，引き算で △ の人数を求める。

② $n(A\cap C)=9$，$n(B\cap C)=10$ を利用して，○ の人数を求める。例えば　$n(A\cap\overline{B}\cap C)=9-3=⑥$

③ 残りの空欄（□ 部分）を埋めていく。例えば $n(\overline{A}\cap\overline{B}\cap C)=30-(3+6+7)=14$ など。

表から　(1) $n(A\cap B)=2+3=$**5**（人）

(2) $n(A\cap\overline{B}\cap\overline{C})=$**39**（人）　◀赤く塗った部分。

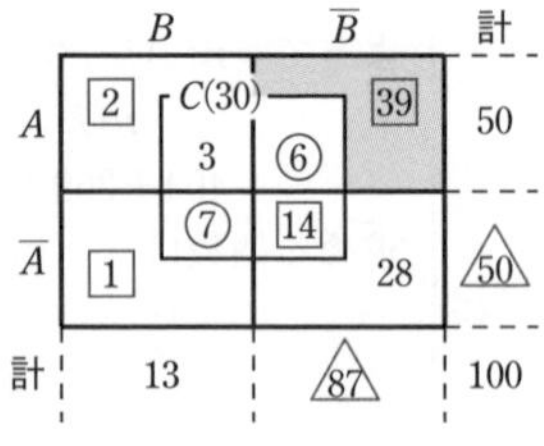

EXERCISES

③1　2桁の自然数の集合を全体集合とし，4の倍数の集合を A，6の倍数の集合を B と表す。このとき，$A\cup B$ の要素の個数は ア□ である。
また，$A\triangle B=(A\cap\overline{B})\cup(\overline{A}\cap B)$ とするとき，$A\triangle B$ の要素の個数は イ□，$A\triangle\overline{B}$ の要素の個数は ウ□ である。 →1

④2　ある学科の1年生の学生数は198人で，そのうち男子学生は137人である。ある調査の結果，1年生のうちスマートフォンを持っている学生は148人，タブレットPCを持っている学生は123人であった。このとき，スマートフォンとタブレットPCを両方持っている学生は少なくとも ア□ 人いる。また，スマートフォンを持っている男子学生は少なくとも イ□ 人いて，タブレットPCを持っている男子学生は少なくとも ウ□ 人いる。 〔類 立命館大〕
→3

④3　70人の学生に，異なる3種類の飲料水X，Y，Zを飲んだことがあるか調査したところ，全員がX，Y，Zのうち少なくとも1種類は飲んだことがあった。また，XとYの両方，YとZの両方，XとZの両方を飲んだことがある人の数はそれぞれ13人，11人，15人であり，XとYの少なくとも一方，YとZの少なくとも一方，XとZの少なくとも一方を飲んだことのある人の数は，それぞれ52人，49人，60人であった。
(1)　飲料水Xを飲んだことのある人の数は何人か。
(2)　飲料水Yを飲んだことのある人の数は何人か。
(3)　飲料水Zを飲んだことのある人の数は何人か。
(4)　X，Y，Zの全種類を飲んだことのある人の数は何人か。 〔日本女子大〕
→4

③4　500以下の自然数を全体集合とし，A を奇数の集合，B を3の倍数の集合，C を5の倍数の集合とする。次の集合の要素の個数を求めよ。
(1)　$A\cap B\cap C$　　(2)　$(A\cup B)\cap C$　　(3)　$(A\cap B)\cup(A\cap C)$ →5

1　(ウ)　$A\triangle\overline{B}=(A\cap\overline{\overline{B}})\cup(\overline{A}\cap\overline{B})=(A\cap B)\cup(\overline{A}\cap\overline{B})$，$(A\cap B)\cap(\overline{A}\cap\overline{B})=\varnothing$ に注意。
2　男子学生の集合，女子学生の集合，スマートフォンを持っている学生の集合，タブレットPCを持っている学生の集合をそれぞれ M，W，S，T とする。
(イ)　$n(S\cap M)=n(S)-n(S\cap W)$　$n(S\cap W)$ が最大の場合に注目。
3　X，Y，Zに関する3つの集合を考え，条件を整理する。
4　例えば，$A\cap B$ は奇数かつ3の倍数であるが，これを3の倍数のもののうち，6の倍数でないものの集合と考えて，その要素の個数を求める。

2 場合の数

基本事項

1 場合の数の数え方

起こりうるすべての場合を，もれなく，重複することなく数え上げる。

① **辞書式配列法**　例えば，辞書の単語のようにアルファベット順に並べる方式

② **樹形図 (tree)**　各場合を，順次枝分かれの図でかき表す方式

2 和の法則，積の法則

① **和の法則**　2つの事柄 A，B は **同時には起こらない** とする。
A の起こり方が a 通りあり，B の起こり方が b 通りとすると，A または B の **どちらかが起こる** 場合は **$a+b$ 通り** ある。

② **積の法則**　事柄 A の起こり方が a 通りあり，その **おのおのの場合について，** B の起こり方が b 通りずつあるならば，A と B が **ともに起こる** 場合は **ab 通り** ある。

①，② とも，3つ以上の事柄 A，B，C，…… についても同様のことが成り立つ。

解　説

■ 場合の数の数え方

ある事柄について，起こりうる場合の数を数えるということは，もれなく，重複することなく数え上げることである。そのためには，辞書式配列法や樹形図 (tree) を用いて，**一定の方針で，順序正しく** 行う。

例　a，a，a，b，c から 3 個を選んで 1 列に並べる方法の総数を，次の ① または ② の方法で調べると　13 個

① **辞書式配列法**

aaa，aab，aac，aba，abc，aca，acb，
baa，bac，bca，
caa，cab，cba

② **樹形図 (tree)**

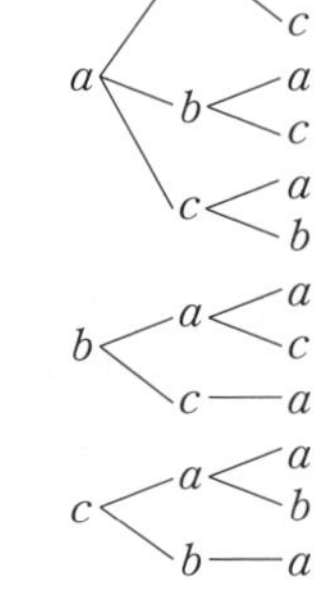

■ 和の法則，積の法則

① **和の法則**　事柄 A，B の起こる場合の全体をそれぞれ集合 A，B で表すと，和の法則は，次のことが成り立つことに他ならない。

$A\cap B=\varnothing$ のとき　$n(A\cup B)=n(A)+n(B)$

└ 2つの事柄 A，B が同時に起こらない。

例　上の例で，a，b，c で始まるもので分類することにより

$7+3+3=13$ (個)

② **積の法則**

例　2 桁の整数の個数

十の位の数字は 1 ～ 9 の 9 通りあり，そのおのおのに対して，一の位の数字は 0 も含めた 0 ～ 9 の 10 通りあるから

$9\times10=90$ (個)　⟵ $99-9=90$ (個) としても求められる。
(1 ～ 99 の 99 個から 1 ～ 9 の 9 個を除く。)

基本例題 6 辞書式配列法，樹形図による数え上げ

集合 $U=\{a, b, c, d, e\}$ の部分集合で，3個の要素からなるものをすべて求めよ。

p.22 基本事項 1　重要 15

指針 **辞書式配列法** と **樹形図（tree）** の2通りの方法で考えてみよう。

[1] **辞書式配列法**　3個の要素からなる部分集合を，アルファベット順に順序正しく配列する。

[2] **樹形図（tree）**　部分集合を{①，②，③}とし，①→②→③ と枝分かれしていくような図をかく。
アルファベット順に考えて，配置の **もれ・重複のないように** する。

CHART 場合の数
辞書式 か 樹形図（tree）で　もれなく，重複なく

解答

解法1　**辞書式配列法** によって，求める部分集合を，要素がアルファベット順に並ぶように表すと

$\{\boldsymbol{a}, \boldsymbol{b}, \boldsymbol{c}\}$，$\{\boldsymbol{a}, \boldsymbol{b}, \boldsymbol{d}\}$，$\{\boldsymbol{a}, \boldsymbol{b}, \boldsymbol{e}\}$，
$\{\boldsymbol{a}, \boldsymbol{c}, \boldsymbol{d}\}$，$\{\boldsymbol{a}, \boldsymbol{c}, \boldsymbol{e}\}$，$\{\boldsymbol{a}, \boldsymbol{d}, \boldsymbol{e}\}$，
$\{\boldsymbol{b}, \boldsymbol{c}, \boldsymbol{d}\}$，$\{\boldsymbol{b}, \boldsymbol{c}, \boldsymbol{e}\}$，$\{\boldsymbol{b}, \boldsymbol{d}, \boldsymbol{e}\}$，
$\{\boldsymbol{c}, \boldsymbol{d}, \boldsymbol{e}\}$

◀1つ目の要素が a の集合を書き上げ，続いて，1つ目の要素が b の集合，c の集合を順に書き上げる方針で考える。

解法2　**樹形図（tree）** で示すと，次のようになる（①，②，③ はアルファベット順）。

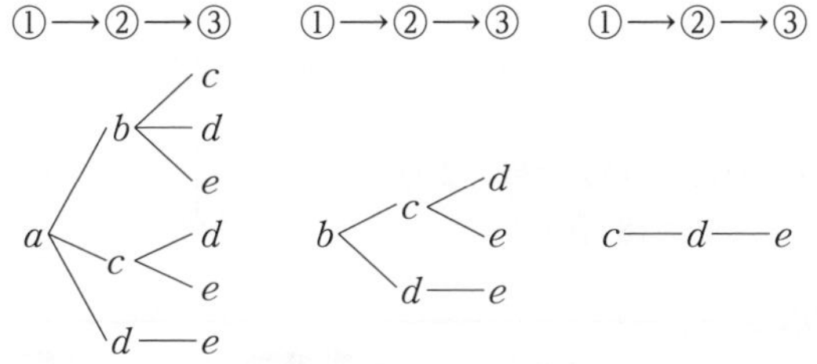

①→②→③　①→②→③　①→②→③

```
     c                  d
   b─d              c<
  /  e             /    e
 a─c─d           b            c─d─e
  \  e             \
   d─e              d─e
```

この図に従って{①，②，③}のように書き表すと，解法1と同じ部分集合が得られる。

参考　5個の要素からなる集合の部分集合で，3個の要素からなるものが10個あることは，$p.47$ の基本事項により，異なる5個のものの中から異なる3個を取る **組合せ** の総数 ${}_5C_3$ として求められる。

練習 6 ①
(1) a，a，b，b，c の5個の文字から4個を選んで1列に並べる方法は何通りあるか。また，そのうち a，b，c のすべての文字が現れるのは何通りあるか。
(2) 大中小3個のさいころを投げるとき，出る目の和が6になる場合は何通りあるか。

p.37 EX5

基本例題 7 和の法則，積の法則

①①①①①

(1) 大小 2 個のさいころを投げるとき，出る目の和が 5 の倍数になる場合は何通りあるか。

(2) $(a+b+c)(p+q+r)(x+y)$ を展開すると，異なる項は何個できるか。

p.22 基本事項 2　重要 16

指針 (1) 和が 5，10 となる目の出方をそれぞれ数え上げ，**和の法則** を利用する。

(2) 展開してできる項は，右の図のように，1 つずつ取り出して掛け合わせて作られる。
したがって，**積の法則** が利用できる。

○×△×□　（○：$(a,\ b,\ c)$ から 1 つ，△：$(p,\ q,\ r)$ から 1 つ，□：$(x,\ y)$ から 1 つ）

解答

(1) 目の和が 5 の倍数になるのは，目の和が 5 または 10 のときである。それぞれ表を作って調べると

[1] 目の和が 5 となるのは 4 通り

大	1	2	3	4
小	4	3	2	1

[2] 目の和が 10 となるのは 3 通り

大	4	5	6
小	6	5	4

[1]，[2] の場合は同時には起こらないから，求める場合の数は，和の法則により

$4+3=$**7（通り）**

(2) $(a+b+c)(p+q+r)(x+y)$ を展開してできる項は，

$(a,\ b,\ c),\ (p,\ q,\ r),\ (x,\ y)$

から，それぞれ 1 つずつ文字を取り出して掛け合わせて作られる。

よって，異なる項の個数は，積の法則により

$3\times3\times2=$**18（個）**

(2) の樹形図

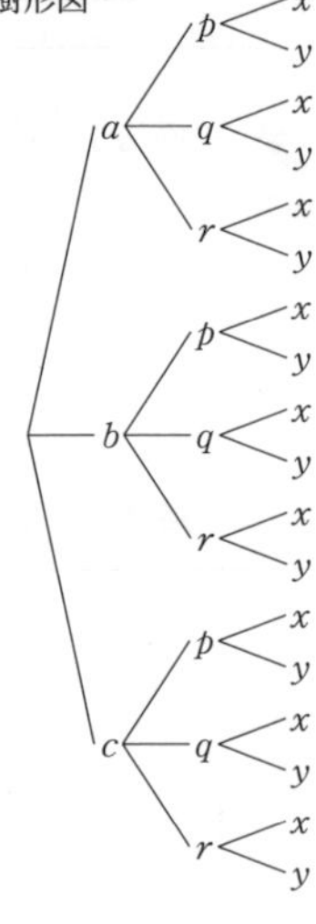

検討

和の法則と積の法則の関係

樹形図をかいたとき，まず m 通りに分かれ，それぞれが

p 通り，q 通り，r 通り，……

に分かれるならば，場合の数は

$\underbrace{p+q+r+\cdots\cdots}_{m\text{ 個の和}}$ 通り　⟵ **和の法則**

このとき，$p=q=\cdots\cdots$ ならば，$=n$ として場合の数は　$m\times n$ 通り　⟵ **積の法則**

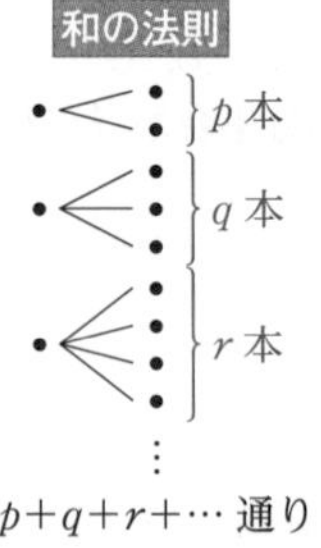

積の法則

n 本 / n 本 / n 本

各枝の本数が同じ

練習 ① 7

(1) 大小 2 個のさいころを投げるとき，出る目の和が 10 以上になる場合は何通りあるか。

(2) $(a+b)(p+2q)(x+2y+3z)$ を展開すると，異なる項は何個できるか。

p.37 EX 6

基本 例題 8 約数の個数と総和

540 の正の約数は全部で何個あるか。また，その約数の和を求めよ。

基本 7

指針 正の約数の個数や和についての問題では，**素因数分解からスタート** する。
また，0 でない実数 p に対し $p^0=1$ と定義される（数学Ⅱで学習）。このことも利用して，12 すなわち $2^2\cdot3$ の場合で考えてみよう。
12 の正の約数は $\boldsymbol{2^a\cdot3^b}$ ($\boldsymbol{a=0,\ 1,\ 2\ ;\ b=0,\ 1}$) の形で表され，その個数は，右の樹形図から

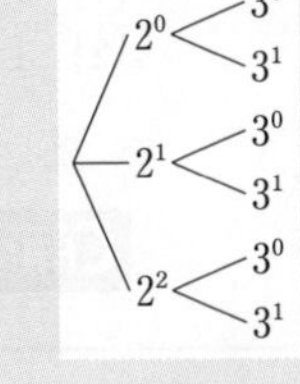

$$2^0\cdot3^0,\ 2^0\cdot3^1,\ 2^1\cdot3^0,\ 2^1\cdot3^1,\ 2^2\cdot3^0,\ 2^2\cdot3^1$$

の 6 個あり，これらのすべての和は

$$\begin{aligned}&2^0\cdot3^0+2^0\cdot3^1+2^1\cdot3^0+2^1\cdot3^1+2^2\cdot3^0+2^2\cdot3^1\\&=2^0(3^0+3^1)+2^1(3^0+3^1)+2^2(3^0+3^1)\\&=(2^0+2^1+2^2)(3^0+3^1)=\boldsymbol{(1+2+2^2)(1+3)}\end{aligned}$$

つまり，$2^2\cdot3$ の約数は～～を展開した項すべてに現れ，もれも重複もない。したがって，約数の個数は，多項式を展開したときの項の数 [基本例題 **7** (2)] と同じになる。
よって，$2^2\cdot3$ の約数の個数は　$(2+1)\times(1+1)=6$　　これと同様に考えればよい。

解答

$540=2^2\cdot3^3\cdot5$ であるから，540 の正の約数は，

$$a=0,\ 1,\ 2\ ;\quad b=0,\ 1,\ 2,\ 3\ ;\quad c=0,\ 1$$

として，$2^a\cdot3^b\cdot5^c$ と表される。

(約数の個数)　a の定め方は 3 通り。
そのおのおのについて，b の定め方は 4 通り。
更に，そのおのおのについて，c の定め方は 2 通りある。
よって，積の法則により　　$3\times4\times2=\boldsymbol{24}$ **(個)**

(約数の和)　540 の正の約数は

$$(1+2+2^2)(1+3+3^2+3^3)(1+5)\ \cdots\cdots\ (*)$$

を展開した項にすべて現れる。よって，求める和は

$$\begin{aligned}&(1+2+2^2)(1+3+3^2+3^3)(1+5)\\&=7\times40\times6=\boldsymbol{1680}\end{aligned}$$

◀ $\boldsymbol{2^0=1}$
$\boldsymbol{3^0=1}$
$\boldsymbol{5^0=1}$

$$\begin{array}{r|l}2&540\\\hline2&270\\\hline3&135\\\hline3&45\\\hline3&15\\\hline&5\end{array}$$

◀ (＊) を展開したときの項の数を求めることと同じ。なお，$2\times3\times1=6$ (個) のような誤りをしないように。

検討

約数の個数と総和 (第 4 章でも学習する)

自然数 N を素因数分解した結果が $N=p^aq^br^c$ であるとき，N の

正の約数の個数は　$(a+1)(b+1)(c+1)$　　← 考え方は上の解答の (約数の個数) と同様。

正の約数の総和は　$(1+p+\cdots\cdots+p^a)(1+q+\cdots\cdots+q^b)(1+r+\cdots\cdots+r^c)$

正の約数の個数や和を求める問題では，素因数分解をした後に，このことを直接利用した解答でもよい。
例えば，上の例題の約数の個数は　$(2+1)(3+1)(1+1)=\boldsymbol{24}$ **(個)**　のような解答でもよい。

練習 ② 8　1400 の正の約数の個数と，正の約数の和を求めよ。また，1400 の正の約数のうち偶数は何個あるか。

p.37 EX 7

基本例題 9 (全体)−(…でない) の考えの利用

大，中，小 3 個のさいころを投げるとき，目の積が 4 の倍数になる場合は何通りあるか。
〔東京女子大〕 ／基本 7

「目の積が 4 の倍数」を考える正攻法でいくと，意外と面倒。そこで，

(目の積が 4 の倍数)＝(全体)−(目の積が 4 の倍数でない)

として考えると早い。ここで，目の積が 4 の倍数にならないのは，次の場合である。

[1] 目の積が奇数 ⟶ 3 つの目がすべて奇数

[2] 目の積が偶数で，4 の倍数でない ⟶ 偶数の目は 2 または 6 の 1 つだけで，他の 2 つは奇数

CHART 場合の数 **早道も考える**
(A である)＝(全体)−(A でない) の技(わざ)活用

解答

目の出る場合の数の総数は $6\times6\times6=216$ (通り)

目の積が 4 の倍数にならない場合には，次の場合がある。

[1] 目の積が奇数の場合

3 つの目がすべて奇数のときで $3\times3\times3=27$ (通り)

[2] 目の積が偶数で，4 の倍数でない場合

3 つのうち，2 つの目が奇数で，残りの 1 つは 2 または 6 の目であるから $(3^2\times2)\times3=54$ (通り)

[1]，[2] から，目の積が 4 の倍数にならない場合の数は

$27+54=81$ (通り)

よって，目の積が 4 の倍数になる場合の数は

$216-81=$ **135 (通り)**

◀**積の法則** (6^3 と書いてもよい。)

◀**奇数どうしの積は奇数。** 1 つでも **偶数があれば積は偶数** になる。

◀4 が入るとダメ。

◀**和の法則**

◀**(全体)−(…でない)**

検討

目の積が偶数で，4 の倍数でない場合の考え方

上の解答の [2] は，次のようにして考えている。

大，中，小のさいころの出た目を (大，中，小) と表すと，3 つの目の積が偶数で，4 の倍数にならない目の出方は，以下のような場合である。

(大，中，小)＝(奇数，奇数，2 または 6) …… $3\times3\times2$ 通り
＝(奇数，2 または 6，奇数) …… $3\times2\times3$ 通り
＝(2 または 6，奇数，奇数) …… $2\times3\times3$ 通り

よって $(3^2\times2)\times3$ 通り

参考 目の積が 4 の倍数になる場合の数を直接求めると，次のようになる。

(i) 3 つの目がすべて偶数 ⟶ 3^3 通り

(ii) 2 つの目が偶数で，残り 1 つの目が奇数 ⟶ $(3^2\times3)\times3$ 通り

(iii) 1 つの目が 4 で，残り 2 つの目が奇数 ⟶ $(1\times3^2)\times3$ 通り

合わせて $27+81+27$ $=135$ (通り)

練習 ③ **9** 大，中，小 3 個のさいころを投げるとき，次の場合は何通りあるか。

(1) 目の積が 3 の倍数になる場合

(2) 目の積が 6 の倍数になる場合

p.37 EX 8

基本例題 10 支払いに関する場合の数 ①①①①①

500 円，100 円，10 円の 3 種類の硬貨がたくさんある。この 3 種類の硬貨を使って，1200 円を支払う方法は何通りあるか。ただし，使わない硬貨があってもよいものとする。

基本 7

支払いに使う硬貨 500 円，100 円，10 円の枚数をそれぞれ x，y，z とすると

$$500x+100y+10z=1200 \quad (x,\ y,\ z \text{ は } 0 \text{ 以上の整数})$$

この方程式の解 $(x,\ y,\ z)$ の個数を求める。

…… 金額が最も大きい 500 円の枚数 x で場合分けすると，分け方が少なくてすむ。

支払いに使う 500 円，100 円，10 円硬貨の枚数をそれぞれ x，y，z とすると，x，y，z は 0 以上の整数で

$500x+100y+10z=1200$　すなわち　$50x+10y+z=120$

◀不定方程式（p.249～）。

ゆえに　$50x=120-(10y+z)\leqq 120$　　よって　$5x\leqq 12$

x は 0 以上の整数であるから　　$x=0,\ 1,\ 2$

◀$y\geqq 0$，$z\geqq 0$ であるから $50x\leqq 120$　これを満たす 0 以上の整数を求める。

[1]　$x=2$ のとき　　$10y+z=20$

この等式を満たす 0 以上の整数 y，z の組は

$(y,\ z)=(2,\ 0)$，$(1,\ 10)$，$(0,\ 20)$ の 3 通り。

◀$10y=20-z\leqq 20$ から $10y\leqq 20$　すなわち　$y\leqq 2$　よって　$y=0,\ 1,\ 2$

[2]　$x=1$ のとき　　$10y+z=70$

この等式を満たす 0 以上の整数 y，z の組は

$(y,\ z)=(7,\ 0)$，$(6,\ 10)$，……，$(0,\ 70)$ の 8 通り。

◀$10y=70-z\leqq 70$ から $10y\leqq 70$　すなわち　$y\leqq 7$　よって　$y=0,\ 1,\ \cdots,\ 7$

[3]　$x=0$ のとき　　$10y+z=120$

この等式を満たす 0 以上の整数 y，z の組は

$(y,\ z)=(12,\ 0)$，$(11,\ 10)$，……，$(0,\ 120)$

の 13 通り。

◀$10y=120-z\leqq 120$ から $10y\leqq 120$　すなわち　$y\leqq 12$　よって　$y=0, 1, \cdots, 12$

[1]，[2]，[3] の場合は同時には起こらないから，求める場合の数は　　$3+8+13=$ **24（通り）**

◀**和の法則**

すべての種類の硬貨を使う場合の考え方

もし，上の問題で「すべての種類の硬貨を使う」とあった場合は，次のように 処理できる条件を先に片付けておくと，数値が簡単になって処理しやすくなる。

① 3 種類の硬貨をすべて使う ⟶ 1200 円から，500 円 1 枚，100 円 1 枚，10 円 1 枚を除いた $1200-(500+100+10)=590$（円）について考える。

② 590 円の 90 円は 10 円硬貨で支払う ⟶ 更に 10 円 9 枚を除くと $590-9\times 10=500$（円）

後は，500 円を支払う方法（使わない硬貨があってもよい）を考えると

500 円 1 枚のとき，100 円，10 円とも 0 枚の 1 通り。

500 円 0 枚のとき，100 円，10 円の枚数をそれぞれ a，b とすると

$(a,\ b)=(0,\ 50)$，$(1,\ 40)$，$(2,\ 30)$，$(3,\ 20)$，$(4,\ 10)$，$(5,\ 0)$ の 6 通り。

したがって，合計で 7 通りある。

練習 ② 10　10 ユーロ，20 ユーロ，50 ユーロの紙幣を使って支払いをする。ちょうど 200 ユーロを支払う方法は何通りあるか。ただし，どの紙幣も十分な枚数を持っているものとし，使わない紙幣があってもよいとする。

〔早稲田大〕 p.37 EX9

3 順　　　列

基本事項

異なる n 個のものの中から異なる r 個を取り出して1列に並べる **順列** の総数は

$$ {}_n\mathrm{P}_r=\underbrace{n(n-1)(n-2)\cdots\cdots(n-r+1)}_{r\text{個の数の自然数の積}}=\frac{n!}{(n-r)!}\quad (r\leqq n) $$

特に　${}_n\mathrm{P}_n=n!=n(n-1)(n-2)\cdots\cdots3\cdot2\cdot1$　　ただし，$0!=1$，${}_n\mathrm{P}_0=1$ と定める。

解　説

注意　**今後，特に断りがない限り，n は自然数を表すものとする。**

■順列

一般に，いくつかのものを，順序をつけて1列に並べる配列を **順列** という。また，$r\leqq n$ のとき，異なる n 個のものの中から異なる r 個を取って1列に並べる順列を，**n 個から r 個取る順列** といい，その総数を ${}_n\mathrm{P}_r$ (*) で表す。${}_n\mathrm{P}_r$ は

(*) P は permutation（順列）の頭文字である。また，${}_n\mathrm{P}_r$ は「P の n，r」や「n，P，r」と読む。

1番目のものの取り方は　　n 通り

2番目のものは，残り $n-1$ 個の中から1つ取るから，取り方は　　$n-1$ 通り

3番目のものは，残り $n-2$ 個の中から1つ取るから，取り方は　　$n-2$ 通り

このようにして最後の r 番目のものは，既に取った $r-1$ 個を除いた残り $n-(r-1)$ 個の中から1つ取るから，取り方は　　$n-(r-1)$ 通り，すなわち　$n-r+1$ 通り

したがって，求める順列の総数 ${}_n\mathrm{P}_r$ は，**積の法則** により

$$ {}_n\mathrm{P}_r=n(n-1)(n-2)\cdots\cdots(n-r+1) $$

└ n から始まって1ずつ小さくなる r 個の自然数の積

特に，$r=n$ のとき，すなわち，異なる n 個のものすべてを1列に並べる順列の総数は

$$ {}_n\mathrm{P}_n=n(n-1)(n-2)\cdots\cdots\cdot3\cdot2\cdot1 $$

この式の右辺は1から n までの自然数の積で，これを n の **階乗** といい，記号 $n!$ で表す。この記号！を使うと，${}_n\mathrm{P}_r$ は次のようにも表される。

$$ {}_n\mathrm{P}_r=n\cdot\cdots\cdots(n-r+1)\times\frac{(n-r)!}{(n-r)!}=\frac{n\cdot\cdots\cdots(n-r+1)\cdot\cdots\cdots2\cdot1}{(n-r)!}=\frac{n!}{(n-r)!} $$

この式が $r=n$，$r=0$ でも成り立つように，$0!=1$，${}_n\mathrm{P}_0=1$ と定める。

例　異なる3個のもの $\{a, b, c\}$ から異なる2個を取って1列に並べる方法。

1番目のものの取り方は　　3通り

2番目のものの取り方は　　2通り

求める順列の総数は　　${}_3\mathrm{P}_2=3\cdot2=6$

樹形図は右のようになり，記号 ${}_3\mathrm{P}_2$ でこの樹形図を表していると考えてよい。

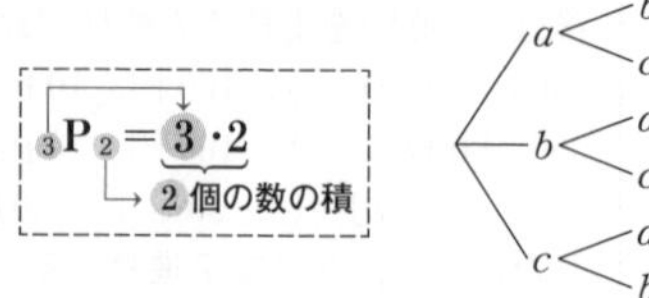

問　(1)　(ア)　${}_8\mathrm{P}_4$　(イ)　${}_{13}\mathrm{P}_2$　(ウ)　${}_4\mathrm{P}_4$　の値を求めよ。

(2)　6人の生徒から3人を選んで1列に並べる方法は何通りあるか。

(*)　**問** の解答は $p.297$ にある。

基本例題 11 数字の順列の基本 ①①①①①

6個の整数1，2，3，4，5，6から異なる3個を取り出して1列に並べたとき，できる3桁の整数は全部で ア□ 個ある。このうち，偶数は イ□ 個，4の倍数は ウ□ 個，5の倍数は エ□ 個である。 〔千葉工大〕

p.28 基本事項

指針 (イ) **偶数**（2の倍数）⟶ **一の位が偶数** ⟶ 一の位が2，4，6であるから，右のように考える(他も同じ)。

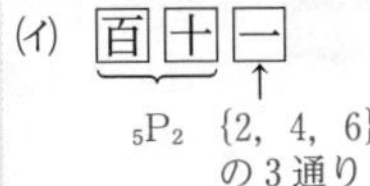

(ウ) 例えば，4の倍数である536は，次のように表される。

$536=500+36=5\cdot100+4\cdot9=5\cdot4\cdot25+4\cdot9$

ここで，$100=4\cdot25$ は4の倍数であるから，4の倍数を見分けるには，**下2桁が4の倍数** であるかどうかに注目する。

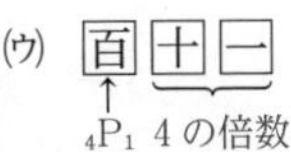

(エ) 5の倍数 ⟶ 一の位が0または5 ⟶ 0はないから5のみ

このように，「～の倍数」という条件がついたときは，一の位など **特定の位から先に処理していく**。
（これを本書では **条件処理** と呼ぶことにする。）

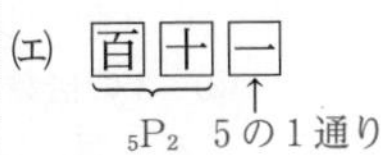

CHART 数字の順列と倍数の条件
特定の位 か 各位の和（基本例題 12 参照） **に着目**

解答

(ア) 求める個数は，異なる6個の整数から3個を取って並べる順列の総数であるから

$_6P_3=6\cdot5\cdot4=\mathbf{120}$（個）

◀慣れてきたら，直ちに $_6P_3=120$ と答えてよい。

(イ) 偶数であるから，一の位は2，4，6のいずれかで 3通り

◀条件処理：一の位が偶数

そのおのおのに対し，百，十の位は残り5個から2個取る順列で $_5P_2$ 通り

◀一の位に使った数字は使えない。

よって，求める個数は

$3\times{}_5P_2=3\times5\cdot4=\mathbf{60}$（個）

(ウ) 下2桁が4の倍数 であればよい。そのようなものは，

12，16，24，32，36，52，56，64

の8通りある。

◀条件処理：下2桁が4の倍数

◀1～6の数字でできる2桁の4の倍数をあげる。8，20などは4の倍数であるが，この問題で0，8はないから除外する。

百の位は，下2桁の数以外の数であるから，4の倍数は

$8\times4=\mathbf{32}$（個）

(エ) 一の位が5で，百，十の位は残り5個から2個取る順列であるから

$1\times{}_5P_2=5\cdot4=\mathbf{20}$（個）

◀条件処理：一の位が5

練習 ① 11 1，2，3，4，5，6，7から異なる5個の数字を取って作られる5桁の整数は全部で ア□ 通りでき，そのうち，奇数であるものは イ□ 通りである。また，4の倍数は ウ□ 通りである。

1章 ❸順列

基本例題 12　0 を含む数字の順列

0，1，2，3，4，5 の 6 個の数字から異なる 4 個の数字を取って並べて，4 桁の整数を作るものとする。次のものは全部で何個できるか。

(1)　整数　　(2)　3 の倍数　　(3)　6 の倍数　　(4)　2400 より大きい整数

基本 11

指針 0 を含む数字の順列の問題では，最高位に 0 を並べない ……★ ことに要注意。例えば，(1) を，単純に「6 個から 4 個取る順列」と考えて，「求める個数は $_6P_4$」とすると誤りである。

…… $_6P_4$ では，4 桁の整数でない 0123，0234 のような数も含まれてしまう。

4 桁の整数
千 百 十 一
↑ 0 以外

すなわち，**条件処理** が必要で，まず，最高位の千の位に 0 以外の数字から 1 つ選ぶ。

(1)　千の位は **0 以外** の 5 個の数字から 1 個選び，百，十，一の位は，0 を含めた残りの 5 個から 3 個取って並べる。

(2)　**3 の倍数 ⟶ 各位の数の和が 3 の倍数** であることを利用する。和が 3 の倍数になる 4 個の数字の組を考え，0 を含む組と含まない組の場合に分ける。

(3)　**6 の倍数 ⟶ 2 の倍数かつ 3 の倍数** であるから，(2) のうち，2 の倍数を考えればよい。つまり，一の位に着目する。

(4)　千の位が 2 のときと，千の位が 3，4，5 のときの場合に分けて考える。

(1)～(4) のいずれも，選び方や並べ方は，解答の図を参照してほしい。

CHART 0 を含む数字の順列　**最高位に 0 を並べないように注意**

解答

(1)　千の位は 0 以外 の 1 ～ 5 の数字から 1 個を取るから
　　5 通り
そのおのおのについて，百，十，一の位は，0 を含めた残りの 5 個から 3 個取る順列で
　　$_5P_3$ 通り

千 百 十 一
↑ 0 以外　千 に入れた数字を除いた残り 5 個から 3 個取って並べる
(5 通り)×($_5P_3$ 通り)

よって，求める個数は
$$5\times{}_5P_3=5\times5\cdot4\cdot3=\mathbf{300}\ (\text{個})$$

別解　0 ～ 5 の 6 個の数字から 4 個を取って 1 列に並べる順列の総数は　$_6P_4=6\cdot5\cdot4\cdot3=360$ (個)
このうち，1 番目の数字が 0 であるものは
$$_5P_3=5\cdot4\cdot3=60\ (\text{個})$$
よって，求める個数は
$$360-60=\mathbf{300}\ (\text{個})$$

(2)　3 の倍数となるための条件は，各位の数の和が 3 の倍数 になることである。
0，1，2，3，4，5 のうち，和が 3 の倍数になる 4 個の数字の組は

◀指針___……★ の方針。0 を含む数字の順列の問題では，最高位に 0 を並べないことに注意する。

◀最初は 0 も含めて計算し，後で処理する方法。

◀4 個の数字の順列では，0123 のようなものを含むから，千の位が 0 になる 0□□□ の形のものを除く。

◀条件処理。

(0, 1, 2, 3), (0, 1, 3, 5), (0, 2, 3, 4), ……①
(0, 3, 4, 5), (1, 2, 4, 5)

[1] 0を含む4組の場合
1つの組について，千の位は0以外であるから
$3\times3!=18$ (個)
よって　$4\times18=72$ (個)

[2] (1, 2, 4, 5) の場合
整数の個数は　$4!=24$ (個)

したがって，求める個数は　$72+24=$ **96 (個)**

[1] 0を含む組
千 百 十 一
0以外　千に入れた数字を除いた残り3個を並べる
(3通り)×(3!通り)

(3) 6の倍数は，2の倍数かつ3の倍数であるから，(2)の①の5組からできる数のうち，一の位が偶数となるものを考える。

[1] 一の位が0のとき
0を含む組は4組あるから
$4\times3!=24$ (個)

[2] 0を含む組で一の位が2または4のとき
千の位は0以外で，百，十の位は残りの2個を並べるから　$2\times2!=4$ (個)
2を含む組は2組，4を含む組は2組あるから　$4\times(2+2)=16$ (個)

[3] (1, 2, 4, 5) の場合
整数の個数は　$2\times3!=12$ (個)

よって，求める個数は　$24+16+12=$ **52 (個)**

[1] 千 百 十 0
残り3個を並べる (3!通り)

[2] 一の位が2ならば
千 百 十 2
0以外　残り2個を並べる
(2通り)×(2!通り)

[3] 千 百 十 2か4
残り3個を並べる　2通り
(3!通り)×(2通り)

(4) [1] 千の位が2のとき
百の位は，4または5であればよいから
$2\times{}_4P_2=2\times4\cdot3=24$ (個)

[2] 千の位が3, 4, 5のとき
百，十，一の位は，残りの5個から3個取る順列であるから　${}_5P_3=60$ (個)
よって　$3\times60=180$ (個)

したがって，求める個数は　$24+180=$ **204 (個)**

[1] 2 百 十 一
4か5　残り4個から2個取って並べる
(2通り)×(${}_4P_2$通り)

[2] 3か4か5 百 十 一
3通り　残り5個から3個取って並べる
(3通り)×(${}_5P_3$通り)

参考　**倍数の判定法**　(第4章でも学習する)

2の倍数	一の位が偶数	**4の倍数**	下2桁が4の倍数
5の倍数	一の位が0か5	**25の倍数**	下2桁が25の倍数
3の倍数	各位の数の和が3の倍数	**6の倍数**	2の倍数　かつ 3の倍数
9の倍数	各位の数の和が9の倍数		

練習 12 ②
7個の数字0, 1, 2, 3, 4, 5, 6を重複することなく用いて4桁の整数を作る。次のものは，それぞれ何個できるか。
(1) 整数　(2) 5の倍数　(3) 3500より大きい整数
(4) 2500より小さい整数　(5) 9の倍数

p.37 EX 10

基本例題 13 隣接する順列，しない順列 ①①①①①

男子A，B，C，女子D，E，F，Gの7人が1列に並ぶとき 〔類 九州共立大〕
(1) AとBが隣り合うような並び方は全部で何通りあるか。
(2) AとBが両端にくるような並び方は全部で何通りあるか。
(3) どの男子も隣り合わないような並び方は全部で何通りあるか。 基本 11

指針 (1) AとBが **隣り合う**

1 隣り合う2人を1組にまとめて（図のように **枠□に入れる**），**1人とみなし**，この1人と残り5人の計6人を並べる。

2 次に，**枠の中でのA，Bの並び方** を考える（枠□の中で動かす）。

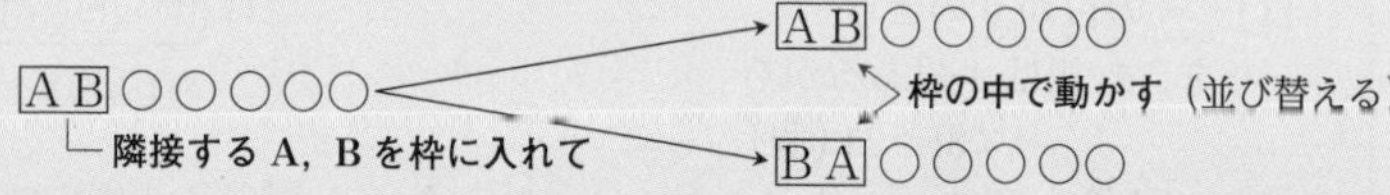

(2) AとBが **両端にくる**

1 両端にくるA，Bの並び方を考える。

2 次に，間に入る5人の並べ方を考える。

1 A，Bが入る
●○○○○○●
2 残り5人が入る

(3) どの男子も **隣り合わない**

1 まず，女子4人D，E，F，Gを並べる。 ◌Ⓓ◌Ⓔ◌Ⓕ◌Ⓖ◌

2 次に，その **間または両端に 男子A，B，Cを並べる。**

解答

(1) A，B2人1組と残り5人の並び方は 6! 通り　◀1組にまとめる。
そのおのおのについて，A，Bの並び方は 2! 通り　◀中で動かす。
よって，求める並び方は
$6!\times 2!=720\times 2=$**1440（通り）**　◀**積の法則**

(2) AとBが両端に並ぶ並び方は 2! 通り　◀両端に並べる。
そのおのおのについて，残りの5人の並び方は 5! 通り　◀間に並べる。
よって，求める並び方は
$2!\times 5!=2\times 120=$**240（通り）**　◀**積の法則**

(3) 女子D，E，F，G4人の並び方は 4! 通り
そのおのおのについて，この4人の間または両端の5か所に，男子A，B，C3人を並べる方法は $_5P_3$ 通り
よって，求める並び方は
$4!\times {}_5P_3=24\times 5\cdot 4\cdot 3=$**1440（通り）**

検討
「2人が隣り合わない」場合の数は，**(全体)−(2人が隣り合う)** の方針の方がらくなこともある。

POINT
1 **隣接するもの　枠に入れて中で動かす**
2 **隣接しないもの　後から 間 または 両端 に入れる**

練習 ② **13** 男子4人，女子3人がいる。次の並び方は何通りあるか。
(1) 男子が両端にくるように7人が1列に並ぶ。
(2) 男子が隣り合わないように7人が1列に並ぶ。
(3) 女子のうち2人だけが隣り合うように7人が1列に並ぶ。

p.38 EX11

基本例題 14 辞書式に並べる順列 ②②②②②

a, b, c, d, e の 5 文字を並べたものを，アルファベット順に，1 番目 abcde，2 番目 abced，……，120 番目 edcba と番号を付ける。〔岡山理科大〕

(1) cbeda は何番目か。

(2) 40 番目は何か。

基本 11

指針 (1) cbeda より前に並んでいる順列を，**左側の文字から整理** して個数を調べる。

a□□□□，　b□□□□，　ca□□□

のように，左側の文字からアルファベット順に分類して固定し，それぞれの順列の個数の和を求める。

(2) a□□□□ の形のものは　4!=24 個

b□□□□ の形のものは　4!=24 個　合わせて 48 個。

48>40 であるから，初めの文字は b と決まる。以下，同様にして

ba□□□，　bc□□□

の形のものの個数を求め，左側から順に文字を決めていく。

慎重に

CHART 辞書式に並べる順列
左側から順に文字を決めて個数を調べる

解答

(1) cbeda より前に並んでいる順列のうち

a□□□□ の形のものは　4!=24 (個)

b□□□□ の形のものは　24 個　◀a□□□□ の形のものの数と同数。

ca□□□ の形のものは　3!=6 (個)

cba□□ の形のものは　2!=2 (個)

cbd□□ の形のものは　2 個　◀cba□□ の形と同数。

cbd□□ の形の次に，cbead，cbeda の 2 個がある。◀cbeda は cbe□□ の形の最後のもの。

よって　24×2+6+2×2+2=**60 (番目)**

(2) a□□□□ の形のものは　4!=24 (個)

ba□□□ の形のものは　3!=6 (個)　◀ここまでで 30 個。

bc□□□ の形のものは　6 個　◀ここまでで 36 個。

bda□□ の形のものは　2!=2 (個)

以上の合計は　24+6×2+2=38 (個)

38 番目は bdaec であるから，

39 番目は　bdcae　◀40 番目に近くなったから，書き出していく。

したがって，40 番目は　**bdcea**

練習 ③ 14 6 個の数字 1, 2, 3, 4, 5, 6 を重複なく使ってできる 6 桁の数を，小さい方から順に並べる。〔類 日本女子大〕

(1) 初めて 300000 以上になる数を求めよ。また，その数は何番目か答えよ。

(2) 300 番目の数を答えよ。

p.38 EX12

重要例題 15 完全順列（k 番目の数が k でない順列）

③③③③③

5 人に招待状を送るため，あて名を書いた招待状と，それを入れるあて名を書いた封筒を作成した。招待状を全部間違った封筒に入れる方法は何通りあるか。

〔武庫川女子大〕 基本 6

指針 5 人を 1，2，3，4，5 とし，それぞれの人のあて名を書いた封筒を ①，②，③，④，⑤；招待状を [1]，[2]，[3]，[4]，[5] とすると，問題の条件は ⓚ ≠ [k]（$k=1$，2，3，4，5）
よって，1，2，3，4，5 の 5 人を 1 列に並べたとき，k 番目が k でない順列の数を求めればよい。

解答

5 人を 1，2，3，4，5 とすると，求める場合の数は，5 人を 1 列に並べた順列のうち，k 番目が k（$k=1$，2，3，4，5）でないものの個数に等しい。

1 番目が 2 のとき，条件を満たす順列は，次の 11 通り。 ◀1 番目は 1 でない。

2—1＜ 4—5—3 ／ 5—3—4

2—3＜ 1—5—4 ／ 4—5—1 ／ 5—1—4

2—4＜ 1—5—3 ／ 5＜ 1—3 ／ 3—1

2—5＜ 1—3—4 ／ 4＜ 1—3 ／ 3—1

1 番目が 3，4，5 のときも条件を満たす順列は，同様に 11 通りずつある。

よって，求める方法の数は　$11\times4=$**44（通り）**

参考 樹形図を作る際は，例えば

① ② ③ ④ ⑤

2—1＜ 4—5—3 ／ 5—3—4

のように書き，○ 内の数字の下にその数字を並べないようにするとよい。

検討

完全順列（次ページの参考事項も参照）

1 ～ n の n 個の数字を 1 列に並べた順列のうち，どの k 番目の数字も k でないものを **完全順列** という。完全順列の総数を調べるには，上の解答のように **樹形図** をかいてもよい。しかし，n の値が大きくなると，樹形図をかくのは大変。そこで，$n\geqq4$ のときの完全順列については，1 つ前や 2 つ前の結果を利用して調べてみよう。

● n 個の数字の順列 [1]，[2]，……，[n] の完全順列の総数を $W(n)$ で表す。

$n=1$ のとき　$W(1)=0$　　$n=2$ のとき，[2][1] の 1 通りしかないから　$W(2)=1$

$n=3$ のとき，[2][3][1]，[3][1][2] の 2 通りあるから　$W(3)=2$

$n=4$ のとき，まず，[1]，[2]，[3] の 3 個の数字の順列の最後に [4] を並べる。

[1]　3 個の数字の順列が **完全順列** であるとき，[4] と 1 ～ 3 番目の数字を入れ替える。
例えば，[2][3][1][4] において，[4] と [1] を入れ替えると　[2][3][4][1]　◀完全順列

[2]　$k=1$，2，3 とする。3 個の数字の順列で 1 つだけ k 番目のものが [k] であるとき（残る 2 個の数字は完全順列になっている），[k] と [4] を入れ替える。
例えば，[2][1][3][4] において，[4] と [3] を入れ替えると　[2][1][4][3]　◀完全順列

[1] の場合は 3 通りの入れ替え方があり，[2] の場合も 3 通りの入れ替え方がある。

よって　$W(4)=3\times W(3)+3\times W(2)=3\times2+3\times1=9$　（以後，次ページに続く）

練習 ③ 15 右の図のようなマス目を考える。どの行（横の並び）にも，どの列（縦の並び）にも同じ数が現れないように 1 から 4 まで自然数を入れる入れ方の場合の数 K を求めよ。〔類 埼玉大〕

2	1	3	4
1	4	2	3

参考事項　完全順列

※以下，前ページの 検討 から続く内容である。

● n 個の数字の順列 $\boxed{1}$，$\boxed{2}$，……，$\boxed{n}$ の完全順列の総数を $W(n)$ で表す。
$n=5$ のとき，まず，$\boxed{1}$，$\boxed{2}$，$\boxed{3}$，$\boxed{4}$ の 4 個の数字の順列の最後に $\boxed{5}$ を並べる。

[1]　4 個の数字の順列が **完全順列** であるとき，$\boxed{5}$ と 1～4 番目の数を入れ替える。
この場合，4 通りの入れ替え方があるから　　　$4\times W(4)$ 通り

例　$\boxed{2}\boxed{3}\boxed{4}\boxed{1}\boxed{5}$ ──($\boxed{5}$ と $\boxed{1}$ を入れ替える)──→ $\boxed{2}\boxed{3}\boxed{4}\boxed{5}\boxed{1}$

[2]　$k=1$，2，3，4 とする。
4 個の数字の順列において，1 つだけ k 番目のものが $\boxed{k}$ であるとき（残る 3 個の数字は **完全順列** になっている），$\boxed{k}$ と $\boxed{5}$ を入れ替える。
この場合，4 通りの入れ替え方があるから　　　$4\times W(3)$ 通り

例　$\boxed{2}\boxed{3}\boxed{1}\boxed{4}\boxed{5}$ ──($\boxed{5}$ と $\boxed{4}$ を入れ替える)──→ $\boxed{2}\boxed{3}\boxed{1}\boxed{5}\boxed{4}$

[1]，[2] から　　$\boldsymbol{W(5)=4\times W(4)+4\times W(3)=4\times 9+4\times 2=44}$

注意　$k=1$，2，……，5 とするとき，1～5 の 5 個の数字の順列において，k 番目が k であるものの個数を N とすると，$N=0$，1，2，3，5 の場合がある（$N=4$ は起こりえない）。これまで説明した方法で **完全順列** を作ることができるのは，$N=0$，1 の場合のみである。

一般に，完全順列について，次のような関係式が成り立つことが知られている。

$$\begin{cases} W(1)=0,\ W(2)=1 \\ W(n)=(n-1)\{W(n-1)+W(n-2)\} \quad (n\geqq 3) \quad \cdots\cdots (*) \end{cases}$$

参考　(＊) のような関係式を **漸化式** という（数学 B で学習する）。また，n 個のものの完全順列の総数 $W(n)$ を **モンモール数** という。

● **補集合の考えを利用した求め方**（$p.47$ 以後で学習する「組合せ」の知識を用いる）
$\boxed{1}$，$\boxed{2}$，……，$\boxed{5}$ の 5 個の数字の順列は　　$5!$ 通り
また，上の **注意** のように，k，N を定めると

[1]　$N=1$ のとき　　${}_5C_1\times W(4)=5\times 9=45$（通り）
例　$\boxed{2}\boxed{3}\boxed{4}\boxed{1}\boxed{5}$，$\boxed{1}\boxed{3}\boxed{4}\boxed{5}\boxed{2}$ など　　◀青く塗った部分は完全順列

[2]　$N=2$ のとき　　${}_5C_2\times W(3)=10\times 2=20$（通り）
例　$\boxed{1}\boxed{2}\boxed{4}\boxed{5}\boxed{3}$，$\boxed{2}\boxed{5}\boxed{3}\boxed{4}\boxed{1}$ など　　◀青く塗った部分は完全順列

[3]　$N=3$ のとき　　${}_5C_3\times W(2)=10\times 1=10$（通り）
例　$\boxed{1}\boxed{2}\boxed{3}\boxed{5}\boxed{4}$，$\boxed{5}\boxed{2}\boxed{3}\boxed{4}\boxed{1}$ など　　◀青く塗った部分は完全順列

[4]　$N=4$ のときは，5 個の数字すべて k 番目に k があることになるから　0 通り

[5]　$N=5$ のときは，$\boxed{1}\boxed{2}\boxed{3}\boxed{4}\boxed{5}$ の　1 通り

以上から　　$\boldsymbol{W(5)=5!-(45+20+10+1)=120-76=44}$

重要例題 16 塗り分けの問題 (1) … 積の法則 ①①①①①

ある領域が，右の図のように 6 つの区画に分けられている。境界を接している区画は異なる色で塗ることにして，赤・青・黄・白の 4 色以内で領域を塗り分ける方法は何通りあるか。〔類 東北学院大〕

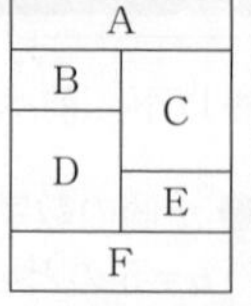

基本 7

指針 塗り分けの問題では，まず **特別な領域**（多くの領域と隣り合う，同色が可能）に着目するとよい。この問題では，最も多くの領域と隣り合う C（D でもよい）に着目し

$$C \to A \to B \to D \to E \to F$$

の順に塗っていくことを考える。

解答

$C \to A \to B \to D \to E \to F$ の順に塗る。

$C \to A \to B$ の塗り方は

$${}_4P_3 = 24 \text{（通り）}$$

この塗り方に対し，D，E，F の塗り方は 2 通りずつある。

よって，塗り分ける方法は全部で　$24 \times 2 \times 2 \times 2 = $ **192（通り）**

C	→ A	→ B	→ D	→ E	→ F
4	× 3	× 2	× 2	× 2	× 2
	Cの色を除く	CとAの色を除く	CとBの色を除く	CとDの色を除く	DとEの色を除く

◀A，B，D，E の 4 つの領域と隣り合う C から塗り始める。

注意 上の解答では，積の法則を使って解いたが，右のように樹形図を利用してもよい。なお，右の樹形図は，C が赤，A が青，B が黄で塗られているときのものである。

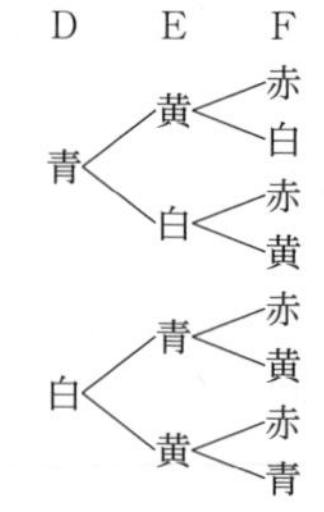

検討

4 色すべてを用いる場合の塗り分け方

上の例題では，「4 色以内」で領域を塗り分ける方法を考えたが，「4 色すべてを用いて」塗り分ける方法を考えてみよう。

この領域を塗り分けるには，最低でも 3 色が必要であるから

（4 色すべてを用いる塗り分け方）＝（4 色以内の塗り分け方）−（3 色を用いる塗り分け方）

により求められる。

ここで，3 色で塗り分ける方法の数を調べると

[C，F] → [A，D] → [B，E]（[　] は同じ色で塗る領域）の順に塗る方法は

$${}_3P_3 = 6 \text{（通り）}$$

4 色から 3 色を選ぶ（＝使わない 1 色を選ぶ）方法は　　4 通り

ゆえに　　$6 \times 4 = 24$（通り）

よって，4 色すべてを用いる塗り分け方は　　$192 - 24 = 168$（通り）

練習 ③ 16 右の図の A，B，C，D，E 各領域を色分けしたい。隣り合った領域には異なる色を用いて塗り分けるとき，塗り分け方はそれぞれ何通りか。

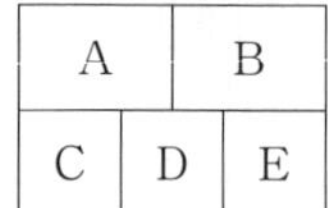

(1) 4 色以内で塗り分ける。　　(2) 3 色で塗り分ける。

(3) 4 色すべてを用いて塗り分ける。〔類 広島修道大〕

p.38 EX 13

EXERCISES

②5 2つのチーム A，B で優勝戦を行い，先に 2 勝した方を優勝チームとする。最初の試合で B が勝った場合に A が優勝する勝負の分かれ方は何通りあるか。ただし，試合では引き分けもあるが，引き分けの次の試合は必ず勝負がつくものとする。 →6

②6 赤，青，白の 3 個のさいころを投げたとき，可能な目の出方は全部で ア□通りあり，このうち赤と青の目が等しい場合は イ□通り，赤と青の目の合計が白の目より小さい場合は ウ□通りある。 →7

②7 1050 の正の約数は ア□個あり，その約数のうち 1 と 1050 を除く正の約数の和は イ□である。 〔類 星薬大〕

→8

②8 大，中，小 3 個のさいころを投げるとき，それぞれの出る目の数を a，b，c とする。このとき，$\dfrac{a}{bc}$ が整数とならない場合は何通りあるか。 →9

②9 十円硬貨 6 枚，百円硬貨 4 枚，五百円硬貨 2 枚，合計 12 枚の硬貨の中から 1 枚以上使って支払える金額は何通りあるか。 〔摂南大〕

→10

③10 5 個の数字 0，2，4，6，8 から異なる 4 個を並べて 4 桁の整数を作る。

(1) 次のものは何個できるか。

(ア) 4 桁の整数　(イ) 3 の倍数　(ウ) 各桁の数字の和が 20 になる整数

(エ) 4500 より大きく 8500 より小さい整数

(2) (1)(ウ) の整数すべての合計を求めよ。 〔類 駒澤大〕

→11，12

HINT

5　樹形図を利用して，起こりうる勝敗の分かれ方を書き上げる。

6　(ウ) 赤と青の目の合計を先に考えて，適する場合を数え上げる。

8　直接求めるのは手間。(整数とならない場合)＝(全体)−(整数となる場合) として求める。

9　積の法則が使える。ただし，0 円となる場合を除くのを忘れないように。

10　(1) (イ) 3 の倍数となるのは，各位の数の和が 3 の倍数のときである。

(エ) 千の位が 4，6，8 で場合分け。

(2) 位ごとに合計を求める。

EXERCISES

②11 1年生2人，2年生2人，3年生3人の7人の生徒を横1列に並べる。ただし，同じ学年の生徒であっても個人を区別して考えるものとする。

(1) 並び方は全部で ☐ 通りある。

(2) 両端に3年生が並ぶ並び方は全部で ☐ 通りある。

(3) 3年生の3人が隣り合う並び方は ☐ 通りある。

(4) 1年生の2人，2年生の2人および3年生の3人が，それぞれ隣り合う並び方は ☐ 通りある。

→13

③12 C，O，M，P，U，T，Eの7文字を全部使ってできる文字列を，アルファベット順の辞書式に並べる。

(1) 最初の文字列は何か。また，全部で何通りの文字列があるか。

(2) COMPUTE は何番目にあるか。

(3) 200番目の文字列は何か。 〔名城大〕

→14

④13 図の①から⑥の6つの部分を色鉛筆を使って塗り分ける方法について考える。ただし，1つの部分は1つの色で塗り，隣り合う部分は異なる色で塗るものとする。

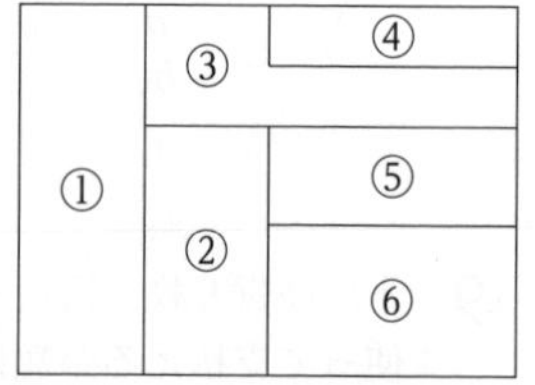

(1) 6色で塗り分ける方法は， ☐ 通りである。

(2) 5色で塗り分ける方法は， ☐ 通りである。

(3) 4色で塗り分ける方法は， ☐ 通りである。

(4) 3色で塗り分ける方法は， ☐ 通りである。 〔立命館大〕

→16

④14 n 桁の自然数について，数字1を奇数個含むものの個数を $f(n)$ とする。ただし，n は自然数とする。

(1) $f(2)$，$f(3)$ を求めよ。

(2) $f(n+1)=8f(n)+9\cdot10^{n-1}$ が成り立つことを示せ。

HINT

12 (2) CE△△△△△，CM△△△△△，COE△△△△，COME△△△ のように，左側の文字からアルファベット順に整理して，それぞれの形の文字列の個数を調べる。

(3) (2)で整理した文字列の個数の計算を利用する。

13 (2) ②→③→⑤→①→⑥→④の順に塗っていくことを考える。

14 (1) 数え上げてもよいが，例えば，$f(2)$ については，1桁の自然数にどのような数を付け加えればよいか，ということを考えるとよい。

(2) n 桁の自然数は全部で $(10^n-1)-10^{n-1}+1=9\cdot10^{n-1}$ (個) ある。このうち，数字1を奇数個含むものは $f(n)$ 個あるから，偶数個含むものは $\{9\cdot10^{n-1}-f(n)\}$ 個ある。

4 円順列・重複順列

基本事項

1 円順列

異なる n 個のものの円順列の総数は　$\dfrac{{}_n\mathrm{P}_n}{n}=(n-1)!$

2 重複順列

異なる n 個のものから **重複を許して**, r 個を取り出して並べる順列の総数は　n^r

解　説

■円順列

いくつかのものを円形に並べる配列を **円順列** という。円順列では, 適当に回転して並びが一致するものは同じものと考える。

例えば, A, B, C, D, E の5人を円形に並べるとき, 右図の5つは回転するとどれも一致する。

すなわち, 普通の順列 ABCDE, BCDEA, CDEAB, DEABC, EABCD の5つは, 円順列としては同じものである。

ゆえに, 1つの円順列に対して5つの順列があり, 順列の総数は ${}_5\mathrm{P}_5$ であるから, 求める円順列の総数を x とすると　$x\times5={}_5\mathrm{P}_5$

よって　$x=\dfrac{{}_5\mathrm{P}_5}{5}=\dfrac{5!}{5}=(5-1)!$ (通り)

これはまた, 1つのもの, 例えば, Aを固定して, 他のB～Eの4人を並べると考えることもできるから, ${}_4\mathrm{P}_4=(5-1)!=4!$ (通り)　としても求められる。

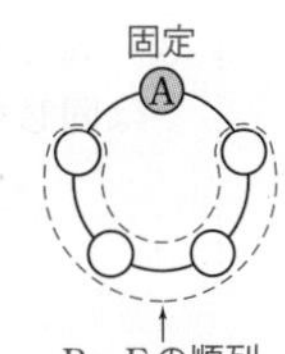

異なる n 個のものについても同様に, 円順列の総数は

$$\frac{{}_n\mathrm{P}_n}{n}={}_{n-1}\mathrm{P}_{n-1}=(n-1)!$$

■重複順列

一般に, 異なる n 個のものから, 重複を許して r 個を取り出して並べる順列の総数は, 第1のものも, 第2, 第3, ……, 第 r のものも, その選び方は, すべて n 通りで

$$\underbrace{n\times n\times n\times\cdots\cdots\times n}_{r\text{ 個}}=n^r$$

である。このような順列を n 個から r 個取る **重複順列** という。

なお, 重複順列では, $r\leqq n$ とは限らず, $r>n$ **であってもよい**。

例　1と2の数字を重複を許して, 5個を取り出して並べる。

このとき, どの位置も1または2の2通りの並べ方があるから, 11111 から 22222 までの順列の総数は

$2\times2\times2\times2\times2=2^5=32$ (通り)　となる。

すべてに1か2が入る

○	○	○	○	○
↑	↑	↑	↑	↑
1 or 2	1 or 2	1 or 2	1 or 2	1 or 2

基本例題 17 円順列・じゅず順列 (1)

①①①①①

異なる6個の宝石がある。

(1) これらの宝石を机の上で円形に並べる方法は何通りあるか。

(2) これらの宝石で首飾りを作るとき，何種類の首飾りができるか。

(3) 6個の宝石から4個を取り出し，机の上で円形に並べる方法は何通りあるか。

p.39 基本事項 1　重要 19

(1) 机の上で円形に並べるのだから，**円順列** と考える。

(2) 首飾りは，裏返すと同じものになる。例えば，右の図の並べ方は円順列としては異なるが，裏返すと同じものである。このときの順列の個数は，円順列の場合の半分となる（検討 参照）。

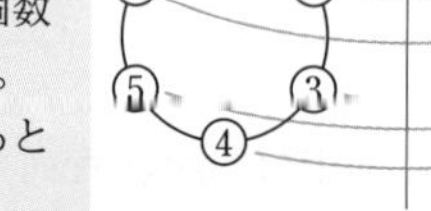

(3) 1列に並べると ${}_6\mathrm{P}_4$ これを，回転すると同じ並べ方となる4通りで割る。

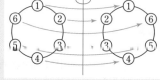

いずれの場合も，**基本となる順列を考えて，同じものの個数で割る** ことがポイントとなる。

CHART 特殊な順列　**基本の順列を考え，同じものの個数で割る**

解答

(1) 6個の宝石を机上で円形に並べる方法は

$$\frac{{}_6\mathrm{P}_6}{6}=(6-1)!=5!=\mathbf{120}\ (\textbf{通り})$$

(2) (1)の並べ方のうち，裏返して一致するものを同じものと考えて　$\dfrac{(6-1)!}{2}=\mathbf{60}$ **(種類)**

(3) 異なる6個から4個取る順列 ${}_6\mathrm{P}_4$ には，円順列としては同じものが4通りずつあるから

$$\frac{{}_6\mathrm{P}_4}{4}=\frac{6\cdot5\cdot4\cdot3}{4}=\mathbf{90}\ (\textbf{通り})$$

◀1つのものを固定して他のものの順列を考えてもよい。すなわち，5個の宝石を1列に並べる順列と考えて　5! 通り

◀一般に，異なる n 個のものから r 個取った円順列の総数は　$\dfrac{{}_n\mathrm{P}_r}{r}$

検討

じゅず順列

(2)の首飾りのように，異なるいくつかのものを円形に並べ，回転または裏返して一致するものは同じものとみるとき，その並び方を **じゅず順列** という。円順列の中には裏返すと一致するものが2つずつあるから，じゅず順列の総数は円順列の総数の半分である。すなわち，**異なる n 個のもののじゅず順列の総数は** $\dfrac{(n-1)!}{2}$ である。

問題文に **首飾り，腕輪，ブレスレット，ネックレス** など裏返すことができるものが現れた場合には，じゅず順列を意識するとよい。

練習 ② 17

(1) 異なる色のガラス玉8個を輪にしてブレスレットを作る。玉の並び方の異なるものは何通りできるか。

(2) 7人から5人を選んで円卓に座らせる方法は何通りあるか。

基本例題 18 円順列・じゅず順列 (2)

(1) 6個の数字 1, 2, 3, 4, 5, 6 を円形に並べるとき, 1と2が隣り合う並べ方は ^{ア}□通りあり, 1と2が向かい合う並べ方は ^{イ}□通りある。

(2) 男子4人と女子3人が円形のテーブルに着くとき, 女子の両隣には必ず男子が座るような並び方は全部で□通りある。 基本 13, 17 重要 31

指針 円順列の問題であるが, *p*.32 基本例題 **13** と同じような条件の処理が必要となる。

(1) (ア) 隣り合う 1と2を 1組にまとめて (1つのものとみなし), 3, 4, 5, 6 との円順列を考える。次に, 1と2の並べ方を考える。

(イ) 1を 固定して 考えると, 2の位置も自動的に固定される。

(2) まず男子を円形に並べ, 男子と男子の間に女子を並べる と考える。

解答

(1) (ア) 1と2を1組と考えて, この1組と 3, 4, 5, 6 を円形に並べる並べ方は

$(5-1)!=4!=24$ (通り)

1と2の並べ方は $2!=2$ (通り)

よって $24\times2=$ **48** (通り)

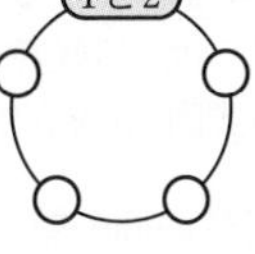

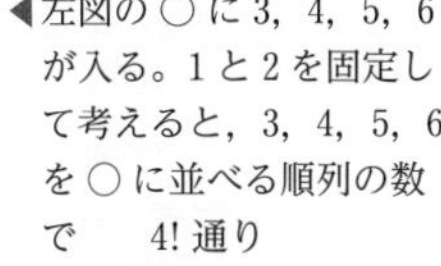

◀左図の○に 3, 4, 5, 6 が入る。1と2を固定して考えると, 3, 4, 5, 6 を○に並べる順列の数で 4! 通り

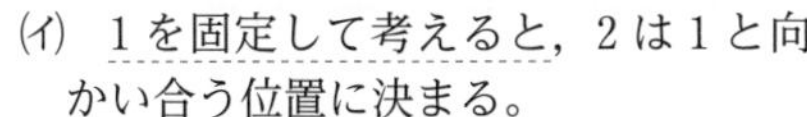

(イ) 1を固定して考えると, 2は1と向かい合う位置に決まる。

残りの4つの位置に 3, 4, 5, 6 を並べればよいから

$4!=$ **24** (通り)

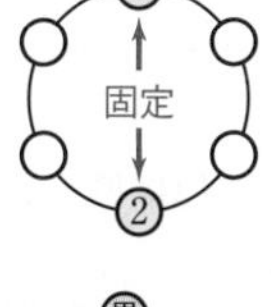

◀1と2は固定されているから, 円順列とは考えない。

(2) まず, 男子4人の円順列は

$(4-1)!=6$ (通り)

男子と男子の間の4か所に女子3人が1人ずつ並ぶ方法は

${}_4P_3=4\cdot3\cdot2=24$ (通り)

よって $6\times24=$ **144** (通り)

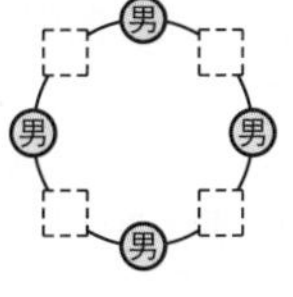

◀4つの□から3つを選んで女子を並べる。

別解 (1)について,「まず, 1を除いた 2〜6 の 5個の数字を円形に並べ, その後に1をどこに入れるか」に着目して解くと, 次のようになる。

2〜6 の5個の円順列は $(5-1)!=24$ (通り)

(ア) 1と2が隣り合うようにするためには, 1を2の左右どちらかに入れればよいから

$24\times2=$ **48** (通り)

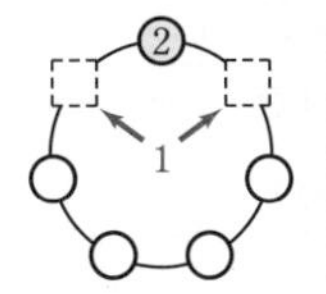

(イ) 1と2が向かい合うようにするためには, 1を2の対面に入れればよいから

$24\times1=$ **24** (通り)

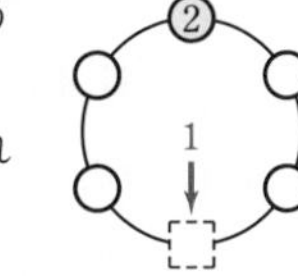

練習 ② 18 1から8までの番号札が1枚ずつあり, この8枚すべてを円形に並べるとき, 次のような並び方の総数を求めよ。

(1) すべての奇数の札が続けて並ぶ。 (2) 奇数の札と偶数の札が交互に並ぶ。

(3) 奇数と偶数が交互に並び, かつ1の札と8の札が隣り合う。 p.46 EX15

重要例題 19 塗り分けの問題(2) … 円順列・じゅず順列

立方体の各面に，隣り合った面の色は異なるように，色を塗りたい。ただし，立方体を回転させて一致する塗り方は同じとみなす。

(1) 異なる 6 色をすべて使って塗る方法は何通りあるか。

(2) 異なる 5 色をすべて使って塗る方法は何通りあるか。

基本 17　重要 31

指針 「回転させて一致するものは同じ」と考えるときは，**特定のものを固定して，他のものの配列を考える**

(1) 上面に 1 つの色を固定し，残り 5 面の塗り方を考える。まず，下面に塗る色を決めると，側面の塗り方は **円順列** を利用して求められる。

(2) 5 色の場合，同じ色の面が 2 つある。その色で上面と下面を塗る。そして，側面の塗り方を考えるが，上面と下面は同色であるから，下の解答のように **じゅず順列** を利用することになる。

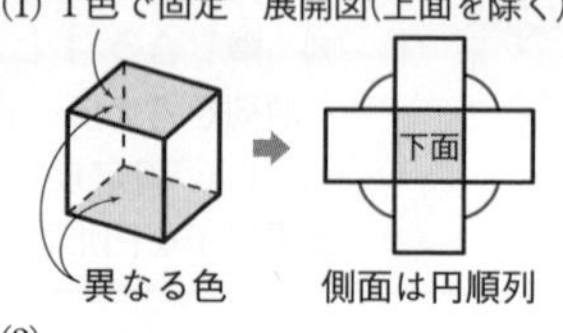

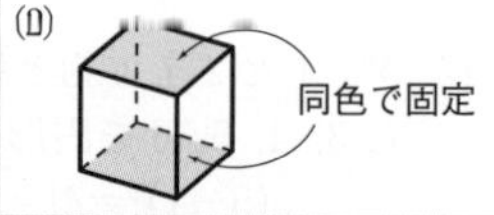

CHART 回転体の面の塗り分け　1 つの面を固定し 円順列 か じゅず順列

解答

(1) ある面を 1 つの色で塗り，それを上面に固定する。

このとき，下面の色は残りの色で塗るから

5 通り

そのおのおのについて，側面の塗り方は，異なる 4 個の円順列で

$(4-1)!=3!=6$ (通り)

よって　$5\times6=$ **30 (通り)**

(2) 2 つの面は同じ色を塗ることになり，その色の選び方は　5 通り

その色で上面と下面を塗ると，そのおのおのについて，側面の塗り方には，上下をひっくり返すと，塗り方が一致する場合が含まれている。(*)

ゆえに，異なる 4 個のじゅず順列で

$\dfrac{(4-1)!}{2}=\dfrac{3!}{2}=3$ (通り)

よって　$5\times3=$ **15 (通り)**

検討

(1) 次の 2 つの塗り方は，例えば，左の塗り方の上下をひっくり返すと，右の塗り方と一致する。このような一致を防ぐため，上面に 1 色を固定している。

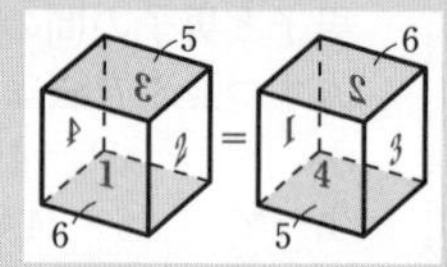

(2) (*)に関し，例えば，次の 2 つの塗り方（側面の色の並び方が，時計回り，反時計回りの違いのみで同じもの）は，上下をひっくり返すと一致する。

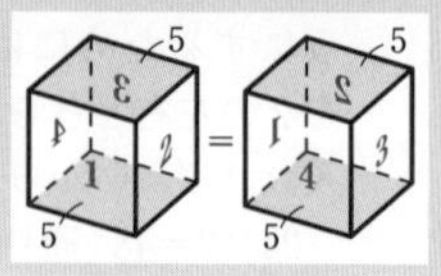

練習 ③ 19 次のような立体の塗り分け方は何通りあるか。ただし，立体を回転させて一致する塗り方は同じとみなす。

(1) 正五角錐の各面を異なる 6 色すべてを使って塗る方法

(2) 正三角柱の各面を異なる 5 色すべてを使って塗る方法

p.46 EX16

基本例題 20 重複順列

(1) 1から5までの番号の付いた箱がある。次のような入れ方は何通りあるか。
(ア) それぞれの箱に，赤か白の玉のうち，いずれか1個を入れる。
(イ) それぞれの箱に，赤か白の玉のうち，いずれか1個を入れて，どの色の玉も必ずどれかの箱に入るようにする。
(2) 4個の数字0，1，2，3を重複を許して使ってできる，次のような正の整数は何個あるか。
(ア) 4桁の整数　　(イ) 3桁以下の整数

p.39 基本事項 2

指針 (1) (ア) どの箱へも入れ方は，赤または白の　2通り
5つの箱があるから　$2\times2\times2\times2\times2$ 通り
異なる2個のものから5個取る 重複順列
(イ)「赤も白もどれかに入る」から，全体より赤玉のみ，白玉のみの場合を除く。
(2) 最高位に0は使えないことに注意。

箱1	箱2	箱3	箱4	箱5
↑	↑	↑	↑	↑
赤 or 白	赤 or 白	赤 or 白	赤 or 白	赤 or 白

CHART 同じもの（重複）を許した並び ⟹ 重複順列

解答
(1) (ア) 赤か白の玉のうち，いずれか1個を入れる入れ方は　$2\times2\times2\times2\times2=2^5=$ **32**（通り）
(イ) (ア)のうち，全部の箱に赤玉のみ，白玉のみを入れた場合の2通りを除いて　$32-2=$ **30**（通り）
(2) (ア) 千の位に使える数は，1，2，3の　3通り
そのおのおのについて，百，十，一の位に使える数は，それぞれ0，1，2，3の4通りずつある。
よって，求める個数は
$3\times4\times4\times4=3\times4^3=$ **192**（個）
(イ) (ア)と同様に考えて，正の整数で3桁のものは
$3\times4\times4=3\times4^2=48$（個）
2桁のものは　$3\times4=12$（個），1桁のものは　3個
よって，求める個数は　$48+12+3=$ **63**（個）
別解 (イ) 例えば，001を1とみるとすると，百，十，一の位それぞれに0，1，2，3のいずれかを使い，000を除くと考えて　$4^3-1=$ **63**（個）

◀異なる n 個から r 個取る重複順列の総数は n^r

◀(全体)−(…でない)

(ア)
千	百	十	一
↑	↑	↑	↑
1	0	0	0
2	1	1	1
3	2	2	2
	3	3	3

$3\times4\times4\times4$

◀1桁の正の整数に0は含まれない。

◀どの位も4通り。

練習 ② 20
(1) 異なる5個の要素からなる集合の部分集合の個数を求めよ。
(2) 机の上に異なる本が7冊ある。その中から，少なくとも1冊以上何冊でも好きなだけ本を取り出すとき，その取り出し方は何通りあるか。　〔(2) 神戸薬大〕
(3) 0，1，2，3の4種類の数字を用いて4桁の整数を作るとき，10の倍数でない整数は何個できるか。ただし，同じ数字を何回用いてもよい。

p.46 EX17

基本例題 21 組分けの問題 (1) … 重複順列

①①①①①

6 枚のカード 1, 2, 3, 4, 5, 6 がある。

(1) 6 枚のカードを組 A と組 B に分ける方法は何通りあるか。ただし，各組に少なくとも 1 枚は入るものとする。

(2) 6 枚のカードを 2 組に分ける方法は何通りあるか。

(3) 6 枚のカードを区別できない 3 個の箱に分けるとき，カード 1, 2 を別々の箱に入れる方法は何通りあるか。ただし，空の箱はないものとする。

基本 20

指針 (1) 6 枚のカードおのおのの分け方は，A, B の 2 通り。

⟶ **重複順列** で　2^6 通り

ただし，どちらの組にも 1 枚は入れるから，全部を A または B に入れる場合を除くために　-2

1	2	3	4	5	6
↑	↑	↑	↑	↑	↑
A or B	A or B	A or B	A or B	A or B	A or B

(2) (1) で，A, B の区別をなくすために　$\div 2$

(3) 3 個の箱を A, B, C とし，問題の条件を表に示すと，右のようになる。よって，次のように計算する。

(3, 4, 5, 6 を A, B, C に分ける)

$-$(C が空箱になる＝3, 4, 5, 6 を A と B のみに入れる)

箱	A	B	C
カード	1	2	

3, 4, 5, 6 から少なくとも 1 枚

CHART 組分けの問題　0 個の組 と 組の区別の有無 に注意

解答

(1) 6 枚のカードを，A, B 2 つの組のどちらかに入れる方法は　$2^6=64$ (通り)

このうち，A, B の一方だけに入れる方法は　2 通り

よって，組 A と組 B に分ける方法は

$64-2=\mathbf{62}$ **(通り)**

◀A, B の 2 個から 6 個取る重複順列の総数。

(2) (1) で A, B の区別をなくして

$62\div 2=\mathbf{31}$ **(通り)**

◀(2 組の分け方)×2!＝(A, B 2 組の分け方)

(3) カード 1, カード 2 が入る箱を，それぞれ A, B とし，残りの箱を C とする。

A, B, C の 3 個の箱のどれかにカード 3, 4, 5, 6 を入れる方法は　3^4 通り

このうち，C には 1 枚も入れない方法は　2^4 通り

したがって　$3^4-2^4=81-16=\mathbf{65}$ **(通り)**

(3) 問題文に「区別できない」とあっても，カード 1 が入る箱，カード 2 が入る箱，残りの箱，と区別できるようになる。C が空となる入れ方は，A, B の 2 個から 4 個取る重複順列の総数と考えて　2^4 通り

練習 ③ 21

(1) 7 人を 2 つの部屋 A, B に分けるとき，どの部屋も 1 人以上になる分け方は全部で何通りあるか。

(2) 4 人を 3 つの部屋 A, B, C に分けるとき，どの部屋も 1 人以上になる分け方は全部で何通りあるか。

(3) 大人 4 人，子ども 3 人の計 7 人を 3 つの部屋 A, B, C に分けるとき，どの部屋も大人が 1 人以上になる分け方は全部で何通りあるか。

p.46 EX18

重複順列，組分けの問題に関する注意点

前ページの例題 **21** や $p.52$ 例題 **25** のように，組分けの問題には，いろいろなタイプがあり，問題の設定に応じて考えていく必要がある。例題 **21** では重複順列の考えを利用しているが，その内容について更に掘り下げて考えてみよう。

● 重複順列の考え方

異なる n 個のものから r 個取る重複順列の総数は n^r ……（＊）

1	2	3	4	5	6
↑	↑	↑	↑	↑	↑
2通り	2通り	2通り	2通り	2通り	2通り

（＊）の n^r を単に公式として覚えているだけでは，n と r を取り違えて，例えば(1)では，2^6 でなく 6^2 としてしまうミスをしやすい。よって，慣れないうちは指針の(1)にあるような図，または上の図のように，各位置に何通りの方法があるかがわかるような図をかくとよい。
また，図をかくことで，重複順列は，積の法則を繰り返し利用したものになっていることがわかり，（＊）の式の原理をしっかり理解するのにも役立つ。

● 組分けの問題での注意点 1

組分けの問題では，0 個となる組が許されるかどうか，にまず注目しよう。
(1)では，「各組に少なくとも 1 枚は入る」（0 枚の組はダメ）という設定であるから，（組 A：0 枚，組 B：1 ～ 6 の 6 枚）の分け方と（組 A：1 ～ 6 の 6 枚，組 B：0 枚）の分け方を除く必要がある。ここで，仮に「1 枚も入らない組があってもよい」（0 枚の組も OK）という設定ならば，答えは $2^6=64$（通り）となる。

なお，(2)では，一方の組に 6 枚のカードすべてを入れると組の数は 1 となり，2 組という条件を満たさない。すなわち，問題文に断り書きはないが，「0 枚の組は許されない」という前提条件のもとで考えていくことになる。

● (2) において ÷2 する理由

(1)の 62 通りの分け方のうち，例えば(1)では右の ①，② の分け方は別のもの（2 通り）である。
しかし，(2)では組 A，B の区別がなくなるから，① と ② は同じもの（1 通り）となる。

	A	B
①	(1, 2, 3)	(4, 5, 6)
②	(4, 5, 6)	(1, 2, 3)
⋮	⋮	⋮
㊷	⋮	⋮

(1)の組分け ①～㊷ のうち，組の区別をなくすと同じになるものが 2 通りずつあるから，(2)では ÷2 としているのである。

● 組分けの問題での注意点 2

組分けの問題では，分けるものや組に区別があるかないか をしっかり見極めることも重要である。例えば，例題 **21** (1)，(2)ではカードに区別があるが，仮にカードの区別がないとした場合は，結果はまったく異なるので，注意が必要である。
⟶ 詳しくは解答編 $p.13$ の検討参照。カードの枚数だけに注目し，数え上げによって分け方を書き上げると，(1)では 5 通り，(2)では 3 通り となる。

EXERCISES

④**15**　A さんとその 3 人の子ども，B さんとその 3 人の子ども，C さんとその 2 人の子どもの合わせて 11 人が，A さんと A さんの三男は隣り合わせになるようにして，円形のテーブルに着席する。このとき，それぞれの家族がまとまって座る場合の着席の仕方は ア□ 通りあり，その中で，異なる家族の子どもたちが隣り合わせにならないような着席の仕方は イ□ 通りある。　〔南山大〕

→17，18

③**16**　正四面体の各面に色を塗りたい。ただし，1 つの面には 1 色しか塗らないものとし，色を塗ったとき，正四面体を回転させて一致する塗り方は同じとみなすことにする。

(1)　異なる 4 色の色がある場合，その 4 色すべてを使って塗る方法は全部で何通りあるか。

(2)　異なる 3 色の色がある場合を考える。3 色すべてを使うときは，その塗り方は全部で何通りあるか。また，3 色のうち使わない色があってもよいときは，その塗り方は全部で何通りあるか。　〔神戸学院大〕

→19

③**17**　4 種類の数字 0，1，2，3 を用いて表される自然数を，1 桁から 4 桁まで小さい順に並べる。すなわち

1，2，3，10，11，12，13，20，21，……

このとき，全部で ア□ 個の自然数が並ぶ。また，230 番目にある数は イ□ であり，230 は ウ□ 番目にある。　〔類 日本女子大〕

→20

③**18**　乗客定員 9 名の小型バスが 2 台ある。乗客 10 人が座席を区別せずに 2 台のバスに分乗する。人も車も区別しないで，人数の分け方だけを考えて分乗する方法は ア□ 通りあり，人は区別しないが車は区別して分乗する方法は イ□ 通りある。更に，人も車も区別して分乗する方法は ウ□ 通りあり，その中で 10 人のうちの特定の 5 人が同じ車になるように分乗する方法は エ□ 通りある。　〔関西学院大〕

→21

15　(ア)　まず，それぞれの家族を 1 つのものと考える。
　　(イ)　A さん，B さん，C さんを先に並べてから子どもの配置を考える。

16　ある 1 つの面（底面）を固定して考える。
　　(1)　残りの面の塗り方は円順列になる。
　　(2)　正四面体を，[1]　3 色で塗る ⟶ 1 色で 2 面，[2]　2 色で塗る ⟶ (i) 1 色で 2 面，(ii) 1 色で 3 面　などに場合分けをする。

17　(ア)　2 桁から 4 桁の数の最高位に 0 は使えない。

18　(ウ)，(エ)　定員が 9 名であるから，1 台のバスに全員乗ることはできない。

5 組合せ

基本事項

1 組合せ

異なる n 個のものの中から異なる r 個を取る組合せの総数は

$$ {}_n\mathrm{C}_r=\frac{{}_n\mathrm{P}_r}{r!}=\frac{n(n-1)(n-2)\cdots\cdots(n-r+1)}{r(r-1)\cdots\cdots3\cdot2\cdot1}=\frac{n!}{r!(n-r)!} $$

特に　${}_n\mathrm{C}_n=1$　　ただし，${}_n\mathrm{C}_0=1$ と定める。 ←${}_n\mathrm{P}_0=1$ (p.28)

2 ${}_n\mathrm{C}_r$ の性質

① ${}_n\mathrm{C}_r={}_n\mathrm{C}_{n-r}$　$(0\leqq r\leqq n)$

② ${}_n\mathrm{C}_r={}_{n-1}\mathrm{C}_{r-1}+{}_{n-1}\mathrm{C}_r$　$(1\leqq r\leqq n-1,\ n\geqq2)$

3 同じものを含む順列

n 個 のもののうち，**p 個** は同じもの，**q 個** は別の同じもの，**r 個** はまた別の同じもの，…… であるとき，それら **n 個** のもの全部を使って作られる順列の総数は

$$ {}_n\mathrm{C}_p\times{}_{n-p}\mathrm{C}_q\times{}_{n-p-q}\mathrm{C}_r\times\cdots\cdots \quad \text{すなわち} \quad \frac{n!}{p!q!r!\cdots\cdots} \quad (p+q+r+\cdots\cdots=n) $$

解　説

■組合せ

4 個の数字 1，2，3，4 の中から異なる 3 個の数字を選んで 1 列に並べる順列では，その並べる順序が問題であった。しかし，組合せでは並べる順序を問題にせず，それを構成するもののみを考える。

例　1，2，3，4 の 4 個の中から異なる 3 個の数字を選ぶ方法は，数字の順序を問題にしないから，次の 4 通りである。

(1，2，3)，(1，2，4)，(1，3，4)，(2，3，4) …… ①

◀4 個の中から 3 個を取ると 1 個の数字が残るから，この残る 1 個の数字を選ぶ，と考えることもできる。

順列 123，132，213，231，312，321 は，組合せでは同じものになる。

一般に，$r\leqq n$ のとき，異なる n 個のものの中から異なる r 個を取り出し，順序を問題にしないで 1 組としたものを，**n 個から r 個取る組合せ** といい，その組合せの総数を ${}_n\mathrm{C}_r$(*) で表す。

例えば，上の 例 において，組合せの総数は　${}_4\mathrm{C}_3=4$

(*) C は combination (組合せ) の頭文字で，${}_n\mathrm{C}_r$ は「C の n，r」や「n，C，r」と読む。

また，この ${}_4\mathrm{C}_3$ の値は，次のように考えることもできる。

① の組の 1 つ (1，2，3) について，1，2，3 の順列は 3! 通りある。

これは他のどの組についても同じであるから，全体では ${}_4\mathrm{C}_3\times3!$ 通りの順列が得られる。

このことは，右の表からもわかるように，4 個から 3 個取る順列の総数 ${}_4\mathrm{P}_3$ に一致する。

ゆえに　${}_4\mathrm{C}_3\times3!={}_4\mathrm{P}_3$

よって　${}_4\mathrm{C}_3=\dfrac{{}_4\mathrm{P}_3}{3!}=\dfrac{4\cdot3\cdot2}{3\cdot2\cdot1}=4$

${}_4\mathrm{C}_3$（横方向），3!（縦方向）

(1, 2, 3)	(1, 2, 4)	(1, 3, 4)	(2, 3, 4)
1 3 2	1 4 2	1 4 3	2 4 3
2 1 3	2 1 4	3 1 4	3 2 4
2 3 1	2 4 1	3 4 1	3 4 2
3 1 2	4 1 2	4 1 3	4 2 3
3 2 1	4 2 1	4 3 1	4 3 2

一般に，${}_n\mathrm{C}_r\times r!={}_n\mathrm{P}_r$ が成り立つから，基本事項 **1** の公式が成り立つ。

■ $_n\mathrm{C}_r$ の性質

証明 ① n 個から r 個取ることは，n 個から $n-r$ 個残すことと同じであるから

$$_n\mathrm{C}_r={}_n\mathrm{C}_{n-r}$$

② [1]，[2]，……，[n] の n 枚のカードから r 枚取る組合せを，次の 2 つに分ける。

(A) **[1] が入っている組合せ**

[1] を除いた $n-1$ 枚の [2]，[3]，……，[n] から $r-1$ 枚を選び，それに [1] を入れておく。その方法の数は　$_{n-1}\mathrm{C}_{r-1}$

(B) **[1] が入っていない組合せ**

[1] を除いた [2]，[3]，……，[n] から r 枚を選ぶ。その方法の数は　$_{n-1}\mathrm{C}_r$

$_n\mathrm{C}_r$ は (A)＋(B) であるから　$_n\mathrm{C}_r={}_{n-1}\mathrm{C}_{r-1}+{}_{n-1}\mathrm{C}_r$

次のように，$_n\mathrm{C}_r=\dfrac{n!}{r!(n-r)!}$ を用いて証明することもできる。

証明 ① $_n\mathrm{C}_{n-r}=\dfrac{n!}{(n-r)!\{n-(n-r)\}!}=\dfrac{n!}{(n-r)!r!}={}_n\mathrm{C}_r$

② $_{n-1}\mathrm{C}_{r-1}+{}_{n-1}\mathrm{C}_r=\dfrac{(n-1)!}{(r-1)!\{(n-1)-(r-1)\}!}+\dfrac{(n-1)!}{r!\{(n-1)-r\}!}$

$$=\frac{(n-1)!}{r!(n-r)!}\{r+(n-r)\}=\frac{n!}{r!(n-r)!}={}_n\mathrm{C}_r$$

■ 同じものを含む順列

同じものを含む順列の総数を計算するには，次の ①，② の 2 つの方法があるが，どちらの方法で求めてもよい。

① 同じものを並べる位置を **先に** 決める。　⟹ **組合せ** の考え
② すべて区別して並べた **後に**，その区別をなくす。　⟹ **順　列** の考え

例 a 4 個，b 3 個，c 2 個の計 9 個の順列の総数

① [1] 右の 9 個の ◯ から，a 4 個を入れる位置を決める方法は　$_9\mathrm{C}_4$ 通り　　[1] ◯◯◯◯◯◯◯◯◯

[2] 残りの 5 個の ◯ から，b 3 個を入れる位置を決める方法は　$_5\mathrm{C}_3$ 通り　　[2] ⓐ◯ⓐⓐ◯◯◯◯ⓐ

[3] 残りの 2 個の ◯ に c 2 個を入れる方法は　$_2\mathrm{C}_2$ 通り　　[3] ⓐⓑⓐⓐ◯ⓑⓑ◯ⓐ

よって　$_9\mathrm{C}_4\times{}_5\mathrm{C}_3\times{}_2\mathrm{C}_2=\dfrac{9!}{4!5!}\times\dfrac{5!}{3!2!}\times\dfrac{2!}{2!}=\dfrac{9!}{4!3!2!}=1260$（通り）　←$_n\mathrm{C}_r=\dfrac{n!}{r!(n-r)!}$

② まず，a，b，c がすべて異なるものとして，a_1，a_2，a_3，a_4；b_1，b_2，b_3；c_1，c_2 の 9 個の順列と考えると　$_9\mathrm{P}_9=9!$（通り）

$a_1=a_2=a_3=a_4=a$ とすると，同じものが　$_4\mathrm{P}_4=4!$（通り）
$b_1=b_2=b_3=b$ とすると，同じものが　$_3\mathrm{P}_3=3!$（通り）
$c_1=c_2=c$ とすると，同じものが　$_2\mathrm{P}_2=2!$（通り）
ずつ出てくる。

例えば
ⓐⓑⓐⓐc_1ⓑⓑc_2ⓐ と
ⓐⓑⓐⓐc_2ⓑⓑc_1ⓐ は
同じ順列となる。

ゆえに，求める順列の総数を x とすると　$x\times4!\times3!\times2!=9!$

よって　$x=\dfrac{9!}{4!3!2!}=1260$（通り）

問 次の値を求めよ。

(1) $_{10}\mathrm{C}_4$　(2) $_{12}\mathrm{C}_9$　(3) $_{11}\mathrm{C}_{10}$　(4) $_5\mathrm{C}_0$　(5) $_3\mathrm{C}_3$

（＊） 問 の解答は $p.297$ にある。

基本例題 22 組合せの基本 ①①①①①

男子 3 人，女子 4 人から 3 人を選ぶとき，次の場合の数を求めよ。
(1) 7 人から 3 人を選ぶ選び方
(2) 3 人のうち女子が 1 人だけ入っている選び方
(3) 3 人のうち女子が少なくとも 1 人入っている選び方
(4) 女子 2 人，男子 1 人を選んで 1 列に並べる方法

p.47 基本事項 1

指針
(1) 7 人から 3 人 **選ぶ** ⟶ 順序は問題にしないから **組合せ** $_7C_3$
(2) 男子 3 人から 2 人選び，女子 4 人から 1 人選ぶ。
(3) 女子が **少なくとも 1 人** ⟶ 女子が 1 人，2 人，3 人の場合があるが **(全体)−(女子が 1 人も入っていない)** で計算した方が早い。
(4) まず，**選ぶ**（組に分かれる）。次に，選んだ人を **並べる**。

解答

(1) $_7C_3=\dfrac{7\cdot6\cdot5}{3\cdot2\cdot1}=$ **35（通り）**

◀ $_7C_3=\dfrac{_7P_3}{3!}$

(2) 男子 3 人から 2 人選ぶ選び方は　$_3C_2$ 通り
そのおのおのに対し，女子 4 人から 1 人選ぶ選び方は
$_4C_1$ 通り
よって　$_3C_2\times{}_4C_1=3\times4=$ **12（通り）**

◀積の法則

(1) 7人 → 3人
(2) 男3人 ↓ 2人　女4人 ↓ 1人

(3) すべて男子を選ぶ選び方は　$_3C_3$ 通り
よって，少なくとも 1 人女子が入っている選び方は
$_7C_3-{}_3C_3=35-1=$ **34（通り）**

◀(1) の結果を使う。
◀(全体)−(…でない)

(4) 女子 4 人から 2 人選ぶ選び方は　$_4C_2$ 通り
そのおのおのに対し，男子 3 人から 1 人選ぶ選び方は
$_3C_1$ 通り
ゆえに，女子 2 人，男子 1 人の選び方は　$_4C_2\times{}_3C_1$ 通り
選んだ 3 人を 1 列に並べる並べ方は　$_3P_3$ 通り
よって　$({}_4C_2\times{}_3C_1)\times{}_3P_3=\dfrac{4\cdot3}{2\cdot1}\times3\times3\cdot2\cdot1$
$=$ **108（通り）**

◀(2) と同じ考え方。
◀積の法則

検討

順列 $_nP_r$ と組合せ $_nC_r$ の違い

選ぶときに　順列　…… 選んだものの 順序まで考える
　　　　　　組合せ …… 選んだものの 順序は考えない（どれとどれを選ぶかのみに注目）

つまり，$_nC_r$ 個の組合せ 1 つ 1 つは r 個の異なるものから成り，この r 個に順序をつけると $r!$ 通りの順列ができる。よって，$\boldsymbol{_nP_r={}_nC_r\times r!}$ が成り立つ。

練習 ② 22　A を含む 5 人の男子生徒，B を含む 5 人の女子生徒の計 10 人から 5 人を選ぶ。次のような方法は何通りあるか。
(1) 全員から選ぶ選び方　　(2) 男子 2 人，女子 3 人を選ぶ選び方
(3) 男子から A を含む 2 人，女子から B を含む 3 人を選ぶ選び方
(4) 男子 2 人，女子 3 人を選んで 1 列に並べる並べ方

p.69 EX19

基本例題 23 線分，三角形の個数と組合せ ②②②②②

(1) 円周上に異なる 7 個の点 A, B, C, ……, G があり，七角形 ABCDEFG を作ることができる。これらの点から 2 点を選んで線分を作るとき

(ア) 線分は全部で何本できるか。

(イ) 他の線分と端点以外の交点をもつ線分は，全部で何本できるか。

(2) △ABC の各辺を 3 分割したときの 6 点と 3 頂点のうちから 3 点を結んでできる三角形は全部で何個あるか。

基本 22 重要 24

(1) (ア) 7 個の点から 2 点を **選ぶ** と線分が 1 本できる。

(イ) (全体)−(他の線分と端点以外の交点をもたない) で計算。

(2) 「9 点から 3 点を選ぶ」と考えて ${}_9C_3$ とすると **誤り！** ${}_9C_3$ には 1 辺上にある 4 点から 3 点を選んでしまう場合も含まれるので，これを除く必要がある。

解答

(1) (ア) 2 点で 1 本の線分ができるから ${}_7C_2=\mathbf{21}$ **(本)**

(イ) (ア) の 21 本の線分のうち，他の線分と端点以外の交点をもたないものは，七角形 ABCDEFG の 1 辺となる 7 本の線分のみであるから $21-7=\mathbf{14}$ **(本)**

(2) 9 点から 3 点を選ぶ方法は ${}_9C_3=84$ (通り)

このうち，各辺から 3 点を選ぶ方法は $3\times{}_4C_3=12$ (通り)

ゆえに，求める三角形の個数は $84-12=\mathbf{72}$ **(個)**

(1)

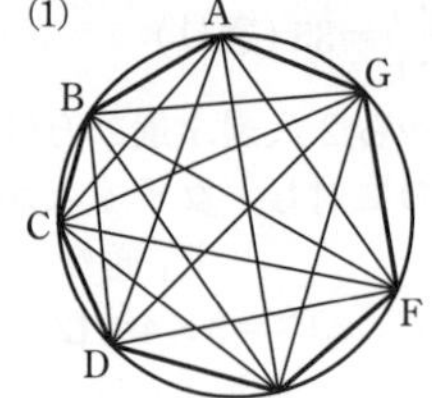

(2)

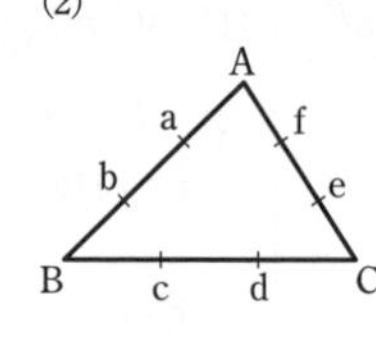

◀三角形ができない 3 点 (図の A, a, B など) の選び方の総数を求め，最後に除く。

検討

図形の個数の問題では，図形の決まり方に注目

三角形 同じ直線上にない 3 点で 1 つできる。または，互いに平行でなく 1 点で交わらない 3 直線で 1 つできる。
$\longrightarrow n$ 本あれば ${}_nC_3$ 個できる。

交　点 どの 3 直線も 1 点で交わらないとき，平行でない 2 直線で 1 つできる。
$\longrightarrow n$ 本あれば ${}_nC_2$ 個できる。

直　線 異なる 2 点で 1 本できる。

練習 ② 23

(1) 正十二角形 $A_1A_2\cdots\cdots A_{12}$ の頂点を結んで得られる三角形の総数は ア□ 個，頂点を結んで得られる直線の総数は イ□ 本である。

(2) 平面上において，4 本だけが互いに平行で，どの 3 本も同じ点で交わらない 10 本の直線の交点の個数は全部で ウ□ 個ある。

p.69 EX 20

重要例題 24 三角形の個数と組合せ

(1) 正八角形 $A_1A_2 \cdots\cdots A_8$ の頂点を結んでできる三角形の個数を求めよ。
(2) (1)の三角形で，正八角形と1辺あるいは2辺を共有する三角形の個数を求めよ。
(3) 正 n 角形 $A_1A_2 \cdots\cdots A_n$ の頂点を結んでできる三角形のうち，正 n 角形と辺を共有しない三角形の個数を求めよ。ただし $n \geqq 5$ とする。〔類 法政大，麻布大〕

基本 23

(1) 三角形は，同じ直線上にない3点で1つできる（前ページの 検討 参照)。
(2) [1] 正八角形と1辺だけを共有する三角形
→ 共有する辺の両端の点と，その辺の両隣の2点を除く点が頂点となる。
[2] 正八角形と2辺を共有する三角形 → 隣り合う2辺でできる。
(3) (1)，(2)，(3) の問題 (1)，(2) は (3) のヒント
(全体)−(正 n 角形と辺を共有する三角形) で計算。

解答

(1) 正八角形の8つの頂点から，3つの頂点を選んで結べば，1つの三角形ができるから，求める個数は

$$ {}_8C_3=\frac{8\cdot7\cdot6}{3\cdot2\cdot1}=\mathbf{56}\ (\text{個}) $$

(2) [1] 正八角形と1辺だけを共有する三角形は，各辺に対し，それに対する頂点として，8つの頂点のうち，辺の両端および両隣の2頂点以外の頂点を選べるから，求める個数は　$(8-4)\cdot8=32$ (個)
[2] 正八角形と2辺を共有する三角形は，隣り合う2辺でできる三角形であるから，8個ある。
よって，求める個数は　$32+8=\mathbf{40}$ **(個)**

(3) 正 n 角形の頂点を結んでできる三角形は，全部で ${}_nC_3$ 個ある。そのうち，正 n 角形と1辺だけを共有する三角形は $n \geqq 5$ のとき $n(n-4)$ 個あり，2辺を共有する三角形は n 個あるから，正 n 角形と辺を共有しない三角形の個数は

$$ {}^{(*)}\,{}_nC_3-n(n-4)-n=\frac{n(n-1)(n-2)}{3\cdot2\cdot1}-n(n-4)-n $$
$$ =\boldsymbol{\frac{1}{6}n(n-4)(n-5)}\ (\text{個}) $$

(2)
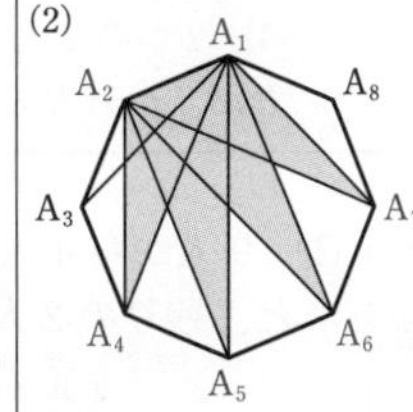

◀頂点1つに三角形が1つ対応する。

(＊) (三角形の総数)
−(1辺だけを共有するもの)
−(2辺を共有するもの)

◀ $=\frac{n}{6}\{(n-1)(n-2)-6(n-4)-6\}$
$=\frac{1}{6}n(n^2-9n+20)$

練習 ③ 24 円に内接する n 角形 F $(n>4)$ の対角線の総数は ア□ 本である。また，F の頂点3つからできる三角形の総数は イ□ 個，F の頂点4つからできる四角形の総数は ウ□ 個である。更に，対角線のうちのどの3本をとっても F の頂点以外の同一点で交わらないとすると，F の対角線の交点のうち，F の内部で交わるものの総数は エ□ 個である。

p.69 EX 21

基本例題 25 組分けの問題(2) … 組合せ

9人を次のように分ける方法は何通りあるか。〔類 東京経大〕

(1) 4人，3人，2人の3組に分ける。

(2) 3人ずつ，A，B，Cの3組に分ける。

(3) 3人ずつ3組に分ける。

(4) 5人，2人，2人の3組に分ける。

基本 21

組分けの問題では，次の①，②を明確にしておく。

① **分けるものが区別できるかどうか** ……「9人」は **異なる** から，区別できる。

② **分けてできる組が区別できるかどうか** …… 特に，(2)と(3)の違いに注意。

(1) 3組は人数の違いから **区別できる**。例えば，4人の組をA，3人の組をB，2人の組をCとすることと同じ。

(2) 組にA，B，Cの名称があるから，3組は **区別できる**。

(3) 3組は人数が同じで **区別できない**。(2)で，**A，B，Cの区別をなくす**。

⟶ 3人ずつに分けた組分けのおのおのに対し，A，B，Cの区別をつけると，異なる3個の順列の数3!通りの組分け方ができるから，[(2)の数]÷3! が求める方法の数。

(4) 2つの2人の組には区別がないことに注意。

なお，*p*.44 基本例題 **21** との違いにも注意しよう。

解答

(1) 9人から4人を選び，次に残った5人から3人を選ぶと，残りの2人は自動的に定まるから，分け方の総数は

$$ {}_9C_4\times{}_5C_3=126\times10=\mathbf{1260}\ \text{(通り)}$$

(2) Aに入れる3人を選ぶ方法は ${}_9C_3$ 通り

Bに入れる3人を，残りの6人から選ぶ方法は

${}_6C_3$ 通り

Cには残りの3人を入れればよい。

したがって，分け方の総数は

$$ {}_9C_3\times{}_6C_3=84\times20=\mathbf{1680}\ \text{(通り)}$$

(3) (2)で，A，B，Cの区別をなくすと，同じものが3!通りずつできるから，分け方の総数は

$$({}_9C_3\times{}_6C_3)\div3!=1680\div6=\mathbf{280}\ \text{(通り)}$$

(4) A(5人)，B(2人)，C(2人)の組に分ける方法は

${}_9C_5\times{}_4C_2$ 通り

B，Cの区別をなくすと，同じものが2!通りずつできるから，分け方の総数は

$$({}_9C_5\times{}_4C_2)\div2!=756\div2=\mathbf{378}\ \text{(通り)}$$

(1) 2人，3人，4人の順に選んでも結果は同じになる。

◀ ${}_9C_4\times{}_5C_3\times{}_2C_2$ としても同じこと。

◀ 次ページのズームUP参照。

◀ 次ページのズームUP参照。

練習 ② 25 12冊の異なる本を次のように分ける方法は何通りあるか。 p.69 EX 22

(1) 5冊，4冊，3冊の3組に分ける。 (2) 4冊ずつ3人に分ける。

(3) 4冊ずつ3組に分ける。 (4) 6冊，3冊，3冊の3組に分ける。

組合せを利用する組分けの問題

例題 **25** の (2) と (3) の違い，特に (3) で $\div 3!$ とする理由について，具体的に見てみよう。

● 状況がわかりやすくなるように工夫する

「9 人」の中に同一の人はいないから，区別できる。それがわかりやすいように，9 人をそれぞれ番号 1，2，3，……，9 で表すことにする。

● $\div 3!$ とする理由を，別の視点で考えてみよう

例えば，1，2，3，……，9 の 9 人を $\{1,\ 2,\ 3\}$，$\{4,\ 5,\ 6\}$，$\{7,\ 8,\ 9\}$ のように 3 組に分けた場合について考えてみよう。このとき，(2) で組に A，B，C と名称を付けた場合，次のような分け方があり，この場合の数は 3! 通りである。

A	B	C
$\{1,\ 2,\ 3\}$,	$\{4,\ 5,\ 6\}$,	$\{7,\ 8,\ 9\}$
$\{1,\ 2,\ 3\}$,	$\{7,\ 8,\ 9\}$,	$\{4,\ 5,\ 6\}$
$\{4,\ 5,\ 6\}$,	$\{1,\ 2,\ 3\}$,	$\{7,\ 8,\ 9\}$
$\{4,\ 5,\ 6\}$,	$\{7,\ 8,\ 9\}$,	$\{1,\ 2,\ 3\}$
$\{7,\ 8,\ 9\}$,	$\{1,\ 2,\ 3\}$,	$\{4,\ 5,\ 6\}$
$\{7,\ 8,\ 9\}$,	$\{4,\ 5,\ 6\}$,	$\{1,\ 2,\ 3\}$

3! 通り
$=3$ つの組 $\{1,\ 2,\ 3\}$，$\{4,\ 5,\ 6\}$，$\{7,\ 8,\ 9\}$ の順列の数。

… 他の組，例えば $\{1, 4, 7\}$，$\{2, 5, 8\}$，$\{3, 6, 9\}$ についても，同様に 3! 通りある。

(2) ではこれらを区別するのだが，(3) は単に「3 組に分ける」とあり，A，B，C のように，組に名称は付いてない。

よって，単に 3 組に分ける方法の数を N とすると，N 通りの分け方のおのおのに，組の名称を付ける方法が 3! 通りずつある。

ゆえに　$N\times 3!={}_9C_3\times{}_6C_3$　　よって　$N=\dfrac{{}_9C_3\times{}_6C_3}{3!}$

これが $\div 3!$ とする理由である。

● (4) の $\div 2!$ の意味は？

A 組 5 人，B 組 2 人，C 組 2 人の 3 組に分ける方法は　${}_9C_5\times{}_4C_2$ 通り

ここで，例えば　$A\{1,\ 2,\ 3,\ 4,\ 5\}$，$B\{6,\ 7\}$，$C\{8,\ 9\}$
　　　　　　　　$A\{1,\ 2,\ 3,\ 4,\ 5\}$，$B\{8,\ 9\}$，$C\{6,\ 7\}$

は異なる分け方であるが，A，B，C の区別をなくせば同じ分け方である。

組に名称を付けない方法の数を N とすると，同じ数の B 組，C 組の 2 組に名称を付ける方法が 2! 通りあるから　$N\times 2!={}_9C_5\times{}_4C_2$　　よって　$N=\dfrac{{}_9C_5\times{}_4C_2}{2!}$

注意　5 人の組は他の 2 人の組と人数が異なっているから，名称を付けなくても 2 人の組と区別できる。

基本例題 26 塗り分けの問題(3) … 組合せ

図のように4等分した円板を，隣り合う部分は異なる色で塗り分ける。ただし，回転して一致する塗り方は同じ塗り方と考える。

(1) 赤，青，黄，緑の4色から2色を選び，塗り分ける方法は何通りあるか。

(2) 赤，青，黄，緑の4色から3色を選び，3色すべてを使って塗り分ける方法は何通りあるか。

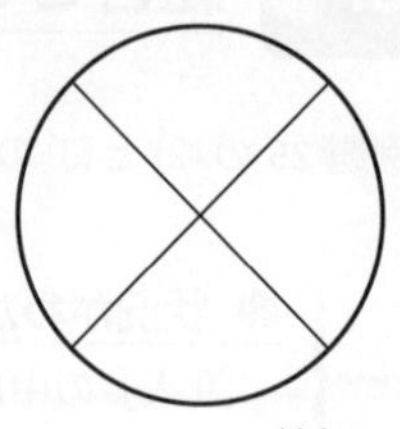

基本 22

指針 色の**選び方** と 色の**並べ方** を考える必要がある。

(1)「隣り合う部分は同色でない」から，2色を㋐，㋑とすると，塗り方は（AとC，BとD）=(㋐，㋑)，(㋑，㋐) に決まる。
更に，これらの塗り方は90°回転させるとそれぞれ一致する。

(2) まず，AとCをある1色で塗ると考える。

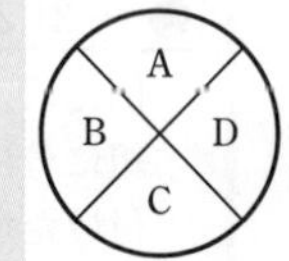

塗り分けの問題
特別な領域（同色で塗る，多くの領域と隣り合う）に着目

解答

(1) 2色を使って円板を塗り分ける方法は
1通り
よって，その2色の選び方が求める場合の数であるから
$_4C_2=\mathbf{6}$ **(通り)**

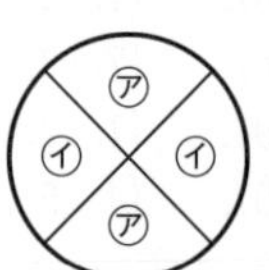

◀㋐と㋑の色を決めればよい。選んだ2色で塗り方が1通りに決まる。

(2) 3色を使って塗り分けるには，1色で2か所を塗り，残り2色は1か所ずつ塗ればよいから，塗り分け方は，2か所を塗る色の選び方と同じで
$_3C_1=3$ (通り)
また，3色の選び方は　$_4C_3=4$ (通り)
よって，求める場合の数は
$4\times3=\mathbf{12}$ **(通り)**

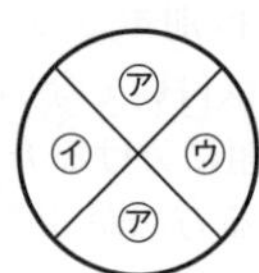

◀㋑と㋒を入れ替えて塗っても180°回転すると，同じ塗り方になるから，㋑と㋒の塗り方は1通り。

◀$_4C_3={}_4C_1$

練習 ③ 26 右の図のように，正方形を，各辺の中点を結んで5つの領域に分ける。隣り合った領域は異なる色で塗り分けるとき，次のような塗り分け方はそれぞれ何通りあるか。ただし，回転して一致する塗り方は同じ塗り方と考える。

(1) 異なる4色から2色を選んで塗り分ける。

(2) 異なる4色から3色を選び，3色すべてを使って塗り分ける。

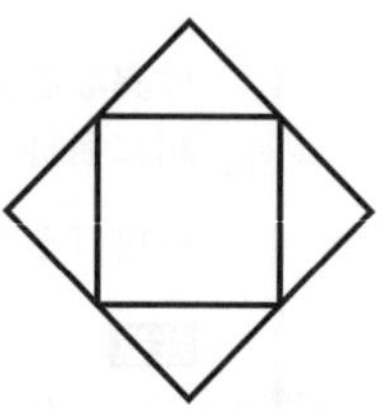

p.70 EX23

基本例題 27 同じものを含む順列

赤色のカードが4枚，青色のカードが3枚，黄色のカードが2枚，白色のカードが1枚ある。同じ色のカードは区別できないものとする。
この10枚のカードを左から右へ1列に並べる並べ方は全部で ア□ 通りある。
このうち，左から3枚の色がすべて同じものは イ□ 通りある。〔類 立命館大〕

p.47 基本事項 3

指針 並べるものに同じものが含まれる順列については，p.47 基本事項 3 の公式を用いる。

n 個のもののうち，p 個は同じもの，q 個は別の同じもの，r 個はまた別の同じもの，…… であるとき，それら n 個のもの全部を使って作られる順列の総数は

$$ {}_nC_p \times {}_{n-p}C_q \times {}_{n-p-q}C_r \times \cdots\cdots = \frac{n!}{p!q!r!\cdots} \quad (p+q+r+\cdots\cdots=n) $$

なお，公式はどちらを使ってもよい。
(イ) 左から3枚の色が赤赤赤，青青青となる各場合について，右の残り7枚の並べ方を考え，最後に **和の法則** を利用する。

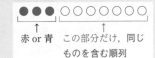

●●● ○○○○○○○
赤 or 青　この部分だけ，同じものを含む順列

解答

(ア) $\frac{10!}{4!3!2!1!}=\frac{10\cdot9\cdot8\cdot7\cdot6\cdot5}{3\cdot2\cdot1\cdot2\cdot1}=$ **12600**（通り）

◀分母の1!は書かなくてもよい。

別解 ${}_{10}C_4\times{}_6C_3\times{}_3C_2\times{}_1C_1=\frac{10\cdot9\cdot8\cdot7}{4\cdot3\cdot2\cdot1}\times\frac{6\cdot5\cdot4}{3\cdot2\cdot1}\times3\times1$
$=$ **12600**（通り）

◀${}_3C_2={}_3C_1=3$

(イ) 左から3枚の色がすべて同じものには，赤が3枚並ぶ場合と青が3枚並ぶ場合がある。

◀黄色と白色のカードはともに3枚未満であるから，除外できる。

[1] 左から赤が3枚並ぶとき
残り7枚は，赤1枚，青3枚，黄2枚，白1枚を並べる。

[2] 左から青が3枚並ぶとき
残り7枚は，赤4枚，黄2枚，白1枚を並べる。

したがって，求める順列の総数は

$$\frac{7!}{1!3!2!1!}+\frac{7!}{4!2!1!}=\frac{7\cdot6\cdot5\cdot4}{2\cdot1}+\frac{7\cdot6\cdot5}{2\cdot1}=420+105$$
$=$ **525**（通り）

◀和の法則

別解 ${}_7C_1\times{}_6C_3\times{}_3C_2\times{}_1C_1+{}_7C_4\times{}_3C_2\times{}_1C_1$ として求めてもよい。

練習 ② **27** アルファベットの8文字 A，Z，K，I，G，K，A，U が1文字ずつ書かれた8枚のカードがある。これらのカードを1列に並べる方法は全部で ア□ 通りある。
また，この中から7枚のカードを取り出して1列に並べる方法は全部で イ□ 通りある。

p.70 EX24

基本例題 28 順序が定まった順列

YOKOHAMA の 8 文字を横 1 列に並べて順列を作るとき，次の数を求めよ。
(1) 順列の総数
(2) AA と OO という並びをともに含む順列の数
(3) Y，K，H，M がこの順に並ぶ順列の数

基本 27

指針 (1) 8 文字の中に，A，O が 2 個ずつある。⟶ **同じものを含む順列** の公式を利用。
(2) AA と OO という並びをともに含むということは，A と A，O と O が **隣り合う** こと。「隣り合う順列」には　**1 組にまとめる（枠に入れる）**
つまり，AA を A′，OO を O′ とみて，Y，O′，K，H，A′，M の順列と考える。
(3) Y，K，H，M がこの順に並ぶということは，Y，K，H，M の並べ替えは考えなくてもよいということである。よって，次のように考えるとよい。

順序の定まったものは同じものとみる

すなわち，Y，K，H，M を同じもの □ として，□ 4 個，O 2 個，A 2 個の順列を作り，□ に Y，K，H，M の順に入れると考える。

□O□O□A□A
↑　↑　↑　↑
Y　K　H　M

CHART 順序が定まった順列　**定まったものを同じものとみる**

解答

(1) 8 文字のうち，A，O は 2 個ずつあるから，求める順列の総数は

$$\frac{8!}{2!2!1!1!1!1!}=\frac{8\cdot7\cdot6\cdot5\cdot4\cdot3}{2\cdot1}$$
$$=\mathbf{10080}\ \text{(通り)}$$

◀1! は書かなくてもよい。

(2) 並ぶ AA をまとめて A′，OO をまとめて O′ で表す。
このとき，求める順列は，A′，O′，Y，K，H，M の順列であるから，その総数は

$${}_6P_6=6!=\mathbf{720}\ \text{(通り)}$$

◀1 組にまとめる。なお，AA，OO はともに同じ文字であるから，中で動かすことは考えなくてよい。

(3) □ 4 個，O 2 個，A 2 個を 1 列に並べ，4 個の □ は左から Y，K，H，M とすればよい。
よって，求める順列の総数は

$$\frac{8!}{4!2!2!}=\frac{8\cdot7\cdot6\cdot5}{2\cdot1\cdot2\cdot1}=\mathbf{420}\ \text{(通り)}$$

(3) 例えば，
□O□□AO□A
といった順列に対し，4 個の □ に左から Y，K，H，M と入れると
YOKHAOMA
の列ができる。

練習 ③ 28 9 個の文字 M，A，T，H，C，H，A，R，T を横 1 列に並べる。
(1) この並べ方は □ 通りある。
(2) A と A が隣り合うような並べ方は □ 通りある。
(3) A と A が隣り合い，かつ，T と T も隣り合うような並べ方は □ 通りある。
(4) M，C，R がこの順に並ぶ並べ方は □ 通りある。
(5) 2 個の A と C が A，C，A の順に並ぶ並べ方は □ 通りある。

基本例題 29 同じ数字を含む順列

①①①①①

1, 2, 3の数字が書かれたカードがそれぞれ2枚, 3枚, 4枚ある。これらのカードから4枚を使ってできる4桁の整数の個数を求めよ。 基本 27

指針 同じ数字のカードが何枚かあり (しかし, **その枚数には制限がある**), そこから整数を作る問題では, まず **作ることができる整数のタイプを考える**。本問では, 使うことができる数字の制限から, 次の4つのタイプに分けることができる。

$AAAA$, $AAAB$, $AABB$, $AABC$

…… A, B, C は1, 2, 3のいずれかを表す。

このタイプ別に整数の個数を考える。

解答

1, 2, 3のいずれかを A, B, C で表す。ただし, A, B, C はすべて異なる数字とする。

次の [1]~[4] のいずれかの場合が考えられる。

[1] $AAAA$ のタイプ

つまり, 同じ数字を4つ含むとき。

4枚ある数字は3だけであるから　1個

◀3333だけ。

[2] $AAAB$ のタイプ

つまり, 同じ数字を3つ含むとき。

3枚以上ある数字は2, 3であるから, A の選び方は　2通り

A にどれを選んでも, B の選び方は　2通り

そのおのおのについて, 並べ方は　$\dfrac{4!}{3!}=4$ (通り)

◀222□ (□は1, 3) または 333□ (□は1, 2)

よって, このタイプの整数は　$2\times2\times4=16$ (個)

[3] $AABB$ のタイプ

◀1122, 1133, 2233

つまり, 同じ数字2つを2組含むとき。

1, 2, 3すべて2枚以上あるから, A, B の選び方は　${}_3C_2$ 通り

◀1, 2, 3から使わない数を1つ選ぶと考えて, ${}_3C_1$ 通りとしてもよい。

そのおのおのについて, 並べ方は　$\dfrac{4!}{2!2!}=6$ (通り)

よって, このタイプの整数は　${}_3C_2\times6=18$ (個)

◀${}_3C_2={}_3C_1=3$

[4] $AABC$ のタイプ

つまり, 同じ数字2つを1組含むとき。

A の選び方は3通りで, B, C は A を選べば決まる。

◀1123, 2213, 3312 の3通りがある。なお, 例えば1132は1123と同じタイプであることに注意。

そのおのおのについて, 並べ方は　$\dfrac{4!}{2!}=12$ (通り)

よって, このタイプの整数は　$3\times12=36$ (個)

以上から　$1+16+18+36=$ **71 (個)**

練習 ③ 29 1, 1, 2, 2, 3, 3, 3の7つの数字のうちの4つを使って4桁の整数を作る。このような4桁の整数は全部で ア□ 個あり, このうち2200より小さいものは イ□ 個ある。

基本例題 30 最短経路の数

右の図のように，道路が碁盤の目のようになった街がある。地点Aから地点Bまでの長さが最短の道を行くとき，次の場合は何通りの道順があるか。〔類 東北大〕

(1) 全部の道順　(2) 地点Cを通る。

(3) 地点Pは通らない。　(4) 地点Pも地点Qも通らない。

基本 27

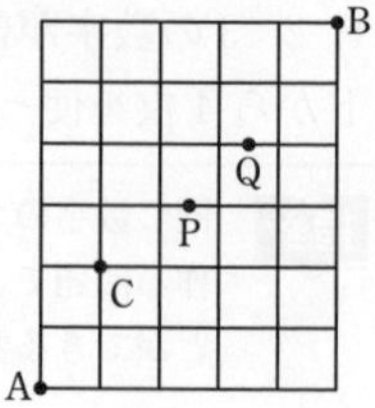

指針 AからBへの最短経路は，右の図で **右進** または **上進** することによって得られる。右へ1区画進むことを →，上へ1区画進むことを ↑ で表すとき，例えば，右の図のような2つの最短経路は

赤の経路なら →↑→→↑↑↑→↑→↑

青の経路なら ↑↑↑→→↑↑→↑→→

で表される。したがって，AからBへの最短経路は，→5個，↑6個の 同じものを含む順列 で与えられる。

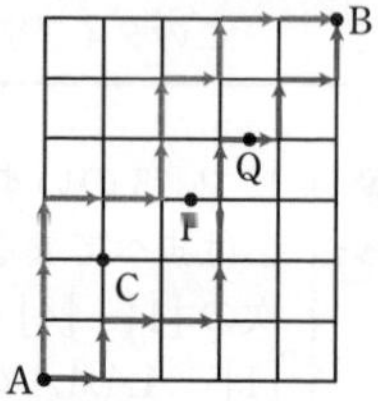

(2) A ⟶ C，C ⟶ B と分けて考える。**積の法則** を利用。

(3) **(Pを通らない)=(全道順)−(Pを通る)** で計算。

(4) すべての道順の集合を U，Pを通る道順の集合を P，Qを通る道順の集合を Q とすると，求めるのは $n(\overline{P}\cap\overline{Q})=n(\overline{P\cup Q})=n(U)-n(P\cup Q)$ ◀ド・モルガンの法則

つまり (PもQも通らない)=(全道順)−(PまたはQを通る)

ここで $n(P\cup Q)=n(P)+n(Q)-n(P\cap Q)$ ◀個数定理

つまり (PまたはQを通る)=(Pを通る)+(Qを通る)−(PとQを通る)

解答

右へ1区画進むことを →，上へ1区画進むことを↑で表す。

(1) 最短の道順は → 5個，↑6個の順列で表されるから

$$\frac{11!}{5!6!}=\frac{11\cdot10\cdot9\cdot8\cdot7}{5\cdot4\cdot3\cdot2\cdot1}=\mathbf{462}\ (\textbf{通り})$$

◀組合せで考えてもよい。次ページの 別解 参照。

(2) AからCまでの道順，CからBまでの道順はそれぞれ

$$\frac{3!}{1!2!}=3\ (\text{通り}),\quad \frac{8!}{4!4!}=70\ (\text{通り})$$

よって，求める道順は　$3\times70=\mathbf{210}$ **(通り)**

◀AからCまでで →1個，↑2個　CからBまでで →4個，↑4個

(3) Pを通る道順は　$\frac{5!}{2!3!}\times\frac{5!}{2!3!}=10\times10=100$ (通り)

よって，求める道順は　$462-100=\mathbf{362}$ **(通り)**

◀(Pを通らない) =(全体)−(Pを通る)

(4) Qを通る道順は　$\frac{7!}{3!4!}\times\frac{3!}{1!2!}=35\times3=105$ (通り)

PとQの両方を通る道順は

$$\frac{5!}{2!3!}\times\frac{3!}{1!2!}=10\times3=30\ (\text{通り})$$

◀PからQに至る最短の道順は1通りである。

よって，PまたはQを通る道順は

$100+105-30=175$ (通り)

ゆえに，求める道順は　$462-175=\mathbf{287}$ **(通り)**

別解 ［(1)〜(3) の組合せによる考え方］

(1)　5+6=11 個の場所から，→ 5 個が入る場所を選ぶと考えて　$_{11}C_5=\dfrac{11!}{5!6!}=$**462（通り）**

(2)　A から C までは　$_3C_1$ 通り
　C から B までは　$_8C_4$ 通り
よって，求める道順は　$_3C_1\times{}_8C_4=3\times70=$**210（通り）**

(3)　P を通る道順は　$_5C_2\times{}_5C_2=10\times10=100$（通り）
よって，求める道順は　$462-100=$**362（通り）**

○●○●●●●○○●○○
この 11 個の場所に → 5 個が入る場所を選ぶと，残りの部分には，↑ が入る。
例えば，上の ● に → を入れると
↑→↑→→→↑↑→↑↑
となる。

検討

書き込んで求める

右の図のような街路で，

P までの道順が p 通り
Q までの道順が q 通り

あれば，X までの道順は，$p+q$ 通りである。

Q → X
q　p+q ↑
P
p

このことを用いて，例題 (4) の P と Q の両方を通らない経路の数を書き込んでいくと，〔図ア〕のようになり，287 通りであることがわかる。

また，この数え上げによる考え方は，〔図イ〕のような道路の一部が欠けている場合に有効なことが多い。なお，〔図ア〕と〔図イ〕の街路図は同じものである。

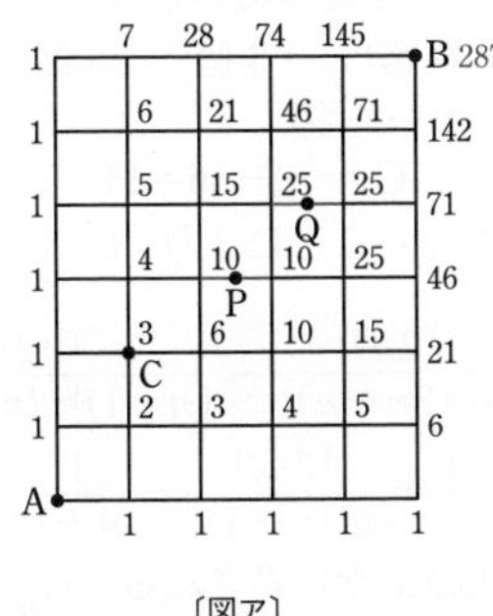

〔図ア〕

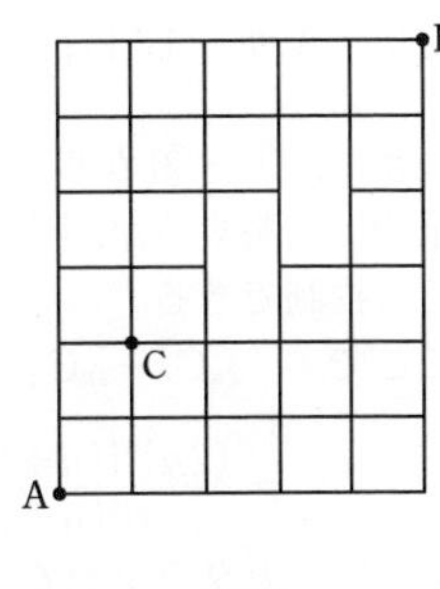

〔図イ〕

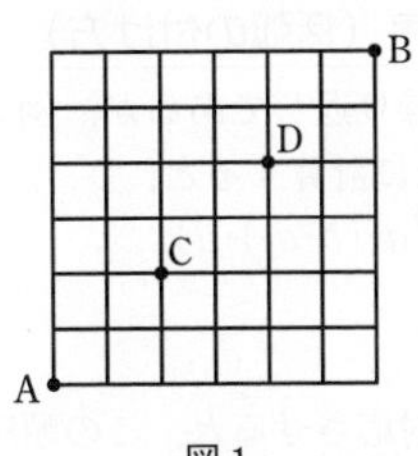

図 1

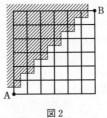

B
A
図 2

図 1 と図 2 は碁盤の目状の道路とし，すべて等間隔であるとする。

(1)　図 1 において，点 A から点 B に行く最短経路は全部で何通りあるか。また，このうち次の条件を満たすものは何通りあるか。

(ア)　点 C を通る。　(イ)　点 C と点 D の両方を通る。
(ウ)　点 C または点 D を通る。　(エ)　点 C と点 D のどちらも通らない。

(2)　図 2 において，点 A から点 B に行く最短経路は全部で何通りあるか。ただし，斜線の部分は通れないものとする。

［類 九州大］　p.70 EX25

参考事項 カタラン数

a を n 個，b を n 個の計 $2n$ 個を 1 列に並べるとき，a よりも多くの b が先に並ばないような並べ方の総数を **カタラン数**(＊1) という。この数について考えてみよう。

例えば，$n=1$ のとき　ab の 1 通り；　$n=2$ のとき　$aabb$，$abab$ の 2 通り；
　　　　$n=3$ のとき　$aaabbb$，$aababb$，$aabbab$，$abaabb$，$ababab$ の 5 通り

つまり，n 番目のカタラン数を C_n とすると　　$C_1=1$，$C_2=2$，$C_3=5$

しかし，$n=4$ のとき，同じように列を書き出して調べるのは大変。
そこで，a を →，b を ↑ に対応させると，カタラン数は，〔図 1〕の A から B に行く最短経路の数と同じになる。(＊2)
この数は，前ページの 検討 でも説明したように，各交差点を通過す
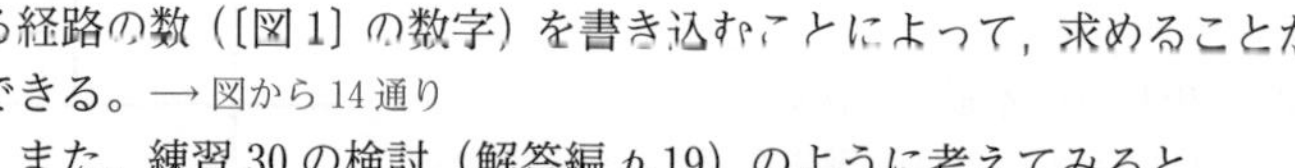
る経路の数（〔図 1〕の数字）を書き込むことによって，求めることができる。⟶ 図から 14 通り

〔図 1〕

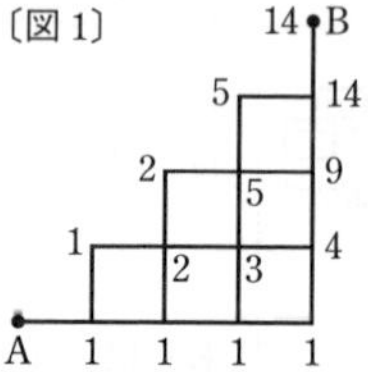

また，練習 30 の検討（解答編 $p.19$）のように考えてみると，
〔図 2〕のような破線部分の経路があるものと仮定したとき，A から B に行く最短経路は → 4 個，↑ 4 個の順列と考えて　　${}_8C_4$　…… ①
更に，A から B′ に行く最短経路は → 3 個，↑ 5 個の順列と考えて
　　　${}_8C_3$　…… ②
ゆえに，①－② から　　${}_8C_4-{}_8C_3=70-56=14$
証明は省略するが，同様に考えることにより，$C_n={}_{2n}C_n-{}_{2n}C_{n-1}$ であると推測できる。

〔図 2〕

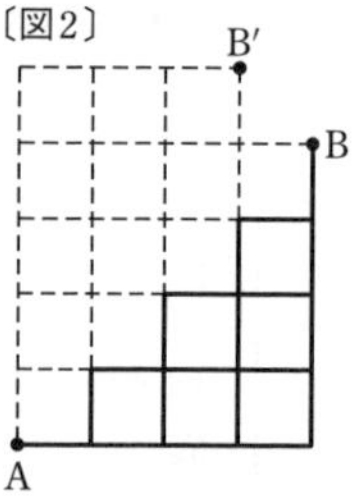

ここで　$${}_{2n}C_n-{}_{2n}C_{n-1}=\frac{(2n)!}{n!(2n-n)!}-\frac{(2n)!}{(n-1)!\{2n-(n-1)\}!}$$
$$=\frac{(2n)!\{(n+1)-n\}}{n!(n+1)!}=\frac{(2n)!}{n!(n+1)!}=\frac{1}{n+1}\cdot\frac{(2n)!}{n!n!}=\frac{{}_{2n}C_n}{n+1}$$

よって，カタラン数 C_n は次のように表される。
$$C_n={}_{2n}C_n-{}_{2n}C_{n-1}=\frac{{}_{2n}C_n}{n+1}$$

n	1	2	3	4	5	6	7	8
カタラン数 C_n	1	2	5	14	42	132	429	1430

カタラン数の例 1 …… 掛け算の順序（括弧の付け方）

いくつかの数の積は 2 つずつの積の計算の繰り返しであるが，例えば，4 個の文字 a，b，c，d の積 $abcd$ は，次のように内側の括弧から先に計算すると，

Ⓐ $\begin{cases}(((a\cdot b)\cdot c)\cdot d),\ ((a\cdot b)\cdot(c\cdot d)),\ ((a\cdot(b\cdot c))\cdot d),\\ (a\cdot((b\cdot c)\cdot d)),\ (a\cdot(b\cdot(c\cdot d)))\end{cases}$

の 5 通りの順序が考えられる。

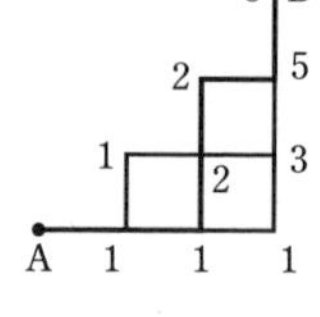

ここで，左括弧（ を →，積の記号・を ↑ に対応させると，この順序の数 5 は，右の図のような A から B に行く最短経路の数と同じと考えられるから，$C_3=5$ に対応しているといえる。
したがって，異なる $n+1$ 個の文字の積の順序の総数，すなわち，括弧の付け方の総数は，カタラン数 C_n と同じであると考えられる。(＊3)

(＊1)　ベルギーの数学者カタラン (E.C.Catalan) の名前に由来している。
(＊2)　〔図 1〕のような最短経路では，→ 方向よりも多く ↑ 方向に進むことはない。
(＊3)　カタラン数 C_n を異なる $n+1$ 個の文字の積に関する括弧の付け方の総数と定義することもある。

カタラン数の例 2 …… トーナメント表の数

$(n+1)$ チームがトーナメント戦を行う。ただし，各試合において引き分けはなく，勝負は必ず決まるものとするとき，優勝が決まるまで n 試合が必要になる。このとき，何通りのトーナメント表が考えられるだろうか。$n=1$，2，3 の場合を見てみよう。

■ $n=1$ のとき，2 チーム ⟶ **1 通り**

■ $n=2$ のとき，3 チーム ⟶ **2 通り**

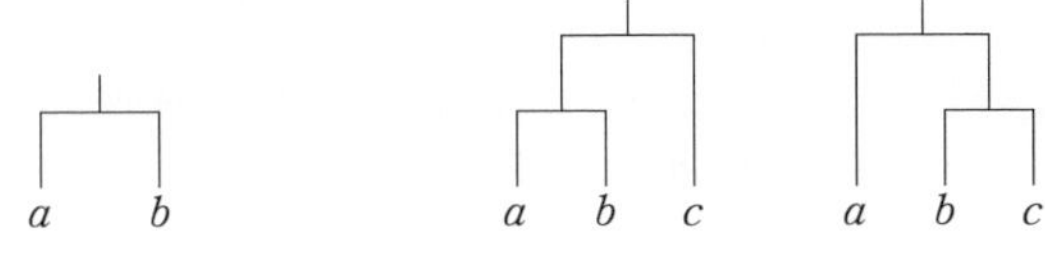

注意 表の形が何通りあるかということが問題であって，対戦の組み合わせは考えない。

■ $n=3$ のとき，4 チーム ⟶ **5 通り**

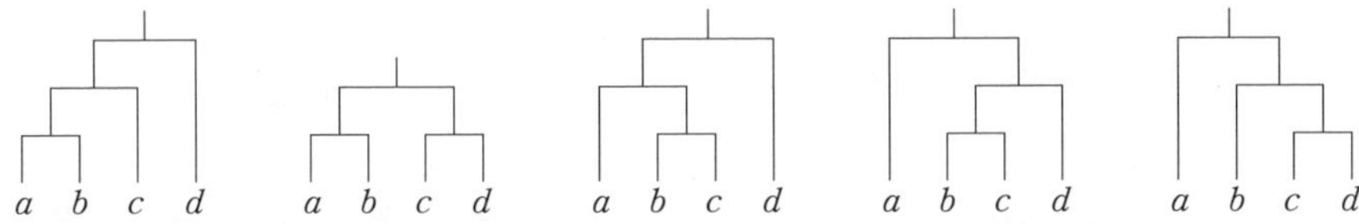

ここで，$n=3$ のときのトーナメント表において，試合をする組を括弧でくくると，左から

$(((a\cdot b)\cdot c)\cdot d)$，　$((a\cdot b)\cdot(c\cdot d))$，　$((a\cdot(b\cdot c))\cdot d)$，　$(a\cdot((b\cdot c)\cdot d))$，　$(a\cdot(b\cdot(c\cdot d)))$

となり，「カタラン数の例 1」の Ⓐ と 1 対 1 に対応している。すなわち，$(n+1)$ チームでトーナメント戦を行ったときの対戦方法の数も **カタラン数** であると考えられる。

カタラン数の例 3 …… 多角形を三角形に分割する方法

凸多角形の内角の和や面積を求めるとき，いくつかの三角形に分割して考えることが多い。それでは，$(n+2)$ 角形を三角形に分割するとき，何通りの方法があるだろうか。
上の例 2 と同じように考えてみよう。ただし，以下では，最も左にある 1 辺以外の辺に，時計回りに a，b，c，d と文字を割り当て，三角形の文字が割り当てられない第 3 の辺に，他の 2 辺の積を割り当てる，と考える。

■ $n=1$ のとき，三角形を分割 ⟶ **1 通り**

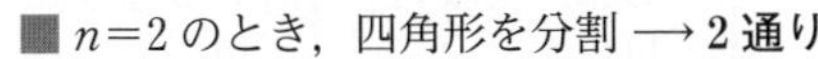

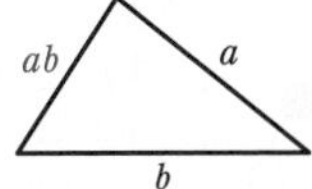

■ $n=2$ のとき，四角形を分割 ⟶ **2 通り**

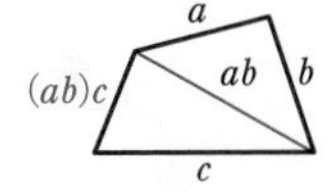

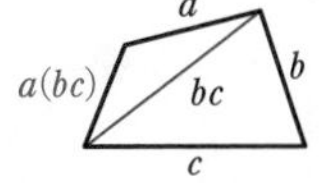

■ $n=3$ のとき，五角形を分割 ⟶ **5 通り**

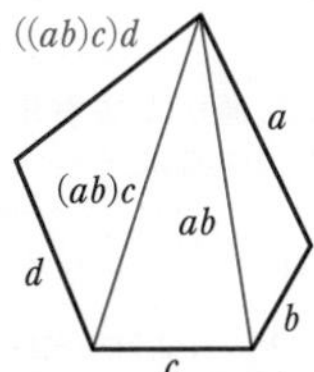

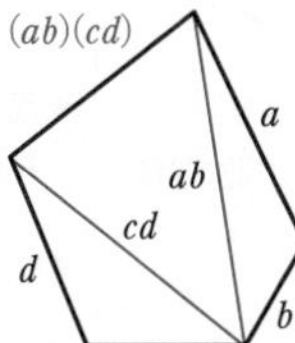

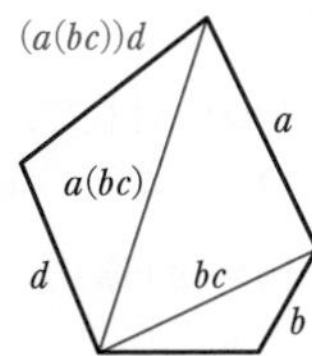

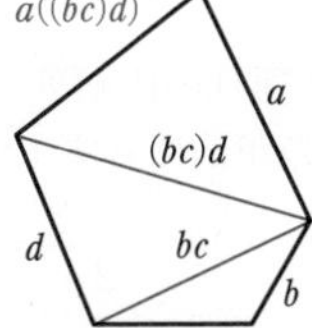

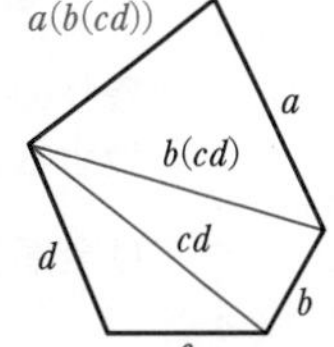

$(((a\cdot b)\cdot c)\cdot d)$，　$((a\cdot b)\cdot(c\cdot d))$，　$((a\cdot(b\cdot c))\cdot d)$，　$(a\cdot((b\cdot c)\cdot d))$，　$(a\cdot(b\cdot(c\cdot d)))$

この規則で表すと，第 3 の辺は，それぞれ「カタラン数の例 1」の Ⓐ と 1 対 1 に対応している。よって，$(n+2)$ 角形を三角形に分割する方法の数も **カタラン数** であると考えられる。

重要例題 31 同じものを含む円順列

①①①①①

白玉が4個，黒玉が3個，赤玉が1個あるとする。これらを1列に並べる方法は^{ア}□通り，円形に並べる方法は^{イ}□通りある。更に，これらの玉にひもを通し，輪を作る方法は^{ウ}□通りある。〔近畿大〕

基本 18，重要 19

指針 (イ) 円形に並べるときは，**1つのものを固定** の考え方が有効。
ここでは，1個しかない赤玉を固定すると，残りは同じものを含む順列の問題になる。

(ウ)「輪を作る」とあるから，直ちに **じゅず順列＝円順列÷2** と計算してしまうと，この問題ではミスになる。すべて異なるものなら「じゅず順列＝円順列÷2」で解決するが，ここでは，同じものを含むからうまくいかない。そこで，次の2パターンに分ける。

[A] **左右対称形の円順列** は，裏返すと自分自身になるから，**1個** と数える。

[B] **左右非対称形の円順列** は，裏返すと同じになるものが2通りずつあるから ÷2

[A] [B]
裏返すと同じ

よって $(対称形)+\dfrac{(円順列全体)-(対称形)}{2}$

解答

(ア) $\dfrac{8!}{4!3!}=\mathbf{280}$ (通り)

◀同じものを含む順列。

(イ) 赤玉を固定 して考えると，白玉4個，黒玉3個の順列の総数に等しいから $\dfrac{7!}{4!3!}=\mathbf{35}$ (通り)

◀1つのものを **固定する。**

◀${}_7C_4={}_7C_3$

(ウ) (イ)の35通りのうち，裏返して自分自身と一致するものは，次の[1]〜[3]の3通り。

[1]

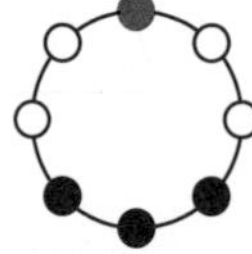

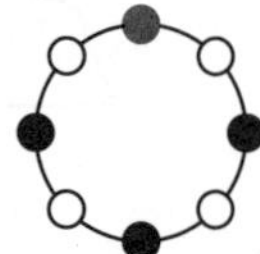

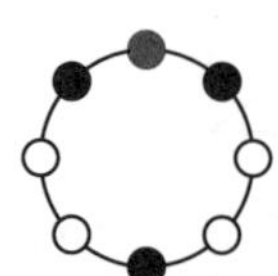

◀**左右対称形** の円順列。
図のように，赤玉を一番上に 固定 して考えるとよい。
また，左右対称形のとき，赤玉と向かい合う位置にあるものは黒玉であることもポイント。

残りの32通りの円順列1つ1つに対して，裏返すと一致するものが他に必ず1つずつあるから，輪を作る方法は全部で $3+\dfrac{35-3}{2}=3+16=\mathbf{19}$ (通り)

◀残りの32通りは **左右非対称形** の円順列。

◀$(対称形)+\dfrac{(全体)-(対称形)}{2}$
$=(対称形)+\dfrac{(非対称形)}{2}$

練習 ④ 31 同じ大きさの赤玉が2個，青玉が2個，白玉が2個，黒玉が1個ある。これらの玉に糸を通して輪を作る。

(1) 輪は何通りあるか。　(2) 赤玉が隣り合う輪は何通りあるか。

基本事項

重複組合せ

異なる n 個のものから，**重複を許して** r 個取る組合せ（**重複組合せ**）の総数は

$${}_n\mathrm{H}_r = {}_{n+r-1}\mathrm{C}_r \qquad (n<r \text{ であってもよい})$$

解　説

組合せ ${}_n\mathrm{C}_r$ では，異なる n 個のものから，異なる r 個を取り出したが，同じものを繰り返し取ってもよいことにすると，異なる n 個のものから重複を許して r 個取る組合せ（重複組合せ）の総数は，上の基本事項のようになる。

◀重複を許して r 個取る **組合せ** であるから，重複順列と混同しないように。
重複順列は，r 個取り出して並べるのだから，順序も考える。しかし，ここで取り上げる重複組合せは並べる順序には関係なく，構成するもののみを問題とする。

例　柿，みかん，りんごの 3 種類の果物が店頭にたくさんある。5 個の果物を買うとき，何通りの買い方があるか。ただし，含まれない果物があってもよいものとする。

[考え方と解答]　柿，みかん，りんごの 3 種類の果物があって，これらの中から 5 個の果物を買うというだけで，柿，みかん，りんごからそれぞれ何個ずつ買うかは指定がない。このような場合は，次のように考える。

買物かごを用意して，その中に **2 個の仕切り**（|で表す）を入れ，仕切りの左側には柿，仕切りと仕切りの間にはみかん，仕切りの右側にはりんごを入れる。例えば

○|○○|○○　は　柿 1|みかん 2|りんご 2
○○○||○○　は　柿 3|みかん 0|りんご 2
||○○○○○　は　柿 0|みかん 0|りんご 5　　を表す。

◀果物を 5 個買うから，○ を 5 個並べる。
果物の種類の違いを 2 個の仕切りを入れて表す。

このように考えると，**5 個の ○ と 2 個の |** の順列の総数が，3 種類の果物から 5 個を買う買い方の総数に一致する。

これは同じものを含む順列で，(3+5−1=) 7 個の場所から 5 個の ○ の場所を選ぶ組合せの数に等しい。

◀同じものを含む順列の解説（$p.48$）を参照。

よって，求める場合の数は

$${}_{3+5-1}\mathrm{C}_5 = {}_7\mathrm{C}_5 = {}_7\mathrm{C}_2 = \frac{7\cdot 6}{2} = \mathbf{21}\ (\textbf{通り})$$

◀7 個の場所から 2 個の |（仕切り）の場所を選ぶ組合せと考えてもよい。

■ **重複組合せ**

一般に，異なる n 個のものから重複を許して r 個を取る組合せの総数は，上と同じ考えで，**r 個の ○ と $n-1$ 個の仕切り |** の順列の総数に等しく，$(n-1)+r$ 個の場所から，r 個の ○ の場所を選ぶことであるから　　${}_{(n-1)+r}\mathrm{C}_r$　すなわち　${}_{n+r-1}\mathrm{C}_r$

である。

そして，このような組合せを **重複組合せ** といい，その総数を ${}_n\mathrm{H}_r$ で表す。したがって，次のことがいえる。

　n 個のものから r 個のものを選ぶ 重複組合せの数　${}_n\mathrm{H}_r = {}_{n+r-1}\mathrm{C}_r$

なお，重複を許して取るから，当然 $n<r$ となる場合もあるが，上記のことから，${}_n\mathrm{H}_r$ は $n<r$ でも成り立つことは明らかである。

◀H は homogeneous product（同次積）の頭文字で，${}_n\mathrm{H}_r$ は「H の n, r」や「n, H, r」と読む。

基本例題 32 重複組合せの基本

次の問いに答えよ。ただし，含まれない数字や文字があってもよいものとする。

(1) 1，2，3，4 の 4 個の数字から重複を許して 3 個の数字を取り出す。このとき，作られる組の総数を求めよ。

(2) x，y，z の 3 種類の文字から作られる 6 次の項は何通りできるか。

p.63 基本事項　重要 34

基本事項で示した ${}_n\mathrm{H}_r={}_{n+r-1}\mathrm{C}_r$ を直ちに用いてもよいが，n と r を取り違えやすい。慣れるまでは，**○ と仕切り | による順列の問題** として考えるとよい。

(1) 1，2，3，4 の異なる 4 個（4 種類）の数字から重複を許して 3 個の数字を取り出す。
→ 3 つの ○ と 3 つの仕切り | の順列

(2) x，y，z の異なる 3 個（3 種類）の文字から重複を許して 6 個の文字を取り出す。
→ 6 つの ○ と 2 つの仕切り | の順列

解答

(1) 3 つの ○ で数字，3 つの | で仕切りを表し，
1 つ目の仕切りの左側に ○ があるときは　数字 1
1 つ目と 2 つ目の仕切りの間に ○ があるときは　数字 2
2 つ目と 3 つ目の仕切りの間に ○ があるときは　数字 3
3 つ目の仕切りの右側に ○ があるときは　数字 4
を表すとする。
このとき，求める組の総数は，3 つの ○ と 3 つの | の順列の総数に等しいから　${}_6\mathrm{C}_3=$**20（通り）**

(2) 6 つの ○ で x，y，z を表し，2 つの | で仕切りを表す。
このとき，求める組の総数は，6 つの ○ と 2 つの | の順列の総数に等しいから　${}_8\mathrm{C}_6={}_8\mathrm{C}_2=$**28（通り）**

(1) 例えば，
○○||○|
1 2 3 4
で (1，1，3) を表し，
|○|○|○
1 2 3 4
で (2，3，4) を表す。

(2) 例えば，
○○○|○|○○
x y z
で x^3yz^2 を表す。

検討 PLUS ONE

○ と | を使わない重複組合せの別の考え方

(1) で，取り出した 3 個の数字を $(a,\ b,\ c)$ ［ただし $a\leqq b\leqq c$］ のように表す。
このとき，取り出した数を小さい順に並べ，その各数に 0，1，2 を加えると，例えば

$$(1,\ 1,\ 3)\longrightarrow(1,\ 2,\ 5),\ (2,\ 2,\ 2)\longrightarrow(2,\ 3,\ 4),\ (3,\ 4,\ 4)\longrightarrow(3,\ 5,\ 6)$$

のように，同じものを含む 3 つの数を異なる 3 つの数に対応させることができる。

すなわち　$(a,\ b,\ c)\longrightarrow(a,\ b+1,\ c+2)$　ただし $1\leqq a<b+1<c+2\leqq 6$

したがって，各数に 0，1，2 を加えてできた組は，1～6 までの異なる 3 つの整数となるから，求める組の総数は，1～6 の 6 個の数字から 3 個の数字を取り出す組合せ（${}_6\mathrm{C}_3$ 通り）に一致すると考えられる。

よって，求める組の総数は，${}_6\mathrm{C}_3=$**20（通り）** である。

練習 ③ 32

(1) 8 個のりんごを A，B，C，D の 4 つの袋に分ける方法は何通りあるか。ただし，1 個も入れない袋があってもよいものとする。

(2) $(x+y+z)^5$ の展開式の異なる項の数を求めよ。

基本例題 33 $x+y+z=n$ の整数解の個数

(1) $x+y+z=9$, $x \geqq 0$, $y \geqq 0$, $z \geqq 0$ を満たす整数 x, y, z の組 (x, y, z) は，全部で何組あるか。

(2) $x+y+z=12$ を満たす正の整数 x, y, z の組 (x, y, z) は，全部で何組あるか。

〔類 芝浦工大，神奈川大〕 基本 32 重要 34

(1) 1つの整数解 (x, y, z) の組は，9個の○と2個の仕切り｜の順列に対応する。

例えば　○○｜○○○｜○○○○　は　$(x, y, z)=(2, 3, 4)$

○○○○○○｜｜○○○　は　$(x, y, z)=(6, 0, 3)$

に対応する，と考えればよい。つまり，(x, y, z) の組の総数は，異なる3種類のものから，重複を許して9個取る組合せの総数となる。

(2) 正の整数解であるから，x, y, z は0であってはいけない。そこで

$$x-1=X,\ y-1=Y,\ z-1=Z$$

とおき，**0であってもよい $X \geqq 0$, $Y \geqq 0$, $Z \geqq 0$** の整数解の場合に帰着させる。

また，別解のように，12個の○と2つの仕切り｜で考えることもできる。

(1) 9個の○で x, y, z を表し，2つの｜で仕切りを表す。

求める整数解の組の個数は，9個の○と2個の｜の順列の総数に等しいから　${}_{11}C_9={}_{11}C_2=$**55（組）**

◀仕切りで分けられた3つの部分にある○の個数を，左から x, y, z の値と考える。

別解　異なる3個のものから，重複を許して9個取る組合せと考えられるから

$${}_3H_9={}_{3+9-1}C_9={}_{11}C_9={}_{11}C_2=\mathbf{55}\text{（組）}$$

(2) $x-1=X$, $y-1=Y$, $z-1=Z$ とおくと

$X \geqq 0$, $Y \geqq 0$, $Z \geqq 0$

このとき，$x+y+z=12$ から

$$(X+1)+(Y+1)+(Z+1)=12$$

よって　$X+Y+Z=9$, $X \geqq 0$, $Y \geqq 0$, $Z \geqq 0$ …… Ⓐ

求める正の整数解の組の個数は，Ⓐを満たす0以上の整数解 X, Y, Z の組の個数に等しいから，(1)の結果より

55組

◀x, y, z はすべて1以上の整数であるから，○と｜の順列で，仕切り｜を連続して並べてはいけない。

別解　12個の○を並べる：○○○○○○○○○○○○

このとき，○と○の間の11か所から2つを選んで仕切りを入れ　A｜B｜C

としたときの，A，B，Cの部分にある○の数をそれぞれ x, y, z とすると，解が1つ決まるから

$${}_{11}C_2=\mathbf{55}\text{（組）}$$

◀例えば
○○○｜○○○○○｜○○○○　は
$(x, y, z)=(3, 5, 4)$
を表す。

練習 ③ 33　A，B，C，Dの4種類の商品を合わせて10個買うものとする。次のような買い方はそれぞれ何通りあるか。

(1) 買わない商品があってもよいとき。

(2) どの商品も少なくとも1個買うとき。

(3) Aは3個買い，B，C，Dは少なくとも1個買うとき。

p.70 EX26

重要例題 34 数字の順列（数の大小関係が条件）　⊘⊘⊘⊘⊘

次の条件を満たす整数の組 $(a_1,\ a_2,\ a_3,\ a_4,\ a_5)$ の個数を求めよ。

(1) $0<a_1<a_2<a_3<a_4<a_5<9$　　(2) $0\leqq a_1\leqq a_2\leqq a_3\leqq a_4\leqq a_5\leqq 3$

(3) $a_1+a_2+a_3+a_4+a_5\leqq 3,\ a_i\geqq 0\ (i=1,\ 2,\ 3,\ 4,\ 5)$

基本 32，33

指針

(1) $a_1,\ a_2,\ \cdots\cdots,\ a_5$ はすべて異なるから，1，2，……，8 の **8 個の数字から異なる 5 個を選び**，小さい順に $a_1,\ a_2,\ \cdots\cdots,\ a_5$ を対応させればよい。
⟶ 求める個数は組合せ ${}_8\mathrm{C}_5$ に一致する。

(2) (1) とは違って，条件の式に ≦ を含むから，0，1，2，3 の **4 個の数字から重複を許して 5 個を選び**，小さい順に $a_1,\ a_2,\ \cdots\cdots,\ a_5$ を対応させればよい。
⟶ 求める個数は重複組合せ ${}_4\mathrm{H}_5$ に一致する。

(3) おき換えを利用すると，不等式の条件を等式の条件に変更できる。
$3-(a_1+a_2+a_3+a_4+a_5)=b$ とおくと　$a_1+a_2+a_3+a_4+a_5+b=3$　← 等式
また，$a_1+a_2+a_3+a_4+a_5\leqq 3$ から　$b\geqq 0$
よって，基本例題 **33** (1) と同様にして求められる。

解答

(1) 1，2，……，8 の 8 個の数字から異なる 5 個を選び，小さい順に $a_1,\ a_2,\ \cdots\cdots,\ a_5$ とすると，条件を満たす組が 1 つ決まる。
よって，求める組の個数は　${}_8\mathrm{C}_5={}_8\mathrm{C}_3=$ **56（個）**

(2) 0，1，2，3 の 4 個の数字から重複を許して 5 個を選び，小さい順に $a_1,\ a_2,\ \cdots\cdots,\ a_5$ とすると，条件を満たす組が 1 つ決まる。
よって，求める組の個数は

$${}_4\mathrm{H}_5={}_{4+5-1}\mathrm{C}_5={}_8\mathrm{C}_5=\mathbf{56}\ \text{(個)}$$

(3) $3-(a_1+a_2+a_3+a_4+a_5)=b$ とおくと

$$a_1+a_2+a_3+a_4+a_5+b=3,\quad a_i\geqq 0\ (i=1,\ 2,\ 3,\ 4,\ 5),\ b\geqq 0 \quad \cdots\cdots ①$$

よって，求める組の個数は，① を満たす 0 以上の整数の組の個数に等しい。これは異なる 6 個のものから 3 個取る重複組合せの総数に等しく

$${}_6\mathrm{H}_3={}_{6+3-1}\mathrm{C}_3={}_8\mathrm{C}_3=\mathbf{56}\ \text{(個)}$$

別解　$a_1+a_2+a_3+a_4+a_5=k\ (k=0,\ 1,\ 2,\ 3)$ を満たす 0 以上の整数の組 $(a_1,\ a_2,\ a_3,\ a_4,\ a_5)$ の数は ${}_5\mathrm{H}_k$ であるから　${}_5\mathrm{H}_0+{}_5\mathrm{H}_1+{}_5\mathrm{H}_2+{}_5\mathrm{H}_3$
$={}_4\mathrm{C}_0+{}_5\mathrm{C}_1+{}_6\mathrm{C}_2+{}_7\mathrm{C}_3$
$=1+5+15+35=$ **56（個）**

検討

(2)，(3) は次のようにして解くこともできる。

(2) ［p.64 検討 PLUS ONE の方法の利用］
$b_i=a_i+i\ (i=1,\ 2,\ 3,\ 4,\ 5)$ とすると，条件は $0<b_1<b_2<b_3<b_4<b_5<9$ と同値になる。よって，(1) の結果から　**56 個**

(3) 3 個の○と 5 個の仕切り｜を並べ，例えば，
｜○｜｜○○｜｜　の場合は (0，1，0，2，0) を表すと考える。
このとき，
A｜B｜C｜D｜E｜F
とすると，A，B，C，D，E の部分に入る○の数をそれぞれ $a_1,\ a_2,\ a_3,\ a_4,\ a_5$ とすれば，組が 1 つ決まるから
${}_8\mathrm{C}_3=$ **56（個）**

練習 34 ④　5 桁の整数 n において，万の位，千の位，百の位，十の位，一の位の数字をそれぞれ $a,\ b,\ c,\ d,\ e$ とするとき，次の条件を満たす n は何個あるか。

(1) $a>b>c>d>e$　　(2) $a\geqq b\geqq c\geqq d\geqq e$

(3) $a+b+c+d+e\leqq 6$

振り返り　場合の数

● 場合の数を　もれなく，重複なく　一定の方針で順序よく数え上げるには

樹形図（tree）や　辞書式配列法

によるのが最も基本の考え方である。

● 代表的な問題・似ている問題の差異

・$(a+b)(p+q+r)(x+y)$ の展開式の項の数　$2\cdot3\cdot2$　積の法則　➡例題 7

・$2700=2^2\cdot3^3\cdot5^2$ の約数の個数　$(2+1)(3+1)(2+1)$　➡例題 8

　の約数の和　$(1+2+2^2)(1+3+3^2+3^3)(1+5+5^2)$

・10 人から 3 人選んで 1 列に並べる　${}_{10}\mathrm{P}_3$　順　列　➡例題 11

・10 人を 1 列に並べるとき　➡例題 13

(ア)　特定の 3 人が隣り合う並べ方　$8!\times3!$

(イ)　特定の 3 人 A，B，C がこの順に現れる並べ方　$10!\div3!$

・10 人から 3 人選んで円形に並べる　${}_{10}\mathrm{P}_3\div3$　円順列　➡例題 17

・異なる 10 個の玉から 3 個を選んで首飾りを作る　(円順列)$\div2$　じゅず順列

・10 人から 3 人を選ぶ　${}_{10}\mathrm{C}_3$　組合せ　➡例題 22

・3 本の平行線と，それらに交わる 5 本の平行線によってできる平行四辺形の数

${}_3\mathrm{C}_2\times{}_5\mathrm{C}_2$

・正 n 角形 $(n\geqq4)$ の　(ア)　対角線の数　$n(n-3)\div2$　➡例題 24

(イ)　頂点を結んでできる三角形の数　${}_n\mathrm{C}_3$

・10 人から学級委員，議長，書記を選ぶ　${}_{10}\mathrm{P}_3$　順　列

・10 人が学級委員，議長，書記のいずれかに立候補する　3^{10}　重複順列　➡例題 20

・a 3 個，b 2 個，c 5 個の文字を 1 列に並べる　$\dfrac{10!}{3!2!5!}$　同じものを含む順列　➡例題 27

・3 種類の果物から 10 個を選ぶ　${}_3\mathrm{H}_{10}$　重複組合せ　➡例題 32

（1 個も選ばれない果物があってもよい）

（　a　b　c
○○○|○○○○○|○○
10 個の ○ と 2 個の | の順列と考えると　${}_{12}\mathrm{C}_{10}$（または ${}_{12}\mathrm{C}_2$)）

・$x+y+z=8$ のとき　➡例題 33

(ア)　$x\geqq0$，$y\geqq0$，$z\geqq0$ の整数解の個数　${}_3\mathrm{H}_8$

(イ)　$x\geqq1$，$y\geqq1$，$z\geqq1$ の整数解の個数　${}_3\mathrm{H}_5$

組分けの問題

➡例題 21，25

・15 人を 8 人と 7 人の 2 つの組に分ける方法　${}_{15}\mathrm{C}_8$（または ${}_{15}\mathrm{C}_7$）

・15 人を 2 つの組に分ける方法　$(2^{15}-2)\div2$

・15 人を 6 人，5 人，4 人の 3 つの組に分ける方法　${}_{15}\mathrm{C}_6\times{}_9\mathrm{C}_5$

・15 人を 7 人，4 人，4 人の 3 つの組に分ける方法　${}_{15}\mathrm{C}_7\times{}_8\mathrm{C}_4\div2!$

・15 人を 5 人ずつ 3 つの組に分ける方法　${}_{15}\mathrm{C}_5\times{}_{10}\mathrm{C}_5\div3!$

・15 人を A，B，C の 3 つの組に分ける方法（0 人の組があってもよい）　3^{15}

・6 個の区別がつかない玉を 3 つの組に分ける方法（各組に最低 1 個は入る）

組の区別がつかない場合　**数え上げ**。(1，1，4)，(1，2，3)，(2，2，2) の　3 通り

組の区別がつく場合　$x+y+z=6$，$x\geqq1$，$y\geqq1$，$z\geqq1$ の整数解の個数で　${}_3\mathrm{H}_3$

参考事項　二項定理，パスカルの三角形

※数学Ⅱで学習する内容であるが，組合せ $_n\mathrm{C}_r$ が関連した事柄として，二項定理とパスカルの三角形を紹介しておこう。

二項定理

$$(a+b)^n={}_n\mathrm{C}_0a^n+{}_n\mathrm{C}_1a^{n-1}b+{}_n\mathrm{C}_2a^{n-2}b^2+\cdots\cdots+{}_n\mathrm{C}_ra^{n-r}b^r+\cdots\cdots+{}_n\mathrm{C}_nb^n$$

一般項　(第 $r+1$ 項)　$_n\mathrm{C}_ra^{n-r}b^r$

[解説]　$(a+b)^n=(a+b)(a+b)\cdots\cdots(a+b)$ の展開式における $a^{n-r}b^r$ の形の積は，n 個の因数 $a+b$ のうち，r 個から b を，残りの $(n-r)$ 個から a を取り出して，それらを掛け合わせると得られる。

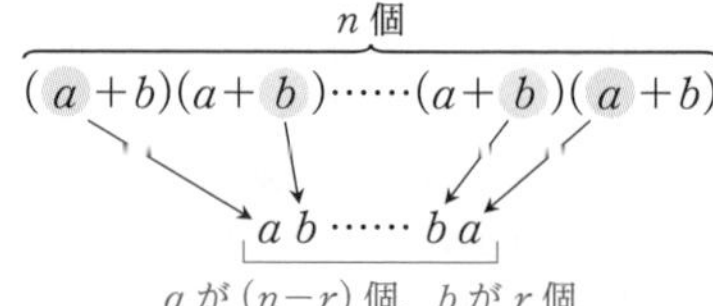

このような場合の総数は，n 個の因数から，b を取る r 個の因数を選ぶ方法の総数に等しく，$_n\mathrm{C}_r$ である。
すなわち，$(a+b)^n$ の展開式における $a^{n-r}b^r$ の項の係数は $_n\mathrm{C}_r$ であり，その展開式は上のようになる。これを **二項定理** という。ただし，$a^0=1$，$b^0=1$ である。
また，$_n\mathrm{C}_ra^{n-r}b^r$ を $(a+b)^n$ の展開式における **一般項** という。更に，$_n\mathrm{C}_r$ は二項定理の展開式における係数を表しているから，$_n\mathrm{C}_r$ を **二項係数** ともいう。

参考　二項定理において，$a=b=1$ のとき　　$2^n={}_n\mathrm{C}_0+{}_n\mathrm{C}_1+{}_n\mathrm{C}_2+\cdots\cdots+{}_n\mathrm{C}_n$　…… ①
一方，要素の個数が n である部分集合の個数を，重複順列の考えを用いて求めると 2^n 通り。
要素の個数が 0 個のもの，1 個のもの，……，n 個のものと分けて組合せで求めると，$_n\mathrm{C}_0+{}_n\mathrm{C}_1+{}_n\mathrm{C}_2+\cdots\cdots+{}_n\mathrm{C}_n$ 通り。これからも ① が示される。

パスカルの三角形

$(a+b)^n$ の展開式の係数を $n=1,\ 2,\ 3,\ 4,\ 5,\ \cdots\cdots$ の場合に順に書き出すと，左下の図のようになる。これを **パスカルの三角形** という。そして，各係数を $_n\mathrm{C}_r$ の形で表してみると，右下の図のようになり $_n\mathrm{C}_r$ の性質から，以下の [1]～[3] が成り立つ。

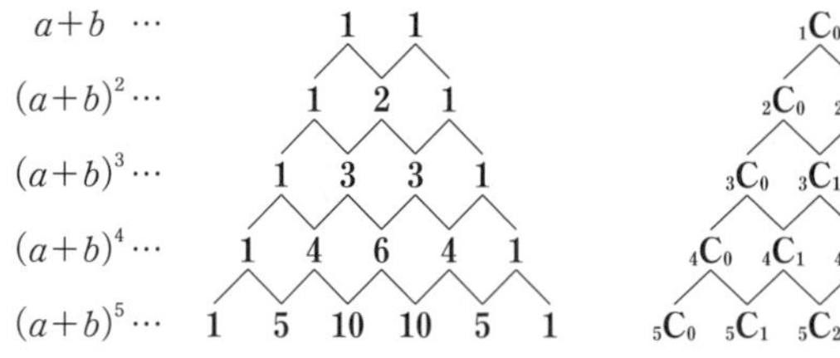

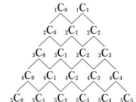

[1]　各行の **左右の両端の数は 1** である。……　$_n\mathrm{C}_0={}_n\mathrm{C}_n=1$
[2]　各行の両端以外の数は，その **左上の数と右上の数の和に等しい。**
……　$_n\mathrm{C}_r={}_{n-1}\mathrm{C}_{r-1}+{}_{n-1}\mathrm{C}_r$
[3]　各行の数は **中央に関して左右対称。**　……　$_n\mathrm{C}_r={}_n\mathrm{C}_{n-r}$

EXERCISES

③19 A 高校の生徒会の役員は 6 名で，そのうち 3 名は女子である。また，B 高校の生徒会の役員は 5 名で，そのうち 2 名は女子である。各高校の役員から，それぞれ 2 名以上を出して，合計 5 名の合同委員会を作るとき，次の各場合は何通りあるか。

(1) 合同委員会の作り方

(2) 合同委員会に少なくとも 1 名女子が入っている場合

(3) 合同委員会に 1 名女子が入っている場合　〔南山大〕

→22

③20 xy 平面において，6 本の直線 $x=k$ ($k=0,\ 1,\ 2,\ 3,\ 4,\ 5$) のうちの 2 本と，4 本の直線 $y=l$ ($l=0,\ 1,\ 2,\ 3$) のうちの 2 本で囲まれた図形について考える。長方形は全部で ア□ 個あり，そのうち正方形は全部で イ□ 個ある。また，面積が 2 となる長方形は全部で ウ□ 個であり，4 となる長方形は全部で エ□ 個ある。

〔関西学院大〕 →23

③21 正 n 角形がある (n は 3 以上の整数)。この正 n 角形の n 個の頂点のうちの 3 個を頂点とする三角形について考える。　〔京都産大〕

(1) $n=6$ とする。このとき，三角形は全部で ア□ 個あり，直角三角形は イ□ 個ある。また，二等辺三角形は ウ□ 個あり，そのうち正三角形は エ□ 個ある。

(2) $n=8$ とする。このとき，直角三角形は オ□ 個，鈍角三角形は カ□ 個，鋭角三角形は キ□ 個ある。

(3) $n=6k$ (k は正の整数) であるとする。このとき，k を用いて表すと，正三角形の個数は ク□ であり，直角三角形の個数は ケ□ である。

→24

③22 定員 2 名，3 名，4 名の 3 つの部屋がある。

(1) 2 人の教員と 7 人の学生の合計 9 人をこれらの 3 つの部屋に定員どおりに入れる割り当て方は ア□ 通りである。また，その割り当て方の中で 2 人の教員が異なる部屋に入るようにする割り当て方は イ□ 通りである。

(2) 7 人の学生のみを，これらの 3 つの部屋に定員を超えないように入れる割り当て方は ウ□ 通りである。ただし，誰も入らない部屋があってもよい。〔慶応大〕

→25

19 「それぞれ 2 名以上」の条件に注意。 (2) (少なくとも 1 名女子)=(全体)−(全員男子)

20 (イ) 1 辺の長さで分けて数え上げる。 (ウ), (エ) 縦，横の長さで分けて数え上げる。

21 1 辺が外接円の中心を通ると直角三角形になる。

22 (1) (ア) 定員の数が異なるから，3 つの部屋は区別できる。

(イ) 2 人の教員がどの 2 つの部屋に 1 人ずつ入るかで場合分けをする。

(2) 2 人の教員を含めた合計 9 人を，3 つの部屋に定員どおりに割り当ててから 2 人の教員を除く，と考える。(1) の結果を利用。

EXERCISES

③23 赤，青，黄，白，緑の5色を使って，正四角錐の底面を含む5つの面を塗り分けるとき，次のような塗り分け方は何通りあるか。ただし，側面はすべて合同な二等辺三角形で，回転させて同じになる塗り方は同一と考えるものとする。

(1) 底面を白で塗り，側面を残りの4色すべてを使って塗り分ける。

(2) 5色全部を使って塗り分ける。

(3) 5色全部または一部を使って，隣り合う面が別の色になるように塗り分ける。

〔類 大阪学院大〕 →26

③24 1，2，3，4の数字が書かれたカードを各1枚，数字0が書かれたカードと数字5が書かれたカードを各2枚ずつ用意する。この中からカードを何枚か選び，左から順に横1列に並べる。このとき，先頭のカードの数字が0でなければ，カードの数字の列は，選んだカードの枚数を桁数とする正の整数を表す。このようにして得られる整数について，次の問いに答えよ。

(1) 0，1，2，3，4の数字が書かれたカード各1枚ずつ，計5枚のカードだけを用いて表すことができる5桁の整数はいくつあるか。

(2) 用意されたカードをすべて用いて表すことができる8桁の整数はいくつあるか。

〔岡山大〕 →12，27

③25 右の図のように，同じ大きさの5つの立方体からなる立体に沿って，最短距離で行く経路について考える。このとき，次の経路は何通りあるか。なお，この5つの立方体のすべての辺上が通行可能である。

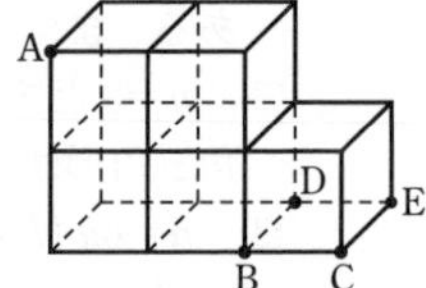

(1) 地点Aから地点Bまでの最短経路

(2) 地点Aから地点Cまでの最短経路

(3) 地点Aから地点Dまでの最短経路

(4) 地点Aから地点Eまでの最短経路

〔名城大〕 →30

④26 (1) 和が30になる2つの自然数からなる順列の総数を求めよ。

(2) 和が30になる3つの自然数からなる順列の総数を求めよ。

(3) 和が30になる3つの自然数からなる組合せの総数を求めよ。 〔神戸大〕 →33

HINT

23 (3) 側面を2色，3色，4色を使って塗り分ける場合を考える。

24 (2) 最高位の数字が1，2，3，4か5で場合分けして考える。

25 (3) 右に2，下に2，奥に1区画進む経路の問題。

(4) 地点Eの1区画上の点をGとすると，A→C→E，A→D→E，A→G→Eの場合に分けられる。

26 x，y，zを自然数とする。(1) $x+y=30$を満たす(x, y)の組，(2) $x+y+z=30$を満たす(x, y, z)の組の個数をそれぞれ求める。

(3) (2)の「順列」では，x，y，zの並べる順序を考えて数え上げるが，(3)の「組合せ」の場合，順序を問題にしないで数え上げることになる。そこで，3つの数がすべて同じ，2つだけが同じ，すべて異なる，の3つの場合に分けて考える。

数学A 第2章

確　　率

6 事象と確率
7 確率の基本性質
8 独立な試行・反復試行の確率
9 条件付き確率
10 期　待　値

—●— **基本定着コース**……教科書の基本事項を確認したいきみに
—●— **精選速習コース**……入試の基礎を短期間で身につけたいきみに
—●— **実力練成コース**……入試に向け実力を高めたいきみに

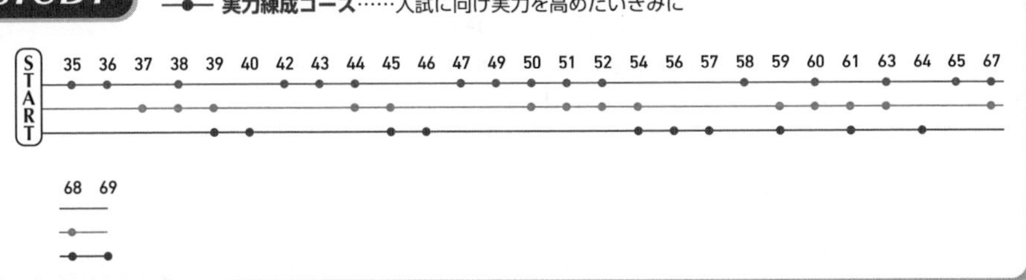

例題一覧

			難易度
6	基本 35	確率の計算	①
	基本 36	順列と確率 (1)	②
	基本 37	順列と確率 (2)	②
	基本 38	組合せと確率	③
	基本 39	じゃんけんと確率	③
	基本 40	確率の条件から未知数の決定	③
	重要 41	2次方程式の解の条件と確率	③
7	基本 42	確率の加法定理	②
	基本 43	和事象の確率	②
	基本 44	余事象の確率	②
	基本 45	和事象・余事象の確率	③
	重要 46	確率の基本計算と和事象の確率	③
8	基本 47	独立な試行の確率	②
	基本 48	独立な試行の確率と加法定理	②
	基本 49	反復試行の確率	②
	基本 50	繰り返し対戦する大会で優勝する確率	②
	基本 51	最大値・最小値の確率	②
	基本 52	数直線上の点の移動と反復試行	②
	基本 53	3つの事象に関する反復試行の確率	③
	基本 54	平面上の点の移動と反復試行	③
	重要 55	2点の移動と確率	③
	重要 56	図形上の頂点を動く点と確率	④
	重要 57	独立な試行の確率の最大	⑤
9	基本 58	条件付き確率の計算 (1)	①
	基本 59	条件付き確率の計算 (2)	③
	基本 60	確率の乗法定理 (1)	②
	基本 61	確率の乗法定理 (2)	②
	重要 62	確率の乗法定理 (3)	③
	基本 63	原因の確率	③
	重要 64	ベイズの定理	③
10	基本 65	期待値の基本	②
	基本 66	カードの最大数の期待値	②
	基本 67	期待値と有利・不利 (1)	②
	重要 68	図形と期待値	④
	重要 69	期待値と有利・不利 (2)	⑤

6 事象と確率

基本事項

確率の定義　全事象 U の要素の個数を $n(U)$ とし，事象 A の要素の個数を $n(A)$ とする。

全事象 U のどの根元事象も同様に確からしいとき，事象 A の起こる確率 $P(A)$ を

$$P(A)=\frac{n(A)}{n(U)}=\frac{\text{事象 } A \text{ の起こる場合の数}}{\text{起こりうるすべての場合の数}}$$

で定める。

解　説

■ **試行と事象**

同じ状態のもとで繰り返すことができ，その結果が偶然によって決まる実験や観測など（例えば，さいころを投げることや，くじを引くこと）を **試行** といい，その結果起こる事柄を **事象** という。

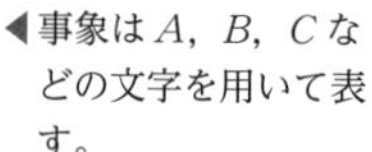
◀事象は A，B，C などの文字を用いて表す。

ある試行において，起こりうる場合全体の集合を U とすると，この試行におけるどの事象も U の部分集合で表すことができる。特に，全体集合 U で表される事象を **全事象**，空集合 $\varnothing$ で表される事象を **空事象** という。また，U の1個の要素からなる集合で表される事象を **根元事象** という。

◀本書では，事象 A を表す集合と事象 A を同一視して考えることにする。

例　1つのさいころを投げる試行において，3の倍数の目が出る事象を A とすると

全事象 U は　$U=\{1,\ 2,\ 3,\ 4,\ 5,\ 6\}$，
事象 A は　$A=\{3,\ 6\}$，
根元事象は　$\{1\}$，$\{2\}$，$\{3\}$，$\{4\}$，$\{5\}$，$\{6\}$

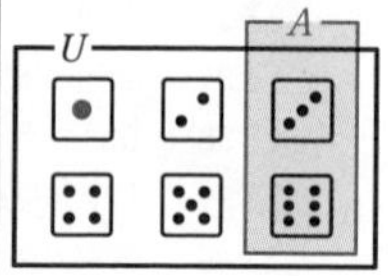

■ **確率の定義**

1つの試行において，ある事象 A の起こることが期待される割合を，**事象 A の起こる確率** といい，これを $P(A)$ で表す。

◀P は probability（確率）の頭文字である。

上の 例 では，1から6までのどの目が出ることも同じ程度に期待できる。一般に，ある試行において，根元事象のどれが起こることも同じ程度に期待できるとき，これらの根元事象は **同様に確からしい** という。

全事象 U のどの根元事象も同様に確からしいとき，事象 A の起こる確率 $P(A)$ を

$$P(A)=\frac{n(A)}{n(U)}=\frac{a}{N}=\frac{\text{事象 A の起こる場合の数}}{\text{起こりうるすべての場合の数}}$$

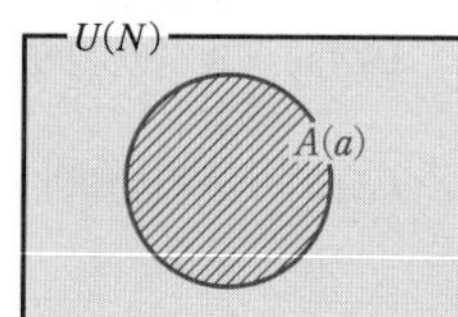

で定める。なお，上の式では，$n(U)=N$，$n(A)=a$ としている。

例えば，上の 例 において

$$P(A)=\frac{n(A)}{n(U)}=\frac{2}{6}=\frac{1}{3}$$

基本例題 35 確率の計算

次の確率を求めよ。

(1) 2個のさいころを投げるとき，目の和が素数である確率

(2) 3枚の硬貨を投げて，表1枚，裏2枚が出る確率

p.72 基本事項

確率の計算の基本

① **起こりうる場合全体の集合 U を定める**

② **確率を求めたい事象 A の根元事象を見つける**

そして，U の場合の数 N，A の場合の数 a を求め　$P(A)=\dfrac{a}{N}$

また，確率では，**同じ形の硬貨，さいころ，玉，くじなどの1つ1つを**区別して考える（つまり，**1つ1つを**異なるものと考える）ことに注意が必要である。

CHART　確率の基本　N（すべての数）と a（起こる数）を求めて　$\dfrac{a}{N}$

同じさいころ，硬貨でも区別して考える

解答

(1) 起こりうるすべての場合は

$6\times6=36$（通り）

目の和が素数 2，3，5，7，11 となる場合は，それぞれ 1，2，4，6，2通りあり，合計して

$1+2+4+6+2=15$（通り）

よって，求める確率は　$\dfrac{15}{36}=\mathbf{\dfrac{5}{12}}$

(2) 起こりうるすべての場合は

$2^3=8$（通り）

このうち，表1枚，裏2枚が出る場合は

（表，裏，裏），（裏，表，裏），（裏，裏，表）

の3通りある。

よって，求める確率は　$\mathbf{\dfrac{3}{8}}$

(1) 表を作る とよい。

和	1	2	3	4	5	6
1	2	3	4	5	6	7
2	3	4	5	6	7	8
3	4	5	6	7	8	9
4	5	6	7	8	9	10
5	6	7	8	9	10	11
6	7	8	9	10	11	12

例えば，**(1，2) と (2，1) は別の出方** とみる。

(2) 3枚の硬貨を A，B，C と区別して

（○，○，○）
　↑　↑　↑
　A　B　C

○ は表か裏

検討

上の例題(2)で，「3枚の硬貨の表と裏の出方には，次の4つの場合が考えられる。

(a) 表3枚　(b) 表2枚，裏1枚　(c) 表1枚，裏2枚　(d) 裏3枚

求める確率は，この4つの場合のうちの(c)の1つであるから　$\dfrac{1}{4}$」としたら **大間違い！**

これは例えば，(a)と(b)は同じ程度に期待できない（「同様に確からしい」の前提が崩れる）からである。詳しくは次ページの補足事項を参考にしてほしい。

練習 ① 35

(1) 2個のさいころを投げるとき，次の確率を求めよ。

(ア) 目の和が6である確率　(イ) 目の積が12である確率

(2) 硬貨4枚を投げて，表裏2枚ずつ出る確率，全部裏が出る確率を求めよ。

p.89 EX 27, 28

補足事項 「同様に確からしい」について

※確率では，起こりうるすべての場合について，同様に確からしい こと（根元事象のどれが起こることも同じ程度に期待できること）が前提にある。そのためには，

見た目がまったく同じものでも区別して考える

ことがポイントである。

例えば，「赤玉1個，白玉9個の計10個入った箱から1個の玉を取り出すとき，取り出される玉の色は，赤か白かの2通りであるから，赤玉が取り出される確率は $\frac{1}{2}$ である」と説明されたら納得できるだろうか。
白玉の個数の方が赤玉より多いから，圧倒的に白玉の方が出やすいと思う人が多いのではないだろうか。

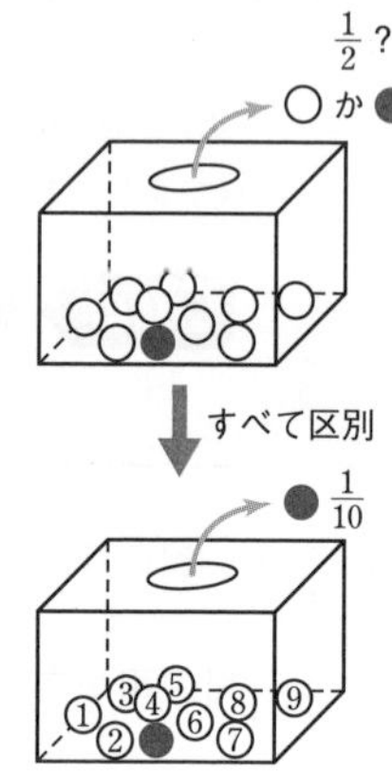

正しくは，白玉9個をすべて 白$_1$，白$_2$，……，白$_9$ のように区別して考えることで，全事象 U は

$$U=\{白_1,\ 白_2,\ \cdots\cdots,\ 白_9,\ 赤\}$$

となり，どの根元事象も同じ程度に起こることが期待できるようになる。

つまり，$n(U)=10$ から，赤玉が出る確率は $\frac{1}{10}$ と求められ，これは納得できる値である。

前ページの基本例題 **35** においても

(1) では，2個のさいころを A，B

(2) では，3枚の硬貨を　A，B，C

などとして区別する必要がある。
区別することにより，全事象 U について

(1) では，前ページの解答側注の表から　$N=36$

(2) では，右の図から　$N=8$

となることがわかる。そして，それぞれの根元事象が起こることは同じ程度に期待できる（**同様に確からしい**）から，正しい確率が求められるようになる。

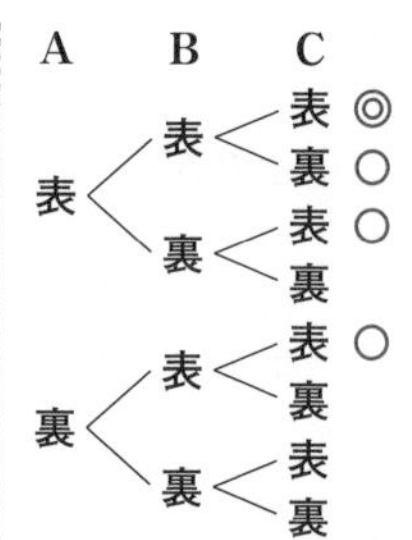

(a)　表3枚は◎の1通り。
(b)　表2枚，裏1枚は○の3通りで，(a)は(b)の3倍起こりやすい。

今後，ある事象が起こる確率を求めるときは，根元事象がすべて「同様に確からしい」かどうかを意識するようにしよう。

基本例題 36 順列と確率(1)

男子4人と女子2人が次のように並ぶとき，各場合の確率を求めよ。
(1) 1列に並ぶとき，両端が男子になる確率
(2) 輪の形に並ぶとき，女子2人が隣り合う確率

p.72 基本事項 重要41

指針 (1)では **順列 $_nP_r$** (2)では **円順列 $(n-1)!$** を利用して，場合の数 N, a を求める。
(1) N… 6人が1列に並ぶ順列。
a… まず両端に男子を並べ，次に間に残りの4人を並べると考える。
(2) N…「輪の形」であるから，6人の円順列。
a… まず，女子2人を1組と考えて全体の並びを考え，次に女子2人を並べる。

CHART 確率の基本 N と a を求めて $\dfrac{a}{N}$

解答

(1) すべての場合の数は，6人を1列に並べる順列であるから $_6P_6=6!$ (通り)
このうち，両端にくる男子の並び方は $_4P_2$ 通り
そのおのおのについて，残りの4人の並び方は
$_4P_4=4!$ (通り)
よって，求める確率は

$$\frac{_4P_2\times4!}{6!}=\frac{4\cdot3\times4!}{6!}=\frac{2}{5}$$

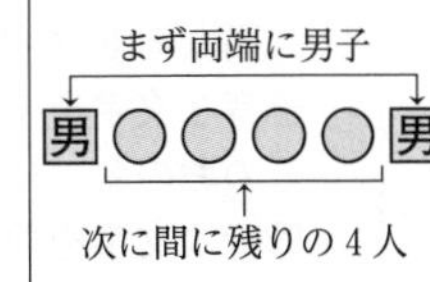

◀**積の法則** を利用。

(2) すべての場合の数は，6人の円順列であるから
$(6-1)!=5!$ (通り)
隣り合う女子2人をまとめて1組と考えると，この1組と男子4人の並び方は
$(5-1)!=4!$ (通り)
そのおのおのについて，女子2人の並び方は $2!$ 通り
よって，求める確率は $\dfrac{4!\times2!}{5!}=\dfrac{2}{5}$

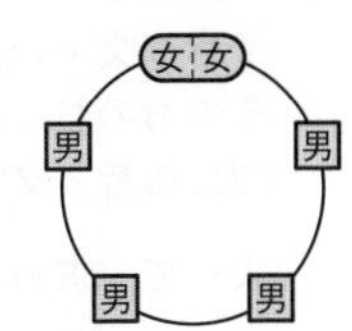

別解 (2) 女子2人をA，Bとすると，2人が隣り合うのは，Aから見て右隣か左隣にBがくる場合である。
Aを固定すると，A以外の5人がAの左右に並ぶ方法は $_5P_2$ 通り
Aの左右のどちらかにBが並ぶ方法は 2×4 通り
よって，求める確率は $\dfrac{2\times4}{_5P_2}=\dfrac{2}{5}$

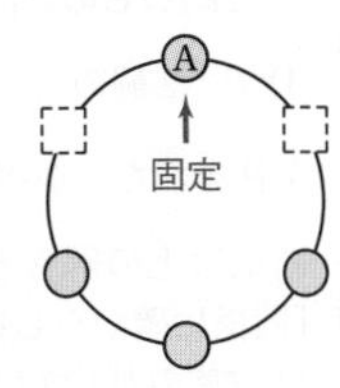

練習 ② 36 男子5人と女子3人が次のように並ぶとき，各場合の確率を求めよ。
(1) 1列に並ぶとき，女子どうしが隣り合わない確率
(2) 輪の形に並ぶとき，女子どうしが隣り合わない確率

基本例題 37 順列と確率 (2) … 同じものを区別する

coffee の 6 文字を次のように並べるとき，各場合の確率を求めよ。
(1) 横 1 列に並べるとき，左端が子音でかつ母音と子音が交互に並ぶ確率
(2) 円形に並べるとき，母音と子音が交互に並ぶ確率

p.72 基本事項

確率の基本 **同じものでも区別して考える** ……★

に従い，2 個ずつある f と e をそれぞれ区別して，f_1，f_2，e_1，e_2 と考える。
(1) まず，子音を並べ，次にその間と右端に母音を並べる。
(2) 「円形」に並べるから，**円順列** の考えを利用する。まず，子音を円形に並べて **固定** し，次に子音と子音の間に母音を並べる。

注意 アルファベット 26 文字のうち，a, i, u, e, o を母音，残り 21 文字を子音という。

解答

2 個の f を f_1，f_2，2 個の e を e_1，e_2 とすると，母音は o，e_1，e_2，子音は c，f_1，f_2 である。

(1) 異なる 6 文字を 1 列に並べる方法は $_6P_6=6!$ (通り)
子音 3 文字を 1 列に並べる方法は $_3P_3=3!$ (通り)
そのおのおのについて，子音と子音の間および右端に母音 3 文字を並べる方法は $_3P_3=3!$ (通り)
よって，求める確率は $\dfrac{3!\times3!}{6!}=\mathbf{\dfrac{1}{20}}$

(2) 異なる 6 文字の円順列は $(6-1)!=5!$ (通り)
子音 3 文字の円順列は $(3-1)!=2!$ (通り)
そのおのおのについて，子音を固定して，子音と子音の間に母音 3 文字を並べる方法は $_3P_3=3!$ (通り)
よって，求める確率は $\dfrac{2!\times3!}{5!}=\mathbf{\dfrac{1}{10}}$

◀指針___……★ の方針。
確率では，同様に確からしいことが前提にあるため，同じものでも区別して考える。

左端は子音

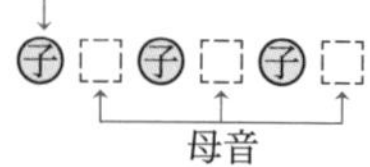

◀**積の法則** を利用。

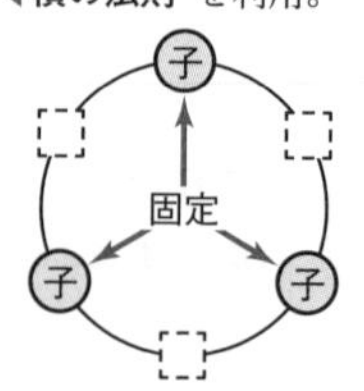

□ に母音を並べる。

検討

(1) で同じものを区別しないとき

(1) で，2 個の f，2 個の e を区別しないで考えると，並べ方の総数は $\dfrac{6!}{2!2!}=180$ (通り)
条件を満たす並べ方は $\left(\dfrac{3!}{2!}\right)^2=9$ (通り)　よって，確率は $\dfrac{9}{180}=\mathbf{\dfrac{1}{20}}$
結果は上の解答と一致する。これは，同じものを区別しないで考えたときの根元事象が「同様に確からしい」ことから導かれた，正しいものである。
(6 文字の列 1 つ 1 つには，f，e を区別すると $2!\times2!$ 通り分の並べ方があり，どの文字列も同じ程度に起こることが期待できる。)
しかし，「同様に確からしい」の判断は意外と難しい。慣れるまでは，**同じものでも区別して考える** 方針が安全である。

練習 ② 37 kakuritu の 8 文字を次のように並べるとき，各場合の確率を求めよ。
(1) 横 1 列に並べるとき，左端が子音でかつ母音と子音が交互に並ぶ確率
(2) 円形に並べるとき，母音と子音が交互に並ぶ確率

p.89 EX 29

基本例題 38 組合せと確率

赤，青，黄の札が4枚ずつあり，どの色の札にも1から4までの番号が1つずつ書かれている。この12枚の札から無作為に3枚取り出したとき，次のことが起こる確率を求めよ。 〔埼玉医大〕

(1) 全部同じ色になる。　　(2) 番号が全部異なる。

(3) 色も番号も全部異なる。

p.72 基本事項

指針 場合の総数 N は，全12枚の札から3枚を選ぶ **組合せ** で ${}_{12}C_3$ 通り

(1)〜(3)の各事象が起こる場合の数 a は，次のようにして求める。

(1) (同じ色の選び方)×(番号の取り出し方)　◀積の法則

(2) (異なる3つの番号の取り出し方)×(色の選び方)

↑同色でもよい。

(3) (異なる3つの番号の取り出し方)×(3つの番号の色の選び方)

取り出した3つの番号を小さい順に並べ，それに対し，3色を順に対応させる，と考えると，取り出した番号1組について，色の対応が ${}_3P_3$ 通りある。

(3)

1	2	3
赤	青	黄
赤	黄	青
青	赤	黄
青	黄	赤
黄	赤	青
黄	青	赤

} ${}_3P_3$ 通り

解答

12枚の札から3枚の札を取り出す方法は　${}_{12}C_3$ 通り

(1) 赤，青，黄のどの色が同じになるかが　${}_3C_1$ 通り

その色について，どの番号を取り出すかが　${}_4C_3$ 通り

よって，求める確率は　$\dfrac{{}_3C_1\times{}_4C_3}{{}_{12}C_3}=\dfrac{3\times4}{220}=\mathbf{\dfrac{3}{55}}$

(2) どの3つの番号を取り出すかが　${}_4C_3$ 通り

そのおのおのに対して，色の選び方は 3^3 通りずつあるから，番号が全部異なる場合は　${}_4C_3\times3^3$ 通り

よって，求める確率は　$\dfrac{{}_4C_3\times3^3}{{}_{12}C_3}=\dfrac{4\times27}{220}=\mathbf{\dfrac{27}{55}}$

(3) どの3つの番号を取り出すかが ${}_4C_3$ 通りあり，取り出した3つの番号の色の選び方が ${}_3P_3$ 通りあるから，色も番号も全部異なる場合は　${}_4C_3\times{}_3P_3$ 通り

よって，求める確率は　$\dfrac{{}_4C_3\times{}_3P_3}{{}_{12}C_3}=\dfrac{4\times6}{220}=\mathbf{\dfrac{6}{55}}$

(1) 札を選ぶ順序にも注目して考えてもよい。下の **参考** を参照。

◀3つの番号それぞれに対し，3つずつ色が選べるから　$3\times3\times3=3^3$

◀赤，青，黄の3色に対し，1，2，3，4から3つの数を選んで対応させる，と考えて，$1\times{}_4P_3$ 通りとしてもよい。

参考 札を選ぶ「**順序**」**にも注目** して考えると　$N={}_{12}P_3={}_{12}C_3\times3!$

(1) 色の選び方は ${}_3C_1$，番号の順序は ${}_4P_3$ で　$a={}_3C_1\times{}_4P_3={}_3C_1\times{}_4C_3\times3!$

よって，$\dfrac{a}{N}=\dfrac{{}_3C_1\times{}_4C_3}{{}_{12}C_3}$ となる。同様に考えて (2) $a={}_4P_3\times3^3$　(3) $a={}_4P_3\times{}_3P_3$

練習 38 ③ 1組のトランプの絵札（ジャック，クイーン，キング）合計12枚の中から任意に4枚の札を選ぶとき，次の確率を求めよ。 〔北海学園大〕

(1) スペード，ハート，ダイヤ，クラブの4種類の札が選ばれる確率

(2) ジャック，クイーン，キングの札が選ばれる確率

(3) スペード，ハート，ダイヤ，クラブの4種類の札が選ばれ，かつジャック，クイーン，キングの札が選ばれる確率

p.89 EX 30

基本例題 39 じゃんけんと確率 ①①①①①

(1) 2人がじゃんけんを1回するとき，勝負が決まる確率を求めよ。
(2) 3人がじゃんけんを1回するとき，ただ1人の勝者が決まる確率を求めよ。
(3) 4人がじゃんけんを1回するとき，あいこになる確率を求めよ。 基本 38

指針 じゃんけんの確率の問題では，「誰が」と「どの手」に注目する。
(2) 誰が ただ1人の勝者か …… 3人から1人を選ぶから 3通り
どの手 で勝つか …… ✊（グー），✌（チョキ），✋（パー） の3通り
(3) あいこ になる …… 「全員の手が同じ」か「3種類の手がすべて出ている」場合がある。よって，手の出し方の総数を，和の法則により求める。

解答
(1) 2人の手の出し方の総数は $3^2=9$（通り）
1回で勝負が決まる場合，勝者の決まり方は 2通り
そのおのおのに対して，勝ち方がグー，チョキ，パーの3通りずつある。
よって，求める確率は $\frac{2\times3}{9}=\mathbf{\frac{2}{3}}$

◀2人のうち誰が勝つか $_2C_1$ 通り
◀3つのどの手で勝つか $_3C_1$ 通り

別解 勝負が決まらない場合は，2人が同じ手を出したときの3通りあるから，求める確率は $1-\frac{3}{9}=\mathbf{\frac{2}{3}}$

◀後で学ぶ余事象の確率（p.85）による考え方。

(2) 3人の手の出し方の総数は $3^3=27$（通り）
1回で勝負が決まる場合，勝者の決まり方は
$_3C_1=3$（通り）
そのおのおのに対して，勝ち方がグー，チョキ，パーの3通りずつある。
よって，求める確率は $\frac{3\times3}{27}=\mathbf{\frac{1}{3}}$

(2) 3人をA，B，Cとすると，Aだけが勝つのは

A	B	C
✊	✌	✌
✌	✋	✋
✋	✊	✊

の3通り。

(3) 4人の手の出し方の総数は $3^4=81$（通り）
あいこになる場合は，次の[1]，[2]のどちらかである。
[1] 手の出し方が1種類のとき 3通り
[2] 手の出し方が3種類のとき
{グー，グー，チョキ，パー}，
{グー，チョキ，チョキ，パー}，
{グー，チョキ，パー，パー} の3つの場合がある。
出す人を区別すると，どの場合も $\frac{4!}{2!}$ 通りずつあるから，全部で $\frac{4!}{2!}\times3=36$（通り）
よって，求める確率は $\frac{3+36}{81}=\mathbf{\frac{13}{27}}$

◀$3\times3\times3\times3$ 通り
◀4人全員が✊または✌または✋。
◀例えば，{✊，✊，✌，✋}で✊を出す2人を，4人から選ぶと考えて $_4C_2\times2!=\frac{4!}{2!}$（通り）

練習 ③ 39 5人がじゃんけんを1回するとき，次の確率を求めよ。
(1) 1人だけが勝つ確率 (2) 2人が勝つ確率
(3) あいこになる確率

p.89 EX 31

基本例題 40 確率の条件から未知数の決定 ①①①①①

15 本のくじの中に何本かの当たりくじが入っている。この中から同時に 2 本引くとき，1 本が当たり，1 本がはずれる確率が $\frac{12}{35}$ であるという。当たりくじは何本あるか。

基本 38

当たりくじの本数を n として，まず，確率を計算する。ここでは，確率が n の式で表されるから，$=\frac{12}{35}$ とおいて n の方程式を解く。
なお，文章題では，**解の検討** が大切で，n のとりうる値の範囲に注意が必要である。この問題では，1 本が当たり，1 本がはずれる確率が 0 ではないから，$1 \leqq n \leqq 14$ であることに注意。

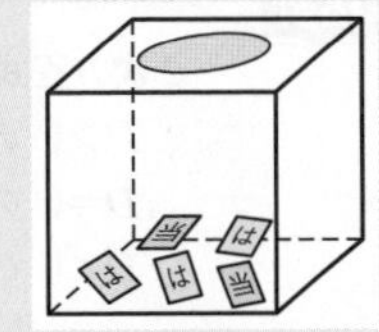

解答

当たりくじの本数を n とすると，n は整数で

$$1 \leqq n \leqq 14 \quad \cdots\cdots \text{①}$$

また，はずれくじの本数は $15-n$ で表される。
15 本から 2 本を取り出す方法は

$${}_{15}\mathrm{C}_2 \text{ 通り}$$

当たり 1 本，はずれ 1 本を取り出す方法は

$${}_n\mathrm{C}_1 \times {}_{15-n}\mathrm{C}_1 \text{ 通り}$$

したがって，条件から

$$\frac{{}_n\mathrm{C}_1 \times {}_{15-n}\mathrm{C}_1}{{}_{15}\mathrm{C}_2} = \frac{12}{35}$$

すなわち $\dfrac{n(15-n)}{15\cdot 7} = \dfrac{12}{35}$ ……（＊）

分母を払って整理すると $n^2-15n+36=0$

左辺を因数分解して $(n-3)(n-12)=0$

これを解いて $n=3,\ 12$

① を満たす n の値は $n=3,\ 12$

よって，当たりくじの本数は **3 本または 12 本**

◀ $0 \leqq n \leqq 15$ でもよいが，$n=0$（すべてはずれくじ），$n=15$（すべて当たりくじ）の場合，1 本が当たり，1 本がはずれとなることは起こらない。よって，$1 \leqq n \leqq 14$ としている。

◀ ${}_{15}\mathrm{C}_2 = \frac{15\cdot 14}{2\cdot 1} = 15\cdot 7$

◀ **解の検討**。$n=3,\ 12$ はともに ① を満たす。

検討 **くじを引く順序を考える**

当たりくじ n 本を $a_1,\ a_2,\ \cdots\cdots,\ a_n$；はずれくじ $15-n$ 本を $b_1,\ b_2,\ \cdots\cdots,\ b_{15-n}$ として，(1 本目，2 本目)＝(当たり，はずれ)，(はずれ，当たり) のように引く順序を考えると，題意の確率は，$\dfrac{2\times{}_n\mathrm{P}_1\times{}_{15-n}\mathrm{P}_1}{{}_{15}\mathrm{P}_2} = \dfrac{n(15-n)}{15\cdot 7}$ となり，解答の（＊）の左辺と一致する。
この方針でもよいが，上のように組合せで考えると，当たり，はずれの順序を考える必要がない分だけ計算しやすい。

練習 ③ 40 袋の中に赤玉，白玉が合わせて 8 個入っている。この袋から玉を 2 個同時に取り出すとき，赤玉と白玉が 1 個ずつ出る確率が $\frac{3}{7}$ であるという。赤玉は何個あるか。

p.90 EX 32

重要例題 41 2次方程式の解の条件と確率

3, 4, 5, 6, 7, 8 から 3 つの異なる数を取り出し，取り出した順に a, b, c とする。このとき，a, b, c を係数とする 2 次方程式 $ax^2+bx+c=0$ が実数解をもつ確率を求めよ。

基本 36

指針 この問題では，数学Ⅰで学ぶ以下のことを利用する。

2 次方程式 $ax^2+bx+c=0$ の実数解の個数と判別式 $D=b^2-4ac$ の符号の関係

$D>0$ のとき，異なる 2 つの実数解をもつ
$D=0$ のとき，ただ 1 つの実数解(重解)をもつ
} $D\geqq 0$ のとき，実数解をもつ ……★
$D<0$ のとき，実数解をもたない

ゆえに，$D=b^2-4ac\geqq 0$ を満たす組 $(a,\ b,\ c)$ が何通りあるか，ということがカギとなる。この場合の数を「a, b, c は 3 以上 8 以下の整数」，「$a\neq b$ かつ $b\neq c$ かつ $c\neq a$」という条件を活かして，**もれなく，重複なく** 数え上げる。

解答

できる 2 次方程式の総数は　${}_6P_3=6\cdot5\cdot4=120$ (通り)
2 次方程式 $ax^2+bx+c=0$ の判別式を D とすると，実数解をもつための条件は　$D\geqq 0$
$D=b^2-4ac$ であるから　$b^2-4ac\geqq 0$ …… ①
$3\leqq a\leqq 8$, $3\leqq b\leqq 8$, $3\leqq c\leqq 8$ であり，$a\neq c$ であるから
① より　$b^2\geqq 4ac\geqq 4\cdot3\cdot4$
ゆえに　$b^2\geqq 48$　よって　$b=7,\ 8$　（＊）
$b=7$ のとき，① から

$$7^2\geqq 4ac \quad \text{すなわち} \quad ac\leqq \frac{49}{4}=12.25$$

この不等式を満たす a, c の組は
$(a,\ c)=(3,\ 4),\ (4,\ 3)$
$b=8$ のとき，① から　$8^2\geqq 4ac$　すなわち　$ac\leqq 16$
この不等式を満たす a, c の組は
$(a,\ c)=(3,\ 4),\ (3,\ 5),\ (4,\ 3),\ (5,\ 3)$
したがって，求める確率は　$\dfrac{2+4}{120}=\mathbf{\dfrac{1}{20}}$

◀組 $(a,\ b,\ c)$ の総数。

◀指針＿……★ の方針。

◀ac のとりうる最小の値に注目する。

◀$7^2=49>48$ であるから $b=7,\ 8$

◀3 以上 8 以下の異なる 2 数の積は，小さい順に $3\cdot4=12$, $3\cdot5=15$, $3\cdot6=18>16$ 以後も 16 より大きい。よって，a, c の組を絞ることができる。

検討 **整数の問題は，不等式で値を絞る**

上の例題では，$D=b^2-4ac\geqq 0$ を満たす整数の組 $(a,\ b,\ c)$ を調べるために，$ac\geqq 3\cdot4$ という条件を利用し，まず b の値を絞った[解答の(＊)の部分]。
このように，場合の数を求めるのに，不等式を処理する必要がある場合，文字が整数のときはその性質を利用するとよい。特に，**さいころの目 a** によって係数が決まるときは，「a は 1 以上 6 以下の整数」であることに注意する。

練習 ③ 41 さいころを 3 回投げて，出た目の数を順に a, b, c とするとき，x の 2 次方程式 $abx^2-12x+c=0$ が重解をもつ確率を求めよ。　〔広島文教女子大〕

p.90 EX33

参考事項 統計的確率

※これまで学習してきた確率は，ある試行において1つの結果からなる根元事象がどれも同様に確からしい場合について考えてきた（これを **数学的確率** ということがある）。しかし，現実的な社会の中の確率の問題では，同様に確からしいと考えられない場合も多い。そのような場合の確率について考えてみよう。

年次	出生児数 N	男子数 r	$\frac{r}{N}$
2013	1,029,817	527,657	0.512
2014	1,003,609	515,572	0.514
2015	1,005,721	515,468	0.513
2016	977,242	502,012	0.514
2017	946,146	484,478	0.512
2018	918,400	470,851	0.513

右の表は2013年から2018年までの日本の出生統計である。この表から，出生児が男子である割合は，一定の値0.513とほぼ等しいとみなしてよいことがわかる。

一般に，観察した資料の総数Nが十分大きいとき，事象Aの起こった度数rをNで割った値（相対度数）$\frac{r}{N}$が一定の値pにほぼ等しいとみなされるとき，値pを事象Aの **統計的確率** という。

例えば，日本における出生児が男子である統計的確率は0.513であると考えられる。

O型	A型	B型	AB型
30 %	40 %	20 %	10 %

例　日本人の血液型の割合は，おおよそ右の表のようになることが過去の統計からわかっている。
例えば，任意に選ばれた1人の日本人について，その人がO型，A型，B型，AB型である事象をそれぞれO，A，B，Xとすると，これらの事象が起こる統計的確率は

$$P(O)=0.3,\ P(A)=0.4,\ P(B)=0.2,\ P(X)=0.1$$

であると考えられる。
この統計的確率を用いると，（日本人の）生徒5人がいるとき，B型の人が1人だけ含まれる確率は

$${}_5C_1(0.2)^1(1-0.2)^4=(0.8)^4=0.4096 \quad すなわち \quad 約41\ \%$$

と考えることができる（p.91で学ぶ反復試行の確率を用いた）。

参考　上の 例 で示した血液型の割合は，日本人全体についてのものである。実は，血液型の割合は国によってかなり差がある。また，日本国内においても，地域によっては 例 で示した割合と多少差が生じることがわかっている。

問　過去のデータから，明日と明後日の2日とも，午前9時から午後3時までに雨の降る確率は20 %であることがわかっている。明日も明後日も上記の時間にずっと屋外にいる人が，2日とも雨にあわない確率が67 %であるとき，2日とも雨にあう確率を求めよ。

（*）問 の解答はp.297にある（p.82で学ぶ和事象の確率を用いる）。

7 確率の基本性質

基本事項

1 確率の基本性質　どんな事象 A についても　$0 \leqq P(A) \leqq 1$

特に，空事象 $\varnothing$ の確率は　$P(\varnothing)=0$,　全事象 U の確率は　$P(U)=1$

2 積事象，和事象　全事象 U の部分集合 A, B について

A と B の **積事象 $A \cap B$ 「A と B がともに起こる」という事象**

和事象 $A \cup B$ 「A または B が起こる」という事象

3 排反事象

2 つの事象 A, B が同時には決して起こらないとき，すなわち，$A \cap B=\varnothing$ のとき，事象 A, B は互いに **排反** である，または，互いに **排反事象** であるという。

3 つ以上の事象については，その中のどの 2 つの事象も互いに排反であるとき，これらの事象は互いに **排反** である，または，互いに **排反事象** であるという。

4 加法定理，和事象の確率

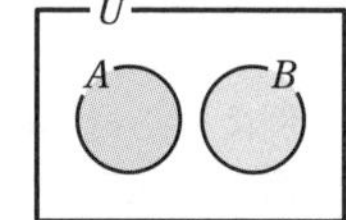

① **加法定理**　事象 A, B が互いに排反 ($A \cap B=\varnothing$) であるとき

$$P(A \cup B)=P(A)+P(B)$$

3 つ以上の事象 A, B, C, …… が互いに排反であるとき

$$P(A \cup B \cup C \cup \cdots\cdots)=P(A)+P(B)+P(C)+\cdots\cdots$$

② **和事象の確率**　一般に　$P(A \cup B)=P(A)+P(B)-P(A \cap B)$

5 余事象の確率

事象 A に対して，A が起こらないという事象を，A の **余事象** といい，$\overline{A}$ で表す。

余事象の確率　$P(\overline{A})=1-P(A)$

解　説

■確率と集合

事象 T の起こる場合の数が $n(T)$ であり，$P(T)=\dfrac{n(T)}{n(U)}$ であるから，集合の **個数の性質** (個数定理)が **確率の性質** に直接結びついている。すなわち，$n(\quad)$ の性質の各辺を $n(U)$ で割ると，$P(\quad)$ の性質が得られる。

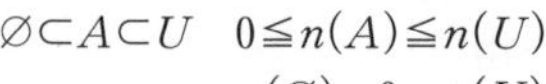

$\varnothing \subset A \subset U$　$0 \leqq n(A) \leqq n(U)$	$0 \leqq P(A) \leqq 1$
$n(\varnothing)=0$，$n(U)$	$P(\varnothing)=0$，$P(U)=1$
$A \cap B=\varnothing$ のとき	A と B が互いに排反のとき
$n(A \cup B)=n(A)+n(B)$	$P(A \cup B)=P(A)+P(B)$
一般に	一般に
$n(A \cup B)=n(A)+n(B)-n(A \cap B)$	$P(A \cup B)=P(A)+P(B)-P(A \cap B)$
$A \cup \overline{A}=U$，$A \cap \overline{A}=\varnothing$ から	$P(A \cup \overline{A})=1$，$P(A \cap \overline{A})=0$ から
$n(A)+n(\overline{A})=n(U)$	$P(A)+P(\overline{A})=1$
よって　$n(\overline{A})=n(U)-n(A)$	よって　$P(\overline{A})=1-P(A)$

参考　3 つの事象の和事象の確率については，以下のことが成り立つ。

$$P(A \cup B \cup C)=P(A)+P(B)+P(C)-P(A \cap B)-P(B \cap C)-P(C \cap A)+P(A \cap B \cap C)$$

← $p.13$ 基本事項 5 ③ に対応。

基本例題 42 確率の加法定理 ①①①①①

袋の中に赤玉2個，青玉3個，白玉4個の合わせて9個の玉が入っている。

(1) この袋から3個の玉を同時に取り出すとき，3個の玉の色がすべて同じである確率を求めよ。

(2) この袋から2個の玉を同時に取り出すとき，2個の玉の色が異なる確率を求めよ。

p.82 基本事項 3，4

指針 A と B が互いに **排反事象** $(A\cap B=\varnothing)$ であるとき，確率の

加法定理 $P(A\cup B)=P(A)+P(B)$

(3つ以上の事象についても同様)

が成り立つ。つまり，この加法定理により，確率どうしを加えることができる。

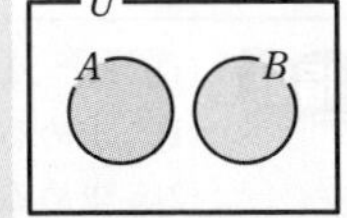

(1) 3個の玉の色がすべて同じ ⟶「3個とも青」と「3個とも白」の2つの **排反事象** の和事象。

(2) 2個の玉の色が異なる ⟶ 2色の選び方に注目し，**排反事象** に分ける。

CHART 確率の計算 **排反なら 確率を加える**

解答

(1) 9個の玉から3個を取り出す場合の総数は ${}_9\mathrm{C}_3$ 通り

3個の玉の色がすべて同じであるのは

A：3個とも青，　B：3個とも白

の場合であり，事象 A，B は互いに排反である。

よって，求める確率は

$$P(A\cup B)=P(A)+P(B)=\frac{{}_3\mathrm{C}_3}{{}_9\mathrm{C}_3}+\frac{{}_4\mathrm{C}_3}{{}_9\mathrm{C}_3}=\frac{1}{84}+\frac{4}{84}=\mathbf{\frac{5}{84}}$$

◀A：●●●，B：○○○ 互いに排反

◀問題の事象は，A と B の和事象である。

◀事象 A，B は同時に起こらない(排反)。

(2) 9個の玉から2個を取り出す場合の総数は ${}_9\mathrm{C}_2$ 通り

2個の玉の色が異なるのは

C：赤と青，　D：青と白，　E：白と赤

の場合であり，事象 C，D，E は互いに排反である。

よって，求める確率は

$$P(C\cup D\cup E)=P(C)+P(D)+P(E)=\frac{2\times3}{{}_9\mathrm{C}_2}+\frac{3\times4}{{}_9\mathrm{C}_2}+\frac{4\times2}{{}_9\mathrm{C}_2}=\frac{26}{36}=\mathbf{\frac{13}{18}}$$

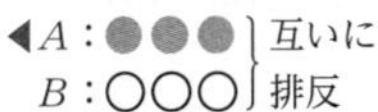

◀$P(C)=\dfrac{{}_2\mathrm{C}_1\times{}_3\mathrm{C}_1}{{}_9\mathrm{C}_2}$

練習 ② 42 袋の中に，2と書かれたカードが5枚，3と書かれたカードが4枚，4と書かれたカードが3枚入っている。この袋から一度に3枚のカードを取り出すとき

(1) 3枚のカードの数がすべて同じである確率を求めよ。

(2) 3枚のカードの数の和が奇数である確率を求めよ。

p.90 EX34

基本例題 43 和事象の確率 ①①①①①

箱の中に 1 から 10 までの 10 枚の番号札が入っている。この箱の中から 3 枚の番号札を一度に取り出す。次の確率を求めよ。

(1) 最大の番号が 7 以下で，最小の番号が 3 以上である確率

(2) 最大の番号が 7 以下であるか，または，最小の番号が 3 以上である確率

(3) 1 または 2 の番号札を取り出す確率 〔類 日本女子大〕

p.82 基本事項 4 重要 45, 46

(1), (2) A：最大の番号が 7 以下，B：最小の番号が 3 以上 とする。

(1) 求める確率は $P(A\cap B)$ ⟶ 3〜7 の番号札から 3 枚取り出す確率を求める。

(2) 求める確率は $P(A\cup B)$ であるが，2 つの事象 A，B は**「互いに排反」ではない。**

2 つの事象 A，B が排反でないときは，次の **和事象の確率** で考える。

$$P(A\cup B)=P(A)+P(B)-P(A\cap B)$$

(3) C：1 の番号札を取り出す，D：2 の番号札を取り出す とすると，求める確率は $P(C\cup D)$ であるが，ここでも 2 つの事象 C，D は**「互いに排反」ではない。**

解答

A：最大の番号が 7 以下，B：最小の番号が 3 以上 とする。

(1) 求める確率は $P(A\cap B)$ であり，3，4，5，6，7 の番号札の中から 3 枚を取り出す確率に等しいから

$$\frac{{}_5\mathrm{C}_3}{{}_{10}\mathrm{C}_3}=\boldsymbol{\frac{1}{12}}$$

(2) $P(A)=\dfrac{{}_7\mathrm{C}_3}{{}_{10}\mathrm{C}_3}$，$P(B)=\dfrac{{}_8\mathrm{C}_3}{{}_{10}\mathrm{C}_3}$，(1) から $P(A\cap B)=\dfrac{1}{12}$

よって，求める確率は

$$\begin{aligned}P(A\cup B)&=P(A)+P(B)-P(A\cap B)\\&=\frac{{}_7\mathrm{C}_3}{{}_{10}\mathrm{C}_3}+\frac{{}_8\mathrm{C}_3}{{}_{10}\mathrm{C}_3}-\frac{1}{12}=\frac{35}{120}+\frac{56}{120}-\frac{10}{120}\\&=\boldsymbol{\frac{27}{40}}\end{aligned}$$

(3) C：1 の番号札を取り出す，D：2 の番号札を取り出す

とすると $P(C)=\dfrac{{}_9\mathrm{C}_2}{{}_{10}\mathrm{C}_3}$，$P(D)=\dfrac{{}_9\mathrm{C}_2}{{}_{10}\mathrm{C}_3}$，$P(C\cap D)=\dfrac{{}_8\mathrm{C}_1}{{}_{10}\mathrm{C}_3}$

よって，求める確率は

$$\begin{aligned}P(C\cup D)&=P(C)+P(D)-P(C\cap D)\\&=\frac{{}_9\mathrm{C}_2}{{}_{10}\mathrm{C}_3}+\frac{{}_9\mathrm{C}_2}{{}_{10}\mathrm{C}_3}-\frac{{}_8\mathrm{C}_1}{{}_{10}\mathrm{C}_3}=\frac{36}{120}\cdot 2-\frac{8}{120}\\&=\boldsymbol{\frac{8}{15}}\end{aligned}$$

◀2 つの事象 A，B は同時に起こりうるから，A，B は排反ではない。

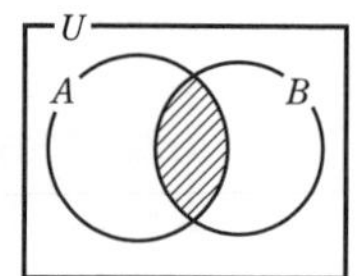

(1) 積事象 $A\cap B$ は，図の斜線部分で表され，その確率は $\dfrac{1}{12}$

(3) 別解 1 または 2 を取り出す事象の余事象は，最小の番号が 3 以上になることであるから，求める確率は，(2) より

$$1-P(B)=1-\frac{{}_8\mathrm{C}_3}{{}_{10}\mathrm{C}_3}=1-\frac{56}{120}=\boldsymbol{\frac{8}{15}}$$

練習 ② 43 1 から 5 までの番号札が各数字 3 枚ずつ計 15 枚ある。札をよくかき混ぜてから 2 枚取り出したとき，次の確率を求めよ。

(1) 2 枚が同じ数字である確率

(2) 2 枚が同じ数字であるか，2 枚の数字の積が 4 以下である確率

基本例題 44 余事象の確率

(1) 15 個の電球の中に 2 個の不良品が入っている。この中から同時に 3 個の電球を取り出すとき，少なくとも 1 個の不良品が含まれる確率を求めよ。

(2) さいころを 3 回投げて，出た目の数全部の積を X とする。このとき，$X>2$ となる確率を求めよ。

p.82 基本事項 5　重要 45，46

(1) 「少なくとも」とあるときは，**余事象** を考えるとよい。
「少なくとも 1 個の不良品が含まれる」の余事象は「3 個とも不良品でない」であるから，1−(…… でない確率) により，求める確率が得られる。

(2) 「$X>2$」の場合の数は求めにくい。そこで，**余事象** を考える。
「$X>2$」の余事象は「$X\leqq2$」であり，X はさいころの出た目の積であるから，$X=1$，2 となる 2 つの場合の数を考える。

CHART 確率の計算
「少なくとも……」，「……でない」には 余事象 が近道

解答

(1) A :「少なくとも 1 個の不良品が含まれる」とすると，余事象 $\overline{A}$ は「3 個とも不良品でない」であるから，その確率は　$P(\overline{A})=\dfrac{{}_{13}C_3}{{}_{15}C_3}=\dfrac{22}{35}$

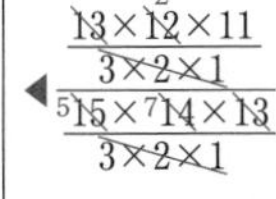

よって，求める確率は　$P(A)=1-P(\overline{A})=\mathbf{\dfrac{13}{35}}$

別解　不良品が 1 個または 2 個の場合があり，これらは互いに排反であるから，求める確率は

$$\frac{{}_2C_1\times{}_{13}C_2}{{}_{15}C_3}+\frac{{}_2C_2\times{}_{13}C_1}{{}_{15}C_3}=\mathbf{\frac{13}{35}}$$

(2) A :「$X>2$」とすると，余事象 $\overline{A}$ は「$X\leqq2$」である。

◀「$X>2$」の余事象を「$X<2$」と間違えないように注意。> の否定は ≦ である。

[1]　$X=1$ となる目の出方は，(1，1，1) の　1 通り
[2]　$X=2$ となる目の出方は，
(2，1，1)，(1，2，1)，(1，1，2) の　3 通り

目の出方は全体で 6^3 通りであるから，[1]，[2] より

$$P(\overline{A})=\frac{1+3}{6^3}=\frac{1}{54}$$

◀事象 [1]，[2] は互いに排反。

よって，求める確率は

$$P(A)=1-P(\overline{A})=1-\frac{1}{54}=\mathbf{\frac{53}{54}}$$

練習 ② 44

(1) 5 枚のカード A，B，C，D，E を横 1 列に並べるとき，B が A の隣にならない確率を求めよ。〔(1) 九州産大〕

(2) 赤球 4 個と白球 6 個が入っている袋から同時に 4 個の球を取り出すとき，取り出した 4 個のうち少なくとも 2 個が赤球である確率を求めよ。〔(2) 学習院大〕

基本例題 45 和事象・余事象の確率 ②②②②②

あるパーティーに，A，B，C，D の 4 人が 1 個ずつプレゼントを持って集まった。これらのプレゼントを一度集めてから無作為に分配することにする。
(1) A または B が自分のプレゼントを受け取る確率を求めよ。
(2) 自分が持ってきたプレゼントを受け取る人数が k 人である確率を $P(k)$ とする。$P(0)$，$P(1)$，$P(2)$，$P(3)$，$P(4)$ をそれぞれ求めよ。

基本 43，44

(1) A，B が自分のプレゼントを受け取るという事象をそれぞれ A，B として
和事象の確率 $P(A\cup B)=P(A)+P(B)-P(A\cap B)$
を利用する。
(2) $P(0)$ が一番求めにくいので，まず，$P(1)$～$P(4)$ を求める。そして，最後に $P(0)$ を $P(0)+P(1)+P(2)+P(3)+P(4)=1$（確率の総和は 1）を利用して求める。

解答

(1) プレゼントの受け取り方の総数は　　4! 通り
A，B が自分のプレゼントを受け取るという事象をそれぞれ A，B とすると，求める確率は

$$P(A\cup B)=P(A)+P(B)-P(A\cap B)$$
$$=\frac{3!}{4!}+\frac{3!}{4!}-\frac{2!}{4!}=\frac{6}{24}+\frac{6}{24}-\frac{2}{24}=\mathbf{\frac{5}{12}}$$

(2) $P(4)$，$P(3)$，$P(2)$，$P(1)$，$P(0)$ の順に求める。

[1] $k=4$ のとき，全員が自分のプレゼントを受け取るから 1 通り。よって　　$\boldsymbol{P(4)=\frac{1}{4!}=\frac{1}{24}}$

[2] $k=3$ となることは起こらないから　　$\boldsymbol{P(3)=0}$

[3] $k=2$ のとき，例えば A と B が自分のプレゼントを受け取るとすると，C，D はそれぞれ D，C のプレゼントを受け取ることになるから 1 通り。
よって　　$\boldsymbol{P(2)=\frac{{}_4C_2\times 1}{4!}=\frac{1}{4}}$

[4] $k=1$ のとき，例えば A が自分のプレゼントを受け取るとすると，B，C，D はそれぞれ順に C，D，B または D，B，C のプレゼントを受け取る 2 通りがあるから　　$\boldsymbol{P(1)=\frac{{}_4C_1\times 2}{4!}=\frac{1}{3}}$

[1]～[4] から　$\boldsymbol{P(0)}=1-\{P(1)+P(2)+P(3)+P(4)\}$
$$=1-\left(\frac{1}{3}+\frac{1}{4}+\frac{1}{24}\right)=\mathbf{\frac{3}{8}}$$

◀4 個のプレゼントを 1 列に並べて，A から順に受け取ると考える。

◀A の場合の数は，並び Ⓐ□□□ の 3 つの □ に，B，C，D のプレゼントを並べる方法で 3! 通り。

◀3 人が自分のプレゼントを受け取るなら，残り 1 人も必ず自分のプレゼントを受け取る。

◀自分のプレゼントを受け取る 2 人の選び方は ${}_4C_2$ 通り。

検討

$k=0$ のときは，4 人の**完全順列**（$p.34$）の数であるから　　9 通り
よって　$P(0)=\frac{9}{4!}=\frac{3}{8}$

練習 ③ **45**　1 から 200 までの整数が 1 つずつ記入された 200 本のくじがある。これから 1 本を引くとき，それに記入された数が 2 の倍数でもなく，3 の倍数でもない確率を求めよ。
〔岡山大〕 p.90 EX35

重要例題 46 確率の基本計算と和事象の確率 ①①①①①

2 個のさいころを同時に投げるとき，少なくとも 1 個は 6 の目が出るという事象を A，出た目の和が偶数となるという事象を B とする。

(1) A または B が起こる確率を求めよ。

(2) A，B のどちらか一方だけが起こる確率を求めよ。

基本 43，44

全事象を U とすると，U は右の図のように，互いに **排反** な 4 つの事象　$A\cap\overline{B}$，$A\cap B$，$\overline{A}\cap B$，$\overline{A}\cap\overline{B}$　に分けられる。

(1) $\boldsymbol{P(A\cup B)=P(A)+P(B)-P(A\cap B)}$　を利用。

(2) A，B のどちらか一方だけが起こるという事象は，$A\cap\overline{B}$ または $\overline{A}\cap B$（互いに排反）で表される。

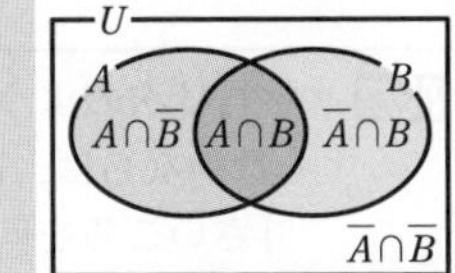

解答

(1) $\overline{A}$ は，2 個とも 6 以外の目が出るという事象であるから　$P(A)=1-P(\overline{A})=1-\dfrac{5^2}{6^2}=\dfrac{11}{36}$

また，目の和が偶数となるのは，2 個とも偶数または 2 個とも奇数の場合で　$P(B)=\dfrac{3^2+3^2}{6^2}=\dfrac{18}{36}$

更に，少なくとも 1 個は 6 の目が出て，かつ，出た目の和が偶数となる場合には，

(2，6)，(4，6)，(6，2)，(6，4)，(6，6)

の 5 通りがあるから　$P(A\cap B)=\dfrac{5}{6^2}=\dfrac{5}{36}$

よって，求める確率は

$$P(A\cup B)=P(A)+P(B)-P(A\cap B)$$
$$=\frac{11}{36}+\frac{18}{36}-\frac{5}{36}=\frac{24}{36}=\boldsymbol{\frac{2}{3}}$$

(2) A だけが起こるという事象は $A\cap\overline{B}$，B だけが起こるという事象は $\overline{A}\cap B$ で表され，この 2 つの事象は互いに排反である。よって，求める確率は

$$P(A\cap\overline{B})+P(\overline{A}\cap B)$$
$$=\{P(A)-P(A\cap B)\}+\{P(B)-P(A\cap B)\}$$
$$=\frac{11}{36}+\frac{18}{36}-2\cdot\frac{5}{36}=\boldsymbol{\frac{19}{36}}$$

① 少なくとも……には **余事象** が近道

検討

指針の図を，次のように表すこともある。

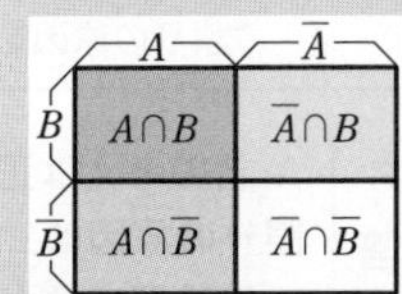

図から，次の等式が成り立つ。

$\boldsymbol{P(A\cap\overline{B})=P(A)-P(A\cap B)}$，
$\boldsymbol{P(\overline{A}\cap B)=P(B)-P(A\cap B)}$

また，(2) では次の等式を利用してもよい。

$P(A\cap\overline{B})+P(\overline{A}\cap B)$
$=P(A\cup B)-P(A\cap B)$

◀(1) の結果を利用。

練習 ③ 46　ジョーカーを除く 1 組 52 枚のトランプから同時に 2 枚取り出すとき，少なくとも 1 枚がハートであるという事象を A，2 枚のマーク（スペード，ハート，ダイヤ，クラブ）が異なるという事象を B とする。このとき，次の確率を求めよ。

(1) A または B が起こる確率

(2) A，B のどちらか一方だけが起こる確率

参考事項　正誤を問う確率の問題（「排反」の正しい理解）

※和事象の確率　$P(A\cup B)=P(A)+P(B)-P(A\cap B)$　……①

確率の加法定理　A と B が排反 $(A\cap B=\varnothing)$ のとき　$P(A\cup B)=P(A)+P(B)$ …②

を使い分けるには，「排反」の概念を正しく理解することが必要となる。少し難しいが，「排反」に関する次の問題にチャレンジしてみよう。

問題　A 君は次のように考えた。A 君の考えは正しいかどうかをいえ。もし，正しくないならば，誤りの原因をなるべく簡潔に指摘せよ。

「さいころを何回か投げるとき，各回に 1 の目が出る確率は $\frac{1}{6}$ である。

よって，6 回投げるとき，少なくとも 1 回は 1 の目が出る確率は

$\frac{1}{6}+\frac{1}{6}+\frac{1}{6}+\frac{1}{6}+\frac{1}{6}+\frac{1}{6}=1$ である。」　〔類　京都大〕

指針　下の解答を読む前に，まずは式①，② の意味を考えながら，自分で考えてみよう。

さて，A 君は $\frac{1}{6}+\frac{1}{6}+\frac{1}{6}+\frac{1}{6}+\frac{1}{6}+\frac{1}{6}=1$ としているから，加法定理によって解いたと考えることができる。しかし，加法定理が適用できるのは，

それぞれの事象が互いに排反であるときに限られる。

“誤りの原因をなるべく簡潔に指摘せよ” に対して，ここでは次のように答える。

解答　**A 君の考えは正しくない。**
誤りの原因は，1 回目，2 回目，……，6 回目の各回に 1 の目が出るという事象が互いに排反ではないのに，各回に 1 の目が出る確率を加えるだけで「6 回投げるとき，少なくとも 1 回は 1 の目が出る確率」としたところにある。

もう少し詳しく解説しよう。

問題文にあるような確率の足し算ができるためには，

「1 回目に 1 が出る」，「2 回目に 1 が出る」，……，「6 回目に 1 が出る」　……（＊）

という各事象が **互いに排反** になっていなければならない。すなわち，事象どうしに共通部分がないことが必要である。

ところが，実際には「1 回目に 1 が出る」ことと「2 回目に 1 が出る」ことが同時に起こることもある。すなわち，（＊）の 6 つの事象はどの 2 つについても共通部分がある。したがって，単に足し合わせるだけではなく，正しくは 2 重，3 重になっている「**足し過ぎ**」の部分を引かなければならないのである。

[1]　こうであれば A 君の計算は正しい。

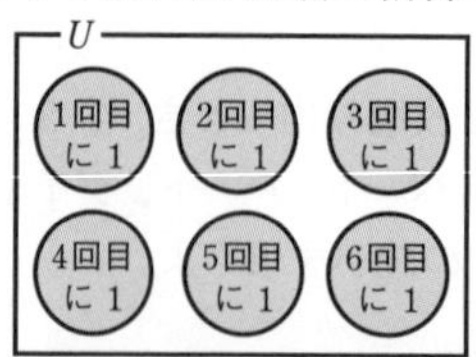

[2]　実際はこうなっている。

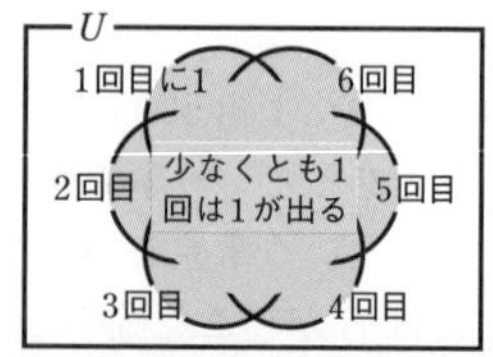

EXERCISES

③27 1から6までの整数が1つずつ書かれた6枚のカードを横1列に並べる。左から n 番目のカードに書かれた整数を a_n とするとき

(1) $a_3=3$ である確率を求めよ。

(2) $a_1>a_6$ である確率を求めよ。

(3) $a_1<a_3<a_5$ かつ $a_2<a_4<a_6$ である確率を求めよ。〔山口大〕

→35

②28 正六角形の頂点を反時計回りに P_1, P_2, P_3, P_4, P_5, P_6 とする。1個のさいころを2回投げて，出た目を順に j, k とする。

(1) P_1, P_j, P_k が異なる3点となる確率を求めよ。

(2) P_1, P_j, P_k が正三角形の3頂点となる確率を求めよ。

(3) P_1, P_j, P_k が直角三角形の3頂点となる確率を求めよ。〔広島大〕

→35

③29 (1) 赤色が1個，青色が2個，黄色が1個の合計4個のボールがある。この4個のボールから3個を選び1列に並べる。この並べ方は全部で何通りあるか。

(2) 赤色と青色がそれぞれ2個，黄色が1個の合計5個のボールがある。この5個のボールから4個を選び1列に並べる。この並べ方は全部で何通りあるか。

(3) (2)の5個のボールから4個を選び1列に並べるとき，赤色のボールが隣り合う確率を求めよ。〔中央大〕

→37

③30 5桁の整数で，各位の数が2, 3, 4のいずれかであるものの全体を考える。これらの整数から1つを選ぶとき，次の確率を求めよ。

(1) 選んだ整数が4の倍数である確率

(2) 選んだ整数の各位の数5個の総和が13となる確率〔関西大〕

→38

③31 6人でじゃんけんを1回するとき，手の出し方の総数は ア☐ 通りであり，勝者が3人である確率は イ☐ である。また，勝者が決まる確率は ウ☐ である。

〔類 玉川大〕

→39

27 (2) 6枚から2枚を選び，カードに書かれた数が大きい方を a_1，小さい方を a_6 とすると，$a_1>a_6$ となる。

(3) (2)と同様に，まず3枚を選ぶことを考えてみるとよい。

28 (3) $\angle P_1$ が直角のとき，直角でないときで場合分け。

29 (3) 確率では，ボールすべてを区別して考える。

30 (1) 4の倍数となるのは，下2桁が4の倍数となる場合である。

(2) 22222（各位の数の総和は10）を基に，各位の数の総和を13にするための方法，すなわち，2を3または4におき換える方法を考える。

31 (ウ) 6人でじゃんけんをするのだから，勝者は1~5人の場合がある。

④32 n 本のくじがあり，その中に 3 本の当たりくじが入っている。ただし，$n \geqq 5$ であるとする。この中から 2 本のくじを引く。

(1) $n=5$ のとき，2 本とも当たりくじである確率は ☐ である。

(2) $n=7$ のとき，少なくとも 1 本は当たりくじである確率は ☐ である。

(3) 少なくとも 1 本は当たりくじである確率を n を用いて表すと ☐ である。

(4) 2 本とも当たりくじである確率が $\frac{1}{12}$ となる n は ☐ である。

(5) 少なくとも 1 本は当たりくじである確率が $\frac{1}{2}$ 以下となる最小の n は ☐ である。

〔関西大〕 →40

③33 大小 2 つのさいころを投げて，大きいさいころの目の数を a，小さいさいころの目の数を b とする。このとき，関数 $y=ax^2+2x-b$ のグラフと関数 $y=bx^2$ のグラフが異なる 2 点で交わる確率を求めよ。

〔類 熊本大〕 →41

③34 中の見えない袋の中に同じ大きさの白球 3 個，赤球 2 個，黒球 1 個が入っている。この袋から 1 球ずつ球を取り出し，黒球を取り出したとき袋から球を取り出すことをやめる。ただし，取り出した球はもとに戻さない。〔大阪府大〕

(1) 取り出した球の中に，赤球がちょうど 2 個含まれる確率を求めよ。

(2) 取り出した球の中に，赤球より白球が多く含まれる確率を求めよ。 →42

④35 箱の中に A と書かれたカード，B と書かれたカード，C と書かれたカードがそれぞれ 4 枚ずつ入っている。男性 6 人，女性 6 人が箱の中から 1 枚ずつカードを引く。ただし，引いたカードは戻さない。〔横浜市大〕

(1) A と書かれたカードを 4 枚とも男性が引く確率を求めよ。

(2) A，B，C と書かれたカードのうち，少なくとも 1 種類のカードを 4 枚とも男性または 4 枚とも女性が引く確率を求めよ。 →43, 45

32 (4) 分母に n がある式の方程式を，分母を払って解く。

(5) (3)の結果を利用。(分母に n がある式) $\leqq \frac{1}{2}$ の不等式を解くことになるが，$n \geqq 5$ であるから，分母を払っても不等号の向きは変わらない。

33 方程式 $ax^2+2x-b=bx^2$ が異なる 2 つの実数解をもつための条件を考える。

34 黒球が出る前の場合を考える。

35 (2) 1 種類のカードを 4 枚とも男性が引くという事象を D，女性が引くという事象を E とすると，求める確率は　$P(D \cup E)=P(D)+P(E)-P(D \cap E)$

8 独立な試行・反復試行の確率

基本事項

1 独立な試行の確率

① 2つの独立な試行S，Tにおいて，Sでは事象Aが起こり，Tでは事象Bが起こるという事象をCとすると　　$P(C)=P(A)P(B)$

② 3つの独立な試行T_1, T_2, T_3において，T_1では事象Aが起こり，T_2では事象Bが起こり，T_3では事象Cが起こるという事象をDとすると

$$P(D)=P(A)P(B)P(C)$$

4つ以上の独立な試行についても，同様の等式が成り立つ。

2 反復試行の確率

1回の試行で事象Aが起こる確率をpとする。この試行をn回繰り返し行うとき，事象Aがちょうどr回起こる確率は

$${}_n\mathrm{C}_r p^r(1-p)^{n-r} \quad ただし \quad r=0,\ 1,\ 2,\ \cdots\cdots,\ n$$

注意　$a \neq 0$のとき $a^0=1$ と定義する。${}_n\mathrm{C}_0 p^0(1-p)^n=(1-p)^n$，${}_n\mathrm{C}_n p^n(1-p)^0=p^n$

解　説

■独立な試行

1個のさいころを投げる試行と1枚の硬貨を投げる試行において，さいころの目の出方と硬貨の表裏の出方は明らかに無関係であり，この2つの試行は互いにその結果に影響を及ぼさない。このように，**2つの試行が互いに他方の結果に影響を及ぼさない** とき，これらの2つの試行は **独立** であるという。3つ以上の試行においても，**どの試行の結果も他の試行の結果に影響を及ぼさないとき**，これらの試行は **独立** であるという。
また，2つの独立な試行を同時に行うとか，または続けて行うというように，これらの試行をまとめた試行を **独立試行** という。

例　(1)　1個のさいころを投げる試行と，2枚の硬貨を投げる試行は独立である。
(2)　赤玉6個，白玉4個が入った袋の中から，玉を1個取り出す試行をS，続いてもう1個取り出す試行をTとする。
[1]　最初の玉をもとに戻すとき，SとTは **独立である**。
[2]　最初の玉をもとに戻さないとき，SとTは **独立ではない**。

注意　[1]の取り出し方を **復元抽出**，[2]の取り出し方を **非復元抽出** という。

■反復試行

例えば,「1枚の硬貨を続けて投げる」のように，同じ条件のもとで同じ試行を何回か繰り返すとき，各回の試行は独立である。このような独立な試行の繰り返しを **反復試行** という。

■反復試行の確率

1回の試行で事象Aが起こる確率をpとする。← Aが起こらない確率は$1-p$
Aが起こることを○，起こらないことを×で表すとき，例えば，
○×○○……×○（○はn個中r個，×は残りの$n-r$個）となる確率は　　$p^r(1-p)^{n-r}$
次に，○がn回中ちょうどr回起こる場合の数は，n個の位置から○のr個を選ぶ${}_n\mathrm{C}_r$通りあり，それらは互いに排反である。よって，求める確率は　　${}_n\mathrm{C}_r p^r(1-p)^{n-r}$

基本例題 47 独立な試行の確率

(1) さいころを 2 回投げる。1 回目は 2 以下の目，2 回目は 4 以上の目が出る確率を求めよ。

(2) A，B，C の 3 人がある的に向かって 1 つのボールを投げるとき，的に当てる確率はそれぞれ $\frac{1}{2}$，$\frac{1}{2}$，$\frac{1}{3}$ であるという。この 3 人がそれぞれ 1 つのボールを投げるとき，少なくとも 1 人が的に当てる確率を求めよ。 p.91 基本事項 1

指針 (1) さいころを投げる 2 回の試行は **独立** ⟶ $P(C)=P(A)P(B)$ を利用。

(2) 問題文では特に断りがないから，各人が的に向かってボールを投げた結果は互いに影響を及ぼさないと考えてよい。つまり，**独立な試行の確率** の問題と捉えてよい。「少なくとも」とあるから，$P(D)=P(A)P(B)P(C)$ を利用して，まずは 3 人とも的に当たらない確率を求める。

CHART 確率の計算　独立なら 確率を掛ける

解答

(1) さいころを投げる 2 回の試行は独立である。

1 回目に 2 以下の目が出る確率は $\frac{2}{6}$

2 回目に 4 以上の目が出る確率は $\frac{3}{6}$

◀1 回目は 1，2 の 2 通り，2 回目は 4，5，6 の 3 通り。

よって，求める確率は $\frac{2}{6}\times\frac{3}{6}=\boldsymbol{\frac{1}{6}}$

◀独立なら 確率を掛ける

(2) A，B，C の 3 人が的に向かってボールを投げる試行は独立である。また，少なくとも 1 人が的に当てるという事象は，3 人とも的に当たらないという事象の余事象である。

◀「少なくとも 1 つ」には余事象が近道

ゆえに，3 人とも的にボールが当たらない確率は

$$\left(1-\frac{1}{2}\right)\left(1-\frac{1}{2}\right)\left(1-\frac{1}{3}\right)=\frac{1}{2}\times\frac{1}{2}\times\frac{2}{3}=\frac{1}{6}$$

◀(当たらない確率)＝1−(当てる確率)

よって，少なくとも 1 人が的に当てる確率は

$$1-\frac{1}{6}=\boldsymbol{\frac{5}{6}}$$

◀余事象の確率

練習 ② 47 (1) 1 つのさいころを 3 回投げるとき，次の確率を求めよ。

(ア) 少なくとも 1 回は 1 の目が出る確率

(イ) 1 回目は 1 の目，2 回目は 2 以下の目，3 回目は 4 以上の目が出る確率

(2) 弓道部員の 3 人 A，B，C が矢を的に当てる確率はそれぞれ $\frac{3}{4}$，$\frac{2}{3}$，$\frac{2}{5}$ であるという。この 3 人が 1 人 1 回ずつ的に向けて矢を放つとき，次の確率を求めよ。

(ア) A だけが的に当てる確率　　(イ) A を含めた 2 人だけが的に当てる確率

基本例題 48 独立な試行の確率と加法定理

袋Aには赤玉3個と青玉2個，袋Bには赤玉7個と青玉3個が入っている。
(1) 袋Aから1個，袋Bから2個の玉を取り出すとき，玉の色がすべて同じである確率を求めよ。
(2) 袋Aに白玉1個を加える。袋Aから玉を1個取り出し，色を確認した後，もとに戻す。これを3回繰り返すとき，すべての色の玉が出る確率を求めよ。

基本 47

指針 (1) 袋A，Bからそれぞれ玉を取り出す試行は **独立** である。
玉の色がすべて同じとなる場合は，次の2つの **排反事象** に分かれる。
[1] Aから赤1個，Bから赤2個　[2] Aから青1個，Bから青2個
それぞれの確率を求め，**加える**（確率の **加法定理**）。
(2) 取り出した玉を毎回袋の **中に戻す**（復元抽出）から，3回の試行は **独立** である。
赤，青，白の出方（順序）に注目して，排反事象に分ける。

排反，独立　排反なら 確率を加える　独立なら 確率を掛ける

解答

(1) 袋Aから玉を取り出す試行と，袋Bから玉を取り出す試行は独立である。

[1] 袋Aから赤玉1個，袋Bから赤玉2個を取り出す場合，その確率は $\frac{3}{5}\times\frac{{}_7C_2}{{}_{10}C_2}=\frac{3}{5}\times\frac{21}{45}=\frac{21}{75}$

[2] 袋Aから青玉1個，袋Bから青玉2個を取り出す場合，その確率は $\frac{2}{5}\times\frac{{}_3C_2}{{}_{10}C_2}=\frac{2}{5}\times\frac{3}{45}=\frac{2}{75}$

[1]，[2] は互いに排反であるから，求める確率は

$$\frac{21}{75}+\frac{2}{75}=\mathbf{\frac{23}{75}}$$

(2) 3回の試行は独立である。1個玉を取り出すとき，赤玉，青玉，白玉が出る確率は，それぞれ $\frac{3}{6}$，$\frac{2}{6}$，$\frac{1}{6}$

3回玉を取り出すとき，赤玉，青玉，白玉が1個ずつ出る出方は ${}_3P_3$ 通りあり，各場合は互いに排反である。

よって，求める確率は $\frac{3}{6}\cdot\frac{2}{6}\cdot\frac{1}{6}\times{}_3P_3{}^{(*)}=\mathbf{\frac{1}{6}}$

検討

「排反」と「独立」の区別に注意。
事象 A，B は **排反**
$\Longleftrightarrow$ A，B は同時に起こらない（$A\cap B=\varnothing$）。
試行S，T は **独立**
$\Longleftrightarrow$ S，T は互いの結果に影響を及ぼさない。
「排反」は事象（イベントの結果）に対しての概念であり，「独立」は試行（イベント自体）に対しての概念である。

(＊) 排反事象は全部で ${}_3P_3$ 個あり，各事象の確率はすべて同じ $\frac{3}{6}\cdot\frac{2}{6}\cdot\frac{1}{6}$

練習 ② 48 袋Aには白玉5個と黒玉1個と赤玉1個，袋Bには白玉3個と赤玉2個が入っている。このとき，次の確率を求めよ。
(1) 袋A，Bから玉をそれぞれ2個ずつ取り出すとき，取り出した玉が白玉3個と赤玉1個である確率
(2) 袋Aから玉を1個取り出し，色を調べてからもとに戻すことを4回繰り返すとき，白玉を3回，赤玉を1回取り出す確率

p.104 EX 36

基本例題 49 反復試行の確率

(1) 1個のさいころを5回投げるとき，素数の目がちょうど4回出る確率は ${}^{ア}\square$ である。また，素数の目が4回以上出る確率は ${}^{イ}\square$ である。

(2) サッカー部のA君はシュートをするとき，3回のうち2回の割合でゴールを決める。A君が6回連続してシュートをするとき，2回以上ゴールが決まる確率を求めよ。

p.91 基本事項 2　重要 57

指針 「さいころを投げる」,「シュートをする」ことを **繰り返す** から，ともに **反復試行** である。

(1) (前半) 素数の目が「ちょうど4回」出る確率について
素数の目は2, 3, 5 ⟶ ${}_n\mathrm{C}_r p^r(1-p)^{n-r}$ で $n=5$, $r=4$, $p=\dfrac{3}{6}$

(後半) 「4回以上出る」とあるから，素数の目が4回または5回出る確率を求める。**加法定理** を利用。

(2) シュートが2回以上決まるのには，決まる回数が2回, 3回, 4回, 5回, 6回の場合がある。各回数の場合の確率を求めるのは大変だから，余事象を考える。
⟶ 1−{(1回も決まらない確率)+(1回だけ決まる確率)} として求めると早い。

CHART 反復試行の確率　確率 p と n, r　${}_n\mathrm{C}_r p^r(1-p)^{n-r}$

解答

(1) さいころを1回投げるとき，それが素数の目である確率は $\dfrac{3}{6}$，素数以外の目である確率は $\dfrac{3}{6}$ である。

(ア) $$^{1)}\,{}_5\mathrm{C}_4\left(\frac{3}{6}\right)^4\left(\frac{3}{6}\right)^1=5\times\left(\frac{1}{2}\right)^5=\mathbf{\frac{5}{32}}$$

(イ) 素数の目が4回以上出るのは，素数の目が4回または5回出る場合であるから，その確率は
$$\frac{5}{32}+{}^{2)}\left(\frac{3}{6}\right)^5=\frac{5}{32}+\frac{1}{32}=\mathbf{\frac{3}{16}}$$

(2) 1回シュートをしてゴールを決める確率は $\dfrac{2}{3}$

6回シュートをするとき，2回以上ゴールが決まるという事象は，0回または1回だけゴールが決まるという事象の余事象である。
したがって，求める確率は
$$1-\left\{{}_6\mathrm{C}_0\left(\frac{2}{3}\right)^0\left(\frac{1}{3}\right)^6+{}_6\mathrm{C}_1\left(\frac{2}{3}\right)^1\left(\frac{1}{3}\right)^5\right\}$$
$$=1-\left(\frac{1}{3^6}+\frac{12}{3^6}\right)=1-\frac{13}{3^6}=\frac{3^6-13}{3^6}=\mathbf{\frac{716}{729}}$$

1) ${}_5\mathrm{C}_4\left(\dfrac{3}{6}\right)^4\left(\dfrac{3}{6}\right)^1$ （素数以外1回，素数4回，5回中，素数4回）

2) 反復試行の確率の公式を用いた場合の計算は
${}_5\mathrm{C}_5\left(\dfrac{3}{6}\right)^5\left(\dfrac{3}{6}\right)^0=\left(\dfrac{3}{6}\right)^5$
$\left[{}_5\mathrm{C}_5=1,\ \left(\dfrac{3}{6}\right)^0=1\right]$

◀3回のうち2回の割合。

◀＿は6回とも外す確率として $\left(\dfrac{1}{3}\right)^6$ でもよい。

練習 ② **49** 1個のさいころを4回投げるとき，3の目が2回出る確率は ${}^{ア}\square$ であり，5以上の目が3回以上出る確率は ${}^{イ}\square$ である。また，少なくとも1回3の倍数の目が出る確率は ${}^{ウ}\square$ である。〔類 東京農大〕

基本例題 50 繰り返し対戦する大会で優勝する確率

あるゲームでAがBに勝つ確率は常に一定で $\frac{3}{5}$ とする。A，Bがゲームをし，先に3ゲーム勝った方を優勝とする大会を行う。このとき，3ゲーム目で優勝が決まる確率は ア［　］である。また，5ゲーム目まで行ってAが優勝する確率は イ［　］である。ただし，ゲームでは必ず勝負がつくものとする。 基本 49

指針 1回のゲームで，Aが勝つ(Bが勝つ)確率が一定であり，各回のゲームの勝敗は独立で，これを何回か繰り返した結果の確率を考えるから，**反復試行の確率** の問題である。

(ア) Aが続けて3勝するか，または，Bが続けて3勝する場合がある。
この2つの事象は互いに排反であるから **加法定理** を利用して確率を求める。

(イ) 求める確率を ${}_5C_3\left(\frac{3}{5}\right)^3\left(\frac{2}{5}\right)^2$ としたら **誤り！**　5ゲームでAが優勝するのは，**4ゲーム目までにAが2勝2敗とし，5ゲーム目でAが勝つ** 場合である。

CHART 反復試行の確率　確率 p と n，r　${}_nC_rp^r(1-p)^{n-r}$

解答

1回のゲームでAが負ける(Bが勝つ)確率は　$1-\frac{3}{5}=\frac{2}{5}$

(ア) 3ゲーム目で優勝が決まるのは，Aが3ゲームとも勝つか，または，Bが3ゲームとも勝つ場合で，これらは排反事象であるから，求める確率は

$$\left(\frac{3}{5}\right)^3+\left(\frac{2}{5}\right)^3=\frac{27}{125}+\frac{8}{125}=\frac{35}{125}=\mathbf{\frac{7}{25}}$$

(イ) 5ゲーム目まで行って，Aが優勝するのは，4ゲームまでにAが2勝2敗で，5ゲーム目にAが勝つ場合であるから，求める確率は

$${}_4C_2\left(\frac{3}{5}\right)^2\left(\frac{2}{5}\right)^2\times\frac{3}{5}=6\cdot\frac{2^2\cdot3^3}{5^5}=\mathbf{\frac{648}{3125}}$$

検討

このような問題では，優勝する人は 最後のゲームに必ず勝つ，ということに注意が必要である。

◀加法定理

(イ) ${}_5C_3\left(\frac{3}{5}\right)^3\left(\frac{2}{5}\right)^2$ は，5ゲームすべて行ってAが3勝2敗の確率である。これには○○○××のような場合が含まれてしまう。

検討

基本例題 50 におけるAの優勝確率

Aが3勝0敗で優勝，3勝1敗で優勝，3勝2敗で優勝の場合があるから，Aの優勝確率は

$$\left(\frac{3}{5}\right)^3+\underbrace{{}_3C_2\left(\frac{3}{5}\right)^2\left(\frac{2}{5}\right)^1\times\frac{3}{5}}+6\cdot\frac{2^2\cdot3^3}{5^5}=\frac{3^3}{5^3}+\frac{2\cdot3^4}{5^4}+\frac{2^3\cdot3^4}{5^5}=\frac{3^3(25+30+24)}{5^5}=\mathbf{\frac{2133}{3125}}$$

↑3ゲームまでにAが2勝1敗で，4ゲーム目にAが勝つ

練習 ② 50 1個のさいころを投げる試行を繰り返す。奇数の目が出たらAの勝ち，偶数の目が出たらBの勝ちとし，どちらかが4連勝したら試行を終了する。　〔類 広島大〕

(1) この試行が4回で終了する確率を求めよ。

(2) この試行が5回以上続き，かつ，4回目がAの勝ちである確率を求めよ。

p.104 EX 37

参考事項 対戦ゲームと確率

前ページの基本例題 **50** では，1ゲームでAがBに勝つ確率が $\frac{3}{5}>\frac{1}{2}$ であるため，Aの方がBよりも優勝する確率が高いと予想できる。そこで，「アドバンテージとして1試合目を無条件でBの勝ち」とするとき，Aが優勝する確率はどうなるか考えてみよう。

Aが3勝1敗で優勝する確率は $\left(\frac{3}{5}\right)^3=\frac{3^3}{5^3}$　◀ ×┊○○○ （○：Aの勝ち　×：Aの負け）

Aが3勝2敗で優勝する確率は ${}_3C_2\left(\frac{3}{5}\right)^2\left(\frac{2}{5}\right)^1\times\frac{3}{5}=\frac{2\cdot3^4}{5^4}$　◀ ×┊ Aの2勝1敗 ○

よって，Aの優勝確率は $\frac{3^3}{5^3}+\frac{2\cdot3^4}{5^4}=\frac{3^3(5+6)}{5^4}=\frac{297}{625}\fallingdotseq 47.5\%$ となり，前ページの 検討 で求めたBのアドバンテージなしの場合のAの優勝確率 $\frac{2133}{3125}\fallingdotseq 68.3\%$ と比べて 20％以上下がっている。すなわち，「1試合目を無条件でBの勝ち」というのは，Bにとってかなりありがたい（Aにとっては困る）アドバンテージであるといえるだろう。

●トーナメント形式による対戦に関する確率

次に，A，B，C，Dの4人がトーナメント形式で対戦する大会において，Aが優勝する確率について考えてみよう。以下では，A，B，C，Dの4人の強さをそれぞれ4，3，2，1とし，例えばA（強さ4）とB（強さ3）が対戦するとき，Aが勝つ確率は $\frac{4}{4+3}=\frac{4}{7}$ であると考える（各ゲームにおいて引き分けはないとする)。

まず，図[1]のようなトーナメント形式の場合について考える。①にAが入るとする。②にBが入るとき，Aの優勝確率は

[1]

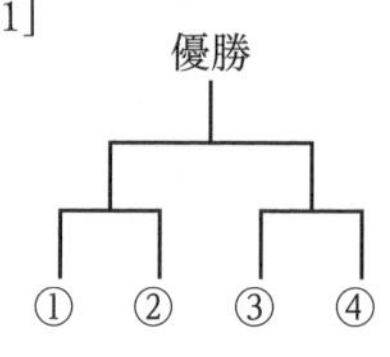

$$\frac{4}{7}\times\left(\frac{2}{3}\times\frac{4}{6}+\frac{1}{3}\times\frac{4}{5}\right)=\frac{128}{315}\fallingdotseq 40.6\%$$

（$\frac{4}{7}$：①・②でAが勝つ，$\frac{2}{3}\times\frac{4}{6}$：③・④でCが勝ち，2戦目でAが勝つ，$\frac{1}{3}\times\frac{4}{5}$：③・④でDが勝ち，2戦目でAが勝つ）

同様に，②にCが入るとき，Aの優勝確率は $\frac{4}{6}\times\left(\frac{3}{4}\times\frac{4}{7}+\frac{1}{4}\times\frac{4}{5}\right)=\frac{44}{105}\fallingdotseq 41.9\%$

②にDが入るとき，Aの優勝確率は $\frac{4}{5}\times\left(\frac{3}{5}\times\frac{4}{7}+\frac{2}{5}\times\frac{4}{6}\right)=\frac{256}{525}\fallingdotseq 48.8\%$

よって，初戦の対戦相手がDとなる場合が，Aにとっては最も都合がよい。

また，図[2]のようなトーナメント形式も考えられる。この場合，③または④にAが入ったときのAの優勝確率は約30.5％（Aが他の3人相手に3連勝)，Aが②，Bが①に入ったときのAの優勝確率は約40.6％，Aが①，Bが②に入ったときのAの優勝確率は約61.6％である。このように，Aの優勝確率は，Aの入る位置によってだいぶ異なってくる。なお，最もAに有利なのは，①にA，②にDが入るときで，そのときのAの優勝確率は約66.2％である。

[2]

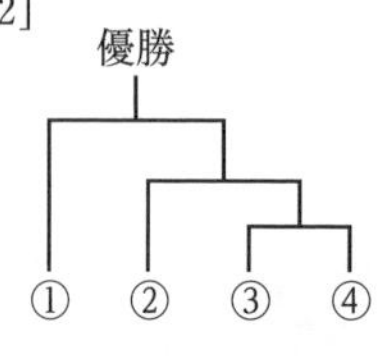

基本例題 51 最大値・最小値の確率

①①①①①

箱の中に，1 から 10 までの整数が 1 つずつ書かれた 10 枚のカードが入っている。この箱の中からカードを 1 枚取り出し，書かれた数字を記録して箱の中に戻す。この操作を 3 回繰り返すとき，記録された数字について，次の確率を求めよ。

(1) すべて 6 以上である確率　　(2) 最小値が 6 である確率

(3) 最大値が 6 である確率

基本 49

指針 「カードを取り出してもとに戻す」ことを **繰り返す** から，**反復試行** である。

(2) 最小値が 6 であるとは，すべて 6 以上のカードから取り出すが，すべて 7 以上となることはない，ということ。つまり，事象 A：「すべて 6 以上」から，事象 B：「すべて 7 以上」を除いたものと考えることができる。……★

(3) 最大値が 6 であるとは，すべて 6 以下のカードから取り出すが，すべて 5 以下となることはない，ということ。

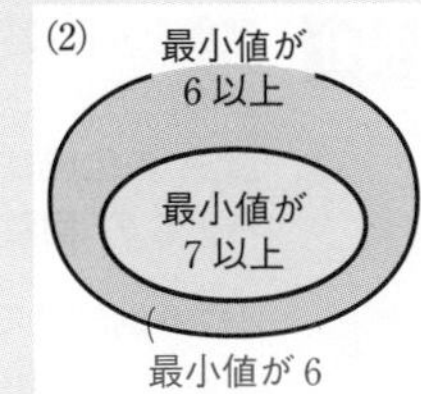

解答

(1) カードを 1 枚取り出すとき，番号が 6 以上である確率は $\frac{5}{10}=\frac{1}{2}$ であるから，求める確率は

$${}_3C_3\left(\frac{1}{2}\right)^3\left(\frac{1}{2}\right)^0=\mathbf{\frac{1}{8}}$$

◀10 枚中 6 以上のカードは 5 枚。

◀直ちに $\left(\frac{1}{2}\right)^3=\frac{1}{8}$ としてもよい。

(2) 最小値が 6 であるという事象は，すべて 6 以上であるという事象から，すべて 7 以上であるという事象を除いたものと考えられる。

カードを 1 枚取り出すとき，番号が 7 以上である確率は $\frac{4}{10}$ (*) であるから，求める確率は

$$\frac{1}{8}-{}_3C_3\left(\frac{4}{10}\right)^3\left(\frac{6}{10}\right)^0=\left(\frac{5}{10}\right)^3-\left(\frac{4}{10}\right)^3=\frac{5^3-4^3}{10^3}=\mathbf{\frac{61}{1000}}$$

◀指針＿＿……★ の方針。

(*) 後の確率を求める計算がしやすいように，約分しないでおく。

◀(すべて 6 以上の確率)−(すべて 7 以上の確率)
(1) の結果は $\frac{1}{8}$ であるが，計算しやすいように $\frac{1}{8}=\left(\frac{1}{2}\right)^3=\left(\frac{5}{10}\right)^3$ とする。

(3) 最大値が 6 であるという事象は，すべて 6 以下であるという事象から，すべて 5 以下であるという事象を除いたものと考えられる。カードを 1 枚取り出すとき，

番号が 6 以下である確率は $\frac{6}{10}$，5 以下である確率は $\frac{5}{10}$

よって，求める確率は

$$\left(\frac{6}{10}\right)^3-\left(\frac{5}{10}\right)^3=\frac{6^3-5^3}{10^3}=\frac{216-125}{1000}=\mathbf{\frac{91}{1000}}$$

◀(すべて 6 以下の確率)−(すべて 5 以下の確率)

POINT (最小値が k の確率)＝(最小値が k 以上の確率)−(最小値が $k+1$ 以上の確率)

練習 ② 51 1 個のさいころを 4 回投げるとき，次の確率を求めよ。

(1) 出る目がすべて 3 以上である確率　　(2) 出る目の最小値が 3 である確率

(3) 出る目の最大値が 3 である確率

p.104 EX 38

基本例題 52 数直線上の点の移動と反復試行 ①①①①①

x 軸上を動く点Aがあり，最初は原点にある。硬貨を投げて表が出たら正の方向に1だけ進み，裏が出たら負の方向に1だけ進む。硬貨を6回投げるものとして，次の確率を求めよ。

(1) 点Aが原点に戻る確率

(2) 点Aが2回目に原点に戻り，かつ6回目に原点に戻る確率 〔埼玉大〕

基本 49　重要 55, 56

硬貨を6回投げるとき，各回の試行は独立であるから，表裏の出方によって点Aを動かすことは **反復試行** である。点Aの位置は，表または裏の出る回数によって決まるから，この **回数を求める** 必要がある。

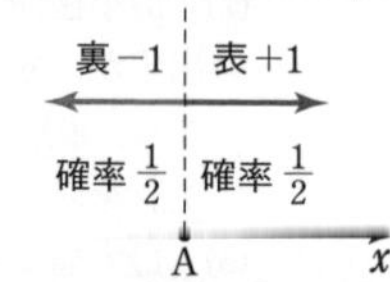

(1) 6回投げて，表が r 回出る確率は　${}_6C_r\left(\frac{1}{2}\right)^r\left(\frac{1}{2}\right)^{6-r}$

点Aの x 座標は　$x=1\cdot r+(-1)\cdot(6-r)$

この式で $x=0$ とすると，原点の位置にあるときの表の出る回数がわかる。

(2) 最初の2回と，次の4回に分けて，表または裏の出る回数を考える。

CHART 反復試行の確率　**確率 p と n, r　${}_nC_rp^r(1-p)^{n-r}$**

解答

(1) 硬貨を6回投げたとき，表が r 回出たとすると，点Aの x 座標は

$$1\cdot r+(-1)\cdot(6-r)=2r-6 \quad (r=0,\ 1,\ \cdots\cdots,\ 6)$$

x 座標が0のとき，$2r-6=0$ とすると　$r=3$

よって，点Aが原点に戻るのは，6回のうち表が3回，裏が3回出る場合である。

したがって，求める確率は

$${}_6C_3\left(\frac{1}{2}\right)^3\left(\frac{1}{2}\right)^3=\frac{20}{2^6}=\frac{\mathbf{5}}{\mathbf{16}}$$

(2) 点Aが2回目に原点に戻り，かつ6回目に原点に戻るのは，最初の2回で表が1回，裏が1回出て，残りの4回で表が2回，裏が2回出る場合である。

したがって，求める確率は

$${}_2C_1\left(\frac{1}{2}\right)^1\left(\frac{1}{2}\right)^1\times{}_4C_2\left(\frac{1}{2}\right)^2\left(\frac{1}{2}\right)^2=\frac{2\cdot6}{2^6}=\frac{\mathbf{3}}{\mathbf{16}}$$

◀裏は $(6-r)$ 回。

◀$r=0,\ 1,\ 2,\ 3,\ 4,\ 5,\ 6$ のとき，$2r-6$ の値は順に $-6,\ -4,\ -2,\ 0,\ 2,\ 4,\ 6$ となる。よって，例えば6回目に点Aが $x=$(奇数) の位置にくる確率は0である。

◀ ___ の回数の求め方は(1)と同様である。なお，ここでは，原点に戻るのは表の回数と裏の回数が等しいとき である。

練習 ② 52 点Pは初め数直線上の原点Oにあり，さいころを1回投げるごとに，偶数の目が出たら数直線上を正の方向に3，奇数の目が出たら負の方向に2だけ進む。10回さいころを投げるとき，次の確率を求めよ。

(1) 点Pが原点Oにある確率

(2) 点Pの座標が19以下である確率 〔北里大〕

基本例題 53 3つの事象に関する反復試行の確率 ③

ボタンを1回押すと,文字X,Y,Zのうちいずれか1つがそれぞれ $\frac{2}{5}$, $\frac{1}{5}$, $\frac{2}{5}$ の確率で表示される機械がある。ボタンを続けて5回押すとき,次の確率を求めよ。

(1) Xが3回,Y,Zがそれぞれ1回ずつ表示される確率

(2) X,Yの表示される回数が同じである確率

p.47 基本事項 3, p.91 基本事項 1, 2

指針 与えられた確率をすべて足すと1で,3つの事象に関する反復試行の問題と考えられる。反復試行の確率では,特定の事柄が何回起こるかということを押さえる。

(1) まず,Xが3回,Yが1回,Zが1回表示される場合が何通りあるか求める。

(2) 表示される **回数を求める** 必要がある。X,Yが r 回(r は整数,$0 \leqq r \leqq 5$)ずつ表示されるとすると,Zは $5-2r$ 回表示されることになる。

解答

(1) ボタンを5回押したときに,Xが3回,Yが1回,Zが1回表示される場合の数は $\frac{5!}{3!1!1!}=20$

◀ ${}_5C_3 \times {}_2C_1 \times {}_1C_1$ でもよい。

求める確率は $20\times\left(\frac{2}{5}\right)^3\left(\frac{1}{5}\right)^1\left(\frac{2}{5}\right)^1=\frac{20\cdot2^4}{5^5}=\boldsymbol{\frac{64}{625}}$

◀場合の数20に,Xが3回,Yが1回,Zが1回起こる確率を掛ける。

(2) r は整数で,$0 \leqq r \leqq 5$ とする。

ボタンを5回押したときに,X,Yが r 回ずつ表示されるとすると,Zは $5-2r$ 回表示される。

$0 \leqq 5-2r \leqq 5$ を満たす整数 r は $r=0,\ 1,\ 2$

◀不等式 $0 \leqq 5-2r \leqq 5$ を解くと $0 \leqq r \leqq \frac{5}{2}$

よって,X,Yの表示回数が同じになるには

[1] X,Yが0回ずつ,Zが5回表示される

[2] X,Yが1回ずつ,Zが3回表示される

[3] X,Yが2回ずつ,Zが1回表示される

場合がある。[1]~[3]の事象は互いに排反であるから,求める確率は

$$\left(\frac{2}{5}\right)^5+\frac{5!}{1!1!3!}\cdot\frac{2}{5}\cdot\frac{1}{5}\left(\frac{2}{5}\right)^3+\frac{5!}{2!2!1!}\left(\frac{2}{5}\right)^2\left(\frac{1}{5}\right)^2\cdot\frac{2}{5}$$

$$=\frac{32+320+240}{5^5}=\boldsymbol{\frac{592}{3125}}$$

◀**排反なら 確率を加える**

参考 1回の試行で事象 A, B, C が起こる確率がそれぞれ p, q, r $(p+q+r=1)$ であり,この試行を n 回繰り返し行うとき,事象 A, B, C がそれぞれ k, l, m 回 $(k+l+m=n)$ 起こる確率は

$${}_nC_k\cdot{}_{n-k}C_l\cdot p^kq^lr^m=\boldsymbol{\frac{n!}{k!l!m!}p^kq^lr^m}$$

練習 ③ **53** Aチームと Bチームがサッカーの試合を5回行う。どの試合でも,Aチームが勝つ確率は $\frac{1}{2}$,Bチームが勝つ確率は $\frac{1}{4}$,引き分けとなる確率は $\frac{1}{4}$ である。

(1) Aチームの試合結果が2勝2敗1引き分けとなる確率を求めよ。

(2) 両チームの勝ち数が同じになる確率を求めよ。

基本例題 54 平面上の点の移動と反復試行

右の図のように，東西に4本，南北に5本の道路がある。地点Aから出発した人が最短の道順を通って地点Bへ向かう。このとき，途中で地点Pを通る確率を求めよ。ただし，各交差点で，東に行くか，北に行くかは等確率とし，一方しか行けないときは確率1でその方向に行くものとする。

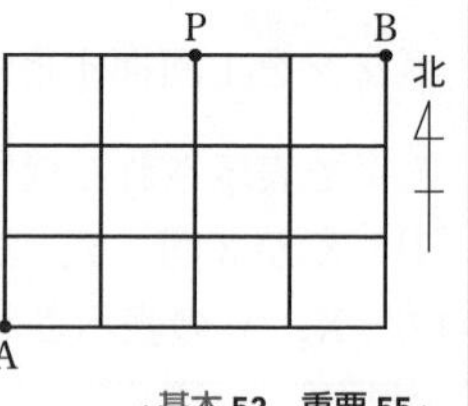

基本52　重要55

指針 求める確率を $\dfrac{\text{A}\longrightarrow\text{P}\longrightarrow\text{B の経路の総数}}{\text{A}\longrightarrow\text{B の経路の総数}}$ から，$\dfrac{{}_5C_2\times{}_2C_2}{{}_7C_3}$ とするのは **誤り！**

これは，どの最短の道順も同様に確からしい場合の確率で，本問は **道順によって確率が異なる。**

例えば，A ↑↑↑→→ P →→ B の確率は

$$\frac{1}{2}\cdot\frac{1}{2}\cdot\frac{1}{2}\cdot1\cdot1\cdot1\cdot1=\frac{1}{8}$$

A →↑→↑↑ P →→ B の確率は

$$\frac{1}{2}\cdot\frac{1}{2}\cdot\frac{1}{2}\cdot\frac{1}{2}\cdot\frac{1}{2}\cdot1\cdot1=\frac{1}{32}$$

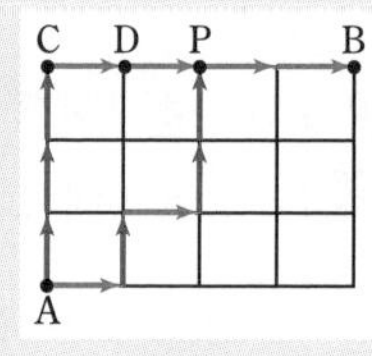

したがって，Pを通る道順を，通る点で分けて確率を計算する。

解答 右の図のように，地点C，D，C′，D′，P′をとる。
Pを通る道順には次の3つの場合があり，これらは互いに排反である。

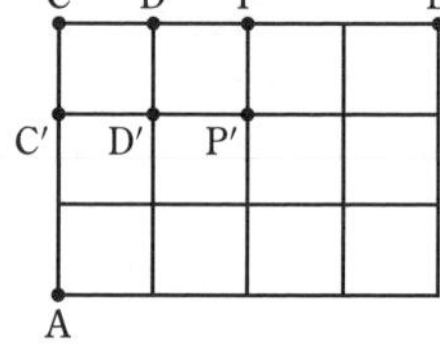

[1] 道順 A ⟶ C′ ⟶ C ⟶ P

この確率は $\dfrac{1}{2}\times\dfrac{1}{2}\times\dfrac{1}{2}\times1\times1=\left(\dfrac{1}{2}\right)^3=\dfrac{1}{8}$

[2] 道順 A ⟶ D′ ⟶ D ⟶ P

この確率は ${}_3C_1\left(\dfrac{1}{2}\right)\left(\dfrac{1}{2}\right)^2\times\dfrac{1}{2}\times1=3\left(\dfrac{1}{2}\right)^4=\dfrac{3}{16}$

[3] 道順 A ⟶ P′ ⟶ P

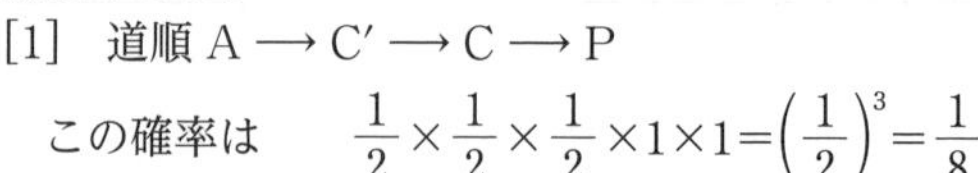

この確率は ${}_4C_2\left(\dfrac{1}{2}\right)^2\left(\dfrac{1}{2}\right)^2\times\dfrac{1}{2}=6\left(\dfrac{1}{2}\right)^5=\dfrac{6}{32}$

よって，求める確率は $\dfrac{1}{8}+\dfrac{3}{16}+\dfrac{6}{32}=\dfrac{16}{32}=\mathbf{\dfrac{1}{2}}$

[1] ↑↑↑→→ と進む。
[2] ○○○↑→ と進む。
○には，→1個と↑2個が入る。
[3] ○○○○↑ と進む。
○には，→2個と↑2個が入る。

練習 ③ 54 右の図のような格子状の道がある。スタートの場所から出発し，コインを投げて，表が出たら右へ1区画進み，裏が出たら上へ1区画進むとする。ただし，右の端で表が出たときと，上の端で裏が出たときは動かないものとする。

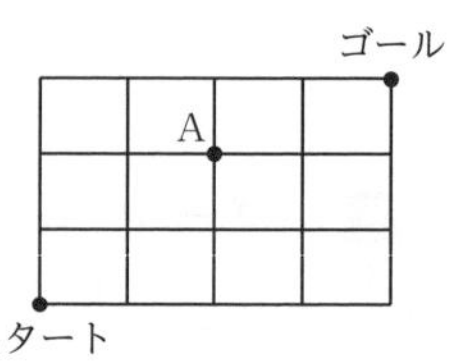

(1) 7回コインを投げたときに，Aを通りゴールに到達する確率を求めよ。

(2) 8回コインを投げてもゴールに到達できない確率を求めよ。　〔類 島根大〕

重要例題 55 2点の移動と確率 ④④④④④

右図のようなます目がある。Aは硬貨を1枚投げて，表が出たら右へ1目盛り，裏が出たら上へ1目盛り進む。Bは別に硬貨を1枚投げて，表が出たら左へ1目盛り，裏が出たら下へ1目盛り進む。A，Bともに，1分ごとに同時にそれぞれ硬貨を投げ，1目盛り進むものとし，4回繰り返す。

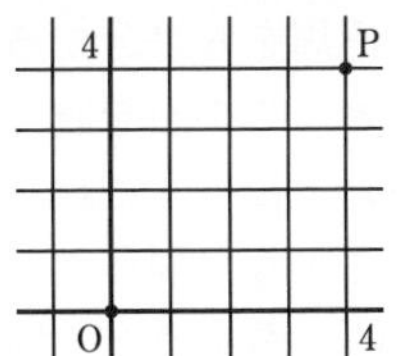

Aは点O(0, 0)から，Bは点P(4, 4)から同時に出発するとき，AとBが出会う確率を求めよ。

基本 52，54

指針 A，Bの位置は，それぞれが投げた硬貨の表裏の出る回数によって決まる。硬貨を4回投げたときにAは表をa回，Bはb回表を出したとして，A，Bの位置を座標で示すと　A$(a,\ 4-a)$，B$(4-b,\ 4-(4-b))$　すなわち　B$(4-b,\ b)$
ゆえに，AとBが出会うのは，$a=4-b$ かつ $4-a=b$ から，$a+b=4$ のときである。
つまり，2点$(0,\ 4)$，$(4,\ 0)$を結ぶ線分上の5つの点が出会う点である。

解答 A，Bそれぞれが表を出した回数をa，bとすると

Aの座標は　$(a,\ 4-a)$，
Bの座標は　$(4-b,\ b)$

AとBが出会うのは，
$a=4-b$　すなわち　$a+b=4$
のときで，出会うときの点の座標は，次のようになる。

◀$4-a=b$としても同じ。

$(0,\ 4)$，$(1,\ 3)$，$(2,\ 2)$，$(3,\ 1)$，$(4,\ 0)$

◀硬貨の表の出方は順に
A：表0，B：表4
A：表1，B：表3
A：表2，B：表2
A：表3，B：表1
A：表4，B：表0

したがって，求める確率は

$$\left(\frac{1}{2}\right)^4\left(\frac{1}{2}\right)^4+{}_4C_1\left(\frac{1}{2}\right)\left(\frac{1}{2}\right)^3\cdot{}_4C_3\left(\frac{1}{2}\right)^3\left(\frac{1}{2}\right)$$
$$+{}_4C_2\left(\frac{1}{2}\right)^2\left(\frac{1}{2}\right)^2\cdot{}_4C_2\left(\frac{1}{2}\right)^2\left(\frac{1}{2}\right)^2$$
$$+{}_4C_3\left(\frac{1}{2}\right)^3\left(\frac{1}{2}\right)\cdot{}_4C_1\left(\frac{1}{2}\right)\left(\frac{1}{2}\right)^3+\left(\frac{1}{2}\right)^4\left(\frac{1}{2}\right)^4$$
$$=(1+{}_4C_1\cdot{}_4C_3+{}_4C_2\cdot{}_4C_2+{}_4C_3\cdot{}_4C_1+1)\cdot\left(\frac{1}{2}\right)^8$$
$$=\frac{1+16+36+16+1}{2^8}=\boldsymbol{\frac{35}{128}}$$

◀${}_4C_1={}_4C_3=4$

練習 ③ 55 右図のように，東西に6本，南北に6本，等間隔に道がある。ロボットAはS地点からT地点まで，ロボットBはT地点からS地点まで最短距離の道を等速で動く。なお，各地点で最短距離で行くために選べる道が2つ以上ある場合，どの道を選ぶかは同様に確からしい。ロボットAはS地点から，ロボットBはT地点から同時に出発するとき，ロボットAとBが出会う確率を求めよ。

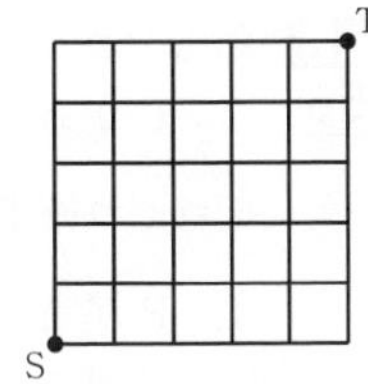

p.104 EX39

重要例題 56 図形上の頂点を動く点と確率

円周を6等分する点を時計回りの順にA，B，C，D，E，Fとし，点Aを出発点として小石を置く。さいころを振り，偶数の目が出たときは2，奇数の目が出たときには1だけ小石を時計回りに分点上を進めるゲームを続け，最初に点Aにちょうど戻ったときを上がりとする。 〔北海道大〕

(1) ちょうど1周して上がる確率を求めよ。

(2) ちょうど2周して上がる確率を求めよ。

基本 52

さいころを振ることを **繰り返す** から，**反復試行** である。

(1) **1周して上がる** …… 1，2をいくつか足して6にする。
⟶ 偶数の回数 m，奇数の回数 n の **方程式を作る。**

(2) **2周して上がる** …… 1周目にAにあってはいけない。
A→F，F→B，B→Aと分ける。このときA→FとB→Aは **ともに5だけ進む** から，**同じ確率** になる。

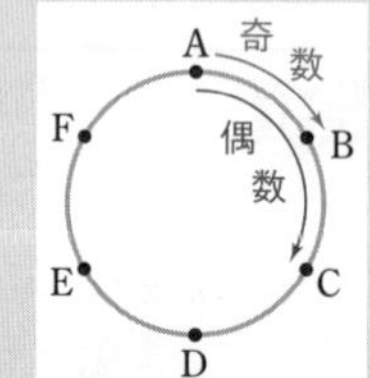

解答

(1) ちょうど1周して上がるのに，偶数の目が m 回，奇数の目が n 回出るとすると $2m+n=6$ （m，n は0以上の整数）

よって $(m,\ n)=(0,\ 6),\ (1,\ 4),\ (2,\ 2),\ (3,\ 0)$

これらの事象は互いに排反であるから，求める確率は

$$\left(\frac{1}{2}\right)^6+{}_5C_1\left(\frac{1}{2}\right)\left(\frac{1}{2}\right)^4+{}_4C_2\left(\frac{1}{2}\right)^2\left(\frac{1}{2}\right)^2+\left(\frac{1}{2}\right)^3=\boldsymbol{\frac{43}{64}}$$

(2) ちょうど2周して上がるのは，次の [1]→[2]→[3] の順に進む場合である。

[1] AからFに進む　[2] FからBに進む（Aには止まらない）

[3] BからAに進む

(1)と同様に考えて，[1]～[3] の各場合の確率は

[1] $2m+n=5$ から $(m,\ n)=(0,\ 5),\ (1,\ 3),\ (2,\ 1)$

この場合の確率は $\left(\frac{1}{2}\right)^5+{}_4C_1\left(\frac{1}{2}\right)\left(\frac{1}{2}\right)^3+{}_3C_2\left(\frac{1}{2}\right)^2\left(\frac{1}{2}\right)=\frac{21}{32}$

[2] 偶数の目が出るときであるから，確率は $\frac{1}{2}$

[3] 確率は [1] と同じであり $\frac{21}{32}$

よって，求める確率は $\frac{21}{32}\times\frac{1}{2}\times\frac{21}{32}=\boldsymbol{\frac{441}{2048}}$

[3] BからAに進むとき5だけ進む。これは [1] のAからFに進む(5だけ進む)のと同じであり，確率も等しい。

練習 ④ 56 動点Pが正五角形ABCDEの頂点Aから出発して正五角形の周上を動くものとする。Pがある頂点にいるとき，1秒後にはその頂点に隣接する2頂点のどちらかにそれぞれ確率 $\frac{1}{2}$ で移っているものとする。

(1) PがAから出発して3秒後にEにいる確率を求めよ。

(2) PがAから出発して4秒後にBにいる確率を求めよ。

(3) PがAから出発して9秒後にAにいる確率を求めよ。 〔類 産能大〕

重要例題 57 独立な試行の確率の最大

さいころを続けて100回投げるとき，1の目がちょうど k 回 $(0\leqq k\leqq 100)$ 出る確率は ${}_{100}C_k\times\dfrac{{}^{ア}\boxed{}}{6^{100}}$ であり，この確率が最大になるのは $k={}^{イ}\boxed{}$ のときである。

〔慶応大〕 基本 49

指針 (ア) 求める確率を p_k とする。1の目が k 回出るとき，他の目が $100-k$ 回出る。

(イ) 確率 p_k の最大値を直接求めることは難しい。このようなときは，隣接する2項 **p_{k+1} と p_k の大小を比較する**。大小の比較をするときは，差をとることが多い。しかし，確率は負の値をとらないことと ${}_nC_r=\dfrac{n!}{r!(n-r)!}$ を使うため，式の中に累乗や階乗が多く出てくることから，**比 $\dfrac{p_{k+1}}{p_k}$ をとり，1との大小を比べる** とよい。

$$\frac{p_{k+1}}{p_k}>1 \iff p_k<p_{k+1}\ (増加),\qquad \frac{p_{k+1}}{p_k}<1 \iff p_k>p_{k+1}\ (減少)$$

CHART 確率の大小比較　比 $\dfrac{p_{k+1}}{p_k}$ をとり，1との大小を比べる

解答

さいころを100回投げるとき，1の目がちょうど k 回出る確率を p_k とすると

$$p_k={}_{100}C_k\left(\frac{1}{6}\right)^k\left(\frac{5}{6}\right)^{100-k}={}_{100}C_k\times\frac{{}^{ア}\mathbf{5^{100-k}}}{6^{100}}$$

◀反復試行の確率。

ここで $$\frac{p_{k+1}}{p_k}=\frac{100!\cdot 5^{99-k}}{(k+1)!(99-k)!}\times\frac{k!(100-k)!}{100!\cdot 5^{100-k}}$$

$$=\frac{k!}{(k+1)k!}\cdot\frac{(100-k)(99-k)!}{(99-k)!}\cdot\frac{5^{99-k}}{5\cdot 5^{99-k}}=\frac{100-k}{5(k+1)}$$

◀$p_{(k+1)}={}_{100}C_{(k+1)}\times\dfrac{5^{100-(k+1)}}{6^{100}}$ … p_k の k の代わりに $k+1$ とおく。

$\dfrac{p_{k+1}}{p_k}>1$ とすると　$\dfrac{100-k}{5(k+1)}>1$

両辺に $5(k+1)$ $[>0]$ を掛けて　$100-k>5(k+1)$

これを解くと　$k<\dfrac{95}{6}=15.8\cdots$

よって，$0\leqq k\leqq 15$ のとき　$p_k<p_{k+1}$

◀k は $0\leqq k\leqq 100$ を満たす整数である。

$\dfrac{p_{k+1}}{p_k}<1$ とすると　$100-k<5(k+1)$

これを解いて　$k>\dfrac{95}{6}=15.8\cdots$

よって，$k\geqq 16$ のとき　$p_k>p_{k+1}$

したがって　$p_0<p_1<\cdots\cdots<p_{15}<p_{16}$,
$p_{16}>p_{17}>\cdots\cdots>p_{100}$

よって，p_k が最大になるのは $k={}^{イ}\mathbf{16}$ のときである。

p_k の大きさを棒で表すと

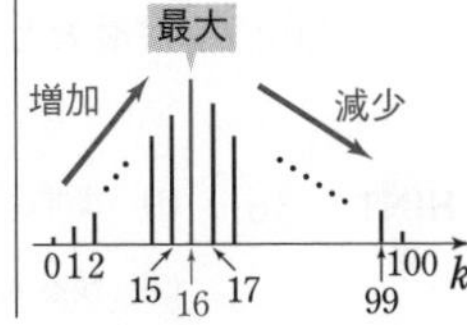

練習 ⑤ 57 さいころを振る操作を繰り返し，1の目が3回出たらこの操作を終了する。3以上の自然数 n に対し，n 回目にこの操作が終了する確率を p_n とするとき，p_n の値が最大となる n の値を求めよ。

〔京都産大〕 p.104 EX 40

EXERCISES

③**36** A，B，Cの3人でじゃんけんをする。一度じゃんけんで負けたものは，以後のじゃんけんから抜ける。残りが1人になるまでじゃんけんを繰り返し，最後に残ったものを勝者とする。ただし，あいこの場合も1回のじゃんけんを行ったと数える。
(1) 1回目のじゃんけんで勝者が決まる確率を求めよ。
(2) 2回目のじゃんけんで勝者が決まる確率を求めよ。　〔東北大〕 →47,48

③**37** 1枚の硬貨を投げる試行をTとする。試行Tを7回繰り返したとき，n回後$(1 \leqq n \leqq 7)$に表が出た回数をf_nで表す。このとき，次の確率を求めよ。
(1) 最後に$f_7=4$となる確率p_1
(2) 途中$f_3=2$であり，かつ最後に$f_7=4$となる確率p_2
(3) 途中$f_3 \neq 2$であり，かつ最後に$f_7 \neq 4$となる確率p_3　〔兵庫県大〕 →50

④**38** 1個のさいころをn回$(n \geqq 2)$投げるとき，次の確率を求めよ。
(1) 出る目の最大値が4である確率
(2) 出る目の最大値が4で，かつ最小値が2である確率
(3) 出る目の積が6の倍数である確率 →51

③**39** xy平面上に原点を出発点として動く点Qがあり，次の試行を行う。
　1枚の硬貨を投げ，表が出たら点Qはx軸の正の方向に1，裏が出たらy軸の正の方向に1動く。ただし，点$(3,\ 1)$に到達したら点Qは原点に戻る。
この試行をn回繰り返した後の点Qの座標を$(x_n,\ y_n)$とする。
(1) $(x_4,\ y_4)=(0,\ 0)$となる確率を求めよ。
(2) $(x_8,\ y_8)=(5,\ 3)$となる確率を求めよ。　〔類 広島大〕 →55

⑤**40** nを9以上の自然数とする。袋の中にn個の球が入っている。このうち6個は赤球で残りは白球である。この袋から6個の球を同時に取り出すとき，3個が赤球である確率をP_nとする。
(1) P_{10}を求めよ。　(2) $\dfrac{P_{n+1}}{P_n}$を求めよ。
(3) P_nが最大となるnの値を求めよ。　〔大分大〕 →57

36 (1) まず，勝者1人を決め，**各人の手の出し方** を調べる。
(2) 残る人数は $\overset{\text{1回目}}{\text{3人}} \longrightarrow \overset{\text{2回目}}{\text{1人}}$ または $\overset{\text{1回目}}{\text{2人}} \longrightarrow \overset{\text{2回目}}{\text{1人}}$ の場合がある。

37 (3) $f_3=2$となる事象をA，$f_7=4$となる事象をBとすると　$p_3=P(\overline{A} \cap \overline{B})=P(\overline{A \cup B})$

38 (2) A:「すべて2以上4以下」，B:「すべて2または3」，C:「すべて3または4」とすると，求める確率は　$P(A)-P(B \cup C)=P(A)-\{P(B)+P(C)-P(B \cap C)\}$
(3) E:「積が2の倍数」，F:「積が3の倍数」とすると，求める確率は　$P(E \cap F)$
これを$P(\overline{E})$，$P(\overline{F})$，$P(\overline{E} \cap \overline{F})$を用いて表す。

39 (2) 点$(3,\ 1)$に到達したら原点に戻る，という条件に注意。

9 条件付き確率

基本事項

ある試行における2つの事象をA，Bとし，$P(A) \neq 0$とする。

1 条件付き確率　事象Aが起こったときに事象Bが起こる確率$P_A(B)$は

$$P_A(B)=\frac{P(A \cap B)}{P(A)}$$

2 確率の乗法定理

$$P(A \cap B)=P(A)P_A(B)$$

解説

■ 条件付き確率

全事象をUとする。2つの事象A，Bについて，事象Aが起こったときに，事象Bが起こる確率を，事象Aが起こったときの事象Bの起こる **条件付き確率** といい，$P_A(B)$ で表す。

◀$P(B|A)$と表すこともある。

例　ある学校の生徒90人が定員45名の2台のバスX，Yに分かれて乗るとき，右の表のようになった。この生徒90人の中から1人の生徒を選ぶとき，選ばれた生徒が「男子である」という事象をA，「バスXに乗っている」という事象をBとすると　　$P_A(B)=\frac{23}{44}\left[=\frac{n(A \cap B)}{n(A)}=\frac{P(A \cap B)}{P(A)}\right]$

	男子	女子	計
バスX	23	22	45
バスY	21	24	45
計	44	46	90

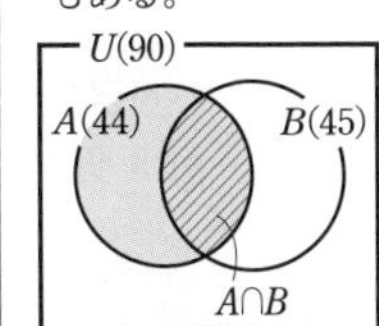

	A	$\overline{A}$	計
B	23	22	45
$\overline{B}$	21	24	45
計	44	46	90

一般に，各根元事象が同様に確からしい試行において，その全事象をUとする。また，A，Bを2つの事象とし，$n(A) \neq 0$とする。このとき，条件付き確率$P_A(B)$は，Aを新しい全事象とみた場合の事象$A \cap B$の起こる確率と考えられる。

よって　$P_A(B)=\frac{n(A \cap B)}{n(A)}$　右辺の分母・分子を$n(U)$で割って

$$P_A(B)=\frac{n(A \cap B)}{n(A)}=\frac{\frac{n(A \cap B)}{n(U)}}{\frac{n(A)}{n(U)}}=\frac{P(A \cap B)}{P(A)} \quad \cdots\cdots ①$$

■ 確率の乗法定理

この定理は①の分母を払うことによって導かれる。また，3つの事象A，B，Cについて，$P(A \cap B \cap C)=P(A)P_A(B)P_{A \cap B}(C)$ が成り立つ。

（証明）　$P_{A \cap B}(C)=\frac{n(A \cap B \cap C)}{n(A \cap B)}=\frac{\frac{n(A \cap B \cap C)}{n(U)}}{\frac{n(A \cap B)}{n(U)}}=\frac{P(A \cap B \cap C)}{P(A \cap B)}$

よって　$P(A \cap B \cap C)=P(A \cap B)P_{A \cap B}(C)=P(A)P_A(B)P_{A \cap B}(C)$

4つ以上の事象についても，同様に考えることができる。特に，この確率の乗法定理は，**非復元抽出** の確率の問題において役に立つ。

基本 例題 58 条件付き確率の計算(1) … 個数の状態がわかる

赤玉5個，青玉4個が入っている袋から，玉を1個取り出し，それをもとに戻さないで，続いてもう1個取り出すとき，次の確率を求めよ。

(1) 1回目に赤玉が出たとき，2回目も赤玉が出る確率

(2) 1回目に青玉が出たとき，2回目に赤玉が出る確率

p.105 基本事項 1

指針 事象 A：「1回目に赤玉を取り出す」，事象 B：「2回目に赤玉を取り出す」とすると，(1)の確率は $P_A(B)$ [← $P(A\cap B)$ ではない！次ページ参照。], (2)の確率は $P_{\overline{A}}(B)$ である。

条件付き確率の定義式 $\quad P_A(B)=\dfrac{A\cap B\text{ の起こる確率}}{A\text{ の起こる確率}}=\dfrac{P(A\cap B)}{P(A)}$

└ 全体を A としたときの $A\cap B$ の割合

を利用して求めてもよいが，この問題のように，個数の状態の変化の過程がわかるものは，解答のように考えた方が早い。

解答 1回目に赤玉を取り出すという事象を A，2回目に赤玉を取り出すという事象を B とする。

(1) 求める確率は $\quad P_A(B)$

1回目に赤玉が出たとき，2回目は赤玉4個，青玉4個の計8個の中から玉を取り出すことになるから

$$P_A(B)=\frac{4}{8}=\frac{1}{2}$$

(2) 求める確率は $\quad P_{\overline{A}}(B)$

1回目に青玉が出たとき，2回目は赤玉5個，青玉3個の計8個の中から玉を取り出すことになるから

$$P_{\overline{A}}(B)=\frac{5}{8}$$

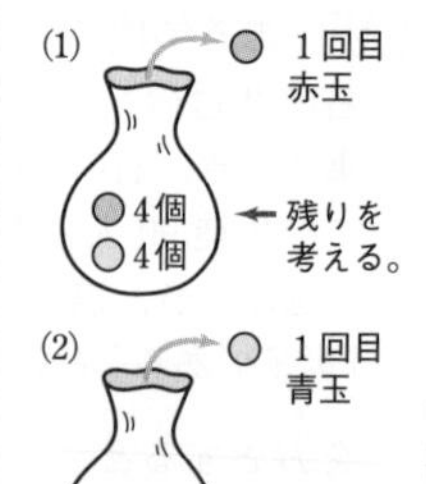

別解 **[条件付き確率の定義式に当てはめて考える]**

(1) $P(A)=\dfrac{5}{9}$，$P(A\cap B)=\dfrac{{}_5\mathrm{P}_2}{{}_9\mathrm{P}_2}=\dfrac{5\cdot4}{9\cdot8}=\dfrac{5}{18}$

よって $\quad P_A(B)=\dfrac{P(A\cap B)}{P(A)}=\dfrac{5}{18}\div\dfrac{5}{9}=\dfrac{5}{18}\cdot\dfrac{9}{5}=\dfrac{1}{2}$

(2) $P(\overline{A})=\dfrac{4}{9}$，$P(\overline{A}\cap B)=\dfrac{{}_4\mathrm{P}_1\times{}_5\mathrm{P}_1}{{}_9\mathrm{P}_2}=\dfrac{4\cdot5}{9\cdot8}=\dfrac{5}{18}$

よって $\quad P_{\overline{A}}(B)=\dfrac{P(\overline{A}\cap B)}{P(\overline{A})}=\dfrac{5}{18}\div\dfrac{4}{9}=\dfrac{5}{18}\cdot\dfrac{9}{4}=\dfrac{5}{8}$

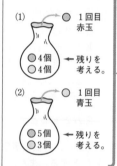

◀「取り出した玉を並べる」と考え，順列を利用して取り出し方を数え上げる。例えば，(1)では $P(A\cap B)$ に関し，赤玉5個を R_1，R_2，……，R_5，青玉4個を B_1，B_2，B_3，B_4 と区別して考えることで，並べ方の総数を ${}_9\mathrm{P}_2$ 通りとしている。

練習 ① 58 1から15までの番号が付いたカードが15枚入っている箱から，カードを1枚取り出し，それをもとに戻さないで，続けてもう1枚取り出す。

(1) 1回目に奇数が出たとき，2回目も奇数が出る確率を求めよ。

(2) 1回目に偶数が出たとき，2回目は奇数が出る確率を求めよ。

p.116 EX 41

条件付き確率の意味を正しく理解しよう

● $P(A\cap B)$ と $P_A(B)$ の違いに注意

例えば，例題 **58** (1) では，求める確率を $P(A\cap B)$ と勘違いしないようにしよう。

$\boldsymbol{P(A\cap B)}$ …… 1回目と2回目に赤玉を取り出す確率（**同時確率** ともいう）。

$\boldsymbol{P_A(B)}$ …… 1回目に赤玉を取り出したという前提のもとで，2回目も赤玉を取り出す確率。なお，$P(A)$ を **事前確率**，$P_A(B)$ を **事後確率** ともいう。

$$P(A\cap B)=\frac{n(A\cap B)}{n(U)}$$

… U を全体と考えたときの $A\cap B$ の割合

$$P_A(B)=\frac{n(A\cap B)}{n(A)}=\frac{P(A\cap B)}{P(A)}$$

… A を全体と考えたときの $A\cap B$ の割合

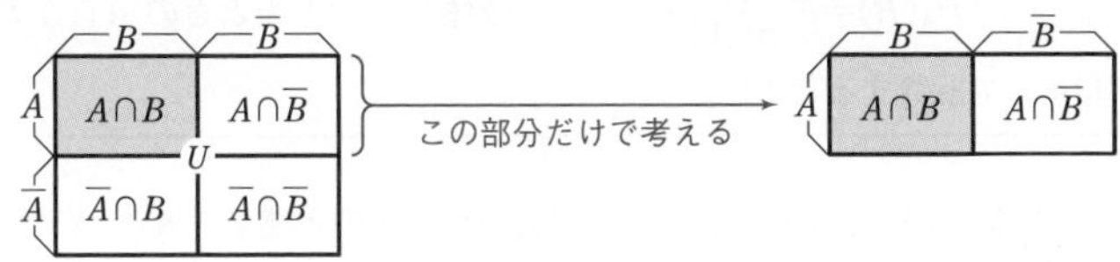

問題 硬貨2枚を同時に投げる。少なくとも1枚は表であるとき，2枚とも表である確率を求めよ。

解答 問題で要求されているのは，少なくとも1枚は表であったという情報を得ている条件のもとで，2枚とも表であった確率，すなわち **条件付き確率** である。

よって，少なくとも1枚は表が出るという事象を A，2枚とも表が出るという事象を B とすると，求める確率は **条件付き確率 $\boldsymbol{P_A(B)}$** である。

$P(A)=\frac{3}{4}$，$P(A\cap B)=\frac{1}{4}$ であるから　　$P_A(B)=\frac{P(A\cap B)}{P(A)}=\frac{1}{4}\div\frac{3}{4}=\boldsymbol{\frac{1}{3}}$

[解説] 硬貨2枚を a，b として，全事象を考えると

{a 表，b 表}，{a 表，b 裏}，{a 裏，b 表}，{a 裏，b 裏}

の4通りの場合がある。

ここで，少なくとも1枚が表である場合は，

{a 表，b 表}，{a 表，b 裏}，{a 裏，b 表}

の3通りあり，どれも同様に確からしい。

このうち，2枚とも表であるのは，{a 表，b 表} の1通り。

よって，求める確率は　　$\frac{1}{3}$　$\left[P_A(B)=\frac{n(A\cap B)}{n(A)}\right]$

◀**同様に確からしい** ことが確率の前提にある。そのため，区別がつかないものでも異なるものと考える，のが基本原則。

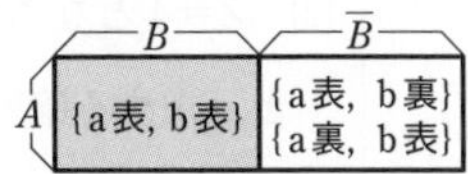

注意 次のような解答は誤りである！

× 2枚とも表となる場合であるから　$\frac{1}{4}$　← これは確率 $P(B)[=P(A\cap B)]$

× 1枚は表であるから，残り1枚が表である確率を求めて　$\frac{1}{2}$

→ これは {表，表}，{表，裏} を全事象として考えているが，＿＿が起こることは同様に確からしくない。… {表，裏} には {a 表，b 裏} と {a 裏，b 表} がある。

基本例題 59 条件付き確率の計算 (2) … 場合の数利用

3 個のさいころを同時に投げ，出た目の最大値を X，最小値を Y とし，その差 $X-Y$ を Z とする。

(1) $Z=4$ となる確率を求めよ。

(2) $Z=4$ という条件のもとで，$X=5$ となる条件付き確率を求めよ。

p.105 基本事項 1

指針 (1) $1\leqq X\leqq 6$，$1\leqq Y\leqq 6$ から，$Z=4$ となるのは，$(X,\ Y)=(5,\ 1),\ (6,\ 2)$ のときである。この 2 つの場合に分けて，$Z=4$ となる目の出方を数え上げる。

(2) $Z=4$ となる事象を A，$X=5$ となる事象を B とすると，求める確率は **条件付き確率 $P_A(B)$** である。(1) で $n(A)$，$n(A\cap B)$ を求めているから，

$$P_A(B)=\frac{n(A\cap B)}{n(A)}$$ ← 全体を A としたときの $A\cap B$ の割合

を利用して計算するとよい。

解答

(1) $Z=4$ となるのは，$(X,\ Y)=(5,\ 1),\ (6,\ 2)$ のとき。

[1] $(X,\ Y)=(5,\ 1)$ のとき

このような 3 個のさいころの目の組を，目の大きい方から順にあげると，次のようになる。

(5, 5, 1), (5, 4, 1), (5, 3, 1),
(5, 2, 1), (5, 1, 1)

[1] の目の出方は $\frac{3!}{2!}+3\times 3!+\frac{3!}{2!}=24$ (通り)

[2] $(X,\ Y)=(6,\ 2)$ のとき

[1] と同様にして，目の組を調べると

(6, 6, 2), (6, 5, 2), (6, 4, 2),
(6, 3, 2), (6, 2, 2)

[2] の目の出方は $\frac{3!}{2!}+3\times 3!+\frac{3!}{2!}=24$ (通り)

以上から，$Z=4$ となる目の出方は $24+24=48$ (通り)

よって，求める確率は $\frac{48}{6^3}=\mathbf{\frac{2}{9}}$

(2) $Z=4$ となる事象を A，$X=5$ となる事象を B とすると，求める確率は $P_A(B)=\frac{n(A\cap B)}{n(A)}=\frac{24}{48}=\mathbf{\frac{1}{2}}$

◀ $Z=X-Y=4$ から $X=Y+4$
$X\leqq 6$ であるためには $Y=1$ または $Y=2$

◀ 組 (5, 5, 1) と組 (5, 1, 1) については，同じものを含む順列を利用。(同じものがない 1 個の数が入る場所を選ぶと考えて，${}_3C_1$ としてもよい。)
他の 3 組については順列を利用。

◀ $P_A(B)=\frac{P(A\cap B)}{P(A)}=\frac{n(A\cap B)}{n(A)}$

POINT 条件付き確率は $P_A(B)=\frac{P(A\cap B)}{P(A)}$ か $P_A(B)=\frac{n(A\cap B)}{n(A)}$ で計算

練習 ③ 59 2 個のさいころを同時に 1 回投げる。出る目の和を 5 で割った余りを X，出る目の積を 5 で割った余りを Y とするとき，次の確率を求めよ。

(1) $X=2$ である条件のもとで $Y=2$ である確率

(2) $Y=2$ である条件のもとで $X=2$ である確率

p.116 EX42, 45

基本例題 60 確率の乗法定理 (1) … くじ引きの確率

①①①①①

10 本のくじの中に当たりくじが 3 本ある。一度引いたくじはもとに戻さない。
(1) 初めに a が 1 本引き，次に b が 1 本引くとき，次の確率を求めよ。
(ア) a，b ともに当たる確率　　(イ) b が当たる確率
(2) 初め a が 1 本ずつ 2 回引き，次に b が 1 本引くとき，a，b が 1 本ずつ当たる確率を求めよ。

p.105 基本事項 2

指針 順列の考え方でも解けるが，ここでは，**確率の乗法定理** を利用して解いてみよう。「a, b の順にくじを引く」,「引いたくじはもとに戻さない（**非復元抽出**）」から，a の結果が b の結果に影響を与える。よって，くじの状態の変化の過程に注目して確率を計算する。

(1) a が当たるという事象を A，b が当たるという事象を B とする。
(ア) 求める確率は $P(A\cap B)$ であるから　$P(A\cap B)=P(A)P_A(B)$
(イ) b が当たる場合を，2 つの事象 {a ○，b ○}，{a ×，b ○}　← ○当たり，×はずれ
に分ける。2 つの事象は互いに排反であるから，最後に **加法定理** を利用する。

解答

当たることを ○，はずれることを × で表す。　◀記述を簡単にする工夫。

(1) a が当たるという事象を A，b が当たるという事象を B とする。

(ア) $P(A)=\frac{3}{10}$，$P_A(B)=\frac{2}{9}$ であるから，求める確率は　◀a が当たったとき，b は当たりくじを 2 本含む 9 本のくじから引く。

$$P(A\cap B)=P(A)P_A(B)=\frac{3}{10}\times\frac{2}{9}=\boldsymbol{\frac{1}{15}}$$

(イ) b が当たるのは，{a ○，b ○}，{a ×，b ○} の場合があり，これらの事象は互いに排反である。
求める確率は

$$P(B)=P(A\cap B)+P(\overline{A}\cap B)$$
$$=P(A)P_A(B)+P(\overline{A})P_{\overline{A}}(B)$$
$$=\frac{3}{10}\times\frac{2}{9}+\frac{7}{10}\times\frac{3}{9}=\boldsymbol{\frac{3}{10}}$$

◀a がはずれたとき，b は当たりくじを 3 本含む 9 本のくじから引く。

(2) a，b が 1 本ずつ当たるのは，{a ○，a ×，b ○}，{a ×，a ○，b ○} の場合があり，これらの事象は互いに排反である。よって，求める確率は

$$\frac{3}{10}\times\frac{7}{9}\times\frac{2}{8}+\frac{7}{10}\times\frac{3}{9}\times\frac{2}{8}=\boldsymbol{\frac{7}{60}}$$

◀ $P(A\cap B\cap C)=P(A)P_A(B)P_{A\cap B}(C)$

検討

上の例題の (1) において，a が当たる確率は $\frac{3}{10}$ で，これは (1)(イ) で求めた b が当たる確率と等しい。一般に，当たりくじを引く確率は，くじを引く順番に関係なく一定である。

練習 ② 60 8 本のくじの中に当たりくじが 3 本ある。一度引いたくじはもとに戻さないで，初めに a が 1 本引き，次に b が 1 本引く。更にその後に a が 1 本引くとする。
(1) 初めに a が当たり，次に b がはずれ，更にその後に a がはずれる確率を求めよ。
(2) a，b ともに 1 回ずつ当たる確率を求めよ。

基本例題 61 確率の乗法定理 (2) … やや複雑な事象

箱 A には赤球 3 個，白球 2 個，箱 B には赤球 2 個，白球 2 個が入っている。

(1) 箱 A から球を 1 個取り出し，それを箱 B に入れた後，箱 B から球を 1 個取り出すとき，それが赤球である確率を求めよ。

(2) 箱 A から球を 2 個取り出し，それを箱 B に入れた後，箱 B から球を 2 個取り出すとき，それが 2 個とも赤球である確率を求めよ。〔長崎総合科大〕

基本 60　重要 62

確率を求めるには，箱 B の中の赤球と白球の個数がわかればよい。ところが，箱 A から取り出される球の色や個数によって，箱 B の中の状態が変わってくる。
そこで，箱 A から取り出す球の色や個数に応じた場合分けをして，それぞれの場合に，箱 B の中の状態がどうなっているかということを，正確につかんでおく。

複雑な事象の確率　排反な事象に分ける

解答

(1) 箱 B から赤球を取り出すのには

[1] 箱 A から赤球，箱 B から赤球

[2] 箱 A から白球，箱 B から赤球

のように取り出す場合があり，[1]，[2] の事象は互いに排反である。
箱 B から球を取り出すとき，箱 B の球の色と個数は

[1] の場合　赤 3，白 2　　[2] の場合　赤 2，白 3

となるから，求める確率は　$\frac{3}{5}\times\frac{3}{5}+\frac{2}{5}\times\frac{2}{5}=\mathbf{\frac{13}{25}}$

(2) 箱 B から赤球 2 個を取り出すのには

[1] 箱 A から赤球 2 個，箱 B から赤球 2 個

[2] 箱 A から赤球 1 個と白球 1 個，箱 B から赤球 2 個

[3] 箱 A から白球 2 個，箱 B から赤球 2 個

のように取り出す場合があり，[1]〜[3] の事象は互いに排反である。[1]〜[3] の各場合において，箱 B から球を取り出すとき，箱 B の球の色と個数は次のようになる。

[1] 赤 4，白 2　　[2] 赤 3，白 3　　[3] 赤 2，白 4

したがって，求める確率は

$$\frac{{}_3C_2}{{}_5C_2}\times\frac{{}_4C_2}{{}_6C_2}+\frac{{}_3C_1\cdot{}_2C_1}{{}_5C_2}\times\frac{{}_3C_2}{{}_6C_2}+\frac{{}_2C_2}{{}_5C_2}\times\frac{{}_2C_2}{{}_6C_2}$$

$$=\frac{3}{10}\times\frac{6}{15}+\frac{6}{10}\times\frac{3}{15}+\frac{1}{10}\times\frac{1}{15}=\mathbf{\frac{37}{150}}$$

[1] B から取り出すとき
A：● 2，○ 2　B：● 3，○ 2

[2] B から取り出すとき
A：● 3，○ 1　B：● 2，○ 3

◀[1]，[2] のそれぞれが起こる確率は，**乗法定理** を用いて計算する。
そして，[1] と [2] は互いに排反であるから，**加法定理** で加える。

◀(1) と同様に，乗法定理と加法定理による。

練習 ② 61　袋 A には白球 4 個，黒球 5 個，袋 B には白球 3 個，黒球 2 個が入っている。まず，袋 A から 2 個を取り出して袋 B に入れ，次に袋 B から 2 個を取り出して袋 A に戻す。このとき，袋 A の中の白球，黒球の個数が初めと変わらない確率を求めよ。また，袋 A の中の白球の個数が初めより増加する確率を求めよ。

重要例題 62 確率の乗法定理 (3) … 樹形図の利用 ◎◎◎◎◎

袋の中に，赤球 2 個と白球 3 個が入っている。A，B がこの順に交互に 1 個ずつ球を取り出し，2 個目の赤球を取り出した方を勝ちとする。ただし，取り出した球はもとに戻さない。このとき，B が勝つ確率を求めよ。

基本 61

指針 試行の結果により，毎回状態が変わってくるような複雑な事象については，変化のようすを **樹形図** (tree) で整理し，樹形図に確率を書き添えるとわかりやすくなる。
この問題で，B が勝つ場合を樹形図で表すと，右の図のようになる。
それぞれの事象が起こる確率を **乗法定理** を利用して求め，最後に **加法定理** を利用すると，B が勝つ確率が得られる。

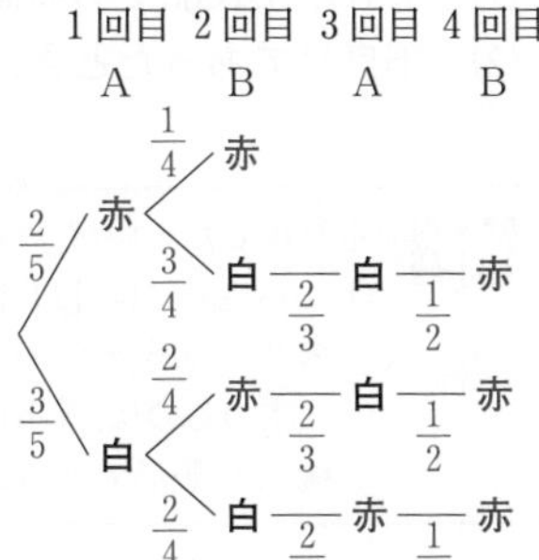

解答

例えば，A が赤球を取り出すことを「A 赤」のように表す。
B が勝つのは，次のように球が取り出される場合である。

[1] A 赤 ⟶ B 赤
[2] A 赤 ⟶ B 白 ⟶ A 白 ⟶ B 赤
[3] A 白 ⟶ B 赤 ⟶ A 白 ⟶ B 赤
[4] A 白 ⟶ B 白 ⟶ A 赤 ⟶ B 赤

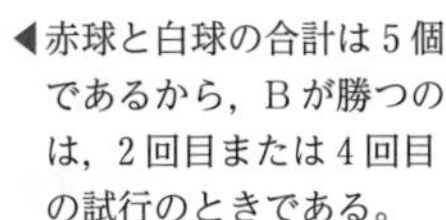
◀赤球と白球の合計は 5 個であるから，B が勝つのは，2 回目または 4 回目の試行のときである。

[1]～[4] の各場合の確率を計算すると

[1] $\frac{2}{5}\times\frac{1}{4}=\frac{1}{10}$

◀[1] で A が赤を取り出したとき，B は赤 1，白 3 の合計 4 個の中から球を取り出す。

[2] $\frac{2}{5}\times\frac{3}{4}\times\frac{2}{3}\times\frac{1}{2}=\frac{1}{10}$

[3] $\frac{3}{5}\times\frac{2}{4}\times\frac{2}{3}\times\frac{1}{2}=\frac{1}{10}$

[4] $\frac{3}{5}\times\frac{2}{4}\times\frac{2}{3}\times\frac{1}{2}=\frac{1}{10}$

これらの事象は互いに排反であるから，求める確率は

$$\frac{1}{10}+\frac{1}{10}+\frac{1}{10}+\frac{1}{10}=\boldsymbol{\frac{2}{5}}$$

練習 ③ **62** 赤球 3 個と白球 2 個が入った袋の中から球を 1 個取り出し，その球と同じ色の球を 1 個加えて 2 個とも袋に戻す。この作業を 3 回繰り返すとき，次の確率を求めよ。
(1) 赤球を 3 回続けて取り出す確率
(2) 作業が終わった後，袋の中に赤球と白球が 4 個ずつ入っている確率

p.116 EX 43, 44

基本例題 63 原因の確率

①①①①①

ある工場では，同じ製品をいくつかの機械で製造している。不良品が現れる確率は機械 A の場合は 4 % であるが，それ以外の機械では 7 % に上がる。また，機械 A で製品全体の 60 % を作る。製品の中から 1 個を取り出したとき

(1) それが不良品である確率を求めよ。

(2) 不良品であったとき，それが機械 A の製品である確率を求めよ。

基本 58，60　重要 64

指針 取り出した 1 個が，機械 A の製品である事象を A，不良品である事象を E とする。

(1) 不良品には，[1] 機械 A で製造された不良品，[2] 機械 A 以外で製造された不良品の 2 つの場合があり，これらは互いに **排反** である。⟶ $P(A\cap E)+P(\overline{A}\cap E)$

(2) 求めるのは，「不良品である」ということがわかっている条件のもとで，それが機械 A の製品である確率，すなわち **条件付き確率 $P_E(A)$** である。

解答

取り出した 1 個が，機械 A の製品であるという事象を A，不良品であるという事象を E とすると $P(A)=\dfrac{60}{100}=\dfrac{3}{5}$，

$$P(\overline{A})=1-\frac{3}{5}=\frac{2}{5},\ P_A(E)=\frac{4}{100},\ P_{\overline{A}}(E)=\frac{7}{100}$$

(1) 求める確率は $P(E)$ であるから

$$\begin{aligned}P(E)&=P(A\cap E)+P(\overline{A}\cap E)\\&=P(A)P_A(E)+P(\overline{A})P_{\overline{A}}(E)\\&=\frac{3}{5}\cdot\frac{4}{100}+\frac{2}{5}\cdot\frac{7}{100}=\frac{26}{500}=\mathbf{\frac{13}{250}}\end{aligned}$$

(2) 求める確率は $P_E(A)$ であるから

$$P_E(A)=\frac{P(A\cap E)}{P(E)}=\frac{P(A)P_A(E)}{P(E)}=\frac{3}{125}\div\frac{13}{250}=\mathbf{\frac{6}{13}}$$

検討

次のように，具体的な数を当てはめてみると，問題の意味がわかりやすい。全部で 1000 個の製品を製造したと仮定すると

機械	製造数	不良品
A	600	24
A 以外	400	28
計	1000	52

(1) の確率は $\dfrac{52}{1000}=\dfrac{13}{250}$

(2) の確率は $\dfrac{24}{52}=\dfrac{6}{13}$

検討 **原因の確率**

上の例題の (2) では，「不良品であった」という **“結果”** が条件として与えられ，「それが機械 A のものかどうか」という **“原因”** の確率を問題にしている。この意味から，(2) のような確率を **原因の確率** ということがある。また，(1)，(2) から

$$P_E(A)=\frac{P(A)P_A(E)}{P(A)P_A(E)+P(\overline{A})P_{\overline{A}}(E)}$$

が成り立つ。これを **ベイズの定理** という。詳しくは，次ページ参照。

	A	$\overline{A}$	
E	$A\cap E$ $\frac{3}{125}$	$\overline{A}\cap E$ $\frac{7}{250}$	$\frac{13}{250}$
$\overline{E}$	$\frac{237}{250}$		

練習 ③ 63 集団 A では 4 % の人が病気 X にかかっている。病気 X を診断する検査で，病気 X にかかっている人が正しく陽性と判定される確率は 80 %，病気 X にかかっていない人が誤って陽性と判定される確率は 10 % である。集団 A のある人がこの検査を受けたとき，次の確率を求めよ。

(1) その人が陽性と判定される確率

(2) 陽性と判定されたとき，その人が病気 X にかかっている確率　〔類　岐阜薬大〕

重要例題 64 ベイズの定理 ◎◎◎◎◎

袋 A には赤球 10 個，白球 5 個，青球 3 個；袋 B には赤球 8 個，白球 4 個，青球 6 個；袋 C には赤球 4 個，白球 3 個，青球 5 個が入っている。
3 つの袋から無作為に 1 つの袋を選び，その袋から球を 1 個取り出したところ白球であった。それが袋 A から取り出された球である確率を求めよ。 基本 63

指針 袋 A を選ぶという事象を A，白球を取り出すという事象を W とすると，求める確率は **条件付き確率 $P_W(A)=\dfrac{P(W\cap A)}{P(W)}$** である。
よって，$P(W)$，$P(A\cap W)$ がわかればよい。まず，事象 W を次の 3 つの排反事象 [1] A から白球を取り出す，[2] B から白球を取り出す，[3] C から白球を取り出す に分けて，$P(W)$ を計算することから始める。また $P(A\cap W)=P(A)P_A(W)$

解答 袋 A，B，C を選ぶという事象をそれぞれ A，B，C とし，白球を取り出すという事象を W とすると

$$\begin{aligned}P(W)&=P(A\cap W)+P(B\cap W)+P(C\cap W)\\&=P(A)P_A(W)+P(B)P_B(W)+P(C)P_C(W)\\&=\frac{1}{3}\cdot\frac{5}{18}+\frac{1}{3}\cdot\frac{4}{18}+\frac{1}{3}\cdot\frac{3}{12}\\&=\frac{5}{54}+\frac{2}{27}+\frac{1}{12}=\frac{1}{4}\end{aligned}$$

よって，求める確率は

$$P_W(A)=\frac{P(A\cap W)}{P(W)}=\frac{P(A)P_A(W)}{P(W)}=\frac{5}{54}\div\frac{1}{4}=\mathbf{\frac{10}{27}}$$

◎ **複雑な事象**
排反な事象に分ける

◀加法定理

◀乗法定理

	A	B	C	
W	$A\cap W$ $\frac{5}{54}$	$B\cap W$ $\frac{2}{27}$	$C\cap W$ $\frac{1}{12}$	$\frac{1}{4}$

検討 **ベイズの定理**

上の例題から，$P_W(A)=\dfrac{P(A)P_A(W)}{P(A)P_A(W)+P(B)P_B(W)+P(C)P_C(W)}$ が成り立つ。
一般に，n 個の事象 A_1，A_2，……，A_n が互いに排反であり，そのうちの 1 つが必ず起こるものとする。このとき，任意の事象 B に対して，次のことが成り立つ。

$$P_B(A_k)=\frac{P(A_k)P_{A_k}(B)}{P(A_1)P_{A_1}(B)+P(A_2)P_{A_2}(B)+\cdots\cdots+P(A_n)P_{A_n}(B)}\quad(k=1,\ 2,\ \cdots\cdots,\ n)$$

これを **ベイズの定理** という。このことは，$B=(A_1\cap B)\cup(A_2\cap B)\cup\cdots\cdots\cup(A_n\cap B)$ で，$A_1\cap B$，$A_2\cap B$，……，$A_n\cap B$ は互いに排反であることから，上の式の右辺の分母が $P(B)$ と一致し，$P_B(A_k)=\dfrac{P(B\cap A_k)}{P(B)}=\dfrac{P(A_k\cap B)}{P(B)}$ かつ $P(A_k\cap B)=P(A_k)P_{A_k}(B)$ から導かれる。

練習 ③ 64 ある電器店が，A 社，B 社，C 社から同じ製品を仕入れた。A 社，B 社，C 社から仕入れた比率は，4：3：2 であり，製品が不良品である比率はそれぞれ 3％，4％，5％であるという。いま，大量にある 3 社の製品をよく混ぜ，その中から任意に 1 個抜き取って調べたところ，不良品であった。これが B 社から仕入れたものである確率を求めよ。 〔類 広島修道大〕 p.116 EX45

参考事項　モンティ・ホール問題

※次の問題は，モンティ・ホールという人が司会を務めたアメリカのテレビ番組「Let's make a deal（駆け引きしましょう）」の中で行われ，話題を集めたゲームである。条件付き確率やベイズの定理が関係する面白い問題であるので，考えてみよう。

> 3つあるドアの1つだけに賞品が隠されています（残り2つのドアははずれ）。挑戦者であるあなたは，3つのドアのうち1つを開けて，賞品があればもらうことができます。
> 　まず，あなたはドアを1つ選択します。そして，どのドアに賞品があるかを把握している司会者は残った2つのドアのうち，はずれのドアを1つ開けます。
> ここで，はずれのドアを開けた司会者はあなたに尋ねます。
> 「賞品がもらえる確率を上げるために，開けるドアを変更しますか？変更しませんか？」

以下では，3つのドアをA，B，Cとし，最初にドアAを選択し，司会者はドアCを開けるとして考えていくこととする。

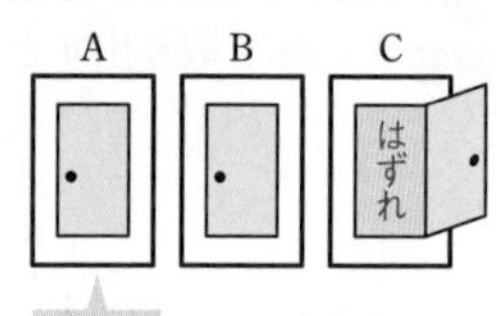

ドアA，B，Cに賞品が隠れているという事象をそれぞれ

A，B，Cとすると　　$P(A)=P(B)=P(C)=\dfrac{1}{3}$

司会者がドアCを開けるという事象をXとすると

$$P_A(X)=\frac{1}{2},\ P_B(X)=1$$

$A\cap X$，$B\cap X$は互いに排反であり，

$X=(A\cap X)\cup(B\cap X)$であるから

$$\begin{aligned}P(X)&=P(A\cap X)+P(B\cap X)\\&=P(A)P_A(X)+P(B)P_B(X)\\&=\frac{1}{3}\times\frac{1}{2}+\frac{1}{3}\times1=\frac{1}{2}\end{aligned}$$

	A（選択）	B	C（開ける）	
A○なら →	○	×$\left(\frac{1}{2}\right)$	×$\left(\frac{1}{2}\right)$	← $P_A(X)$
B○なら →	×	○(0)	×(1)	← $P_B(X)$
C○なら →	×	×(1)	○(0)	← $P_C(X)$

○：賞品，×：はずれ

司会者がドアCを開けたときに，ドアA，Bに賞品がある確率はそれぞれ$P_X(A)$，$P_X(B)$である。ベイズの定理により

$$P_X(A)=\frac{P(X\cap A)}{P(X)}=\frac{1}{6}\div\frac{1}{2}=\frac{1}{3},\ P_X(B)=\frac{P(X\cap B)}{P(X)}=\frac{1}{3}\div\frac{1}{2}=\frac{2}{3}$$

$P_X(A)<P_X(B)$であるから，ドアを変更した方がよい　といえる。

以上が条件付き確率による正しい考え方であるが，心理的には納得できないかもしれない。納得できないときは，次のような極端なケースを考えてみるとよい。

[1]　100個のドアの1つだけ○で，残り99個は×　　……○：賞品がある，×：はずれ

[2]　あなたは100個のドアから1つのドアを選択する。　……○の確率は　1/100=0.01（1％）

[3]　答えを知っている司会者は，残り99個から98個の×のドアを開ける。

つまり，最後に残ったのは，あなたが最初に選んだ1つのドアと，答えを知っている司会者が99個（○の確率99％）の中から意図的に開かなかった1つのドアである。同じように尋ねられたら，ドアを変更する方が有利であることが納得できるのではないだろうか。

※モンティ・ホール問題をベイズの定理を用いて解説したが，ベイズの定理は，事象 E という原因で事象 A が起こったときに，原因の確率 $P_E(A)$ を求めるものである。さて，ベイズの定理が大学入試の題材に取り上げられることは，昨今珍しいことではないが，次の問題が出題された 1976 年当時はかなり珍しく，条件付き確率が入試で注目されるきっかけになったとも言われている。この有名問題を紹介しておこう。

問題 5 回に 1 回の割合で帽子を忘れるくせのある K 君が，正月に A，B，C 3 軒を順に年始回りをして家に帰ったとき，帽子を忘れてきたことに気がついた。2 番目の家 B に忘れてきた確率を求めよ。 ［早稲田大］

（補足）この問題は，「チャート式基礎からの確率・統計」（初版 1984 年発行）にも採録。

B に忘れてくることは，A には忘れないで B に忘れることであるから，求める確率は $\left(1-\frac{1}{5}\right)\times\frac{1}{5}=\frac{4}{5}\times\frac{1}{5}=\frac{4}{25}$ としては **誤り！** これは，単に，B に忘れる確率である。

問題文には「帽子を忘れたことに気がついた」とあるように，**帽子を忘れたという事実が確定している**。つまり，3 軒のいずれかで忘れることを前提として（これを全事象とみて），B に忘れる確率を再検証しなければならない。

解答

A，B，C のいずれかに忘れるという事象を E とし，B に忘れるという事象を B とする。

5 回に 1 回の割合で帽子を忘れるくせがあるから

$$P(E)=1-\left(1-\frac{1}{5}\right)^3=1-\left(\frac{4}{5}\right)^3=1-\frac{64}{125}=\frac{61}{125}$$

A に忘れないで B に忘れるという事象は $E\cap B$ であるから

$$P(E\cap B)=\frac{4}{5}\times\frac{1}{5}=\frac{4}{25}$$

よって，事象 E が起こったときに，事象 B が起こる確率は

$$P_E(B)=\frac{P(E\cap B)}{P(E)}=\frac{4}{25}\div\frac{61}{125}=\frac{4}{25}\times\frac{125}{61}=\mathbf{\frac{20}{61}}$$

余事象が近道

◀「忘れた」ことが確定しているから，E を新しい全事象とみなす。

◀忘れてきたとき，それが B である確率

［解説］ A，C に忘れるという事象をそれぞれ A，C とすると

[1] $P(E\cap A)=\frac{1}{5}$， [2] $P(E\cap B)=\frac{4}{25}$， [3] $P(E\cap C)=\frac{16}{125}$， [4] $P(\overline{E})=\frac{64}{125}$

家に帰ってきたときに帽子のことは気がつかないで，A，B，C のいずれかに忘れる確率や，3 軒のどの家にも忘れない確率なら，上記の [1]～[4] でよい。

しかし，問題では「忘れてきた」ことが事実として確定しているため，[4] の確率は 0 となり，[1]～[3] の 確率の和が 1 になるように，再検証しなければならない。

和を 1 にするためには，[1]，[2]，[3] の確率の比が 25：20：16（和は 61）であるから

$\times\frac{125}{61}$ より $P_E(A)=\frac{25}{61}$，$P_E(B)=\frac{20}{61}$，$P_E(C)=\frac{16}{61}$ ◀ $\frac{61}{125}$ の中での条件付き確率の割合

このように，ベイズの定理によって，原因の確率が求められるわけであるが，単に B に忘れる確率 $\frac{4}{25}=0.16$ が，忘れたことが確定すると $\frac{20}{61}=0.3278\cdots$ と 2 倍以上になる。直感による確率と計算に基づいた確率の相違であるともいえる。

EXERCISES

③**41** n を自然数とする。1 から $2n$ までの数が 1 つずつ書かれた $2n$ 枚のカードがある。この中から 1 枚のカードを等確率で選ぶ試行において，選ばれたカードに書かれた数が偶数であることがわかっているとき，その数が n 以下である確率を，n が偶数か奇数かの場合に分けて求めよ。 〔類 鹿児島大〕 →58

③**42** 袋の中に，1 から 6 までの番号が 1 つずつ書かれた 6 個の玉が入っている。袋から 6 個の玉を 1 つずつ取り出していき，k 番目に取り出した玉に書かれた番号を a_k $(k=1,\ 2,\ \cdots\cdots,\ 6)$ とする。ただし，取り出した玉は袋に戻さない。〔学習院大〕

(1) $a_1+a_2=a_3+a_4=a_5+a_6$ が成り立つ確率を求めよ。

(2) a_6 が偶数であったとき，a_1 が奇数である確率を求めよ。 →59

③**43** 当たり 3 本，はずれ 7 本のくじを A，B 2 人が引く。ただし，引いたくじはもとに戻さないとする。次の (1)，(2) の各場合について，A，B が当たりくじを引く確率 $P(A)$，$P(B)$ をそれぞれ求めよ。

(1) まず A が 1 本引き，はずれたときだけ A がもう 1 本引く。次に B が 1 本引き，はずれたときだけ B がもう 1 本引く。

(2) まず A は 1 本だけ引く。A が当たれば，B は引けない。A がはずれたときは B は 1 本引き，はずれたときだけ B がもう 1 本引く。 →60, 62

④**44** 袋の中に最初に赤玉 2 個と青玉 1 個が入っている。次の操作を考える。

(操作) 袋から 1 個の玉を取り出し，それが赤玉ならば代わりに青玉 1 個を袋に入れ，青玉ならば代わりに赤玉 1 個を袋に入れる。袋に入っている 3 個の玉がすべて青玉になるとき，硬貨を 1 枚もらう。

この操作を 4 回繰り返す。もらう硬貨の総数が 1 枚である確率と，もらう硬貨の総数が 2 枚である確率をそれぞれ求めよ。 〔九州大〕 →62

④**45** 1 つの袋の中に白玉，青玉，赤玉が合わせて 25 個入っている。この袋から同時に 2 個の玉を取り出すとき，白玉 1 個と青玉 1 個が取り出される確率は $\dfrac{1}{6}$ であるという。また，この袋から同時に 4 個の玉を取り出す。取り出した玉がすべての色の玉を含んでいたとき，その中に青玉が 2 個入っている確率は $\dfrac{2}{11}$ であるという。この袋の中に最初に入っている白玉，青玉，赤玉の個数をそれぞれ求めよ。 →40, 59, 64

41 n 以下の偶数は，n が偶数のとき $\dfrac{n}{2}$ 個，奇数のとき $\dfrac{n-1}{2}$ 個ある。

42 (1) $1+2+3+4+5+6=21$ であるから　$a_1+a_2=a_3+a_4=a_5+a_6=7$

43, 44 **樹形図**（**tree**）をかき，状態と確率を見やすくするとよい。44 では，もらう硬貨の総数が 2 枚の確率の方が求めやすい。

45 白玉，青玉の個数をそれぞれ x，y として，確率の条件から x，y の連立方程式を作る。

10 期　待　値

基本事項

期待値　変量 X のとりうる値を x_1, x_2, ……, x_n とし，X がこれらの値をとる確率をそれぞれ p_1, p_2, ……, p_n とすると，X の期待値 E は

$$\boldsymbol{E=x_1p_1+x_2p_2+\cdots\cdots+x_np_n}\qquad \text{ただし}\quad p_1+p_2+\cdots\cdots+p_n=1$$

解　説

■期待値

一般に，ある試行の結果によって値の定まる変量 X があって，X のとりうる値を x_1, x_2, ……, x_n とし，X がこれらの値をとる確率をそれぞれ p_1, p_2, ……, p_n とすると

X の値	x_1	x_2	……	x_n	計
確率	p_1	p_2	……	p_n	1

$$\boldsymbol{p_1+p_2+\cdots\cdots+p_n=1}$$

が成り立つ。このとき，x_1, x_2, ……, x_n の各値に，それぞれの値をとる確率 p_1, p_2, ……, p_n を掛けて加えた値

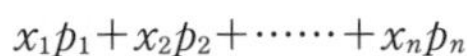

$$x_1p_1+x_2p_2+\cdots\cdots+x_np_n$$

を，変量 X の **期待値** といい，$\boldsymbol{E}$ で表す。

E は，期待値を意味する expectation の頭文字である。

なお，期待値を **平均値** ということもある。また，変量 X を **確率変数** ともいう。このことは，数学 B で詳しく学習する。

例　2 個のさいころを同時に投げるときの目の和の期待値。

目の和を X，それをとる確率を P とすると，右の表のようになる。

X	2	3	4	5	6	7	8	9	10	11	12	計
P	$\frac{1}{36}$	$\frac{2}{36}$	$\frac{3}{36}$	$\frac{4}{36}$	$\frac{5}{36}$	$\frac{6}{36}$	$\frac{5}{36}$	$\frac{4}{36}$	$\frac{3}{36}$	$\frac{2}{36}$	$\frac{1}{36}$	1

これから，求める期待値は

$$2\times\frac{1}{36}+3\times\frac{2}{36}+4\times\frac{3}{36}+5\times\frac{4}{36}+6\times\frac{5}{36}+7\times\frac{6}{36}+8\times\frac{5}{36}+9\times\frac{4}{36}$$
$$+10\times\frac{3}{36}+11\times\frac{2}{36}+12\times\frac{1}{36}=\frac{252}{36}=\boldsymbol{7}$$

■期待値の応用

結果が不確実な状況下において，例えば，賞金がついたゲームに参加するのは得か損かなど，どの選択が有利かを判断する際，期待値の考えを判断の基準として利用することができる。

なお，期待値が金額で表されるとき，これを **期待金額** ということがある。

例　1 個のさいころを投げて，1 または 2 の目が出たら 1500 円を受け取り，それ以外の目が出た場合は 600 円を支払うゲームがある。参加料が 200 円のとき，このゲームに参加することは，得であるといえるか。

(解答)　期待金額は　$1500\times\frac{2}{6}+(-600)\times\frac{4}{6}=100\,(\text{円})<200\,(\text{円})$

したがって，期待金額は参加料より少ないから，このゲームに参加することは得ではない。

基本例題 65 期待値の基本 ①①①①①

Ⓐのカード3枚，Ⓑのカード2枚，Ⓒのカード1枚，合計6枚のカードがある。この中から2枚のカードを取り出す。Ⓐのカードを1点，Ⓑのカードを2点，Ⓒのカードを3点とするとき，カード2枚の合計点の期待値を求めよ。

p.117 基本事項　重要 68

指針 期待値の計算は，次の手順で行う。

1 変量 X のとりうる **値** を調べる。…… カードの組み合わせで合計点は決まる。
2 X の各値に対応する **確率** P を求める。…… 組合せ ${}_nC_r$ を利用して計算。
3 X と P の **表** を作り，**確率の和が1** になるかどうかを確かめる。
4 期待値（すなわち 値×確率 の和）を計算。

解答

合計点を X 点とすると，X のとりうる値は

$X=2, 3, 4, 5$

それぞれの値をとる確率は

$X=2$ のとき　$\dfrac{{}_3C_2}{{}_6C_2}=\dfrac{3}{15}$

$X=3$ のとき　$\dfrac{{}_3C_1\times{}_2C_1}{{}_6C_2}=\dfrac{6}{15}$

$X=4$ のとき　$\dfrac{{}_3C_1\times{}_1C_1+{}_2C_2}{{}_6C_2}=\dfrac{4}{15}$

$X=5$ のとき　$\dfrac{{}_2C_1\times{}_1C_1}{{}_6C_2}=\dfrac{2}{15}$

X	2	3	4	5	計
確率	$\frac{3}{15}$	$\frac{6}{15}$	$\frac{4}{15}$	$\frac{2}{15}$	1

よって，求める期待値は

$$2\times\frac{3}{15}+3\times\frac{6}{15}+4\times\frac{4}{15}+5\times\frac{2}{15}=\frac{50}{15}=\boldsymbol{\frac{10}{3}}\text{ (点)}$$

◀カードの組合せは，次の5パターン。
（Ⓐ，Ⓐ）⟶ 2点
（Ⓐ，Ⓑ）⟶ 3点
（Ⓐ，Ⓒ）⟶ 4点
（Ⓑ，Ⓑ）⟶ 4点
（Ⓑ，Ⓒ）⟶ 5点

◀確率の和は
$\frac{3}{15}+\frac{6}{15}+\frac{4}{15}+\frac{2}{15}=1$
となり，OK。

検討

期待値を求めるときの注意点

期待値を計算するときは，解答のように **変量 X と確率 P を表にまとめる** とよい。その際，次のことに注意する。

1. 確率の値は，約分しないで **分母を同じにしておく**。これにより，期待値の計算をするとき通分しないですむから，計算がらくになる。
2. **確率の和が1 になることを確認** する。1にならなければ，どこかに間違いがあるということである。

練習 ② 65 表に1，裏に2を記した1枚のコインCがある。

(1) コインCを1回投げ，出る数 x について x^2+4 を得点とする。このとき，得点の期待値を求めよ。

(2) コインCを3回投げるとき，出る数の和の期待値を求めよ。

p.123 EX46

基本例題 66 カードの最大数の期待値 ①①①①①

1 から 9 までの整数が 1 つずつ書かれたカードが 9 枚ある。この中から 7 枚のカードを無作為に取り出して得られる 7 つの整数のうちの最大のものを X とする。$X=k$ となる確率を $P(X=k)$ とするとき

(1) $P(X=8)$ を求めよ。

(2) X の期待値 $E(X)$ を求めよ。

基本 65

指針 (1) $X=8$ …… 7 枚の整数の最大値が 8 であるから，7 枚のうち 1 枚が 8，残りの 6 枚を 1 ～ 7 から選ぶ。

(2) ① まず，X の **とりうる値** を確認すると　$X=7$，8，9

② (1) と同じ方法で **確率** $P(X=7)$ などを求め，**期待値** を計算。

解答

(1) 起こりうるすべての場合の数は　${}_9C_7$ 通り

$X=8$ となるのは，1 枚が 8 で，残りの 6 枚を 1 ～ 7 から選ぶときであるから　${}_7C_6$ 通り

よって　$P(X=8)=\dfrac{{}_7C_6}{{}_9C_7}=\dfrac{{}_7C_1}{{}_9C_2}=\boldsymbol{\dfrac{7}{36}}$

(2) X のとりうる値は　$X=7$，8，9

(1) と同様に考えて

$$P(X=7)=\frac{{}_6C_6}{{}_9C_7}=\frac{1}{{}_9C_2}=\frac{1}{36}$$

◀1 枚が 7 で，残りの 6 枚を 1 ～ 6 から選ぶ。

$$P(X=9)=\frac{{}_8C_6}{{}_9C_7}=\frac{{}_8C_2}{{}_9C_2}=\frac{28}{36}$$

X	7	8	9	計
確率	$\frac{1}{36}$	$\frac{7}{36}$	$\frac{28}{36}$	1

◀$\frac{1}{36}+\frac{7}{36}+\frac{28}{36}=1$ となり OK。

したがって　$E(X)=7\times\dfrac{1}{36}+8\times\dfrac{7}{36}+9\times\dfrac{28}{36}$

$$=\frac{7+56+252}{36}=\frac{315}{36}=\boldsymbol{\frac{35}{4}}$$

◀**値×確率の和**

検討

(2) $P(X=9)$ は，**余事象の確率** を利用して　$P(X=9)$ $=1-P(X=8)-P(X=7)$ として求めることもできる。

検討 **最大値の確率について**

$p.97$ 基本例題 **51** で学習したように，最大値が m になる確率は

(最大値が m 以下の確率)−(最大値が $m-1$ 以下の確率)

として求めることもできる。

上の例題 (1) の $P(X=8)$ について，最大値が 8 以下になる場合の数は，1 ～ 8 から 7 枚選べばよいから ${}_8C_7$ 通り。同様に，最大値が 7 以下になる場合の数は ${}_7C_7$ 通りであるから

$$P(X=8)=\frac{{}_8C_7}{{}_9C_7}-\frac{{}_7C_7}{{}_9C_7}=\frac{{}_8C_1-1}{{}_9C_2}=\frac{8-1}{36}=\boldsymbol{\frac{7}{36}}$$

◀解答 (1) の結果と一致。

練習 ② 66 1 から 7 までの数字の中から，重複しないように 3 つの数字を無作為に選ぶ。その中の最小の数字を X とするとき，X の期待値 $E(X)$ を求めよ。

p.123 EX 47

基本例題 67 期待値と有利・不利 (1)

Aのゲームは5枚の100円硬貨を同時に投げたとき，表の出た硬貨をもらえる。Bのゲームは1つのさいころを投げて，3以上の目が出るとその目の枚数だけの100円硬貨をもらえ，2以下の目が出るとその目の枚数だけの100円硬貨を支払う。A，Bどちらのゲームに参加する方が有利か。

基本 65　重要 69

指針　ゲームなどで **有利・不利** あるいは **公平・不公平** を判断するには，

1. **確率の大小で比較**　2. **期待値，期待金額の大小で比較**

の2通りの方法が考えられる。

この例題では，A，Bのゲームの期待金額をそれぞれ求めて，金額の大きい方が有利と判断する。

CHART ゲームの有利・不利　**期待値の大小で判断**

解答

A：k は整数，$0 \leqq k \leqq 5$ とする。

5枚の100円硬貨を同時に投げたとき，k 枚表が出る確率は　${}_5C_k\left(\frac{1}{2}\right)^k\left(\frac{1}{2}\right)^{5-k}$　すなわち　${}_5C_k\left(\frac{1}{2}\right)^5$

したがって，期待金額は

$$100(0\cdot1+1\cdot{}_5C_1+2\cdot{}_5C_2+3\cdot{}_5C_3+4\cdot{}_5C_4+5\cdot1)\left(\frac{1}{2}\right)^5$$

$$=100(0+5+20+30+20+5)\left(\frac{1}{2}\right)^5=\frac{100\cdot80}{32}$$

$$=250\ (円)$$

B：期待金額は

$$100\left\{(-1)\cdot\frac{1}{6}+(-2)\cdot\frac{1}{6}+3\cdot\frac{1}{6}+4\cdot\frac{1}{6}+5\cdot\frac{1}{6}+6\cdot\frac{1}{6}\right\}$$

$$=\frac{100\cdot15}{6}=250\ (円)$$

期待金額が等しいから

A，Bどちらのゲームに参加しても同じ。

検討

Aの期待金額250円は500円の $\frac{1}{2}$ である。

一般に，$X=k\ (k=0, 1, 2, \cdots\cdots, n)$ のとき，確率

$P_k={}_nC_kp^k(1-p)^{n-k}$

である変数 X の期待値は $\boldsymbol{np}$ となる。

［数学Bで学習］

ここで，P_k は **反復試行** の確率である。

練習 ② 67　Sさんの1か月分のこづかいの受け取り方として，以下の3通りの案が提案された。1年間のこづかいの受け取り方として，最も有利な案はどれか。

A案：毎月1回さいころを投げ，出た目の数が1から4のときは2000円，出た目の数が5または6のときは6000円を受け取る。

B案：1月から4月までは毎月10000円，5月から12月までは毎月1000円を受け取る。

C案：毎月1回さいころを投げ，奇数の目が出たら8000円，偶数の目が出たら100円を受け取る。

［広島修道大］

p.123 EX48, 49

重要例題 68 図形と期待値

1辺の長さが1の正六角形ABCDEFの6つの頂点から，異なる3点を無作為に選びそれらを頂点とする三角形Tを作るとき，Tが直角三角形である確率は^{ア}□，Tの周の長さの期待値は^{イ}□である。

基本 65

指針 (ア) 三角形Tの頂点は，正六角形の6頂点を通る円周上にある。
→ Tの1辺がその円の直径となるとき，Tは直角三角形になる。
(イ) Tの形状は，**正三角形**（正六角形と辺の共有なし），**直角三角形**（正六角形と1辺共有），**二等辺三角形**（正六角形と2辺共有）の3パターンある。

解答

(ア) Tの3つの頂点の選び方は　${}_6C_3$通り

Tが直角三角形となるのは，Tの1辺が正六角形の6つの頂点を通る円の直径になる場合である。[1)]

直径の選び方は3通りあり，各直径に対して直角三角形は4つできるから，求める確率は　$\dfrac{3\times4}{{}_6C_3}=\dfrac{12}{20}=\mathbf{\dfrac{3}{5}}$

(イ) [1] Tが正六角形と辺を共有しないとき，Tは正三角形となる。その場合は2通りあるから，[1]の確率は　$\dfrac{2}{{}_6C_3}=\dfrac{1}{10}$

このとき，周の長さは　$\sqrt{3}\times3=3\sqrt{3}$

[2] Tが正六角形と1辺だけを共有するとき，Tは直角三角形となる。その確率は(ア)から　$\dfrac{3}{5}$

このとき，周の長さは　$1+2+\sqrt{3}=3+\sqrt{3}$

[3] Tが正六角形と2辺を共有するとき，Tは二等辺三角形となる。正六角形の頂点を1つ選ぶと，このような三角形が1つ決まるから，[3]の確率は

$\dfrac{6}{{}_6C_3}=\dfrac{3}{10}$ [2)]

このとき，周の長さは　$1+1+\sqrt{3}=2+\sqrt{3}$

したがって，三角形Tの周の長さの期待値は

$3\sqrt{3}\times\dfrac{1}{10}+(3+\sqrt{3})\times\dfrac{3}{5}+(2+\sqrt{3})\times\dfrac{3}{10}=\mathbf{\dfrac{12+6\sqrt{3}}{5}}$

1) 下の[2]の図参照。

(イ) [1]

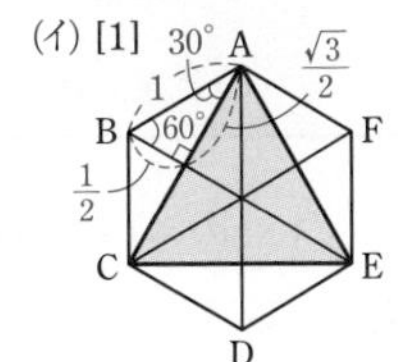

[2]

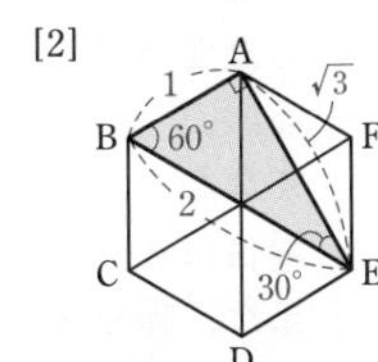

[3]

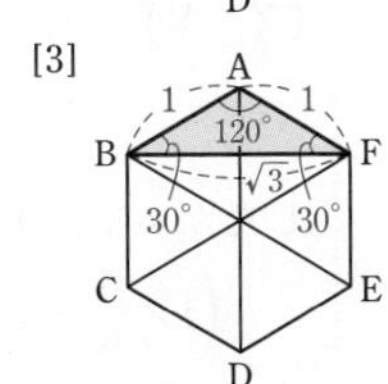

2) [1]，[2]を利用すると，[3]の確率は
$1-\dfrac{1}{10}-\dfrac{3}{5}=\dfrac{3}{10}$

練習 ④ 68 表に1，裏に2と書いてあるコインを2回投げて，1回目に出た数をxとし，2回目に出た数をyとして，座標平面上の点$(x,\ y)$を決める。ここで，表と裏の出る確率はともに$\dfrac{1}{2}$とする。この試行を独立に2回繰り返して決まる2点と点$(0,\ 0)$とで定まる図形（三角形または線分）について　〔東京学芸大〕

(1) 図形が線分になる確率を求めよ。

(2) 図形の面積の期待値を求めよ。ただし，線分の面積は0とする。

p.123 EX50

重要例題 69 期待値と有利・不利(2)

1つのさいころを振って出た目の数だけ得点がもらえるゲームがある。ただし，出た目が気に入らなければ，1回だけ振り直すことを許すとする。
このゲームでもらえる得点の期待値が最大になるようにふるまったとき，その期待値を求めよ。

〔類 慶応大〕

基本 67

指針 1回目に1が出たときに振り直すのは直観的に明らかであろう。問題となるのは，「いくつの目が出たら振り直さないか」ということである。
そこで，1回目にどの目が出たら振り直すことにし，いくつから振り直さないか，という判断に **期待値を用いる**。出た目の数だけ得点がもらえるのだから，

(1回目に出た目)<(出る目の期待値) ……★

のとき，さいころを振り直すことになる。

解答

1つのさいころを振って出る目の期待値は

$$(1+2+3+4+5+6)\cdot\frac{1}{6}=\frac{21}{6}=\frac{7}{2}(=3.5)$$

したがって，3以下なら振り直し，4以上ならそのままとする。
すなわち，1回目に出た目を X とするとき，$X=4,\ 5,\ 6$ の場合は振り直さない。
また，振り直したときに2回目に出た目を Y とすると

$(X,\ Y)=(1,\ 1),\ (1,\ 2),\ (1,\ 3),\ (1,\ 4),\ (1,\ 5),\ (1,\ 6),$
$(2,\ 1),\ (2,\ 2),\ (2,\ 3),\ (2,\ 4),\ (2,\ 5),\ (2,\ 6),$
$(3,\ 1),\ (3,\ 2),\ (3,\ 3),\ (3,\ 4),\ (3,\ 5),\ (3,\ 6)$

したがって，求める期待値は

$$\left(1\times\frac{1}{6^2}+2\times\frac{1}{6^2}+3\times\frac{1}{6^2}+4\times\frac{1}{6^2}+5\times\frac{1}{6^2}+6\times\frac{1}{6^2}\right)\times3$$
$$+4\times\frac{1}{6}+5\times\frac{1}{6}+6\times\frac{1}{6}=\mathbf{\frac{17}{4}}$$

◀指針____……★の方針。出た目<3.5 を判断材料とする。

◀振り直した場合，Y が得点となる。

$X=1,\ 2,\ 3$ の3つの場合
◀$(1+2+\cdots\cdots+6)\times\frac{1}{6}\times\frac{1}{6}\times\boxed{3}$
$+(4+5+6)\times\frac{1}{6}$ と計算。

練習 ⑤ 69 次のような競技を考える。競技者がさいころを振る。もし，出た目が気に入ればその目を得点とする。そうでなければ，もう1回さいころを振って，2つの目の合計を得点とすることができる。ただし，合計が7以上になった場合は得点は0点とする。

(1) 競技者が常にさいころを2回振るとすると，得点の期待値はいくらか。

(2) 競技者が最初の目が6のときだけ2回目を振らないとすると，得点の期待値はいくらか。

(3) 最初の目が k 以上ならば，競技者は2回目を振らないこととし，そのときの得点の期待値を E_k とする。E_k が最大となるときの k の値を求めよ。ただし，k は1以上6以下の整数とする。

〔類 九州大〕

EXERCISES

③46 袋の中に2個の白球と n 個の赤球が入っている。この袋から同時に2個の球を取り出したとき赤球の数を X とする。X の期待値が1であるとき，n の値を求めよ。ただし，$n \geqq 2$ であるとする。〔類 防衛医大〕

→65

④47 4チームがリーグ戦を行う。すなわち，各チームは他のすべてのチームとそれぞれ1回ずつ対戦する。引き分けはないものとし，勝つ確率はすべて $\frac{1}{2}$ とする。勝ち数の多い順に順位をつけ，勝ち数が同じであればそれらは同順位とするとき，1位のチーム数の期待値を求めよ。〔京都大〕

→65, 66

②48 Aさんは今日から3日間，P市からQ市へ出張することになっている。P市の駅で新聞の天気予報をみると，Q市の今日，明日，あさっての降水確率はそれぞれ20％，50％，40％であった。
Aさんは，出張中に雨が降った場合，Q市で1000円の傘を買うつもりでいた。しかし，P市の駅で600円で売られている傘を見つけたので，それを買うべきか検討することにした。AさんはP市の駅で傘を買わなかった場合，「Q市で傘を買うための出費の期待値」を X 円と計算した。X を求め，AさんはP市の駅で傘を買うべきかどうか答えよ。

→67

③49 A，Bの2人でじゃんけんを1回行う。グー，チョキ，パーで勝つとそれぞれ勝者が敗者から1，2，3円受け取り，あいこのときは支払いはない。Aはグー，チョキ，パーをそれぞれ確率 p_1，p_2，p_3 で，Bは q_1，q_2，q_3 で出すとする。

(1) Aが受け取る額の期待値 E を p_1，p_2，q_1，q_2 で表せ。ただし，例えばAがチョキ，Bがグーを出せば，Aの受け取る額は -1 円と考える。

(2) Aがグー，チョキをそれぞれ確率 $\frac{1}{3}$，$\frac{1}{2}$ で出すとすると，Aがこのじゃんけんを行うことは得といえるか。

→65, 67

③50 同じ長さの赤と白の棒を6本使って正四面体を作る。ただし，各辺が赤である確率は $\frac{1}{3}$，白である確率は $\frac{2}{3}$ とする。

(1) 赤い辺の本数が3である確率を求めよ。

(2) 1つの頂点から出る赤い辺の本数の期待値を求めよ。

(3) 赤い辺で囲まれる面が1つである確率を求めよ。〔名古屋市大〕

→68

HINT

47 1位のチームの勝ち数は3または2であり，勝ち数が2のときの1位のチーム数は3または2の場合に分かれる。

49 (1) Aの受け取る金額とそのときの確率を求める。**確率の和は1** に注意。

参考事項 DNA 型鑑定と確率

DNA は遺伝情報を担う物質であり，細胞の核の中にあってタンパク質とともに染色体を形成している。DNA は 2 本の鎖から構成されており，鎖の内側に突き出した A（アデニン），T（チミン），G（グアニン），C（シトシン）の 4 種類の部品（塩基）の A と T，G と C とが互いに対になるように結合し，全体にねじれた二重らせん構造をしている。DNA を構成する鎖の A，T，G，C の並び順を **塩基配列** とよび，遺伝情報は塩基配列に存在している。

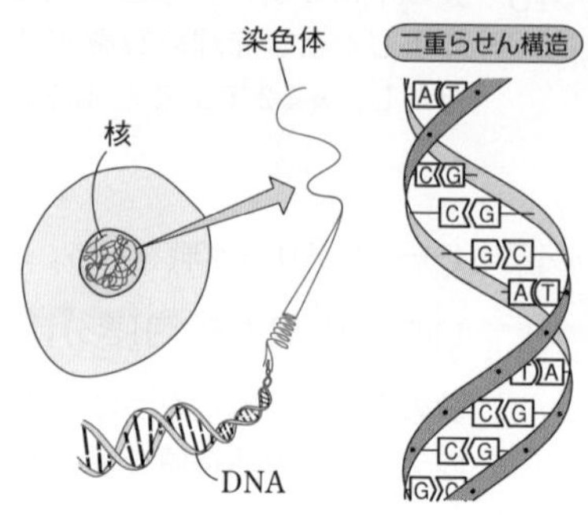

ヒトの DNA の中には **STR** とよばれる 2 ～ 5 個の塩基からなる配列が何回も繰り返されている部分がある。この繰り返しの回数は個人によって異なっており，犯罪捜査などではそのうちの 15 種類程度の STR の繰り返しの回数を用いて **DNA 型鑑定** を行っている。

例えば，現場から採取された犯人の DNA と容疑者の DNA に対し，ある種類の STR（便宜上，これを “P” とする）について比較してみる。仮に，“P” という STR に関する繰り返しの回数が 10，11，12 となる確率は，右のようであるとする。

回数	出現確率
10	0.21
11	0.22
12	0.40

注意　DNA には父親から由来するものと母親から由来するものがあるため(*)，1 つの STR に関する調査結果は 2 つの繰り返し回数の組で表される。

(*)　ヒトの細胞の核には 2 本ずつ対になった 46 本の染色体がある。つまり，23 本の染色体が 2 組あり，そのうちの 1 組は父親から，もう 1 組は母親から受け継いだものである。

例1　**繰り返しの回数が 11 と 12 の人の出現確率**

繰り返しの回数が 11 と 12 の染色体をもつということは，父親から回数 11 の染色体，母親から回数 12 の染色体を受け継ぐ場合とその逆の場合があるから，出現確率は $0.22\times0.40\times2=0.176$ となり，これは約 5.7 人に 1 人の割合である。

例2　**繰り返しの回数が 10 と 10 の人の出現確率**

父親，母親両方から繰り返しの回数が 10 回の染色体を受け継いでいるから，その出現確率は $0.21^2 \fallingdotseq 0.044$ であり，約 22.7 人に 1 人の割合である。

よって，もし犯人と容疑者の，種類 “P” の STR に関する繰り返しの回数が上の 例1 や 例2 のように一致したとしても，犯人と容疑者が一致すると主張するには十分ではない。しかし，各 STR に関する調査はそれぞれ独立であると考えてよく，15 種類程度の STR について調査することで，別人で同一の型が出現するのは，約 4 兆 7,000 億人に 1 人，という相当高い精度で個人識別を行うことが可能となっている。

◀別の STR は他の染色体にあったり，同じ染色体でも位置が離れていたりしているため，影響を及ぼさないと考えてよい。

DNA 型鑑定は，犯罪捜査だけではなく，親子など血縁の鑑定や，作物や家畜の品種鑑定など，いろいろな場面で利用されている。

数学A 第3章

図形の性質

3

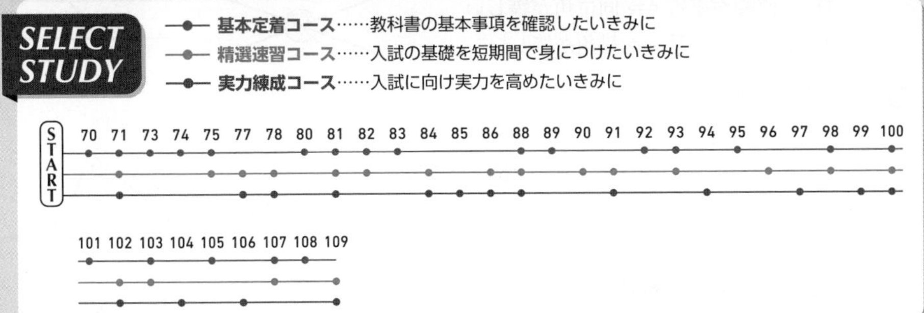

例題一覧

			難易度
11	基本 70	三角形の角の二等分線と比	②
	基本 71	三角形の角の二等分線と比の利用	②
	基本 72	角の二等分線の定理の逆	③
	基本 73	三角形の外心と角の大きさ	②
	基本 74	三角形の内心と角の大きさ	②
	基本 75	重心と線分の比・面積比	②
	基本 76	重心であることの証明	③
	基本 77	三角形の外心・垂心と証明	③
	基本 78	重心・外心・垂心の関係	③
	基本 79	三角形の傍接円，傍心	②
	基本 80	中線定理の利用	②
	基本 81	三角形の面積比	②
12	基本 82	チェバの定理，メネラウスの定理 (1)	②
	基本 83	チェバの定理，メネラウスの定理 (2)	②
	基本 84	メネラウスの定理と三角形の面積	③
	重要 85	チェバの定理の逆・メネラウスの定理の逆	③
13	基本 86	三角形の周の長さの比較	③
	基本 87	三角形の辺と角の大小	③
	基本 88	最短経路	③
14	基本 89	円に内接する四角形と角の大きさ	②
	基本 90	四角形が円に内接することの証明	③
	基本 91	円に内接する四角形の利用	③
15	基本 92	接線の長さ	②
	基本 93	接弦定理の利用	②
	基本 94	接弦定理の逆の利用	③
	基本 95	方べきの定理の利用	②
	基本 96	方べきの定理とその逆を利用した証明問題	③
	重要 97	方べきの定理と等式の証明	④
	基本 98	共通接線の長さ	②
	基本 99	外接する2つの円と直線	③
16	基本 100	相似な図形の作図	②
	基本 101	対称な図形の作図	②
	基本 102	2円の共通接線の作図	③
	基本 103	長さが与えられた線分の作図	②
	重要 104	2次方程式の解と作図	③
17	基本 105	2直線の垂直，直線と平面の垂直	②
	基本 106	三垂線の定理	③
	基本 107	多面体の面，辺，頂点の数	②
	基本 108	多面体の体積	②
	基本 109	多面体を軸の周りに回転してできる立体の体積	③

平面図形の基本

以下は，中学で学んだ平面図形の内容である。ひと通り復習しておこう。

注意　「p ならば q」を $p \Longrightarrow q$ と書く。また，「p ならば q かつ q ならば p」を $p \Longleftrightarrow q$ と書く。

基本事項

1 角の性質

(1) **対頂角**　対頂角は等しい。

(2) **平行線と角**

① 2 直線が平行 $\Longleftrightarrow$ 同位角が等しい

② 2 直線が平行 $\Longleftrightarrow$ 錯角が等しい

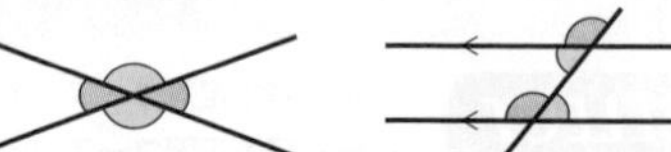

2 三角形の性質

(1) **内角と外角**

① 三角形の 3 つの内角の和は 180° である。

② 三角形の 1 つの外角は，それと隣り合わない 2 つの内角の和に等しい。

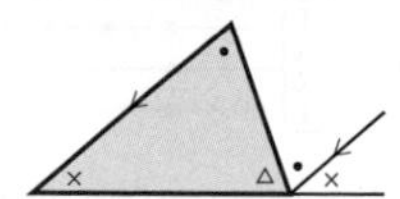

(2) **二等辺三角形の性質**

① △ABC において　AB＝AC $\Longleftrightarrow$ ∠B＝∠C

② 二等辺三角形の頂角の二等分線は，底辺を垂直に 2 等分する。

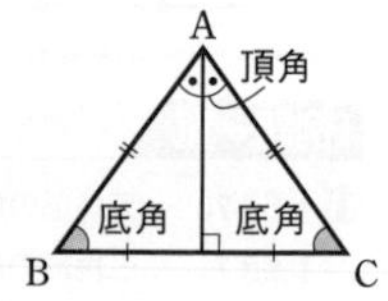

(3) **三角形の合同条件**

① 3 辺がそれぞれ等しい。

② 2 辺とその間の角がそれぞれ等しい。

③ 1 辺とその両端の角がそれぞれ等しい。

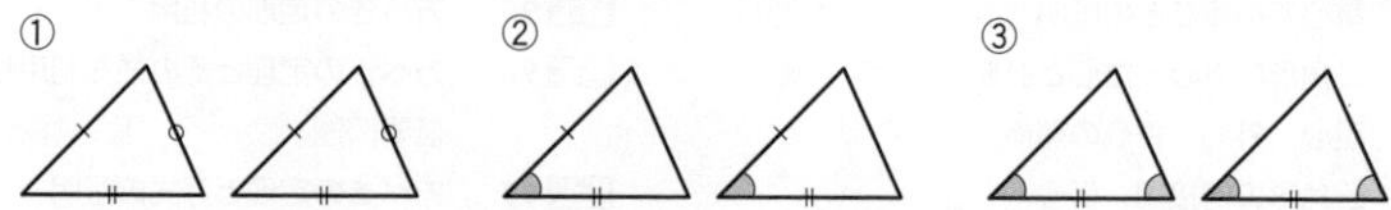

特に，直角三角形の合同条件は

① 斜辺と他の 1 辺がそれぞれ等しい。

② 斜辺と 1 つの鋭角がそれぞれ等しい。

(4) **三角形の相似条件**

① 3 組の辺の比がすべて等しい。

② 2 組の辺の比とその間の角がそれぞれ等しい。

③ 2 組の角がそれぞれ等しい。

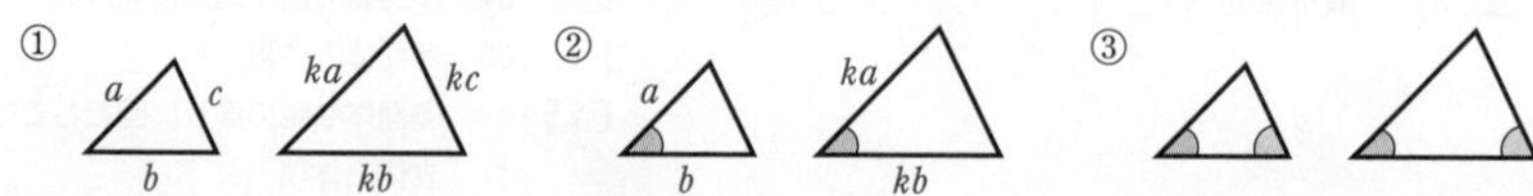

基本事項

3 平行線と線分の比

(1) 中点連結定理

△ABC において，辺 AB，AC の中点をそれぞれ M，N とすると

$$MN /\!/ BC, \quad MN=\frac{1}{2}BC$$

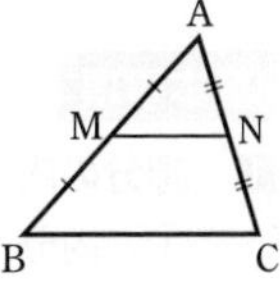

(2) 右の図において，PQ∥BC ならば

AP：AB＝AQ：AC ……Ⓐ

AP：PB＝AQ：QC ……Ⓑ

AP：AB＝PQ：BC ……Ⓒ

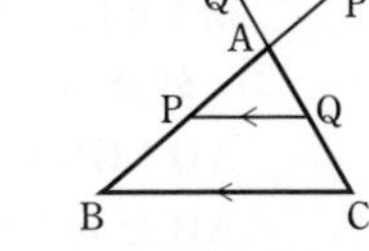

注意 Ⓐ，Ⓑ はそれぞれ逆も成り立つ。
ただし，Ⓒ の逆は成り立たない。右の図のように，AP：AB＝PQ：BC となる場合が 2 通り考えられるので，常に PQ∥BC になるとはいえないからである。

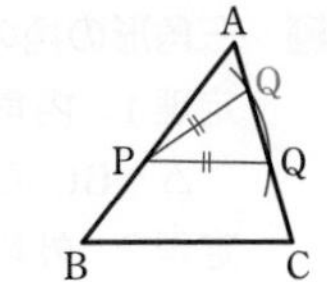

4 平行四辺形

(1) 平行四辺形になるための条件

四角形が平行四辺形になるための条件は，次のどれか 1 つが成り立つことである。

① 2 組の対辺がそれぞれ平行である。(定義)
② 2 組の対辺がそれぞれ等しい。
③ 2 組の対角がそれぞれ等しい。
④ 1 組の対辺が平行で，その長さが等しい。
⑤ 対角線がそれぞれの中点で交わる。

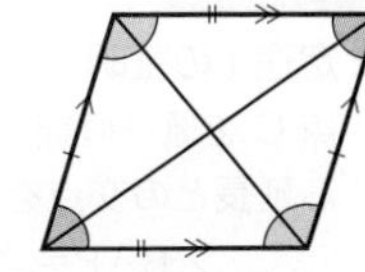

(2) 特別な平行四辺形の性質

① 長方形 …… (A) 4 つの角が等しい(直角)。 (B) 対角線の長さが等しい。
② ひし形 …… (C) 4 つの辺の長さが等しい。 (D) 対角線は垂直に交わる。
③ 正方形 …… 長方形 かつ ひし形。
上の (A) ～ (D) をすべて満たす。

5 三平方の定理（ピタゴラスの定理）とその逆

△ABC において，BC＝a，CA＝b，AB＝c とすると

$\angle C=90^\circ \Longleftrightarrow a^2+b^2=c^2$ ⟵ (直角を挟む 2 辺の平方の和)＝(斜辺の平方)

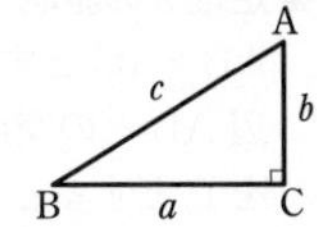

問 右の図において，長さ a，b または角の大きさ x，y を求めよ。
ただし，(1) では DE∥BC，(2) では AD∥BC，AD＝BC，AE は ∠A の二等分線である。

(1)

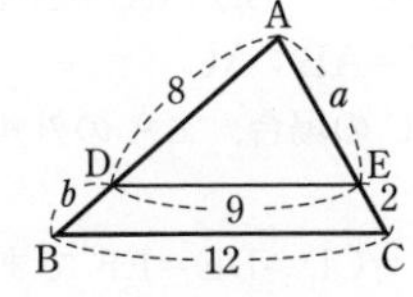

(2)

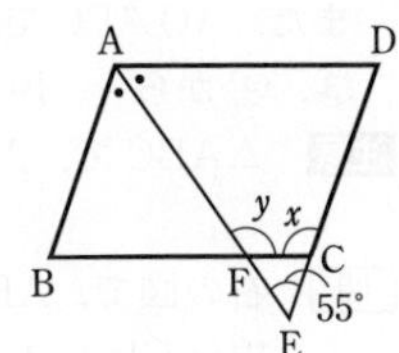

(＊) **問** の解答は $p.297$ にある。

11 三角形の辺の比，五心

基本事項

1 線分の内分・外分　　m，n を正の数とする。

① **内分**　　点Pが **線分AB上** にあって

AP：PB＝m：n　が成り立つとき，Pは線分ABを m：n に **内分** するといい，Pを **内分点** という。

② **外分**　　点Qが **線分ABの延長上** にあって

AQ：QB＝m：n（$m \neq n$）が成り立つとき，Qは線分ABを m：n に **外分** するといい，Qを **外分点** という。

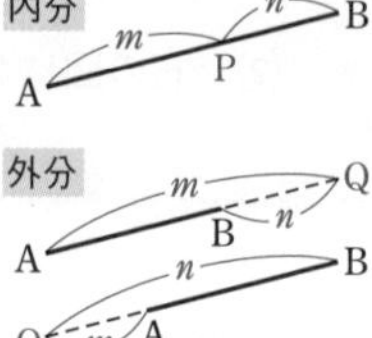
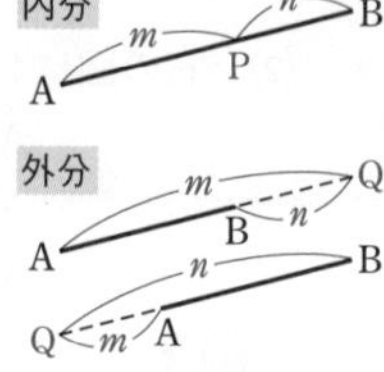

2 三角形の角の二等分線と比

定理1　内角の二等分線の定理

△ABCの∠Aの二等分線と辺BCとの交点Pは，辺BCをAB：ACに内分する。

定理2　外角の二等分線の定理

AB≠ACである△ABCの∠Aの外角の二等分線と辺BCの延長との交点Qは，辺BCをAB：ACに外分する。

解　説

■ **定理1の証明**

点Cを通り直線APに平行な直線を引き，辺ABのAを越える延長との交点をDとすると，AP∥DCであるから

∠BAP＝∠ADC，∠PAC＝∠ACD

一方，∠BAP＝∠PACであるから　∠ADC＝∠ACD

よって　　AD＝AC …… ①

また，AP∥DCから　　BP：PC＝BA：AD …… ②

①，②から　　BP：PC＝AB：AC

注意　上の証明中の線分CDのように，問題解決のために新たに付け加える線分や直線のことを **補助線** という。

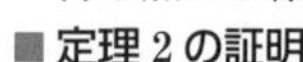

■ **定理2の証明**

AB＞ACとする。点Cを通り直線AQに平行な直線を引き，辺ABとの交点をEとする。辺BAのAを越える延長上の1点をDとすると，AQ∥ECであるから

∠DAQ＝∠AEC，∠QAC＝∠ACE

一方，∠DAQ＝∠QACであるから　∠AEC＝∠ACE　　よって　AE＝AC …… ③

また，AQ∥ECであるから　　BQ：QC＝BA：AE …… ④

③，④から　　BQ：QC＝AB：AC　　　AB＜ACの場合も同様に示される。

注意　△ABCで，AB＝ACの場合，∠Aの外角の二等分線と辺BCは平行になる。

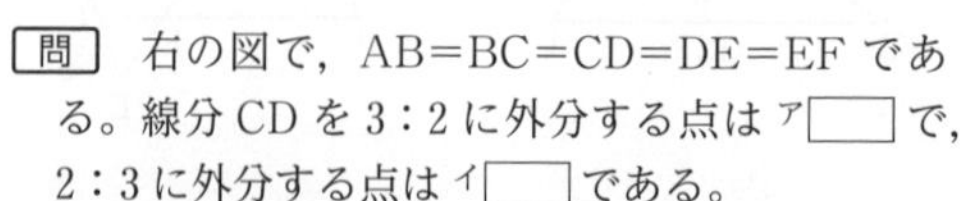

問　右の図で，AB＝BC＝CD＝DE＝EFである。線分CDを3：2に外分する点は ア□ で，2：3に外分する点は イ□ である。

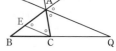

（＊）問 の解答は p.297にある。

基本例題 70　三角形の角の二等分線と比

AB=7，BC=5，CA=3 である △ABC において，∠A およびその外角の二等分線が辺 BC またはその延長と交わる点を，それぞれ D, E とする。線分 DE の長さを求めよ。　〔埼玉工大〕

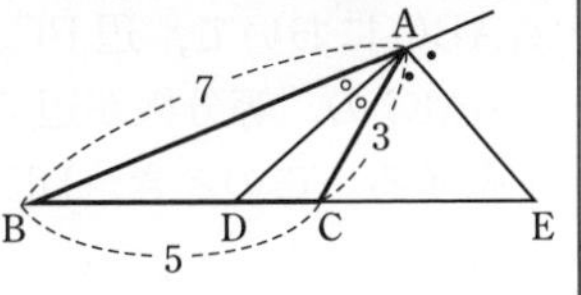

p.128 基本事項 2

指針　〔図 1〕　AD は ∠A の二等分線 ⟶ 内角の二等分線の定理

BD：DC=AB：AC

〔図 2〕　AE は ∠A の外角の二等分線 ⟶ 外角の二等分線の定理

BE：EC=AB：AC

を利用して，線分 DC，CE の順に長さを求める。

CHART　三角形の角の二等分線と比　（線分比）=（2 辺の比）

解答

AD は ∠A の二等分線であるから

BD：DC=AB：AC

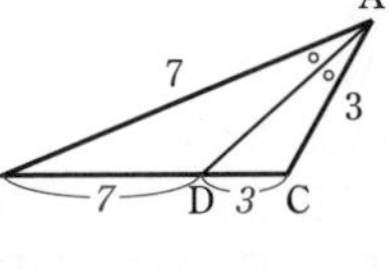

すなわち

(5−DC)：DC=7：3

ゆえに　　7DC=3(5−DC)

これを解いて　　$DC=\frac{3}{2}$

また，AE は ∠A の外角の二等分線であるから

BE：EC=AB：AC

すなわち

(EC+5)：EC=7：3

ゆえに　　7EC=3(EC+5)

これを解いて　　$EC=\frac{15}{4}$

よって　　$DE=DC+CE=\frac{3}{2}+\frac{15}{4}=\frac{21}{4}$

次のように解いてもよい。

BD：DC=AB：AC=7：3

から　$DC=\frac{3}{7+3}\times BC$

$=\frac{3}{10}\times 5=\frac{3}{2}$

BE：EC=AB：AC=7：3

から　$CE=\frac{3}{7-3}\times BC$

$=\frac{3}{4}\times 5=\frac{15}{4}$

以後は同じ。

練習 ② 70　△ABC において，AB=5，BC=4，CA=3 とし，∠A の二等分線と対辺 BC との交点を P とする。また，頂点 A における外角の二等分線と対辺 BC の延長との交点を Q とする。このとき，線分 BP，PC，CQ の長さを求めよ。　〔金沢工大〕

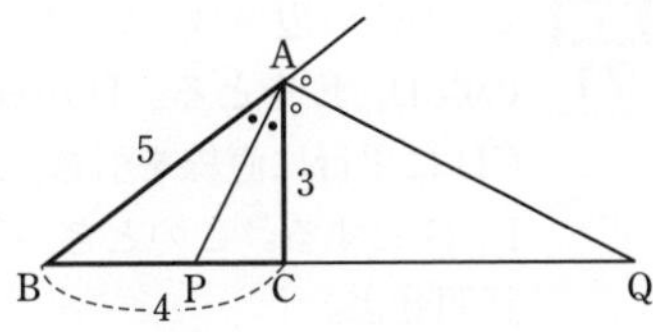

3章　11 三角形の辺の比，五心

基本例題 71 三角形の角の二等分線と比の利用

△ABC において，辺 BC の中点を M とし，∠AMB，∠AMC の二等分線が辺 AB，AC と交わる点をそれぞれ D，E とする。このとき，DE∥BC であることを証明せよ。

p.127 基本事項 3，p.128 基本事項 2

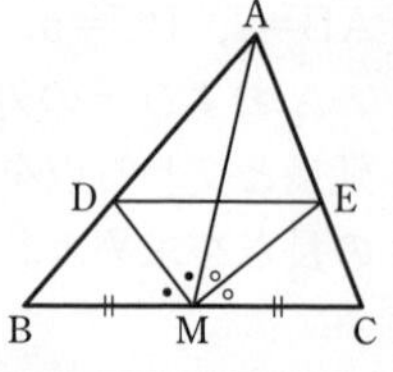

指針 平行であることの証明に，**平行線と線分の比の性質** を利用する。
p.127 基本事項 3 (2) の Ⓑ から　DE∥BC ⟺ AD：DB＝AE：EC
したがって，p.128 基本事項 2 **定理 1（内角の二等分線の定理）**を用いることにより，＿＿を導くことを目指す。

CHART 三角形の角の二等分線と比　(線分比)＝(2 辺の比)

解答

△MAB において，MD は ∠AMB の二等分線であるから

AD：DB＝MA：MB …… ①

◀(線分比)＝(2 辺の比)

△MAC において，ME は ∠AMC の二等分線であるから

AE：EC＝MA：MC …… ②

◀(線分比)＝(2 辺の比)

M は辺 BC の中点であるから

MB＝MC

よって，② は　AE：EC＝MA：MB

ゆえに，① から

AD：DB＝AE：EC

したがって　DE∥BC

◀平行線と線分の比の性質。

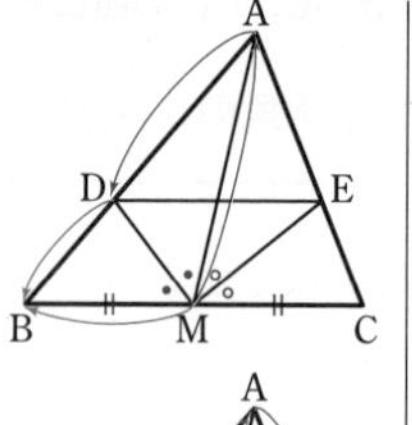

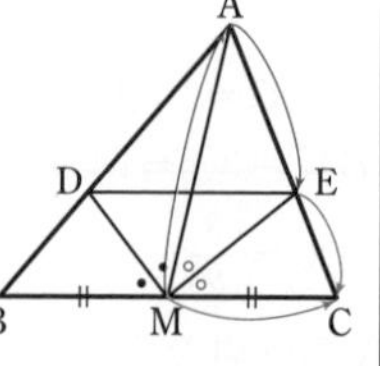

検討

図形の証明問題の取り組み方

図形の証明問題では，証明したいもの（結論）から逆に考えることが多いが，証明が苦手な人は，問題文中の図形に関する用語や記号を □ で囲むなどして，方針を見つけやすくするとよい。上の例題では

① [∠AMB の二等分線]，[∠AMC の二等分線] ⟶ 定理 1 の利用

② [DE∥BC] ⟶ 平行線と線分の比の性質 の利用

といったことが見えてくる。なお，問題文に図がない場合は，まず 図をかく ことから始めよう。

練習 ② 71 △ABC の辺 AB，AC 上に，それぞれ頂点と異なる任意の点 D，E をとる。D から BE に平行に，また，E から CD に平行に直線を引き，AC，AB との交点をそれぞれ F，G とする。このとき，GF は BC に平行であることを証明せよ。

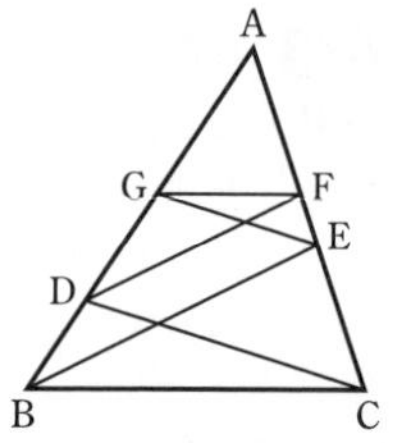

基本 例題 72 角の二等分線の定理の逆

△ABC の辺 BC を AB：AC に内分する点を P とする。このとき，AP は ∠A の二等分線であることを証明せよ。

p.128 基本事項 ❷

指針 *p*.128 基本事項 ❷ **定理 1（内角の二等分線の定理）の逆** である。
問題文の内容を式で表すと，次のようになる。

BP：PC＝AB：AC ⟹ AP は ∠A の二等分線（∠BAP＝∠CAP）

つまり，線分の比に関する条件から，角が等しいことを示すことになるが，線分の比を扱うときには，**平行線を利用する** とよい。
∠A の二等分線 ⟹ BP：PC＝AB：AC の証明（*p*.128 解説）にならい，まず，辺 BA の A を越える延長上に，AC＝AD となるような点 D をとることから始める。

別解 ∠A の二等分線と辺 BC の交点を D として，2 点 P，D が一致することを示す。
なお，このような証明方法を **同一法** または **一致法** という。
p.133 における三角形の重心の証明でも同一法を用いている。

解答

△ABC において，辺 BA の延長上に点 D を AC＝AD となるようにとる。
BP：PC＝AB：AC のとき，
BP：PC＝BA：AD から
　AP∥DC
ゆえに　∠BAP＝∠ADC
　∠PAC＝∠ACD
AC＝AD から　∠ADC＝∠ACD
よって　∠BAP＝∠PAC
すなわち，AP は ∠A の二等分線である。

◀平行線と線分の比の性質の逆
◀平行線の同位角，錯角はそれぞれ等しい。
◀△ACD は二等辺三角形。

別解 辺 BC 上の点 P が

BP：PC＝AB：AC …… ①

を満たしているとする。
∠A の二等分線と辺 BC の交点を D とすると，内角の二等分線の定理により

AB：AC＝BD：DC …… ②

①，② から　BP：PC＝BD：DC
よって，P と D は辺 BC を同じ比に内分するから一致する。
したがって，AP は ∠A の二等分線である。

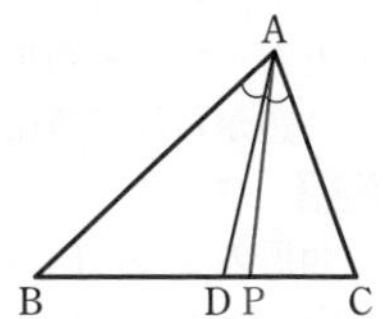

◀同一法

注意 *p*.128 基本事項 ❷ の定理 2（外角の二等分線の定理）についても逆が成り立つ。下の練習 72 でその証明に取り組んでみよう。

練習 ③ **72** AB>AC である △ABC の辺 BC を AB：AC に外分する点を Q とする。このとき，AQ は ∠A の外角の二等分線であることを証明せよ。

基本事項

1 三角形の外心　定理 3

三角形の 3 辺の垂直二等分線は 1 点で交わり，
その点は 3 つの頂点から等距離にある。

2 三角形の内心　定理 4

三角形の 3 つの内角の二等分線は 1 点で交わり，
その点は 3 辺から等距離にある。

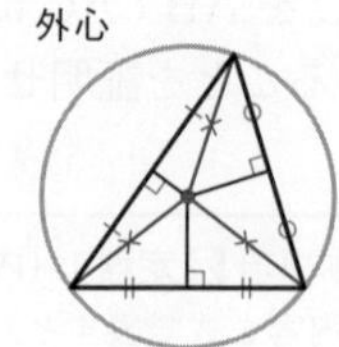

解　説

■三角形の外心

△ABC において，辺 AB，AC の垂直二等分線の交点を O とすると

OA＝OB，OA＝OC　　　　よって　　OB＝OC

したがって，O は辺 BC の垂直二等分線上にある。

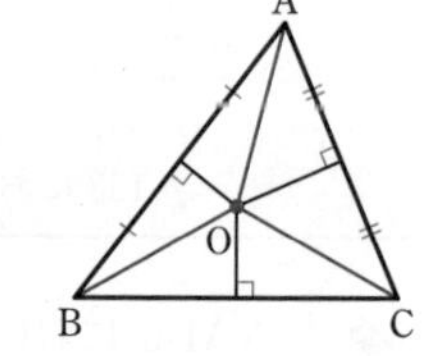

注意　点 P が線分 AB の垂直二等分線上にある ⟺ PA＝PB

よって，三角形の 3 辺の垂直二等分線は 1 点 O で交わり，O は 3 つの頂点から等距離にある。

三角形の 3 辺の垂直二等分線の交点を，三角形の **外心** という。外心は，3 つの頂点から等距離にあるから，外心を中心として，3 つの頂点を通る円をかくことができる。この円を三角形の **外接円** という。

■三角形の内心

△ABC において，∠B と ∠C の二等分線の交点を I とし，I から辺 BC，CA，AB に下ろした垂線を，それぞれ ID，IE，IF とする。

このとき　　IF＝ID，IE＝ID

よって　　IF＝IE

ゆえに，点 I は ∠A の二等分線上にある。

したがって，三角形の 3 つの内角の二等分線は 1 点 I で交わり，点 I は 3 辺から等距離にある。

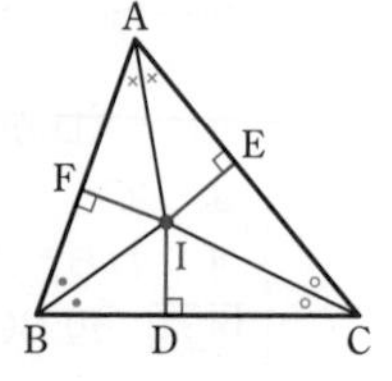

注意　点 P が ∠AOB の二等分線上にある ⟺ 点 P が 2 辺 OA，OB から等距離にある

三角形の 3 つの内角の二等分線の交点を，三角形の **内心** という。

ID＝IE＝IF であるから，内心 I を中心として，△ABC の 3 辺に点 D，E，F で接する円をかくことができる。

この円を三角形の **内接円** という。

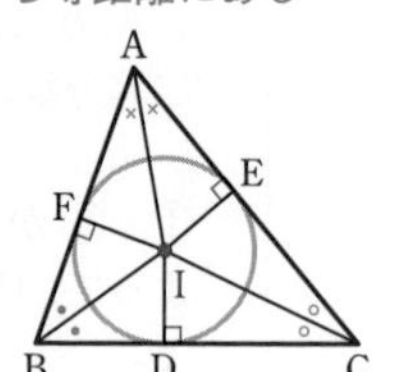

■三角形の重心 (基本事項は次ページ)

三角形の頂点とその対辺の中点を結ぶ線分を **中線** という。

△ABC において，辺 BC，CA，AB の中点を，それぞれ L，M，N とする。L，M はそれぞれ辺 BC，CA の中点であるから，中点連結定理により　　ML∥AB，2ML＝AB

よって，中線 AL と BM の交点を G とすると

AG：GL＝AB：ML＝2：1

また，中線 AL と CN の交点を G′ とすると，上と同様に考えて

AG′：G′L＝AC：NL＝2：1

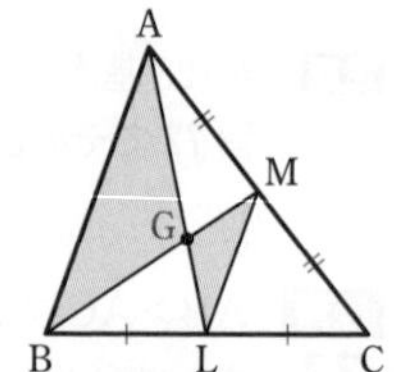

基本事項

3 三角形の重心　定理5
三角形の3つの中線は1点で交わり，その点は各中線を2:1に内分する。

4 三角形の垂心　定理6
三角形の各頂点から向かい合う辺(対辺)またはその延長に下ろした垂線は1点で交わる。

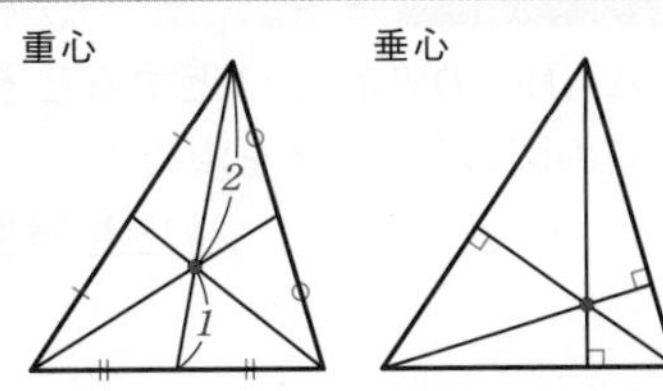

5 中線定理　　定理7
△ABCの辺BCの中点をMとすると

$$AB^2+AC^2=2(AM^2+BM^2)$$

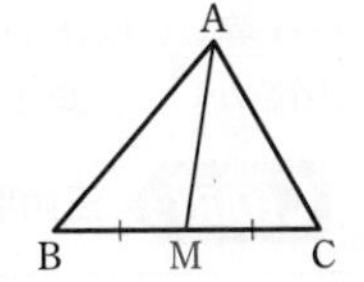

解　説

■ 三角形の重心 (続き)

ゆえに，GとG′はともに線分ALを2:1に内分する点であるから，この2点は一致する。したがって，3つの中線は1点Gで交わり，AG:GL=2:1である。このとき，

$$BG:GM=CG:GN=2:1$$

であるから，点Gは各中線を2:1に内分する。
三角形の3つの中線の交点を，三角形の **重心** という。

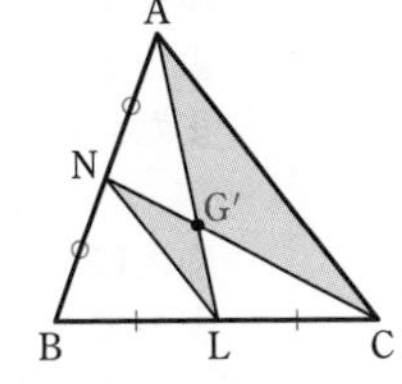

■ 三角形の垂心

三角形の頂点に向かい合う辺を，その頂点の **対辺** という。
△ABCの頂点A，B，Cから対辺またはその延長に下ろした垂線を，それぞれAD，BE，CFとする。また，各頂点を通り，それぞれの対辺に平行な直線の交点を，右の図のようにP，Q，Rとする。
四角形ABCQ，ACBRは，ともに平行四辺形であるから

$AQ=BC$，$RA=BC$　　ゆえに　$AQ=RA$

また，$AD\perp BC$，$RQ/\!/BC$ であるから　$AD\perp RQ$
よって，ADは△PQRの辺QRの垂直二等分線である。
同様に，BEは辺RPの，CFは辺PQの垂直二等分線であるから，AD，BE，CFは，△PQRの外心において1点で交わる。
三角形の各頂点から対辺またはその延長に下ろした垂線の交点を，その三角形の **垂心** という。

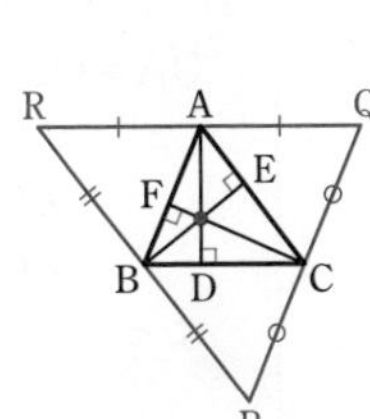

◀外心は，三角形の3辺の垂直二等分線の交点。

■ 中線定理

△ABCにおいて，AB>ACとする。
点Aから辺BCまたはその延長に下ろした垂線をAH，辺BCの中点をMとすると，三平方の定理により

$$AB^2+AC^2=(BM+MH)^2+AH^2+(MC-MH)^2+AH^2$$
$$=2(BM^2+MH^2+AH^2)=2(AM^2+BM^2)$$

AB≦ACの場合も同様に成り立つ。
なお，中線定理を **パップス(Pappus)の定理** ともいう。

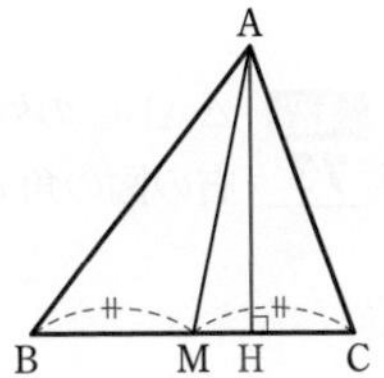

基本例題 73 三角形の外心と角の大きさ ①①①①①

△ABC の外心を O とするとき，右の図の角 α, β を求めよ。

p.132 基本事項 1

(1)

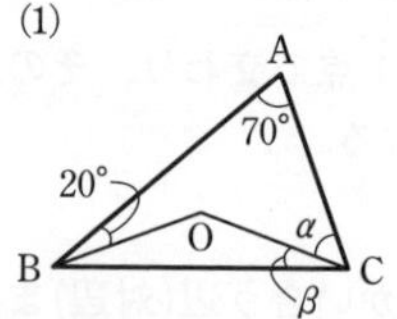

(2)

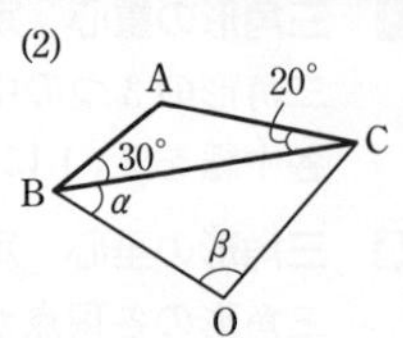

指針 三角形の **外心** …… **3 辺の垂直二等分線の交点**

⟶ **等しい線分** OA=OB=OC=(外接円の半径) **に注目** して求める。……★

図をかいて，長さの等しい線分や等しい角にどんどん印をつけていく とよい。

CHART 三角形の外心　**等しい線分 に注目**

解答

(1) OA=OB であるから

$\angle OAB=\angle OBA=20^\circ$

ゆえに　$\angle OAC=50^\circ$

よって　$\boldsymbol{\alpha=\angle OAC=50^\circ}$

また，OB=OC であるから

$\angle OBC=\angle OCB=\beta$

ゆえに　$20^\circ+70^\circ+50^\circ+2\beta=180^\circ$

よって　$\boldsymbol{\beta=20^\circ}$

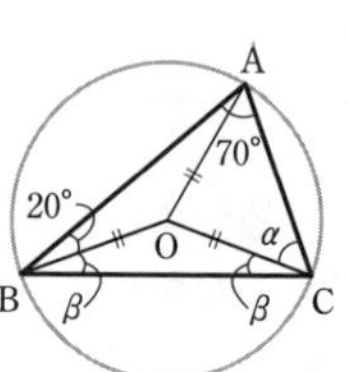

◀指針____……★ の方針。△OAB は二等辺三角形。

◀指針____……★ の方針。△OBC は二等辺三角形。

◀△ABC の内角の和。

(2) $\angle A=180^\circ-(30^\circ+20^\circ)=130^\circ$ …… ①

OA=OB=OC であるから

$\angle OAB=\angle OBA$,

$\angle OAC=\angle OCA$,

$\angle OBC=\angle OCB=\alpha$

よって　$\angle A=\angle OAB+\angle OAC$

$=\angle OBA+\angle OCA$

$=(\alpha+30^\circ)+(\alpha+20^\circ)$

$=2\alpha+50^\circ$ …… ②

①，② から　$2\alpha+50^\circ=130^\circ$

ゆえに　$\boldsymbol{\alpha=40^\circ}$

また　$\beta=180^\circ-2\times40^\circ=\boldsymbol{100^\circ}$

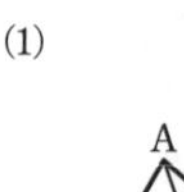

別解 (2) $\overset{\frown}{BA}$, $\overset{\frown}{AC}$ に対する中心角と円周角の関係から

$\angle BOA=2\angle BCA=40^\circ$

$\angle AOC=2\angle ABC=60^\circ$

ゆえに

$\boldsymbol{\beta}=\angle BOA+\angle AOC=\boldsymbol{100^\circ}$

また

$\boldsymbol{\alpha}=\frac{1}{2}(180^\circ-100^\circ)=\boldsymbol{40^\circ}$

このように，かくれた外接円を見つけ，円周角の定理を利用してもよい。(1) の β も同様にして求められる。

練習 ② 73 △ABC の外心を O とするとき，右の図の角 α, β を求めよ。

(1)

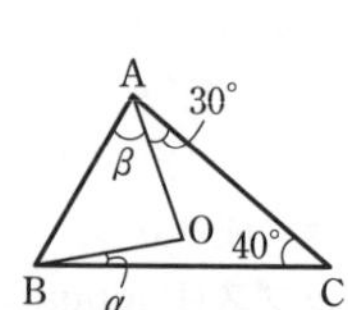

(2)

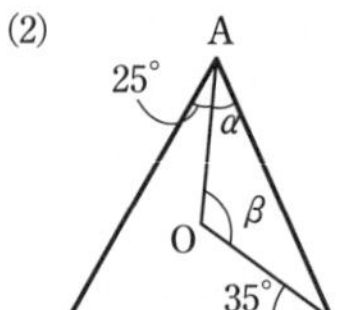

基本例題 74 三角形の内心と角の大きさ

(1) △ABC の内心を I とするとき，右の図の角 α，β を求めよ。ただし，点 D は直線 AI と辺 BC の交点である。

(2) △ABC の内心を I とし，直線 AI と辺 BC の交点を D とする。AB=8，BC=7，AC=4 であるとき，AI：ID を求めよ。

p.132 基本事項 2

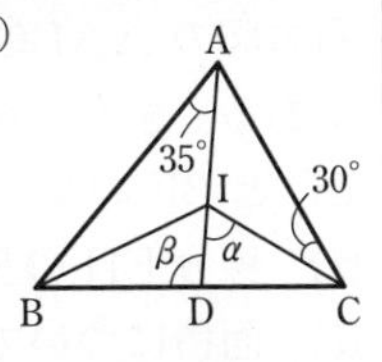

指針 三角形の **内心** …… **3 つの内角の二等分線の交点**

(1) **等しい角 ∠IAB=∠IAC，∠IBC=∠IBA，∠ICA=∠ICB に注目** ……★
図をかいて，等しい角にどんどん印をつけていく とよい。

(2) *p*.128 基本事項 2 の内角の二等分線の定理を利用する。この定理によって，三角形の辺の比が線分の比に移る。すなわち，AB：AC=BD：DC である。
また，BI は ∠B の二等分線あるから　BA：BD=AI：ID

CHART 三角形の内心　**角の二等分線に注目**

解答

(1) ∠IAC=∠IAB=35° であるから
$\boldsymbol{\alpha}$=∠IAC+∠ICA
=35°+30°=**65°**
よって　$\boldsymbol{\beta}$=α+∠ICD
=65°+∠ICA
=65°+30°=**95°**

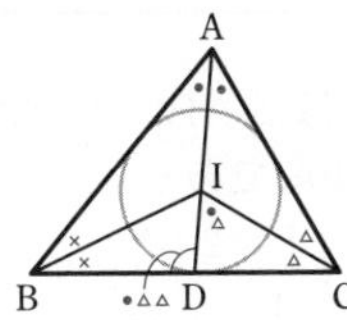

◀指針___……★ の方針。
◀△IAC の内角と外角の性質から。
◀△ICD の内角と外角の性質から。

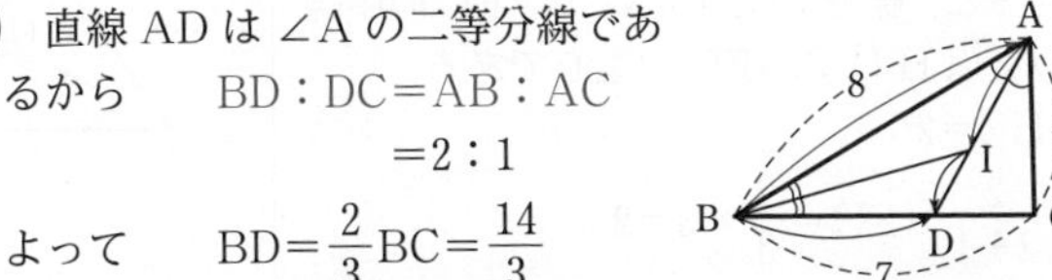

(2) 直線 AD は ∠A の二等分線であるから　BD：DC=AB：AC
=2：1

よって　BD=$\dfrac{2}{3}$BC=$\dfrac{14}{3}$

直線 BI は ∠B の二等分線であるから
AI：ID=BA：BD
=8：$\dfrac{14}{3}$=**12：7**

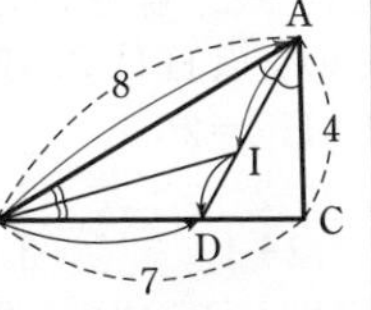

(2) 内心 I と頂点 B を結ぶ。
◀AB：AC=8：4

下の図で，PS を ∠QPR の二等分線とすると

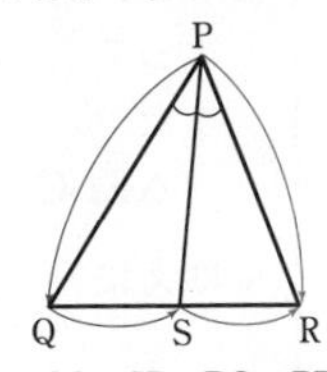

QS：SR=PQ：PR

注意 後半は，直線 CI が ∠C の二等分線であることに着目し，AI：ID=CA：CD=4：$\dfrac{7}{3}$=12：7 としてもよい。

練習 ② **74**

(1) △ABC の内心を I とするとき，右の図の角 α，β を求めよ。ただし，点 D は直線 CI と辺 AB との交点である。

(2) 3 辺が AB=5，BC=8，CA=4 である △ABC の内心を I とし，直線 CI と辺 AB との交点を D とする。このとき，CI：ID を求めよ。

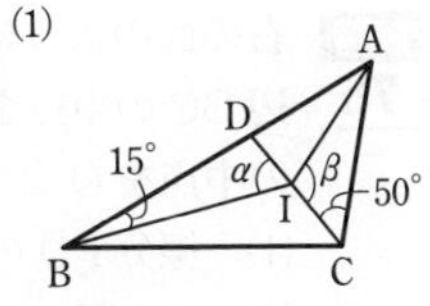

基本例題 75 重心と線分の比・面積比 ②

右の図の △ABC で，点 D, E はそれぞれ辺 BC, CA の中点である。また，AD と BE の交点を F，線分 AF の中点を G，CG と BE の交点を H とする。BE=9 のとき

(1) 線分 FH の長さを求めよ。

(2) 面積について，△EBC=□ △FBD である。

p.133 基本事項 3

(1) 点 F は △ABC の **中線** AD, BE **の交点** であるから，点 F は △ABC の **重心**。そこで，**三角形の重心は各中線を 2：1 に内分する** という性質を利用し，線分 FE の長さを求める。次に，補助線 CF を引き，△AFC で同様に考察する。

(2) △EBC と △FBC，△FBC と △FBD に分けると，それぞれ 高さ は 共通 である。よって，**面積比は底辺の長さの比に等しい** ことを利用する。
まず，△FBC を △FBD で表し，それを利用して △EBC を △FBD で表す。

CHART 三角形の面積比　等高なら底辺の比，等底なら高さの比

解答

(1) 線分 AD, BE は △ABC の中線であるから，その交点 F は △ABC の重心である。

よって　BF：FE=2：1

ゆえに　$FE=\frac{1}{2+1}\times BE=\frac{1}{3}\times 9=3$

また，C と F を結ぶと，線分 CG, FE は △AFC の中線であるから，その交点 H は △AFC の重心である。

よって　FH：HE=2：1

ゆえに　$FH=\frac{2}{2+1}\times FE=\frac{2}{3}\times 3=\mathbf{2}$

◀かくれた重心を見つけ出す。

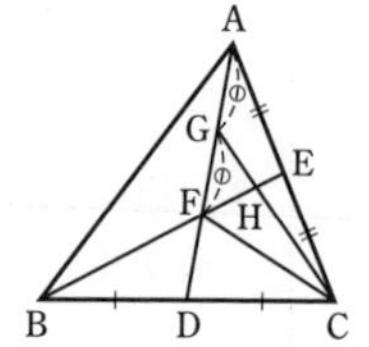

(2) △FBC：△FBD=BC：BD=2：1

よって　△FBC=2△FBD

また

△EBC：△FBC=EB：FB=3：2

ゆえに　$\triangle EBC=\frac{3}{2}\triangle FBC$

$=\frac{3}{2}\times 2\triangle FBD=\mathbf{3}\triangle FBD$

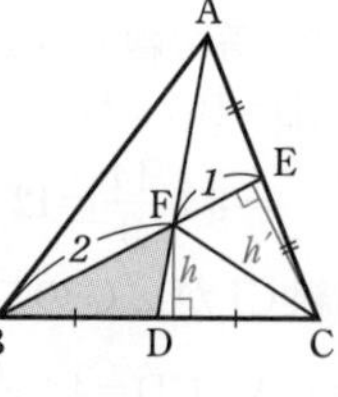

◀高さは図の h で共通。
∴ 面積比=BC：BD

◀高さは図の h' で共通。
∴ 面積比=EB：FB

(補足) ∴ は「ゆえに」を表す記号である。

練習 ② 75 右の図のように，平行四辺形 ABCD の対角線の交点を O，辺 BC の中点を M とし，AM と BD の交点を P，線分 OD の中点を Q とする。

(1) 線分 PQ の長さは，線分 BD の長さの何倍か。

(2) △ABP の面積が 6 cm² のとき，四角形 ABCD の面積を求めよ。

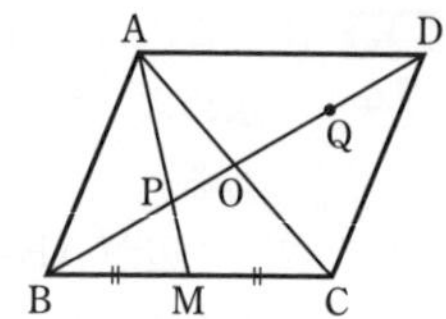

基本例題 76 重心であることの証明 ③

△ABCの辺BC，CA，ABの中点をそれぞれD，E，Fとし，線分FEのEを越える延長上にFE=EPとなるような点Pをとる。このとき，Eは△ADPの重心であることを証明せよ。

基本 75

結論からお迎え　の方針で考える。

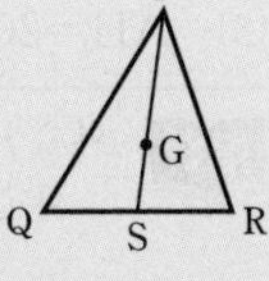

例えば，右の図で，**点Gが△PQRの重心** であることを示すには，

QS=RS（Sが辺QRの中点），**PG：GS=2：1**

となることをいえばよい。

この問題でも，点Eが△ADPの中線上にあり，中線を2：1に内分することを示す。……★

中点が2つ以上あるから，**中点連結定理** ⟶ **平行で半分の線分** が出てくる ⟶ **平行線と線分の比の性質** などの利用　の流れで証明を進める。

CHART 重心と中線　2：1の比，辺の中点の活用

△ABCと線分FEにおいて，中点連結定理により

$$FE /\!/ BC,\ FE=\frac{1}{2}BC$$

ADとFEの交点をQとすると

$$QE /\!/ DC$$

よって　AQ：QD=AE：EC=1：1

ゆえに，点Qは線分ADの中点である。…… ①

よって，△ADCと線分QEにおいて，中点連結定理により

$$QE=\frac{1}{2}DC=\frac{1}{2}\times\frac{1}{2}BC=\frac{1}{4}BC$$

また，FE=EPであるから

$$PE:EQ=FE:EQ=\frac{1}{2}BC:\frac{1}{4}BC=2:1$$

…… ②

①，②から，点Eは△ADPの重心である。

◀**中点連結定理**　中点2つで平行と半分

◀平行線と線分の比の性質。

◀$DC=\frac{1}{2}BC$

◀問題の条件。

◀指針___……★の方針。

重心の物理的な意味

密度が均一な三角形状の板の重心Gに，糸をつけてぶら下げると，板は地面に水平につり合う。

また，重心Gに穴を開け，三角形に垂直になるように鉛筆を刺すと，よく回るコマを作ることができる。

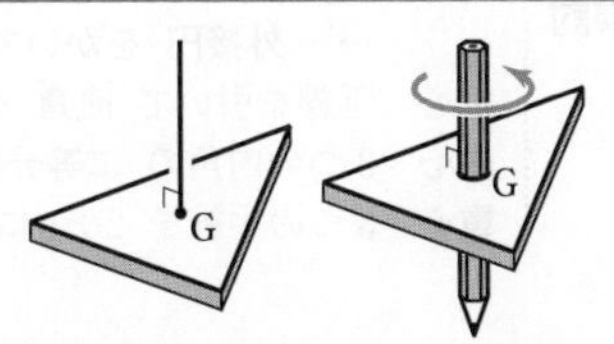

練習 ③ 76 △ABCの辺BC，CA，ABの中点をそれぞれD，E，Fとする。このとき，△ABCと△DEFの重心が一致することを証明せよ。

3章 ⑪ 三角形の辺の比，五心

基本例題 77 三角形の外心・垂心と証明 ③③③③③

鋭角三角形 ABC の外心を O，垂心を H とし，O から辺 BC に下ろした垂線を OM とする。また，△ABC の外接円の周上に点 D をとり，線分 CD が円の直径になるようにする。このとき，次のことを証明せよ。

(1) DB＝2OM

(2) 四角形 ADBH は平行四辺形である

(3) AH＝2OM

p.132，133 基本事項 1，4

指針 外心・垂心が出てきたときの，一般的な考え方のポイントは

外心 ⟶ **外接円** をかいて，**等しい線分** に注目する。または **円に関する定理や性質**(*) を利用してもよい。

垂心 ⟶ **垂線** を下ろして，**直角** を利用。

（＊） この例題では，次のことを利用する。

・円周角の定理(特に，半円の弧に対する円周角は 90° である。)

解答

(1) M は辺 BC の中点，O は線分 DC の中点であるから，中点連結定理により

DB＝2OM …… ①

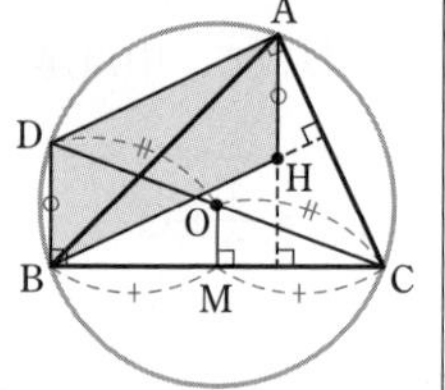

(2) 線分 CD は外接円の直径であるから

∠DBC＝90°，∠DAC＝90°

DB⊥BC，AH⊥BC より

DB∥AH

また，DA⊥AC，BH⊥AC より DA∥BH

よって，四角形 ADBH は平行四辺形である。

(3) (2) から AH＝DB …… ②

①，② から AH＝2OM

◀OM は辺 BC の垂直二等分線。

◀**中点連結定理**
中点 2 つで平行と半分

◀∠DBC，∠DAC は半円の弧に対する円周角。

◀H は △ABC の垂心。

◀2 組の対辺がそれぞれ平行。

注意 この問題は，△ABC が鈍角三角形のときも成り立つ。
ただし，∠A＝90° または ∠B＝90° の直角三角形のときは (2) の四角形ができない。

検討 **三角形の外心，垂心，内心，重心の取り扱いのポイント**

外心 3 辺の **垂直二等分線** 利用。3 頂点から等距離にある（等しい線分 の利用）。
…… **外接円** をかいて，**円に関する定理や性質**（p.158～ で詳しく学習）も利用。

垂心 垂線を引いて 直角 を利用。

内心 3 つの内角の **二等分線** 利用。3 辺から等距離にある（等しい角 の利用）。

重心 3 つの中線を 2：1 に内分する。中線と辺の交点は，その辺の **中点**。

練習 ③ **77**

(1) 鋭角三角形 ABC の外心を O，垂心を H とするとき，∠BAO＝∠CAH であることを証明せよ。

(2) 外心と内心が一致する三角形は正三角形であることを証明せよ。

基本 例題 78 重心・外心・垂心の関係

正三角形ではない鋭角三角形 ABC の重心 G，外心 O，垂心 H は一直線上にあって，重心は外心と垂心を結ぶ線分を，外心の方から 1：2 に内分することを証明せよ。なお，基本例題 **77** の結果を利用してもよい。

p.132，133 基本事項 1，3，4

証明することは，次の [1]，[2] である。

[1] 3 点 G，O，H が一直線上にある。
これを示すには，直線 OH 上に点 G があることを示せばよい。それには，OH と中線 AM の交点を G′ として，G′ と G が一致することを示す。

[2] 重心 G が線分 OH を 1：2 に内分する，つまり OG：GH＝1：2 をいう。
AH∥OM に注目して，**平行線と線分の比の性質** を利用する。

解答

右の図において，直線 OH と △ABC の中線 AM との交点を G′ とする。

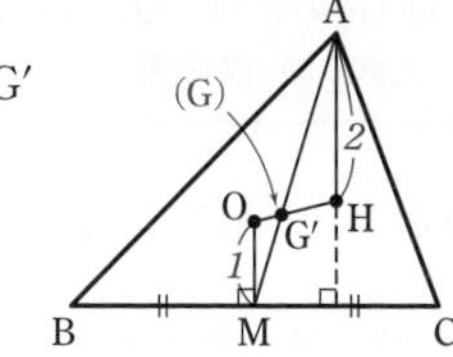

AH⊥BC，OM⊥BC より，AH∥OM であるから

◀垂心，外心の性質から。

$$AG'：G'M＝AH：OM$$
$$＝2OM：OM$$
$$＝2：1$$

◀基本例題 **77** の結果から。

AM は中線であるから，G′ は △ABC の重心 G と一致する。

よって，外心 O，垂心 H，重心 G は一直線上にあり

$$HG：OG＝AG：GM＝2：1$$

すなわち　OG：GH＝1：2

検討
外心，重心，垂心が通る直線（この例題の直線 OH）を **オイラー線** という。ただし，正三角形ではオイラー線は定義できない。下の 検討③ を参照。

三角形の外心，内心，重心，垂心の間の関係

例えば，次のような関係がある。

① 外心は三角形の 3 辺の中点を結ぶ三角形の垂心である（**練習 78**）。
② 重心は 3 辺の中点を結ぶ三角形の重心である（**練習 76**）。
③ 正三角形の外心，内心，重心，垂心は一致する（**練習 77**）。
　したがって，正三角形ではオイラー線は定義できない。

①

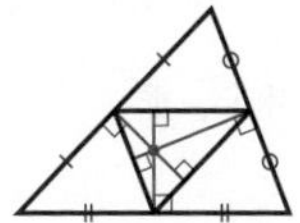

②

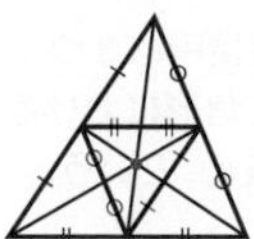

③

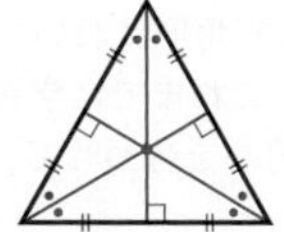

練習 ③ 78 △ABC の辺 BC，CA，AB の中点をそれぞれ L，M，N とする。△ABC の外心 O は △LMN についてどのような点か。

p.144 EX 52, 53

3章 ⑪ 三角形の辺の比，五心

基本例題 79 三角形の傍接円，傍心

①①①①①

△ABC の ∠B，∠C の外角の二等分線の交点を I とする。このとき，次のことを証明せよ。

(1) I を中心として，辺 BC および辺 AB，AC の延長に接する円が存在する。

(2) ∠A の二等分線は，点 I を通る。 〔類 広島修道大〕

基本 74

指針 (1) **点 P が ∠AOB の二等分線上にある**

⟺ 点 P が ∠AOB の 2 辺 OA，OB から等距離にある ことを利用する。

I から，辺 BC および辺 AB，AC の延長にそれぞれ垂線 IP，IQ，IR を下ろし，これらの線分の長さが等しくなることを示す。

(2) 言い換えると「∠B，∠C の外角の二等分線と ∠A の二等分線は 1 点で交わる」ということである。

よって，点 I が ∠QAR の 2 辺 AQ，AR から等距離にあることをいえばよい。

なお，(1)での円を △ABC の **傍接円** といい，点 I を頂角 A 内の **傍心** という。

解答

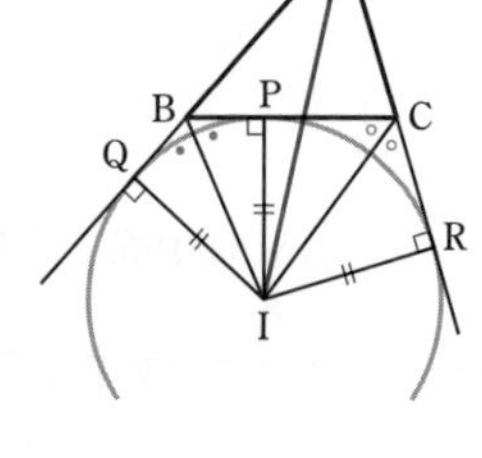

I から，辺 BC および辺 AB，AC の延長にそれぞれ垂線 IP，IQ，IR を下ろす。

(1) IB は ∠PBQ の二等分線であるから IP＝IQ

IC は ∠PCR の二等分線であるから IP＝IR

よって IP＝IQ＝IR

また，IP⊥BC，IQ⊥AB，IR⊥CA であるから，I を中心として，辺 BC および辺 AB，AC の延長に接する円が存在する。

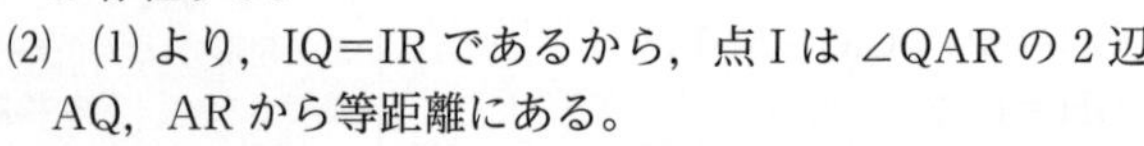

(2) (1)より，IQ＝IR であるから，点 I は ∠QAR の 2 辺 AQ，AR から等距離にある。

ゆえに，点 I は ∠QAR の二等分線上にある。

したがって，∠A の二等分線は，点 I を通る。

検討 **傍心・傍接円**

［定理］ **三角形の 1 つの頂点における内角の二等分線と，他の 2 つの頂点における外角の二等分線は 1 点で交わる。**

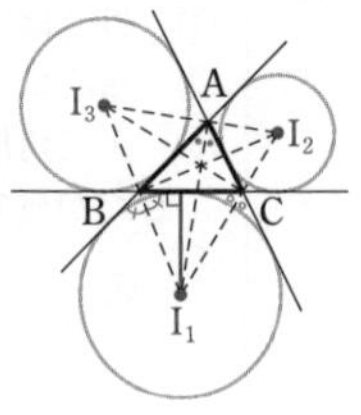

この点を(1 つの頂角内の) **傍心** という。また，三角形の傍心を中心として 1 辺と他の 2 辺の延長に接する円が存在する。この円を，その三角形の **傍接円** という。

1 つの三角形において，傍心と傍接円は 3 つずつある。

なお，これまでに学習してきた三角形における外心，内心，重心，垂心と傍心を合わせて，三角形の五心 という。

練習 ② **79** △ABC の頂角 A 内の傍心を I_a とする。次のことを証明せよ。

(1) $\angle AI_aB=\dfrac{1}{2}\angle C$ (2) $\angle BI_aC=90^\circ-\dfrac{1}{2}\angle A$

p.144 EX 54

基本 例題 80 中線定理の利用

△ABC において，辺 BC の中点を M，線分 BM の中点を D とするとき，
$3AB^2+AC^2=4AD^2+12BD^2$ が成り立つことを示せ。 p.133 基本事項 5

指針 線分の平方といえば，直角を見つけるか作るかなどして **三平方の定理** を利用することが多いが，この問題では **中点** が出てくることがポイントになる。つまり

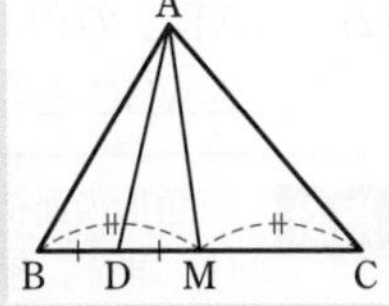

中線定理 **△ABC の辺 BC の中点を M とすると**
$$AB^2+AC^2=2(AM^2+BM^2)$$

を利用して，$3AB^2+AC^2$ を AD^2 と BD^2 で表す。具体的には，△ABC と △ABM に中線定理を適用し，AM^2 を消去することを考える。

CHART 線分の平方
1. 直角を作って　三平方の定理
2. 中線があれば　中線定理

解答

△ABC において，中線定理により
$$AB^2+AC^2=2(AM^2+BM^2)$$
BM=2BD であるから　$BM^2=4BD^2$

よって　$AB^2+AC^2=2AM^2+8BD^2$　…… ①

◀ $2(AM^2+BM^2)=2(AM^2+4BD^2)=2AM^2+8BD^2$

また，△ABM において，中線定理により
$$AB^2+AM^2=2(AD^2+BD^2) \quad \cdots\cdots ②$$

② から　$AM^2=2(AD^2+BD^2)-AB^2$

これを ① に代入すると
$$AB^2+AC^2=2\{2(AD^2+BD^2)-AB^2\}+8BD^2$$
$$=4AD^2+4BD^2-2AB^2+8BD^2$$

◀ 証明したい式に AM^2 は含まれていないから，①，② より AM^2 を消去する。

よって　$3AB^2+AC^2=4AD^2+12BD^2$

◀ 右辺の $-2AB^2$ を移項。

検討 **中線定理の逆は成り立たない**

△ABC で $AB^2+AC^2=2(AP^2+BP^2)$ が成り立っても，P は辺 BC の中点であるとは限らない。反例は右の図の点 P である。なぜなら，

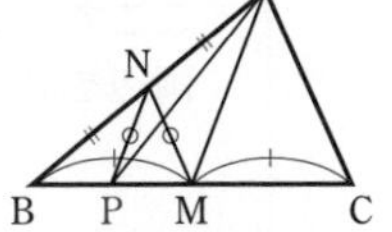

$AB^2+AC^2=2(AM^2+BM^2)$　◀ △ABC において，中線定理
$=2\{2(MN^2+AN^2)\}$　◀ △MAB において，中線定理
$=2\{2(PN^2+AN^2)\}$　◀ MN=PN
$AP^2+BP^2=2(AN^2+PN^2)$　◀ △ABP において，中線定理

したがって，$AB^2+AC^2=2(AP^2+BP^2)$ となり，P が辺 BC の中点でなくても等式は成り立つ。

練習 ② 80 △ABC において，辺 BC を 3 等分する点を B に近いものから順に D，E とするとき，$2AB^2+AC^2=3AD^2+6BD^2$ が成り立つことを示せ。

基本例題 81 三角形の面積比

(1) △ABCの辺AB，AC上に，それぞれ頂点と異なる点D，Eをとるとき，

$\dfrac{\triangle ADE}{\triangle ABC}=\dfrac{AD}{AB}\cdot\dfrac{AE}{AC}$ が成り立つことを証明せよ。

(2) △ABCの辺BC，CA，ABを3：2に内分する点をそれぞれD，E，Fとする。△ABCと△DEFの面積の比を求めよ。

基本75

指針 三角形の面積比は，p.136で考えたように **等しいもの（高さか底辺）に注目する。**

(1) まず，補助線CDを引く。△ADEと△ADCでは何が等しいか。

三角形の面積比　等高なら底辺の比，等底なら高さの比

(2) (1)を利用。△DEFは，△ABCから3つの三角形を除いたものと考える。

解答

(1) 2点C，Dを結ぶ。

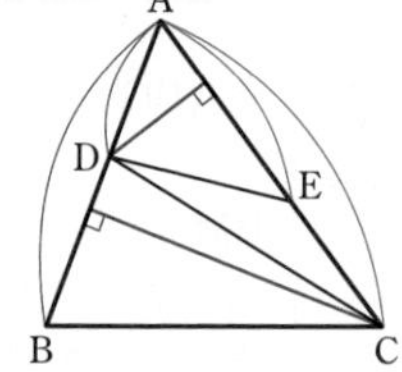

△ADEと△ADCは，底辺をそれぞれ線分AE，線分ACとみると，高さが等しいから $\dfrac{\triangle ADE}{\triangle ADC}=\dfrac{AE}{AC}$ ……①

△ADCと△ABCは，底辺をそれぞれ線分AD，線分ABとみると，高さが等しいから $\dfrac{\triangle ADC}{\triangle ABC}=\dfrac{AD}{AB}$ ……②

①，②の辺々を掛けると

$$\frac{\triangle ADE}{\triangle ADC}\cdot\frac{\triangle ADC}{\triangle ABC}=\frac{AE}{AC}\cdot\frac{AD}{AB}$$

したがって $\dfrac{\triangle ADE}{\triangle ABC}=\dfrac{AD}{AB}\cdot\dfrac{AE}{AC}$

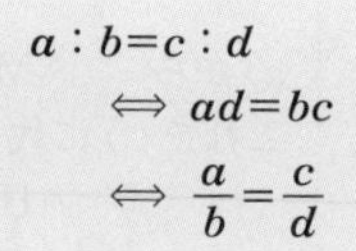

$a:b=c:d$
$\Leftrightarrow ad=bc$
$\Leftrightarrow \dfrac{a}{b}=\dfrac{c}{d}$

(2) (1)により

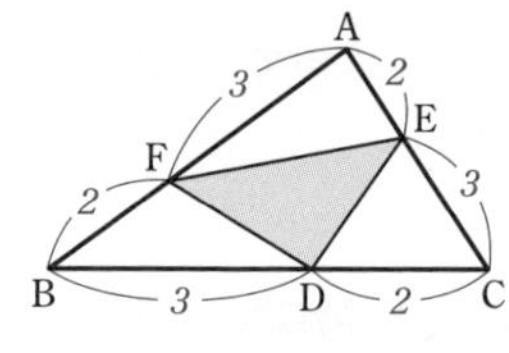

$$\frac{\triangle AFE}{\triangle ABC}=\frac{AF}{AB}\cdot\frac{AE}{AC}=\frac{3}{5}\cdot\frac{2}{5}=\frac{6}{25}$$

$$\frac{\triangle BDF}{\triangle ABC}=\frac{BD}{BC}\cdot\frac{BF}{BA}=\frac{3}{5}\cdot\frac{2}{5}=\frac{6}{25}$$

$$\frac{\triangle CED}{\triangle ABC}=\frac{CE}{CA}\cdot\frac{CD}{CB}=\frac{3}{5}\cdot\frac{2}{5}=\frac{6}{25}$$

ここで　△DEF＝△ABC−△AFE−△BDF−△CED

両辺を△ABCで割ると

$$\frac{\triangle DEF}{\triangle ABC}=1-\frac{\triangle AFE}{\triangle ABC}-\frac{\triangle BDF}{\triangle ABC}-\frac{\triangle CED}{\triangle ABC}$$

$$=1-\frac{6}{25}-\frac{6}{25}-\frac{6}{25}=\frac{7}{25}$$

ゆえに　△ABC：△DEF＝**25：7**

練習 ② 81 △ABCの辺BCを2：3に内分する点をDとし，辺CAを1：4に内分する点をEとする。また，辺ABの中点をFとする。△DEFの面積が14のとき，△ABCの面積を求めよ。

まとめ　三角形の面積比

三角形の面積比の求め方に関し，いくつかのパターンをここにまとめておく。

①　等高 ⟶ 底辺の比	②　等底 ⟶ 高さの比	③　等角 ⟶ 挟む辺の積の比
$\dfrac{\triangle \mathrm{ACD}}{\triangle \mathrm{ABC}}=\dfrac{\mathrm{CD}}{\mathrm{BC}}$	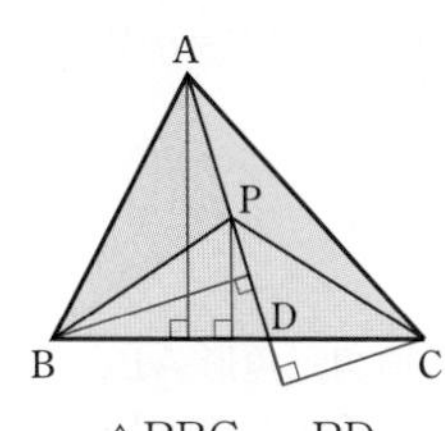 $\dfrac{\triangle \mathrm{PBC}}{\triangle \mathrm{ABC}}=\dfrac{\mathrm{PD}}{\mathrm{AD}}$ $\dfrac{\triangle \mathrm{ACP}}{\triangle \mathrm{ABP}}=\dfrac{\mathrm{DC}}{\mathrm{BD}}$	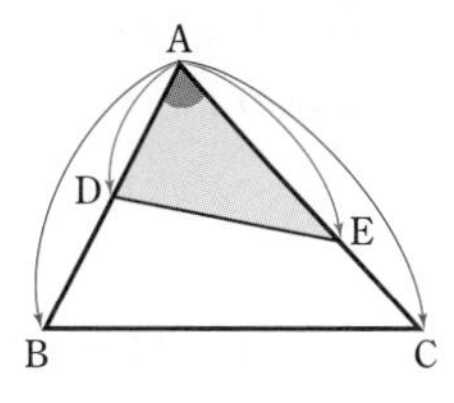 $\dfrac{\triangle \mathrm{ADE}}{\triangle \mathrm{ABC}}=\dfrac{\mathrm{AD}\cdot\mathrm{AE}}{\mathrm{AB}\cdot\mathrm{AC}}$

参考事項　三角比の利用

数学Ⅰの三角比で学ぶ，**正弦定理**，**余弦定理**，**三角形の面積の公式**（正弦［sin］を使った式）などは，平面図形の問題を解くのに有効な場合がある。
これまでに学習した内容を，三角比の知識を利用して解いてみよう。
(三角比を既に学習した人は，そのときに学んだいろいろな公式を確認しておこう。)

① *p*.133 **5**　**中線定理「△ABC の辺 BC の中点を M とすると $AB^2+AC^2=2(AM^2+BM^2)$」の別証**　［**余弦定理** を利用する。］

証明　$\angle \mathrm{AMC}=\theta$ とすると　　$\angle \mathrm{AMB}=180^\circ-\theta$

△ABM，△AMC において，それぞれ余弦定理により

$\cos(180^\circ-\theta)=-\cos\theta$

$$\mathrm{AB}^2=\mathrm{AM}^2+\mathrm{BM}^2-2\mathrm{AM}\cdot\mathrm{BM}\cos(180^\circ-\theta)$$
$$=\mathrm{AM}^2+\mathrm{BM}^2+2\mathrm{AM}\cdot\mathrm{BM}\cos\theta \quad \cdots\cdots ㋐$$
$$\mathrm{AC}^2=\mathrm{AM}^2+\mathrm{CM}^2-2\mathrm{AM}\cdot\mathrm{CM}\cos\theta \quad \longleftarrow \mathrm{CM}=\mathrm{BM}$$
$$=\mathrm{AM}^2+\mathrm{BM}^2-2\mathrm{AM}\cdot\mathrm{BM}\cos\theta \quad \cdots\cdots ㋑$$

㋐+㋑ から　　$\mathrm{AB}^2+\mathrm{AC}^2=2(\mathrm{AM}^2+\mathrm{BM}^2)$

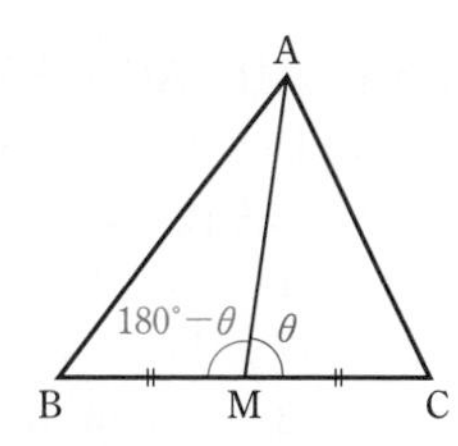

② 前ページの **基本例題 81 (1) の別証**　［**三角形の面積の公式** を利用する。］

証明　$\triangle \mathrm{ABC}=\dfrac{1}{2}\mathrm{AB}\cdot\mathrm{AC}\sin\angle \mathrm{BAC}$，$\triangle \mathrm{ADE}=\dfrac{1}{2}\mathrm{AD}\cdot\mathrm{AE}\sin\angle \mathrm{BAC}$ であるから

$$\frac{\triangle \mathrm{ADE}}{\triangle \mathrm{ABC}}=\frac{\mathrm{AD}\cdot\mathrm{AE}\sin\angle \mathrm{BAC}}{\mathrm{AB}\cdot\mathrm{AC}\sin\angle \mathrm{BAC}}=\frac{\mathrm{AD}}{\mathrm{AB}}\cdot\frac{\mathrm{AE}}{\mathrm{AC}}$$

なお，*p*.128 **2** の定理 1（内角の二等分線の定理）も，三角形の面積の公式を利用して証明することができるので，取り組んでみてほしい。

EXERCISES

②**51**　(1)　AB=3，BC=4，∠BAC=90° である △ABC があり，頂点 C から ∠ABC の二等分線に下ろした垂線を CD とする。このとき，△BCD の面積を求めよ。

〔福島県医大〕

(2)　△ABC の内心を I とし，直線 BI と辺 CA の交点を D，直線 CI と辺 AB の交点を E とする。BC=a，CA=b，AB=c とするとき，面積比 △ADE：△ABC を求めよ。

→70，74

③**52**　∠A=90°，AB=4，AC=3 の直角三角形 ABC の重心を G とする。

(1)　線分 AG，BG の長さはどちらが大きいか。

(2)　垂心，外心の位置をいえ。

(3)　△ABC の外接円と内接円の半径を求めよ。

→75〜78

③**53**　右図において，△ABC の外心を O，垂心を H とする。また，△ABC の外接円と直線 CO の交点を D，点 O から辺 BC に引いた垂線を OE とし，線分 AE と線分 OH の交点を G とする。

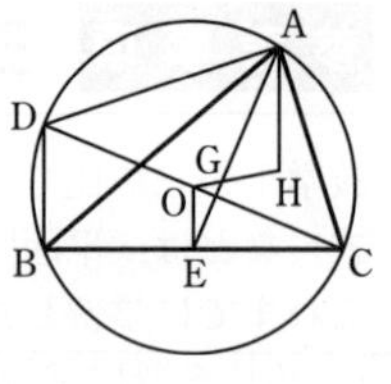

(1)　AH=DB であることを示せ。

(2)　点 G は △ABC の重心であることを示せ。　〔宮崎大〕

→76〜78

③**54**　AB=AC である二等辺三角形 ABC の内心を I とし，内接円 I と辺 BC の接点を D とする。辺 BA の延長と点 E で，辺 BC の延長と点 F でそれぞれ接し，辺 AC にも接する ∠B 内の円の中心（傍心）を G とするとき

(1)　AG∥BF が成り立つことを示せ。

(2)　AD=GF が成り立つことを示せ。

(3)　AB=5，BD=2 のとき，AI=ア［　］，IG=イ［　］である。

→74，79

51　三角形の内角の二等分線の定理を利用する。

52　(1)　**中線定理** を用いて，2 点 A，B から引いた中線の長さの 2 乗を比べる。

(2)　∠A=90°，斜辺 BC の中点に着目。

53　(1)　四角形 ADBH が平行四辺形であることを示す。

(2)　平行線と線分の比の性質を利用して，EG：GA を求める。

54　(1)　∠EAG=∠ABC を示す。　(2)　四角形 ADFG に注目する。

(3)　三平方の定理と角の二等分線の定理を利用する。

12 チェバの定理，メネラウスの定理

基本事項

1 チェバの定理

△ABC の 3 頂点 A，B，C と，三角形の辺上またはその延長上にない点 O とを結ぶ直線が，対辺 BC，CA，AB またはその延長と交わるとき，交点をそれぞれ P，Q，R とすると　$\dfrac{\mathrm{BP}}{\mathrm{PC}}\cdot\dfrac{\mathrm{CQ}}{\mathrm{QA}}\cdot\dfrac{\mathrm{AR}}{\mathrm{RB}}=1$　⟵ 等式の覚え方は，次ページの一番下の図参照。

2 チェバの定理の逆　△ABC の辺 BC，CA，AB またはその延長上に，それぞれ点 P，Q，R があり，この 3 点のうちの 1 個または 3 個が辺上にあるとする。

このとき，BQ と CR が交わり，かつ　$\dfrac{\mathrm{BP}}{\mathrm{PC}}\cdot\dfrac{\mathrm{CQ}}{\mathrm{QA}}\cdot\dfrac{\mathrm{AR}}{\mathrm{RB}}=1$　が成り立つならば，

3 直線 AP，BQ，CR は 1 点で交わる。

解　説

■ チェバの定理の証明

右の図 [1] のように，底辺 OA を共有する △OAB，△OAC があり，直線 OA，BC が点 P で交わるとする。また，2 点 B，C から直線 OA に下ろした垂線をそれぞれ BH，CK とすると，BH∥CK であるから

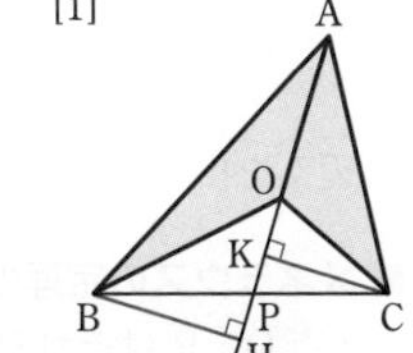

$$\frac{\mathrm{BH}}{\mathrm{CK}}=\frac{\mathrm{BP}}{\mathrm{PC}}\qquad \text{ここで，}\ \frac{\triangle\mathrm{OAB}}{\triangle\mathrm{OCA}}=\frac{\mathrm{BH}}{\mathrm{CK}}\ \text{から}$$

$$\frac{\triangle\mathrm{OAB}}{\triangle\mathrm{OCA}}=\frac{\mathrm{BP}}{\mathrm{PC}}\ \cdots\cdots\ ①$$

同様に，図 [2] において

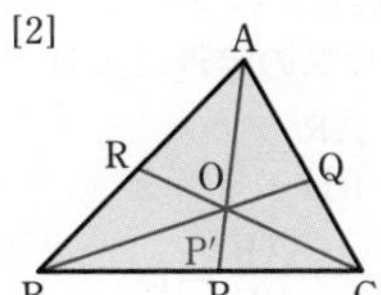

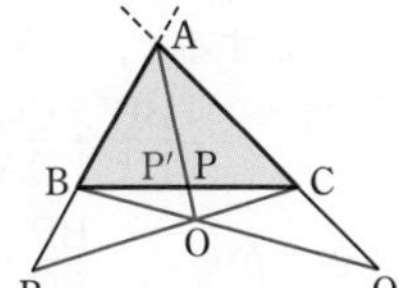

$$\frac{\triangle\mathrm{OBC}}{\triangle\mathrm{OAB}}=\frac{\mathrm{CQ}}{\mathrm{QA}}\ \cdots\cdots\ ②$$

$$\frac{\triangle\mathrm{OCA}}{\triangle\mathrm{OBC}}=\frac{\mathrm{AR}}{\mathrm{RB}}\ \cdots\cdots\ ③$$

①，②，③ の辺々を掛けると

$$\frac{\mathrm{BP}}{\mathrm{PC}}\cdot\frac{\mathrm{CQ}}{\mathrm{QA}}\cdot\frac{\mathrm{AR}}{\mathrm{RB}}=\frac{\triangle\mathrm{OAB}}{\triangle\mathrm{OCA}}\cdot\frac{\triangle\mathrm{OBC}}{\triangle\mathrm{OAB}}\cdot\frac{\triangle\mathrm{OCA}}{\triangle\mathrm{OBC}}=1$$

■ チェバの定理の逆の証明

上の図 [2] のように，点 Q，R はともに辺上にあるか，またはともに辺の延長上にあるものとすると，点 P は辺 BC 上の点である。2 直線 BQ，CR の交点を O とすると，O は 2 直線 AB，AC によってできる ∠BAC またはその対頂角の内部にあるから，直線 AO は辺 BC と交わる。その交点を P′ とすると，チェバの定理により

$$\frac{\mathrm{BP'}}{\mathrm{P'C}}\cdot\frac{\mathrm{CQ}}{\mathrm{QA}}\cdot\frac{\mathrm{AR}}{\mathrm{RB}}=1\qquad \text{これと条件の等式から}\qquad \frac{\mathrm{BP'}}{\mathrm{P'C}}=\frac{\mathrm{BP}}{\mathrm{PC}}$$

P，P′ はともに辺 BC 上にあるから，P′ は P に一致する。

したがって，3 直線 AP，BQ，CR は 1 点で交わる。

参考　チェバ (Ceva 1647 年〜1734 年) は，イタリアの数学者である。

基本事項

3 メネラウスの定理

△ABC の辺 BC，CA，AB またはその延長が，三角形の頂点を通らない 1 直線とそれぞれ点 P，Q，R で交わるとき $\mathbf{\dfrac{BP}{PC}\cdot\dfrac{CQ}{QA}\cdot\dfrac{AR}{RB}=1}$ ⟵ このページの一番下の図参照。

4 メネラウスの定理の逆　△ABC の辺 BC，CA，AB またはその延長上に，それぞれ点 P，Q，R があり，この 3 点のうちの 1 個または 3 個が辺の延長上にあるとする。

このとき，$\dfrac{BP}{PC}\cdot\dfrac{CQ}{QA}\cdot\dfrac{AR}{RB}=1$ が成り立つならば，**P，Q，R は 1 つの直線上にある。**

解　説

■ メネラウスの定理の証明

右の図のように，直線 XY が △ABC の辺 BC，CA，AB またはその延長と点 P，Q，R で交わるとする。
頂点 A，B，C から直線 XY に垂線 AL，BM，CN を引くと，これら 3 つの垂線は互いに平行であるから

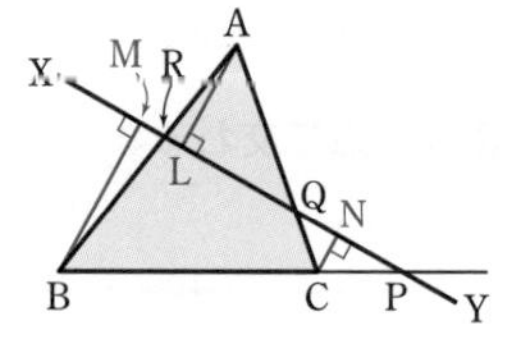

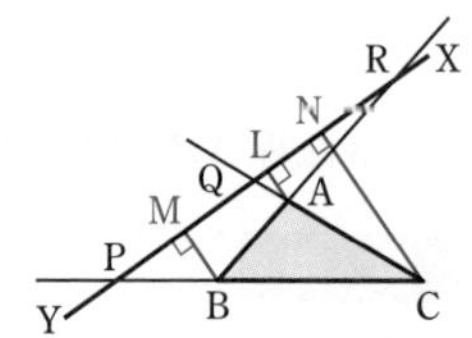

$$\frac{BP}{PC}=\frac{BM}{CN},\quad \frac{CQ}{QA}=\frac{CN}{AL},\quad \frac{AR}{RB}=\frac{AL}{BM}$$

辺々を掛けると　$\dfrac{BP}{PC}\cdot\dfrac{CQ}{QA}\cdot\dfrac{AR}{RB}=\dfrac{BM}{CN}\cdot\dfrac{CN}{AL}\cdot\dfrac{AL}{BM}=1$

■ メネラウスの定理の逆の証明

2 点 Q，R はそれぞれ辺 CA，AB 上にあるとする。(図 [1])
直線 QR と辺 BC の延長との交点を P′ とすると，メネラウスの定理により

$$\frac{BP'}{P'C}\cdot\frac{CQ}{QA}\cdot\frac{AR}{RB}=1$$

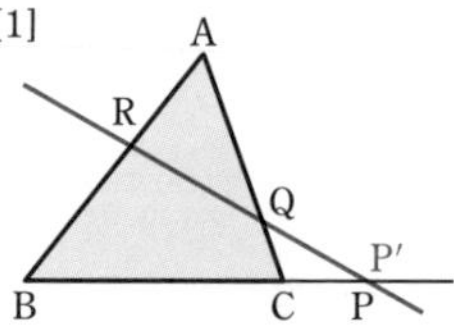

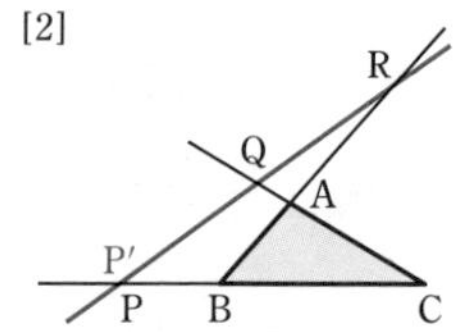

仮定から　$\dfrac{BP}{PC}\cdot\dfrac{CQ}{QA}\cdot\dfrac{AR}{RB}=1$　　ゆえに　$\dfrac{BP'}{P'C}=\dfrac{BP}{PC}$

P，P′ はともに辺 BC の延長上にあるから，P′ は P と一致し，3 点 P，Q，R は 1 つの直線上にある。

2 点 Q，R がそれぞれ辺 CA，BA の延長上にあるとき（図 [2]）も同様である。

参考　メネラウス (Menelaus 紀元 100 年頃) はギリシアの数学者，天文学者である。

チェバの定理・メネラウスの定理の等式の覚え方

頂 → 分 → 頂 で三角形をひとまわり

頂点Bから出発して，分点P，頂点Cへいく。	頂点Cから分点Qを経て，頂点Aへいく。	頂点Aから分点Rを経て，頂点Bに戻る。

$$\mathbf{\frac{BP}{PC}\times\frac{CQ}{QA}\times\frac{AR}{RB}=1}$$

チェバ

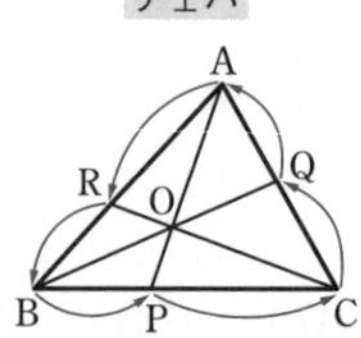

メネラウス

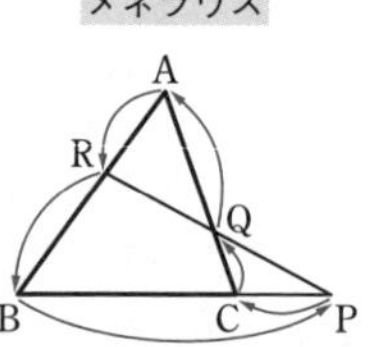

基本例題 82 チェバの定理，メネラウスの定理 (1)

(1)　1 辺の長さが 7 の正三角形 ABC がある。辺 AB，AC 上に AD=3，AE=6 となるように 2 点 D，E をとる。このとき，線分 BE と CD の交点を F，直線 AF と辺 BC の交点を G とする。線分 CG の長さを求めよ。

(2)　△ABC において，辺 AB 上と辺 AC の延長上にそれぞれ点 E，F をとり，AE：EB=1：2，AF：FC=3：1 とする。直線 EF と直線 BC の交点を D とするとき，BD：DC，ED：DF をそれぞれ求めよ。

p.145，146 基本事項 1，3

指針　図をかいて，チェバの定理，メネラウスの定理を適用する。

(1)　**3 頂点からの直線が 1 点で交わるなら　チェバの定理**

(2)　**三角形と直線 1 本で　メネラウスの定理**

解答

(1)　AD=3，DB=7−3=4，AE=6，CE=7−6=1

△ABC において，チェバの定理により

$$\frac{BG}{GC}\cdot\frac{CE}{EA}\cdot\frac{AD}{DB}=1$$

すなわち　$\frac{BG}{GC}\cdot\frac{1}{6}\cdot\frac{3}{4}=1$

$\frac{BG}{GC}=8$ から　　BG=8GC

よって　　$CG=\frac{1}{9}BC=\frac{1}{9}\cdot7=\mathbf{\frac{7}{9}}$

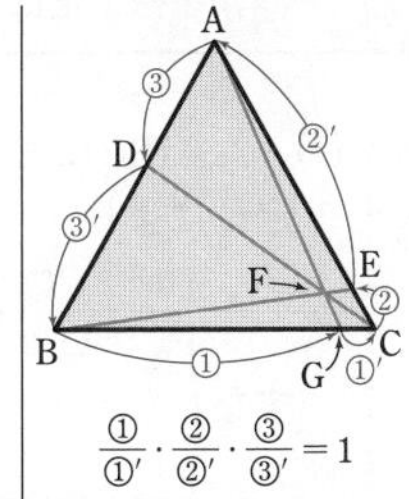

(2)　△ABC と直線 EF について，

メネラウスの定理により

$$\frac{BD}{DC}\cdot\frac{CF}{FA}\cdot\frac{AE}{EB}=1$$

すなわち　$\frac{BD}{DC}\cdot\frac{1}{3}\cdot\frac{1}{2}=1$

$\frac{BD}{DC}=6$ から　　**BD：DC=6：1**

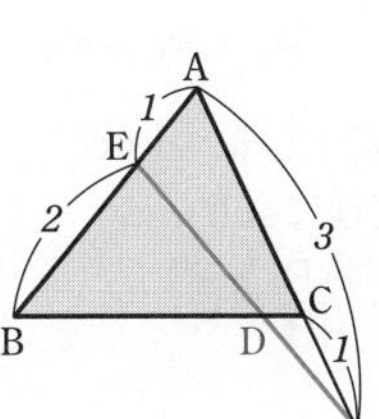

△AEF と直線 BC について，メネラウスの定理により

$\frac{ED}{DF}\cdot\frac{FC}{CA}\cdot\frac{AB}{BE}=1$　すなわち　$\frac{ED}{DF}\cdot\frac{1}{2}\cdot\frac{3}{2}=1$

$\frac{ED}{DF}=\frac{4}{3}$ から　　**ED：DF=4：3**

◀メネラウスの定理を用いるときは，対象となる三角形と直線を書く。

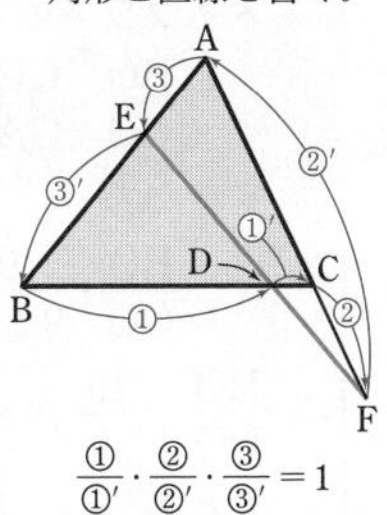

練習 ② 82　(1)　△ABC の辺 AB を 3：2 に内分する点を D，辺 AC を 4：3 に内分する点を E とし，線分 BE と CD の交点を O とする。直線 AO と辺 BC の交点を F とするとき，BF：FC を求めよ。

(2)　△ABC の辺 AB を 3：1 に内分する点を P，辺 BC の中点を Q とし，線分 CP と AQ の交点を R とする。このとき，CR：RP を求めよ。

基本例題 83 チェバの定理，メネラウスの定理 (2)

右の図のように，△ABC の外部に点 O があり，直線 AO，BO，CO が，対辺 BC，CA，AB またはその延長と，それぞれ点 P，Q，R で交わる。AB：AR＝5：4，AQ：QC＝10：9 のとき，次の比を求めよ。

(1) BP：PC　　(2) BQ：QO

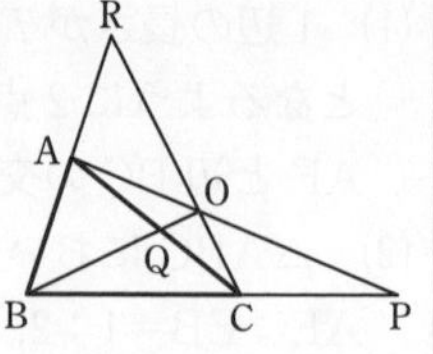

基本 82

指針

CHART　3 頂点からの直線が 1 点で交わるなら　チェバの定理　→(1)
三角形と直線 1 本で　メネラウスの定理　→(2)

(1) チェバの定理は，点 O が △ABC の外部にある場合にも成り立つ。

(2) メネラウスの定理を利用したいが，対象となる三角形や直線がわかりにくい。このような場合は，比が既知の線分や比を求めたい線分に ⌒ を書き込んだとき（解答の図を参照），⌒ で囲まれた三角形と，その三角形の各辺の 3 つの分点（外分点が 1 個または 3 個）を結んだ直線に着目するとよい。

解答

(1) △ABC において，チェバの定理により

$$\frac{BP}{PC}\cdot\frac{CQ}{QA}\cdot\frac{AR}{RB}=1$$

すなわち

$$\frac{BP}{PC}\cdot\frac{9}{10}\cdot\frac{4}{4+5}=1$$

$\frac{BP}{PC}=\frac{5}{2}$ から　　BP：PC＝**5：2**

(2) △QAB と直線 RC について，メネラウスの定理により

$$\frac{BO}{OQ}\cdot\frac{QC}{CA}\cdot\frac{AR}{RB}=1$$

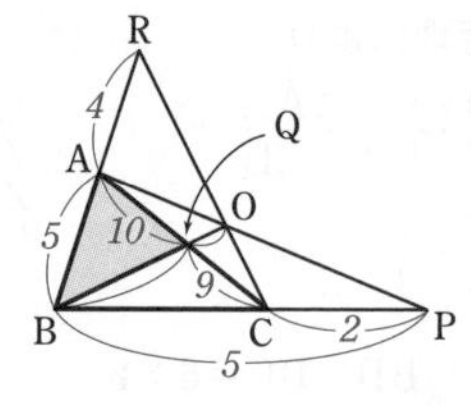

すなわち

$$\frac{BO}{OQ}\cdot\frac{9}{9+10}\cdot\frac{4}{4+5}=1$$

$\frac{BO}{OQ}=\frac{19}{4}$ から　　BO：OQ＝19：4

よって　　BQ：QO＝**15：4**

検討

頂 → 分 → 頂 で三角形をひとまわり

メネラウスの定理では，**外分点が 1 個または 3 個（奇数個）**であるのに対し，チェバの定理で，**外分点は 0 個または 2 個（偶数個）**である。

(2) は，△QBC と直線 AP に，メネラウスの定理を用いてもよい。

練習 ② 83　右の図のように，△ABC の外部に点 O があり，直線 AO，BO，CO が，対辺 BC，CA，AB またはその延長と，それぞれ点 P，Q，R で交わる。

(1) △ABC において，チェバの定理が成り立つことを，メネラウスの定理を用いて証明せよ。

(2) BP：PC＝2：3，AQ：QC＝3：1 のとき，次の比を求めよ。

(ア) BO：OQ　　(イ) AP：PO

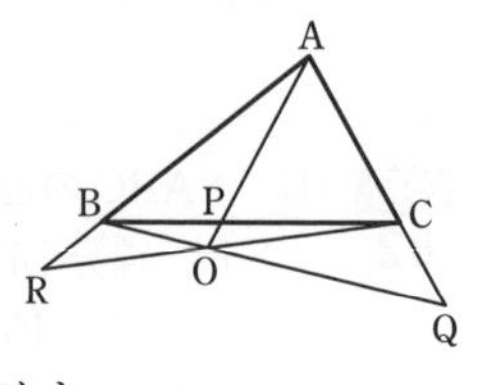

基本例題 84 メネラウスの定理と三角形の面積 ①①①①①

面積が1に等しい△ABCにおいて，辺BC，CA，ABを2：1に内分する点をそれぞれL，M，Nとし，線分ALとBM，BMとCN，CNとALの交点をそれぞれP，Q，Rとするとき　〔類 創価大〕

(1) AP：PR：RL＝ア□：イ□：1である。

(2) △PQRの面積はウ□である。

基本 82，83

指針 (1) △ABLと直線CN に **メネラウス ⟶ LR：RA**
△ACLと直線BM に **メネラウス ⟶ LP：PA**
これらから比AP：PR：RLがわかる。

(2) 比BQ：QP：PMも(1)と同様にして求められる。
△ABCの面積を利用して，△ABL ⟶ △PBR ⟶ △PQR と順に面積を求める。

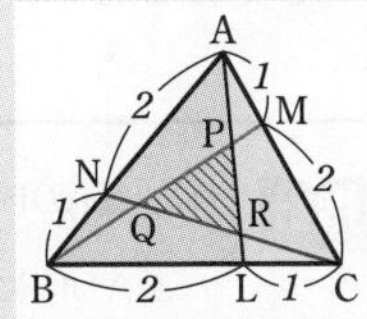

CHART 三角形の面積比　**等高なら底辺の比，等底なら高さの比**

解答

(1) △ABLと直線CNについて，メネラウスの定理により

$$\frac{AN}{NB}\cdot\frac{BC}{CL}\cdot\frac{LR}{RA}=1$$

すなわち　$\frac{2}{1}\cdot\frac{3}{1}\cdot\frac{LR}{RA}=1$

よって　LR：RA＝1：6 … ①

△ACLと直線BMについて，メネラウスの定理により

$\frac{AM}{MC}\cdot\frac{CB}{BL}\cdot\frac{LP}{PA}=1$　すなわち　$\frac{1}{2}\cdot\frac{3}{2}\cdot\frac{LP}{PA}=1$

よって　LP：PA＝4：3 …… ②

①，②から　AP：PR：RL＝ア**3**：イ**3**：1

(2) (1)と同様にして，BQ：QP：PM＝3：3：1から

$$\triangle ABL=\frac{2}{3}\triangle ABC=\frac{2}{3},\quad \triangle PBR=\frac{3}{7}\triangle ABL=\frac{2}{7}$$

ゆえに　$\triangle PQR=\frac{3}{6}\triangle PBR=$ ウ$\boldsymbol{\frac{1}{7}}$

別解　$\triangle ABP=\frac{3}{7}\triangle ABL=\frac{3}{7}\cdot\frac{2}{3}\triangle ABC=\frac{2}{7}$

△BCQ，△CARも同様であるから

$$\triangle PQR=\left(1-3\times\frac{2}{7}\right)\triangle ABC=\text{ウ}\ \boldsymbol{\frac{1}{7}}$$

◀定理を用いる三角形と直線を明示する。

◀$\frac{LR}{RA}=\frac{1}{6}$

◀$\frac{LP}{PA}=\frac{4}{3}$

◀AP：PR：RL＝l：m：n とすると $\frac{n}{l+m}=\frac{1}{6}$，$\frac{m+n}{l}=\frac{4}{3}$ から　$l=m=3n$

◀L，M，Nは3辺を同じ比に内分する点であるから，同様に考えられる。

練習 ③ 84 △ABCの辺ABを1：2に内分する点をM，辺BCを3：2に内分する点をNとする。線分ANとCMの交点をOとし，直線BOと辺ACの交点をPとする。△AOPの面積が1のとき，△ABCの面積Sを求めよ。　〔岡山理科大〕

p.157 EX 55

重要例題 85 チェバの定理の逆・メネラウスの定理の逆 ③③③③③

(1) △ABC の辺 BC 上に頂点と異なる点 D をとり，∠ADB，∠ADC の二等分線が AB，AC と交わる点をそれぞれ E，F とすると，AD，BF，CE は 1 点で交わることを証明せよ。

(2) 平行四辺形 ABCD 内の 1 点 P を通り，各辺に平行な直線を引き，辺 AB，CD，BC，DA との交点を，順に Q，R，S，T とする。2 直線 QS，RT が点 O で交わるとき，3 点 O，A，C は 1 つの直線上にあることを示せ。

p.145，146 基本事項 2，4

指針 (1) △ADB において，∠ADB の二等分線 DE に対し　$\dfrac{DA}{DB}=\dfrac{AE}{EB}$

△ADC における ∠ADC の二等分線 DF についても同様に考え，**チェバの定理の逆**を適用する。

(2) △PQS と直線 OTR にメネラウスの定理を用いて　$\dfrac{QR}{RP}\cdot\dfrac{PT}{TS}\cdot\dfrac{SO}{OQ}=1$

ここで，平行四辺形の性質から PT，TS，QR，PR を他の線分におき換えて **メネラウスの定理の逆** を適用する。

解答

(1) DE，DF は，それぞれ ∠ADB，∠ADC の二等分線であるから　$\dfrac{DA}{DB}=\dfrac{AE}{EB}$，$\dfrac{DC}{DA}=\dfrac{CF}{FA}$

ゆえに　$\dfrac{AE}{EB}\cdot\dfrac{BD}{DC}\cdot\dfrac{CF}{FA}=\dfrac{DA}{DB}\cdot\dfrac{BD}{DC}\cdot\dfrac{DC}{DA}=1$

よって，チェバの定理の逆により，AD，BF，CE は 1 点で交わる。

◀内角の二等分線の定理

(1)

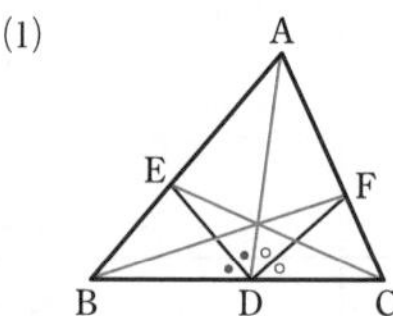

(2) △PQS と直線 OTR について，メネラウスの定理により　$\dfrac{QR}{RP}\cdot\dfrac{PT}{TS}\cdot\dfrac{SO}{OQ}=1$

PT＝AQ，TS＝AB，QR＝BC，PR＝CS であるから

$$\dfrac{BC}{CS}\cdot\dfrac{AQ}{AB}\cdot\dfrac{SO}{OQ}=1$$

すなわち　$\dfrac{QA}{AB}\cdot\dfrac{BC}{CS}\cdot\dfrac{SO}{OQ}=1$

よって，メネラウスの定理の逆により，3 点 O，A，C は 1 つの直線上にある。

(2)

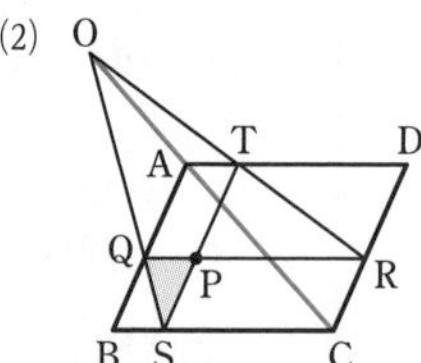

◀△QBS と 3 点 O，A，C に注目。

練習 ③ 85

(1) △ABC の内部の任意の点を O とし，∠BOC，∠COA，∠AOB の二等分線と辺 BC，CA，AB との交点をそれぞれ P，Q，R とすると，AP，BQ，CR は 1 点で交わることを証明せよ。

(2) △ABC の ∠A の外角の二等分線が線分 BC の延長と交わるとき，その交点を D とする。∠B，∠C の二等分線と辺 AC，AB の交点をそれぞれ E，F とすると，3 点 D，E，F は 1 つの直線上にあることを示せ。

p.157 EX58

参考事項 チェバの定理の逆の利用（三角形の五心の存在の証明）

三角形の五心（外心・垂心・重心・内心・傍心）は，いずれも三角形に関する 3 つの直線の交点としてその存在が示されたが（*p*.132, 133, 140），五心の存在の証明は，**チェバの定理の逆** を用いても示すことができるので，紹介しておきたい。

※以下では，△ABC について考える。

❶ 重心 （三角形の 3 本の中線の交点）

辺 BC，CA，AB の中点をそれぞれ P，Q，R とすると，

BP＝PC，CQ＝QA，AR＝RB から　$\dfrac{BP}{PC}\cdot\dfrac{CQ}{QA}\cdot\dfrac{AR}{RB}=1$

よって，チェバの定理の逆により，3 つの中線は 1 点で交わる。

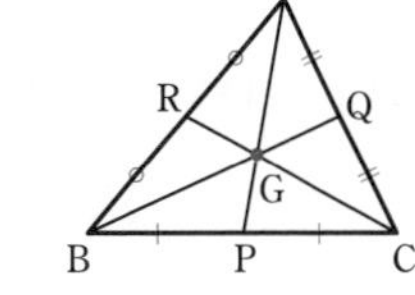

❷ 内心 （三角形の 3 つの内角の二等分線の交点）

∠A，∠B，∠C の二等分線がそれぞれ辺 BC，CA，AB と点 P，Q，R で交わるとすると，内角の二等分線の定理より

$$\frac{BP}{PC}=\frac{AB}{AC},\quad \frac{CQ}{QA}=\frac{BC}{BA},\quad \frac{AR}{RB}=\frac{CA}{CB}$$

ゆえに　$\dfrac{BP}{PC}\cdot\dfrac{CQ}{QA}\cdot\dfrac{AR}{RB}=\dfrac{AB}{AC}\cdot\dfrac{BC}{BA}\cdot\dfrac{CA}{CB}=1$

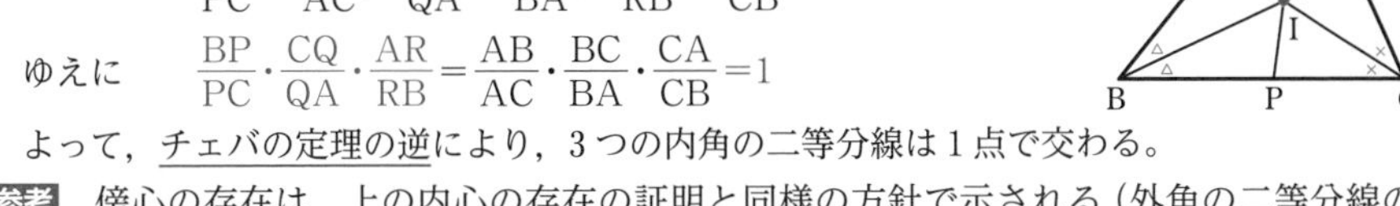

よって，チェバの定理の逆により，3 つの内角の二等分線は 1 点で交わる。

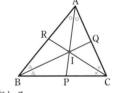

参考 傍心の存在は，上の内心の存在の証明と同様の方針で示される（外角の二等分線の定理も利用する）。各自取り組んでみてほしい。

❸ 垂心 （三角形の 3 頂点から対辺またはその延長に下ろした垂線の交点）

△ABC が直角三角形のときは，直角となる頂点が垂心となる。

△ABC が直角三角形でないとき，頂点 A，B，C からその対辺またはその延長上に垂線 AP，BQ，CR を下ろすと

$$\frac{BP}{PC}=\frac{AB\cos B}{AC\cos C},\quad \frac{CQ}{QA}=\frac{BC\cos C}{BA\cos A},\quad \frac{AR}{RB}=\frac{CA\cos A}{CB\cos B}$$

ゆえに　$\dfrac{BP}{PC}\cdot\dfrac{CQ}{QA}\cdot\dfrac{AR}{RB}=\dfrac{AB\cos B}{AC\cos C}\cdot\dfrac{BC\cos C}{BA\cos A}\cdot\dfrac{CA\cos A}{CB\cos B}=1$

よって，チェバの定理の逆により，3 頂点から対辺またはその延長に下ろした垂線は 1 点で交わる。

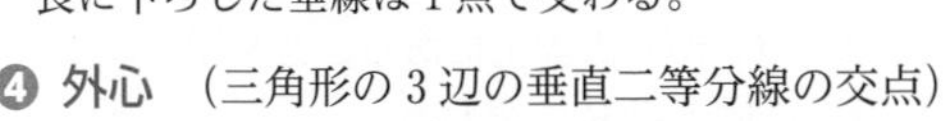

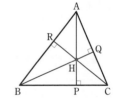

❹ 外心 （三角形の 3 辺の垂直二等分線の交点）

△ABC が直角三角形のときは，斜辺の中点が外心となる。

△ABC が直角三角形でないとき，辺 BC，CA，AB の中点をそれぞれ P，Q，R とし，△PQR の垂心を O とすると，中点連結定理により　BC∥RQ

また，RQ⊥PO であるから，　BC⊥PO　　更に，点 P は辺 BC の中点であるから，PO は辺 BC の垂直二等分線である。

同様に，QO，RO もそれぞれ辺 CA，辺 AB の垂直二等分線であり，❸ で垂心の存在が証明されているから，辺 AB，BC，CA それぞれの垂直二等分線は 1 点 O で交わることになる。

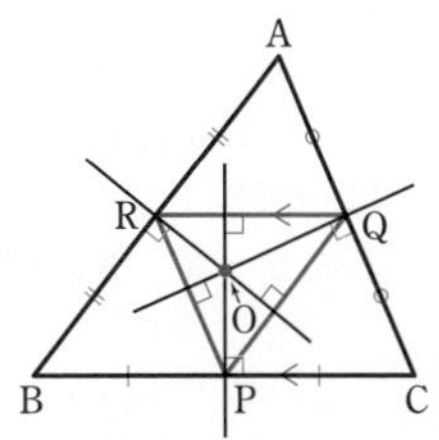

参考事項 デザルグの定理

※メネラウスの定理の応用として，有名なデザルグの定理を紹介しよう。

> **（デザルグの定理）** △ABC，△A′B′C′ において，AA′，BB′，CC′ が 1 点 O で交わるならば，直線 BC，B′C′ の交点を P，直線 CA，C′A′ の交点を Q，直線 AB，A′B′ の交点を R とすると，3 点 P，Q，R は一直線上にある。

証明 △OAB と直線 A′B′ について，メネラウスの定理により

$$\frac{AR}{RB}\cdot\frac{BB'}{B'O}\cdot\frac{OA'}{A'A}=1 \quad \cdots\cdots ①$$

△OBC と直線 B′C′ について，メネラウスの定理により

$$\frac{BP}{PC}\cdot\frac{CC'}{C'O}\cdot\frac{OB'}{B'B}=1 \quad \cdots\cdots ②$$

△OCA と直線 C′A′ について，メネラウスの定理により

$$\frac{CQ}{QA}\cdot\frac{AA'}{A'O}\cdot\frac{OC'}{C'C}=1 \quad \cdots\cdots ③$$

①，②，③ の辺々を掛けると

$$\frac{BP}{PC}\cdot\frac{CQ}{QA}\cdot\frac{AR}{RB}=1$$

よって，メネラウスの定理の逆により，3 点 P，Q，R は一直線上にある。

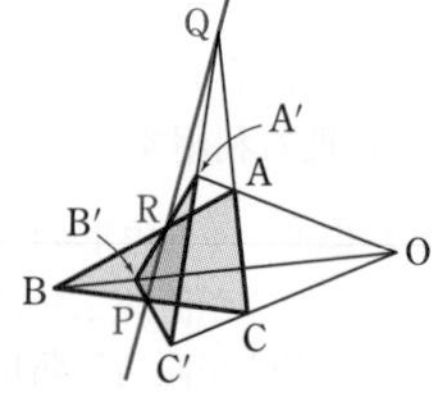

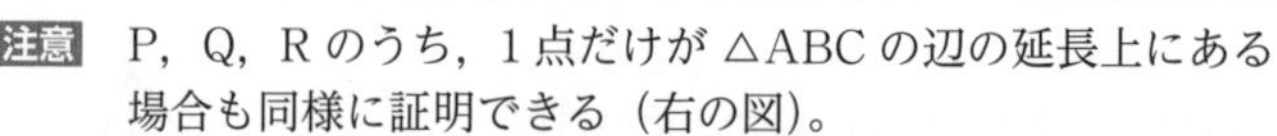

注意 P，Q，R のうち，1 点だけが △ABC の辺の延長上にある場合も同様に証明できる（右の図）。

また，デザルグの定理は逆も成り立つ。すなわち，

> △ABC，△A′B′C′ において，BC と B′C′ の交点 P；CA と C′A′ の交点 Q；AB と A′B′ の交点 R が一直線上にあるならば，3 直線 AA′，BB′，CC′ は 1 点で交わる。

証明 AA′，BB′ の交点を O′ とし，3 点 C，C′，O′ が一直線上にあることを示す。
△PBB′ と △QAA′ において，PQ，BA，B′A′ は 1 点 R で交わる。
よって，デザルグの定理により，

PB と QA の交点 C；　PB′ と QA′ の交点 C′；　BB′ と AA′ の交点 O′

は一直線上にある。
したがって，3 直線 AA′，BB′，CC′ は 1 点で交わる。

13 三角形の辺と角

基本事項

1 三角形の 3 辺の大小関係　定理 8　1 つの三角形において

1　**2 辺の 長さの 和は，他の 1 辺 の長さ より大きい。**

2　**2 辺の 長さの 差は，他の 1 辺 の長さ より小さい。**

2 三角形の辺と角の大小関係　定理 9　1 つの三角形において

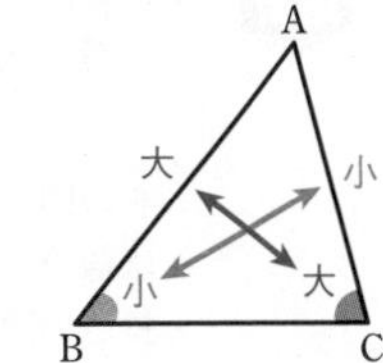

1　大きい辺に向かい合う角は，小さい辺に向かい合う角より大きい。

2　大きい角に向かい合う辺は，小さい角に向かい合う辺より大きい。

すなわち，△ABC において　　**AB>AC ⟺ ∠C>∠B**

解　説

■ **三角形の 3 辺の大小関係**　2 の定理 9 を用いて証明する。

BC$=a$，CA$=b$，AB$=c$ とする。

1 **の証明**　右の図で，△ABC の辺 CA の延長上に点 D を，

AD=AB となるようにとると　　$b+c=$CD …… ①

また　　∠ABD=∠ADB，∠CBD>∠ABD

ゆえに　　∠CBD>∠ADB

よって，△BCD において　　CD$>a$

したがって，① から　　$b+c>a$

2 **の証明**　1 と同様にして　$c+a>b$，$a+b>c$　が成り立つ。

よって　$b-c<a$，$-(b-c)<a$　　したがって　$|b-c|<a$

1，2 をまとめると　　$\boldsymbol{|b-c|<a<b+c}$（三角形の成立条件）　が成り立つ。

逆に，a，b，c がこの不等式を満たせば，a，b，c はすべて正であり，a，b，c を 3 辺の長さとする三角形が存在する（＿＿の理由については，解答編 p.92 の **検討** 参照）。

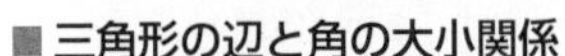

■ **三角形の辺と角の大小関係**

1 （AB>AC ⟹ ∠C>∠B）**の証明**

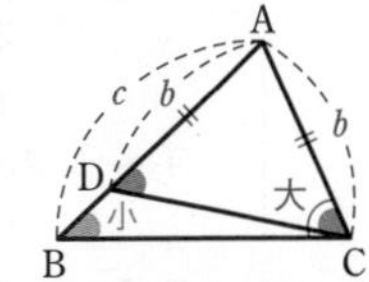

$c>b$ のとき，右の図のように，辺 AB 上に点 D を，AD$=b$ であるようにとると　　∠C>∠ACD=∠ADC=∠B+∠BCD

>∠B

2 （∠C>∠B ⟹ AB>AC）**の証明**

∠C>∠B のとき，2 辺 AB，AC の大小関係については，次のいずれかが成り立つ。

AB=AC，　AB<AC，　AB>AC

[1]　AB=AC とすると，△ABC は ∠A を頂点とする二等辺三角形であるから

∠C=∠B

[2]　AB<AC とすると，1 により，∠C<∠B となる。

よって，[1]，[2] いずれの場合も ∠C>∠B でないから，2 辺 AB，AC の大小関係は AB>AC となる。

したがって，∠C>∠B ⟹ AB>AC が成り立つ。

基本例題 86 三角形の周の長さの比較 ⓘⓘⓘⓘⓘ

△ABC の 3 つの中線を AD，BE，CF とするとき

(1) 2AD＜AB＋AC が成り立つことを証明せよ。

(2) AD＋BE＋CF＜AB＋BC＋CA が成り立つことを証明せよ。

p.153 基本事項 1

(1) 2AD は中線 AD を 2 倍にのばしたものである。

中線は 2 倍にのばす　平行四辺形の利用 ……★

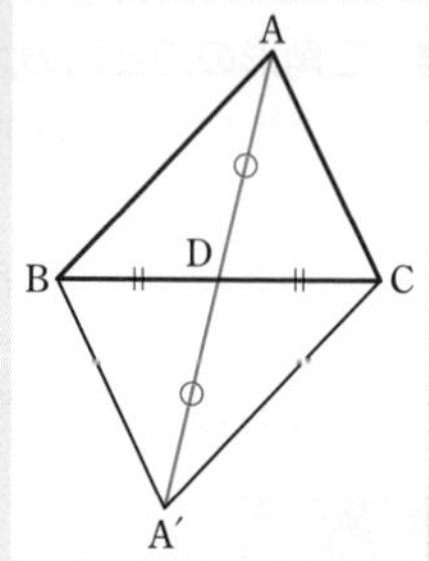

右の図のように，平行四辺形を作ると (DA′＝AD)，辺 AC は線分 BA′ に移るから，△ABA′ において，三角形の辺の長さの関係

(2 辺の長さの和)＞(他の 1 辺の長さ)

を利用する。

(2) **(1) は (2) のヒント**　他の中線 BE，CF についても (1) と同様の不等式を作り，それらの **辺々を加える。**

CHART 三角形の辺の長さの比較　1 **角の大小にもち込む**　2 **2 辺の和＞他の 1 辺**

解答

(1) 線分 AD の D を越える延長上に DA′＝AD となる点 A′ をとると，四角形 ABA′C は平行四辺形となる。

◀指針____……★ の方針。中線は 2 倍にのばす

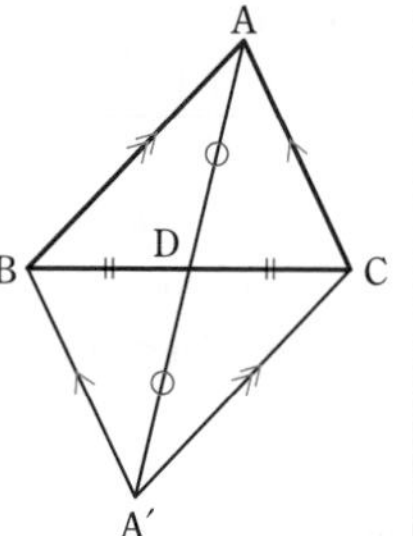

ゆえに　AC＝BA′

◀平行四辺形の対辺の長さは等しい。

△ABA′ において

AA′＜AB＋BA′

◀三角形の 2 辺の長さの和は他の 1 辺の長さより大きい（定理 8）。

よって　2AD＜AB＋AC …… ①

(2) (1) と同様にして

2BE＜BC＋AB …… ②

2CF＜CA＋BC …… ③

①～③ の辺々を加えると

2(AD＋BE＋CF)＜2(AB＋BC＋CA)

ゆえに　AD＋BE＋CF＜AB＋BC＋CA

◀不等式の性質
$a<d,\ b<e,\ c<f$
$\Longrightarrow a+b+c<d+e+f$

練習 ③ 86

(1) AB＝2，BC＝x，AC＝4－x であるような △ABC がある。このとき，x の値の範囲を求めよ。〔岐阜聖徳学園大〕

(2) △ABC の内部の 1 点を P とするとき，次の不等式が成り立つことを証明せよ。

AP＋BP＋CP＜AB＋BC＋CA

p.157 EX59

基本例題 87 三角形の辺と角の大小

(1) $\angle C=90^\circ$ の直角三角形 ABC の辺 BC 上に，頂点と異なる点 P をとると，AP＜AB であることを証明せよ。

(2) 線分 AB の垂直二等分線 ℓ に関して A と同じ側にあって，直線 AB 上にない 1 点を P とすると，AP＜BP であることを証明せよ。

p.153 基本事項 2

指針 三角形において，(辺の大小) ⟺ (角の大小) が成り立つことを利用する。

(1) AP＜AB の代わりに $\angle B<\angle APB$ を示す。2 つの三角形 △ABP と △APC に分けて考える。

(2) (1) と同様に，$\angle PBA<\angle PAB$ を示すことを目指す。ℓ と線分 PB との交点を Q とすると，△QAB は二等辺三角形であることに注目。

CHART 三角形の辺の長さの比較　角の大小にもち込む

解答

(1) △ABC は $\angle C=90^\circ$ の直角三角形であるから　$\angle B<\angle C$ …… ①

また
$\angle APB=\angle CAP+\angle C$
$>\angle C$ …… ②

①，② から　$\angle B<\angle APB$

よって　AP＜AB

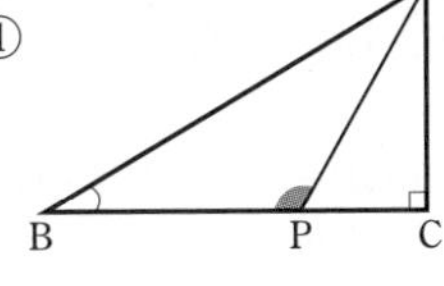

◀ $\angle C=90^\circ$ であるから $\angle A<90^\circ$，$\angle B<90^\circ$

◀ △APC の内角と外角の性質から。

◀ $\angle B<\angle C<\angle APB$ から
$\angle B<\angle APB$

(2) 点 P，B は ℓ に関して反対側にあるから，線分 PB は ℓ と交わる。その交点を Q とすると，Q は線分 PB 上にある（P，B とは異なる）から

$\angle PAB>\angle QAB$ …… ①

また，Q は ℓ 上にあるから　AQ＝BQ

ゆえに　$\angle QAB=\angle QBA$ …… ②

①，② から　$\angle QBA<\angle PAB$

すなわち　$\angle PBA<\angle PAB$

よって　AP＜BP

(2)

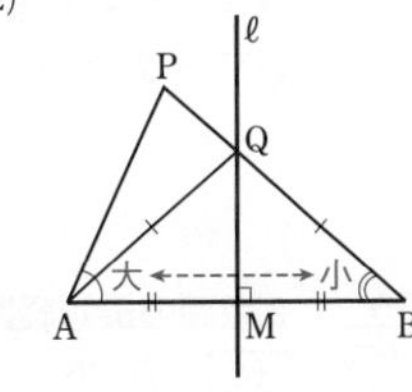

検討 **三角形の 2 辺の大小**

上の例題 (2) の結果から，△ABC の 2 辺 AB，AC の長さの大小は，辺 BC の垂直二等分線を利用して判定できることがわかる。つまり

辺 BC の垂直二等分線 ℓ に関して，点 A が点 B と同じ側にあれば，AB＜AC である。

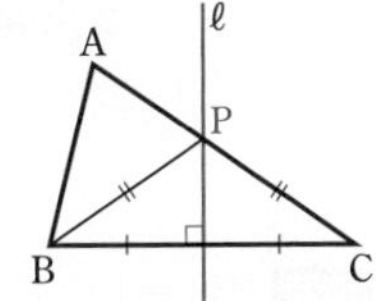

練習 ③ 87

(1) 鈍角三角形の 3 辺のうち，鈍角に対する辺が最大であることを証明せよ。

(2) △ABC の辺 BC の中点を M とする。AB＞AC のとき，$\angle BAM<\angle CAM$ であることを証明せよ。

p.157 EX60

基本例題 88 最短経路

鋭角 XOY の内部に，2 定点 A，B が右の図のように与えられている。半直線 OX，OY 上に，それぞれ点 P，Q をとり，AP+PQ+QB を最小にするには，P，Q をそれぞれどのような位置にとればよいか。

基本 86

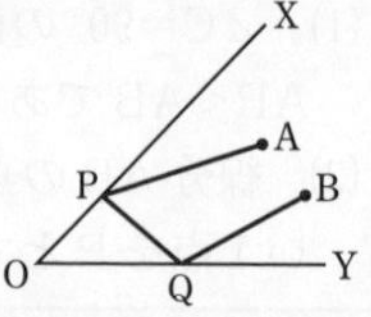

指針 **折れ線 APQB の長さの最小問題** では，OX に関する点 A の **対称点**，OY に関する点 B の **対称点** を考えて，次の関係を利用する。

- **線分の垂直二等分線上の点は，その端点から等距離にある。**
- **2 点間の最短経路は，2 点を結ぶ線分である。** ← 検討 参照。

CHART 折れ線の最小　**線分にのばす　対称点をとる**

解答

半直線 OX に関して点 A と対称な点を A′，半直線 OY に関して点 B と対称な点を B′ とすると

$AP=A'P,\ BQ=B'Q$

であるから

$AP+PQ+QB=A'P+PQ+QB'$

また，A′P+PQ+QB′ が最小になるのは，4 点 A′，P，Q，B′ が一直線上にあるときである。

したがって，**半直線 OX に関して点 A と対称な点を A′，半直線 OY に関して点 B と対称な点を B′ として，直線 A′B′ と半直線 OX との交点を P，直線 A′B′ と半直線 OY との交点を Q とすればよい。**

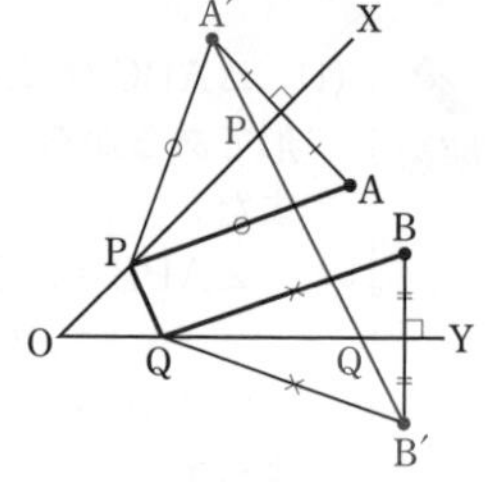

検討

2 点間の最短経路

例 右の図で，**(2 辺の長さの和)>(他の 1 辺の長さ)** を 2 回使うと

$AB<AC+CB<AD+DC+CB$

一般に，**2 点 A，B を結んだ線分 AB は，その 2 点をつなぐどのような折れ線よりも短い** ことが知られている。

更に，次のことも成り立つ。

2 点間の最短経路は，2 点を結ぶ線分である。

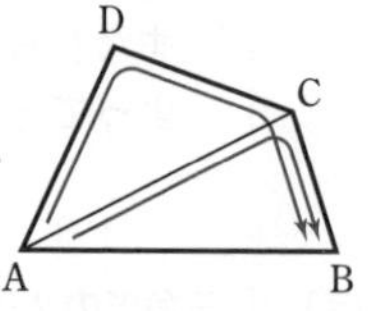

練習 ③ 88 BC=10，CA=6，∠ACB=60° である △ABC の内部に点 P をとり，△APC を頂点 C を中心に時計回りに 60° 回転した三角形を △A′P′C とする。△A′BC ができるとき

(1) △A′BC の面積を求めよ。

(2) AP+BP+CP の長さの最小値を求めよ。

EXERCISES　12 チェバの定理, メネラウスの定理,　13 三角形の辺と角

②55　△ABC において, 辺 AB を 5：2 に内分する点を P, 辺 AC を 7：2 に外分する点を Q, 直線 PQ と辺 BC の交点を R とする。このとき, BR：CR=ア□ であり, △BPR の面積は △CQR の面積の イ□ 倍である。〔類 神戸薬大〕

→83, 84

③56　△ABC の辺 BC の垂直二等分線が辺 BC, CA, AB またはその延長と交わる点を, それぞれ P, Q, R としたとき, 交点 R が辺 AB を 1：2 に内分したとする。

(1) PQ：QR を求めよ。　(2) AQ：QC を求めよ。

(3) AP：BQ を求めよ。　(4) AB^2-AC^2 を BC で表せ。

〔類 神戸女学院大〕 →80, 83

④57　△ABC の 3 辺 BC, CA, AB 上にそれぞれ点 P, Q, R があり, AP, BQ, CR が 1 点 O で交わっているとする。QR と BC が平行でないとき, 直線 QR と直線 BC の交点を S とすると

(1) BP：PC=BS：SC が成り立つことを示せ。

(2) O が △ABC の内心であるとき, ∠PAS の大きさを求めよ。 →83

④58　右の図のように, 四角形 ABCD の辺 AB, CD の延長の交点を E とし, 辺 AD, BC の延長の交点を F とする。線分 AC, BD, EF の中点をそれぞれ P, Q, R とするとき, 3 点 P, Q, R は 1 つの直線上にあることを証明せよ。(**ニュートンの定理**) →85

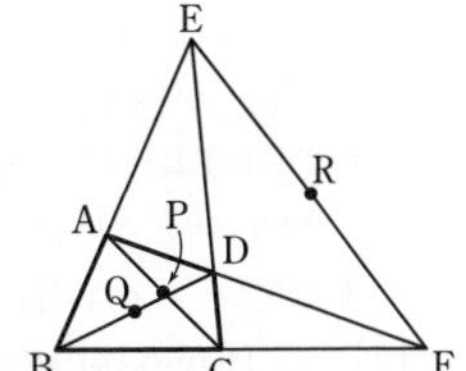

②59　$a=2x-3$, $b=x^2-2x$, $c=x^2-x+1$ が三角形の 3 辺であるとき, x の値の範囲を求めよ。〔兵庫医大〕 →86

③60　∠A>90° である △ABC の辺 AB, AC 上にそれぞれ頂点と異なる点 P, Q をとる。このとき, PQ<BC であることを証明せよ。〔倉敷芸科大〕 →87

56　(3) (2) の結果を利用。　(4) 中線定理を利用。AP, AQ, AC の関係に注目。

57　(1) △ABC と内部の 1 点 O ⟶ **チェバ**
△ABC と直線 QS ⟶ **メネラウス**　｝両方の定理を利用。

(2) (1) の結果と, 練習 72 の結果［定理 2 の逆］を利用。

58　辺 BC, 線分 CE, 線分 EB の中点をそれぞれ L, M, N として, △ABC, △ACE などに中点連結定理を適用し, P, Q, R がそれぞれ直線 LM, NL, MN 上にあることを導く。3 点が 1 つの直線上にあることは, **メネラウスの定理の逆** を利用して示す。

59　**三角形の成立条件** $a+b>c$, $b+c>a$, $c+a>b$ を利用する。

60　辺 AC, AB 上に, それぞれ PR∥BC, SQ∥BC となるような点 R, S をとると　PR<BC, SQ<BC　例えば, PR>SQ のとき △PQR の辺と角の大小関係に注目。

14 円に内接する四角形

基本事項

中学校で学習した円周角の定理について，復習しておこう。

1 円周角の定理　定理 10

1 つの弧に対する円周角は一定であり，その弧に対する中心角の半分である。
特に，半円の弧に対する円周角は 90° である。
また，円周角と弧の長さは比例する。

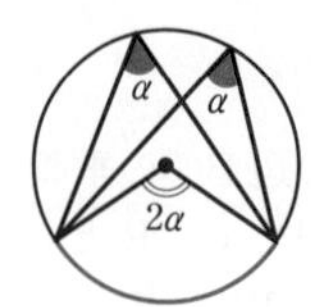

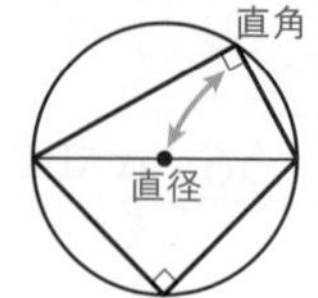

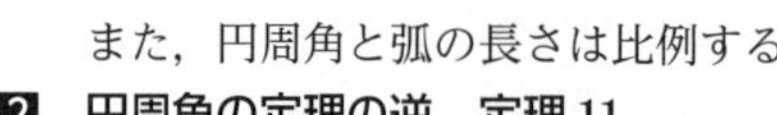

2 円周角の定理の逆　定理 11

4 点 A，B，P，Q について，P と Q が直線 AB に関して同じ側にあって，∠APB＝∠AQB ならば，
4 点 A，B，P，Q は 1 つの円周上にある。

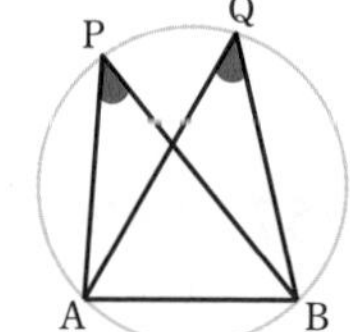

解　説

■ 円周角の定理の逆の証明

△QAB の外接円を考えると，点 P は外接円の内部，外部，周上のいずれかにある。

[1]　点 P が外接円の内部にあるとする。
右の図のように，円周上に点 P′ をとると，∠AP′B＝∠AQB，
∠APB＝∠AP′B＋∠P′BP であるから　　∠APB＞∠AP′B
よって　　∠APB＞∠AQB

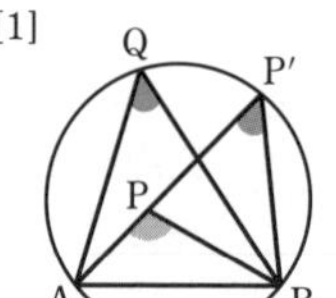

[2]　点 P が外接円の外部にあるとする。
右の図において，線分 AB 上に，A，B とは異なる点 C をとり，直線 CP と円周の交点を P′ とすると
　∠APC＝∠AP′C－∠PAP′，∠CPB＝∠CP′B－∠PBP′
ゆえに　∠APB＝∠APC＋∠CPB
　　　　　　＝∠AP′B－(∠PAP′＋∠PBP′)＜∠AP′B
∠AP′B＝∠AQB であるから　　∠APB＜∠AQB

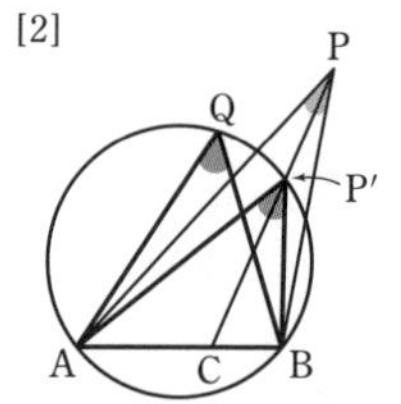

したがって，どちらの場合も ∠APB＝∠AQB でないから，点 P は △QAB の外接円の周上にある。

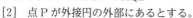

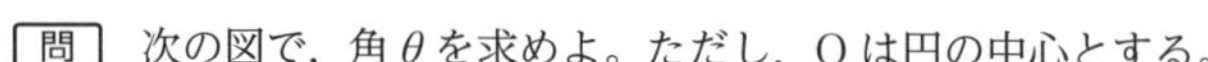

問　次の図で，角 θ を求めよ。ただし，O は円の中心とする。

(1)

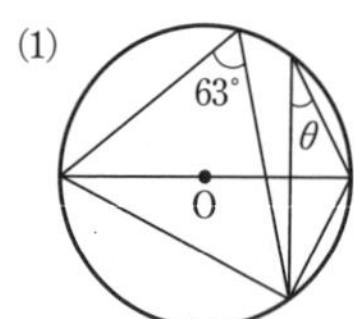

(2)

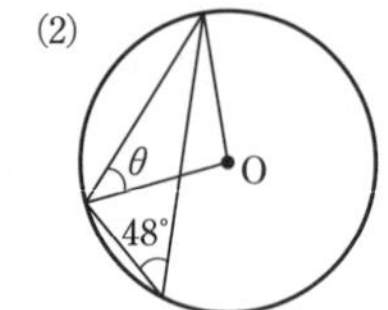

(3)

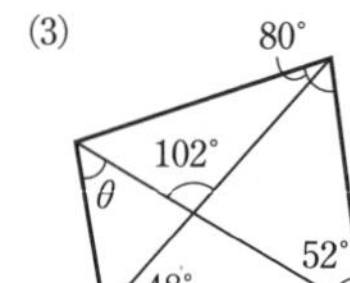

(＊)　問 の解答は $p.297$ にある。

基本事項

3 円に内接する四角形　定理 12

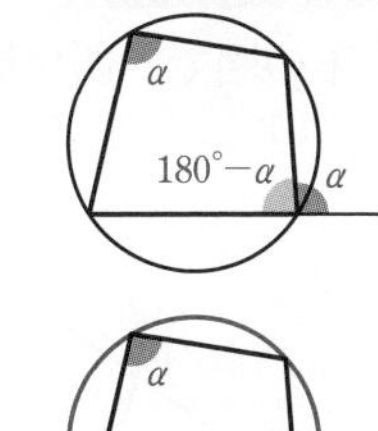

四角形が円に内接するとき

1　**四角形の対角の和は 180° である。**

2　**四角形の内角は，その対角の外角に等しい。**

4 四角形が円に内接するための条件　定理 13

次の 1，2 のどちらかが成り立つ四角形は円に内接する。

1　**1 組の対角の和が 180° である。**

2　**1 つの内角が，その対角の外角に等しい。**

解　説

一般に，多角形のすべての頂点が 1 つの円周上にあるとき，その多角形は円に **内接** するといい，その円を多角形の **外接円** という。

また，四角形において，1 つの角と向かい合う角を，その角の **対角** という。

■ 定理 12 の証明

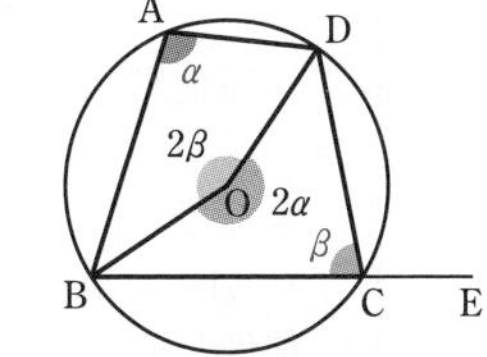

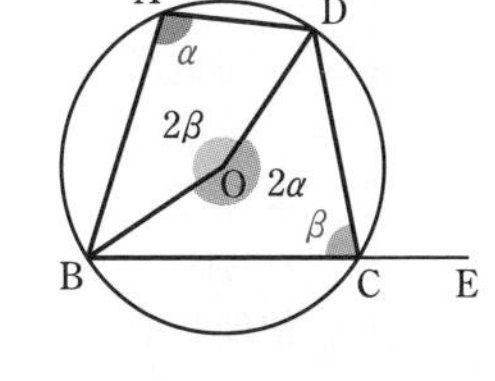

四角形 ABCD が円に内接するとき，∠BAD$=\alpha$，∠BCD$=\beta$ とすると，弧 BAD に対する中心角は 2β，弧 BCD に対する中心角は 2α である。

$2\alpha+2\beta=360°$ であるから　　$\alpha+\beta=180°$

よって，1 が成り立つ。

また，頂点 C における外角を ∠DCE とすると

$$\angle DCE=180°-\beta$$

これは，1 から ∠BAD に等しい。 よって，2 も成り立つ。

■ 定理 13 の証明

1 の証明　四角形 ABCD において

$$\angle ABC+\angle ADC=180° \quad \cdots\cdots ①$$

であるとする。

右の図のように，△ABC の外接円 O の周上に点 D′ をとると，四角形 ABCD′ は円 O に内接するから

$$\angle ABC+\angle AD'C=180° \quad \cdots\cdots ②$$

よって，①，② から　　∠ADC＝∠AD′C

ゆえに，円周角の定理の逆から，4 点 A，C，D′，D は同じ円周上にある。

△ACD′ の外接円は円 O であるから，点 D も円 O の周上にある。

よって，四角形 ABCD は円 O に内接する。

2 の証明　四角形 ABCD において，∠DCE＝∠BAD とすると

$$\angle BAD=180°-\angle DCB$$

ゆえに　　$\angle BAD+\angle DCB=180°$

したがって，1 により四角形 ABCD は円に内接する。

注意　三角形は必ず円に内接する(どんな三角形でも外心をもつ)が，四角形は必ずしも円に内接するとは限らない。定理 13 は，四角形が円に内接するかどうかを判定する 1 つの方法である。

基本例題 89 円に内接する四角形と角の大きさ

①①①①①

下の図で，四角形 ABCD は円に内接している。角 θ を求めよ。

(1)

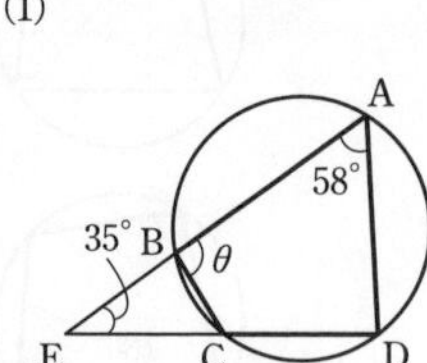

(2)

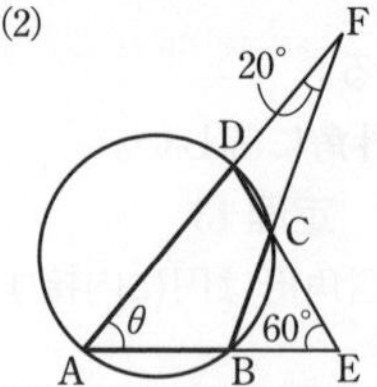

(3)

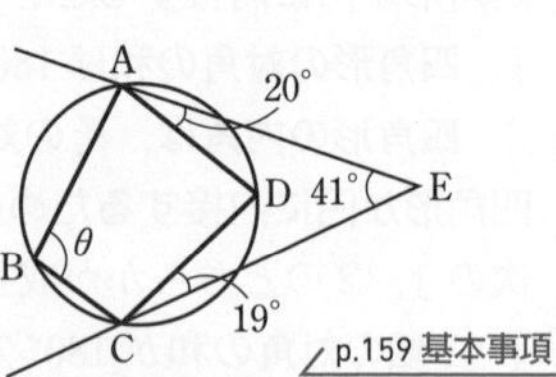

p.159 基本事項 3

指針 四角形 ABCD が **円に内接** しているから，内接四角形の性質を利用する。

1 **対角の和が 180°**　2 **内角は，その対角の外角に等しい**

三角形の外角，円周角も利用して，求められるところから次々に求めていく。

解答

(1) $\angle BCE=\angle A=58°$

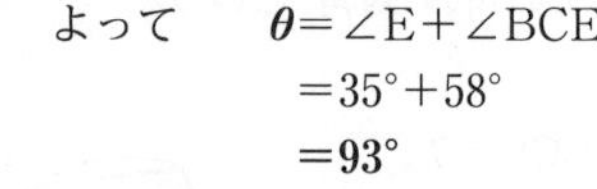

よって　$\boldsymbol{\theta}=\angle E+\angle BCE$

$=35°+58°$

$\boldsymbol{=93°}$

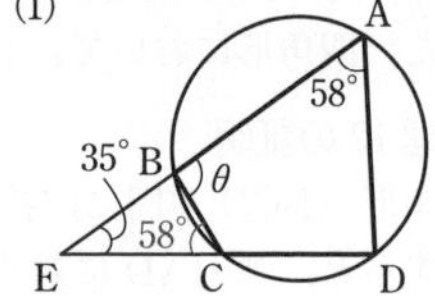

(2) 四角形 ABCD は円に内接するから

$\angle BCE=\angle DAB=\theta$

よって　$\angle ABF=\angle BCE+\angle BEC=\theta+60°$

△ABF において　$\theta+20°+(\theta+60°)=180°$

整理して　$2\theta=100°$

したがって　$\boldsymbol{\theta=50°}$

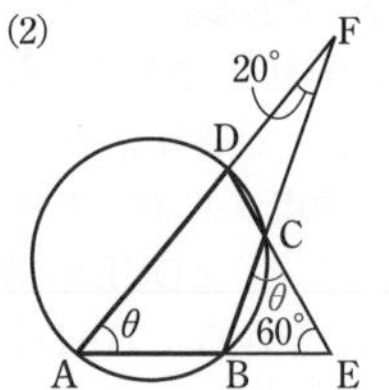

(3) D と E を通る直線を引く。

$\angle ADC=\angle DAE+\angle AED+\angle CED+\angle DCE$

$=20°+\angle AEC+19°=20°+41°+19°=80°$

四角形 ABCD は円に内接しているから，

$\theta+\angle ADC=180°$

より　$\boldsymbol{\theta}=180°-\angle ADC=180°-80°\boldsymbol{=100°}$

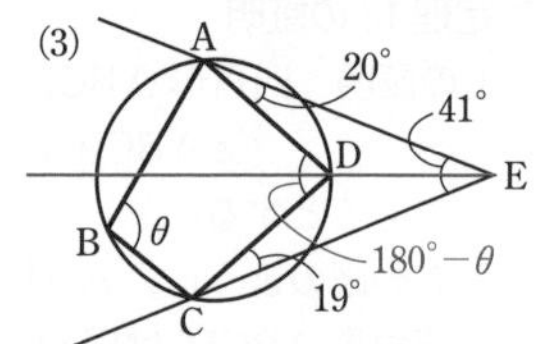

別解 (3) 四角形 ABCE において

$\angle ABC+\angle BCE+\angle CEA+\angle EAB=360°$

よって　$\theta+(\angle BCD+19°)+41°+(\angle DAB+20°)=360°$

$\angle BCD+\angle DAB=180°$ であるから

$\boldsymbol{\theta}=360°-(180°+19°+41°+20°)\boldsymbol{=100°}$

◀円に内接する四角形の対角の和は 180°

練習 ② 89 右の図で，四角形 ABCD は円に内接している。角 θ を求めよ。ただし，(2) では AD=DC，AB=AE である。

(1)

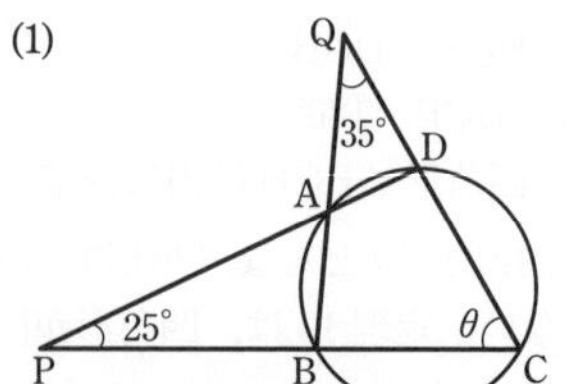

(2)

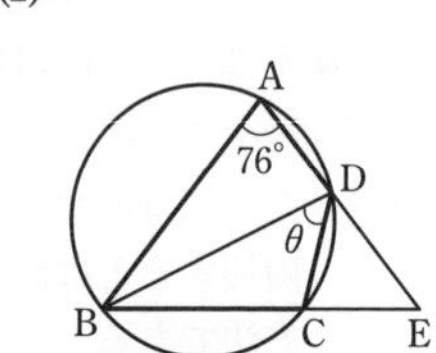

基本例題 90 四角形が円に内接することの証明

右の図のように，鋭角三角形 ABC の頂点 A から BC に下ろした垂線を AD とし，D から AB，AC に下ろした垂線をそれぞれ DE，DF とするとき，4 点 B，C，F，E は 1 つの円周上にあることを証明せよ。

p.159 基本事項 4

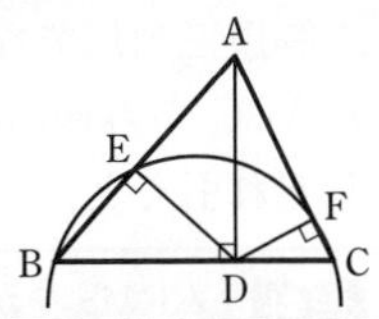

指針 四角形 BCFE が円に内接することがいえれば，4 点 B，C，F，E が 1 つの円周上にあることを証明できる。まず補助線 EF を引き

1 対角の和が 180°　　**2 内角は，その対角の外角に等しい**

を用いて，四角形 BCFE が円に内接することを証明したいが，直接証明しようとしてもうまくいかない。

このようなときは，かくれた円を見つける ことから始めるとよい。……★

かくれた円が見つかったら，**円周角の定理** によって，四角形 BCFE の内角または外角と等しい角を見つけ，上の 1 または 2 のいずれか(ここでは 2)を示せばよい。

解答

$\angle AED=\angle AFD=90°$ であるから，四角形 AEDF は線分 AD を直径とする円に内接する。

◀指針____……★ の方針。対角の和が 180° を利用。

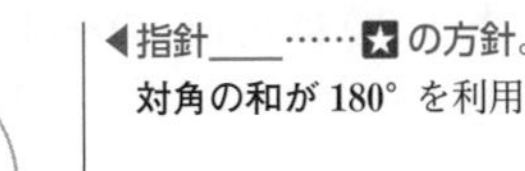

よって　$\angle AFE=\angle ADE$

◀弧 AE に対する円周角。

ここで　$\angle ABD=90°-\angle DAB$

$=90°-\angle DAE$

$=\angle ADE$

ゆえに　$\angle ABD=\angle AFE$

◀すなわち $\angle EBC=\angle AFE$

したがって，四角形 BCFE が円に内接するから，4 点 B，C，F，E は 1 つの円周上にある。

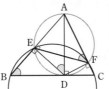

検討

直角と円

解答の 1 行目～3 行目で示したように，次のことがいえる。

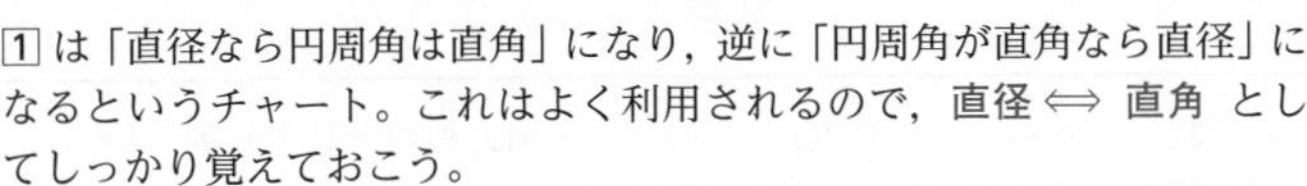

1　**直径は直角　　直角は直径**

2　**直角 2 つで円(まる)くなる**

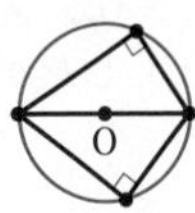

1 は「直径なら円周角は直角」になり，逆に「円周角が直角なら直径」になるというチャート。これはよく利用されるので，直径 ⟺ 直角 としてしっかり覚えておこう。

2 は，右上の図のように，大きさが 90° の円周角が 2 つあると四角形に外接する円がかけることを表している。

練習 ③ 90 右の図の正三角形 ABC で，辺 AB，AC 上にそれぞれ点 D (点 A，B とは異なる)，E(点 A，C とは異なる)をとり，BD=AE となるようにする。BE と CD の交点を F とするとき，4 点 A，D，F，E が 1 つの円周上にあることを証明せよ。

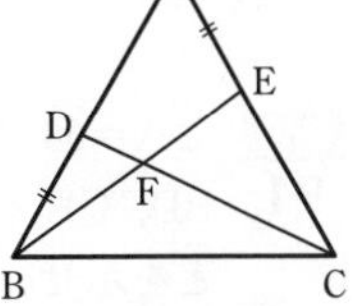

p.176 EX61

基本例題 91 円に内接する四角形の利用 ①①①①①

二等辺三角形でない △ABC の辺 BC の中点 M を通り BC に垂直な直線と，△ABC の外接円との交点を P，Q とする。P，Q から AB に垂線 PR，QS をそれぞれ引くと，△RMS は直角三角形であることを示せ。 基本 90

指針 △RMS をかいてみる(解答の図)と，∠M＝90° すなわち ∠R＋∠S＝90° となりそうだが，これを直接示すことは困難。そこで，前ページと同様に，

かくれた円を見つけ出し，

円周角の定理から等しい角を見つける

方針で進める。特に，かくれた円をさがすには，

直角 2 つで四角形は円に内接する ……★

こと(右の図)を利用するとよい。

CHART 四角形と円　**直角 2 つで円(まる)くなる**

解答

PQ は弦 BC の垂直二等分線であるから，△ABC の外接円の直径で

∠PBQ＝90°

ゆえに　∠BPM＋∠BQM＝90° …… ①

∠PRB＝90°，∠PMB＝90° であるから，4 点 P，B，M，R は 1 つの円周上にあって

∠BPM＝∠BRM …… ②

同様に　∠BSQ＝90°，∠BMQ＝90°

であるから，4 点 S，B，Q，M も 1 つの円周上にあって

∠BQM＝∠RSM …… ③

①，②，③ から　∠BRM＋∠RSM＝90°

したがって，△RMS は ∠M＝90° の直角三角形である。

◀直径を弦とする弧の円周角は 90°

◀指針＿＿……★ の方針。

◀円周角の定理

◀③ は，円に内接する四角形 SBQM の内角と外角の関係から。

検討

上の例題では，②，③ から　△PBQ∽△RMS (2 組の角がそれぞれ等しい。)

よって　∠RMS＝∠PBQ＝90°　と進めてもよい。

なお，4 個以上の点が **1 つの円周上にある** とき，これらは **共円** であるといい，これらの点を **共円点** という。上の例題では，点 P，B，M，R；点 S，B，Q，M がそれぞれ共円点である ($p.172$ 3 も参照)。

練習 ③ 91 ∠A＝60° の △ABC の頂点 B，C から直線 CA，AB に下ろした垂線をそれぞれ BD，CE とし，辺 BC の中点を M とする。このとき，△DME は正三角形であることを示せ。

参考事項 トレミーの定理

※次の定理は，**トレミーの定理** と呼ばれる幾何学では有名な定理である。

トレミーの定理

四角形 ABCD が円に内接する $\Longleftrightarrow$ AB·CD＋AD·BC＝AC·BD

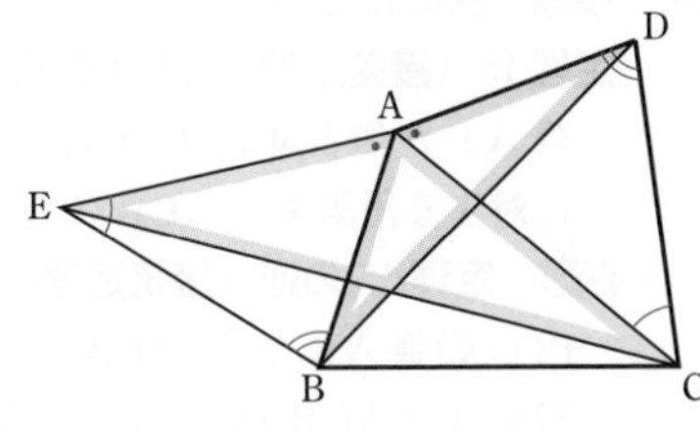

証明　右の図のように，四角形 ABCD の外側に
$\triangle ABE \backsim \triangle ADC$
となるように点 E をとると，辺の比は等しいから
AB：AD＝BE：CD＝AE：CA …… ①
① から　AB·CD＝AD·BE …… ②
一方，△AEC と △ABD において
① から　AE：CA＝AB：AD
また　∠EAC＝∠BAD
2 辺の比とその間の角が等しいから　$\triangle AEC \backsim \triangle ABD$
よって　EC：BD＝AC：AD　すなわち　AC·BD＝AD·EC …… ③
③−② から　AC·BD−AB·CD＝AD·EC−AD·BE＝AD(EC−BE) …… ④
ここで，3 点 E，B，C が一直線上にないとき，△BEC を考えると
BC＋BE＞EC　すなわち　EC−BE＜BC
両辺に AD を掛けて　AD(EC−BE)＜AD·BC
ゆえに，④ から　AC·BD−AB·CD＜AD·BC
したがって　AB·CD＋AD·BC＞AC·BD
3 点 E，B，C が一直線上にあるとき，EC−BE＝BC となるから　AB·CD＋AD·BC＝AC·BD …… ⑤
逆に，⑤ が成り立つとき　AC·BD−AB·CD＝AD·BC
④ から　AD(EC−BE)＝AD·BC
ゆえに　EC−BE＝BC　すなわち　EB＋BC＝EC
これは 3 点 E，B，C が一直線上にあることを示している。
よって　3 点 E，B，C が一直線上にある $\Longleftrightarrow$ ∠EBA＋∠ABC＝180°
$\Longleftrightarrow$ ∠ADC＋∠ABC＝180° $\Longleftrightarrow$ 四角形 ABCD が円に内接する
したがって，上のトレミーの定理が成り立つ。

◀2 辺の和＞他の 1 辺

参考　一般の四角形で
AB·CD＋AD·BC≧AC·BD
が成り立つ。
これをトレミーの定理ということもある。

参考　半径 1 の円 O に内接し，対角線 BD が直径となる四角形 ABCD を考える。
$\angle ABD=\alpha$，$\angle CBD=\beta$ とすると，$\angle AOC=2(\alpha+\beta)$ となり，
$AC=2\sin(\alpha+\beta)$ である。
また，∠BAD＝∠BCD＝90° であり，BD＝2 であるから
$AB=2\cos\alpha$，$AD=2\sin\alpha$，$BC=2\cos\beta$，$CD=2\sin\beta$
ここで，トレミーの定理により
$$2\cos\alpha\cdot 2\sin\beta+2\sin\alpha\cdot 2\cos\beta=2\cdot 2\sin(\alpha+\beta)$$
すなわち　$\boldsymbol{\sin(\alpha+\beta)=\sin\alpha\cos\beta+\cos\alpha\sin\beta}$
これは，数学Ⅱで学習する **三角関数の加法定理** である。

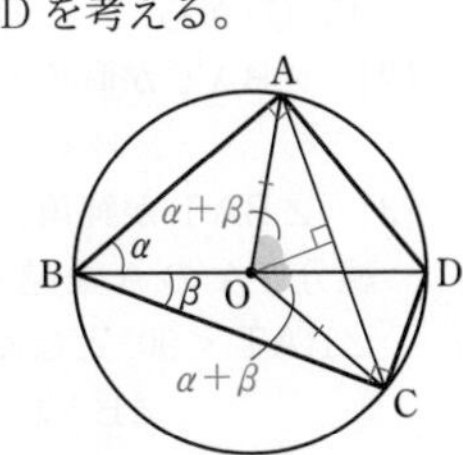

15 円と直線，2 つの円の位置関係

基本事項

1 接線の長さ　定理 14

円の外部の 1 点からその円に引いた 2 本の接線について，2 つの接線の長さは等しい。

2 接線と弦の作る角

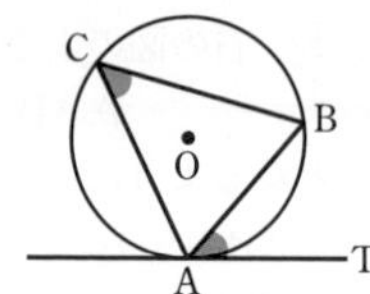

定理 15（接弦定理） 円 O の弦 AB と，その端点 A における接線 AT が作る角 ∠BAT は，その角の内部に含まれる弧 AB に対する円周角 ∠ACB に等しい。

参考　定理 15 の逆（接弦定理の逆）

円 O の弧 AB と半直線 AT が直線 AB に関して同じ側にあって，弧 AB に対する円周角 ∠ACB が ∠BAT に等しいとき，直線 AT は点 A で円 O に接する。

解　説

円の接線について，次のことが成り立つ(中学の学習事項)。

1　**円 O の接線 ℓ は，接点 A を通る半径 OA に垂直である。**

2　**円周上の点 A を通る直線 ℓ が半径 OA と垂直であるならば，ℓ はこの円の接線である。**

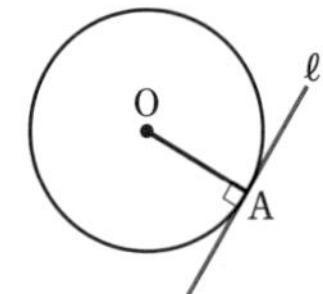

■ 接線の長さ

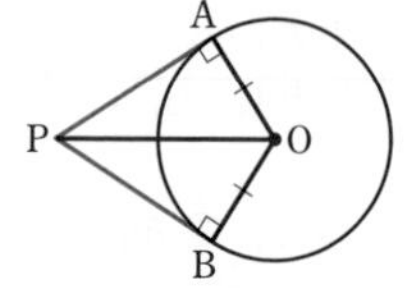

円の外部の点からその円に引いた接線は 2 本ある。このとき，その円の外部の点と接点の間の距離を **接線の長さ** という。

円 O の外部の 1 点 P からこの円に引いた 2 本の接線を PA，PB とし，A，B を接点とする。

△APO と △BPO において　　OA＝OB，OP は共通

∠PAO＝∠PBO＝90° であるから　　△APO≡△BPO

したがって　　PA＝PB

[定理 15 の証明]　[1]　∠BAT が鋭角の場合

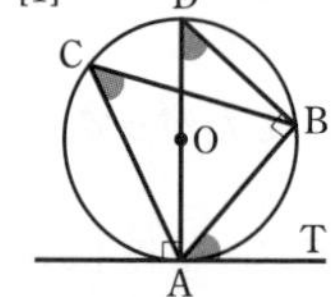

円 O の周上に，線分 AD が円 O の直径となるように点 D をとると，

AD⊥AT であるから　　∠BAT＝90°－∠BAD …… ①

また，∠ABD＝90° から　　∠ADB＝90°－∠BAD …… ②

①，② から　　∠BAT＝∠ADB＝∠ACB

[2]　∠BAT が直角の場合

∠BAT＝90°＝∠ACB

[3]　∠BAT が鈍角の場合

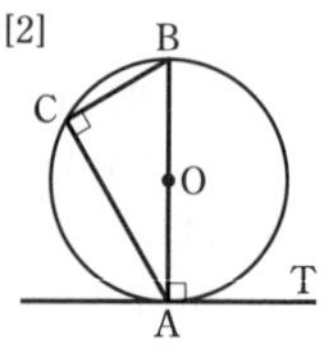

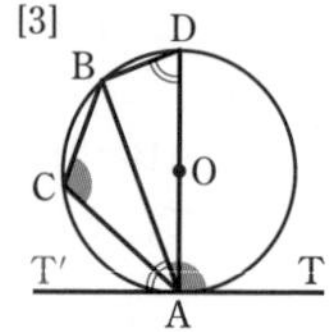

線分 TA の A を越える延長上に点 T′ をとると，

∠BAT′＜90° となるから，[1] と同様に

∠BAT′＝∠ADB

よって　　∠BAT＝180°－∠BAT′

＝180°－∠ADB＝∠ACB

したがって，定理 15 が成り立つ。

基本例題 92 接線の長さ … 三角形と内接円

△ABC の内心を I とし，△ABC の内接円と辺 BC，CA，AB の接点を，それぞれ P，Q，R とする。

(1) 内接円の半径が 1，$\angle A=90°$，BC=5 のとき，線分 BP の長さを求めよ。

(2) BC=13，CA=9，AB=10 のとき，線分 AR の長さを求めよ。

p.164 基本事項 1

次の接線の長さの定理を利用する。求める長さを x として方程式を作り，それを解く。

円の外部の 1 点からその円に引いた 2 本の接線について，2 つの接線の長さは等しい

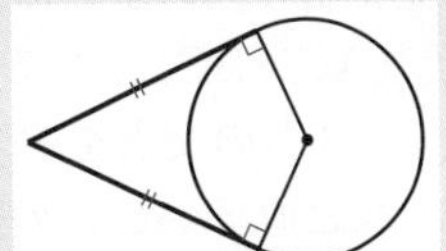

(1) △ABC は直角三角形であるから，三平方の定理も活用する。

CHART 接線の性質　**接線 2 本で　二等辺**

(1) $BP=x$ とすると

$BP=BR=x$

よって　$CQ=CP=5-x$

また，$AQ=AR=1$ であるから

$AB=x+1$,

$AC=(5-x)+1=6-x$

△ABC で，三平方の定理により

$(x+1)^2+(6-x)^2=5^2$

整理して　$x^2-5x+6=0$

ゆえに　$(x-2)(x-3)=0$

したがって　$x=\mathbf{2,\ 3}$

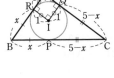

◀四角形 ARIQ は正方形。

◀AB=BR+AR, AC=CQ+AQ

◀ともに $x>0$ を満たすので適する。

(2) $AR=x$，$BP=y$，$CQ=z$ とする。

$AR=AQ$，$BP=BR$，$CQ=CP$

であるから

$x+y=10$，$y+z=13$，$z+x=9$

辺々加えて　$2(x+y+z)=32$

ゆえに　$x+y+z=16$

これと $y+z=13$ から　$x=\mathbf{3}$

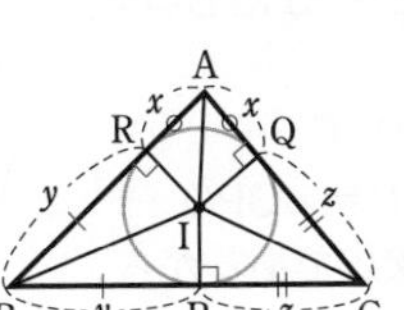

◀AB=AR+RB
BC=BP+PC
CA=CQ+QA

練習 ② 92 AB=7，BC=8，CA=9 の鋭角三角形 ABC の内接円の中心を I とし，この内接円が辺 BC と接する点を P とする。

(1) 線分 BP の長さを求めよ。

(2) A から BC に垂線 AH を下ろすとき，線分 BH，AH の長さを求めよ。

(3) △ABC の面積と，内接円の半径を求めよ。

基本例題 93 接弦定理の利用

(1) 円Oの外部の点Pから円Oに接線を引き，その接点をA，Bとし，線分PBのBを越える延長上に点Qをとる。また，円Oの周上に点Cを，PBとACが平行になるようにとる。∠APB=30°であるとき，∠CBQの大きさを求めよ。

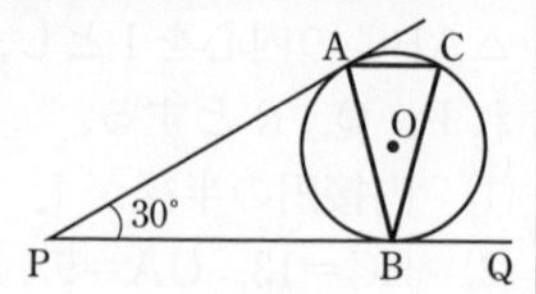

(2) 右の図のように，円Oに内接する△ABC (AC>BC) がある。点Cにおける円Oの接線と直線ABとの交点をPとし，点Pを通りBCに平行な直線と直線ACとの交点をQとする。このとき，△ABC∽△PCQであることを証明せよ。

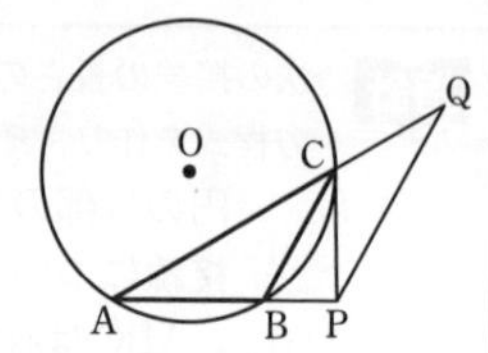

p.164 基本事項 2

指針 接線と角の大きさが関係した問題であるから，**接弦定理** を利用する。
また，(1),(2) ともに「平行な直線」が現れているから，平行線の **同位角，錯角** にも注目。
(2) 等しい角を2組見つける。

解答

(1) PQは円Oの接線であるから
∠CAB=∠CBQ ◀接弦定理
AC∥PBから
∠ABP=∠CAB ◀平行線の錯角は等しい
よって ∠CBQ=∠ABP ……①
△APBにおいて，PA=PBから ◀接線の長さは等しい
∠ABP=(180°−30°)÷2=75° ……② ◀∠PAB=∠PBA
①，②から ∠CBQ=**75°**

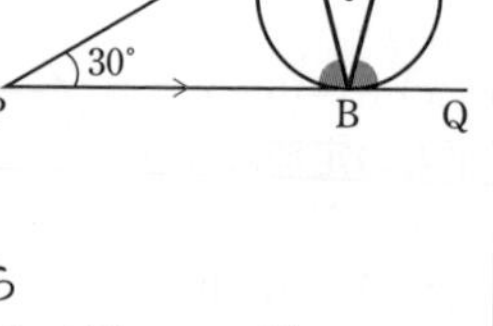

(2) △ABCと△PCQにおいて，
BC∥PQから
∠ACB=∠PQC ……① ◀平行線の同位角は等しい
また ∠BCP=∠CPQ ◀平行線の錯角は等しい
PCは円Oの接線であるから
∠BCP=∠BAC ◀接弦定理
よって ∠BAC=∠CPQ ……②
①，②から △ABC∽△PCQ ◀2角相等

練習 ② 93 右の図において，2つの円は点Cで内接している。また，△DECの外接円は直線EFと接している。AB=BC，∠BAC=65°のとき，∠AFEを求めよ。
〔福井工大〕

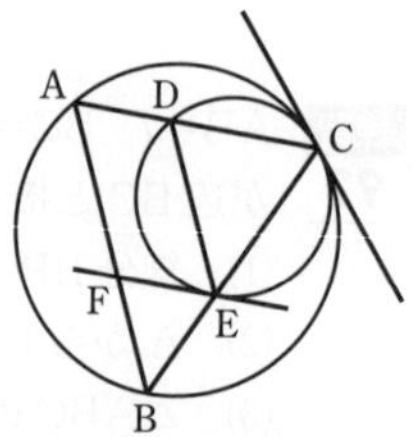

p.176 EX62

基本 例題 94 接弦定理の逆の利用

①①①①①

円 O の外部の点 P からこの円に接線 PA，PB を引き，A，B を接点とする。また，点 B を通り，PA と平行な直線が円 O と再び交わる点を C とする。

(1) ∠PAB$=a$ とするとき，∠BAC を a を用いて表せ。

(2) 直線 AC は △PAB の外接円の接線であることを証明せよ。 p.164 基本事項 2

指針 (1) **円の外部の 1 点からその円に引いた 2 本の接線の長さは等しい** ことや，**接弦定理**，平行線の **同位角・錯角** に注目して，∠PAB に等しい角をいくつか見つける。

(2) **接線であることの証明** に，次の **接弦定理の逆** を利用する。

円 O の弧 AB と半直線 AT が直線 AB に関して同じ側にあって ∠ACB＝∠BAT ならば，直線 AT は点 A で円 O に接する ……★

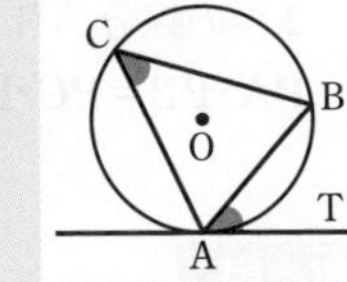

(1) の結果を利用して，∠APB＝∠BAC を示す。

CHART 接線であることの証明　**接弦定理の逆が有効**

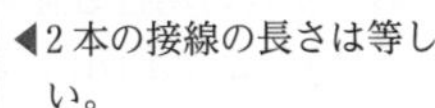

(1) PA＝PB であるから

∠PAB＝∠PBA$=a$ ◀2 本の接線の長さは等しい。

また，PA∥BC であるから

∠ABC＝∠PAB$=a$ ◀平行線の錯角は等しい

更に，PA は円 O の接線であるから　∠ACB＝∠PAB$=a$ ◀接弦定理

よって，△ABC において

∠BAC＝**180°−2a** …… ①

(2) △PAB において

∠APB＝180°−2a …… ② ◀△PAB は二等辺三角形。

①，② から　∠APB＝∠BAC

したがって，直線 AC は △PAB の外接円の接線である。 ◀指針___……★の方針。接弦定理の逆

接弦定理の逆の証明

点 A を通る円 O の接線 AT′ を ∠BAT′ が弧 AB を含むように引くと，接弦定理から　∠ACB＝∠BAT′

一方，仮定により　∠ACB＝∠BAT

したがって　∠BAT′＝∠BAT

ゆえに，2 直線 AT，AT′ は一致し，直線 AT は円 O に接する。

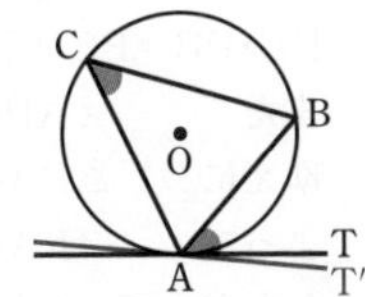

練習 ③ 94 △ABC の頂角 A およびその外角の二等分線が直線 BC と交わる点をそれぞれ D，E とし，線分 DE の中点を M とする。このとき，直線 MA は △ABC の外接円に接することを証明せよ。

基本事項

■1 方べきの定理

定理 16 円の 2 つの弦 AB，CD の交点，またはそれらの延長の交点を P とすると

PA·PB＝PC·PD が成り立つ。

定理 17 円の外部の点 P から円に引いた接線の接点を T とする。P を通る直線がこの円と 2 点 A，B で交わるとき

$\mathbf{PA \cdot PB = PT^2}$ が成り立つ。

■2 方べきの定理の逆 定理 18

2 つの線分 AB と CD，または AB の延長と CD の延長が点 P で交わるとき，

PA·PB＝PC·PD が成り立つならば，4 点 A，B，C，D は 1 つの円周上にある。

解 説

■ 定理 16 の証明

（点 P が，[1] 弦 AB，CD の交点である。[2] 弦 AB，CD の延長の交点である。のいずれの場合も証明は同様。）

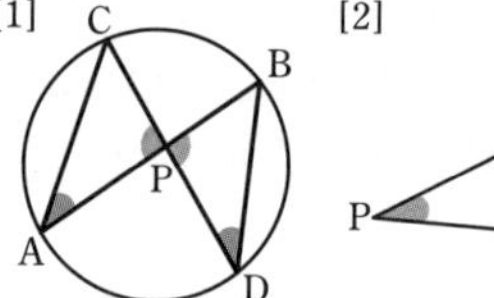

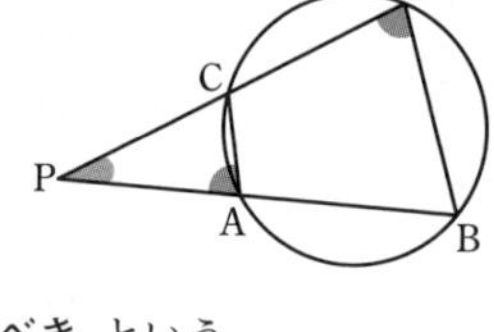

△PAC と △PDB において

∠APC＝∠DPB，∠CAP＝∠BDP

よって　　△PAC∽△PDB

ゆえに　　PA：PD＝PC：PB

したがって　　PA·PB＝PC·PD

上の定理 16 において，PA·PB の値を点 P のこの円に関する **方べき** という。

■ 定理 17 の証明

直線 PT は接線であるから，△PTA と △PBT において

∠PTA＝∠PBT，∠P は共通

よって　　△PTA∽△PBT

ゆえに　　PT：PB＝PA：PT

したがって　　$PA \cdot PB = PT^2$

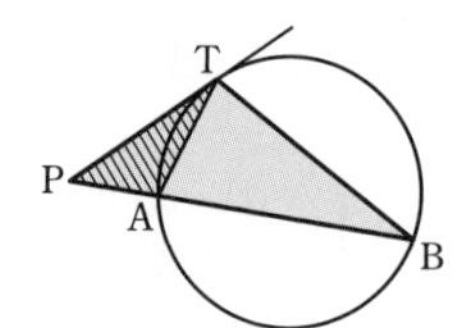

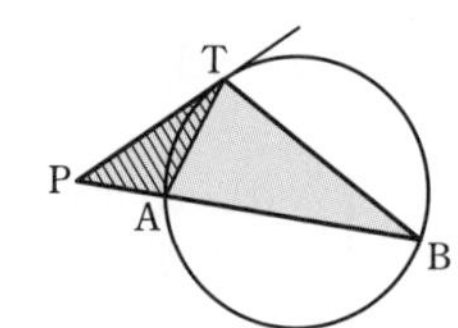

■ 定理 18 の証明

（点 P が，[1] 線分 AB，CD の交点である。[2] 線分 AB，CD の延長の交点である。のいずれの場合も証明は同様。）

PA·PB＝PC·PD から　PA：PD＝PC：PB

また　　∠APC＝∠DPB

ゆえに　　△PAC∽△PDB

よって　　∠PAC＝∠PDB

したがって，4 点 A，B，C，D は 1 つの円周上にある。

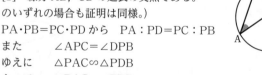

参考 定理 17 の逆も成り立つ。（これも **方べきの定理の逆** である。証明は解答編 *p*.115 の **検討** 参照。）

一直線上にない 3 点 A，B，T および線分 AB の延長上に点 P があって，

$\mathbf{PA \cdot PB = PT^2}$ **が成り立つならば，PT は 3 点 A，B，T を通る円に接する。**

基本 例題 95 方べきの定理の利用

線分 AB を直径とする半径 1 の円 O があり，右の図のように線分 AB の延長上の点 P からこの円に接線 PT を引き，T を接点とする。

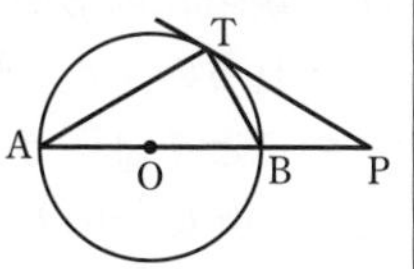

$\angle BAT=30°$ であるとき

(1) $PB=BT=1$ であることを示せ。

(2) 方べきの定理を利用して，接線 PT の長さを求めよ。

p.168 基本事項 1

指針 円の円周と異なる 2 点で交わる直線や半直線を，その円の **割線**（かっせん） という。

(1) 接弦定理を利用して，$\angle BTP=\angle BPT$ を示す。

(2) 円と **接線・割線** があるから，**方べきの定理 $PA\cdot PB=PT^2$** を適用する。

CHART 1点から 接線と割線 で 方べきの定理

解答

(1) $\triangle TAB$ において，

$\angle T=90°$，$\angle BAT=30°$

であるから

$\angle ABT=60°$，$BT=1$

また $\angle BTP=\angle BAT=30°$ ◀接弦定理

$\angle BPT=60°-\angle BTP$ ◀$\triangle BTP$ の内角と外角の性質から。

$=30°$

ゆえに $\angle BTP=\angle BPT$

よって $PB=BT=1$

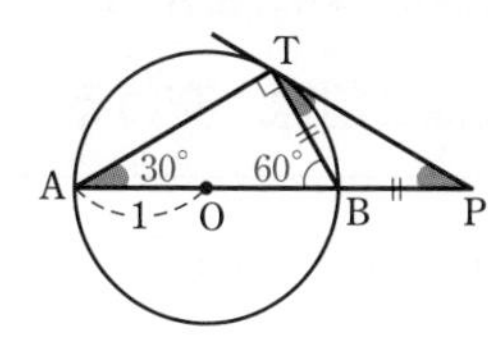

(2) 方べきの定理により $PA\cdot PB=PT^2$

ゆえに $(2+1)\cdot 1=PT^2$ よって $PT^2=3$ ◀$PA=AB+BP$

$PT>0$ であるから $PT=\sqrt{3}$

検討

前ページの定理 16 において，円の中心を O とし，その半径を r とすると，方べきは **$PA\cdot PB=|OP^2-r^2|$** と表される（各自求めてみよ）。これから次のことがいえる。

定点 P を通る直線が円 O と 2 点 A，B で交わるとき，任意の直線に対して，方べき $PA\cdot PB$ は一定の値である。

練習 ② **95** (1) 次の図の x の値を求めよ。ただし，(ウ) の点 O は円の中心である。

(ア)

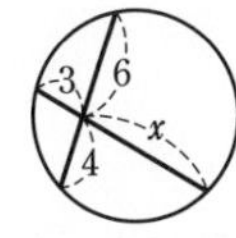

(イ)

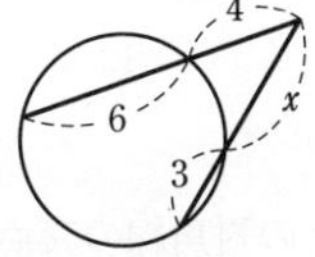

(ウ)

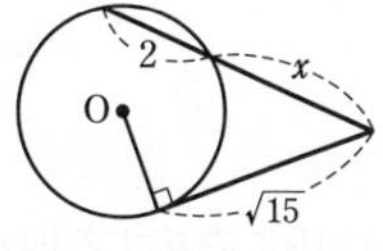

(2) 点 O を中心とする半径 5 の円の内部の点 P を通る弦 AB について，$PA\cdot PB=21$ であるとき，線分 OP の長さを求めよ。 [(2) 岡山理科大]

p.176 EX63

基本例題 96 方べきの定理とその逆を利用した証明問題

(1) 鋭角三角形 ABC の各頂点から対辺に，それぞれ垂線 AD, BE, CF を引き，それらの交点(垂心)を H とするとき，AH・HD＝BH・HE＝CH・HF が成り立つことを証明せよ。〔類 広島修道大〕

(2) 2 点 Q, R で交わる 2 円がある。直線 QR 上の点 P を通る 2 円の弦をそれぞれ AB, CD(または割線を PAB, PCD)とするとき，A, B, C, D は 1 つの円周上にあることを証明せよ。ただし，A, B, C, D は一直線上にないとする。

p.168 基本事項 1, 2 重要 97

指針 (1) **直角 2 つで円(まる)くなる** により，4 点 B, C, E, F は 1 つの円周上にある。
ゆえに，**弦** BE と **弦** CF で **方べきの定理** が利用できて BH・HE＝CH・HF
同様にして，AH・HD＝BH・HE または AH・HD＝CH・HF を示す。

(2) PA・PB＝PC・PD …… (＊) であることが示されれば，**方べきの定理の逆** により，題意は証明できる。
よって，(＊) を導くために，弦 AB と弦 QR，弦 CD と弦 QR で方べきの定理を使う。

CHART 接線と割線，交わる 2 弦・2 割線 で 方べきの定理

解答

(1) ∠BEC＝∠BFC＝90° であるから，4 点 B, C, E, F は 1 つの円周上にある。 ◀直角 2 つで円くなる

よって，方べきの定理により

BH・HE＝CH・HF …… ① ◀弦 BE と弦 CF に注目。

同様に，4 点 A, B, D, E は 1 つの円周上にあるから ◀∠ADB＝∠AEB＝90°

AH・HD＝BH・HE …… ② ◀弦 AD と弦 BE に注目。

①，② から

AH・HD＝BH・HE＝CH・HF

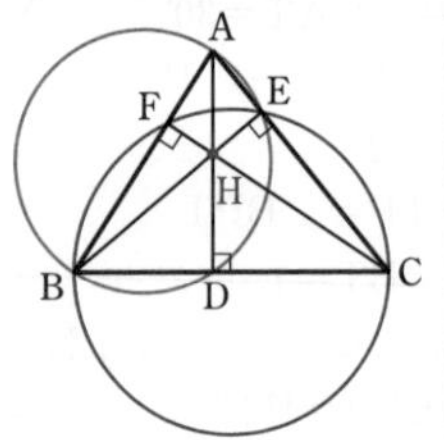

(2) 2 円について

PA・PB＝PQ・PR,
PC・PD＝PQ・PR ◀方べきの定理

ゆえに PA・PB＝PC・PD

よって，A, B, C, D は 1 つの円周上にある。 ◀方べきの定理の逆

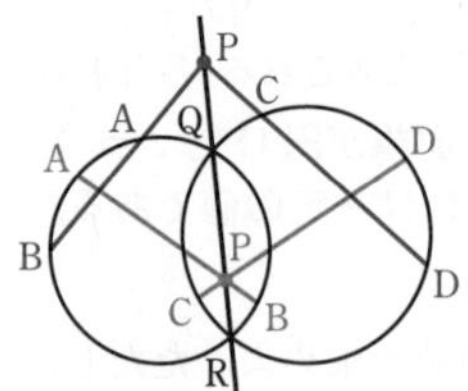

練習 ③ 96 (1) 円に内接する四角形 ABCD の対角線の交点 E から AD に平行な直線を引き，直線 BC との交点を F とする。このとき，F から四角形 ABCD の外接円に引いた接線 FG の長さは線分 FE の長さに等しいことを証明せよ。

(2) 基本例題 **90** を，方べきの定理の逆を用いて証明せよ。

重要例題 97 方べきの定理と等式の証明 ④④④④④

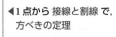

円に内接する四角形 ABCD の辺 AB，CD の延長の交点を E，辺 BC，AD の延長の交点を F とする。E，F からこの円に引いた接線の接点をそれぞれ S，T とするとき，等式 $ES^2+FT^2=EF^2$ が成り立つことを証明せよ。

基本 96

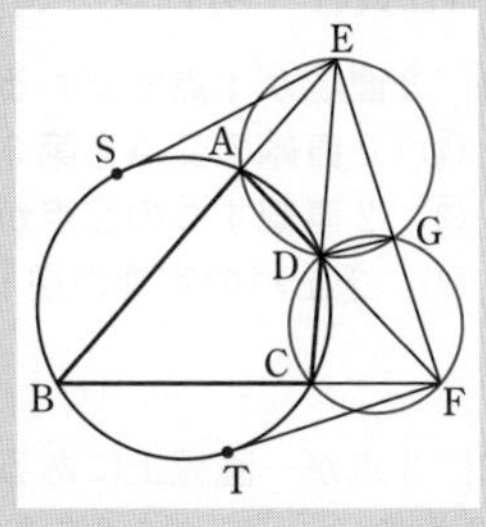

左辺の ES^2，FT^2 は，方べきの定理 $ES^2=EC\cdot ED$，$FT^2=FA\cdot FD$ に現れる。しかし，右辺の EF^2 については同じようにはいかないし，三平方の定理も使えない。
そこで，E と F が関係した円を新たにさがしてみよう。
まず，E が関係した円として，△ADE の外接円が考えられる。
そして，この円と EF の交点を G とすると，四角形 DCFG も円に内接することが示される。
よって，右図の赤い 2 円に関し，**方べきの定理が使える**。

CHART　1点から 接線と割線 で　方べきの定理

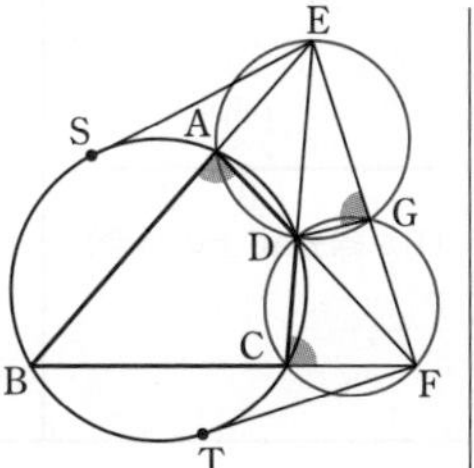

方べきの定理から

$ES^2=EC\cdot ED$ …… ①，

$FT^2=FA\cdot FD$ …… ②

△ADE の外接円と EF の交点を G とすると

$\angle EGD=\angle BAD$ …… ③

また，四角形 ABCD は円に内接するから

$\angle DCF=\angle BAD$ …… ④

③，④ から　$\angle EGD=\angle DCF$

ゆえに，四角形 DCFG も円に内接する。

よって，方べきの定理から

$EC\cdot ED=EF\cdot EG$ …… ⑤，

$FA\cdot FD=FE\cdot FG$ …… ⑥

①，⑤ から　$ES^2=EF\cdot EG$

②，⑥ から　$FT^2=FE\cdot FG$

したがって　$ES^2+FT^2=EF(EG+FG)=EF^2$

◀**1点から 接線と割線 で，方べきの定理**

◀**円に内接する四角形の内角は，その対角の外角に等しい。**

◀1つの内角が，その対角の外角に等しい。

◀$EG+FG=EF$

練習 ④ 97 右の図のように，AB を直径とする円 O の一方の半円上に点 C をとり，他の半円上に点 D をとる。直線 AC，BD の交点を P とするとき，等式

$$AC\cdot AP-BD\cdot BP=AB^2$$

が成り立つことを証明せよ。

p.176 EX64

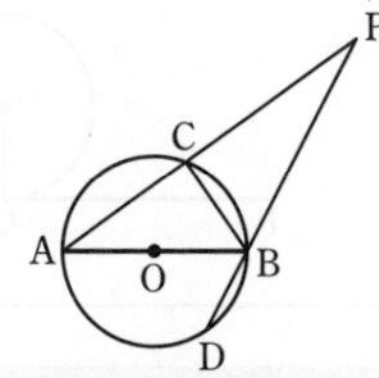

まとめ　平面図形のいろいろな条件

※「3 点～が一直線上にあることを示せ。」,「～は円 … の接線であることを示せ。」など，証明の手段がつかみにくい条件について，何を示せばよいかをここにまとめておく。（性質 1～4 について，①，②，…… のうちいずれか 1 つを示せばよい。）

1　3 直線が 1 点で交わるための条件（共点条件）

① 2 直線の交点を第 3 の直線が通る
② 2 直線ずつの交点が一致する
③ チェバの定理の逆 [$p.145$]

③
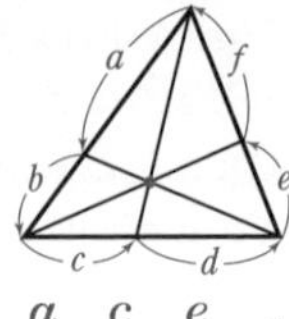

$$\frac{a}{b}\cdot\frac{c}{d}\cdot\frac{e}{f}=1$$

2　3 点が一直線上にあるための条件（共線条件）
（3 点を A，B，C；ℓ をある直線とする。）

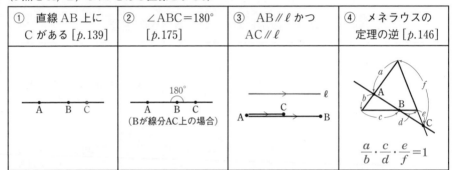

① 直線 AB 上に C がある [$p.139$]	② $\angle$ABC$=180^\circ$ [$p.175$]	③ AB$/\!/\ell$ かつ AC$/\!/\ell$	④ メネラウスの定理の逆 [$p.146$]
A　B　C	180° A　B　C （Bが線分AC上の場合）	ℓ C A　B	a　f　A　b　B　c　d　e　C $\frac{a}{b}\cdot\frac{c}{d}\cdot\frac{e}{f}=1$

3　4 点が 1 つの円周上にあるための条件（共円条件）

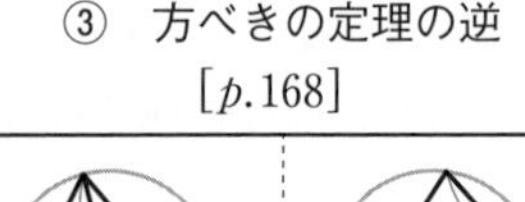

① 円周角の定理の逆 [$p.158$]	② 四角形が円に内接するための条件 [$p.159$]		③ 方べきの定理の逆 [$p.168$]	
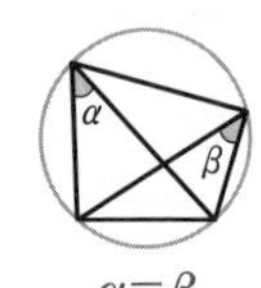  $\alpha=\beta$	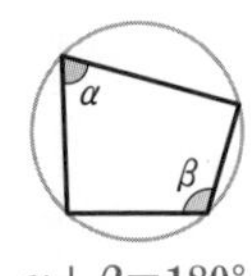 $\alpha+\beta=180^\circ$	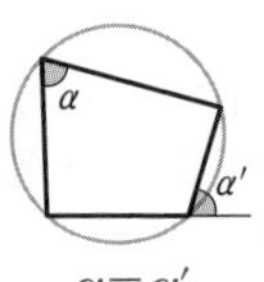 $\alpha=\alpha'$	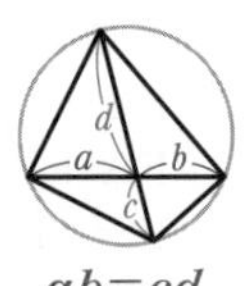 $ab=cd$	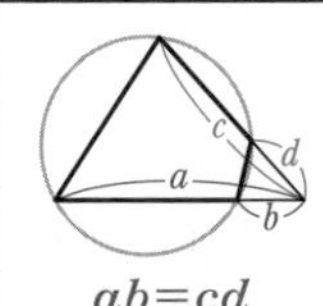 $ab=cd$

4　接線であるための条件（直線 PQ が，点 Q で円 O に接することを示す。）

① OQ$\perp$PQ（基本）	② 接弦定理の逆 [$p.164$]	③ 方べきの定理の逆 [$p.168$]
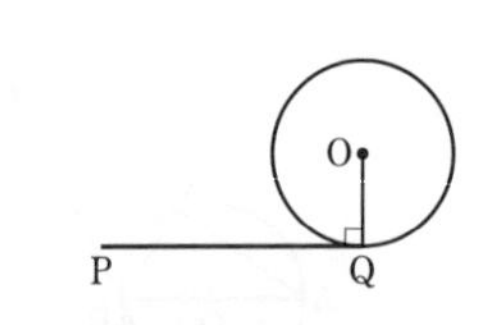	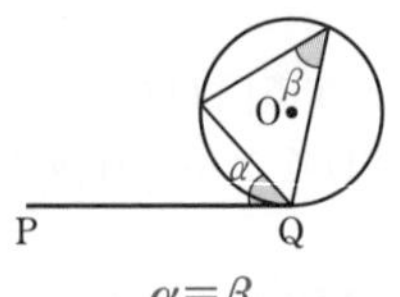 $\alpha=\beta$	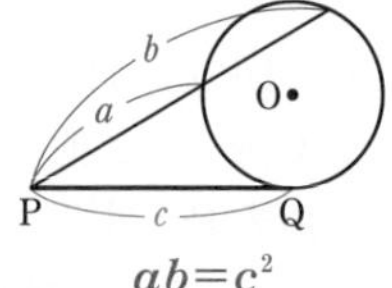 $ab=c^2$

基本事項

1 2つの円の位置関係　半径がそれぞれ r, r' $(r>r')$ である2つの円の中心間の距離を d とすると，2つの円の位置関係は次のようになる。

[1] 外部にある	[2] 外接する	[3] 2点で交わる	[4] 内接する	[5] 内部にある
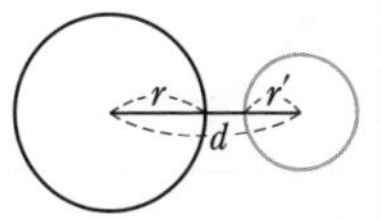	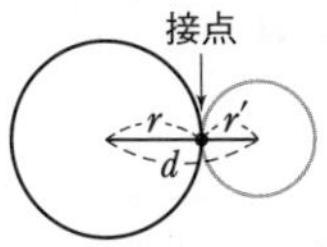	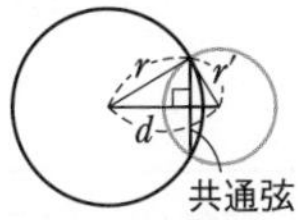	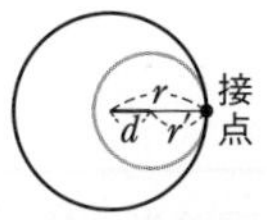	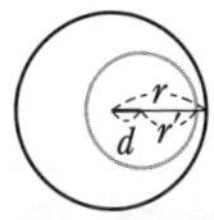
$d>r+r'$	$d=r+r'$	$r-r'<d<r+r'$	$d=r-r'$	$d<r-r'$

2 共通接線　1つの直線が，2つの円に接しているとき，この直線を2つの円の **共通接線** という。2つの円の共通接線の本数は，2つの円の位置関係によって決まる。

[1] 外部にある	[2] 外接する	[3] 2点で交わる	[4] 内接する	[5] 内部にある
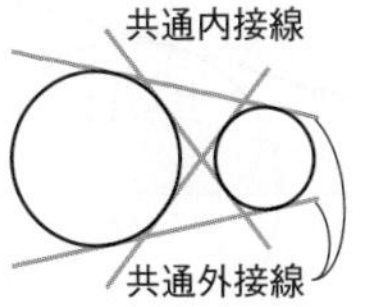	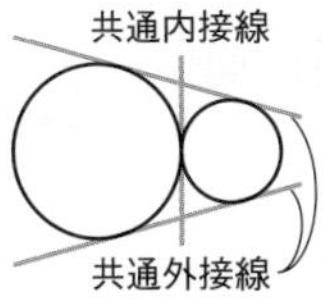			
共通接線は4本	3本	2本	1本	0本

解　説

■ 2つの円の位置関係

2つの円がただ1つの共有点をもつとき，この2つの円は互いに **接する** といい，

1 [2] のように，$d=r+r'$ のとき，2つの円は **外接** する

1 [4] のように，$d=r-r'$ のとき，2つの円は **内接** する

という。また，その共有点を **接点** という。

■ 中心線，共通弦

2つの円のそれぞれの中心を結ぶ直線を **中心線** という。また，2つの円が異なる2点で交わるとき，その交点を結ぶ線分を2つの円の **共通弦** という。中心線と共通弦について，次の性質がある。

① **2つの円が接するとき([2], [4])，接点は2つの円の中心を結ぶ直線上(中心線上)にある。**

② 2つの円が異なる2点で交わるとき([3])，2つの円は中心線に関して対称である。また，2つの円の中心線は2つの円の共通弦の垂直二等分線である。

■ 共通接線

2つの円が，共通接線 ℓ の両側にあるとき ℓ を2つの円の **共通内接線** といい，共通接線 ℓ の同じ側にあるとき ℓ を2つの円の **共通外接線** という。また，共通接線と2つの円の接点間の距離を **共通接線の長さ** という。

問　半径が異なる2つの円がある。2つの円は中心間の距離が9のとき外接し，中心間の距離が3のとき内接する。2つの円の半径を求めよ。

(＊) 問 の解答は $p.297$ にある。

基本 例題 98 共通接線の長さ ①①①①①

右の図のように，半径 5 の円 O と半径 12 の円 O′ があり，OO′=25 である。このとき，共通外接線 AB の長さと共通内接線 CD の長さを求めよ。

p.173 基本事項 2

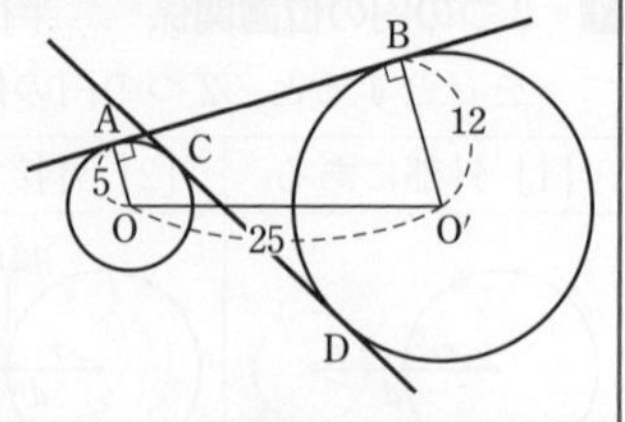

指針 ① **接線は半径に垂直　直角作って三平方** が問題解決のカギ。

［共通外接線］ 問題の図から　　OA⊥AB，O′B⊥AB　　ゆえに　　OA∥O′B

ここで，円 O の中心 O から O′B に垂線 OH を下ろすと，△OO′H は **直角三角形** となるから，**三平方の定理** により，線分 OH すなわち AB の長さが求められる。

［共通内接線］ 共通外接線の場合と同様に考える。

解答

(共通外接線 AB の長さ)

O から O′B に垂線 OH を下ろすと，∠A=∠B=90° であるから　AB=OH，BH=AO=5

△OO′H において，∠H=90° であるから

$$\begin{aligned}OH^2&=OO'^2-O'H^2\\&=25^2-(12-5)^2=25^2-7^2\\&=(25+7)(25-7)\\&=32\cdot18=8^2\cdot3^2\end{aligned}$$

OH>0 であるから　　OH=8・3=24

したがって　　**AB**=OH=**24**

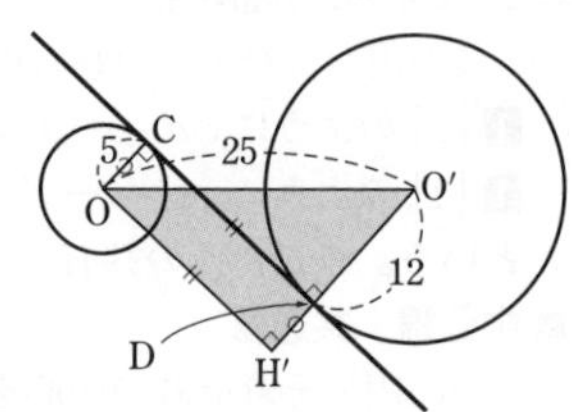

(共通内接線 CD の長さ)

O から線分 O′D の延長に垂線 OH′ を下ろすと，∠C=∠D=90° であるから

CD=OH′，DH′=CO=5

△OO′H′ において，∠H′=90° であるから

$$\begin{aligned}OH'^2&=OO'^2-O'H'^2\\&=25^2-(12+5)^2=25^2-17^2\\&=(25+17)(25-17)\\&=42\cdot8\end{aligned}$$

OH′>0 であるから　　OH′$=4\sqrt{21}$

したがって　　**CD**=OH′$=\mathbf{4\sqrt{21}}$

参考 2 つの円の半径を r，r' $(r\geqq r')$，中心間の距離を d とすると

共通外接線の長さ$=\sqrt{d^2-(r-r')^2}$

共通内接線の長さ$=\sqrt{d^2-(r+r')^2}$

練習 ② **98** 右の図のように，中心間の距離が 13，共通外接線の長さが 12，共通内接線の長さが 9 である 2 つの円 O，O′ がある。この 2 つの円の半径を，それぞれ求めよ。

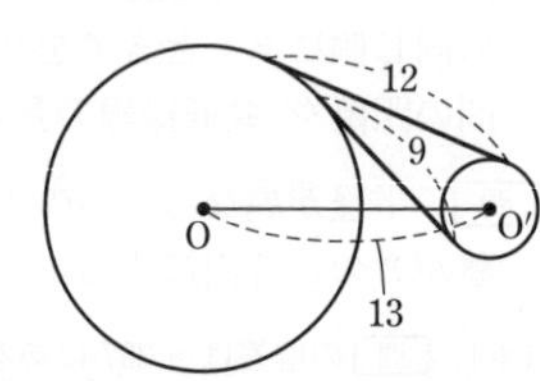

基本例題 99 外接する2つの円と直線

点Aで外接する2つの円O，O′の共通外接線の接点をそれぞれB，Cとする。

(1) △ABCは直角三角形であることを示せ。

(2) 円Oの直径BDを引くとき，3点D，A，Cは1つの直線上にあることを証明せよ。

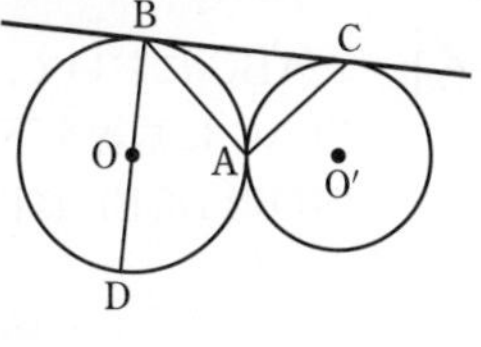

p.173 基本事項 1，2

指針 2つの円を結びつけるものとして重要なのは，次の3つである。

① **中心線**　② **共通弦**　③ **共通接線**

本問では，2円のようすから，③共通接線 を結びつける手段に考えるとよい。……★

(1) Aを通る共通接線とBCの交点をMとすると，Mから円O，O′に，それぞれ接線が2本ずつ引かれたことになる。
よって，**接線の長さは等しい** ことから　AM=BM=CM

(2) 3点D，A，Cが1つの直線上にあることをいうには，∠CAD=180° を示せばよい。

CHART 2つの円
1 交わる2円　共通弦を引く　中心線で垂直に2等分
2 接する2円　共通接線を引く　中心線上に接点あり

解答

(1) 2つの円の接点Aにおける共通接線とBCとの交点をMとする。
MA，MBは円Oの接線であるから　AM=BM
MA，MCは円O′の接線であるから　AM=CM
ゆえに　AM=BM=CM
よって，AはMを中心とする円，すなわち線分BCを直径とする円周上にあり　∠BAC=90°
したがって，△ABCは∠A=90°の直角三角形である。

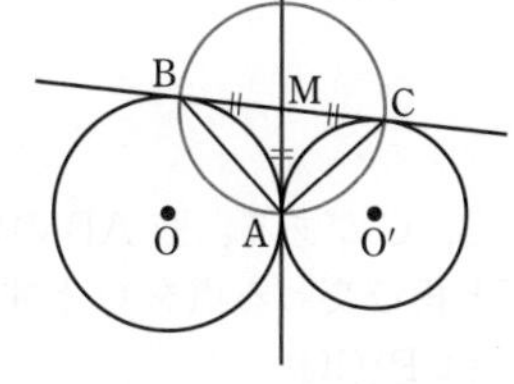

◀指針____……★の方針。共通内接線AMが問題解決のカギ。

◀**円の外部の1点からその円に引いた2本の接線の長さは等しい。**

◀かくれた円を見つける。

(2) 線分BDは円Oの直径であるから
∠BAD=90°
よって　∠CAD=∠BAD+∠BAC
=180°
ゆえに，3点D，A，Cは1つの直線上にある。

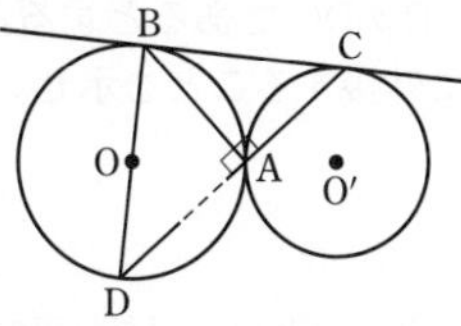

練習 ③99 点Pで外接する2つの円O，O′の共通外接線の接点をそれぞれC，Dとする。Pを通る直線と2つの円O，O′とのP以外の交点をそれぞれA，Bとすると，AC⊥BDであることを証明せよ。

p.176 EX65

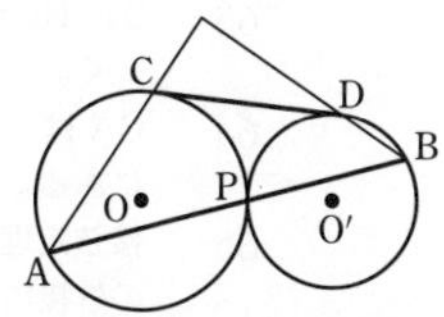

③61 △ABC において，AB=AC=3，BC=2 である。辺 BC の中点を D，頂点 B から辺 AC に垂線を下ろし，その交点を E，AD と BE の交点を F とする。このとき，四角形 DCEF は円に内接することを示し，その外接円の周の長さを求めよ。

→89, 90

②62 図のように，大きい円に小さい円が点 T で内接している。点 S で小さい円に接する接線と大きい円との交点を A，B とするとき，∠ATS と ∠BTS が等しいことを証明せよ。

〔神戸女学院大〕

→93

②63 △ABC において，点 A から辺 BC に垂線 AH を下ろす。線分 AH を直径とする円 O と辺 AB，AC の交点をそれぞれ D，E とし，円 O の半径を 1，BH=1，CE=3 とする。

(1) 線分 DB の長さを求めよ。

(2) 線分 HC と線分 CA の長さをそれぞれ求めよ。

(3) ∠EDH の大きさを求めよ。

〔大分大〕

→95

④64 円周上に 3 点 A，B，C がある。弦 AB の延長上に 1 点 P をとり，点 C と点 P を結ぶ線分がこの円と再び交わる点を Q とする。このとき，

$$CA^2=CP\cdot CQ$$

が成り立つとすると，△ABC はどのような三角形か。

→97

③65 四角形 ABCD において，AC と BD の交点を P とする。∠APB=∠CPD=90°，AB∥DC であるとする。このとき，△PAB と △PCD のそれぞれの外接円は互いに外接することを示せ。

〔倉敷芸科大〕

→99

61　線分 CF は外接円の直径である。その長さを求めるには，線分 DF の長さが必要。これを相似な三角形を利用して求める。△BFD と △ACD に着目。

62　T における 2 つの円の共通接線を引き，接弦定理を利用する。

63　(2) HC=x，CA=y として，三平方の定理と方べきの定理から得られる連立方程式を解く。

64　CA は △AQP の外接円に接する（**方べきの定理の逆**）。4 点 A，C，Q，B は 1 つの円周上にある。これらのことを利用。

65　**接弦定理の逆** を利用。△PAB の外接円の，点 P における接線を引き，この直線に △PCD の外接円が接することを示す。

参考事項　9 点 円

※三角形と円に関して，次のことが成り立つ。

> 三角形の各辺の中点3つ，各頂点から向かい合う辺に下ろした垂線の足(*) 3つ，垂心と各頂点を結ぶ線分の中点3つ，合計9つの点は1つの円周上にある。
> このとき，この円を **9点円**（オイラー円，フォイエルバッハ円）という。

この理由を，鋭角三角形ABCについて考えてみよう。

△ABCの3頂点A，B，Cからそれぞれ辺BC，CA，ABに下ろした垂線の足(*)をD，E，F；垂心をHとし，線分AH，BH，CHの中点をそれぞれP，Q，R；3辺BC，CA，ABの中点をそれぞれL，M，Nとする。

　　PQ∥AB∥ML，LQ∥CH∥MP，AB⊥CH

であるから　　PQ⊥LQ

ゆえに，四角形PQLMは長方形である。同様に

　　NM∥BC∥QR，NQ∥AH∥MR，BC⊥AH

であるから　　NM⊥NQ

ゆえに，四角形NQRMも長方形である。

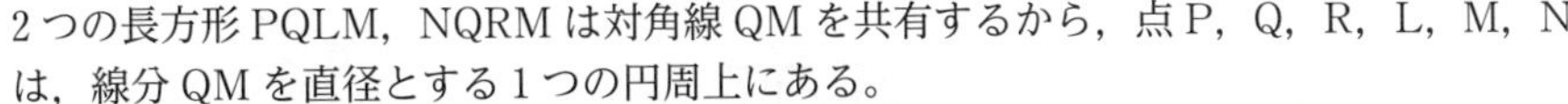

2つの長方形PQLM，NQRMは対角線QMを共有するから，点P，Q，R，L，M，Nは，線分QMを直径とする1つの円周上にある。

このとき，線分PL，RNもそれぞれ長方形PQLM，NQRMの対角線であるから，この円の直径であって　　∠PDL＝90°，∠QEM＝90°，∠RFN＝90°

よって，点D，E，Fも上の円の周上にある。

したがって，9点P，Q，R，L，M，N，D，E，Fは1つの円周上にある。

注意　(＊)　**垂線の足** とは，点から直線に垂線を下ろしたときの，直線と垂線の交点のこと。

9点円に関して，次のような性質が成り立つことが知られている。

① **9点円の中心は，もとの三角形の外心と垂心を結ぶ線分の中点であり，9点円の半径は外接円の半径の半分である。**

② **9点円の中心と，もとの三角形の重心，外心，垂心は一直線上にある。**

③ **9点円は，もとの三角形の内接円と傍接円に接する。**(フォイエルバッハの定理)

①

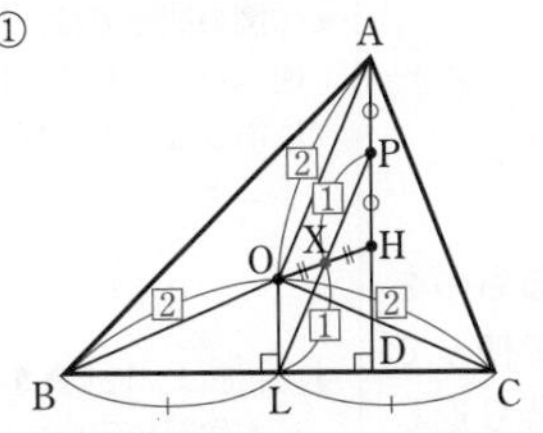

②

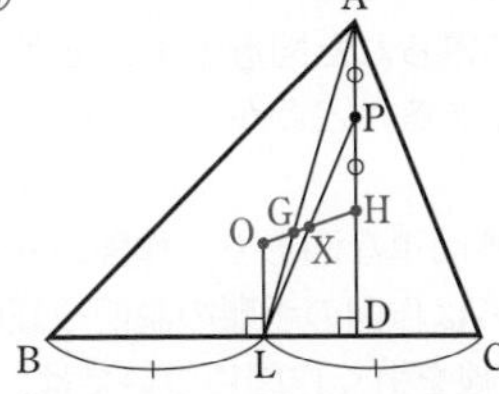

②に関し
OG：GH＝1：2
(基本例題78)
OX：XH＝1：1 (①)
⟶ OG：GX：XH
　＝2：1：3

△ABCの外心をO，垂心をH，重心をG，9点円の中心をXとする。

16 作　図

基本事項

1 作図

定規とコンパスだけを用いて，次の規約に基づき，与えられた条件を満たす図形をかくことを **作図** という（この2つの規約を **作図の公法** ともいう）。

- **・定規**　与えられた2点を通る直線を引く。線分を延長する。
- **・コンパス**　与えられた1点を中心として，与えられた半径の円をかく。

2 基本作図

①，②，… は作図の順序を示し，① と ①′，② と ②′，… は等しい半径の円を示す。

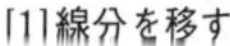
[1] 線分を移す

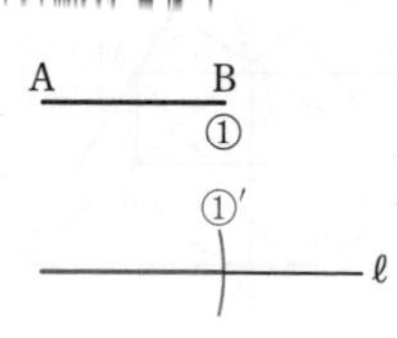

[2] 角を移す

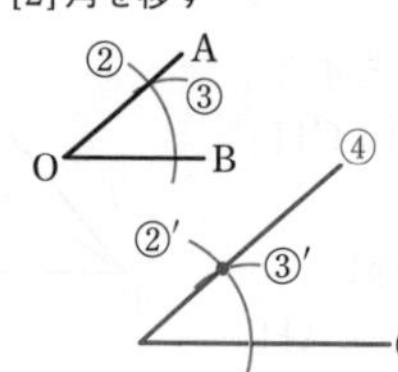

[3] 垂直二等分線　[4] 角の二等分線

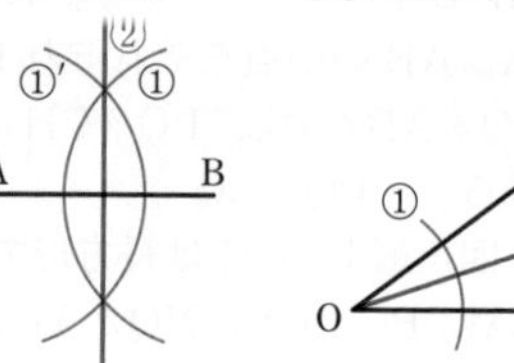

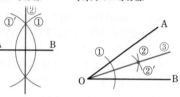

[5] 点を通る垂線

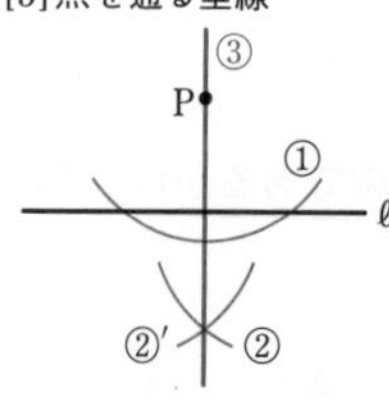

[6] 点を通る平行線

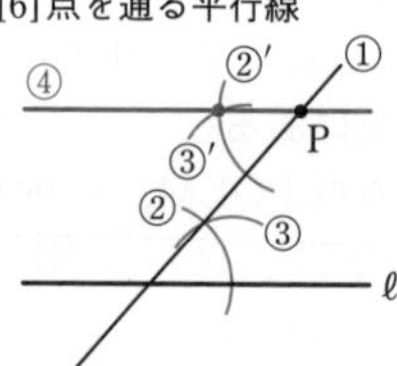

[7] 線分の分点

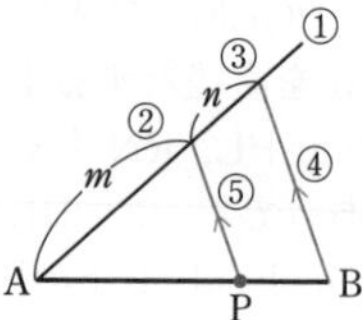

解　説

■ 作図

本来，作図の問題を完全に解くには，次のⅠ～Ⅳのことが行われるが，ここでは，作図の手順について主に学習する。

Ⅰ　**解析**　作図ができたものと仮定して，満たすべき条件を見い出し，作図方法を発見する。

Ⅱ　**作図**　作図の手順を述べる。

Ⅲ　**証明**　作図によって得られた図形が条件を満たすことを示す。

Ⅳ　**吟味**　作図が可能であるかどうか，ということを調べる。

◀ **作図の完全解** という。

◀ Ⅰ～Ⅳの中では，主にⅡについて学習する。

◀ 作図の問題では，作図に使ったコンパスの線などは消さないで，残しておくこと。

■ 基本作図

1 の作図の方法でかける簡単な図形で，作図の基本となるものを **基本作図** といい，これらは作図の手順の説明や証明なしで使ってよい。なお，[6] の平行線を引く作図については，[5] を繰り返し用いてもできるが，幾何学の一般的な基本作図として定着しているのは，上の [6] の方法である。

◀ [6] では，[2] **角を移す** 基本作図を用いている（平行線の錯角が等しいことを利用）。

基本 例題 100 相似な図形の作図

右の図のような，O を中心とする扇形 OAB の内部に正方形 PQRS を，辺 QR が線分 OA 上，頂点 P が線分 OB 上，頂点 S が弧 AB 上にあるように作図せよ(作図の方法だけ答えよ)。

p.178 基本事項 2

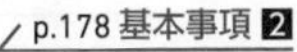

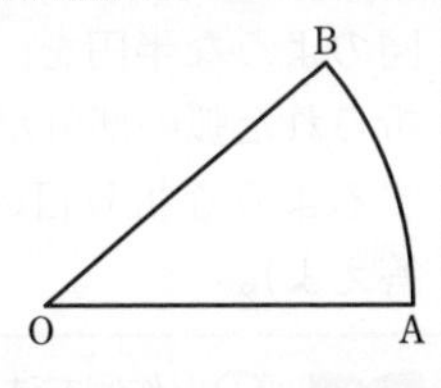

指針 問題の条件は，正方形 PQRS が扇形 OAB に内接するように作図すること。しかし，条件に適した図形を直ちにかくのは難しい。
そこで，「扇形 OAB に内接する」の 条件を弱くして，
辺 Q′R′ が線分 OA 上にあり，頂点 P′ が線分 OB 上にあるような正方形 P′Q′R′S′
をかくことから始めてみよう。
そして，正方形はすべて相似であるから，正方形 P′Q′R′S′ を拡大し，頂点 S′ が弧 AB 上の点 S に移るようにすればよい，と考える。
なお，このような作図の方法を **相似法** ともいう。

CHART 作図方法の発見　条件の一部を考える

解答

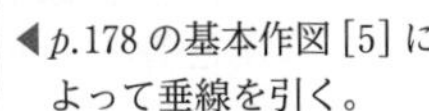

① 線分 OB 上に点 P′ をとり，P′ から線分 OA 上に垂線 P′Q′ を引く。

◀ *p*.178 の基本作図 [5] によって垂線を引く。

② 線分 P′Q′ を 1 辺とする正方形 P′Q′R′S′ を扇形 OAB の内部に作る。

◀ 正方形は，基本作図
[1] **線分を移す**
[5] **点を通る垂線を引く**
を組み合わせて，かくことができる。

③ 直線 OS′ と弧 AB の交点を S とし，S から線分 OA に平行に引いた直線と線分 OB の交点を P とする。

④ S，P から線分 OA 上にそれぞれ垂線 SR，PQ を引く。

このとき，四角形 PQRS は，O を相似の中心として，正方形 P′Q′R′S′ と相似の位置にある正方形である。
したがって，この四角形 PQRS が求める正方形である。

◀ 相似の中心，相似の位置については，中学で学習。

練習 ② 100 右の図のような，鋭角三角形 ABC の内部に，2PQ＝QR である長方形 PQRS を，辺 QR が辺 BC 上，頂点 P が辺 AB 上，頂点 S が辺 CA 上にあるように作図せよ(作図の方法だけ答えよ)。

p.184 EX 66

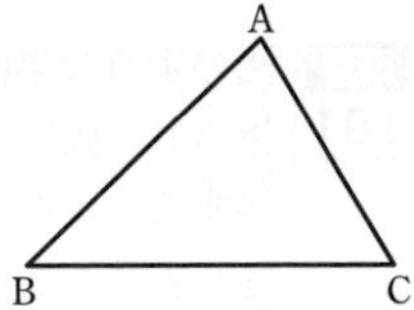

3章 16 作図

基本例題 101 対称な図形の作図

図のような半円を，弦を折り目として折る。このとき，折られた弧の部分が直径上の点Pにおいて，直径に接するような折り目の線分を作図せよ(作図の方法だけ答えよ)。

p.178 基本事項 2

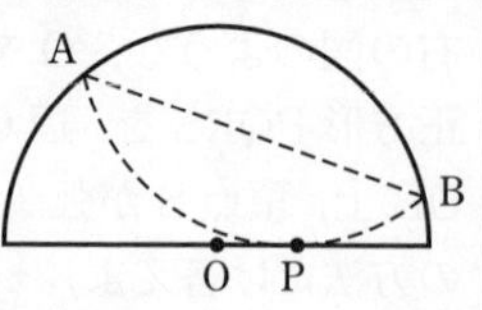

指針 作図方法の発見　作図ができたとして考える

折る とは，**対称移動** するということ。折り目は **対称の軸** である。
まずは，**作図ができたとして**，対称な図形と折り目の関係を考えてみよう。
…… このような考察が作図法の **解析** にあたる。

[1] 右の図の折り目 AB に関して，点 O と対称な点を O′ とすると，線分 O′P は円 O′ の半径である。

[2] 円 O′ は点 P で半円 O の直径と接するから　O′P ⊥ OP

以上のことを，手がかりにして作図すればよい。

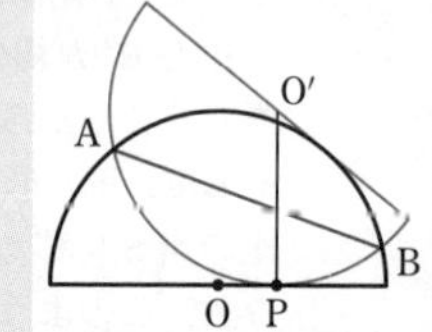

解答

① 点 P を通り，直径に垂直な直線を引く。

② ① の垂線上に半円 O の半径と等しい長さの線分 O′P をとる。

③ 点 O′ を中心として，半円 O と等しい半径の円をかく。

④ 半円 O と円 O′ の 2 つの交点 A，B を結ぶ線分 AB をかく。

このとき，線分 AB が折り目の線分となる。

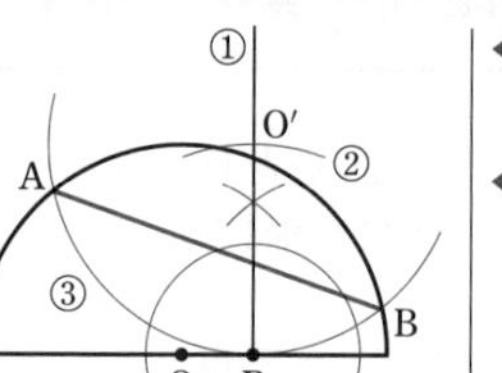

◀ *p*.178 の基本作図 [5] によって垂線を引く。

◀ *p*.178 の基本作図 [1]

◀ 折り目は線分 OO′ の垂直二等分線である。

検討 **円の接線に関する作図** (次の例題と関連)

図 [1]　直線 ℓ 上の点 P で接する円 O
図 [2]　円外の点 P から引いた円 O の接線(2 本ある)
の作図であり，①，②，…… は作図の順序を示す。なお，図 [2] の点 M は線分 OP の中点である。

[1]

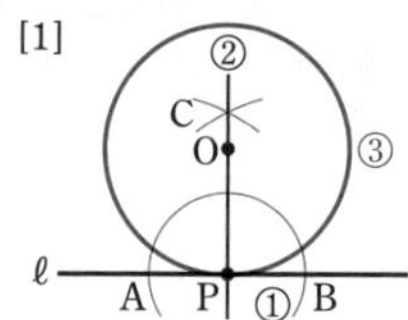

[2]

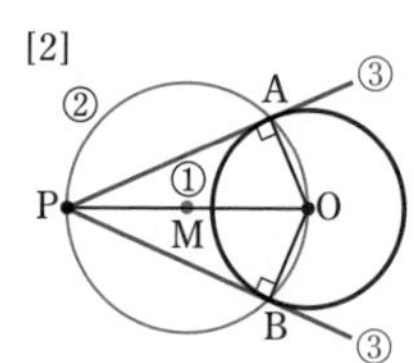

練習 ②101 図のような半円を，弦を折り目として折る。このとき，折られた弧の上の点 Q において，折られた弧が直径に接するような折り目の線分を作図せよ(作図の方法だけ答えよ)。

p.184 EX 68

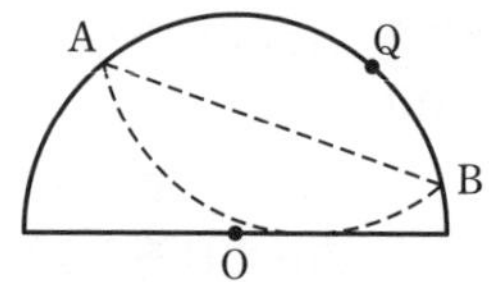

基本例題 102 2円の共通接線の作図 ③③③③③

右の図のように，2つの円O，O′がある。この2つの円の共通外接線を作図せよ。
なお，円O，O′の半径を，それぞれ r，r' $(r>r')$ とする。

p.178 基本事項 2

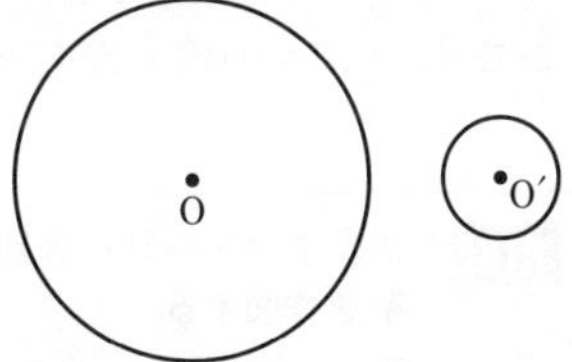

図のように，**共通外接線 AA′ が引けたとする**と，四角形 APO′A′ は長方形である。
この点Pが作図のポイントで，点Pに関し
$\angle \mathrm{OPO'}=90°$ ⟶ **直径 OO′ の円**
$\mathrm{OP}=\mathrm{OA}-\mathrm{O'A'}$ ⟶ **中心 O，半径 $r-r'$ の円**
つまり，この2円の交点をPとすればよい。
なお，2円は離れているから，共通外接線は2本あることに注意する。

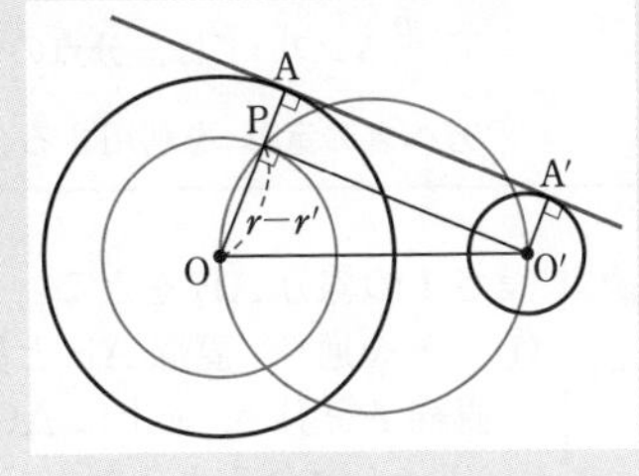

解答

① Oを中心として，半径 $r-r'$ の円をかく。
② 線分 OO′ の中点を中心として，線分 OO′ を直径とする円をかく。
③ ①の円と②の円の交点をP，Qとする。
④ 半直線 OP，OQ と円Oの交点を，それぞれA，Bとする。
⑤ 点O′を通り，線分 OA，OB に平行な直線と円O′との交点を，それぞれA′，B′とする。
⑥ 直線 AA′ と直線 BB′ を引く。
この2直線が2円O，O′の共通外接線である。

このとき $\angle \mathrm{OPO'}=90°$,
$\mathrm{AP}=\mathrm{OA}-\mathrm{OP}=r-(r-r')=r'$
また，OA∥O′A′ であるから，四角形 APO′A′ は長方形となる。
ゆえに $\angle \mathrm{OAA'}=\angle \mathrm{O'A'A}=90°$
よって，直線 AA′ は2円O，O′の共通外接線である。
直線 BB′ についても同様にして示される。

◀円Oの適当な半径に，長さ r' の線分を移して，半径 $r-r'$ の円をかく。

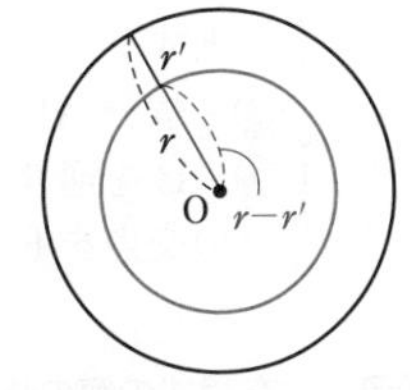

◀②は線分 OO′ とその垂直二等分線の交点から円の中心を定める。
◀⑤は $p.178$ の基本作図 [6]
◀①～⑥の手順で作図された図形が条件を満たすことを示す。

3章 ⑯ 作図

練習 ③102 上の例題の2つの円O，O′について，この2つの円の共通内接線を作図せよ。

p.184 EX69

基本例題 103 長さが与えられた線分の作図

長さ 1，a，b の線分が与えられたとき，長さ $\sqrt{\dfrac{b}{a}}$ の線分を作図せよ。

p.178 基本事項 2　重要 104

指針 長さが与えられた線分を作図するには，**ほしい長さを x とおいた方程式を作り，その解を作図する。**

例題の場合，$x=\dfrac{b}{a}$，$y=\sqrt{x}$ とおき，商 $\dfrac{b}{a}$ と平方根 $\sqrt{x}$ の作図を考えればよい。

商 $\dfrac{b}{a}$ については，**分点の作図**（基本作図 [7]）を利用し，平方根 $\sqrt{x}$ については，**方べきの定理** を利用する。…… 詳しくは，下の 検討 を参照。

解答

長さ 1 の線分 AB をとる。

① A を通り，直線 AB と異なる直線 ℓ を引き，ℓ 上に AC$=a$，CD$=b$ となるような点 C，D をとる。
ただし，C は線分 AD 上にとる。

② D を通り，BC に平行な直線を引き，直線 AB との交点を E とする。

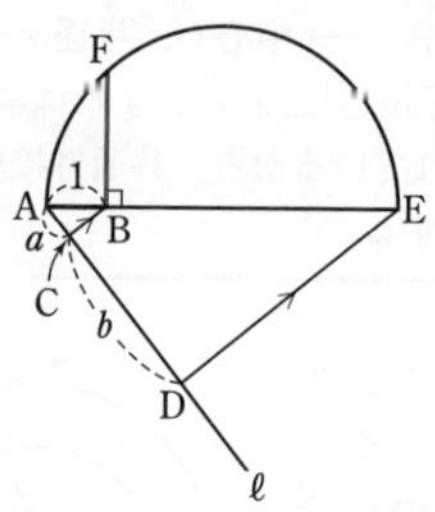

③ 線分 AE を直径とする半円をかく。

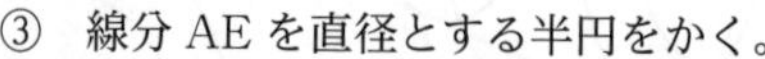

④ B を通り，直線 AB に垂直な直線を引き，③ の半円との交点を F とする。線分 BF が求める線分である。

BE$=x$，BF$=y$ とすると，BC∥ED から

$a:b=1:x$

よって　$x=\dfrac{b}{a}$

方べきの定理から

$y^2=1\cdot x$

（検討 の図 [3] 参照）

ゆえに　$y=\sqrt{x}=\sqrt{\dfrac{b}{a}}$

したがって，線分 BF は長さ $\sqrt{\dfrac{b}{a}}$ の線分である。

検討

方程式の解の作図 … a，b は定数。すなわち，与えられた線分の長さとする。

1 **1 次方程式 $ax=bc$（c は定数）の解の作図**

図 [1] で，**平行線と線分の比の性質** から

$a:b=c:x$　　よって　$ax=bc$

図 [2] で，**方べきの定理** から　$ax=bc$

よって　$a=1$ のとき　$x=bc$（積），

$c=1$ のとき　$x=\dfrac{b}{a}$（商）

[1]

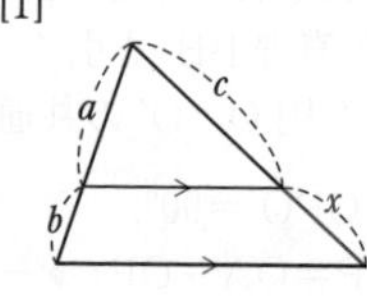

[2]

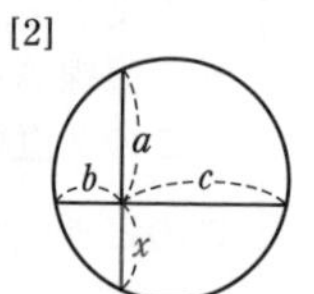

2 **2 次方程式 $x^2=ab$ の解の作図**

図 [3] で，**方べきの定理** から　$x^2=ab$

図 [4] で，**方べきの定理** から　$x^2=ab$

よって　$x=\sqrt{ab}$

特に，$b=1$ のとき　$x=\sqrt{a}$（平方根）

[3]

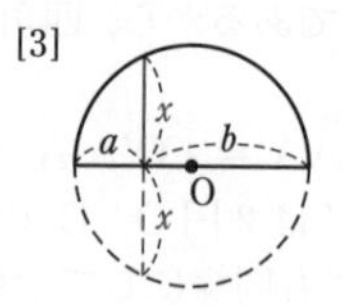

[4]

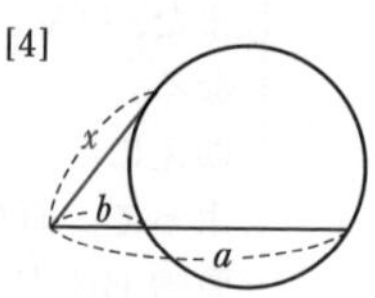

練習 ② 103 長さ 1，a，b の線分が与えられたとき，次の長さの線分を作図せよ。

(1) $\dfrac{b^2}{a}$　　(2) $\dfrac{\sqrt{a}}{b}$

重要例題 104 2次方程式の解と作図

長さ1の線分が与えられたとき，次の2次方程式の正の解を長さにもつ線分を作図せよ。

(1) $x^2+4x-1=0$　　　　(2) $x^2-2x-4=0$

基本 103

2次方程式の解の公式の形からもわかるように，平方根に関する作図であるから，前ページで学習したように，**方べきの定理**を利用する。
まず，与えられた方程式を，

方べきの定理 $PA\cdot PB=PT^2$

の形の式に変形する。そして，右の図形に値を当てはめる。

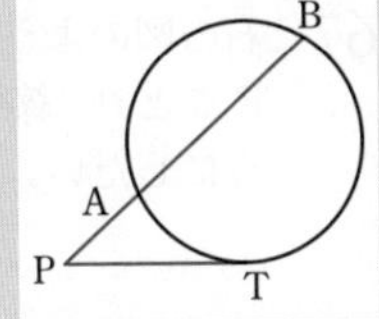

解答

(1) $x^2+4x-1=0$ から　$x(x+4)=1^2$

① 直径4の円Oをかく。

② 円Oの周上の点Tを通り，OTに垂直な直線を引く。その直線上に $PT=1$ となるような点Pをとる。

③ 直線POと円Oの交点を，図のようにA，Bとすると，線分PAが求める線分である。

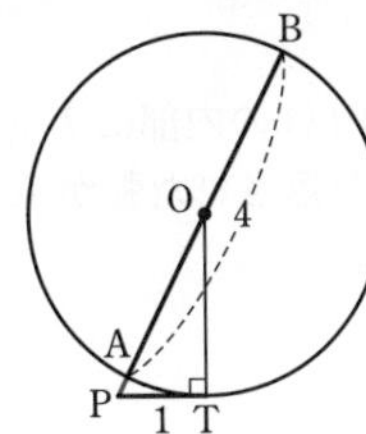

このとき，$PA=x$ とすると，方べきの定理から

$x(x+4)=1^2$　すなわち　$x^2+4x-1=0$

ゆえに，線分PAは2次方程式 $x^2+4x-1=0$ の正の解を長さにもつ線分である。

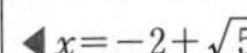
◀$x=-2+\sqrt{5}$

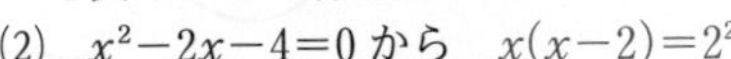
(2) $x^2-2x-4=0$ から　$x(x-2)=2^2$

① 直径2の円Oをかく。

② 円Oの周上の点Tを通り，OTに垂直な直線を引く。その直線上に $PT=2$ となるような点Pをとる。

③ 直線POと円Oの交点を，図のようにA，Bとすると，線分PBが求める線分である。

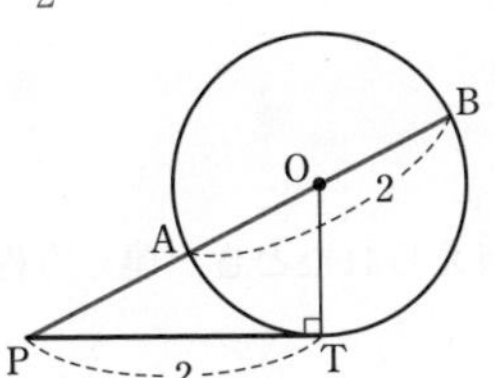

このとき，$PB=x$ とすると，方べきの定理から

$x(x-2)=2^2$　すなわち　$x^2-2x-4=0$

ゆえに，線分PBは2次方程式 $x^2-2x-4=0$ の正の解を長さにもつ線分である。

◀$x=1+\sqrt{5}$

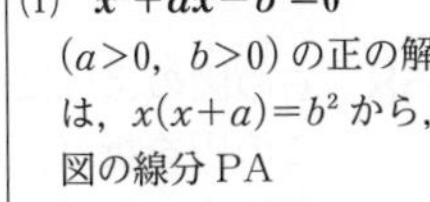
(1) $\boldsymbol{x^2+ax-b^2=0}$
$(a>0,\ b>0)$ の正の解は，$x(x+a)=b^2$ から，図の線分PA

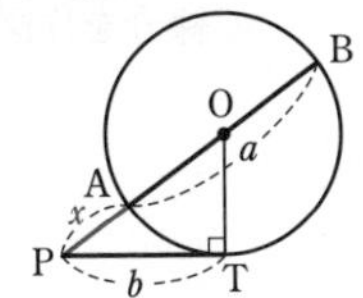

(2) $\boldsymbol{x^2-ax-b^2=0}$
$(a>0,\ b>0)$ の正の解は，$x(x-a)=b^2$ から，図の線分PB

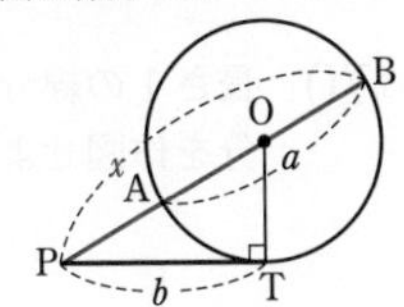

練習 ③104 長さ1の線分が与えられたとき，次の2次方程式の正の解を長さにもつ線分を作図せよ。

(1) $x^2+5x-2=0$　　　　(2) $x^2-4x-3=0$

p.184 EX70

EXERCISES

④66 長さ a の線分が与えられたとき，対角線と 1 辺の長さの和が a である正方形を作図せよ。

→100

④67 右の図のような △ABC の辺 AB，AC 上にそれぞれ点 D，E をとり，線分 BD，DE，CE の長さがすべて等しくなるようにしたい。このような線分 DE を作図せよ。 →100

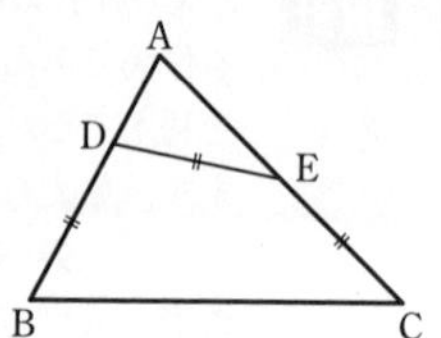

③68 右の図のように，円 O の内部に 2 点 A，B が与えられている。この円を折り，折り返された弧が A，B を通るような折り目の線分を作図せよ。 →101

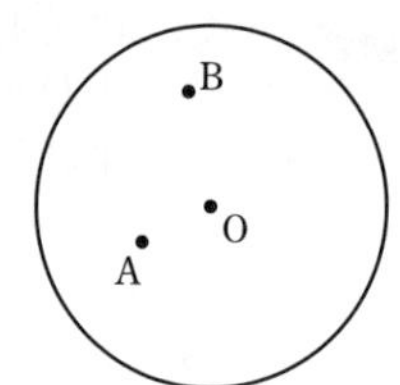

③69 右の図のように，半径の等しい 2 つの円 O，O′ と直線 ℓ がある。直線 ℓ 上に中心があり，2 つの円 O，O′ に接する円を 1 つ作図せよ。 →102

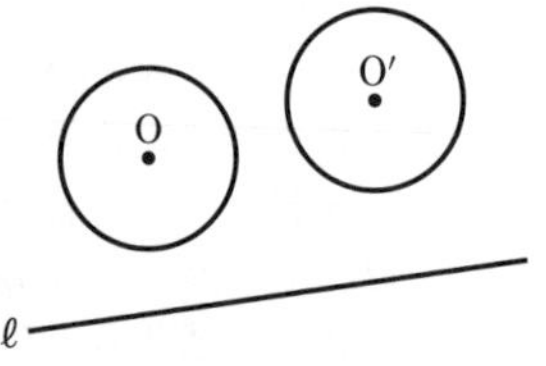

③70 長さ 1 の線分が与えられたとき，連立方程式 $x+y=4$，$xy=1$ の解を長さにもつ線分を作図せよ。

→104

④71 2 定点 A，B を結ぶ線分の中点を，コンパスのみを使って作図せよ。

66 正方形の対角線の延長上に正方形の 1 辺を移して考える。
67 四角形 ABC′E′ を，辺 BA，AE′，E′C′ の長さがすべて等しくなるように作る。
68 折り目に関して，円 O と対称な円の周上に 2 点 A，B がある。
69 求める円の中心を P とすると，P は 2 点 O，O′ から等距離にあるから，P は線分 OO′ の垂直二等分線上にある。
70 y を消去すると，$x(4-x)=1$ となるから，方べきの定理が利用できないかと考える。
71 まず，線分 AB の B を越える延長上に AR=2AB となる点 R を作図する。次に，点 R を中心とする半径 AR の円と，点 A を中心とする半径 AB の円との交点を利用する。

17 空 間 図 形

基本事項

1 2直線 ℓ, m の位置関係

[1] 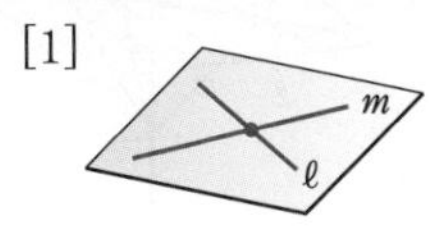

[2] 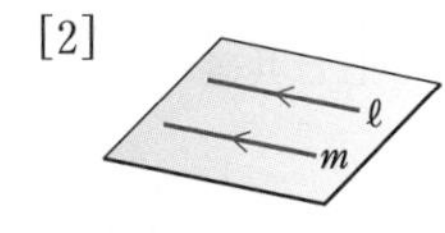

[3] 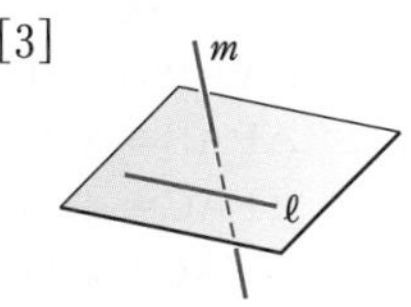

[1] **1点で交わる** 同じ平面上にあって，ただ1つの共有点をもつ。
[2] **平　行** 同じ平面上にあって，共有点がない。このとき，$\boldsymbol{\ell /\!/ m}$ と表す。
[3] **ねじれの位置** 同じ平面上にない。
このとき，ℓ と m は共有点をもたず，また平行でもない。

参考 3直線 ℓ, m, n について，$\boldsymbol{\ell /\!/ m}$，$\boldsymbol{m /\!/ n}$ **ならば** $\boldsymbol{\ell /\!/ n}$ が成り立つ。

2 2直線 ℓ, m のなす角

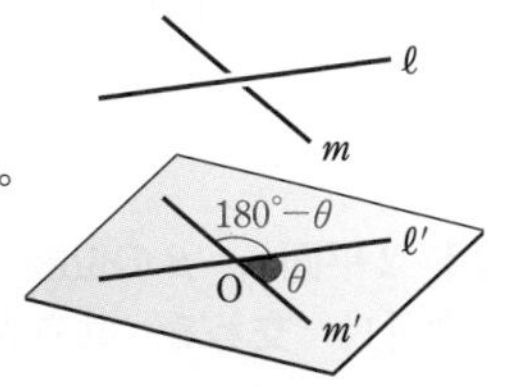

2直線 ℓ, m が平行でないとき，任意の点Oを通り ℓ, m に平行な直線を，それぞれ ℓ', m' とすると，ℓ', m' は同じ平面上にあり，ℓ', m' のなす角 θ は点Oのとり方によらず一定である。このとき，θ を **2直線 $\boldsymbol{\ell}$, $\boldsymbol{m}$ のなす角** という。
2直線 ℓ, m のなす角が直角であるとき，ℓ, m は **垂直** であるといい，$\boldsymbol{\ell \perp m}$ と表す。垂直な2直線 ℓ と m が交わるとき，ℓ と m は **直交する** という。
また，平行な2直線の一方に垂直な直線は，他方にも垂直である。

3 直線 ℓ と平面 α の位置関係

[1] 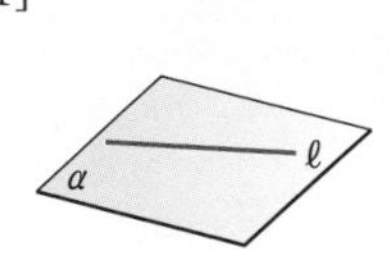

[2] 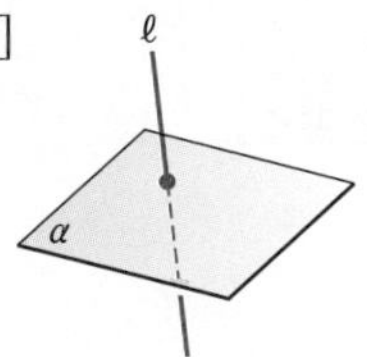

[3] 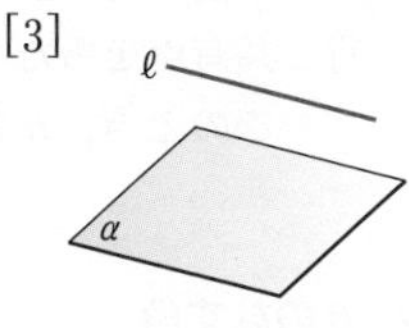

[1] **直線が平面に含まれる** 直線上のすべての点が平面上の点でもある。
[2] **1点で交わる** ただ1つの共有点をもつ。
[3] **平　行** 共有点をもたない。このとき，$\boldsymbol{\ell /\!/ \alpha}$ と表す。

4 直線と平面の垂直

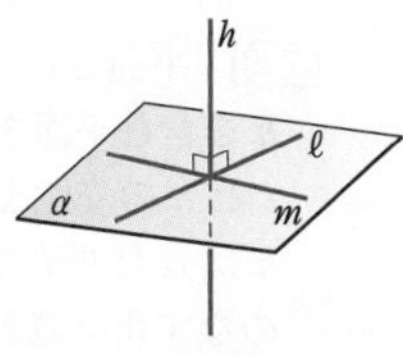

直線 h が，平面 α 上のすべての直線に垂直であるとき，直線 h は α に **垂直** である，または α に **直交** するといい，$\boldsymbol{h \perp \alpha}$ と書く。また，このとき，h を平面 α の **垂線** という。

[定理] 直線 $\boldsymbol{h}$ が，平面 $\boldsymbol{\alpha}$ 上の交わる2直線 $\boldsymbol{\ell}$, $\boldsymbol{m}$ に垂直ならば，直線 $\boldsymbol{h}$ は平面 $\boldsymbol{\alpha}$ に垂直である。

基本事項

証明　直線 h と平面 α の交点をOとし，Oを通り α 上にある ℓ, m 以外の任意の直線を n とする。Oを通らない直線と ℓ, m, n がそれぞれA, B, Cで交わるとき，直線 h 上に，α に関して互いに反対側にある点P, P′をとり，OP=OP′とする。
OA⊥h, OB⊥h のとき
　　　PA=P′A, PB=P′B, ABは共通
よって　　△PAB≡△P′AB
ゆえに　　∠PAC=∠P′AC
△PACと△P′ACにおいて，PA=P′A, ACは共通であるから　　△PAC≡△P′AC　　よって　　PC=P′C
また　　OP=OP′　　ゆえに　　OC⊥h
したがって，h は α 上の任意の直線と垂直となるから，h⊥α が成り立つ。

注意　垂線の足
平面 α 上にない点Aを通る α の垂線が，平面 α と交わる点Hを，点Aから平面 α に下ろした **垂線の足** という。
点Aから直線 ℓ に下ろした **垂線の足** も同様に定義する。

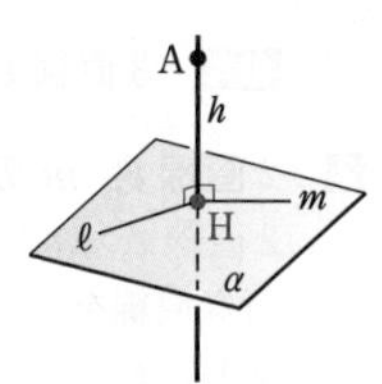

5 2平面 α, β の位置関係

[1]　**交わる**　共有点をもつ。
このとき，α と β の共有点全体は1つの直線になる。この直線を2平面の **交線** という。

[2]　**平　行**　共有点をもたない。
このとき，$\alpha /\!/ \beta$ と書く。

[1]

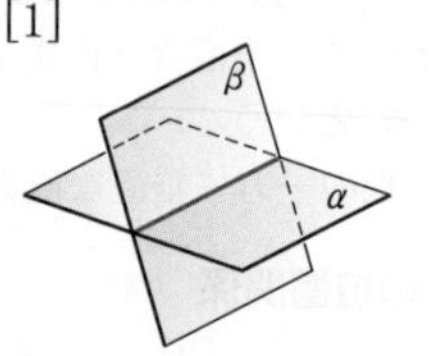

[2]

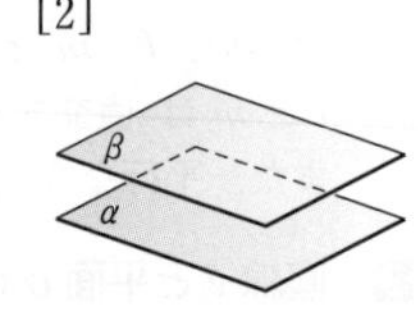

6 2平面 α, β のなす角

交わる2平面の交線上の点から，各平面上に，交線に垂直に引いた2直線のなす角を **2平面のなす角** という。
2平面 α, β のなす角が直角であるとき，α, β は **垂直** である，または **直交** するといい，$\alpha \perp \beta$ と書く。

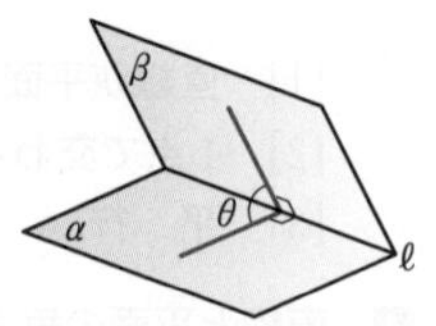

[定理]　平面 α の1つの垂線を含む平面は，α に垂直である。

証明　平面 α の1つの垂線を h とする。
h を含む平面を β とし，β と α の交線を ℓ とする。
ℓ と h の交点を通り，ℓ に垂直な直線 m を α 上に引く。
h は α に垂直であるから，h は m に垂直となり，2平面 α, β のなす角は直角である。

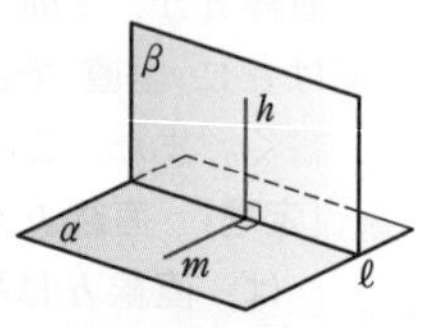

基本例題 105 2直線の垂直，直線と平面の垂直 ①①①①①

正四面体 ABCD について，次のことを証明せよ。
(1) 辺 AB の中点を M とする。
(ア) 辺 AB は平面 CDM に垂直である。 (イ) 辺 AB と辺 CD は垂直である。
(2) 辺 BC，AC，AD，BD の中点をそれぞれ P，Q，R，S とするとき，四角形 PQRS は正方形である。

p.185 基本事項 2，4

指針 (1) (ア) 直線と平面の垂直に関する，次の定理（p.185 基本事項 4）を利用する。

直線 h が，平面 α 上の交わる2直線に垂直 ⟹ 直線 $h\perp$平面 α

平面 CDM 上の交わる2直線 CM，DM に対し，AB⊥CM，AB⊥DM を示す。

(イ) **直線 $h\perp$平面 α ⟹ 直線 h は平面 α 上のすべての直線に垂直**
したがって，(ア)が示されれば直ちにわかる。

(2) PQ=QR=RS=SP はわかりやすい。後は，1つの内角が 90° であることをいいたい。
そこで「**平行な2直線の一方に垂直な直線は他方にも垂直である**」ことを利用する。
(1)(イ)より AB⊥CD であるから，このことと AB∥PQ，CD∥QR より PQ⊥QR

解答

(1) (ア) CM，DM はそれぞれ，正三角形 ABC，ABD の中線であるから CM⊥AB，DM⊥AB
よって，辺 AB は平面 CDM に垂直である。

◀正三角形の中線は，底辺の垂直二等分線と同じ。

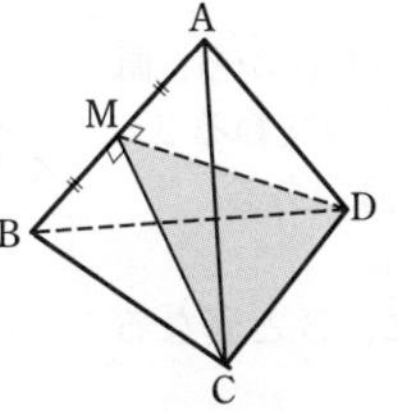

(イ) (ア)から AB⊥CD

◀辺 CD は平面 CDM 上にある。

(2) 正四面体の各面の正三角形において，中点連結定理から
PQ=QR=RS=SP

◀4辺とも正四面体の辺の半分の長さ。

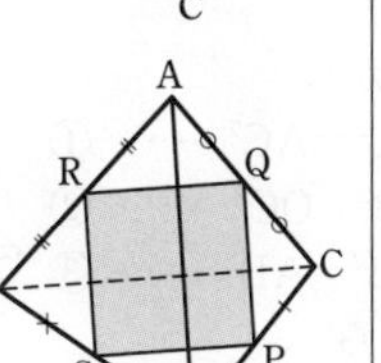

また，AB∥PQ，AB∥RS から
PQ∥RS
よって，4点 P，Q，R，S は同一平面上にある。

◀平行な2直線で平面が定まる。

更に，CD∥QR でもあり，(1)の(イ)から

◀中点連結定理

AB⊥CD
ゆえに PQ⊥QR すなわち ∠PQR=90°
各辺の長さが等しく，1つの内角が 90° であるから，四角形 PQRS は正方形である。

◀PQ∥AB，AB⊥CD
⟹ PQ⊥CD
QR∥CD，PQ⊥CD
⟹ PQ⊥QR

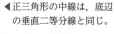

練習 ②105 △ABC を含む平面を α とし，△ABC の垂心を H とする。垂心 H を通り，平面 α に垂直な直線上に点 P をとるとき，PA⊥BC であることを証明せよ。

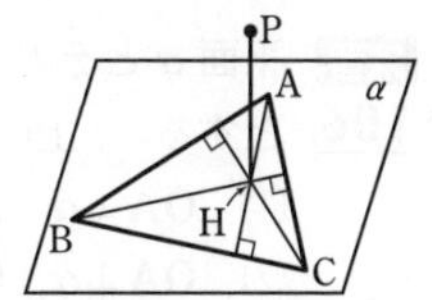

p.194 EX72, 73

基本例題 106 三垂線の定理 ⊘⊘⊘⊘⊘

平面 α とその上にない点Aがあり，また，α 上に直線 ℓ と ℓ 上にない点Oがあるとする。
ℓ 上の1点をBとするとき，

$AB\perp\ell$，$OB\perp\ell$，$OA\perp OB$ ならば $OA\perp\alpha$

が成り立つことを証明せよ。

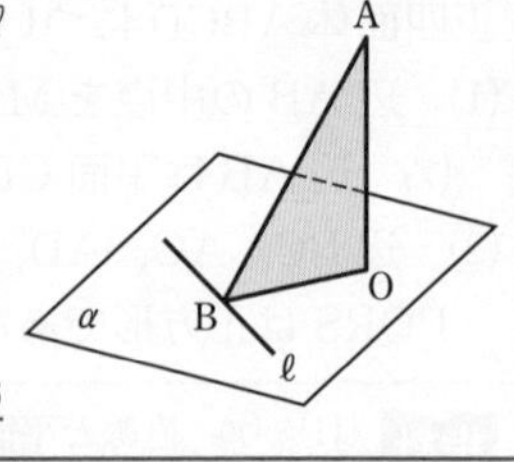

基本 105

指針 この例題106と下の練習106は，**三垂線の定理** と呼ばれる。
$OA\perp\alpha$ を証明するには，直線OAが **平面 α 上の交わる2直線に垂直** であることをいえばよい。しかし，仮定の $OA\perp OB$ 以外に，α 上の直線でBを通りOAと垂直となるものがほしい。そこで，直線 ℓ に着目。まず，$OA\perp\ell$ を示すことから考えよう。
別解 OAが平面 α 上の交わる2直線に垂直であることを示すのに，三平方の定理の逆を利用する方法もある。

解答

$AB\perp\ell$，$OB\perp\ell$ であるから，直線 ℓ は平面OABに垂直である。

よって　$OA\perp\ell$

このことと，$OA\perp OB$ から，直線OAは平面 α 上の交わる2直線 ℓ，OBと垂直である。

ゆえに　$OA\perp\alpha$

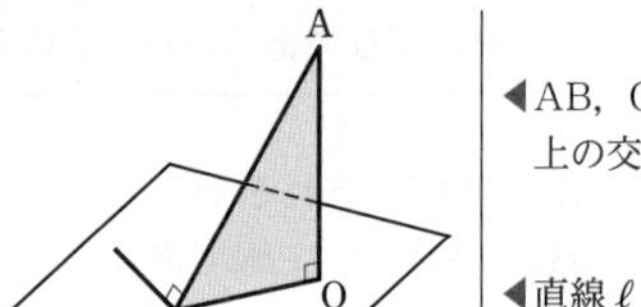

◀AB，OBは平面OAB上の交わる2直線。

◀直線 ℓ と直線OBは点Bで交わる。

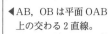

別解 直線 ℓ 上に，Bと異なる点Cをとる。

三平方の定理から

$AB^2+BC^2=AC^2$ ……①　◀△ABC

$BC^2+OB^2=OC^2$ ……②　◀△OBC

$OA^2+OB^2=AB^2$ ……③　◀△OAB

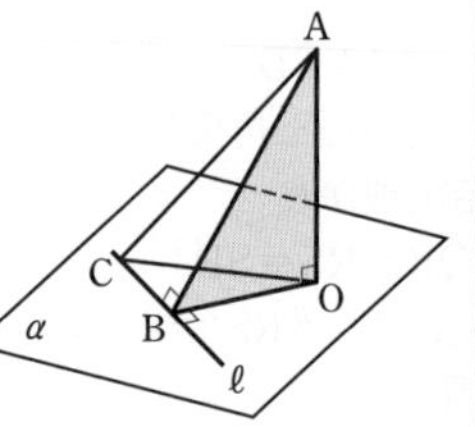

①，②，③から

$OA^2+OC^2=AC^2$

◀②から $BC^2=OC^2-OB^2$
これと③を①に代入すると
$OA^2+OB^2+OC^2-OB^2=AC^2$

ゆえに，三平方の定理の逆により

$\angle AOC=90°$　すなわち　$OA\perp OC$

このことと，$OA\perp OB$ より，直線OAは平面 α 上の交わる2直線OB，OCと垂直であるから

$OA\perp\alpha$

練習 ③106 平面 α とその上にない点Aがあり，また，α 上に直線 ℓ と ℓ 上にない点Oがあるとする。ℓ 上の1点をBとするとき，次のことが成り立つことを証明せよ。

(1) **$OA\perp\alpha$，$AB\perp\ell$ ならば $OB\perp\ell$**

(2) **$OA\perp\alpha$，$OB\perp\ell$ ならば $AB\perp\ell$**

基本事項

1 多面体

① 三角柱，四角錐などのように，いくつかの平面で囲まれた立体を **多面体** といい，へこみのない多面体を **凸多面体** という。

② 次の 2 つの条件を満たす多面体を **正多面体** という。← プラトン立体とも呼ばれる。

[1] 各面はすべて合同な正多角形　　[2] 各頂点に集まる面の数はすべて等しい

正多面体は，次の 5 種類しかないことが知られている。

正四面体
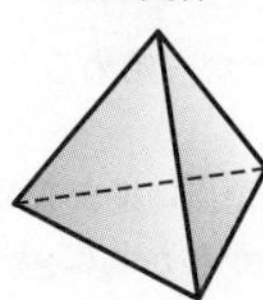

正六面体
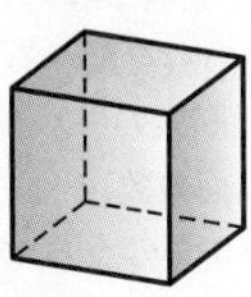

正八面体
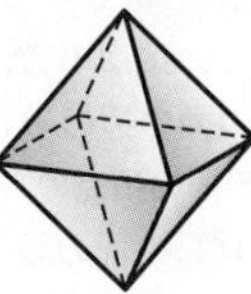

正十二面体
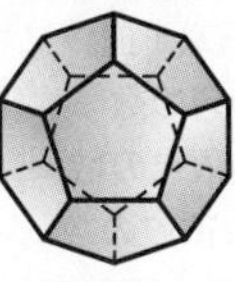

正二十面体
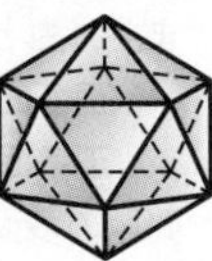

2 オイラーの多面体定理

凸多面体の頂点，辺，面の数を，それぞれ v，e，f とすると，$\boldsymbol{v-e+f=2}$ が成り立つ。これを **オイラーの多面体定理** という。

解説

■ 正多面体の面

正多面体の 1 つの頂点には，3 つ以上の面が集まっていて，1 点に集まる角の大きさの和は 360° より小さい。よって，正多面体の面になる正多角形の 1 つの角の大きさは，$360°\div 3=120°$ より小さい。

正三角形，正方形，正五角形の 1 つの角の大きさは，それぞれ 60°，90°，108° であり 120° より小さいから，

正多面体の面は，正三角形，正方形，正五角形以外にない

◀正 n 角形の 1 つの角の大きさは $(n-2)\times 180°\div n$
正六角形の 1 つの角の大きさは 120° であるから，正六角形が 1 つの頂点に集まっても多面体はできない。なぜなら，1 点に集まる角の大きさの和が 360° のときは，平面になってしまうからである。

■ オイラーの多面体定理

各面が正三角形である正多面体の頂点，辺，面の数を，それぞれ v，e，f とすると　　$v-e+f=2$ …… ①

1 つの頂点に集まる正三角形の面の数を x とすると，集まる角の大きさの和について，$60°\times x<360°$，$x\geqq 3$ から　　$x=3,\ 4,\ 5$

$x=3$ のとき　$v=\dfrac{3f}{3}$，$e=\dfrac{3f}{2}$　　① に代入して　$f=4$

同様にして　　$x=4$ のとき　$f=8$，　$x=5$ のとき　$f=20$

◀1 つの頂点に集まる面の数は 3，1 つの辺に集まる面の数は 2

ゆえに，各面が正三角形である正多面体が存在すれば，その面の数は，4，8，20 である。

問　正多面体について，次の表を完成させよ。　　(＊) 解答は *p*.297 にある。

正多面体	面の数	面の形	1 頂点に集まる面の数	頂点の数	辺の数
正四面体					
正六面体					
正八面体					
正十二面体					
正二十面体					

基本例題 107 多面体の面，辺，頂点の数

正二十面体の各辺の中点を通る平面で，すべてのかどを切り取ってできる多面体の面の数 f，辺の数 e，頂点の数 v を，それぞれ求めよ。

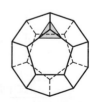

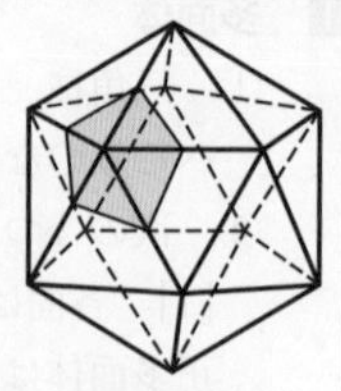

p.189 基本事項 2

指針 このようなタイプの問題では，切り取られる面の形や面の数に注目する。
まず，もとの正二十面体について，頂点の数，辺の数を調べることから始める。
→ **正多面体の辺の数**　(1つの面の辺の数)×(面の数)÷2
　正多面体の頂点の数　(1つの面の頂点の数)×(面の数)÷(1つの頂点に集まる面の数)
問題の多面体の頂点の数 v，辺の数 e，面の数 f の3つのうち，2つがわかれば，残り1つは **オイラーの多面体定理　$v\quad e+f-2$** から求められる。
なお，この定理は，下の CHART で示すように，$e=v+f-2$ の形の方が覚えやすい。

CHART オイラーの多面体定理　$e=v+f-2$

線　は　帳　面　に引け
(辺の数)＝(頂点の数)＋(面の数)−2

解答
正二十面体は，各面が正三角形であり，1つの頂点に集まる面の数は5である。
したがって，正二十面体の
　辺の数は　$3\times20\div2=30$
　頂点の数は　$3\times20\div5=12$ …… ①
次に，問題の多面体について考える。
正二十面体の1つのかどを切り取ると，新しい面として正五角形が1つできる。
① より，正五角形が12個できるから，この数だけ，正二十面体より面の数が増える。
したがって，**面の数は**　$f=20+12=32$
辺の数は，正五角形が12個あるから
　$e=5\times12=60$
頂点の数は，オイラーの多面体定理から
　$v=60-32+2=30$

問題の多面体は，次の図のようになる。この多面体を
二十面十二面体
ということがある。

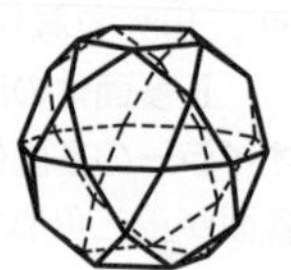

◀正二十面体の各辺の中点が，問題の多面体の頂点になることに着目して，頂点の数から先に求めてもよい。

練習 ② 107 正十二面体の各辺の中点を通る平面で，すべてのかどを切り取ってできる多面体の面の数 f，辺の数 e，頂点の数 v を，それぞれ求めよ。

p.194 EX 75

基本例題 108 多面体の体積

1 辺の長さが 3 の正八面体がある。この正八面体を，右の図のように，正八面体の 1 つの頂点に集まる 4 つの辺の 3 等分点のうち，頂点に近い方の点を結んでできる正方形を含む平面で切り，頂点を含む正四角錐を取り除く。すべての頂点で同様にして，正四角錐を取り除くとき，残った立体の体積 V を求めよ。

基本 107

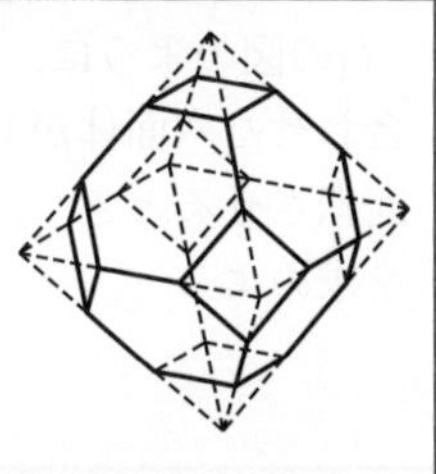

指針 切り取られる図形の形や数に注目

切り取られるのは **正四角錐** で，正八面体の頂点の数と同じだけある。また，正八面体は，2 つの合同な正四角錐に分けられるから，**正四角錐の体積がポイント** になる。

正八面体を 2 個に分けた正四角錐 … 底面は正方形で，すべての辺の長さが等しい。

また　(正四角錐の体積)$=\frac{1}{3}\times$(底面の正方形の面積)$\times$(高さ)

解答

右の図において，四角形 ABCD は正方形であり，頂点 P から下ろした垂線の足は，正方形 ABCD の対角線の交点 O と一致する。

よって　$PO=\frac{1}{\sqrt{2}}PA=\frac{3\sqrt{2}}{2}$

ゆえに，正四角錐 P-ABCD の体積は　$\frac{1}{3}\cdot AB^2\cdot PO=\frac{9\sqrt{2}}{2}$

よって，正八面体の体積を V_0 とすると

$$V_0=9\sqrt{2}$$

取り除かれる正四角錐の 1 辺の長さは 1 であるから，その体積を V_1 とすると

$$V_1=\frac{1}{3}\cdot 1^2\cdot\frac{1}{\sqrt{2}}=\frac{\sqrt{2}}{6}$$

取り除かれる正四角錐の数は，正八面体の頂点の数 6 と同じであるから　$\boldsymbol{V=V_0-6V_1=8\sqrt{2}}$

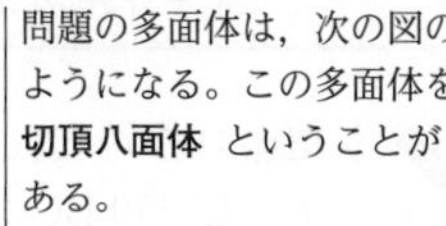

問題の多面体は，次の図のようになる。この多面体を **切頂八面体** ということがある。

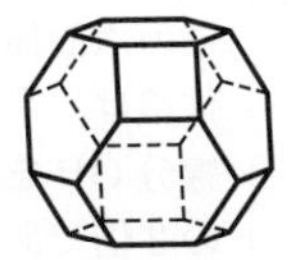

参考 相似を利用。

正四角錐 P-ABCD と取り除かれる正四角錐は相似で，相似比は　3 : 1

よって

$\frac{V_0}{2} : V_1=3^3 : 1^3$

$V=V_0-6V_1=\frac{8}{9}V_0$

練習 ② 108　1 辺の長さが 3 の正四面体がある。この正四面体を，右の図のように，正四面体の 1 つの頂点に集まる 3 つの辺の 3 等分点のうち，頂点に近い方の点を結んでできる正三角形を含む平面で切り，頂点を含む正四面体を取り除く。すべての頂点で同様にして，正四面体を取り除くとき，残った立体の体積 V を求めよ。

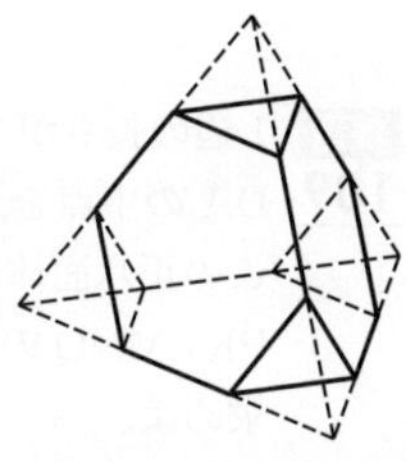

基本例題 109 多面体を軸の周りに回転してできる立体の体積

右の図のように，1 辺の長さが 2 の正四面体を 2 つつなぎ合わせた六面体がある。この六面体を直線 PQ を軸として回転させるとき，この六面体の面が通過する部分の体積 V を求めよ。

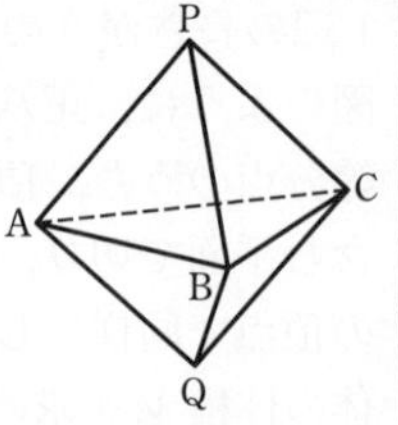

基本 108

指針 「面が通過する部分の体積」とあるから，単純にはいかない。
そこで，**回転体 断面をつかむ** に従って考えてみよう。
回転体を △ABC を含む平面で切ったときの断面は，図のようになる（O は △ABC の重心，M は辺 BC の中点）。したがって，面が通過する部分は，△ABC の外接円から，△ABC の内接円をくり抜いたものと考えられる。このことを立体全体に適用すると

V＝(内部が通過する部分の体積)－(面が通過しない部分の体積)

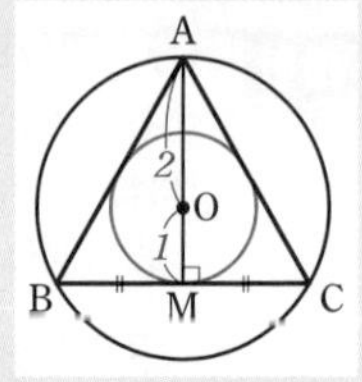

解答 頂点 P から △ABC に垂線 PO を下ろし，辺 BC の中点を M とする。
この六面体の内部が通過する部分の体積は，半径 OA の円を底面とし，線分 OP を高さとする円錐の体積の 2 倍である。
次に，この六面体の面が通過しない部分の体積は，半径 OM の円を底面とし，線分 OP を高さとする円錐の体積の 2 倍である。

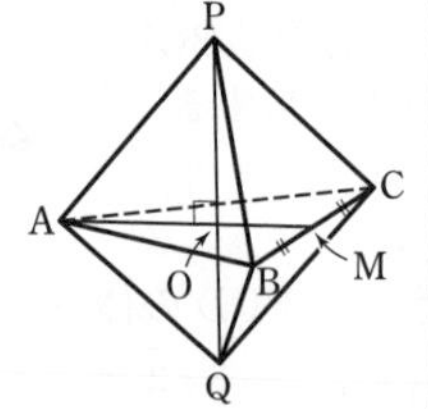

注意 問題の六面体は，すべての面が合同な正三角形であるが，正多面体ではない。なぜなら，頂点に集まる面の数が 3 または 4 のところがあり，一定ではないからである。

よって　$V=2\times\dfrac{1}{3}\pi\cdot\mathrm{OA}^2\cdot\mathrm{OP}-2\times\dfrac{1}{3}\pi\cdot\mathrm{OM}^2\cdot\mathrm{OP}$ …… ①

△ACM は 30°，60°，90° の直角三角形で，AC＝2 より，$\mathrm{AM}=\sqrt{3}$ であり，O は △ABC の重心であるから

$$\mathrm{OA}=\frac{2}{3}\mathrm{AM}=\frac{2\sqrt{3}}{3},\ \mathrm{OM}=\frac{1}{3}\mathrm{AM}=\frac{\sqrt{3}}{3}\quad \text{また}\quad \mathrm{OP}=\sqrt{\mathrm{PA}^2-\mathrm{OA}^2}=\frac{2\sqrt{6}}{3}$$

これらを ① に代入して

$$\boldsymbol{V}=\frac{2}{3}\pi(\mathrm{OA}^2-\mathrm{OM}^2)\cdot\mathrm{OP}=\frac{2}{3}\pi\left(\frac{4}{3}-\frac{1}{3}\right)\cdot\frac{2\sqrt{6}}{3}=\boldsymbol{\frac{4\sqrt{6}}{9}\pi}$$

練習 ③109 1 辺の長さが 2 の正八面体 PABCDQ の辺 AB，BC，CD，DA の中点を，それぞれ K，L，M，N とする。
この正八面体を直線 PQ を軸として回転させるとき，八面体 PKLMNQ の内部が通過する部分を除いた部分の体積 V を求めよ。

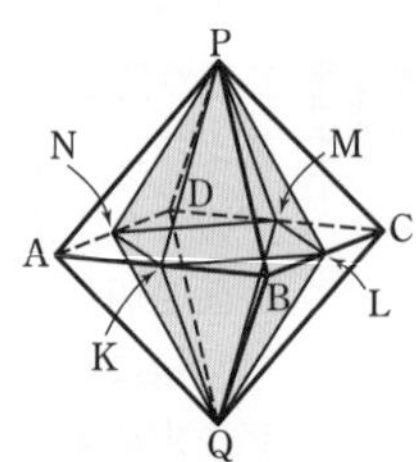

参考事項 準正多面体

※正多面体はすべての面が合同で，どの頂点にも同じ数の面が集まる凸多面体であるが，この条件をゆるめると新たな立体を考えることができる。
次の [1] と [2] が成り立つ凸多面体を **準正多面体** という。

[1] 各面は正多角形からできている。 ◀正多角形は1種類でなくてもよい。
[2] 各頂点のまわりの状態がすべて同じ。 ◀各頂点に集まる正多角形の種類と順序が同じ。

準正多面体には，次のようなものがある。

① 切頂四面体

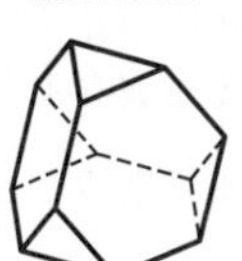

② 切頂六面体

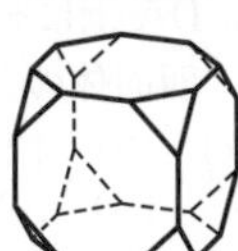

③ 切頂八面体

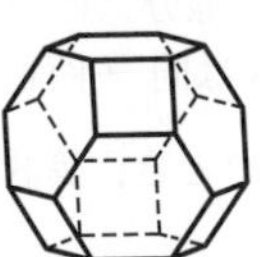

④ 切頂十二面体

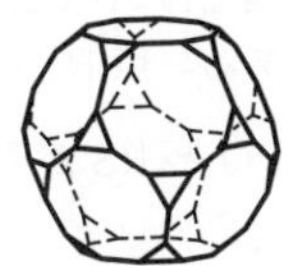

⑤ 切頂二十面体

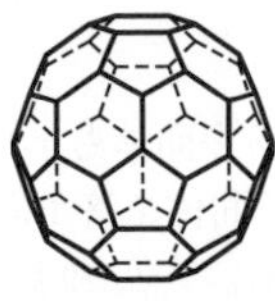

⑥ 立方八面体

⑦ 二十面十二面体

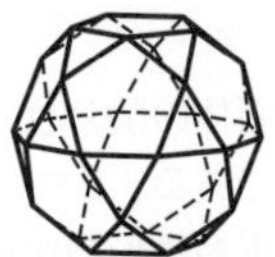

⑧ 切頂立方八面体

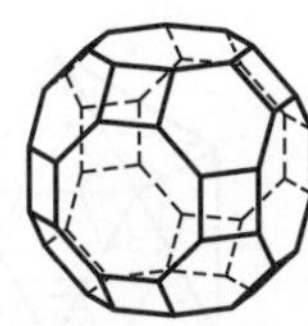

⑨ 切頂二十面十二面体

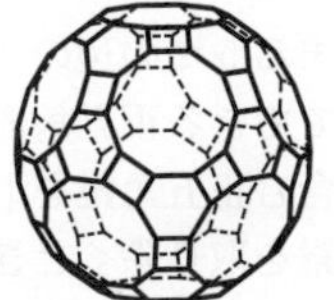

⑩ 斜立方八面体

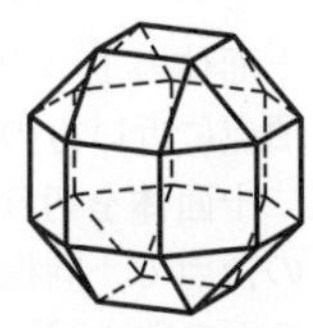

⑪ 斜十二面二十面体

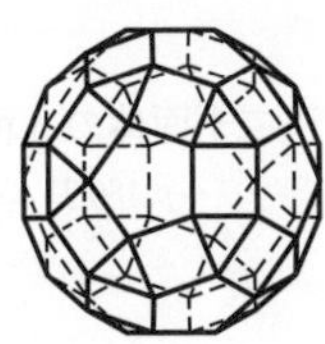

⑫ ねじれ立方体

⑬ ねじれ十二面体

例えば，正六面体(立方体)の各辺の中点を通る平面で8つのかどを切り取ってできる多面体は，⑥ **立方八面体** である。また，正六面体の各頂点で，1つの頂点に集まる3つの辺の3等分点のうち，頂点に近い方の点を通る平面で8つのかどを切り取ってできる多面体は，② **切頂六面体** である。

②72 空間内の直線 ℓ, m, n や平面 P, Q, R について, 次の記述が正しいか, 正しくないかを答えよ。

(1) $P\perp Q$, $Q\perp R$ のとき, $P/\!/R$ である。
(2) $P\perp Q$, $Q/\!/R$ のとき, $P\perp R$ である。
(3) $\ell\perp m$, $P/\!/\ell$ のとき, $P\perp m$ である。
(4) $P/\!/\ell$, $Q/\!/\ell$ のとき, $P/\!/Q$ である。
(5) $P\perp\ell$, $Q/\!/\ell$ のとき, $P\perp Q$ である。
(6) $\ell\perp m$, $m\perp n$ のとき, $\ell/\!/n$ である。　→105

③73 四面体 ABCD がある。線分 AB, BC, CD, DA 上にそれぞれ点 P, Q, R, S がある。点 P, Q, R, S は同一平面上にあり, 四面体のどの頂点とも異なるとする。PQ と RS が平行でないとき, 等式 $\dfrac{\mathrm{AP}}{\mathrm{PB}}\cdot\dfrac{\mathrm{BQ}}{\mathrm{QC}}\cdot\dfrac{\mathrm{CR}}{\mathrm{RD}}\cdot\dfrac{\mathrm{DS}}{\mathrm{SA}}=1$ が成り立つことを示せ。　〔類　埼玉大〕

→105, 82

②74 正多面体の隣り合う 2 つの面の正多角形の中心を結んでできる多面体もまた, 正多面体である。5 つの正多面体のそれぞれについて, できる正多面体を答えよ。ただし, 正多角形の中心とは, その正多角形の外接円の中心とする。　→p.189 基本事項 1

③75 正二十面体の 1 つの頂点に集まる 5 つの辺の 3 等分点のうち, 頂点に近い方の点を結んでできる正五角形を含む平面で正二十面体を切り, 頂点を含む正五角錐を取り除く。すべての頂点で, 同様に正五角錐を取り除くとき, 残った多面体の面の数 f, 辺の数 e, 頂点の数 v を, それぞれ求めよ。

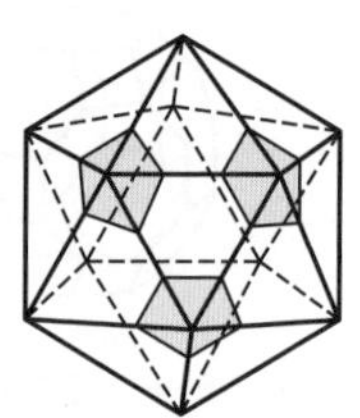

→107

④76 正多面体は, 正四面体, 正六面体, 正八面体, 正十二面体, 正二十面体の 5 種類以外にないことを, オイラーの多面体定理を用いて証明せよ。　→p.189 基本事項 2

HINT

72　正しくない例が 1 つでもあれば, 答えは×となる。
73　直線 PQ と RS は交わる。その交点を X とすると, X は 3 点 A, B, C を通る平面上にあり, 3 点 A, C, D を通る平面上にもある。
74　新しくできる正多面体の頂点の数は, もとの正多面体の面の数に等しい。
75　まず, 正二十面体の辺と頂点の数を求める。
76　正多面体の頂点, 辺, 面の数をそれぞれ v, e, f とする。各面を正 m 角形とすると $mf=2e$ であり, 1 つの頂点に集まる辺の数を n とすると　$nv=2e$
これらとオイラーの多面体定理および $e>0$ から, m, n の値を導く。

数学A 第4章

数学と人間の活動

4

18 約数と倍数，最大公約数と最小公倍数
19 整数の割り算
20 発展 合同式
21 ユークリッドの互除法と1次不定方程式
22 関連発展問題（方程式の整数解）
23 記数法
24 座標の考え方

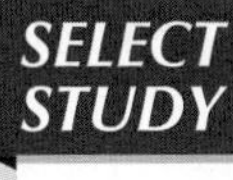

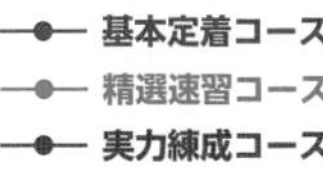

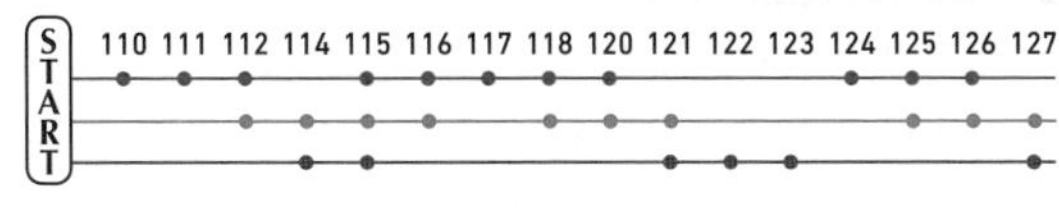

128 129 130 132 133 134 135 136 137 138 139 140 141 142 143 144 145 146 147 148 149 150 151 152 153 154 155 156

例題一覧

節	区分	番号	例題	難易度
18	基本	110	約数と倍数	②
	基本	111	倍数の判定法	②
	基本	112	素因数分解に関する問題	②
	基本	113	約数の個数と総和	②
	重要	114	$\sqrt{2\text{次式}}$ の値が自然数となる条件	③
	基本	115	素数の問題	③
	基本	116	素因数の個数	②
	基本	117	最大公約数と最小公倍数	①
	基本	118	最大公約数・最小公倍数と数の決定 (1)	②
	基本	119	最大公約数・最小公倍数と数の決定 (2)	③
	基本	120	互いに素に関する証明問題 (1)	②
	基本	121	互いに素に関する証明問題 (2)	③
	重要	122	互いに素である自然数の個数	④
	重要	123	完全数	④
19	基本	124	割り算の余りの性質	②
	基本	125	余りによる整数の分類	②
	基本	126	連続する整数の積の性質の利用	②
	重要	127	等式 $a^2+b^2=c^2$ に関する証明問題	④
	重要	128	素数の問題（余りによる整数の分類の利用）	④
20	演習	129	合同式の性質の証明と利用	③
	演習	130	合同式の利用	③
	演習	131	合同式を利用した証明 (1)	③
	演習	132	合同式を利用した証明 (2)	④
21	基本	133	ユークリッドの互除法	①
	基本	134	互除法の応用問題	③
	基本	135	1次不定方程式の整数解 (1)	②
	基本	136	1次不定方程式の整数解 (2)	②
	基本	137	1次不定方程式の応用問題	③
	重要	138	$ax+by$ の形で表される整数	④
	重要	139	整数値多項式	③
22	演習	140	方程式の整数解 (1)	③
	演習	141	方程式の整数解 (2)	④
	演習	142	方程式の整数解 (3)	④
	演習	143	方程式の整数解 (4)	③
	演習	144	方程式の整数解 (5)	④
	演習	145	方程式の整数解 (6)	④
23	基本	146	記数法の変換	①
	基本	147	n 進法の小数	②
	基本	148	n 進数の四則計算	②
	基本	149	n 進数の各位の数と記数法の決定	③
	基本	150	n 進数の桁数	③
	重要	151	5進数の列	③
	基本	152	有限小数・循環小数で表される条件	②
	基本	153	分数，小数と n 進法	③
24	基本	154	座標平面上の点	②
	基本	155	空間の点の座標	①
	基本	156	空間の点	③

18 約数と倍数，最大公約数と最小公倍数

基本事項

1 約数，倍数　2つの整数 a，b について，ある整数 k を用いて，$a=bk$ と表されるとき，b は a の **約数** であるといい，a は b の **倍数** であるという。

2 倍数の判定法

2の倍数　一の位が偶数（0，2，4，6，8のいずれか）

5の倍数　一の位が0，5のいずれか　　4の倍数　下2桁が4の倍数

3の倍数　各位の数の和が3の倍数　　9の倍数　各位の数の和が9の倍数

3 素数と素因数分解

① 2以上の自然数のうち，1とそれ自身以外に正の約数をもたない数を **素数** といい，素数でない数を **合成数** という。1は素数でも合成数でもない。

② 整数がいくつかの整数の積で表されるとき，積を作る1つ1つの整数を，もとの整数の **因数** という。素数である因数を **素因数** といい，自然数を素数だけの積の形に表すことを **素因数分解** するという。

4 約数の個数，総和　自然数 N を素因数分解した結果が $N=p^aq^br^c\cdots\cdots$ であるとき，

N の正の約数の　個数は　$(a+1)(b+1)(c+1)\cdots\cdots$　← 基本例題 8 参照。

総和は　$(1+p+\cdots+p^a)(1+q+\cdots+q^b)(1+r+\cdots+r^c)\cdots\cdots$

解　説

■約数，倍数

$a=bk$ のとき $a=(-b)(-k)$ であるから，b が a の約数ならば $-b$ も a の約数である。また，すべての整数は0の約数であり，0はすべての整数の倍数である。なお，0がある整数の約数となることはない。

注意　以後，約数や倍数は，整数の範囲（0や負の数も含む）で考える。

◀0は $0=b\cdot 0$ と表されるから，b は0の約数であり，0は b の倍数である。

■倍数の判定法

[4の倍数の判定]　正の整数 N の下2桁を a とすると，負でないある整数 k を用いて，$N=100k+a=4\cdot 25k+a$ と表される。

よって，N が4の倍数であるのは，a が4の倍数のときである。

◀4の倍数の判定法は，「下2桁が4の倍数または00」と示されることもある。本書では，00の表す数は0であるとみなして，4の倍数の中に含めている。

[3の倍数，9の倍数の判定]　例えば，3桁の正の整数 N を $N=100a+10b+c$ とすると，

$N=(99+1)a+(9+1)b+c=9(11a+b)+(a+b+c)$ であるから，

$a+b+c$ が3の倍数であれば N は3の倍数であり，$a+b+c$ が9の倍数であれば N は9の倍数である。4桁以上の場合についても同様。

■素因数分解の一意性

合成数は，1とそれ自身以外の正の約数を用いて，いくつかの自然数の積で表すことができる。それらの自然数の中に合成数があれば，その合成数はまたいくつかの自然数の積に表すことができる。

このような操作を続けていくと，もとの合成数は，素数だけの積になる。よって，合成数は，必ず素因数分解できる。また，1つの合成数の素因数分解は，積の順序の違いを除けばただ1通りである。

◀例えば，$210=6\cdot 35$ と表すことができるが，$6=2\cdot 3$，$35=5\cdot 7$ から，$210=2\cdot 3\cdot 5\cdot 7$ のように素数だけの積で表される。

基本例題 110 約数と倍数

a, b は0でない整数とする。 p.196 基本事項 1

(1) a と b がともに3の倍数ならば，$7a-4b$ も3の倍数であることを証明せよ。

(2) $\dfrac{a}{5}$ と $\dfrac{40}{a}$ がともに整数であるような a をすべて求めよ。

(3) a が b の倍数で，かつ b が a の倍数であるとき，a を b で表せ。

指針 「**a が b の倍数である**」ことは，「**b が a の約数である**」ことと同じであり，このとき，**整数 k を用いて**

$$\boldsymbol{a=bk}$$

と表される。このことを利用して解いていく。

(2) a は5の倍数で，かつ40の約数でもある。

b は a の約数

$$\boldsymbol{a=bk}$$

a は b の倍数

解答

(1) a, b が3の倍数であるから，整数 k, l を用いて

$a=3k$, $b=3l$ と表される。

よって $7a-4b=7\cdot3k-4\cdot3l=3(7k-4l)$

$7k-4l$ は整数であるから，$7a-4b$ は3の倍数である。 ◀整数の和・差・積は整数である。

(2) $\dfrac{a}{5}$ が整数であるから，a は5の倍数である。

ゆえに，k を整数として $a=5k$ と表される。

よって $\dfrac{40}{a}=\dfrac{40}{5k}=\dfrac{8}{k}$ ◀$a=5k$ を代入。

$\dfrac{40}{a}$ が整数となるのは，k が8の約数のときであるから

$k=\pm1$, ±2, ±4, ±8 ◀**負の約数も考える。**

したがって $\boldsymbol{a=\pm5,\ \pm10,\ \pm20,\ \pm40}$ ◀$a=5k$ に k の値を代入。

(3) a が b の倍数，b が a の倍数であるから，整数 k, l を用いて $a=bk$, $b=al$ と表される。

$a=bk$ を $b=al$ に代入し，変形すると $b(kl-1)=0$ ◀a を消去する。

$b\neq0$ であるから $kl=1$ ◀k, l はともに1の約数である。

k, l は整数であるから $k=l=\pm1$

したがって $\boldsymbol{a=\pm b}$

検討

倍数の表し方に注意！

上の解答の〰〰で，l を用いずに，例えば(1)で $a=3k$, $b=3k$ のように書いてはダメ！これでは $a=b$ となり，この場合しか証明したことにならない。a, b は別々の値をとる変数であるから，〰〰のように別の文字（k, l など）を用いて表さなければならない。

練習 ② 110

(1) 次のことを証明せよ。ただし，a, b, c, d は整数とする。

(ア) a, b がともに4の倍数ならば，a^2+b^2 は8の倍数である。

(イ) a が c の倍数で，d が b の約数ならば，cd は ab の約数である。

(2) 2つの整数 a, b に対して，$a=bk$ となる整数 k が存在するとき，$b|a$ と書くことにする。このとき，$a|20$ かつ $2|a$ であるような整数 a を求めよ。

基本例題 111 倍数の判定法 ②②②②②

(1) 5 桁の自然数 257□6 が 8 の倍数であるとき，□ に入る数をすべて求めよ。

(2) 11 の倍数については，次の判定法が知られている。

「偶数桁目の数の和」と「奇数桁目の数の和」の差が 11 の倍数

このことを，6 桁の自然数 N について証明せよ。

p.196 基本事項 2

(1) 例えば，8 の倍数である 4376 は，$4376=4000+376=4\cdot1000+8\cdot47$ と表される。$1000=8\cdot125$ は 8 の倍数であるから，8 の倍数であることを判定するには，**下 3 桁が 8 の倍数であるかどうかに注目する**（ただし，000 の場合は 0 とみなす）。

(2) **$N=Ak+B$ のとき，N が A の倍数ならば，B は A の倍数**（文字は整数）
N を $11k+B$ の形で表したとき，B が 11 の倍数であることから証明できそう。解答のように，10 の累乗数を 11 の倍数±1 の形で表しながら，変形していくとよい。

解答

(1) □ に入る数を a（a は整数，$0\leqq a\leqq 9$）とする。
下 3 桁が 8 の倍数であるとき，257□6 は 8 の倍数となるから　$700+10a+6=706+10a=8(a+88)+2(a+1)$
$2(a+1)$ は 8 の倍数となるから，$a+1$ は 4 の倍数。
よって　　$a+1=4,\ 8$　すなわち　$a=3,\ 7$
したがって，□ に入る数は　　**3, 7**

(2) $N=10^5a+10^4b+10^3c+10^2d+10e+f$ とすると

$$N=(100001-1)a+(9999+1)b+(1001-1)c+(99+1)d+(11-1)e+f$$
$$=11(9091a+909b+91c+9d+e)+(b+d+f)-(a+c+e)$$

よって，N が 11 の倍数であるのは，偶数桁目の数の和 $a+c+e$ と，奇数桁目の数の和 $b+d+f$ の差が 11 の倍数のときである。

◀ $706=8\cdot88+2$

◀ $0\leqq a\leqq 9$ のとき $1\leqq a+1\leqq 10$

◀ $1001=7\cdot11\cdot13$ は記憶しておくとよい。

◀ $-a+b-c+d-e+f$ を問題に合うように変形した。

検討

7 の倍数の判定法

7 の倍数については，次の判定法が知られている。下の練習 111 (2) も参照。

一の位から左へ 3 桁ごとに区切り，左から奇数番目の区画の和から，偶数番目の区画の和を引いた数が 7 の倍数である。

例　987654122
3 桁ごとに区切ると
987 | 654 | 122
①　②　③

例えば，987654122 は，右の図において，(①+③)−② から
$(987+122)-654=455=7\times65$ ⟶ 987654122 は 7 の倍数。
なお，この判定法は，$10^3+1=7\times143$，$10^6-1=7\times142857$，$10^9+1=7\times142857143$，…… であることを利用している。

練習 ② 111

(1) 5 桁の自然数 4□9□3 の □ に，それぞれ適当な数を入れると 9 の倍数になる。このような自然数で最大なものを求めよ。

(2) 6 桁の自然数 N を 3 桁ごとに 2 つの数に分けたとき，前の数と後の数の差が 7 の倍数であるという。このとき，N は 7 の倍数であることを証明せよ。

p.215 EX77

基本 例題 112 素因数分解に関する問題 ②②①①①

(1) $\sqrt{\dfrac{63n}{40}}$ が有理数となるような最小の自然数 n を求めよ。

(2) $\dfrac{n}{6}$，$\dfrac{n^2}{196}$，$\dfrac{n^3}{441}$ がすべて自然数となるような最小の自然数 n を求めよ。

p.196 基本事項 3

指針 いずれの問題も **素因数分解** が，問題解決のカギを握る。

(1) $\sqrt{A^m}$ (m は偶数) の形になれば，根号をはずすことができるから，$\sqrt{\quad}$ の中の数を素因数分解しておくと，考えやすくなる。

(2) $\dfrac{n}{6}=m$ (m は自然数) とおいて，$\dfrac{n^2}{196}$，$\dfrac{n^3}{441}$ が自然数となる条件を考える。

素因数分解

$$\begin{array}{r|l} 3 & 63 \\ \hline 3 & 21 \\ \hline & 7 \end{array}$$

$$63=3^2\cdot 7$$

解答

(1) $\sqrt{\dfrac{63n}{40}}=\sqrt{\dfrac{3^2\cdot 7n}{2^3\cdot 5}}=\dfrac{3}{2}\sqrt{\dfrac{7n}{2\cdot 5}}$

◀ $63=3^2\cdot 7$，$40=2^3\cdot 5$

これが有理数となるような最小の自然数 n は

$$n=2\cdot 5\cdot 7=70$$

◀ $\dfrac{3}{2}\sqrt{\dfrac{7}{2\cdot 5}\times 2\cdot 5\cdot 7}$ $=\dfrac{3}{2}\cdot 7=\dfrac{21}{2}$ (有理数) となる。

(2) $\dfrac{n}{6}=m$ (m は自然数) とおくと　　$n=2\cdot 3m$

ゆえに　　$\dfrac{n^2}{196}=\dfrac{2^2\cdot 3^2m^2}{2^2\cdot 7^2}=\dfrac{3^2m^2}{7^2}=\left(\dfrac{3m}{7}\right)^2$

これが自然数となるのは，m が 7 の倍数のときであるから，$m=7k$ (k は自然数) とおくと　$n=2\cdot 3\cdot 7k$ … ①

よって　　$\dfrac{n^3}{441}=\dfrac{2^3\cdot 3^3\cdot 7^3k^3}{3^2\cdot 7^2}=2^3\cdot 3\cdot 7k^3$

これが自然数となるもので最小のものは，$k=1$ のときであるから，① に $k=1$ を代入して　　$n=42$

◀ ① より，k が最小のとき，n も最小となる。

検討 **素因数分解の一意性**

素因数分解については，次の **素因数分解の一意性** も重要である。

　　合成数の素因数分解は，積の順序の違いを除けばただ 1 通りである。

したがって，整数の問題では，2 通りに素因数分解できれば，指数部分の比較によって方程式を解き進めることができる。なお，1 を素数に含めると，$8=2^3=1\cdot 2^3=1^2\cdot 2^3$ のように，素因数分解の一意性が成り立たなくなるので，1 は素数から除外してある。

問題　$3^m\cdot 15^n=405$ を満たす整数 m，n の値を求めよ。

解答　$3^m\cdot 15^n=3^m\cdot(3\cdot 5)^n=3^{m+n}\cdot 5^n$，$405=3^4\cdot 5$ であるから　　$3^{m+n}\cdot 5^n=3^4\cdot 5$

指数部分を比較して　　$m+n=4$，$n=1$　　　よって　　$m=3$，$n=1$

練習 ② 112

(1) $\sqrt{\dfrac{500}{77n}}$ が有理数となるような最小の自然数 n を求めよ。

(2) $\sqrt{54000n}$ が自然数になるような最小の自然数 n を求めよ。

(3) $\dfrac{n}{10}$，$\dfrac{n^2}{18}$，$\dfrac{n^3}{45}$ がすべて自然数となるような最小の自然数 n を求めよ。

p.215 EX78

基本例題 113 約数の個数と総和

(1) 360 の正の約数の個数と，正の約数の総和を求めよ。
(2) 12^n の正の約数の個数が 28 個となるような自然数 n を求めよ。 〔(2) 慶応大〕
(3) 56 の倍数で，正の約数の個数が 15 個である自然数 n を求めよ。

p.196 基本事項 4

指針 約数の個数，総和に関する問題では，次のことを利用するとよい。

自然数 N の素因数分解が $N=p^aq^br^c\cdots\cdots$ となるとき
正の約数の個数は　$(a+1)(b+1)(c+1)\cdots\cdots$
正の約数の総和は　$(1+p+p^2+\cdots+p^a)(1+q+q^2+\cdots+q^b)(1+r+r^2+\cdots+r^c)\cdots\cdots$

(2) 12^n を素因数分解して，約数の個数に関する n の方程式を作る。
(3) **正の約数の個数 15 を積で表し，指数**となる a，b，…… **の値を決める**とよい。
15 を積で表すと，15・1，5・3 であるから，n は $p^{15-1}q^{1-1}$ または $p^{5-1}q^{3-1}$ の形。

CHART 約数の個数，総和　素因数分解した式を利用
$p^aq^br^c$ の正の約数の個数は $(a+1)(b+1)(c+1)$ （p, q, r は素数）

解答

(1) $360=2^3\cdot3^2\cdot5$ であるから，正の約数の個数は

$$(3+1)(2+1)(1+1)=4\cdot3\cdot2=\mathbf{24}\ (\text{個})$$

また，正の約数の総和は

$$(1+2+2^2+2^3)(1+3+3^2)(1+5)$$
$$=15\cdot13\cdot6=\mathbf{1170}$$

◀積の法則を利用しても求められる（p.25 参照）。

(2) $12^n=(2^2\cdot3)^n=2^{2n}\cdot3^n$ であるから，12^n の正の約数が 28 個であるための条件は

$$(2n+1)(n+1)=28$$

よって　$2n^2+3n-27=0$
ゆえに　$(n-3)(2n+9)=0$
n は自然数であるから　$\boldsymbol{n=3}$

◀$(ab)^n=a^nb^n$，$(a^n)^m=a^{nm}$
◀〰〰のところを $2n\cdot n$ としたら誤り。

(3) n の正の約数の個数は 15 $(=15\cdot1=5\cdot3)$ であるから，
n は　p^{14}　または　p^4q^2 （p, q は異なる素数）
の形で表される。
n は 56 の倍数であり，$56=2^3\cdot7$ であるから，n は p^4q^2 の形で表される。
したがって，求める自然数 n は　$\boldsymbol{n=2^4\cdot7^2=784}$

◀15・1 から　$p^{15-1}q^{1-1}$
5・3 から　$p^{5-1}q^{3-1}$
◀p^{14} の場合は起こらない。
◀$p=2$，$q=7$

練習 ② 113
(1) 756 の正の約数の個数と，正の約数の総和を求めよ。
(2) 正の約数の個数が 3 で，正の約数の総和が 57 となる自然数 n を求めよ。
(3) 300 以下の自然数のうち，正の約数が 9 個である数の個数を求めよ。

p.215 EX79

重要例題 114 $\sqrt{2}$ 次式 の値が自然数となる条件 ③③③③③

$\sqrt{n^2+40}$ が自然数となるような自然数 n をすべて求めよ。

指針 $\sqrt{n^2+40}=m$（m は自然数）とおき，両辺を平方して整理すると　$m^2-n^2=40$
よって　$(m+n)(m-n)=40$ …… ①　← (　)(　)=(整数) の形
ここで，A, B, C が整数のとき，$AB=C$ ならば　A, B は C の約数 … (＊)
を利用して，① を満たす整数 $m+n$, $m-n$ の組を考える。
このとき，$m>0$, $n>0$ より $m+n>0$ であるから，① が満たされるとき　$m-n>0$
更に，$m+n>m-n$ であることを利用して，組の絞り込みを効率化するとよい。

CHART 整数の問題　(　)(　)=(整数) の形を導き出す

解答
$\sqrt{n^2+40}=m$（m は自然数）とおくと　$n<m$
平方して　$n^2+40=m^2$
ゆえに　$(m+n)(m-n)=40$ …… ①
m, n は自然数であるから，$m+n$, $m-n$ も自然数であり，40 の約数である。
また，$m+n>m-n\geqq 1$ であるから，① より

$$\begin{cases} m+n=40 \\ m-n=1 \end{cases},\ \begin{cases} m+n=20 \\ m-n=2 \end{cases},\ \begin{cases} m+n=10 \\ m-n=4 \end{cases},\ \begin{cases} m+n=8 \\ m-n=5 \end{cases}$$

解は順に

$$(m,\ n)=\left(\frac{41}{2},\ \frac{39}{2}\right),\ (11,\ 9),\ (7,\ 3),\ \left(\frac{13}{2},\ \frac{3}{2}\right)$$

したがって，求める n の値は　$\boldsymbol{n=9,\ 3}$

◀ $n=\sqrt{n^2}<\sqrt{n^2+40}=m$
◀ $m^2-n^2=40$
◀ $n>0$ から $m+n>m-n$
◀ $m+n=a$, $m-n=b$ とすると $m=\dfrac{a+b}{2}$, $n=\dfrac{a-b}{2}$
◀ m, n が分数の組は不適。

検討 **積が，ある整数になる 2 整数の組の求め方**

上の解答の ① のように，**(　)(　)=(整数) の形を導く** ことは，整数の問題における有効な方法の 1 つである。(　)(　)=(整数) の形ができれば，指針の (＊) を利用することで，値の候補を絞り込み，答えにたどりつくことができる。

また，上の解答では，積が 40 となるような 2 つの自然数の組を調べる必要があるが，そのような組は，右の ⌐¬ で示された，2 数を選ぶと決まる。例えば，1 と 40 に対して (1, 40) と (40, 1) の 2 組が決まるから，条件を満たす組は全部で $4\times2=8$ (組) ある。
しかし，上の解答では，〰 を利用することで，$(m+n,\ m-n)$ の組を 4 つに絞る工夫をしている。

40 の正の約数
$40=2^3\cdot5$ から　$(3+1)(1+1)=8$ (個)

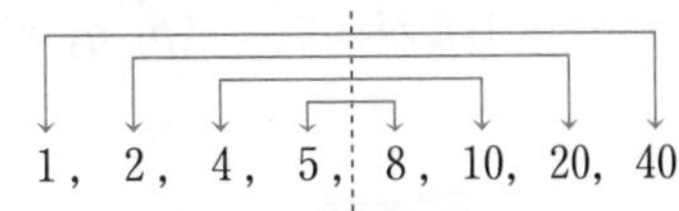

なお，整数 a, b に対し，$(a+b)-(a-b)=2b$ (偶数) であるから，$a+b$ と $a-b$ の偶奇は一致する。このことを利用すると，上の解答の ＿ の組は省くことができて，2 組に絞られるから，更に効率よく進められる。

練習 ③114
(1) $m^2=4n^2+33$ を満たす自然数の組 $(m,\ n)$ をすべて求めよ。
(2) $\sqrt{n^2+84}$ が整数となるような自然数 n をすべて求めよ。　〔(2) 名古屋市大〕

基本 例題 115 素数の問題

(1) n は自然数とする。$n^2+2n-24$ が素数となるような n をすべて求めよ。

(2) $p,\ q,\ r$ を $p<q<r$ である素数とする。等式 $r=q^2-p^2$ を満たす $p,\ q,\ r$ の組 $(p,\ q,\ r)$ をすべて求めよ。 〔(2) 類 同志社大〕

指針 素数 p の正の約数は 1 と p（自分自身）だけである

このことが問題解決のカギとなる。なお，素数は 2 以上（すなわち正）の整数である。

(1) $n^2+2n-24=(n-4)(n+6)$ であるから，$n^2+2n-24$ が素数となるには，$n+6>0$ より，$n-4$，$n+6$ のどちらかが 1 となる必要がある。
ここで，$n-4$ と $n+6$ の大小関係に注目すると，おのずと $n-4=1$ に決まる。

(2) 等式を変形すると　$(q+p)(q-p)=r$　⟵（　）（　）=（整数）の形
$q+p>q-p>0$，r は素数であることに注目すると　$q-p=1$
ここで，q，p はその差が奇数となるから，一方が奇数で，他方が偶数である。ここで，「**偶数の素数は 2 だけである**」という性質を利用すると，p の値が 2 に決まる。

◀奇±偶=奇
奇±奇=偶
偶±偶=偶

CHART 素数　**正の約数は 1 とその数だけ　偶数の素数は 2 だけ**

解答

(1) $n^2+2n-24=(n-4)(n+6)$ …… ①
n は自然数であるから　$n+6>0$　また　$n-4<n+6$
$n^2+2n-24$ が素数であるとき，① から　$n-4>0$
よって　$n-4=1$　ゆえに　$n=5$
このとき　$n^2+2n-24=(5-4)(5+6)=11$
これは素数であるから，適する。 }……(＊)
したがって　$\boldsymbol{n=5}$

(2) $r=q^2-p^2$ から　$(q+p)(q-p)=r$ …… ②
$0<p<q<r$ であるから　$0<q-p<q+p$
r が素数であるから，② より　$q+p=r$，$q-p=1$
$q-p=1$（奇数）であるから，q，p は偶奇が異なる。
更に，$p<q$ であるから　$p=2$　よって　$q=3$
ゆえに　$r=3+2=5$
したがって　$\boldsymbol{(p,\ q,\ r)=(2,\ 3,\ 5)}$

◀まず，因数分解。

(＊) $n-4=1$ が満たされても，$n+6=$(合成数) となってしまっては不適となる。そのため，$n^2+2n-24$ が素数となることを確認している [$n+6=5+6=11$ (素数) の確認だけでも十分である]。

◀**素数は 2 以上の整数。**

◀q，p のどちらか一方は 2 となる。

POINT 2 整数の和（または差）が偶数 ⟺ 2 整数の偶奇は一致する
2 整数の和（または差）が奇数 ⟺ 2 整数の偶奇は異なる

練習 ③115 (1) n は自然数とする。次の式の値が素数となるような n をすべて求めよ。
(ア) $n^2+6n-27$　　(イ) $n^2-16n+39$

(2) p は素数とする。$m^2=n^2+p^2$ を満たす自然数の組 $(m,\ n)$ が存在しないとき，p の値を求めよ。

p.215 EX80

素数の性質の利用

素数は「**1 とそれ自身以外に正の約数をもたない 2 以上の整数**」というシンプルな定義であるが，シンプルがゆえに，素数が問題の条件として与えられた場合に，それをどう活かせばよいか戸惑う人も多いかもしれない。素数に関しては，まず次の性質 ①, ② をしっかり把握しておくことが重要である。与えられた条件が少ない場合でも，値を絞り込む際に ①, ② が威力を発揮することが多い。

> ① **素数 p の約数は ± 1 と $\pm p$**　(正の約数は 1 と p の 2 個)
> ② **素数は 2 以上の整数で，偶数であるものは 2 だけである。また，3 以上の素数はすべて奇数である。**

●「素数 p の約数は ± 1 と $\pm p$」の利用

(1) において，「n が自然数」という条件の場合は，(1) の指針・解答で示したように，$0<n-4<n+6$ により $n-4=1$ となる ($n+6=1$ は起こりえない)。
一方，「n が整数」という条件の場合は，素数 p に対し $(-p)\times(-1)=p$ もあるため，右の ①～④ の値の組が考えられる。
ここで，$n-4<n+6$ であるから，適するのは ①, ③ のみであり，$n-4=1$ または $n+6=-1$ として進める必要がある。
($1<p$, $-p<-1$ に注意。)

	①	②	③	④
$n-4$	1	p	$-p$	-1
$n+6$	p	1	-1	$-p$
	○	×	○	×

●「素数は 2 以上」,「偶数の素数は 2 だけ，3 以上の素数は奇数」の利用

p, q ($p<q$) を異なる素数とすると，$p\geqq 2$, $q\geqq 3$ であるから　$p+q\geqq 5$, $pq\geqq 6$ といった不等式が成り立つ。
また，$p\pm q=$(奇数) や $pq=$(偶数) のときは，p, q は偶数値をとりうるが，**偶数の素数は 2 だけ** であるから　$p=2$　と決めることができる。
逆に言うと，$p\pm q=$(偶数) や $pq=$(奇数) のときは，p, q はともに奇数であり，
　　$p\geqq 3$, $q\geqq 5$　ということになる。

● 素数でないこと（合成数であること）の証明

n が素数でないことを証明するには，n が素因数 (素数の因数) を複数もつことを示すとよい。

例　素数 p, q ($p<q$) に対し，p^2q^2-4 は合成数であることを示す。
　$p^2q^2-4=(pq+2)(pq-2)$　　$p\geqq 2$, $q\geqq 3$ であるから　$pq\geqq 6$
よって　$pq+2\geqq 8$, $pq-2\geqq 4$　　ゆえに，p^2q^2-4 は合成数である。

参考 素数に関しては，次のような性質もある。
③ **素数 p は 1, 2, ……, $p-1$ のすべてと互いに素である**
注意 2 整数 a, b が互いに素であるとは，a, b が共通な素因数をもたないこと。
④ **素数は無限個ある**　← 証明は p.210 の **参考** 参照。背理法でも証明できる。

基本例題 116 素因数の個数

(1) 20! を計算した結果は，2 で何回割り切れるか。
(2) 25! を計算すると，末尾には 0 が連続して何個並ぶか。 〔類 法政大〕

基本 112

指針 第 1 章でも学習したが，1 から n までの自然数の積 $1\cdot2\cdot3\cdots\cdots(n-1)\cdot n$ を n の 階乗といい，$n!$ で表す。

(1) $1\times2\times3\times\cdots\cdots\times20$ の中に **素因数 2 が何個含まれるか**，ということがポイント。
$2^5=32>20$ であるから，2，2^2，2^3，2^4 の倍数の個数を考える。

(2) 25! に **10 が何個含まれるか**，ということがわかればよい。ここで，$10=2\times5$ であるが，25! には素因数 2 の方が素因数 5 より多く含まれる。
したがって，末尾に並ぶ 0 の個数は，素因数 5 の個数に一致する。

CHART 末尾に連続して並ぶ 0 の個数　**素因数 5 の個数がポイント**

解答

(1) 20! が 2 で割り切れる回数は，20! を素因数分解したときの 素因数 2 の個数に一致する。
1 から 20 までの自然数のうち，
2 の倍数の個数は，20 を 2 で割った商で　10
2^2 の倍数の個数は，20 を 2^2 で割った商で　5
2^3 の倍数の個数は，20 を 2^3 で割った商で　2
2^4 の倍数の個数は，20 を 2^4 で割った商で　1
$20<2^5$ であるから，$2^n\ (n\geqq5)$ の倍数はない。
よって，素因数 2 の個数は，全部で
$$10+5+2+1=18\ (\text{個})$$
したがって，20! は 2 で **18 回** 割り切れる。

◀素因数 2 は 2 の倍数だけがもつ。

	2	4	6	8	10	12	14	16	18	20	
2：	○	○	○	○	○	○	○	○	○	○	…10 個
2^2：		○		○		○		○		○	… 5 個
2^3：				○				○			… 2 個
2^4：								○			… 1 個

注意 1 から n までの整数のうち，k の倍数の個数は，n を k で割った商に等しい（n，k は自然数）。

(2) 25! を計算したときの 末尾に並ぶ 0 の個数は，25! を素因数分解したときの 素因数 5 の個数に一致する。
1 から 25 までの自然数のうち，
5 の倍数の個数は，25 を 5 で割った商で　5
5^2 の倍数の個数は，25 を 5^2 で割った商で　1
$25<5^3$ であるから，$5^n\ (n\geqq3)$ の倍数はない。
よって，素因数 5 の個数は，全部で
$$5+1=6\ (\text{個})\ \cdots\cdots\ (*)$$
したがって，末尾には 0 が **6 個** 連続して並ぶ。

◀1 から 25 までの自然数のうち 2 の倍数は 12 個。これと（＊）から，指針の～～の理由がわかる。

（＊）から，$25!=10^6k$（k は 10 の倍数でない整数）と表される。

練習 ②116 (1) $30!=30\cdot29\cdot28\cdots\cdots3\cdot2\cdot1=2^a\cdot3^b\cdot5^c\cdots\cdots19^h\cdot23^i\cdot29^j$ のように，30! を素数の累乗の積として表したとき，a，c の値を求めよ。
(2) 100! を計算すると，末尾には 0 が連続して何個並ぶか。 〔類 星薬大〕

基本事項

1 最大公約数と最小公倍数

2つ以上の整数に共通な約数を，それらの整数の **公約数** といい，公約数のうち最大のものを **最大公約数** という。また，2つ以上の整数に共通な倍数を，それらの整数の **公倍数** といい，公倍数のうち正で最小のものを **最小公倍数** という。

一般に，**公約数は最大公約数の約数** 1)，**公倍数は最小公倍数の倍数** 2) である。

注意 最大公約数をG.C.D. (Greatest Common Divisor) またはG.C.M. (Greatest Common Measure)，最小公倍数をL.C.M. (Least Common Multiple) ともいう。

2 互いに素

2つの整数 a，b の最大公約数が1であるとき，a，b は **互いに素** であるという。

3 最大公約数，最小公倍数の性質

2つの自然数 a，b の最大公約数を g，最小公倍数を l とする。$a=ga'$，$b=gb'$ であるとすると，次のことが成り立つ。

1 **a' と b' は互いに素**　　2 $\boldsymbol{l=ga'b'=a'b=ab'}$　　3 $\boldsymbol{ab=gl}$

解説

■最大公約数，最小公倍数

上の1)と2)を証明してみよう。それには，まず2)から示す。

[2)の証明] a，b，c，…… の最小公倍数を l，任意の公倍数を k とする。
k を l で割ったときの商を q，余りを r とすると

$$k=ql+r \ \cdots\cdots \text{①},\ 0\leqq r<l$$

◀この等式については，次の「§19 整数の割り算」で詳しく学習する。

k も l も a の倍数であるから，$k=ak'$，$l=al'$ (k'，l' は整数) と表され
$r=k-ql=a(k'-ql')$ より，r は a の倍数である。
同様に，r は b，c，…… の倍数であるから，r は a，b，c，…… の公倍数である。ここで，$r\neq 0$ と仮定すると，l より小さい正の公倍数 r が存在することになるが，これは l が最小公倍数であることに矛盾する。

◀背理法。

ゆえに　$r=0$　　よって，① は $k=ql$ となり，k は l の倍数である。

[1)の証明] a，b，c，…… の最大公約数を g，任意の公約数を m とする。
l を g と m の最小公倍数とすると，a は g と m の公倍数であるから，2) より，a は l の倍数である。同様に，b，c，…… も l の倍数である。
したがって，l は a，b，c，…… の公約数である。

◀1)を示すには，g と m の最小公倍数が g であることを示せばよい。

ここで，g が最大の公約数であるから　　$l\leqq g$
一方，l は g と m の最小公倍数であるから　　$l\geqq g$　　ゆえに　$l=g$
よって，g と m の最小公倍数 l が g に一致し，g は m の倍数である。
すなわち，任意の公約数 m は最大公約数 g の約数である。

◀$A\leqq B$ かつ $A\geqq B$ ならば　$A=B$
この論法は整数の性質に関する証明でよく使われる。

■互いに素；最大公約数，最小公倍数の性質

g は a の約数でも b の約数でもあるから，自然数 a'，b' を用いて $a=ga'$，$b=gb'$ と表される。このとき，g が最大公約数であることから，a'，b' は1より大きい公約数をもたない。すなわち，a'，b' は互いに素である。
また，最大公約数と最小公倍数の性質 2，3 が成り立つことは，右の図式のようにして見てみると理解しやすい。

$$\begin{array}{l} a=a'\times g \\ b=\phantom{a'\times{}} g\times b' \\ \hline l=a'\times g\times b' \\ lg=\underbrace{a'\times g}_{a}\times\underbrace{b'\times g}_{b} \end{array}$$

基本例題 117 最大公約数と最小公倍数

①①①①①

次の数の組の最大公約数と最小公倍数を求めよ。

(1) 168，252 (2) 84，126，630

p.205 基本事項 1

指針 最大公約数と最小公倍数を求めるとき，**素因数分解** が利用できる。
まず，各数を素因数分解する。その後は，次のようにして求めればよい。
最大公約数 ⟶ 共通な素因数に，指数が最も小さいものを付けて掛け合わせる。
最小公倍数 ⟶ すべての素因数に，指数が最も大きいものを付けて掛け合わせる。

例 378 と 900 の最大公約数と最小公倍数

$378=2\times3\times3\times3\times7=2\times3^3\times7$

$900=2\times2\times3\times3\times5\times5=2^2\times3^2\times5^2$

（網掛けで示した部分が共通な素因数）

最大公約数は $2\times3^2=18$ ⟵ 共通な素因数 2 と 3 に，指数が最も小さいものを付けて掛ける。

最小公倍数は $2^2\times3^3\times5^2\times7=18900$ ⟵ すべての素因数 2，3，5，7 に，指数が最も大きいものを付けて掛ける。

解答

(1) $168=2^3\cdot3\cdot7$

$252=2^2\cdot3^2\cdot7$

最大公約数は $2^2\cdot3\cdot7=$ **84**

最小公倍数は $2^3\cdot3^2\cdot7=$ **504**

(2) $84=2^2\cdot3\cdot7$

$126=2\cdot3^2\cdot7$

$630=2\cdot3^2\cdot5\cdot7$

最大公約数は $2\cdot3\cdot7=$ **42**

最小公倍数は $2^2\cdot3^2\cdot5\cdot7=$ **1260**

```
2)168    2)252
2) 84    2)126
2) 42    3) 63
3) 21    3) 21
    7        7

2)84   2)126   2)630
2)42   3) 63   3)315
3)21   3) 21   3)105
   7       7   5) 35
                   7
```

参考 [共通な素因数で割っていく方法]

● 2 つの数の場合 [上の (1)]

1 2 つに共通な素因数で割れるだけ割っていく。

2 左側の素因数の積が最大公約数，最大公約数に下の 2 つの数を掛け合わせたものが最小公倍数となる。

```
2)168  252
2) 84  126
3) 42   63
7) 14   21
    2    3
```

最大公約数は $2^2\cdot3\cdot7=84$

最小公倍数は $84\cdot2\cdot3=504$

● 3 つの数の場合 [上の (2)]

1 3 つに共通な素因数で割れるだけ割っていく。

2 左側の素因数の積が最大公約数，最大公約数に下の 3 つの数の最小公倍数を掛け合わせたものが，求める最小公倍数となる。

```
2)84  126  630
3)42   63  315
7)14   21  105
   2    3   15
```

最大公約数は $2\cdot3\cdot7=42$

下の 3 つの数 2，3，15(=3・5) の最小公倍数は $2\cdot3\cdot5=30$ であるから，求める **最小公倍数は**

$42\cdot30=$ **1260**

練習 ① 117 次の数の組の最大公約数と最小公倍数を求めよ。

(1) 36，378 (2) 462，1155

(3) 60，135，195 (4) 180，336，4410

p.215 EX81

基本例題 118 最大公約数・最小公倍数と数の決定 (1)

次の条件を満たす 2 つの自然数 a, b の組をすべて求めよ。ただし，$a<b$ とする。

(1) 和が 192，最大公約数が 16

(2) 積が 375，最小公倍数が 75

p.205 基本事項 3

指針 2 つの自然数 a, b の最大公約数を g，最小公倍数を l とし，$\boldsymbol{a=ga'}$, $\boldsymbol{b=gb'}$ とすると

1 $\boldsymbol{a'}$ と $\boldsymbol{b'}$ は互いに素
2 $\boldsymbol{l=ga'b'}$ 3 $\boldsymbol{ab=gl}$

が成り立つ（**最大公約数と最小公倍数の性質**）。これを利用する。

自然数 a, b の表現
$\boldsymbol{a=ga'}$, $\boldsymbol{b=gb'}$
（a', b' は互いに素）

(1) 条件から，$a=16a'$, $b=16b'$ $(a'<b')$ とすると，1 より a', b' は互いに素な自然数となる。和の条件 $16a'+16b'=192$ を満たす a', b' の組を，$a'<b'$ と a', b' は互いに素な自然数であることに注意して求める。

(2) まず 3 を利用して最大公約数 g を求める。次に，$a=●a'$, $b=●b'$（●は求めた最大公約数）として，2 により $a'b'$ の値を求める。(1) 同様，1 にも注意する。

CHART 2 数の積 ＝ 最大公約数 × 最小公倍数 ← $\boldsymbol{ab=gl}$

解答

(1) 最大公約数が 16 であるから，a, b は

$a=16a'$, $b=16b'$ と表される。 ◀1 を利用。$a<b$ から $a'<b'$ となる。

ただし，a', b' は互いに素な自然数で $a'<b'$

和が 192 であるから $16a'+16b'=192$

すなわち $a'+b'=12$ …… ①

① を満たす，互いに素である自然数 a', b' $(a'<b')$ の組は $(a',\ b')=(1,\ 11),\ (5,\ 7)$ ◀① の右辺 12 に注目すると，a' が偶数の場合は不適。

したがって $\boldsymbol{(a,\ b)=(16,\ 176),\ (80,\ 112)}$ ◀$a=16a'$, $b=16b'$

(2) 最大公約数を g とすると，積が 375，最小公倍数が 75 であるから $375=g\cdot 75$ ◀$\boldsymbol{ab=gl}$ (3)

ゆえに $g=5$

よって，$a=5a'$, $b=5b'$ と表される。

ただし，a', b' は互いに素な自然数で $a'<b'$ ◀1 を利用。

ここで，$75=5a'b'$ が成り立つから $a'b'=15$ …… ② ◀$\boldsymbol{l=ga'b'}$ (2)

② を満たす，互いに素である自然数 a', b' $(a'<b')$ の組は $(a',\ b')=(1,\ 15),\ (3,\ 5)$

したがって $\boldsymbol{(a,\ b)=(5,\ 75),\ (15,\ 25)}$ ◀$a=5a'$, $b=5b'$

練習 ②**118** 次の条件を満たす 2 つの自然数 a, b の組をすべて求めよ。ただし，$a<b$ とする。

(1) 和が 175，最大公約数が 35

(2) 積が 384，最大公約数が 8

(3) 最大公約数が 8，最小公倍数が 240 ［(3) 大阪経大］ p.215 EX 82

基本例題 119 最大公約数・最小公倍数と数の決定 (2)

次の (A), (B), (C) を満たす 3 つの自然数の組 $(a,\ b,\ c)$ をすべて求めよ。ただし，$a<b<c$ とする。 ［専修大］

(A) $a,\ b,\ c$ の最大公約数は 6

(B) b と c の最大公約数は 24，最小公倍数は 144

(C) a と b の最小公倍数は 240

p.205 基本事項 3，基本 118

指針 前ページの基本例題 118 と同様に，**最大公約数と最小公倍数の性質** を利用する。
2 つの自然数 $a,\ b$ の最大公約数を g，最小公倍数を l，$\boldsymbol{a=ga'}$，$\boldsymbol{b=gb'}$ とすると

1 a' と b' は互いに素 2 $l=ga'b'$ 3 $ab=gl$

(A) から，$a=6k,\ b=6l,\ c=6m$ として扱うのは難しい（$k,\ l,\ m$ が互いに素である，とは仮定できないため）。(B) から $b,\ c$，次に，(C) から a の値を求め，最後に (A) を満たすものを解とした方が進めやすい。
このとき，$b=24b',\ c=24c'$（$b',\ c'$ は互いに素で $b'<c'$）とおける。
最小公倍数について $24b'c'=144$ これから $b',\ c'$ を求める。

解答

(B) の前半の条件から，$b=24b',\ c=24c'$ と表される。
ただし，$b',\ c'$ は互いに素な自然数で $b'<c'$ …… ①
(B) の後半の条件から

$24b'c'=144$ すなわち $b'c'=6$ ◀ $gb'c'=l$

これと ① を満たす $b',\ c'$ の組は

$(b',\ c')=(1,\ 6),\ (2,\ 3)$

ゆえに $(b,\ c)=(24,\ 144),\ (48,\ 72)$ ◀ $b=24b',\ c=24c'$

(A) から，a は 2 と 3 を素因数にもつ。 ◀ 3 つの数の最大公約数は $6=2\cdot3$

また，(C) において $240=2^4\cdot3\cdot5$

[1] $b=24\ (=2^3\cdot3)$ のとき，a と 24 の最小公倍数が 240 であるような a は $a=2^4\cdot3\cdot5$
これは，$a<b$ を満たさない。

[2] $b=48\ (=2^4\cdot3)$ のとき，a と 48 の最小公倍数が 240 であるような a は $a=2^p\cdot3\cdot5$
ただし $p=1,\ 2,\ 3,\ 4$
$a<48$ を満たすのは $p=1$ の場合で，このとき $a=30$
30, 48, 72 の最大公約数は 6 で，(A) を満たす。

以上から $\boldsymbol{(a,\ b,\ c)=(30,\ 48,\ 72)}$

◀ $240=2^4\cdot3\cdot5$
[1] $b=2^3\cdot3$
[2] $b=2^4\cdot3$
これから a の因数を考える。

練習 ③119 次の (A), (B), (C) を満たす 3 つの自然数の組 $(a,\ b,\ c)$ をすべて求めよ。ただし，$a<b<c$ とする。

(A) $a,\ b,\ c$ の最大公約数は 7

(B) b と c の最大公約数は 21，最小公倍数は 294

(C) a と b の最小公倍数は 84

基本例題 120 互いに素に関する証明問題 (1)

(1) n は自然数とする。$n+3$ は 6 の倍数であり，$n+1$ は 8 の倍数であるとき，$n+9$ は 24 の倍数であることを証明せよ。

(2) 任意の自然数 n に対して，**連続する 2 つの自然数 n と $n+1$ は互いに素** であることを証明せよ。

p.205 基本事項 2　重要 122

指針 (1) n を用いて証明しようとしても見通しが立たない。例題 **110** のように，$n+1$，$n+9$ がそれぞれ 8，24 の倍数であることを，別々の文字を用いて表し，n を消去する。そして，n の代わりに用いた文字に関する条件を考える。次のことを利用。

a，b は互いに素で，ak が b の倍数であるならば，
k は b の倍数である。……★　　(a，b，k は整数)

(2) **n と $n+1$ は互いに素 $\Longleftrightarrow$ n と $n+1$ の最大公約数は 1**

n と $n+1$ の最大公約数を g とすると　$n=ga$，$n+1=gb$　(a，b は互いに素)

この 2 つの式から n を消去して $g=1$ を導き出す。ポイントは

A，B が自然数のとき，$AB=1$　ならば　$A=B=1$

CHART a，b は互いに素
1 $ak=bl$ ならば　k は b の倍数，l は a の倍数
2 a と b の最大公約数は 1

解答

(1) $n+3=6k$，$n+1=8l$ (k，l は自然数) と表される。

$n+9=(n+3)+6=6k+6=6(k+1)$

$n+9=(n+1)+8=8l+8=8(l+1)$

よって　$6(k+1)=8(l+1)$

すなわち　$3(k+1)=4(l+1)$

3 と 4 は互いに素であるから，$k+1$ は 4 の倍数である。

したがって，$k+1=4m$ (m は自然数) と表される。

ゆえに　$n+9=6(k+1)=6\cdot 4m=24m$

したがって，$n+9$ は 24 の倍数である。

(2) n と $n+1$ の最大公約数を g とすると

$n=ga$，$n+1=gb$

(a，b は互いに素である自然数)

と表される。$n=ga$ を $n+1=gb$ に代入すると

$ga+1=gb$　すなわち　$g(b-a)=1$

g は自然数，$b-a$ は整数であるから　$g=1$

したがって，n と $n+1$ の最大公約数は 1 であるから，n と $n+1$ は互いに素である。

参考 (1) $n+9$ は，6 の倍数かつ 8 の倍数であるから，6 と 8 の最小公倍数である 24 の倍数，として示してもよい。

◀指針＿＿……★ の方針。なお，「3 と 4 は互いに素」は重要で，この条件がないと使えない。答案では必ず書くようにする。また，このとき，$l+1$ は 3 の倍数である。したがって，$l+1=3m$ と表されるから，$n+9=8\cdot 3m=24m$ としてもよい。

◀積が 1 となる自然数は 1 だけである。

注意 (2) の内容に関連した内容を，次ページの **参考** で扱っている。

練習 ② 120 (1) n は自然数とする。$n+5$ は 7 の倍数であり，$n+7$ は 5 の倍数であるとき，$n+12$ を 35 で割った余りを求めよ。

(2) n を自然数とするとき，$2n-1$ と $2n+1$ は互いに素であることを示せ。

[(1) 中央大，(2) 広島修道大]　p.215 EX83

基本例題 121 互いに素に関する証明問題 (2)

自然数 a, b に対して, a と b が互いに素ならば, $a+b$ と ab は互いに素であることを証明せよ。

p.205 基本事項 2　重要 121

指針 $a+b$ と ab の最大公約数が 1 となることを直接示そうとしても見通しが立たない。
そこで, 背理法 (間接証明法) を利用する。

$\longrightarrow$ $a+b$ と ab が互いに素でない, すなわち, $a+b$ と ab はある素数 p を公約数にもつ, と仮定して矛盾を導く。

なお, 次の素数の性質も利用する。ただし, m, n は整数である。

mn が素数 p の倍数であるとき, m または n は p の倍数である。

CHART 互いに素であることの証明
1. 最大公約数が 1 を導く
2. 背理法(間接証明法)の利用

解答

$a+b$ と ab が互いに素でない, すなわち, $a+b$ と ab はある素数 p を公約数にもつと仮定すると

$$a+b=pk \cdots\cdots ①,\quad ab=pl \cdots\cdots ②$$

と表される。ただし, k, l は自然数である。
② から, a または b は p の倍数である。
a が p の倍数であるとき, $a=pm$ となる自然数 m がある。
このとき, ① から, $b=pk-a=pk-pm=p(k-m)$ となり, b も p の倍数である。
これは a と b が互いに素であることに矛盾している。
b が p の倍数であるときも, 同様にして a は p の倍数であり, a と b が互いに素であることに矛盾する。
したがって, $a+b$ と ab は互いに素である。

◀ m と n が互いに素でない $\Longleftrightarrow$ m と n が素数を公約数にもつ

◀ $k-m$ は整数。

◀ $a=pk-b$ $=p(k-m')$ (m' は整数)

参考 前ページの基本例題 120 (2) の結果「**連続する 2 つの自然数は互いに素である**」は, 整数の問題を解くのに利用できることがある。興味深い例を 1 つあげておこう。

問題 素数は無限個存在することを証明せよ。

証明 n_1 を 2 以上の自然数とする。n_1 と n_1+1 は互いに素であるから, $n_2=n_1(n_1+1)$ は異なる素因数を 2 個以上もつ。
同様にして, $n_3=n_2(n_2+1)=n_1(n_1+1)(n_2+1)$ は異なる素因数を 3 個以上もつ。
この操作は無限に続けることができるから, 素数は無限個存在する。

素数が無限個存在することの証明は, ユークリッドが発見した背理法を利用する方法が有名であるが, 上の 証明 は, 21 世紀に入って (2006 年), サイダックによって提示された, とても簡潔な方法である。次ページで詳しく取り上げたので参照してほしい。

練習 ③121 a, b は自然数とする。このとき, 次のことを証明せよ。
(1) a と b が互いに素ならば, a^2 と b^2 は互いに素である。
(2) $a+b$ と ab が互いに素ならば, a と b は互いに素である。

参考事項 素数は無限個存在する

※素数が無限個存在することの証明について，前ページで紹介したサイダックの提示による方法はとても簡潔である。しかし，証明が簡潔すぎて，素数が無限にあることが実感しづらいかもしれない。$n_1=2$ から始めて，n_2，n_3，n_4，n_5 の場合までを検証してみよう。

[1] $n_2=n_1(n_1+1)=2\times3=6$

[2] $n_3=n_2(n_2+1)=6\times7=42$

[3] $n_4=n_3(n_3+1)=42\times43=1806$

[4] $n_5=n_4(n_4+1)=1806\times1807$
$=42\times43\times13\times139=3263442$

……………………………

◀赤の数字が素数である。
[1]～[4] のように，素数が見つかっていることがわかる。

◀1807 は素数ではないが，1806 がもつ素因数 (2，3，7，43) では割り切れない。

$n_6=n_5(n_5+1)$ についても，連続する 2 つの自然数 n_5 と n_5+1 は互いに素であるから，n_5+1 は n_5 がもつ素因数では割り切れない。上の [4] の 1807 のように，n_5+1 は素数であるとは限らないが，n_5 とは異なる素因数を少なくとも 1 つもつ。
したがって，n_6 は少なくとも異なる素因数を 6 個以上もつことになる。

(補足) $n_1=2$ から始めた場合，$n_6=2\times3\times7\times43\times13\times139\times3263443$ から素因数は 7 個。

以下，n_7，n_8，…… と同様の操作を繰り返すことにより，素数を無限に見つけることができる。

※ユークリッドが発見した **背理法** による「素数は無限個存在する」ことの証明は，次のようになる。

[証明] 素数が有限個であると仮定し，それらを p_1，p_2，……，p_k $(p_1<p_2<\cdots\cdots<p_k)$ とする。
このとき，$N=p_1\cdot p_2\cdot p_3\cdots\cdots\cdot p_k+1$ とすると，N は $N>p_k$ を満たす整数である。
N が素数であるとすると，N は p_k より大きい素数となり，素数が p_1，p_2，……，p_k だけであるとした仮定に反する。
また，N が合成数であるとすると，N は p_1，p_2，……，p_k の少なくとも 1 つの素因数をもつ。
ところが，N は p_1，p_2，……，p_k のどれで割っても 1 余る数で，p_1，p_2，……，p_k のいずれも素因数としない。これは矛盾である。
よって，N は素数でも合成数でもなく，$N>1$ を満たす数であるから，素数が有限個であるとした仮定は誤りである。……（＊）
したがって，素数は無限個存在する。

◀素数でないものが合成数である。

◀N はどの p_i $(i=1,\ 2,\ \cdots,\ k)$ でも割り切れない。

（＊）正の整数は 1，素数，合成数のいずれか。

※ある数が素数か合成数かを判断する際，次の定理も知っておくとよい（証明は対偶を利用）。

定理　自然数 N は，$\sqrt{N}$ を超えない最大の整数を n とするとき，n 以下のどの素数でも割り切れなければ素数である。

例　139 が素数であるかどうかを調べる。
$11<\sqrt{139}<12$ であるが，139 は 11 以下のすべての素数 2，3，5，7，11 のいずれでも割り切れない。したがって，139 は素数である。

重要例題 122 互いに素である自然数の個数

n を自然数とするとき，$m \leqq n$ で，m と n が互いに素であるような自然数 m の個数を $f(n)$ とする。また，p，q は素数とする。

(1) $f(15)$ の値を求めよ。　(2) $p \neq q$ のとき，$f(pq)$ を求めよ。

(3) 自然数 k に対し，$f(p^k)$ を求めよ。　〔類 名古屋大〕

基本 120，121

指針 (1) 15 と互いに素である 15 以下の自然数の個数を求めればよい。$15=3\cdot5$ であるから，15 と互いに素である自然数は，3 の倍数でも 5 の倍数でもない自然数である。しかし，「でない」の個数を求めるのは一般に面倒なので，全体−(である) の方針で考える。

(2) p と q は異なる素数であるから，pq と互いに素である自然数は，p の倍数でも q の倍数でもない自然数である。(1) と同様，全体−(である) の方針で考える。

(3) p^k と互いに素である自然数は，p の倍数でない自然数である。

解答

(1) $15=3\cdot5$ であるから，$f(15)$ は 1 から 15 までの自然数のうち，　$1\cdot3,\ 2\cdot3,\ 3\cdot3,\ 4\cdot3,\ 1\cdot5,\ 2\cdot5,\ 3\cdot5$
を除いたものの個数であるから

$$\boldsymbol{f(15)}=15-7=\boldsymbol{8}$$

◀15 程度であれば，左の解答でも対応できるが，数が大きい場合には，(2) のように，集合の要素の個数の問題として考える。

(2) 1 から pq までの自然数を全体集合 U とし，そのうち，p の倍数，q の倍数の集合をそれぞれ A，B とすると，

$A=\{p,\ 2p,\ \cdots\cdots,\ (q-1)p,\ qp\}$ から　$n(A)=q$

$B=\{q,\ 2q,\ \cdots\cdots,\ (p-1)q,\ pq\}$ から　$n(B)=p$

◀1 から pq までの自然数のうち，p の倍数は $\dfrac{pq}{p}=q$ (個)，q の倍数は $\dfrac{pq}{q}=p$ (個) としてもよい。(3) はこの方針で個数を求めている。

p，q は異なる素数であるから，pq と互いに素である自然数は，p の倍数でも q の倍数でもない自然数で，その集合は $\overline{A}\cap\overline{B}$ で表される。

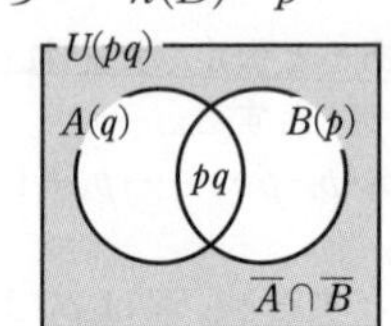

したがって

$$\boldsymbol{f(pq)}=n(\overline{A}\cap\overline{B})=n(\overline{A\cup B})=n(U)-n(A\cup B)$$
$$=n(U)-\{n(A)+n(B)-n(A\cap B)\}$$
$$=pq-(q+p-1)=pq-p-q+1$$
$$=\boldsymbol{(p-1)(q-1)}$$

◀ド・モルガンの法則

◀$A\cap B=\{pq\}$

(3) 1 から p^k までの p^k 個の自然数のうち，p の倍数は $p^k\div p=p^{k-1}$ (個) あるから，$f(p^k)$ は p の倍数でないものの個数を求めて　$\boldsymbol{f(p^k)=p^k-p^{k-1}}$

◀$p^k\left(1-\dfrac{1}{p}\right)$ としてもよい。

検討

オイラー関数 $\phi(n)$ …… ϕ はギリシア文字で「ファイ」と読む。

n は自然数とする。1 から n までの自然数で，n と互いに素であるものの個数を $\phi(n)$ と表す。この $\phi(n)$ を **オイラー関数** といい，次の性質があることが知られている。

① **p は素数，k は自然数のとき**　$\boldsymbol{\phi(p)=p-1,\quad \phi(p^k)=p^k-p^{k-1}}$

② **p と q は異なる素数のとき**　$\boldsymbol{\phi(pq)=\phi(p)\phi(q)=(p-1)(q-1)}$

③ **p と q は互いに素のとき**　$\boldsymbol{\phi(pq)=\phi(p)\phi(q)}$

検討 PLUS ONE

オイラー関数の性質（発展）

p_1, p_2, ……, p_m を異なる素数，k_1, k_2, ……, k_m を自然数として，自然数 n が $n=p_1^{k_1}p_2^{k_2}\cdot\cdots\cdots\cdot p_m^{k_m}$ と表されるとき，前ページ 検討 の ①，③ から，次の性質 ④ が導かれる。

④ $$\boldsymbol{\phi(p_1^{k_1}p_2^{k_2}\cdot\cdots\cdots\cdot p_m^{k_m})}=\phi(p_1^{k_1})\phi(p_2^{k_2})\cdot\cdots\cdots\cdot\phi(p_m^{k_m})$$
$$=(p_1^{k_1}-p_1^{k_1-1})(p_2^{k_2}-p_2^{k_2-1})\cdot\cdots\cdots\cdot(p_m^{k_m}-p_m^{k_m-1})$$
$$=p_1^{k_1}\left(1-\frac{1}{p_1}\right)\cdot p_2^{k_2}\left(1-\frac{1}{p_2}\right)\cdot\cdots\cdots\cdot p_m^{k_m}\left(1-\frac{1}{p_m}\right)$$
$$=\boldsymbol{n\left(1-\frac{1}{p_1}\right)\left(1-\frac{1}{p_2}\right)\cdots\cdots\left(1-\frac{1}{p_m}\right)}$$

③ の性質の証明は，高校数学の範囲を超えるので省略するが，具体例をもとに，その意味を確認しておこう。

例　$p=5$, $q=6$ のとき　　$pq=30$

1 以上 30 以下の自然数を，右のように並べる。

ここで，6 と互いに素である数は，赤い枠で囲まれた数で，$\phi(6)=2$（列）ある。

また，赤枠の 2 列の 5 個の数を，5 で割ったときの余りは，各数の添え字（青）のように，0，1，2，3，4 とすべて異なるから，各列の中に 5 と互いに素である数は $\phi(5)=4$（個）ある。

1_1	2	3	4	5_0	6
7_2	8	9	10	11_1	12
13_3	14	15	16	17_2	18
19_4	20	21	22	23_3	24
25_0	26	27	28	29_4	30

よって，$5\times6=30$ と互いに素である 30 以下の自然数の個数は　　$2\times4=8$（個）

したがって　　$\phi(5\cdot6)=\phi(5)\phi(6)$

ここで，近年出題された次の入試問題は，オイラー関数の性質を使うことにより，比較的容易に示すことができる。しかし，オイラー関数は高校の範囲外なので，試験場での利用は奨められない。確認用の検算として用いる程度にしておこう。

> 1000 以下の素数は 250 個以下であることを示せ。　〔一橋大〕

$1050=2\cdot3\cdot5^2\cdot7$ にオイラー関数の性質 ④ を使うと，1 から 1050 までの自然数で，1050 と互いに素であるものの個数は

$$\phi(1050)=\phi(2\cdot3\cdot5^2\cdot7)=2\cdot3\cdot5^2\cdot7\times\left(1-\frac{1}{2}\right)\left(1-\frac{1}{3}\right)\left(1-\frac{1}{5}\right)\left(1-\frac{1}{7}\right)$$
$$=2\cdot3\cdot5^2\cdot7\times\frac{1}{2}\cdot\frac{2}{3}\cdot\frac{4}{5}\cdot\frac{6}{7}=240$$

この 240 個すべてが素数であるとは限らない（例えば 11×11 など）。しかし，2，3，5，7 以外の 1050 以下の素数は必ず含まれている。よって，1050 以下の自然数のうち，素数は 2，3，5，7 を含めて $240+4=244$（個）以下である（実際には 176 個）。

したがって，1000 以下の素数は 250 個以下である（実際には 168 個）。

練習 ④122　重要例題 **122** の $f(n)$ について，次の問いに答えよ。

(1)　$f(77)$ の値を求めよ。

(2)　$f(pq)=24$ となる 2 つの素数 p, q $(p<q)$ の組をすべて求めよ。

(3)　$f(3^k)=54$ となる自然数 k を求めよ。　〔類 早稲田大〕 p.215 EX84

重要例題 123 完全数

自然数 n に対して，n のすべての正の約数（1 と n を含む）の和を $S(n)$ とする。例えば，$S(9)=1+3+9=13$ である。n が異なる素数 p と q によって $n=p^2q$ と表されるとき，$S(n)=2n$ を満たす n をすべて求めよ。

基本 113

指針 n の正の約数は 1，p，p^2，q，pq，p^2q で，これらの和が $2p^2q$ に等しいとき

$$1+p+p^2+q+pq+p^2q=2p^2q \quad \text{整理して} \quad p^2q-pq-q-p^2-p-1=0$$

これでも解けるが処理が煩雑。整数の問題では，**(　)(　)=(整数)** のように，積の形に表す と見通しがよくなるから，例題 **113** で学習したように，正の約数の和を積の形で表し，**a は b の倍数 ⟺ $a=bk$**（a，b，k は整数）と素数の条件を活かして p，q の値を求める。

解答

$n=p^2q$ の正の約数の和は　$S(n)=(1+p+p^2)(1+q)$

$S(n)=2n$ から　$(1+p+p^2)(1+q)=2p^2q$ …… ①

$1+p+p^2=1+p(p+1)$ より，$1+p+p^2$ は奇数であり，p の倍数ではないから，$1+q$ は $2p^2$ の倍数である。

◀ $p(p+1)$ は連続する 2 整数の積で偶数。1＋偶数から，$1+p+p^2$ は奇数。

よって，$1+q=2p^2k$（k は自然数）…… ②

と表される。

① から　$(1+p+p^2)\cdot 2p^2k=2p^2q$

ゆえに　$q=(1+p+p^2)k$ …… ③

◀ $2p^2\neq 0$

ここで，q は素数であるから　$k=1$

◀ $1+p+p^2>1$ で，q は素数であるから，③ の右辺は $q\cdot 1$ の形をしている。

②，③ から　$\begin{cases} 1+q=2p^2 & \cdots\cdots ④ \\ q=1+p+p^2 & \cdots\cdots ⑤ \end{cases}$

④，⑤ から q を消去して　$1+1+p+p^2=2p^2$

よって　$p^2-p-2=0$　すなわち　$(p+1)(p-2)=0$

ゆえに　$p=-1,\ 2$　p は素数であるから　$p=2$

$p=2$ を ⑤ に代入して　$q=7$

したがって，求める n の値は　$\boldsymbol{n=2^2\cdot 7=28}$

◀ 28 は完全数（他に 6 など）。

検討

完全数，過剰数，不足数

自然数 n に対し，n 以外の正の約数の和と n の大小関係について，次のように定義される。

完全数　n 以外の正の約数の和が n 自身と等しい。　◀例題で $S(n)-n=n$ すなわち $S(n)=2n$

完全数は 2018 年時点で 51 個見つかっているが，すべて偶数である。

不足数　n 以外の正の約数の和が n 自身より小さい。　◀例題で $S(n)-n<n$　例 2，10 など。

過剰数　n 以外の正の約数の和が n 自身より大きい。　◀例題で $S(n)-n>n$　例 12，18 など。

他に，2^m-1 の形の数を **メルセンヌ数** といい，これが素数のとき **メルセンヌ素数** という。下の練習 (2) は，n のメルセンヌ数の部分 (2^m-1) が素数であるとき，n が完全数であることを示す問題である。

練習 ④123 2 以上の自然数 n に対し，n の n 以外の正の約数の和を $S(n)$ とする。

(1) $S(120)$ を求めよ。

(2) $n=2^{m-1}(2^m-1)$ $(m=2,\ 3,\ 4,\ \cdots\cdots)$ とする。2^m-1 が素数であるとき，$S(n)=n$ であることを，$1+2+\cdots\cdots+2^{m-1}=2^m-1$ を使って示せ。

②77　4 つの数字 3，4，5，6 を並べ替えてできる 4 桁の数を m とし，m の各位の数を逆順に並べてできる 4 桁の数を n とすると，$m+n$ は 99 の倍数となることを示せ。

→110, 111

③78　2 から 20 までの 10 個の偶数から異なる 5 個をとり，それらの積を a，残りの積を b とする。このとき，$a \neq b$ であることを証明せよ。　〔広島修道大〕

→112

③79　(1)　1080 の正の約数の個数と，正の約数のうち偶数であるものの総和を求めよ。
(2)　正の約数の個数が 28 個である最小の正の整数を求めよ。　〔(2) 早稲田大〕

→113

④80　(1)　自然数 n で n^2-1 が素数になるものをすべて求めよ。
(2)　$0 \leqq n \leqq m$ を満たす整数 m，n の組 $(m,\ n)$ で，$3m^2+mn-2n^2$ が素数になるものをすべて求めよ。
(3)　0 以上の整数 m，n の組 $(m,\ n)$ で，$m^4-3m^2n^2-4n^4-6m^2-16n^2-16$ が素数になるものをすべて求めよ。　〔大阪府大〕 →115

②81　分数 $\dfrac{104}{21}$，$\dfrac{182}{15}$ のいずれに掛けても積が自然数となるような分数のうち，最小のものを求めよ。　〔大阪経大〕 →117

③82　自然数 m，n $(m \geqq n > 0)$ がある。$m+n$ と $m+4n$ の最大公約数が 3 で，最小公倍数が $4m+16n$ であるという。このような m，n をすべて求めよ。　〔東北学院大〕

→118

③83　N は $100 \leqq N \leqq 199$ を満たす整数とする。N^2 と N の下 2 桁が一致するとき，N の値を求めよ。　〔類　中央大〕 →120

③84　$\dfrac{n}{144}$ が 1 より小さい既約分数となるような正の整数 n は全部で何個あるか。

〔千葉工大〕 →122

HINT

77　$3+4+5+6=18=9 \cdot 2$ であるから，m，n は 9 の倍数である。
78　背理法による。$a=b$ と仮定して矛盾を導く。素因数 7 の個数に着目。
79　(1)　正の約数のうち偶数であるものは，素因数 2 を 1 個以上もつ。
(2)　$28=28 \cdot 1=14 \cdot 2=7 \cdot 4=7 \cdot 2 \cdot 2$ のように表されることに着目。
80　**素数　正の約数は 1 とその数（自分自身）だけ**
(3)　(　)(　)=(整数) の形に表す。
82　$m+n$，$m+4n$ の最大公約数は 3 であるから，$m+n=3a$，$m+4n=3b$（a，b は互いに素）と表される。
83　$N^2-N=N(N-1)$ が 100 の倍数となることが条件。連続する自然数 N と $N-1$ は互いに素である。
84　n は 143 以下で 144 と互いに素である正の整数。

19 整数の割り算

基本事項

1 割り算における商と余り　整数 a と正の整数 b に対して

$$a=bq+r, \quad 0\leqq r<b$$

を満たす整数 q と r がただ1通りに定まる。

2 余りによる整数の分類　一般に，正の整数 m が与えられると，すべての整数 n は，

$$mk,\ mk+1,\ mk+2,\ \cdots\cdots,\ mk+(m-1) \quad (k \text{ は整数})$$

のいずれかの形で表される。

3 割り算の余りの性質　m を正の整数とし，2つの整数 a，b を m で割ったときの余りを，それぞれ r，r' とすると，次のことが成り立つ。

1 **$a+b$ を m で割った余りは，$r+r'$ を m で割った余りに等しい。**
2 **$a-b$ を m で割った余りは，$r-r'$ を m で割った余りに等しい。**
3 **ab を m で割った余りは，rr' を m で割った余りに等しい。**
4 **a^n を m で割った余りは，r^n を m で割った余りに等しい。**（n は自然数）

解　説

■割り算についての等式 $a=bq+r$

q を，a を b で割ったときの **商** といい，r を **余り** という。

◀上の **1** を **除法の原理** などと呼ぶこともある。

例　$49=6\cdot 8+1$ から，49 を 6 で割ったときの商は 8，余りは 1
$-30=7\cdot(-5)+5$ から，-30 を 7 で割ったときの商は -5，余りは 5

◀$-30=7\cdot(-4)-2$ とすると，$0\leqq r<b$ を満たさない。

特に，$r=0$ のとき，a は b で **割り切れる** といい，$r\neq 0$ のとき **割り切れない** という。なお，$a=bq+r$，$0\leqq r<b$ を満たす q と r がただ1通りに定まることは，次のようにして証明される。

◀$r=0$ のとき $a=bq$ となり，a は b の倍数，b は a の約数である。

証明　整数 a と正の整数 b に対して，$bq\leqq a<b(q+1)$ …… ① となる整数 q が存在する。ここで，$a-bq=r$ とおく。
① より $0\leqq a-bq<b$ であるから　　$0\leqq r<b$ で　　$a=bq+r$
このような q と r が2通りあると仮定すると

$$a=bq_1+r_1,\ 0\leqq r_1<b;\quad a=bq_2+r_2,\ 0\leqq r_2<b$$

辺々引いて $0=b(q_1-q_2)+r_1-r_2$　　$\therefore\ -(r_1-r_2)=b(q_1-q_2)$ …… ②
したがって，r_1-r_2 は b の倍数である。

◀$A=Bk$ のとき，A は B の倍数。

ところが，$0\leqq r_1<b$，$0\leqq r_2<b$ $(-b<-r_2\leqq 0)$ から　$-b<r_1-r_2<b$
この範囲の b の倍数は 0 しかないから　　$r_1-r_2=0$　すなわち　$r_1=r_2$
このとき，② から　　$q_1-q_2=0$　すなわち　$q_1=q_2$
よって，$a=bq+r$，$0\leqq r<b$ となるような q と r は1通りしかない。

◀$0\leqq r_1<b$，$-b<-r_2\leqq 0$ の辺々を加えると $-b<r_1-r_2<b$ 等号はつかない。

■割り算の余りの性質

1～3 の性質は，$a=mq+r$，$b=mq'+r'$ とおくことにより，証明することができる。また，性質 3 で $a=b$ とおくと「a^2 を m で割った余りは，r^2 を m で割った余りに等しい」となる。このことから，性質 4 が成り立つことがわかる。

基本 例題 124 割り算の余りの性質

a, b は整数とする。a を 7 で割ると 3 余り，b を 7 で割ると 4 余る。このとき，次の数を 7 で割った余りを求めよ。

(1) $a+2b$　　(2) ab　　(3) a^4　　(4) a^{2021}

p.216 基本事項 1，3

指針 前ページの基本事項 3 の **割り算の余りの性質** を利用してもよいが，(1)〜(3) は，$a=7k+3$, $b=7l+4$ と表して考える基本的な方針で解いてみる。

(3) $(7k+3)^4$ を展開して，7×○+▲ の形を導いてもよいが計算が面倒。$a^4=(a^2)^2$ に着目し，まず，a^2 を 7 で割った余りを利用する方針で考えるとよい。

(4) 割り算の余りの性質 4 **a^n を m で割った余りは，r^n を m で割った余りに等しい** を利用すると，求める余りは「3^{2021} を 7 で割った余り」であるが，3^{2021} の計算は不可能。このような場合，まず **a^n を m で割った余りが 1 となる n を見つける** ことから始めるのがよい。

CHART 割り算の問題　**$A=BQ+R$ が基本**
(割られる数)=(割る数)×(商)+(余り)

解答

$a=7k+3$, $b=7l+4$ (k, l は整数) と表される。

(1) $a+2b=7k+3+2(7l+4)=7(k+2l)+3+8$
$=7(k+2l+1)+4$

したがって，求める余りは　**4**

(2) $ab=(7k+3)(7l+4)=49kl+7(4k+3l)+12$
$=7(7kl+4k+3l+1)+5$

したがって，求める余りは　**5**

(3) $a^2=(7k+3)^2=49k^2+42k+9=7(7k^2+6k+1)+2$

よって，$a^2=7m+2$ (m は整数) と表されるから

$a^4=(a^2)^2=(7m+2)^2=49m^2+28m+4$
$=7(7m^2+4m)+4$

したがって，求める余りは　**4**

(4) (3) より，a^4 を 7 で割った余りが 4 であるから，a^5 を 7 で割った余りは，4·3 を 7 で割った余り 5 に等しい。

ゆえに，a^6 を 7 で割った余りは，5·3 を 7 で割った余り 1 に等しい。

$a^{2021}=(a^6)^{336}\cdot a^5$ であるから，求める余りは，$1^{336}\cdot 5=5$ を 7 で割った余りに等しい。

したがって，求める余りは　**5**

別解 **割り算の余りの性質を利用した解法。**

(1) 2 を 7 で割った余りは 2 ($2=7\cdot 0+2$) であるから，$2b$ を 7 で割った余りは $2\cdot 4=8$ を 7 で割った余り 1 に等しい。
ゆえに，$a+2b$ を 7 で割った余りは $3+1=4$ を 7 で割った余りに等しい。
よって，求める余りは　4

(2) ab を 7 で割った余りは $3\cdot 4=12$ を 7 で割った余りに等しい。
よって，求める余りは　5

(3) a^4 を 7 で割った余りは $3^4=81$ を 7 で割った余りに等しい。
よって，求める余りは　4

練習 ② 124 a, b は整数とする。a を 5 で割ると 2 余り，a^2-b を 5 で割ると 3 余る。このとき，次の数を 5 で割った余りを求めよ。

(1) b　　(2) $3a-2b$　　(3) b^2-4a　　(4) a^{299}

p.223 EX 85, 86

基本例題 125 余りによる整数の分類

①①①①①

n は整数とする。次のことを証明せよ。　　［(1) 共立薬大，(2) 学習院大］

(1) n^4+2n^2 は 3 の倍数である。　　(2) n^2+n+1 は 5 で割り切れない。

p.216 基本事項 2　重要 127，128

指針 すべての整数は，正の整数 m を用いて，次のいずれかの形で表される。

$$mk,\ mk+1,\ mk+2,\ \cdots\cdots,\ mk+(m-1)\quad (k \text{ は整数})$$

↑ m で割った余りが 0，1，2，……，$m-1$

そして，この m の値は，問題に応じて決める。

(1) 「3 の倍数である」=「3 で割り切れる」であるから，3 で割ったときの余りを考える。したがって，整数全体を，$3k$，$3k+1$，$3k+2$ に分けて考える。

(2) 5 で割った余りを考えるから，整数全体を，$5k$，$5k+1$，$5k+2$，$5k+3$，$5k+4$ に分けて考える。

CHART 整数の分類　m で割った余りは 0，1，2，……，$m-1$

余りで分類　$\longrightarrow mk,\ mk+1,\ mk+2,\ \cdots\cdots,\ mk+(m-1)$

解答

(1) すべての整数 n は，$3k$，$3k+1$，$3k+2$（k は整数）のいずれかの形で表される。

$n^4+2n^2=n^2(n^2+2)$ であるから

[1] $n=3k$ のとき

$$n^4+2n^2=9k^2(9k^2+2)=3\cdot 3k^2(9k^2+2)$$

[2] $n=3k+1$ のとき

$$n^4+2n^2=(3k+1)^2(9k^2+6k+1+2)$$
$$=3(3k+1)^2(3k^2+2k+1)$$

[3] $n=3k+2$ のとき

$$n^4+2n^2=(3k+2)^2(9k^2+12k+4+2)$$
$$=3(3k+2)^2(3k^2+4k+2)$$

よって，n^4+2n^2 は 3 の倍数である。

(2) すべての整数 n は，$5k$，$5k+1$，$5k+2$，$5k+3$，$5k+4$（k は整数）のいずれかの形で表される。

[1] $n=5k$ のとき　$n^2+n+1=5(5k^2+k)+1$

[2] $n=5k+1$ のとき　$n^2+n+1=5(5k^2+3k)+3$

[3] $n=5k+2$ のとき　$n^2+n+1=5(5k^2+5k+1)+2$

[4] $n=5k+3$ のとき　$n^2+n+1=5(5k^2+7k+2)+3$

[5] $n=5k+4$ のとき　$n^2+n+1=5(5k^2+9k+4)+1$

よって，n^2+n+1 を 5 で割った余りは，1，2，3 のいずれかであり，n^2+n+1 は 5 で割り切れない。

◀ $3k-1$，$3k$，$3k+1$ と表してもよい。この場合，$3k+1$ と $3k-1$ をまとめて $3k\pm1$ と書き

$n^4+2n^2=n^2(n^2+2)$
$=(3k\pm1)^2\{(3k\pm1)^2+2\}$
$=(3k\pm1)^2(9k^2\pm6k+3)$
$=3(3k\pm1)^2(3k^2\pm2k+1)$
（複号同順）

として，3×(整数) の形になることを示すこともできる。

◀すべて 3×(整数) の形。

◀ $5k-2$，$5k-1$，$5k$，$5k+1$，$5k+2$ と表してもよい。

検討

左の解答のように，整数を余りで分類する方法は，**剰余類** の考えによるものである（演習例題 **131** 参照）。

練習 ② 125 n は整数とする。次のことを証明せよ。

(1) n^9-n^3 は 9 の倍数である。　　［(1) 京都大］

(2) n^2 を 5 で割ったとき，余りが 3 になることはない。

p.223 EX 87

基本例題 126 連続する整数の積の性質の利用

(1) **連続した2つの整数の積は2の倍数である** ことを証明せよ。
(2) **連続した3つの整数の積は6の倍数である** ことを証明せよ。
(3) n が奇数のとき，n^3-n は24の倍数であることを証明せよ。
なお，(2)では(1)の性質，(3)では(1)，(2)の性質を利用してよい。

基本 125

指針 (1)，(2) 連続した2つの整数には偶数が，連続した3つの整数には3の倍数が必ず含まれる。 **連続した n 個の整数には，n の倍数が含まれる**
この性質は証明なしに用いてもよいが，基本例題 125 と同じように考えてみよう。
(3) (1)，(2)の性質が利用できるように，n^3-n を変形する。
n^3-n を因数分解すると　$n^3-n=n(n^2-1)=n(n+1)(n-1)=(n-1)n(n+1)$

解答 以下，k は整数とする。

(1) 連続する2つの整数を n，$n+1$ とし，$A=n(n+1)$ とする。
[1] $n=2k$ のとき　$A=2k(2k+1)$
[2] $n=2k+1$ のとき　$A=(2k+1)(2k+2)=2(2k+1)(k+1)$
したがって，A は2の倍数である。

(2) 連続する3つの整数を $n-1$，n，$n+1$ とし，
$B=(n-1)n(n+1)$ とする。
(1)より，連続する2整数の積は2の倍数であるから，
B は2の倍数である。ゆえに，B が3の倍数であることを示せば，B は6の倍数であることが示される。
[1] $n=3k$ のとき，B は明らかに3の倍数である。
[2] $n=3k+1$ のとき　$n-1=(3k+1)-1=3k$
[3] $n=3k+2$ のとき　$n+1=(3k+2)+1=3(k+1)$
よって，n，$n-1$，$n+1$ のいずれかが3の倍数となるから，B は3の倍数である。
したがって，B は6の倍数である。

◀連続する3つの整数を n，$n+1$，$n+2$ としてもよい。

注意 (2)では，n を $6k$，$6k+1$，…，$6k+5$ の6つに分類して考えることもできるが，これは面倒。

検討
連続した n 個の整数の積は $n!$ の倍数である ことが知られている。

(3) n が奇数のとき，$n=2k+1$ と表される。

$$n^3-n=(n-1)n(n+1)=2k(2k+1)(2k+2)$$
$$=4k(k+1)(2k+1)=4k(k+1)\{(k-1)+(k+2)\}$$
$$=4\{(k-1)k(k+1)+k(k+1)(k+2)\} \quad \cdots\cdots ①$$

(2)より，$(k-1)k(k+1)$，$k(k+1)(k+2)$ はともに6の倍数であるから，a，b を整数とすると，①より

$$n^3-n=4(6a+6b)=24(a+b)$$

よって，n が奇数のとき，n^3-n は24の倍数である。

◀$n=2k-1$ としてもよい。

◀$(k-1)k(k+1)$，$k(k+1)(k+2)$ はともに連続する3整数の積。

練習 ②126 n は整数とする。次のことを示せ。なお，(3)は対偶を考えよ。
(1) n が3の倍数でないならば，$(n+2)(n+1)$ は6の倍数である。
(2) n が奇数ならば，$(n+3)(n+1)$ は8の倍数である。
(3) $(n+3)(n+2)(n+1)$ が24の倍数でないならば，n は偶数である。

〔類 東北大〕

p.223 EX 88, 89

重要例題 127 等式 $a^2+b^2=c^2$ に関する証明問題 ⓪⓪⓪⓪⓪

a, b, c は整数とし，$a^2+b^2=c^2$ とする。a, b のうち，少なくとも1つは3の倍数であることを証明せよ。

基本 125

指針 「少なくとも1つ」の証明 では，**間接証明法**（対偶を利用した証明，背理法）が有効である。ここでは，背理法を利用した証明を考えてみよう。
「a, b のうち，**少なくとも1つは** 3の倍数 **である**」の否定は，
「a, b は **ともに** 3の倍数 **でない**」であるから，
$a=3m+1$, $3m+2$; $b=3n+1$, $3n+2$ （m, n は整数） と表される。
よって，a, b がともに3の倍数でないと仮定して，$a^2+b^2=c^2$ に矛盾することを導く。

CHART ● の倍数に関する証明なら，● で割った余りで分類

解答

a, b はともに3の倍数でないと仮定する。
このとき，a^2, b^2 は　$(3k+1)^2=3(3k^2+2k)+1$,
$(3k+2)^2=3(3k^2+4k+1)+1$
のどちらかの式の k に適当な整数を代入すると，それぞれ表される。
ゆえに，3の倍数でない数 a, b の2乗を3で割った余りはともに1である。
よって，a^2+b^2 を3で割った余りは2である。…… ①
一方，c が3の倍数のとき，c^2 は3で割り切れ，c が3の倍数でないとき，c^2 を3で割った余りは1である。
すなわち，c^2 を3で割った余りは0か1である。…… ②
①，② は，$a^2+b^2=c^2$ であることに矛盾する。
したがって，$a^2+b^2=c^2$ ならば，a, b のうち，少なくとも1つは3の倍数である。

◀ $a=3m+1$, $b=3n+2$ などの場合をまとめて計算。

[① の理由]
$(3K+1)+(3L+1)$
$=3(K+L)+2$
（K, L は整数）

◀ ___ から。

◀(左辺)÷3の余りは2
(右辺)÷3の余りは0，1
となっている。

注意 **「平方数を3で割った余りは0か1である」**（上の②）も，覚えておくと便利である。
（**平方数** とは，自然数の2乗になっている数のこと。）

検討 **ピタゴラス数とその性質**

$a^2+b^2=c^2$ …… Ⓐ を満たす自然数の組 (a, b, c) を **ピタゴラス数** という。Ⓐ を満たすピタゴラス数 (a, b, c) について，次のことが成り立つ。

① a, b のうち，少なくとも1つは3の倍数である。 ◀重要例題 **127**
② a, b のうち，少なくとも1つは4の倍数である。 ◀ p.223 EXERCISES 90 (2)
③ a, b, c のうち，少なくとも1つは5の倍数である。 ◀ p.228 練習 **131** (2)

参考 ①，② から，ab は12の倍数であり，①～③ から，abc は60の倍数である。

練習 ④**127** 正の整数 a, b, c, d が等式 $a^2+b^2+c^2=d^2$ を満たすとき，d が3の倍数でないならば，a, b, c の中に3の倍数がちょうど2つあることを示せ。 [一橋大]

p.223 EX 90

参考事項 ピタゴラス数

$a^2+b^2=c^2$ …… Ⓐ を満たす自然数の組 $(a,\ b,\ c)$ を **ピタゴラス数** というが，特に，3つの自然数 $a,\ b,\ c$ の最大公約数が1であるようなピタゴラス数を **原始ピタゴラス数** という。ただし，$a,\ b,\ c$ のどれか2つが公約数 $d\ (d\neq 1)$ をもつと，Ⓐ より，残りの1つも d を公約数としてもつから，$a,\ b,\ c$ のどの2つも互いに素である。

また，k を自然数とすると，原始ピタゴラス数を k 倍したものもピタゴラス数になる。なぜなら，Ⓐ が成り立つとき，$(ka)^2+(kb)^2=(kc)^2$ も成り立つからである。つまり，ピタゴラス数は無数に存在する。

さて，$(a,\ b,\ c)$ が Ⓐ を満たす原始ピタゴラス数のとき，

$a,\ b$ のうちの一方は奇数で，他方は偶数，c は奇数である。 ← EXERCISES 90 (1)

これが成り立つことを前提に，原始ピタゴラス数に関する定理を紹介しよう。

定理 2つの整数 $m,\ n$ が「m と n は互いに素，$m>n>0$，$m,\ n$ の偶奇は異なる（※1）」を満たすとき，次の式で表される $(a,\ b,\ c)$ は原始ピタゴラス数である。

$$a=m^2-n^2,\quad b=2mn,\quad c=m^2+n^2 \quad \cdots\cdots \text{Ⓑ}$$

逆に，すべての原始ピタゴラス数 $(a,\ b,\ c)$ は Ⓑ の形に表される。

[解説] Ⓑ の $(a,\ b,\ c)$ について，$a^2+b^2=c^2$ が成り立つ（代入して確かめよ）。

逆に，$(a,\ b,\ c)$ は Ⓐ を満たす原始ピタゴラス数とする。

前提条件から，a を奇数，b を偶数（c は奇数）としても一般性を失わない。

Ⓐ から　$b^2=c^2-a^2=(c+a)(c-a)$ …… ①

a と c は奇数であるから，$c+a$ と $c-a$ はともに偶数である。

また，$\dfrac{b^2}{4}=\dfrac{c+a}{2}\cdot\dfrac{c-a}{2}$ …… ①′ から，$\dfrac{c+a}{2}$ と $\dfrac{c-a}{2}$ はともに平方数となる。（※2）

よって，$\dfrac{c+a}{2}=m^2$ …… ②，$\dfrac{c-a}{2}=n^2$ …… ③ とおくと

②−③ から　$a=m^2-n^2$，　②+③ から　$c=m^2+n^2$

① から　$b^2=2m^2\cdot 2n^2=4m^2n^2$　　$b,\ m,\ n$ はすべて正であるから　$b=2mn$

したがって，すべての原始ピタゴラス数は Ⓑ の形に表される。

（※1）$a=(m+n)(m-n)$ において，$m,\ n$ の偶奇が一致するとき a は偶数になるが，$b=2mn$ は偶数であるから，「$a,\ b,\ c$ のどの2つも互いに素である」という原始ピタゴラス数の仮定に反する。

（※2）$\dfrac{c+a}{2}$ と $\dfrac{c-a}{2}$ はともに平方数でない，または一方のみが平方数であると仮定する。

①′ の $\left(\dfrac{b}{2}\right)^2$ は平方数であるが，平方数は素数でないから，$\dfrac{c+a}{2}$ と $\dfrac{c-a}{2}$ は共通の素因数 p をもち，k，l を整数として，$\dfrac{c+a}{2}=kp$，$\dfrac{c-a}{2}=lp$ とおくと　$c+a=2kp$，$c-a=2lp$

この2式を $a,\ c$ について解くと　$a=(k-l)p$，$c=(k+l)p$

$a,\ c$ はともに p の倍数となり，このとき b も p の倍数となるから，「$a,\ b,\ c$ のどの2つも互いに素である」という原始ピタゴラス数の仮定に反する。

重要例題 128 素数の問題（余りによる整数の分類の利用）

n は自然数とする。n, $n+2$, $n+4$ がすべて素数であるのは $n=3$ の場合だけであることを示せ。

［早稲田大，東京女子大］ 基本 125

指針 n が素数でない場合は条件を満たさない。 ◀n, $n+2$, $n+4$ の中に n が含まれている。

n が素数の場合について，$n+2$, $n+4$ の値を調べてみると右の表のようになり，n, $n+2$, $n+4$ の中には必ず 3 の倍数が含まれるらしい，ということがわかる。

n	②	③	⑤	⑦	⑪	⑬
$n+2$	4	⑤	⑦	9	⑬	15
$n+4$	6	⑦	9	⑪	15	⑰

◯：素数，●：3 の倍数

よって，$n=2$, 3 のときは直接値を代入して条件を満たすかどうかを調べ，n が 5 以上の素数のときは，$n=3k+1$, $3k+2$ の場合に分けて，条件を満たさない，すなわち $n+2$, $n+4$ のどちらかが素数にならないことを示す，という方針で進める。

CHART 整数の問題

いくつかの値で 小手調べ（実験）⟶ 規則性の発見

解答

n が素数でない場合は，明らかに条件を満たさない。 ◀3 つの数のうち，n が素数でない。

n が素数の場合について

[1] $n=2$ のとき　$n+2=4$

これは素数でないから，条件を満たさない。 ◀$n+4(=6)$ も素数でない。

[2] $n=3$ のとき　$n+2=5$,　$n+4=7$

すべて素数であるから，条件を満たす。

[3] n が 5 以上の素数のとき

n は $3k+1$, $3k+2$（k は自然数）のいずれかで表され ◀$n=3k$ ($n\geqq5$) は素数にならないから，この場合は考えない。

(i) $n=3k+1$ のとき　$n+2=3k+3=3(k+1)$

$k+1$ は 2 以上の自然数であるから，$n+2$ は素数にならず，条件を満たさない。 ◀〰〰の断りは重要。$k+1=1$ とすると，$n+2=3$（素数）となるため，このように書いている [(ii) でも同様]。

(ii) $n=3k+2$ のとき　$n+4=3k+6=3(k+2)$

$k+2$ は 3 以上の自然数であるから，$n+4$ は素数にならず，条件を満たさない。

以上から，条件を満たすのは $n=3$ の場合だけである。

検討 **双子素数と三つ子素数**

n は自然数とする。n, $n+2$ がともに素数であるとき，これを **双子素数** という。また，$(n,\ n+2,\ n+6)$ または $(n,\ n+4,\ n+6)$ の形をした素数の組を **三つ子素数** という。なお，上の例題から，n, $n+2$, $n+4$ の形の素数は $(3,\ 5,\ 7)$ しかないことがわかるが，これを三つ子素数とはいわない。双子素数や三つ子素数は無数にあることが予想されているが，現在（2021 年），そのことは証明されていない。

練習 ④128 n と n^2+2 がともに素数になるような自然数 n の値を求めよ。

［類 京都大］

EXERCISES

②85 (1) 整数 n に対し，n^2+n-6 が 13 の倍数になるとき，n を 13 で割った余りを求めよ。

(2) (ア) x が整数のとき，x^4 を 5 で割った余りを求めよ。

(イ) $x^4-5y^4=2$ を満たすような整数の組 $(x,\ y)$ は存在しないことを示せ。

〔(2) 類 岩手大〕

→124

④86 n を自然数とする。$A_n=2^n+n^2$，$B_n=3^n+n^3$ とおく。A_n を 3 で割った余りを a_n とし，B_n を 4 で割った余りを b_n とする。

(1) $A_{n+6}-A_n$ は 3 で割り切れることを示せ。

(2) $1 \leqq n \leqq 2018$ かつ $a_n=1$ を満たす n の個数を求めよ。

(3) $1 \leqq n \leqq 2018$ かつ $b_n=2$ を満たす n の個数を求めよ。 〔神戸大〕

→124

③87 自然数 P が 2 でも 3 でも割り切れないとき，P^2-1 は 24 で割り切れることを証明せよ。 〔ノートルダム清心女子大〕

→125

②88 すべての自然数 n に対して $\dfrac{n^3}{6}-\dfrac{n^2}{2}+\dfrac{4n}{3}$ は整数であることを証明せよ。

〔学習院大〕

→126

③89 x，y を自然数，p を 3 以上の素数とするとき

(1) $x^3-y^3=p$ が成り立つとき，p を 6 で割った余りが 1 となることを証明せよ。

(2) $x^3-y^3=p$ が自然数の解の組 $(x,\ y)$ をもつような p を，小さい数から順に p_1，p_2，p_3，…… とするとき，p_5 の値を求めよ。 〔類 早稲田大〕

→126

④90 a，b，c はどの 2 つも 1 以外の共通な約数をもたない正の整数とする。a，b，c が $a^2+b^2=c^2$ を満たしているとき，次の問いに答えよ。

(1) a，b のうちの一方は偶数で他方は奇数であり，c は奇数であることを示せ。

(2) a，b のうち 1 つは 4 の倍数であることを示せ。 〔類 旭川医大〕

→127

HINT

85 (2) (ア) $p.216$ の割り算の余りの性質 4 を用いるとよい。

86 (2) ① (1) は (2) のヒント　(1) の結果を利用して a_n の周期性を調べる。

(3) まず，$B_{n+4}-B_n$ を調べる。

87 P は 2 でも 3 でも割り切れないから，$P=6k+1$，$6k+5$ (k は整数) と表される。

88 与式を $\dfrac{1}{6}$(n の式) と変形し，(n の式) が 6 の倍数になることを示す。

連続する 3 整数の積を作り出すように変形。

89 (1) 等式から $(x-y)(x^2+xy+y^2)=p$ 　ここで，$x^2+xy+y^2 \geqq 3$ である。

90 (1) a，b がともに偶数またはともに奇数と仮定すると矛盾が生じることを示す。k が整数のとき，k と k^2 の偶奇が一致することも利用。

(2) (1) の結果を利用する。

20 発展 合同式

ここで扱う合同式は学習指導要領の範囲外の内容であるから，場合によっては省略してよい。しかし，合同式は整数の問題を考えるときにとても便利なものなので，興味があれば，是非取り組んでほしい。

基本事項

以下では，m は正の整数とし，a，b，c，d は整数とする。

1 合同式　$a-b$ が m の倍数であるとき，a，b は m を **法** として **合同** であるといい，式で $\boldsymbol{a\equiv b\ (\mathrm{mod}\ m)}$ と表す。このような式を **合同式** という。

2 合同式の性質 1

① **反射律**　$\boldsymbol{a\equiv a\ (\mathrm{mod}\ m)}$

② **対称律**　$\boldsymbol{a\equiv b\ (\mathrm{mod}\ m)}$ **のとき**　$\boldsymbol{b\equiv a\ (\mathrm{mod}\ m)}$

③ **推移律**　$\boldsymbol{a\equiv b\ (\mathrm{mod}\ m)}$，$\boldsymbol{b\equiv c\ (\mathrm{mod}\ m)}$ **のとき**　$\boldsymbol{a\equiv c\ (\mathrm{mod}\ m)}$

注意　$a\equiv b\ (\mathrm{mod}\ m)$，$b\equiv c\ (\mathrm{mod}\ m)$ は，$a\equiv b\equiv c\ (\mathrm{mod}\ m)$ と書いてもよい。

3 合同式の性質 2　$\boldsymbol{a\equiv b\ (\mathrm{mod}\ m)}$，$\boldsymbol{c\equiv d\ (\mathrm{mod}\ m)}$ **のとき**，次のことが成り立つ。

1　$\boldsymbol{a+c\equiv b+d\ (\mathrm{mod}\ m)}$　　2　$\boldsymbol{a-c\equiv b-d\ (\mathrm{mod}\ m)}$

3　$\boldsymbol{ac\equiv bd\ (\mathrm{mod}\ m)}$　　4　自然数 n に対し　$\boldsymbol{a^n\equiv b^n\ (\mathrm{mod}\ m)}$

解　説

■合同式

a と b が m を法として合同であるとき，次の関係が成り立つ。

$\boldsymbol{a\equiv b\ (\mathrm{mod}\ m)}$

$\Longleftrightarrow$ **$\boldsymbol{a-b}$ が $\boldsymbol{m}$ の倍数** $[a-b=mk\ (k$ は整数$)]$　← 定義

$\Longleftrightarrow$ **($\boldsymbol{a}$ を $\boldsymbol{m}$ で割った余り)=($\boldsymbol{b}$ を $\boldsymbol{m}$ で割った余り)**

説明　$a=mq+r$，$b=mq'+r'$ $(0\leqq r<m,\ 0\leqq r'<m)$ とすると

$a-b=m(q-q')+r-r'$ …… ①，$-m<r-r'<m$ …… ②

$a\equiv b\ (\mathrm{mod}\ m)$ のとき，$a-b$ は m の倍数であるから，$r-r'$ も m の倍数である。ここで，② の範囲にある m の倍数は 0 のみであるから

$r-r'=0$　すなわち　$r=r'$

逆に，$r=r'$ のとき，① から　$a-b=m(q-q')$

したがって，$a-b$ は m の倍数である。

例　$23=3\cdot7+2$，$5=3\cdot1+2$ であるから　$23\equiv5\ (\mathrm{mod}\ 3)$

$13=7\cdot1+6$，$-8=7\cdot(-2)+6$ であるから　$13\equiv-8\ (\mathrm{mod}\ 7)$

◀「合同」という用語は，図形で用いられてきたが，ここでは，整数に関する合同を考える。

◀mod は，modulus（「法」という意味）に由来している。

◀① の左辺は m の倍数であり，右辺の $m(q-q')$ も m の倍数であるから，$r-r'$ も m の倍数でなければならない。

■合同式の性質 1

これらは等号の場合と同じ性質であるが，その証明は次のようになる。

［反射律］　$a-a=m\cdot0$ となる整数 0 があるから　$a\equiv a\ (\mathrm{mod}\ m)$

［対称律］　$a\equiv b\ (\mathrm{mod}\ m)$ のとき，$a-b=mk$ となる整数 k が存在する。

これから　$b-a=-mk$　すなわち　$b-a=m(-k)$

$-k$ は整数であるから　$b\equiv a\ (\mathrm{mod}\ m)$

［推移律］　$a\equiv b\ (\mathrm{mod}\ m)$，$b\equiv c\ (\mathrm{mod}\ m)$ のとき，$a-b=mk$，$b-c=ml$ となる整数 k，l が存在するから，辺々加えて

$a-c=m(k+l)$　　$k+l$ は整数であるから　$a\equiv c\ (\mathrm{mod}\ m)$

■ 合同式の性質 2

2，3 の証明は，次ページの演習例題 **129** (1)，練習 129 (1) で取り上げたので，実際に自分で証明してみてほしい。ここでは，1，4 の証明のみ扱っておく。

◀除法に関する性質については，演習例題 **129** (1) で扱っている。ただし，加法・減法・乗法に比べ，慎重に取り扱う必要がある。

証明　$a\equiv b \pmod{m}$，$c\equiv d \pmod{m}$ のとき，k，l を整数として

$a-b=mk$，$c-d=ml$　すなわち　$a=b+mk$，$c=d+ml$

1　$a+c=(b+mk)+(d+ml)=b+d+m(k+l)$

ゆえに　$a+c-(b+d)=m(k+l)$　　よって　$a+c\equiv b+d \pmod{m}$

4　$a^n=(b+mk)^n=b^n+{}_nC_1b^{n-1}(mk)+\cdots\cdots+{}_nC_{n-1}b(mk)^{n-1}+(mk)^n$

ゆえに，a^n-b^n は m の倍数であるから　　$a^n\equiv b^n \pmod{m}$

◀二項定理。$p.68$ 参考事項を参照。

また，次のことも成り立つから，覚えておくとよい。

1′　**$a+b\equiv c \pmod{m}$ のとき　　$a\equiv c-b \pmod{m}$**

証明　$(a+b)-c=mk$ から　　$a-(c-b)=mk$　　（k は整数）

したがって　　$a\equiv c-b \pmod{m}$

◀つまり，合同式でも移項が可能 ということ。

2′　**交換法則**　　$a+b\equiv b+a \pmod{m}$，$ab\equiv ba \pmod{m}$

結合法則　　$(a+b)+c\equiv a+(b+c) \pmod{m}$，

$(ab)c\equiv a(bc) \pmod{m}$

分配法則　　$a(b+c)\equiv ab+ac \pmod{m}$

◀左辺－右辺$=m\cdot 0$ として証明できる。

4 章

⑳ 発展 合同式

■ 参考 剰余類

整数全体の集合 Z は，例えば，5 で割った余りによって，次の 5 つの部分集合

$C_0=\{5x \mid x\in Z\}$，　$C_1=\{5x+1 \mid x\in Z\}$，　$C_2=\{5x+2 \mid x\in Z\}$，

$C_3=\{5x+3 \mid x\in Z\}$，$C_4=\{5x+4 \mid x\in Z\}$　…… ①

に分けられる。これらの部分集合を，5 を法とする **剰余類** という。そして，これらの剰余類について，「**C_i，C_j を決めると，その要素 $a\in C_i$，$b\in C_j$ をどのようにとっても，$a+b$，$a-b$，ab などの属する剰余類が決まる**」ということが成り立つ。

証明　x，y が同じ剰余類に属するのは，$x-y$ が 5 の倍数となるときである。

a，b の代わりに $a'\in C_i$，$b'\in C_j$ をとると，$a-a'$，$b-b'$ は 5 の倍数であるから

$(a+b)-(a'+b')=(a-a')+(b-b')$，$(a-b)-(a'-b')=(a-a')-(b-b')$

$ab-a'b'=a(b-b')+(a-a')b'$　　はいずれも 5 の倍数になる。

よって，$a+b$ と $a'+b'$，$a-b$ と $a'-b'$，ab と $a'b'$ は同じ剰余類に属する。

したがって，要素のとり方に関係なく，和，差，積の属する剰余類が決まる。

注意　以上のことは，合同式を用いると，次のように書くことができる。5 を法として

$a\equiv a'$，$b\equiv b'$　ならば　$a+b\equiv a'+b'$，$a-b\equiv a'-b'$　$ab\equiv a'b'$

① の各剰余類を，0，1，2，3，4 で代表させた集合 {0，1，2，3，4} を，5 を法とする **剰余系** という。
このとき，5 を法として　$4+2\equiv 1$，$4\cdot 2\equiv 3$ となるが，これらは集合 {0，1，2，3，4} の中の計算と考えられ，右の表のようにまとめられる。

+	0	1	2	3	4
0	0	1	2	3	4
1	1	2	3	4	0
2	2	3	4	0	1
3	3	4	0	1	2
4	4	0	1	2	3

×	0	1	2	3	4
0	0	0	0	0	0
1	0	1	2	3	4
2	0	2	4	1	3
3	0	3	1	4	2
4	0	4	3	2	1

なお，このとき，5 を法とする剰余系は，加法と乗法について **閉じている** という。

演習 例題 129 合同式の性質の証明と利用 ③

(1) $p.224$ 基本事項の合同式の性質 2, および次の性質 5 を証明せよ。ただし, a は整数, m は自然数とする。

5 **a と m が互いに素のとき $ax \equiv ay \pmod{m} \Longrightarrow x \equiv y \pmod{m}$**

(2) 次の合同式を満たす x を, それぞれの法 m において, $x \equiv a \pmod{m}$ [a は m より小さい自然数] の形で表せ（これを **合同方程式を解く** ということがある)。

(ア) $x+4 \equiv 2 \pmod{6}$　　(イ) $3x \equiv 4 \pmod{5}$

p.224 基本事項 3

指針 (1) 方針は $p.225$ の 証明 と同様。●≡■ (mod m) のとき, ●−■ は m の倍数

(2)  **合同式　加法・減法・乗法だけなら普通の数と同じように扱える**

(イ) 「4≡● (mod 5) かつ ● が 3 の倍数」となるような数を見つけ, 性質 5 を適用。

解答

(1) 2 条件から, $a-b=mk$, $c-d=ml$ (k, l は整数) と表され　$a=b+mk$, $c=d+ml$

◀▲の倍数 → =▲k (k は整数)

よって　$a-c=(b+mk)-(d+ml)=b-d+m(k-l)$

ゆえに　$a-c-(b-d)=m(k-l)$　よって　$a-c \equiv b-d \pmod{m}$

5 $ax \equiv ay \pmod{m}$ ならば, $ax-ay=mk$ (k は整数) と表され　$a(x-y)=mk$

a と m は互いに素であるから　$x-y=ml$ (l は整数)

よって　$x \equiv y \pmod{m}$

◀**p, q が互いに素で pk が q の倍数ならば, k は q の倍数である。**

(2) (ア) 与式から　$x \equiv 2-4 \pmod{6}$　◀性質 2。移項の要領。

よって　$x \equiv -2 \pmod{6}$

$-2 \equiv 4 \pmod{6}$ であるから　$\boldsymbol{x \equiv 4 \pmod{6}}$　◀$-2 \equiv -2+6 \equiv 4 \pmod{6}$

(イ) $4 \equiv 9 \pmod{5}$ であるから, 与式は　$3x \equiv 9 \pmod{5}$

法 5 と 3 は互いに素であるから　$\boldsymbol{x \equiv 3 \pmod{5}}$　◀性質 5 を利用。

検討

合同方程式の問題は表を利用すると確実

(2) (イ)については, 次のような **表を利用** する解答も考えられる。

別解 (イ) $x=0$, 1, 2, 3, 4 について, $3x$ の値は右の表のようになる。$3x \equiv 4 \pmod{5}$ となるのは, $x=3$ のときであるから　$\boldsymbol{x \equiv 3 \pmod{5}}$

x	0	1	2	3	4
$3x$	0	3	$6 \equiv 1$	$9 \equiv 4$	$12 \equiv 2$

注意 合同式の性質 5 が利用できるのは, 「a と m が互いに素」であるときに限られる。

例えば, $4x \equiv 4 \pmod{6}$ …… ① について, 4 と法 6 は互いに素ではないにもかかわらず, ① より $x \equiv 1 \pmod{6}$ としたら **誤り!**

表を利用 の方針で考えると, 右の表からわかるように　$x \equiv 1$, $4 \pmod{6}$　である。

x	0	1	2	3	4	5
$4x$	0	4	$8 \equiv 2$	$12 \equiv 0$	$16 \equiv 4$	$20 \equiv 2$

[$x \equiv a \pmod{m}$ または $x \equiv b \pmod{m}$ を「$x \equiv a,\ b \pmod{m}$」と表す。]

練習 ③129

(1) $p.224$ 基本事項の合同式の性質 3 を証明せよ。

(2) 次の合同式を満たす x を, それぞれの法 m において, $x \equiv a \pmod{m}$ の形で表せ。ただし, a は m より小さい自然数とする。

(ア) $x-7 \equiv 6 \pmod{7}$　(イ) $4x \equiv 5 \pmod{11}$　(ウ) $6x \equiv 3 \pmod{9}$

演習 例題 130 合同式の利用 … 累乗の数の余り ①①①①①

合同式を利用して，次のものを求めよ。

(1) (ア) 13^{100} を 9 で割った余り　(イ) 2000^{2000} を 12 で割った余り〔(イ) 早稲田大〕

(2) 47^{2011} の一の位の数〔(2) 類 自治医大〕

p.224 基本事項 3

指針 乗法に関する次の性質を利用する。

> $a\equiv b \pmod{m}$, $c\equiv d \pmod{m}$ のとき
> 3 $ac\equiv bd \pmod{m}$　4 自然数 n に対し $a^n\equiv b^n \pmod{m}$

(1) 累乗の数に関する余りの問題では，余りの周期性に着目する ことがポイントである。また，合同式を利用して，指数の底を小さくしてから，周期性を調べると計算がらくになる。…… 注意 a^n の a を指数の 底 という。
特に，$a^n\equiv 1 \pmod{m}$ となる n が見つかれば，問題の見通しがかなり良くなる。

(2) ある自然数 N の一の位の数は，N を 10 で割ったときの余りに等しい。したがって，10 を法とする剰余系を利用する。

CHART 累乗の数を割った余りの問題　余りの周期性に注目

解答

(1) (ア) $13\equiv 4 \pmod{9}$ であり

$4^2\equiv 16\equiv 7 \pmod{9}$,　$4^3\equiv 64\equiv 1 \pmod{9}$

ゆえに　$4^{100}\equiv 4\cdot(4^3)^{33}\equiv 4\cdot 1^{33}\equiv 4 \pmod{9}$

よって　$13^{100}\equiv 4^{100}\equiv 4 \pmod{9}$

したがって，求める余りは　**4**

◀ $13-4=9$ であるから，13 と 4 は 9 を法として合同であることに着目し，4^n に関する余りを調べる。13^2, 13^3 を 9 で割った余りを調べてもよいが，一般に 4^2, 4^3 の方がらく。

(イ) $2000\equiv 8 \pmod{12}$ であり

$8^2\equiv 64\equiv 4 \pmod{12}$,

$8^3\equiv 8\cdot 4\equiv 8 \pmod{12}$,

$8^4\equiv (8^2)^2\equiv 4^2\equiv 4 \pmod{12}$

ゆえに，k を自然数とすると　$8^{2k}\equiv 4 \pmod{12}$

よって　$2000^{2000}\equiv 8^{2000}\equiv 4 \pmod{12}$

したがって，求める余りは　**4**

◀ 2000^n の計算は面倒。2000 を 12 で割った余りは 8 であるから，2000 と 8 は 12 を法として合同。したがって，8^n に関する余りを調べる。

(2) $47\equiv 7 \pmod{10}$ であり　$7^2\equiv 49\equiv 9 \pmod{10}$,

$7^3\equiv 9\cdot 7\equiv 3 \pmod{10}$,

$7^4\equiv 9^2\equiv 1 \pmod{10}$

◀ $47=10\cdot 4+7$

ゆえに　$7^{2011}\equiv (7^4)^{502}\cdot 7^3\equiv 1^{502}\cdot 3\equiv 1\cdot 3\equiv 3 \pmod{10}$

◀ $2011=4\cdot 502+3$

よって　$47^{2011}\equiv 7^{2011}\equiv 3 \pmod{10}$

したがって，47^{2011} の一の位の数は　**3**

練習 ③130 合同式を利用して，次のものを求めよ。

(1) (ア) 7^{203} を 5 で割った余り　(イ) 3000^{3000} を 14 で割った余り

(2) 83^{1234} の一の位の数

演習 例題 131 合同式を利用した証明 (1)

a, b は 3 で割り切れない整数とする。このとき, $a^4+a^2b^2+b^4$ は 3 で割り切れることを証明せよ。 〔倉敷芸科大〕

p.224 基本事項 3

指針 基本例題 **125**, **126** で似た問題を扱ったが, ここでは **合同式を利用して** 証明してみよう。a が 3 で割り切れない整数とは, **a を 3 で割った余りは 1 または 2** ということである(b についても同じ)。このことから, 問題を合同式で表すと, 次のようになる。

「$a\equiv1 \pmod 3$ または $a\equiv2 \pmod 3$, $b\equiv1 \pmod 3$ または $b\equiv2 \pmod 3$ のとき $a^4+a^2b^2+b^4\equiv0 \pmod 3$ であることを証明せよ。」

なお, 証明では, 解答のように表を用いると簡明である。

CHART 決まった数の割り算や倍数に関係する問題 **合同式を利用すると簡明**

解答

a, b は 3 で割り切れない整数であるから, 3 を法として

[1] $a\equiv1$, $b\equiv1$ [2] $a\equiv1$, $b\equiv2$

[3] $a\equiv2$, $b\equiv1$ [4] $a\equiv2$, $b\equiv2$

[1]~[4] の各場合について, $a^4+a^2b^2+b^4$ を計算すると, 次の表のようになる。

	[1]	[2]	[3]	[4]
a^4	$1^4\equiv1$	$1^4\equiv1$	$2^4\equiv1$	$2^4\equiv1$
a^2b^2	$1^2\cdot1^2\equiv1$	$1^2\cdot2^2\equiv1$	$2^2\cdot1^2\equiv1$	$2^2\cdot2^2\equiv1$
b^4	$1^4\equiv1$	$2^4\equiv1$	$1^4\equiv1$	$2^4\equiv1$
$a^4+a^2b^2+b^4$	$3\equiv0$	$3\equiv0$	$3\equiv0$	$3\equiv0$

よって, いずれの場合も $a^4+a^2b^2+b^4\equiv0 \pmod 3$

したがって, $a^4+a^2b^2+b^4$ は 3 で割り切れる。

別解 a, b は 3 で割り切れない整数であるから

$a\equiv\pm1 \pmod 3$, $b\equiv\pm1 \pmod 3$

よって $a^4+a^2b^2+b^4\equiv(\pm1)^4+(\pm1)^2\cdot(\pm1)^2+(\pm1)^4$

$\equiv1+1\cdot1+1\equiv3\equiv0 \pmod 3$

したがって, $a^4+a^2b^2+b^4$ は 3 で割り切れる。

◀式が煩雑になるので, (mod 3) は省略した。ただし, ___のように最初に断っておくこと。

◀$2^4\equiv16\equiv1 \pmod 3$
$2^2\equiv4\equiv1 \pmod 3$

◀$A\equiv B \pmod m$, $C\equiv D \pmod m$ ならば $A+C\equiv B+D \pmod m$

◀$2\equiv-1 \pmod 3$
絶対値が小さい余りにしておくと計算しやすいことがある。

検討 **合同式を利用すると簡潔な解答が書ける！**

基本例題 **125**, **126** で学習したように, 合同式を知らなくても証明できないわけではない。a も b も 3 で割り切れないから, $a=3m+1$, $3m+2$; $b=3n+1$, $3n+2$ の形で表される。そして, これらの組み合わせ 4 組について, $a^4+a^2b^2+b^4$ を計算し, それが 3×(整数) の形になることを示せばよい。しかし, この計算はかなり大変である。

$a^4+a^2b^2+b^4=(a^2+ab+b^2)(a^2-ab+b^2)$ と因数分解できるが, これを利用しても計算の面倒さは変わらない。合同式による表現のうまさを味わっていただきたい。

練習 ③**131**

(1) n が自然数のとき, n^3+1 が 3 で割り切れるものをすべて求めよ。

(2) 整数 a, b, c が $a^2+b^2=c^2$ を満たすとき, a, b, c のうち少なくとも 1 つは 5 の倍数である。このことを合同式を利用して証明せよ。

演習 例題 132 合同式を利用した証明(2)

n は奇数とする。このとき，次のことを証明せよ。〔千葉大〕

(1) n^2-1 は 8 の倍数である。 (2) n^5-n は 3 の倍数である。

(3) n^5-n は 120 の倍数である。

演習 131

指針 決まった数の割り算（倍数）の問題では **合同式の利用** による解答を示す。

(1) は法 8 の合同式を利用し，(2) は法 3 の合同式を利用することはわかるが，(3) を法 120 の合同式利用で進めるのは非現実的。そこで，**(1)，(2) は (3) のヒント** に従って考えると $n^5-n=n(n^2+1)(n^2-1)$ → n^5-n は $8\times3=24$ の倍数

（n^5-n：(2) から，3 の倍数　n^2-1：(1) から，8 の倍数）

$120\div24=5$ であるから，後は，n^5-n が 5 の倍数であることを示せばよい。

解答

(1) n は奇数であるから，8 で割った余りが偶数になることはない。

ゆえに　$n\equiv1,\ 3,\ 5,\ 7 \pmod 8$

このとき，右の表から

n	1	3	5	7
n^2	1	$9\equiv1$	$25\equiv1$	$49\equiv1$
n^2-1	0	0	0	0

$$n^2-1\equiv0 \pmod 8$$

よって，n が奇数のとき，n^2-1 は 8 の倍数である。

(2) $n\equiv0,\ 1,\ 2 \pmod 3$ のとき，右の表から

n	0	1	2
n^5	0	$1^5\equiv1$	$2^5\equiv2$
n^5-n	0	0	0

$$n^5-n\equiv0 \pmod 3$$

よって，n^5-n は 3 の倍数である。

◀条件では，n は奇数であるが，すべての整数 n について，n^5-n は 3 の倍数である。

(3) $n^5-n=n(n^2+1)(n^2-1)$

ここで，(1) から n^2-1 は 8 の倍数であり，これと (2) から，n^5-n は 24 の倍数である。

ゆえに，n^5-n が 120 の倍数であることを示すには，n^5-n が 5 の倍数であることを示せばよい。

◀$120=3\cdot5\cdot8$

$n\equiv0,\ 1,\ 2,\ 3,\ 4 \pmod 5$ のとき，n^5-n を計算すると，次の表のようになる。

n	0	1	2	3	4
n^5	0	$1^5\equiv1$	$2^5\equiv2$	$3^5\equiv3$	$4^5\equiv4$
n^5-n	0	0	0	0	0

◀5 を法として $3^5\equiv3^4\cdot3\equiv1\cdot3$，$4^5\equiv4^4\cdot4\equiv(4^2)^2\cdot4\equiv1\cdot4$

よって　$n^5-n\equiv0 \pmod 5$

したがって，n^5-n は 8 かつ 3 かつ 5 の倍数，すなわち 120 の倍数である。

◀3 と 5 と 8 は互いに素。

練習 ④132 (1) n が 5 で割り切れない奇数のとき，n^4-1 は 80 で割り切れることを証明せよ。

(2) n が 2 でも 3 でも 5 でも割り切れない整数のとき，n^4-1 は 240 で割り切れることを証明せよ。

4章 ⑳ 発展 合同式

振り返り　整数に関する重要な性質

整数に関する性質にはさまざまなものがあるが，問題に応じてどの性質を利用すればよいか，判断の難しい場合も多いだろう。ここで，これまでに学んできた内容のうち重要なものを，問題のタイプや考え方ごとに振り返っておこう。

補足　次の(＊)は整数の当然な性質であるが，下の 例 1，例 2 のような，不等式から整数値を求める場面で利用されることもあるので，初めに確認しておきたい。

(＊)　整数は間隔 1 でとびとびの値（離散的な値）をとる。

例 **1.** 整数 a，b に対し　$a<b<a+2$ なら　$b=a+1$，
$a \leqq b<a+1$ なら　$b=a$，　$a<b$ なら　$b \geqq a+1$　などが成り立つ。

例 **2.** 自然数 a に対して，整数 b が a の倍数のとき　$-a<b<a$ なら　$b=0$ が成り立つ［±1，±2，……，$\pm(a-1)$ は a の倍数ではないため］。

➡$p.224$〈合同式〉

1　倍数であることの証明問題　例えば，次の方法がある。

① 基本　整数 a，b に対し，$\boldsymbol{a}$ が $\boldsymbol{b}$ の倍数（$\boldsymbol{b}$ が $\boldsymbol{a}$ の約数）であることをいうには，$\boldsymbol{a=bk}$（$\boldsymbol{k}$ は整数）を示す。 ➡例題 110

② **倍数の判定法** を利用する。
3 (9) の倍数 …… 各位の数の和が 3 (9) の倍数，4 の倍数 …… 下 2 桁が 4 の倍数，
8 の倍数 …… 下 3 桁が 8 の倍数　　など。 ➡例題 111

③ **連続する整数の積の形** を作り出し，次の性質を利用する。 ➡例題 126
連続する 2 整数の積は 2 の倍数である。連続する 3 整数の積は 6 の倍数である。

説明　① 「● は ■ の倍数」という条件が与えられたら，まずは ●＝■k（k は整数）と表すのが問題解決の第 1 歩となる。
② 特定の位や，各位の数の和に関する条件が与えられたときなどに意識するとよい。
③ ある式が 2 や 6 の倍数であることを示す問題で意識するとよい。連続する整数の積は，n を整数として $n(n+1)$，$(n-1)n$；$n(n+1)(n+2)$，$(n-1)n(n+1)$ などと表される。
なお，6 余りによる分類 の方法が有効な場合もある。

2　約数の個数，総和に関する問題　次のことを利用する。

自然数 N が $N=p^aq^br^c$…… と素因数分解されるとき，N の正の約数の

個数は　$\boldsymbol{(a+1)(b+1)(c+1)}$……

総和は　$\boldsymbol{(1+p+\cdots+p^a)(1+q+\cdots+q^b)(1+r+\cdots+r^c)}$…… ➡例題 113

3　素数の問題　特に重要なのは，次の 2 つの性質である。

① **素数 $\boldsymbol{p}$ の約数は $\boldsymbol{\pm1}$ と $\boldsymbol{\pm p}$（正の約数は 1 と $\boldsymbol{p}$）**

② **偶数の素数は 2 だけで，3 以上の素数はすべて奇数である。** ➡例題 115

説明　詳しくは，$p.203$ のズーム UP を参照。素数が条件で与えられた問題では，① や ② の性質を利用して，値の候補を絞り込んでいくようにするとよい。

4 最大公約数，最小公倍数の性質

自然数 a，b の最大公約数を g，最小公倍数を l とし，$a=ga'$，$b=gb'$ とすると

1 **a' と b' は互いに素**　2 **$l=ga'b'$**　3 **$ab=gl$**　➡例題 118，119

説明　最大公約数，最小公倍数が関連する問題では，この性質がカギを握る。是非，押さえておきたい。

5 互いに素に関する問題　a，b，k は整数とする。

性質　**a，b が互いに素で，ak が b の倍数であるならば，k は b の倍数である。**

説明　この性質はとても重要である。整数の等式では，互いに素な 2 整数に注目し，この性質を利用するとうまく処理できることが多い。

● a と b が互いに素であることの証明問題は

(a と b の最大公約数)=1 を示す　または　**背理法を利用**　➡例題 120，121

なお，a と b が互いに素でないときは，a，b がある素数 p を公約数にもち

$a=pk$，$b=pl$（k，l は整数）　と表される。

6 余りによる分類

すべての整数 n は，ある自然数 m で割った余りによって，m 通りの表し方に分けられる。例えば，5 で割った余りは 0，1，2，3，4 の 5 通りがあり

$n=5k$，$n=5k+1$，$n=5k+2$，$n=5k+3$，$n=5k+4$　のいずれかで表される。

[$n=5k$，$n=5k\pm1$，$n=5k\pm2$ のように書くこともできる。]　➡例題 125

説明　すべての整数についての証明問題では，この分類法が有効な場合も多い。なお，どの数で割った余りで分類するかであるが，● の倍数であることを示したり，● で割った余りに関する証明問題では，● で割った余りに注目して分類するとよい。

7 [発展] 合同式　a，b は整数，m は自然数とする。

定義　**$a\equiv b \pmod{m} \iff a-b$ が m の倍数**

$\iff$ (a を m で割った余り)=(b を m で割った余り)

説明　合同式は，整数の問題を簡単に扱うことができる場合もあり，便利である。実際の解答では，合同式の性質（$p.224$ **2**，**3**）を利用して議論を進める。　➡例題 130〜132

以上，整数の問題を解くうえで特に重要な性質についてまとめてみたが，整数の問題にはさまざまなタイプがあり，なかなか解法の糸口が見えないこともあるだろう。

そのような問題では，$p.222$ 重要例題 **128** で触れた **いくつかの値で小手調べ**

すなわち，**いくつかの値で実験 ⟶ 規則性などに注目し，解法の道筋を見い出す**

といった進め方をとる必要があるだろう。考えにくい整数の問題では，このように試行錯誤をすることが大切であり，それは思考力を高めるうえでよい訓練になるだろう。

参考　二項定理（$p.68$ 参照，数学Ⅱで詳しく学習）を利用する整数の問題もある。
（巻末の総合演習第 2 部において，二項定理を利用する問題を 1 問扱った [$p.296$ 問題 **25**]）。

参考事項 フェルマーの小定理

p を素数，a を p と互いに素な整数とする。このとき，$\boldsymbol{a^{p-1}-1}$ **は** $\boldsymbol{p}$ **で割り切れる。**

すなわち　$\boldsymbol{a^{p-1}\equiv 1 \pmod{p}}$ …… Ⓐ　が成り立つ。

これを **フェルマーの小定理** という。

フェルマーの小定理は，$a^n\equiv 1 \pmod{p}$ となる n を見つけるのに利用できることがある。
例えば，$p.227$ 練習 130 (1)(ア)では，5 は素数，7 と 5 は互いに素である。
よって，フェルマーの小定理を適用すると　$7^{5-1}\equiv 7^4\equiv 1 \pmod{5}$
$203=4\cdot 50+3$ であるから

$$7^{203}\equiv (7^4)^{50}\cdot 7^3\equiv 1^{50}\cdot 7^3\equiv 343\equiv 3 \pmod{5}\qquad \longleftarrow 343=5\cdot 68+3$$

よって，余りは　3　このようにして解くこともできる。

参考　フェルマーの小定理の証明

まず，次のことを証明する。

p を素数，m，n を整数とするとき　$(m+n)^p\equiv m^p+n^p \pmod{p}$ …… (＊)

二項定理 ($p.68$) により

$$(m+n)^p={}_p\mathrm{C}_0 m^p+{}_p\mathrm{C}_1 m^{p-1}n+{}_p\mathrm{C}_2 m^{p-2}n^2+\cdots\cdots+{}_p\mathrm{C}_{p-1} mn^{p-1}+{}_p\mathrm{C}_p n^p$$

よって　$(m+n)^p-(m^p+n^p)={}_p\mathrm{C}_1 m^{p-1}n+{}_p\mathrm{C}_2 m^{p-2}n^2+\cdots\cdots+{}_p\mathrm{C}_{p-1} mn^{p-1}$ …… ①

ここで，${}_p\mathrm{C}_k$ $(k=1,\ 2,\ \cdots\cdots,\ p-1)$ について

$${}_p\mathrm{C}_k=\frac{p(p-1)(p-2)\cdots\cdots(p-k+1)}{k!}$$

であるが，p は素数で，$p>k$ であるから，右辺の p と $k!$ は互いに素である。
一方，${}_p\mathrm{C}_k$ は組合せの数，すなわち整数であるから，$p(p-1)(p-2)\cdots\cdots(p-k+1)$ は $k!$ で割り切れる。つまり，${}_p\mathrm{C}_k=p\times$(整数) と表されるから，${}_p\mathrm{C}_k$ は p の倍数である。
したがって，① の右辺は p の倍数であるから，(＊)が成り立つ。

次に，(＊)において，$m=1$，$n=1$ とすると　$2^p\equiv 1^p+1^p\equiv 1+1\equiv 2 \pmod{p}$
$m=1$，$n=2$ とすると　$3^p\equiv 1^p+2^p\equiv 1+2\equiv 3 \pmod{p}$

以下これを繰り返すことで，すべての自然数 a に対して
$a^p\equiv a \pmod{p}$ …… ②　が成り立つ。
ここで，$(-1)^p\equiv -1 \pmod{p}$ が任意の素数 p に対して成り立つから，これを ② の両辺に掛けて
$(-a)^p\equiv -a \pmod{p}$
ゆえに，すべての整数 a に対して $\boldsymbol{a^p\equiv a \pmod{p}}$ が成り立つ。
a と p が互いに素な場合は，$p.226$ で証明した性質 5 より，$a^{p-1}\equiv 1 \pmod{p}$ が成り立つ。(証明終)

◀厳密には，数学的帰納法 (数学 B) を利用して証明する。

◀p が奇数の素数のときは明らか。$p=2$ のときは $1\equiv -1 \pmod{p}$ であるから，成り立つ。

◀フェルマーの小定理の変形版である。

なお，上のフェルマーの小定理の変形版を用いると，$p.229$ 演習例題 **132** (3) に関し，n^5-n が 5 の倍数であることがすぐにわかる。

21 ユークリッドの互除法と1次不定方程式

基本事項

1 割り算と最大公約数

2 つの自然数 a, b について，a を b で割ったときの商を q，余りを r とすると

a と b の最大公約数は，b と r の最大公約数に等しい。 ……（＊）

2 ユークリッドの互除法

次の操作を繰り返して，2 つの自然数 a, b の最大公約数を求める方法を **ユークリッドの互除法** または単に **互除法** という。

[1] a を b で割ったときの余りを r とする。

[2] $r=0$（すなわち割り切れる）ならば，b が a と b の最大公約数である。

$r \neq 0$ ならば，r を b に，b を a におき換えて，[1] に戻る。

同じ操作を繰り返すと，余りは必ず 0 になる。余りが 0 になったときの割る数（0 でない最後の余り，でも同じ）が 2 数の最大公約数である。

解説

注意 **整数 x, y の最大公約数を $(x,\ y)$ で表す** ことがある。

◀本書でも座標と紛れることがないときは，この表記を用いる。

■ 割り算と最大公約数

（＊）の定理の証明は，次のようになる。

証明 $a=bq+r$ …… ①　移項して　$r=a-bq$ …… ②

a と b の最大公約数を g とし，b と r の最大公約数を g' とする。

[すなわち　$g=(a,\ b)$, $g'=(b,\ r)$]　② から，g は r の約数である。

◀$a=ga'$, $b=gb'$ とすると　$r=ga'-gb'q$

ゆえに，g は b と r の公約数であるから　$g \leqq g'$

また，① から，g' は a の約数である。

◀$b=g'b''$, $r=g'r'$ とすると　$a=g'b''q+g'r'$

よって，g' は a と b の公約数であるから　$g' \leqq g$

したがって　$g=g'$　すなわち　$(a,\ b)=(b,\ r)$

◀$A \leqq B$ かつ $A \geqq B$ ならば　$A=B$

なお，割り算で成り立つ等式 $a=bq+r$ で，$0 \leqq r < b$ を満たす整数 q と r はただ 1 通りに定まるが，（＊）の定理を適用するときは，必ずしも $0 \leqq r < b$ である必要はない。単に，**$a=bq+r$ の形に書き表された式に対し，$(a,\ b)=(b,\ r)$ が成り立つ** と考えてよい。

◀$30=4 \cdot 7+2$ について $(30,\ 4)=(4,\ 2)=2$
$30=4 \cdot 6+6$ について $(30,\ 4)=(4,\ 6)=2$

■ ユークリッドの互除法

ユークリッド（Euclid：300 B.C. 頃）はギリシアの数学者で，著書「原論」は，現代の幾何学の基礎と言うべき，ユークリッド幾何学をまとめた代表作である。そして，この「原論」は幾何学だけではなく，代数的な内容も含まれており，その中の 1 つとして，ユークリッドの互除法がある。

◀ユークリッドはエウクレイデスの英語読みである。

$p.206$ では，最大公約数を素因数分解を利用して求めた。しかし，例えば，3059 と 2337 の最大公約数を求めようとしても，素因数分解による方法では手間がかかる。このようなときに威力を発揮するのが，ユークリッドの互除法（以後，互除法と呼ぶ）である。

◀$48 < \sqrt{2337} < 49$ であるから，48 以下の素数が素因数の候補。しかし，これも大変。

そして，互除法による計算は，一般に次のように行われる。

まず，a を b で割ったときの商を q_1，余りを r_1 とする。 ◀このとき $b>r_1$

次に，b を r_1 で割ったときの商を q_2，余りを r_2 とする。 ◀このとき $r_1>r_2$

更に，r_1 を r_2 で割ったときの商を q_3，余りを r_3 とする。 ◀このとき $r_2>r_3$

以下，同じ操作を繰り返すと，r_1，r_2，r_3，…… は 0 以上の整数で，$r_1>r_2>r_3>\cdots\cdots$ となり，どこかで 0 になる（つまり，どこかで割り切れる）。

ここで，0 でない最後の余りを r_n とすると，$r_1>r_2>r_3>\cdots\cdots>r_n>0$ であり，この r_n が求める最大公約数である。このことを，3059 と 2337 の最大公約数を求めるようすと対比させながら，式と定理（＊）で表すと，次のようになる。

$a=bq_1+r_1$ …… $(a,\ b)=(b,\ r_1)$

$b=r_1q_2+r_2$ …… $(b,\ r_1)=(r_1,\ r_2)$

$r_1=r_2q_3+r_3$ …… $(r_1,\ r_2)=(r_2,\ r_3)$

……（同じ操作の繰り返し）……

$r_{n-2}=r_{n-1}q_n+r_n$ … $(r_{n-2},\ r_{n-1})=(r_{n-1},\ r_n)$

$r_{n-1}=r_nq_{n+1}$ ⟵ 割り切れたところで終了。r_n が求める最大公約数。

$3059=2337\cdot1+722$ … $(3059,\ 2337)=(2337,\ 722)$

$2337=722\cdot3+171$ … $(2337,\ 722)=(722,\ 171)$

$722=171\cdot4+38$ … $(722,\ 171)=(171,\ 38)$

$171=38\cdot4+19$ … $(171,\ 38)=(38,\ 19)$

$38=19\cdot2$ … $(38,\ 19)=19$

3059 と 2337 の最大公約数は 19

2 つの数の最大公約数は，一方を他方で割った余りの中にあり，余りは割る数より小さい。つまり，最初の 2 数より小さい数の間の最大公約数を求める問題におき換えることができる。

そして，割り算を繰り返すことにより，更に数を小さくし，最終的に最大公約数が求められる。これが互除法の最大の特長である。なお，互除法により，最大公約数を求めるようすは，次の例で実感できる。

◀上の例においても
$(3059,\ 2337)$
$=(2337,\ 722)$
$=(722,\ 171)$
$=(171,\ 38)$
$=(38,\ 19)$
のように小さくなっているのがわかる。

例 縦 270，横 396 の長方形を，同じ大きさのできるだけ大きい正方形で隙間なく敷き詰める。このときの正方形の 1 辺の長さは，270 と 396 の最大公約数 18 である。これは次のようにして求められる。

① 長方形から，1 辺の長さ 270 の正方形は 1 個切り取ることができて，270×126 の長方形が残る。
…… 396 を 270 で割った商は 1，余りは 126

② ①で残った長方形から，1 辺の長さ 126 の正方形は 2 個切り取ることができて，18×126 の長方形が残る。
…… 270 を 126 で割った商は 2，余りは 18

③ ②で残った長方形から，1 辺の長さ 18 の正方形はちょうど 7 個切り取ることができる。
…… 126 を 18 で割った商は 7，余りは 0

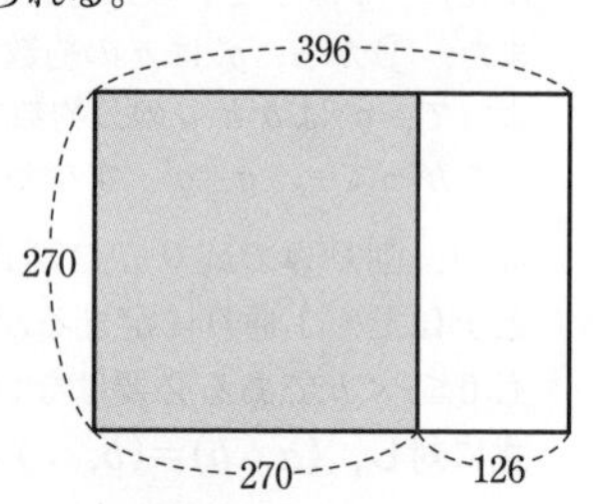

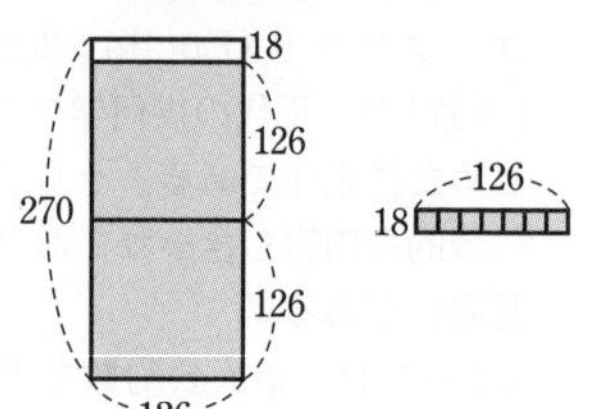

■ 互除法の筆算

いろいろな方法があるが，本書では，次のような，左に書き足していく形式の筆算を主に用いることにする。

例 **3059 と 2337 の最大公約数を筆算で求める方法**

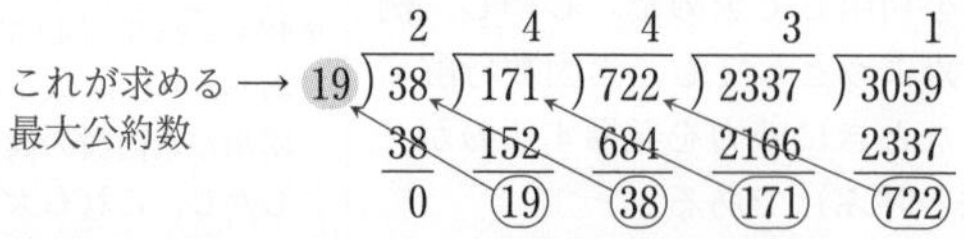

基本例題 133 ユークリッドの互除法

次の2つの整数の最大公約数を，互除法を用いて求めよ。
(1) 323，884　　(2) 943，1058　　(3) 1829，2077

p.233 基本事項 2

互除法の計算
割り切れるまで，右の手順による割り算を繰り返す。
⟶ 最後の割る数が最大公約数
なお，計算の際には，筆算が便利。

$a=bq_1+r_1$　　a を b で割る …… 余り r_1
$b=r_1q_2+r_2$　　b を r_1 で割る …… 余り r_2
$r_1=r_2q_3+r_3$　　r_1 を r_2 で割る …… 余り r_3
……
$r_{n-1}=r_nq_{n+1}$ ⟵ 割り切れたところで終了
r_n が最大公約数

解答

(1) $884=323\cdot2+238$
$323=238\cdot1+85$
$238=85\cdot2+68$
$85=68\cdot1+17$
$68=17\cdot4$
よって，最大公約数は **17**

$$\begin{array}{r} 4\ \ \ \ 1\ \ \ \ 2\ \ \ \ 1\ \ \ \ 2 \\ 17)\overline{68}\ )\overline{85}\ )\overline{238}\ )\overline{323}\ )\overline{884} \\ 68\ \ \ 68\ \ \ 170\ \ \ 238\ \ \ 646 \\ 0\ \ \ 17\ \ \ 68\ \ \ 85\ \ \ 238 \end{array}$$

(2) $1058=943\cdot1+115$
$943=115\cdot8+23$
$115=23\cdot5$
よって，最大公約数は **23**

$$\begin{array}{r} 5\ \ \ \ 8\ \ \ \ 1 \\ 23)\overline{115}\ )\overline{943}\ )\overline{1058} \\ 115\ \ \ 920\ \ \ 943 \\ 0\ \ \ 23\ \ \ 115 \end{array}$$

(3) $2077=1829\cdot1+248$
$1829=248\cdot7+93$
$248=93\cdot2+62$
$93=62\cdot1+31$
$62=31\cdot2$
よって，最大公約数は **31**

$$\begin{array}{r} 2\ \ \ \ 1\ \ \ \ 2\ \ \ \ 7\ \ \ \ 1 \\ 31)\overline{62}\ )\overline{93}\ )\overline{248}\ )\overline{1829}\ )\overline{2077} \\ 62\ \ \ 62\ \ \ 186\ \ \ 1736\ \ \ 1829 \\ 0\ \ \ 31\ \ \ 62\ \ \ 93\ \ \ 248 \end{array}$$

検討

互除法の筆算

例えば，(2)を右のようにして計算する方法もある。これは
❶ $943\times1=943$　❷ $1058-943=115$
❸ $115\times8=920$　❹ $943-920=23$
❺ $23\times5=115$
のように，掛ける数を交互に右端・左端に書いていく要領の筆算である。

8	943	1058	1
	❸920	❶943	
	❹23	❷115	5
		❺115	
		0	

練習 ①133 次の2つの整数の最大公約数を，互除法を用いて求めよ。
(1) 817，988　　(2) 997，1201　　(3) 2415，9345

基本例題 134 互除法の応用問題

①①①①①

(1) 2つの自然数 m，n の最大公約数と $3m+4n$，$2m+3n$ の最大公約数は一致することを示せ。

(2) $7n+4$ と $8n+5$ が互いに素になるような 100 以下の自然数 n は全部でいくつあるか。

p.233 基本事項 1

最大公約数が関係した問題では，$p.233$ 基本事項 1 (＊) で示した，右の定理を利用して，数を小さくしていくと考えやすい。
本問のように，多項式が出てくるときは，まず，2つの式の関係を $a=bq+r$ の形に表す。
次に，式の係数や次数を下げる要領で変形していくとよい。

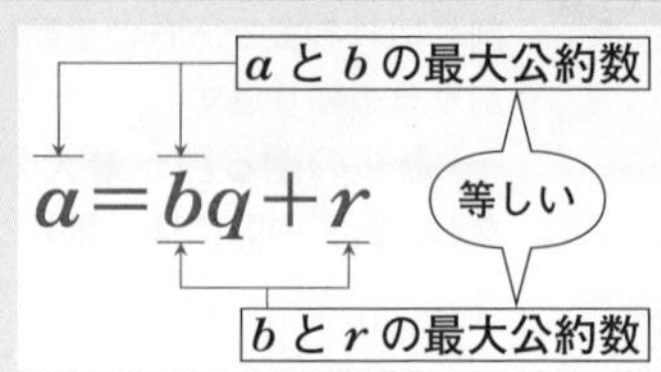

解答

2数 A，B の最大公約数を $(A,\ B)$ で表す。

(1) $3m+4n=(2m+3n)\cdot 1+m+n$,
$2m+3n=(m+n)\cdot 2+n$,
$m+n=n\cdot 1+m$

よって　$(3m+4n,\ 2m+3n)=(2m+3n,\ m+n)$
$=(m+n,\ n)=(n,\ m)$

したがって，m，n の最大公約数と $3m+4n$，$2m+3n$ の最大公約数は一致する。

◀差をとって考えてもよい。
$3m+4n-(2m+3n)=m+n$
$2m+3n-(m+n)=m+2n$
$m+2n-(m+n)=n$
$m+n-n=m$

別解　$\begin{cases} 3m+4n=a \\ 2m+3n=b \end{cases}$ … ① とおくと　$\begin{cases} m=3a-4b \\ n=3b-2a \end{cases}$ … ②

m と n の最大公約数を d，a と b の最大公約数を e とする。① より，a と b は d で割り切れるから，d は a と b の公約数である。ゆえに　$d \leqq e$ …… ③
同様に，② より，e は m と n の公約数で　$e \leqq d$ … ④
③，④ から　$d=e$　よって，最大公約数は一致する。

◀$m=dm'$，$n=dn'$，$a=ea'$，$b=eb'$ とする。
① は
$\begin{cases} d(3m'+4n')=a \\ d(2m'+3n')=b \end{cases}$
② は
$\begin{cases} e(3a'-4b')=m \\ e(3b'-2a')=n \end{cases}$

(2) $8n+5=(7n+4)\cdot 1+n+1$,
$7n+4=(n+1)\cdot 7-3$

ゆえに　$(8n+5,\ 7n+4)=(7n+4,\ n+1)=(n+1,\ 3)$
$7n+4$ と $8n+5$ は互いに素であるとき，$n+1$ と 3 も互いに素であるから，$n+1$ と 3 が互いに素であるような n の個数を求めればよい。
$2 \leqq n+1 \leqq 101$ の範囲に，3 の倍数は 33 個あるから，求める自然数は　$100-33=$**67 (個)**

◀$a=bq-r$ のときも
$(a,\ b)=(b,\ r)$
が成り立つ。$p.233$ の解説と同じ要領で証明できる。

練習 ③134

(1) a，b が互いに素な自然数のとき，$\dfrac{3a+7b}{2a+5b}$ は既約分数であることを示せ。

(2) $3n+1$ と $4n+3$ の最大公約数が 5 になるような 50 以下の自然数 n は全部でいくつあるか。

p.248 EX91, 92

基本事項

以下では，a，b，c は整数の定数で，$a \neq 0$，$b \neq 0$ とする。

1　1次不定方程式

x，y の1次方程式 $ax+by=c$ を成り立たせる整数 x，y の組を，この方程式の **整数解** という。また，この方程式の整数解を求めることを，**1次不定方程式を解く** という。

2　1次不定方程式と整数解

2つの整数 a，b が互いに素であるならば，任意の整数 c について，$ax+by=c$ を満たす整数 x，y が存在する。また，整数解の1つを $x=p$，$y=q$ とすると，すべての整数解は，$\boldsymbol{x=bk+p}$，$\boldsymbol{y=-ak+q}$（$\boldsymbol{k}$ **は整数**）と表される。　← **一般解** ともいう。

解　説

■ 1次不定方程式と整数解

方程式 $ax+by=c$ は，2つの未知数 x，y に対し，式が1つであるから，一般に解は無数にある。しかし，x，y が整数という条件がつくと，解が存在する場合と存在しない場合がある。

例1　**$6x+2y=3$ は整数解をもたない。**

なぜなら，方程式の左辺を変形すると　$2(3x+y)=3$

左辺は偶数，右辺は奇数であるから，等号は成り立たない。このように，x，y の係数 a，b が互いに素でないとき，整数解が存在しないことがある。

例2　**$3x+2y=1$ の整数解は，**$x=1$，$y=-1$ など無数にある。なお，この方程式の整数解は，$\boldsymbol{x=2k+1}$，$\boldsymbol{y=-3k-1}$（$\boldsymbol{k}$ **は整数**）と表される。

● a と b が互いに素であるとき，$ap+bq=1$ を満たす整数 p，q が存在する（$p.245$ で証明）。

この両辺に c を掛けて　$a(cp)+b(cq)=c$

よって，a と b が互いに素であるならば，任意の整数 c について $ax+by=c$ を満たす整数 x，y が存在する。

◀例えば，$3x+2y=0$ の解は無数にある。
……直線 $y=-\dfrac{3}{2}x$ 上の点が解。

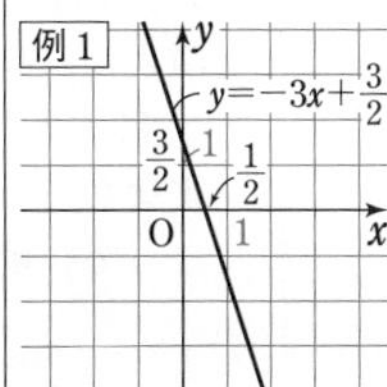

直線上に格子点（x，y がともに整数の点）はない。

■ 方程式 $ax+by=0$（a，b は互いに素）の整数解

方程式を変形すると　$ax=-by$

a，b は互いに素であるから，x は b の倍数である。

ゆえに，$\boldsymbol{k}$ **を整数** として，$\boldsymbol{x=bk}$ と表される。

$x=bk$ を $ax=-by$ に代入することにより　$\boldsymbol{y=-ak}$

◀$x=-bk$，$y=ak$ とも表される。方程式の係数の符号によって，どちらを用いてもよい。

■ 方程式 $ax+by=c$（a，b は互いに素）の整数解

整数解をすべて求めるには，まず 方程式の1組の解を見つける。

方程式 $ax+by=c$ …… ① の1組の解を $x=p$，$y=q$ とすると

$$ap+bq=c \quad \cdots\cdots ②$$

①−② から　$a(x-p)+b(y-q)=0$

すなわち　$a(x-p)=-b(y-q)$ …… ③

a，b は互いに素であるから，$x-p$ は b の倍数である。

ゆえに，k を整数として，$x-p=bk$ と表される。

③ に代入して　$y-q=-ak$

よって，解は　$\boldsymbol{x=bk+p}$，$\boldsymbol{y=-ak+q}$（$\boldsymbol{k}$ **は整数**）

◀整数解が存在するための条件を厳密に示すのは難しい。本書では $p.244$ 以後で取り上げた。

基本例題 135 1次不定方程式の整数解 (1) … $ax+by=1$

次の方程式の整数解をすべて求めよ。

(1) $9x+5y=1$　　(2) $19x-24y=1$

p.237 基本事項 2　演習 140

指針 1次不定方程式の整数解を求める基本　まず，1組の解を見つける

(1) x, y に適当な値を代入して1組の解を見つける。方法は何でもよいが，例えば

[1] 係数が大きい x に 1, -1 などを代入し，y が整数となるようなものを調べる。

[2] $9x$ を移項して　$5y=1-9x$　この右辺が5の倍数となるような x の値を探す。

(2) 係数が大きいから，1組の解が簡単に見つかりそうにない。このようなときは，互除法を利用して見つけるとよい。解答下の 注意 を参照。

解答

(1) $9x+5y=1$ ①

$x=-1$, $y=2$ は ① の整数解の1つである。

よって　$9\cdot(-1)+5\cdot 2=1$ …… ②

①−② から　$9(x+1)+5(y-2)=0$ …… ㋐

すなわち　$9(x+1)=-5(y-2)$ …… ③

9と5は互いに素であるから，$x+1$ は5の倍数である。

ゆえに，k を整数として，$x+1=5k$ と表される。

③ に代入して　$9\cdot 5k=-5(y-2)$

すなわち　$y-2=-9k$

よって，解は　$x=5k-1$, $y=-9k+2$ （k は整数） …… Ⓐ

◀1組の解はどのようにとってもよい。例えば，$x=4$, $y=-7$ でもよい。

◀a, b が互いに素で，an が b の倍数ならば，n は b の倍数である。（a, b, n は整数）

(2) $x=-5$, $y=-4$ は方程式の整数解の1つである。

よって　$19(x+5)-24(y+4)=0$

すなわち　$19(x+5)=24(y+4)$ …… ④

19と24は互いに素であるから，$x+5$ は24の倍数である。ゆえに，k を整数として，$x+5=24k$ と表される。

④ に代入して　$19\cdot 24k=24(y+4)$

すなわち　$y+4=19k$

よって，解は　$x=24k-5$, $y=19k-4$ （k は整数）

◀下の 注意 参照。

◀$19x-24y=1$
$19\cdot(-5)-24\cdot(-4)=1$
を辺々引いて
$19(x+5)-24(y+4)=0$

注意 19と24で互除法を用いて，1組の解 $x=-5$, $y=-4$ を見つける方法

$24=19\cdot 1+5$　移項して　$5=24-19\cdot 1$ …… ①

$19=5\cdot 3+4$　移項して　$4=19-5\cdot 3$ …… ②

$5=4\cdot 1+1$　移項して　$1=5-4\cdot 1$ …… ③

よって　$1=5-4\cdot 1=5-(19-5\cdot 3)\cdot 1=19\cdot(-1)+5\cdot 4=19\cdot(-1)+(24-19\cdot 1)\cdot 4$ …（＊）

（$1=5-4\cdot 1$ は ③，$(19-5\cdot 3)$ は 4 に ② を代入，$19\cdot(-1)+5\cdot 4$ は 整理，$(24-19\cdot 1)$ は 5 に ① を代入）

$19\cdot(-1)+(24-19\cdot 1)\cdot 4$ を整理して　$1=19\cdot(-5)-24\cdot(-4)$

練習 ②135 次の方程式の整数解をすべて求めよ。

(1) $4x-7y=1$　　(2) $55x+23y=1$

p.248 EX 94

1次不定方程式の特殊解に関する補足

1次不定方程式を解くには，まず1組の整数解（**特殊解** という）を見つけることが最重要で，解が1組見つかれば，すべての解（**一般解** という）を求めることができる。ここでは，解の見つけ方などについて，補足説明しておこう。

● 互除法を利用して1組の解を見つける方法

x や y に適当な値を代入しても1組の解が簡単に見つからない場合は，互除法の計算過程を利用して解を見つける。

前ページの **注意** がその一例であるが，（＊）の式変形を追うのが複雑に感じられるかもしれない。そこで，x，y の係数を文字でおくと，次のようになる。（＊）の式変形が理解できなかった人は，次の内容を確認してほしい。

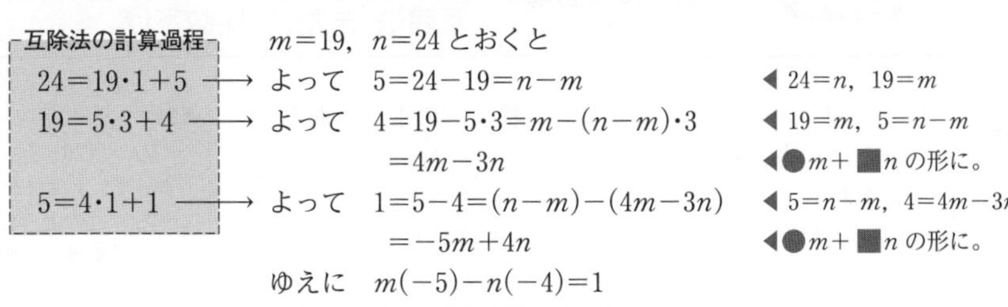

互除法の計算過程　　$m=19$，$n=24$ とおくと

$24=19\cdot1+5$ → よって　$5=24-19=n-m$　◀ $24=n$，$19=m$

$19=5\cdot3+4$ → よって　$4=19-5\cdot3=m-(n-m)\cdot3$　◀ $19=m$，$5=n-m$

$=4m-3n$　◀●$m+$■n の形に。

$5=4\cdot1+1$ → よって　$1=5-4=(n-m)-(4m-3n)$　◀ $5=n-m$，$4=4m-3n$

$=-5m+4n$　◀●$m+$■n の形に。

ゆえに　$m(-5)-n(-4)=1$

すなわち　$19(-5)-24(-4)=1$

● 見つけた1組の解が異なると，求める解の形も異なる

解答例とは異なる1組の解を見つけることもあるかもしれない。例えば，例題 **135** (1)で，$x=-1$，$y=2$ ではなく，$x=4$，$y=-7$ を先に見つけることもありうる。

このとき，前ページの解答(1)の ㋐ の部分は　$9(x-4)+5(y+7)=0$　となり，最後の答えは　$\boldsymbol{x=5k+4}$，$\boldsymbol{y=-9k-7}$（**k は整数**）…… Ⓑ　となる。

Ⓑ は前ページの(1)の答え Ⓐ と形が異なるが，これも正解である。

なぜなら，Ⓑ は　$x=5k+4=5(k+1)-1$，$y=-9k-7=-9(k+1)+2$　と変形され，$k+1=l$ とおくと　$x=5l-1$，$y=-9l+2$（l は整数）　これは Ⓐ と同様の形であることからわかる。　└ l を改めて k に書き替えると，Ⓐ とまったく同じ形。

このように，最初に見つけた1組の解が異なると，得られる解も見かけ上異なるが，実際は（解の全体としては）同じものになっている。

参考　P$(5k-1,\ -9k+2)$，Q$(5k+4,\ -9k-7)$ とすると，2点 P，Q は直線 $9x+5y=1$ 上にある。

なお，直線 $9x+5y=0$ 上の点 R$(5k,\ -9k)$ に対し，点 P は点 R を x 軸方向に -1，y 軸方向に 2 だけ，点 Q は点 R を x 軸方向に 4，y 軸方向に -7 だけ，それぞれ平行移動した位置にある。

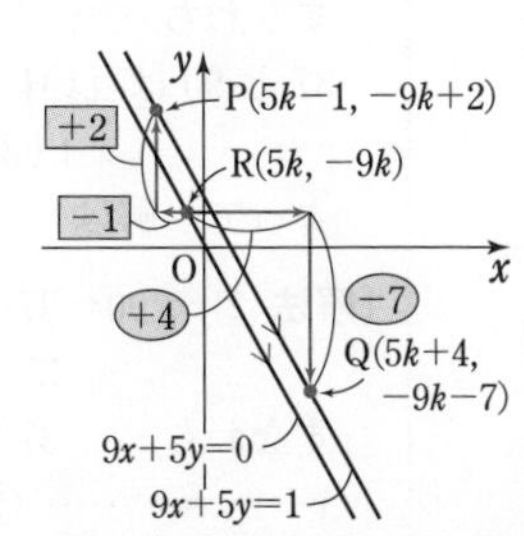

基本例題 136 1次不定方程式の整数解(2) … $ax+by=c$

次の方程式の整数解をすべて求めよ。

(1) $7x+6y=40$　　　(2) $37x-90y=4$

基本 135　演習 140

指針 $ax+by=c$ **の整数解**　1組の解 $(p,\ q)$ を見つけて $a(x-p)+b(y-q)=0$ が第一の方針。しかし，(1) は比較的見つけやすいが，(2) は簡単に見つからない。そこで，(2) では，次の方針による解答を考えてみよう。

[1] a と b の最大公約数を 互除法 によって求め，その計算過程を逆にたどる。
…… 特に，$1=ap+bq$ の形が導かれたら，両辺を c 倍して　$a(cp)+b(cq)=c$

[2] （絶対値が）大きい方の係数を小さい方の係数で割ることによって，**係数を小さくし**（本書では 係数下げ と呼ぶ），1組の解を見つけやすくする。

なお，検討 として，[3] **合同式を利用する** 解法も取り上げた。

CHART 不定方程式の整数解　**解がすぐに見つからなければ 互除法 または 係数下げ**

解答

(1) $x=4$，$y=2$ は $7x+6y=40$ の整数解の1つである。

ゆえに，方程式は　$7(x-4)+6(y-2)=0$

すなわち　$7(x-4)=-6(y-2)$

7と6は互いに素であるから，k を整数として

$x-4=6k$，$-(y-2)=7k$　と表される。

よって，解は　$\boldsymbol{x=6k+4,\ y=-7k+2}$ （k は整数）

◀$7x+6y=40$ から $7x=2(20-3y)$ よって，x は2の倍数である。このようにして，方程式を満たす整数解を見つける目安を付けるとよい。

(2) 〔解法 [1]〕 $37x-90y=4$ …… ①

$m=37$，$n=90$ とする。

$90=37\cdot2+16$ から　$16=90-37\cdot2=n-2m$ …… ⓐ

$37=16\cdot2+5$ から　$5=37-16\cdot2=m-(n-2m)\cdot2$
$=5m-2n$ …… ⓑ

$16=5\cdot3+1$ から　$1=16-5\cdot3$
$=(n-2m)-(5m-2n)\cdot3$
$=-17m+7n$

ゆえに　$37\cdot(-17)-90\cdot(-7)=1$

両辺に4を掛けて　$37\cdot(-68)-90\cdot(-28)=4$ …… ②

①−② から　$37(x+68)-90(y+28)=0$

すなわち　$37(x+68)=90(y+28)$

37と90は互いに素であるから，k を整数として

$x+68=90k$，$y+28=37k$　と表される。

よって，解は　$\boldsymbol{x=90k-68,\ y=37k-28}$ （k は整数）

◀**互除法** の利用。

◀文字におき換えて変形。前ページ参照。

◀16 に ⓐ を代入して整理する。

◀16 に ⓐ，5 に ⓑ を代入して整理する。

◀m を 37，n を 90 に戻す。$x=-17$，$y=-7$ は $37x-90y=1$ を満たす。

〔解法 [2]〕 $90=37\cdot2+16$ から，$37x-90y=4$ は

$37x-(37\cdot2+16)y=4$

すなわち　$37(x-2y)-16y=4$

$x-2y=s$ …… ① とおくと　$37s-16y=4$

$37=16\cdot2+5$ から　$(16\cdot2+5)s-16y=4$

◀**係数下げ** による解法。

◀90 を 37 で割ったときの商は2，余りは16

整理して　$5s+16(2s-y)=4$

$2s-y=t$ …… ② とおくと　$5s+16t=4$

$16=5\cdot3+1$ から　$5s+(5\cdot3+1)t=4$

整理して　$5(s+3t)+t=4$

$s+3t=k$ …… ③ とおくと　$5k+t=4$

これから　$t=-5k+4$ …… ④

③ から　$s=k-3t$

④ を代入して　$s=16k-12$ …… ⑤

次に，② から　$y=2s-t$

④，⑤ を代入して　$y=37k-28$ …… ⑥

更に，① から　$x=2y+s$

⑤，⑥ を代入して　$x=90k-68$

よって，解は　$\boldsymbol{x=90k-68}$，$\boldsymbol{y=37k-28}$ (**k は整数**)

◀この等式を満たす解の1つ $s=4$，$t=-1$ を見つけたら，ここで係数下げの作業を打ち切り，連立方程式 ①，② を解いて，1組の解 x，y を求めてもよい。

◀$5k+t=4$ を満たす整数 ($k=0$，$t=4$) を見つけ，③，②，① の順に代入しても，1組の解 $x=-68$，$y=-28$ が得られる。

検討 PLUS ONE

〔解法 3〕 合同式を利用した解法

a，b は互いに素である自然数とし，$a>b$ とするとき，不定方程式 $ax\pm by=c$ に対し，
$ax-c=\mp by$ より，$ax-c$ は b の倍数であるから　$\boldsymbol{ax\equiv c \pmod{b}}$ ⟵ 合同式の定義
a を b で割ったときの余りを r とすると，$a\equiv r \pmod{b}$ であるから　$\boldsymbol{rx\equiv c \pmod{b}}$
このようにして，x の **係数を小さくしていけば必ず解ける** ということである。
また，$a<b$ のときは，a を法として考えればよい。例題をこの方針で解いてみよう。

(1)　$7x+6y=40$ から　$7x-40=-6y$ …… ①

ゆえに　$7x\equiv40 \pmod{6}$ …… ②　　また　$6x\equiv0 \pmod{6}$ …… ③

②−③ から　$x\equiv40\equiv4 \pmod{6}$

⟵ 解の表記を簡潔にするため，法 6 より小さい数にする。

したがって，k を整数とすると，$x=6k+4$ と表される。

① から　$6y=40-7x=40-7(6k+4)=-42k+12$　ゆえに　$y=-7k+2$

よって，解は　$\boldsymbol{x=6k+4}$，$\boldsymbol{y=-7k+2}$ (**k は整数**)

(2)　$37x-90y=4$ から　$90y-(-4)=37x$ …… ①

ゆえに　$90y\equiv-4 \pmod{37}$ …… ②　　また　$37y\equiv0 \pmod{37}$ …… ③

②−③×2 から　$16y\equiv-4 \pmod{37}$ …… ④　⟵ $90=37\cdot2+16$

③−④×2 から　$5y\equiv8 \pmod{37}$ …… ⑤　⟵ $37=16\cdot2+5$

④−⑤×3 から　$y\equiv-28 \pmod{37}$　⟵ $16=5\cdot3+1$

したがって，k を整数とすると，$y=37k-28$ と表される。

① から　$37x=90y+4=90(37k-28)+4=37\cdot90k-2516$

ゆえに　$x=90k-68$

よって，解は　$\boldsymbol{x=90k-68}$，$\boldsymbol{y=37k-28}$ (**k は整数**) …… (＊)

別解　④ において，法 37 と 4 は互いに素であるから，両辺を 4 で割ると

$4y\equiv-1 \pmod{37}$ …… ④′　　③−④′×9 から　$y\equiv9 \pmod{37}$

ゆえに，**k を整数** とすると　$\boldsymbol{y=37k+9}$　　これと ① から　$\boldsymbol{x=90k+22}$

なお，$x=90k+22$，$y=37k+9$ は，(＊)の k をそれぞれ $k+1$ におき換えると得られる。

注意　(1) は 7，(2) は 90 を法としてもよいが，法とする数は小さい方が処理しやすい。

練習 ②**136**　次の方程式の整数解をすべて求めよ。

(1)　$12x-17y=2$　　(2)　$71x+32y=3$　　(3)　$73x-56y=5$

p.248 EX 93, 94

基本例題 137 1次不定方程式の応用問題 ①①①①①

3で割ると2余り，5で割ると3余り，7で割ると4余るような自然数 n で最小のものを求めよ。

基本 135，136

指針 条件を満たす自然数を小さい順に書き上げると

[1] 3で割ると2余る自然数は　2, 5, 8, 11, 14, 17, 20, 23, ……

[2] 5で割ると3余る自然数は　3, 8, 13, 18, 23, ……

[3] 7で割ると4余る自然数は　4, 11, 18, 25, 32, 39, 46, 53, ……

[1], [2] に共通な数は ● であるから，「3で割ると2余り，5で割ると3余る」自然数は　[4] 8, 23, 38, 53, 68, ……

◀最小数は8で，3と5の最小公倍数15ずつ大きくなる。

求める最小の自然数 n は，[3] と [4] に共通な数（□の数）53 であることがわかる。

このように，書き上げによって考える方法もあるが，条件を満たす数が簡単に見つからない（相当多くの数の書き上げが必要な）場合は非効率的である。

そこで，問題の条件を **1次不定方程式に帰着させ**，その解を求める方針で解いてみよう。

解答

n は x，y，z を整数として，次のように表される。

$n=3x+2$，$n=5y+3$，$n=7z+4$

$3x+2=5y+3$ から　$3x-5y=1$ …… ①

$x=2$，$y=1$ は，① の整数解の1つであるから

$3(x-2)-5(y-1)=0$

すなわち　$3(x-2)=5(y-1)$

3と5は互いに素であるから，k を整数として，$x-2=5k$ と表される。

よって　$x=5k+2$ …… ②

② を $3x+2=7z+4$ に代入して

$3(5k+2)+2=7z+4$

ゆえに　$7z-15k=4$ …… ③

$7\cdot(-2)-15\cdot(-1)=1$

両辺に4を掛けて

$7\cdot(-8)-15\cdot(-4)=4$ …… ④

③−④ から　$7(z+8)-15(k+4)=0$

すなわち　$7(z+8)=15(k+4)$

7と15は互いに素であるから，l を整数として，$z+8=15l$ と表される。

よって　$z=15l-8$

これを $n=7z+4$ に代入して

$n=7(15l-8)+4=105l-52$

求める最小の自然数 n は，$l=1$ を代入して

$\boldsymbol{n=53}$

注意 $3x+2=5y+3$ かつ $5y+3=7z+4$ として解いてもよいが，係数が小さい方が処理しやすい。

◀このとき　$y=3k+1$

◀$3x-7z=2$ から $3(x-3)-7(z-1)=0$ ゆえに，l を整数として $x=7l+3$ これと $x=5k+2$ を等置して　$5k+2=7l+3$ よって　$5k-7l=1$ これより，k，l が求められるが，方程式を解く手間が1つ増える。

◀$105l-52>0$ とすると $l>\dfrac{52}{105}$

別解 **1.** 3で割ると2余る数のうち，5でも7でも割り切れる数は　　$5\cdot7=3\cdot11+2$

5で割ると3余る数のうち，7でも3でも割り切れる数は，$7\cdot3=5\cdot4+1$ の両辺を3倍して

$$3\cdot7\cdot3=3\cdot5\cdot4+3$$

7で割ると4余る数のうち，3でも5でも割り切れる数は，$3\cdot5=7\cdot2+1$ の両辺を4倍して

$$4\cdot3\cdot5=4\cdot7\cdot2+4$$

したがって，$5\cdot7+3\cdot7\cdot3+4\cdot3\cdot5=35+63+60=158$ は，3で割ると2余り，5で割ると3余り，7で割ると4余る数である。

3，5，7の最小公倍数は105であるから，求める自然数 n は　　$\boldsymbol{n=158-105=53}$

◀下線の数を見つけるために，ここでは1余る数をもとにしているが，直ちに63としてもよい。その次の $4\cdot3\cdot5=60$ も同様。

別解 **2.** 3で割ると2余り，5で割ると3余り，7で割ると4余る自然数を n とすると　$n\equiv2\ (\mathrm{mod}\ 3)$ …… ①，

$n\equiv3\ (\mathrm{mod}\ 5)$ …… ②，$n\equiv4\ (\mathrm{mod}\ 7)$ …… ③

① から　　$n=3s+2$（s は整数）…… ④

④ を ② に代入して　　$3s+2\equiv3$　すなわち　$3s\equiv1$

$1\equiv6$ であるから　　$3s\equiv6$

法5と3は互いに素であるから　　$s\equiv2$（以上 mod 5）

ゆえに，$s=5t+2$（t は整数）と表され，④ に代入すると

$$n=3(5t+2)+2=15t+8 \quad \cdots\cdots ⑤$$

⑤ を ③ に代入して　　$15t+8\equiv4$　すなわち　$15t\equiv-4$

$14t\equiv0$ であるから　　$t\equiv-4$（以上 mod 7）

ゆえに，$t=7k-4$（k は整数）と表され，⑤ に代入すると

$$n=15(7k-4)+8=105k-52$$

求める最小の自然数 n は，$k=1$ を代入して

$$\boldsymbol{n=105\cdot1-52=53}$$

◀合同式を用いた解法。

◀法5と3は互いに素であるから，両辺を3で割ることができる。

◀$15t\equiv45$ として，法7と15は互いに素であるから，両辺を15で割って $t\equiv3$ とすることもできる。

検討

百五減算

ある人の年齢を3，5，7でそれぞれ割ったときの余りを a，b，c とし，$\boldsymbol{n=70a+21b+15c}$ とする。この n の値から105を繰り返し引き，105より小さい数が得られたら，その数がその人の年齢である。これは3，5，7で割った余りからもとの数を求める和算の1つで，**百五減算** と呼ばれる。なお，この計算のようすは合同式を用いると，次のように示される。

求める数を x とすると，$x\equiv a\ (\mathrm{mod}\ 3)$，$x\equiv b\ (\mathrm{mod}\ 5)$，$x\equiv c\ (\mathrm{mod}\ 7)$ であり，

$n\equiv70a\equiv1\cdot a\equiv a\equiv x\ (\mathrm{mod}\ 3)$，　$n\equiv21b\equiv1\cdot b\equiv b\equiv x\ (\mathrm{mod}\ 5)$，

$n\equiv15c\equiv1\cdot c\equiv c\equiv x\ (\mathrm{mod}\ 7)$

よって，$n-x$ は3でも5でも7でも割り切れるから，3，5，7の最小公倍数105で割り切れる。ゆえに，k を整数として，$n-x=105k$ から　　$x=n-105k$

この k が105を引く回数である。

練習 ③**137**　3で割ると2余り，5で割ると1余り，11で割ると5余る自然数 n のうちで，1000を超えない最大のものを求めよ。

重要例題 138 $ax+by$ の形で表される整数

どのような負でない 2 つの整数 m と n を用いても $x=3m+5n$ とは表すことができない正の整数 x をすべて求めよ。〔大阪大〕

基本 125，重要 128

指針 整数の問題　いくつかの値で小手調べ（実験）

$3m+5n$ の係数 3，5 のうち，小さい方の 3 に注目。$n=0$，1，2 を代入してみて，x がどのような形の式になるかを調べてみる。

⟶ x を 3 で割った余りで分類されることが見えてくる。

解答

m，n は負でない整数であるから　$m \geqq 0$，$n \geqq 0$

◀ $m>0$，$n>0$ は誤り。「負でない」であるから，0 であってもよい。

[1]　$n=0$ とすると　$x=3m$

よって，x が 3 の倍数（$x=3$，6，9，……）のときは，$x=3m+5n$ の形に表すことができる。

[2]　$n=1$ とすると　$x=3m+5=3(m+1)+2$

◀ $x=3(m+2)-1$ としてもよい。

ここで，$m \geqq 0$ より $m+1 \geqq 1$ であるから　$x \geqq 3 \cdot 1+2=5$

よって，x が 5 以上の 3 で割って 2 余る数（$x=5$，8，11，……）のときは，$x=3m+5n$ の形に表すことができる。

[3]　$n=2$ とすると　$x=3m+10=3(m+3)+1$

◀ $x=3(m+4)-2$ としてもよい。

ここで，$m \geqq 0$ より $m+3 \geqq 3$ であるから　$x \geqq 3 \cdot 3+1=10$

よって，x が 10 以上の 3 で割って 1 余る数（$x=10$，13，16，……）のときは，$x=3m+5n$ の形に表すことができる。

[1]～[3] により，$x=3$，5，6 と $x \geqq 8$ のときは，$x=3m+5n$ の形に表すことができる。

よって，$x=1$，2，4，7 について考えればよい。

$m=0$，$n=0$ のとき　$x=0$

$m=1$，$n=0$ のとき　$x=3$

$m=0$，$n=1$ のとき　$x=5$

◀ m，n が小さい値のときの，x の値を調べる。

$m \geqq 1$，$n \geqq 1$ のとき　$3m+5n \geqq 8$

◀ $3m+5n \geqq 3 \cdot 1+5 \cdot 1 =8$

したがって，$x=3m+5n$ と表すことができない正の整数は

$\boldsymbol{x=1,\ 2,\ 4,\ 7}$

検討

文字の表す値の範囲に注意

次ページの(*)によると，すべての整数 x について $x=3m+5n$ を満たす整数 m，n が存在する。しかし，上の例題では，m，n を「負でない」整数としているため，$3m+5n$ の形で表せない自然数も出てくる。

なお，一般に次のことがわかっている。ただし，a，b は互いに素な自然数とする。

$ab+1$ 以上のすべての自然数は $ax+by$（x，y は自然数）の形で表される。

⟶ このことの証明は，$p.296$ 総合演習第 2 部の 28 (3) の解答と同様である（解答編 $p.199$ 参照）。

練習 ④138 どのような自然数 m，n を用いても $x=4m+7n$ とは表すことができない最大の自然数 x を求めよ。

補足事項　1次不定方程式の整数解が存在するための条件

a, b は 0 でない整数とするとき，一般に次のことが成り立つ。

$ax+by=1$ を満たす整数 x, y が存在する $\iff$ a と b は互いに素　……(＊)

このことは，1次方程式に関する重要な性質であり，1次不定方程式が整数解をもつかどうかの判定にも利用できる。ここで，性質(＊)を証明しておきたい。
まず，$\Longrightarrow$ については，次のように比較的簡単に証明できる。

[(＊)の $\Longrightarrow$ の証明]
$ax+by=1$ が整数解 $x=m$, $y=n$ をもつとする。
また，a と b の最大公約数を g とすると　$a=ga'$, $b=gb'$
と表され　$am+bn=g(a'm+b'n)=1$
よって，g は 1 の約数であるから　$g=1$
したがって，a と b は互いに素である。

◀a と b の最大公約数が 1 となることを示す方針［$p.209$ 基本例題 **120** (2) 参照］。

◀$a'm+b'n$ は整数，$g>0$

一方，$\Longleftarrow$ の証明については，次の定理を利用する。

定理　**a と b は互いに素な自然数とするとき，b 個の整数**
$a\cdot1$, $a\cdot2$, $a\cdot3$, ……, ab をそれぞれ b で割った余りはすべて互いに異なる。

証明　i, j を $1\leqq i<j\leqq b$ である自然数とする。
ai, aj をそれぞれ b で割った余りが等しいと仮定すると
$aj-ai=bk$　(k は整数)　と表される。
よって　$a(j-i)=bk$
a と b は互いに素であるから，$j-i$ は b の倍数である。…… ①
しかし，$1\leqq j-i\leqq b-1$ であるから，$j-i$ は b の倍数にはならず，① に矛盾している。
したがって，上の定理が成り立つ。

◀背理法を利用。

◀差が b の倍数。

◀p, q は互いに素で，pr が q の倍数ならば，r は q の倍数である (p, q, r は整数)。

[(＊)の $\Longleftarrow$ の証明]
a と b は互いに素であるから，上の定理により b 個の整数 $a\cdot1$, $a\cdot2$, $a\cdot3$, ……, ab をそれぞれ b で割った余りはすべて互いに異なる。ここで，整数を b で割ったときの余りは 0, 1, 2, ……, $b-1$ のいずれか（b 通り）であるから，ak を b で割った余りが 1 となるような整数 k $(1\leqq k\leqq b)$ が存在する。
ak を b で割った商を l とすると
$ak=bl+1$　すなわち　$ak+b(-l)=1$
よって，$x=k$, $y=-l$ は $ax+by=1$ を満たす。
すなわち，$ax+by=1$ を満たす整数 x, y が存在することが示された。

◀上の定理を利用。

◀このような論法は，**部屋割り論法** と呼ばれる。詳しくは次ページで扱ったので，読んでみてほしい。

なお，$p.248$ の EXERCISES 95 番では，(＊)の $\Longleftarrow$ の別の証明法を問題として取り上げている。

参考事項 部屋割り論法

※「…… が少なくとも 1 つ存在する」ということを証明するのに，

「n 室の部屋に $n+1$ 人を入れると，2 人以上入っている部屋が
少なくとも 1 室はある。」

という事実を利用する方法がある。これを **部屋割り論法** または **鳩の巣原理** という。

例　1 から 50 までの整数の中から相異なる 26 個の数をどのように選んでも，和が 51 になる 2 つの数の組が必ず含まれていることを示せ。

数を 26 個選ぶのだから，2 つの数の組を 25 個作るのがポイントである。

解答　和が 51 になる 2 つの数の組は，次の 25 組ある。

$$(1,\ 50),\ (2,\ 49),\ (3,\ 48),\ \cdots\cdots,\ (25,\ 26)$$

選んだ 26 個の数をこの 25 組に入れると，2 個入る組が少なくとも 1 つある。
つまり，和が 51 になる 2 つの数の組が必ず含まれている。

例　異なる $n+1$ 個の自然数がある。その中に，2 つの自然数の差が n で割り切れるような組が少なくとも 1 組存在する。

自然数を n で割った余りは，0，1，2，……，$n-1$ の n 通りで，これを n 個の部屋と考える。そして，異なる $n+1$ 個の自然数を $n+1$ 人と考えると，2 人以上入っている部屋が少なくとも 1 室ある，すなわち，n で割ったときの余りが等しい自然数が少なくとも 2 個ある。

解答　自然数を n で割った余りは，0，1，2，……，$n-1$ の n 通りある。
異なる $n+1$ 個の自然数の中には，n で割ったときの余りが等しい 2 つの自然数の組が少なくとも 1 組存在する。余りが等しい 2 つの自然数を a，b とし，等しい余りを r とすると　$a=np+r$，$b=nq+r$　(p，q は整数)
辺々引いて　$a-b=n(p-q)$
$p-q$ は整数であるから，$a-b$ は n の倍数である。よって，2 つの自然数の差が n で割り切れるような組 $(a,\ b)$ が少なくとも 1 組存在する。

※部屋割り論法は，次の形でも用いられる。

「n 人を n 個の部屋に入れるとき，相部屋がなければ，
どの部屋にも 1 人ずつ人が入っている。」

この考え方は，前ページの［(＊)の ⟸ の証明］の中で利用している。
そこでは，$a\cdot p$ を b で割った余りを r_p $(1\leqq p\leqq b)$ とすると

r_1，r_2，r_3，……，r_b はすべて互いに異なる。　←b 個の部屋
r_p は 0，1，2，……，$b-1$ のいずれかである。　←b 人の人

として，「b 人を b 個の部屋に入れると，相部屋がない (すべて異なるから)」と考えると，「どの部屋にも 1 人ずつ人が入っている」わけだから，r_p $(1\leqq p\leqq b)$ は，0，1，2，3，……，$b-1$ の値の中からそれぞれの値を 1 つずつとる，ことがいえる。

重要例題 139 整数値多項式

a_0, a_1, a_2 を有理数とし，$f(x)=a_0+a_1x+\dfrac{a_2}{2}x(x-1)$ とする。このとき，次のことを示せ。

(1) a_0, a_1, a_2 が整数ならば，任意の整数 n に対して $f(n)$ は整数である。

(2) 1つの整数 n に対して $f(n)$, $f(n+1)$, $f(n+2)$ が整数ならば，a_0, a_1, a_2 は整数である。〔中央大〕

指針 (1) $n(n-1)$ は連続する2整数の積であるから，偶数である。本問のような整数値と多項式の問題では，連続する整数の積の性質が用いられることが多い。
(2) $f(n)$ の式のままでは証明の見通しが立たない。そこで，**差をとって考える**。
つまり，**$f(n)$ が整数なら，$f(n+1)-f(n)$ も整数** でなければならない。

解答

(1) $f(n)=a_0+a_1n+\dfrac{a_2}{2}n(n-1)$ …… ①

$n(n-1)$ は連続する2整数の積であるから，偶数である。
ゆえに，a_0, a_1, a_2 が整数ならば，任意の整数 n に対して a_0, a_1n, $\dfrac{a_2}{2}n(n-1)$ も整数である。

よって，任意の整数 n に対して $f(n)$ は整数である。

◀(整数)+(整数)=(整数)

(2) $f(n+1)=a_0+a_1(n+1)+\dfrac{a_2}{2}n(n+1)$ …… ②

$f(n+2)=a_0+a_1(n+2)+\dfrac{a_2}{2}(n+1)(n+2)$ …… ③

②−① から　$f(n+1)-f(n)=a_1+a_2n$ …… ④
③−② から　$f(n+2)-f(n+1)=a_1+a_2(n+1)$ … ⑤
⑤−④ から　$f(n+2)-2f(n+1)+f(n)=a_2$ …… ⑥

◀①, ②, ③ を a_0, a_1, a_2 についての連立方程式とみて，$f(n)$, $f(n+1)$, $f(n+2)$ で表す方針で考える。

1つの整数 n に対して $f(n)$, $f(n+1)$, $f(n+2)$ が整数ならば，この n に対して，⑥ の左辺は整数となるから，a_2 は整数である。
このとき，④ から　$a_1=f(n+1)-f(n)-a_2n$ …… ⑦
⑦ の右辺において，$f(n+1)$, $f(n)$, a_2n は整数であるから，a_1 も整数である。
更に，① において，$f(n)$, a_1n, $\dfrac{a_2}{2}n(n-1)$ も整数であることから，a_0 も整数である。
したがって，1つの整数 n に対して $f(n)$, $f(n+1)$, $f(n+2)$ が整数ならば，a_0, a_1, a_2 は整数である。

検討
(1), (2) の結果から，ある1つの整数 k に対して $f(k)$, $f(k+1)$, $f(k+2)$ が整数ならば，任意の整数 n に対して $f(n)$ は整数であることがわかる。

練習 ③139 整式 $f(x)=x^3+ax^2+bx+c$ (a, b, c は実数) を考える。$f(-1)$, $f(0)$, $f(1)$ がすべて整数ならば，すべての整数 n に対し，$f(n)$ は整数であることを示せ。〔類 名古屋大〕

EXERCISES

③**91** 2つの自然数 a と b が互いに素であるとき，$3a+b$ と $5a+2b$ も互いに素であることを証明せよ。〔山口大〕

→134

④**92** 自然数 n について，以下の問いに答えよ。

(1) $n+2$ と n^2+1 の公約数は1または5に限ることを示せ。

(2) (1)を用いて，$n+2$ と n^2+1 が1以外に公約数をもつような自然数 n をすべて求めよ。

(3) (1), (2)を参考にして，$2n+1$ と n^2+1 が1以外に公約数をもつような自然数 n をすべて求めよ。〔神戸大〕

→134

②**93** 3が記されたカードと7が記されたカードがそれぞれ何枚ずつかある。3のカードの枚数は7のカードの枚数よりも多く，7のカードの枚数の2倍は，3のカードの枚数よりも多い。また，各カードに記された数をすべて合計すると140になる。このとき，3のカード，7のカードの枚数をそれぞれ求めよ。〔成蹊大〕

→136

③**94** (1) x, y を正の整数とする。$17x-36y=1$ となる最小の x は ア□ である。また，$17x^3-36y=1$ となる最小の x は イ□ である。

(2) 整数 a, b が $2a+3b=42$ を満たすとき，ab の最大値を求めよ。〔早稲田大〕

→135, 136

⑤**95** a, b は0でない整数の定数とし，$ax+by$ (x, y は整数) の形の数全体の集合を M とする。M に属する最小の正の整数を d とするとき

(1) M の要素は，すべて d で割り切れることを示せ。

(2) d は a, b の最大公約数であることを示せ。

(3) a, b が互いに素な整数のときは，$as+bt=1$ となるような整数 s, t が存在することを示せ。〔類 大阪教育大，東京理科大，中央大〕

→p.245

91 (別解) $3a+b$ と $5a+2b$ が1より大きい公約数をもつと仮定し，背理法で証明する。

92 (2) (1)より，$n+2$ と n^2+1 の1以外の公約数は5だけであるから，$n+2=5k$ (k は自然数) と表される。

(3) 等式 $4(n^2+1)-(2n+1)(2n-1)=5$ を利用する。

93 3, 7のカードの枚数をそれぞれ x, y として，方程式・不等式を作る。

94 (1) まず，不定方程式 $17x-36y=1$ …… ① を解く。

(後半) ①の解 (x, y はともに整数) のうち，x が (正の整数)^3 [立方数] となるものを見つける。

(2) a, b を整数 k で表し，ab を計算すると k の **2次式**。

⟶ **平方完成** し，放物線のグラフを考える。

95 (1) $d=as+bt$ とし，任意の要素 $ax+by$ を d で割った商を q，余りを r とすると，$ax+by=q(as+bt)+r$, $0 \leqq r < d$

22 関連発展問題（方程式の整数解）

演習 例題 140 方程式の整数解 (1) … 絞り込み 1

(1) 方程式 $2x+3y=33$ を満たす自然数 x, y の組をすべて求めよ。〔類 福岡工大〕

(2) 方程式 $x+3y+z=10$ を満たす自然数 x, y, z の組の数を求めよ。〔法政大〕

基本 135, 136

指針 このような不定方程式の **自然数の解** を求める問題では，

● が **自然数（正の整数）** ⟶ ●>0, ●$\geqq 1$ という条件を活かし，値を絞る。……★

(1) 方程式から　$2x=3(11-y)$　　x, y は自然数であるから　$x>0$, $y>0$

2 と 3 は互いに素であるから，$11-y$ は正の偶数で，y の値が絞られる。

(2) 係数が最大の y について解き，$x\geqq 1$, $z\geqq 1$ であることを利用すると

$3y=10-(x+z)\leqq 10-(1+1)=8$　つまり　$3y\leqq 8$　⟶ これからまず y の値を絞る。

CHART 方程式の自然数解　**不等式にもち込み 値を絞る**

解答

(1) $2x+3y=33$ から　　$2x=3(11-y)$ …… ①

x, y は自然数，2 と 3 は互いに素であるから，$11-y$ は正の偶数で　　$11-y=2, 4, 6, 8, 10$ …… ②

y の値はそれぞれ　　$y=9, 7, 5, 3, 1$ …… ②′

② または ②′ を ① に代入して x の値を求めると

$(x, y)=(3, 9), (6, 7), (9, 5), (12, 3), (15, 1)$

別解　① で 2 と 3 は互いに素であるから，k を整数とすると

$x=3k>0$, $y=-2k+11>0$ …… Ⓐ より　　$0<k<\dfrac{11}{2}$

この範囲にある整数 k は　　$k=1, 2, 3, 4, 5$

これを Ⓐ に代入すると，上と同じ解が得られる。

(2) $x+3y+z=10$ から　$3y=10-(x+z)\leqq 10-(1+1)$

したがって　　$3y\leqq 8$

y は自然数であるから　　$y=1, 2$

[1] $y=1$ のとき，$x+z=7$ を満たす自然数 x, z の組は

$(x, z)=(1, 6), (2, 5), (3, 4), (4, 3), (5, 2), (6, 1)$

[2] $y=2$ のとき，$x+z=4$ を満たす自然数 x, z の組は

$(x, z)=(1, 3), (2, 2), (3, 1)$

以上から，求める組の数は　　$6+3=$**9**

◀ $3y=33-2x$ とすると，絞り込みが面倒。

◀ x の値は，② を ① に代入するのが早い。
$11-y=2\ (y=9)$ のとき
$2x=3\cdot 2$
$11-y=4\ (y=7)$ のとき
$2x=3\cdot 4^2$
から，$x=6$　など。

◀ 指針＿＿……★ の方針。
$x\geqq 1$, $z\geqq 1$ であるから
$x+z\geqq 1+1$
よって
$-(x+z)\leqq -(1+1)$
↑ 向きが変わる。

練習 ③140 (1) 方程式 $9x+4y=50$ を満たす自然数 x, y の組をすべて求めよ。

(2) 方程式 $4x+2y+z=15$ を満たす自然数 x, y, z の組をすべて求めよ。

〔(2) 京都産大〕 p.256 EX 96

演習 例題 141 方程式の整数解 (2) … 絞り込み 2

次の等式を満たす自然数 x, y, z の組をすべて求めよ。 〔(2) 神戸薬大〕

(1) $xyz=x+y+z\ (x\leqq y\leqq z)$ (2) $\dfrac{1}{x}+\dfrac{1}{y}+\dfrac{1}{z}=1\ (x<y<z)$

演習 140

指針 (文字式)≦(自然数) の形の不等式を導いて，値を絞り込む。

(1) 左辺は 3 次式，右辺は 1 次式であるから，x, y, z の値が大きくなると，次数が高い左辺の xyz の値の方が大きくなるスピードが速い。よって，**次数が低い** 右辺の $x+y+z$ において，最小の数または最大の数におき換えることにより，不等式を作ると見通しが立てやすくなる。$x\leqq y\leqq z$ であるから

[1] 右辺の y, z を **最小の数 x** におき換えると $x+y+z\geqq x+x+x=3x$

よって $xyz\geqq 3x$ すなわち $yz\geqq 3$ ⟵ 絞り込めない。 ×

[2] 右辺の x, y を **最大の数 z** におき換えると $x+y+z\leqq z+z+z=3z$

よって $xyz\leqq 3z$ すなわち $xy\leqq 3$ ⟵ 絞り込める。 ○

なお，左辺を同じ要領でおき換えると，次のようになって行き詰まる。

[1]′ x におき換え：$xyz\geqq x\cdot x\cdot x=x^3$ よって $x^3\leqq x+y+z$ ×

[2]′ z におき換え：$xyz\leqq z\cdot z\cdot z=z^3$ よって $z^3\geqq x+y+z$ ×

(2) $0<x<y<z$ から $\dfrac{1}{z}<\dfrac{1}{y}<\dfrac{1}{x}$ 左辺を [1] $\dfrac{1}{z}$, [2] $\dfrac{1}{x}$ におき換えて

[1] $\dfrac{1}{x}+\dfrac{1}{y}+\dfrac{1}{z}>\dfrac{1}{z}+\dfrac{1}{z}+\dfrac{1}{z}=\dfrac{3}{z}\longrightarrow 1>\dfrac{3}{z}$ よって $z>3$ ×

[2] $\dfrac{1}{x}+\dfrac{1}{y}+\dfrac{1}{z}<\dfrac{1}{x}+\dfrac{1}{x}+\dfrac{1}{x}=\dfrac{3}{x}\longrightarrow 1<\dfrac{3}{x}$ よって $x<3$ ○

CHART 方程式の自然数解 **不等式にもち込み 値を絞る**

解答

(1) $1\leqq x\leqq y\leqq z$ であるから

$$xyz=x+y+z\leqq z+z+z=3z$$

よって $xy\leqq 3$

◀ $xyz\leqq 3z$ の両辺を $z\ (>0)$ で割ると $xy\leqq 3$

ゆえに $(x,\ y)=(1,\ 1),\ (1,\ 2),\ (1,\ 3)$

◀ $1\leqq x\leqq y$ に注意。

[1] $(x,\ y)=(1,\ 1)$ のとき，等式は $z=2+z$

これを満たす自然数 z はない。…… Ⓐ

◀ $x=1$, $y=1$ をもとの等式に代入。

Ⓐ $z=2+z$ から $0=2$

[2] $(x,\ y)=(1,\ 2)$ のとき，等式は $2z=3+z$

よって $z=3$ このとき $x\leqq y\leqq z$ は満たされる。

◀ この条件を満たすかどうかの確認を忘れずに。

[3] $(x,\ y)=(1,\ 3)$ のとき，等式は $3z=4+z$

よって $z=2$ このとき，$y>z$ となり不適。

[1]～[3] から **$(x,\ y,\ z)=(1,\ 2,\ 3)$**

(2) $0<x<y<z$ であるから $\dfrac{1}{z}<\dfrac{1}{y}<\dfrac{1}{x}$

◀ $0<a<b$ のとき $\dfrac{1}{b}<\dfrac{1}{a}$

よって $1=\dfrac{1}{x}+\dfrac{1}{y}+\dfrac{1}{z}<\dfrac{1}{x}+\dfrac{1}{x}+\dfrac{1}{x}=\dfrac{3}{x}$

◀ $\dfrac{1}{y}<\dfrac{1}{x}$, $\dfrac{1}{z}<\dfrac{1}{x}$

ゆえに $1<\dfrac{3}{x}$ よって $x=1,\ 2$ …… Ⓑ

◀ $x<3$

[1]　$x=1$ のとき，等式は　$\frac{1}{y}+\frac{1}{z}=0$

これを満たす自然数 y, z の組はない。

[2]　$x=2$ のとき，等式は　$\frac{1}{y}+\frac{1}{z}=\frac{1}{2}$ ……①

ここで　$\frac{1}{y}+\frac{1}{z}<\frac{1}{y}+\frac{1}{y}=\frac{2}{y}$

よって　$\frac{1}{2}<\frac{2}{y}$

ゆえに　$y<4$　　$y>2$ を満たすものは　$y=3$

このとき，① から　$\frac{1}{z}=\frac{1}{2}-\frac{1}{y}=\frac{1}{2}-\frac{1}{3}=\frac{1}{6}$

よって　$z=6$　　これは $y<z$ を満たす。

[1]，[2] から　**$(x,\ y,\ z)=(2,\ 3,\ 6)$**

◀$0<y<z$ のとき $\frac{1}{y}+\frac{1}{z}>0$

Ⓑ $1<\frac{3}{x}$ に加え，$\frac{1}{x}<\frac{1}{x}+\frac{1}{y}+\frac{1}{z}=1$ から $\frac{1}{x}<1$　すなわち　$x>1$

よって，$1<x<3$ から $x=2$ としてもよい。

検討

積の形に変形する解法

(2)　① は，p.253 演習例題 **143** (1) の解答のように，( )( )=(整数) の形に変形して解いてもよい。

① の両辺に $2yz$ を掛けると　$2z+2y=yz$

ゆえに　$yz-2y-2z=0$ …… ②

ここで，$yz-2y-2z=y(z-2)-2(z-2)-4=(y-2)(z-2)-4$ であるから，② より

$(y-2)(z-2)=4$　← p.253 の解答 (1) の変形参照。

$2<y<z$ であるから　$0<y-2<z-2$

よって　$(y-2,\ z-2)=(1,\ 4)$　　したがって　$(y,\ z)=(3,\ 6)$

参考　対称性がある不定方程式の自然数解を求める問題では，最初に大小関係を仮定して進め，最後にその仮定をはずす，という考え方が有効なケースもある。

例　$\frac{1}{x}+\frac{1}{y}=\frac{2}{3}$ を満たす自然数 x, y の組を求めよ。

解答　$x \leqq y$ とすると，$\frac{1}{y} \leqq \frac{1}{x}$ であるから　$\frac{2}{3}=\frac{1}{x}+\frac{1}{y} \leqq \frac{1}{x}+\frac{1}{x}$

よって　$\frac{2}{3} \leqq \frac{2}{x}$　　ゆえに　$x \leqq 3$　すなわち　$x=1,\ 2,\ 3$

$\frac{1}{y}=\frac{2}{3}-\frac{1}{x}$ に各 x の値を代入することにより，y の値を求めると

$x=1$ のとき　$y=-3$（不適）　$x=2$ のとき　$y=6$　$x=3$ のとき　$y=3$

よって　$(x,\ y)=(2,\ 6),\ (3,\ 3)$　　← $x \leqq y$ の制限をはずす。

$x>y$ のときも含めて，求める解は　**$(x,\ y)=(2,\ 6),\ (3,\ 3),\ (6,\ 2)$**

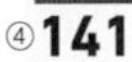
④**141**　次の等式を満たす自然数 x, y, z の組をすべて求めよ。

(1)　$x+3y+4z=2xyz$ $(x \leqq y \leqq z)$　　(2)　$\frac{1}{x}+\frac{1}{y}+\frac{1}{z}=\frac{1}{2}$ $(4 \leqq x<y<z)$

p.256 EX 97, 98

演習 例題 142 方程式の整数解 (3) … 絞り込み 3

次の等式を満たす自然数 x, y の組をすべて求めよ。 [(2) 類 立教大]

(1) $x^2-2xy+2y^2=13$ (2) $x^2+xy+y^2=19$

演習 141

指針 (1) $x^2-2xy+y^2=(x-y)^2$ に注目。一般に，**(実数)$^2 \geqq 0$** であることを 値の絞り込み に利用する。

方程式を変形すると，$(x-y)^2+y^2=13$ から $(x-y)^2=13-y^2$

ここで，$(x-y)^2 \geqq 0$ であるから，$13-y^2 \geqq 0$ として，まず y の値が絞り込める。

(2) この方程式では左辺が x, y の **対称式** (x と y を入れ替えても同じ式) であることに注目するとよい。前ページの 参考 で示した，**$x \leqq y$ を仮定して進め，最後にその仮定をはずす** 方法で進めることができて，値の絞り込みが効率よく行える。

不等式による値の絞り込み

CHART
1 自然数の解なら (文字式) $\leqq$ (自然数) の形を
2 (実数)$^2 \geqq 0$ の利用 3 判別式 $D \geqq 0$ の利用

解答

(1) $x^2-2xy+2y^2=13$ から $(x-y)^2+y^2=13$ …… ①

よって $(x-y)^2=13-y^2 \geqq 0$ ゆえに $y^2 \leqq 13$

したがって $y=1, 2, 3$

[1] $y=1$ のとき，① は $(x-1)^2+1^2=13$

よって $(x-1)^2=12$ これを満たす自然数 x はない。

[2] $y=2$ のとき，① は $(x-2)^2+2^2=13$

よって $(x-2)^2=9$ ゆえに $x-2=\pm 3$

x は自然数であるから $x=5$

[3] $y=3$ のとき，① は $(x-3)^2+3^2=13$

よって $(x-3)^2=4$

ゆえに $x-3=\pm 2$ よって $x=5, 1$ (適する)

[1]～[3] から $\boldsymbol{(x, y)=(5, 2), (5, 3), (1, 3)}$

(2) 左辺は x, y の対称式であるから，$x \leqq y$ とすると

$x^2+x\cdot x+x^2 \leqq x^2+xy+y^2=19$ ∴ $3x^2 \leqq 19$

この不等式を満たす自然数 x は $x=1, 2$ (*)

[1] $x=1$ のとき，等式は $1+y+y^2=19$

よって $y^2+y-18=0$ ∴ $y=\dfrac{-1\pm\sqrt{73}}{2}$ (不適)

[2] $x=2$ のとき，等式は $4+2y+y^2=19$

よって $y^2+2y-15=0$ ∴ $(y-3)(y+5)=0$

$x \leqq y$ であるから $y=3$

[1], [2] から $(x, y)=(2, 3)$

$x>y$ のときも含めて，求める解は

$\boldsymbol{(x, y)=(2, 3), (3, 2)}$

◀ $x \leqq y$ の制限をはずす。

別解 (1) **判別式 $D \geqq 0$ の利用** の方針で y の値を絞り込む。等式から

$x^2-2yx+2y^2-13=0$

この x の 2 次方程式が実数解をもつから，判別式を D とすると $D \geqq 0$

$\dfrac{D}{4}=(-y)^2-1\cdot(2y^2-13)$
$=-y^2+13$

よって，$-y^2+13 \geqq 0$ から

$y^2 \leqq 13$

以後の解答は同様。

別解 (2) 等式から

$x^2=19-(xy+y^2)$

$xy+y^2 \geqq 1\cdot 1+1^2=2$ から

$x^2 \leqq 19-2=17$

よって $x=1, 2, 3, 4$

このようにして x の値を絞り込む。

(*) $x=3$ のとき

$3x^2=27>19$

注意 (2) 等式から

$\left(x+\dfrac{y}{2}\right)^2=19-\dfrac{3}{4}y^2$

右辺$\geqq 0$ から y の値を絞り込むのは面倒。

練習 ④142 次の等式を満たす自然数 x, y の組をすべて求めよ。

(1) $x^2+2xy+3y^2=27$ (2) $x^2+3xy+y^2=44$

p.256 EX99

演習 例題 143 方程式の整数解 (4) … ( )( )=(整数) 型 1

(1) $xy+2x-3y-10=0$ を満たす整数 x, y の組をすべて求めよ。 [(1) 類 近畿大]

(2) $\dfrac{1}{x}-\dfrac{1}{y}=\dfrac{1}{4}$ を満たす自然数 x, y の値の組をすべて求めよ。

演習 141

指針 (1) $xy+ax+by+c=0$ の形の方程式は, $\boldsymbol{xy+ax+by=(x+b)(y+a)-ab}$ の変形を利用して, **( )( )=(整数) の形** を導く。
そして, 次のことを利用する。

A, B, C が整数のとき, $AB=C$ ならば A, B は C の約数

(2) 両辺に $4xy$ を掛けて分母を払うと, (1) と同様の形の方程式になる。
なお, x, y は自然数, すなわち $x\geqq1$, $y\geqq1$ という関係にも注意。

CHART 方程式の整数解 **( )( )=(整数) の形 にもち込む**
$xy+ax+by=(x+b)(y+a)-ab$ の利用

解答

(1) $xy+2x-3y=x(y+2)-3(y+2)+6$
$=(x-3)(y+2)+6$

与式に代入すると

$(x-3)(y+2)+6-10=0$

よって $(x-3)(y+2)=4$ …… ①

x, y は整数であるから, $x-3$, $y+2$ も整数で, ① より

$(x-3,\ y+2)=(-4,\ -1),\ (-2,\ -2),\ (-1,\ -4),$
$(1,\ 4),\ (2,\ 2),\ (4,\ 1)$

ゆえに $\boldsymbol{(x,\ y)=(-1,\ -3),\ (1,\ -4),\ (2,\ -6),}$
$\boldsymbol{(4,\ 2),\ (5,\ 0),\ (7,\ -1)}$

(2) 両辺に $4xy$ を掛けて $4y-4x=xy$

よって $xy+4x-4y=0$

ゆえに $(x-4)(y+4)+16=0$

よって $(x-4)(y+4)=-16$ …… ②

x, y は自然数であるから, $x-4$, $y+4$ は整数である。
また, $x\geqq1$, $y\geqq1$ であるから $x-4\geqq-3$, $y+4\geqq5$
よって, ② から

$(x-4,\ y+4)=(-2,\ 8),\ (-1,\ 16)$

ゆえに $\boldsymbol{(x,\ y)=(2,\ 4),\ (3,\ 12)}$

ⓐ $xy+2x=x(y+2)$ に注目。
ⓑ $(x+●)(y+■)$ の形に因数分解できるように, ～～ の項を加える。
ⓒ 定数項が 0 となるように, 6 を加える。
◀ $4=(-4)(-1)$, $(-2)(-2)$, $(-1)(-4)$, $1\cdot4$, $2\cdot2$, $4\cdot1$
◀ 例えば, $x-3=-4$, $y+2=-1$ を解くと $x=-1$, $y=-3$
◀ $xy+4x-4y$
$=x(y+4)-4(y+4)+16$
$=(x-4)(y+4)+16$

注意 **(分母)$\neq$0** であるから, (2) では $x\neq0$, $y\neq0$ という前提条件がある。下の練習 143 (2) ではこのことに注意。

参考 (1) の等式を y について解くと $y=\dfrac{-2x+10}{x-3}=\dfrac{-2(x-3)+4}{x-3}=-2+\boxed{\dfrac{4}{x-3}}$ $(x\neq3)$

y は整数であるから, 枠で囲んだ分数は整数でなければならない。よって, $x-3$ は 4 の約数で $x-3=\pm1,\ \pm2,\ \pm4$ このように考えてもよい。

↑ $x=3$ のときは, 等式を満たさない。

練習 ③ **143**

(1) $xy=2x+4y-5$ を満たす正の整数 x, y の組をすべて求めよ。 [(1) 学習院大]

(2) $\dfrac{2}{x}+\dfrac{3}{y}=1$ を満たす整数の組 $(x,\ y)$ をすべて求めよ。 [(2) 類 自治医大]

p.256 EX 99, 100

演習 例題 144 方程式の整数解 (5) … ( )( )=(整数) 型 2

(1) $2x^2+3xy-2y^2-3x+4y-2$ を因数分解せよ。

(2) $2x^2+3xy-2y^2-3x+4y-5=0$ を満たす整数 x, y の値を求めよ。

演習 143

指針 (1) 2元2次式の因数分解。$2x^2+●x+■$ の形に変形し，**たすき掛け** を利用。

(2) **(1)の結果を利用** し，**( )( )=(整数) の形** を導く。

後は，前ページの例題と同じ要領だが，( ) 内は x, y の1次式になるから，最後に x, y の連立1次方程式を解くことになる。

解答

(1) $2x^2+3xy-2y^2-3x+4y-2$

$=2x^2+(3y-3)x-(2y^2-4y+2)$

$=2x^2+3(y-1)x-2(y-1)^2$

$=\{x+2(y-1)\}\{2x-(y-1)\}$

$=\boldsymbol{(x+2y-2)(2x-y+1)}$

◀ 1 ╳ $2(y-1) \longrightarrow 4(y-1)$
　2 　 $-(y-1) \longrightarrow -(y-1)$
　2 　 $-2(y-1)^2$ 　 $3(y-1)$

(2) $2x^2+3xy-2y^2-3x+4y-5$

$=(2x^2+3xy-2y^2-3x+4y-2)-3$ であるから，

(1)の結果より　$(x+2y-2)(2x-y+1)-3=0$

したがって　$(x+2y-2)(2x-y+1)=3$

x, y は整数であるから，$x+2y-2$, $2x-y+1$ も整数である。

よって
$\begin{cases} x+2y-2=-3 \\ 2x-y+1=-1 \end{cases}$　$\begin{cases} x+2y-2=-1 \\ 2x-y+1=-3 \end{cases}$

$\begin{cases} x+2y-2=1 \\ 2x-y+1=3 \end{cases}$　$\begin{cases} x+2y-2=3 \\ 2x-y+1=1 \end{cases}$

これらの連立方程式の解は，順に

$(x,\ y)=(-1,\ 0),\ \left(-\dfrac{7}{5},\ \dfrac{6}{5}\right),\ \left(\dfrac{7}{5},\ \dfrac{4}{5}\right),\ (1,\ 2)$

x, y がともに整数であるものは

$\boldsymbol{(x,\ y)=(-1,\ 0),\ (1,\ 2)}$

◀定数項だけが(1)の式と異なることに注目し，(1)の結果を利用。

◀(x, y の1次式)×(x, y の1次式)=(整数)

◀$3=(-3)(-1)$, $(-1)(-3)$, $1\cdot3$, $3\cdot1$

◀$\begin{cases} x+2y-2=-3 \\ 2x-y+1=-1 \end{cases}$ から
$x+2y=-1$,
$2x-y=-2$
よって　$x=-1$, $y=0$

◀x, y が分数の組は不適。

検討 PLUS ONE

上の例題で (1) がない場合の対処法

上の例題に関して，(2) のみの形で出題されたときは，次のようにして **(x, y の1次式)×(x, y の1次式) の形** を導き出す（数学IIで学ぶ恒等式の考えを使用)。

$2x^2+3xy-2y^2=(x+2y)(2x-y)$ である。そこで，$(x+2y+a)(2x-y+b)$ …… ① を考えると，① の展開式は　$2x^2+3xy-2y^2+(2a+b)x+(-a+2b)y+ab$

$2a+b=-3$, $-a+2b=4$ とおき，この2式を連立して解くと　$a=-2$, $b=1$

よって　$2x^2+3xy-2y^2-3x+4y+(-2)\cdot1=\boldsymbol{(x+2y-2)(2x-y+1)}$　となる。

なお，このような式の形の不定方程式については，次ページで紹介するような解法もある。

練習 ④144

(1) $3x^2+4xy-4y^2+4x-16y-15$ を因数分解せよ。

(2) $3x^2+4xy-4y^2+4x-16y-28=0$ を満たす整数 x, y の組を求めよ。

〔神戸学院大〕

演習 例題 145 方程式の整数解 (6) … 実数解の条件利用 ④

$x^2-2xy+2y^2-2x-3y+5=0$ を満たす整数 x, y の組を求めよ。 ↙演習 144

指針 例題 144 (2) に似た問題であるが，$x^2-2xy+2y^2$ は $(x+●y)(x+■y)$ の形に因数分解できないから，例題 144 (2) の方針は使えそうにない（前ページ 検討 参照）。
そこで，1つの文字（ここでは x）に着目し，降べきの順に整理する。つまり，式を x の 2 次方程式ととらえて，**実数解をもつ ⟺ $D\geqq 0$** を利用し，まず y の **値を絞る**。

CHART 方程式の整数解　2 次式なら判別式 $D\geqq 0$ も有効

解答

$x^2-2xy+2y^2-2x-3y+5=0$ を x について整理すると

$$x^2-2(y+1)x+2y^2-3y+5=0 \quad \cdots\cdots ①$$

このxについての 2 次方程式の判別式を D とすると

$$\frac{D}{4}=\{-(y+1)\}^2-1\cdot(2y^2-3y+5)=-y^2+5y-4$$
$$=-(y-1)(y-4)$$

① の解は整数（実数）であるから　$D\geqq 0$

よって　$-(y-1)(y-4)\geqq 0$　ゆえに　$1\leqq y\leqq 4$

y は整数であるから　$y=1,\ 2,\ 3,\ 4$ ……（＊）

$y=1$ のとき，① は　$x^2-4x+4=0$

よって　$(x-2)^2=0$　ゆえに　$x=2$

$y=2$ のとき，① は　$x^2-6x+7=0$

これを解いて　$x=3\pm\sqrt{2}$

$y=3$ のとき，① は　$x^2-8x+14=0$

これを解いて　$x=4\pm\sqrt{2}$

$y=4$ のとき，① は　$x^2-10x+25=0$

よって　$(x-5)^2=0$　ゆえに　$x=5$

x, y がともに整数であるものは

$$(x,\ y)=(2,\ 1),\ (5,\ 4)$$

◀ x^2 の係数が 1 であることに注目し，x について降べきの順に整理する。

◀整数は実数である。

◀ $(y-1)(y-4)\leqq 0$

◀ $y=1$, 4 のときは $D=0$ であるから，このときの x の値は ① の重解で，$x=-\{-(y+1)\}=y+1$

◀整数でない。

◀整数でない。

検討 **整数解の問題における，判別式 D の使い方の工夫**

上の解答で，① を x について解くと　$x=y+1\pm\sqrt{\dfrac{D}{4}}$ $(D\geqq 0)$　⟵ 解の公式から

よって，x が整数になるには「$\dfrac{D}{4}$ は 0 または 平方数（つまり，0, 1, 4, 9, 16, 25, ……）」でなければならない。

このことを利用すると，上の解答の（＊）の y の値は，次のように更に絞ることもできる。

$y=1,\ 2,\ 3,\ 4$ のとき，$\dfrac{D}{4}$ の値は順に　0, 2, 2, 0　よって，$y=2$, 3 は不適。
（2, 2 ← 平方数でない。）

練習 ④145 $5x^2+2xy+y^2-12x+4y+11=0$ を満たす整数 x, y の組を求めよ。

p.256 EX101

EXERCISES

③**96** 自然数 x，y，z は方程式 $15x+14y+24z=266$ を満たす。

(1) $k=5x+8z$ としたとき，y を k の式で表すと $y=$□ である。

(2) x，y，z の組は，$(x,\ y,\ z)=$□ である。〔慶応大〕

→140

③**97** $2\leqq p<q<r$ を満たす整数 p，q，r の組で，$\dfrac{1}{p}+\dfrac{1}{q}+\dfrac{1}{r}\geqq 1$ となるものをすべて求めよ。〔群馬大〕 →141

④**98** 連立方程式 $\begin{cases} x^2=yz+7 \\ y^2=zx+7 \\ z^2=xy+7 \end{cases}$ を満たす整数の組 $(x,\ y,\ z)$ で $x\leqq y\leqq z$ となるものを求めよ。〔一橋大〕 →141

③**99** (1) 等式 $x^2-y^2+x-y=10$ を満たす自然数 x，y の組を求めよ。

(2) $55x^2+2xy+y^2=2007$ を満たす整数の組 $(x,\ y)$ をすべて求めよ。

〔(1) 広島工大，(2) 立命館大〕 →142，143

④**100** x，y を正の整数とする。

(1) $\dfrac{2}{x}+\dfrac{1}{y}=\dfrac{1}{4}$ を満たす組 $(x,\ y)$ をすべて求めよ。

(2) p を 3 以上の素数とする。$\dfrac{2}{x}+\dfrac{1}{y}=\dfrac{1}{p}$ を満たす組 $(x,\ y)$ のうち，$x+y$ を最小にする $(x,\ y)$ を求めよ。〔類 名古屋大〕 →143

④**101** n は整数とする。x の 2 次方程式 $x^2+2nx+2n^2+4n-16=0$ …… ① について考える。

(1) 方程式 ① が実数解をもつような最大の整数 n は ア□ で，最小の整数 n は イ□ である。

(2) 方程式 ① が整数の解をもつような整数 n の値を求めよ。

〔金沢工大〕 →145

HINT

96　(2) (1) の結果を利用。y が整数となるための k の条件を考える。

97　$\dfrac{1}{p}+\dfrac{1}{q}+\dfrac{1}{r}\geqq 1$ の不等号の向きに着目して，絞り込む文字を決める。

98　まず，最小の x と最大の z の範囲を絞る。例えば，$x\geqq 0$ とすると $x^2\leqq yz$ であるが，$x^2=yz+7$ すなわち $x^2>yz$ に矛盾する。

99　(2) 与式を変形すると　$54x^2+(x+y)^2=2007$　　$(x+y)^2\geqq 0$ に注目し，x の値を絞る。

100　(2) 与式の分母を払うと　$2py+px=xy$　　これを変形して　$(x-2p)(y-p)=2p^2$

101　(1) 方程式 ① の判別式を D とすると　$D\geqq 0$

振り返り 不定方程式の解法のパターン

1 1次不定方程式

① **$ax+by=c$ の整数解**（a と b は互いに素な整数） ➡例題 135, 136

⟶ まず，**1組の解 $x=p$，$y=q$ を見つける** ことがカギ。簡単に見つからないときは，**互除法の計算** または **係数下げ** を利用する。解が見つかれば，$a(x-p)=-b(y-q)$ の形に変形することで，すべての整数解が求められる。

2 いろいろな不定方程式 …値の絞り込み と (　)(　)=(整数) に変形 が2大方針。

② **自然数の解を求める問題では，不等式による値の絞り込みが有効**

⟶「● が自然数なら ●>0，●≧1」を利用して値を絞る。

例 1. $x+3y+z=10$ $(x\geqq1,\ y\geqq1,\ z\geqq1)$ の場合 ➡例題 140 (2)

$x\geqq1$，$z\geqq1$ を利用して　$3y=10-(x+z)\leqq8$　　よって　$y=1,\ 2$

例 2. $\dfrac{1}{x}+\dfrac{1}{y}+\dfrac{1}{z}=1$ $(0<x<y<z)$ の場合［大小関係つき］ ➡例題 141 (2)

$\dfrac{1}{z}<\dfrac{1}{y}<\dfrac{1}{x}$ を利用して　$1=\dfrac{1}{x}+\dfrac{1}{y}+\dfrac{1}{z}<\dfrac{3}{x}$　　よって　$x=1,\ 2$

注意　方程式が対称式の場合は，最初に大小関係（$x\leqq y$，$x\leqq y\leqq z$ など）を仮定して進め，最後にその制限をはずす，という方法もある。 ➡例題 142 (2)

③ **(実数)$^2\geqq0$ も値の絞り込みに有効**

⟶ (　)^2 の形を作り出すことができるなら，(　)^2=▭ から ▭≧0 として値を絞ることを考えてみるのもよい。

例 3. $x^2-2xy+2y^2=13$ $(x>0,\ y>0)$ の場合 ➡例題 142 (1)

$(x-y)^2+y^2=13$ から　$(x-y)^2=13-y^2\geqq0$　　$y^2\leqq13$ から　$y=1,\ 2,\ 3$

④ **(　)(　)=(整数) に変形できるタイプ（$axy+bx+cy+d=0$ の整数解）**

⟶「$AB=C$（A，B，C は整数）ならば，A，B は C の約数」を利用する。

例 4. $xy+2x-3y-10=0$ の場合 ➡例題 143 (1)

$(x-3)(y+2)+6-10=0$ から　　$(x-3)(y+2)=4$

後は，4の約数で，積が4となるような2つの整数の組として組 $(x-3,\ y+2)$ を具体的に書き上げる。

⑤ **$ax^2+bxy+cy^2+dx+ey+f=0$ の整数解**

⟶ 2次の項 $ax^2+bxy+cy^2$ が

因数分解できるなら　(　)(　)=(整数) に変形 して処理。 ➡例題 144

因数分解できないなら　x（または y）の2次方程式とみて，判別式 $D\geqq0$ を利用し，値を絞り込む。 ➡例題 145

（2次方程式が実数解をもつ ⟺ 判別式 $D\geqq0$）

なお，数学Ⅱで学ぶ，解と係数の関係を利用して解く問題もある。これについては，「チャート式基礎からの数学Ⅱ」の第2章（複素数と方程式）で扱う。

23 記数法

基本事項

1　*n* 進法

① 位取りの基礎を n として数を表す方法を **n 進法** といい，n 進法で表された数を **n 進数** という。また，位取りの基礎となる数 n を **底** という。ただし，n は 2 以上の整数で，n 進数の各位の数字は，0 以上 $n-1$ 以下の整数である。

② n 進数では，その数の右下に $_{(n)}$ と書く。なお，10 進数では普通 $_{(10)}$ を省略する。

2　分数と有限小数，循環小数

m は整数，n は 0 でない整数とする。

分数 $\dfrac{m}{n}$
- **整数**
- **有限小数** …… 小数第何位かで終わる小数。分母 n の素因数は 2，5 のみ。
- **循環小数** …… 無限小数のうち，いくつかの数字の配列が繰り返されるもの。分母 n の素因数は 2，5 以外のものがある。

↳ これに対し，小数部分が無限に続く小数は **無限小数** という。

解　説

■ *n* 進法

数を表すには，通常，位取りの基礎を 10 とする **10 進法** が用いられる。例えば，10 進法で表された数 12345 については

$$1\cdot10^4 + 2\cdot10^3 + 3\cdot10^2 + 4\cdot10^1 + 5\cdot10^0$$

10^4 の位　10^3 の位　10^2 の位　10^1 の位　10^0 の位

であり，各位の数字は，上の位から順に，左から右に並べる。また，各位の数字は 0 以上 9 以下の整数で，これは整数を 10 で割った余りの種類と同じである。

一般に，n を 2 以上の整数とするとき，0 以上の整数は，すべて

$$\boldsymbol{a_k\cdot n^k+a_{k-1}\cdot n^{k-1}+\cdots\cdots+a_2\cdot n^2+a_1\cdot n^1+a_0\cdot n^0}$$

(a_0，a_1，a_2，……，a_{k-1}，a_k は 0 以上 $n-1$ 以下の整数，$a_k \neq 0$)

の形に書くことができる。これを $a_ka_{k-1}\cdots\cdots a_2a_1a_0$ のような数字の配列で表す方法が **位取り記数法** である。$n=10$ の場合が 10 進法であり，$n=2$ の場合は **2 進法** と呼ばれる表し方になる❶。

なお，n 進法の小数について，小数点以下の位は

$\dfrac{1}{n^1}$ の位，$\dfrac{1}{n^2}$ の位，$\dfrac{1}{n^3}$ の位，…… となる❷。このようなことや n 進法 (主に 2 進法，5 進法) の四則計算については，基本例題 **148** で詳しく学習する。

◀位取りの基礎となる数を **基数** ともいう。

◀$10^0=1$ である。

❶ 2～10 進法以外には，コンピュータの世界で用いられる 16 進法が代表的である。

❷ 例えば，5.5 は $1\cdot2^2+0\cdot2^1+1\cdot2^0+1\cdot\dfrac{1}{2}$ の形に書くことができるから，2 進法で表すと $101.1_{(2)}$ となる。

■ 分数と小数

基本事項 **2** で示した内容や，循環小数を分数に変換することは，数学 I でも学習している。ここでは，有限小数，循環小数で表される条件や分数 $\dfrac{m}{n}$ が記数法の底によって，有限小数で表されたり，循環小数で表されたりすることを研究する。

◀「チャート式基礎からの数学 I」p.46 などを参照。

参考事項 アラビア数字とローマ数字

私たちが使っている 0，1，2，3，……などの数字は，**アラビア数字** と呼ばれているが，これは，実はインドで発明されたものである。10 世紀頃，アラビア語を使う北アフリカの商人たちが，この数字をヨーロッパに持ち込んだことがアラビア数字と呼ばれるようになった背景のようである。アラビア語では，0，1，2，3，……などの数字のことを「インド数字」と呼んでいる。最近では，欧米でも「インド・アラビア数字」と呼ぶことがある。

ヨーロッパで，アラビア数字が普及する前に使われていた数字が **ローマ数字** である。今でも，時計の文字盤などでは，ローマ数字を用いてⅠ，Ⅱ，Ⅲ，Ⅳなどと書かれていることがある。ここでは，ローマ数字を用いた記数法について紹介したい。

● ローマ数字の記数法のしくみ

まず，**基本になるのは I，V，X，L，C，D，M の 7 つの数字** であり，これは右のように対応している。

アラビア数字	1	5	10	50	100	500	1000
ローマ数字	I	V	X	L	C	D	M

これ以外の数字は，上の 7 つの数字の和で考え，左から大きい順に，できるだけ使う文字数が少なくなるように並べて書く。また，**I，X，C，M は 3 つまで同じものを重ねて書くことができる**。いくつか例を見てみよう。

2＝II ［1＋1］　6＝VI ［5＋1］　12＝XII ［10＋1＋1］　30＝XXX ［10＋10＋10］
53＝LIII ［50＋1＋1＋1］　66＝LXVI ［50＋10＋5＋1］
125＝CXXV ［100＋10＋10＋5］　752＝DCCLII ［500＋100＋100＋50＋1＋1］
2021＝MMXXI ［1000＋1000＋10＋10＋1］

ただし，**同じ数字を 4 つ以上並べることはできない**。そのため，4，9，40，90 などを表すには，小さい数字を大きい数字の左に並べて書き，それが右の数字から左の数字を引いた数を表すものと考える。例えば　4＝IV ［−1(I)＋5(V)］　◀ IIII と書くのはダメ。
のように書く。また，4 以外の 9，40 などについては，右のように表される。
この規則も踏まえ，更に例を見てみよう。

アラビア数字	4	9	40	90	400	900
ローマ数字	IV	IX	XL	XC	CD	CM

24＝XXIV ［10＋10＋(−1＋5)］　45＝XLV ［(−10＋50)＋5］
99＝XCIX ［(−10＋100)＋(−1＋10)］　◀ IC ［−1＋100］とは書かない。
442＝CDXLII ［(−100＋500)＋(−10＋50)＋1＋1］
1997＝MCMXCVII ［1000＋(−100＋1000)＋(−10＋100)＋5＋1＋1］

以上がローマ数字による記数法のしくみであるが，アラビア数字に比べると複雑であるし，表すことができる数字は 1 から 3999 までで，0 を表す表記は存在しない。また，表記が長いものは区切りを入れないと読みにくい。実用性では，ローマ数字よりもアラビア数字の方が優れているといえるだろう。しかし，ローマ数字はデザイン性にすぐれているため，現在でも時計の文字盤など，装飾性を重視するものに使われている。

基本例題 146 記数法の変換

(1) 10 進数 78 を 2 進法で表すと ア□，5 進法で表すと イ□ である。

(2) n は 3 以上の整数とする。$(n+1)^2$ と表される数を n 進法で表せ。

(3) $110111_{(2)}$，$120201_{(3)}$ をそれぞれ 10 進数で表せ。

p.258 基本事項 1　重要 151

指針 (1) 10 進数を n 進法で表すには，**商が 0 になるまで n で割る割り算を繰り返し，出てきた余りを逆順に並べればよい**。次の 例 は，23 を 2 進数で表す方法である。

例
$$
\begin{array}{r|rl}
2 & 23 & \text{余り} \\
2 & 11 & \cdots 1 \\
2 & 5 & \cdots 1 \\
2 & 2 & \cdots 1 \\
2 & 1 & \cdots 0 \\
 & 0 & \cdots 1
\end{array}
\qquad
\begin{aligned}
&\Leftrightarrow 23=2\cdot 11+1\\
&\Leftrightarrow 11=2\cdot 5+1\\
&\Leftrightarrow 5=2\cdot 2+1\\
&\Leftrightarrow 2=2\cdot 1+0\\
&\Leftrightarrow 1=2\cdot 0+1
\end{aligned}
$$
（商　余り）

よって，23 の 2 進数表示は $10111_{(2)}$

右のように，商が割る数より小さくなったら割り算をやめ，最後の商を先頭にして，余りを逆順に並べる方法もある。

$$
\begin{array}{r|rl}
2 & 23 & \text{余り} \\
2 & 11 & \cdots 1 \\
2 & 5 & \cdots 1 \\
2 & 2 & \cdots 1 \\
 & ① & \cdots 0
\end{array}
$$
商

(2), (3) n を 2 以上の整数とすると，n 進法で $a_ka_{k-1}\cdots\cdots a_2a_1a_0$ と書かれた $k+1$ 桁の正の整数は，$a_k\cdot n^k+a_{k-1}\cdot n^{k-1}+\cdots\cdots+a_2\cdot n^2+a_1\cdot n^1+a_0\cdot n^0$ の意味である。

(a_0, a_1, a_2, ……, a_{k-1}, a_k は 0 以上 $n-1$ 以下の整数，$a_k\neq 0$)

(2) は，$(n+1)^2$ を展開してみると，わかりやすい。

(3) 例えば，$121_{(3)}$ なら，$1\cdot 3^2+2\cdot 3^1+1\cdot 3^0=9+6+1=16$ として 10 進数に直す。

解答

(1) (ア)
$$
\begin{array}{r|rl}
2 & 78 & \text{余り} \\
2 & 39 & \cdots 0 \\
2 & 19 & \cdots 1 \\
2 & 9 & \cdots 1 \\
2 & 4 & \cdots 1 \\
2 & 2 & \cdots 0 \\
2 & 1 & \cdots 0 \\
 & 0 & \cdots 1
\end{array}
$$

(イ)
$$
\begin{array}{r|rl}
5 & 78 & \text{余り} \\
5 & 15 & \cdots 3 \\
5 & 3 & \cdots 0 \\
 & 0 & \cdots 3
\end{array}
$$

よって

(ア) $\mathbf{1001110_{(2)}}$

(イ) $\mathbf{303_{(5)}}$

(2) $(n+1)^2=n^2+2n+1=1\cdot n^2+2\cdot n^1+1\cdot n^0$

n は 3 以上の整数であるから，n 進法では　$\mathbf{121_{(n)}}$

(3) $110111_{(2)}=1\cdot 2^5+1\cdot 2^4+0\cdot 2^3+1\cdot 2^2+1\cdot 2^1+1\cdot 2^0$
$=32+16+0+4+2+1=\mathbf{55}$

$120201_{(3)}=1\cdot 3^5+2\cdot 3^4+0\cdot 3^3+2\cdot 3^2+0\cdot 3^1+1\cdot 3^0$
$=243+162+0+18+0+1=\mathbf{424}$

別解

$78=1\cdot 2^6+0\cdot 2^5+0\cdot 2^4+1\cdot 2^3+1\cdot 2^2+1\cdot 2^1+0\cdot 2^0$ と表される。

よって　$\mathbf{1001110_{(2)}}$

また，

$78=3\cdot 5^2+0\cdot 5^1+3\cdot 5^0$

とも表されるから

$\mathbf{303_{(5)}}$

(2)
$$
\begin{array}{r|ll}
n & n^2+2n+1 & \\
n & n+2 & \cdots 1 \\
n & 1 & \cdots 2 \\
 & 0 & \cdots 1
\end{array}
$$
から $121_{(n)}$ としてもよい。

練習 ①146

(1) 10 進数 1000 を 5 進法で表すと ア□，9 進法で表すと イ□ である。

(2) n は 5 以上の整数とする。$(2n+1)^2$ と表される数を n 進法で表せ。

(3) $32123_{(4)}$，$41034_{(5)}$ をそれぞれ 10 進数で表せ。

p.274 EX102

基本例題 147 n 進法の小数

(1) $0.111_{(2)}$ を 10 進法の小数で表せ。 ［(1) 大阪経大］

(2) 10 進数 0.375 を 2 進法で表すと ア□，5 進法で表すと イ□ である。

p.258 基本事項 1，基本 146

(1) 例えば，n 進法で $0.abc_{(n)}$ (a，b，c は 0 以上 $n-1$ 以下の整数) と書き表された数は，$\dfrac{a}{n^1}+\dfrac{b}{n^2}+\dfrac{c}{n^3}$ の意味で，小数点以下の位は，$\dfrac{1}{n^1}$ の位，$\dfrac{1}{n^2}$ の位，$\dfrac{1}{n^3}$ の位となる。

(2) 一般に，10 進法の小数を n 進法の小数で表すには，まず，もとの小数に n を掛け，**小数部分に n を掛けることを繰り返し，出てきた整数部分を順に並べていく。**
そして，小数部分が 0 になれば計算は終了(**有限小数** となる)。しかし，常に 0 となって計算が終了するとは限らない。終了しない場合は，**循環小数** となる。

(1) $0.111_{(2)}=\dfrac{1}{2}+\dfrac{1}{2^2}+\dfrac{1}{2^3}=\dfrac{2^2+2+1}{2^3}=\dfrac{7}{8}=\mathbf{0.875}$

(2) (ア) 0.375 に 2 を掛け，小数部分に 2 を掛けることを繰り返すと，右のようになる。
したがって　$\mathbf{0.011_{(2)}}$

$$\begin{array}{r} 0.375 \\ \times\quad 2 \\ \hline 0.750 \\ \times\quad 2 \\ \hline 1.50 \\ \times\quad 2 \\ \hline 1.0 \end{array}$$

◀整数部分は　0

◀整数部分は　1

◀整数部分は 1 で，小数部分は 0 となり終了。

別解　$0.375=\dfrac{3}{8}=\dfrac{3}{2^3}=\dfrac{1+2}{2^3}=\dfrac{1}{2^2}+\dfrac{1}{2^3}$

したがって　$\mathbf{0.011_{(2)}}$

(イ) 0.375 に 5 を掛け，小数部分に 5 を掛けることを繰り返すと，右のようになって，同じ計算が繰り返される。
したがって　$\mathbf{0.\dot{1}\dot{4}_{(5)}}$

$$\begin{array}{r} 0.375 \\ \times\quad 5 \\ \hline 1.875 \\ \times\quad 5 \\ \hline 4.375 \\ \times\quad 5 \\ \hline 1.875 \\ \times\quad 5 \\ \hline 4.375 \\ \times\quad 5 \\ \hline \cdots\cdots \end{array}$$

参考　$0.375=0.abcd\cdots\cdots_{(5)}$ で表されるとすると

$0.375=\dfrac{a}{5}+\dfrac{b}{5^2}+\dfrac{c}{5^3}+\dfrac{d}{5^4}+\cdots\cdots$　…… ①

◀a，b，c，d は 0 以上 4 以下の整数。

[1]　$0.375\times5=a+\dfrac{b}{5}+\dfrac{c}{5^2}+\dfrac{d}{5^3}+\cdots\cdots$　…… ②

a はこの数の整数部分であるから　$a=1$

◀① の両辺に 5 を掛ける。
$0.375\times5=1.875$

[2]　b は，$(1.875-1)\times5=b+\dfrac{c}{5}+\dfrac{d}{5^2}+\cdots\cdots$ の整数部分であるから　$b=4$

◀② に $a=1$ を代入して移項し，両辺に 5 を掛ける。
$0.875\times5=4.375$

$b=4$ を代入して移項すると　$4.375-4=\dfrac{c}{5}+\dfrac{d}{5^2}+\cdots\cdots$

これは，① と同じ形であるから　$c=a$

以後，$d=b$，…… となる。

したがって，$0.375=0.\dot{1}\dot{4}_{(5)}$ が得られる。これを簡単にしたのが，上の解答の計算である。

練習 ②147

(1) $21.201_{(5)}$ を 10 進法で表せ。

(2) 10 進数 0.9375 を 8 進法で表すと ア□，10 進数 0.9 を 6 進法で表すと イ□ である。

p.274 EX103

基本例題 148 n 進数の四則計算 ①①①①①

次の計算の結果を，[　] 内の記数法で表せ。

(1) $11011_{(2)}+11010_{(2)}$ [2 進法]　(2) $3420_{(5)}-2434_{(5)}$ [5 進法]

(3) $413_{(5)}\times 32_{(5)}$ [5 進法]　(4) $1101001_{(2)}\div 101_{(2)}$ [2 進法]

基本 146

指針 **繰り上がり(上の桁に数を上げる)，繰り下がり(下の桁に数を下ろす)に注意** して，各位の計算を行う。10 進数のときと同様に，各位の数を縦に並べて計算するとよい。

[2 進法]　和が 2 になると繰り上がる。

加法・乗法では次の計算が基本。

+	0	1
0	0	1
1	1	10

×	0	1
0	0	0
1	0	1

減法は　10−1=1 に注意。

除法は，乗法と減法を組み合わせて行う。

[5 進法]　和が 5 になると繰り上がる。

乗法については，右の表(四四？)も参照。

×	1	2	3	4
1	1	2	3	4
2	2	4	11	13
3	3	11	14	22
4	4	13	22	31

n 進数の四則計算

CHART 1　**n になると繰り上がる　足りないときは n を繰り下げる**

2　**10 進数に直して計算。最後に n 進数に直す。⟵ 最も確実**

解答

(1) $11011_{(2)}+11010_{(2)}=\mathbf{110101_{(2)}}$

$$\begin{array}{r} 11011 \\ +\ 11010 \\ \hline 110101 \end{array}$$

◀ $1+1=2=10_{(2)}$ に注意して，上の桁に 1 を上げていく。

(2) $3420_{(5)}-2434_{(5)}=\mathbf{431_{(5)}}$

$$\begin{array}{r} 3420 \\ -\ 2434 \\ \hline 431 \end{array}$$

◀5 進法では
$$\begin{array}{r} 10 \\ -\ 4 \\ \hline 1 \end{array}\quad \begin{array}{r} 11 \\ -\ 3 \\ \hline 3 \end{array}\quad \begin{array}{r} 13 \\ -\ 4 \\ \hline 4 \end{array}$$
↑6−3=3

(3) $413_{(5)}\times 32_{(5)}=\mathbf{24321_{(5)}}$

$$\begin{array}{r} 413 \\ \times\ \ 32 \\ \hline 1331 \text{❶} \\ 2244\ \ \text{❷} \\ \hline 24321 \text{❸} \end{array}$$

❶ $2\times 3=6=11_{(5)}$ で，上の桁に 1 が上がる。

❷ $3\times 3=9=14_{(5)}$ で，上の桁に 1 が上がる。

❸ 加法の計算。
$3+4=7=12_{(5)}$
$4+4=8=13_{(5)}$

(4) $1101001_{(2)}\div 101_{(2)}=\mathbf{10101_{(2)}}$

$$\begin{array}{r} 10101 \\ 101\overline{)1101001} \\ \underline{101} \\ 110 \\ \underline{101} \\ 101 \\ \underline{101} \\ 0 \end{array}$$

◀2 進法では
$$\begin{array}{r} 110 \\ -101 \\ \hline 1 \end{array}$$

◀10 進法では
$110_{(2)}=6$，$101_{(2)}=5$
であるから　6−5=1

参考 10 進法で計算すると，それぞれ次のようになる。

(1)
$$\begin{array}{r} 27 \\ +\ 26 \\ \hline 53 \end{array}=110101_{(2)}$$

(2)
$$\begin{array}{r} 485 \\ -\ 369 \\ \hline 116 \end{array}=431_{(5)}$$

(3)
$$\begin{array}{r} 108 \\ \times\ 17 \\ \hline 1836 \end{array}=24321_{(5)}$$

(4)
$$\begin{array}{r} 21 \\ 5\overline{)105} \\ \underline{105} \\ 0 \end{array}\quad 21=10101_{(2)}$$

練習 次の計算の結果を，[　] 内の記数法で表せ。
② **148**

(1) $1222_{(3)}+1120_{(3)}$ [3 進法]　(2) $110100_{(2)}-101101_{(2)}$ [2 進法]

(3) $2304_{(5)}\times 203_{(5)}$ [5 進法]　(4) $110001_{(2)}\div 111_{(2)}$ [2 進法]

基本例題 149 n 進数の各位の数と記数法の決定

(1) 自然数 N を 6 進法と 9 進法で表すと，それぞれ 3 桁の数 $abc_{(6)}$ と $cab_{(9)}$ になるという。a，b，c の値を求めよ。また，N を 10 進法で表せ。

(2) n は 2 以上の自然数とする。4 進数 $321_{(4)}$ を n 進法で表すと $111_{(n)}$ となるような n の値を求めよ。

基本 146

指針 (1)では 6 進数と 9 進数，(2)では 4 進数と n 進数とあるように，記数法の底が混在している。このようなときは，**底を統一する**。特に，**10 進法で表す** と処理しやすい。

(1) 「3 桁の数」とあるから，$a \neq 0$，$c \neq 0$ である。また，最高位以外の n 進数の各位の数は，0 以上 $n-1$ 以下の整数であることに着目すると，a，b，c の値の範囲が絞り込まれる。

(2) $321_{(4)}$ と $111_{(n)}$ を 10 進法で表して等置すると，n の方程式が導かれる。

CHART k 桁の n 進数　10 進法で表す

$$A\cdots PQR_{(n)}=A\cdot n^{k-1}+\cdots+P\cdot n^2+Q\cdot n^1+R\cdot n^0$$

解答

(1) $abc_{(6)}$ と $cab_{(9)}$ はともに 3 桁の数であり，底について $6<9$ であるから　$1 \leqq a \leqq 5$，$0 \leqq b \leqq 5$，$1 \leqq c \leqq 5$

◀底が小さい 6 について，各位の数の範囲を考えればよい。

$abc_{(6)}=a\cdot 6^2+b\cdot 6^1+c\cdot 6^0=36a+6b+c$ …… ①

$cab_{(9)}=c\cdot 9^2+a\cdot 9^1+b\cdot 9^0=81c+9a+b$

この 2 数は同じ数であるから　$36a+6b+c=81c+9a+b$

ゆえに　$27a=80c-5b$

すなわち　$27a=5(16c-b)$ …… ②

5 と 27 は互いに素であるから，a は 5 の倍数である。

$1 \leqq a \leqq 5$ であるから　$a=5$

② に代入して整理すると　$16c=b+27$ …… ③

◀$27\cdot 5=5(16c-b)$ から。

よって，$b+27$ は 16 の倍数である。

$0 \leqq b \leqq 5$ より，$27 \leqq b+27 \leqq 32$ であるから　$b+27=32$

◀$32=16\cdot 2$

よって　$b=5$　③ から　$c=2$　($1 \leqq c \leqq 5$ を満たす)

◀$16c=32$ から。

以上から　$\boldsymbol{a=5,\ b=5,\ c=2}$

この値を ① に代入して　$N=36\cdot 5+6\cdot 5+2=\boldsymbol{212}$

◀$81c+9a+b$ に代入してもよい。

(2) $321_{(4)}=3\cdot 4^2+2\cdot 4^1+1\cdot 4^0$，$111_{(n)}=1\cdot n^2+1\cdot n^1+1\cdot n^0$

ゆえに　$57=n^2+n+1$　すなわち　$n^2+n-56=0$

よって　$(n-7)(n+8)=0$

◀これを解くと $n=7,\ -8$

n は 2 以上の自然数であるから　$\boldsymbol{n=7}$

練習 ③149 (1) ある自然数 N を 5 進法で表すと 3 桁の数 $abc_{(5)}$ となり，3 倍して 9 進法で表すと 3 桁の数 $cba_{(9)}$ となる。a，b，c の値を求めよ。また，N を 10 進法で表せ。

[(1) 阪南大]

(2) n は 2 以上の自然数とする。3 進数 $1212_{(3)}$ を n 進法で表すと $101_{(n)}$ となるような n の値を求めよ。

p.274 EX 104, 105

基本例題 150 n 進数の桁数

(1) 2 進法で表すと 10 桁となるような自然数 N は何個あるか。 〔(1) 昭和女子大〕

(2) 8 進法で表すと 10 桁となる自然数 N を，2 進法，16 進法で表すと，それぞれ何桁の数になるか。

基本 146，149

指針 例えば，10 進法では 3 桁で表される自然数 A は，100 以上 1000 未満の数である。よって，不等式 $10^2 \leqq A < 10^3$ が成り立つ。 ← 指数の底はそろえておく方が考えやすい。
また，2 進法で表すと 3 桁で表される自然数 B は，$100_{(2)}$ 以上 $1000_{(2)}$ 未満の数であり，$100_{(2)}=2^2$，$1000_{(2)}=2^3$ であるから，不等式 $2^2 \leqq B < 2^3$ が成り立つ。同様に考えると，**n 進法で表すと a 桁となる自然数 N** について，次の不等式が成り立つ。

$$n^{a-1} \leqq N < n^a$$ ← $n^a \leqq N < n^{a+1}$ ではない！

(1) 条件から，$2^{10-1} \leqq N < 2^{10}$ が成り立つ。 別解 場合の数の問題として考える。

(2) 条件から $8^{10-1} \leqq N < 8^{10}$ が成り立つ。この不等式から，指数の底が 2 または 16 のものを導く。$8=2^3$，$16=2^4$ に着目し，指数法則 $a^{m+n}=a^m \cdot a^n$，$(a^m)^n=a^{mn}$ を利用して変形する。

CHART n 進数 N の桁数の問題
まず，不等式 $n^{\text{桁数}-1} \leqq N < n^{\text{桁数}}$ の形に表す

解答

(1) N は 2 進法で表すと 10 桁となる自然数であるから

$2^{10-1} \leqq N < 2^{10}$ すなわち $2^9 \leqq N < 2^{10}$ ◀ $2^{10} \leqq N < 2^{10+1}$ は誤り！

この不等式を満たす自然数 N の個数は

$2^{10}-2^9=2^9(2-1)=2^9=$ **512 (個)** ◀ $2^9 \leqq N \leqq 2^{10}-1$ と考えて，$(2^{10}-1)-2^9+1$ として求めてもよい。

別解 2 進法で表すと，10 桁となる数は，

1□□□□□□□□□$_{(2)}$

の □ に 0 または 1 を入れた数であるから，この場合の数を考えて $2^9=$ **512 (個)** ◀ 重複順列。

(2) N は 8 進法で表すと 10 桁となる自然数であるから

$8^{10-1} \leqq N < 8^{10}$ すなわち $8^9 \leqq N < 8^{10}$ …… ①

① から $(2^3)^9 \leqq N < (2^3)^{10}$

すなわち $2^{27} \leqq N < 2^{30}$ …… ②

したがって，N を 2 進法で表すと，**28 桁，29 桁，30 桁**の数となる。 ◀ $2^{27} \leqq N < 2^{28}$ から 28 桁，$2^{28} \leqq N < 2^{29}$ から 29 桁，$2^{29} \leqq N < 2^{30}$ から 30 桁

また，② から $(2^4)^6 \cdot 2^3 \leqq N < (2^4)^7 \cdot 2^2$

ゆえに $8 \cdot 16^6 \leqq N < 4 \cdot 16^7$

$16^6 < 8 \cdot 16^6$，$4 \cdot 16^7 < 16^8$ であるから $16^6 < N < 16^8$ ◀ $16^6 < N < 16^7$ から 7 桁，$16^7 \leqq N < 16^8$ から 8 桁

したがって，N を 16 進法で表すと，**7 桁，8 桁** の数となる。

練習 ③150 (1) 5 進法で表すと 3 桁となるような自然数 N は何個あるか。

(2) 4 進法で表すと 20 桁となる自然数 N を，2 進法，8 進法で表すと，それぞれ何桁の数になるか。

p.274 EX 106

重要例題 151 5 進数の列

5 種類の数字 0, 1, 2, 3, 4 を用いて表される自然数を，1 桁から 4 桁まで小さい順に並べる。すなわち

1, 2, 3, 4, 10, 11, 12, 13, 14, 20, 21, ……

(1) 1234 は何番目か。　(2) 566 番目の数は何か。

(3) 整数は全部で何個並ぶか。

基本 14, 146

指針 第 1 章 (p.33) で似た問題を学習したが，ここでは記数法の考えを利用して解いてみよう。数字の列の各数に $_{(5)}$ をつけた，5 進数の列

$1_{(5)}$, $2_{(5)}$, $3_{(5)}$, $4_{(5)}$, $10_{(5)}$, $11_{(5)}$, $12_{(5)}$, $13_{(5)}$, $14_{(5)}$, $20_{(5)}$, ……

を考える。この数字の列を 10 進数に直すと

1, 2, 3, 4, 5, 6, 7, 8, 9, 10, ……

のように，正の整数の列になっている。よって，もとの数字の列に並ぶ数を，5 進数とみると，それを 10 進数に直すことで何番目であるかがわかる。

例えば，123 なら $123_{(5)}=1\cdot5^2+2\cdot5+3\cdot5^0=38$ から，38 番目である。

(1) $1234_{(5)}$ とみて，これを 10 進数で表してみる。　(2) 566 を 5 進数で表してみる。

(3) 最も大きな数は 4444 である。これを $4444_{(5)}$ とみる。

解答 題意の数の列は，整数の列 1, 2, 3, 4, …… を 5 進数で表したものと一致する。

(1) $1234_{(5)}=1\cdot5^3+2\cdot5^2+3\cdot5+4=194$

よって，1234 は **194 番目** である。

(2) $566=4\cdot5^3+2\cdot5^2+3\cdot5+1$

よって，10 進法による 566 は 5 進法では $4231_{(5)}$ である。

すなわち，この数の列の 566 番目の数は **4231** である。

(3) 最大の数は 4444 であり

$4444_{(5)}=4\cdot5^3+4\cdot5^2+4\cdot5+4=624$

よって，全部で **624 個**

別解 (3) □□□□ の □ に 0, 1, 2, 3, 4 のいずれかの数字を入れる場合の数は　$5^4=625$ (通り)

0000 の場合を除いて　$625-1=$ **624** (**個**)

(2)
```
5 ) 566    余り
5 ) 113 … 1
5 )  22 … 3
5 )   4 … 2
      0 … 4
```

◀最大数が何番目かを調べる。

◀重複順列の考え。各 □ にはそれぞれ 5 通りの入れ方がある。

POINT 0 から $n-1$ までの n 種類の数字を使った数字の列には　n 進法の利用

練習 ③**151** 4 種類の数字 0, 1, 2, 3 を用いて表される数を，0 から始めて 1 桁から 4 桁まで小さい順に並べる。すなわち

0, 1, 2, 3, 10, 11, 12, 13, 20, 21, ……

(1) 1032 は何番目か。　(2) 150 番目の数は何か。

(3) 整数は全部で何個並ぶか。

基本例題 152 有限小数・循環小数で表される条件 ②②②②②

(1) $\dfrac{n}{420}$ の分子を分母で割ると，有限小数となるような最小の自然数 n を求めよ。

(2) $\dfrac{53}{n}$ の分子を分母で割ると，循環小数となるような 2 桁の自然数 n は何個あるか。

p.258 基本事項 2

指針 $\dfrac{m}{n}$ が整数でない既約分数のとき

① **分母 n の素因数は 2, 5 だけからなる $\Longleftrightarrow$ $\dfrac{m}{n}$ は有限小数**

② **分母 n の素因数は 2, 5 以外のものがある $\Longleftrightarrow$ $\dfrac{m}{n}$ は循環小数**

有限小数であるか，循環小数であるかは，分母の素因数に注目して判断する。
(1) では ① を利用する。(2) では ② を利用するのではなく，全体から整数や有限小数となるものを除く方針で進めるとよい。なお，53 は素数である。

解答

(1) $\dfrac{n}{420}$ が有限小数となるのは，約分したときの分母の素因数が 2, 5 だけからなるときである。
$420=2^2\cdot3\cdot5\cdot7$ であるから，$\boldsymbol{n=3\cdot7=21}$ が有限小数となる最小の自然数である。

◀約分した後の分母に 3, 7 がなければよい。

(2) 2 桁の自然数 n は全部で 90 個ある。 ◀ $99-9=90$

このうち，$\dfrac{53}{n}$ が整数となるのは，$n=53$ のみである。

また，$\dfrac{53}{n}$ が有限小数となるとき，n の素因数は 2, 5 だけからなる。

このような 2 桁の自然数 n の個数について

素因数が 2 だけのものは，$n=2^4,\ 2^5,\ 2^6$ の 3 個

素因数が 5 だけのものは，$n=5^2$ の 1 個

素因数が 2 と 5 を含むものは，

$n=2\cdot5,\ 2^2\cdot5,\ 2^3\cdot5,\ 2^4\cdot5,\ 2\cdot5^2$ の 5 個

よって，求める n の個数は

$90-1-(3+1+5)=\boldsymbol{80}$ **(個)**

(2) 分数 $\dfrac{m}{n}$ は，整数，有限小数，循環小数のいずれかである。循環小数となるものを直接求めるのは複雑なので，
全体－整数の個数－有限小数の個数 により求める。

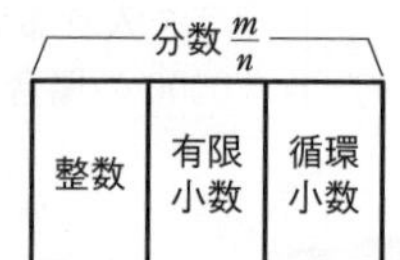

練習 ② 152 次の条件を満たす自然数 n は何個あるか。

(1) $\dfrac{19}{n}$ の分子を分母で割ると，整数部分が 1 以上の有限小数となるような n

(2) $\dfrac{100}{n}$ の分子を分母で割ると，循環小数となるような 100 以下の n

基本例題 153 分数，小数と n 進法 ①①①①①

(1) $0.\dot{1}\dot{2}_{(3)}$ を 10 進法における既約分数で表せ。

(2) $\dfrac{7}{9}$ を 3 進法，8 進法の小数でそれぞれ表せ。

基本 147

指針 (1) まず，3 進法の小数 $0.a_1a_2a_3\cdots_{(3)}$ は $\dfrac{a_1}{3}+\dfrac{a_2}{3^2}+\dfrac{a_3}{3^3}+\cdots\cdots$ である。

$(a_1,\ a_2,\ a_3,\ \cdots\cdots$ は 0 か 1 か 2$)$

10 進法における循環小数を既約分数に直す問題（数学 I ）と方法は同様。
$x=0.\dot{1}\dot{2}_{(3)}$ とおき，両辺に 3^2 を掛けたものと辺々を引くと，**循環部分を消す** ことができる。
（↑循環部分が 2 桁 ⟶ 両辺を 3^2 倍。）

(2) 10 進法の小数を n 進法の小数で表すときと同じように考えればよい。まず，もとの分数に n を掛け，帯分数で表すようにして整数部分を取り出す。そして，残った部分に n を掛けることを繰り返し，出てきた整数部分を順に並べていく。

解答

(1) $x=0.\dot{1}\dot{2}_{(3)}$ とおくと

$$x=\frac{1}{3}+\frac{2}{3^2}+\frac{1}{3^3}+\frac{2}{3^4}+\cdots\cdots \quad \cdots\cdots ①$$

① の両辺に 3^2 を掛けて

$$9x=3\cdot1+2+\frac{1}{3}+\frac{2}{3^2}+\frac{1}{3^3}+\frac{2}{3^4}+\cdots\cdots \quad \cdots\cdots ②$$

②−① から　$8x=5$　よって　$x=\dfrac{5}{8}$

(2) [1] $\dfrac{7}{9}\times3=\dfrac{7}{3}=2+\dfrac{1}{3}$ …… 整数部分は 2

[2] $\dfrac{1}{3}\times3=1$ …… 整数部分は 1

よって，3 進法の小数で表すと　$\mathbf{0.21_{(3)}}$

次に [1] $\dfrac{7}{9}\times8=\dfrac{56}{9}=6+\dfrac{2}{9}$ …… 整数部分は 6

[2] $\dfrac{2}{9}\times8=\dfrac{16}{9}=1+\dfrac{7}{9}$ …… 整数部分は 1

[3] $\dfrac{7}{9}\times8=\dfrac{56}{9}=6+\dfrac{2}{9}$ …… 整数部分は 6

したがって，[3] 以後は，[1]，[2] の順に計算が繰り返される。
よって，8 進法の小数で表すと　$\mathbf{0.\dot{6}\dot{1}_{(8)}}$

(1) 次のようにしてもよい。
$x=0.\dot{1}\dot{2}_{(3)}$ … ① の両辺に $100_{(3)}$ を掛けて
$100_{(3)}x=12.\dot{1}\dot{2}_{(3)}$ … ②
②−① から
$\{100_{(3)}-1_{(3)}\}x=12_{(3)}$
よって，$8x=5$ から
$x=\dfrac{5}{8}$

◀分数の整数部分以外が 0 になると計算終了。

別解 $\dfrac{7}{9}=\dfrac{2}{3}+\dfrac{1}{3^2}$ から $\dfrac{7}{9}=\mathbf{0.21_{(3)}}$

検討

(2) で調べたように，分数 $\dfrac{m}{n}$ は記数法の底によって，有限小数で表されたり，循環小数で表されたりする。

練習 ③153 (1) $0.1\dot{1}1\dot{0}_{(2)}$ を 10 進法における既約分数で表せ。

(2) $\dfrac{5}{16}$ を 2 進法，7 進法の小数でそれぞれ表せ。

参考事項 2進数，16進数とコンピュータ

● コンピュータにおける2進数，16進数

コンピュータは，オン/オフの2つの状態を表す多くのスイッチからできている。すなわち，オンを1，オフを0と考えることで，2進数が構造の基本になっている。

(例) 電流が　流れる (1)，流れない (0)　　　電圧が　高い (1)，低い (0)

また，オン (1)，オフ (0) の2つの状態だけをとるものを **ビット** という。ビットは情報の量を表す最小単位であり，実際の情報はビットの並び方（**ビットパターン**）で表現する。

例えば，　1ビットで表されるのは　0，1の 2^1 通り　◀2進数の1桁
　　　　　2ビットで表されるのは　00，01，10，11の 2^2 通り　◀2進数の1桁・2桁
　　　　　3ビットで表されるのは　000，001，010，011，100，101，110，111の 2^3 通り　◀2進数の1桁〜3桁

の情報である。一般に，n ビットでは 2^n 通りの情報を表すことができ，それは2進数とみれば1桁から n 桁までの数である。

ところで，2進数は桁数が大きくなりやすいという欠点がある。情報の量が多くなるとビットパターンの配列も長くなって読みにくい。そのような場合は，4桁ごとに区切って表現することがあり，このときに使われるのが16進数である。

2進数	0000	0001	0010	0011	0100	0101	0110	0111	1000	1001	1010	1011	1100	1101	1110	1111
10進数	0	1	2	3	4	5	6	7	8	9	10	11	12	13	14	15
16進数	0	1	2	3	4	5	6	7	8	9	A	B	C	D	E	F

この対応表を使うと，2進数 $\rightleftarrows$ 16進数 の変換を機械的に行うことができる。

例えば12ビットの110110110101について考えてみよう。

2進数 $110110110101_{(2)}$ は（10進数では3509）は　1101　1011　0101　と4桁ずつ区切ることで16進数では　$\text{DB5}_{(16)}$　となる。すなわち，12桁の2進数も，16進数で表すと3桁になる。このように，桁数の多い2進数は，10進数に変換するよりも16進数に変換する方が更に桁数も少なく，桁の対応もわかりやすい。

● 数のデジタル表現

例えば，4ビットの2進数であれば，$0000_{(2)}$ が0，$0001_{(2)}$ が1，$0010_{(2)}$ が2を表し，$1111_{(2)}$ は15を表す。この15が4ビットで表される最大の正の整数である。

このように，コンピュータでは，0と1を使って整数を表すが，負の整数を表すには，−（マイナス）をつけるのではなく，独自の方法があるので紹介しよう。
4ビットの場合で考えてみる。

5桁目が使えるとする。5桁目の1は + を表すと考え，
$10001_{(2)}$ が1を表し，それより1小さい $10000_{(2)}$ が0を表すと考える。
更に，$10000_{(2)}$ より1小さい $01111_{(2)}$ が −1を表すものとする。
同様にして，$01111_{(2)}$ より1小さい $01110_{(2)}$ が −2を表すと考える。
実際は使えるのは4桁であるから，5桁目を取り去り，$0001_{(2)}$ が1を表し，$0000_{(2)}$ が0を，$1111_{(2)}$ が −1を，$1110_{(2)}$ が −2をそれぞれ表すものと考える。

このように表現すると，1 番上位の桁が 0 のときは 0 または正，1 のとき負となり，最大の数は $0111_{(2)}$ の 7，最小の数は $1000_{(2)}$ の -8 となる。
このようにして負の数を表す方法を **2 の補数表現** という。

⑤	④③②①	2 の補数表現 あり	2 の補数表現 なし
1	0 1 1 1	7	7
	…	…	…
1	0 0 1 0	2	2
1	0 0 0 1	1	1
1	0 0 0 0	0	0
0	1 1 1 1	-1	15
0	1 1 1 0	-2	14
	…	…	…
0	1 0 0 0	-8	8

2 の補数表現を利用すると，引き算は次のようにできる。
4 ビットの場合で $5-7$ を考えてみよう。
5 は $0101_{(2)}$，-7 は $1001_{(2)}$ であるから，
$5-7$ は　　$0101_{(2)}+1001_{(2)}=1110_{(2)}$
となり，$1110_{(2)}$ は -2 を表す。
このように，コンピュータでは 2 の補数表現によって，引き算を足し算の回路で計算している。

＜大学入試問題にチャレンジ＞

問題 7 ビットの 2 進数で 0 と正の整数だけを表現する場合，0 から ア□ までの整数が表現できる。負の数を含めて表現する場合には，2 の補数表現を用いると，1100011 は 10 進数で イ□ を表す。また，-12 を 7 ビットの 2 進数で表現すると，ウ□ となる。〔類 慶応大〕

指針
(ア) 7 ビットであるから，□□□□□□□ の 7 つの □ すべてに 1 が入る場合が最も大きな整数である。
(イ) 2 の補数表現では，$1111111_{(2)}$ が -1 を表し，$1000000_{(2)}$ が $-2^{7-1}=-64$ を表す。そして，-1 は -64 に $0111111_{(2)}=63$ を加えた数になっている。このように考えると，$1100011_{(2)}$ は -64 に $100011_{(2)}$ を加えた数である。
(ウ) $-64+52=-12$ に注目。$1000000_{(2)}$ に 2 進数で表した 52 を加えればよい。

解答
(ア) $1111111_{(2)}=1\cdot2^6+1\cdot2^5+1\cdot2^4+1\cdot2^3+1\cdot2^2+1\cdot2+1$
$=\mathbf{127}$
◀7 ビットなので 7 桁。

(イ) $100011_{(2)}=1\cdot2^5+1\cdot2+1=35$
よって　$-64+35=\mathbf{-29}$
◀最小値は -2^6 ここから 35 増えればよい。

(ウ) $52=1\cdot2^5+1\cdot2^4+0\cdot2^3+1\cdot2^2+0\cdot2+0$
$=110100_{(2)}$
よって　$1000000_{(2)}+110100_{(2)}=\mathbf{1110100_{(2)}}$
◀$-64+52=-12$

参考 **2 の補数表現による負の数の表し方**
n ビットの 2 進数において，正の整数 a に対し 2 の補数表現による $-a$ は，2^n-a を 2 進数で表したものである。例えば，上の 問題 の (ウ)（7 ビットの 2 進数）については，2^7-12 を 2 進法で表すことにより -12 を 2 進数で表すことができる。

4章 23 記数法

24 座標の考え方

基本事項

1 平面上の点の位置

点Oを共通の原点とし，Oで互いに直交する2本の数直線を右の図のように定め，それぞれ **x 軸**，**y 軸** という。この2つの座標軸によって定められる平面上の点Pの位置は，2つの実数の組 $(a,\ b)$ で表される。この組 $(a,\ b)$ を点Pの **座標** といい，座標が $(a,\ b)$ である点Pを，$\boldsymbol{P(a,\ b)}$ と書く。a，b を，それぞれ点Pの **x 座標**，**y 座標** という。

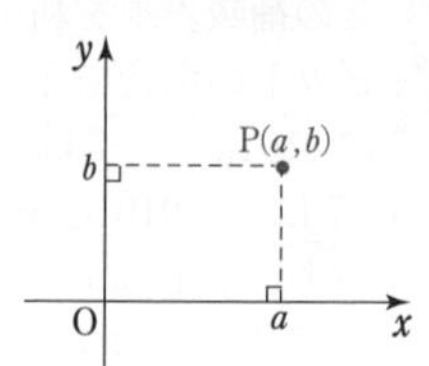

座標の定められた平面を **座標平面** といい，点Oを座標平面の **原点** という。原点Oの座標は $(0,\ 0)$ である。

2 空間の点の位置

点Oを共通の原点とし，Oで互いに直交する3本の数直線を右の図のように定め，それぞれ **x 軸**，**y 軸**，**z 軸** という。空間の点Pの位置は，3つの実数の組 $(a,\ b,\ c)$ で表される。この組 $(a,\ b,\ c)$ を点Pの **座標** といい，座標が $(a,\ b,\ c)$ である点Pを $\boldsymbol{P(a,\ b,\ c)}$ と書く。

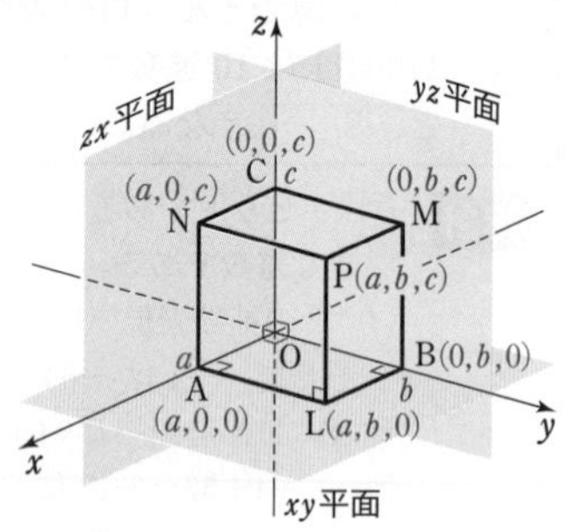

a，b，c を，それぞれ点Pの **x 座標**，**y 座標**，**z 座標** という。

座標の定められた空間を **座標空間** といい，点Oを座標空間の **原点** という。原点Oの座標は $(0,\ 0,\ 0)$ である。

3 2点間の距離

① 座標平面　$A(x_1,\ y_1)$，$B(x_2,\ y_2)$，$O(0,\ 0)$ のとき

$$\mathbf{AB}=\sqrt{(x_2-x_1)^2+(y_2-y_1)^2}\qquad \text{特に}\quad \mathbf{OA}=\sqrt{x_1{}^2+y_1{}^2}$$

② 座標空間　$A(x_1,\ y_1,\ z_1)$，$B(x_2,\ y_2,\ z_2)$，$O(0,\ 0,\ 0)$ のとき

$$\mathbf{AB}=\sqrt{(x_2-x_1)^2+(y_2-y_1)^2+(z_2-z_1)^2}\qquad \text{特に}\quad \mathbf{OA}=\sqrt{x_1{}^2+y_1{}^2+z_1{}^2}$$

解　説

■ 座標平面

x 軸と y 軸が定める平面を **xy 平面** という。他の **yz 平面**，**zx 平面** も同様。

■ 空間における座標軸，座標平面上の点

一般に，

x 軸上の点の座標は　$(a,\ 0,\ 0)$	xy 平面上の点の座標は　$(a,\ b,\ 0)$
y 軸上の点の座標は　$(0,\ b,\ 0)$	yz 平面上の点の座標は　$(0,\ b,\ c)$
z 軸上の点の座標は　$(0,\ 0,\ c)$	zx 平面上の点の座標は　$(a,\ 0,\ c)$　で表される。

基本 例題 154 座標平面上の点

座標平面の x 軸の正の部分に 2 点 A, B, y 軸の正の部分に点 C がある。このとき，AB=11，AC=25，BC=30 であるように 2 点 A，C の座標を定めよ。

p.270 基本事項 3

指針 AC<BC であるから，点 A の方が点 B より原点に近い方にある。したがって，A$(x,\ 0)$ とすると，点 B の座標は $(x+11,\ 0)$ と表される。また，点 C は y 軸上にあるから $(0,\ y)$ として，座標平面の 2 点間の距離の公式を利用する。

> 2 点 A$(x_1,\ y_1)$，B$(x_2,\ y_2)$ 間の距離 AB は
> $$\mathbf{AB}=\sqrt{(x_2-x_1)^2+(y_2-y_1)^2}$$

◀証明は下の 補足 参照。

なお，AC=25 のままでは扱いにくいから，これと同値な条件 $AC^2=25^2$ を利用する。

CHART 距離の条件　2 乗した形で扱う

解答

AC<BC であるから，A$(x,\ 0)$ とすると，B$(x+11,\ 0)$ と表される。

◀AB=11 から，点 B の x 座標は $x+11$

また，C$(0,\ y)$ とする。ただし，$x>0$，$y>0$ である。

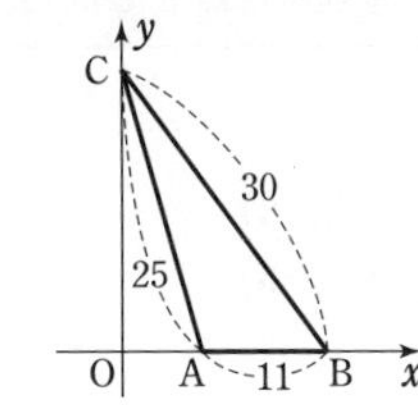

条件から　$AC^2=25^2$，$BC^2=30^2$

したがって

$$x^2+y^2=25^2 \quad \cdots\cdots ①$$
$$(x+11)^2+y^2=30^2 \quad \cdots\cdots ②$$

◀座標平面の 2 点間の距離の公式を利用。

②−① から　$(x+11)^2-x^2=275$

◀y^2 を消去している。

式を整理すると　$22x=154$

よって　$x=7$

これを ① に代入すると　$49+y^2=625$

すなわち　$y^2=576$

$y>0$ であるから　$y=24$

よって　**A(7, 0)，C(0, 24)**

参考 平方数の差の計算は，$a^2-b^2=(a+b)(a-b)$ を利用するとよい。
②−① の右辺は
$30^2-25^2=(30+25)(30-25)$
$=55\cdot5$ と計算できる。

補足 **座標平面上の 2 点間の距離の公式**

座標平面上の 2 点 A$(x_1,\ y_1)$，B$(x_2,\ y_2)$ 間の距離 AB を求めてみよう。

直線 AB が x 軸，y 軸のどちらにも平行でないとき，右の図において　$AC=|x_2-x_1|$，　$BC=|y_2-y_1|$

△ABC は直角三角形であるから，三平方の定理により

$$\mathbf{AB}=\sqrt{AC^2+BC^2}=\sqrt{(x_2-x_1)^2+(y_2-y_1)^2}$$

この式は，直線 AB が x 軸，または y 軸に平行なときにも成り立つ。

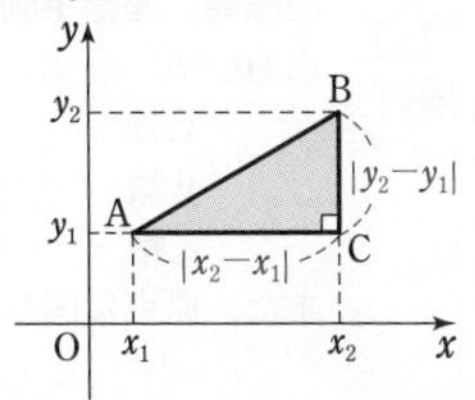

練習 ② 154 x 軸の正の部分に原点に近い方から 3 点 A，B，C があり，y 軸の正の部分に原点に近い方から 3 点 D，E，F がある。AB=2，BC=1，DE=3，EF=4 であり，AF=BE=CD が成り立つとき，2 点 B，E の座標を求めよ。

4 章 ㉔ 座標の考え方

基本 例題 155 空間の点の座標

①①①①①

右の図の直方体 OABC-DEFG について，次の点の座標を求めよ。

(1) 点 F から xy 平面に下ろした垂線と xy 平面の交点 B
(2) 点 F と yz 平面に関して対称な点 P
(3) 点 P と y 軸に関して対称な点 Q

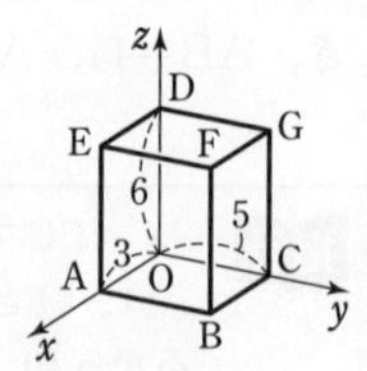

p.270 基本事項 2

指針 (2), (3) 解答のような図をかき，符号に注目して考えるとよい。

(2) 点 F と点 P は yz 平面に関して対称。
　⟶ 点 P は直線 FG 上にあって　FG=GP
　⟶ 点 P の y 座標，z 座標は点 F と同じ。x 座標は異符号。

(3) 点 P と点 Q は y 軸に関して対称。
　⟶ 点 Q は直線 PC 上にあって　PC=CQ
　⟶ 点 Q の y 座標は点 P と同じ。x 座標と z 座標は異符号。

解答

(1) **B(3, 5, 0)**
(2) 図から　**P(−3, 5, 6)**
(3) 図から　**Q(3, 5, −6)**

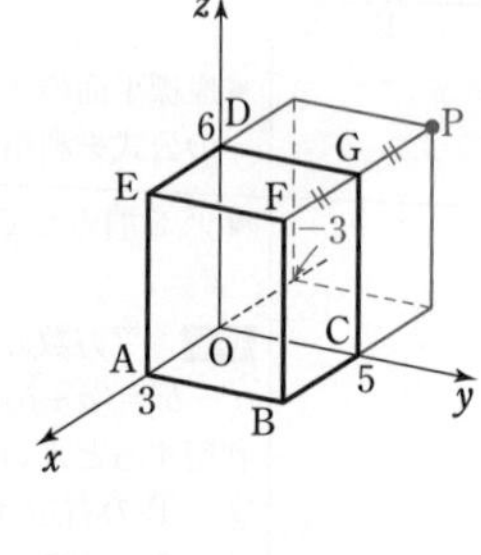

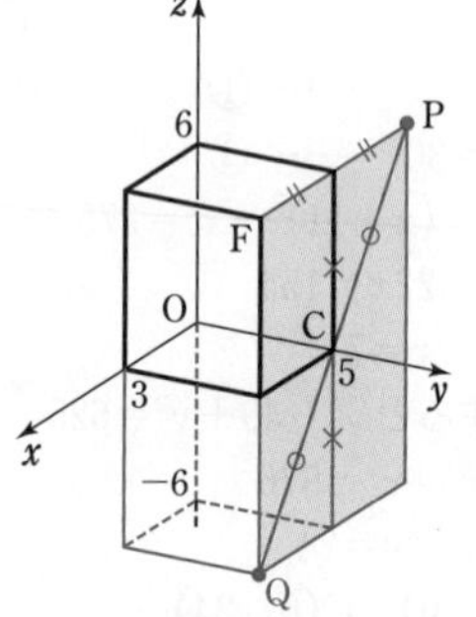

補足　点 Q は，点 F の xy 平面に関する対称点でもある。

(1) 座標平面上の点は
xy 平面 … $(a,\ b,\ 0)$
yz 平面 … $(0,\ b,\ c)$
zx 平面 … $(a,\ 0,\ c)$
と表される。

検討

座標軸，座標平面に関して対称な点

点 $(a,\ b,\ c)$ と，座標軸，座標平面に関して対称な点の座標は，次のようになる。

x 軸 …… $(a,\ -b,\ -c)$　　xy 平面 …… $(a,\ b,\ -c)$
y 軸 …… $(-a,\ b,\ -c)$　　yz 平面 …… $(-a,\ b,\ c)$
z 軸 …… $(-a,\ -b,\ c)$　　zx 平面 …… $(a,\ -b,\ c)$

また，原点に関して対称な点の座標は　$(-a,\ -b,\ -c)$

練習 ① 155 点 P(4, −3, 2) に対して，次の点の座標を求めよ。

(1) 点 P から x 軸に下ろした垂線と x 軸の交点 Q
(2) xy 平面に関して対称な点 R
(3) 原点 O に関して対称な点 S

基本例題 156 空間の点

座標空間内の 3 点 O(0, 0, 0), A(4, 4, 0), B(0, 4, −4) からの距離がともに $4\sqrt{2}$ である点 C の座標を求めよ。

p.270 基本事項 3

指針 点 C の座標を $(x,\ y,\ z)$ として，座標空間の 2 点間の距離の公式を利用する（証明は下の 補足 を参照）。

> 2 点 $\mathrm{A}(x_1,\ y_1,\ z_1)$, $\mathrm{B}(x_2,\ y_2,\ z_2)$ 間の距離 AB は
> $$\mathbf{AB}=\sqrt{(x_2-x_1)^2+(y_2-y_1)^2+(z_2-z_1)^2}$$

距離の条件を式に表し，方程式を解く。なお，OC=AC のままでは扱いにくいから，これと同値な条件 $\mathrm{OC}^2=\mathrm{AC}^2$ を利用する。

CHART 距離の条件　2 乗した形で扱う

解答

点 C の座標を $(x,\ y,\ z)$ とする。

条件から　$\mathrm{OC}=\mathrm{AC}=\mathrm{BC}=4\sqrt{2}$

ゆえに　$\mathrm{OC}^2=\mathrm{AC}^2=\mathrm{BC}^2=32$

$\mathrm{OC}^2=\mathrm{AC}^2$ から　$x^2+y^2+z^2=(x-4)^2+(y-4)^2+z^2$

よって　$x+y=4$ …… ①

◀両辺から x^2, y^2, z^2 の項が消える。

$\mathrm{OC}^2=\mathrm{BC}^2$ から　$x^2+y^2+z^2=x^2+(y-4)^2+(z+4)^2$

よって　$y-z=4$ …… ②

$\mathrm{OC}^2=32$ から　$x^2+y^2+z^2=32$ …… ③

①, ② から　$x=-y+4,\ z=y-4$ …… ④

◀x と z を y で表す。

④ を ③ に代入して　$(-y+4)^2+y^2+(y-4)^2=32$

◀1 つの文字だけの方程式を作る。

整理して　$3y^2-16y=0$

すなわち　$y(3y-16)=0$　よって　$y=0,\ \dfrac{16}{3}$

④ から，求める点 C の座標は

$$(4,\ 0,\ -4),\ \left(-\frac{4}{3},\ \frac{16}{3},\ \frac{4}{3}\right)$$

補足 **座標空間における 2 点間の距離の公式**

座標空間における 2 点 $\mathrm{A}(x_1,\ y_1,\ z_1)$, $\mathrm{B}(x_2,\ y_2,\ z_2)$ 間の距離 AB を求めてみよう。

点 A を通り各座標平面に平行な 3 つの平面と，点 B を通り各座標平面に平行な 3 つの平面でできる直方体 ACDE−FGBH において　$\mathrm{AC}=|x_2-x_1|$, $\mathrm{CD}=|y_2-y_1|$, $\mathrm{DB}=|z_2-z_1|$

であるから　$\mathrm{AB}^2=\mathrm{AD}^2+\mathrm{DB}^2=(\mathrm{AC}^2+\mathrm{CD}^2)+\mathrm{DB}^2$
$=(x_2-x_1)^2+(y_2-y_1)^2+(z_2-z_1)^2$

AB>0 であるから，2 点 A，B 間の距離は

$$\mathbf{AB}=\sqrt{(x_2-x_1)^2+(y_2-y_1)^2+(z_2-z_1)^2}$$

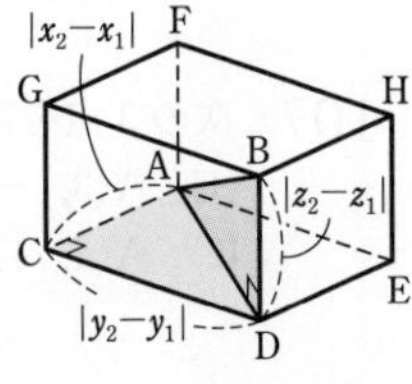

練習 ③156 座標空間内の 3 点 O(0, 0, 0), A(0, 0, 4), B(1, 1, 0) からの距離がともに $\sqrt{29}$ である点 C の座標を求めよ。

p.274 EX 107

EXERCISES

③102 16進数は0, 1, 2, 3, 4, 5, 6, 7, 8, 9, A, B, C, D, E, Fの計16個の数字と文字を用いて表され，AからFはそれぞれ10進数の10から15を表す。

(1) 16進数$120_{(16)}$, $B8_{(16)}$をそれぞれ10進数で表せ。

(2) 2進数$10111011_{(2)}$, 8進数$6324_{(8)}$をそれぞれ16進数で表せ。 →146

③103 (1) 2進法で表された数$11010.01_{(2)}$を8進法で表せ。

(2) 8進法で表された$53.54_{(8)}$を2進法で表せ。 〔立正大〕

→146, 147

③104 自然数Nを8進法と7進法で表すと，それぞれ3桁の数$abc_{(8)}$と$cba_{(7)}$になるという。a, b, cの値を求めよ。また，Nを10進法で表せ。 〔神戸女子薬大〕

→149

③105 (1) 5進法により2桁で表された正の整数で，8進法で表すと2桁となるものを考える。このとき，8進法で表したときの各位の数の並びは，5進法で表されたときの各位の数の並びと逆順にはならないことを示せ。

(2) 5進法により3桁で表された正の整数で，8進法で表すと3桁となるものを考える。このとき，8進法で表したときの各位の数の並びが5進法で表されたときの各位の数の並びと逆順になるものをすべて求め，10進法で表せ。

〔類 宮崎大〕

→149

③106 (1) 自然数のうち，10進法で表しても5進法で表しても，3桁になるものは全部で何個あるか。

(2) 自然数のうち，10進法で表しても5進法で表しても，4桁になるものは存在しないことを示せ。 〔東京女子大〕

→150

③107 次の3点を頂点とする三角形はどのような三角形か。

(1) A(3, −1, 2), B(1, 2, 3), C(4, −4, 0)

(2) A(4, 1, 2), B(6, 3, 1), C(4, 2, 4) →156

102 16進数では底が16となる。

103 (1) まず10進法で表し，底が8となるように変形する。

105 条件を等式で表すと，(1) $ab_{(5)}=ba_{(8)}$, (2) $abc_{(5)}=cba_{(8)}$である。それぞれ底が小さい5について，各位の数の範囲を考える。

106 ❶ 不等式$n^{桁数-1} \leqq N < n^{桁数}$の形に表す

107 三角形の形状は，2頂点間の距離を調べて，辺の長さの関係に注目して考える。

総合演習

学習の総仕上げのための問題を２部構成で掲載しています。数学Aのひととおりの学習を終えた後に取り組んでください。

●第１部

第１部では，大学入学共通テスト対策に役立つものや，思考力を鍛えることができるテーマを取り上げ，それに関連する問題や解説を掲載しています。
各テーマは次のような流れで構成されています。

CHECK → 問題 → 指針 → 解答 → 検討

CHECK では，例題で学んだ問題の類題を取り上げています。その後に続く問題の準備となるような解説も書かれていますので，例題で学んだ内容を思い出しながら読み進めてみましょう。必要に応じて，例題の内容を復習するとよいでしょう。

問題 では，そのテーマで主となる問題を掲載しています。あまり解いたことのない形式のものや，思考力を要する問題も含まれています。CHECK で確認したことや，これまで学んできた内容を活用しながらチャレンジしてください。
解答の方針がつかみづらい場合は，指針も読んで考えてみましょう。

更に，解答と検討が続きますが，問題が解けた場合も解けなかった場合も，解答や検討の内容もきちんと確認してみてください。検討の内容まで理解することで，より思考力を高められます。

●第２部

第２部では，基本～標準レベルの入試問題を中心に取り上げました。中には難しい問題もあります（◇印をつけました）。解法の手がかりとなる HINT も設けていますから，難しい場合は HINT も参考にしながら挑戦してください。

テーマ 1

確率・期待値の応用問題

複雑な事象の期待値を計算する

場合の数や確率は，その分野で深く研究されているだけでなく，実社会で応用されることも多くあります。ここでは，条件付き確率や期待値の応用例を考察します。

まず，次の問題で，確率の基本事項について確認しましょう。

CHECK 1－A　10 円硬貨，100 円硬貨，500 円硬貨の 3 枚の硬貨を同時に投げ，表が出た硬貨をもらえるとする。

(1) 表が出た硬貨の枚数が 1 枚である確率を求めよ。

(2) 表が出た硬貨の枚数が 1 枚であるとき，その硬貨が 500 円硬貨である確率を求めよ。

(3) もらえる金額の期待値を求めよ。

(1) については，3 枚の硬貨を投げたとき，それぞれの結果は互いに影響を与えませんので，この試行は **反復試行** として考えることができます。(2) で求める確率は，**条件付き確率** であることに注意しましょう。また，(3) は期待値を求める問題ですので，定義に従って，「(もらえる金額)×(確率) の和」で求められます。

解答

(1) 硬貨を 3 枚同時に投げるとき，表が 1 枚，裏が 2 枚出る確率は　$_3C_1\left(\frac{1}{2}\right)^1\left(\frac{1}{2}\right)^2=\mathbf{\frac{3}{8}}$

◀反復試行の確率。
硬貨を 1 枚投げて表が出る確率は $\frac{1}{2}$，
裏が出る確率は
$1-\frac{1}{2}=\frac{1}{2}$ である。

(2) 表が出た硬貨の枚数が 1 枚であるという事象を A，500 円硬貨が表であるという事象を B とする。

(1) から　$P(A)=\frac{3}{8}$

事象 $A\cap B$ が起こるのは，500 円硬貨は表が出て，10 円硬貨，100 円硬貨はともに裏が出る場合であるから

$$P(A\cap B)=\frac{1}{2}\cdot\frac{1}{2}\cdot\frac{1}{2}=\frac{1}{8}$$

よって，求める条件付き確率は

$$P_A(B)=\frac{P(A\cap B)}{P(A)}=\frac{1}{8}\div\frac{3}{8}=\mathbf{\frac{1}{3}}$$

◀事象 A が起こったときに，事象 B が起こる確率は，条件付き確率 $P_A(B)$ である。

(3) もらえる金額を X 円とすると，X のとりうる値は

0，10，100，110，500，510，600，610

それぞれの値をとる確率は $\frac{1}{2}\cdot\frac{1}{2}\cdot\frac{1}{2}=\frac{1}{8}$ であるから，求める期待値は

$$0\times\frac{1}{8}+10\times\frac{1}{8}+100\times\frac{1}{8}+110\times\frac{1}{8}+500\times\frac{1}{8}$$
$$+510\times\frac{1}{8}+600\times\frac{1}{8}+610\times\frac{1}{8}=\mathbf{305}$$

◀例えば，もらえる金額が 110 円となるのは，10 円硬貨，100 円硬貨は表が出て，500 円硬貨は裏が出るときである。

CHECK 1－A の(2)では，問題文に「条件付き確率」と書いてありませんが，「～であるとき，…… である確率」という場合には，条件付き確率を表している場合もあることを覚えておきましょう。
なお，条件付き確率の定義や計算方法については，p.107 ズーム UP などで詳しく解説していますので，復習しておきましょう。

次の問題 **1** は CHECK 1－A と同様，条件付き確率や期待値を求める問題ですが，設定がやや複雑になっています。問題文をよく読み，状況を整理しながら解いてみましょう。

問題 1　陽性判定の確率と期待値

ウイルス X に感染しているかどうかを調べるための検査に対して，次の(i)，(ii)がわかっている。

(i)　X に感染している場合，陽性と判定される確率は 90 % である。

(ii)　X に感染していない場合，陽性と判定される確率は 10 % である。

また，検査結果は陽性か陰性のどちらか一方のみが出るものとし，それ以外の結果は出ないものとする。
これから，ある 5 人がこの検査を受けようとしている。5 人のうち 1 人だけが X に感染しているとするとき，次の問いに答えよ。

(1)　5 人から無作為に選んだ 1 人が陽性と判定される確率を求めよ。
(2)　5 人のうち 1 人だけが陽性と判定される確率を求めよ。
(3)　5 人のうち 1 人だけが陽性と判定されたとき，その 1 人が X に感染している確率を求めよ。
(4)　陽性と判定される人数の期待値を求めよ。

指針
(1)　X に感染している人が選ばれて陽性と判定される場合と，X に感染していない人が選ばれて陽性と判定される場合がある。
(2)　陽性と判定される 1 人が，X に感染している人である場合と，感染していない人である場合がある。
(3)　「5 人のうち 1 人だけが陽性と判定される」という事象が起こったときに，「その 1 人が X に感染している」という事象が起こる **条件付き確率** を求める。
(4)　陽性と判定される人数が 2 人，3 人，4 人，5 人である確率をそれぞれ求め，**期待値**を計算する。

解答

(1)　5 人から無作為に選んだ 1 人が陽性と判定されるのは

[1]　X に感染している人が選ばれて，陽性と判定される

[2]　X に感染していない人が選ばれて，陽性と判定される

の場合があり，[1]，[2] の事象は互いに排反である。

数学A　総合演習　第1部

Xに感染している人が陽性と判定される確率は $\dfrac{9}{10}$，

Xに感染していない人が陽性と判定される確率は $\dfrac{1}{10}$

であるから，求める確率は

$$\frac{1}{5}\times\frac{9}{10}+\frac{4}{5}\times\frac{1}{10}=\mathbf{\frac{13}{50}}$$

◀ ┈┈ は，条件(i)，┈┈ は，条件(ii)から。

◀5人から無作為に1人を選ぶとき，Xに感染している人が選ばれる確率は $\dfrac{1}{5}$，Xに感染していない人が選ばれる確率は $\dfrac{4}{5}$ である。

(2) 5人のうち1人だけが陽性と判定されるのは

[1] Xに感染している人が陽性と判定され，Xに感染していない人は4人とも陰性と判定される

[2] Xに感染している人が陰性と判定され，Xに感染していない人のうち1人が陽性，他の3人は陰性と判定される

の場合があり，[1]，[2]の事象は互いに排反である。

Xに感染していない人が陰性と判定される確率は $\dfrac{9}{10}$，

Xに感染している人が陰性と判定される確率は $\dfrac{1}{10}$

であるから，

◀ 〰〰 は，条件(ii)，〰〰 は，条件(i)から。

[1]の場合の確率は　$\dfrac{9}{10}\times\left(\dfrac{9}{10}\right)^4=\dfrac{9^5}{10^5}$

[2]の場合の確率は　$\dfrac{1}{10}\times{}_4C_1\left(\dfrac{1}{10}\right)^1\left(\dfrac{9}{10}\right)^3=\dfrac{4\times9^3}{10^5}$

◀感染していない4人のうち1人だけが陽性と判定される確率は，反復試行の確率の考えを用いる。

よって，求める確率は

$$\frac{9^5}{10^5}+\frac{4\times9^3}{10^5}=\frac{9^3\times(81+4)}{10^5}$$

$$=\frac{9^3\times85}{10^5}=\mathbf{\frac{12393}{20000}}$$

◀ $\dfrac{9^3\times85}{10^5}=\dfrac{61965}{100000}$ から，約62％である。

(3) 5人のうち1人だけが陽性と判定されるという事象を A，陽性と判定された人がXに感染しているという事象を B とすると，(2)から

$$P(A)=\frac{9^3\times85}{10^5},\quad P(A\cap B)=\frac{9^5}{10^5}$$

◀ $P(A\cap B)$ は，(2)[1]の場合の確率である。

よって　$P_A(B)=\dfrac{P(A\cap B)}{P(A)}=\dfrac{9^5}{10^5}\div\dfrac{9^3\times85}{10^5}=\mathbf{\dfrac{81}{85}}$

◀ $\dfrac{81}{85}=0.952\cdots\cdots$ から，約95％である。

(4) 5人のうち2人だけが陽性と判定される場合を考える。

Xに感染している人と感染していない1人が，陽性と判定される確率は　$\dfrac{9}{10}\times{}_4C_1\left(\dfrac{1}{10}\right)^1\left(\dfrac{9}{10}\right)^3$

Xに感染している人は陰性と判定され，感染していない2人が陽性と判定される確率は　$\dfrac{1}{10}\times{}_4C_2\left(\dfrac{1}{10}\right)^2\left(\dfrac{9}{10}\right)^2$

◀(2)と同様に，Xに感染している人が陽性と判定されるか，陰性と判定されるかで場合分けして考える。

よって，5人のうち2人だけが陽性と判定される確率は

$$\frac{9}{10}\times{}_4C_1\left(\frac{1}{10}\right)^1\left(\frac{9}{10}\right)^3+\frac{1}{10}\times{}_4C_2\left(\frac{1}{10}\right)^2\left(\frac{9}{10}\right)^2=\frac{26730}{100000}$$

◀約分しないでおく。

同様に，5 人のうち 3 人だけが陽性と判定される確率は

$$\frac{9}{10}\times{}_4C_2\left(\frac{1}{10}\right)^2\left(\frac{9}{10}\right)^2+\frac{1}{10}\times{}_4C_3\left(\frac{1}{10}\right)^3\left(\frac{9}{10}\right)^1=\frac{4410}{100000}$$

5 人のうち 4 人だけが陽性と判定される確率は

$$\frac{9}{10}\times{}_4C_3\left(\frac{1}{10}\right)^3\left(\frac{9}{10}\right)^1+\frac{1}{10}\times\underline{\left(\frac{1}{10}\right)^4}=\frac{325}{100000}$$

◀＿＿は，X に感染していない 4 人が，4 人とも陽性と判定される確率である。

5 人全員が陽性と判定される確率は

$$\frac{9}{10}\times\left(\frac{1}{10}\right)^4=\frac{9}{100000}$$

よって，求める期待値は

$$1\times\frac{61965}{100000}+2\times\frac{26730}{100000}+3\times\frac{4410}{100000}+4\times\frac{325}{100000}+5\times\frac{9}{100000}=\mathbf{1.3}$$

◀(人数)×(確率) の和。1 人が陽性と判定される場合については，(2) の結果を利用。

検討

期待値の計算

期待値の計算について，数学 B では次の性質を学習する。

> 変量 X，Y に対して，その期待値を $E(X)$，$E(Y)$ とするとき，
> $$\boldsymbol{E(X+Y)=E(X)+E(Y)}$$
> すなわち，「**(和の期待値)＝(期待値の和)**」…… (＊)　が成り立つ。

(＊)が成り立つことを，まずは CHECK 1－A (3) を例に確かめてみよう。

10 円硬貨，100 円硬貨，500 円硬貨，それぞれについて，表が出る確率は $\frac{1}{2}$ であるから，もらえる金額の期待値は

$$\left(10\times\frac{1}{2}+0\times\frac{1}{2}\right)+\left(100\times\frac{1}{2}+0\times\frac{1}{2}\right)+\left(500\times\frac{1}{2}+0\times\frac{1}{2}\right)$$

◀硬貨ごとの期待値の和

$$=5+50+250=\mathbf{305}$$

このように，硬貨ごとにもらえる金額の期待値の和を計算しても，CHECK 1－A (3) の解答のように X のとりうる値とその確率を計算して期待値を求めても，同じ結果になることがわかる。

それでは，(＊)を用いて，問題 **1** (4) の期待値を計算してみよう。

X に感染している 1 人に対して検査を行うとき，陽性と判定される人数の期待値は

$$1\times0.9+0\times0.1=\underline{0.9}$$

X に感染していない 1 人に対して検査を行うとき，陽性と判定される人数の期待値は

$$1\times0.1+0\times0.9=\underline{0.1}$$

よって，X に感染している 1 人と感染していない 4 人に対して検査を行うとき，陽性と判定される人数の期待値は

$$\underline{0.9}+\underline{0.1}\times4=\mathbf{1.3}$$

問題 **1** の設定では，5 人のうち 1 人だけが X に感染していることがわかっている場合であるから，このように(＊)を用いることで簡単に計算できる。

感度と特異度

実際の医学における臨床検査において，

　陽性と判定されるべき人（X に感染している人）が陽性と判定される確率を「**感度**」，

　陰性と判定されるべき人（X に感染していない人）が陰性と判定される確率を「**特異度**」

という。

問題 **1** の検査における感度を a，特異度を b とすると，$a=0.9$，$b=0.9$ である。

問題 **1** では，5 人に検査を行う場合について考えたが，もっと大規模な集団に対して検査を行う場合について考察してみよう。

いま，10000 人の集団があり，そのうち 250 人が X に感染しているとする。この 10000 人に対して検査を行うことを考える。検査の感度を a，特異度を b とすると，陽性と判定される人数の期待値は，（∗）の性質を利用して求めると

$$250a+9750(1-b) \quad \cdots\cdots \ ①$$

と表される。

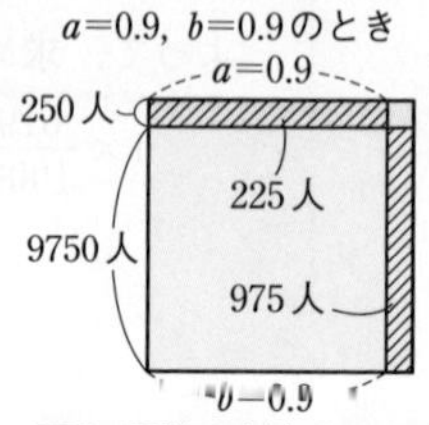

問題 **1** と同様に，$a=0.9$，$b=0.9$ であるとすると，陽性と判定される人数の期待値は，① から

$$250\times0.9+9750\times0.1=1200 \text{（人）}$$

となり，実際の感染者数 250 人との差が大きいことがわかる。

それでは，検査の感度 a や特異度 b を変化させたとき，陽性と判定される人数の期待値がどのように変化するのかを考察してみよう。

a，b のうち，一方を 0.99 とした場合，陽性と判定される人数の期待値は，① から

$a=0.99$，$b=0.9$ のとき

$$250\times0.99+9750\times0.1=1222.5 \text{（人）}$$

$a=0.9$，$b=0.99$ のとき

$$250\times0.9+9750\times0.01=322.5 \text{（人）}$$

となる。

よって，この状況設定では，特異度 b を高める方が，実際の感染者数と陽性と判定される人数の期待値が近くなることがわかる。

$a=0.99$，$b=0.9$ のとき
a=0.99
247.5 人
975 人
b=0.9
（期待値）=1222.5

$a=0.9$，$b=0.99$ のとき
a=0.9
225 人
97.5 人
b=0.99
（期待値）=322.5

ただし，どのような場合でも，特異度を高めれば実際の感染者数と期待値が近くなる，というわけではないことにも注意したい。

10000 人のうち 250 人が感染している，すなわち，感染率が 2.5 % と低い場合は，感度よりも特異度の方が期待値に与える影響が大きいが，感染率が高くなるとその結果は変わる。

例えば，感染率が 90 % である，すなわち，10000 人のうち 9000 人が感染している場合，陽性と判定される人数の期待値は

$a=0.9$，$b=0.9$ のとき　$9000\times0.9+1000\times0.1=8200$（人）

$a=0.99$，$b=0.9$ のとき　$9000\times0.99+1000\times0.1=9010$（人）

$a=0.9$，$b=0.99$ のとき　$9000\times0.9+1000\times0.01=8110$（人）

よって，この場合は感度 a を高める方が実際の感染者数と期待値が近くなることがわかる。

テーマ **2**

平面図形上の点の位置

与えられた条件を満たす点の位置を考察する

平面図形の性質は，これまで多くの問題や定理などを通じて学んできました。このテーマでは，条件を満たすように図形をかいたとき，特定の点がどのような位置にあるか，その位置に規則性はあるかといったことを，コンピュータソフトも利用しながら考察します。

まず，次の問題を考えてみましょう。

CHECK 2－A 正三角形 ABC に対し，図のように，2 点 D，E を，次の (i)～(iii) を満たすようにとる。

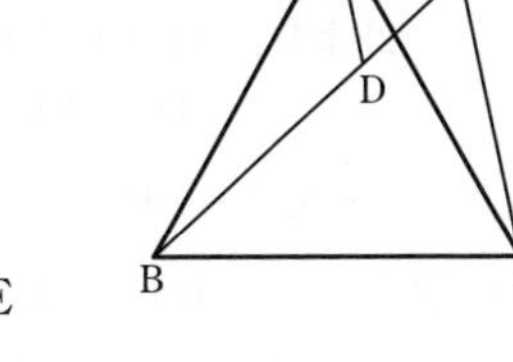

(i) △ADE は正三角形である

(ii) 3 点 B，D，E は一直線上にある

(iii) 直線 BE は辺 AC と交わる

ただし，点 B に近い方の点を D，遠い方の点を E とする。

(1) 四角形 ABCE は円に内接することを証明せよ。

(2) AD∥EC であることを証明せよ。

(3) 辺 AC と直線 BE の交点を P とする。
AD＝3，BD＝5 のとき，DP の長さを求めよ。

(1) は，四角形 ABCE が円に内接することを示します。その方法としては，

- 円周角の定理の逆 ◀ *p*.158 参照
- 四角形が円に内接するための条件（1 組の対角の和が 180°） ◀ *p*.159 参照
- 方べきの定理の逆 ◀ *p*.168 参照

などを利用することが挙げられます。どの方法が利用しやすいかを考えてみましょう。

(2) では，(1) で示したことを利用して，同位角，または錯角が等しいことを示します。

(3) は少し難しいかもしれませんが，△ABD と合同な三角形を探してみましょう。

(1) △ABC，△ADE は正三角形であるから

$$\angle ACB = \angle AEB = 60°$$

よって，円周角の定理の逆により，四角形 ABCE は円に内接する。

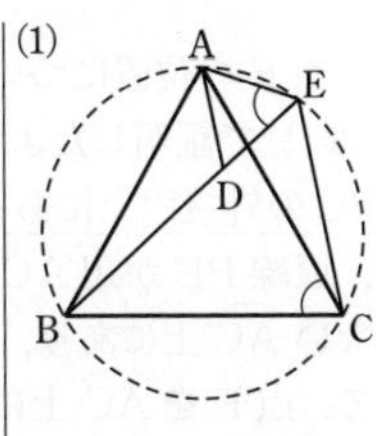

(2) △ABC，△ADE は正三角形であるから

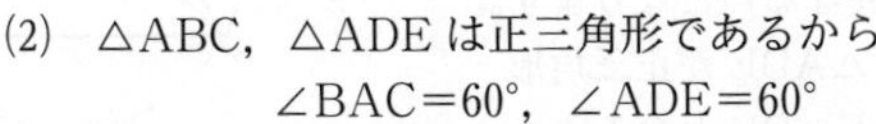

$$\angle BAC = 60°,\ \angle ADE = 60°$$

(1) より，四角形 ABCE は円に内接するから，円周角の定理により

$$\angle BEC = \angle BAC = 60°$$

よって，∠ADE＝∠BEC より，錯角が等しいから

$$AD \parallel EC$$

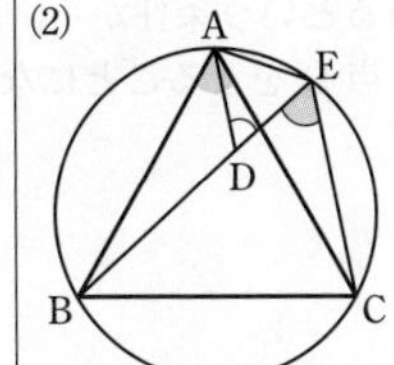

(3) △ABD と △ACE において，

△ABC，△ADE は正三角形であるから

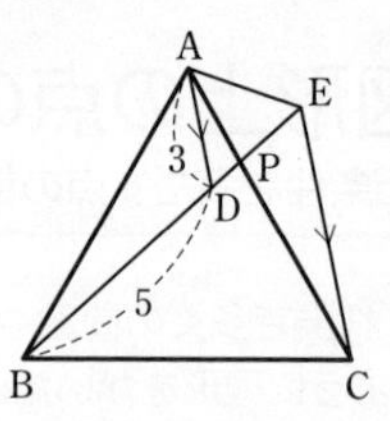

AB＝AC ……①

AD＝AE ……②

∠BAC＝∠DAE＝60°

よって，∠BAD＝60°−∠DAC，

∠CAE＝60°−∠DAC より

∠BAD＝∠CAE ……③

①，②，③ から

△ABD≡△ACE

◀2 組の辺とその間の角がそれぞれ等しい。

ゆえに　CE＝BD＝5

(2) より，AD∥EC であるから

DP：PE＝AD：EC＝3：5

よって　$\mathrm{DP}=\dfrac{3}{3+5}\mathrm{DE}=\dfrac{3}{8}\times 3=\dfrac{\mathbf{9}}{\mathbf{8}}$

◀DE＝AD＝3

補定　△ABD について，余弦定理により

◀余弦定理は数学 I で学習する。

$\mathrm{AB}^2=\mathrm{AD}^2+\mathrm{BD}^2-2\mathrm{AD}\cdot\mathrm{BD}\cos\angle\mathrm{ADB}$

$=3^2+5^2-2\cdot3\cdot5\cdot\cos120°$

$=9+25-2\cdot3\cdot5\cdot\left(-\dfrac{1}{2}\right)=49$

◀△ABD は，3 辺の長さが 3, 5, 7 で，1 つの角の大きさが 120° である。

AB＞0 から　AB＝7

よって，正三角形 ABC の 1 辺の長さは 7 である。

CHECK 2−A の図形について，2 点 D，E は

(i) △ADE は正三角形である

(ii) 3 点 B，D，E は一直線上にある

(iii) 直線 BE は辺 AC と交わる

を満たします。ここで，これらの条件を満たす 2 点 D，E がどのような位置にあるのかを考えてみましょう。ただし，(3) の条件である AD＝3，BD＝5 ははずして考えます。

まず，点 E の位置について考えます。

点 E は (1) で証明したように，∠AEB＝60° であることから，<u>△ABC の外接円上にあることがわかります。</u>

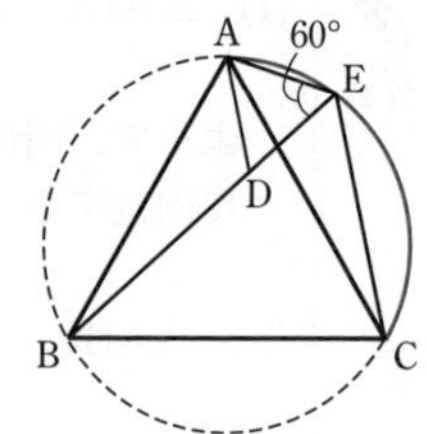

また，直線 BE が辺 AC と交わることから，点 E は点 B を含まない $\overset{\frown}{\mathrm{AC}}$ 上にあり，2 点 A，C とは異なる点となります。よって，点 E を $\overset{\frown}{\mathrm{AC}}$ 上に 1 つ定めると，△ADE が正三角形であるという条件から，直線 BE 上に AE＝DE となるように，点 D をとることになります。

次に，点 D の位置についても考えてみましょう。
$\angle \mathrm{ADE}=60^\circ$ より，常に $\angle \mathrm{ADB}=120^\circ$ が成り立ちます。よって，点 E の位置を考えたときと同様に考えると，点 D はある円周上にあることがわかります。

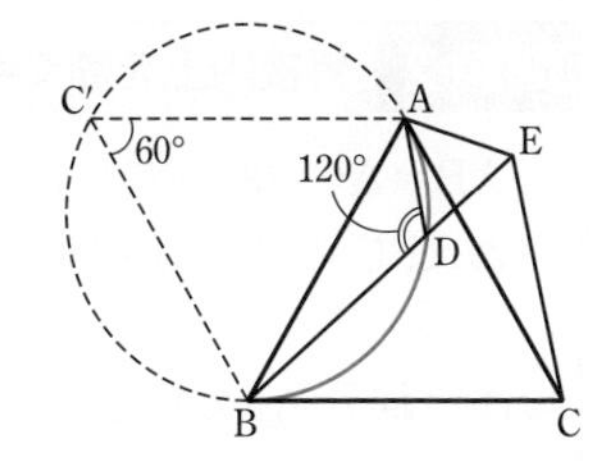

ここで，点 C を直線 AB に関して対称移動させた点を C′ とすると，△ABC′ は正三角形になります。
$\angle \mathrm{AC'B}=60^\circ$，$\angle \mathrm{ADB}=120^\circ$ から，四角形 AC′BD は円に内接し，その円は △ABC′ の外接円です。
したがって，点 D は △ABC′ の外接円の，点 C′ を含まない $\overset{\frown}{\mathrm{AB}}$ 上（ただし，2 点 A，B を除く）にあることがわかります。

まとめると，点 E は $\overset{\frown}{\mathrm{AC}}$ 上にあり，点 D は（△ABC′ の外接円の）$\overset{\frown}{\mathrm{AB}}$ 上にありますが，点 E の位置によって直線 BE も変化しますので，点 D の位置も変化します。なお，△ABC の外接円と △ABC′ の外接円は，点 A，B，C および C′ によって決まるものですので，点 D，E の位置が変化しても，これら 2 つの円は変化しません。

点 D，E の変化の様子は，コンピュータソフトを用いると，視覚的に確かめることができます。

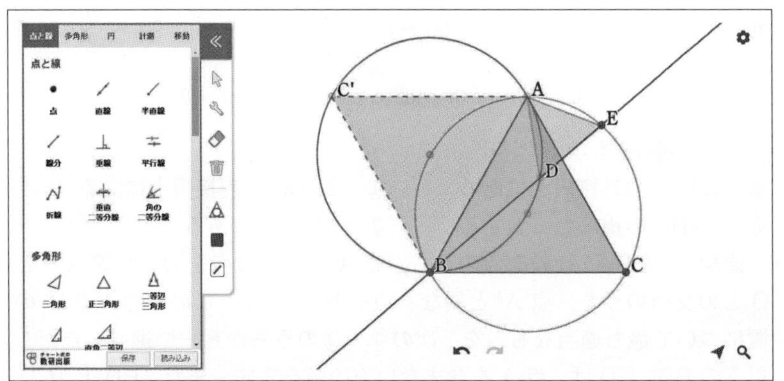

↑ コンピュータソフトの画面。点 E を動かすと，それに合わせて点 D も動く。

このソフトでは，点 E を動かすことができ，$\overset{\frown}{\mathrm{AC}}$ 上を動くように予め設定されています。点 E を動かすことで，それに合わせて点 D が $\overset{\frown}{\mathrm{AB}}$ 上を動く様子を確かめることができます。このソフトは，右の二次元コードからアクセスできますので，ぜひ自ら確かめてみてください。

図形描画ソフト

このように，点の位置について，与えられた条件により常に特定の図形上にある場合があります。そのようなことも意識しながら，次の問題 **2** に挑戦してみましょう。

問題2　外接円上を動く点と内心の位置の変化

AB＝AC＝8，BC＝4 である △ABC の内心を I とし，△ABC の外接円を円 O とする。

(1)　線分 AI の長さを求めよ。

(2)　点 B を含まない $\overset{\frown}{AC}$ 上に，点 A，C とは異なる点 A′ をとり，△A′BC の内心を I′ とする。
∠BAC＝θ とするとき，∠BIC＝［ア］，
∠BA′C＝［イ］，∠BI′C＝［ウ］である。
よって，I′ は［エ］。

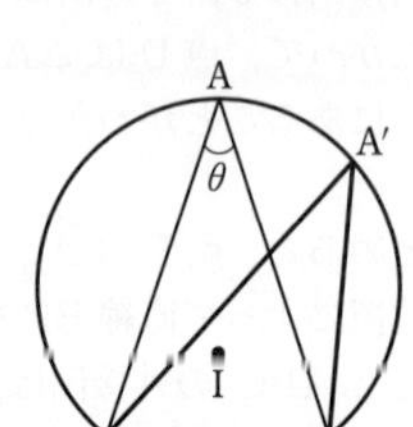

［ア］～［エ］に当てはまるものを，次の各解答群のうちから一つずつ選べ。ただし，同じものを繰り返し選んでもよい。

［ア］～［ウ］の解答群：

⓪　θ　①　$90°+\theta$　②　$90°-\theta$　③　$\dfrac{\theta}{2}$　④　$90°+\dfrac{\theta}{2}$

⑤　$90°-\dfrac{\theta}{2}$　⑥　2θ　⑦　$90°+2\theta$　⑧　$90°-2\theta$

［エ］の解答群：

⓪　△IBC の外接円上にある　①　△IBC の内接円上にある

②　△IBC の重心と一致する　③　辺 IC 上にある

(3)　直線 AI と円 O との交点のうち，点 A と異なる点を D，直線 A′I′ と円 O との交点のうち，点 A′ と異なる点を D′ とする。このとき，点 D′ の位置について最も適当なものを，次の⓪～③のうちから一つ選べ。ただし，以下の $\overset{\frown}{BD}$，$\overset{\frown}{CD}$ は，点 A を含まない方の弧を表す。また，$\overset{\frown}{BD}$ 上，$\overset{\frown}{CD}$ 上には，それぞれ両端の 2 点を含まないものとする。［オ］

⓪　点 D′ の位置は点 A′ の位置によらず，点 D と同じ位置にある。

①　点 D′ の位置は点 A′ の位置によらず，$\overset{\frown}{BD}$ 上にある。

②　点 D′ の位置は点 A′ の位置によらず，$\overset{\frown}{CD}$ 上にある。

③　点 D′ の位置は点 A′ の位置によって，$\overset{\frown}{BD}$ 上にある場合と $\overset{\frown}{CD}$ 上にある場合がある。

(1)　内心は三角形の 3 つの内角の二等分線の交点であるから，角の二等分線の性質が利用できる。

(2)　4 点 A，B，C，A′ は 1 つの円周上にあるから，円周角の定理が利用できる。

(3)　直線 AI，A′I′ はそれぞれ ∠BAC，∠BA′C の二等分線であることから，$\overset{\frown}{BC}$ に対して，点 D，点 D′ がどのような位置にあるかを考える。

(1) 直線 AI と辺 BC との交点を M とする。
AB＝AC より点 M は辺 BC の中点であり，AM⊥BC である。
よって，三平方の定理より

$$AM=\sqrt{AB^2-BM^2}=\sqrt{8^2-2^2}=2\sqrt{15}$$

また，I は △ABC の内心であるから，直線 BI は ∠ABC の二等分線である。
よって　AI：IM＝BA：BM
BA：BM＝8：2＝4：1 であるから

AI：IM＝4：1

ゆえに　$AI=\dfrac{4}{4+1}AM=\dfrac{4}{5}\times 2\sqrt{15}=\boldsymbol{\dfrac{8\sqrt{15}}{5}}$

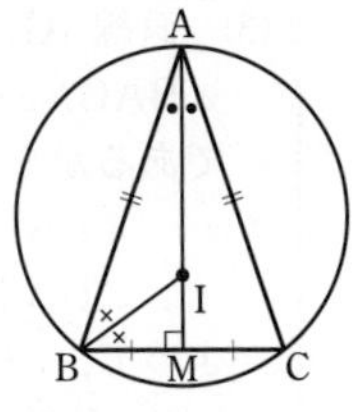

◀角の二等分線の性質
(p.128 参照)

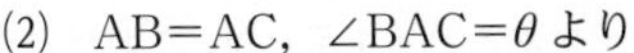

(2) AB＝AC，∠BAC＝θ より

$$\angle ABC=\angle ACB=\frac{180^\circ-\theta}{2}=90^\circ-\frac{\theta}{2}$$

I は △ABC の内心であるから，直線 BI，CI はそれぞれ ∠ABC，∠ACB の二等分線である。

よって　$\angle IBC=\angle ICB=\dfrac{1}{2}\left(90^\circ-\dfrac{\theta}{2}\right)$

ゆえに　$\angle BIC=180^\circ-\dfrac{1}{2}\left(90^\circ-\dfrac{\theta}{2}\right)\times 2$

$$=90^\circ+\frac{\theta}{2}\quad (ア ④)$$

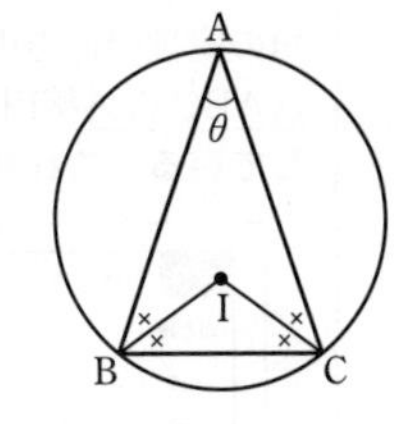

また，4 点 A，B，C，A′ は 1 つの円周上にあるから，円周角の定理により

$$\angle BA'C=\angle BAC=\theta\quad (イ ⓪)$$

I′ は △A′BC の内心であるから，直線 BI′，CI′ はそれぞれ ∠A′BC，∠A′CB の二等分線である。
よって

$$\angle I'BC+\angle I'CB=\frac{1}{2}(\angle A'BC+\angle A'CB)$$

$$=\frac{1}{2}(180^\circ-\theta)=90^\circ-\frac{\theta}{2}$$

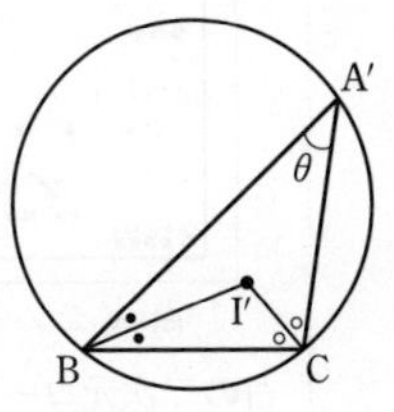

ゆえに

$$\angle BI'C=180^\circ-(\angle I'BC+\angle I'CB)$$

$$=180^\circ-\left(90^\circ-\frac{\theta}{2}\right)=90^\circ+\frac{\theta}{2}\quad (ウ ④)$$

したがって，∠BIC＝∠BI′C が成り立つから，円周角の定理の逆により，4 点 I，B，C，I′ は 1 つの円周上にある。
この円は △IBC の外接円であるから，I′ は △IBC の外接円上にある。(エ ⓪)

(3) 直線 AI, A'I' はそれぞれ $\angle BAC$, $\angle BA'C$ の二等分線であるから

$\angle BAD=\angle CAD$,

$\angle BA'D'=\angle CA'D'$

よって, $\overset{\frown}{BD}=\overset{\frown}{CD}$,

$\overset{\frown}{BD'}=\overset{\frown}{CD'}$ が成り立つから,

点 D' の位置は点 A' の位置によらず, 点 D と同じ位置にある。(ｵ ⓪)

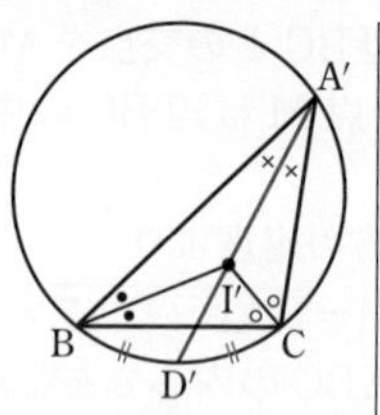

◀1つの円において, 円周角と弧の長さは比例するから, 円周角が等しければ, 弧の長さも等しい。(p.158 参照)

検討

点 I' が △IBC の外接円上にあることをコンピュータソフトで確かめる

(2) では, 点 A' の位置によらず, $\angle BI'C$ が一定 $\left(\angle BI'C=90^\circ+\dfrac{\theta}{2}\right)$ であることから, 円周角の定理の逆を用いて, 点 I' が △IBC の外接円上にあることを示した。これは, 点 A' が △ABC の外接円上を動くとき, それに合わせて点 I' が △IBC の外接円上を動くことを示している。これも, コンピュータソフトを用いると視覚的に確かめることができる。

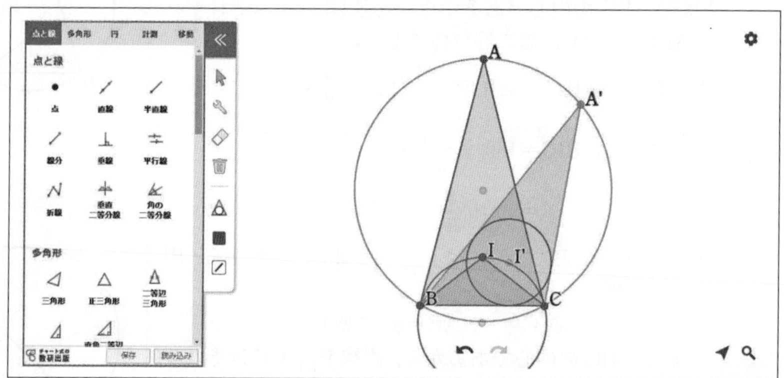

↑ 点 A' を △ABC の外接円上で動かすと, それに合わせて点 I' も △IBC の外接円上を動く。

右の二次元コードから, 問題 **2** (2) の図形を動かすことのできる図形ソフトにアクセスできる。点 A' が動くときの点 I' の動きを実際に確かめてみよう。

図形描画ソフト

テーマ 3

素数の問題

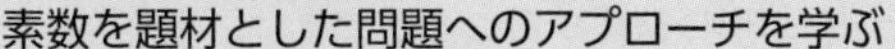
素数を題材とした問題へのアプローチを学ぶ

数学 A

このテーマでは，素数を題材にした整数問題を扱います。数学 A 基本例題 **115** でも学習しましたが，素数とは，1 と自分自身以外に正の約数をもたない 2 以上の自然数のことです。このシンプルな性質ゆえ，その使い方には工夫が必要なものもあります。易しい内容ではありませんが，例題で学んだことを思い出しながら取り組んでみましょう。

まず，次の問題を考えてみましょう。

CHECK 3−A 整数 n について，n^2 を 4 で割った余りを求めよ。

整数の問題を考えるときの重要な考え方の 1 つとして，数学 A 基本例題 **125** で学習した「余りによって整数を分類する」という考え方があります。この問題は，n^2 を 4 で割った余りを求める問題ですので，整数 n を 4 で割った余りで分けて考えます。

解答

すべての整数 n は，$4k$，$4k+1$，$4k+2$，$4k+3$（k は整数）のいずれかの形で表される。

[1] $n=4k$ のとき

$$n^2=(4k)^2=4\cdot4k^2$$

[2] $n=4k+1$ のとき

$$n^2=(4k+1)^2=4(4k^2+2k)+1$$

[3] $n=4k+2$ のとき

$$n^2=(4k+2)^2=4(4k^2+4k+1)$$

[4] $n=4k+3$ のとき

$$n^2=(4k+3)^2=4(4k^2+6k+2)+1$$

よって，n^2 を 4 で割った余りは

$n=4k$，$4k+2$ のとき　0，
$n=4k+1$，$4k+3$ のとき　1（k は整数）

◀ $4k+3$ は $4k-1$ と表してもよい。この場合，$4k+1$ と $4k-1$ をまとめて $4k\pm1$ と書き，
$$n^2=(4k\pm1)^2=4(4k^2\pm2k)+1$$
（複号同順）
として，[2] と [4] をまとめて，4 で割った余りが 1 であることを示すこともできる。

別解　すべての整数 n は $2k$，$2k+1$（k は整数）のいずれかの形で表される。

[1] $n=2k$ のとき

$$n^2=(2k)^2=4k^2$$

[2] $n=2k+1$ のとき

$$n^2=(2k+1)^2=4(k^2+k)+1$$

よって，n^2 を 4 で割った余りは

$n=2k$ のとき　0，
$n=2k+1$ のとき　1（k は整数）

◀ この問題は，2 で割った余りで分けて考えてもうまくいく。

数学A 総合演習 第1部

CHECK 3−A は，問題文に「4 で割った余りを求めよ」とありますので，整数 n を 4 で割った余りで分類しました。このように分類することで，$n^2=4\times$(整数)+(余り) の形に整理することができ，余りを求めることができます。また，最終的な答えの書き方は，解答のように，n がどのような整数か（4 で割った余りがいくつか）によって，自ら場合に分けて解答する必要があります。

> $n=4k+m$ のとき
> $n^2=\underline{16}k^2+\underline{8}mk+m^2$
> ↑　↑
> 4 の倍数が出てくる
> → 4×(整数)+(余り) の形にできる

なお，

　n を 4 で割った余りが 0 または 2 のとき，n^2 を 4 で割った余りは　0，

　n を 4 で割った余りが 1 または 3 のとき，n^2 を 4 で割った余りは　1

のように，言葉で説明して解答しても構いません。

ところで，別解 では整数 n を 2 で割った余りで分類して示しました。このように分類することで場合分けの数を減らすことができますが，いつでもうまくいくとは限りません。

そのため，「● で割った余りを求めよ」という問題では，**● で割ったときの余りで分類するのが原則** です。

整数の問題としてよく題材になるものに「素数」があります。数学 A 基本例題 **115** で扱ったように，素数とは，正の約数が 1 と自分自身だけである 2 以上の自然数のことです。$p.203$ のズーム UP では，偶数の素数は 2 だけであり，また，3 以上の素数はすべて奇数であるという性質を学びました。次の問題 **3** は素数を題材にした問題で，類題を演習したことがあまりないタイプの問題かもしれません。解答の方針が定まらないときは，すぐに解答を見るのではなく，指針をよく読み，じっくり考えてみてください。

問題 3　(素数)^2 を 12 で割った余り

3 より大きい素数 p について，p^2 を 12 で割った余りを求めよ。　〔類　弘前大〕

指針　問題の状況がつかめない場合には，まずは，具体的な素数 p $(p>3)$ について，p^2 を 12 で割った余りを調べてみるとよい。すると，

　$p=5$ のとき　$p^2=25=12\cdot2+1$，　$p=7$ のとき　$p^2=49=12\cdot4+1$，

　$p=11$ のとき　$p^2=121=12\cdot10+1$，　$p=13$ のとき　$p^2=169=12\cdot14+1$

であるから，p^2 を 12 で割った余りは 1 であることが予想できる。

この問題では，12 で割った余りを考えるから，k を整数として，

$p=\underline{12}k+m$ $(m=0,\ 1,\ \cdots\cdots,\ 11)$ に分けて考える。

ここで，$p>3$，$12=2^2\cdot3$ であるから，m が 2 の倍数または 3 の倍数のときは，素数にはならず，除外できる。……★

したがって，$\boldsymbol{p=12k+1,\ 12k+5,\ 12k+7,\ 12k+11}$ について，p^2 を 12 で割った余りを求めればよい。

> (例) $m=4$ のとき
> $12k+4=4(3k+1)$
> → 素数ではない！

　　余りで分類

CHART　**m で割った余りは　$0,\ 1,\ 2,\ \cdots\cdots,\ m-1$**

　　→ $mk,\ mk+1,\ mk+2,\ \cdots\cdots,\ mk+(m-1)$

別解　p を 6 で割った余りで分類しても，$(6k+m)^2=\underline{12}(3k^2+km)+m^2$ となることから，12 で割った余りを調べることができる。

ここで，3 より大きい素数は 2 でも 3 でも割り切れないから，3 より大きい素数 p は，k を整数として，$\boldsymbol{6k+1}$ または $\boldsymbol{6k+5}$ のいずれかの形で表される。

解答

すべての整数は

$12k+m$（k は整数，$m=0,\ 1,\ 2,\ \cdots\cdots,\ 11$）

の形で表される。

ここで，m が 2 の倍数のとき，$12k+m$ は 2 で割り切れるから，$12k+m$ が 2 になる場合を除き，素数ではない。

また，m が 3 の倍数のとき，$12k+m$ は 3 で割り切れるから，$12k+m$ が 3 になる場合を除き，素数ではない。

よって，3 より大きい素数 p は，

$12k+1,\ 12k+5,\ 12k+7,\ 12k+11$（$k$ は整数）

のいずれかの形で表される。

[1]　$p=12k+1$ のとき

$$p^2=(12k+1)^2=12(12k^2+2k)+1$$

[2]　$p=12k+5$ のとき

$$p^2=(12k+5)^2=12(12k^2+10k+2)+1$$

[3]　$p=12k+7$ のとき

$$p^2=(12k+7)^2=12(12k^2+14k+4)+1$$

[4]　$p=12k+11$ のとき

$$p^2=(12k+11)^2=12(12k^2+22k+10)+1$$

ゆえに，3 より大きい素数 p について，p^2 を 12 で割った余りは　**1**

別解　3 より大きい素数は 2 でも 3 でも割り切れないから，6 で割った余りは 1 または 5 である。

よって，3 より大きい素数 p は，$6k+1,\ 6k+5$（k は整数）のいずれかの形で表される。

[1]　$p=6k+1$ のとき

$$p^2=(6k+1)^2=12(3k^2+k)+1$$

[2]　$p=6k+5$ のとき

$$p^2=(6k+5)^2=12(3k^2+5k+2)+1$$

ゆえに，3 より大きい素数 p について，p^2 を 12 で割った余りは　**1**

◀指針＿＿……★の方針。
3 より大きい素数が $12k+m$ の形で表されるとき，12 と m は共通の素因数をもたない。このことから，3 より大きい素数は，
$12k,\ 12k+2,$
$12k+3,\ 12k+4,$
$12k+6,\ 12k+8,$
$12k+9,\ 12k+10$
の形で表されることはない。

◀$12k+7$ は $12k-5$，$12k+11$ は $12k-1$ と表してもよい。
この場合，$12k\pm1$，$12k\pm5$ と書くことで，[1] と [4]，[2] と [3] をまとめて計算することもできる。

◀6 で割って 5 余る数は，$6k-1$ と表してもよい。
この場合，$6k\pm1$ とまとめて書くことで，[1] と [2] をまとめて計算することもできる。

検討

「素数である」という条件の使い方

整数の問題において，「p は素数である」という条件が与えられたとき，この条件をどのように使うかを改めて考えてみよう。

数学 A 基本例題 **115** では，「**素数 p の正の約数が 1 と p だけである**」という性質を学んだ。この性質は，「整数 $m,\ n$ と素数 p が $p=mn$ を満たすとき，$(m,\ n)=(\pm1,\ \pm p)$ または $(\pm p,\ \pm1)$（複号同順）である」のように利用されることが多い。

問題 **3** では，

「2 より大きい整数が $12k+2$ と表されるとき，$12k+2$ は 2 で割り切れるから，
これは素数ではない」

として，素数の性質を用いた。なお，数学 A 重要例題 **128** でも同様の考え方を用いている。ただし，「2 より大きい」という条件がない場合，$12k+2$ は $k=0$ のときに 2 という素数になるから注意が必要である。

検討 PLUS ONE

問題3の別解の考え方

数学A基本例題 **115** や p.203 ズームUPでは，他の素数の性質として

「偶数（2の倍数）の素数は2だけである。また，3以上の素数はすべて奇数である（2で割り切れない）。」

という性質も学んだ。これを発展させると，

「3の倍数の素数は3だけである。また，5以上の素数はすべて3で割り切れない。」

という性質もあることがわかる。

問題**3**の 別解 で用いた，3より大きい素数は2でも3でも割り切れないから，6で割った余りは1または5である，という考え方は，このような性質を念頭においている。

なお，「p^2 を12で割った余りが1になる」と予想できれば（指針を参照），次のような方法で示すこともできる。

別解 2.　$p^2=p^2-1+1=(p-1)(p+1)+1$

p は奇数であるから，$p-1$，$p+1$ はともに偶数であり，$(p-1)(p+1)$ は4の倍数である。

また，p を3で割った余りは1または2であるから，$p-1$，$p+1$ のどちらか一方は3の倍数である。

よって，$(p-1)(p+1)$ は4の倍数かつ3の倍数であるから，12の倍数である。

したがって，p^2 を12で割った余りは　**1**

この解法の $p^2=p^2-1+1=(p-1)(p+1)+1$ という式変形はやや唐突ではあるが，余りが1になると予想できれば，「p^2 を(整数)$+1$ と変形して，(整数)が12の倍数であることを示せないか」という発想にたどりつける。

補足　問題**3**は，素数 p に対し p^2 を12で割った余りを求める問題であったが，実は，p^2 を24で割った余りも1である。これを確かめてみよう。

解答では，[1]～[4] それぞれの場合で，$p^2=12\times(2の倍数)+1$ となっていることから，$p^2=24\times(整数)+1$ であることがわかる。

別解 では，k の偶奇で分けることで示すことができる（各自確かめてみよ）。

上の 別解 2. では，p を4で割った余りは1または3であることから，$p-1$，$p+1$ はともに偶数であり，どちらか一方は4の倍数である。ゆえに，$(p-1)(p+1)$ は8の倍数であることから示すことができる。

また，p が素数でなくとも，2でも3でも割り切れない整数であれば，24で割った余りが1であることを，解答と同様に示すことができる。例えば，25は素数ではないが，$25^2=24\times26+1$ である。

更に，24で割った余りが1ならば，1以外の24の約数で割った余りも1であるから，2，3，4，6，8，12で割った余りも1であることも同時に証明できていることがわかる。（12で割った余りが1であることは，問題**3**で示した。）

素数の問題は，解法の選択が難しい問題が多い。しかし，問題**3**で見たように，基本例題で学んだ内容が活用されていることは実感できたであろう。素数が題材の問題に取り組むときには，「これまで学んだ知識を活用できるものはあるか」「素数特有の性質を用いているものは何か」といったことを意識しながら挑戦してみよう。

総合演習 第2部 数学A

第1章 場合の数

1 A, B, C, D, E の5人の紳士から，それぞれの帽子を1つずつ受け取り，それらを再び1人に1つずつ配る。帽子は必ずしももとの持ち主に戻されるわけではない。

(1) 帽子を配る方法は全部で ア□ 通りある。そのうち，A が自分の帽子を受け取るのは イ□ 通り，B が自分の帽子を受け取るのは同じく イ□ 通り，A と B がともに自分の帽子を受け取るのは ウ□ 通りである。したがって，A も B も自分の帽子を受け取らない場合は エ□ 通りである。

(2) A，B，C の3人が誰も自分の帽子を受け取らない場合は何通りか。

〔早稲田大〕

2 n を自然数とする。同じ数字を繰り返し用いてよいことにして，0，1，2，3 の4つの数字を使って n 桁の整数を作る。ただし，0 以外の数字から始まり，0 を少なくとも1回以上使うものとする。

(1) 全部でいくつの整数ができるか。個数を n を用いて表せ。

(2) $n=5$ のとき，すべての整数を小さいものから順に並べる。ちょうど真ん中の位置にくる整数を求めよ。 〔大阪府大〕

3 4つの合同な正方形と2つの合同なひし形（正方形でない）を面としてもつ多面体がある。この多面体の各面を，白，黒，赤，青，緑，黄の6色のうちの1つの色で塗り，すべての面が異なる色になるように塗り分ける方法は何通りあるか。
ただし，回転させて一致するものは同じものとみなす。 〔類 東京理科大〕

4 座標平面上に8本の直線 $x=a\ (a=1,\ 2,\ 3,\ 4)$，$y=b\ (b=1,\ 2,\ 3,\ 4)$ がある。以下，16個の点 $(a,\ b)\ (a=1,\ 2,\ 3,\ 4,\ b=1,\ 2,\ 3,\ 4)$ から異なる5個の点を選ぶことを考える。

(1) 次の条件を満たす5個の点の選び方は何通りあるか。

　上の8本の直線のうち，選んだ点を1個も含まないものがちょうど2本ある。

(2) 次の条件を満たす5個の点の選び方は何通りあるか。

　上の8本の直線は，いずれも選んだ点を少なくとも1個含む。

〔東京大〕

1 (1) (エ) 人物 X (X=A, B, C, D, E) が自分の帽子を受け取る方法の集合を X で表すとすると，求めるのは　$n(\overline{A}\cap\overline{B})$　　ここで　$\overline{A}\cap\overline{B}=\overline{A\cup B}$

(2) まず，$n(A\cup B\cup C)$ を求める。

2 (2) まず，ちょうど真ん中の位置にくる整数は何番目の数かということを求める。そして，整数の形に応じた個数を数え上げていく。

3 ひし形の面が底面となるように多面体をおく。まず，上面と底面を塗り，次に側面（正方形）を4色で塗る方法を考える。

4 (1) 選んだ点を含まない2本の直線が平行の場合と直交する場合に分けて考える。

(2) 条件を満たすとき，4本の直線 $x=a\ (a=1,\ 2,\ 3,\ 4)$ のうち，選んだ点を2個含むものが1本だけある。

総合演習 第2部

5 縦4個，横4個のマス目のそれぞれに1，2，3，4の数字を入れていく。このマス目の横の並びを行といい，縦の並びを列という。どの行にも，どの列にも同じ数字が1回しか現れない入れ方は何通りあるか求めよ。右図はこのような入れ方の1例である。〔京都大〕

1	2	3	4
3	4	1	2
4	1	2	3
2	3	4	1

6 碁石を n 個1列に並べる並べ方のうち，黒石が先頭で白石どうしは隣り合わないような並べ方の総数を a_n とする。ここで，$a_1=1$，$a_2=2$ である。このとき，a_{10} を求めよ。〔早稲田大〕

第2章 確　　率

7 1個のさいころを3回投げる。1回目に出る目を a_1，2回目に出る目を a_2，3回目に出る目を a_3 とし，整数 n を $n=(a_1-a_2)(a_2-a_3)(a_3-a_1)$ と定める。〔千葉大〕

(1) $n=0$ である確率を求めよ。　(2) $|n|=30$ である確率を求めよ。

8 1から9までの数字が1つずつ重複せずに書かれた9枚のカードがある。そのうち8枚のカードをA，B，C，Dの4人に2枚ずつ分ける。

(1) 9枚のカードの分け方は全部で何通りあるか。

(2) 各人が持っている2枚のカードに書かれた数の和が4人とも奇数である確率を求めよ。

(3) 各人が持っている2枚のカードに書かれた数の差が4人とも同じである確率を求めよ。ただし，2枚のカードに書かれた数の差とは，大きい方の数から小さい方の数を引いた数である。〔岐阜大〕

9 トランプのハートとスペードの1から10までのカードが1枚ずつ総計20枚ある。$i=1, 2, \cdots\cdots, 10$ に対して，番号 i のハートとスペードのカードの組を第 i 対とよぶことにする。20枚のカードの中から4枚のカードを無作為に取り出す。取り出された4枚のカードの中に第 i 対が含まれているという事象を A_i で表すとき，次の問いに答えよ。

(1) 事象 A_1 が起こる確率 $P(A_1)$ を求めよ。

(2) 確率 $P(A_1\cap A_2)$ を求めよ。　(3) 確率 $P(A_1\cup A_2\cup A_3)$ を求めよ。

(4) 取り出された4枚のカードの中に第1対，第2対，第3対，第4対，第5対，第6対の中の少なくとも1つが含まれる確率を求めよ。〔早稲田大〕

5 1行目が1234と並んでいる場合，2～4行目に並ぶ数の組を考える。

6 黒石は5個以上必要である。黒石が k 個，白石が $(10-k)$ 個のとき，黒石の間と末尾の k か所から $(10-k)$ か所を選んで白石を並べると考える。

7 (2) 30を1以上5以下の3個の自然数の積で表すと　$30=2\cdot3\cdot5$

8 (2) 偶数のカード，奇数のカード1枚ずつの場合。

(3) カードの数の差を k とし，4人とも $k=1, 2, \cdots\cdots$ となるカード4組の分け方を具体的に書き上げてみる。

9 (3) $P(A_1\cup A_2\cup A_3)=P(A_1)+P(A_2)+P(A_3)-P(A_1\cap A_2)-P(A_2\cap A_3)-P(A_3\cap A_1)$
$+P(A_1\cap A_2\cap A_3)$ を利用。ここで，$P(A_1\cap A_2\cap A_3)=0$ である。

総合演習 第2部

10 ボタンを1回押すたびに1, 2, 3, 4, 5, 6のいずれかの数字が1つ画面に表示される機械がある。このうちの1つの数字 Q が表示される確率は $\frac{1}{k}$ であり，Q 以外の数字が表示される確率はいずれも等しいとする。ただし，k は $k>6$ を満たす自然数とする。ボタンを1回押して表示された数字を確認する試行を繰り返すとき，1回目に4の数字，2回目に5の数字が表示される確率は，1回目に5の数字，2回目に6の数字が表示される確率の $\frac{8}{5}$ 倍である。このとき，

(1) Q は ア□ であり，k は イ□ である。

(2) この試行を3回繰り返すとき，表示された3つの数字の和が16となる確率は ウ□ である。

(3) この試行を500回繰り返すとき，そのうち Q の数字が n 回表示される確率を P_n とおくと，P_n の値が最も大きくなる n の値は エ□ である。〔慶応大〕

11 白球と赤球の入った袋から2個の球を同時に取り出すゲームを考える。取り出した2球がともに白球ならば「成功」でゲームを終了し，そうでないときは「失敗」とし，取り出した2球に赤球を1個加えた3個の球を袋に戻してゲームを続けるものとする。最初に白球が2個，赤球が1個袋に入っていたとき，$n-1$ 回まで失敗し n 回目に成功する確率を求めよ。ただし，$n \geqq 2$ とする。〔京都大〕

12 n を2以上の自然数とする。1個のさいころを続けて n 回投げる試行を行い，出た目を順に X_1, X_2, ……, X_n とする。〔北海道大〕

(1) X_1, X_2, ……, X_n の最大公約数が3となる確率を n の式で表せ。

(2) X_1, X_2, ……, X_n の最大公約数が1となる確率を n の式で表せ。

(3) X_1, X_2, ……, X_n の最小公倍数が20となる確率を n の式で表せ。

13 4人でじゃんけんをして，負けた者から順に抜けていき，最後に残った1人を優勝者とする。ただし，あいこの場合も1回のじゃんけんを行ったものとする。

(1) 1回目で2人が負け，2回目で優勝者が決まる確率は ア□ である。また，ちょうど2回目で優勝者が決まる確率は イ□ である。

(2) ちょうど2回目で優勝者が決まった場合，1回目があいこである条件付き確率は ウ□ である。〔類 京都産大〕

HINT

10 (1) 4, 5, 6の数字が表示される確率をそれぞれ $P(4)$, $P(5)$, $P(6)$ として，まず $P(4)$, $P(5)$, $P(6)$ の等式を作る。

(2) 和が16となる3つの数字の組は (4, 6, 6) または (5, 5, 6)

(3) $\frac{P_{n+1}}{P_n}$ と1の大小比較。

11 各回の試行は独立である。k 回目 ($k \geqq 1$) に取り出すとき，袋の中には白球が2個，赤球が k 個入っている。このとき，成功する確率と失敗する確率を求め，$k=1$, 2, ……, $n-1$ のとき失敗し，$k=n$ のとき成功する確率を考える。

12 (1) 最大公約数が3のとき，出た目はすべて3または6である。

(2) 最大公約数が1ではない場合について考える。

(3) 最小公倍数が20のとき，出た目はすべて1, 2, 4, 5のいずれかである。

13 (1) (イ) 残る人数が 4人 ⟶ 2人 ⟶ 1人，4人 ⟶ 3人 ⟶ 1人，4人 ⟶ 4人 ⟶ 1人 の，3つの場合がある。

14◇ 1つのさいころを3回投げる。1回目に出る目の数，2回目に出る目の数，3回目に出る目の数をそれぞれ X_1，X_2，X_3 とし，5つの数 2，5，$2-X_1$，$5+X_2$，X_3 からなるデータを考える。

(1) データの範囲が7以下である確率を求めよ。
(2) X_3 がデータの中央値に等しい確率を求めよ。
(3) X_3 がデータの平均値に等しい確率を求めよ。
(4) データの中央値と平均値が一致するとき，X_3 が中央値に等しい条件付き確率を求めよ。

〔熊本大〕

15 袋の中に青玉が7個，赤玉が3個入っている。袋から1回につき1個ずつ玉を取り出す。一度取り出した玉は袋に戻さないとして，次の問いに答えよ。

(1) 4回目に初めて赤玉が取り出される確率を求めよ。
(2) 8回目が終わった時点で赤玉がすべて取り出されている確率を求めよ。
(3) 赤玉がちょうど8回目ですべて取り出される確率を求めよ。
(4) 4回目が終わった時点で取り出されている赤玉の個数の期待値を求めよ。

〔東北大〕

第3章　図形の性質

16 右図の △ABC において，AB：AC＝3：4 とする。また，∠A の二等分線と辺 BC との交点を D とする。更に，

線分 AD を 5：3 に内分する点を E，
線分 ED を 2：1 に内分する点を F，
線分 AC を 7：5 に内分する点を G　とする。

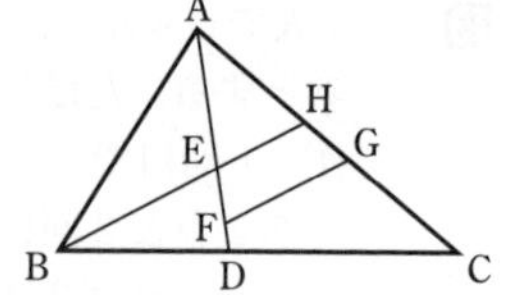

直線 BE と辺 AC との交点を H とするとき，次の各問いに答えよ。

(1) $\dfrac{AH}{HC}$ の値を求めよ。　(2) BH∥FG であることを示せ。
(3) FG＝7 のとき，線分 BE の長さを求めよ。

〔宮崎大〕

14 (1) 1≦(さいころの目)≦6 に注意し，5つのデータの大小関係を調べる。
(2) X_3 の値を絞る。　(3) まず，X_3 を X_1，X_2 で表す。
(4) データの中央値となりうる数は，2，5，X_3 である。

15 全体の取り出し方は (1)，(4) ${}_{10}P_4$　(2)，(3) ${}_{10}P_8$

16 角の二等分線の定理とメネラウスの定理，平行線と線分の比の性質を利用する。

総合演習　第2部　　数学A

17◇ 平面上の鋭角三角形 △ABC の内部（辺や頂点は含まない）に点 P をとり，A′ を B，C，P を通る円の中心，B′ を C，A，P を通る円の中心，C′ を A，B，P を通る円の中心とする。このとき，A，B，C，A′，B′，C′ が同一円周上にあるための必要十分条件は，P が △ABC の内心に一致することであることを示せ。〔京都大〕

18 四面体 OABC が次の条件を満たすならば，それは正四面体であることを示せ。

条件：頂点 A，B，C からそれぞれの対面を含む平面へ下ろした垂線は対面の重心を通る。

ただし，四面体のある頂点の対面とは，その頂点を除く他の 3 つの頂点がなす三角形のことをいう。〔京都大〕

19 立方体の各辺の中点は全部で 12 個ある。頂点がすべてこれら 12 個の点のうちのどれかであるような正多角形は全部でいくつあるか。〔早稲田大〕

第 4 章　数学と人間の活動

20 (1) $\dfrac{n!}{1024}$ が整数となる最小の正の整数 n を求めよ。〔摂南大〕

(2) 自然数 2520 の正の約数の個数は ア□ である。また，$2520=ABC$ となる 3 つの正の偶数 A，B，C の選び方は イ□ 通りある。〔類 北里大〕

21 2 以上の整数 m，n は $m^3+1^3=n^3+10^3$ を満たす。m，n を求めよ。〔一橋大〕

22 自然数 a，b，c，d は $c=4a+7b$，$d=3a+4b$ を満たしているものとする。

(1) $c+3d$ が 5 の倍数ならば $2a+b$ も 5 の倍数であることを示せ。

(2) a と b が互いに素で，c と d がどちらも素数 p の倍数ならば，$p=5$ であることを示せ。〔千葉大〕

17 必要十分条件とあるから，「A，B，C，A′，B′，C′ が同一円周上にある ⟹ AP が ∠BAC の二等分線である」ことと，「P が △ABC の内心である ⟹ 4 点 A，B，C，A′ が同一円周上にある」ことを示す。

19 立方体の 1 辺の長さを 2 とすると，立方体の各辺の中点を結んでできる線分の長さは，$\sqrt{2}$，2，$\sqrt{6}$，$2\sqrt{2}$ の 4 通りある。

21 $m^3-n^3=(m-n)(m^2+mn+n^2)$　ここで　$m-n<m^2+mn+n^2$

22 (2) 背理法で示す。$c=c'p$，$d=d'p$（c'，d' は自然数）とおき，$5a$ と $5b$ を c'，d'，p で表す。

数学A　総合演習　第2部

総合演習 第2部　　数学A

23　m, n $(m<n)$ を自然数とし，$a=n^2-m^2$，$b=2mn$，$c=n^2+m^2$ とおく。3 辺の長さが a, b, c である三角形の内接円の半径を r とし，その三角形の面積を S とする。

(1)　$a^2+b^2=c^2$ を示せ。

(2)　r を m，n を用いて表せ。

(3)　r が素数のときに，S を r を用いて表せ。

(4)　r が素数のときに，S が 6 で割り切れることを示せ。　〔神戸大〕

24　n を 2 以上の自然数とする。

(1)　n が素数または 4 のとき，$(n-1)!$ は n で割り切れないことを示せ。

(2)　n が素数でなくかつ 4 でもないとき，$(n-1)!$ は n で割り切れることを示せ。　〔東京工大〕

25◇　素数 p，q を用いて p^q+q^p と表される素数をすべて求めよ。　〔京都大〕

26◇　(1)　x が自然数のとき，x^2 を 5 で割ったときの余りは 0，1，4 のいずれかであることを示せ。

(2)　自然数 x，y，z が $x^2+5y=2z^2$ を満たすとき，x，y，z はすべて 5 の倍数であることを示せ。

(3)　$x^2+5y^2=2z^2$ を満たす自然数 x，y，z の組は存在しないことを示せ。　〔熊本大〕

27　m，n は異なる正の整数とする。x の 2 次方程式 $5nx^2+(mn-20)x+4m=0$ が 1 より大きい解と 1 より小さい解をもつような m，n の組 $(m,\ n)$ をすべて求めよ。　〔関西大〕

28◇　(1)　方程式 $65x+31y=1$ の整数解をすべて求めよ。

(2)　$65x+31y=2016$ を満たす正の整数の組 $(x,\ y)$ を求めよ。

(3)　2016 以上の整数 m は，正の整数 x，y を用いて $m=65x+31y$ と表せることを示せ。　〔福井大〕

29　10 進法で表された自然数を 2 進法に直すと，桁数が 3 増すという。このような数で，最小のものと最大のものを求めよ。　〔類 東京理科大〕

HINT

23　(2)　(1)の結果を利用して，S を 2 通りに表す。　(4)　連続する 3 整数の積は 6 の倍数。

24　(2)　n は 2 以上 $n-1$ 以下の自然数 a，b を用いて，$n=ab$ と表される。

25　$p\leqq q$ として考えてもよい。まず，p の値を求める。

26　(1)　すべての自然数 x は，整数 n を用いて $x=5n$，$5n\pm1$，$5n\pm2$ のいずれかで表される。

(2)　x^2，z^2 を 5 で割った余りは(1)から 0，1，4 のいずれかである。

(3)　背理法で証明する。条件を満たす $(x,\ y,\ z)$ が存在すると仮定し，そのような $(x,\ y,\ z)$ のうち x が最小であるような組を $(x_1,\ y_1,\ z_1)$ として矛盾を導く。

28　(2)　$2016=65\cdot31+1$　(3)　部屋割り論法を利用する。

答 の 部

[問], 練習, EXERCISES, 総合演習第 2 部の答の数値のみをあげ, 図・表・証明は省略した。なお, [問] については略解を [　] 内に付した場合もある。

数学 A

● [問] の解答

・p.28 の [問] (1) (ア) 1680 (イ) 156 (ウ) 24 (2) 120 通り
[(1) (ア) 8・7・6・5 (イ) 13・12 (ウ) 4! (2) $_6P_3$]

・p.48 の [問]
(1) 210 (2) 220 (3) 11 (4) 1 (5) 1
$\left[(1)\ \dfrac{10\cdot9\cdot8\cdot7}{4\cdot3\cdot2\cdot1}\quad(2)\ {}_{12}C_9={}_{12}C_3=\dfrac{12\cdot11\cdot10}{3\cdot2\cdot1}\right]$

・p.81 の [問] 7 %
[明日雨にあう確率を A, 明後日雨にあう確率を B とすると $P(A)=P(B)=0.2$, $P(\overline{A}\cap\overline{B})=0.67$
このとき
$P(A\cup B)=1-P(\overline{A\cup B})=1-P(\overline{A}\cap\overline{B})=0.33$
求める確率は
$P(A\cap B)=P(A)+P(B)-P(A\cup B)$]

・p.127 の [問]
(1) $a=6$, $b=\dfrac{8}{3}$ (2) $x=110°$, $y=125°$
[(1) $a:(a+2)=9:12$, $8:b=6:2$
(2) 四角形 ABCD は平行四辺形である。
$x=\angle BAD=2\angle BAF=2\angle FEC$,
$y=\angle FEC+(180°-x)$]

・p.128 の [問] (ア) F (イ) A

・p.158 の [問]
(1) $\theta=27°$ (2) $\theta=42°$ (3) $\theta=50°$
$\left[(1)\ 63°+\theta=90°\quad(2)\ \theta=\dfrac{180°-2\times48°}{2}\right.$
(3) $\theta+52°=102°$]

・p.173 の [問] 3, 6
[2 つの円の半径を r, r' $(r>r')$ とすると
$r+r'=9$, $r-r'=3$]

・p.189 の [問]
① 面の数, ② 面の形, ③ 1 頂点に集まる面の数, ④ 頂点の数, ⑤ 辺の数　とする。

正多面体	①	②	③	④	⑤
正四面体	4	正三角形	3	4	6
正六面体	6	正 方 形	3	8	12
正八面体	8	正三角形	4	6	12
正十二面体	12	正五角形	3	20	30
正二十面体	20	正三角形	5	12	30

<第 1 章> 場 合 の 数

● 練習 の解答

1 (1) 36 (2) 64 (3) 22 (4) 97
2 (1) 64 (2) 105
3 (ア) 70 (イ) 50 (ウ) 20 (エ) 0
4 (ア) 12 (イ) 96
5 240
6 (1) 順に 30 通り, 24 通り (2) 10 通り
7 (1) 6 通り (2) 12 個
8 順に 24 個, 3720, 18 個
9 (1) 152 通り (2) 133 通り
10 29 通り
11 (ア) 2520 (イ) 1440 (ウ) 600
12 (1) 720 個 (2) 220 個 (3) 400 個 (4) 200 個 (5) 78 個
13 (1) 1440 通り (2) 144 通り (3) 2880 通り
14 (1) 順に 312456, 241 番目 (2) 342651
15 216
16 (1) 96 通り (2) 6 通り (3) 72 通り
17 (1) 2520 通り (2) 504 通り
18 (1) 576 通り (2) 144 通り (3) 72 通り
19 (1) 144 通り (2) 20 通り
20 (1) 32 個 (2) 127 通り (3) 144 個
21 (1) 126 通り (2) 36 通り (3) 972 通り
22 (1) 252 通り (2) 100 通り (3) 24 通り (4) 12000 通り
23 (1) (ア) 220 (イ) 66 (2) (ウ) 39
24 (ア) $\dfrac{1}{2}n(n-3)$ (イ) $\dfrac{1}{6}n(n-1)(n-2)$
(ウ) $\dfrac{1}{24}n(n-1)(n-2)(n-3)$
(エ) $\dfrac{1}{24}n(n-1)(n-2)(n-3)$
25 (1) 27720 通り (2) 34650 通り (3) 5775 通り (4) 9240 通り
26 (1) 12 通り (2) 48 通り
27 (ア) 10080 (イ) 10080
28 (1) 45360 (2) 10080 (3) 2520 (4) 7560 (5) 15120
29 (ア) 62 (イ) 26
30 (1) 924 通り (ア) 420 通り (イ) 216 通り (ウ) 624 通り (エ) 300 通り
(2) 132 通り
31 (1) 48 通り (2) 16 通り
32 (1) 165 通り (2) 21 通り

33 (1) 286通り (2) 84通り (3) 15通り
34 (1) 252個 (2) 2001個 (3) 252個

● EXERCISES の解答

1 (ア) 29 (イ) 21 (ウ) 69
2 (ア) 73 (イ) 87 (ウ) 62
3 (1) 40人 (2) 25人 (3) 35人 (4) 9人
4 (1) 17 (2) 66 (3) 116
5 4通り
6 (ア) 216 (イ) 36 (ウ) 20
7 (ア) 24 (イ) 1925
8 191通り
9 104通り
10 (1) (ア) 96個 (イ) 36個 (ウ) 24個
(エ) 54個
(2) 133320
11 (1) 5040 (2) 720 (3) 720 (4) 144
12 (1) 順にCEMOPTU, 5040通り
(2) 276番目 (3) CMTOEUP
13 (1) 720通り (2) 840通り (3) 240通り
(4) 12通り
14 (1) $f(2)=17$, $f(3)=226$ (2) 略
15 (ア) 3456 (イ) 96
16 (1) 2通り (2) 順に3通り, 15通り
17 (ア) 255 (イ) 3212 (ウ) 44
18 (ア) 5 (イ) 9 (ウ) 1022 (エ) 62
19 (1) 350通り (2) 344通り (3) 60通り
20 (ア) 90 (イ) 26 (ウ) 22 (エ) 14
21 (1) (ア) 20 (イ) 12 (ウ) 8 (エ) 2
(2) (オ) 24 (カ) 24 (キ) 8
(3) (ク) $2k$ (ケ) $6k(3k-1)$
22 (1) (ア) 1260 (イ) 910 (2) (ウ) 805
23 (1) 6通り (2) 30通り (3) 120通り
24 (1) 96個 (2) 7560個
25 (1) 6通り (2) 9通り
(3) 30通り (4) 54通り
26 (1) 29通り (2) 406通り (3) 75通り

<第2章> 確　率

● 練習 の解答

35 (1) (ア) $\frac{5}{36}$ (イ) $\frac{1}{9}$
(2) 表裏2枚ずつ出る確率は $\frac{3}{8}$,
全部裏が出る確率は $\frac{1}{16}$
36 (1) $\frac{5}{14}$ (2) $\frac{2}{7}$
37 (1) $\frac{1}{70}$ (2) $\frac{1}{35}$
38 (1) $\frac{9}{55}$ (2) $\frac{32}{55}$ (3) $\frac{4}{55}$
39 (1) $\frac{5}{81}$ (2) $\frac{10}{81}$ (3) $\frac{17}{27}$
40 2個または6個
41 $\frac{1}{18}$
42 (1) $\frac{3}{44}$ (2) $\frac{29}{55}$
43 (1) $\frac{1}{7}$ (2) $\frac{2}{5}$
44 (1) $\frac{3}{5}$ (2) $\frac{23}{42}$
45 $\frac{67}{200}$
46 (1) $\frac{14}{17}$ (2) $\frac{15}{34}$
47 (1) (ア) $\frac{91}{216}$ (イ) $\frac{1}{36}$
(2) (ア) $\frac{3}{20}$ (イ) $\frac{2}{5}$
48 (1) $\frac{5}{14}$ (2) $\frac{500}{2401}$
49 (ア) $\frac{25}{216}$ (イ) $\frac{1}{9}$ (ウ) $\frac{65}{81}$
50 (1) $\frac{1}{8}$ (2) $\frac{7}{16}$
51 (1) $\frac{16}{81}$ (2) $\frac{175}{1296}$ (3) $\frac{65}{1296}$
52 (1) $\frac{105}{512}$ (2) $\frac{121}{128}$
53 (1) $\frac{15}{128}$ (2) $\frac{161}{1024}$
54 (1) $\frac{9}{64}$ (2) $\frac{65}{128}$
55 $\frac{63}{256}$
56 (1) $\frac{3}{8}$ (2) $\frac{1}{16}$ (3) $\frac{9}{64}$
57 $n=12$, 13
58 (1) $\frac{1}{2}$ (2) $\frac{4}{7}$
59 (1) $\frac{1}{4}$ (2) $\frac{1}{3}$
60 (1) $\frac{5}{28}$ (2) $\frac{5}{28}$
61 順に $\frac{10}{21}$, $\frac{5}{14}$
62 (1) $\frac{2}{7}$ (2) $\frac{9}{35}$
63 (1) $\frac{16}{125}$ (2) $\frac{1}{4}$
64 $\frac{6}{17}$
65 (1) $\frac{13}{2}$点 (2) $\frac{9}{2}$
66 2
67 C案が最も有利
68 (1) $\frac{3}{8}$ (2) $\frac{9}{16}$
69 (1) $\frac{35}{18}$ (2) $\frac{53}{18}$ (3) $k=3$

● EXERCISES の解答

27 (1) $\frac{1}{6}$ (2) $\frac{1}{2}$ (3) $\frac{1}{36}$

28 (1) $\frac{5}{9}$ (2) $\frac{1}{18}$ (3) $\frac{1}{3}$

29 (1) 12 通り (2) 30 通り (3) $\frac{3}{10}$

30 (1) $\frac{1}{3}$ (2) $\frac{10}{81}$

31 (ア) 729 (イ) $\frac{20}{243}$ (ウ) $\frac{62}{243}$

32 (1) $\frac{3}{10}$ (2) $\frac{5}{7}$ (3) $\frac{6(n-2)}{n(n-1)}$ (4) 9
(5) 11

33 $\frac{5}{12}$

34 (1) $\frac{1}{3}$ (2) $\frac{1}{2}$

35 (1) $\frac{1}{33}$ (2) $\frac{1}{7}$

36 (1) $\frac{1}{3}$ (2) $\frac{1}{3}$

37 (1) $\frac{35}{128}$ (2) $\frac{9}{64}$ (3) $\frac{63}{128}$

38 (1) $\frac{4^n-3^n}{6^n}$ (2) $\frac{3^n-2^{n+1}+1}{6^n}$
(3) $\frac{6^n-3^n-4^n+2^n}{6^n}$

39 (1) $\frac{1}{4}$ (2) $\frac{1}{8}$

40 (1) $\frac{8}{21}$ (2) $\frac{(n-5)^2}{(n+1)(n-8)}$
(3) $n=11$, 12

41 n が偶数のとき $\frac{1}{2}$,
n が奇数のとき $\frac{n-1}{2n}$

42 (1) $\frac{1}{15}$ (2) $\frac{3}{5}$

43 (1) $P(A)=\frac{8}{15}$, $P(B)=\frac{8}{15}$
(2) $P(A)=\frac{3}{10}$, $P(B)=\frac{49}{120}$

44 順に $\frac{26}{81}$, $\frac{2}{27}$

45 白玉 10 個，青玉 5 個，赤玉 10 個

46 $n=2$

47 $\frac{13}{8}$

48 傘を買うべき

49 (1) $E=6p_1q_2-6p_2q_1-3p_1+2p_2+3q_1-2q_2$
(2) 得であるとも損であるともいえない

50 (1) $\frac{160}{729}$ (2) 1 本 (3) $\frac{80}{729}$

＜第３章＞ 図形の性質

● 練習 の解答

70 BP$=\frac{5}{2}$, PC$=\frac{3}{2}$, CQ$=6$

71, 72 略

73 (1) $\alpha=10°$, $\beta=50°$
(2) $\alpha=30°$, $\beta=120°$

74 (1) $\alpha=65°$, $\beta=105°$ (2) 12：5

75 (1) $\frac{5}{12}$ 倍 (2) 36 cm^2

76, 77 略

78 垂心

79, 80 略

81 50

82 (1) 8：9 (2) 4：3

83 (1) 略 (2) (ア) 4：9 (イ) 13：2

84 $\frac{21}{2}$

85 略

86 (1) $1<x<3$ (2) 略

87 略

88 (1) $15\sqrt{3}$ (2) 14

89 (1) 60° (2) 50°

90, 91 略

92 (1) 3
(2) BH$=2$, AH$=3\sqrt{5}$
(3) 面積は $12\sqrt{5}$，半径は $\sqrt{5}$

93 115°

94 略

95 (1) (ア) $x=8$ (イ) $x=5$ (ウ) $x=3$
(2) 2

96, 97 略

98 $\sqrt{22}+\frac{5}{2}$, $\sqrt{22}-\frac{5}{2}$

99～106 略

107 $f=32$, $e=60$, $v=30$

108 $\frac{23\sqrt{2}}{12}$

109 $\frac{2\sqrt{2}}{3}\pi$

● EXERCISES の解答

51 (1) $\sqrt{7}$ (2) $bc:(a+b)(c+a)$

52 (1) 線分 BG の長さの方が大きい
(2) 垂心は頂点 A と一致する。
外心は斜辺 BC の中点と一致する
(3) 順に $\frac{5}{2}$, 1

53 略

54 (1), (2) 略
(3) (ア) $\frac{5\sqrt{21}}{7}$ (イ) $\frac{5\sqrt{70}}{7}$

55 (ア) 7：5 (イ) 1

56 (1) 3：2 (2) 1：2 (3) 1：2

(4) $\frac{1}{2}\mathrm{BC}^2$
57 (1) 略 (2) 90°
58 略
59 $x>4$
60 略
61 $\frac{3\sqrt{2}}{4}\pi$
62 略
63 (1) $\frac{1}{\sqrt{5}}$ (2) $\mathrm{HC}=2\sqrt{3}$，$\mathrm{CA}=4$ (3) 60°
64 CA＝CB の二等辺三角形
65～71 略
72 正しいときは ○，正しくないときは × で表す。
(1) × (2) ○ (3) × (4) × (5) ○
(6) ×
73 略
74

もとの正多面体	新しくできる正多面体
正四面体	正四面体
正六面体	正八面体
正八面体	正六面体
正十二面体	正二十面体
正二十面体	正十二面体

75 $f=32$，$e=90$，$v=60$
76 略

＜第４章＞ 数学と人間の活動

● 練習 の解答

110 (1) 略 (2) $a=\pm2$，±4，±10，±20
111 (1) 49923 (2) 略
112 (1) $n=385$ (2) $n=15$ (3) $n=30$
113 (1) 個数は 24 個，総和は 2240
(2) $n=49$ (3) 5 個
114 (1) $(m,\ n)=(17,\ 8)$，$(7,\ 2)$
(2) $n=4$，20
115 (1) (ア) $n=4$ (イ) $n=2$，14 (2) $p=2$
116 (1) $a=26$，$c=7$ (2) 24 個
117 最大公約数，最小公倍数の順に
(1) 18，756 (2) 231，2310 (3) 15，7020
(4) 6，35280
118 (1) $(a,\ b)=(35,\ 140)$，$(70,\ 105)$
(2) $(a,\ b)=(8,\ 48)$，$(16,\ 24)$
(3) $(a,\ b)=(8,\ 240)$，$(16,\ 120)$，$(24,\ 80)$，
$(40,\ 48)$
119 $(a,\ b,\ c)=(28,\ 42,\ 147)$
120 (1) 0 (2) 略
121 略
122 (1) 60 (2) $(p,\ q)=(3,\ 13)$，$(5,\ 7)$
(3) $k=4$
123 (1) 240 (2) 略
124 (1) 1 (2) 4 (3) 3 (4) 3
125～127 略
128 $n=3$
129 (1) 略
(2) (ア) $x\equiv6 \pmod 7$ (イ) $x\equiv4 \pmod{11}$
(ウ) $x\equiv2,\ 5,\ 8 \pmod 9$
130 (1) (ア) 3 (イ) 8 (2) 9
131 (1) $n=3k+2$（k は 0 以上の整数）
(2) 略
132 略
133 (1) 19 (2) 1 (3) 105
134 (1) 略 (2) 10 個
135 k は整数とする。
(1) $x=7k+2$，$y=4k+1$
(2) $x=23k-5$，$y=-55k+12$
136 k は整数とする。
(1) $x=17k+3$，$y=12k+2$
(2) $x=32k-27$，$y=-71k+60$
(3) $x=56k-3$，$y=73k-4$
137 896
138 $x=28$
139 略
140 (1) $(x,\ y)=(2,\ 8)$
(2) $(x,\ y,\ z)=(1,\ 1,\ 9)$，$(1,\ 2,\ 7)$，
$(1,\ 3,\ 5)$，$(1,\ 4,\ 3)$，
$(1,\ 5,\ 1)$，$(2,\ 1,\ 5)$，
$(2,\ 2,\ 3)$，$(2,\ 3,\ 1)$，
$(3,\ 1,\ 1)$
141 (1) $(x,\ y,\ z)=(1,\ 3,\ 5)$，$(2,\ 2,\ 2)$
(2) $(x,\ y,\ z)=(4,\ 5,\ 20)$，$(4,\ 6,\ 12)$
142 (1) $(x,\ y)=(4,\ 1)$
(2) $(x,\ y)=(2,\ 4)$，$(4,\ 2)$
143 (1) $(x,\ y)=(1,\ 1)$，$(5,\ 5)$，$(7,\ 3)$
(2) $(x,\ y)=(3,\ 9)$，$(4,\ 6)$，$(5,\ 5)$，$(8,\ 4)$，
$(1,\ -3)$，$(-1,\ 1)$，$(-4,\ 2)$
144 (1) $(x+2y+3)(3x-2y-5)$
(2) $(x,\ y)=(4,\ -3)$，$(4,\ 3)$
145 $(x,\ y)=(2,\ -1)$，$(2,\ -7)$
146 (1) (ア) $13000_{(5)}$ (イ) $1331_{(9)}$
(2) $441_{(n)}$ (3) 順に 923，2644
147 (1) 11.408
(2) (ア) $0.74_{(8)}$ (イ) $0.5\dot{2}_{(6)}$
148 (1) $10112_{(3)}$ (2) $111_{(2)}$
(3) $1024222_{(5)}$ (4) $111_{(2)}$
149 (1) $a=3$，$b=2$，$c=3$，$N=88$ (2) $n=7$
150 (1) 100 個
(2) 2 進法で表すと 39 桁，40 桁；
8 進法で表すと 13 桁，14 桁
151 (1) 79 番目 (2) 2111 (3) 256 個
152 (1) 6 個 (2) 85 個
153 (1) $\frac{13}{14}$
(2) 順に $0.0101_{(2)}$，$0.\dot{2}\dot{1}_{(7)}$
154 B(25, 0)，E(0, 10)
155 (1) Q(4, 0, 0) (2) R(4, -3, -2)
(3) S(-4, 3, -2)
156 $(-3,\ 4,\ 2)$，$(4,\ -3,\ 2)$

● EXERCISES の解答

77, 78　略

79　(1)　順に 32 個, 3360　(2)　960

80　(1)　$n=2$
(2)　$(m,\ n)=(1,\ 0),\ (1,\ 1)$
(3)　$(m,\ n)=(5,\ 2),\ (3,\ 0)$

81　$\dfrac{105}{26}$

82　$(m,\ n)=(11,\ 1),\ (9,\ 3),\ (7,\ 5)$

83　$N=100,\ 101,\ 125,\ 176$

84　48 個

85　(1)　2 または 10
(2)　(ア)　0 または 1　(イ)　略

86　(1)　略　(2)　336 個　(3)　504 個

87, 88　略

89　(1)　略　(2)　$p_5=127$

90, 91　略

92　(1)　略　(2)　5 で割ると 3 余る自然数
(3)　5 で割ると 2 余る自然数

93　3 のカードは 21 枚, 7 のカードは 11 枚

94　(1)　(ア)　17　(イ)　5
(2)　$(a,\ b)=(9,\ 8),\ (12,\ 6)$ のとき最大値 72

95　略

96　(1)　$-\dfrac{3}{14}k+19$
(2)　$(4,\ 13,\ 1),\ (2,\ 10,\ 4),\ (8,\ 7,\ 2),$
$(6,\ 4,\ 5),\ (4,\ 1,\ 8),\ (12,\ 1,\ 3)$

97　$(p,\ q,\ r)=(2,\ 3,\ 4),\ (2,\ 3,\ 5),\ (2,\ 3,\ 6)$

98　$(x,\ y,\ z)=(-3,\ 1,\ 2),\ (-2,\ -1,\ 3)$

99　(1)　$(x,\ y)=(5,\ 4),\ (3,\ 1)$
(2)　$(x,\ y)=(3,\ 36),\ (3,\ -42),\ (-3,\ 42),$
$(-3,\ -36)$

100　(1)　$(x,\ y)=(9,\ 36),\ (10,\ 20),\ (12,\ 12),$
$(16,\ 8),\ (24,\ 6),\ (40,\ 5)$
(2)　$(x,\ y)=(3p,\ 3p),\ (4p,\ 2p)$

101　(1)　(ア)　2　(イ)　-6
(2)　$n=-6,\ -4,\ 0,\ 2$

102　(1)　順に 288, 184
(2)　順に $\mathrm{BB}_{(16)}$, $\mathrm{CD4}_{(16)}$

103　(1)　$32.2_{(8)}$　(2)　$101011.1011_{(2)}$

104　$a=3,\ b=3,\ c=4,\ N=220$

105　(1)　略　(2)　91

106　(1)　25 個　(2)　略

107　(1)　AB=CA の二等辺三角形
(2)　$\angle A=90°$ の直角三角形

● 総合演習第 2 部 の解答

1　(1)　(ア)　120　(イ)　24　(ウ)　6　(エ)　78
(2)　64 通り

2　(1)　$3\cdot4^{n-1}-3^n$ 個　(2)　21200

3　180 通り

4　(1)　1824 通り　(2)　432 通り

5　576 通り

6　89

7　(1)　$\dfrac{4}{9}$　(2)　$\dfrac{1}{18}$

8　(1)　22680 通り　(2)　$\dfrac{8}{63}$　(3)　$\dfrac{11}{945}$

9　(1)　$\dfrac{3}{95}$　(2)　$\dfrac{1}{4845}$　(3)　$\dfrac{8}{85}$　(4)　$\dfrac{301}{1615}$

10　(1)　(ア)　6　(イ)　9
(2)　(ウ)　$\dfrac{104}{6075}$　(3)　(エ)　55

11　$\dfrac{2}{3n(n+1)}$

12　(1)　$\dfrac{2^n-1}{6^n}$　(2)　$\dfrac{6^n-3^n-2^n}{6^n}$
(3)　$\dfrac{4^n-2\cdot3^n+2^n}{6^n}$

13　(1)　(ア)　$\dfrac{4}{27}$　(イ)　$\dfrac{196}{729}$　(2)　(ウ)　$\dfrac{13}{49}$

14　(1)　$\dfrac{1}{6}$　(2)　$\dfrac{2}{3}$　(3)　$\dfrac{1}{27}$　(4)　$\dfrac{4}{5}$

15　(1)　$\dfrac{1}{8}$　(2)　$\dfrac{7}{15}$　(3)　$\dfrac{7}{40}$　(4)　$\dfrac{6}{5}$

16　(1)　$\dfrac{5}{7}$　(2)　略　(3)　9

17, **18**　略

19　29 個

20　(1)　$n=12$　(2)　(ア)　48　(イ)　54

21　$m=12,\ n=9$

22　略

23　(1)　略　(2)　$r=m(n-m)$
(3)　$(m,\ n)=(1,\ r+1)$ のとき
$S=r(r+1)(r+2)$
$(m,\ n)=(r,\ r+1)$ のとき
$S=r(r+1)(2r+1)$
(4)　略

24　略

25　17

26　略

27　$(m,\ n)=(1,\ 2),\ (2,\ 1)$

28　(1)　$x=31k-10,\ y=-65k+21$ (k は整数)
(2)　$(x,\ y)=(21,\ 21)$　(3)　略

29　最小のものは 8, 最大のものは 31

索　引

1. 用語の掲載ページ(右側の数字)を示した。
2. 主に初出のページを示したが，関連するページも合わせて示したところもある。

【あ行】

【か行】

【さ行】

索引

●編著者
チャート研究所

●表紙・カバーデザイン
有限会社アーク・ビジュアル・ワークス

●本文デザイン
株式会社加藤文明社

初版 （数学Ⅰ）
第１刷 1964年２月１日 発行
（新制版）
第１刷 1973年３月１日 発行
新制
第１刷 1982年２月10日 発行
新制 （数学Ａ）
第１刷 1994年２月１日 発行
新課程
第１刷 2002年11月１日 発行
新課程
第１刷 2011年９月１日 発行
改訂版
第１刷 2017年２月１日 発行
増補改訂版
第１刷 2019年２月１日 発行
新課程
第１刷 2021年７月１日 発行
第２刷 2021年11月１日 発行
第３刷 2022年２月１日 発行
第４刷 2022年４月１日 発行
第５刷 2022年４月10日 発行
第６刷 2023年５月１日 発行
第７刷 2023年５月10日 発行
第８刷 2024年８月１日 発行

編集・制作 チャート研究所
発行者 星野 泰也

ISBN978-4-410-10528-9

※解答・解説は数研出版株式会社が作成したものです。

チャート式® 基礎からの 数学Ａ

発行所 数研出版株式会社

〒101-0052 東京都千代田区神田小川町2丁目3番地3
〔振替〕 00140-4-118431
〒604-0861 京都市中京区烏丸通竹屋町上る大倉町205番地
〔電話〕 代表 (075)231-0161
ホームページ https://www.chart.co.jp
印刷 株式会社 加藤文明社
乱丁本・落丁本はお取り替えいたします 240608

▶方べきの定理の逆

2つの線分ABとCD，またはABの延長とCDの延長が点Pで交わるとき，PA・PB＝PC・PDが成り立つならば，4点A，B，C，Dは1つの円周上にある。

▶三垂線の定理

平面α上に直線ℓがあるとき，α上にない点A，ℓ上の点B，ℓ上にないα上の点Oについて

$AB\perp\ell$，$OB\perp\ell$，$OA\perp OB$ ならば $OA\perp\alpha$

□ 直線と平面，多面体

▶空間における直線や平面の位置関係

・平行な2直線の一方に垂直な直線は，他方にも垂直である。

・直線ℓが，平面α上の交わる2直線m，nに垂直ならば，直線ℓは平面αに垂直である。

・平面αの1つの垂線を含む平面は，αに垂直である。

▶多面体

次の2つの条件を満たす凸多面体を正多面体という。

[1]　各面はすべて合同な正多角形である。

[2]　各頂点に集まる面の数はすべて等しい。

▶オイラーの多面体定理

凸多面体の頂点の数をv，辺の数をe，面の数をfとすると　$v-e+f=2$

4　数学と人間の活動

□ 約数と倍数

▶倍数の判定法

2の倍数　一の位が0，2，4，6，8のいずれか

5の倍数　一の位が0，5のいずれか

4の倍数　下2桁が4の倍数

3の倍数　各位の数の和が3の倍数

9の倍数　各位の数の和が9の倍数

▶約数の個数

自然数Nの素因数分解が$N=p^aq^br^c\cdots\cdots$となるとき，Nの正の約数の個数は

$$(a+1)(b+1)(c+1)\cdots\cdots$$

Nの正の約数の総和は

$$(1+p+\cdots+p^a)(1+q+\cdots+q^b)(1+r+\cdots+r^c)\cdots\cdots$$

▶最大公約数，最小公倍数の性質

2つの自然数a，bの最大公約数をg，最小公倍数をlとする。$a=ga'$，$b=gb'$とすると

① a'，b'は互いに素である。

② $l=ga'b'=ab'=a'b$　　③ $ab=gl$

□ 整数の割り算と商・余り

▶整数の割り算

整数aと正の整数bに対して

$$a=bq+r,\quad 0\leqq r<b$$

を満たす整数qとrがただ1通りに定まる。

▶連続する整数の積の性質

① 連続する2つの整数の積は，2の倍数である。

② 連続する3つの整数の積は，6の倍数である。

▶余りによる整数の分類　　kは整数

① $2k$，$2k+1$　（偶数，奇数）

② $3k$，$3k+1$，$3k+2$

（3で割った余りが0，1，2）

③ 一般に，mが2以上の自然数のとき

$mk,\ mk+1,\ mk+2,\ \cdots\cdots,\ mk+(m-1)$

▶（参考）　合同式　　mは正の整数

2つの整数a，bについて，$a-b$がmの倍数であるとき，aとbはmを法として合同であるといい，式で$\boldsymbol{a\equiv b\ (\mathrm{mod}\ m)}$と表す。

□ ユークリッドの互除法・1次不定方程式

▶割り算と最大公約数

2つの自然数a，bについて，aをbで割ったときの余りをrとすると，aとbの最大公約数は，bとrの最大公約数に等しい。

▶ユークリッドの互除法

2つの自然数a，bの最大公約数を求めるには，次の手順を繰り返せばよい。

① aをbで割ったときの余りをrとする。

② $r=0\Longrightarrow b$がaとbの最大公約数。

$r>0\Longrightarrow a$をb，bをrでおき換えて，①へ。

▶1次不定方程式と整数解

0でない2つの整数a，bが互いに素であるならば，任意の整数cについて，$ax+by=c$を満たす整数x，yが存在する。

□ 記数法

▶n進法

位取りの基礎をnとして数を表す方法をn進法といい，n進法で表された数をn進数という。

▶有限小数，循環小数の判定

既約分数$\dfrac{m}{n}$について，次のことが成り立つ。

・分母nの素因数は2，5だけからなる

$\Longleftrightarrow \dfrac{m}{n}$は有限小数で表される

・分母nの素因数に2，5以外のものがある

$\Longleftrightarrow \dfrac{m}{n}$は循環小数で表される

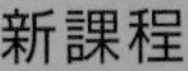

チャート式®

基礎からの 数学A

〈解答編〉

問題文＋解答

数研出版
https://www.chart.co.jp

練習，EXERCISES，総合演習の解答（数学A）

注意 ・章ごとに，練習・EXERCISES の解答をまとめて扱った。
・問題番号の左の数字は，難易度を表したものである。

練習 ②1 1から100までの整数のうち，次の整数の個数を求めよ。
(1) 4と7の少なくとも一方で割り切れる整数 (2) 4でも7でも割り切れない整数
(3) 4で割り切れるが7で割り切れない整数
(4) 4と7の少なくとも一方で割り切れない整数

1から100までの整数全体の集合を U とし，そのうち4の倍数，7の倍数全体の集合をそれぞれ A，B とすると

←U，A，B はどんな集合であるかを記す。

$A=\{4\cdot1,\ 4\cdot2,\ \cdots\cdots,\ 4\cdot25\}$，$B=\{7\cdot1,\ 7\cdot2,\ \cdots\cdots,\ 7\cdot14\}$

←$100=7\cdot14+2$

ゆえに　$n(A)=25$，$n(B)=14$

(1) 4と7の少なくとも一方で割り切れる整数全体の集合は $A\cup B$ である。

ここで，4でも7でも割り切れる整数全体の集合 $A\cap B$ すなわち28の倍数全体の集合について

←4と7の最小公倍数は28

$$A\cap B=\{28\cdot1,\ 28\cdot2,\ 28\cdot3\}$$

よって　$n(A\cap B)=3$

←本冊 $p.20$ 参考事項参照。

ゆえに　$n(A\cup B)=n(A)+n(B)-n(A\cap B)$
$=25+14-3=\mathbf{36}$

	B	$\overline{B}$	計
A	3	22	25
$\overline{A}$	11	64	75
計	14	86	100

(2) 4でも7でも割り切れない整数全体の集合は $\overline{A}\cap\overline{B}$ である。

$n(U)=100$ であるから

$n(\overline{A}\cap\overline{B})=n(\overline{A\cup B})$　←ド・モルガンの法則
$=n(U)-n(A\cup B)$　←補集合の要素の個数。
$=100-36=\mathbf{64}$

(3) 4で割り切れるが7で割り切れない整数全体の集合は $A\cap\overline{B}$ であるから

$n(A\cap\overline{B})=n(A)-n(A\cap B)$
$=25-3=\mathbf{22}$

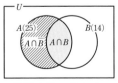

←この関係は，ベン図をかくとわかりやすい。

(4) 4と7の少なくとも一方で割り切れない整数全体の集合は $\overline{A}\cup\overline{B}$ であるから

←(1)の補集合ではない。(1)の補集合は $\overline{A\cup B}=\overline{A}\cap\overline{B}$

$n(\overline{A}\cup\overline{B})=n(\overline{A\cap B})=n(U)-n(A\cap B)$　←ド・モルガンの法則
$=100-3=\mathbf{97}$

練習 ②2 300人を対象に「2つのテーマパークPとQに行ったことがあるか」というアンケートをおこなったところ，Pに行ったことがある人が147人，Qに行ったことがある人が86人，どちらにも行ったことのない人が131人であった。
(1) 両方に行ったことのある人の数を求めよ。
(2) どちらか一方にだけ行ったことのある人の数を求めよ。 ［関東学院大］

全体集合を U とし，Pに行ったことのある人の集合を A，Qに行ったことのある人の集合を B とすると

←この断り書きは必ず書くようにする。

$$n(U)=300,\ n(A)=147,\ n(B)=86,\ n(\overline{A}\cap\overline{B})=131$$

(1)　両方に行ったことのある人の集合は $A\cap B$ である。

ゆえに　　$n(A\cup B)=n(U)-n(\overline{A\cup B})$

$=n(U)-n(\overline{A}\cap\overline{B})$

$=300-131=169$

←$n(A)=n(U)-n(\overline{A})$

よって　　$n(A\cap B)=n(A)+n(B)-n(A\cup B)$

$=147+86-169=\mathbf{64}$

(2)　どちらか一方にだけ行ったことのある人の数は

$n(A\cap\overline{B})+n(\overline{A}\cap B)$

$=n(A\cup B)-n(A\cap B)$

$=169-64=\mathbf{105}$

←(1)の結果を代入。

別解　**方程式を作る**

図のように a, b, c を定めると

$a+b=147$

$b+c=86$

$a+b+c+131=300$

これらから　(1)　$b=\mathbf{64}$

(2)　$a+c=\mathbf{105}$

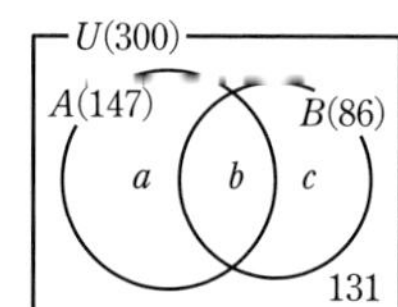

←本冊 $p.20$ 参考事項参照。

	B	$\overline{B}$	計
A	64	83	147
$\overline{A}$	22	131	153
計	86	214	300

練習 ③3　デパートに来た客 100 人の買い物調査をしたところ，A 商品を買った人は 80 人，B 商品を買った人は 70 人であった。両方とも買った人数のとりうる最大値は ア□ で，最小値は イ□ である。また，両方とも買わなかった人数のとりうる最大値は ウ□ で，最小値は エ□ である。
〔久留米大〕

客全体の集合を全体集合 U とし，A 商品，B 商品を買った人の集合をそれぞれ A, B とすると，条件から

$n(U)=100$, $n(A)=80$, $n(B)=70$

両方とも買った人数は $n(A\cap B)$ で表され，$n(A\cap B)$ は，$n(A)>n(B)$ であるから，$A\supset B$ のとき最大になる。

←$A\supset B$ のとき

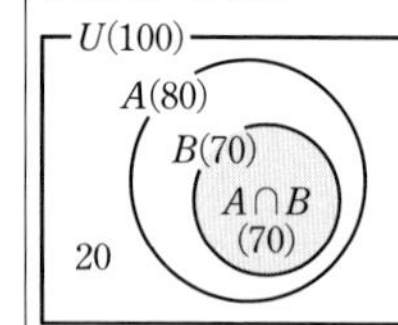

ゆえに　　$n(A\cap B)=n(B)=$ ア $\mathbf{70}$

また，$n(A\cap B)$ は，$A\cup B=U$ のとき最小になる。

このとき　　$n(A\cap B)=n(A)+n(B)-n(A\cup B)$

$=n(A)+n(B)-n(U)$

$=80+70-100=$ イ $\mathbf{50}$

次に，両方とも買わなかった人数は $n(\overline{A}\cap\overline{B})$ で表され，

$n(\overline{A}\cap\overline{B})=n(\overline{A\cup B})=n(U)-n(A\cup B)$

$=n(U)-\{n(A)+n(B)-n(A\cap B)\}$

$=100-80-70+n(A\cap B)$

$=n(A\cap B)-50$

$A\cup B=U$ のとき

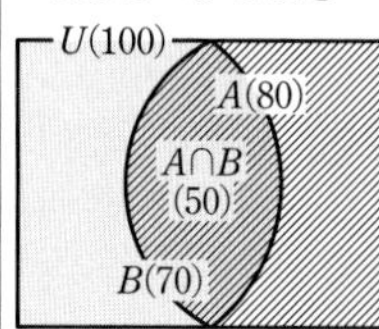

したがって，$n(\overline{A}\cap\overline{B})$ が最大，最小となるのは，それぞれ $n(A\cap B)$ が最大，最小となる場合と一致する。

よって　　最大値は　　$70-50=$ ウ $\mathbf{20}$,

最小値は　　$50-50=$ エ $\mathbf{0}$

検討　(ウ)，(エ)　不等式の性質を用いて解くこともできる。

←数学Ⅰ参照。

不等式の性質

$$a<b \quad ならば \quad a+c<b+c,\ a-c<b-c$$

(解答) $n(\overline{A}\cap\overline{B})=n(A\cap B)-50$ を導くまでは同じ。

$50\leqq n(A\cap B)\leqq 70$ であるから ←(ア), (イ)の結果。

$$50-50\leqq n(A\cap B)-50\leqq 70-50$$ ←不等式の性質

よって $0\leqq n(A\cap B)-50\leqq 20$ ←各辺を整理。

したがって ${}^{エ}\mathbf{0}\leqq n(\overline{A}\cap\overline{B})\leqq{}^{ウ}\mathbf{20}$

練習 ③4 ある高校の生徒 140 人を対象に，国語，数学，英語の 3 科目のそれぞれについて，得意か得意でないかを調査した。その結果，国語が得意な人は 86 人，数学が得意な人は 40 人いた。そして，国語と数学がともに得意な人は 18 人，国語と英語がともに得意な人は 15 人，国語または英語が得意な人は 101 人，数学または英語が得意な人は 55 人いた。また，どの科目についても得意でない人は 20 人いた。このとき，3 科目のすべてが得意な人は ア□ 人であり，3 科目中 1 科目のみ得意な人は イ□ 人である。 〔名城大〕

生徒全体の集合を U とし，国語，数学，英語が得意な人の集合をそれぞれ A，B，C とすると

$n(U)=140$, $n(A)=86$, $n(B)=40$,
$n(A\cap B)=18$, $n(A\cap C)=15$, $n(A\cup C)=101$,
$n(B\cup C)=55$, $n(\overline{A}\cap\overline{B}\cap\overline{C})=20$

←まず，問題の条件の人数を，集合の要素の個数として表してみる。

これから

$n(A\cup B\cup C)=n(U)-n(\overline{A}\cap\overline{B}\cap\overline{C})=140-20=120$,
$n(C)=n(A\cup C)-n(A)+n(A\cap C)=101-86+15=30$,
$n(B\cap C)=n(B)+n(C)-n(B\cup C)=40+30-55=15$

←ド・モルガンの法則 $\overline{A}\cap\overline{B}\cap\overline{C}=\overline{A\cup B\cup C}$

ここで $n(A\cup B\cup C)=n(A)+n(B)+n(C)$
$\qquad -n(A\cap B)-n(B\cap C)-n(A\cap C)+n(A\cap B\cap C)$

であるから，3 科目のすべてが得意な人は

$n(A\cap B\cap C)=n(A\cup B\cup C)-n(A)-n(B)-n(C)$
$\qquad +n(A\cap B)+n(B\cap C)+n(A\cap C)$
$\qquad =120-86-40-30+18+15+15={}^{ア}\mathbf{12}$ (人)

また，3 科目中 1 科目のみ得意な人の集合は，右の図の斜線部分であるから

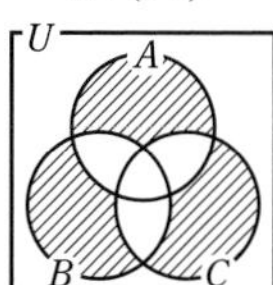

$n(A\cup B\cup C)-n(A\cap B)-n(B\cap C)$
$\qquad -n(A\cap C)+2\times n(A\cap B\cap C)$
$=120-18-15-15+2\times 12={}^{イ}\mathbf{96}$ (人)

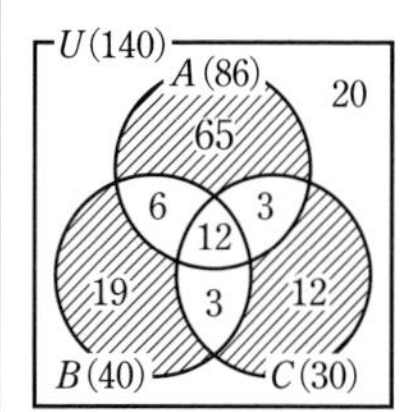

別解 上の図から
$n(A\cap\overline{B}\cap\overline{C})$
$+n(\overline{A}\cap B\cap\overline{C})$
$+n(\overline{A}\cap\overline{B}\cap C)$
$=65+19+12=\mathbf{96}$ (人)

練習 ④5 分母を 700，分子を 1 から 699 までの整数とする分数の集合 $\left\{\frac{1}{700},\ \frac{2}{700},\ \cdots\cdots,\ \frac{699}{700}\right\}$ を作る。この集合の要素の中で約分ができないものの個数を求めよ。

$700=2^2\cdot5^2\cdot7$ であるから，1 から 699 までの整数のうち，2 でも 5 でも 7 でも割り切れない整数の個数を求めればよい。

←
```
2 ) 700
2 ) 350
5 ) 175
5 )  35
       7
```

1 から 699 までの整数全体の集合を U とすると $n(U)=699$

U の部分集合のうち，2 の倍数全体の集合を A，5 の倍数全体の集合を B，7 の倍数全体の集合を C とする。

$700 \notin U$ に注意して，$700=2\cdot350$ から　　$n(A)=349$

$700=5\cdot140$ から　　$n(B)=139$

$700=7\cdot100$ から　　$n(C)=99$

また，$A\cap B$ は 10 の倍数全体の集合で，$700=10\cdot70$ から

$n(A\cap B)=69$

$B\cap C$ は 35 の倍数全体の集合で，$700=35\cdot20$ から

$n(B\cap C)=19$

$C\cap A$ は 14 の倍数全体の集合で，$700=14\cdot50$ から

$n(C\cap A)=49$

$A\cap B\cap C$ は 70 の倍数全体の集合で，$700=70\cdot10$ から

$n(A\cap B\cap C)=9$

よって　$n(A\cup B\cup C)=n(A)+n(B)+n(C)-n(A\cap B)$

$-n(B\cap C)-n(C\cap A)+n(A\cap B\cap C)$

$=349+139+99-69-19-49+9=459$

求める個数は　　$n(\overline{A}\cap\overline{B}\cap\overline{C})=n(\overline{A\cup B\cup C})$

$=n(U)-n(A\cup B\cup C)$

$=699-459=\mathbf{240}$

←$n(A)=350$ ではない。$U=\{1,\ 2,\ \cdots\cdots,\ 699\}$ であり，700 は U に属さない。なお，$699=2\cdot349+1$ から　$n(A)=349$ としてもよい。

←3 つの集合の個数定理

←ド・モルガンの法則

練習 ①6
(1) a, a, b, b, c の 5 個の文字から 4 個を選んで 1 列に並べる方法は何通りあるか。また，そのうち a, b, c のすべての文字が現れるのは何通りあるか。
(2) 大中小 3 個のさいころを投げるとき，出る目の和が 6 になる場合は何通りあるか。

(1) 樹形図をかくと次のようになる。よって，求める **並べ方の総数は　　30 通り**

このうち，**a, b, c のすべての文字が現れるのは**，樹形図の ○ 印の場合で

24 通り

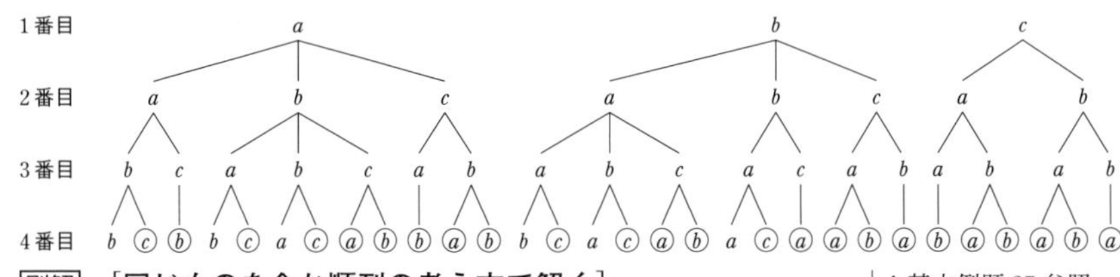

別解　[同じものを含む順列の考え方で解く]

[1]　a と b が 2 個ずつのとき　　$\dfrac{4!}{2!2!}=6$ (通り)

[2]　a が 2 個，b, c が 1 個ずつのとき　　$\dfrac{4!}{2!}=12$ (通り)

[3]　b が 2 個で a, c が 1 個ずつのとき　　$\dfrac{4!}{2!}=12$ (通り)

よって，並べ方の総数は　　$6+12+12=\mathbf{30}$ **(通り)**

このうち，a, b, c すべての文字が現れるのは [1] 以外であるから　　$12\times2=\mathbf{24}$ **(通り)**

←基本例題 27 参照。

←$4!=4\cdot3\cdot2\cdot1$
$2!=2\cdot1$
一般に
$n!=n(n-1)(n-2)\cdots\cdots3\cdot2\cdot1$

(2) 大――中――小の順にさいころの目を樹形図で表すと

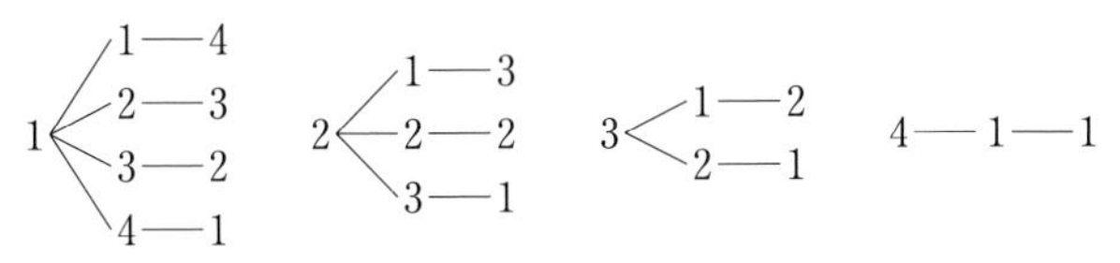

よって，求める場合の数は　**10 通り**

←大のさいころの目が 1，2，3，4 の場合ごとに樹形図をかく。なお，1 個でも 5 以上の目が出ると，目の和が 6 になることはない。

練習 ①7
(1) 大小 2 個のさいころを投げるとき，出る目の和が 10 以上になる場合は何通りあるか。
(2) $(a+b)(p+2q)(x+2y+3z)$ を展開すると，異なる項は何個できるか。

(1) 目の和が 10 以上になるのは，和が 10 または 11 または 12 になる場合である。

[1] 和が 10 になる場合は　3 通り
[2] 和が 11 になる場合は　2 通り
[3] 和が 12 になる場合は　1 通り

[1]

大	4	5	6
小	6	5	4

[2]

大	5	6
小	6	5

[3]

大	6
小	6

これらは同時には起こらないから，求める場合の数は

$3+2+1=$ **6 (通り)**　←和の法則

(2) 展開してできる項は，$(a,\ b)$，$(p,\ 2q)$，$(x,\ 2y,\ 3z)$ からそれぞれ 1 つずつ取り出して掛けて作られる。

よって，異なる項は　$2\times2\times3=$ **12 (個)**　できる。　←積の法則

練習 ②8
1400 の正の約数の個数と，正の約数の和を求めよ。また，1400 の正の約数のうち偶数は何個あるか。

$1400=2^3\cdot5^2\cdot7$ であるから，1400 の正の約数は

$2^a\cdot5^b\cdot7^c$ $(a=0,\ 1,\ 2,\ 3\ ;\ b=0,\ 1,\ 2\ ;\ c=0,\ 1)$

と表すことができる。

←$2^0=1$，$5^0=1$，$7^0=1$

```
2 ) 1400
2 )  700
2 )  350
5 )  175
5 )   35
       7
```

a の定め方は 4 通り。

そのおのおのについて，b の定め方は 3 通り。

更に，そのおのおのについて，c の定め方は 2 通りある。

よって，1400 の正の約数の個数は　$4\times3\times2=$ **24 (個)**　←積の法則

また，1400 の正の約数は

$(1+2+2^2+2^3)(1+5+5^2)(1+7)$

を展開した項にすべて現れる。

よって，求める約数の和は

$(1+2+2^2+2^3)(1+5+5^2)(1+7)=15\times31\times8=$ **3720**

また，1400 の正の約数のうち，偶数は

$2^a\cdot5^b\cdot7^c$ $(a=1,\ 2,\ 3\ ;\ b=0,\ 1,\ 2\ ;\ c=0,\ 1)$

と表すことができる。

←$a=0$ $(2^0=1)$ の場合，奇数となる。

a の定め方は 3 通り。

←正の約数の個数の求め方と同様。

そのおのおのについて，b の定め方は 3 通り。

更に，そのおのおのについて，c の定め方は 2 通りある。

よって，1400 の正の約数のうち，偶数であるものは

$3\times3\times2=$ **18 (個)**　←積の法則

練習 ③9 大，中，小3個のさいころを投げるとき，次の場合は何通りあるか。
(1) 目の積が3の倍数になる場合　　(2) 目の積が6の倍数になる場合

(1) 目の出方は全部で　$6\times6\times6=216$（通り）
目の積が3の倍数になるのは，3個のさいころの目の少なくとも1つが3または6の目の場合である。
3個のさいころの目がすべて3と6以外の目である場合の数は
$4\times4\times4=64$（通り）
よって，求める場合の数は　$216-64=$**152（通り）**

←「少なくとも1つが3または6の目」でないことは「3個とも1，2，4，5（4通り）の目」の場合である。

(2) 目の積が6の倍数になるのは，目の積が3の倍数であり，かつ，3個のさいころの目の少なくとも1つが偶数の場合である。
よって，(1)の結果から目の積が奇数の3の倍数となる場合を除けばよい。
目の積が奇数の3の倍数になるのは，3個のさいころの目がすべて奇数であり，その中の少なくとも1つが3の目の場合である。

(2) $6=2\cdot3$ であるから，6の倍数は，3の倍数で偶数のものである。
ゆえに，(3の倍数全体)−(奇数の3の倍数)の方針で求める。

3個のさいころの目がすべて奇数になるのは
$3\times3\times3=27$（通り）

←1，3，5の3通り。

3個のさいころの目が1または5の場合は
$2\times2\times2=8$（通り）

←1，5の2通り。

ゆえに，目の積が奇数の3の倍数になるのは
$27-8=19$（通り）
よって，求める場合の数は　$152-19=$**133（通り）**

練習 ②10 10ユーロ，20ユーロ，50ユーロの紙幣を使って支払いをする。ちょうど200ユーロを支払う方法は何通りあるか。ただし，どの紙幣も十分な枚数を持っているものとし，使わない紙幣があってもよいとする。〔早稲田大〕

支払いに使う10ユーロ，20ユーロ，50ユーロの紙幣の枚数をそれぞれ x，y，z とすると，x，y，z は0以上の整数で
$10x+20y+50z=200$　すなわち　$x+2y+5z=20$ …… ①
ゆえに　$5z=20-x-2y$
よって，$5z\leqq20$ であるから　$z\leqq4$

←$x\geqq0$，$y\geqq0$ であるから $x+2y\geqq0$

z は0以上の整数であるから　$z=0,\ 1,\ 2,\ 3,\ 4$

[1] $z=0$ のとき，① から　$x+2y=20$
この等式を満たす0以上の整数 x，y の組は
$(x,\ y)=(0,\ 10),\ (2,\ 9),\ (4,\ 8),\ \cdots\cdots,\ (20,\ 0)$
の11通り。

←$2y=20-x\leqq20$ から $2y\leqq20$　ゆえに　$y\leqq10$
よって　$y=0,\ 1,\ \cdots,\ 10$

[2] $z=1$ のとき，① から　$x+2y=15$
この等式を満たす0以上の整数 x，y の組は
$(x,\ y)=(1,\ 7),\ (3,\ 6),\ (5,\ 5),\ \cdots\cdots,\ (15,\ 0)$
の8通り。

←$2y=15-x\leqq15$ から $2y\leqq15$　ゆえに　$y\leqq7.5$
よって　$y=0,\ 1,\ \cdots,\ 7$

[3] $z=2$ のとき，① から　$x+2y=10$

この等式を満たす0以上の整数 x, y の組は

$(x,\ y)=(0,\ 5),\ (2,\ 4),\ (4,\ 3),\ \cdots\cdots,\ (10,\ 0)$

の6通り。

←$2y=10-x\leqq10$ から $2y\leqq10$ ゆえに $y\leqq5$ よって $y=0,\ 1,\ \cdots,\ 5$

[4] $z=3$ のとき，① から　$x+2y=5$

この等式を満たす0以上の整数 x, y の組は

$(x,\ y)=(1,\ 2),\ (3,\ 1),\ (5,\ 0)$ の3通り。

←$2y=5-x\leqq5$ から $2y\leqq5$ ゆえに $y\leqq2.5$ よって $y=0,\ 1,\ 2$

[5] $z=4$ のとき，① から　$x+2y=0$

この等式を満たす0以上の整数 x, y の組は

$(x,\ y)=(0,\ 0)$ の1通り。

[1]～[5] の場合は同時には起こらないから，求める場合の数は

$11+8+6+3+1=\mathbf{29}$ **(通り)**

←和の法則

練習 ①11

1, 2, 3, 4, 5, 6, 7 から異なる5個の数字を取って作られる5桁の整数は全部で ア□ 通りでき，そのうち，奇数であるものは イ□ 通りである。また，4の倍数は ウ□ 通りである。

(ア) 7個の数字から5個取る順列の総数に等しいから

$_7P_5=7\cdot6\cdot5\cdot4\cdot3=\mathbf{2520}$ **(通り)**

(イ) 一の位の数字は1, 3, 5, 7のいずれかで　4通り

←条件処理：一の位が奇数

そのおのおのについて，十，百，千，万の位の数字は，一の位の数字を除く6個から4個取る順列で　$_6P_4$ 通り

←一の位に使った数字は使えない。

ゆえに，求める場合の数は

$4\times{}_6P_4=4\times6\cdot5\cdot4\cdot3=\mathbf{1440}$ **(通り)**

←積の法則

(ウ) 下2桁が4の倍数であればよい。そのようなものは

12, 16, 24, 32, 36, 52, 56, 64, 72, 76

の10通りある。

←1～7の数字でできる2桁の4の倍数をあげる。

残りの桁は，これら2個の数字を除いた5個から3個取る順列で　$_5P_3$ 通り

ゆえに，求める場合の数は

$10\times{}_5P_3=10\times5\cdot4\cdot3=\mathbf{600}$ **(通り)**

←積の法則

練習 ②12

7個の数字0, 1, 2, 3, 4, 5, 6を重複することなく用いて4桁の整数を作る。次のものは，それぞれ何個できるか。

(1) 整数　(2) 5の倍数　(3) 3500より大きい整数

(4) 2500より小さい整数　(5) 9の倍数

(1) 千の位は，0を除く1～6の数字から1個を取るから　6通り

そのおのおのについて，百，十，一の位は，0を含めた残りの6個から3個取る順列で　$_6P_3$ 通り

よって，求める個数は　$6\times{}_6P_3=6\times6\cdot5\cdot4=\mathbf{720}$ **(個)**

←積の法則

(2) 5の倍数となるための条件は，一の位が0または5となることである。

←条件処理。

[1] 一の位が0の場合

[1] 千 百 十 一（千百十：残り，一：0）

千，百，十の位は0を除く6個から3個取る順列であるから

$_6P_3=6\cdot5\cdot4=120$ (個)

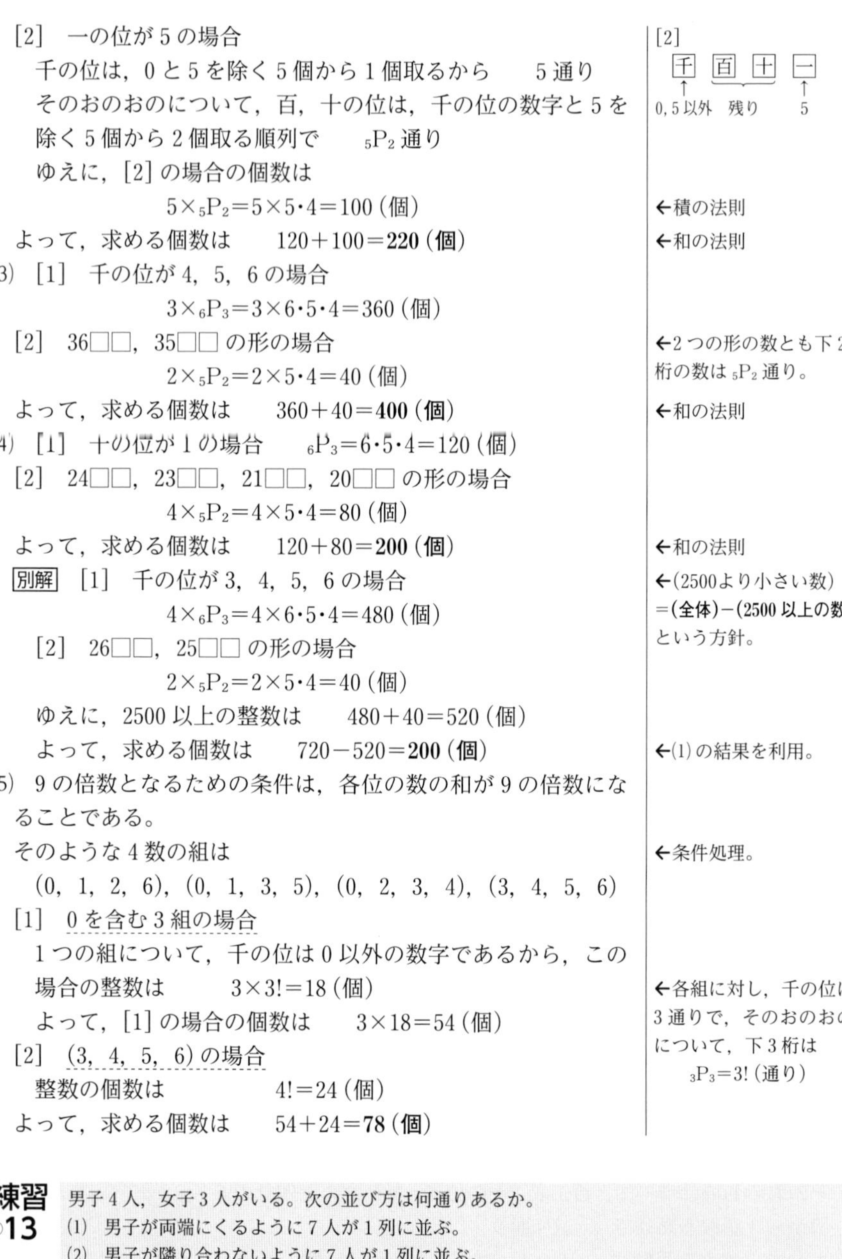

[2] 一の位が5の場合

千の位は，0と5を除く5個から1個取るから　5通り

そのおのおのについて，百，十の位は，千の位の数字と5を除く5個から2個取る順列で　${}_5P_2$ 通り

ゆえに，[2]の場合の個数は

$$5\times{}_5P_2=5\times5\cdot4=100\text{（個）}$$

よって，求める個数は　$120+100=\mathbf{220}$ **（個）**

> [2]
> 千 百 十 一
> 0, 5以外　残り　5
>
> ←積の法則
>
> ←和の法則

(3) [1] 千の位が4，5，6の場合

$$3\times{}_6P_3=3\times6\cdot5\cdot4=360\text{（個）}$$

[2] 36□□，35□□の形の場合

$$2\times{}_5P_2=2\times5\cdot4=40\text{（個）}$$

よって，求める個数は　$360+40=\mathbf{400}$ **（個）**

> ←2つの形の数とも下2桁の数は ${}_5P_2$ 通り。
>
> ←和の法則

(4) [1] 千の位が1の場合　${}_6P_3=6\cdot5\cdot4=120$（個）

[2] 24□□，23□□，21□□，20□□の形の場合

$$4\times{}_5P_2=4\times5\cdot4=80\text{（個）}$$

よって，求める個数は　$120+80=\mathbf{200}$ **（個）**

別解 [1] 千の位が3，4，5，6の場合

$$4\times{}_6P_3=4\times6\cdot5\cdot4=480\text{（個）}$$

[2] 26□□，25□□の形の場合

$$2\times{}_5P_2=2\times5\cdot4=40\text{（個）}$$

ゆえに，2500以上の整数は　$480+40=520$（個）

よって，求める個数は　$720-520=\mathbf{200}$ **（個）**

> ←和の法則
>
> ←(2500より小さい数) ＝**(全体)－(2500以上の数)** という方針。
>
> ←(1)の結果を利用。

(5) 9の倍数となるための条件は，各位の数の和が9の倍数になることである。

そのような4数の組は

(0，1，2，6)，(0，1，3，5)，(0，2，3，4)，(3，4，5，6)

[1] 0を含む3組の場合

1つの組について，千の位は0以外の数字であるから，この場合の整数は　$3\times3!=18$（個）

よって，[1]の場合の個数は　$3\times18=54$（個）

[2] (3，4，5，6)の場合

整数の個数は　$4!=24$（個）

よって，求める個数は　$54+24=\mathbf{78}$ **（個）**

> ←条件処理。
>
> ←各組に対し，千の位は3通りで，そのおのおのについて，下3桁は ${}_3P_3=3!$（通り）

練習 ②13

男子4人，女子3人がいる。次の並び方は何通りあるか。

(1) 男子が両端にくるように7人が1列に並ぶ。

(2) 男子が隣り合わないように7人が1列に並ぶ。

(3) 女子のうち2人だけが隣り合うように7人が1列に並ぶ。

(1) 男子が両端に並ぶ並び方は　${}_4P_2=4\cdot3=12$（通り）

そのおのおのについて，残り5人がその間に並ぶ並び方は

$$5!=120\text{（通り）}$$

したがって，求める並び方は　$12\times120=\mathbf{1440}$ **（通り）**

> ←(1)では
> 男□□□□□男
> □には男女がどのように並んでも構わない。

(2) まず，女子 3 人の並び方は　$3!=6$ (通り)
そのおのおのについて，女子 3 人の間または両端の 4 か所に男子 4 人を入れる方法は　$4!=24$ (通り)
したがって，求める並び方は　$6\times24=$ **144** **(通り)**

←(2) では
□女□女□女□
の□に男子を入れる。

(3) まず男子 4 人を 1 列に並べて，その間または両端の 5 か所のうち 1 か所に女子 2 人を並べる。
次に，残りの 4 か所のうち 1 か所に残りの女子 1 人を入れるとよい。
男子 4 人の並び方は　$4!$ 通り
そのおのおのについて，女子 3 人の並び方は
$(5\times{}_3P_2)\times4$ 通り
したがって，求める並び方は
$4!\times(5\times{}_3P_2)\times4=4!\times(5\times3\cdot2)\times4=$ **2880** **(通り)**

←(3) では
○男○男○男○男○
の 5 つの○のうち，1 つの○に 女女 を入れ，女子 2 人を並べる。次に，残った 4 つの○のうち，1 つの○に残りの女子 1 人を入れる。

練習 ③14　6 個の数字 1，2，3，4，5，6 を重複なく使ってできる 6 桁の数を，小さい方から順に並べる。
(1) 初めて 300000 以上になる数を求めよ。また，その数は何番目か答えよ。
(2) 300 番目の数を答えよ。　〔類　日本女子大〕

(1) 初めて 300000 以上になる数は　**312456**
1□□□□□ の形のものは　$5!=120$ (個)
2□□□□□ の形のものは　$5!=120$ (個)
よって，312456 は　$120+120+1=$ **241** **(番目)**

(2) (1) から，1□□□□□，2□□□□□ の形のものは，それぞれ 120 個
31□□□□ の形のものは　$4!=24$ (個)
32□□□□ の形のものは　$4!=24$ (個)
341□□□ の形のものは　$3!=6$ (個)
342□□□ の形のものは　$3!=6$ (個)
以上の合計は　$120+120+24+24+6+6=300$ (個)
したがって，300 番目の数は，342□□□ の形のものの最後の数であるから　**342651**

←32□□□□ の形のものまでの合計は
$120+120+24+24$
$=288$ (個)

別解
300 番目の数を　①②③④⑤⑥ とする。
ここで　$300=5!\times2+4!\times2+3!\times2+2!\times0+1!\times0+0$
$5!\times2$ から，① に入るのは，1，2，3，4，5，6 の 3 番目の　3
$4!\times2$ から，② に入るのは，1，2，4，5，6 の 3 番目の　4
$3!\times2+2!\times0+1!\times0+0$ から，③ に入るのは，1，2，5，6 の 2 番目の 2 で，342④⑤⑥ は，342□□□ の形のものの最後の数となる。ゆえに，④，⑤，⑥ にそれぞれ 6，5，1 が入る。
よって，300 番目の数は　**342651**

←(1) を同様の方針で解こうとすると，逆に面倒。

←$300=5!\times2+60$
$60=4!\times2+12$
$12=3!\times2$
$(3!=6,\ 4!=24,\ 5!=120)$
ゆえに，12 は $3!$ で割り切れるから，
$2!\times0+1!\times0+0$ となる。

練習 ③15　右の図のようなマス目を考える。どの行(横の並び)にも，どの列(縦の並び)にも同じ数が現れないように 1 から 4 まで自然数を入れる入れ方の場合の数 K を求めよ。　〔類　埼玉大〕

2	1	3	4
1	4	2	3

1 行目には 1，2，3，4 を並べるから　　4! 通り

例えば，1 行目の並びが 1234 のとき，条件を満たす 2 行目の並びは次の 9 通り。

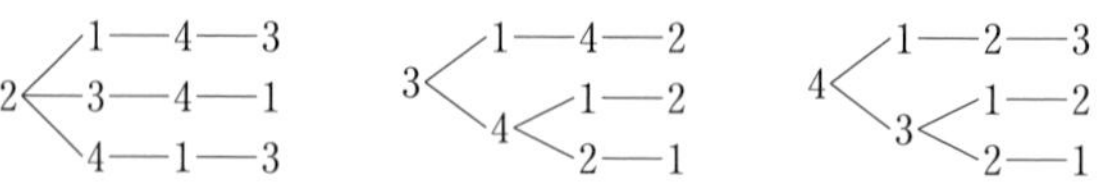

1 行目の並びが 1234 でない場合も，条件を満たす 2 行目の並びが 9 通りずつあるから

$K=4!\times9=24\times9=\mathbf{216}$

←$_4P_4$

←異なる 4 個のものの **完全順列** の総数。

←積の法則

練習 ③16　右の図の A，B，C，D，E 各領域を色分けしたい。隣り合った領域には異なる色を用いて塗り分けるとき，塗り分け方はそれぞれ何通りか。

(1)　4 色以内で塗り分ける。　　(2)　3 色で塗り分ける。

(3)　4 色すべてを用いて塗り分ける。　　〔類　広島修道大〕

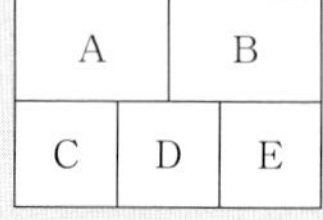

(1)　D → A → B → C → E の順に塗る。

D → A → B の塗り方は

$_4P_3=24$（通り）

この塗り方に対し，C，E の塗り方は 2 通りずつある。

よって，塗り分け方は全部で

$24\times2\times2=\mathbf{96}$ **（通り）**

D → A → B → C → E

(1)　4 × 3 × 2 × 2 × 2

（3：D の色を除く，2：A と D の色を除く，2：A と D の色を除く，2：B と D の色を除く）

(2)　3 × 2 × 1 × 1 × 1

(2)　D → A → B → C → E の順に塗る。

D → A → B の塗り方は　　$_3P_3=6$（通り）

この塗り方に対し，C，E の塗り方は 1 通りずつある。

よって，塗り分け方は全部で　　$6\times1\times1=\mathbf{6}$ **（通り）**

(3)　(1) の結果から，4 色以内の塗り分け方は　　96 通り

また，4 色の中から 3 色を選ぶ方法は，使わない 1 色を決めると考えて　　4 通り

ゆえに，4 色すべてを用いて塗り分ける方法は，(2) の結果から

$96-4\times6=\mathbf{72}$ **（通り）**

別解　**[同じ色を塗る領域に着目した解法]**

5 つの領域のうち，同じ色を塗るのは 2 か所であり　　A と E，B と C，C と E　の 3 通り

A と E が同じ色で，その他は色が異なる場合，塗り分け方の数は，AE，B，C，D を異なる 4 色で塗り分ける方法の数に等しいから

$4!=24$（通り）

B と C，C と E に同じ色を塗る場合もそれぞれ　　24 通り

よって，求める塗り分け方の総数は

$24\times3=\mathbf{72}$ **（通り）**

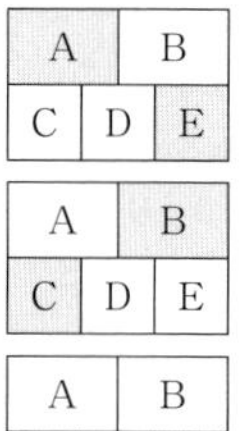

←A，B，C，E の 4 つの領域と隣り合う D から塗り始める。

←「4 色以内」とあるから，4 色すべてを使わないで塗り分けることも考える。

←与えられた領域を 2 色で塗り分けることはできない。

←4 色を a，b，c，d とするとき，(1) では

[1] a，b，c，d をすべて使って塗る場合

[2] a，b，c，d から 3 色を選んで塗る場合

を考えている。

よって，(1) の結果から [2] の場合を除くことになるが，4 色から 3 色を選ぶ方法も考えなければならないことに注意。

練習 ②17 (1) 異なる色のガラス玉8個を輪にしてブレスレットを作る。玉の並び方の異なるものは何通りできるか。
(2) 7人から5人を選んで円卓に座らせる方法は何通りあるか。

(1) 異なる8個のものの円順列は　$(8-1)!=7!$ (通り)
このうち，裏返して同じになるものが2通りずつあるから
$7!\div 2=5040\div 2=$ **2520 (通り)**

←異なる n 個のもののじゅず順列の総数は $\dfrac{(n-1)!}{2}$

(2) 7人から5人を選んで並べる順列は ${}_7P_5$ 通りあり，このうち，円順列としては同じものが5通りずつあるから
${}_7P_5\div 5=7\cdot 6\cdot 4\cdot 3=$ **504 (通り)**

検討 (2)は，「**組合せ**」の考えを用いると，次のようになる。
7人から5人を選ぶ選び方は　${}_7C_5$ 通り
選んだ5人を円卓に座らせる方法は　$(5-1)!$ 通り　←5人の円順列。
よって　${}_7C_5\times(5-1)!={}_7C_2\times 4!=21\times 24=$ **504 (通り)**　←${}_7C_5={}_7C_{7-5}={}_7C_2$
なお，異なる n 個のものから r 個取った円順列の総数は，
${}_nC_r\times(r-1)!$　と表すことができる。

練習 ②18 1から8までの番号札が1枚ずつあり，この8枚すべてを円形に並べるとき，次のような並び方の総数を求めよ。
(1) すべての奇数の札が続けて並ぶ。
(2) 奇数の札と偶数の札が交互に並ぶ。
(3) 奇数と偶数が交互に並び，かつ1の札と8の札が隣り合う。

(1) 奇数4枚を1組とみて，この組と偶数4枚との計5枚の円順列は
$(5-1)!=24$ (通り)
そのおのおのについて，奇数4枚の並び方は
$4!=24$ (通り)
よって，求める総数は
$24\times 24=$ **576 (通り)**

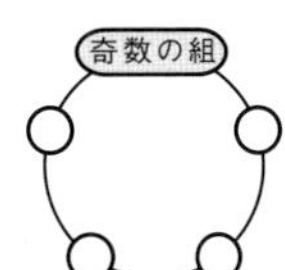

(2) 奇数4枚の円順列は
$(4-1)!=6$ (通り)
そのおのおのについて，奇数の間の4か所に偶数4枚を並べればよいから，その入れ方は
$4!=24$ (通り)
よって，求める総数は
$6\times 24=$ **144 (通り)**

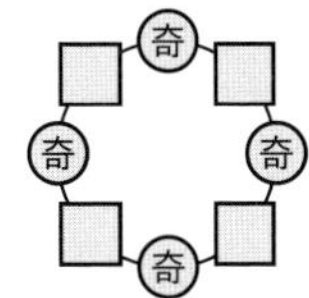

(3) 奇数4枚の円順列は　6通り
そのおのおのについて1の隣に8が並ぶ方法は　2通り
残りの偶数3枚が奇数の間に1枚ずつ並ぶ方法は
$3!=6$ (通り)
よって，求める総数は
$6\times 2\times 6=$ **72 (通り)**

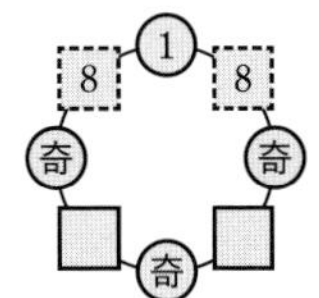

練習 ③19 次のような立体の塗り分け方は何通りあるか。ただし，立体を回転させて一致する塗り方は同じとみなす。
(1) 正五角錐の各面を異なる6色すべてを使って塗る方法
(2) 正三角柱の各面を異なる5色すべてを使って塗る方法

(1) 底面の正五角形の塗り方は

6通り

そのおのおのについて，側面の塗り方は，異なる5個の円順列で　$(5-1)!=4!=24$（通り）

よって　$6\times24=\mathbf{144}$（**通り**）

(2) 2つの正三角形の面を上面と下面にして考える。

上面と下面を塗る方法は

$${}_5P_2=5\cdot4=20\text{（通り）}$$

そのおのおのについて，側面の塗り方には，上下を裏返すと塗り方が一致する場合が含まれている。

ゆえに，異なる3個のじゅず順列で

$$\frac{(3-1)!}{2}=\frac{2!}{2}=1\text{（通り）}$$

よって　$20\times1=\mathbf{20}$（**通り**）

(1)
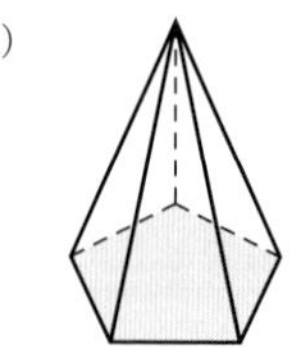

(2)
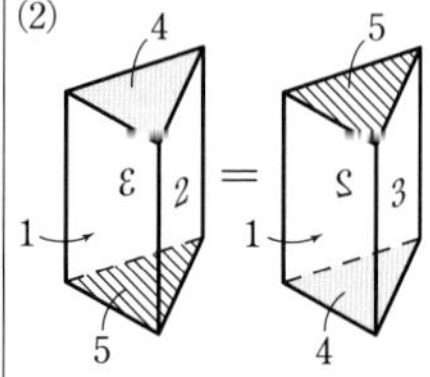

練習 ②20 (1) 異なる5個の要素からなる集合の部分集合の個数を求めよ。
(2) 机の上に異なる本が7冊ある。その中から，少なくとも1冊以上何冊でも好きなだけ本を取り出すとき，その取り出し方は何通りあるか。　[(2) 神戸薬大]
(3) 0，1，2，3の4種類の数字を用いて4桁の整数を作るとき，10の倍数でない整数は何個できるか。ただし，同じ数字を何回用いてもよい。

(1) 異なる5個の要素のそれぞれについて，その部分集合に属するか属さないかの2通りずつある。

よって，求める部分集合の個数は　$2^5=\mathbf{32}$（**個**）

注意　空集合はすべての集合の部分集合である。また，その集合自身も部分集合の1つである（$\varnothing\subset A$，$A\subset A$）。

←集合を $\{a,\ b,\ c,\ d,\ e\}$ とし，属するを○，属さないを×とすると

a	b	c	d	e
○ or ×	○ or ×	○ or ×	○ or ×	○ or ×
↑	↑	↑	↑	↑
2通り	2通り	2通り	2通り	2通り

(2) 7冊のそれぞれについて，取り出すか取り出さないかの2通りずつある。

ゆえに，7冊とも取り出さない場合を除いて

$2^7-1=\mathbf{127}$（**通り**）

(3) 千の位の数の選び方は，0を除く1，2，3の　3通り

←千の位は0でない。

百の位，十の位の数の選び方は，それぞれ0，1，2，3の

4通り

一の位の数の選び方は，0を除く1，2，3の　3通り

←10の倍数でないから，一の位も0ではない。

よって，求める個数は　$3\times4^2\times3=\mathbf{144}$（**個**）

別解　できる4桁の整数の総数は　$3\times4^3=192$（個）

←(全体)−(10の倍数)の方針で考える。

このうち，10の倍数であるものは，一の位が0であるから

$3\times4^2\times1=48$（個）

よって，求める個数は　$192-48=\mathbf{144}$（**個**）

練習 ③21
(1) 7人を2つの部屋A，Bに分けるとき，どの部屋も1人以上になる分け方は全部で何通りあるか。
(2) 4人を3つの部屋A，B，Cに分けるとき，どの部屋も1人以上になる分け方は全部で何通りあるか。
(3) 大人4人，子ども3人の計7人を3つの部屋A，B，Cに分けるとき，どの部屋も大人が1人以上になる分け方は全部で何通りあるか。

(1) 空室ができてもよいとすると，A，B 2部屋に7人を分ける方法は　$2^7=128$ (通り)
　←重複順列
どの部屋も1人以上になる分け方は，この128通りのうちA，Bのどちらかが空室になる場合を除いて　$128-2=$**126**(**通り**)

(2) 空室ができてもよいとすると，A，B，C 3部屋に4人を分ける方法は　$3^4=81$ (通り)
このうち，空室が2部屋できる場合は，空室でない残りの1部屋を選ぶと考えて　3通り
　←残りの1部屋に4人全員が入る。
空室が1部屋できる場合は，空室の選び方が3通りあり，そのおのおのについて，残りの2部屋に4人が入る方法が 2^4-2 通りずつあるから　$3\times(2^4-2)=42$ (通り)
　←2部屋の中に空室がある場合を除く。
よって，求める場合の数は　$81-(3+42)=$**36**(**通り**)

(3) まず，大人4人を，どの部屋も大人が1人以上になるように分ける方法は，(2)から　36通り
そのおのおのについて，子ども3人をA，B，Cの3部屋に分ける方法は　$3^3=27$ (通り)
　←子どもが入らない部屋はあってもよい。
よって，求める場合の数は　$36\times27=$**972**(**通り**)

検討　本冊 $p.44$ 基本例題21(1)，(2)でカードの区別がつかないとした場合は，次のように数え上げで調べる解答になる。
　←カードの番号をとる。

(1) **区別のつかない6枚のカードを，A，Bの2組に分ける場合**（各組には少なくとも1枚は入るものとする）
　←組に区別あり。
組A，Bに分けるカードの枚数だけが問題となるから，(Aの枚数，Bの枚数)とすると
(1，5)，(2，4)，(3，3)，(4，2)，(5，1)の　**5通り**
　←(0，6)，(6，0)の分け方は不適。

(2) **区別のつかない6枚のカードを，2組に分ける場合**
　←組に区別なし。
(1)の5通りの分け方で組の区別をなくす，すなわち，(1，5)と(5，1)，(2，4)と(4，2)をそれぞれ同じ分け方(1通り)と考えることで　**3通り**
　←$\frac{4}{2}+1=3$

このように，区別の有無によって，考え方や結果はまったく異なるものになる。問題文をきちんと読み，**分けるものや組の区別の有無を把握** するようにしよう。

練習 ②22
Aを含む5人の男子生徒，Bを含む5人の女子生徒の計10人から5人を選ぶ。次のような方法は何通りあるか。
(1) 全員から選ぶ選び方　(2) 男子2人，女子3人を選ぶ選び方
(3) 男子からAを含む2人，女子からBを含む3人を選ぶ選び方
(4) 男子2人，女子3人を選んで1列に並べる並べ方

(1) 10人から5人を選ぶ選び方であるから

$${}_{10}C_5=\frac{10\cdot9\cdot8\cdot7\cdot6}{5\cdot4\cdot3\cdot2\cdot1}=\mathbf{252}\ (\textbf{通り})$$

(2) 男子5人から2人を選ぶ選び方は　${}_5C_2$ 通り
そのおのおのについて，女子5人から3人を選ぶ選び方は
${}_5C_3$ 通り
よって，求める方法は

$${}_5C_2\times{}_5C_3=({}_5C_2)^2=\left(\frac{5\cdot4}{2\cdot1}\right)^2=\mathbf{100}\ (\textbf{通り})$$

(3) Aを除く4人の男子から1人を選ぶ選び方は　${}_4C_1$ 通り
そのおのおのについて，Bを除く4人の女子から2人を選ぶ選び方は　${}_4C_2$ 通り
よって，求める方法は　${}_4C_1\times{}_4C_2=4\times\frac{4\cdot3}{2\cdot1}=\mathbf{24}$ **(通り)**

(4) (2)の100通りの選び方のおのおのについて，5人を1列に並べる並べ方は ${}_5P_5$ 通りあるから

$$100\times{}_5P_5=100\times5\cdot4\cdot3\cdot2\cdot1=\mathbf{12000}\ (\textbf{通り})$$

←${}_{10}C_5=\frac{{}_{10}P_5}{5!}$

(1) [10人] ⟶ [5人]

(2) [男5人] ↓ [2人]　[女5人] ↓ [3人]

←${}_5C_3={}_5C_{5-3}$

←このように選んでからA，Bを追加すればよい。

←積の法則

練習 ②23

(1) 正十二角形 $A_1A_2\cdots\cdots A_{12}$ の頂点を結んで得られる三角形の総数は ア[　] 個，頂点を結んで得られる直線の総数は イ[　] 本である。
(2) 平面上において，4本だけが互いに平行で，どの3本も同じ点で交わらない10本の直線の交点の個数は全部で ウ[　] 個ある。

(1) (ア) 正十二角形の12個の頂点は，どの3点も同じ直線上にないから，3点で1つの三角形が得られる。
ゆえに　${}_{12}C_3=\mathbf{220}$ (個)

(イ) 頂点はどの3点も同じ直線上にないから，2点で1本の直線が得られる。
ゆえに　${}_{12}C_2=\mathbf{66}$ (本)

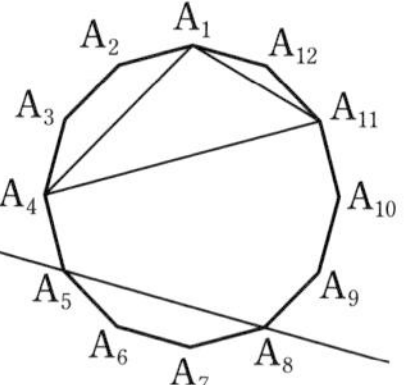

検討　一般に，正多角形の頂点を結んでできる図形の問題では，多角形の頂点は区別する。

(2) (ウ) 10本の直線がどれも平行でないとすると，交点は
${}_{10}C_2$ 個
実際には，4本の直線が平行であるから，平行な4本の直線で交点が ${}_4C_2$ 個減る。ゆえに
${}_{10}C_2-{}_4C_2=45-6=\mathbf{39}$ (個)

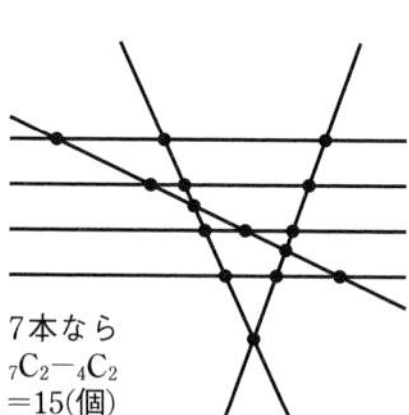

←図は，7本の場合の例。

←平行な4直線から，どの2本を選んでも交点は得られない。

別解　平行な4直線以外の6本の直線は，どの2本も平行でなく，どの3本も同じ点で交わらないから，これら6本の直線の交点の個数は　${}_6C_2$ 個
また，平行な4直線のうちの1本とそれと平行でない6本の直線の交点は6個ある。したがって，求める交点の総数は
${}_6C_2+6\times4=15+24=\mathbf{39}$ (個)

←平行でない6本の直線の交点と，平行な4本の直線と他の6本の直線の交点を場合分けして考える。

練習 ③24 円に内接する n 角形 F $(n>4)$ の対角線の総数は ア□ 本である。また，F の頂点3つからできる三角形の総数は イ□ 個，F の頂点4つからできる四角形の総数は ウ□ 個である。更に，対角線のうちのどの3本をとっても F の頂点以外の同一点で交わらないとすると，F の対角線の交点のうち，F の内部で交わるものの総数は エ□ 個である。

(ア) F の n 個の頂点から選んだ2点を結んで得られる線分から n 本の辺を除いたものが対角線であるから

$${}_nC_2-n=\frac{n(n-1)}{2}-n=\frac{n(n-1)-2n}{2}=\boldsymbol{\frac{1}{2}n(n-3)}\ (\text{本})$$

別解 n 角形において，1つの頂点 A_1 を通る対角線は $(n-3)$ 本あり，頂点 A_2，……，A_n についても同様であるが，1本の対角線を2回ずつ重複して数えているから

$$\boldsymbol{\frac{1}{2}n(n-3)}\ \text{本}$$

(イ) n 個の頂点から3個を選んで結ぶと三角形が1個できる。
よって，三角形の総数は

$${}_nC_3=\boldsymbol{\frac{1}{6}n(n-1)(n-2)}\ (\text{個})$$

(ウ) n 個の頂点から4個を選んで結ぶと四角形が1個できる。
よって，四角形の総数は

$${}_nC_4=\boldsymbol{\frac{1}{24}n(n-1)(n-2)(n-3)}\ (\text{個})$$

(エ) F の内部で交わる2本の対角線の1組を定めると，これらを対角線にもつ四角形が1つ定まるから，求める交点の総数は，
(ウ)と同じで　${}_nC_4=\boldsymbol{\frac{1}{24}n(n-1)(n-2)(n-3)}\ (\text{個})$

検討 n 角形 F が円に**内接** するとは，F のすべての頂点が1つの円周上にあること。

←A_1 と両隣の頂点以外の頂点に対角線が1本ずつ対応する。

(エ)
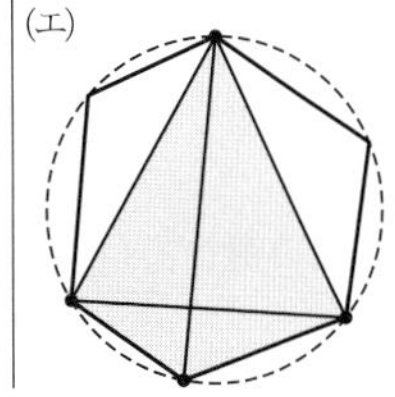

練習 ②25 12冊の異なる本を次のように分ける方法は何通りあるか。
(1) 5冊，4冊，3冊の3組に分ける。　(2) 4冊ずつ3人に分ける。
(3) 4冊ずつ3組に分ける。　(4) 6冊，3冊，3冊の3組に分ける。

(1) 12冊から5冊を選び，次に残った7冊から4冊を選ぶと，残りの3冊は自動的に定まる。
よって，分け方の総数は

$${}_{12}C_5\times{}_7C_4=792\times35=\boldsymbol{27720}\ (\textbf{通り})$$

←${}_7C_4={}_7C_3$

(2) 3人をA，B，Cとする。
Aに分ける4冊を選ぶ方法は　${}_{12}C_4$ 通り
Bに分ける4冊を残り8冊から選ぶ方法は　${}_8C_4$ 通り
Cには残り4冊を分ければよい。
よって，分け方の総数は

$${}_{12}C_4\times{}_8C_4=495\times70=\boldsymbol{34650}\ (\textbf{通り})$$

←3人を異なる3組と考える。

(3) (2)でA，B，Cの区別をなくすと，同じ分け方が3!通りずつできる。
よって，分け方の総数は

$$34650\div3!=\boldsymbol{5775}\ (\textbf{通り})$$

←4冊ずつの3組にA，B，Cの組の順列(3!通り)を対応させたものが(2)である。

(4) A (6 冊), B (3 冊), C (3 冊) の組に分ける方法は

$$_{12}C_6 \times {}_6C_3 = 924 \times 20 = 18480 \text{ (通り)}$$

ここで, B, C の区別をなくすと, 同じ分け方が 2! 通りずつできる。

←同じ冊数が 2 組あるから　÷2!

よって, 分け方の総数は　$18480 \div 2! = \mathbf{9240}$ **(通り)**

練習 ③26

右の図のように, 正方形を, 各辺の中点を結んで 5 つの領域に分ける。隣り合った領域は異なる色で塗り分けるとき, 次のような塗り分け方はそれぞれ何通りあるか。ただし, 回転して一致する塗り方は同じ塗り方と考える。

(1) 異なる 4 色から 2 色を選んで塗り分ける。

(2) 異なる 4 色から 3 色を選び, 3 色すべてを使って塗り分ける。

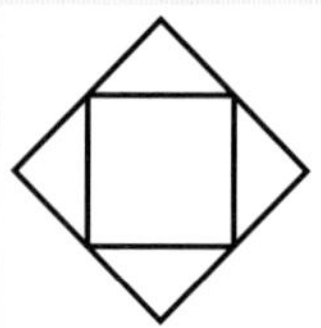

(1) 4 色から 2 色を選び, 図の ㋐, ㋑ の順に塗ればよい。

よって, 求める塗り分け方は

$$_4P_2 = \mathbf{12} \text{ (通り)}$$

←多くの領域と隣り合う中央の ㋐ の領域に着目する。

(2) 3 色すべてを使って塗り分けるには, 図の [1]~[3] のような方法がある。

[1], [2] の塗り分け方は, 3 色の中から ㋐ の領域を塗る色の選び方と同じである。ゆえに　$_3C_1 \times 2 = 6$ (通り)

[3] の塗り分け方は, 図の ㋐, ㋑, ㋒ の順に塗ればよいから

$3! = 6$ (通り)

3 色の選び方は, $_4C_3$ 通りであるから, 求める塗り分け方は

$$_4C_3 \times (6+6) = 4 \times 12 = \mathbf{48} \text{ (通り)}$$

←㋑ と ㋒ を入れ替えて塗っても [1] では 180°, [2] では 90° 回転すると, 同じ塗り方になる。

別解　㋐ に塗る色の選び方は　$_4C_1$ 通り
次に, ㋑, ㋒ に塗る色の選び方は　$_3C_2$ 通り
図の [1], [2] の場合と, [3] では ㋑ と ㋒ を入れ替えた場合があるから
$_4C_1 \times {}_3C_2 \times (2+2)$
$= \mathbf{48}$ **(通り)**

[1]

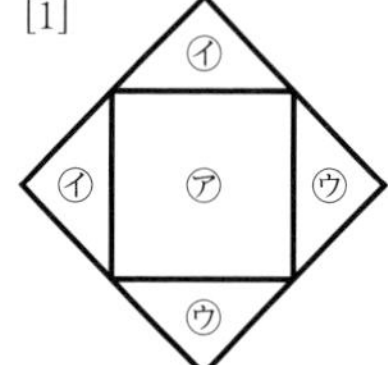

[2]

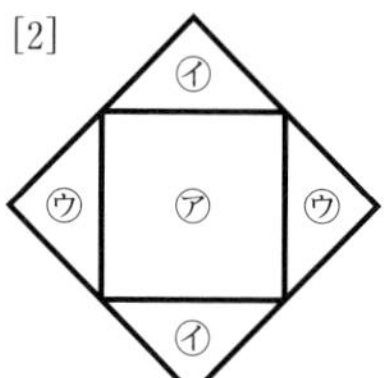

[3]

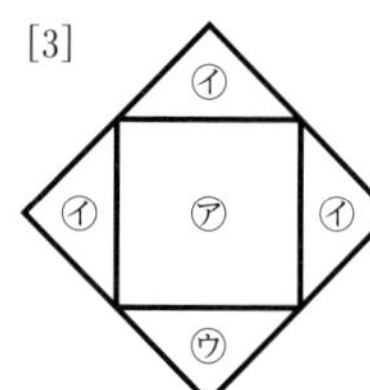

練習 ②27

アルファベットの 8 文字 A, Z, K, I, G, K, A, U が 1 文字ずつ書かれた 8 枚のカードがある。これらのカードを 1 列に並べる方法は全部で ア□ 通りある。また, この中から 7 枚のカードを取り出して 1 列に並べる方法は全部で イ□ 通りある。

(ア) A 2 個, K 2 個, Z, I, G, U 各 1 個の順列の総数であるから

$$\frac{8!}{2!2!} = \mathbf{10080} \text{ (通り)}$$

←$_8C_2 \times {}_6C_2 \times {}_4P_4$ として求めてもよい。

(イ) 次の [1], [2] の場合が考えられる。

[1] 取り出さない 1 文字が A または K のとき

同じ文字 2 個と異なる文字 5 個を並べるから

$$2 \times \frac{7!}{2!} = 5040 \text{ (通り)}$$

←AKKZIGU または AAKZIGU を並べる。

[2] 取り出さない 1 文字が Z, I, G, U のとき

A 2 個，K 2 個と異なる文字 3 個を並べるから

$$4\times\frac{7!}{2!2!}=5040\ (通り)$$

←AAKKIGU などを並べる。

[1]，[2] から　　$5040+5040=$**10080** (通り)

参考　取り出さない文字は 1 文字であるから，7 枚のカードを並べる代わりに，8 枚のカードを並べておき，左から 7 枚を取ると考えてもよい。このように考えると，(イ) の場合の数は，(ア) と同じであることがわかる。

練習 ③28　9 個の文字 M，A，T，H，C，H，A，R，T を横 1 列に並べる。
(1)　この並べ方は □ 通りある。
(2)　A と A が隣り合うような並べ方は □ 通りある。
(3)　A と A が隣り合い，かつ，T と T も隣り合うような並べ方は □ 通りある。
(4)　M，C，R がこの順に並ぶ並べ方は □ 通りある。
(5)　2 個の A と C が A，C，A の順に並ぶ並べ方は □ 通りある。

(1)　$\frac{9!}{2!2!2!}=$**45360** (通り)

←M 1 個，A 2 個，T 2 個，H 2 個，C 1 個，R 1 個

(2)　隣り合う AA をまとめて A′ と考えると，求める並べ方は

$$\frac{8!}{2!2!}=\mathbf{10080}\ (通り)$$

←M 1 個，A′ 1 個，T 2 個，H 2 個，C 1 個，R 1 個

(3)　隣り合う AA をまとめて A′，TT をまとめて T′ と考えると，
求める並べ方は　　$\frac{7!}{2!}=$**2520** (通り)

←M 1 個，A′ 1 個，T′ 1 個，H 2 個，C 1 個，R 1 個

(4)　□ 3 個，A 2 個，T 2 個，H 2 個を 1 列に並べ，3 個の □ は左から順に M，C，R とすればよいから，求める並べ方は

$$\frac{9!}{3!2!2!2!}=\mathbf{7560}\ (通り)$$

(4)，(5)　順序の定まったものは同じものとみる，ことがポイント。

(5)　○ 3 個，M 1 個，T 2 個，H 2 個，R 1 個を 1 列に並べ，3 個の ○ は左から順に A，C，A とすればよいから，求める並べ方は

$$\frac{9!}{3!2!2!}=\mathbf{15120}\ (通り)$$

練習 ③29　1，1，2，2，3，3，3 の 7 つの数字のうちの 4 つを使って 4 桁の整数を作る。このような 4 桁の整数は全部で ア□ 個あり，このうち 2200 より小さいものは イ□ 個ある。

(ア)　1，2，3 のいずれかを A，B，C で表す。ただし，A，B，C はすべて異なる数字とする。
次の [1]～[3] のいずれかの場合が考えられる。
[1]　$AAAB$ のタイプ。つまり，同じ数字を 3 つ含むとき。
3 つ以上ある数字は 3 だけであるから，A は 1 通り。
B の選び方は　　2 通り
そのおのおのについて，並べ方は　　$\frac{4!}{3!}=4$ (通り)

←333□ (□ は 1，2)

よって，このタイプの整数は　　$2\times4=8$ (個)
[2]　$AABB$ のタイプ。
つまり，同じ数字 2 つを 2 組含むとき。

1, 2, 3すべて2枚以上あるから, A, Bの選び方は

$_3C_2$ 通り

そのおのおのについて, 並べ方は $\dfrac{4!}{2!2!}=6$ (通り)

←1122, 1133, 2233

よって, このタイプの整数は $_3C_2\times6=18$ (個)

[3] $AABC$のタイプ。

つまり, 同じ数字2つを1組含むとき。

Aの選び方は3通りで, B, CはAを選べば決まる。

そのおのおのについて, 並べ方は $\dfrac{4!}{2!}=12$ (通り)

←1123, 2213, 3312

よって, このタイプの整数は $3\times12=36$ (個)

以上から $8+18+36=\mathbf{62}$ (個)

(イ) 2200より小さい整数は, 1□□□, 21□□の形のものである。

[1] 1□□□の形の整数で□に当てはまる数の組は

(1, 2, 2), (1, 2, 3), (1, 3, 3),
(2, 2, 3), (2, 3, 3), (3, 3, 3)

よって, この形の整数は $4\times\dfrac{3!}{2!}+3!+1=19$ (個)

←(1, 2, 2), (1, 3, 3), (2, 2, 3), (2, 3, 3)の4組それぞれについて, 並べ方は $\dfrac{3!}{2!}$ 通り ($_3C_2={}_3C_1$ でもよい)

[2] 21□□の形の整数で□に当てはまる数の組は

(1, 2), (1, 3), (2, 3), (3, 3)

よって, この形の整数は $3\times2!+1=7$ (個)

以上から, 求める個数は $19+7=\mathbf{26}$ (個)

練習 ③30 図1と図2は碁盤の目状の道路とし, すべて等間隔であるとする。

(1) 図1において, 点Aから点Bに行く最短経路は全部で何通りあるか。
また, このうち次の条件を満たすものは何通りあるか。

(ア) 点Cを通る。

(イ) 点Cと点Dの両方を通る。

(ウ) 点Cまたは点Dを通る。

(エ) 点Cと点Dのどちらも通らない。

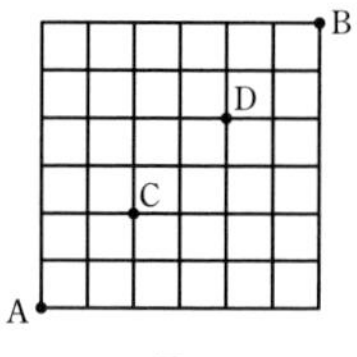

(2) 図2において, 点Aから点Bに行く最短経路は全部で何通りあるか。ただし, 斜線の部分は通れないものとする。 〔類 九州大〕

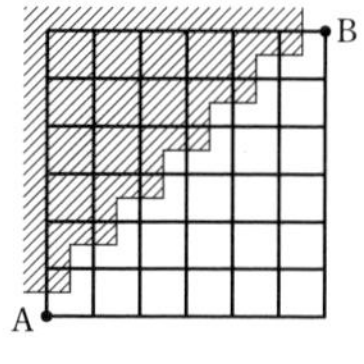

図1

図2

(1) 右に1区画進むことを→, 上に1区画進むことを↑で表すと, 点Aから点Bに行く最短経路の総数は, 6個の→と6個の↑を1列に並べる順列の総数に等しいから

$$\frac{12!}{6!6!}=\mathbf{924}\ (\textbf{通り})$$

←$_{12}C_6$ から求めてもよい。

(ア) 点Cを通る最短経路は $\dfrac{4!}{2!2!}\times\dfrac{8!}{4!4!}=\mathbf{420}$ **(通り)**

←A ⟶ C, C ⟶ B

(イ) 点Cと点Dの両方を通る最短経路は

$$\frac{4!}{2!2!}\times\frac{4!}{2!2!}\times\frac{4!}{2!2!}=\mathbf{216}\ (\textbf{通り})$$

←A ⟶ C, C ⟶ D, D ⟶ B

(ウ) 点Dを通る最短経路は $\frac{8!}{4!4!}\times\frac{4!}{2!2!}=420$ (通り)

←A ⟶ D，D ⟶ B

よって，点Cまたは点Dを通る最短経路は

$420+420-216=\mathbf{624}$ **(通り)**

← (Cを通る)+(Dを通る)−(CとDを通る)

(エ) 点Cと点Dのどちらも通らない最短経路は

$924-624=\mathbf{300}$ **(通り)**

←(全体)−(CまたはDを通る)

(2) 各交差点を通過する経路の数を記入していくと，右の図のようになる。
よって，求める最短経路の数は

132通り

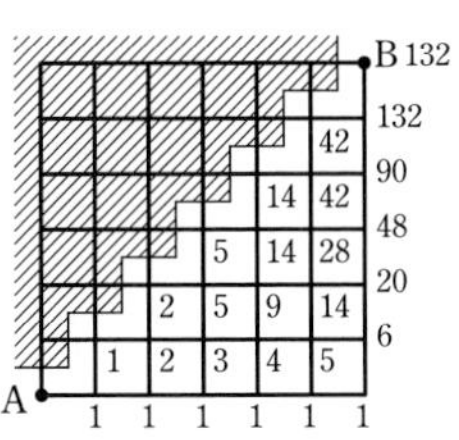

←(1)も同様の方法で求められる。

検討 斜線の部分を通る経路の総数を考える。斜線の部分を通るためには，図の直線 ℓ 上の点を少なくとも1つは通る。そこで，最初に ℓ 上の点を通った後の経路をすべて，直線 ℓ に関して対称移動した経路を考える。
例えば，A → P → B の経路(太線)は A → P → B′(網の線)に移る。

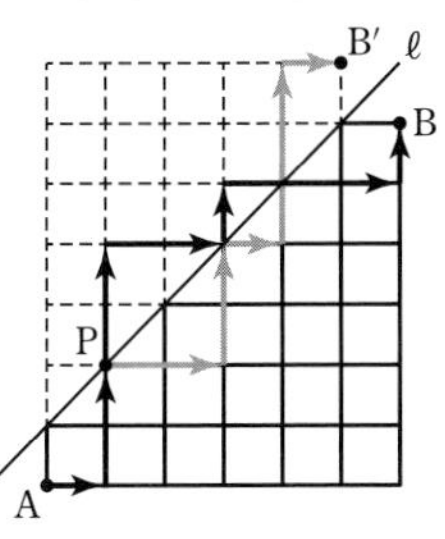

このとき，A → B の経路は A → B′ の経路と1対1に対応する。
よって，斜線の部分を通る経路の数は ${}_{12}C_5$ となる。
ゆえに，求める経路の数は $924-{}_{12}C_5=924-792=\mathbf{132}$ **(通り)**

←問題の図2の斜線部分を通ってBに行く経路について考える。なお，この解法について詳しくは，本冊 $p.60$ も参照。

←${}_{12}C_6-{}_{12}C_5$

練習 ④31 同じ大きさの赤玉が2個，青玉が2個，白玉が2個，黒玉が1個ある。これらの玉に糸を通して輪を作る。
(1) 輪は何通りあるか。　(2) 赤玉が隣り合う輪は何通りあるか。

(1) 黒玉を固定して，残りの6個を平面上に円形に並べる並べ方は $\frac{6!}{2!2!2!}=90$ (通り)

←黒玉は1個しかないから，これを固定する。

黒玉を中心にして玉を1列に並べたとき ○△×黒×△○ のように左右対称になるものは，赤玉，青玉，白玉3個の順列の数であるから $3!=6$ (通り)
90通りのうち，この6通り以外は左右対称でないから，裏返すと同じになるものが2個ずつある。

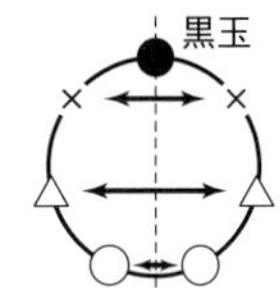

よって，輪は $6+\frac{90-6}{2}=\mathbf{48}$ **(通り)**

(2) 黒玉を固定して，赤玉2個を1個と考えると，5個の玉を平面上に円形に並べる並べ方は $\frac{5!}{2!2!}=30$ (通り)
このうち，赤○△黒△○赤 のように，左右対称となるものは $2!=2$ (通り) であるから，輪は $2+\frac{30-2}{2}=\mathbf{16}$ **(通り)**

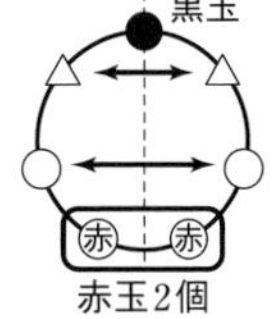

練習 ③32
(1) 8個のりんごをA, B, C, Dの4つの袋に分ける方法は何通りあるか。ただし，1個も入れない袋があってもよいものとする。
(2) $(x+y+z)^5$ の展開式の異なる項の数を求めよ。

(1) 8個の○でりんごを表し，3個の｜で仕切りを表す。
このとき，求める組の総数は，8個の○と3個の｜の順列の総数に等しいから　$_{11}C_8={}_{11}C_3=$**165（通り）**

←例えば
○○｜○｜○○○｜○○
は，(A, B, C, D)
=(2, 1, 3, 2) を表す。

(2) $(x+y+z)^5$ の展開したときの各項は，x, y, z から重複を許して5個取り，それらを掛け合わせて得られる。
5個の○で x, y, z を表し，2個の｜で仕切りを表す。
このとき，求める組の総数は，5個の○と2個の｜の順列の総数に等しいから　$_7C_5={}_7C_2=$**21（通り）**

←例えば
○○｜○｜○○
x　y　z
で x^2yz^2 を表す。

別解　［記号Hを使って，次のように解答してもよい］
(1) 異なる4個のものから8個取る重複組合せと考え
$$_4H_8={}_{4+8-1}C_8={}_{11}C_8={}_{11}C_3=\textbf{165}\text{（通り）}$$

←$_nH_r={}_{n+r-1}C_r$

(2) 異なる3個のものから5個取る重複組合せと考え
$$_3H_5={}_{3+5-1}C_5={}_7C_2=\textbf{21}\text{（通り）}$$

練習 ③33
A, B, C, Dの4種類の商品を合わせて10個買うものとする。次のような買い方はそれぞれ何通りあるか。
(1) 買わない商品があってもよいとき。
(2) どの商品も少なくとも1個買うとき。
(3) Aは3個買い，B, C, Dは少なくとも1個買うとき。

(1) 10個の○で商品を表し，3個の｜で仕切りを表す。
このとき，10個の○と3個の｜の順列の総数が求める場合の数となるから　$_{13}C_{10}={}_{13}C_3=$**286（通り）**

←例えば
○○｜○｜○○○○○
｜○○　は，$a=2$, $b=1$, $c=5$, $d=2$ を意味する。

別解　A, B, C, Dの4種類から重複を許して10個取る組合せの総数であるから
$$_4H_{10}={}_{4+10-1}C_{10}={}_{13}C_{10}={}_{13}C_3=\textbf{286}\text{（通り）}$$

←$_nH_r={}_{n+r-1}C_r$

(2) A, B, C, Dを買う個数を，それぞれ a, b, c, d とすると，$a\geqq1$, $b\geqq1$, $c\geqq1$, $d\geqq1$ であり，合わせて10個買うから
$$a+b+c+d=10 \quad \cdots\cdots ①$$
$a-1=A$, $b-1=B$, $c-1=C$, $d-1=D$ とおくと
$$a=A+1,\ b=B+1,\ c=C+1,\ d=D+1$$
①に代入して　$(A+1)+(B+1)+(C+1)+(D+1)=10$
ゆえに　$A+B+C+D=6$, $A\geqq0$, $B\geqq0$, $C\geqq0$, $D\geqq0$
求める買い方の総数は，A, B, C, Dの4種類から重複を許して6個取る組合せの総数に等しい。
よって　$_4H_6={}_{4+6-1}C_6={}_9C_6={}_9C_3=$**84（通り）**

←買わない商品があってもよいと考えて，後から各1個ずつ加える。

別解　○を10個並べ，○と○の間の9か所から3か所を選んで仕切り｜を入れる総数に等しいから
$$_9C_3=\textbf{84}\text{（通り）}$$

←例えば
○○｜○○○｜○○○○
｜○　は，$a=2$, $b=3$, $c=4$, $d=1$ を意味する。

(3) $a=3$ のとき，① から　$b+c+d=7$

$b-1=B$，$c-1=C$，$d-1=D$ を代入して

$$(B+1)+(C+1)+(D+1)=7$$

よって　$B+C+D=4$，$B\geqq 0$，$C\geqq 0$，$D\geqq 0$

求める買い方の総数は，(2) と同様に考えて

$${}_3H_4={}_{3+4-1}C_4={}_6C_4={}_6C_2=\mathbf{15}\text{ (通り)}$$

←B，C，D の 3 種類から 4 個取る重複組合せ。

別解　○を 7 個並べ，○と○の間の 6 か所から 2 か所を選んで仕切り｜を入れる総数に等しいから

$${}_6C_2=\mathbf{15}\text{ (通り)}$$

練習 ④34 5 桁の整数 n において，万の位，千の位，百の位，十の位，一の位の数字をそれぞれ a，b，c，d，e とするとき，次の条件を満たす n は何個あるか。

(1) $a>b>c>d>e$　(2) $a\geqq b\geqq c\geqq d\geqq e$　(3) $a+b+c+d+e\leqq 6$

(1) 0，1，2，……，9 の 10 個の数字から異なる 5 個を選び，大きい順に a，b，c，d，e とすると，条件を満たす整数 n が 1 つ定まるから　${}_{10}C_5=\mathbf{252}$ **(個)**

←$a>b>c>d>e$ から，$a\neq 0$ となる。

(2) 0，1，2，……，9 の 10 個の数字から重複を許して 5 個を選び，大きい順に a，b，c，d，e とすると，$a\geqq b\geqq c\geqq d\geqq e\geqq 0$ を満たす整数 a，b，c，d，e の組を作ることができる。このうち，$a=b=c=d=e=0$ の場合は 5 桁の整数にならないから，求める整数 n の数は

$${}_{10}H_5-1={}_{10+5-1}C_5-1={}_{14}C_5-1=2002-1=\mathbf{2001}\text{ (個)}$$

←○ 5 個と｜9 個の順列を利用して，${}_{14}C_5-1$ としてもよい。

(3) $A=a-1$ とおくと，$a\geqq 1$ であるから　$A\geqq 0$

また，$a=A+1$ であるから，条件の式は

$$(A+1)+b+c+d+e\leqq 6$$

よって　$A+b+c+d+e\leqq 5$

←$a\neq 0$ に注意。a だけが 1 以上では扱いにくいから，おき換えを行う。

ここで，$f=5-(A+b+c+d+e)$ とおくと，$f\geqq 0$ で

$$A+b+c+d+e+f=5 \quad\cdots\cdots ①$$

求める整数 n の個数は，① を満たす 0 以上の整数の組 $(A,\ b,\ c,\ d,\ e,\ f)$ の個数に等しい。

ゆえに，異なる 6 個のものから 5 個取る重複組合せの総数を考えて　${}_6H_5={}_{6+5-1}C_5={}_{10}C_5=\mathbf{252}$ **(個)**

←$A+b+c+d+e=k$ $(k=0,\ 1,\ 2,\ 3,\ 4,\ 5)$ として考え　${}_5H_0+{}_5H_1+{}_5H_2+{}_5H_3+{}_5H_4+{}_5H_5={}_4C_0+{}_5C_1+{}_6C_2+{}_7C_3+{}_8C_4+{}_9C_5=\mathbf{252}$ **(個)** でもよい。

別解　まず，$a\geqq 0$ として考える。

←a が 0 以上の場合から a が 0 の場合を除く方針。

$f=6-(a+b+c+d+e)$ とおくと，$f\geqq 0$ で

$$a+b+c+d+e+f=6$$

これを満たす 0 以上の整数の組 $(a,\ b,\ c,\ d,\ e,\ f)$ は

$${}_6H_6={}_{6+6-1}C_6={}_{11}C_6={}_{11}C_5=462\text{ (個)}$$

また，$a=0$ のとき，条件の式は　$b+c+d+e\leqq 6$

$g=6-(b+c+d+e)$ とおくと，$g\geqq 0$ で　$b+c+d+e+g=6$

これを満たす 0 以上の整数の組 $(b,\ c,\ d,\ e,\ g)$ は

$${}_5H_6={}_{5+6-1}C_6={}_{10}C_6={}_{10}C_4=210\text{ (個)}$$

よって，求める整数 n の個数は　$462-210=\mathbf{252}$ **(個)**

EX
③**1**

2桁の自然数の集合を全体集合とし，4の倍数の集合を A，6の倍数の集合を B と表す。このとき，$A\cup B$ の要素の個数は ア□ である。また，$A\triangle B=(A\cap\overline{B})\cup(\overline{A}\cap B)$ とするとき，$A\triangle B$ の要素の個数は イ□，$A\triangle\overline{B}$ の要素の個数は ウ□ である。

2桁の自然数の集合を U とすると　$n(U)=99-9=90$
$A=\{4\cdot3,\ 4\cdot4,\ \cdots\cdots,\ 4\cdot24\}$ から　$n(A)=24-3+1=22$
$B=\{6\cdot2,\ 6\cdot3,\ \cdots\cdots,\ 6\cdot16\}$ から　$n(B)=16-2+1=15$

←$n(A)=24-3=21$ は誤り！

(ア)　$A\cap B$ は12の倍数の集合である。
$A\cap B=\{12\cdot1,\ 12\cdot2,\ \cdots\cdots,\ 12\cdot8\}$ から　$n(A\cap B)=8$
ゆえに　$n(A\cup B)=n(A)+n(B)-n(A\cap B)$
$=22+15-8=$**29**

←4$(=2^2)$ と6$(=2\cdot3)$ の最小公倍数は　$2^2\cdot3=12$

←個数定理

(イ)　$A\triangle B=(A\cap\overline{B})\cup(\overline{A}\cap B)$ は，右の図の影をつけた部分である。
よって，$A\triangle B$ の要素の個数は
$n(A\cup B)-n(A\cap B)=29-8$
$=$**21**

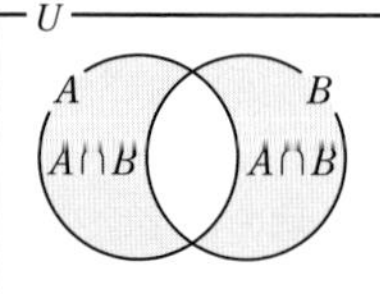

(ウ)　$A\triangle\overline{B}=(A\cap\overline{\overline{B}})\cup(\overline{A}\cap\overline{B})$
$=(A\cap B)\cup(\overline{A}\cap\overline{B})$
$(A\cap B)\cup(\overline{A}\cap\overline{B})$ は，右の図の影をつけた部分である。
よって，$A\triangle\overline{B}$ の要素の個数は
$n(A\cap B)+n(\overline{A}\cap\overline{B})$
$=n(A\cap B)+n(U)-n(A\cup B)$
$=n(U)-\{n(A\cup B)-n(A\cap B)\}$
$=90-21=$**69**

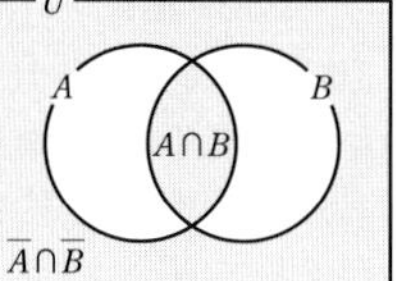

←$\overline{\overline{B}}=B$

←$A\triangle\overline{B}$ は $A\triangle B$ の補集合であるといえる。

←(イ)の結果を利用。

EX
④**2**

ある学科の1年生の学生数は198人で，そのうち男子学生は137人である。ある調査の結果，1年生のうちスマートフォンを持っている学生は148人，タブレットPCを持っている学生は123人であった。このとき，スマートフォンとタブレットPCを両方持っている学生は少なくとも ア□ 人いる。また，スマートフォンを持っている男子学生は少なくとも イ□ 人いて，タブレットPCを持っている男子学生は少なくとも ウ□ 人いる。　〔類　立命館大〕

1年生の学生全体の集合，男子学生の集合，女子学生の集合，スマートフォンを持っている学生の集合，タブレットPCを持っている学生の集合をそれぞれ $U,\ M,\ W,\ S,\ T$ とすると
$n(U)=198,\ n(M)=137,$
$n(W)=n(U)-n(M)=198-137=61,$
$n(S)=148,\ n(T)=123$

←$U=M\cup W,$
$M\cap W=\varnothing$

(ア)　$n(S\cap T)=n(S)+n(T)-n(S\cup T)=148+123-n(S\cup T)$
$=271-n(S\cup T)$
よって，$n(S\cap T)$ が最小となるのは，$n(S\cup T)$ が最大のとき。
これは，$n(S)+n(T)>n(U)$ であるから，$S\cup T=U$ のとき。
このとき　$n(S\cup T)=n(U)=198$
ゆえに，スマートフォンとタブレットPCを両方持っている学生は少なくとも　$271-198=$**73**（人）

（ア）$S\cup T=U$ のとき

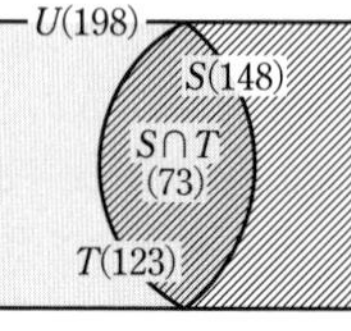

(イ) $n(S\cap M)=n(S)-n(S\cap W)=148-n(S\cap W)$

よって，$n(S\cap M)$ が最小となるのは，$n(S\cap W)$ が最大となるとき。

$n(W)<n(S)$ であるから，$W\subset S$ のとき $n(S\cap W)$ は最大となる。このとき　$n(S\cap W)=n(W)=61$

ゆえに，スマートフォンを持っている男子学生は少なくとも

$148-61=\mathbf{87}$ (人)

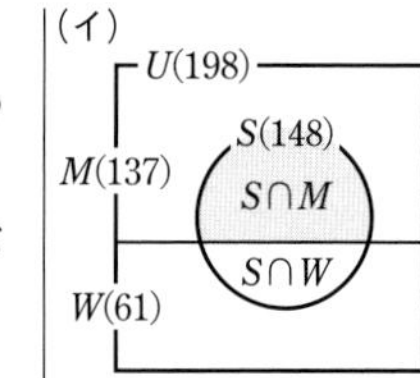

(ウ) $n(T\cap M)=n(T)-n(T\cap W)=123-n(T\cap W)$

よって，$n(T\cap M)$ が最小となるのは，$n(T\cap W)$ が最大となるとき。

$n(W)<n(T)$ であるから，$W\subset T$ のとき $n(T\cap W)$ は最大となる。このとき　$n(T\cap W)=n(W)=61$

ゆえに，タブレット PC を持っている男子学生は少なくとも

$123-61=\mathbf{62}$ (人)

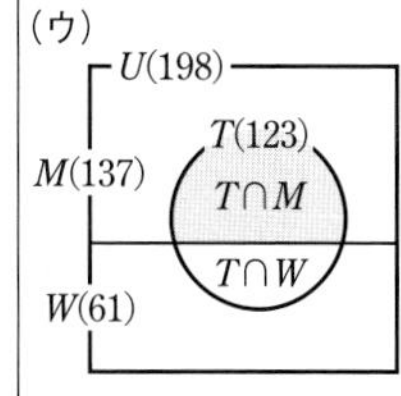

EX ④3

70 人の学生に，異なる 3 種類の飲料水 X，Y，Z を飲んだことがあるか調査したところ，全員が X，Y，Z のうち少なくとも 1 種類は飲んだことがあった。また，X と Y の両方，Y と Z の両方，X と Z の両方を飲んだことがある人の数はそれぞれ 13 人，11 人，15 人であり，X と Y の少なくとも一方，Y と Z の少なくとも一方，X と Z の少なくとも一方を飲んだことのある人の数は，それぞれ 52 人，49 人，60 人であった。

(1) 飲料水 X を飲んだことのある人の数は何人か。

(2) 飲料水 Y を飲んだことのある人の数は何人か。

(3) 飲料水 Z を飲んだことのある人の数は何人か。

(4) X，Y，Z の全種類を飲んだことのある人の数は何人か。　〔日本女子大〕

飲料水 X，Y，Z を飲んだことのある人の集合をそれぞれ X，Y，Z とする。与えられた条件から

←X，Y，Z がどんな集合であるかを記す。

$n(X\cup Y\cup Z)=70$,

$n(X\cap Y)=13$，$n(Y\cap Z)=11$，$n(Z\cap X)=15$,

$n(X\cup Y)=52$，$n(Y\cup Z)=49$，$n(Z\cup X)=60$

←$\overline{X\cup Y\cup Z}=\varnothing$ であるから，U を全体集合とすると $n(X\cup Y\cup Z)=n(U)$

$n(X\cup Y)=n(X)+n(Y)-n(X\cap Y)$ から

←個数定理

$n(X)+n(Y)=65$ …… ①

$n(Y\cup Z)=n(Y)+n(Z)-n(Y\cap Z)$ から

$n(Y)+n(Z)=60$ …… ②

$n(Z\cup X)=n(Z)+n(X)-n(Z\cap X)$ から

$n(Z)+n(X)=75$ …… ③

①+②+③ から

$n(X)+n(Y)+n(Z)=100$ …… ④

←連立方程式 $\begin{cases} x+y=a \\ y+z=b \\ z+x=c \end{cases}$ は，3 式の辺々を加えるとらくに解ける。

(1) ④−② から　$n(X)=\mathbf{40}$ **(人)**

(2) ④−③ から　$n(Y)=\mathbf{25}$ **(人)**

(3) ④−① から　$n(Z)=\mathbf{35}$ **(人)**

(4) $n(X\cup Y\cup Z)=n(X)+n(Y)+n(Z)-n(X\cap Y)-n(Y\cap Z)-n(Z\cap X)+n(X\cap Y\cap Z)$

←3 つの集合の個数定理

から　$n(X\cap Y\cap Z)=70-40-25-35+13+11+15=\mathbf{9}$ **(人)**

別解　右の図のように各集合の要素の個数をそれぞれ a～g とすると

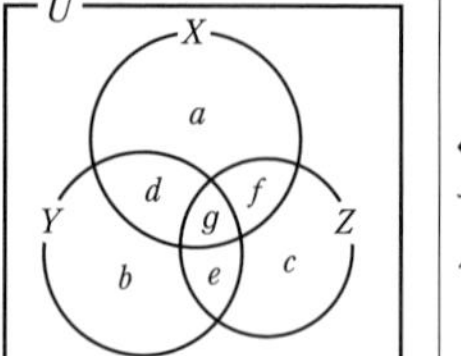

$$\begin{cases} a+b+c+d+e+f+g=70 & \cdots\cdots ① \\ d+g=13 & \cdots\cdots ② \\ e+g=11 & \cdots\cdots ③ \\ f+g=15 & \cdots\cdots ④ \\ a+b+d+e+f+g=52 & \cdots\cdots ⑤ \\ b+c+d+e+f+g=49 & \cdots\cdots ⑥ \\ a+c+d+e+f+g=60 & \cdots\cdots ⑦ \end{cases}$$

←問題文の条件を式で表すと ①～⑦ のようになる。

①−⑤，①−⑥，①−⑦ のそれぞれから

$c=18$，$a=21$，$b=10$

これらを ① に代入して　　$d+e+f+g=21$

②+③+④ から　　$d+e+f+3g=39$

辺々を引いて　　$-2g=-18$　すなわち　$g=9$

したがって，②，③，④ から　　$d=4$，$e=2$，$f=6$

よって

(1)　$n(X)=a+d+f+g=21+4+6+9=$**40**（人）

(2)　$n(Y)=b+d+e+g=10+4+2+9=$**25**（人）

(3)　$n(Z)=c+e+f+g=18+2+6+9=$**35**（人）

(4)　$n(X\cap Y\cap Z)=g=$**9**（人）

EX ③4

500 以下の自然数を全体集合とし，A を奇数の集合，B を 3 の倍数の集合，C を 5 の倍数の集合とする。次の集合の要素の個数を求めよ。

(1)　$A\cap B\cap C$　　(2)　$(A\cup B)\cap C$　　(3)　$(A\cap B)\cup(A\cap C)$

全体集合を U とすると　　$n(U)=500$

$A=\{1,\ 3,\ 5,\ \cdots\cdots,\ 499\}$ から　　$n(A)=250$　　←$499=2\cdot250-1$

$B=\{3\cdot1,\ 3\cdot2,\ \cdots\cdots,\ 3\cdot166\}$ から　　$n(B)=166$　　←$500=3\cdot166+2$

$C=\{5\cdot1,\ 5\cdot2,\ \cdots\cdots,\ 5\cdot100\}$ から　　$n(C)=100$　　←$500=5\cdot100$

$A\cap B$ は 3 の倍数のもののうち，6 の倍数でないものの集合で，6 の倍数の集合の要素の個数は，$\{6\cdot1,\ 6\cdot2,\ \cdots\cdots,\ 6\cdot83\}$ より 83 個あるから　　$n(A\cap B)=166-83=83$　　←$500=6\cdot83+2$

$B\cap C$ は 15 の倍数の集合で，$\{15\cdot1,\ 15\cdot2,\ \cdots\cdots,\ 15\cdot33\}$ から　　←$500=15\cdot33+5$

$n(B\cap C)=33$

$C\cap A$ は 5 の倍数のもののうち，10 の倍数でないものの集合で，10 の倍数の集合の要素の個数は，$\{10\cdot1,\ 10\cdot2,\ \cdots\cdots,\ 10\cdot50\}$ より 50 個あるから　　$n(C\cap A)=100-50=50$　　←$500=10\cdot50$

(1)　$A\cap B\cap C$ は 15 の倍数のもののうち，30 の倍数でないものの集合である。

30 の倍数の集合の要素の個数は，$\{30\cdot1,\ 30\cdot2,\ \cdots\cdots,\ 30\cdot16\}$ より 16 個あるから　　←$500=30\cdot16+20$

$n(A\cap B\cap C)=33-16=$**17**　　←$n(B\cap C)=33$

(2) $(A\cup B)\cap C$ は，図の影をつけた部分である。したがって，求める個数は

$n(A\cap C)+n(B\cap C)-n(A\cap B\cap C)$
$=50+33-17=\mathbf{66}$

←細かく書くと
$n(A\cap C)-n(A\cap B\cap C)$
$+n(B\cap C)-n(A\cap B\cap C)$
$+n(A\cap B\cap C)$

別解 $(A\cup B)\cap C=(A\cap C)\cup(B\cap C)$

であるから

$n((A\cup B)\cap C)=n((A\cap C)\cup(B\cap C))$
$=n(A\cap C)+n(B\cap C)-n((A\cap C)\cap(B\cap C))$
$=n(A\cap C)+n(B\cap C)-n(A\cap B\cap C)$
$=50+33-17=\mathbf{66}$

(3) $(A\cap B)\cup(A\cap C)$ は，図の影をつけた部分である。

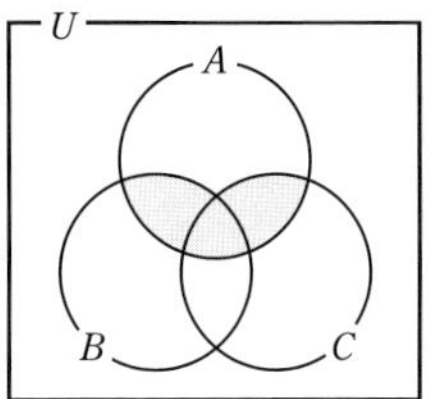

したがって，求める個数は

$n(A\cap B)+n(A\cap C)-n(A\cap B\cap C)$
$=83+50-17=\mathbf{116}$

←$n(A\cap B)-n(A\cap B\cap C)$
$+n(A\cap C)-n(A\cap B\cap C)$
$+n(A\cap B\cap C)$

EX ②5 2つのチーム A，B で優勝戦を行い，先に 2 勝した方を優勝チームとする。最初の試合で B が勝った場合に A が優勝する勝負の分かれ方は何通りあるか。ただし，試合では引き分けもあるが，引き分けの次の試合は必ず勝負がつくものとする。

A の勝ち，負けをそれぞれ ○，×，引き分けを△で表し，優勝チームが決定するまでの勝負の分かれ方を樹形図でかくと，右のようになる。

このうち，A が優勝するのは，最終試合に □ を付けた　**4 通り**

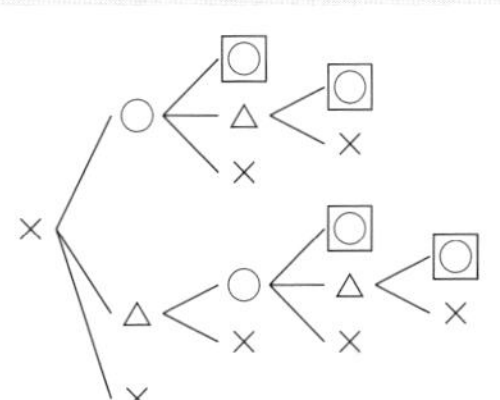

←○ か × が 2 回出た時点でその枝は終了。また，△ の後は ○ か × のみとなる。

←×○○，×○△○，×△○○，×△○△○

EX ②6 赤，青，白の 3 個のさいころを投げたとき，可能な目の出方は全部で ア□ 通りあり，このうち赤と青の目が等しい場合は イ□ 通り，赤と青の目の合計が白の目より小さい場合は ウ□ 通りある。

(ア) 赤，青，白のさいころの目の出方は，それぞれ 6 通りずつあるから，全部で　$6\times6\times6=\mathbf{216}$ (通り)

←積の法則

(イ) 赤の目と青の目が等しくなるのは

(赤の目，青の目)＝(1，1)，(2，2)，(3，3)，(4，4)，
(5，5)，(6，6)

の 6 通りあり，そのおのおのに対して，白の目の出方が 6 通りずつある。

よって，求める場合の数は　$6\times6=\mathbf{36}$ (通り)

(ウ) 赤の目と青の目の合計が，白の目より小さいのは

(赤の目，青の目，白の目)
＝(1，1，3)，(1，1，4)，(1，1，5)，(1，1，6)，(1，2，4)，
(1，2，5)，(1，2，6)，(1，3，5)，(1，3，6)，(1，4，6)，

←赤の目と青の目の合計が 5 以下の場合を考えればよい。

(2, 1, 4), (2, 1, 5), (2, 1, 6), (2, 2, 5), (2, 2, 6),
(2, 3, 6), (3, 1, 5), (3, 1, 6), (3, 2, 6), (4, 1, 6)
の **20** 通り。

EX ②7 1050 の正の約数はア□個あり，その約数のうち 1 と 1050 を除く正の約数の和はイ□である。〔類 星薬大〕

(ア) $1050=2\cdot3\cdot5^2\cdot7$ であるから，1050 の正の約数の個数は

$$(1+1)(1+1)(2+1)(1+1)=2\cdot2\cdot3\cdot2=\mathbf{24}$$

(イ) 1050 の正の約数の総和は

$$(1+2)(1+3)(1+5+5^2)(1+7)=3\cdot4\cdot31\cdot8=2976$$

1 と 1050 を除くと　$2976-1-1050=\mathbf{1925}$

←まず，素因数分解。

$$\begin{array}{r|r} 5 & 1050 \\ 5 & 210 \\ 2 & 42 \\ 3 & 21 \\ & 7 \end{array}$$

EX ②8 大，中，小の 3 個のさいころを投げるとき，それぞれの出る目の数を a, b, c とする。このとき，$\dfrac{a}{bc}$ が整数とならない場合は何通りあるか。

目の出方の総数は　$6\times6\times6=216$ (通り)

また，$1\leqq a\leqq6$, $1\leqq b\leqq6$, $1\leqq c\leqq6$ であり，$\dfrac{a}{bc}$ が整数となる場合を考えると，次の表のようになる。

a	1	2	3	4	5	6
bc	1	1, 2	1, 3	1, 2, 4	1, 5	1, 2, 3, 6

$bc=1$ となるのは，$(b, c)=(1, 1)$ の 1 通り
$bc=2$ となるのは，$(b, c)=(1, 2)$, $(2, 1)$ の 2 通り
$bc=3$ となるのは，$(b, c)=(1, 3)$, $(3, 1)$ の 2 通り
$bc=4$ となるのは，$(b, c)=(1, 4)$, $(2, 2)$, $(4, 1)$ の 3 通り
$bc=5$ となるのは，$(b, c)=(1, 5)$, $(5, 1)$ の 2 通り
$bc=6$ となるのは，$(b, c)=(1, 6)$, $(2, 3)$, $(3, 2)$, $(6, 1)$ の 4 通り

したがって，$\dfrac{a}{bc}$ が整数となる場合の数は

$$1+(1+2)+(1+2)+(1+2+3)+(1+2)+(1+2+2+4)=25$$

よって，求める場合の数は　$216-25=\mathbf{191}$ **(通り)**

←積の法則

←分母は分子の約数。

←(全体)−(整数となる場合)

EX ②9 十円硬貨 6 枚，百円硬貨 4 枚，五百円硬貨 2 枚，合計 12 枚の硬貨の中から 1 枚以上使って支払える金額は何通りあるか。〔摂南大〕

十円硬貨 6 枚を使ってできる金額は，
0 円，10 円，……，60 円　の 7 通り
百円硬貨 4 枚を使ってできる金額は，
0 円，100 円，……，400 円　の 5 通り
五百円硬貨 2 枚を使ってできる金額は，
0 円，500 円，1000 円　の 3 通り
よって，支払える金額は，0 円の場合を除いて
$7\times5\times3-1=\mathbf{104}$ **(通り)**

←十円 6 枚＜百円，百円 4 枚＜五百円であるから，支払い方に重複はない。

←1 枚以上は使う。

←**積の法則**

検討 この問題で，百円硬貨を 5 枚とした場合，解答は次のようになる。

百円硬貨 5 枚と五百円硬貨 2 枚を使ってできる金額は，

0 円，100 円，……，1500 円　　の 16 通り

十円硬貨 6 枚を使ってできる金額は，

0 円，10 円，……，60 円　　の 7 通り

よって，支払える金額は 0 円の場合を除いて

$16\times7-1=111$ (通り)

←百円 5 枚＝五百円 に注意。

←百円 5 枚＝五百円 1 枚，百円 5 枚と五百円 1 枚＝五百円 2 枚 の重複がある。
⟶ 重複がある種類についてはまとめて考える。

EX ③10

5 個の数字 0，2，4，6，8 から異なる 4 個を並べて 4 桁の整数を作る。
(1) 次のものは何個できるか。
(ア) 4 桁の整数　(イ) 3 の倍数　(ウ) 各桁の数字の和が 20 になる整数
(エ) 4500 より大きく 8500 より小さい整数
(2) (1)(ウ) の整数すべての合計を求めよ。　〔類 駒澤大〕

(1) (ア) 千の位は 0 を除く 4 個の数字から 1 個を取るから

4 通り

そのおのおのについて，百，十，一の位は残り 4 個の数字から 3 個取る順列で　$_4P_3$ 通り

よって，求める個数は　$4\times{}_4P_3=4\times4\cdot3\cdot2=$ **96 (個)**

←最高位に 0 を並べない。

←積の法則

(イ) 3 の倍数となるのは，各位の数字の和が 3 の倍数のときである。和が 3 の倍数になる 4 個の数字の組は

(0，2，4，6)，(0，4，6，8)

0，2，4，6 を使ってできる 4 桁の整数について，千の位は 0 以外の 3 通り。そのおのおのについて，百，十，一の位は $_3P_3=3!$ (通り) の並べ方があるから　$3\times3!=18$ (個)

0，4，6，8 を使ってできる 4 桁の整数も同様に　18 個

ゆえに，求める個数は　$18\times2=$ **36 (個)**

←(ア)と同様，千の位に 0 を並べない。

←この 4 数にも 0 が含まれている。

(ウ) 各桁の数字の和が 20 になる 4 個の数字の組は

(2，4，6，8)

よって，求める個数は　$_4P_4=4!=$ **24 (個)**

←0 を含まない。

(エ) 条件を満たすとき，千の位は 4，6，8 のいずれかである。

[1] 千の位が 4 のとき

百の位は 6，8 のいずれかで　2 通り

十，一の位は，残り 3 個の数字から 2 個取る順列で

$_3P_2$ 通り

よって　$2\times{}_3P_2=2\times3\cdot2=12$ (個)

[2] 千の位が 6 のとき

百，十，一の位は，残り 4 個の数字から 3 個取る順列で

$_4P_3=4\cdot3\cdot2=24$ (個)

[3] 千の位が 8 のとき

百の位は 0，2，4 のいずれかで　3 通り

十，一の位は，残り 3 個の数字から 2 個取る順列で

$_3P_2$ 通り

←千の位が 4，8 のときについては，「4500 より大」，「8500 より小」の条件を満たすように百の位を考える。

よって　$3\times{}_3P_2=3\times3\cdot2=18$ (個)

[1]～[3] から，求める個数は　$12+24+18=$ **54** (**個**)

←和の法則

別解　[1]　千の位が 2 のとき　${}_4P_3=4\cdot3\cdot2=24$ (個)

←全体から，4500 以下と 8500 以上を除く方針。

[2]　千の位が 4 で，4500 以下のものは

$2\times{}_3P_2=2\times3\cdot2=12$ (個)

←百の位は 0 か 2

[3]　千の位が 8 で，8500 以上のものは　${}_3P_2=3\cdot2=6$ (個)

←百の位は 6

よって，(ア) の結果も利用すると　$96-(24+12+6)=$ **54** (**個**)

(2)　(ウ) の 24 個の整数のうち，千の位が 2，4，6，8 のものはそれぞれ $3!=6$ (通り) ずつある。

←例えば，
$2468=2\times1000+4\times100+6\times10+1\times8$
と考えられる。
24 個の整数の位ごとの合計を求めるとよい。

よって，(ウ) の 24 個の整数の，千の位の合計は

$2\times1000\times6+4\times1000\times6+6\times1000\times6+8\times1000\times6$
$=1000\times6\times(2+4+6+8)$

同様に考えて，(ウ) の 24 個の整数の，百の位，十の位，一の位の合計は，順に

$100\times6\times(2+4+6+8)$，$10\times6\times(2+4+6+8)$，
$1\times6\times(2+4+6+8)$

したがって，求める合計は

$(1000+100+10+1)\times6\times(2+4+6+8)$
$=1111\times6\times20=$ **133320**

EX
②**11**

1 年生 2 人，2 年生 2 人，3 年生 3 人の 7 人の生徒を横 1 列に並べる。ただし，同じ学年の生徒であっても個人を区別して考えるものとする。

(1)　並び方は全部で □ 通りある。
(2)　両端に 3 年生が並ぶ並び方は全部で □ 通りある。
(3)　3 年生の 3 人が隣り合う並び方は □ 通りある。
(4)　1 年生の 2 人，2 年生の 2 人および 3 年生の 3 人が，それぞれ隣り合う並び方は □ 通りある。

(1)　7 人の順列であるから　${}_7P_7=7!=$ **5040** (通り)

(2)　両端の 3 年生の並び方は　${}_3P_2=6$ (通り)

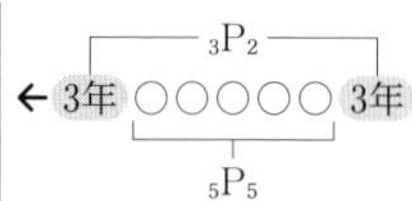

両端の 3 年生の間に並ぶ残り 5 人の並び方は

${}_5P_5=5!=120$ (通り)

よって，求める並び方は　$6\times120=$ **720** (通り)

(3)　3 年生 3 人をまとめて 1 組と考えると，この 1 組と残り 4 人の並び方は　${}_5P_5=5!=120$ (通り)

←●●●○○○○
3 年生 3 人をまとめて 1 組と考える (枠に入れる)。

次に，3 年生 3 人の並び方は　${}_3P_3=3!=6$ (通り)

よって，求める並び方は　$120\times6=$ **720** (通り)

(4)　1 年生 2 人，2 年生 2 人，3 年生 3 人を，それぞれまとめて 1 組と考えると，この 3 組の並び方は　${}_3P_3=3!=6$ (通り)

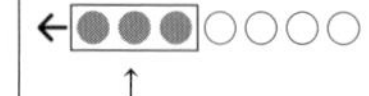
3 年生　2 年生　1 年生

次に，1 年生 2 人の並び方は　${}_2P_2=2!=2$ (通り)

2 年生 2 人の並び方は　${}_2P_2=2!=2$ (通り)

3 年生 3 人の並び方は　${}_3P_3=3!=6$ (通り)

よって，求める並び方は　$6\times2\times2\times6=$ **144** (通り)

EX ③12

C, O, M, P, U, T, E の 7 文字を全部使ってできる文字列を，アルファベット順の辞書式に並べる。
(1) 最初の文字列は何か。また，全部で何通りの文字列があるか。
(2) COMPUTE は何番目にあるか。
(3) 200 番目の文字列は何か。 〔名城大〕

(1) 最初の文字列は　**CEMOPTU**
文字列の総数は　${}_7P_7=7!=$**5040**(**通り**)

(2) CE△△△△△ の形の文字列は　${}_5P_5=5!=120$ (個)
CM△△△△△ の形の文字列は　120 個
COE△△△△ の形の文字列は　${}_4P_4=4!=24$ (個)
COME△△△ の形の文字列は　${}_3P_3=3!=6$ (個)

←アルファベット順に左側の文字を決めながらタイプ別にまとめて計算。

その後は，COMPETU，COMPEUT，COMPTEU，COMPTUE，COMPUET，COMPUTE　の順に続く。

←COMPUTE に近くなったから，順に書き出す。

したがって，COMPUTE は
$120+120+24+6+6=$**276**(**番目**)

(3) CE△△△△△，CM△△△△△ の形の文字列は，それぞれ 120 個ずつあるから，200 番目の文字列は CM△△△△△ の形の文字列の 80 番目である。

←(2) の計算を利用。

CME△△△△, CMO△△△△, CMP△△△△, CMT△△△△ の形の文字列は，それぞれ 24 個ずつあるから，200 番目の文字列は CMT△△△△ の形の文字列の 8 番目である。

←${}_4P_4=4!=24$

CMTE△△△ の形の文字列は 6 個ある。

←${}_3P_3=3!=6$

その後は，CMTOEPU，CMTOEUP　の順に続く。
よって，200 番目の文字列は
CMTOEUP

EX ④13

図の ① から ⑥ の 6 つの部分を色鉛筆を使って塗り分ける方法について考える。
ただし，1 つの部分は 1 つの色で塗り，隣り合う部分は異なる色で塗るものとする。
(1) 6 色で塗り分ける方法は，□ 通りである。
(2) 5 色で塗り分ける方法は，□ 通りである。
(3) 4 色で塗り分ける方法は，□ 通りである。
(4) 3 色で塗り分ける方法は，□ 通りである。 〔立命館大〕

(1) 塗り分け方の総数は，異なる 6 個のものの順列の総数に等しいから　${}_6P_6=6!=$**720**(**通り**)

(2) 5 色を A，B，C，D，E とする。
6 つの部分を ② → ③ → ⑤ → ① → ⑥ → ④ の順に塗ると考え，②，③，⑤ に塗る色をそれぞれ A，B，C とする。
①，④，⑥ に塗ることができる色を樹形図で調べると，次のようになる。

←隣接する部分が多い場所から塗り始める。

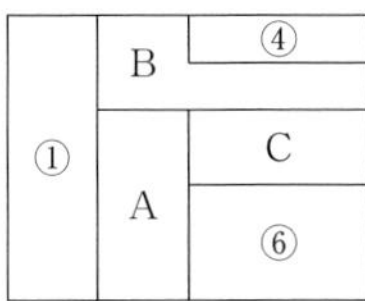

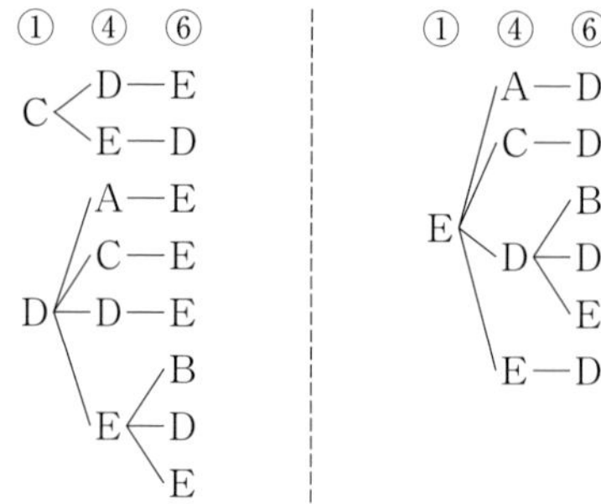

A, B, C に色を割り当てる方法は ${}_5P_3$ 通りあり，そのおのおのについて，残りの ①，④，⑥ の塗り方は樹形図から 14 通りずつある。

よって　　$14\times{}_5P_3=14\times60=$**840** (通り)

(3)　4 色を A, B, C, D とする。(2) と同様に考え，4 色の場合を樹形図で調べると，次のようになる。

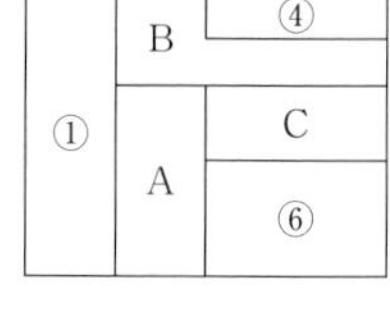

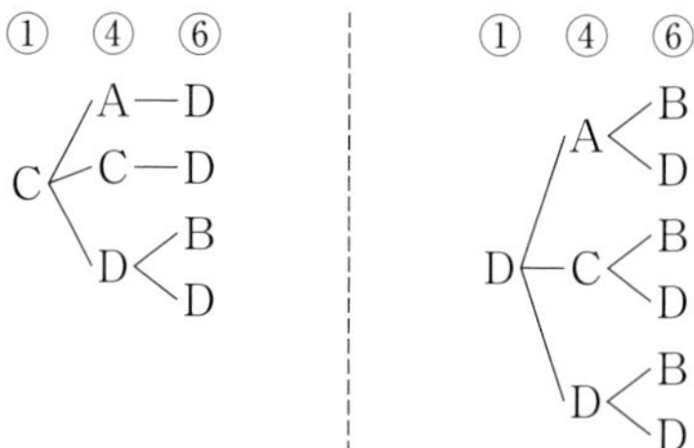

樹形図より 10 通りあることから，求める塗り方の総数は

$10\times{}_4P_3=10\times24=$**240** (通り)

←A, B, C に色を割り当てる方法は ${}_4P_3$ 通り。

(4)　(2) と同様に，②，③，⑤ に塗る色をそれぞれ A, B, C とすると，① はCに，⑥ は B に塗る色が限定される。

④ は，A または C の 2 通りが可能であるから，求める塗り方の総数は　　$2\times{}_3P_3=2\times6=$**12** (通り)

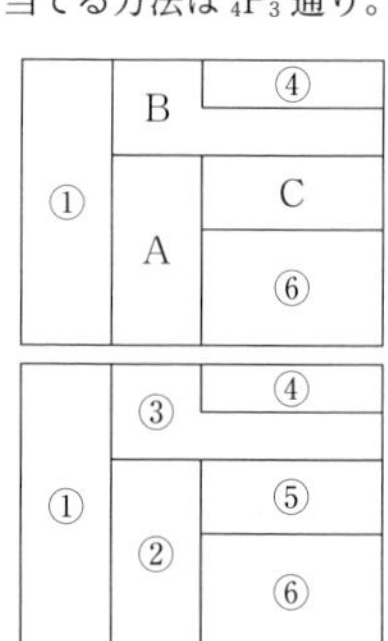

別解　[(2)~(4) について，同じ色で塗る部分を決める方法]

(2)　①~⑥ のうち，同じ色で塗る 2 つの部分を決めて，5 色を塗り分ければよい。

隣り合う部分は異なる色で塗るから，同じ色で塗る 2 つの部分は　　①と④，①と⑤，①と⑥，②と④，③と⑥，
④と⑤，④と⑥

の 7 通りある。

←①~⑥ から隣接しない 2 か所を選ぶ。

よって，塗り分ける方法は

$7\times{}_5P_5=7\times5\cdot4\cdot3\cdot2\cdot1=$**840** (通り)

(3)　4 色で塗る方法は，6 つの部分のうち

[1]　同じ色で塗る 2 つの部分を 2 組選ぶ

[2]　同じ色で塗る 3 つの部分を 1 組選ぶ

がある。

[1]　AとBに同じ色，CとDに別の同じ色を塗ることを「ABとCD」のように表すと，同じ色を塗る部分の2組の選び方は

「①④と③⑥」，「①⑤と②④」，「①⑤と③⑥」，
「①⑤と④⑥」，「①⑥と②④」，「①⑥と④⑤」，
「②④と③⑥」，「③⑥と④⑤」

の8通りある。

[2]　同じ色で塗る3つの部分の選び方は

「①と④と⑤」，「①と④と⑥」

の2通りある。

よって，塗り分ける方法は

$(8+2)\times{}_4\mathrm{P}_4=10\times4\cdot3\cdot2\cdot1=\mathbf{240}$ (通り)

←①～⑥から隣接しない2か所を2組選ぶ。

[2]

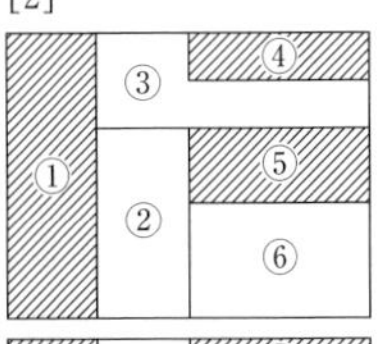

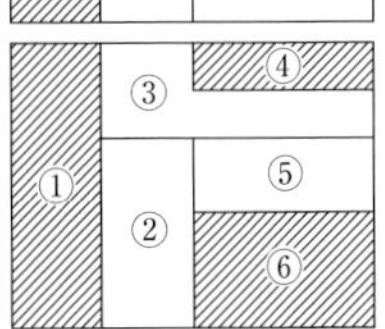

(4)　3色で塗る方法は，6つの部分のうち

[1]　同じ色で塗る2つの部分を3組選ぶ

[2]　3つの部分を同じ色で塗り，残りのうち2つの部分を同じ色で塗り，更に残りの1つの部分を残った色で塗る

がある。

[1]　3組の選び方は「①⑤と②④と③⑥」のみである。

[2]　同じ色で塗る部分の選び方は「①④⑤と③⑥と②」のみである。

よって，塗り分ける方法は

$(1+1)\times{}_3\mathrm{P}_3=2\times3\cdot2\cdot1=\mathbf{12}$ (通り)

[1]

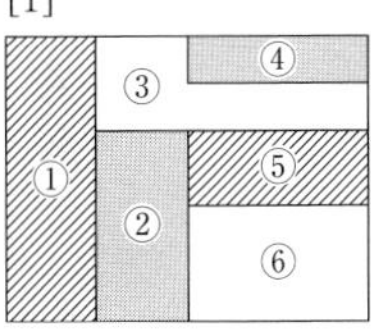

[2]

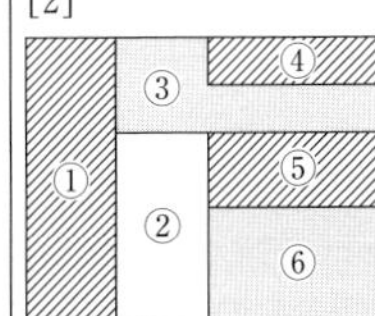

EX ④14　n 桁の自然数について，数字1を奇数個含むものの個数を $f(n)$ とする。ただし，n は自然数とする。

(1)　$f(2)$，$f(3)$ を求めよ。

(2)　$f(n+1)=8f(n)+9\cdot10^{n-1}$ が成り立つことを示せ。

(1)　まず，1桁の自然数で数字1を奇数個含むものは1だけであるから　　$f(1)=1$

2桁の自然数で数字1を奇数個含むものは，

1の後に0または2～9を付け加えて作られるものが　9個

2～9の後に1を付け加えて作られるものが　8個

←1□の□に0または2～9を入れると考える。

←2□，……，9□の□に1を入れると考える。

あるから　　$\boldsymbol{f(2)}=9+8=\mathbf{17}$

次に，3桁の自然数で数字1を奇数個含むものは，次のようにして作ることができる。

[1]　2桁の自然数で1を奇数個含むものの後に，0または2～9を付け加える。

←例えば，14□の□に0または2～9を入れる。

[2]　2桁の自然数で1を偶数個含むものの後に，1を付け加える。

←1が0個のものも含む。

2 桁の自然数は 90 個あるから

$$f(3)=f(2)\times 9+\{90-f(2)\}\times 1=8f(2)+90$$
$$=8\cdot 17+90=\mathbf{226}$$

←10 から 99 までの $99-10+1=90$ (個)

(2) $n+1$ 桁の自然数で数字 1 を奇数個含むものは，次のようにして作ることができる。

[1] n 桁の自然数で 1 を奇数個含むものの後に，0 または 2 ~ 9 を付け加える。

[2] n 桁の自然数で 1 を偶数個含むものの後に，1 を付け加える。

n 桁の自然数の個数は

$$(10^n-1)-10^{n-1}+1=10^n-10^{n-1}=10\cdot 10^{n-1}-10^{n-1}=9\cdot 10^{n-1}$$

←10^{n-1} から 10^n-1 までの個数。

したがって　$f(n+1)=f(n)\times 9+\{9\cdot 10^{n-1}-f(n)\}\times 1$
$=8f(n)+9\cdot 10^{n-1}$

EX ④15

A さんとその 3 人の子ども，B さんとその 3 人の子ども，C さんとその 2 人の子どもの合わせて 11 人が，A さんと A さんの三男は隣り合わせになるようにして，円形のテーブルに着席する。このとき，それぞれの家族がまとまって座る場合の着席の仕方は ア□ 通りあり，その中で，異なる家族の子どもたちが隣り合わせにならないような着席の仕方は イ□ 通りある。〔南山大〕

(ア) A さん，B さん，C さんの家族をそれぞれ 1 組と考えて，この 3 組を円形のテーブルに並べる方法は

$$(3-1)!=2\ (通り)$$

←まとまったものは 1 組とみる。

そのおのおのについて，A さんの家族 4 人が，A さんと三男が隣り合わせになるように並ぶ方法は，A さんと三男を 1 組とみて，この 1 組と残り 2 人の子どもの並び方が

$$3!\ 通り$$

←隣り合うものは枠に入れる。

次に，A さんと三男の並び方が 2 通りある。

←枠の中で動かす。

よって，A さんの家族の並び方は　$3!\times 2=12$ (通り)

また，B さんの家族 4 人の並び方は　$4!=24$ (通り)

C さんの家族 3 人の並び方は　$3!=6$ (通り)

←1 組の家族という枠の中で動かす。

したがって，求める場合の数は　$2\times 12\times 24\times 6=\mathbf{3456}$ (通り)

(イ) 異なる家族の子どもたちが隣り合わせにならないようにするには，まず A さん，B さん，C さんを円形のテーブルに並べ，その間の 3 か所に同じ家族の子どもを，それぞれの家族がまとまるように並べればよい。

←特定のもの(ここでは A さん，B さん，C さん)を固定する。

A さん，B さん，C さんを円形に並べる方法は

$$(3-1)!=2\ (通り)$$

例えば，3 人が右の図のように並んでいるとき，A さんの子どもは ① か ③ に入る。

① に入るとき，B さんの子どもは ②，C さんの子どもは ③ に入る。

③ に入るとき，B さんの子どもは ①，C さんの子どもは ② に入る。

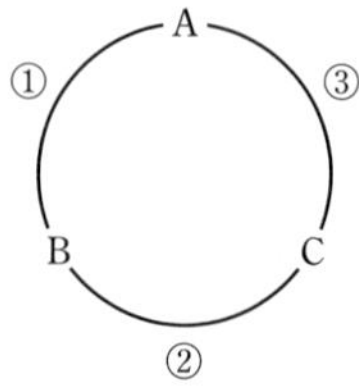

←各家族の子どもたちをまとまったもの(枠に入れる)として考え，後で子どもたちの並び方(中で動かす)を考える。

よって，子どもを①，②，③に配置する方法は　2通り
そのおのおのについて，Aさんの家族は，Aさんの隣が三男となり，残り2人の子どもの並び方が　$2!=2$（通り）
Bさんの子ども3人の並び方は　$3!=6$（通り）
Cさんの子ども2人の並び方は　$2!=2$（通り）
Aさん，Bさん，Cさんのもう1通りの並び方についても同様である。
したがって，求める場合の数は

$2\times2\times2\times6\times2=$**96**（通り）

←中で動かす。

EX ③16 正四面体の各面に色を塗りたい。ただし，1つの面には1色しか塗らないものとし，色を塗ったとき，正四面体を回転させて一致する塗り方は同じとみなすことにする。
(1) 異なる4色の色がある場合，その4色すべてを使って塗る方法は全部で何通りあるか。
(2) 異なる3色の色がある場合を考える。3色すべてを使うときは，その塗り方は全部で何通りあるか。また，3色のうち使わない色があってもよいときは，その塗り方は全部で何通りあるか。　〔神戸学院大〕

(1) 4色のうちのある1色を塗った面の位置を固定すると，残りの3面を他の3色で塗る方法は

$(3-1)!=2$（通り）

よって　**2通り**。

他の3色
ある特定の色

←例えば，特定の1色を底面に固定すると，側面の塗り方は3色の円順列。

(2) [1] **3色すべてを使う場合**
4面あるから，どれか1色で2面を塗ることになる。
その色の選び方は　3通り
その2面を固定して，その選んだ色で塗り，残りの2面を他の2色で塗る方法は2通りあるが，回転させると一致するから，1通りである。
よって，塗り方の総数は　$3\times1=$**3**（通り）

←特別な面（同じ色の面）を固定する。

次に，3色のうち使わない色がある場合を考える。
[2] 2色で塗る場合，その色の選び方は　3通り(＊)
そのおのおのについて
(i) 1色を2面，もう1色を残りの2面に塗る場合
その塗り方は　1通り
(ii) 1色を3面，もう1色を残りの1面に塗る場合
その塗り方は　2通り
したがって，この場合の塗り方の総数は

$3\times(1+2)=9$（通り）

[3] 1色で塗る場合，その色の選び方は　3通り
よって，**使わない色があってもよい場合の塗り方は**，[1]，[2]，[3]により，全部で　$3+9+3=$**15**（通り）

←「使わない色があってもよい」ということは，3色，2色，1色のいずれかを使う場合を意味する。
(＊) 3色から使う2色を選ぶということは，使わない1色を選ぶことと同じであるから　3通り。
なお，組合せの考えを用いると　${}_3C_2=3$

EX ③17
4 種類の数字 0, 1, 2, 3 を用いて表される自然数を，1 桁から 4 桁まで小さい順に並べる。
すなわち　　　　1, 2, 3, 10, 11, 12, 13, 20, 21, ……
このとき，全部で ア□ 個の自然数が並ぶ。また，230 番目にある数は イ□ であり，230 は ウ□ 番目にある。
〔類　日本女子大〕

(ア)　1 桁の数は　　3 個
2 桁の数は十の位が 3 通り，一の位が 4 通りであるから
$3\times4=12$ (個)
3 桁の数は百の位が 3 通り，下 2 桁が 4^2 通りであるから
$3\times4^2=48$ (個)
4 桁の数は千の位が 3 通り，下 3 桁が 4^3 通りであるから
$3\times4^3=192$ (個)
よって，全部で　　$3+12+48+192=$ **255** (個)

(イ)　(ア) より，3 桁までの数は $3+12+48=63$ (個)，4 桁までの数は 255 個であるから，230 番目の数は 4 桁の数である。
←230 番目は何桁の数かをまず調べる。

1□□□，2□□□ の形の数は　　$2\times4^3=128$ (個)
30□□，31□□ の形の数は　　$2\times4^2=32$ (個)
320□ の形の数は　　$1\times4=4$ (個)
←□ はそれぞれ 0, 1, 2, 3 の 4 通り。

ここで，$63+128+32+4=227$ (個) であるから，230 番目の数は 321□ の形の数の 3 番目である。
←3210, 3211, 3212

したがって，求める数は　　**3212**

(ウ)　(ア) から
←230 以下の数を，桁数別に集計する。

1 桁，2 桁の数の個数の合計は　　15 個
1□□ の形の数は　　$4^2=16$ (個)
20□，21□，22□ の形の数は　　$3\times4=12$ (個)
←22□ の形の数の次の数が 230

したがって，230 は　　$15+16+12+1=$ **44** (番目)

検討　(イ)　題意の数の列は自然数 1, 2, 3, 4, …… を 4 進法で表したものである。

$$230=\mathbf{3}\cdot4^3+\mathbf{2}\cdot4^2+\mathbf{1}\cdot4+\mathbf{2}\cdot1$$

であるから，10 進法による 230 は，4 進法では 3212 と表される [$3212_{(4)}$ とも表す]。
すなわち，この数の列の 230 番目の数は **3212** である。

←$n=a\cdot4^3+b\cdot4^2+c\cdot4+d\cdot1$ (a, b, c, d は 0 ～ 3 の整数) であれば，n 番目の数は $abcd_{(4)}$ である。なお，4 進法，10 進法などの記数法については，第 4 章数学と人間の活動で詳しく学習する。

(ウ)　4 進法による 230 は，10 進法では

$$\mathbf{2}\cdot4^2+\mathbf{3}\cdot4+\mathbf{0}\cdot1=44$$

であるから，230 は **44** 番目にある。

参考　p 進法における n 桁 ($n\geqq2$) の数 $A=a_1a_2\cdots\cdots a_{n(p)}$ は

$$A=a_1p^{n-1}+a_2p^{n-2}+\cdots\cdots+a_{n-1}p+a_n$$

$(1\leqq a_1\leqq p-1,\ 0\leqq a_i\leqq p-1\ \ [i=2,\ 3,\ \cdots\cdots,\ n])$

EX ③18
乗客定員 9 名の小型バスが 2 台ある。乗客 10 人が座席を区別せずに 2 台のバスに分乗する。人も車も区別しないで，人数の分け方だけを考えて分乗する方法は ア□ 通りあり，人は区別しないが車は区別して分乗する方法は イ□ 通りある。更に，人も車も区別して分乗する方法は ウ□ 通りあり，その中で 10 人のうちの特定の 5 人が同じ車になるように分乗する方法は エ□ 通りある。
〔関西学院大〕

(ア) a 人と b 人に分けることを $(a,\ b)$ で表すと，人も車も区別しないで，人数の分け方だけを考えて分乗する方法は，

$$(1,\ 9),\ (2,\ 8),\ (3,\ 7),\ (4,\ 6),\ (5,\ 5)$$

の　　**5 通り**

(イ) 2 台の車を A，B とする。
人は区別しないが車は区別して分乗する方法は，A に乗る人数で決まるから　　**9 通り**

←残りは B に乗る。

注意　バス A に a 人，バス B に b 人乗ることを $(a,\ b)$ と書くと，(イ) の分乗の方法は

$$\begin{matrix}(1,\ 9), & (2,\ 8), & (3,\ 7), & (4,\ 6), & (5,\ 5),\\ \updownarrow & \updownarrow & \updownarrow & \updownarrow & \\ (9,\ 1), & (8,\ 2), & (7,\ 3), & (6,\ 4) & \end{matrix}$$

の 9 通りとなる。ここで，$\updownarrow$ で示した 2 つの方法を同じものと考えたのが，(ア) で求めた 5 通りの方法である。

(ウ) 10 人のおのおのについて，A に乗るか，B に乗るかの 2 通りがあるが，全員が A か B に乗る場合は除かれる。
よって　　$2^{10}-2=$**1022**（通り）

←乗客定員が 9 名であるから，10 人全員が A か B のどちらか一方にのみ乗ることはできない。

(エ) 特定の 5 人が A に乗るか，B に乗るかの　　2 通り
残り 5 人のおのおのについて，特定の 5 人と同じ車に乗るか，別の車に乗るかの 2 通りがあるが，全員が特定の 5 人と同じ車に乗る場合は除かれる。
よって　　$2\times(2^5-1)=$**62**（通り）

←特定の 5 人をひとまとめにして考える。

EX ③19

A 高校の生徒会の役員は 6 名で，そのうち 3 名は女子である。また，B 高校の生徒会の役員は 5 名で，そのうち 2 名は女子である。各高校の役員から，それぞれ 2 名以上を出して，合計 5 名の合同委員会を作るとき，次の各場合は何通りあるか。
(1) 合同委員会の作り方
(2) 合同委員会に少なくとも 1 名女子が入っている場合
(3) 合同委員会に 1 名女子が入っている場合　〔南山大〕

A 高校から a 名，B 高校から b 名選ぶことを
$(\mathrm{A},\ \mathrm{B})=(a,\ b)$　　と表す。

(1) $(\mathrm{A},\ \mathrm{B})=(3,\ 2),\ (2,\ 3)$ であるから，求める場合の数は

$${}_6\mathrm{C}_3\times{}_5\mathrm{C}_2+{}_6\mathrm{C}_2\times{}_5\mathrm{C}_3=20\times10+15\times10$$
$$=\mathbf{350}\text{（通り）}$$

←$(\mathrm{A},\ \mathrm{B})=(3,\ 2)$，$(2,\ 3)$ はそれぞれ積の法則。まとめは和の法則。

(2) 女子が 1 人もいない，すなわち，男子ばかりの場合
$(\mathrm{A},\ \mathrm{B})=(3,\ 2)$ のとき　　${}_3\mathrm{C}_3\times{}_3\mathrm{C}_2=1\times3=3$（通り）
$(\mathrm{A},\ \mathrm{B})=(2,\ 3)$ のとき　　${}_3\mathrm{C}_2\times{}_3\mathrm{C}_3=3\times1=3$（通り）
よって，求める場合の数は，(1) から

$$350-(3+3)=\mathbf{344}\text{（通り）}$$

←A 高校の男子，B 高校の男子とも 3 名。

(3) [1] 女子 1 名が A 高校の場合
男子の選び方は $(\mathrm{A},\ \mathrm{B})=(2,\ 2),\ (1,\ 3)$ であり，女子の選び方は ${}_3\mathrm{C}_1$ 通りであるから

$${}_3\mathrm{C}_1\times({}_3\mathrm{C}_2\times{}_3\mathrm{C}_2+{}_3\mathrm{C}_1\times{}_3\mathrm{C}_3)=3\times(3\times3+3\times1)=36\text{（通り）}$$

←(1) の (A，B) において，A が 1 名減る場合。

[2]　女子1名がB高校の場合
男子の選び方は (A, B)=(3, 1), (2, 2) であり，女子の選び方は ${}_2C_1$ 通りであるから

$${}_2C_1\times({}_3C_3\times{}_3C_1+{}_3C_2\times{}_3C_2)=2\times(1\times3+3\times3)=24\text{ (通り)}$$

←(1)の (A, B) において，Bが1名減る場合。

[1], [2] から，求める場合の数は

$$36+24=\mathbf{60}\text{ (通り)}$$

←和の法則

EX ③20　xy 平面において，6本の直線 $x=k$ ($k=0$, 1, 2, 3, 4, 5) のうちの2本と，4本の直線 $y=l$ ($l=0$, 1, 2, 3) のうちの2本で囲まれた図形について考える。長方形は全部で ア□ 個あり，そのうち正方形は全部で イ□ 個ある。また，面積が2となる長方形は全部で ウ□ 個であり，4となる長方形は全部で エ□ 個ある。　〔関西学院大〕

(ア)　縦6本の直線から2本を選び，横4本の直線から2本を選ぶと，長方形が1個できるから，長方形の総数は

$${}_6C_2\times{}_4C_2=\mathbf{90}\text{ (個)}$$

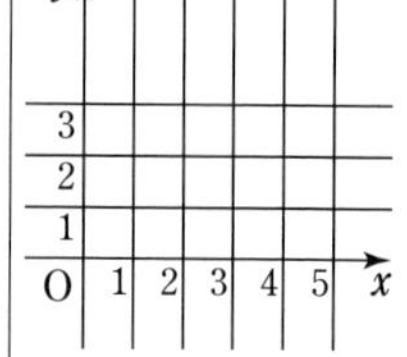

(イ)　正方形の1辺の長さで分けて数えると，
1辺の長さが1のものは　$5\times3=15$ (個)
1辺の長さが2のものは　$4\times2=8$ (個)
1辺の長さが3のものは　$3\times1=3$ (個)
したがって　$15+8+3=\mathbf{26}$ (個)

(ウ)　横の長さが a，縦の長さが b の長方形を $a\times b$ の長方形とよぶことにする。面積が2となる長方形のうち，
1×2 の長方形は　$5\times2=10$ (個)
2×1 の長方形は　$4\times3=12$ (個)
したがって　$10+12=\mathbf{22}$ (個)

(エ)　面積が4となる長方形のうち，
4×1 の長方形は　$2\times3=6$ (個)
2×2 の長方形は　$4\times2=8$ (個)
1×4 の長方形はない。
したがって　$6+8=\mathbf{14}$ (個)

EX ③21　正 n 角形がある (n は3以上の整数)。この正 n 角形の n 個の頂点のうちの3個を頂点とする三角形について考える。
(1)　$n=6$ とする。このとき，三角形は全部で ア□ 個あり，直角三角形は イ□ 個ある。また，二等辺三角形は ウ□ 個あり，そのうち正三角形は エ□ 個ある。
(2)　$n=8$ とする。このとき，直角三角形は オ□ 個，鈍角三角形は カ□ 個，鋭角三角形は キ□ 個ある。
(3)　$n=6k$ (k は正の整数) であるとする。このとき，k を用いて表すと，正三角形の個数は ク□ であり，直角三角形の個数は ケ□ である。　〔京都産大〕

(1)　三角形は全部で　${}_6C_3=$ ア $\mathbf{20}$ (個) ある。
正六角形の外接円の中心を通る対角線は3本あり，そのうちの1つを斜辺とする直角三角形は4個ある。
よって，直角三角形は全部で　$3\times4=$ イ $\mathbf{12}$ (個) ある。
また，正六角形と2辺を共有する二等辺三角形は6個あり，正六角形と辺を共有しない正三角形は2個ある。

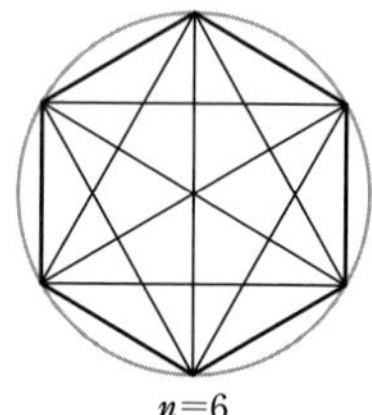
$n=6$

ゆえに，二等辺三角形は全部で ${}^{ウ}\mathbf{8}$ 個ある。

正三角形は上のことから ${}^{エ}\mathbf{2}$ 個ある。

(2) 正八角形の外接円の中心を通る対角線は4本あり，そのうちの1つを斜辺とする直角三角形は6個ある。

よって，直角三角形は全部で $4\times6={}^{オ}\mathbf{24}$ (個) ある。

また，正八角形と1辺だけを共有する鈍角三角形は $2\times8=16$ (個) あり，正八角形と2辺を共有する鈍角三角形は8個ある。

ゆえに，鈍角三角形は全部で $16+8={}^{カ}\mathbf{24}$ (個) ある。

鋭角三角形は，三角形が全部で ${}_8C_3=56$ (個) あるから

$56-(24+24)={}^{キ}\mathbf{8}$ (個) ある。

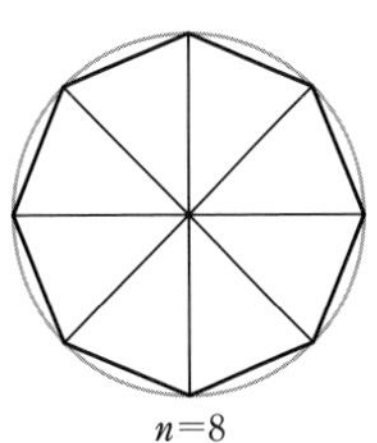

(3) 正 n 角形の n 個の頂点を順に A_1, A_2, ……, A_n とする。

A_1 を1つの頂点とする正三角形の他の頂点は A_{2k+1}, A_{4k+1} である。

同様に，(A_2, A_{2k+2}, A_{4k+2})，(A_3, A_{2k+3}, A_{4k+3})，……，(A_{2k}, A_{2k+2k}, A_{4k+2k}) を3つの頂点とする正三角形があるから，正三角形の個数は全部で ${}^{ク}\mathbf{2k}$ である。

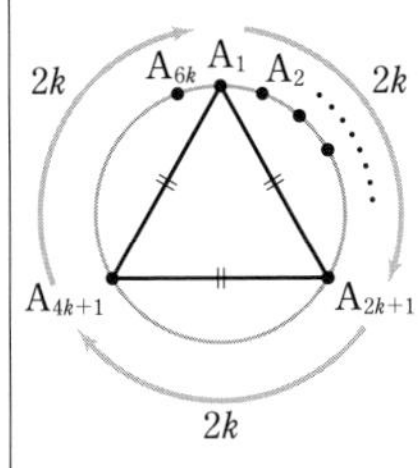

正 n 角形の外接円の中心を通る対角線は $6k\div2=3k$ (本) あり，そのうちの1つを斜辺とする直角三角形は $(6k-2)$ 個ある。

したがって，直角三角形の個数は全部で

$$3k(6k-2)={}^{ケ}\mathbf{6k(3k-1)}$$

である。

←直角三角形の直角の頂点は，斜辺の両端の2点を除く $(6k-2)$ 個。

EX ③22

定員2名，3名，4名の3つの部屋がある。

(1) 2人の教員と7人の学生の合計9人をこれらの3つの部屋に定員どおりに入れる割り当て方は ^{ア}□ 通りである。また，その割り当て方の中で2人の教員が異なる部屋に入るようにする割り当て方は ^{イ}□ 通りである。

(2) 7人の学生のみを，これらの3つの部屋に定員を超えないように入れる割り当て方は ^{ウ}□ 通りである。ただし，誰も入らない部屋があってもよい。 〔慶応大〕

定員2名，3名，4名の3つの部屋をそれぞれA，B，Cとする。

(1) Aの部屋への割り当て方は ${}_9C_2$ 通りあり，そのおのおのについて，Bの部屋への割り当て方は ${}_7C_3$ 通りある。このとき，Cの部屋への割り当て方はただ1通りに定まるから，割り当て方の総数は $\quad {}_9C_2\times{}_7C_3={}^{ア}\mathbf{1260}$ (通り)

次に，2人の教員が異なる部屋に入る割り当て方を考える。

[1] A，Bの部屋に1人ずつ入るとき，教員の入り方は $2!$ 通りあり，そのおのおのについて7人の学生の割り当て方は

${}_7C_1\times{}_6C_2=105$ (通り) あるから

$$2!\times105=210 \text{ (通り)}$$

[2] A，Cの部屋に1人ずつ入るとき，同様に考えて

$$2!\times{}_7C_1\times{}_6C_3=280 \text{ (通り)}$$

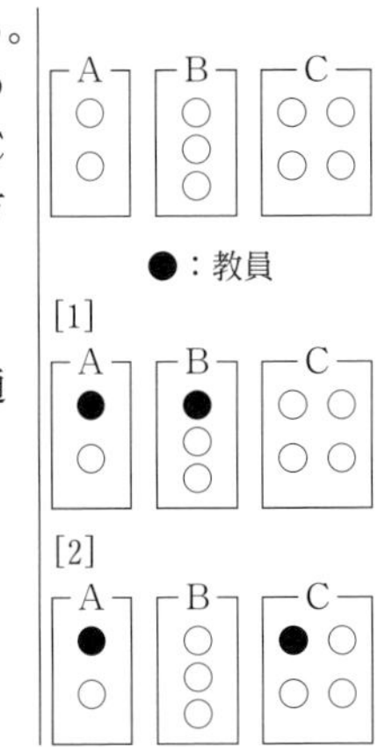

[3]　B，Cの部屋に1人ずつ入るとき，同様に考えて

$$2!\times{}_7C_2\times{}_5C_2=420 \text{（通り）}$$

したがって，2人の教員が異なる部屋に入るようにする割り当て方は　$210+280+420=$ イ**910**（通り）

[3]

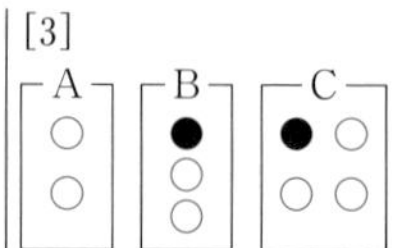

別解　2人の教員が同じ部屋に入るようにする割り当て方を考える。

←（全体）から（教員が同じ部屋に入る場合）を除く方針

[1]　Aの部屋に2人の教員が入るとき
7人の学生の割り当て方は　${}_7C_3=35$（通り）

[2]　Bの部屋に2人の教員が入るとき
7人の学生の割り当て方は　${}_7C_2\times{}_5C_1=105$（通り）

[3]　Cの部屋に2人の教員が入るとき
7人の学生の割り当て方は　${}_7C_2\times{}_5C_3=210$（通り）

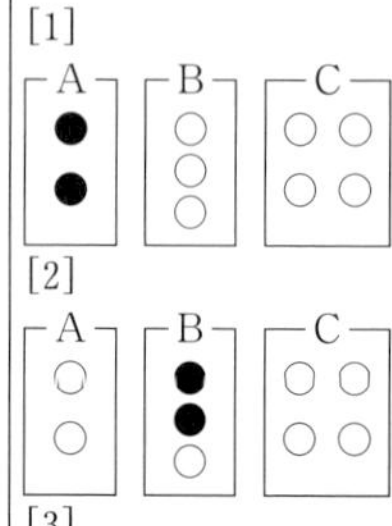

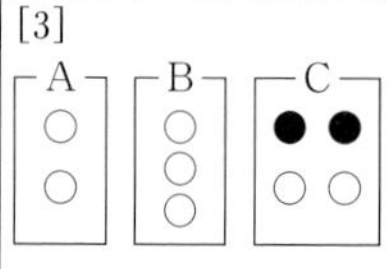

よって，2人の教員が同じ部屋に入る割り当て方は

$$35+105+210=350 \text{（通り）}$$

したがって，2人の教員が異なる部屋に入るようにする割り当て方は　$1260-350=$ イ**910**（通り）

(2)　2人の教員と7人の学生を3つの部屋に定員どおりに割り当ててから，2人の教員を除けばよい。

(2)　2人の教員も含めて部屋に割り当ててから，2人の教員を除けば，学生7人を割り当てたことになる。

例

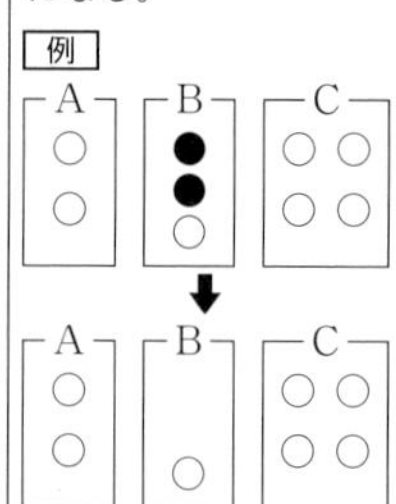

[1]　2人の教員を同じ部屋に入るように割り当ててから2人の教員を除くとき，9人の割り当て方は，(1)から

$$1260-910=350 \text{（通り）}$$

このとき，2人の教員を除いた場合も　350通り

[2]　2人の教員を異なる部屋に入るように割り当ててから2人の教員を除くとき9人の割り当て方は，(1)から　910通り
除かれる2人の教員の区別をなくせばよいから

$$\frac{910}{2}=455 \text{（通り）}$$

したがって，[1]，[2]から，7人の学生の割り当て方は

$$350+455= \text{ウ}\mathbf{805} \text{（通り）}$$

別解　A, B, Cの部屋に割り当てる学生の人数を（2，3，4）のように表すことにすると，割り当て方は次の6通り考えられる。

[1]　（0，3，4）の場合　${}_7C_3=35$（通り）

[2]　（1，2，4）の場合　$7\times{}_6C_2=105$（通り）

[3]　（1，3，3）の場合　$7\times{}_6C_3=140$（通り）

[4]　（2，1，4）の場合　${}_7C_2\times{}_5C_1=105$（通り）

[5]　（2，2，3）の場合　${}_7C_2\times{}_5C_2=210$（通り）

[6]　（2，3，2）の場合　${}_7C_2\times{}_5C_3=210$（通り）

以上から，7人の学生の割り当て方は

$$35+105+140+105+210+210= \text{ウ}\mathbf{805} \text{（通り）}$$

←樹形図等をかいて，漏れがないようにする。

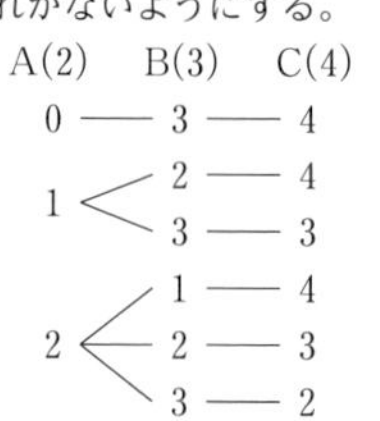

EX ③23 赤，青，黄，白，緑の5色を使って，正四角錐の底面を含む5つの面を塗り分けるとき，次のような塗り分け方は何通りあるか。ただし，側面はすべて合同な二等辺三角形で，回転させて同じになる塗り方は同一と考えるものとする。

(1) 底面を白で塗り，側面を残り4色すべてを使って塗り分ける。

(2) 5色全部を使って塗り分ける。

(3) 5色全部または一部を使って，隣り合う面が別の色になるように塗り分ける。

〔類 大阪学院大〕

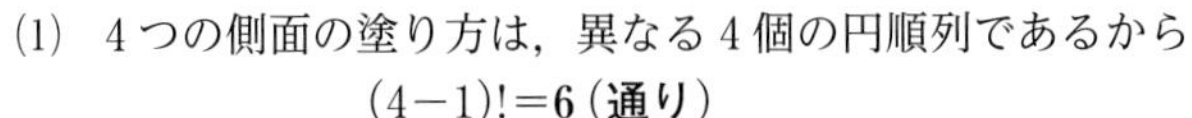

(1) 4つの側面の塗り方は，異なる4個の円順列であるから

$(4-1)!=$**6**(**通り**)

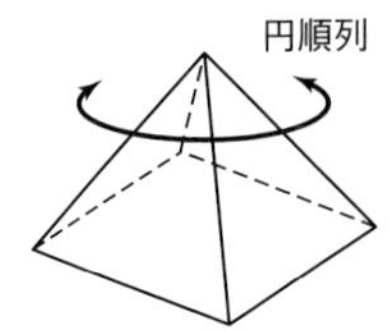

(2) 底面の塗り方は　5通り

そのおのおのについて，側面の塗り方は(1)から

6通り

よって，求める塗り方は　$5\times6=$**30**(**通り**)

(3) 底面の塗り方は　5通り

そのおのおのについて，条件を満たすように側面を塗り分けるには，2色，3色，4色を使う場合が考えられる。

[1] 側面を2色で塗り分ける場合

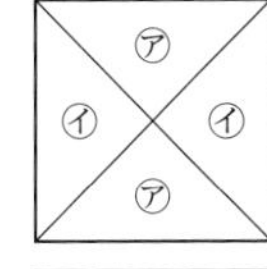

2色で塗り分ける方法は　1通り

よって，この場合の側面の塗り方は2色の選び方と同じで　${}_4\mathrm{C}_2=6$(通り)

←㋐と㋑の色を決めればよい。選んだ2色で塗り方が1通りに決まる。

[2] 側面を3色で塗り分ける場合

3色で塗り分けるには，1色で2か所を塗り，残り2色は1か所ずつ塗ればよい。

ゆえに，塗り分ける方法は，2か所を塗る色の選び方と同じで　${}_3\mathrm{C}_1=3$(通り)

また，3色の選び方は　${}_4\mathrm{C}_3=4$(通り)

よって，この場合の側面の塗り方は　$3\times4=12$(通り)

←まず，㋐の部分の色を決める。次に，㋑と㋒の色を決める。180°回転すると，㋑と㋒が一致することに注意。

[3] 側面を4色で塗り分ける場合　(1)から　6通り

以上から，求める場合の数は

$5\times(6+12+6)=$**120**(**通り**)

EX ③24 1，2，3，4の数字が書かれたカードを各1枚，数字0が書かれたカードと数字5が書かれたカードを各2枚ずつ用意する。この中からカードを何枚か選び，左から順に横1列に並べる。このとき，先頭のカードの数字が0でなければ，カードの数字の列は，選んだカードの枚数を桁数とする正の整数を表す。このようにして得られる整数について，次の問いに答えよ。

(1) 0，1，2，3，4の数字が書かれたカード各1枚ずつ，計5枚のカードだけを用いて表すことができる5桁の整数はいくつあるか。

(2) 用意されたカードをすべて用いて表すことができる8桁の整数はいくつあるか。　〔岡山大〕

(1) 万の位には，1，2，3，4のカードのどれかを並べるから

4通り

←0は使えない。

千，百，十，一の位には，残りの4枚のカードを並べるから

4! 通り

←万の位に選んだ数字は使えない。

よって，5桁の整数の個数は　$4\times4!=$**96**(**個**)

(2) [1] 最高位の数字が 1, 2, 3, 4 のいずれかのとき

残りのカードの並べ方は $\frac{7!}{2!2!}$ 通り

←0 と 5 のカードは各 2 枚ずつある。

よって $4\times\frac{7!}{2!2!}=5040$ (個)

[2] 最高位の数字が 5 のとき

残りのカードの並べ方を考えて $\frac{7!}{2!}=2520$ (個)

←0 のカードは 2 枚あり, 1, 2, 3, 4, 5 のカードは各 1 枚ある。

したがって, 8 桁の整数の個数は $5040+2520=$ **7560 (個)**

別解 8 枚のカードの並べ方は $\frac{8!}{2!2!}=10080$ (通り)

このうち, 0 が先頭になる並べ方は $\frac{7!}{2!}=2520$ (通り)

よって, 8 桁の整数の個数は $10080-2520=$ **7560 (個)**

EX ③25

右の図のように, 同じ大きさの 5 つの立方体からなる立体に沿って, 最短距離で行く経路について考える。このとき, 次の経路は何通りあるか。なお, この 5 つの立方体のすべての辺上が通行可能である。

(1) 地点 A から地点 B までの最短経路
(2) 地点 A から地点 C までの最短経路
(3) 地点 A から地点 D までの最短経路
(4) 地点 A から地点 E までの最短経路 〔名城大〕

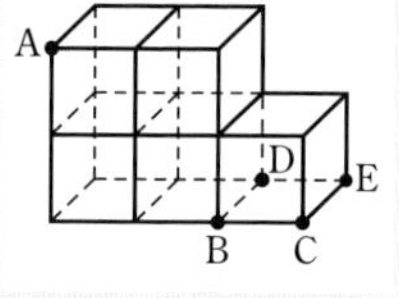

(1) 右へ 1 区画進むことを →, 下へ 1 区画進むことを ↓ で表すと, 地点 A から地点 B までの最短経路の総数は, 2 個の → と 2 個の ↓ を 1 列に並べる順列の総数に等しい。

←3 点 A, B, C を通る平面上で考える。

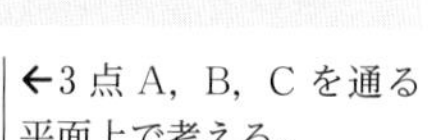

よって $\frac{4!}{2!2!}=$ **6 (通り)**

(2) 右の図のように地点 F を定め, 右上の経路があると仮定すると, A から C までの経路は $\frac{5!}{3!2!}=10$ (通り)

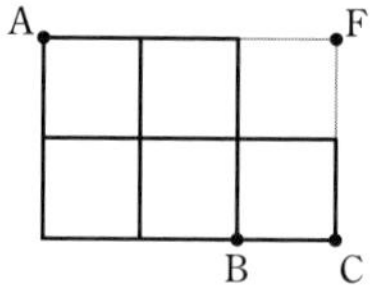

←**仮の経路**を作る考え方。別解 のような考え方でもよい。

このうち, 地点 F を通る経路は 1 通り

←A → F, F → C

よって, 求める経路の数は $10-1=$ **9 (通り)**

←(全体)−(F を通る)

別解 右の図のように地点 X を定める。

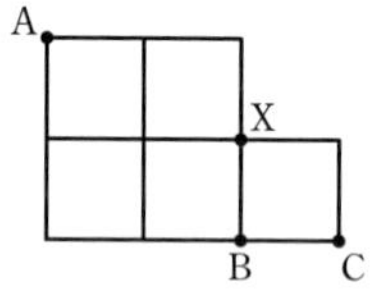

X を通る経路は

$\frac{3!}{2!1!}\times2=6$ (通り)

B を通る経路は $6\times1=6$ (通り)

X と B をともに通る経路は $\frac{3!}{2!1!}\times1\times1=3$ (通り)

求める経路の数は, X または B を通る経路の数であるから

$6+6-3=$ **9 (通り)**

参考 地点 B の 1 区画分左の位置に地点 Y をとり, X または Y を通り C までの経路の数を考えると, X と Y をともに通る経路はないから, 引く必要がない。

←(X を通る)+(B を通る)−(X と B をともに通る)

(3) 奥へ 1 区画進むことを ↗ で表すと, 地点 A から地点 D までの最短経路の総数は, 2 個の → と 2 個の ↓ と 1 個の ↗ を 1 列に並べる順列の総数に等しい。

よって　$\dfrac{5!}{2!2!1!}=\mathbf{30}$ **(通り)**

(4)　右の図のように地点 G, H, I を定める。

[1]　経路が A ⟶ C ⟶ E の場合
(2) の結果から　$9\times1=9$ (通り)

[2]　経路が A ⟶ D ⟶ E の場合
(3) の結果から　$30\times1=30$ (通り)

[3]　経路が A ⟶ G ⟶ E の場合
A ⟶ G には A ⟶ H ⟶ G の場合と A ⟶ I ⟶ G の場合があるから

$$\left(\frac{3!}{2!1!}\times1+\frac{4!}{2!1!1!}\times1\right)\times1=3+12=15 \text{ (通り)}$$

[1]～[3] から，求める経路の数は
$9+30+15=\mathbf{54}$ **(通り)**

←E の 1 区画前が C か D か G かで場合分けする方法。
なお，(2) のように仮の経路を利用する方法も考えられるが，左の解答の方が (2) や (3) の結果が利用できるので早いだろう。

別解　各地点に至る最短経路の数を書き込んでいくと，右の図のようになる。
よって　(1)　**6 通り**　(2)　**9 通り**
(3)　**30 通り**　(4)　**54 通り**

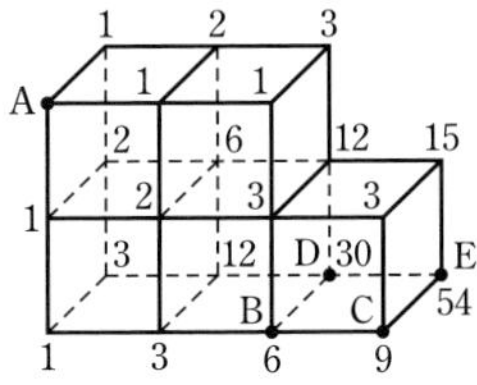

←本冊 $p.59$ の検討の考え方を利用する方法。

EX
④**26**
(1)　和が 30 になる 2 つの自然数からなる順列の総数を求めよ。
(2)　和が 30 になる 3 つの自然数からなる順列の総数を求めよ。
(3)　和が 30 になる 3 つの自然数からなる組合せの総数を求めよ。〔神戸大〕

(1)　x，y を自然数とすると，求める順列の総数は，$x+y=30$ の解の組の個数である。○ を 30 個並べ，○ と ○ の間の 29 か所から 1 か所を選んで仕切り | を入れる総数に等しいから
$${}_{29}C_1=\mathbf{29} \textbf{ (通り)}$$

←30 個の ○ と 1 個の仕切り | の順列の先頭または最後に，仕切り | は並ばないことに注意。

(2)　x，y，z を自然数とすると，求める順列の総数は，$x+y+z=30$ の解の組の個数である。
○ を 30 個並べ，○ と ○ の間の 29 か所から 2 か所を選んで仕切り | を入れる総数に等しいから　${}_{29}C_2=\dfrac{29\cdot28}{2\cdot1}=\mathbf{406}$ **(通り)**

(3)　$x+y+z=30$ を満たす自然数 x，y，z の解の組合せの総数を求める。

←「組合せ」であるから
$(x,\ y,\ z)=(1,\ 1,\ 28)$
と
$(x,\ y,\ z)=(1,\ 28,\ 1)$
は区別しない。

[1]　$x=y=z$ のとき
$x+y+z=30$ から　$3x=30$
よって，$x=10$ であり，$(x,\ y,\ z)=(10,\ 10,\ 10)$ の 1 通り。

[2]　x，y，z のうち 2 つだけが等しいとき
$x=y$ とすると　$2x+z=30$
x，z は自然数であるから
$$(x,\ z)=(1,\ 28),\ (2,\ 26),\ \cdots\cdots,\ (14,\ 2)$$

このうち，$(x,\ z)=(10,\ 10)$ は $x=y=z$ となるから，これを除外して　　13 通り

←$(x,\ y,\ z)=(1,\ 1,\ 28),\ (1,\ 28,\ 1),\ (28,\ 1,\ 1)$ の 3 通りは同じ組合せ。

[3]　$x,\ y,\ z$ がすべて異なるとき

まず，$x,\ y,\ z$ を区別すると，(2) と [1]，[2] から

$$406-(1+13\times 3)=366 \text{（通り）}$$

ここで，$x,\ y,\ z$ の区別をなくすと，同じものが 3! 通りずつあるから

$$\frac{366}{3!}=61 \text{（通り）}$$

[1]～[3] より，求める組合せの総数は

$$1+13+61=\mathbf{75} \text{（通り）}$$

別解　(1)　$x+y=30,\ x\geqq 1,\ y\geqq 1$ において，$x-1=X,\ y-1=Y$ とおくと，$X\geqq 0,\ Y\geqq 0$ であり

$$(X+1)+(Y+1)=30 \quad \text{すなわち} \quad X+Y=28$$

これを満たす $(X,\ Y)$ の組は，異なる 2 個のものから 28 個取る重複組合せと考え

$${}_2\mathrm{H}_{28}={}_{2+28-1}\mathrm{C}_{28}={}_{29}\mathrm{C}_{28}={}_{29}\mathrm{C}_1=\mathbf{29} \text{（通り）}$$

←重複組合せ ${}_n\mathrm{H}_r={}_{n+r-1}\mathrm{C}_r$

(2)　$x+y+z=30,\ x\geqq 1,\ y\geqq 1,\ z\geqq 1$ において，

$$x-1=X,\ y-1=Y,\ z-1=Z$$

とおくと，$X\geqq 0,\ Y\geqq 0,\ Z\geqq 0$ であり

$$(X+1)+(Y+1)+(Z+1)=30$$

すなわち　　$X+Y+Z=27$

これを満たす $(X,\ Y,\ Z)$ の組は，異なる 3 個のものから 27 個取る重複組合せと考え

$${}_3\mathrm{H}_{27}={}_{3+27-1}\mathrm{C}_{27}={}_{29}\mathrm{C}_{27}={}_{29}\mathrm{C}_2=\mathbf{406} \text{（通り）}$$

(3)　$x+y+z=30,\ x\leqq y\leqq z$ を満たす自然数 $(x,\ y,\ z)$ の組を具体的に考えると

←もれなく，重複なく書き出してみる。

(1, 1, 28)，(1, 2, 27)，……，(1, 14, 15)　で 14 通り
(2, 2, 26)，(2, 3, 25)，……，(2, 14, 14)　で 13 通り
(3, 3, 24)，(3, 4, 23)，……，(3, 13, 14)　で 11 通り
(4, 4, 22)，(4, 5, 21)，……，(4, 13, 13)　で 10 通り
(5, 5, 20)，(5, 6, 19)，……，(5, 12, 13)　で 8 通り
(6, 6, 18)，(6, 7, 17)，……，(6, 12, 12)　で 7 通り
(7, 7, 16)，(7, 8, 15)，……，(7, 11, 12)　で 5 通り
(8, 8, 14)，(8, 9, 13)，……，(8, 11, 11)　で 4 通り
(9, 9, 12)，(9, 10, 11)　で 2 通り
(10, 10, 10)　で 1 通り

以上から，求める組合せの総数は

$$14+13+11+10+8+7+5+4+2+1=\mathbf{75} \text{（通り）}$$

練習 ①35
(1) 2個のさいころを投げるとき，次の確率を求めよ。
(ア) 目の和が6である確率　(イ) 目の積が12である確率
(2) 硬貨4枚を投げて，表裏2枚ずつ出る確率，全部裏が出る確率を求めよ。

(1) 起こりうるすべての場合は　$6^2=36$（通り）

(ア) 目の和が6である場合は

(1, 5), (2, 4), (3, 3), (4, 2), (5, 1)

の5通りある。

よって，求める確率は　$\boldsymbol{\frac{5}{36}}$

(イ) 目の積が12である場合は

(2, 6), (3, 4), (4, 3), (6, 2)

の4通りある。

よって，求める確率は　$\frac{4}{36}=\boldsymbol{\frac{1}{9}}$

(2) 起こりうるすべての場合は　$2^4=16$（通り）

表裏2枚ずつ出る場合 は　${}_4C_2=6$（通り）

よって，この場合の確率は　$\frac{6}{16}=\boldsymbol{\frac{3}{8}}$

また，**全部裏が出る場合** は　1通り

よって，この場合の確率は　$\boldsymbol{\frac{1}{16}}$

←本冊 *p*.73 解答の副文にある表を利用するとよい。

←2個の さいころは区別して考える。

←各硬貨は表か裏。

←表表裏裏，表裏表裏，表裏裏表，裏表表裏，裏表裏表，裏裏表表。
4枚のうち，表(裏)が出る2枚を選ぶと考えると　${}_4C_2$ 通り

練習 ②36
男子5人と女子3人が次のように並ぶとき，各場合の確率を求めよ。
(1) 1列に並ぶとき，女子どうしが隣り合わない確率
(2) 輪の形に並ぶとき，女子どうしが隣り合わない確率

(1) すべての場合の数は，8人を1列に並べる順列であるから

${}_8P_8=8!$（通り）

男子5人が1列に並ぶ方法は　5! 通り

男子5人の間と両端を合わせた6か所に女子3人を並べる方法は　${}_6P_3$ 通り

よって，求める確率は

$$\frac{5!\times{}_6P_3}{8!}=\frac{5!\times6\cdot5\cdot4}{8\cdot7\cdot6\times5!}=\boldsymbol{\frac{5}{14}}$$

(2) すべての場合の数は，8人の円順列であるから

$(8-1)!=7!$（通り）

男子5人が輪の形に並ぶ方法は，5人の円順列であるから

$(5-1)!=4!$（通り）

男子5人の間の5か所に女子3人を並べる方法は

${}_5P_3$ 通り

よって，求める確率は

$$\frac{4!\times{}_5P_3}{7!}=\frac{4!\times5\cdot4\cdot3}{7\cdot6\cdot5\times4!}=\boldsymbol{\frac{2}{7}}$$

←(1)
◌男◌男◌男◌男◌男◌
6か所の◌のうち，3か所に女子を入れる。

(2)
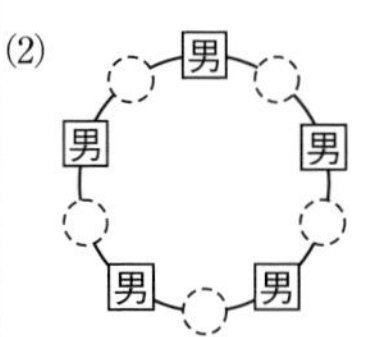

5か所の◌のうち，3か所に女子を入れる。

練習 ②37 kakurituの8文字を次のように並べるとき，各場合の確率を求めよ。
(1) 横1列に並べるとき，左端が子音でかつ母音と子音が交互に並ぶ確率
(2) 円形に並べるとき，母音と子音が交互に並ぶ確率

2個のkをk_1，k_2，2個のuをu_1，u_2とすると，母音はa，i，u_1，u_2，子音はk_1，k_2，r，tである。
すなわち，母音は4個，子音は4個ある。

←**同じものでも区別して考える**のが確率の基本。

(1) 異なる8文字を1列に並べる方法は　${}_8P_8=8!$（通り）
子音4個を1列に並べる方法は　${}_4P_4=4!$（通り）
そのおのおのについて，子音と子音の間および右端に母音4個を並べる方法は　${}_4P_4=4!$（通り）
よって，求める確率は　$\dfrac{4!\times4!}{8!}=\dfrac{4\cdot3\cdot2\cdot1}{8\cdot7\cdot6\cdot5}=\mathbf{\dfrac{1}{70}}$

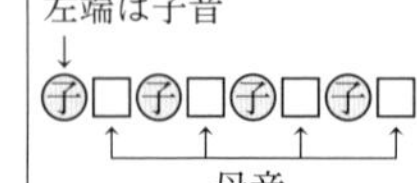

(2) 異なる8文字を円形に並べる方法は　$(8-1)!=7!$（通り）
子音4文字を円形に並べる方法は　$(4-1)!=3!$（通り）
そのおのおのについて，子音を固定して，子音と子音の間に母音4文字を並べる方法は　${}_4P_4=4!$（通り）
よって，求める確率は　$\dfrac{3!\times4!}{7!}=\dfrac{3\cdot2\cdot1}{7\cdot6\cdot5}=\mathbf{\dfrac{1}{35}}$

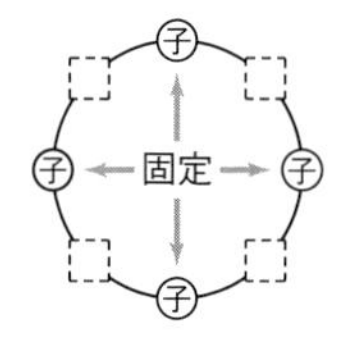

練習 ③38 1組のトランプの絵札（ジャック，クイーン，キング）合計12枚の中から任意に4枚の札を選ぶとき，次の確率を求めよ。
(1) スペード，ハート，ダイヤ，クラブの4種類の札が選ばれる確率
(2) ジャック，クイーン，キングの札が選ばれる確率
(3) スペード，ハート，ダイヤ，クラブの4種類の札が選ばれ，かつジャック，クイーン，キングの札が選ばれる確率　〔北海学園大〕

12枚の札から4枚の札を取り出す方法は　${}_{12}C_4$通り

(1) スペード，ハート，ダイヤ，クラブの各種類について，札の選び方は3通りある。
ゆえに，求める確率は　$\dfrac{3^4}{{}_{12}C_4}=\mathbf{\dfrac{9}{55}}$

←各種類に対して[J]，[Q]，[K]の3枚がある。

←$\dfrac{3^4}{\frac{12\cdot11\cdot10\cdot9}{4\cdot3\cdot2\cdot1}}=\dfrac{9}{55}$

(2) ジャック2枚，クイーン1枚，キング1枚を選ぶ方法は
${}_4C_2\times{}_4C_1\times{}_4C_1=96$（通り）
同様に，クイーン2枚，他が1枚の選び方；キング2枚，他が1枚の選び方もそれぞれ96通りずつある。
ゆえに，求める確率は　$\dfrac{96\times3}{{}_{12}C_4}=\mathbf{\dfrac{32}{55}}$

←[J]，[Q]，[K]は4枚ずつある。

別解　4枚ずつあるジャック，クイーン，キングからそれぞれ1枚を選び，次に残りの9枚から1枚を選ぶ方法は
${}_4C_1\times{}_4C_1\times{}_4C_1\times{}_9C_1=576$（通り）
この576通りの組合せ1つ1つには，最初の3枚のうちの1枚と4枚目で，同じ絵札になるものがあるから，求める確率は　$\dfrac{576\div2}{{}_{12}C_4}=\mathbf{\dfrac{32}{55}}$

← 最初の3枚 ┆ 残り

(3) ジャック2枚，クイーン1枚，キング1枚を選ぶとき，ジャック2枚を選んだ後，残りの2種類のカードからクイーン，キングを種類が異なるように選ぶから

$${}_4C_2\times{}_2C_1\times{}_1C_1=12\ (\text{通り})$$

同様に，クイーン2枚，他が1枚の選び方と，キング2枚，他が1枚の選び方もそれぞれ12通りずつある。

ゆえに，求める確率は　$\dfrac{12\times3}{{}_{12}C_4}=\mathbf{\dfrac{4}{55}}$

別解　4枚ずつあるジャック，クイーン，キングからそれぞれ種類の異なるものを1枚ずつ選び，次に残った種類から1枚を選ぶ方法は　${}_4P_3\times{}_3C_1=72$ (通り)

(2)の 別解 と同様に，最初の3枚のうちの1枚と4枚目で，同じ絵札になるものがあるから，求める確率は

$$\frac{72\div2}{{}_{12}C_4}=\mathbf{\frac{4}{55}}$$

←例えば，スペードとハートの[J]を選んだ場合，ダイヤ，クラブの各種類から[Q]，[K]を選ぶ必要がある。

← 最初の3枚 ¦ 残り
♤ ♡ ◇ ¦ ♧
[J] [Q] [K] ¦ [J]
↕同じ
[J] [Q] [K] ¦ [J]
♧ ♡ ◇ ¦ ♤

2章 練習 [確率]

練習 ③39

5人がじゃんけんを1回するとき，次の確率を求めよ。
(1) 1人だけが勝つ確率　(2) 2人が勝つ確率　(3) あいこになる確率

5人の手の出し方は，1人につきグー，チョキ，パーの3通りの出し方があるから，全部で　3^5 通り

←重複順列

(1) 1人だけが勝つ場合，勝者の決まり方は　5通り
そのおのおのについて，勝ち方がグー，チョキ，パーの3通りずつある。
よって，求める確率は　$\dfrac{5\times3}{3^5}=\mathbf{\dfrac{5}{81}}$

←同様に考えると，4人が勝つ(1人だけが負ける)確率は　$\dfrac{5}{81}$

(2) 2人が勝つ場合，勝者の決まり方は　${}_5C_2$ 通り
そのおのおのについて，勝ち方がグー，チョキ，パーの3通りずつある。
よって，求める確率は　$\dfrac{{}_5C_2\times3}{3^5}=\mathbf{\dfrac{10}{81}}$

←同様に考えると，3人が勝つ(2人が負ける)確率は　$\dfrac{10}{81}$

(3) あいこになる場合は，次の[1]，[2]のどちらかである。
[1] 手の出し方が1種類のとき　3通り
[2] 手の出し方が3種類のとき
(a) {グー，グー，グー，チョキ，パー}
(b) {グー，チョキ，チョキ，チョキ，パー}
(c) {グー，チョキ，パー，パー，パー}
(d) {グー，グー，チョキ，チョキ，パー}
(e) {グー，グー，チョキ，パー，パー}
(f) {グー，チョキ，チョキ，パー，パー}

(a)～(c)：3個，1個，1個
(d)～(f)：2個，2個，1個

の6つの場合がある。出す人を区別すると，

(a)～(c)は，それぞれ　$\dfrac{5!}{3!}$ 通り

(d)～(f)は，それぞれ　$\dfrac{5!}{2!2!}$ 通り

であるから，全部で　$\dfrac{5!}{3!}\times3+\dfrac{5!}{2!2!}\times3=150$（通り）

よって，求める確率は　$\dfrac{3+150}{3^5}=\dfrac{153}{3^5}=\mathbf{\dfrac{17}{27}}$

別解　勝負が決まるのは，1人，2人，3人，4人が勝つ場合であるから，(1)，(2)より

$$1-\left(\frac{5}{81}\times2+\frac{10}{81}\times2\right)=\mathbf{\frac{17}{27}}$$

練習 ③40 袋の中に赤玉，白玉が合わせて8個入っている。この袋から玉を2個同時に取り出すとき，赤玉と白玉が1個ずつ出る確率が $\dfrac{3}{7}$ であるという。赤玉は何個あるか。

赤玉の個数を n とすると，n は整数で

$$1\leqq n\leqq7 \quad\cdots\cdots\ ①$$

←$0\leqq n\leqq8$ でもよいが，$n=0$，8のとき，赤玉と白玉が1個ずつ出る確率は0となり不適。

また，白玉の個数は $8-n$ で表される。

8個の玉から2個を取り出す組合せは

${}_8C_2$ 通り

そのうち，赤玉と白玉が1個ずつ出る場合は

${}_nC_1\times{}_{8-n}C_1=n(8-n)$（通り）

したがって，条件から

$$\frac{n(8-n)}{{}_8C_2}=\frac{3}{7} \quad すなわち \quad \frac{n(8-n)}{28}=\frac{3}{7}$$

←$\dfrac{n(8-n)}{28}=\dfrac{3}{7}$ から　$n(8-n)=12$

分母を払って整理すると　$n^2-8n+12=0$

よって　$(n-2)(n-6)=0$

ゆえに　$n=2,\ 6$

これらは①を満たす。

したがって，赤玉の個数は　**2個または6個**

練習 ③41 さいころを3回投げて，出た目の数を順に $a,\ b,\ c$ とするとき，x の2次方程式 $abx^2-12x+c=0$ が重解をもつ確率を求めよ。〔広島文教女子大〕

さいころの目の出方の総数は　6^3 通り

2次方程式 $abx^2-12x+c=0$ の判別式を D とすると，重解をもつための条件は　$D=0$

←2次方程式 $px^2+2q'x+r=0$ の判別式を D とすると $\dfrac{D}{4}=q'^2-pr$

ここで　$\dfrac{D}{4}=(-6)^2-ab\cdot c=36-abc$

よって　$36-abc=0$　すなわち　$abc=36$

さいころの目の積が36となるのは，目の組み合わせが

$(1,\ 6,\ 6)$，$(2,\ 3,\ 6)$，$(3,\ 3,\ 4)$

←$36=2^2\cdot3^2$

となる場合であるから，題意を満たす組 $(a,\ b,\ c)$ は

$$\frac{3!}{2!}+3!+\frac{3!}{2!}=3+6+3=12\ （通り）$$

←同じものを含む順列

したがって，求める確率は　$\dfrac{12}{6^3}=\mathbf{\dfrac{1}{18}}$

N と a を求めて $\dfrac{a}{N}$

練習 ②42 袋の中に，2と書かれたカードが5枚，3と書かれたカードが4枚，4と書かれたカードが3枚入っている。この袋から一度に3枚のカードを取り出すとき
(1) 3枚のカードの数がすべて同じである確率を求めよ。
(2) 3枚のカードの数の和が奇数である確率を求めよ。

12枚のカードから3枚を取り出す場合の総数は　${}_{12}C_3$ 通り

(1) 3枚のカードの数がすべて同じであるのは
[1] 3枚とも2　[2] 3枚とも3　[3] 3枚とも4
の場合であり，事象 [1]～[3] は互いに排反である。
したがって，求める確率は

$$\frac{{}_5C_3}{{}_{12}C_3}+\frac{{}_4C_3}{{}_{12}C_3}+\frac{{}_3C_3}{{}_{12}C_3}=\frac{10}{220}+\frac{4}{220}+\frac{1}{220}=\mathbf{\frac{3}{44}}$$

←2, 3, 4 が書かれたカードはそれぞれ3枚以上ある。

(2) 偶数 (2 または 4) が書かれたカードは8枚，奇数 (3) が書かれたカードは4枚ある。
ゆえに，3枚のカードの数の和が奇数であるのは
[1] 3枚とも奇数　[2] 2枚が偶数，1枚が奇数
の場合であり，この2つの事象は互いに排反である。
したがって，求める確率は

$$\frac{{}_4C_3}{{}_{12}C_3}+\frac{{}_8C_2\times{}_4C_1}{{}_{12}C_3}=\frac{4}{220}+\frac{28\cdot4}{220}=\mathbf{\frac{29}{55}}$$

←3枚のカードの数の和が奇数となる3数の組は
(2, 2, 3), (2, 4, 3)
(4, 4, 3), (3, 3, 3)
これをもとに，確率を計算してもよいが，左の解答より手間がかかる。

練習 ②43 1から5までの番号札が各数字3枚ずつ計15枚ある。札をよくかき混ぜてから2枚取り出したとき，次の確率を求めよ。
(1) 2枚が同じ数字である確率
(2) 2枚が同じ数字であるか，2枚の数字の積が4以下である確率

15枚の札から2枚を取り出す方法の総数は　${}_{15}C_2=105$ (通り)

←15枚の札はすべて区別して考える。

(1) 同じ数字の2枚を取り出す方法は　$5\times{}_3C_2=15$ (通り)
よって，求める確率は　$\dfrac{15}{105}=\mathbf{\dfrac{1}{7}}$

←どの数字かで5通り，どの2枚を取り出すかで ${}_3C_2$ 通り。

(2) 2枚が同じ数字であるという事象を A，2枚の数字の積が4以下であるという事象を B とする。

←A, B は排反ではない。

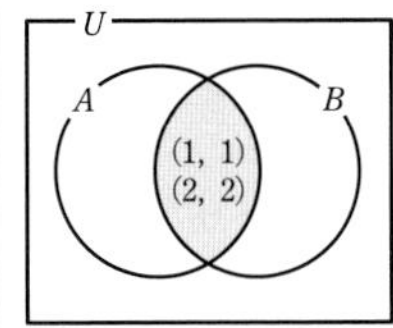

(1) から　$P(A)=\dfrac{15}{105}$

2枚の数字の積が4以下である数の組合せは
(1, 1), (1, 2), (1, 3), (1, 4), (2, 2)
であるから　$P(B)=\dfrac{2\times{}_3C_2+3\times{}_3C_1\times{}_3C_1}{105}=\dfrac{33}{105}$

2枚が同じ数字で，かつ数字の積が4以下となる数の組合せは
(1, 1), (2, 2) であるから　$P(A\cap B)=\dfrac{2\times{}_3C_2}{105}=\dfrac{6}{105}$

したがって，求める確率は

$$P(A\cup B)=P(A)+P(B)-P(A\cap B)$$
$$=\frac{15}{105}+\frac{33}{105}-\frac{6}{105}=\mathbf{\frac{2}{5}}$$

←和事象の確率

←$P(B)=\dfrac{n(B)}{n(U)}$ など。

練習 ②44

(1) 5枚のカードA, B, C, D, Eを横1列に並べるとき, BがAの隣にならない確率を求めよ。
(2) 赤球4個と白球6個が入っている袋から同時に4個の球を取り出すとき, 取り出した4個のうち少なくとも2個が赤球である確率を求めよ。 〔(1) 九州産大, (2) 学習院大〕

(1) 「BがAの隣にならない」という事象は,「BがAの隣になる」という事象の余事象である。

5枚のカードの並べ方の総数は $5!$ 通り

このうち, BがAの隣になる場合は $4!\times 2$ 通り

よって, BがAの隣になる確率は $\dfrac{4!\times 2}{5!}=\dfrac{2}{5}$

したがって, 求める確率は $1-\dfrac{2}{5}=\mathbf{\dfrac{3}{5}}$

別解 5枚のカードの並べ方の総数は $5!$ 通り

C, D, Eの3枚のカードの並べ方は $3!$ 通り

この3枚の間および両端の4か所にA, Bを並べる方法は ${}_4P_2$ 通り

よって, BがAの隣にならない並べ方は $3!\times{}_4P_2$ 通り

したがって, 求める確率は $\dfrac{3!\times{}_4P_2}{5!}=\mathbf{\dfrac{3}{5}}$

(2) 球の取り出し方の総数は ${}_{10}C_4$ 通り

少なくとも2個が赤球である場合の余事象, すなわち赤球が1個以下となる場合の確率を調べる。

[1] 白球4個となる確率は $\dfrac{{}_6C_4}{{}_{10}C_4}=\dfrac{15}{210}$

[2] 赤球1個, 白球3個となる確率は $\dfrac{{}_4C_1\times{}_6C_3}{{}_{10}C_4}=\dfrac{4\times 20}{210}$

したがって, 求める確率は

$$1-\left(\frac{15}{210}+\frac{80}{210}\right)=1-\frac{19}{42}=\mathbf{\frac{23}{42}}$$

「…でない」には余事象が近道

←D (A B) C E

←余事象の確率

←◌C◌D◌E◌
隣り合わないものは, **後から間または両端に入れる** という考え方。

少なくとも……には余事象が近道

←事象[1], [2]は互いに排反。

←余事象の確率

練習 ③45

1から200までの整数が1つずつ記入された200本のくじがある。これから1本を引くとき, それに記入された数が2の倍数でもなく, 3の倍数でもない確率を求めよ。 〔岡山大〕

200本のくじから1本のくじを引いたとき, それに記入された数が2の倍数, 3の倍数である事象をそれぞれ A, B とする。

記入された数が2の倍数でもなく, 3の倍数でもない事象は $\overline{A}\cap\overline{B}$ すなわち $\overline{A\cup B}$ で表され

$$P(\overline{A\cup B})=1-P(A\cup B),$$
$$P(A\cup B)=P(A)+P(B)-P(A\cap B)$$

ここで, $A\cap B$ は, 記入された数が $2\times 3=6$ の倍数である事象であり $\dfrac{200}{2}=100$, $\dfrac{200}{3}=66.6\cdots\cdots$, $\dfrac{200}{6}=33.3\cdots\cdots$ であるから $n(A)=100$, $n(B)=66$, $n(A\cap B)=33$

よって $P(A\cup B)=\dfrac{100}{200}+\dfrac{66}{200}-\dfrac{33}{200}=\dfrac{133}{200}$

←ド・モルガンの法則

←$A\cap B\neq\varnothing$ であるから和事象の確率。

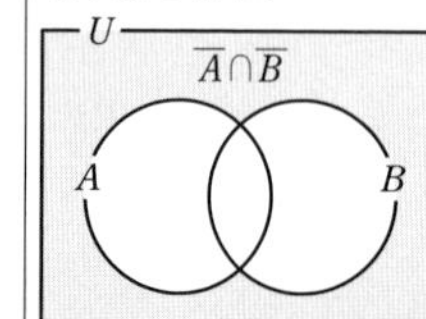

したがって，求める確率は

$$P(\overline{A}\cap\overline{B})=P(\overline{A\cup B})=1-P(A\cup B)$$
$$=1-\frac{133}{200}=\frac{\mathbf{67}}{\mathbf{200}}$$

←余事象の確率

練習 ③46 ジョーカーを除く1組52枚のトランプから同時に2枚取り出すとき，少なくとも1枚がハートであるという事象をA，2枚のマーク（スペード，ハート，ダイヤ，クラブ）が異なるという事象をBとする。このとき，次の確率を求めよ。
(1) AまたはBが起こる確率　　(2) A，Bのどちらか一方だけが起こる確率

(1) Aの余事象$\overline{A}$は，2枚ともハートでないという事象であるから　$P(A)=1-P(\overline{A})=1-\frac{{}_{39}C_2}{{}_{52}C_2}=1-\frac{19}{34}=\frac{15}{34}$

←余事象の確率を利用。

事象Bについて，異なる2つのマークの選び方は${}_4C_2$通りあり，そのおのおのについて，13通りずつのカードの選び方があるから　$P(B)=\frac{{}_4C_2\times13^2}{{}_{52}C_2}=\frac{6\cdot13^2}{26\cdot51}=\frac{26}{34}$

←余事象$\overline{B}$を考えて，次のようにしてもよい。マークが同じとなるのは4通りあり，そのおのおのについて，${}_{13}C_2$通りずつの選び方があるから
$P(B)=1-P(\overline{B})$
$=1-\frac{4\times{}_{13}C_2}{{}_{52}C_2}$
$=\frac{13}{17}\left(=\frac{26}{34}\right)$

更に，事象$A\cap B$は1枚がハート，もう1枚がハート以外のマークとなる場合であるから

$$P(A\cap B)=\frac{{}_{13}C_1\times{}_{39}C_1}{{}_{52}C_2}=\frac{13\cdot39}{26\cdot51}=\frac{13}{34}$$

よって，求める確率は

$$P(A\cup B)=P(A)+P(B)-P(A\cap B)$$
$$=\frac{15}{34}+\frac{26}{34}-\frac{13}{34}=\frac{\mathbf{14}}{\mathbf{17}}$$

←和事象の確率

(2) A，Bのどちらか一方だけが起こるという事象は，$(A\cap\overline{B})\cup(\overline{A}\cap B)$で表され，2つの事象$A\cap\overline{B}$，$\overline{A}\cap B$は互いに排反である。

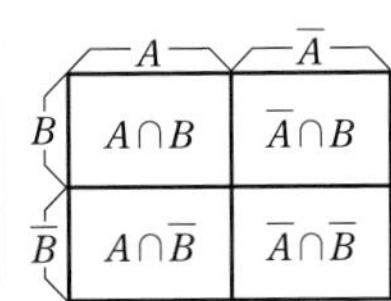

ここで　$P(A\cap\overline{B})=P(A)-P(A\cap B)=\frac{15}{34}-\frac{13}{34}=\frac{2}{34}$

$$P(\overline{A}\cap B)=P(B)-P(A\cap B)=\frac{26}{34}-\frac{13}{34}=\frac{13}{34}$$

よって，求める確率は

$$P(A\cap\overline{B})+P(\overline{A}\cap B)=\frac{2}{34}+\frac{13}{34}=\frac{\mathbf{15}}{\mathbf{34}}$$

←加法定理

別解　$P(A\cap\overline{B})+P(\overline{A}\cap B)=P(A\cup B)-P(A\cap B)$
$$=\frac{28}{34}-\frac{13}{34}=\frac{\mathbf{15}}{\mathbf{34}}$$

練習 ②47 (1) 1つのさいころを3回投げるとき，次の確率を求めよ。
(ア) 少なくとも1回は1の目が出る確率
(イ) 1回目は1の目，2回目は2以下の目，3回目は4以上の目が出る確率
(2) 弓道部員の3人A，B，Cが矢を的に当てる確率はそれぞれ$\frac{3}{4}$，$\frac{2}{3}$，$\frac{2}{5}$であるという。この3人が1人1回ずつ的に向けて矢を放つとき，次の確率を求めよ。
(ア) Aだけが的に当てる確率　　(イ) Aを含めた2人だけが的に当てる確率

(1) さいころを投げる3回の試行は独立である。

(ア) 3回とも1の目が出ない確率は $\left(\frac{5}{6}\right)^3=\frac{125}{216}$

←独立 ⟶ 確率を掛ける

ゆえに，求める確率は $1-\frac{125}{216}=\boldsymbol{\frac{91}{216}}$

←余事象の確率

(イ) 条件を満たすのは，1回目は1の目，2回目は1，2の目，3回目は4，5，6の目が出る場合である。

ゆえに，求める確率は $\frac{1}{6}\cdot\frac{2}{6}\cdot\frac{3}{6}=\boldsymbol{\frac{1}{36}}$

←独立 ⟶ 確率を掛ける

(2) A，B，Cの3人が1人1回ずつ的に向けて矢を放つという試行は独立である。

(ア) Aだけが的に当てるとき，B，Cは的を外すから，求める確率は

$$\frac{3}{4}\cdot\left(1-\frac{2}{3}\right)\cdot\left(1-\frac{2}{5}\right)=\frac{3}{4}\cdot\frac{1}{3}\cdot\frac{3}{5}=\boldsymbol{\frac{3}{20}}$$

←(的を外す確率)＝1−(的に当てる確率)

(イ) Aを含めた2人だけが的に当てるには

[1] A，Bが的に当て，Cが的を外す

[2] A，Cが的に当て，Bが的を外す

の場合がある。

[1]，[2] は互いに排反であるから，求める確率は

$$\frac{3}{4}\cdot\frac{2}{3}\cdot\left(1-\frac{2}{5}\right)+\frac{3}{4}\cdot\left(1-\frac{2}{3}\right)\cdot\frac{2}{5}=\frac{3}{10}+\frac{1}{10}=\boldsymbol{\frac{2}{5}}$$

←排反 ⟶ 確率を加える

練習 ②48 袋Aには白玉5個と黒玉1個と赤玉1個，袋Bには白玉3個と赤玉2個が入っている。このとき，次の確率を求めよ。

(1) 袋A，Bから玉をそれぞれ2個ずつ取り出すとき，取り出した玉が白玉3個と赤玉1個である確率

(2) 袋Aから玉を1個取り出し，色を調べてからもとに戻すことを4回繰り返すとき，白玉を3回，赤玉を1回取り出す確率

(1) 袋Aから玉を2個取り出す試行と，袋Bから玉を2個取り出す試行は独立である。

取り出された合計4個の玉が，白玉3個と赤玉1個となるのは，次のような場合である。

[1] 袋Aから白玉1個と赤玉1個を取り出し，袋Bから白玉2個を取り出す。

その確率は $\frac{{}_1C_1\times{}_5C_1}{{}_7C_2}\times\frac{{}_3C_2}{{}_5C_2}=\frac{5}{21}\times\frac{3}{10}=\frac{1}{14}$

←独立 ⟶ 確率を掛ける

[2] 袋Aから白玉2個を取り出し，袋Bから白玉1個と赤玉1個を取り出す。

その確率は $\frac{{}_5C_2}{{}_7C_2}\times\frac{{}_3C_1\times{}_2C_1}{{}_5C_2}=\frac{10}{21}\times\frac{6}{10}=\frac{4}{14}$

←独立 ⟶ 確率を掛ける

[1]，[2] は互いに排反であるから，求める確率は

$$\frac{1}{14}+\frac{4}{14}=\boldsymbol{\frac{5}{14}}$$

←排反 ⟶ 確率を加える

(2)　玉を取り出す4回の試行は独立である。

1回の試行で白玉を取り出す確率は　$\frac{5}{7}$,

赤玉を取り出す確率は　$\frac{1}{7}$

4回玉を取り出すとき，白玉が3回，赤玉が1回出る場合は，${}_4C_1$ 通りあり，それぞれが起こる事象は互いに排反である。

したがって，求める確率は

$$\frac{5}{7}\times\frac{5}{7}\times\frac{5}{7}\times\frac{1}{7}\times{}_4C_1=\frac{5^3\cdot4}{7^4}=\mathbf{\frac{500}{2401}}$$

←4回中赤玉が出る回を選ぶと考えて　${}_4C_1$ 通り。

練習 ②49　1個のさいころを4回投げるとき，3の目が2回出る確率は ア□ であり，5以上の目が3回以上出る確率は イ□ である。また，少なくとも1回3の倍数の目が出る確率は ウ□ である。
〔類　東京農大〕

(ア)　${}_4C_2\left(\frac{1}{6}\right)^2\left(\frac{5}{6}\right)^2=6\times\frac{25}{6^4}=\mathbf{\frac{25}{216}}$

←${}_nC_r p^r(1-p)^{n-r}$ で
$n=4$,　$r=2$,　$p=\frac{1}{6}$,
$1-p=1-\frac{1}{6}=\frac{5}{6}$

(イ)　5以上の目が3回以上出るのは，「5または6の目」が3回または4回出る場合である。

したがって，求める確率は

$${}_4C_3\left(\frac{2}{6}\right)^3\left(\frac{4}{6}\right)^1+\left(\frac{2}{6}\right)^4=\frac{8}{81}+\frac{1}{81}=\mathbf{\frac{1}{9}}$$

←3回出るという事象と4回出るという事象は互いに **排反**
⟶ **確率を加える。**

(ウ)　3の倍数の目は3と6であるから，4回投げて3の倍数の目が1回も出ない確率は　$\left(\frac{4}{6}\right)^4=\left(\frac{2}{3}\right)^4=\frac{16}{81}$

ゆえに，4回投げて少なくとも1回3の倍数の目が出る確率は

$$1-\frac{16}{81}=\mathbf{\frac{65}{81}}$$

←**余事象の確率**

練習 ②50　1個のさいころを投げる試行を繰り返す。奇数の目が出たらAの勝ち，偶数の目が出たらBの勝ちとし，どちらかが4連勝したら試行を終了する。
(1)　この試行が4回で終了する確率を求めよ。
(2)　この試行が5回以上続き，かつ，4回目がAの勝ちである確率を求めよ。　〔類　広島大〕

1回の試行で，A，Bが勝つ確率はともに　$\frac{3}{6}=\frac{1}{2}$

(1)　この試行が4回で終了するのは，Aが4連勝またはBが4連勝する場合である。

したがって，求める確率は

$$\left(\frac{1}{2}\right)^4+\left(\frac{1}{2}\right)^4=\frac{2}{16}=\mathbf{\frac{1}{8}}$$

(2)　条件を満たすのは，1回目から3回目までにBが少なくとも1勝し(すなわちAが3連勝しない)，かつ4回目にAが勝つ場合である。

したがって，求める確率は

$$\left\{1-\left(\frac{1}{2}\right)^3\right\}\times\frac{1}{2}=\frac{7}{8}\cdot\frac{1}{2}=\mathbf{\frac{7}{16}}$$

←5回目はどちらが勝っても条件は満たされる。

←**余事象の確率**

練習 ②51 1個のさいころを4回投げるとき，次の確率を求めよ。
(1) 出る目がすべて3以上である確率　(2) 出る目の最小値が3である確率
(3) 出る目の最大値が3である確率

(1) さいころを1回投げるとき，出る目が3以上である確率は

$\frac{4}{6}=\frac{2}{3}$ であるから，求める確率は　${}_4C_4\left(\frac{2}{3}\right)^4\left(\frac{1}{3}\right)^0=\mathbf{\frac{16}{81}}$

←直ちに $\left(\frac{2}{3}\right)^4=\frac{16}{81}$ としてもよい。

(2) 出る目の最小値が3であるという事象は，出る目がすべて3以上であるという事象から，出る目がすべて4以上であるという事象を除いたものと考えられる。

さいころを1回投げるとき，出る目が4以上である確率は $\frac{3}{6}$

←後の確率を求める計算がしやすいように，約分しないでおく。

したがって，求める確率は

$$\frac{16}{81}-{}_4C_4\left(\frac{3}{6}\right)^4\left(\frac{3}{6}\right)^0=\left(\frac{4}{6}\right)^4-\left(\frac{3}{6}\right)^4=\frac{4^4-3^4}{6^4}=\mathbf{\frac{175}{1296}}$$

←(すべて3以上の確率)−(すべて4以上の確率)

(3) 出る目の最大値が3であるという事象は，出る目がすべて3以下であるという事象から，出る目がすべて2以下であるという事象を除いたものと考えられる。

さいころを1回投げるとき，出る目が3以下である確率は $\frac{3}{6}$，

2以下である確率は $\frac{2}{6}$ であるから，求める確率は

$$\left(\frac{3}{6}\right)^4-\left(\frac{2}{6}\right)^4=\frac{3^4-2^4}{6^4}=\mathbf{\frac{65}{1296}}$$

←(すべて3以下の確率)−(すべて2以下の確率)

練習 ②52 点Pは初め数直線上の原点Oにあり，さいころを1回投げるごとに，偶数の目が出たら数直線上を正の方向に3，奇数の目が出たら負の方向に2だけ進む。10回さいころを投げるとき，次の確率を求めよ。
(1) 点Pが原点Oにある確率
(2) 点Pの座標が19以下である確率　〔北里大〕

さいころを1回投げて，偶数の目が出るという事象を A とすると　$P(A)=\frac{3}{6}=\frac{1}{2}$

また　$1-P(A)=\frac{1}{2}$

←奇数の目が出る確率。

(1) さいころを10回投げたとき，Pが原点Oにあるとする。
このとき，偶数の目が r 回出たとすると

$$3r+(-2)(10-r)=0$$

←奇数の目は $(10-r)$ 回。

←方程式から r の値を決定する。

これを解くと　$r=4$

よって，Pが原点にあるのは，10回のうち A がちょうど4回起こる場合である。

したがって，求める確率は

$$ {}_{10}C_4\left(\frac{1}{2}\right)^4\left(\frac{1}{2}\right)^6=210\cdot\frac{1}{2^{10}}=\mathbf{\frac{105}{512}}$$

←${}_nC_r p^r(1-p)^{n-r}$ で $n=10,\ r=4,\ p=\frac{1}{2}$

(2) さいころを10回投げたとき，Pの座標が19以下であるとする。このとき，偶数の目がr回出たとすると

$$3r+(-2)(10-r)\leqq 19$$

←不等式からrの値の範囲を決定する。

これを解くと　$r\leqq\frac{39}{5}$ …… ①

rは$0\leqq r\leqq 10$を満たす整数であるから，①を満たすrは

$$r=0,\ 1,\ 2,\ 3,\ 4,\ 5,\ 6,\ 7$$

$r=8,\ 9,\ 10$のいずれかとなる場合の確率は

$$ {}_{10}C_8\left(\frac{1}{2}\right)^8\left(\frac{1}{2}\right)^2+{}_{10}C_9\left(\frac{1}{2}\right)^9\cdot\frac{1}{2}+{}_{10}C_{10}\left(\frac{1}{2}\right)^{10}$$

$$={}_{10}C_2\left(\frac{1}{2}\right)^{10}+{}_{10}C_1\left(\frac{1}{2}\right)^{10}+1\cdot\left(\frac{1}{2}\right)^{10}$$

$$=(45+10+1)\left(\frac{1}{2}\right)^{10}=56\cdot\frac{1}{2^{10}}=\frac{7}{128}$$

←偶数の目が0~7回出る確率を求めようとすると計算が大変。そこで，余事象を考える。

したがって，求める確率は　$1-\frac{7}{128}=\mathbf{\frac{121}{128}}$

練習 ③53

Aチームと Bチームがサッカーの試合を5回行う。どの試合でも，Aチームが勝つ確率は$\frac{1}{2}$，Bチームが勝つ確率は$\frac{1}{4}$，引き分けとなる確率は$\frac{1}{4}$である。

(1) Aチームの試合結果が2勝2敗1引き分けとなる確率を求めよ。

(2) 両チームの勝ち数が同じになる確率を求めよ。

A，Bはそれぞれそのチームが勝つことを表す。また，引き分けを△で表す。

(1) Aチームの試合結果が2勝2敗1引き分けとなるのは，A2個，B2個，△1個の順列に対応する。

←A，A，B，B，△の順列の総数は${}_5C_2\times{}_3C_2$として求めてもよい。

よって，求める確率は

$$\frac{5!}{2!2!1!}\left(\frac{1}{2}\right)^2\left(\frac{1}{4}\right)^2\cdot\frac{1}{4}=\frac{30}{2^8}=\mathbf{\frac{15}{128}}$$

(2) △（引き分け）の回数をx（xは整数，$0\leqq x\leqq 5$）とすると，勝負がついた回数は$5-x$で表される。

両チームの勝ち数が同じになるのは，$5-x$が偶数になるときで，$0\leqq 5-x\leqq 5$であるから，$5-x=0,\ 2,\ 4$より　$x=5,\ 3,\ 1$

両チームの勝ち数が同じになるには，次の場合が考えられる。

[1] 5回すべて△

[2] A1回，B1回，△3回　←1勝1敗3分け

[3] A2回，B2回，△1回　←2勝2敗1分け

[1]~[3]の事象は互いに排反であるから，求める確率は

$$\left(\frac{1}{4}\right)^5+\frac{5!}{1!1!3!}\cdot\frac{1}{2}\cdot\frac{1}{4}\left(\frac{1}{4}\right)^3+\frac{30}{2^8}$$

←[3]の確率は，(1)の結果を利用する。

$$=\frac{1}{2^{10}}+\frac{20}{2^9}+\frac{30}{2^8}=\frac{1+40+120}{2^{10}}=\mathbf{\frac{161}{1024}}$$

練習 ③54 右の図のような格子状の道がある。スタートの場所から出発し，コインを投げて，表が出たら右へ1区画進み，裏が出たら上へ1区画進むとする。ただし，右の端で表が出たときと，上の端で裏が出たときは動かないものとする。
(1) 7回コインを投げたときに，Aを通りゴールに到達する確率を求めよ。
(2) 8回コインを投げてもゴールに到達できない確率を求めよ。 〔類 島根大〕

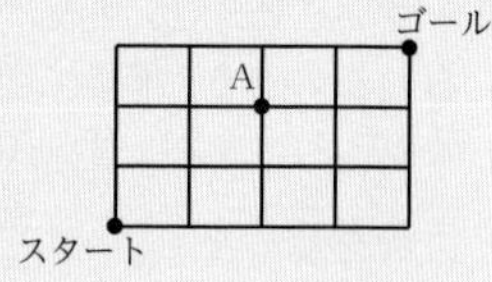

(1) Aを通ってゴールに到達するのは，4回中，表が2回，裏が2回出てAに至り，次の3回中，表が2回，裏が1回出てゴールに到達する場合である。
したがって，求める確率は

$${}_4C_2\left(\frac{1}{2}\right)^2\left(\frac{1}{2}\right)^2\times{}_3C_2\left(\frac{1}{2}\right)^2\left(\frac{1}{2}\right)=\frac{3}{8}\cdot\frac{3}{8}=\boldsymbol{\frac{9}{64}}$$

←反復試行の確率。

(2) 8回コインを投げたとき，表の出た回数を x，裏の出た回数を y とすると，8回コインを投げてゴールに到達するのは，$x\geqq4$ かつ $y\geqq3$ となるときであるから

$$(x,\ y)=(4,\ 4),\ (5,\ 3)$$

よって，8回コインを投げてゴールに到達する確率は

$${}_8C_4\left(\frac{1}{2}\right)^4\left(\frac{1}{2}\right)^4+{}_8C_5\left(\frac{1}{2}\right)^5\left(\frac{1}{2}\right)^3=\left(\frac{1}{2}\right)^8(70+56)$$
$$=\frac{126}{2^8}$$
$$=\frac{63}{128}$$

したがって，求める確率は　$1-\dfrac{63}{128}=\boldsymbol{\dfrac{65}{128}}$

(2) 余事象の確率を利用すると早い。

←$x\geqq4$ かつ $y\geqq3$
また　$x+y=8$

←1−(ゴールに到達する確率)

検討 (2) 8回コインを投げてゴールに到達できないのは，

$$(x,\ y)=(0,\ 8),\ (1,\ 7),\ (2,\ 6),\ (3,\ 5),\ (6,\ 2),\ (7,\ 1),\ (8,\ 0)$$

のときである。
このように回数を調べ，反復試行の確率の公式を使って計算してもよい。しかし，計算量は先に示した余事象の確率を利用する解答の方がずっと少なく，らくである。

←$x\leqq3$ または $y\leqq2$
また　$x+y=8$

練習 ③55 右図のように，東西に6本，南北に6本，等間隔に道がある。ロボットAはS地点からT地点まで，ロボットBはT地点からS地点まで最短距離の道を等速で動く。なお，各地点で最短距離で行くために選べる道が2つ以上ある場合，どの道を選ぶかは同様に確からしい。ロボットAはS地点から，ロボットBはT地点から同時に出発するとき，ロボットAとBが出会う確率を求めよ。

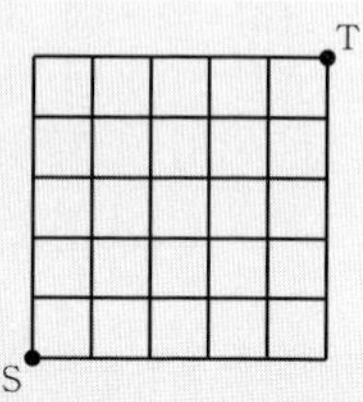

右図のように，地点C，D，E，F，G，Hを定める。
ロボットAとBが出会う可能性がある地点は，S地点とT地点から等距離にあるC，D，E，F，G，Hの6地点である。
ロボットAだけがS地点から出発して5区画進んだとき，C～Hの各地点にいる確率をそれぞれ，

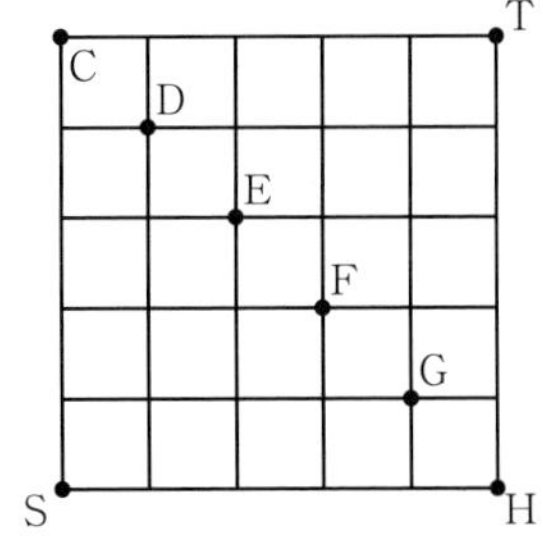

$p(\mathrm{C})$，$p(\mathrm{D})$，$p(\mathrm{E})$，$p(\mathrm{F})$，$p(\mathrm{G})$，$p(\mathrm{H})$ とすると，図形の対称性により　$p(\mathrm{C})=p(\mathrm{H})=\left(\frac{1}{2}\right)^5=\frac{1}{32}$，

←対角線STに関する対称性に着目。

$$p(\mathrm{D})=p(\mathrm{G})={}_5\mathrm{C}_1\left(\frac{1}{2}\right)^1\left(\frac{1}{2}\right)^4=5\left(\frac{1}{2}\right)^5=\frac{5}{32},$$

$$p(\mathrm{E})=p(\mathrm{F})={}_5\mathrm{C}_2\left(\frac{1}{2}\right)^2\left(\frac{1}{2}\right)^3=10\left(\frac{1}{2}\right)^5=\frac{10}{32}$$

←S ⟶ Dの道順は →1個，↑4個の順列
S ⟶ Gの道順は →4個，↑1個の順列
で　${}_5\mathrm{C}_1={}_5\mathrm{C}_4=5$（通り）

ロボットBについても同様であるから，ロボットAとロボットBが出会う確率は

$$2\times\left\{\left(\frac{1}{32}\right)^2+\left(\frac{5}{32}\right)^2+\left(\frac{10}{32}\right)^2\right\}=2\times\frac{126}{32^2}=\frac{2^2\cdot 63}{(2^5)^2}=\boldsymbol{\frac{63}{256}}$$

練習
④**56**

動点Pが正五角形ABCDEの頂点Aから出発して正五角形の周上を動くものとする。Pがある頂点にいるとき，1秒後にはその頂点に隣接する2頂点のどちらかにそれぞれ確率 $\frac{1}{2}$ で移っているものとする。
(1)　PがAから出発して3秒後にEにいる確率を求めよ。
(2)　PがAから出発して4秒後にBにいる確率を求めよ。
(3)　PがAから出発して9秒後にAにいる確率を求めよ。　〔類　産能大〕

下の図のように，正五角形の頂点を数直線上の点に対応させる。また，動点Pが正五角形の周上を反時計回りに移動することを数直線上の正の方向の移動，時計回りに移動することを数直線上の負の方向の移動と考える。

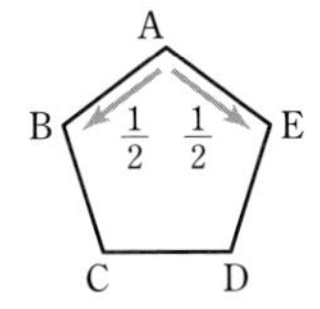

ゆえに，n 回の移動のうち，反時計回りに k 回，時計回りに $n-k$ 回動いたときのPの位置を，数直線上の座標で表すと

$$k-(n-k)=2k-n \qquad (n,\ k\text{ は整数},\ 0\leqq k\leqq n)$$

(1)　Pが3秒後にEにいるとき，数直線上での座標は -1 と考えられる。$2k-3=-1$ とすると　　$k=1$
よって，Pが3秒後にEにいるのは，反時計回りに1回，時計回りに2回動いた場合である。
したがって，求める確率は　${}_3\mathrm{C}_1\left(\frac{1}{2}\right)\left(\frac{1}{2}\right)^2=\boldsymbol{\frac{3}{8}}$

←3回の移動であるから $-3\leqq 2k-3\leqq 3$

(2) Pが4秒後にBにいるとき，数直線上での座標は1または-4と考えられる。

$2k-4=1$ とすると　$k=\dfrac{5}{2}$，　$2k-4=-4$ とすると　$k=0$

$0 \leqq k \leqq 4$ を満たす整数であるものは　　$k=0$

よって，Pが4秒後にBにいるのは，時計回りに4回動いた場合である。

したがって，求める確率は　　$\left(\dfrac{1}{2}\right)^4=\dfrac{\mathbf{1}}{\mathbf{16}}$

(3) Pが9秒後にAにいるとき，数直線上での座標は-5または0または5と考えられる。

$2k-9=-5$ とすると　$k=2$，　$2k-9=0$ とすると　$k=\dfrac{9}{2}$

$2k-9=5$ とすると　$k=7$

$0 \leqq k \leqq 9$ を満たす整数であるものは　　$k=2,\ 7$

よって，Pが9秒後にAにいるのは，反時計回りに2回，時計回りに7回動くか，反時計回りに7回，時計回りに2回動いた場合である。

したがって，求める確率は

$${}_9C_2\left(\frac{1}{2}\right)^2\left(\frac{1}{2}\right)^7+{}_9C_7\left(\frac{1}{2}\right)^7\left(\frac{1}{2}\right)^2=\frac{36+36}{2^9}=\frac{\mathbf{9}}{\mathbf{64}}$$

←加法定理

検討　(1)，(2) は条件を満たす移動を数え上げる方針で考えてもよい。

(1)

A ⟶ B ⟶ A ⟶ E，

A ⟶ E ⟶ A ⟶ E，

A ⟶ E ⟶ D ⟶ E

よって　$3\times\left(\dfrac{1}{2}\right)^3=\dfrac{\mathbf{3}}{\mathbf{8}}$

(2) A ⟶ E ⟶ D ⟶ C ⟶ B

よって　$\left(\dfrac{1}{2}\right)^4=\dfrac{\mathbf{1}}{\mathbf{16}}$

練習 ⑤57　さいころを振る操作を繰り返し，1の目が3回出たらこの操作を終了する。3以上の自然数 n に対し，n 回目にこの操作が終了する確率を p_n とするとき，p_n の値が最大となる n の値を求めよ。〔京都産大〕

p_n は，$(n-1)$ 回までに1の目が2回，他の目が $(n-3)$ 回出て，n 回目に1の目が出る確率であるから

$$p_n={}_{n-1}C_2\left(\frac{1}{6}\right)^2\left(\frac{5}{6}\right)^{n-3}\times\frac{1}{6}=\frac{(n-1)(n-2)}{2}\cdot\frac{5^{n-3}}{6^n}$$

←$\dfrac{5^{n-3}}{6^{2+(n-3)+1}}=\dfrac{5^{n-3}}{6^n}$

よって　　$\dfrac{p_{n+1}}{p_n}=\dfrac{n(n-1)}{2}\cdot\dfrac{5^{n-2}}{6^{n+1}}\times\dfrac{2}{(n-1)(n-2)}\cdot\dfrac{6^n}{5^{n-3}}$

$$=\frac{5}{6}\cdot\frac{n}{n-2}$$

←$\dfrac{5^{n-2}}{6^{n+1}}\cdot\dfrac{6^n}{5^{n-3}}=\dfrac{5^{(n-3)+1}}{6^n\cdot 6}\cdot\dfrac{6^n}{5^{n-3}}=\dfrac{5}{6}$

$\dfrac{p_{n+1}}{p_n}>1$ とすると　　$\dfrac{5n}{6(n-2)}>1$

$6(n-2)>0$ であるから　$5n>6(n-2)$　　ゆえに　$n<12$

←$n \geqq 3$ であるから $6(n-2)>0$

よって，$3 \leqq n \leqq 11$ のとき　　$p_n<p_{n+1}$

$\dfrac{p_{n+1}}{p_n}<1$ とすると　　$5n<6(n-2)$　　ゆえに　$n>12$

←$\dfrac{5n}{6(n-2)}<1$ の両辺に正の数 $6(n-2)$ を掛けて分母を払う。

よって，$n \geqq 13$ のとき　　$p_n>p_{n+1}$

なお，$n=12$ のとき，$\dfrac{p_{n+1}}{p_n}=1$ となるから　　$p_n=p_{n+1}$

ゆえに　　$p_3<p_4<\cdots\cdots<p_{12}$，$p_{12}=p_{13}$，$p_{13}>p_{14}>\cdots\cdots$

よって，p_n の値が最大となるのは $\boldsymbol{n=12,\ 13}$ のときである。

別解 [$p_{n+1}-p_n$ の符号を調べる方針]

$$p_{n+1}-p_n=\frac{n(n-1)}{2}\cdot\frac{5^{n-2}}{6^{n+1}}-\frac{(n-1)(n-2)}{2}\cdot\frac{5^{n-3}}{6^n}$$
$$=\frac{n-1}{2}\cdot\frac{5^{n-3}}{6^{n+1}}\{5n-6(n-2)\}$$
$$=\frac{n-1}{2}\cdot\frac{5^{n-3}}{6^{n+1}}(12-n)$$

ここで，$\frac{n-1}{2}\cdot\frac{5^{n-3}}{6^{n+1}}>0$ であるから，$p_{n+1}-p_n$ の符号は $12-n$ の符号と一致する。

$3\leqq n\leqq 11$ のとき　$p_{n+1}-p_n>0$ から　$p_n<p_{n+1}$

$n=12$ のとき　$p_{n+1}-p_n=0$ から　$p_n=p_{n+1}$

$n\geqq 13$ のとき　$p_{n+1}-p_n<0$ から　$p_n>p_{n+1}$

ゆえに　$p_3<p_4<\cdots\cdots<p_{12}$，$p_{12}=p_{13}$，$p_{13}>p_{14}>\cdots\cdots$

したがって，p_n の値が最大となるのは $\boldsymbol{n=12,\ 13}$ のときである。

←差 $p_{n+1}-p_n$ と 0 との大小を比べる。

←$12-n=0$ とすると $n=12$
よって，$3\leqq n\leqq 11$，$n=12$，$n\geqq 13$ で分ける。

練習 ①58 1 から 15 までの番号が付いたカードが 15 枚入っている箱から，カードを 1 枚取り出し，それをもとに戻さないで，続けてもう 1 枚取り出す。
(1) 1 回目に奇数が出たとき，2 回目も奇数が出る確率を求めよ。
(2) 1 回目に偶数が出たとき，2 回目は奇数が出る確率を求めよ。

1 回目に奇数が出るという事象を A，2 回目に奇数が出るという事象を B とする。

(1) 求める確率は　$P_A(B)$

1 回目に奇数が出たとき，2 回目は奇数 7 枚，偶数 7 枚の計 14 枚の中からカードを取り出すことになる。

したがって　$P_A(B)=\frac{7}{14}=\boldsymbol{\frac{1}{2}}$

←15 枚のカードのうち奇数は 8 枚，偶数は 7 枚ある。

(2) 求める確率は　$P_{\overline{A}}(B)$

1 回目に偶数が出たとき，2 回目は奇数 8 枚，偶数 6 枚の計 14 枚の中からカードを取り出すことになる。

したがって　$P_{\overline{A}}(B)=\frac{8}{14}=\boldsymbol{\frac{4}{7}}$

別解 (1) $P(A)=\frac{8}{15}$，$P(A\cap B)=\frac{{}_8\mathrm{P}_2}{{}_{15}\mathrm{P}_2}=\frac{4}{15}$

よって　$P_A(B)=\frac{P(A\cap B)}{P(A)}=\boldsymbol{\frac{1}{2}}$

←条件付き確率の定義式に当てはめて考える。

(2) $P(\overline{A})=\frac{7}{15}$，$P(\overline{A}\cap B)=\frac{{}_7\mathrm{P}_1\times{}_8\mathrm{P}_1}{{}_{15}\mathrm{P}_2}=\frac{4}{15}$

よって　$P_{\overline{A}}(B)=\frac{P(\overline{A}\cap B)}{P(\overline{A})}=\boldsymbol{\frac{4}{7}}$

練習 ③59 2個のさいころを同時に1回投げる。出る目の和を5で割った余りをX, 出る目の積を5で割った余りをYとするとき，次の確率を求めよ。
(1) $X=2$である条件のもとで$Y=2$である確率
(2) $Y=2$である条件のもとで$X=2$である確率

$X=2$であるという事象をA，$Y=2$であるという事象をBとし，2個のさいころの出た目をx，yとする。

(1) $X=2$となるのは，和が2，7，12のときである。

[1] $x+y=2$のとき　$(x,\ y)=(1,\ 1)$　の1通り

[2] $x+y=7$のとき
$(x,\ y)=(1,\ 6),\ (2,\ 5),\ (3,\ 4),\ (4,\ 3),\ (5,\ 2),\ (6,\ 1)$ の6通り

[3] $x+y=12$のとき　$(x,\ y)=(6,\ 6)$　の1通り

ゆえに，$X=2$となる場合の数は　$n(A)=1+6+1=8$

また，[1]～[3]の8通りの$(x,\ y)$のうち，積xyを5で割ると2余るものは，$(x,\ y)=(3,\ 4),\ (4,\ 3)$の2通りであるから

$$n(A\cap B)=2$$

したがって，求める確率は

$$P_A(B)=\frac{n(A\cap B)}{n(A)}=\frac{2}{8}=\mathbf{\frac{1}{4}}$$

(2) $Y=2$となるのは，積が2，12のときである。

[1] $xy=2$のとき　$(x,\ y)=(1,\ 2),\ (2,\ 1)$　の2通り

[2] $xy=12$のとき
$(x,\ y)=(2,\ 6),\ (3,\ 4),\ (4,\ 3),\ (6,\ 2)$　の4通り

ゆえに，$Y=2$となる場合の数は　$n(B)=2+4=6$

したがって，求める確率は

$$P_B(A)=\frac{n(B\cap A)}{n(B)}=\frac{2}{6}=\mathbf{\frac{1}{3}}$$

←$1\leqq x\leqq 6$，$1\leqq y\leqq 6$であるから　$2\leqq x+y\leqq 12$
$x+y=2$の場合を落とさないように注意する。
$2=5\cdot 0+2$であるから，2も5で割って2余る数である。

←$3\cdot 4=4\cdot 3=12$，
$12=5\cdot 2+2$

←$1\leqq x\leqq 6$，$1\leqq y\leqq 6$であるから　$1\leqq xy\leqq 36$
この範囲のxyにおいて，5で割って2余るものは
$xy=2,\ 7,\ 12,\ 17,\ 22,\ 27,\ 32$であるが，
$xy=7,\ 17,\ 22,\ 27,\ 32$は起こりえない。

練習 ②60 8本のくじの中に当たりくじが3本ある。一度引いたくじはもとに戻さないで，初めにaが1本引き，次にbが1本引く。更にその後にaが1本引くとする。
(1) 初めにaが当たり，次にbがはずれ，更にその後にaがはずれる確率を求めよ。
(2) a，bともに1回ずつ当たる確率を求めよ。

a，b，aの順にくじを引くとき，1本目，2本目，3本目のくじが当たりであるという事象を，それぞれA，B，Cとする。

(1) $P(A)=\frac{3}{8}$，$P_A(\overline{B})=\frac{5}{7}$，$P_{A\cap\overline{B}}(\overline{C})=\frac{4}{6}$であるから，求める確率は　$P(A\cap\overline{B}\cap\overline{C})=P(A)P_A(\overline{B})P_{A\cap\overline{B}}(\overline{C})$

$$=\frac{3}{8}\times\frac{5}{7}\times\frac{4}{6}=\mathbf{\frac{5}{28}}$$

(2) 当たることを○，はずれることを×で表す。
a，bともに1回ずつ当たるのは，次の場合である。

{a○，b○，a×}，{a×，b○，a○}

←

		a○→		b×→	
○	3		2		2
×	5		5		4
計	8		7		6

(○：当たり，×：はずれ)

これらの事象は互いに排反である。
したがって，求める確率は

$$P(A\cap B\cap \overline{C})+P(\overline{A}\cap B\cap C)$$
$$=P(A)P_A(B)P_{A\cap B}(\overline{C})+P(\overline{A})P_{\overline{A}}(B)P_{\overline{A}\cap B}(C)$$
$$=\frac{3}{8}\times\frac{2}{7}\times\frac{5}{6}+\frac{5}{8}\times\frac{3}{7}\times\frac{2}{6}=\mathbf{\frac{5}{28}}$$

検討 当たりくじを引く確率は，くじを引く順序と関係なく一定であるから $P(A\cap B\cap \overline{C})=P(\overline{A}\cap B\cap C)$

練習 ②61 袋Aには白球4個，黒球5個，袋Bには白球3個，黒球2個が入っている。まず，袋Aから2個を取り出して袋Bに入れ，次に袋Bから2個を取り出して袋Aに戻す。このとき，袋Aの中の白球，黒球の個数が初めと変わらない確率を求めよ。また，袋Aの中の白球の個数が初めより増加する確率を求めよ。

（前半） 袋Aの中の白球，黒球の個数が初めと変わらないのには
[1] 袋Aから白球2個，袋Bから白球2個
[2] 袋Aから白球・黒球1個ずつ，袋Bから白球・黒球1個ずつ
[3] 袋Aから黒球2個，袋Bから黒球2個
のように取り出す場合があり，[1]～[3] の事象は互いに排反である。

←(袋Aから取り出す球の色・個数)＝(袋Bから取り出す球の色・個数)

また，袋Bから球を取り出すとき，袋Bの球の色と個数は
[1] 白5，黒2　[2] 白4，黒3　[3] 白3，黒4
となるから，求める確率は

$$\frac{{}_4C_2}{{}_9C_2}\times\frac{{}_5C_2}{{}_7C_2}+\frac{{}_4C_1\cdot{}_5C_1}{{}_9C_2}\times\frac{{}_4C_1\cdot{}_3C_1}{{}_7C_2}+\frac{{}_5C_2}{{}_9C_2}\times\frac{{}_4C_2}{{}_7C_2}$$

←加法定理

$$=\frac{6}{36}\times\frac{10}{21}+\frac{20}{36}\times\frac{12}{21}+\frac{10}{36}\times\frac{6}{21}$$
$$=\frac{5+20+5}{63}=\mathbf{\frac{10}{21}}$$

（後半） 袋Aの中の白球の個数が初めより増加するのには
[1] 袋Aから白球・黒球1個ずつ，袋Bから白球2個
[2] 袋Aから黒球2個，袋Bから白球・黒球1個ずつ
[3] 袋Aから黒球2個，袋Bから白球2個
のように取り出す場合があり，[1]～[3] の事象は互いに排反である。

←(袋Aから取り出す白球の個数)<(袋Bから取り出す白球の個数)
なお，袋Aから白球2個を取り出した時点で，初めの状態から白球の個数が増加することはない。

また，袋Bから球を取り出すとき，袋Bの球の色と個数は
[1] 白4，黒3　[2]，[3] 白3，黒4
となるから，求める確率は

$$\frac{{}_4C_1\cdot{}_5C_1}{{}_9C_2}\times\frac{{}_4C_2}{{}_7C_2}+\frac{{}_5C_2}{{}_9C_2}\times\frac{{}_3C_1\cdot{}_4C_1}{{}_7C_2}+\frac{{}_5C_2}{{}_9C_2}\times\frac{{}_3C_2}{{}_7C_2}$$

←加法定理

$$=\frac{20}{36}\times\frac{6}{21}+\frac{10}{36}\times\frac{12}{21}+\frac{10}{36}\times\frac{3}{21}$$
$$=\frac{10}{63}+\frac{10}{63}+\frac{5}{126}=\mathbf{\frac{5}{14}}$$

練習 ③62 赤球3個と白球2個が入った袋の中から球を1個取り出し，その球と同じ色の球を1個加えて2個とも袋に戻す。この作業を3回繰り返すとき，次の確率を求めよ。
(1) 赤球を3回続けて取り出す確率
(2) 作業が終わった後，袋の中に赤球と白球が4個ずつ入っている確率

(1) 3回とも赤球が取り出されるとき，2回目，3回目の試行の直前の袋の中の赤球の数は，それぞれ4個，5個となるから，求める確率は　$\dfrac{3}{5}\times\dfrac{4}{6}\times\dfrac{5}{7}=\mathbf{\dfrac{2}{7}}$

←白球は毎回2個。

←$P(A\cap B\cap C)=P(A)P_A(B)P_{A\cap B}(C)$

(2) 3回の試行後に赤球4個，白球4個となるのは，3回のうち，赤球が1回，白球が2回取り出されるときである。
それには，1回目，2回目，3回目の順に
[1]　赤球 → 白球 → 白球
[2]　白球 → 赤球 → 白球
[3]　白球 → 白球 → 赤球
と取り出される場合がある。
[1]～[3]の事象は互いに排反であるから，求める確率は

$$\frac{3}{5}\times\frac{2}{6}\times\frac{3}{7}+\frac{2}{5}\times\frac{3}{6}\times\frac{3}{7}+\frac{2}{5}\times\frac{3}{6}\times\frac{3}{7}=\frac{3}{35}\times3=\mathbf{\frac{9}{35}}$$

←加法定理

参考　変化のようすを樹形図(tree)で表すと，次のようになる。

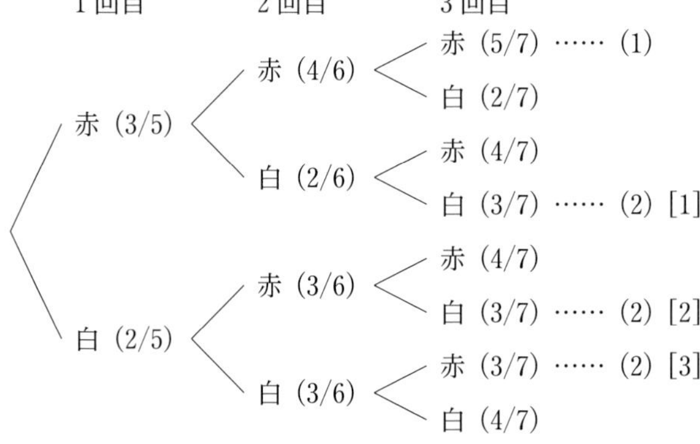

練習 ③63 集団Aでは4%の人が病気Xにかかっている。病気Xを診断する検査で，病気Xにかかっている人が正しく陽性と判定される確率は80%，病気Xにかかっていない人が誤って陽性と判定される確率は10%である。集団Aのある人がこの検査を受けたとき，次の確率を求めよ。
(1) その人が陽性と判定される確率
(2) 陽性と判定されたとき，その人が病気Xにかかっている確率　〔類 岐阜薬大〕

ある人が病気Xにかかっているという事象を X，陽性と判定されるという事象を Y とすると

$$P(X)=\frac{4}{100},\ P(\overline{X})=1-\frac{4}{100}=\frac{96}{100},$$
$$P_X(Y)=\frac{80}{100},\ P_{\overline{X}}(Y)=\frac{10}{100}$$

←確率の条件を式に表す。

(1) 求める確率は $P(Y)$ であり

$$P(Y)=P(X\cap Y)+P(\overline{X}\cap Y)$$
$$=P(X)P_X(Y)+P(\overline{X})P_{\overline{X}}(Y)$$
$$=\frac{4}{100}\cdot\frac{80}{100}+\frac{96}{100}\cdot\frac{10}{100}$$
$$=\frac{320}{10000}+\frac{960}{10000}=\frac{1280}{10000}=\mathbf{\frac{16}{125}}$$

(2) 求める確率は $P_Y(X)$ であるから

$$P_Y(X)=\frac{P(Y\cap X)}{P(Y)}=\frac{320}{10000}\div\frac{1280}{10000}=\frac{32}{128}=\mathbf{\frac{1}{4}}$$

集団 A の人数を 1000 人とすると

	Y	$\overline{Y}$	計
X	32	8	40
$\overline{X}$	96	864	960
計	128	872	1000

(1) の確率は $\frac{128}{1000}=\frac{16}{125}$

(2) の確率は $\frac{32}{128}=\frac{1}{4}$

練習 ③64 ある電器店が，A 社，B 社，C 社から同じ製品を仕入れた。A 社，B 社，C 社から仕入れた比率は，4：3：2 であり，製品が不良品である比率はそれぞれ 3%，4%，5% であるという。いま，大量にある 3 社の製品をよく混ぜ，その中から任意に 1 個抜き取って調べたところ，不良品であった。これが B 社から仕入れたものである確率を求めよ。〔類 広島修道大〕

抜き取った 1 個の製品が A 社，B 社，C 社のものであるという事象をそれぞれ A，B，C とし，不良品であるという事象を E とすると

$$P(A)=\frac{4}{9},\ P(B)=\frac{3}{9},\ P(C)=\frac{2}{9},$$

$$P_A(E)=\frac{3}{100},\ P_B(E)=\frac{4}{100},\ P_C(E)=\frac{5}{100}$$

求める確率は $P_E(B)$ である。

事象 $A\cap E$，$B\cap E$，$C\cap E$ は互いに排反であるから

$$P(E)=P(A\cap E)+P(B\cap E)+P(C\cap E)$$
$$=P(A)P_A(E)+P(B)P_B(E)+P(C)P_C(E)$$
$$=\frac{4}{9}\cdot\frac{3}{100}+\frac{3}{9}\cdot\frac{4}{100}+\frac{2}{9}\cdot\frac{5}{100}$$
$$=\frac{12}{900}+\frac{12}{900}+\frac{10}{900}=\frac{34}{900}$$

したがって　$P_E(B)=\frac{P(E\cap B)}{P(E)}=\frac{12}{900}\div\frac{34}{900}=\mathbf{\frac{6}{17}}$

検討　全部で 900 個の製品を，与えられた比率のように，3 社から仕入れたと仮定すると

	仕入れ数	不良品
A 社	400	12
B 社	300	12
C 社	200	10
計	900	34

よって，求める確率は

$\frac{12}{34}=\frac{6}{17}$

←$P(E\cap B)=P(B\cap E)$

練習 ②65 表に 1，裏に 2 を記した 1 枚のコイン C がある。

(1) コイン C を 1 回投げ，出る数 x について x^2+4 を得点とする。このとき，得点の期待値を求めよ。

(2) コイン C を 3 回投げるとき，出る数の和の期待値を求めよ。

(1) 出る数 x のとりうる値と得点，およびその確率を表にまとめると，右のようになる。よって，求める期待値は

$$5\times\frac{1}{2}+8\times\frac{1}{2}=\mathbf{\frac{13}{2}}\ (点)$$

x	1	2	
得点	5	8	計
確率	$\frac{1}{2}$	$\frac{1}{2}$	1

←**表にまとめる** とわかりやすい。

(2) 和を X とすると，X のとりうる値は　$X=3,\ 4,\ 5,\ 6$

$X=3$ となるのは，3 回とも表が出る場合であるから，その確率は　$\left(\frac{1}{2}\right)^3=\frac{1}{8}$

←表を ①，裏を ② とすると，① 3 回，① 2 回・② 1 回，① 1 回・② 2 回，② 3 回　の場合がある。

$X=4$ となるのは，3回のうち表が2回，裏が1回出た場合であるから，その確率は　${}_3C_2\left(\frac{1}{2}\right)^2\left(\frac{1}{2}\right)=\frac{3}{8}$

←反復試行の確率として計算。

$X=5$ となるのは，3回のうち表が1回，裏が2回出た場合であるから，その確率は　${}_3C_1\left(\frac{1}{2}\right)\left(\frac{1}{2}\right)^2=\frac{3}{8}$

$X=6$ となるのは，3回とも裏が出る場合であるから，その確率は

$$\left(\frac{1}{2}\right)^3=\frac{1}{8}$$

X	3	4	5	6	計
確率	$\frac{1}{8}$	$\frac{3}{8}$	$\frac{3}{8}$	$\frac{1}{8}$	1

←$\frac{1}{8}+\frac{3}{8}+\frac{3}{8}+\frac{1}{8}=1$ となりOK。

よって，求める期待値は

$$3\times\frac{1}{8}+4\times\frac{3}{8}+5\times\frac{3}{8}+6\times\frac{1}{8}=\frac{36}{8}=\boldsymbol{\frac{9}{2}}$$

練習 ②66　1から7までの数字の中から，重複しないように3つの数字を無作為に選ぶ。その中の最小の数字を X とするとき，X の期待値 $E(X)$ を求めよ。

X のとりうる値は　$X=1,\ 2,\ 3,\ 4,\ 5$

3つの数字の選び方の総数は　${}_7C_3$ 通り

$X=1$ となるのは，まず1を選び，残り2つを2～7の6つの数字から選ぶ場合であるから，その確率は　$\frac{{}_6C_2}{{}_7C_3}=\frac{15}{35}$

同様にして，$X=2,\ 3,\ 4,\ 5$ となる確率を求めると，次の表のようにまとめられる。

←$X=2$ となるのは，1つが2で，残り2数を3～7から選ぶ場合である。

X	1	2	3	4	5	計
確率	$\frac{15}{35}$	$\frac{10}{35}$	$\frac{6}{35}$	$\frac{3}{35}$	$\frac{1}{35}$	1

したがって

$$\boldsymbol{E(X)}=1\times\frac{15}{35}+2\times\frac{10}{35}+3\times\frac{6}{35}+4\times\frac{3}{35}+5\times\frac{1}{35}=\frac{70}{35}=\mathbf{2}$$

←$\frac{15}{35}+\frac{10}{35}+\frac{6}{35}+\frac{3}{35}+\frac{1}{35}=1$ となりOK。

練習 ②67　Sさんの1か月分のこづかいの受け取り方として，以下の3通りの案が提案された。1年間のこづかいの受け取り方として，最も有利な案はどれか。

A案：毎月1回さいころを投げ，出た目の数が1から4のときは2000円，出た目の数が5または6のときは6000円を受け取る。

B案：1月から4月までは毎月10000円，5月から12月までは毎月1000円を受け取る。

C案：毎月1回さいころを投げ，奇数の目が出たら8000円，偶数の目が出たら100円を受け取る。

〔広島修道大〕

[1]　A案について

毎月もらえるこづかいの期待値は

$$2000\times\frac{4}{6}+6000\times\frac{2}{6}=\frac{10000}{3}\ (\text{円})$$

よって，1年間では　$12\times\frac{10000}{3}=40000\ (\text{円})$

[2]　B案について

1年間では　$4\times10000+8\times1000=48000\ (\text{円})$

HINT　各案のこづかいの期待値を求め，その中で最大の場合を調べる。A案，C案については，毎月のこづかいの期待値を求め，それを12倍したものが1年間の期待値となる。

[3] C案について

毎月もらえるこづかいの期待値は

$$8000\times\frac{1}{2}+100\times\frac{1}{2}=4050\ (円)$$

1年間では　　$12\times4050=48600$ (円)

以上から，**C案が最も有利** である。

練習 ④68

表に1，裏に2と書いてあるコインを2回投げて，1回目に出た数を x とし，2回目に出た数を y として，座標平面上の点 $(x,\ y)$ を決める。ここで，表と裏の出る確率はともに $\frac{1}{2}$ とする。この試行を独立に2回繰り返して決まる2点と点 $(0,\ 0)$ とで定まる図形（三角形または線分）について

(1) 図形が線分になる確率を求めよ。

(2) 図形の面積の期待値を求めよ。ただし，線分の面積は0とする。　〔東京学芸大〕

HINT (2) 図形の対称性に着目。同じ直線上に並ばないような3点で三角形ができる。合同な三角形ごとに分類する。

(1) 1回の試行において決まる点は

A(1, 1), B(1, 2), C(2, 1), D(2, 2)

の4点であり，各点に決まる確率は，それぞれ $\frac{1}{4}$ である。

←$\frac{1}{2}\times\frac{1}{2}=\frac{1}{4}$

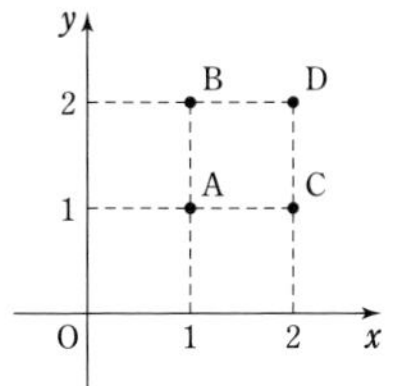

図形が線分となるのは，1回目と2回目が同一の点になる場合の4通りと

(1回目の点，2回目の点)=(A, D), (D, A)

の2通りの計6通り。

ゆえに，求める確率は　　$6\times\left(\frac{1}{4}\right)^2=\boldsymbol{\frac{3}{8}}$

(2) [1] 図形が△OAB，△OACとなるのは，1回目，2回目の点が (A, B), (B, A), (A, C), (C, A) の4通り。

このとき　　$\triangle OAB=\triangle OAC=\frac{1}{2}$

←辺AB，ACを底辺とみて　$\frac{1}{2}\times1\times1=\frac{1}{2}$

また，この場合の確率は　　$4\times\left(\frac{1}{4}\right)^2=\frac{1}{4}$

[2] 図形が△OBCとなるのは，1回目，2回目の点が (B, C), (C, B) の2通り。

このとき　　$\triangle OBC=\triangle OAB+\triangle OAC+\triangle ABC$

$$=\frac{1}{2}\times2+\frac{1}{2}=\frac{3}{2}$$

また，この場合の確率は　　$2\times\left(\frac{1}{4}\right)^2=\frac{1}{8}$

[3] 図形が△OBD，△OCDとなるのは，1回目，2回目の点が (B, D), (D, B), (C, D), (D, C) の4通り。

このとき　　$\triangle OBD=\triangle OCD=\frac{1}{2}\times1\times2=1$

←辺BD，CDを底辺とみる。

また，この場合の確率は　$4\times\left(\frac{1}{4}\right)^2=\frac{1}{4}$

よって，面積の期待値は

$$\frac{1}{2}\times\frac{1}{4}+\frac{3}{2}\times\frac{1}{8}+1\times\frac{1}{4}=\frac{2+3+4}{16}=\mathbf{\frac{9}{16}}$$

面積	0	$\frac{1}{2}$	$\frac{3}{2}$	1	計
確率	$\frac{3}{8}$	$\frac{1}{4}$	$\frac{1}{8}$	$\frac{1}{4}$	1

練習 ⑤69　次のような競技を考える。競技者がさいころを振る。もし，出た目が気に入ればその目を得点とする。そうでなければ，もう1回さいころを振って，2つの目の合計を得点とすることができる。ただし，合計が7以上になった場合は得点は0点とする。

(1)　競技者が常にさいころを2回振るとすると，得点の期待値はいくらか。

(2)　競技者が最初の目が6のときだけ2回目を振らないとすると，得点の期待値はいくらか。

(3)　最初の目がk以上ならば，競技者は2回目を振らないこととし，そのときの得点の期待値をE_kとする。E_kが最大となるときのkの値を求めよ。ただし，kは1以上6以下の整数とする。

〔類　九州大〕

HINT　(1)　2回の出た目による得点を表でまとめるとよい。
(3)　(1)の表を利用。例えば，$k=5$のときは1回目に5以上の目が出て，2回目を振らない場合であるから，さいころを2回振ったときの得点は，表の①，②の行以外，つまり③～⑥の行を参照する。

(1)　さいころを2回振ったときの得点は，右の表のようになる。よって，求める期待値は

$$2\cdot\frac{1}{36}+3\cdot\frac{2}{36}+4\cdot\frac{3}{36}+5\cdot\frac{4}{36}+6\cdot\frac{5}{36}$$
$$=\frac{70}{36}=\mathbf{\frac{35}{18}}$$

	1＼2	1	2	3	4	5	6
⑥→	1	2	3	4	5	6	0
⑤→	2	3	4	5	6	0	0
④→	3	4	5	6	0	0	0
③→	4	5	6	0	0	0	0
②→	5	6	0	0	0	0	0
①→	6	0	0	0	0	0	0

(2)　1回目に6の目が出たときだけ2回目を振らないとすると，得点が6となる確率は$\frac{5}{36}+\frac{1}{6}$となり，期待値は，(1)より$6\cdot\frac{1}{6}=1$だけ増える。

したがって，求める期待値は　$\frac{35}{18}+1=\mathbf{\frac{53}{18}}$

(3)　$E_1=(1+2+3+4+5+6)\cdot\frac{1}{6}=\frac{21}{6}=\frac{126}{36}$

←どの目が出ても2回目は振らない。

$k=6$のとき，(2)の結果から　$E_6=\frac{53}{18}=\frac{106}{36}$

[1]　$k=5$のとき，得点が6，5となる確率はともに$\frac{4}{36}+\frac{1}{6}=\frac{10}{36}$となるから

←表の②の行の得点もすべて0点と考えることもできる。

$$E_5=2\cdot\frac{1}{36}+3\cdot\frac{2}{36}+4\cdot\frac{3}{36}+5\cdot\frac{10}{36}+6\cdot\frac{10}{36}=\frac{130}{36}$$

[2]　$k=4$のとき，得点が6，5，4となる確率はすべて$\frac{3}{36}+\frac{1}{6}=\frac{9}{36}$となるから

←2回振ったときの得点は，表の①～③の行以外，つまり④～⑥の行を参照する。

$$E_4=2\cdot\frac{1}{36}+3\cdot\frac{2}{36}+4\cdot\frac{9}{36}+5\cdot\frac{9}{36}+6\cdot\frac{9}{36}=\frac{143}{36}$$

[3]　$k=3$ のとき，得点が 6，5，4，3 となる確率はすべて

$\frac{2}{36}+\frac{1}{6}=\frac{8}{36}$ となるから

$$E_3=2\cdot\frac{1}{36}+3\cdot\frac{8}{36}+4\cdot\frac{8}{36}+5\cdot\frac{8}{36}+6\cdot\frac{8}{36}=\frac{146}{36}$$

←2 回振ったときの得点は，表の ① ~ ④ の行以外，つまり ⑤，⑥ の行を参照する。

[4]　$k=2$ のとき，得点が 6，5，4，3，2 となる確率はすべて

$\frac{1}{36}+\frac{1}{6}=\frac{7}{36}$ となるから

$$E_2=(2+3+4+5+6)\cdot\frac{7}{36}=\frac{140}{36}$$

←2 回振ったときの得点は，表の ⑥ の行のみ参照する。

よって，E_k が最大となるのは $\boldsymbol{k=3}$ のときである。

EX ③27 1から6までの整数が1つずつ書かれた6枚のカードを横1列に並べる。左からn番目のカードに書かれた整数をa_nとするとき
(1) $a_3=3$である確率を求めよ。 (2) $a_1>a_6$である確率を求めよ。
(3) $a_1<a_3<a_5$かつ$a_2<a_4<a_6$である確率を求めよ。 〔山口大〕

6枚のカードの並べ方の総数は　${}_6P_6=6!$（通り）

←異なる6枚の順列。

(1) $a_3=3$となる並べ方は，3番目以外の5枚のカードの並べ方だけあるから　${}_5P_5=5!$（通り）

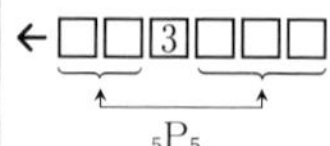

よって，求める確率は　$\dfrac{5!}{6!}=\mathbf{\dfrac{1}{6}}$

(2) まず，6枚から2枚を選び，大きい方をa_1，小さい方をa_6として並べる。その2枚の選び方は　${}_6C_2$通り
そのおのおのについて，間に並べる4枚の並べ方は

$${}_4P_4=4!\text{（通り）}$$

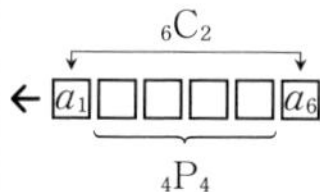

よって，求める確率は　$\dfrac{{}_6C_2\times4!}{6!}=\dfrac{15\times4!}{6\cdot5\times4!}=\mathbf{\dfrac{1}{2}}$

(3) (2)と同様に，まず6枚から3枚を選び，小さい順にa_1，a_3，a_5として並べる。その3枚の選び方は　${}_6C_3$通り
そのおのおのについて，残り3枚を小さい順にa_2，a_4，a_6とする選び方は1通りに決まる。
よって，求める確率は　$\dfrac{{}_6C_3\times1}{6!}=\dfrac{20}{6!}=\mathbf{\dfrac{1}{36}}$

EX ②28 正六角形の頂点を反時計回りにP_1，P_2，P_3，P_4，P_5，P_6とする。1個のさいころを2回投げて，出た目を順にj，kとする。
(1) P_1，P_j，P_kが異なる3点となる確率を求めよ。
(2) P_1，P_j，P_kが正三角形の3頂点となる確率を求めよ。
(3) P_1，P_j，P_kが直角三角形の3頂点となる確率を求めよ。 〔広島大〕

さいころの目の出方の総数は　6^2通り

(1) $j\neq1$かつ$k\neq1$かつ$j\neq k$となればよい。
そのような目の出方は　${}_5P_2$通り

←2，3，4，5，6から2数をとって並べる。

よって，求める確率は　$\dfrac{{}_5P_2}{6^2}=\dfrac{5\cdot4}{6^2}=\mathbf{\dfrac{5}{9}}$

(2) 正三角形となるのは，P_1以外の2点がP_3，P_5となるとき，すなわち，$(j,\ k)=(3,\ 5)$，$(5,\ 3)$のときである。

(2)
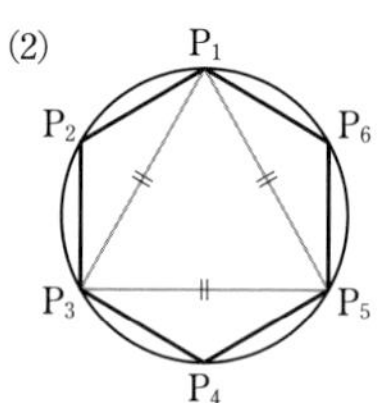

よって，求める確率は　$\dfrac{2}{6^2}=\mathbf{\dfrac{1}{18}}$

(3) 直角三角形となるのには，次の[1]，[2]の場合がある。
[1] $\angle P_1$が直角のとき
P_1以外の2点が　P_2とP_5　または　P_3とP_6　となる。
このとき，組$(j,\ k)$は
$(j,\ k)=(2,\ 5)$，$(5,\ 2)$，$(3,\ 6)$，$(6,\ 3)$の4通り。

←線分P_2P_5または線分P_3P_6が直径。
（直径 ⟶ 円周角は90°）

[2] $\angle P_1$が直角でないとき
1点はP_4であり，もう1点がP_2，P_3，P_5，P_6のいずれかとなる。

←線分P_1P_4が直径。

このとき，組 $(j,\ k)$ は

$(j,\ k)=(2,\ 4),\ (3,\ 4),\ (5,\ 4),\ (6,\ 4),\ (4,\ 2),$
$(4,\ 3),\ (4,\ 5),\ (4,\ 6)$ の 8 通り。

[1]，[2] から，求める確率は $\dfrac{4+8}{6^2}=\mathbf{\dfrac{1}{3}}$

EX ③29

(1) 赤色が 1 個，青色が 2 個，黄色が 1 個の合計 4 個のボールがある。この 4 個のボールから 3 個を選び 1 列に並べる。この並べ方は全部で何通りあるか。

(2) 赤色と青色がそれぞれ 2 個，黄色が 1 個の合計 5 個のボールがある。この 5 個のボールから 4 個を選び 1 列に並べる。この並べ方は全部で何通りあるか。

(3) (2) の 5 個のボールから 4 個を選び 1 列に並べるとき，赤色のボールが隣り合う確率を求めよ。 〔中央大〕

(1) 3 個のボールの選び方は，次の [1]～[3] の場合がある。

[1] 赤色 1 個，青色 2 個
[2] 青色 2 個，黄色 1 個
[3] 赤色 1 個，青色 1 個，黄色 1 個

このおのおのの場合について，ボールを 1 列に並べる方法は

[1] $\dfrac{3!}{2!}=3$ (通り) [2] $\dfrac{3!}{2!}=3$ (通り)

[3] $3!=6$ (通り)

よって，並べ方の総数は $3+3+6=\mathbf{12}$ **(通り)**

←[1]，[2] は同じものを含む順列。

(2) 4 個のボールの選び方は，次の [1]～[3] の場合がある。

[1] 赤色 2 個，青色 2 個
[2] 赤色 2 個，青色 1 個，黄色 1 個
[3] 赤色 1 個，青色 2 個，黄色 1 個

このおのおのの場合について，ボールを 1 列に並べる方法は

[1] $\dfrac{4!}{2!2!}=6$ (通り) [2] $\dfrac{4!}{2!}=12$ (通り)

[3] $\dfrac{4!}{2!}=12$ (通り)

よって，並べ方の総数は $6+12+12=\mathbf{30}$ **(通り)**

←同じものを含む順列。

(3) 5 個のボールを 赤$_1$，赤$_2$，青$_1$，青$_2$，黄 とし，すべて区別して考える。

5 個のボールから 4 個を選び 1 列に並べる方法は ${}_5\mathrm{P}_4$ 通り

赤$_1$，赤$_2$ を含むように 4 個のボールを選ぶ方法は ${}_3\mathrm{C}_2$ 通り

このとき，赤$_1$，赤$_2$ が隣り合うように並べる方法は，まず，赤$_1$，赤$_2$ を 1 個とみなして 3 個のボールを 1 列に並べる方法が

$3!$ 通り

そのおのおのについて，赤$_1$，赤$_2$ の並べ方が 2 通りあるから

$3!\times 2=12$ (通り)

よって，赤$_1$，赤$_2$ が隣り合う並べ方は全部で

${}_3\mathrm{C}_2\times 12=36$ (通り)

したがって，求める確率は $\dfrac{36}{{}_5\mathrm{P}_4}=\dfrac{36}{5\cdot 4\cdot 3\cdot 2}=\mathbf{\dfrac{3}{10}}$

←確率では，同じものでも区別して考える。

←**隣り合うものは枠に入れて中で動かす**

EX ③30 5桁の整数で，各位の数が2，3，4のいずれかであるものの全体を考える。これらの整数から1つを選ぶとき，次の確率を求めよ。
(1) 選んだ整数が4の倍数である確率
(2) 選んだ整数の各位の数5個の総和が13となる確率 〔関西大〕

考えられる整数の総数は　3^5 個

←重複順列

(1) 4の倍数となるのは，下2桁が4の倍数のときであり，そのようなものには，24，32，44の3通りがある。
そのおのおのについて，上3桁の数は 3^3 通りずつあるから，求める確率は　$\dfrac{3\cdot3^3}{3^5}=\mathbf{\dfrac{1}{3}}$

←下2桁だけを考えた $\dfrac{3}{3^2}=\dfrac{1}{3}$ と同じこと。

(2) 2，3，4の中で最小の2のみで作られる5桁の整数は　22222
この各位の数の総和は　$2\cdot5=10$
ゆえに，各位の数の総和が13であるような整数を作るには，22222の2を3または4におき換えると考えて，次の[1]，[2]のようにすればよい。
[1]　22333のように，2を2回，3を3回使う。
[2]　22234のように，2を3回，3を1回，4を1回使う。
各場合の整数の個数は　[1] $\dfrac{5!}{2!3!}=10$ (個)，[2] $\dfrac{5!}{3!}=20$ (個)
[1]，[2]は，互いに排反な事象であるから，求める確率は

$$\frac{10}{3^5}+\frac{20}{3^5}=\frac{30}{3^5}=\mathbf{\frac{10}{81}}$$

←5か所のうち
[1]　2が入る2つの場所を選ぶと考えて　${}_5C_2$
[2]　3，4が入る1つずつの場所を選ぶと考えて ${}_5P_2$ としてもよい。

検討　2，3，4の個数をそれぞれ x，y，z とすると，条件から
$x+y+z=5$ …… ①，　$2x+3y+4z=13$ …… ②
②−①×2から　$y+2z=3$
これを満たす0以上の整数 y，z の組は
$(y,\ z)=(3,\ 0)$，$(1,\ 1)$
よって　$(x,\ y,\ z)=(2,\ 3,\ 0)$，$(3,\ 1,\ 1)$
これから，[1]，[2]の2つの場合を考えることもできる。

←$y=3-2z$ から
$z=0$ のとき　$y=3$
$z=1$ のとき　$y=1$
$z\geqq2$ のとき $y<0$ から，不適。

EX ③31 6人でじゃんけんを1回するとき，手の出し方の総数は ^{ア}□ 通りであり，勝者が3人である確率は ^{イ}□ である。また，勝者が決まる確率は ^{ウ}□ である。 〔類 玉川大〕

(ア) 1人の手の出し方はグー，チョキ，パーの3通りある。
よって，6人の手の出し方の総数は　$3^6=\mathbf{729}$ (通り)

←重複順列

(イ) 勝者が3人であるとき，勝者3人の選び方は
${}_6C_3=20$ (通り)
そのおのおのに対して，勝ち方がグー，チョキ，パーの3通りあるから，勝者が3人である確率は

$$\frac{20\times3}{729}=\mathbf{\frac{20}{243}}$$

(ウ) (イ)と同様に，勝者が1人，2人，4人，5人であるときの勝者の選び方の数は，それぞれ　${}_6C_1$，${}_6C_2$，${}_6C_4$，${}_6C_5$

←${}_6C_4={}_6C_2$，${}_6C_5={}_6C_1$

そのおのおのに対して，勝ち方がグー，チョキ，パーの3通りあるから，勝負が決まる確率は，(イ)の確率も含めて

$$\frac{(6+15+20+15+6)\times 3}{729}=\frac{\mathbf{62}}{\mathbf{243}}$$

←(イ)の場合を落とさないように注意。

EX ④32 n 本のくじがあり，その中に3本の当たりくじが入っている。ただし，$n\geqq 5$ であるとする。この中から2本のくじを引く。〔関西大〕

(1) $n=5$ のとき，2本とも当たりくじである確率は□である。

(2) $n=7$ のとき，少なくとも1本は当たりくじである確率は□である。

(3) 少なくとも1本は当たりくじである確率を n を用いて表すと□である。

(4) 2本とも当たりくじである確率が $\frac{1}{12}$ となる n は□である。

(5) 少なくとも1本は当たりくじである確率が $\frac{1}{2}$ 以下となる最小の n は□である。

(1) $n=5$ のとき，くじの引き方の総数は　${}_5C_2=10$（通り）

また，2本とも当たりくじである引き方は　${}_3C_2=3$（通り）

よって，求める確率は　$\mathbf{\frac{3}{10}}$

(2) $n=7$ のとき，くじの引き方の総数は　${}_7C_2=21$（通り）

2本ともはずれくじである引き方は　${}_4C_2=6$（通り）

よって，求める確率は　$1-\frac{6}{21}=\mathbf{\frac{5}{7}}$

⊘ 少なくとも……には余事象

(3) くじの引き方の総数は　${}_nC_2$ 通り

2本ともはずれくじである引き方は　${}_{n-3}C_2$ 通り

よって，求める確率は

$$1-\frac{{}_{n-3}C_2}{{}_nC_2}=1-\frac{(n-3)(n-4)}{n(n-1)}=\frac{n(n-1)-(n^2-7n+12)}{n(n-1)}$$

$$=\frac{6n-12}{n(n-1)}=\mathbf{\frac{6(n-2)}{n(n-1)}}$$

←分母が $n(n-1)$ となるように，通分している。

(4) 2本とも当たりくじである確率は

$$\frac{{}_3C_2}{{}_nC_2}=\frac{6}{n(n-1)}\quad すなわち\quad \frac{6}{n(n-1)}=\frac{1}{12}$$

$n\geqq 5$ より $n(n-1)>0$ であるから，両辺に $12n(n-1)$ を掛けて　$n(n-1)=72$　すなわち　$n^2-n-72=0$

←分母を払う。

ゆえに　$(n+8)(n-9)=0$　よって　$n=-8,\ 9$

$n\geqq 5$ を満たすものは　$\mathbf{n=9}$

←解の検討

(5) 求める条件は，(3)から　$\frac{6(n-2)}{n(n-1)}\leqq\frac{1}{2}$

$n\geqq 5$ より $n(n-1)>0$ であるから，両辺に $2n(n-1)$ を掛けて

$12(n-2)\leqq n(n-1)$　すなわち　$n^2-13n+24\geqq 0$

←注意 参照。

ゆえに　$n(n-13)+24\geqq 0$　…… ①

$n=5,\ 6,\ \cdots\cdots,\ 11$ のとき，$n(n-13)$ の値は，それぞれ

$-40,\ -42,\ -42,\ -40,\ -36,\ -30,\ -22$

よって，$n=11$ のとき，不等式①を初めて満たす。

したがって，求める最小の自然数 n は　$\mathbf{n=11}$

←最小の自然数 n を求めればよいから，$n=5$ から順に①を満たすかどうかを調べる。

注意　2次不等式（数学Ⅰ）$n^2-13n+24\geqq 0$ を解くと

$$n\leqq\frac{13-\sqrt{73}}{2},\quad \frac{13+\sqrt{73}}{2}\leqq n$$

$8<\sqrt{73}<9$ であるから

$$\frac{13-9}{2}<\frac{13-\sqrt{73}}{2}<\frac{13-8}{2},\quad \frac{13+8}{2}<\frac{13+\sqrt{73}}{2}<\frac{13+9}{2}$$

すなわち　$2<\dfrac{13-\sqrt{73}}{2}<\dfrac{5}{2},\quad \dfrac{21}{2}<\dfrac{13+\sqrt{73}}{2}<11$

よって，求める最小の自然数 n は　$\boldsymbol{n=11}$

←$n^2-13n+24=0$ の解は　$n=\dfrac{13\pm\sqrt{73}}{2}$

EX ③33

大小2つのさいころを投げて，大きいさいころの目の数を a，小さいさいころの目の数を b とする。このとき，関数 $y=ax^2+2x-b$ のグラフと関数 $y=bx^2$ のグラフが異なる2点で交わる確率を求めよ。〔類　熊本大〕

2つのさいころの目の出方の総数は　$6^2=36$（通り）

$ax^2+2x-b=bx^2$ とすると

$$(a-b)x^2+2x-b=0 \quad \cdots\cdots \text{①}$$

$y=ax^2+2x-b$ と $y=bx^2$ のグラフが異なる2点で交わるための条件は，方程式①が異なる2つの実数解をもつことである。

そのためには，①は2次方程式でなければならないから

$$a-b\neq 0 \quad \text{すなわち} \quad a\neq b \quad \cdots\cdots \text{②}$$

$a\neq b$ のとき，2次方程式①の判別式を D とすると　$D>0$

ここで　$\dfrac{D}{4}=1^2-(a-b)(-b)=1+b(a-b)$

よって　$1+b(a-b)>0$　　ゆえに　$(b-a)b<1$

$b>0$ であるから　$b-a<\dfrac{1}{b}$ …… ㋐

$1\leqq b\leqq 6$ であるから　$b-a\leqq 0$　すなわち　$a\geqq b$

②より $a\neq b$ であるから　$a>b$

$a>b$ となる a，b の組は，1～6から異なる2数を選び，大きい方から a，b とすればよいから　${}_6C_2$ 通り

したがって，求める確率は　$\dfrac{{}_6C_2}{36}=\dfrac{15}{36}=\boldsymbol{\dfrac{5}{12}}$

←2つの関数の式から y を消去する。

←$a-b=0$ のとき，①は $2x-b=0$ ゆえに，実数解が1つしかないから，2つのグラフが異なる2点で交わることはない。

←$\dfrac{1}{6}\leqq\dfrac{1}{b}\leqq 1$ で，$b-a$ は整数であるから，不等式㋐を満たすとき，$b-a$ が1以上となることはない。

EX ③34

中の見えない袋の中に同じ大きさの白球3個，赤球2個，黒球1個が入っている。この袋から1球ずつ球を取り出し，黒球を取り出したとき袋から球を取り出すことをやめる。ただし，取り出した球はもとに戻さない。

(1)　取り出した球の中に，赤球がちょうど2個含まれる確率を求めよ。

(2)　取り出した球の中に，赤球より白球が多く含まれる確率を求めよ。

〔大阪府大〕

白球をW，赤球をR，黒球をBで表す。

(1)　赤球がちょうど2個含まれるのは，Bが出る前に，次の[1]～[4]のいずれかが起こる場合であり，これらは互いに排反である。

←黒球(B)が出る前の場合を考えることが，この問題のポイント。

[1]　R 2 個が出る　　[2]　R 2 個，W 1 個が出る
[3]　R 2 個，W 2 個が出る　　[4]　R 2 個，W 3 個が出る

それぞれの場合の確率は

←同じ色の球でも区別して考える。

[1]　$\dfrac{{}_2P_2}{{}_6P_3}=\dfrac{1}{60}$　　[2]　$\dfrac{{}_3C_1\cdot{}_3P_3}{{}_6P_4}=\dfrac{1}{20}$

[3]　$\dfrac{{}_3C_2\cdot{}_4P_4}{{}_6P_5}=\dfrac{1}{10}$　　[4]　$\dfrac{{}_5P_5}{{}_6P_6}=\dfrac{1}{6}$

よって，求める確率は　$\dfrac{1}{60}+\dfrac{1}{20}+\dfrac{1}{10}+\dfrac{1}{6}=\boldsymbol{\dfrac{1}{3}}$

←加法定理

(2)　赤球より白球が多く含まれるのは，B が出る前に，次の [1]～[6] のいずれかが起こる場合であり，これらは互いに排反である。

[1]　W 1 個が出る　　[2]　W 2 個が出る
[3]　W 2 個，R 1 個が出る　　[4]　W 3 個が出る
[5]　W 3 個，R 1 個が出る　　[6]　W 3 個，R 2 個が出る

それぞれの場合の確率は

[1]　$\dfrac{{}_3P_1}{{}_6P_2}=\dfrac{1}{10}$　　[2]　$\dfrac{{}_3P_2}{{}_6P_3}=\dfrac{1}{20}$

[3]　$\dfrac{{}_3C_2\cdot{}_2C_1\cdot{}_3P_3}{{}_6P_4}=\dfrac{1}{10}$　　[4]　$\dfrac{{}_3P_3}{{}_6P_4}=\dfrac{1}{60}$

[5]　$\dfrac{{}_2C_1\cdot{}_4P_4}{{}_6P_5}=\dfrac{1}{15}$　　[6]　$\dfrac{{}_5P_5}{{}_6P_6}=\dfrac{1}{6}$

よって，求める確率は　$\dfrac{1}{10}+\dfrac{1}{20}+\dfrac{1}{10}+\dfrac{1}{60}+\dfrac{1}{15}+\dfrac{1}{6}=\boldsymbol{\dfrac{1}{2}}$

←加法定理

検討　球を取り出す代わりに，6 個の球を 1 列に並べておき，左から順にとると考えて，確率を求めることもできる。
このとき，例えば「RRBWWW」は (1) の [1] の場合に対応している。

EX ④35

箱の中に A と書かれたカード，B と書かれたカード，C と書かれたカードがそれぞれ 4 枚ずつ入っている。男性 6 人，女性 6 人が箱の中から 1 枚ずつカードを引く。ただし，引いたカードは戻さない。
(1)　A と書かれたカードを 4 枚とも男性が引く確率を求めよ。
(2)　A，B，C と書かれたカードのうち，少なくとも 1 種類のカードを 4 枚とも男性または 4 枚とも女性が引く確率を求めよ。〔横浜市大〕

引いたカードの種類に応じて A，B，C の 3 つのグループに分かれると考える。このような分け方の総数は

$${}_{12}C_4\times{}_8C_4 \text{ 通り}$$

(1)　男性 6 人から 4 人を選んでグループ A に入れる方法は

$${}_6C_4\times{}_8C_4 \text{ 通り}$$

したがって，求める確率は

$$\frac{{}_6C_4\times{}_8C_4}{{}_{12}C_4\times{}_8C_4}=\frac{{}_6C_4}{{}_{12}C_4}=\frac{6\cdot5\cdot4\cdot3}{12\cdot11\cdot10\cdot9}=\boldsymbol{\frac{1}{33}}$$

(2) (1)から，男性6人のうち4人が1種類のカードを4枚引く確率は $3\cdot\frac{1}{33}=\frac{1}{11}$ であり，女性6人のうち4人が1種類のカードを4枚引く確率についても同様である。
次に，男性と女性の両方が1種類のカードを4枚とも引く場合を考える。カードの種類の組合せは　${}_3C_2$ 通り
例えば，男性6人のうち4人がAと書かれたカードを4枚引き，女性6人のうち4人がBと書かれたカードを4枚引く方法は，(1)と同じように考えて　${}_6C_4\times{}_6C_4={}_6C_2\times{}_6C_2=15^2$（通り）
ゆえに，男性と女性の両方が1種類のカードを4枚とも引く確率は　$\frac{2\times{}_3C_2\times15^2}{{}_{12}C_4\times{}_8C_4}=\frac{2\cdot3\cdot15^2}{495\cdot70}=\frac{3}{77}$
したがって，求める確率は　$\frac{1}{11}+\frac{1}{11}-\frac{3}{77}=\mathbf{\frac{1}{7}}$ ……（＊）

注意　（＊）1種類のカードを4枚とも男性が引くという事象を D，女性が引くという事象を E とすると，事象 D と事象 E は排反でないから　$P(D\cup E)=P(D)+P(E)-P(D\cap E)$

(2) 問題文に「少なくとも」とあるからといって，余事象を考えると逆に煩雑になる。
←3種類の中から，4枚とも引く2種類を選ぶ。
←男性と女性を入れ替えた場合も考慮する。
←和事象の確率

EX ③36

A，B，Cの3人でじゃんけんをする。一度じゃんけんで負けたものは，以後のじゃんけんから抜ける。残りが1人になるまでじゃんけんを繰り返し，最後に残ったものを勝者とする。ただし，あいこの場合も1回のじゃんけんを行ったと数える。
(1) 1回目のじゃんけんで勝者が決まる確率を求めよ。
(2) 2回目のじゃんけんで勝者が決まる確率を求めよ。　〔東北大〕

A，B，Cの3人が1回で出す手の数は全部で　3^3 通り
(1) 1回のじゃんけんでAだけが勝つとき，Aの手は，グー，チョキ，パーの　3通り
Bだけ，Cだけが勝つ勝ち方も同様に3通りずつあるから，求める確率は　$\frac{3\times3}{3^3}=\mathbf{\frac{1}{3}}$

(2) 2回のじゃんけんで勝者が決まるのは，次の2つの場合である。
[1] 1回目があいこで，2回目で1人残るとき
3人のじゃんけんであいこになる場合のうち
全員同じ手を出すのは　3通り
全員違う手を出すのは　3! 通り
よって，あいこになる確率は　$\frac{3+3!}{3^3}=\frac{1}{3}$
ゆえに，[1]の場合の確率は　$\frac{1}{3}\times\frac{1}{3}^{(*)}=\frac{1}{9}$
[2] 1回目で2人残り，2回目で1人残るとき
3人のじゃんけんで2人だけが勝つ確率は，(1)と同様に考えて　$\frac{3\times3}{3^3}=\frac{1}{3}$

←例えば，A：グーのとき，B：チョキ，C：チョキ　と1通りに決まる。
←2回目は3人でじゃんけん。
（＊）2回目のじゃんけんで，1人だけが勝つ確率は，(1)から　$\frac{1}{3}$
←2回目は2人でじゃんけん。
←勝者の選び方が3通り，そのおのおのについて，勝ち方が3通り。

2人のじゃんけんで1人だけが勝つ確率も，(1) と同様に考えて　$\dfrac{2\times3}{3^2}=\dfrac{2}{3}$

←勝者の選び方が2通り，そのおのおのについて，勝ち方が3通り。

ゆえに，[2] の場合の確率は　$\dfrac{1}{3}\times\dfrac{2}{3}=\dfrac{2}{9}$

事象 [1]，[2] は互いに排反であるから，求める確率は

$$\frac{1}{9}+\frac{2}{9}=\mathbf{\frac{1}{3}}$$

検討　3回のじゃんけんで勝者が決まる場合について，各回のじゃんけんで残る人数と確率を，**樹形図（tree）**にまとめると，次のようになる。

←重要例題62も参照。
Ⓘ **複雑な事象　樹形図(tree)で整理**

1回目　2回目　3回目

3人 —1/3→ 3人 —1/3→ 3人 —1/3→ 1人 …… [1]
3人 —1/3→ 3人 —1/3→ 2人 —2/3→ 1人 …… [2]
3人 —1/3→ 2人 —1/3→ 2人 —2/3→ 1人 …… [3]

←1回のじゃんけんで，例えば，3人 ⟶ 2人となる確率 $\dfrac{1}{3}$ は，(2) [2] からわかる。
なお，2人 ⟶ 2人の確率は　$\dfrac{3}{3^2}=\dfrac{1}{3}$

事象 [1]～[3] は互いに排反であるから，3回のじゃんけんで勝者が決まる確率は

$$\frac{1}{3}\times\frac{1}{3}\times\frac{1}{3}+\frac{1}{3}\times\frac{1}{3}\times\frac{2}{3}+\frac{1}{3}\times\frac{1}{3}\times\frac{2}{3}=\mathbf{\frac{5}{27}}$$

EX ③37

1枚の硬貨を投げる試行を T とする。試行 T を7回繰り返したとき，n 回後 $(1\leqq n\leqq7)$ に表が出た回数を f_n で表す。このとき，次の確率を求めよ。
(1) 最後に $f_7=4$ となる確率 p_1
(2) 途中 $f_3=2$ であり，かつ最後に $f_7=4$ となる確率 p_2
(3) 途中 $f_3\neq2$ であり，かつ最後に $f_7\neq4$ となる確率 p_3　〔兵庫県大〕

(1) $f_7=4$ となるのは，硬貨を7回投げて，表が4回，裏が3回出るときであるから

$$p_1={}_7C_4\left(\frac{1}{2}\right)^4\left(\frac{1}{2}\right)^3=\frac{35}{2^7}=\mathbf{\frac{35}{128}}$$

←反復試行の確率

(2) $f_3=2$ かつ $f_7=4$ となるのは，最初硬貨を3回投げたときに表が2回，裏が1回出て，更に4回投げたときに表が2回，裏が2回出る場合であるから

←○○○｜○○○○（表2回 裏1回｜表2回 裏2回）

$$p_2={}_3C_2\left(\frac{1}{2}\right)^2\left(\frac{1}{2}\right)\times{}_4C_2\left(\frac{1}{2}\right)^2\left(\frac{1}{2}\right)^2=\frac{3}{2^3}\times\frac{6}{2^4}=\mathbf{\frac{9}{64}}$$

(3) $f_3=2$ となる事象を A，$f_7=4$ となる事象を B とすると，$p_3=P(\overline{A}\cap\overline{B})$ である。ここで，(1)，(2) から

$$P(A)=\frac{3}{2^3},\quad P(B)=p_1=\frac{35}{2^7},\quad P(A\cap B)=p_2=\frac{9}{2^6}$$

よって　$p_3=P(\overline{A}\cap\overline{B})=P(\overline{A\cup B})$

←ド・モルガンの法則

$=1-P(A\cup B)$

$=1-\{P(A)+P(B)-P(A\cap B)\}$

←和事象の確率

$=1-\left(\dfrac{3}{2^3}+\dfrac{35}{2^7}-\dfrac{9}{2^6}\right)=1-\dfrac{48+35-18}{128}=\mathbf{\dfrac{63}{128}}$

EX ④38 1個のさいころを n 回 $(n \geqq 2)$ 投げるとき，次の確率を求めよ。
(1) 出る目の最大値が4である確率
(2) 出る目の最大値が4で，かつ最小値が2である確率
(3) 出る目の積が6の倍数である確率

(1) 出る目の最大値が4であるという事象は，出る目がすべて4以下であるという事象から，すべて3以下であるという事象を除いたものである。

したがって，求める確率は $\left(\frac{4}{6}\right)^n-\left(\frac{3}{6}\right)^n=\boldsymbol{\frac{4^n-3^n}{6^n}}$

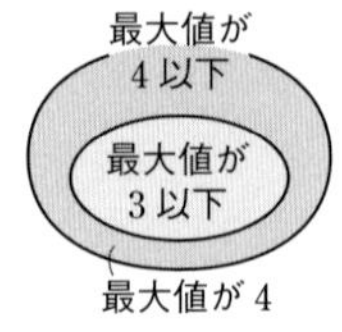

(2) 条件を満たすとき，1，5，6の目は1回も出ないから，事象 A，B，C を　A：「すべて2以上4以下の目が出る」
B：「すべて2または3の目が出る」
C：「すべて3または4の目が出る」
とすると，求める確率は

$$P(A)-P(B\cup C)=P(A)-\{P(B)+P(C)-P(B\cap C)\}$$
$$=\left(\frac{3}{6}\right)^n-\left(\frac{2}{6}\right)^n-\left(\frac{2}{6}\right)^n+\left(\frac{1}{6}\right)^n$$
$$=\boldsymbol{\frac{3^n-2^{n+1}+1}{6^n}}$$

最大値が4　最小値が2

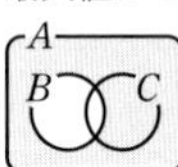

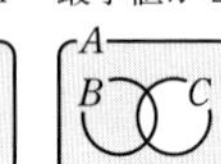

よって，上の2つの図の黒く塗った部分の共通部分 $A\cap\overline{(B\cup C)}$ の確率を求める。

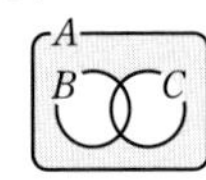

(3) E：「目の積が2の倍数」，F：「目の積が3の倍数」のように事象 E，F を定めると，求める確率は $P(E\cap F)$ であり

$$P(E\cap F)=1-P(\overline{E\cap F})=1-P(\overline{E}\cup\overline{F})$$
$$=1-\{P(\overline{E})+P(\overline{F})-P(\overline{E}\cap\overline{F})\}$$
$$=1-\left(\frac{3}{6}\right)^n-\left(\frac{4}{6}\right)^n+\left(\frac{2}{6}\right)^n$$
$$=\boldsymbol{\frac{6^n-3^n-4^n+2^n}{6^n}}$$

←6の倍数
＝2の倍数かつ3の倍数

←ド・モルガンの法則

←和事象の確率

←$\overline{E}$：すべて奇数，
$\overline{F}$：すべて3，6以外，
$\overline{E}\cap\overline{F}$：すべて1か5

EX ③39 xy 平面上に原点を出発点として動く点Qがあり，次の試行を行う。
1枚の硬貨を投げ，表が出たらQは x 軸の正の方向に1，裏が出たら y 軸の正の方向に1動く。ただし，点 $(3,\ 1)$ に到達したら点Qは原点に戻る。
この試行を n 回繰り返した後の点Qの座標を $(x_n,\ y_n)$ とする。
(1) $(x_4,\ y_4)=(0,\ 0)$ となる確率を求めよ。
(2) $(x_8,\ y_8)=(5,\ 3)$ となる確率を求めよ。　〔類 広島大〕

(1) $(x_4,\ y_4)=(0,\ 0)$ となるのは，1枚の硬貨を4回投げて点 $(3,\ 1)$ に到達し，原点に戻る場合である。
よって，硬貨を4回投げて表が3回，裏が1回出ればよいから，

求める確率は　${}_4\mathrm{C}_3\left(\frac{1}{2}\right)^3\left(\frac{1}{2}\right)=\frac{4}{2^4}=\boldsymbol{\frac{1}{4}}$

←x 軸の負の向きや y 軸の負の向きに動くことはないから，条件を満たすのはこの場合だけである。

(2) $(x_8,\ y_8)=(5,\ 3)$ となるのは，1枚の硬貨を8回投げて表が5回，裏が3回出る場合から，そのうちの $(x_4,\ y_4)=(0,\ 0)$ となる場合を除いたものである。
よって，(1)から，求める確率は

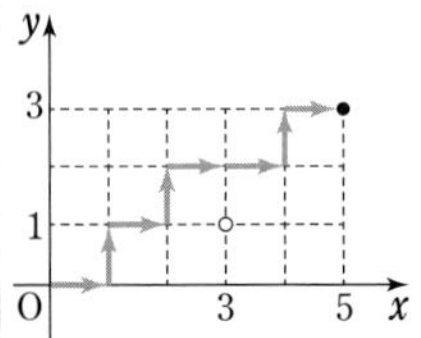

$$ {}_8C_5\left(\frac{1}{2}\right)^5\left(\frac{1}{2}\right)^3-\frac{1}{4}\times{}_4C_2\left(\frac{1}{2}\right)^2\left(\frac{1}{2}\right)^2=\frac{7}{2^5}-\frac{3}{2^5}=\mathbf{\frac{1}{8}} $$

←点 (3, 1) を経由して点 (5, 3) に至る確率を引く。

EX ⑤40 n を 9 以上の自然数とする。袋の中に n 個の球が入っている。このうち 6 個は赤球で残りは白球である。この袋から 6 個の球を同時に取り出すとき，3 個が赤球である確率を P_n とする。

(1) P_{10} を求めよ。　(2) $\dfrac{P_{n+1}}{P_n}$ を求めよ。

(3) P_n が最大となる n の値を求めよ。　〔大分大〕

(1) $n=10$ のとき，袋の中にある白球の個数は　$10-6=4$ (個)

よって　$P_{10}=\dfrac{{}_6C_3\cdot{}_4C_3}{{}_{10}C_6}=\dfrac{20\cdot4}{210}=\mathbf{\dfrac{8}{21}}$

←赤球 3 個，白球 3 個。

(2) $P_n=\dfrac{{}_6C_3\cdot{}_{n-6}C_3}{{}_nC_6}$，$P_{n+1}=\dfrac{{}_6C_3\cdot{}_{n-5}C_3}{{}_{n+1}C_6}$ であるから

$$\frac{P_{n+1}}{P_n}=\frac{{}_6C_3\cdot{}_{n-5}C_3}{{}_{n+1}C_6}\cdot\frac{{}_nC_6}{{}_6C_3\cdot{}_{n-6}C_3}$$

$$=\frac{(n-5)(n-6)(n-7)}{(n-6)(n-7)(n-8)}\cdot\frac{n(n-1)(n-2)(n-3)(n-4)(n-5)}{(n+1)n(n-1)(n-2)(n-3)(n-4)}$$

$$=\mathbf{\frac{(n-5)^2}{(n+1)(n-8)}}$$

←白球は $n-6$ 個。P_{n+1} は P_n の式で n の代わりに $n+1$ とおいたもの。

←$\dfrac{{}_mC_k}{{}_nC_k}=\dfrac{m(m-1)(m-2)\cdots(m-k+1)}{n(n-1)(n-2)\cdots(n-k+1)}$

(3) $\dfrac{P_{n+1}}{P_n}>1$ とすると，(2) から　$\dfrac{(n-5)^2}{(n+1)(n-8)}>1$

$n\geqq9$ より，$n-8>0$ であるから　$(n-5)^2>(n+1)(n-8)$

整理すると　$-3n+33>0$　よって　$n<11$

ゆえに，$9\leqq n\leqq10$ のとき　$P_n<P_{n+1}$

$\dfrac{P_{n+1}}{P_n}<1$ とすると，同様にして　$n>11$

よって，$n\geqq12$ のとき　$P_n>P_{n+1}$

また，$n=11$ のとき，$\dfrac{P_{12}}{P_{11}}=1$ となるから　$P_{11}=P_{12}$

ゆえに　$P_9<P_{10}<P_{11}$，$P_{11}=P_{12}$，$P_{12}>P_{13}>\cdots\cdots$

したがって，P_n が最大となる n は　$\mathbf{n=11,\ 12}$

←$\dfrac{P_{n+1}}{P_n}$ と 1 との大小を比較。

←〰〰で不等号が < に替わったものになる。

←$\dfrac{P_{12}}{P_{11}}=\dfrac{6^2}{12\cdot3}=1$

EX ③41 n を自然数とする。1 から $2n$ までの数が 1 つずつ書かれた $2n$ 枚のカードがある。この中から 1 枚のカードを等確率で選ぶ試行において，選ばれたカードに書かれた数が偶数であることがわかっているとき，その数が n 以下である確率を，n が偶数か奇数かの場合に分けて求めよ。　〔類 鹿児島大〕

1 回の試行において，選ばれたカードに書かれた数が偶数であるという事象を A，選ばれたカードに書かれた数が n 以下であるという事象を B とすると，求める確率は $P_A(B)$ である。

ここで　$P(A)=\dfrac{n}{2n}=\dfrac{1}{2}$

←1, 2, ……, $2n$ のうち偶数は n 個。

[1] n が偶数のとき　$P(A\cap B)=\dfrac{n}{2}\div2n=\dfrac{1}{4}$

よって　$P_A(B)=\dfrac{P(A\cap B)}{P(A)}=\dfrac{1}{4}\div\dfrac{1}{2}=\dfrac{1}{2}$

←n が偶数のとき，n 以下の偶数は $\dfrac{n}{2}$ 個。

[2]　n が奇数のとき　$P(A\cap B)=\dfrac{n-1}{2}\div 2n=\dfrac{n-1}{4n}$

よって　$P_A(B)=\dfrac{P(A\cap B)}{P(A)}=\dfrac{n-1}{4n}\div\dfrac{1}{2}=\dfrac{n-1}{2n}$

以上から　**n が偶数のとき $\dfrac{1}{2}$，n が奇数のとき $\dfrac{n-1}{2n}$**

←n が奇数のとき，n 以下の偶数は $\dfrac{n-1}{2}$ 個。

別解　$n(A)=n$ である。

[1]　**n が偶数のとき**　$n(A\cap B)=\dfrac{n}{2}$

よって　$P_A(B)=\dfrac{n(A\cap B)}{n(A)}=\dfrac{n}{2}\div n=\dfrac{1}{2}$

[2]　**n が奇数のとき**　$n(A\cap B)=\dfrac{n-1}{2}$

よって　$P_A(B)=\dfrac{n(A\cap B)}{n(A)}=\dfrac{n-1}{2}\div n=\dfrac{n-1}{2n}$

←$P_A(B)=\dfrac{n(A\cap B)}{n(A)}$ で計算。

EX ③42　袋の中に，1から6までの番号が1つずつ書かれた6個の玉が入っている。袋から6個の玉を1つずつ取り出していき，k 番目に取り出した玉に書かれた番号を a_k ($k=1,\ 2,\ \cdots\cdots,\ 6$) とする。ただし，取り出した玉は袋に戻さない。
(1)　$a_1+a_2=a_3+a_4=a_5+a_6$ が成り立つ確率を求めよ。
(2)　a_6 が偶数であったとき，a_1 が奇数である確率を求めよ。　〔学習院大〕

玉の取り出し方の総数は　6! 通り

←6種類の番号の順列。

(1)　$a_1+a_2+a_3+a_4+a_5+a_6=1+2+3+4+5+6=21$

ゆえに，$a_1+a_2=a_3+a_4=a_5+a_6$ が成り立つのは，

$a_1+a_2=7,\ a_3+a_4=7,\ a_5+a_6=7$　の場合である。

←$21\div 3=7$

1から6までの整数で，加えて7になる2つの数の組は

$(1,\ 6),\ (2,\ 5),\ (3,\ 4)$ …… ①

組 $(a_1,\ a_2),\ (a_3,\ a_4),\ (a_5,\ a_6)$ が ① のどの組に一致するかで

3! 通り

そのおのおのに対して，$(a_1,\ a_2)$ は a_1 と a_2 の入れ替えを考えて2通りずつある。

同様に，$(a_3,\ a_4),\ (a_5,\ a_6)$ も2通りずつある。

この3組の並べ方 3! 通り
$(a_1,\ a_2),\ (a_3,\ a_4),\ (a_5,\ a_6)$
2通り　2通り　2通り

よって，求める確率は　$\dfrac{3!\times 2\times 2\times 2}{6!}=\dfrac{1}{15}$

(2)　a_6 が偶数となる事象を A，a_1 が奇数となる事象を B とする。

←求める確率は　$P_A(B)$

事象 A が起こるとき，a_6 は $a_6=2,\ 4,\ 6$ の3通りあり，そのおのおのに対して，$a_1,\ a_2,\ \cdots\cdots,\ a_5$ の選び方は 5! 通りずつある。

ゆえに　$n(A)=3\times 5!$

事象 $A\cap B$ が起こるとき，a_1 と a_6 は $a_1=1,\ 3,\ 5$ かつ $a_6=2,\ 4,\ 6$ の 3×3 通りあり，そのおのおのに対して，$a_2,\ a_3,\ a_4,\ a_5$ の選び方は 4! 通りずつある。

←$a_1,\ a_2,\ a_3,\ a_4,\ a_5,\ a_6$
1, 3, 5 の3通り　他の数字 4! 通り　2, 4, 6 の3通り

ゆえに　$n(A\cap B)=3\times 3\times 4!$

よって，求める確率は　$P_A(B)=\dfrac{n(A\cap B)}{n(A)}=\dfrac{3\times 3\times 4!}{3\times 5!}=\dfrac{3}{5}$

←$P_A(B)=\dfrac{n(A\cap B)}{n(A)}$

EX ③**43**

当たり3本，はずれ7本のくじをA，B2人が引く。ただし，引いたくじはもとに戻さないとする。次の(1)，(2)の各場合について，A，Bが当たりくじを引く確率$P(A)$，$P(B)$をそれぞれ求めよ。

(1) まずAが1本引き，はずれたときだけAがもう1本引く。次にBが1本引き，はずれたときだけBがもう1本引く。

(2) まずAは1本だけ引く。Aが当たれば，Bは引けない。Aがはずれたときは Bは1本引き，はずれたときだけBがもう1本引く。

(1) Aが1回目で当たりを引く確率は $\dfrac{3}{10}$

Aが1回目ではずれを引き，2回目で当たりを引く確率は $\dfrac{7}{10}\cdot\dfrac{3}{9}=\dfrac{7}{30}$

よって $\boldsymbol{P(A)=\dfrac{3}{10}+\dfrac{7}{30}=\dfrac{8}{15}}$

Bが当たりくじを引くのは，次の3つの場合がある。

[1] Aが1回目で当たりを引き，Bが1回目か2回目に当たりを引く。

[2] Aが1回目ではずれ，2回目で当たりを引き，Bが1回目か2回目に当たりを引く。

[3] Aが1回目も2回目もはずれを引き，Bが1回目か2回目に当たりを引く。

A：当 (3/10) — B：当 (2/9)
A：当 (3/10) — B：は (7/9) — B：当 (2/8) [1]
A：は (7/10) — A：当 (3/9) — B：当 (2/8)
A：は (7/10) — A：当 (3/9) — B：は (6/8) — B：当 (2/7) [2]
A：は (7/10) — A：は (6/9) — B：当 (3/8)
A：は (7/10) — A：は (6/9) — B：は (5/8) — B：当 (3/7) [3]

[1]～[3]の各事象は互いに排反であるから

$$P(B)=\frac{3}{10}\left(\frac{2}{9}+\frac{7}{9}\cdot\frac{2}{8}\right)+\frac{7}{10}\cdot\frac{3}{9}\left(\frac{2}{8}+\frac{6}{8}\cdot\frac{2}{7}\right)+\frac{7}{10}\cdot\frac{6}{9}\left(\frac{3}{8}+\frac{5}{8}\cdot\frac{3}{7}\right)$$
$$=\frac{1}{8}+\frac{13}{120}+\frac{3}{10}=\boldsymbol{\frac{8}{15}}$$

(2) Aが当たりくじを引く確率は $\boldsymbol{P(A)=\dfrac{3}{10}}$

また，Bが当たりくじを引くのは，1回目でAがはずれくじを引いた後，次の場合がある。

[1] 2回目にBが当たりくじを引く。

[2] 2回目にBがはずれくじを引き，3回目にBが当たりくじを引く。

Aがはずれくじを引く確率は $\dfrac{7}{10}$

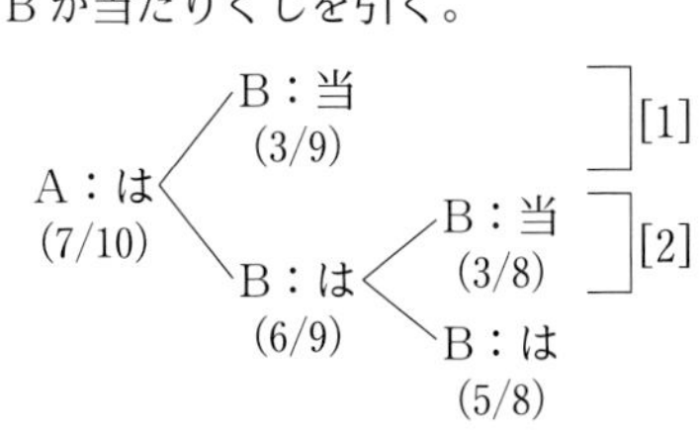

[1]の場合の確率は $\dfrac{3}{9}=\dfrac{1}{3}$

[2]の場合の確率は $\dfrac{6}{9}\cdot\dfrac{3}{8}=\dfrac{1}{4}$

[1]，[2]の事象は互いに排反であるから

$$P(B)=\frac{7}{10}\left(\frac{1}{3}+\frac{1}{4}\right)=\boldsymbol{\frac{49}{120}}$$

EX ④44

袋の中に最初に赤玉 2 個と青玉 1 個が入っている。次の操作を考える。
（操作）　袋から 1 個の玉を取り出し，それが赤玉ならば代わりに青玉 1 個を袋に入れ，青玉ならば代わりに赤玉 1 個を袋に入れる。袋に入っている 3 個の玉がすべて青玉になるとき，硬貨を 1 枚もらう。
この操作を 4 回繰り返す。もらう硬貨の総数が 1 枚である確率と，もらう硬貨の総数が 2 枚である確率をそれぞれ求めよ。　〔九州大〕

袋の中の赤玉の個数が a 個，青玉の個数が b 個のときの状態を $(a,\ b)$ で表すことにする。
4 回繰り返したときの状態の推移は次のようになる。

←起こりうる場合を **樹形図** で書き上げるとよい。

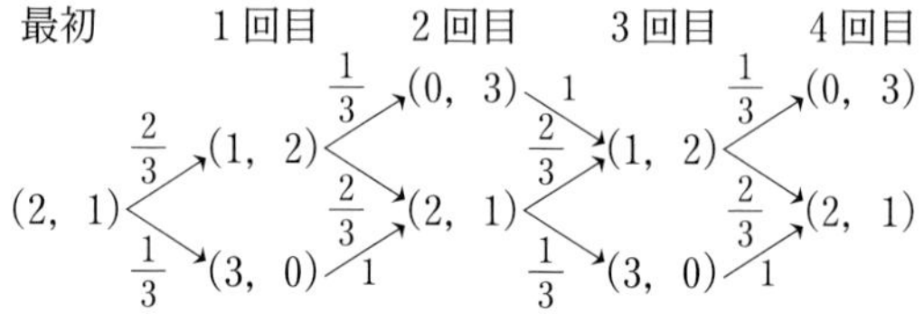

最初　1 回目　2 回目　3 回目　4 回目

$(2,\ 1)$ $\xrightarrow{\frac{2}{3}}$ $(1,\ 2)$ $\xrightarrow{\frac{1}{3}}$ $(0,\ 3)$ $\xrightarrow{1}$ $(1,\ 2)$ $\xrightarrow{\frac{1}{3}}$ $(0,\ 3)$
$(2,\ 1)$ $\xrightarrow{\frac{1}{3}}$ $(3,\ 0)$ $\xrightarrow{1}$ $(2,\ 1)$
$(1,\ 2)$ $\xrightarrow{\frac{2}{3}}$ $(2,\ 1)$
$(2,\ 1)$ $\xrightarrow{\frac{2}{3}}$ $(1,\ 2)$，$(2,\ 1)$ $\xrightarrow{\frac{1}{3}}$ $(3,\ 0)$ $\xrightarrow{1}$ $(2,\ 1)$

←$(0,\ 3)$ のとき，硬貨を 1 枚もらう。

もらう硬貨の総数が 1 枚となるのには，次の [1]，[2] の場合があり，[1]，[2] は互いに排反である。

[1]　2 回目だけで硬貨をもらうとき

$$(2,\ 1) \longrightarrow (1,\ 2) \longrightarrow (0,\ 3) \longrightarrow (1,\ 2) \longrightarrow (2,\ 1)$$

と推移する場合であるから，この確率は

$$\frac{2}{3}\times\frac{1}{3}\times1\times\frac{2}{3}=\frac{4}{27}$$

←2 回目が $(0,\ 3)$ で，4 回目が $(0,\ 3)$ でない。

[2]　4 回目だけで硬貨をもらうとき

$$(2,\ 1) \longrightarrow (1,\ 2) \longrightarrow (2,\ 1) \longrightarrow (1,\ 2) \longrightarrow (0,\ 3)$$

または

$$(2,\ 1) \longrightarrow (3,\ 0) \longrightarrow (2,\ 1) \longrightarrow (1,\ 2) \longrightarrow (0,\ 3)$$

と推移する場合であるから，この確率は

$$\frac{2}{3}\times\frac{2}{3}\times\frac{2}{3}\times\frac{1}{3}+\frac{1}{3}\times1\times\frac{2}{3}\times\frac{1}{3}=\frac{14}{81}$$

←2 回目が $(0,\ 3)$ でなく，4 回目が $(0,\ 3)$ となる。

[1]，[2] から，**もらう硬貨が 1 枚の確率は**

$$\frac{4}{27}+\frac{14}{81}=\mathbf{\frac{26}{81}}$$

←加法定理

また，もらう硬貨の総数が 2 枚となるのは，2 回目と 4 回目で硬貨をもらうときである。この場合は

$$(2,\ 1) \longrightarrow (1,\ 2) \longrightarrow (0,\ 3) \longrightarrow (1,\ 2) \longrightarrow (0,\ 3)$$

と推移するときであるから，**もらう硬貨が 2 枚の確率は**

$$\frac{2}{3}\times\frac{1}{3}\times1\times\frac{1}{3}=\mathbf{\frac{2}{27}}$$

←2 回目と 4 回目がともに $(0,\ 3)$ のとき。

EX ④45 1つの袋の中に白玉，青玉，赤玉が合わせて25個入っている。この袋から同時に2個の玉を取り出すとき，白玉1個と青玉1個が取り出される確率は $\frac{1}{6}$ であるという。また，この袋から同時に4個の玉を取り出す。取り出した玉がすべての色の玉を含んでいたとき，その中に青玉が2個入っている確率は $\frac{2}{11}$ であるという。この袋の中に最初に入っている白玉，青玉，赤玉の個数をそれぞれ求めよ。

白玉と青玉の個数をそれぞれ x，y とすると，赤玉の個数は $25-x-y$ である。

←x，y は自然数で $x\geqq1$，$y\geqq2$

同時に2個取り出す方法の総数は　${}_{25}C_2=25\cdot12$（通り）

よって，条件から　$\dfrac{{}_xC_1\times{}_yC_1}{25\cdot12}=\dfrac{1}{6}$　ゆえに　$xy=50$

←問題の条件の2つの確率をそれぞれ x，y で表して，$=\frac{1}{6}$，$=\frac{2}{11}$ とおいた x，y の連立方程式を解く方針。

また，同時に4個取り出すとき，取り出した玉がすべての色を含んでいるという事象を A，取り出した玉の中に青玉が2個入っているという事象を B とすると，条件から　$P_A(B)=\dfrac{2}{11}$

$n(A)$ を求める。4個にすべての色の玉が含まれるのは，次の場合である。

[1]　白玉2個，青玉1個，赤玉1個を取り出す
[2]　白玉1個，青玉2個，赤玉1個を取り出す
[3]　白玉1個，青玉1個，赤玉2個を取り出す

←玉の色の種類は3通り，取り出す玉の個数は4個であることに注意。

[1] の場合の数は

$$
\begin{aligned}
{}_xC_2\times{}_yC_1\times{}_{25-x-y}C_1&=\frac{x(x-1)}{2}\cdot y(25-x-y)\\
&=25(x-1)(25-x-y)
\end{aligned}
$$

←$xy=50$ を代入。

[2] の場合の数は

$$
\begin{aligned}
{}_xC_1\times{}_yC_2\times{}_{25-x-y}C_1&=x\cdot\frac{y(y-1)}{2}(25-x-y)\\
&=25(y-1)(25-x-y)
\end{aligned}
$$

←$xy=50$ を代入。

←これが　$n(A\cap B)$

[3] の場合の数は　${}_xC_1\times{}_yC_1\times{}_{25-x-y}C_2$

$$
\begin{aligned}
&=x\cdot y\frac{(25-x-y)(24-x-y)}{2}\\
&=25(25-x-y)(24-x-y)
\end{aligned}
$$

←$xy=50$ を代入。

よって

$$
\begin{aligned}
n(A)&=25(x-1)(25-x-y)+25(y-1)(25-x-y)\\
&\quad+25(25-x-y)(24-x-y)\\
&=25(25-x-y)\{(x-1)+(y-1)+(24-x-y)\}\\
&=25\cdot22(25-x-y)
\end{aligned}
$$

←$25(25-x-y)$ が共通因数。

また，[2] から　$n(A\cap B)=25(y-1)(25-x-y)$

ゆえに

$$
\begin{aligned}
P_A(B)&=\frac{n(A\cap B)}{n(A)}=\frac{25(y-1)(25-x-y)}{25\cdot22(25-x-y)}\\
&=\frac{y-1}{22}
\end{aligned}
$$

よって　$\dfrac{y-1}{22}=\dfrac{2}{11}$　これを解いて　$y=5$

←$P_A(B)=\frac{2}{11}$

$xy=50$ に代入して　　$5x=50$　すなわち　$x=10$

ゆえに　　$25-x-y=25-10-5=10$

よって，袋の中に最初に入っていた各玉の個数は

白玉 10 個，青玉 5 個，赤玉 10 個

←赤玉の個数を求めている。

EX ③46

袋の中に 2 個の白球と n 個の赤球が入っている。この袋から同時に 2 個の球を取り出したとき赤球の数を X とする。X の期待値が 1 であるとき，n の値を求めよ。ただし，$n\geqq 2$ であるとする。〔類　防衛医大〕

$X=k$ である確率を $P(X=k)$ で表すとする。

球の取り出し方の総数は　　${}_{n+2}\mathrm{C}_2$ 通り

←${}_{n+2}\mathrm{C}_2=\dfrac{(n+2)(n+1)}{2\cdot 1}$

$X=1$ となるのは，白球と赤球を 1 個ずつ取り出すときで

$$P(X=1)=\frac{{}_2\mathrm{C}_1\times{}_n\mathrm{C}_1}{{}_{n+2}\mathrm{C}_2}=\frac{4n}{(n+2)(n+1)}$$

$X=2$ となるのは，赤球を 2 個取り出すときで

$$P(X=2)=\frac{{}_n\mathrm{C}_2}{{}_{n+2}\mathrm{C}_2}=\frac{n(n-1)}{(n+2)(n+1)}$$

よって，X の期待値は

$$1\times\frac{4n}{(n+2)(n+1)}+2\times\frac{n(n-1)}{(n+2)(n+1)}$$

$$=\frac{2n(2+n-1)}{(n+2)(n+1)}=\frac{2n(n+1)}{(n+2)(n+1)}=\frac{2n}{n+2}$$

←$n+1\neq 0$ で分母・分子を割る。

ゆえに，$\dfrac{2n}{n+2}=1$ であるとき，$2n=n+2$ から　　$\boldsymbol{n=2}$

EX ④47

4 チームがリーグ戦を行う。すなわち，各チームは他のすべてのチームとそれぞれ 1 回ずつ対戦する。引き分けはないものとし，勝つ確率はすべて $\dfrac{1}{2}$ とする。勝ち数の多い順に順位をつけ，勝ち数が同じであればそれらは同順位とするとき，1 位のチーム数の期待値を求めよ。〔京都大〕

試合数は全部で　　${}_4\mathrm{C}_2=6$ (通り)

1 位のチームの勝ち数は 3 または 2 である。

←1 勝のチームが 1 位になることはない。

[1]　1 位のチームの勝ち数が 3 のとき，1 位のチーム数は 1 であり，その 1 チームが 3 連勝する。

←他の試合結果は関係ない。

1 位のチームの選び方は ${}_4\mathrm{C}_1$ 通りあるから，この場合の確率は　　${}_4\mathrm{C}_1\times\left(\dfrac{1}{2}\right)^3=\dfrac{1}{2}$

[2]　1 位のチームの勝ち数が 2 のとき，1 位のチーム数は 3 または 2 である。

(i)　1 位のチーム数が 3 であるとき，2 勝 1 敗のチーム数が 3 (a, b, c とする)，全敗のチーム数が 1 (d とする) となる。このとき，a, b, c の勝敗は，a が b に勝つか負けるかが決まると他の勝敗が 1 通りに決まる。

よって，この場合の確率は

$${}_4\mathrm{C}_1\times 2\times\left(\frac{1}{2}\right)^6=\frac{1}{8}$$

←a，b，c が 2 勝 1 敗となるのは次の図の 2 通り。a と b の対戦結果で決まる。

＼	a	b	c	d
a	＼	○	×	○
b	×	＼	○	○
c	○	×	＼	○
d	×	×	×	＼

＼	a	b	c	d
a	＼	×	○	○
b	○	＼	×	○
c	×	○	＼	○
d	×	×	×	＼

(ii)　1位のチーム数が2であるとき，その確率は

$$1-\left(\frac{1}{2}+\frac{1}{8}\right)=\frac{3}{8}$$

←余事象の確率

[1]，[2] から，1位のチーム数の期待値は

$$1\times\frac{1}{2}+3\times\frac{1}{8}+2\times\frac{3}{8}=\mathbf{\frac{13}{8}}$$

←値×確率 の和

検討　1位のチームの勝ち数が2で，そのチーム数が2となる場合の確率を直接求めると，次のようになる。
2勝1敗のチーム数が2（a，bとする），1勝2敗のチーム数が2（c，dとする）となり，この場合，次の4通りの勝敗の分かれ方がある。

＼	a	b	c	d
a	＼	○	○	×
b	×	＼	○	○
c	×	×	＼	○
d	○	×	×	＼

＼	a	b	c	d
a	＼	○	×	○
b	×	＼	○	○
c	○	×	＼	×
d	×	×	○	＼

＼	a	b	c	d
a	＼	×	○	○
b	○	＼	○	×
c	×	×	＼	○
d	×	○	×	＼

＼	a	b	c	d
a	＼	×	○	○
b	○	＼	×	○
c	×	○	＼	×
d	×	×	○	＼

よって，この場合の確率は　${}_4C_2\times4\times\left(\frac{1}{2}\right)^6=\frac{3}{8}$

EX ②48

Aさんは今日から3日間，P市からQ市へ出張することになっている。P市の駅で新聞の天気予報をみると，Q市の今日，明日，あさっての降水確率はそれぞれ20％，50％，40％であった。Aさんは，出張中に雨が降った場合，Q市で1000円の傘を買うつもりでいた。しかし，P市の駅で600円で売られている傘を見つけたので，それを買うべきか検討することにした。AさんはP市の駅で傘を買わなかった場合，「Q市で傘を買うための出費の期待値」を X 円と計算した。X を求め，AさんはP市の駅で傘を買うべきかどうか答えよ。

今日からの3日の間に，Q市で1度も雨が降らない確率は

$$(1-0.2)\times(1-0.5)\times(1-0.4)=0.8\times0.5\times0.6=0.24$$

←余事象の確率を利用。

よって，少なくとも1日，Q市で雨が降る確率は

$$1-0.24=0.76$$

ゆえに，Q市で傘を買うための出費の期待値 X は

$$X=1000\times0.76=760\text{（円）}$$

←雨が降った場合，1000円の傘を買う。

$X>600$ であるから，AさんはP市の駅で **傘を買うべきである。**

EX ③49

A，Bの2人でじゃんけんを1回行う。グー，チョキ，パーで勝つとそれぞれ勝者が敗者から1，2，3円受け取り，あいこのときは支払いはない。Aはグー，チョキ，パーをそれぞれ確率 p_1，p_2，p_3 で，Bは q_1，q_2，q_3 で出すとする。
(1)　Aが受け取る額の期待値 E を p_1，p_2，q_1，q_2 で表せ。ただし，例えばAがチョキ，Bがグーを出せば，Aの受け取る額は -1 円と考える。
(2)　Aがグー，チョキをそれぞれ確率 $\frac{1}{3}$，$\frac{1}{2}$ で出すとすると，Aがこのじゃんけんを行うことは得といえるか。

(1)　Aが受け取る金額を x とすると

$$x=0,\ \pm1,\ \pm2,\ \pm3\text{（円）}$$

$x=0$（円）となるのは，A，Bが同じ手を出してあいことなる場合であるから，その確率は　$p_1q_1+p_2q_2+p_3q_3$

←2人ともグー，2人ともチョキ，2人ともパー。

$x=1$ (円) となるのは，A がグーを出して勝つときであるから，その確率は　　p_1q_2

←B はチョキ。

$x=-1$ となるのは，A がチョキを出して負けるときであるから，その確率は　　p_2q_1

←B はグー。

同様にして，$x=\pm2$，±3 (円) となる確率を求め，x と確率をまとめると，次の表のようになる。

x	-3	-2	-1	0	1	2	3
確率	p_1q_3	p_3q_2	p_2q_1	$p_1q_1+p_2q_2+p_3q_3$	p_1q_2	p_2q_3	p_3q_1

	グ	チョ	パ	計
A	p_1	p_2	p_3	1
B	q_1	q_2	q_3	1

したがって

$$E=-3p_1q_3-2p_3q_2-p_2q_1+p_1q_2+2p_2q_3+3p_3q_1$$

ここで，$p_3=1-p_1-p_2$，$q_3=1-q_1-q_2$ であるから

$$\begin{aligned}\boldsymbol{E}&=-3p_1(1-q_1-q_2)-2(1-p_1-p_2)q_2-p_2q_1\\&\quad+p_1q_2+2p_2(1-q_1-q_2)+3(1-p_1-p_2)q_1\\&=\boldsymbol{6p_1q_2-6p_2q_1-3p_1+2p_2+3q_1-2q_2}\end{aligned}$$

←$p_1+p_2+p_3=1$，$q_1+q_2+q_3=1$

検討　解答の表で，確率の和は　$p_1q_1+p_1q_2+p_1q_3+p_2q_1+p_2q_2+p_2q_3+p_3q_1+p_3q_2+p_3q_3=(p_1+p_2+p_3)(q_1+q_2+q_3)=1\cdot1=1$ となり OK。

(2)　$p_1=\dfrac{1}{3}$，$p_2=\dfrac{1}{2}$ を (1) の結果に代入すると

$$\begin{aligned}E&=6\cdot\frac{1}{3}\cdot q_2-6\cdot\frac{1}{2}\cdot q_1-3\cdot\frac{1}{3}+2\cdot\frac{1}{2}+3q_1-2q_2\\&=2q_2-3q_1-1+1+3q_1-2q_2=0\end{aligned}$$

よって，A がこのじゃんけんを行うことは **得であるとも損であるともいえない**。

EX ③50

同じ長さの赤と白の棒を 6 本使って正四面体を作る。ただし，各辺が赤である確率は $\dfrac{1}{3}$，白である確率は $\dfrac{2}{3}$ とする。

(1)　赤い辺の本数が 3 である確率を求めよ。

(2)　1 つの頂点から出る赤い辺の本数の期待値を求めよ。

(3)　赤い辺で囲まれる面が 1 つである確率を求めよ。　〔名古屋市大〕

(1)　各辺のうち，赤が 3 本，白が 3 本であるから，求める確率は

$$_6C_3\left(\frac{1}{3}\right)^3\left(\frac{2}{3}\right)^3=\boldsymbol{\frac{160}{729}}$$

←①②③④⑤⑥の 6 箇所を 3 つの赤，3 つの白で塗り分ける確率と考える。

(2)　1 つの頂点から出る赤い辺の本数を X とすると，X のとりうる値は　$X=0$，1，2，3　　それぞれの値をとる確率は

$X=0$ のとき　$\left(\dfrac{2}{3}\right)^3=\dfrac{8}{27}$

$X=1$ のとき　$_3C_1\cdot\dfrac{1}{3}\left(\dfrac{2}{3}\right)^2=\dfrac{12}{27}$

$X=2$ のとき　$_3C_2\left(\dfrac{1}{3}\right)^2\cdot\dfrac{2}{3}=\dfrac{6}{27}$

$X=3$ のとき　$\left(\dfrac{1}{3}\right)^3=\dfrac{1}{27}$

よって，求める期待値は

$$0\times\frac{8}{27}+1\times\frac{12}{27}+2\times\frac{6}{27}+3\times\frac{1}{27}=\boldsymbol{1}\ (本)$$

検討
$X=k$ である確率が $_nC_kp^k(1-p)^{n-k}$ である変数の期待値は np である（本冊 $p.120$ 検討参照）。
これを用いると，求める期待値は

$$3\times\frac{1}{3}=1$$

(3) 赤い辺で囲まれる面が1つであるとき，赤い辺は3本または4本である。

[1] 赤い辺が3本，白い辺が3本のとき

赤い辺で囲まれる面の選び方は　4通り

そのおのおのについて，白い辺は自動的に決まる。

よって，このときの確率は

$$4\left(\frac{1}{3}\right)^3\left(\frac{2}{3}\right)^3=\frac{32}{729}$$

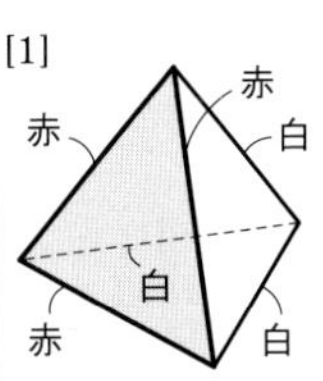

[2] 赤い辺が4本，白い辺が2本のとき

赤い辺で囲まれる面の選び方は　4通り

そのおのおのについて，残りの赤い辺と白い辺の選び方は

$_3C_1$ 通り

よって，このときの確率は

$$4\times{}_3C_1\left(\frac{1}{3}\right)^4\left(\frac{2}{3}\right)^2=\frac{48}{729}$$

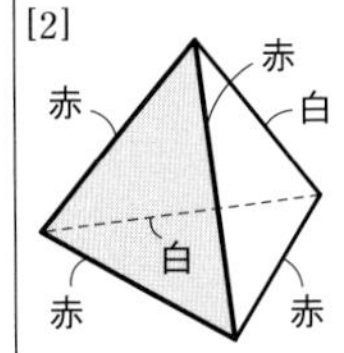

[1]，[2] から，求める確率は　$\frac{32}{729}+\frac{48}{729}=\boldsymbol{\frac{80}{729}}$

練習 ②70

△ABC において，AB=5，BC=4，CA=3 とし，∠A の二等分線と対辺 BC との交点を P とする。また，頂点 A における外角の二等分線と対辺 BC の延長との交点を Q とする。このとき，線分 BP，PC，CQ の長さを求めよ。
〔金沢工大〕

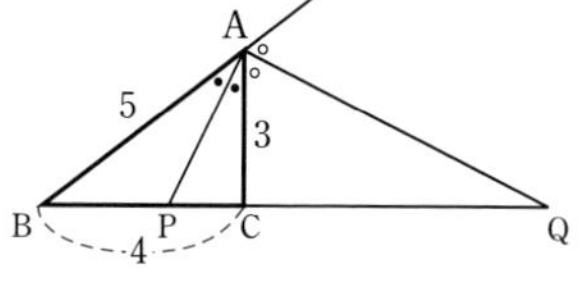

AP は ∠A の二等分線であるから

　　BP：PC=AB：AC

すなわち

　　BP：(4−BP)=5：3

よって　　5(4−BP)=3BP

ゆえに　　$\mathbf{BP=\frac{5}{2}}$　　　また　　$\mathbf{PC}=4-\mathrm{BP}=4-\frac{5}{2}=\mathbf{\frac{3}{2}}$

AQ は頂点 A における外角の二等分線であるから

　　BQ：CQ=AB：AC

すなわち　　(4+CQ)：CQ=5：3

よって　　5CQ=3(4+CQ)　　　ゆえに　　**CQ=6**

←BP：PC=AB：AC=5：3 から

$\mathrm{BP}=\frac{5}{5+3}\times\mathrm{BC}$

$\mathrm{PC}=\frac{3}{5+3}\times\mathrm{BC}$

としてもよい。

←BQ：CQ=5：3 から

$\mathrm{CQ}=\frac{3}{5-3}\times\mathrm{BC}$

としてもよい。

練習 ②71

△ABC の辺 AB，AC 上に，それぞれ頂点と異なる任意の点 D，E をとる。D から BE に平行に，また，E から CD に平行に直線を引き，AC，AB との交点をそれぞれ F，G とする。このとき，GF は BC に平行であることを証明せよ。

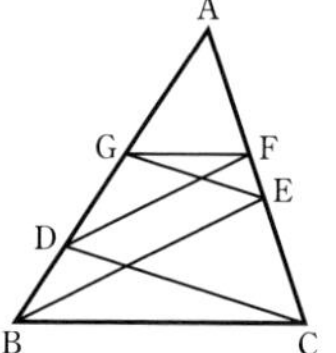

△ABE において，DF∥BE であるから

$$\frac{\mathrm{AD}}{\mathrm{AB}}=\frac{\mathrm{AF}}{\mathrm{AE}} \quad \cdots\cdots ①$$

△ADC において，GE∥DC であるから

$$\frac{\mathrm{AG}}{\mathrm{AD}}=\frac{\mathrm{AE}}{\mathrm{AC}} \quad \cdots\cdots ②$$

①，② の辺々を掛けると

$$\frac{\mathrm{AD}}{\mathrm{AB}}\cdot\frac{\mathrm{AG}}{\mathrm{AD}}=\frac{\mathrm{AF}}{\mathrm{AE}}\cdot\frac{\mathrm{AE}}{\mathrm{AC}}$$

ゆえに　　$\frac{\mathrm{AG}}{\mathrm{AB}}=\frac{\mathrm{AF}}{\mathrm{AC}}$　　　よって　　GF∥BC

検討　***a*：*b*=*c*：*d* は $\frac{a}{b}=\frac{c}{d}$ と同値** である。左の解答のように比を分数に直して進めると，数式のように扱えて考えやすくなる。

練習 ③72

AB>AC である △ABC の辺 BC を AB：AC に外分する点を Q とする。このとき，AQ は ∠A の外角の二等分線であることを証明せよ。

△ABC の辺 AB の A を越える延長上に点 D をとり，辺 AB 上に AC=AE となるような点 E をとる。

BQ：QC=AB：AC のとき，

BQ：QC=AB：AE から　　AQ∥EC

ゆえに　　$\angle DAQ=\angle AEC$，$\angle QAC=\angle ACE$

AC＝AE であるから　　$\angle AEC=\angle ACE$

よって　　$\angle DAQ=\angle QAC$

すなわち，AQ は $\angle A$ の外角の二等分線である。

←平行線の同位角，錯角はそれぞれ等しい。

別解　辺 BC の C を越える延長上の点 Q が，

$$BQ：QC=AB：AC \quad \cdots\cdots ①$$

を満たしているとする。

$\angle A$ の外角の二等分線と辺 BC の C を越える延長線との交点を E とすると　　$AB：AC=BE：EC \quad \cdots\cdots ②$

①，② から　　$BQ：QC=BE：EC$

よって，Q と E は辺 BC を同じ比に外分するから一致する。

したがって，AQ は $\angle A$ の外角の二等分線である。

← 別解 の手法は，**同一法** または **一致法** ともよばれる。

←外角の二等分線の定理

3章
練習
［図形の性質］

練習 ②73　$\triangle ABC$ の外心を O とするとき，右の図の角 α，β を求めよ。

(1)

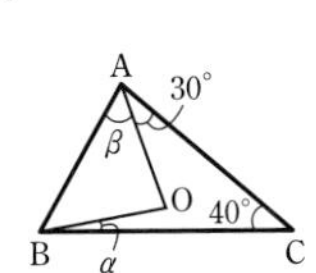

(2)

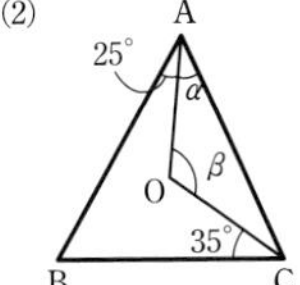

(1)　O は $\triangle ABC$ の外心であるから　　$OA=OB=OC$

ゆえに　　$\angle OCA=\angle OAC=30°$

よって　　$\angle OCB=\angle C-\angle OCA=40°-30°=10°$

ゆえに　　$\boldsymbol{\alpha}=\angle OBC=\angle OCB=\mathbf{10°}$

また　　$\angle OBA=\angle OAB=\beta$

よって　　$\angle A+\angle B+\angle C=(\beta+30°)+(\beta+10°)+40°$

$$=2\beta+80°$$

ゆえに　　$2\beta+80°=180°$　　　よって　　$\boldsymbol{\beta}=\mathbf{50°}$

別解　$\angle AOB=2\times40°=80°$

よって　　$\boldsymbol{\beta}=\dfrac{1}{2}(180°-80°)=\mathbf{50°}$

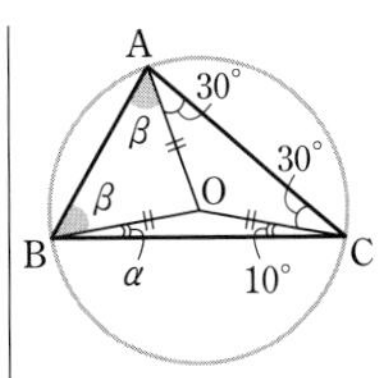

←$2\beta=100°$

←**(中心角)＝2(円周角)**

←$\triangle AOB$ の内角の和に注目。

(2)　O は $\triangle ABC$ の外心であるから　　$OA=OB=OC$

$\triangle OAB$ で　　$\angle OBA=\angle OAB=25°$

$\triangle OBC$ で　　$\angle OBC=\angle OCB=35°$

$\triangle OCA$ で　　$\angle OCA=\angle OAC=\alpha$

$\triangle ABC$ の内角の和は 180° であるから

$$2\times25°+2\times35°+2\alpha=180°$$

よって　　$\boldsymbol{\alpha}=\mathbf{30°}$

また　　$\boldsymbol{\beta}=180°-2\times30°=\mathbf{120°}$

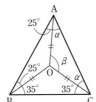

←$\angle B=60°$ と $\overset{\frown}{AC}$ に対する中心角と円周角の関係から

$\beta=2\times60°=120°$

としてもよい。

練習 ②74　(1)　$\triangle ABC$ の内心を I とするとき，右の図の角 α，β を求めよ。ただし，点 D は直線 CI と辺 AB との交点である。

(2)　3 辺が AB＝5，BC＝8，CA＝4 である $\triangle ABC$ の内心を I とし，直線 CI と辺 AB との交点を D とする。このとき，CI：ID を求めよ。

(1)

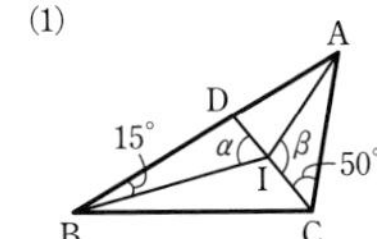

(1) Iは△ABCの内心であるから

$$\angle IBC=\angle IBA=15^\circ,\ \angle ICB=\angle ICA=50^\circ$$

ゆえに　$\alpha=\angle IBC+\angle ICB=15^\circ+50^\circ=\mathbf{65^\circ}$

また　$\angle B=2\angle ABI=30^\circ$,

$\angle C=2\angle ACI=100^\circ$

よって　$\angle A=180^\circ-(\angle B+\angle C)$

$=180^\circ-(30^\circ+100^\circ)=50^\circ$

ゆえに　$\angle IAC=\dfrac{1}{2}\angle A=25^\circ$

よって　$\beta=180^\circ-(\angle IAC+\angle ICA)$

$=180^\circ-(25^\circ+50^\circ)=\mathbf{105^\circ}$

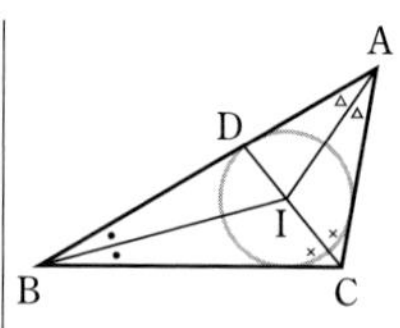

(2) △ABCにおいて，CDは∠Cの二等分線であるから

$$AD:DB=CA:CB=4:8=1:2$$

よって　$AD=\dfrac{1}{1+2}\times AB=\dfrac{1}{3}\times 5=\dfrac{5}{3}$

また，△ADCにおいて，AIは∠Aの二等分線であるから

$$CI:ID=AC:AD=4:\frac{5}{3}=\mathbf{12:5}$$

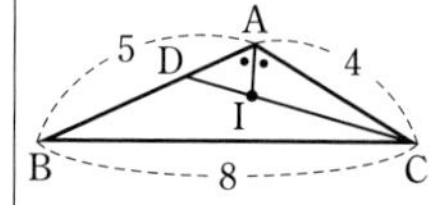

←BIが∠Bの二等分線であることに着目してもよい。

練習 ②75　右の図のように，平行四辺形ABCDの対角線の交点をO，辺BCの中点をMとし，AMとBDの交点をP，線分ODの中点をQとする。
(1) 線分PQの長さは，線分BDの長さの何倍か。
(2) △ABPの面積が6cm²のとき，四角形ABCDの面積を求めよ。

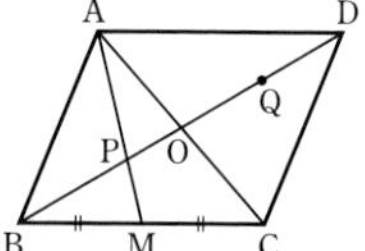

(1) AO=CO，BM=CMより，点Pは△ABCの重心であるから

$$BP:PO=2:1$$

$PO=\dfrac{1}{3}BO,\ OQ=\dfrac{1}{2}OD$ であるから

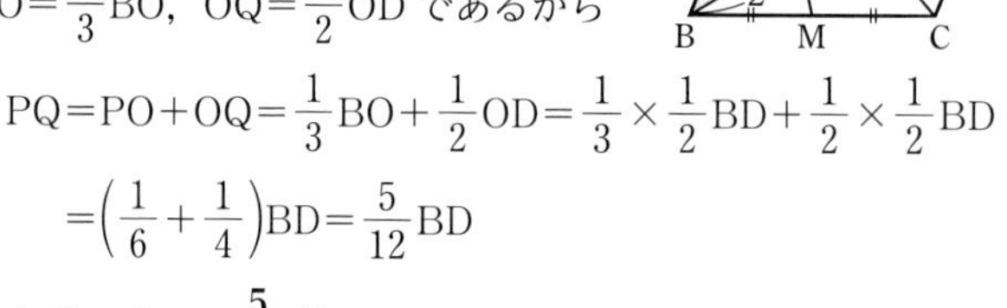

HINT　**重心を見つけ出し，重心は中線を2：1に内分する** ことを利用する。

$$PQ=PO+OQ=\frac{1}{3}BO+\frac{1}{2}OD=\frac{1}{3}\times\frac{1}{2}BD+\frac{1}{2}\times\frac{1}{2}BD$$

$$=\left(\frac{1}{6}+\frac{1}{4}\right)BD=\frac{5}{12}BD$$

←平行四辺形の対角線はそれぞれの中点で交わる。

したがって　$\mathbf{\dfrac{5}{12}}$ **倍**

(2) $PD=PO+OD=PO+3PO=4PO$

←(1)を利用。

よって　$BP:PD=2PO:4PO=1:2$

ゆえに　$\triangle ABD=3\triangle ABP=3\times 6=18\,(cm^2)$

⓪ 三角形の面積比　等高なら底辺の比

したがって，四角形ABCDの面積は

$2\times\triangle ABD=\mathbf{36\ (cm^2)}$

←△ABD≡△CDB

練習 ③76　△ABCの辺BC，CA，ABの中点をそれぞれD，E，Fとする。このとき，△ABCと△DEFの重心が一致することを証明せよ。

HINT　△ABCの中線の一部分が△DEFの中線となっていることを示す。

中線 AD と FE との交点を P とする。
AE＝EC，BD＝DC から
　　AF∥ED …… ①
←中点連結定理
AF＝FB，CD＝DB から
　　AE∥FD …… ②
①，② より，四角形 AFDE は平行四辺形となる。
よって　FP＝PE

←平行四辺形の対角線はそれぞれの中点で交わる。

同様に，中線 BE と FD，中線 CF と DE の交点をそれぞれ Q，R とすると　DQ＝QF，DR＝RE
したがって，△ABC の重心を G とすると，G は △DEF の 3 つの中線 DP，EQ，FR の交点となり，G は △DEF の重心でもある。
すなわち，△ABC と △DEF の重心は一致する。

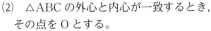

練習 ③77
(1) 鋭角三角形 ABC の外心を O，垂心を H とするとき，∠BAO＝∠CAH であることを証明せよ。
(2) 外心と内心が一致する三角形は正三角形であることを証明せよ。

(1) △ABO において　OA＝OB
ゆえに，∠BAO＝∠ABO＝α とおくと
　　∠AOB＝180°－2α

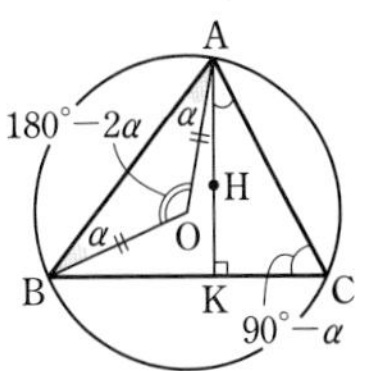

よって，直線 AH と辺 BC との交点を K とすると

$$\angle ACK=\angle ACB=\frac{1}{2}\angle AOB$$
$$=90^\circ-\alpha$$

←(円周角)＝$\frac{1}{2}$(中心角)

ゆえに，△ACK において
$$\angle CAK=90^\circ-\angle ACK=90^\circ-(90^\circ-\alpha)=\alpha$$

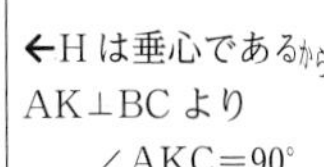
←H は垂心であるから，AK⊥BC より　∠AKC＝90°

したがって　∠BAO＝∠CAH

別解　AO と外接円の交点を D とし，AH と辺 BC の交点を K とする。
　　∠ABD＝∠AKC＝90°　←直径に対する円周角
　　∠ADB＝∠ACK　←円周角の定理
よって　△ABD∽△AKC　←2 角がそれぞれ等しい。
ゆえに　∠BAO＝∠CAH

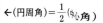

(2) △ABC の外心と内心が一致するとき，その点を O とする。

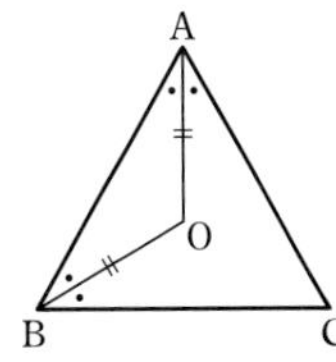

O は外心であるから　OA＝OB
よって　∠OAB＝∠OBA …… ①
←外心なら等しい線分，内心なら等しい角に着目する。
また，O は内心でもあるから
$$\angle OAB=\frac{1}{2}\angle A,\quad \angle OBA=\frac{1}{2}\angle B$$
これと ① から　∠A＝∠B　←$\frac{1}{2}\angle A=\frac{1}{2}\angle B$

同様にして　　$\angle C=\angle A$

したがって，$\angle A=\angle B=\angle C$ となるから，$\triangle ABC$ は正三角形である。

←OC=OA として同じ議論をすると出る。

練習 ③78 $\triangle ABC$ の辺 BC，CA，AB の中点をそれぞれ L，M，N とする。$\triangle ABC$ の外心 O は $\triangle LMN$ についてどのような点か。

O は $\triangle ABC$ の外心であるから

$OL\perp BC$ …… ①

また，$AN=NB$，$AM=MC$ から

$NM /\!/ BC$ …… ②

①，② から　　$OL\perp NM$

同様にして　　$OM\perp LN$，$ON\perp ML$

よって，O は $\triangle LMN$ の **垂心** である。

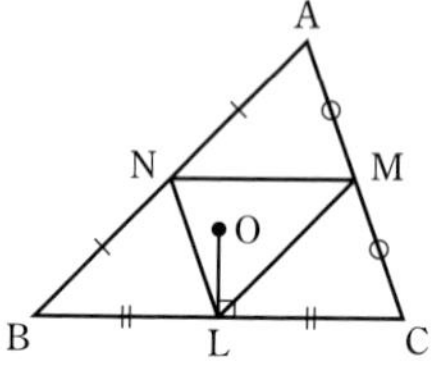

←OL は辺 BC の垂直二等分線。

←**中点連結定理**

練習 ②79 $\triangle ABC$ の頂角 A 内の傍心を I_a とする。次のことを証明せよ。

(1) $\angle AI_aB=\frac{1}{2}\angle C$　　(2) $\angle BI_aC=90^\circ-\frac{1}{2}\angle A$

辺 AB，AC の B，C を越える延長上に，それぞれ点 D，E をとる。

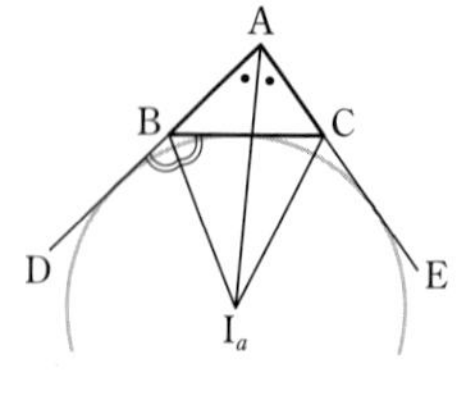

(1) $\angle AI_aB=\angle I_aBD-\angle I_aAB$

$=\frac{1}{2}\angle CBD-\frac{1}{2}\angle A$

$=\frac{1}{2}(\angle CBD-\angle A)$

$=\frac{1}{2}\angle C$

←$\angle I_aBD$ は $\triangle AI_aB$ の外角。

←$\angle CBD$ は $\triangle ABC$ の外角。

(2) $\angle AI_aC=\angle I_aCE-\angle I_aAC=\frac{1}{2}\angle BCE-\frac{1}{2}\angle A$

$=\frac{1}{2}(\angle BCE-\angle A)=\frac{1}{2}\angle B$

よって　　$\angle BI_aC=\angle AI_aB+\angle AI_aC=\frac{1}{2}(\angle B+\angle C)$

$=\frac{1}{2}(180^\circ-\angle A)=90^\circ-\frac{1}{2}\angle A$

←(1) と同様に考える。$\angle I_aCE$ は $\triangle AI_aC$ の外角，$\angle BCE$ は $\triangle ABC$ の外角である。

←(1) から
$\angle AI_aB=\frac{1}{2}\angle C$

別解　I_a から直線 AB，BC，AC に下ろした垂線をそれぞれ I_aP，I_aQ，I_aR とすると

$\angle I_aPB=\angle I_aRC=90^\circ$

よって，四角形 API_aR は円に内接する。ゆえに　　$\angle A+\angle PI_aR=180^\circ$

ここで　$\angle PI_aB=\angle QI_aB$，$\angle RI_aC=\angle QI_aC$

よって　$\angle BI_aC=\frac{1}{2}\angle PI_aR=\frac{1}{2}(180^\circ-\angle A)$

$=90^\circ-\frac{1}{2}\angle A$

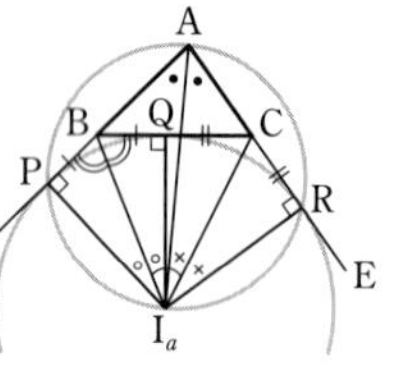

←円に内接する四角形の性質（本冊 p.158～）を利用する。

←対角の和が 180° である四角形は円に内接する。

←$\triangle I_aPB\equiv\triangle I_aQB$
$\triangle I_aQC\equiv\triangle I_aRC$

練習 ②80 △ABCにおいて，辺BCを3等分する点をBに近いものから順にD，Eとするとき，$2AB^2+AC^2=3AD^2+6BD^2$ が成り立つことを示せ。

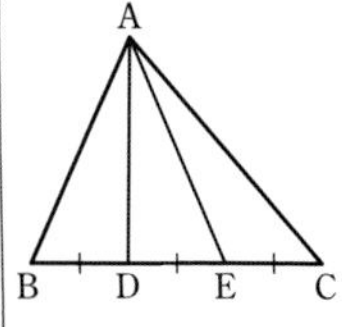

△ABEにおいて，中線定理により

$$AB^2+AE^2=2(AD^2+BD^2)$$

ゆえに　$2AB^2=4AD^2-2AE^2+4BD^2$　…… ①

△ADCにおいて，中線定理により

$$AD^2+AC^2=2(AE^2+DE^2)$$

DE＝BDから　$AC^2=2AE^2-AD^2+2BD^2$ …… ②

①＋②から　$2AB^2+AC^2=3AD^2+6BD^2$

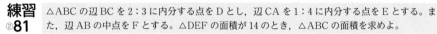

練習 ②81 △ABCの辺BCを2：3に内分する点をDとし，辺CAを1：4に内分する点をEとする。また，辺ABの中点をFとする。△DEFの面積が14のとき，△ABCの面積を求めよ。

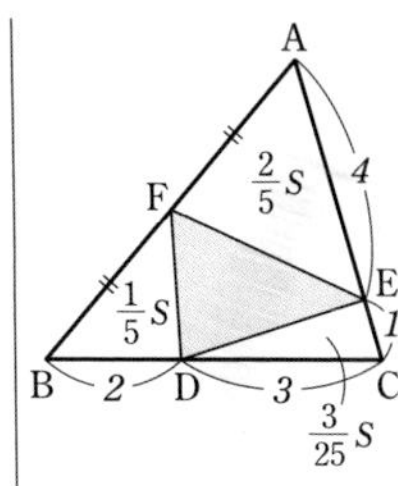

△ABCの面積をSとする。

$\dfrac{\triangle AEF}{\triangle ABC}=\dfrac{AF}{AB}\cdot\dfrac{AE}{AC}=\dfrac{1}{2}\cdot\dfrac{4}{5}=\dfrac{2}{5}$ であるから

$$\triangle AEF=\frac{2}{5}\triangle ABC=\frac{2}{5}S$$

同様にして，$\dfrac{\triangle BDF}{\triangle ABC}=\dfrac{2}{5}\cdot\dfrac{1}{2}=\dfrac{1}{5}$ から　$\triangle BDF=\dfrac{1}{5}S$

$\dfrac{\triangle CDE}{\triangle ABC}=\dfrac{3}{5}\cdot\dfrac{1}{5}=\dfrac{3}{25}$ から　$\triangle CDE=\dfrac{3}{25}S$

ゆえに　$\triangle DEF=\triangle ABC-\triangle AEF-\triangle BDF-\triangle CDE$

$$=S-\frac{2}{5}S-\frac{1}{5}S-\frac{3}{25}S=\frac{7}{25}S$$

よって　$\dfrac{7}{25}S=14$　　したがって　$S=14\cdot\dfrac{25}{7}=\mathbf{50}$

練習 ②82 (1)　△ABCの辺ABを3：2に内分する点をD，辺ACを4：3に内分する点をEとし，線分BEとCDの交点をOとする。直線AOと辺BCの交点をFとするとき，BF：FCを求めよ。
(2)　△ABCの辺ABを3：1に内分する点をP，辺BCの中点をQとし，線分CPとAQの交点をRとする。このとき，CR：RPを求めよ。

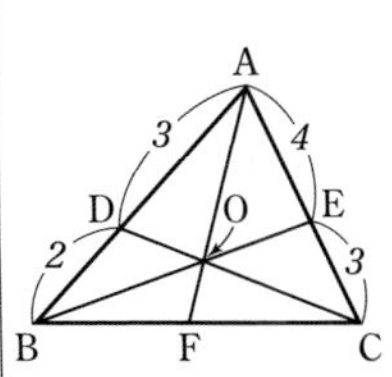

(1)　△ABCにおいて，チェバの定理により

$$\frac{BF}{FC}\cdot\frac{CE}{EA}\cdot\frac{AD}{DB}=1$$

すなわち　$\dfrac{BF}{FC}\cdot\dfrac{3}{4}\cdot\dfrac{3}{2}=1$

$\dfrac{BF}{FC}=\dfrac{8}{9}$ から　BF：FC＝**8：9**

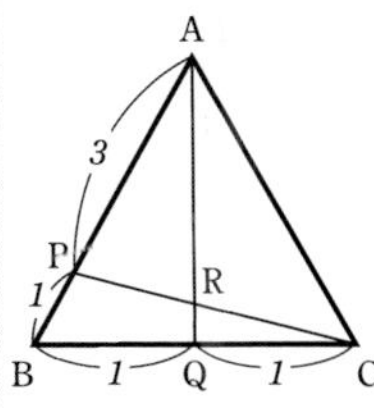

(2)　△PBCと直線AQについて，メネラウスの定理により

$$\frac{BQ}{QC}\cdot\frac{CR}{RP}\cdot\frac{PA}{AB}=1$$

すなわち　$\dfrac{1}{1}\cdot\dfrac{CR}{RP}\cdot\dfrac{3}{4}=1$

$\dfrac{CR}{RP}=\dfrac{4}{3}$ から　CR：RP＝**4：3**

3章 練習 【図形の性質】

練習 ②83 右の図のように，△ABC の外部に点 O があり，直線 AO，BO，CO が，対辺 BC，CA，AB またはその延長と，それぞれ点 P，Q，R で交わる。
(1) △ABC において，チェバの定理が成り立つことを，メネラウスの定理を用いて証明せよ。
(2) BP：PC=2：3，AQ：QC=3：1 のとき，次の比を求めよ。
(ア) BO：OQ　　(イ) AP：PO

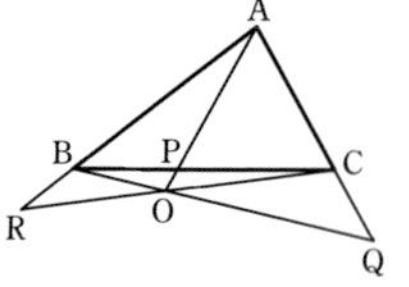

(1) △ABP と直線 RC について，メネラウスの定理により

$$\frac{BC}{CP}\cdot\frac{PO}{OA}\cdot\frac{AR}{RB}=1 \quad \cdots\cdots ①$$

△ACP と直線 BQ について，メネラウスの定理により

$$\frac{CB}{BP}\cdot\frac{PO}{OA}\cdot\frac{AQ}{QC}=1 \quad \cdots\cdots ②$$

①÷② から　$\frac{BC}{CP}\cdot\frac{BP}{CB}\cdot\frac{AR}{RB}\cdot\frac{QC}{AQ}=1$

したがって　$\frac{BP}{PC}\cdot\frac{CQ}{QA}\cdot\frac{AR}{RB}=1$

←メネラウスの定理を適用するときは，対象となる三角形と直線を明示する。

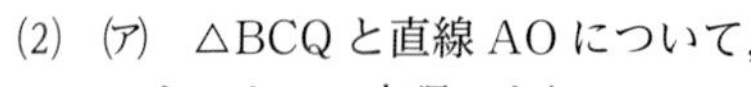
(2) (ア) △BCQ と直線 AO について，メネラウスの定理により

$$\frac{BO}{OQ}\cdot\frac{QA}{AC}\cdot\frac{CP}{PB}=1$$

すなわち

$$\frac{BO}{OQ}\cdot\frac{3}{3-1}\cdot\frac{3}{2}=1$$

$\frac{BO}{OQ}=\frac{4}{9}$ から　　BO：OQ=**4：9**

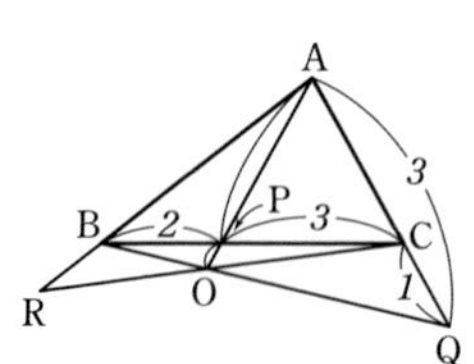

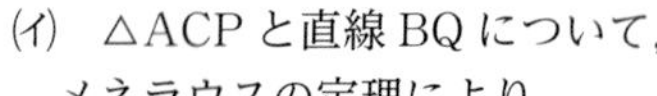
(イ) △ACP と直線 BQ について，メネラウスの定理により

$$\frac{PB}{BC}\cdot\frac{CQ}{QA}\cdot\frac{AO}{OP}=1$$

すなわち

$$\frac{2}{2+3}\cdot\frac{1}{3}\cdot\frac{AO}{OP}=1$$

$\frac{AO}{OP}=\frac{15}{2}$ から　　AO：OP=15：2

よって　　AP：PO=**13：2**

(イ) 別解
[(ア)の結果を利用]
△BPO と直線 AQ について，メネラウスの定理により

$$\frac{OQ}{QB}\cdot\frac{BC}{CP}\cdot\frac{PA}{AO}=1$$

$$\frac{9}{4+9}\cdot\frac{2+3}{3}\cdot\frac{PA}{AO}=1$$

$\frac{PA}{AO}=\frac{13}{15}$ から

PA：AO=13：15

したがって

AP：PO=**13：2**

練習 ③84 △ABC の辺 AB を 1：2 に内分する点を M，辺 BC を 3：2 に内分する点を N とする。線分 AN と CM の交点を O とし，直線 BO と辺 AC の交点を P とする。△AOP の面積が 1 のとき，△ABC の面積 S を求めよ。　［岡山理科大］

△ABC において，チェバの定理により

$$\frac{BN}{NC}\cdot\frac{CP}{PA}\cdot\frac{AM}{MB}=1$$

すなわち　$\frac{3}{2}\cdot\frac{CP}{PA}\cdot\frac{1}{2}=1$

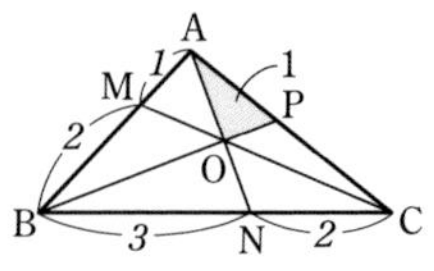

HINT　チェバの定理，メネラウスの定理を用いて，CP：PA，NO：OA を求める。

$\dfrac{CP}{PA}=\dfrac{4}{3}$ から　　$CP:PA=4:3$

また，△ABN と直線 CM について，メネラウスの定理により

$$\frac{BC}{CN}\cdot\frac{NO}{OA}\cdot\frac{AM}{MB}=1 \quad すなわち \quad \frac{5}{2}\cdot\frac{NO}{OA}\cdot\frac{1}{2}=1$$

←メネラウスの定理を用いるときは，対象となる三角形と直線を明示する。

$\dfrac{NO}{OA}=\dfrac{4}{5}$ から　　$NO:OA=4:5$

よって　　$S=\dfrac{2+3}{2}\triangle ANC=\dfrac{5}{2}\cdot\dfrac{5+4}{5}\triangle AOC$

$$=\frac{9}{2}\cdot\frac{3+4}{3}\triangle AOP=\frac{21}{2}\triangle AOP=\frac{21}{2}\cdot 1=\boldsymbol{\frac{21}{2}}$$

←高さが等しい三角形の面積比は，底辺の長さの比に等しい。

練習 ③85

(1) △ABC の内部の任意の点を O とし，∠BOC，∠COA，∠AOB の二等分線と辺 BC，CA，AB との交点をそれぞれ P，Q，R とすると，AP，BQ，CR は 1 点で交わることを証明せよ。

(2) △ABC の ∠A の外角の二等分線が線分 BC の延長と交わるとき，その交点を D とする。∠B，∠C の二等分線と辺 AC，AB の交点をそれぞれ E，F とすると，3 点 D，E，F は 1 つの直線上にあることを示せ。

(1) △OBC において，OP は ∠BOC の二等分線であるから　　$\dfrac{BP}{PC}=\dfrac{OB}{OC}$ …… ①

←内角の二等分線の定理。$BP:PC=OB:OC$ と $\dfrac{BP}{PC}=\dfrac{OB}{OC}$ は同じこと。

△OCA において，OQ は ∠COA の二等分線であるから　　$\dfrac{CQ}{QA}=\dfrac{OC}{OA}$ …… ②

△OAB において，OR は ∠AOB の二等分線であるから　　$\dfrac{AR}{RB}=\dfrac{OA}{OB}$ …… ③

よって，①，②，③ の辺々を掛けて

$$\frac{BP}{PC}\cdot\frac{CQ}{QA}\cdot\frac{AR}{RB}=\frac{OB}{OC}\cdot\frac{OC}{OA}\cdot\frac{OA}{OB}=1$$

したがって，チェバの定理の逆により，AP，BQ，CR は 1 点で交わる。

(2) 3 点 D，E，F のうち，点 D は △ABC の辺 BC の延長上，2 点 E，F はそれぞれ辺 AC，AB 上にあり

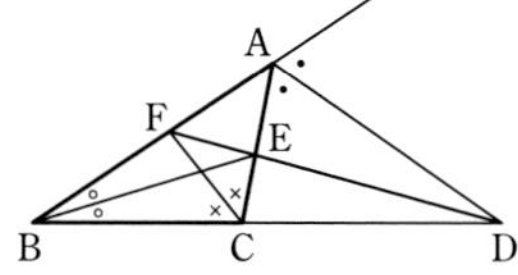

$$\frac{BD}{DC}=\frac{AB}{AC} \quad \cdots\cdots ①,$$

$$\frac{CE}{EA}=\frac{BC}{BA} \quad \cdots\cdots ②, \quad \frac{AF}{FB}=\frac{AC}{BC} \quad \cdots\cdots ③$$

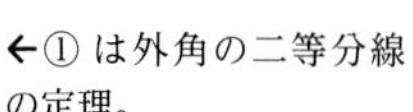

←① は外角の二等分線の定理。②，③ は内角の二等分線の定理。

①，②，③ の辺々を掛けて

$$\frac{BD}{DC}\cdot\frac{CE}{EA}\cdot\frac{AF}{FB}=\frac{AB}{AC}\cdot\frac{BC}{BA}\cdot\frac{AC}{BC}=1$$

よって，メネラウスの定理の逆により，3 点 D，E，F は 1 つの直線上にある。

←△ABC と 3 点 D，E，F に注目。

検討 本冊 $p.153$ で紹介した，三角形の成立条件 $|b-c|<a<b+c$ …… ① について，① が成り立つとき $a>0$，$b>0$，$c>0$ である理由を考えてみよう。

① で，$|b-c|\geqq 0$ であるから，$a>0$ がわかる。

$b\geqq c$ のとき，① から　$b-c<b+c$　よって　$c>0$

$b\geqq c$ であるから　$b>0$

$b<c$ のときも，同様にして $b>0$，$c>0$ が示される。

練習 ③86

(1) AB=2，BC=x，AC=$4-x$ であるような △ABC がある。このとき，x の値の範囲を求めよ。〔岐阜聖徳学園大〕

(2) △ABC の内部の1点をPとするとき，次の不等式が成り立つことを証明せよ。

$$AP+BP+CP<AB+BC+CA$$

(1) △ABC が存在するための条件は

$$|x-(4-x)|<2<x+(4-x)$$

←三角形の成立条件 $|b-c|<a<b+c$

すなわち　$|2(x-2)|<2<4$

$|2(x-2)|<2$ から　$|x-2|<1$

←$|2(x-2)|=2|x-2|$

よって　$-1<x-2<1$　ゆえに　$1<x<3$

←$a>0$ のとき $|x|<a \iff -a<x<a$

また，$2<4$ は常に成り立つ。

したがって　$\boldsymbol{1<x<3}$

別解 △ABC が存在するための条件は

$$x+(4-x)>2,\ (4-x)+2>x,\ 2+x>4-x$$

が同時に成り立つことである。

この連立不等式を解いて　$\boldsymbol{1<x<3}$

←三角形の成立条件 $\begin{cases} b+c>a \\ c+a>b \\ a+b>c \end{cases}$

(2) 直線 BP と辺 AC の交点を D とする。

△ABD において　AB+AD>BD … ①

←三角形の2辺の長さの和は，他の1辺の長さより大きい

また，△PCD において

$$PD+DC>PC \quad \cdots\cdots ②$$

①+② から

$$AB+AD+PD+DC>BD+PC$$

←$a>b$，$c>d$ ならば $a+c>b+d$

ゆえに　$AB+(AD+DC)+PD>(PB+PD)+PC$

←両辺に PD が出てきて，消し合う。

よって　$AB+AC>PB+PC$ …… ③

同様に　$BC+BA>PC+PA$ …… ④

$CA+CB>PA+PB$ …… ⑤

③～⑤ の辺々を加えると

$$2(AB+BC+CA)>2(AP+BP+CP)$$

←両辺を2で割る。

よって　$AP+BP+CP<AB+BC+CA$

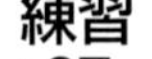
練習 ③87

(1) 鈍角三角形の3辺のうち，鈍角に対する辺が最大であることを証明せよ。

(2) △ABC の辺 BC の中点を M とする。AB>AC のとき，∠BAM<∠CAM であることを証明せよ。

(1) △ABC において，∠A>90° とすると，∠B<90°，∠C<90° であるから

$$\angle A>\angle B,\ \angle A>\angle C$$

ゆえに　BC>AC，BC>AB

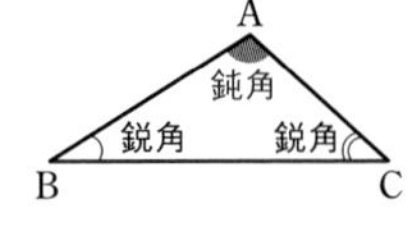

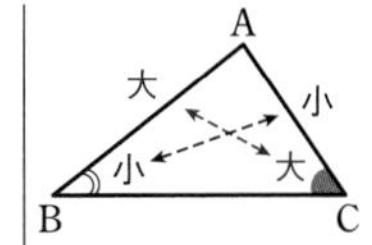

したがって，鈍角三角形の 3 辺のうち，鈍角に対する辺が最大である。

(2)　線分 AM の M を越える延長上に MA′＝AM となるように点 A′ をとると，BM＝CM から，四角形 ABA′C は平行四辺形になる。ゆえに

$A'B=AC$，$\angle BA'A=\angle A'AC$

$\triangle ABA'$ において，$A'B<AB$ であるから

$\angle BAA'<\angle BA'A$

よって　　$\angle BAM<\angle CAM$

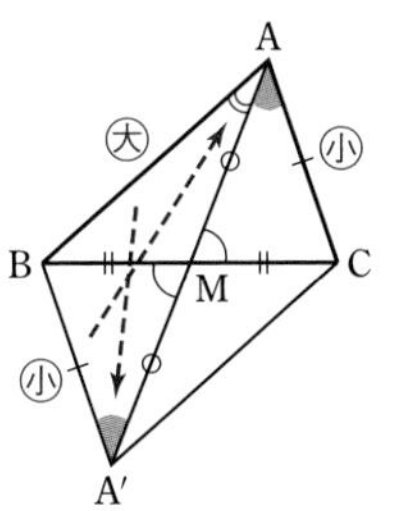

←対角線がそれぞれの中点で交わるから，平行四辺形になる。

検討　(2) のように，**中線に対しては　2 倍にのばして平行四辺形を作り出す**　という考え方が有効なこともある。

練習 ③88　BC＝10，CA＝6，∠ACB＝60° である △ABC の内部に点 P をとり，△APC を頂点 C を中心に時計回りに 60° 回転した三角形を △A′P′C とする。△A′BC ができるとき
(1)　△A′BC の面積を求めよ。　　(2)　AP＋BP＋CP の長さの最小値を求めよ。

(1)　点 A′ から辺 BC の延長に垂線 A′H を下ろすと

$\angle A'CH=180^\circ-(60^\circ+60^\circ)$
$\qquad=60^\circ$

$A'C=AC=6$

よって　　$A'H=6\cdot\dfrac{\sqrt{3}}{2}=3\sqrt{3}$

←△A′CH は辺の比が $1:\sqrt{3}:2$ の直角三角形。

ゆえに　　$\triangle A'BC=\dfrac{1}{2}BC\cdot A'H=\dfrac{1}{2}\cdot10\cdot3\sqrt{3}=\mathbf{15\sqrt{3}}$

別解　$\triangle A'BC=\dfrac{1}{2}CB\cdot CA'\sin\angle A'CB$

$=\dfrac{1}{2}\cdot10\cdot6\sin120^\circ=30\cdot\dfrac{\sqrt{3}}{2}=\mathbf{15\sqrt{3}}$

←三角形の面積公式（数学 I の三角比）

(2)　$\triangle APC\equiv\triangle A'P'C$ であり，△PCP′ は正三角形であるから

$AP+BP+CP=A'P'+BP+PP'$

←$CP=CP'$，$\angle PCP'=60^\circ$

これは B，P，P′，A′ が一直線上にあるような位置に P，P′ がくるとき最小になり，そのとき最小値は，線分 A′B の長さに等しい。

折れ線の最小　線分にのばす

ここで　　$CH=6\cdot\dfrac{1}{2}=3$

ゆえに　　$BH=BC+CH=13$

よって　　$A'B=\sqrt{13^2+(3\sqrt{3})^2}=\sqrt{196}=\mathbf{14}$

←三平方の定理 $A'B=\sqrt{BH^2+A'H^2}$

練習 ②89　右の図で，四角形 ABCD は円に内接している。角 θ を求めよ。
ただし，(2) では AD＝DC，AB＝AE である。

(1)
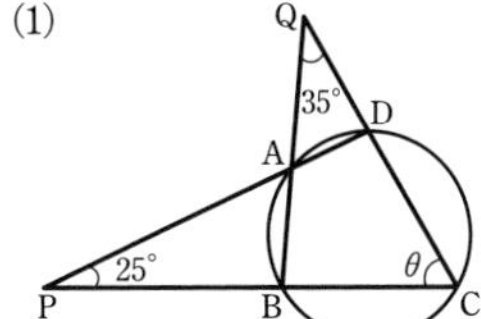

(2)
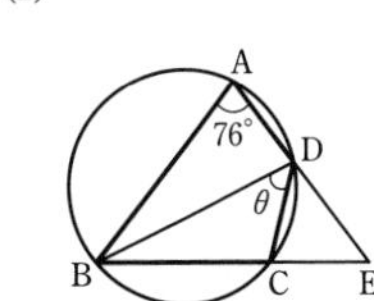

(1)　$\angle PDQ=\theta+25^\circ$

$\angle C=\angle QAD=\theta$

よって，△QAD において

$35^\circ+\theta+(\theta+25^\circ)=180^\circ$

整理すると　　$2\theta=120^\circ$

したがって　　$\boldsymbol{\theta=60^\circ}$

←△PCD の外角。

←**円に内接する四角形の内角は，その対角の外角に等しい**

(2)　△ABE において，AB=AE

から　　　$\angle ABE=\angle AEB$

よって　　$\angle ABE=(180^\circ-76^\circ)\div 2$

$=52^\circ$

AD=DC から　　$\overset{\frown}{AD}=\overset{\frown}{DC}$

ゆえに　　$\angle ABD=\angle DBC$

よって　　$\angle DBC=52^\circ\div 2=26^\circ$　…… ①

四角形 ABCD は円に内接しているから

$\angle BAD=\angle DCE=76^\circ$　…… ②

△DBC において　　$\theta+\angle DBC=\angle DCE$

①，② から　　　$\boldsymbol{\theta}=76^\circ-26^\circ\boldsymbol{=50^\circ}$

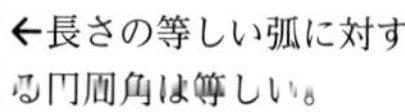

←長さの等しい弧に対する円周角は等しい。

←**円に内接する四角形の内角は，その対角の外角に等しい**

練習 ③90　右の図の正三角形 ABC で，辺 AB，AC 上にそれぞれ点 D (点 A，B とは異なる)，E (点 A，C とは異なる) をとり，BD=AE となるようにする。BE と CD の交点を F とするとき，4 点 A，D，F，E が 1 つの円周上にあることを証明せよ。

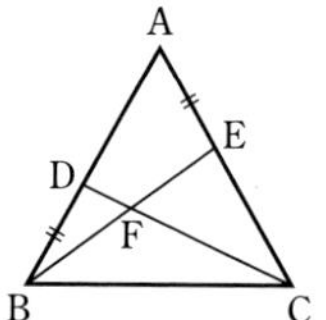

△DBC と △EAB において

BD=AE，BC=AB，

$\angle CBD=\angle BAE$

よって　　△DBC≡△EAB

ゆえに　　$\angle BDC=\angle AEB$

したがって，四角形 ADFE が円に内接するから，4 点 A，D，F，E は 1 つの円周上にある。

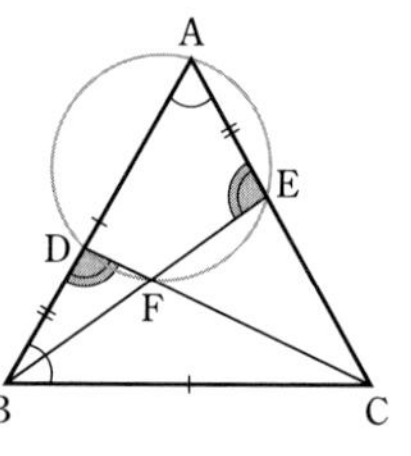

←△ABC は正三角形であるから　BC=AB，$\angle CBA=\angle BAC=60^\circ$

練習 ③91　$\angle A=60^\circ$ の △ABC の頂点 B，C から直線 CA，AB に下ろした垂線をそれぞれ BD，CE とし，辺 BC の中点を M とする。このとき，△DME は正三角形であることを示せ。

$\angle BDC=\angle BEC=90^\circ$ であるから，4 点 B，C，D，E は線分 BC を直径とする円周上にある。M はこの円の中心であるから　　MD=ME

△AEC で，$\angle A=60^\circ$，$\angle AEC=90^\circ$ から

$\angle DCE=30^\circ$

$\angle DME$ は $\overset{\frown}{DE}$ に対する中心角であるから

$\angle DME=2\angle DCE=60^\circ$

よって，△DME は正三角形である。

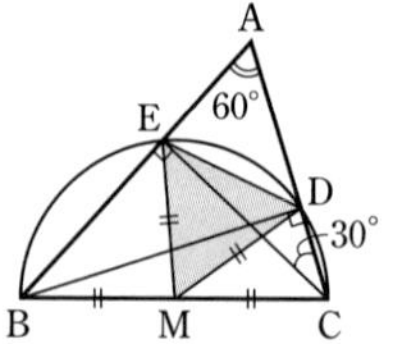

←直角 2 つで円(まる)くなる

←頂角が 60° の二等辺三角形は正三角形。

練習 ②92

AB=7, BC=8, CA=9 の鋭角三角形 ABC の内接円の中心を I とし，この内接円が辺 BC と接する点を P とする。
(1) 線分 BP の長さを求めよ。
(2) A から BC に垂線 AH を下ろすとき，線分 BH，AH の長さを求めよ。
(3) △ABC の面積と，内接円の半径を求めよ。

HINT (2) 三平方の定理を利用して，AH^2 を 2 通りに表す。
(3) (後半) 内接円の半径を r とし，△ABC の面積を r で表す。

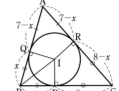

(1) △ABC の内接円と辺 AB，AC との接点をそれぞれ Q，R とすると

BP=BQ，CP=CR，AR=AQ

←円外の 1 点から円に引いた 2 本の接線の長さは等しい

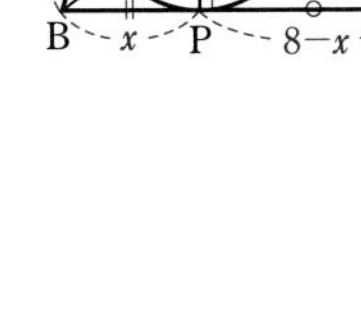

よって，BP=x とすると

$AQ=7-x,\ CP=8-x$

ゆえに　$AR=7-x,\ CR=8-x$

よって　$CA=(8-x)+(7-x)$

$=15-2x$

←CA=CR+AR

CA=9 であるから　$15-2x=9$

したがって　$x=\mathbf{3}$

(2) BH=y とすると

$AH^2=AB^2-BH^2,\ AH^2=AC^2-CH^2$

よって　$AH^2=7^2-y^2,\ AH^2=9^2-(8-y)^2$

ゆえに　$7^2-y^2=9^2-(8-y)^2$

整理すると　$16y=32$

よって　$y=2$

すなわち　**BH=2**

したがって　$\mathbf{AH}=\sqrt{7^2-2^2}=\sqrt{45}=\mathbf{3\sqrt{5}}$

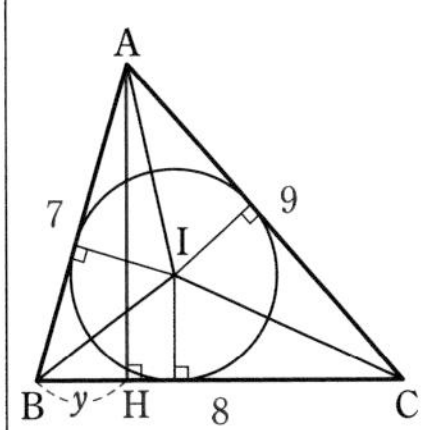

(3) **△ABC の面積は**　$\frac{1}{2}BC\cdot AH=\frac{1}{2}\cdot 8\cdot 3\sqrt{5}=\mathbf{12\sqrt{5}}$

また，内接円の半径を r とすると，

△ABC=△IAB+△IBC+△ICA であるから

$$12\sqrt{5}=\frac{1}{2}AB\cdot r+\frac{1}{2}BC\cdot r+\frac{1}{2}CA\cdot r$$

$$=\frac{1}{2}(7+8+9)r$$

よって　$12\sqrt{5}=12r$

ゆえに，**内接円の半径は**　$r=\mathbf{\sqrt{5}}$

検討 (2) △ABC の面積を S，内接円の半径を r とすると

$$S=\frac{1}{2}r(a+b+c)$$

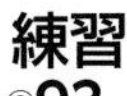

練習 ②93

右の図において，2 つの円は点 C で内接している。また，△DEC の外接円は直線 EF と接している。AB=BC，∠BAC=65° のとき，∠AFE を求めよ。　〔福井工大〕

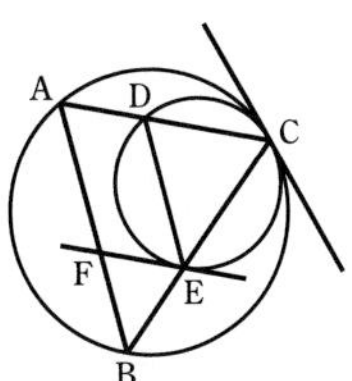

2つの円の共通な接線上で，右の図のような位置に点Gをとる。

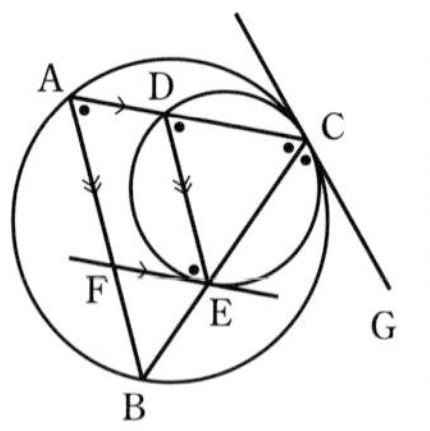

直線CGは円の接線であるから

$\angle\mathrm{FAC}=\angle\mathrm{ECG}$ ←接弦定理

同様に　$\angle\mathrm{EDC}=\angle\mathrm{ECG}$

よって　$\angle\mathrm{FAC}=\angle\mathrm{EDC}$

2直線の同位角が等しいから

FA∥ED ……①

また，AB=BCより　$\angle\mathrm{FAC}=\angle\mathrm{ECD}$ ←△ABCは二等辺三角形。

よって　$\angle\mathrm{EDC}=\angle\mathrm{ECD}$

直線EFは円の接線であるから　$\angle\mathrm{DEF}=\angle\mathrm{ECD}$ ←接弦定理

よって　$\angle\mathrm{EDC}=\angle\mathrm{DEF}$

2直線の錯角が等しいから　AD∥FE ……②

①，②より，四角形AFEDは平行四辺形である。

よって　$\angle\mathrm{AFE}=180^\circ-\angle\mathrm{FAD}$

$=180^\circ-65^\circ=\mathbf{115^\circ}$

練習 ③94　△ABCの頂角Aおよびその外角の二等分線が直線BCと交わる点をそれぞれD，Eとし，線分DEの中点をMとする。このとき，直線MAは△ABCの外接円に接することを証明せよ。

ADは∠Aの二等分線であり，AEは∠Aの外角の二等分線であるから

$\angle\mathrm{DAE}=90^\circ$

←$2\angle\mathrm{DAC}+2\angle\mathrm{CAE}=180^\circ$ から　$\angle\mathrm{DAE}=\angle\mathrm{DAC}+\angle\mathrm{CAE}=90^\circ$

よって，直角三角形DAEにおいて

MA=MD=ME ←Mは直角三角形DAEの外心。

ゆえに，△MADは二等辺三角形で

$\angle\mathrm{DAM}=\angle\mathrm{ADM}$ ……①

また　$\angle\mathrm{DAM}=\angle\mathrm{DAC}+\angle\mathrm{CAM}$

$=\dfrac{1}{2}\angle\mathrm{BAC}+\angle\mathrm{CAM}$ ……② ←ADは∠Aの二等分線。

$\angle\mathrm{ADM}=\angle\mathrm{BAD}+\angle\mathrm{B}$

$=\dfrac{1}{2}\angle\mathrm{BAC}+\angle\mathrm{B}$ ……③

①～③から　$\angle\mathrm{CAM}=\angle\mathrm{B}$

ゆえに，直線MAは△ABCの外接円に接する。 ←接弦定理の逆

練習 ②95　(1)　次の図の x の値を求めよ。ただし，(ウ)の点Oは円の中心である。

(ア)

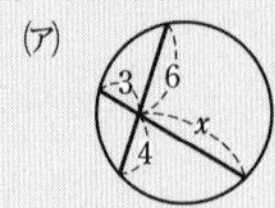

(イ)

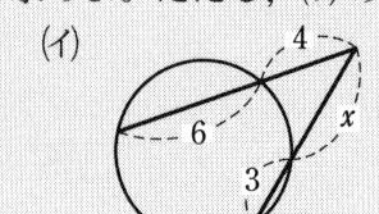

(ウ)

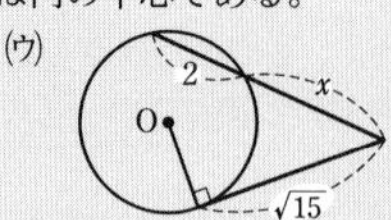

(2)　点Oを中心とする半径5の円の内部の点Pを通る弦ABについて，PA・PB=21であるとき，線分OPの長さを求めよ。 〔(2) 岡山理科大〕

(1) (ア) 方べきの定理により　$3x=4\cdot 6$

これを解いて　$\boldsymbol{x=8}$

(イ) 方べきの定理により　$x(x+3)=4(4+6)$

ゆえに　$x^2+3x-40=0$

よって　$(x-5)(x+8)=0$

$x>0$ であるから　$\boldsymbol{x=5}$

(ウ) 方べきの定理により　$x(x+2)=(\sqrt{15})^2$

ゆえに　$x^2+2x-15=0$

よって　$(x-3)(x+5)=0$

$x>0$ であるから　$\boldsymbol{x=3}$

(2) 点Pを通るこの円の直径をCDとする。

方べきの定理により

$$PA\cdot PB=PC\cdot PD=(5-OP)(5+OP)$$
$$=25-OP^2$$

$PA\cdot PB=21$ であるとき　$25-OP^2=21$

したがって　$OP^2=4$

$OP>0$ であるから　$\boldsymbol{OP=2}$

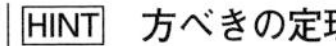

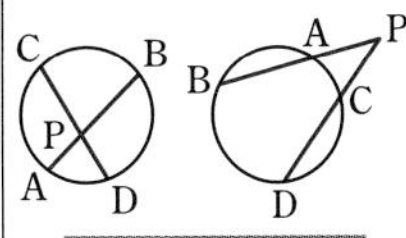

$PA\cdot PB=PC\cdot PD$

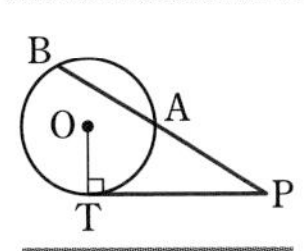

$PA\cdot PB=PT^2$

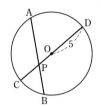

←$OC=OD=$(半径) であり，図では $PC=OC-OP$, $PD=OD+OP$

練習 ③96

(1) 円に内接する四角形ABCDの対角線の交点EからADに平行な直線を引き，直線BCとの交点をFとする。このとき，Fから四角形ABCDの外接円に引いた接線FGの長さは線分FEの長さに等しいことを証明せよ。

(2) 鋭角三角形ABCの頂点AからBCに下ろした垂線をADとし，DからAB，ACに下ろした垂線をそれぞれDE，DFとするとき，4点B，C，F，Eは1つの円周上にあることを，方べきの定理の逆を用いて証明せよ。

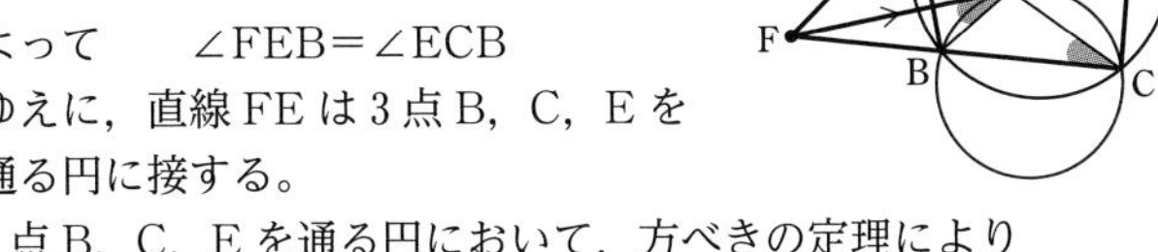

(1) $FE /\!/ AD$ であるから

$$\angle ADB=\angle FEB$$

$\overset{\frown}{AB}$ について　$\angle ADB=\angle ACB$

よって　$\angle FEB=\angle ECB$

ゆえに，直線FEは3点B，C，Eを通る円に接する。

3点B，C，Eを通る円において，方べきの定理により

$$FE^2=FB\cdot FC \cdots\cdots ①$$

3点B，C，Gを通る円において，方べきの定理により

$$FG^2=FB\cdot FC \cdots\cdots ②$$

①，②から　$FE^2=FG^2$

$FE>0$，$FG>0$ であるから　$FG=FE$

←平行線の同位角は等しい。

←円周角の定理

←**接弦定理の逆**

←**接線** FE と**割線** FBC で **方べきの定理**

←**接線** FG と**割線** FBC で **方べきの定理**

(2) $\angle BED=90°$ であるから

点Eは線分BDを直径とする円周上にある。

$\angle ADB=90°$ であるから，ADはこの円の接線である。

よって，方べきの定理により

$$AD^2=AE\cdot AB \cdots\cdots ①$$

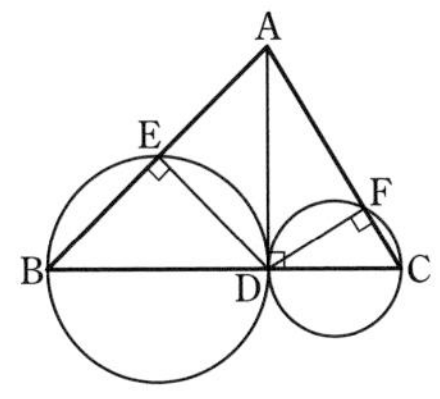

←**接線** AD と**割線** AEB で **方べきの定理**

同様に，点 F は線分 DC を直径とする円周上にあり，AD はこの円の接線であるから，方べきの定理により

$$AD^2=AF\cdot AC \quad \cdots\cdots ②$$

←**接線** AD と**割線** AFC で **方べきの定理**

①，② から　　$AE\cdot AB=AF\cdot AC$

したがって，4 点 B，C，F，E は 1 つの円の周上にある。

←**方べきの定理の逆**

練習 ④**97**

右の図のように，AB を直径とする円 O の一方の半円上に点 C をとり，他の半円上に点 D をとる。直線 AC，BD の交点を P とするとき，等式

$$AC\cdot AP-BD\cdot BP=AB^2$$

が成り立つことを証明せよ。

点 P から直線 AB に垂線 PE を引くと，$\angle BCP=\angle BEP=90^\circ$ となるから，4 点 B，E，P，C は線分 BP を直径とする円周上にある。

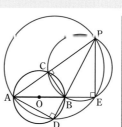

←補助線を引く。
←かくれた円を見つける。

よって　$AC\cdot AP=AB\cdot AE$ …… ①

←**方べきの定理**

また，$\angle ADP=\angle AEP=90^\circ$ であるから，4 点 A，D，E，P は線分 AP を直径とする円周上にある。

←かくれた円を見つける。

よって　$BD\cdot BP=AB\cdot BE$ …… ②

←**方べきの定理**

①－② から　　$AC\cdot AP-BD\cdot BP=AB\cdot AE-AB\cdot BE$

$$=AB(AE-BE)$$

$$=AB^2$$

←$AE-BE=AB$

別解　方べきの定理により

$$PC\cdot PA=PB\cdot PD \quad \cdots\cdots ①$$

$PA=PC+AC$，$PD=PB+BD$ であるから，① は

$$PC\cdot(PC+AC)=PB\cdot(PB+BD)$$

←証明すべき等式に含まれる AC，BD を導き出す。

よって　　$BD\cdot BP=PC^2+AC\cdot PC-PB^2$

△PBC において，$\angle PCB=90^\circ$ であるから

$$PB^2-PC^2=BC^2$$

←三平方の定理

ゆえに　　$BD\cdot BP=AC\cdot PC-BC^2$

ここで　　$AC\cdot AP-BD\cdot BP=AC\cdot AP-(AC\cdot PC-BC^2)$

$$=AC(AP-PC)+BC^2=AC^2+BC^2$$

←等式の左辺に代入。
←$AP-PC=AC$

△ABC において，$\angle BCA=90^\circ$ であるから

$$AB^2=BC^2+CA^2$$

←三平方の定理

よって　　$AC\cdot AP-BD\cdot BP=AB^2$

練習 ②**98**

右の図のように，中心間の距離が 13，共通外接線の長さが 12，共通内接線の長さが 9 である 2 つの円 O，O′ がある。この 2 つの円の半径を，それぞれ求めよ。

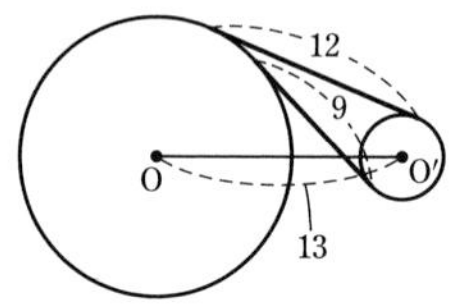

円 O の半径を R，円 O′ の半径を r $(R>r)$ とする。

円O，O′と共通外接線との接点を，それぞれA，Bとする。
O′からOAに引いた垂線をO′Hとすると，$\angle A=\angle B=90^\circ$であるから　$HO'=AB=12$

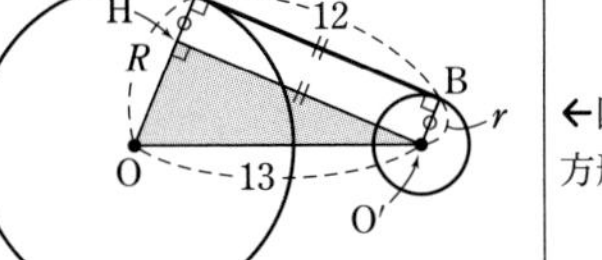

$AH=BO'=r$

よって　$OH=OA-AH=R-r$

←四角形AHO′Bは長方形。

$\triangle OO'H$において，$\angle H=90^\circ$であるから

$OH^2+HO'^2=OO'^2$　←三平方の定理

すなわち　$(R-r)^2+12^2=13^2$　←$12^2=144$，$13^2=169$

ゆえに　$(R-r)^2=25$

$R-r>0$であるから　$R-r=5$ …… ①

円O，O′と共通内接線との接点を，それぞれC，Dとする。
Oから線分O′Dの延長に引いた垂線をOKとすると，
$\angle C=\angle D=90^\circ$であるから

$OK=CD=9$

$KD=OC=R$

←四角形COKDは長方形。

よって　$KO'=KD+DO'=R+r$

$\triangle O'OK$において，$\angle K=90^\circ$であるから

$OK^2+KO'^2=OO'^2$　←三平方の定理

すなわち　$9^2+(R+r)^2=13^2$

ゆえに　$(R+r)^2=88$

$R+r>0$であるから　$R+r=2\sqrt{22}$ …… ②　←$\sqrt{88}=\sqrt{2^2\cdot 22}=2\sqrt{22}$

①+②から　$2R=2\sqrt{22}+5$　よって　$R=\sqrt{22}+\frac{5}{2}$

②−①から　$2r=2\sqrt{22}-5$　よって　$r=\sqrt{22}-\frac{5}{2}$

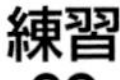

練習 ③99　点Pで外接する2つの円O，O′の共通外接線の接点をそれぞれC，Dとする。Pを通る直線と2つの円O，O′とのP以外の交点をそれぞれA，Bとすると，AC⊥BDであることを証明せよ。

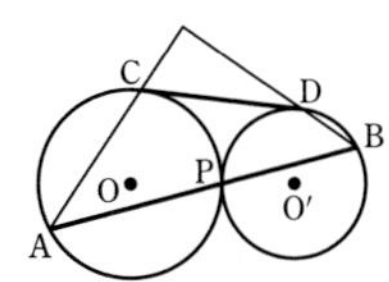

2直線AC，BDの交点をEとする。
また，2つの円の接点Pにおける共通接線とCDの交点をQとすると

$QC=QP=QD$

よって，Pは線分CDを直径とする円周上にあり

$\angle CPD=90^\circ$

ゆえに，$\triangle CPD$において

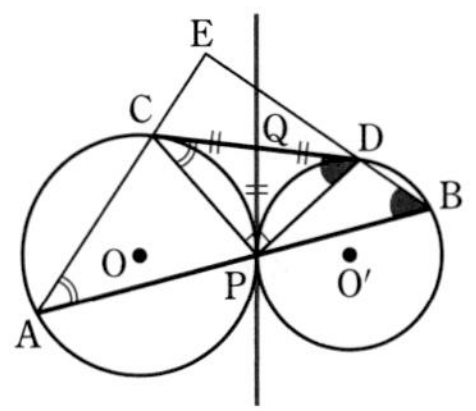

接する2円　共通接線を引く

接線2本で二等辺

$$\angle PCD + \angle PDC = 90^\circ \quad \cdots\cdots ①$$

また，接弦定理から

$$\angle PCD = \angle CAP \quad \cdots\cdots ②$$

$$\angle PDC = \angle DBP \quad \cdots\cdots ③$$

②，③ を ① に代入して

$$\angle CAP + \angle DBP = 90^\circ$$

すなわち　　$\angle EAB + \angle EBA = 90^\circ$

よって，$\triangle EAB$ において，$\angle AEB = 90^\circ$ となるから

$$AC \perp BD$$

練習 ②100　右の図のような，鋭角三角形 ABC の内部に，$2PQ = QR$ である長方形 PQRS を，辺 QR が辺 BC 上，頂点 P が辺 AB 上，頂点 S が辺 CA 上にあるように作図せよ（作図の方法だけ答えよ）。

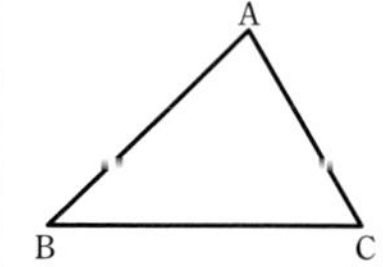

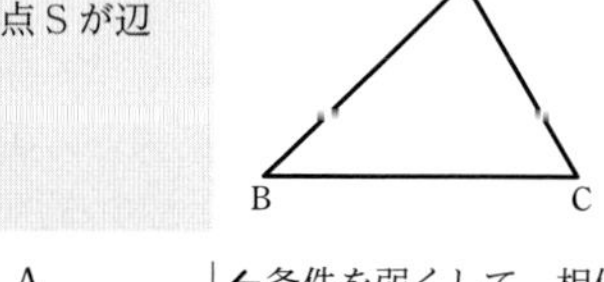

① 辺 AB 上に点 P′ をとり，P′ から辺 BC 上に垂線 P′Q′ を引く。

② $2P'Q' = Q'R'$ を満たす点 R′ を直線 BC 上の点 Q′ の右側にとる。

③ 線分 P′Q′，Q′R′ を隣り合う 2 辺とする長方形 P′Q′R′S′ を作る。

④ 直線 BS′ と辺 AC の交点を S とし，S から辺 BC 上に垂線 SR を引く。

⑤ $2SR = QR$ を満たす点 Q を辺 BC 上の点 R の左側にとる。

⑥ Q を通り，BC に垂直な直線と辺 AB の交点を P とする。

このとき，四角形 PQRS は，B を相似の中心として，長方形 P′Q′R′S′ と相似の位置にある長方形である。

したがって，この四角形 PQRS が求める長方形である。

←条件を弱くして，相似法による作図を考える。

←点 R′ は辺 BC の延長上にあってもよい。

練習 ②101　図のような半円を，弦を折り目として折る。このとき，折られた弧の上の点 Q において，折られた弧が直径に接するような折り目の線分を作図せよ（作図の方法だけ答えよ）。

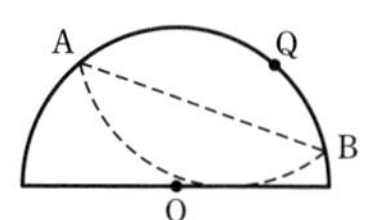

折り目に関して，点 Q と対称な点を Q′ とすると，半円 O の Q における接線は，折り目に関して直線 OQ′ と対称である。

よって，次のように作図すればよい。

① 点 Q における半円 O の接線（Q を通り，半径 OQ に垂直な直線）を引く。

② ① の直線と半円 O の直径の延長が作る角の二等分線を引く。

このとき，② の直線と半円 O の 2 つの交点 A，B を結ぶ線分

下図の O′ は折り目の線分 AB に関し，O と対称な点。

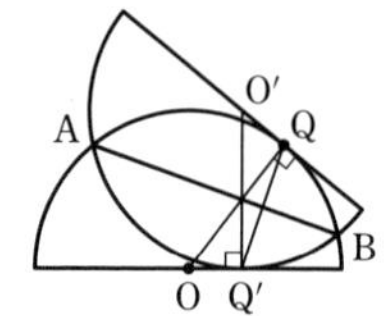

ABが折り目の線分である。
ただし，① の接線が直径と平行である場合には，線分OQの垂直二等分線が折り目になる。

練習 ③102 右の図のように，2つの円O，O′がある。この2つの円の共通内接線を作図せよ。なお，円O，O′の半径を，それぞれ r，$r'(r>r')$ とする。

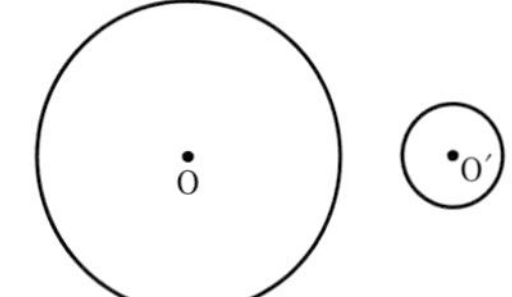

① Oを中心として，半径 $r+r'$ の円をかく。
② 線分OO′の中点を中心として，線分OO′を直径とする円をかく。
③ ① の円と ② の円の交点をP，Qとする。
④ 半直線OP，OQと円Oの交点を，それぞれA，Bとする。

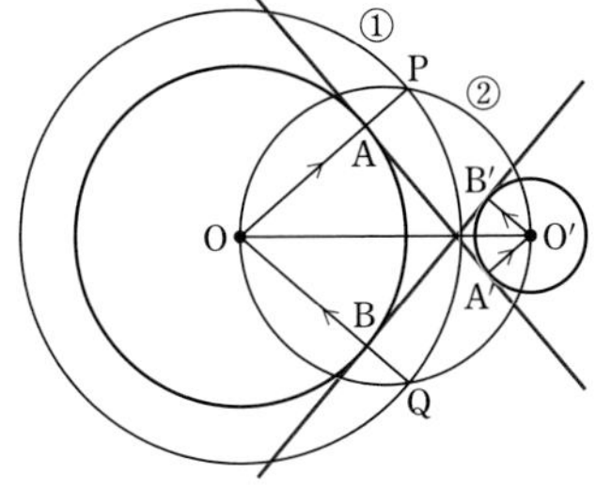

←円Oの適当な半径の延長上に，長さ r' の線分を移して，半径 $r+r'$ の円をかく。

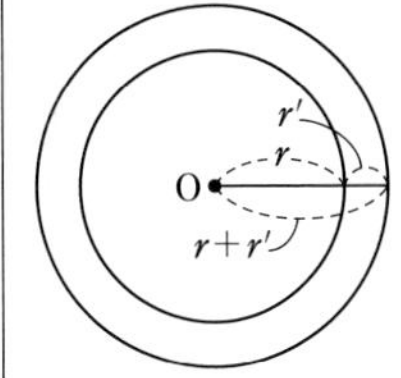

⑤ 点O′を通り，線分OA，OBに平行な直線と円O′との交点を，それぞれA′，B′とする。
⑥ 直線AA′と直線BB′を引く。この2直線が2円O，O′の共通内接線である。

←2円O，O′は離れているから，共通内接線は2本ある。

このとき　$\angle OPO'=90^\circ$，
$AP=OP-OA=(r+r')-r=r'$
また，OA∥A′O′であるから，四角形APO′A′は長方形となる。
ゆえに　$\angle OAA'=\angle O'A'A=90^\circ$
よって，直線AA′は2円O，O′の共通内接線である。
直線BB′についても同様にして示される。

練習 ②103 長さ1，a，b の線分が与えられたとき，次の長さの線分を作図せよ。
(1) $\dfrac{b^2}{a}$　(2) $\dfrac{\sqrt{a}}{b}$

(1) ① 1つの直線上に $AB=a$，$BC=b$ となるように，点A，B，Cを図のようにとる。
② Aを通り，直線ACと異なる直線 ℓ を引き，ℓ 上に $AD=b$ となるような点Dを図のようにとる。

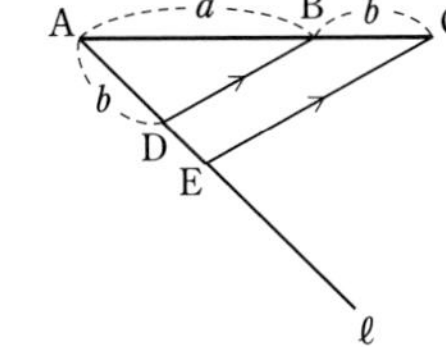

←$x=\dfrac{b^2}{a}$ とおくと
$ax=b^2$ から
$a:b=b:x$
ゆえに，分点の作図を利用する。

③ Cを通り，BDに平行な直線を引き，その直線と直線 ℓ との交点をEとする。線分DEが求める線分である。
このとき，$DE=x$ とすると，BD∥CEから　$a:b=b:x$

←平行線と線分の比の性質

ゆえに　$ax=b^2$　　よって　$x=\dfrac{b^2}{a}$

したがって，線分DEは長さ $\dfrac{b^2}{a}$ の線分である。

(2) ①　1つの直線上に $AB=\dfrac{b^2}{a}$，BC=1となるように，点A，B，Cを図のようにとる。

②　線分ACを直径とする半円をかく。

③　Bを通り，直線ABに垂直な直線を引き，②の半円との交点をDとする。

④　直線BD上に，DE=1となるように点Eをとる。

⑤　点Eを通り，DCに平行な直線と直線ACとの交点をFとする。線分CFが求める線分である。

このとき，$BD=x$，$CF=y$ とすると，方べきの定理から

$$x^2=\frac{b^2}{a}\cdot 1$$

$x>0$ であるから　$x=\dfrac{b}{\sqrt{a}}$

また，CD∥FEから　$1:y=x:1$

すなわち　$y=\dfrac{1}{x}=\dfrac{\sqrt{a}}{b}$

したがって，線分CFは長さ $\dfrac{\sqrt{a}}{b}$ の線分である。

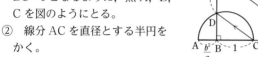

HINT　(2) (1)は(2)のヒント
$\dfrac{\sqrt{a}}{b}=\dfrac{1}{\frac{b}{\sqrt{a}}}=\dfrac{1}{\sqrt{\frac{b^2}{a}}}$
で，分母の根号内に(1)の形の式が現れる。よって，(1)で求めた長さを利用することを考える。

←②の半円の下の半円と③の垂線との交点をD′とすると
$BD=BD'=x$

練習 ③104　長さ1の線分が与えられたとき，次の2次方程式の正の解を長さにもつ線分を作図せよ。
(1) $x^2+5x-2=0$　　(2) $x^2-4x-3=0$

(1) $x^2+5x-2=0$ から　$x(x+5)=(\sqrt{2})^2$

①　直径5の円Oをかく。

②　円Oの周上の点Tを通り，OTに垂直な直線を引く。その直線上に $PT=\sqrt{2}$ となるような点Pをとる。

③　直線POと円Oの交点を，図のようにA，Bとすると，線分PAが求める線分である。

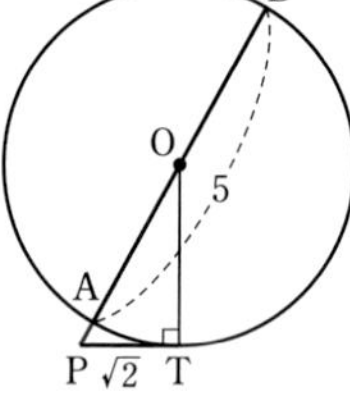

このとき，$PA=x$ とすると，方べきの定理から

$$x(x+5)=(\sqrt{2})^2 \quad \text{すなわち} \quad x^2+5x-2=0$$

したがって，線分PAは2次方程式 $x^2+5x-2=0$ の正の解を長さにもつ線分である。

注意　$x^2+5x-2=0$ の正の解は　$x=\dfrac{-5+\sqrt{33}}{2}$

←$\sqrt{2}$ の長さの線分は，1辺の長さ1の正方形をかくと，その対角線として得られる。

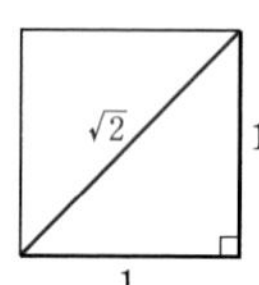

(2) $x^2-4x-3=0$ から　$x(x-4)=(\sqrt{3})^2$

① 直径4の円Oをかく。

② 円Oの周上の点Tを通り，OTに垂直な直線を引く。その直線上に $PT=\sqrt{3}$ となるような点Pをとる。

③ 直線POと円Oの交点を，図のようにA，Bとすると，線分PBが求める線分である。

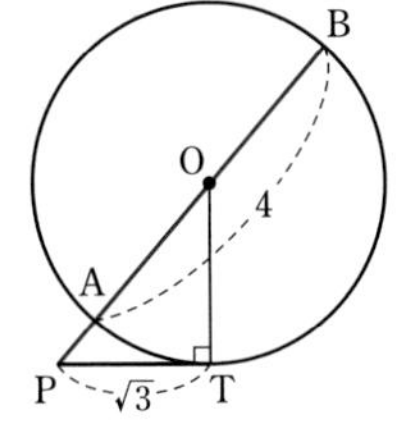

このとき，PB=x とすると，方べきの定理から

$x(x-4)=(\sqrt{3})^2$　すなわち　$x^2-4x-3=0$

したがって，線分PBは2次方程式 $x^2-4x-3=0$ の正の解を長さにもつ線分である。

注意　$x^2-4x-3=0$ の正の解は　$x=2+\sqrt{7}$

←$\sqrt{3}$ の長さの線分は，(1)の $\sqrt{2}$ の長さを求めた線分を利用して求める。

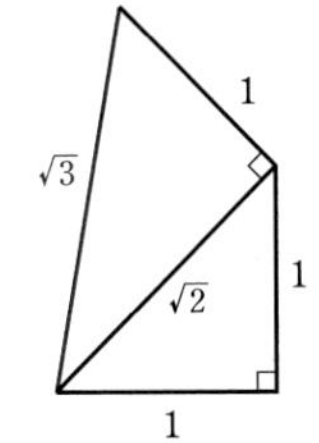

3章 練習 [図形の性質]

練習 ②105 △ABCを含む平面を α とし，△ABCの垂心をHとする。垂心Hを通り，平面 α に垂直な直線上に点Pをとるとき，PA⊥BCであることを証明せよ。

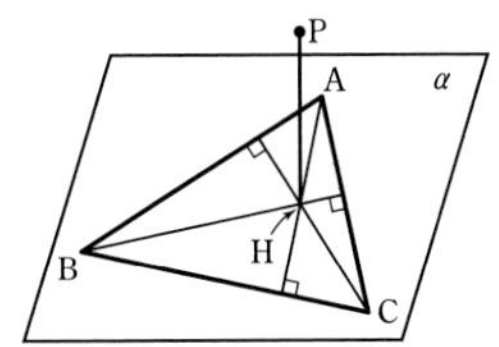

Hは△ABCの垂心であるから　AH⊥BC

PHは平面 α に垂直であるから　PH⊥BC

よって，BCは平面PAHに垂直である。

したがって　PA⊥BC

←AH，PHは平面PAH上の交わる2直線。

練習 ③106 平面 α とその上にない点Aがあり，また，α 上に直線 ℓ と ℓ 上にない点Oがあるとする。ℓ 上の1点をBとするとき，次のことが成り立つことを証明せよ。
(1) OA⊥α，AB⊥ℓ ならば OB⊥ℓ　(2) OA⊥α，OB⊥ℓ ならば AB⊥ℓ

(1) OA⊥α であり，直線 ℓ は平面 α 上の直線であるから

OA⊥ℓ

このことと，AB⊥ℓ から，直線 ℓ は平面OABに垂直である。

したがって

OB⊥ℓ

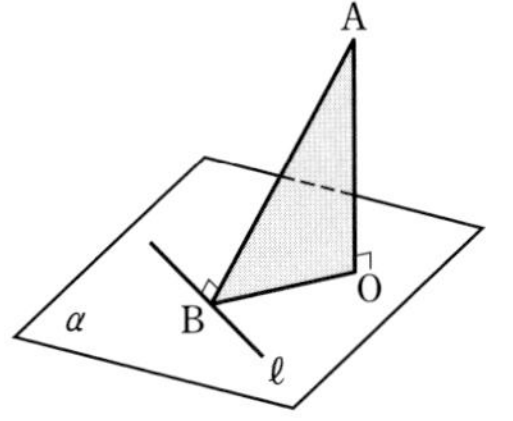

←OA，ABは平面OAB上の交わる2直線。

(2) OA⊥α であり，直線 ℓ は平面 α 上の直線であるから

OA⊥ℓ

このことと，OB⊥ℓ から，直線 ℓ は平面OABに垂直である。

したがって

AB⊥ℓ

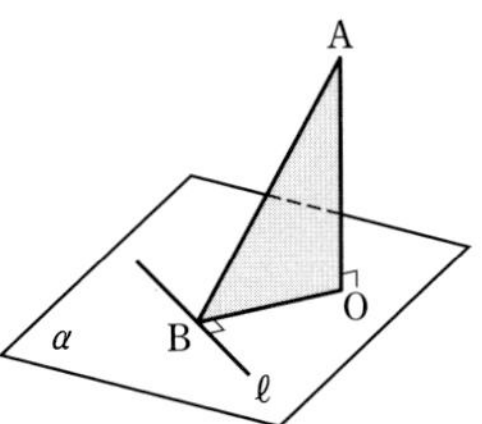

←OA，OBは平面OAB上の交わる2直線。

練習 ②107 正十二面体の各辺の中点を通る平面で，すべてのかどを切り取ってできる多面体の面の数 f，辺の数 e，頂点の数 v を，それぞれ求めよ。

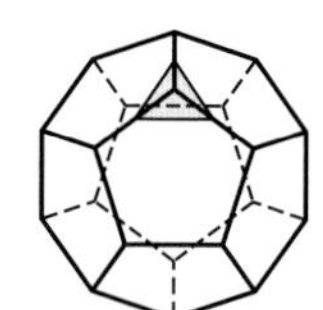

正十二面体は，各面が正五角形であり，1つの頂点に集まる面の数は3である。したがって，正十二面体の

辺の数は　　$5\times12\div2=30$

頂点の数は　　$5\times12\div3=20$ …… ①

次に，問題の多面体について考える。

正十二面体の1つのかどを切り取ると，新しい面として正三角形が1つできる。

① より，正三角形が20個できるから，この数だけ，正十二面体より面の数が増える。

したがって，面の数は　　$f=12+20=\mathbf{32}$

辺の数は，正三角形が20個あるから　　$e=3\times20=\mathbf{60}$

頂点の数は，オイラーの多面体定理から

$v=60-32+2=\mathbf{30}$

問題の多面体は，
二十面十二面体
である。これは基本例題107と同じ多面体である。

←正十二面体の各辺の中点が，問題の多面体の頂点になることに着目して，頂点の数から先に求めてもよい。

練習 ②108 1辺の長さが3の正四面体がある。この正四面体を，右の図のように，正四面体の1つの頂点に集まる3つの辺の3等分点のうち，頂点に近い方の点を結んでできる正三角形を含む平面で切り，頂点を含む正四面体を取り除く。すべての頂点で同様にして，正四面体を取り除くとき，残った立体の体積 V を求めよ。

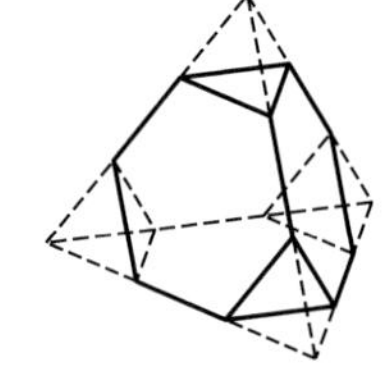

右の図において，正四面体PABCの頂点Pから底面ABCに下ろした垂線の足Hは，正三角形ABCの重心と一致する。

辺BCの中点をMとすると

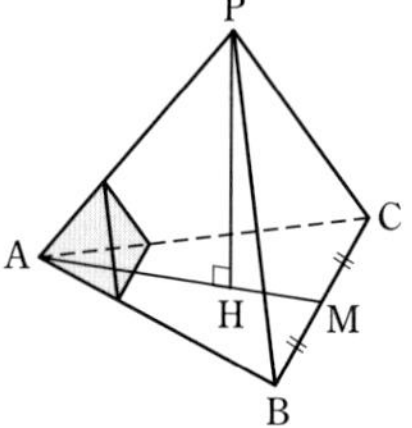

$$AH=\frac{2}{3}AM=\frac{2}{3}\cdot\frac{\sqrt{3}}{2}AB=\sqrt{3}$$

よって　$PH=\sqrt{PA^2-AH^2}=\sqrt{3^2-(\sqrt{3})^2}=\sqrt{6}$

正四面体の体積を V_0 とすると

$$V_0=\frac{1}{3}\cdot\triangle ABC\cdot PH=\frac{1}{3}\cdot\left(\frac{1}{2}\cdot3\cdot\frac{3\sqrt{3}}{2}\right)\cdot\sqrt{6}=\frac{9\sqrt{2}}{4}$$

取り除かれる正四面体の1辺の長さは1であるから，その体積を V_1 とすると　$V_1=\frac{1}{3}\cdot\left(\frac{1}{2}\cdot1\cdot\frac{\sqrt{3}}{2}\right)\cdot\sqrt{1^2-\left(\frac{\sqrt{3}}{3}\right)^2}=\frac{\sqrt{2}}{12}$

取り除かれる正四面体の数は，正四面体の頂点の数4と同じであるから　　$V=V_0-4V_1=\frac{9\sqrt{2}}{4}-4\cdot\frac{\sqrt{2}}{12}=\mathbf{\frac{23\sqrt{2}}{12}}$

問題の多面体は，次の図のようになる。この多面体を **切頂四面体** ということもある。

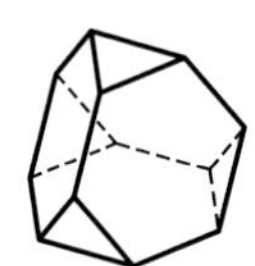

←正四面体PABCと取り除かれる正四面体は相似で，相似比は　3：1

よって

$V_0:V_1=3^3:1^3$

$V=V_0-4V_1$

$=27V_1-4V_1$

$=23V_1$

練習 ③109 1辺の長さが2の正八面体PABCDQの辺AB，BC，CD，DAの中点を，それぞれK，L，M，Nとする。この正八面体を直線PQを軸として回転させるとき，八面体PKLMNQの内部が通過する部分を除いた部分の体積 V を求めよ。

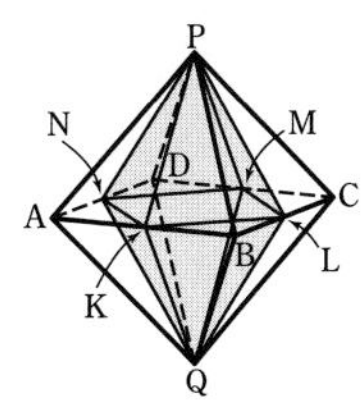

直線PQと正方形ABCDの交点をOとすると，Oは正方形ABCDの対角線の交点に一致し，

PO⊥正方形ABCD

正八面体PABCDQの内部が通過する部分の体積は，半径OAの円を底面，OPを高さとする円錐の体積の2倍である。

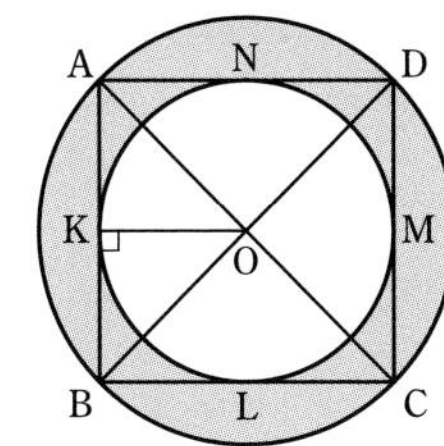

←図は，回転体を正方形ABCDを含む平面で切ったときの断面図。

また，八面体PKLMNQの内部が通過する部分の体積は，半径OKの円を底面，OPを高さとする円錐の体積の2倍である。

よって　　$V=2\times\dfrac{1}{3}\pi\cdot\mathrm{OA}^2\cdot\mathrm{OP}-2\times\dfrac{1}{3}\pi\cdot\mathrm{OK}^2\cdot\mathrm{OP}$ …… ①

←(正八面体PABCDQの内部が通過する部分の体積)−(八面体PKLMNQの内部が通過する部分の体積)

ここで　　$\mathrm{OA}=\dfrac{1}{2}\mathrm{AC}=\dfrac{1}{2}\cdot\sqrt{2}\,\mathrm{AB}=\sqrt{2}$，$\mathrm{OK}=\dfrac{1}{2}\mathrm{DA}=1$，

$\mathrm{OP}=\sqrt{\mathrm{PA}^2-\mathrm{OA}^2}=\sqrt{2^2-(\sqrt{2})^2}=\sqrt{2}$

これらを①に代入して

$$V=\frac{2}{3}\pi(\mathrm{OA}^2-\mathrm{OK}^2)\cdot\mathrm{OP}=\frac{2}{3}\pi(2-1)\cdot\sqrt{2}=\boldsymbol{\frac{2\sqrt{2}}{3}\pi}$$

EX ②51

(1) AB=3, BC=4, ∠BAC=90° である △ABC があり，頂点 C から ∠ABC の二等分線に下ろした垂線を CD とする。このとき，△BCD の面積を求めよ。〔福島県医大〕

(2) △ABC の内心を I とし，直線 BI と辺 CA の交点を D，直線 CI と辺 AB の交点を E とする。BC=a，CA=b，AB=c とするとき，面積比 △ADE：△ABC を求めよ。

(1) ∠ABC の二等分線と辺 AC の交点を E とすると

$$\mathrm{CE:EA=BC:BA}$$
$$=4:3$$

←内角の二等分線の定理

△ABC において，三平方の定理から

$$\mathrm{AC}=\sqrt{4^2-3^2}=\sqrt{7}$$

よって　$\mathrm{EA}=\dfrac{3}{4+3}\mathrm{AC}=\dfrac{3\sqrt{7}}{7}$

△BEA において，三平方の定理から

$$\mathrm{BE}=\sqrt{\left(\frac{3\sqrt{7}}{7}\right)^2+3^2}=3\sqrt{\frac{7}{49}+1}$$
$$=\frac{6\sqrt{14}}{7}$$

←角の二等分線の長さ $\sqrt{\mathrm{BA\cdot BC-EA\cdot EC}}$ から求めることもできる。

△BCD∽△BEA であり，相似比は

$$\mathrm{BC:BE}=4:\frac{6\sqrt{14}}{7}=28:6\sqrt{14}=14:3\sqrt{14}$$

←$14:3\sqrt{14}=\sqrt{14}:3$ としてもよい。

ゆえに　$\triangle\mathrm{BCD}:\triangle\mathrm{BEA}=14^2:(3\sqrt{14})^2=14:9$

←(相似比)^2

よって　$\triangle\mathrm{BCD}=\dfrac{14}{9}\triangle\mathrm{BEA}=\dfrac{14}{9}\times\dfrac{1}{2}\cdot3\cdot\dfrac{3\sqrt{7}}{7}=\boldsymbol{\sqrt{7}}$

←$\triangle\mathrm{BEA}=\dfrac{1}{2}\mathrm{AB\cdot AE}$

(2) BD は ∠B の二等分線であるから　CD：DA=$a:c$

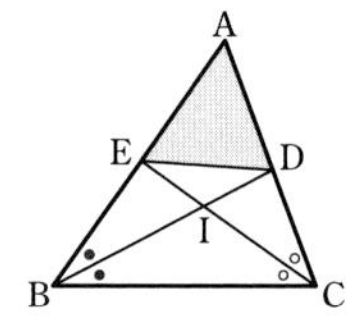

ゆえに　CA：DA=$(a+c):c$

よって　$\mathrm{AD}=\dfrac{c}{c+a}\mathrm{AC}=\dfrac{bc}{c+a}$

また，CE は ∠C の二等分線であるから　AE：EB=$b:a$

ゆえに　AE：AB=$b:(b+a)$

よって　$\mathrm{AE}=\dfrac{b}{a+b}\mathrm{AB}=\dfrac{bc}{a+b}$

ゆえに　$\dfrac{\triangle\mathrm{ADE}}{\triangle\mathrm{ABC}}=\dfrac{\mathrm{AD\cdot AE}}{\mathrm{AB\cdot AC}}=\dfrac{bc}{c+a}\cdot\dfrac{bc}{a+b}\cdot\dfrac{1}{c\cdot b}$

$$=\frac{bc}{(a+b)(c+a)}$$

よって　△ADE：△ABC=$\boldsymbol{bc:(a+b)(c+a)}$

EX ③52

∠A=90°，AB=4，AC=3 の直角三角形 ABC の重心を G とする。

(1) 線分 AG，BG の長さはどちらが大きいか。

(2) 垂心，外心の位置をいえ。

(3) △ABC の外接円と内接円の半径を求めよ。

(1) ∠A=90° であるから，三平方の定理により

$$\mathrm{BC}=\sqrt{\mathrm{AB}^2+\mathrm{AC}^2}=\sqrt{4^2+3^2}=5$$

辺 BC，CA，AB の中点をそれぞれ D，E，F とすると

HINT (1) △ABC の3辺の長さがわかるから，中線定理を用いる。

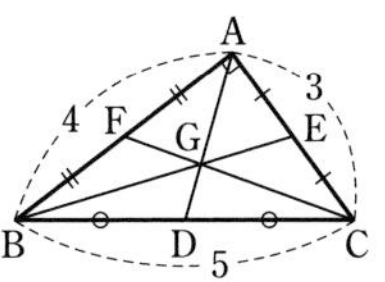

$\text{AG}=\dfrac{2}{3}\text{AD},\ \text{BG}=\dfrac{2}{3}\text{BE}$ …… ①

←重心は中線を 2：1 に内分する。

中線定理により

$\text{AB}^2+\text{AC}^2=2(\text{AD}^2+\text{BD}^2)$ …… ②

$\text{BA}^2+\text{BC}^2=2(\text{BE}^2+\text{AE}^2)$ …… ③

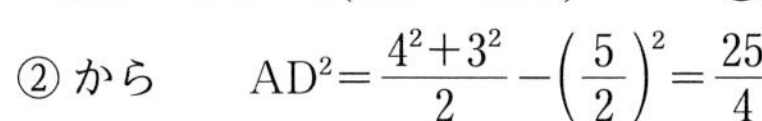

② から　$\text{AD}^2=\dfrac{4^2+3^2}{2}-\left(\dfrac{5}{2}\right)^2=\dfrac{25}{4}$

③ から　$\text{BE}^2=\dfrac{4^2+5^2}{2}-\left(\dfrac{3}{2}\right)^2=\dfrac{73}{4}$

ゆえに　$\text{AD}^2<\text{BE}^2$

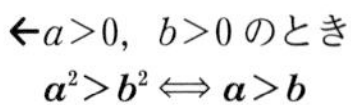
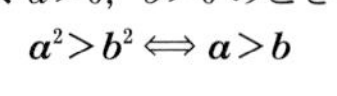

←$a>0$, $b>0$ のとき $\boldsymbol{a^2>b^2 \Longleftrightarrow a>b}$

$\text{AD}>0$, $\text{BE}>0$ であるから　$\text{AD}<\text{BE}$

よって，① から　$\text{AG}<\text{BG}$

すなわち，**線分 BG の長さの方が大きい。**

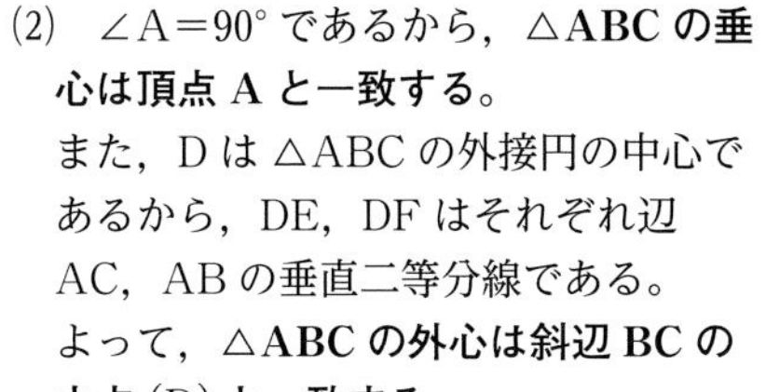

(2)　∠A＝90° であるから，**△ABC の垂心は頂点 A と一致する。**

また，D は △ABC の外接円の中心であるから，DE，DF はそれぞれ辺 AC，AB の垂直二等分線である。

よって，**△ABC の外心は斜辺 BC の中点 (D) と一致する。**

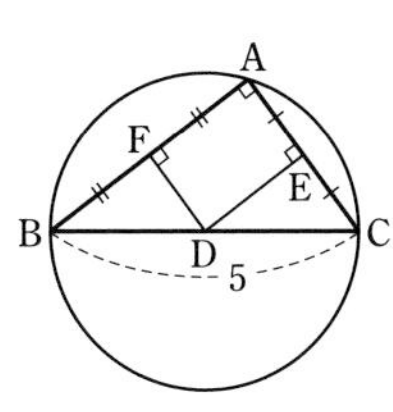

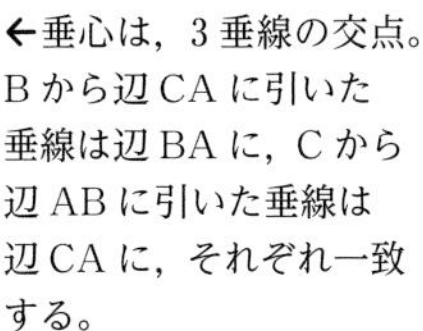

←垂心は，3 垂線の交点。B から辺 CA に引いた垂線は辺 BA に，C から辺 AB に引いた垂線は辺 CA に，それぞれ一致する。

←外心は，3 辺の垂直二等分線の交点。

(3)　△ABC の外接円の半径は　$\text{BD}=\dfrac{1}{2}\text{BC}=\boldsymbol{\dfrac{5}{2}}$

次に，内心を I，内接円の半径を r とすると，

△ABC＝△IAB＋△IBC＋△ICA であるから

$$\frac{1}{2}\cdot3\cdot4=\frac{1}{2}\cdot4\cdot r+\frac{1}{2}\cdot5\cdot r+\frac{1}{2}\cdot3\cdot r$$

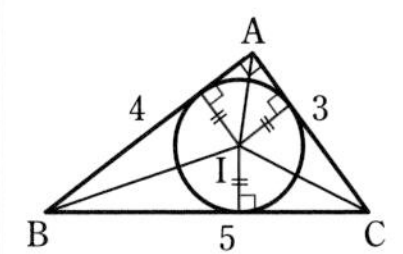

ゆえに　$6=2r+\dfrac{5}{2}r+\dfrac{3}{2}r$

よって　$\boldsymbol{r=1}$

EX ③53

右図において，△ABC の外心を O，垂心を H とする。また，△ABC の外接円と直線 CO の交点を D，点 O から辺 BC に引いた垂線を OE とし，線分 AE と線分 OH の交点を G とする。

(1)　AH＝DB であることを示せ。

(2)　点 G は △ABC の重心であることを示せ。　〔宮崎大〕

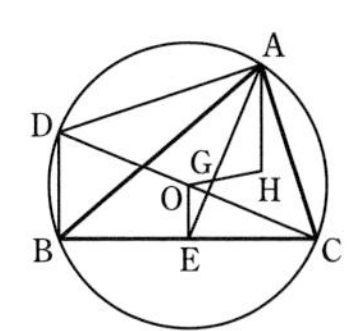

(1)　点 H は △ABC の垂心であるから

AH⊥BC …… ①，BH⊥AC …… ②

線分 CD は △ABC の外接円の直径であるから　DB⊥BC …… ③

DA⊥AC …… ④

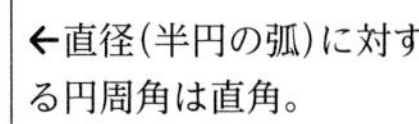

←直径(半円の弧)に対する円周角は直角。

①，③ から　AH∥DB

②，④ から　BH∥DA

よって，四角形 ADBH は平行四辺形である。

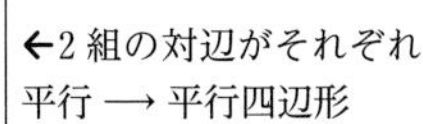

←2 組の対辺がそれぞれ平行 ⟶ 平行四辺形

したがって　AH＝DB

(2) OE//DB から　　OE：DB＝CO：CD

線分 CD は円 O の直径であるから　　CO：CD＝1：2

ゆえに　　OE：DB＝1：2 …… ⑤

また，OE//AH から　　EG：GA＝OE：AH

(1) と ⑤ から　　EG：GA＝OE：AH＝OE：DB＝1：2

よって，点 G は線分 AE を 2：1 に内分する。

OE//DB と ⑤ より，点 E は辺 BC の中点であるから，点 G は △ABC の重心である。

←平行線と線分の比の性質

←(1) から　AH＝DB

←中点連結定理

EX ③54

AB＝AC である二等辺三角形 ABC の内心を I とし，内接円 I と辺 BC の接点を D とする。辺 BA の延長と点 E で，辺 BC の延長と点 F でそれぞれ接し，辺 AC にも接する ∠B 内の円の中心(傍心)を G とするとき

(1) AG//BF が成り立つことを示せ。　　(2) AD＝GF が成り立つことを示せ。

(3) AB＝5，BD＝2 のとき，AI＝ア□，IG＝イ□ である。

(1) ∠EAG＝∠CAG であるから

$2\angle EAG=\angle EAC$ …… ①

また　$\angle EAC=\angle ABC+\angle BCA$ …… ②

更に，AB＝AC から

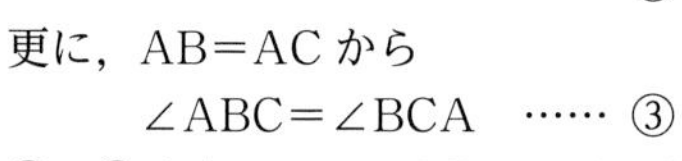

$\angle ABC=\angle BCA$ …… ③

②，③ から　$\angle EAC=2\angle ABC$

① から　$\angle EAG=\angle ABC$

よって　AG//BF …… ④

←傍心の性質

←∠EAC は △ABC の外角。

←同位角が等しい→平行

(2) 3 点 A，I，D は一直線上にあって，

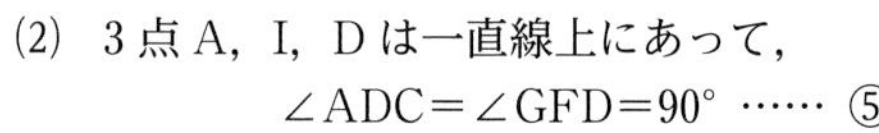

$\angle ADC=\angle GFD=90^\circ$ …… ⑤

④，⑤ から，四角形 ADFG は長方形である。

よって　AD＝GF

←AI は ∠BAC の二等分線であり，かつ，AB＝AC から，線分 BC の垂直二等分線である。

別解 (1)，(2)　$\angle IAG=\angle IAC+\angle CAG$

$=\frac{1}{2}\angle A+\frac{1}{2}(180^\circ-\angle A)=90^\circ$

また，∠GFD＝90°，および AB＝AC より　∠ADC＝90° であるから　$\angle AGF=360^\circ-90^\circ\times 3=90^\circ$

よって，四角形 ADFG は長方形であるから

AG//BF，AD＝GF

←

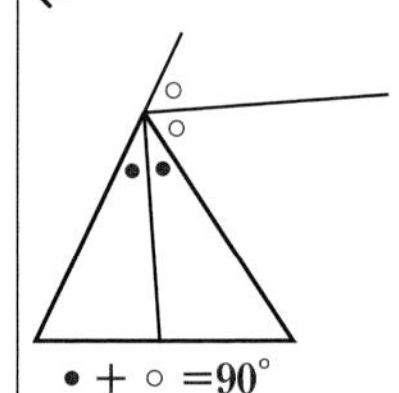

(2 等分された内角)＋(2 等分された外角)＝90°

(3) 三平方の定理により　$AD=\sqrt{AB^2-BD^2}=\sqrt{5^2-2^2}=\sqrt{21}$

また，BI は ∠ABD の二等分線であるから

AI：ID＝AB：BD＝5：2

よって　$AI=\frac{5}{7}AD=$ ア $\boldsymbol{\frac{5\sqrt{21}}{7}}$

また，∠AGI＝∠CBI＝∠ABI であるから　AG＝AB＝5

三平方の定理により，$IG=\sqrt{AI^2+AG^2}$ であるから

$$IG=\sqrt{\left(\frac{5\sqrt{21}}{7}\right)^2+5^2}=\sqrt{\left(\frac{5}{7}\right)^2(21+7^2)}=\text{イ}\ \boldsymbol{\frac{5\sqrt{70}}{7}}$$

EX ②55 △ABC において，辺 AB を 5：2 に内分する点を P，辺 AC を 7：2 に外分する点を Q，直線 PQ と辺 BC の交点を R とする。このとき，BR：CR=ア□ であり，△BPR の面積は △CQR の面積の イ□ 倍である。〔類 神戸薬大〕

(ア) △ABC と直線 PQ について，メネラウスの定理により

←三角形と 1 直線でメネラウスの定理。

$$\frac{BR}{RC}\cdot\frac{CQ}{QA}\cdot\frac{AP}{PB}=1$$

よって $\frac{BR}{RC}\cdot\frac{2}{7}\cdot\frac{5}{2}=1$

ゆえに $\frac{BR}{RC}=\frac{7}{5}$ …… Ⓐ

すなわち BR：CR=ア**7：5**

(イ) △ABC=S とすると，(ア)より BR：CR=7：5 であるから

$$\triangle ABR=\frac{7}{7+5}S=\frac{7}{12}S$$

←$\frac{\triangle ABR}{\triangle ABC}=\frac{BR}{BC}$

よって $\triangle BPR=\frac{2}{5+2}\triangle ABR=\frac{2}{7}\cdot\frac{7}{12}S=\frac{1}{6}S$

←$\frac{\triangle BPR}{\triangle ABR}=\frac{BP}{AB}$

また $\triangle ARC=\frac{5}{7+5}S=\frac{5}{12}S$

←$\frac{\triangle ARC}{\triangle ABC}=\frac{CR}{BC}$

ゆえに $\triangle CQR=\frac{2}{7-2}\triangle ARC=\frac{2}{5}\cdot\frac{5}{12}S=\frac{1}{6}S$

←$\frac{\triangle CQR}{\triangle ARC}=\frac{CQ}{AC}$

よって，△BPR の面積と △CQR の面積は等しい。答えは イ**1** 倍

別解 △APQ と直線 BC について，メネラウスの定理により

$$\frac{AB}{BP}\cdot\frac{PR}{RQ}\cdot\frac{QC}{CA}=1 \quad すなわち \quad \frac{7}{2}\cdot\frac{PR}{RQ}\cdot\frac{2}{5}=1$$

ゆえに $\frac{PR}{RQ}=\frac{5}{7}$ …… Ⓑ

∠PRB=∠CRQ=θ とすると

←対頂角は等しい。

$$\frac{\triangle BPR}{\triangle CQR}=\frac{\frac{1}{2}PR\cdot BR\sin\theta}{\frac{1}{2}CR\cdot QR\sin\theta}=\frac{PR}{RQ}\cdot\frac{BR}{RC}=\frac{5}{7}\cdot\frac{7}{5}$$

←Ⓐ，Ⓑ を代入。

=イ**1**

EX ③56 △ABC の辺 BC の垂直二等分線が辺 BC，CA，AB またはその延長と交わる点を，それぞれ P，Q，R としたとき，交点 R が辺 AB を 1：2 に内分したとする。
(1) PQ：QR を求めよ。 (2) AQ：QC を求めよ。
(3) AP：BQ を求めよ。 (4) AB^2-AC^2 を BC で表せ。
〔類 神戸女学院大〕

(1) △BPR と直線 QC について，メネラウスの定理により

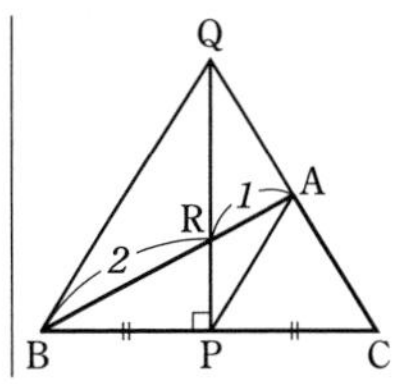

$$\frac{BC}{CP}\cdot\frac{PQ}{QR}\cdot\frac{RA}{AB}=1$$

よって $\frac{2}{1}\cdot\frac{PQ}{QR}\cdot\frac{1}{3}=1$ ゆえに $\frac{PQ}{QR}=\frac{3}{2}$

したがって PQ：QR=**3：2**

(2)　△ABC と直線 QP について，メネラウスの定理により

$$\frac{AR}{RB}\cdot\frac{BP}{PC}\cdot\frac{CQ}{QA}=1$$

よって　$\frac{1}{2}\cdot\frac{1}{1}\cdot\frac{CQ}{QA}=1$

ゆえに　$\frac{CQ}{QA}=2$

したがって　AQ：QC＝**1：2**

(3)　△CBQ において，(2) から　CA＝AQ

また　CP＝PB

よって，中点連結定理から　AP：BQ＝**1：2**

← 中点2つで平行と半分

(4)　△ABC において，中線定理から

$$AB^2+AC^2=2(AP^2+BP^2)\ \cdots\cdots\ ①$$

また，△QPC は直角三角形で A はその斜辺 QC の中点であるから　AP＝AQ＝AC

←A は △QPC の外接円の中心。

① に代入すると　$AB^2+AC^2=2(AC^2+BP^2)$

ゆえに　$AB^2-AC^2=2BP^2=2\left(\frac{1}{2}BC\right)^2=\boldsymbol{\frac{1}{2}BC^2}$

EX ④57　△ABC の 3 辺 BC，CA，AB 上にそれぞれ点 P，Q，R があり，AP，BQ，CR が 1 点 O で交わっているとする。QR と BC が平行でないとき，直線 QR と直線 BC の交点を S とすると
(1)　BP：PC＝BS：SC が成り立つことを示せ。
(2)　O が △ABC の内心であるとき，∠PAS の大きさを求めよ。

(1)　△ABC において，チェバの定理により

$$\frac{AR}{RB}\cdot\frac{BP}{PC}\cdot\frac{CQ}{QA}=1\ \cdots\cdots\ ①$$

また，△ABC と直線 QS について，メネラウスの定理により

$$\frac{AR}{RB}\cdot\frac{BS}{SC}\cdot\frac{CQ}{QA}=1\ \cdots\cdots\ ②$$

①，② から　$\frac{BP}{PC}=\frac{BS}{SC}$　← ＿，〰 がそれぞれ同じ。

したがって　BP：PC＝BS：SC

(2)　O が △ABC の内心であるとき，AO は ∠A の二等分線であるから　BP：PC＝AB：AC

これと (1) から　BS：SC＝AB：AC

ゆえに，AS は ∠A の外角の二等分線であるから

$$2\angle PAB+2\angle BAS=180^\circ$$

したがって　∠PAS＝∠PAB＋∠BAS＝**90°**

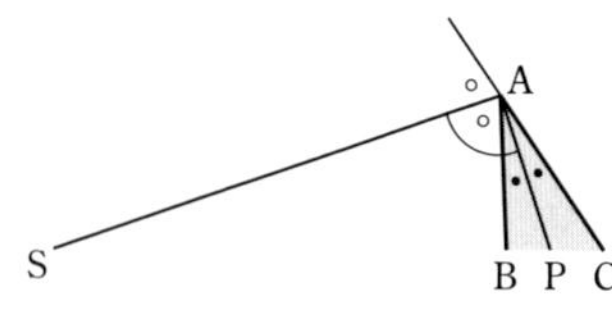

EX ④58　右の図のように，四角形 ABCD の辺 AB，CD の延長の交点を E とし，辺 AD，BC の延長の交点を F とする。線分 AC，BD，EF の中点をそれぞれ P，Q，R とするとき，3 点 P，Q，R は 1 つの直線上にあることを証明せよ。
(ニュートンの定理)

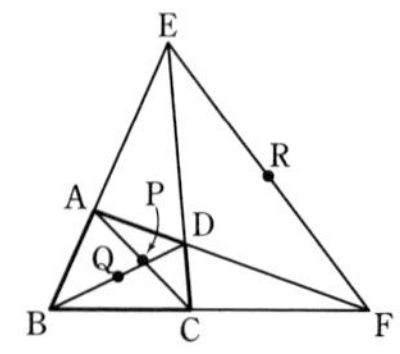

辺BCの中点をLとすると，中点連結定理により

$PL /\!/ AB,\ 2PL=AB$ …… ①

線分CEの中点をMとすると，中点連結定理により

$PM /\!/ AE,\ 2PM=AE$ …… ②

Eは辺ABの延長にあるから，①，②より，PLとPMは同じ直線を表し，Pは直線LM上にある。

線分EBの中点をNとすると，同様にして

$QN /\!/ DE,\ 2QN=DE$ …… ③

$QL /\!/ DC,\ 2QL=DC$ …… ④

また　$RM /\!/ FC,\ 2RM=FC$ …… ⑤

$RN /\!/ FB,\ 2RN=FB$ …… ⑥

Eは辺CDの延長にあるから，③，④より，QNとQLは同じ直線を表し，Qは直線NL上にある。

Fは辺BCの延長にあるから，⑤，⑥より，RMとRNは同じ直線を表し，Rは直線MN上にある。

△EBCと直線AFについて，メネラウスの定理により，

$$\frac{BF}{FC}\cdot\frac{CD}{DE}\cdot\frac{EA}{AB}=\frac{2RN}{2RM}\cdot\frac{2QL}{2QN}\cdot\frac{2PM}{2PL}=1$$

すなわち　$\dfrac{MP}{PL}\cdot\dfrac{LQ}{QN}\cdot\dfrac{NR}{RM}=1$

よって，メネラウスの定理の逆により，3点P，Q，Rは1つの直線上にある。

←△ABCにおいて，中点連結定理を適用。

中点2つで平行と半分

←△ACEにおいて，中点連結定理を適用。

←③：△BDE，④：△BCD，⑤：△CFE，⑥：△BFEにおいて，中点連結定理を適用。

←①～⑥のそれぞれにおける，線分の長さに関する等式から。

←この1つの直線をニュートン線という。

EX ②59

$a=2x-3,\ b=x^2-2x,\ c=x^2-x+1$ が三角形の3辺であるとき，x の値の範囲を求めよ。〔兵庫医大〕

$a,\ b,\ c$ が三角形の3辺であるための条件は，次の3つの不等式が成り立つことである。

$a+b>c,\ b+c>a,\ c+a>b$

すなわち　$(2x-3)+(x^2-2x)>x^2-x+1$ …… ①

$(x^2-2x)+(x^2-x+1)>2x-3$ …… ②

$(x^2-x+1)+(2x-3)>x^2-2x$ …… ③

① を整理すると　$x>4$ …… ①′

② を整理すると　$2x^2-5x+4>0$

2次方程式 $2x^2-5x+4=0$ の判別式を D とすると

$D=(-5)^2-4\cdot2\cdot4=-7<0$ であるから，この不等式の解は

すべての実数 …… ②′

③ を整理すると　$3x>2$

よって　$x>\dfrac{2}{3}$ …… ③′

①′，②′，③′ の共通範囲を求めて　$\boldsymbol{x>4}$

HINT 三角形の成立条件 $|b-c|<a<b+c$ を利用してもよいが，絶対値記号を含む2次不等式となり処理が煩雑になる。そこで左の3つの連立不等式を考える。

←左辺を平方完成して $2\left(x-\dfrac{5}{4}\right)^2+\dfrac{7}{8}>0$ から答えてもよい。

EX ③60

∠A>90° である △ABC の辺 AB，AC 上にそれぞれ頂点と異なる点 P，Q をとる。このとき，PQ<BC であることを証明せよ。

〔倉敷芸科大〕

△ABC は ∠A>90° の鈍角三角形であるから，∠A が最大である。

よって，△ABC の最大辺は辺 BC である。

←最大の角に向かい合う辺が最大。

また，AB>AC としても一般性を失わない。

P，Q はそれぞれ辺 AB，AC 上の頂点と異なる点であるから

0<AP<AB，0<AQ<AC …… ①

点 P を通り，辺 BC に平行な直線と辺 AC の交点を R とし，点 Q を通り，辺 BC に平行な直線と辺 AB の交点を S とすると　△APR∽△ABC，△ASQ∽△ABC

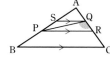

① から　PR<BC …… ②，

SQ<BC …… ③

←相似比について，例えば $\frac{\mathrm{AP}}{\mathrm{AB}}=\frac{\mathrm{PR}}{\mathrm{BC}}=k$ とすると，① から　$0<k<1$

[1]　PR>SQ のとき

△PQR において

∠PQR=∠A+∠APQ

ゆえに　∠PQR>90°

∠PQR に向かい合う辺 PR が最大となるから　PQ<PR

よって，② から　PQ<BC

←△PQR は ∠PQR>90° の鈍角三角形。

[2]　PR=SQ のとき　PQ∥BC

△APQ∽△ABC と ① から　PQ<BC

[3]　PR<SQ のとき

△SPQ において，∠SPQ=∠A+∠AQP>90° より，辺 SQ が最大となるから　PQ<SQ

よって，③ から　PQ<BC

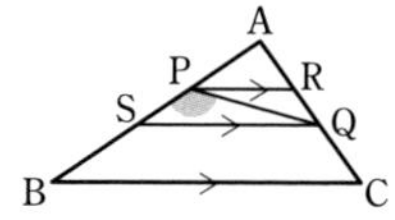

[1]～[3] から　PQ<BC

別解　∠A>90° であるから，点 A は辺 BC を直径とする円 O の内部にある。

直線 PQ と円 O の交点を D, E とすると　PQ<DE …… ③

また，辺 BC は円 O の直径であるから　DE<BC …… ④

③，④ から　PQ<BC

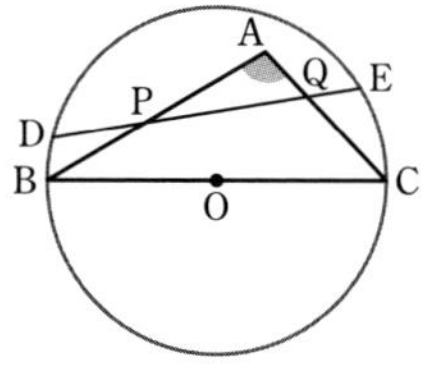

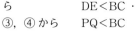

←円周上の 2 点を結ぶ弦の長さが最大になるのは，円の直径と一致するとき。

EX ③61

△ABC において，AB=AC=3，BC=2 である。辺 BC の中点を D，頂点 B から辺 AC に垂線を下ろし，その交点を E，AD と BE の交点を F とする。このとき，四角形 DCEF は円に内接することを示し，その外接円の周の長さを求めよ。

$\angle FDC=90^\circ$，$\angle FEC=90^\circ$ であるから，対角の和が 180° となる四角形 DCEF は円に内接し，線分 CF は四角形 DCEF の外接円の直径である。

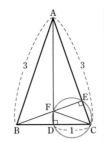

←直角 2 つで円くなる

$\triangle BFD$ と $\triangle ACD$ において

$$\angle BFD=\angle ACD$$

←円に内接する四角形の内角は，その対角の外角に等しい

また　　$\angle BDF=\angle ADC=90^\circ$

よって　　$\triangle BFD \backsim \triangle ACD$

ゆえに　　$DF:BD=CD:AD$

よって　　$DF=\dfrac{BD\cdot CD}{AD}=\dfrac{1\cdot 1}{\sqrt{3^2-1^2}}=\dfrac{1}{\sqrt{8}}=\dfrac{\sqrt{2}}{4}$

ゆえに，求める長さは　　$\pi\cdot CF=\pi\cdot\sqrt{1^2+\left(\dfrac{\sqrt{2}}{4}\right)^2}=\boldsymbol{\dfrac{3\sqrt{2}}{4}\pi}$

←三平方の定理

別解　（後半）$\triangle BCE \backsim \triangle ACD$ であるから

←$\angle BEC=\angle ADC=90^\circ$，$\angle C$ は共通。

$$BC:CE=AC:CD$$

ゆえに　　$CE=\dfrac{BC\cdot CD}{AC}=\dfrac{2\cdot 1}{3}=\dfrac{2}{3}$

また　　$BE=\sqrt{2^2-\left(\dfrac{2}{3}\right)^2}=\dfrac{4\sqrt{2}}{3}$

←$\triangle BCE$ において，三平方の定理から。

方べきの定理から　　$BF\cdot BE=BD\cdot BC$

よって　　$BF=\dfrac{BD\cdot BC}{BE}=1\cdot 2\times\dfrac{3}{4\sqrt{2}}=\dfrac{3\sqrt{2}}{4}$

点 F は辺 BC の垂直二等分線上にあるから

$$CF=BF=\frac{3\sqrt{2}}{4}$$

よって，求める長さは　　$\pi\cdot CF=\pi\cdot\dfrac{3\sqrt{2}}{4}=\boldsymbol{\dfrac{3\sqrt{2}}{4}\pi}$

EX ②62

図のように，大きい円に小さい円が点 T で内接している。点 S で小さい円に接する接線と大きい円との交点を A，B とするとき，$\angle ATS$ と $\angle BTS$ が等しいことを証明せよ。　〔神戸女学院大〕

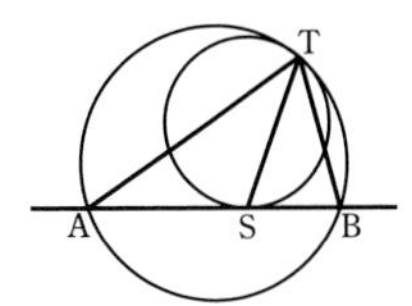

線分 AT，線分 BT と小さい円の交点をそれぞれ P，Q とする。

T における 2 つの円の共通接線を引き，右の図のように C，D を定める。

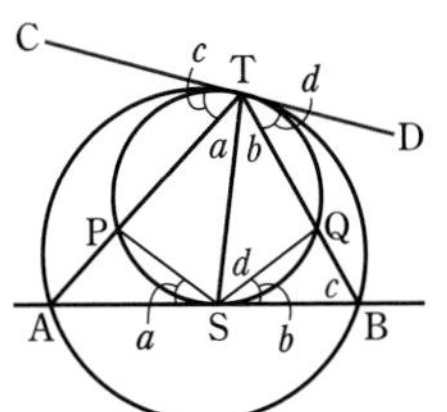

$\angle ASP=a$，$\angle BSQ=b$，$\angle CTP=c$，$\angle DTQ=d$ とすると，接弦定理により

$$\angle ATS=a,\ \angle BTS=b$$

←小さい円と接線 AB についての接弦定理。

よって　　$a+b+c+d=180^\circ$ …… ①

更に，接弦定理により　　$\angle TBS=c$，$\angle TSQ=d$

←接線 CD についての接弦定理。

△TSB において内角の和は 180° であるから

$$\angle TSB + \angle STB + \angle TBS = 180^\circ$$

すなわち　$(b+d)+b+c=180^\circ$ …… ②

①，② から　$a=b$

ゆえに　$\angle ATS=\angle BTS$

EX ②63　△ABC において，点 A から辺 BC に垂線 AH を下ろす。線分 AH を直径とする円 O と辺 AB，AC の交点をそれぞれ D，E とし，円 O の半径を 1，BH=1，CE=3 とする。
(1) 線分 DB の長さを求めよ。
(2) 線分 HC と線分 CA の長さをそれぞれ求めよ。
(3) ∠EDH の大きさを求めよ。　〔大分大〕

(1) △ABH は，$\angle H=90^\circ$ の直角三角形であるから

$$AB=\sqrt{1^2+2^2}=\sqrt{5}$$

直線 BH は円 O の接線であるから，方べきの定理により

$$BD\cdot BA=BH^2$$

よって　$\sqrt{5}\,DB=1^2$

ゆえに　$DB=\dfrac{\mathbf{1}}{\sqrt{\mathbf{5}}}$

←まず，図をかく。辺や線分の長さも記入する。なお，x，y は (2) で使うものである。

←$\dfrac{1}{\sqrt{5}}=\dfrac{\sqrt{5}}{5}$ としてもよい。

(2) $HC=x$，$CA=y$ とすると　$x>0$，$y>0$

△AHC は $\angle H=90^\circ$ の直角三角形であるから

$$y^2=x^2+2^2 \;\cdots\cdots\; ①$$

直線 CH は円 O の接線であるから，方べきの定理により

$$CE\cdot CA=CH^2$$

よって　$3y=x^2$ …… ②

①，② から　$y^2=3y+4$　ゆえに　$y^2-3y-4=0$

←x^2 を消去。

よって　$(y+1)(y-4)=0$　$y>0$ であるから　$y=4$

このとき，② から　$x^2=12$

$x>0$ であるから　$x=2\sqrt{3}$

したがって　$\mathbf{HC=2\sqrt{3}}$，$\mathbf{CA=4}$

(3) △AHC において，

$$\angle H=90^\circ,\ CA=4,\ AH=2$$

であるから　$\angle CAH=60^\circ$

ゆえに，円周角の定理から

$$\angle EDH=\angle EAH=\angle CAH=\mathbf{60^\circ}$$

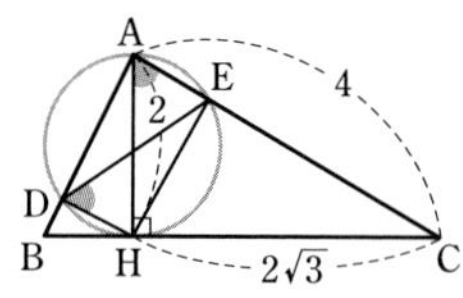

←直角三角形 AHC の辺の比に着目。

←$\overset{\frown}{HE}$ に対する円周角

EX ④64　円周上に 3 点 A，B，C がある。弦 AB の延長上に 1 点 P をとり，点 C と点 P を結ぶ線分がこの円と再び交わる点を Q とする。このとき，$CA^2=CP\cdot CQ$ が成り立つとすると，△ABC はどのような三角形か。

HINT　条件から，方べきの定理の逆により，CA は △AQP の外接円の接線となることに着目。

$CA^2=CP \cdot CQ$ であるから，CA は △AQP の外接円に点 A で接する。

← 方べきの定理の逆

ゆえに　$\angle CAQ=\angle BPQ$ …… ①

← 接弦定理

また，4 点 A，C，Q，B は 1 つの円周上にあるから

$\angle ACQ=\angle PBQ$ …… ②

← 1 つの内角が，その対角の外角に等しい。

①，② から　$\triangle CAQ \backsim \triangle BPQ$

よって　$\angle AQC=\angle PQB$ …… ③

また　$\angle CAB=\angle PQB$ …… ④

$\angle CBA=\angle AQC$ …… ⑤

← $\overset{\frown}{AC}$ に対する円周角。

③，④，⑤ から　$\angle CAB=\angle CBA$

したがって，△ABC は **CA＝CB の二等辺三角形** である。

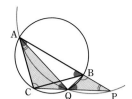

検討　(**方べきの定理の逆**「線分 AB の延長上に点 P があり，直線 AB 上にない点 T に対し，$PA \cdot PB=PT^2$ が成り立つならば，PT は △TAB の外接円に接する。」**の証明**)

△PTA と △PBT において

$\angle TPA=\angle BPT$

← 共通の角

また，$PA \cdot PB=PT^2$ から

$PA : PT=PT : PB$

ゆえに　$\triangle PTA \backsim \triangle PBT$

よって　$\angle PTA=\angle PBT$

したがって，PT は △TAB の外接円に点 T で接する。

← **接弦定理の逆**

EX ③65

四角形 ABCD において，AC と BD の交点を P とする。$\angle APB=\angle CPD=90^\circ$，AB∥DC であるとする。このとき，△PAB と △PCD のそれぞれの外接円は互いに外接することを示せ。〔倉敷芸科大〕

△PAB の外接円について，点 P における接線 QR を右の図のように引くと　$\angle BAP=\angle BPR$

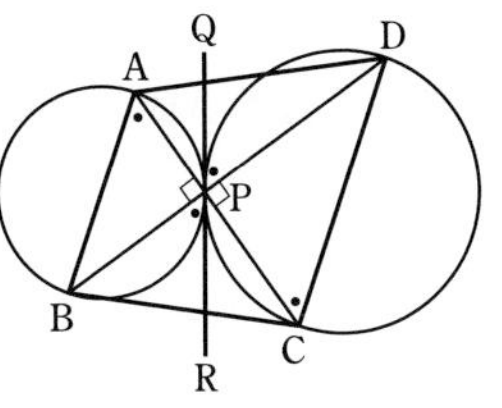

← 接弦定理

また　$\angle BPR=\angle DPQ$

← 対頂角は等しい。

よって　$\angle BAP=\angle DPQ$ …… ①

AB∥DC であるから

$\angle BAP=\angle DCP$ …… ②

← 平行線の錯角は等しい。

①，② から　$\angle DPQ=\angle DCP$

ゆえに，△PCD の外接円は直線 QR に接する。

← **接弦定理の逆**

したがって，△PAB と △PCD のそれぞれの外接円は点 P で互いに外接する。

EX ④66

長さ a の線分が与えられたとき，対角線と 1 辺の長さの和が a である正方形を作図せよ。

① 正方形 $A'BC'D'$ をかき，対角線 BD' の D' を越える延長上に，$D'F'=D'C'$ となるような点 F' をとる。

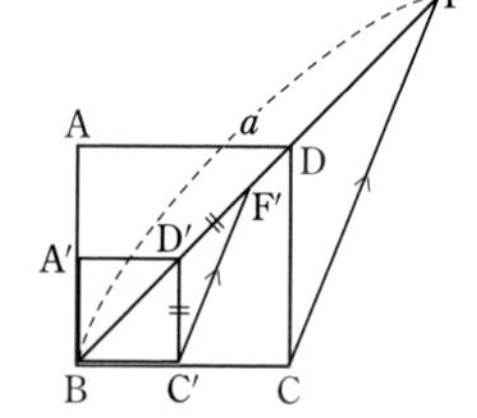

← 対角線と1辺のままでは，いわゆる「折れ線」で，このままでは扱いにくい。そこで，1本の線分にのばして考える。

② 直線 BF' 上に $BF=a$ となるような点Fをとる。

③ 点Fを通り，線分 $F'C'$ に平行な直線と直線 BC' との交点をCとする。

④ 辺BCを1辺とする正方形ABCDをかく。
この正方形ABCDが求める正方形である。

← Bを相似の中心として，正方形ABCDと正方形 $A'BC'D'$ は相似の位置にある。

このとき，$C'F' /\!/ CF$ から　$\angle D'F'C'=\angle DFC$

また，$D'C' /\!/ DC$ から　$\angle F'D'C'=\angle FDC$

よって　$\angle D'C'F'=\angle DCF$

$C'D'=D'F'$ より，$\angle D'F'C'=\angle D'C'F'$ であるから

$\angle DFC=\angle DCF$

ゆえに　$CD=DF$

よって　$BD+CD=BD+DF=BF=a$

したがって，この四角形ABCDが求める正方形である。

別解　1辺の長さが x の正方形の対角線と1辺の長さの和は

$$\sqrt{2}x+x=(\sqrt{2}+1)x$$

$(\sqrt{2}+1)x=a$ とすると　$x=\dfrac{a}{\sqrt{2}+1}=(\sqrt{2}-1)a$

よって，1辺の長さが $(\sqrt{2}-1)a$ の正方形を作図する方法を考える。

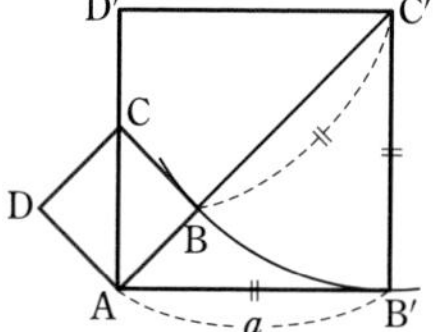
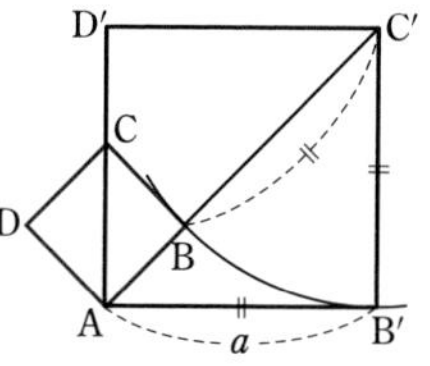

① 1辺の長さが a の正方形 $AB'C'D'$ を作図する。

← 正方形 $AB'C'D'$ の作図。
[1] 長さ a の線分 AB' を引く。
[2] Aを通り AB' に垂直な直線を引く。
[3] Aを中心とする半径 a の円をかき，[2]の直線との交点を D' とする。
[4] B'，D' を中心とする半径 a の円をそれぞれかき，その交点を C' とする。

② 点 C' を中心として，半径 $C'B'$ の円弧と線分 AC' との交点をBとする。

③ 辺ABを1辺とする正方形ABCDをかく。
この正方形ABCDが求める正方形である。

このとき　$AB=AC'-BC'=\sqrt{2}a-a=(\sqrt{2}-1)a$

正方形ABCDの対角線と1辺の長さの和は

$$AC+AB=\sqrt{2}AB+AB=(\sqrt{2}+1)AB$$
$$=(\sqrt{2}+1)(\sqrt{2}-1)a=a$$

EX

67

右の図のような △ABC の辺AB，AC上にそれぞれ点D，Eをとり，線分BD，DE，CEの長さがすべて等しくなるようにしたい。このような線分DEを作図せよ。

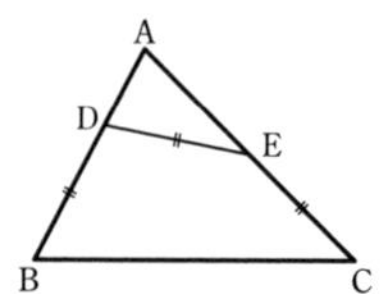

四角形 ABC′E′ を，AB＝AE′＝E′C′ となるようにかき，B を相似の中心として，C′ が C に移るように縮小すると考える。したがって，次のように作図すればよい。

←E が辺 AC 上にあるという条件をはずして考える。

① 辺 AC 上に CF＝AB となるように点 F をとる。

② 点 F を通り，辺 BC に平行な直線 ℓ を引く。

③ 点 A を中心として，半径 AB の円をかき，直線 ℓ との交点を E′ とする。

←AB＝AE′ である。

④ 線分 BE′ と直線 CA との交点を E とし，E を通り，線分 E′A に平行な直線と辺 AB との交点を D とすると，線分 DE が求める線分である。

←結局，C′ は作図しなくても，点 D，E は作図することができる。

このとき，BC∥FE′ から $\dfrac{CE}{CF}=\dfrac{BE}{BE'}$ …… ㋐

DE∥AE′ から $\dfrac{BD}{BA}=\dfrac{BE}{BE'}=\dfrac{DE}{AE'}$ …… ㋑

㋐，㋑ から $\dfrac{BD}{BA}=\dfrac{CE}{CF}=\dfrac{DE}{AE'}$ …… ㋒

AB＝CF＝AE′ であるから，㋒ より

BD＝CE＝DE

EX ③68 右の図のように，円 O の内部に 2 点 A，B が与えられている。この円を折り，折り返された弧が A，B を通るような折り目の線分を作図せよ。

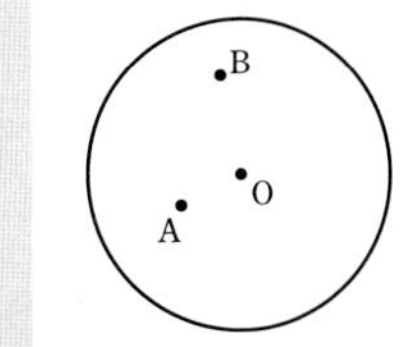

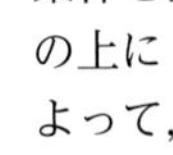

条件を満たすとき，折り目に関して，円 O と対称な円 O′ の弧の上に 2 点 A，B がある。

←作図ができたものとして考える。

よって，円 O と円 O′ の交点を通る直線が折り目になると考えられるから，次のように作図する。

① A を中心として，円 O と等しい半径（r とする）の円をかく。

② 線分 AB の垂直二等分線と ① の円との交点を O′ とする。

←② で，線分 AB の垂直二等分線と ① の円は異なる 2 点で交わる。左の図のもう 1 つの交点を利用して，③ の円をかいてもよい。

③ O′ を中心として，半径 r の円をかく。

④ 円 O と円 O′ の交点を C，D とすると，線分 CD が求める折り目の線分である。

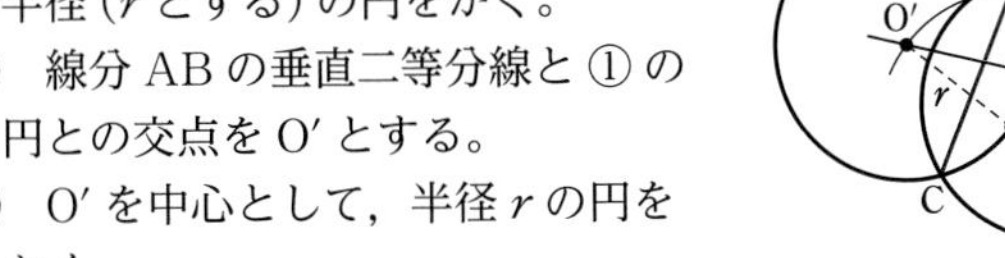

このとき，O′ は線分 AB の垂直二等分線上にあり，O′A＝O′B＝r である。また，線分 CD は，等円 O，O′ の共通弦であるから，∠COD＝∠CO′D より　扇形 OCD≡扇形 O′CD

←半径が等しい円を等円という。

よって，円Oと円O′は共通弦CDに関して対称で，円O′の弧ABを，CDを折り目として折り返すと円O上に移される。

EX ③69 右の図のように，半径の等しい2つの円O，O′と直線ℓがある。直線ℓ上に中心があり，2つの円O，O′に接する円を1つ作図せよ。

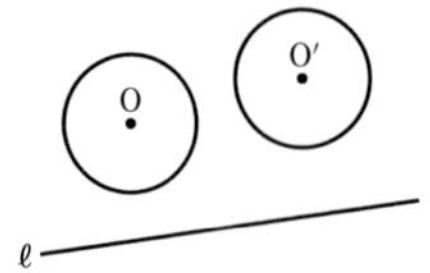

① 線分OO′の垂直二等分線を引き，直線ℓとの交点をPとする。

② 線分OPと円Oの交点をQ，線分O′Pと円O′の交点をRとする。

③ 点Pを中心として，半径PQ（またはPR）の円をかく。この円が求める円である。

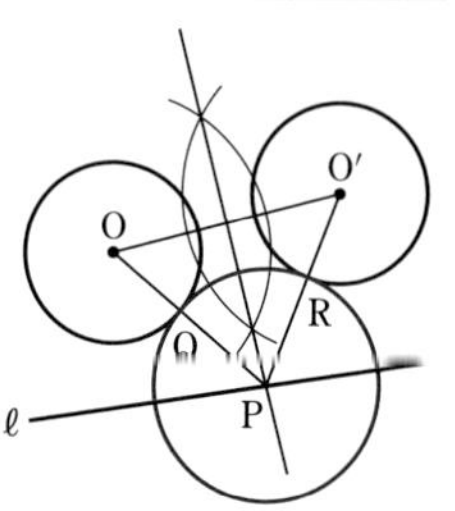

←接する円の中心は2円O，O′から等距離にある。

このとき，OP=O′P から

$$OQ+PQ=O'R+PR$$

←Pは線分OO′の垂直二等分線上にある。

円Oと円O′の半径は等しいから

$$OQ=O'R$$

ゆえに　$PQ=PR$

←$OP-OQ=O'P-O'R$

したがって，円Pは2円O，O′に接する。

EX ③70 長さ1の線分が与えられたとき，連立方程式 $x+y=4$，$xy=1$ の解を長さにもつ線分を作図せよ。

① 長さ4の線分ABを直径とする半円をかく。

② ABに平行で，ABとの距離が1である直線と，①の半円との交点の1つをCとする。

③ CからABに下ろした垂線の足をDとすると，線分AD，BDが求める線分である。

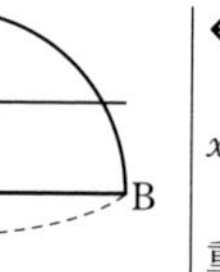

←$x+y=4$ から
$y=4-x$
$xy=1$ に代入して
$x(4-x)=1$
重要例題104と似た形なので，方べきの定理が利用できないか，と考える。

このとき，$AD=x$，$BD=y$ とすると，$AD+BD=AB$ から

$$x+y=4$$

また，方べきの定理より，$AD \cdot DB=CD^2$ であるから

$$xy=1$$

←①の半円の下の半円と③の垂線の交点をC′とすると　$C'D=CD=1$

したがって，線分AD，BDは連立方程式 $x+y=4$，$xy=1$ の解を長さにもつ線分である。

EX ④71 2定点A，Bを結ぶ線分の中点を，コンパスのみを使って作図せよ。

① 点Aを中心として，半径ABの円をかく。
② 点Bを中心として，半径ABの円をかく。
③ ①の円と②の円の交点をP，Qとする。
④ 点Pを中心として，半径PQの円をかき，②の円とのQでない交点をRとする。
⑤ 点Rを中心として，半径ARの円をかき，①の円との交点をS，Tとする。
⑥ 点S，Tを中心として，半径ASの円をそれぞれかき，2つの円のAでない交点をMとすると，点Mが線分ABの中点である。

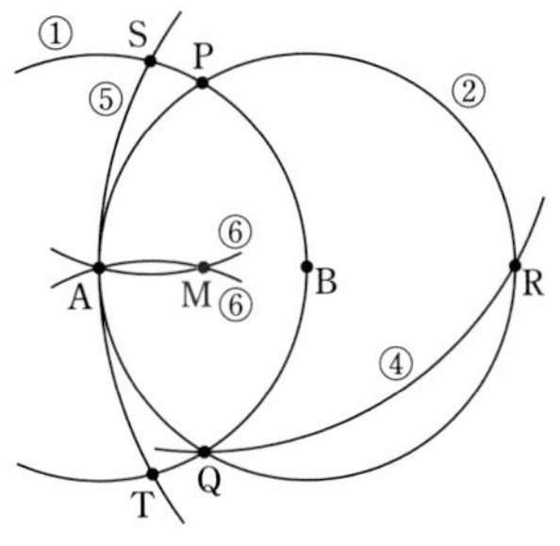
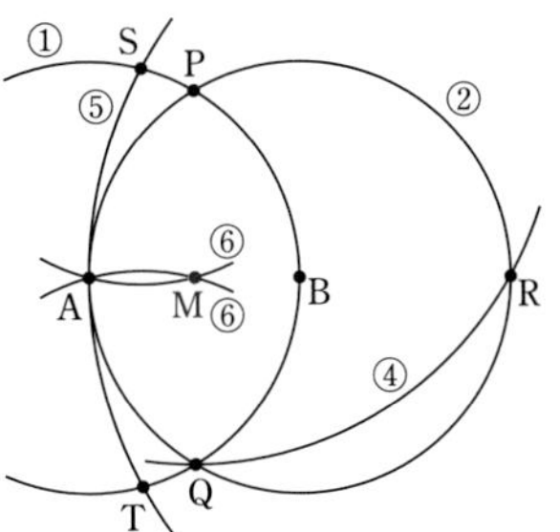

←本問では，作図の際に定規を使えない。

←PA＝PB＝QA＝QB＝AB

←線分ABのBを越える延長上に，AR＝2ABとなる点Rを作図することがポイント（①～④の作業）。

←AS＝AT

このとき，BP＝BQ＝BR，PQ＝PRであるから

$\triangle$BPQ≡$\triangle$BPR …… ㋐

$\triangle$PABと$\triangle$QABは合同な正三角形であるから

$\angle$PBQ＝120°

よって，㋐から　$\angle$PBR＝120°

ゆえに，$\angle$PBA＋$\angle$PBR＝60°＋120°＝180°であるから，点Rは直線AB上にあり　AR＝2AB

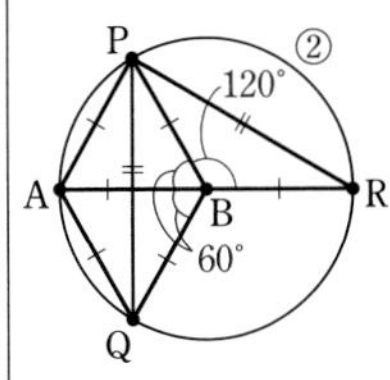

←線分ARは②の円の直径。

また，$\triangle$RASと$\triangle$SAMにおいて，RA＝RS，SA＝SMであるから　$\angle$RAS＝$\angle$RSA，$\angle$SAM＝$\angle$SMA

ここで　$\angle$RAS＝$\angle$SAM（共通）…… ㋑

よって　$\angle$RSA＝$\angle$SMA　…… ㋒

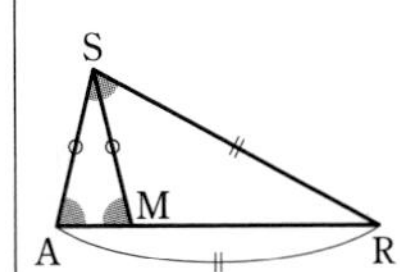

㋑，㋒から　$\triangle$RAS∽$\triangle$SAM

ゆえに　$\dfrac{\text{SA}}{\text{RS}}=\dfrac{\text{MA}}{\text{SM}}$

SA＝SM＝AB，RS＝AR＝2ABから

$$\text{AM}=\frac{\text{AB}^2}{2\text{AB}}=\frac{1}{2}\text{AB}$$

←点S，Bは点Aを中心とする円①上にある。

㋑より，点Mは直線AB上にあるから，Mは線分ABの中点である。

検討　線分ABをn等分する点の作図

①～④の作業を繰り返し行い，線分ABのBを越える延長上に，AR＝nABとなる点Rを作図する。
そして，⑤，⑥と同様の作図をすると，AB：AM＝n：1となる線分AB上の点Mが得られる。

n=3の場合（AB：AM＝3：1）

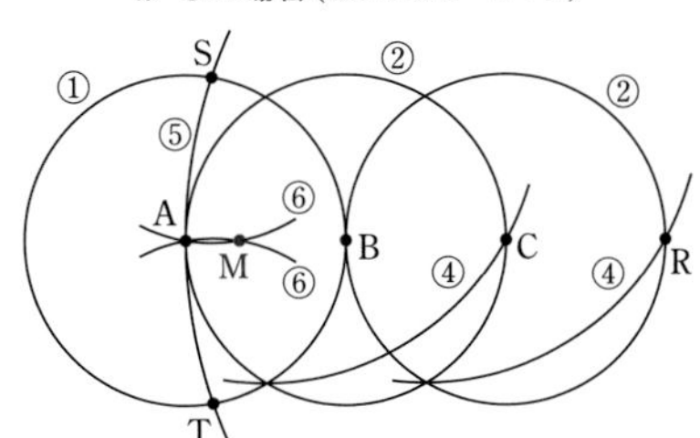

EX ②72 空間内の直線 ℓ, m, n や平面 P, Q, R について，次の記述が正しいか，正しくないかを答えよ。

(1) $P\perp Q$, $Q\perp R$ のとき，$P/\!/R$ である。　(2) $P\perp Q$, $Q/\!/R$ のとき，$P\perp R$ である。

(3) $\ell\perp m$, $P/\!/\ell$ のとき，$P\perp m$ である。　(4) $P/\!/\ell$, $Q/\!/\ell$ のとき，$P/\!/Q$ である。

(5) $P\perp\ell$, $Q/\!/\ell$ のとき，$P\perp Q$ である。　(6) $\ell\perp m$, $m\perp n$ のとき，$\ell/\!/n$ である。

正しいときは○，正しくないときは×で表す。

(1) ×　(2) ○　(3) ×　(4) ×

(5) ○　(6) ×

検討　(6)は，空間では正しくないが，平面上の 3 つの直線 ℓ, m, n について，「$\ell\perp m$, $m\perp n$ のとき，$\ell/\!/n$」は正しい。

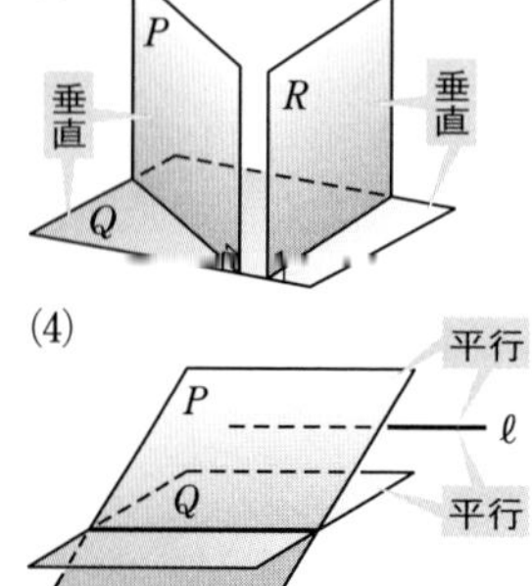

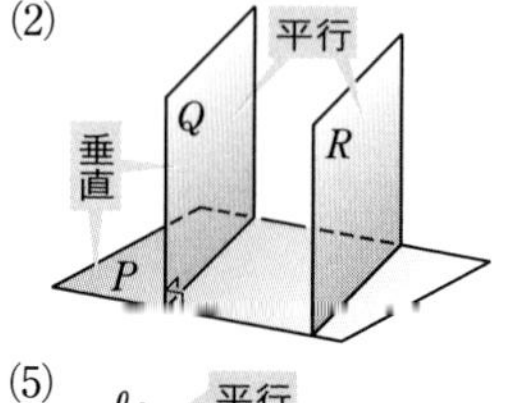

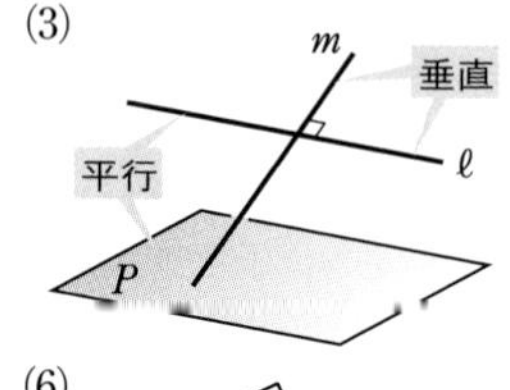

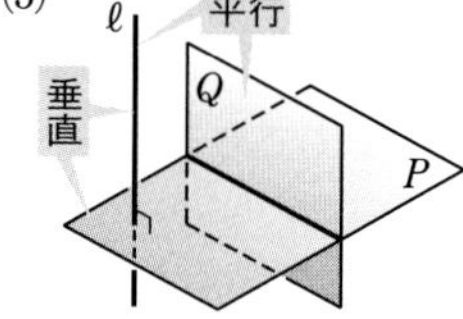

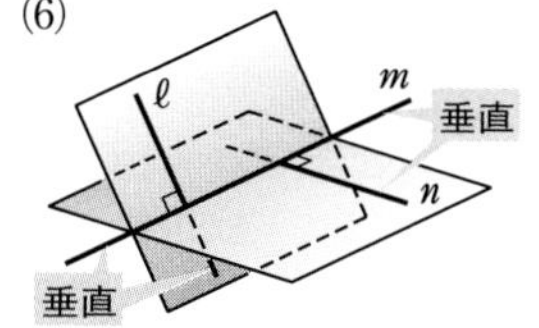

EX ③73 四面体 ABCD がある。線分 AB, BC, CD, DA 上にそれぞれ点 P, Q, R, S がある。点 P, Q, R, S は同一平面上にあり，四面体のどの頂点とも異なるとする。PQ と RS が平行でないとき，等式 $\dfrac{\mathrm{AP}}{\mathrm{PB}}\cdot\dfrac{\mathrm{BQ}}{\mathrm{QC}}\cdot\dfrac{\mathrm{CR}}{\mathrm{RD}}\cdot\dfrac{\mathrm{DS}}{\mathrm{SA}}=1$ が成り立つことを示せ。　〔類 埼玉大〕

3 点 A, B, C を通る平面を α, 3 点 A, C, D を通る平面を β, 4 点 P, Q, R, S を通る平面を γ とする。

PQ と RS は同一平面上にあり，PQ$\not\parallel$RS より，平面 γ 上の点 X で交わる。

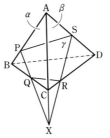

←このことがポイントとなる。

X は直線 PQ 上の点であり，直線 PQ は平面 α 上にあるから，X も平面 α 上にある。

また，X は直線 RS 上の点であり，直線 RS は平面 β 上にあるから，X も平面 β 上にある。

よって，X は平面 α と平面 β の交線上，すなわち，直線 AC 上にある。

ゆえに，△ABC と直線 PQ について，メネラウスの定理により

←三角形と 1 直線でメネラウスの定理。

$$\frac{\mathrm{AP}}{\mathrm{PB}}\cdot\frac{\mathrm{BQ}}{\mathrm{QC}}\cdot\frac{\mathrm{CX}}{\mathrm{XA}}=1 \quad \cdots\cdots ①$$

更に，△ACD と直線 RS について，メネラウスの定理により

$$\frac{\mathrm{AX}}{\mathrm{XC}}\cdot\frac{\mathrm{CR}}{\mathrm{RD}}\cdot\frac{\mathrm{DS}}{\mathrm{SA}}=1 \quad \cdots\cdots ②$$

①，② の辺々を掛けることにより　$\frac{AP}{PB}\cdot\frac{BQ}{QC}\cdot\frac{CR}{RD}\cdot\frac{DS}{SA}=1$

←① の $\frac{CX}{XA}$ と ② の $\frac{AX}{XC}$ が消し合う。

EX ②74 正多面体の隣り合う 2 つの面の正多角形の中心を結んでできる多面体もまた，正多面体である。5 つの正多面体のそれぞれについて，できる正多面体を答えよ。ただし，正多角形の中心とは，その正多角形の外接円の中心とする。

新しくできる正多面体の頂点の数は，もとの正多面体の面の数に等しい。よって，新しくできる正多面体は，表のようになる。

もとの正多面体	もとの面の数	もとの頂点の数	新しくできる頂点の数	**新しくできる正多面体**
正四面体	4	4	4	**正四面体**
正六面体	6	8	6	**正八面体**
正八面体	8	6	8	**正六面体**
正十二面体	12	20	12	**正二十面体**
正二十面体	20	12	20	**正十二面体**

検討　新しくできる正多面体を，もとの正多面体と **双対な正多面体** という。

EX ③75 正二十面体の 1 つの頂点に集まる 5 つの辺の 3 等分点のうち，頂点に近い方の点を結んでできる正五角形を含む平面で正二十面体を切り，頂点を含む正五角錐を取り除く。すべての頂点で，同様に正五角錐を取り除くとき，残った多面体の面の数 f，辺の数 e，頂点の数 v を，それぞれ求めよ。

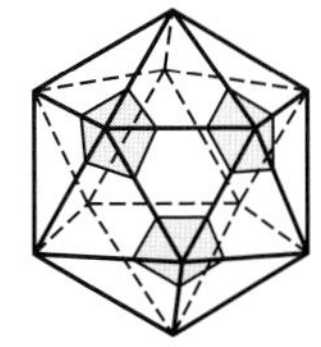

正二十面体は，各面が正三角形であり，1 つの頂点に集まる面の数は 5 である。したがって，正二十面体の

辺の数は　　$3\times20\div2=30$

頂点の数は　　$3\times20\div5=12$ …… ①

次に，問題の多面体について考える。

正二十面体の各頂点のところで正五角形を切り取っているから，頂点の数だけ面の数が増える。

ゆえに，① から，面の数は　$\boldsymbol{f}=20+12=\mathbf{32}$

辺の数は，頂点の数だけ正五角形が増えているから

$\boldsymbol{e}=30+5\times12=\mathbf{90}$

頂点の数は，オイラーの多面体定理から

$\boldsymbol{v}=90-32+2=\mathbf{60}$

問題の多面体は，次の図のようになり，**切頂二十面体** ともいう(サッカーボールの原型である)。

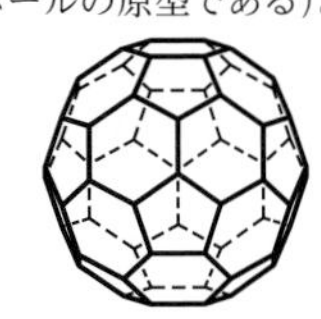

←正五角形の面がもとの正二十面体の頂点の数だけあるから，$v=5\times12=60$ としてもよい。

EX ④76 正多面体は，正四面体，正六面体，正八面体，正十二面体，正二十面体の 5 種類以外にないことを，オイラーの多面体定理を用いて証明せよ。

正多面体の頂点，辺，面の数を，それぞれ v，e，f とする。

正多面体の各面を正 m 角形（m は 3 以上の整数）とすると，各面は m 個ずつの辺をもつから，f 個の正 m 角形では mf 個の辺をもつことになるが，1 つの辺は 2 つの面に共有されている

から　　$mf=2e$　すなわち　$f=\dfrac{2e}{m}$ …… ①

←つまり，mf は，1つの辺を重複して数え上げていることになる。

次に，1つの頂点に集まる辺の数を n（n は3以上の整数）とすると，v 個の頂点には nv 個の辺が集まることになるが，各辺には両端の2頂点が対応するから

$$nv=2e \quad \text{すなわち} \quad v=\frac{2e}{n} \ \cdots\cdots ②$$

←nv は，1つの辺を重複して数え上げている。

①，② をオイラーの多面体定理 $v-e+f=2$ に代入すると

$$\frac{2e}{n}-e+\frac{2e}{m}=2$$

よって　　$e=\dfrac{2mn}{2(m+n)-mn}$ …… ③

$e>0$，$2mn>0$ であるから　　$2(m+n)-mn>0$

ゆえに　　$mn-2(m+n)<0$ ……（＊）

$mn-2(m+n)+4<4$

よって　　$(m-2)(n-2)<4$

$m\geqq3$，$n\geqq3$ の範囲の整数で，この不等式を満たす m，n の値は右の表のようになる。

$m-2$	1	1	1	2	3
$n-2$	1	2	3	1	1
m	3	3	3	4	5
n	3	4	5	3	3

また，この m，n の値に対応する e，v，f の値は，③，②，① に代入して

[1]　$m=3$，$n=3$ のとき　　$e=6$，$v=4$，$f=4$

[2]　$m=3$，$n=4$ のとき　　$e=12$，$v=6$，$f=8$

[3]　$m=3$，$n=5$ のとき　　$e=30$，$v=12$，$f=20$

[4]　$m=4$，$n=3$ のとき　　$e=12$，$v=8$，$f=6$

[5]　$m=5$，$n=3$ のとき　　$e=30$，$v=20$，$f=12$

←$v=\dfrac{2e}{n}$，$f=\dfrac{2e}{m}$

ゆえに，[1] は正四面体，[2] は正八面体，[3] は正二十面体，[4] は正六面体，[5] は正十二面体　　である。

よって，正多面体は，これらの5種類以外にはない。

別解　n 個の正 m 角形が1つの頂点に集まるとする。

正 m 角形の1つの内角の大きさは　　$\dfrac{(m-2)\times180^\circ}{m}$

1つの頂点に集まる角の和は 360° より小さいから

$$n\cdot\frac{(m-2)\times180^\circ}{m}<360^\circ$$

ゆえに　　$n(m-2)<2m$

よって　　$2(m+n)-mn>0$

ゆえに　　$mn-2(m+n)<0$

（＊）と同じ不等式が得られ，以後は同じ。

練習 ②110

(1) 次のことを証明せよ。ただし，a，b，c，d は整数とする。
(ア) a，b がともに 4 の倍数ならば，a^2+b^2 は 8 の倍数である。
(イ) a が c の倍数で，d が b の約数ならば，cd は ab の約数である。
(2) 2 つの整数 a，b に対して，$a=bk$ となる整数 k が存在するとき，$b\mid a$ と書くことにする。このとき，$a\mid 20$ かつ $2\mid a$ であるような整数 a を求めよ。

(1) (ア) a，b は 4 の倍数であるから，整数 k，l を用いて

$a=4k$，$b=4l$ と表される。

よって $a^2+b^2=(4k)^2+(4l)^2=16k^2+16l^2$
$=8(2k^2+2l^2)$

$2k^2+2l^2$ は整数であるから，a^2+b^2 は 8 の倍数である。

(イ) a が c の倍数で，d が b の約数であるから，整数 k，l を用いて $a=ck$，$b=dl$ と表される。

この 2 式の辺々を掛けて $ab=cdkl$

kl は整数であるから，cd は ab の約数である。

(2) $a\mid 20$ から $20=ak$ …… ①，$2\mid a$ から $a=2l$ …… ②

となる整数 k，l が存在する。

② を ① に代入して $20=2l\cdot k$ よって $kl=10$

ゆえに，l は 10 の約数であるから

$l=\pm1$，±2，±5，±10

したがって **$a=\pm2$，±4，±10，±20**

←●が■の倍数 ⟺ ●=■k (k は整数)

←●が■の約数 ⟺ ■=●l (l は整数)

←「a は 20 の約数」かつ「a は 2 の倍数」と考え，20 の約数のうち偶数であるものを書き上げる方針で進めてもよい。

←② に l の値を代入。

練習 ②111

(1) 5 桁の自然数 4□9□3 の□に，それぞれ適当な数を入れると 9 の倍数になる。このような自然数で最大なものを求めよ。
(2) 6 桁の自然数 N を 3 桁ごとに 2 つの数に分けたとき，前の数と後の数の差が 7 の倍数であるという。このとき，N は 7 の倍数であることを証明せよ。

(1) 千の位の数を a，十の位の数を b とする。

ただし，a，b は整数で，$0\leqq a\leqq 9$，$0\leqq b\leqq 9$ である。

5 桁の自然数 $4a9b3$ が 9 の倍数となるのは，各位の数の和 $4+a+9+b+3=a+b+16$ が 9 の倍数となるときである。

$0\leqq a\leqq 9$，$0\leqq b\leqq 9$ より，$0\leqq a+b\leqq 18$ であるから，$a+b+16$ が 9 の倍数となるのは，

$a+b=2$ または $a+b=11$

のときである。

最大なものを求めるから，$a+b=11$ を満たす a，b の値の中で，a が最大となる場合を考えればよい。

それを求めて $a=9$，$b=2$

したがって，求める自然数は **49923**

←$16\leqq a+b+16\leqq 34$ の範囲で，$a+b+16$ が 9 の倍数となるのは
$a+b+16=9\cdot2=18$
$a+b+16=9\cdot3=27$
のときである。

(2) $N=1000a+b$ (a，b は整数；$100\leqq a\leqq 999$，$0\leqq b\leqq 999$) とおくと，条件から，$a-b=7m$ (m は整数) と表される。

ゆえに，$a=b+7m$ であるから

$N=1000(b+7m)+b=7(143b+1000m)$

したがって，N は 7 の倍数である。

←$869036=869000+36$
$=869\times1000+36$
のように表す。

←$1001b+7000m$
$=7\cdot143b+7\cdot1000m$

練習 ②112

(1) $\sqrt{\dfrac{500}{77n}}$ が有理数となるような最小の自然数 n を求めよ。

(2) $\sqrt{54000n}$ が自然数になるような最小の自然数 n を求めよ。

(3) $\dfrac{n}{10}$, $\dfrac{n^2}{18}$, $\dfrac{n^3}{45}$ がすべて自然数となるような最小の自然数 n を求めよ。

(1) $\sqrt{\dfrac{500}{77n}}=\sqrt{\dfrac{2^2\cdot5^3}{7\cdot11n}}=10\sqrt{\dfrac{5}{7\cdot11n}}$ であるから，これが有理数となるような最小の自然数 n は　$\boldsymbol{n=5\cdot7\cdot11=385}$

←$10\sqrt{\dfrac{5}{7\cdot11\cdot5\cdot7\cdot11}}=10\cdot\dfrac{1}{7\cdot11}=\dfrac{10}{77}$ となる。

(2) $\sqrt{54000}=\sqrt{2^4\cdot3^3\cdot5^3}=2^2\cdot3\cdot5\sqrt{3\cdot5}$

ゆえに，$\sqrt{54000n}$ が自然数となるのは，$\sqrt{3\cdot5n}$ の根号の中の $3\cdot5n$ を素因数分解したとき，それぞれの指数が偶数になるときである。

←$\sqrt{\ }$ 内が平方数。

よって，求める最小の自然数 n は　$\boldsymbol{n=3\cdot5=15}$

←$2^2\cdot3\cdot5\sqrt{3^2\cdot5^2}$ となる。

(3) $\dfrac{n}{10}=m$ (m は自然数) とおくと　$n=2\cdot5m$

ゆえに　$\dfrac{n^2}{18}=\dfrac{2^2\cdot5^2m^2}{2\cdot3^2}=\dfrac{2\cdot5^2m^2}{3^2}=2\left(\dfrac{5m}{3}\right)^2$

←$(ab)^l=a^lb^l$

これが自然数となるのは，m が3の倍数のときであるから，

$m=3k$ (k は自然数) とおくと　$n=2\cdot3\cdot5k$ ……①

よって　$\dfrac{n^3}{45}=\dfrac{2^3\cdot3^3\cdot5^3k^3}{3^2\cdot5}=2^3\cdot3\cdot5^2k^3$

これが自然数となるもので最小のものは，$k=1$ のときである。

①に $k=1$ を代入して　$\boldsymbol{n=30}$

←①から，k が最小のとき，n も最小となる。

練習 ②113

(1) 756の正の約数の個数と，正の約数の総和を求めよ。

(2) 正の約数の個数が3で，正の約数の総和が57となる自然数 n を求めよ。

(3) 300以下の自然数のうち，正の約数が9個である数の個数を求めよ。

(1) $756=2^2\cdot3^3\cdot7$ であるから，**正の約数の個数は**

$(2+1)(3+1)(1+1)=3\cdot4\cdot2=\boldsymbol{24}$ **(個)**

また，**正の約数の総和は**

$(1+2+2^2)(1+3+3^2+3^3)(1+7)=7\cdot40\cdot8=\boldsymbol{2240}$

(2) n の正の約数の個数は $3\ (=3\cdot1)$ であるから，

$n=p^{3-1}=p^2$ (p は素数)　と表される。

←$n=p^aq^b$ (p, q は異なる素数；$a\geqq1$, $b\geqq1$) とすると，n の正の約数の個数は $(a+1)(b+1)\geqq2\cdot2>3$ となり，不適。

n の正の約数の総和が57であるから　$1+p+p^2=57$

よって　$p^2+p-56=0$　ゆえに　$(p-7)(p+8)=0$

p は素数であるから　$p=7$

したがって　$\boldsymbol{n=7^2=49}$

(3) 正の約数の個数が $9\ (=9\cdot1=3\cdot3)$ であるような自然数を n として，n を素因数分解すると，次の形で表される。

p^8 または p^2q^2 (p, q は異なる素数，$p<q$)

←$9\cdot1$ から　$p^{9-1}q^{1-1}$，$3\cdot3$ から　$p^{3-1}q^{3-1}$ の形と考えられる。

[1]　$n=p^8$ の形の場合

$2^8=256$, $3^8>300$ であるから，条件を満たす p の値は　$p=2$

[2]　$n=p^2q^2$ の形の場合

$\sqrt{300}=10\sqrt{3}<18$ であるから，積 pq が 17 以下となるような素数 p，q について考える。

$p=2$ のとき，$p<q$，$2q\leqq 17$ を満たす素数 q は　$q=3$，5，7

$p=3$ のとき，$p<q$，$3q\leqq 17$ を満たす素数 q は　$q=5$

$p=5$ のとき，$p<q$，$5q\leqq 17$ を満たす素数 q は存在しない。

よって，正の約数の個数が 9 個であるような自然数は　**5 個**。

←$n=p^2q^2=(pq)^2$ と $n\leqq 300$ から $pq\leqq\sqrt{300}$

練習 ③114
(1)　$m^2=4n^2+33$ を満たす自然数の組 $(m,\ n)$ をすべて求めよ。
(2)　$\sqrt{n^2+84}$ が整数となるような自然数 n をすべて求めよ。　〔(2) 名古屋市大〕

(1)　$m^2=4n^2+33$ から　$m^2-4n^2=33$

よって　$(m+2n)(m-2n)=33$ …… ①

m，n は自然数であるから，$m+2n$ と $m-2n$ も自然数であり，33 の約数である。

① を満たす $(m+2n,\ m-2n)$ の組は，$m+2n>m-2n\geqq 1$ に注意すると　$\begin{cases}m+2n=33\\ m-2n=1\end{cases}$，$\begin{cases}m+2n=11\\ m-2n=3\end{cases}$

それぞれを解くと　**$(m,\ n)=(17,\ 8)$，$(7,\ 2)$**

←① の右辺は正で，$m+2n>0$ であるから $m-2n>0$

←$33=33\cdot 1$，$33=11\cdot 3$ の場合。

(2)　$\sqrt{n^2+84}=m$ …… ①（m は整数）とおくと　$n<m$

① の両辺を平方して　$n^2+84=m^2$　すなわち　$m^2-n^2=84$

よって　$(m+n)(m-n)=84$ …… ②

m，n は自然数であるから，$m+n$，$m-n$ も自然数であり，$m+n>m-n\geqq 1$ を満たす。

また　$(m+n)-(m-n)=2n$

ゆえに，$m+n$ と $m-n$ の差は偶数であるから，$m+n$，$m-n$ の偶奇は一致する。ここで，② の右辺は偶数であるから，$m+n$，$m-n$ はともに偶数である。

よって，② から　$\begin{cases}m+n=42\\ m-n=2\end{cases}$，$\begin{cases}m+n=14\\ m-n=6\end{cases}$

それぞれを解くと　$(m,\ n)=(22,\ 20)$，$(10,\ 4)$

したがって，求める n の値は　**$n=4$，20**

←$n=\sqrt{n^2}<\sqrt{n^2+84}=m$

←最初に「m は整数」とおいているが，実質的に m は自然数である。

←この性質は覚えておくとよい。

←$(m+n,\ m-n)=(84,\ 1)$，$(28,\ 3)$，$(21,\ 4)$，$(12,\ 7)$ は $m+n$，$m-n$ の一方が奇数のため，不適。

練習 ③115
(1)　n は自然数とする。次の式の値が素数となるような n をすべて求めよ。
　(ア)　$n^2+6n-27$　　(イ)　$n^2-16n+39$
(2)　p は素数とする。$m^2=n^2+p^2$ を満たす自然数の組 $(m,\ n)$ が存在しないとき，p の値を求めよ。

(1)　(ア)　$n^2+6n-27=(n-3)(n+9)$ …… ①

n は自然数であるから　$n+9>0$　また　$n-3<n+9$

$n^2+6n-27$ が素数であるとき，① から　$n-3>0$

よって　$n-3=1$　ゆえに　$n=4$

このとき　$n^2+6n-27=(4-3)(4+9)=1\cdot 13=13$

これは素数であるから，適する。

したがって　**$n=4$**

←まず，因数分解。

←この大小関係に注意。

←$n=4$ が適するかどうか確認。

(イ)　$n^2-16n+39=(n-3)(n-13)$ …… ②

$n-13<n-3$ であるから，$n^2-16n+39$ が素数であるとき，

② より　　$n-13=1$　または　$n-3=-1$

よって　　$n=14$　または　$n=2$

$n=14$ のとき　　$n^2-16n+39=11\cdot1=11$（素数）

$n=2$ のとき　　$n^2-16n+39=(-1)(-11)=11$（素数）

すなわち，$n=14$，$n=2$ はどちらも適する。

したがって　　$\boldsymbol{n=2,\ 14}$

←$n-3<0$ かつ $n-13<0$ の場合もありうる。なお，$n-3=-1$ のところを $n-13=-1$ としてはダメ。[この場合は $n-3>0$ となり $(n-3)(n-13)<0$ となってしまう。]

(2)　$m^2=n^2+p^2$ から　　$(m+n)(m-n)=p^2$

←$m^2-n^2=p^2$

$p^2>0$ であり，m，n は自然数であるから

$$0<m-n<m+n$$

これと p が素数であることから　　$m+n=p^2$，$m-n=1$

←$m+n>m-n$ から，$m+n=m-n=p$ の場合は除かれる。

よって　　$m=\dfrac{p^2+1}{2}$，$n=\dfrac{p^2-1}{2}$

p は素数であるから　　$p\geqq2$

p が奇数のとき m，n は自然数になるが，p が偶数のとき m，n は自然数にならない。

←$(\text{奇数})^2\pm1=(\text{偶数})$
$(\text{偶数})^2\pm1=(\text{奇数})$

したがって，$m^2=n^2+p^2$ を満たす自然数の組 $(m,\ n)$ が存在しないような p の値は　　$\boldsymbol{p=2}$

←**偶数の素数は 2 だけ。**

練習 ②116　(1)　$30!=30\cdot29\cdot28\cdots\cdots3\cdot2\cdot1=2^a\cdot3^b\cdot5^c\cdots\cdots19^h\cdot23^i\cdot29^j$ のように，$30!$ を素数の累乗の積として表したとき，a，c の値を求めよ。
(2)　$100!$ を計算すると，末尾には 0 が連続して何個並ぶか。　〔類　星薬大〕

(1)　1 から 30 までの自然数のうち

2 の倍数の個数は，30 を 2 で割った商で　　15

2^2 の倍数の個数は，30 を 2^2 で割った商で　　7

2^3 の倍数の個数は，30 を 2^3 で割った商で　　3

2^4 の倍数の個数は，30 を 2^4 で割った商で　　1

$30<2^5$ であるから，2^n $(n\geqq5)$ の倍数はない。

←1 から n までの整数のうち，k の倍数の個数は，n を k で割った商に等しい（n，k は自然数）。

よって，素因数 2 の個数は，全部で　$15+7+3+1=26$（個）

同様に，1 から 30 までの自然数のうち，

5 の倍数の個数は，30 を 5 で割った商で　　6

5^2 の倍数の個数は，30 を 5^2 で割った商で　　1

$30<5^3$ であるから，5^n $(n\geqq3)$ の倍数はない。

よって，素因数 5 の個数は，全部で　　$6+1=7$（個）

したがって，求める a，c の値は　　$\boldsymbol{a=26,\ c=7}$

(2)　$100!$ を計算したときの末尾に並ぶ 0 の個数は，$100!$ を素因数分解したときの素因数 5 の個数に一致する。

1 から 100 までの自然数のうち，

5 の倍数の個数は，100 を 5 で割った商で　　20

5^2 の倍数の個数は，100 を 5^2 で割った商で　　4

$100<5^3$ であるから，5^n $(n\geqq3)$ の倍数はない。

よって，素因数5の個数は，全部で　$20+4=24$（個）
したがって，末尾には0が**24個**連続して並ぶ。

←$100!=10^{24}k$（kは10の倍数でない整数）と表される。

練習 ①117 次の数の組の最大公約数と最小公倍数を求めよ。
(1) 36，378　(2) 462，1155　(3) 60，135，195　(4) 180，336，4410

(1) $36=2^2\cdot3^2$
$378=2\cdot3^3\cdot7$
最大公約数は　$2\cdot3^2=\mathbf{18}$
最小公倍数は　$2^2\cdot3^3\cdot7=\mathbf{756}$

(2) $462=2\cdot3\cdot7\cdot11$
$1155=3\cdot5\cdot7\cdot11$
最大公約数は　$3\cdot7\cdot11=\mathbf{231}$
最小公倍数は　$2\cdot3\cdot5\cdot7\cdot11=\mathbf{2310}$

(3) $60=2^2\cdot3\cdot5$
$135=3^3\cdot5$
$195=3\cdot5\cdot13$
最大公約数は　$3\cdot5=\mathbf{15}$
最小公倍数は　$2^2\cdot3^3\cdot5\cdot13=\mathbf{7020}$

(4) $180=2^2\cdot3^2\cdot5$
$336=2^4\cdot3\cdot7$
$4410=2\cdot3^2\cdot5\cdot7^2$
最大公約数は　$2\cdot3=\mathbf{6}$
最小公倍数は　$2^4\cdot3^2\cdot5\cdot7^2=\mathbf{35280}$

(1) 2) 36 378 → 3) 18 189 → 3) 6 63 → 2 21
2) 36 → 2) 18 → 3) 9 → 3；2) 378 → 3) 189 → 3) 63 → 3) 21 → 7

(2) 3) 462 1155 → 7) 154 385 → 11) 22 55 → 2 5
2) 462 → 3) 231 → 7) 77 → 11；3) 1155 → 5) 385 → 7) 77 → 11

(3) 3) 60 135 195 → 5) 20 45 65 → 4 9 13
2) 60 → 2) 30 → 3) 15 → 5；3) 135 → 3) 45 → 3) 15 → 5；3) 195 → 5) 65 → 13

(4) 2) 180 → 2) 90 → 3) 45 → 3) 15 → 5；2) 336 → 2) 168 → 2) 84 → 2) 42 → 3) 21 → 7；2) 4410 → 3) 2205 → 3) 735 → 5) 245 → 7) 49 → 7

練習 ②118 次の条件を満たす2つの自然数a，bの組をすべて求めよ。ただし，$a<b$とする。
(1) 和が175，最大公約数が35　(2) 積が384，最大公約数が8
(3) 最大公約数が8，最小公倍数が240　〔(3) 大阪経大〕

(1) 最大公約数が35であるから，$a=35a'$，$b=35b'$と表される。
ただし，a'，b'は互いに素な自然数で　$a'<b'$ …… ①
和が175であるから　$35a'+35b'=175$
すなわち　$a'+b'=5$ …… ②
①，②を満たすa'，b'の組は　$(a',\ b')=(1,\ 4),\ (2,\ 3)$
よって　$\boldsymbol{(a,\ b)=(35,\ 140),\ (70,\ 105)}$

←$a=ga'$，$b=gb'$
←「a'，b'は互いに素」の条件を忘れずに書く。
←$a'<b'$に注意。
←$a=35a'$，$b=35b'$

(2) 最大公約数が8であるから，$a=8a'$，$b=8b'$と表される。
ただし，a'，b'は互いに素な自然数で　$a'<b'$ …… ①
積が384であるから　$8a'\cdot8b'=384$
すなわち　$a'b'=6$ …… ②
①，②を満たすa'，b'の組は　$(a',\ b')=(1,\ 6),\ (2,\ 3)$
よって　$\boldsymbol{(a,\ b)=(8,\ 48),\ (16,\ 24)}$

←$a=ga'$，$b=gb'$
←$a'<b'$に注意。
←$a=8a'$，$b=8b'$

(3) 最大公約数が8であるから，$a=8a'$，$b=8b'$と表される。
ただし，a'，b'は互いに素な自然数で　$a'<b'$ …… ①
このとき，a，bの最小公倍数は$8a'b'$であるから

←$a=ga'$，$b=gb'$
←$l=ga'b'$

4章 練習〔数学と人間の活動〕

$8a'b'=240$ すなわち $a'b'=30$ …… ②

①, ② を満たす a', b' の組は

$(a',\ b')=(1,\ 30),\ (2,\ 15),\ (3,\ 10),\ (5,\ 6)$ ←$a'<b'$ に注意。

よって $(\boldsymbol{a},\ \boldsymbol{b})=(\mathbf{8},\ \mathbf{240}),\ (\mathbf{16},\ \mathbf{120}),\ (\mathbf{24},\ \mathbf{80}),\ (\mathbf{40},\ \mathbf{48})$ ←$a=8a'$, $b=8b'$

練習 ③119 次の (A), (B), (C) を満たす 3 つの自然数の組 $(a,\ b,\ c)$ をすべて求めよ。ただし，$a<b<c$ とする。

(A) a, b, c の最大公約数は 7

(B) b と c の最大公約数は 21，最小公倍数は 294

(C) a と b の最小公倍数は 84

(B) の前半の条件から，$b=21b'$, $c=21c'$ と表される。

ただし，b', c' は互いに素な自然数で $b'<c'$ …… ①

(B) の後半の条件から $21b'c'=294$ すなわち $b'c'=14$ ←$gb'c'=l$

これと ① を満たす b', c' の組は $(b',\ c')=(1,\ 14),\ (2,\ 7)$

ゆえに $(b,\ c)=(21,\ 294),\ (42,\ 147)$ ←$b=21b'$, $c=21c'$

(A) から，a は 7 を素因数にもち，(C) から $84=2^2\cdot3\cdot7$ ←最大公約数は 7

[1] $b=21\ (=3\cdot7)$ のとき，a と 21 の最小公倍数が 84 であるような a は $a=2^2\cdot3^p\cdot7=28\cdot3^p$ ただし $p=0,\ 1$

$a\geqq28$ となるから，これは $a<b$ を満たさない。

[2] $b=42\ (=2\cdot3\cdot7)$ のとき，a と 42 の最小公倍数が 84 であるような a は $a=2^2\cdot3^p\cdot7$ ただし $p=0,\ 1$

$a<42$ を満たすのは $p=0$ の場合で，このとき $a=28$

28, 42, 147 の最大公約数は 7 で，(A) を満たす。

以上から $(\boldsymbol{a},\ \boldsymbol{b},\ \boldsymbol{c})=(\mathbf{28},\ \mathbf{42},\ \mathbf{147})$

← $84=2^2\cdot3\cdot7$
[1] $b=\ \ 3\cdot7$
[2] $b=2\cdot3\cdot7$
これから a の因数を考える。

練習 ②120 (1) n は自然数とする。$n+5$ は 7 の倍数であり，$n+7$ は 5 の倍数であるとき，$n+12$ を 35 で割った余りを求めよ。 [(1) 中央大]

(2) n を自然数とするとき，$2n-1$ と $2n+1$ は互いに素であることを示せ。 [(2) 広島修道大]

(1) $n+5=7k$, $n+7=5l$ (k, l は自然数) と表される。

$$n+12=(n+5)+7=7k+7=7(k+1)$$
$$n+12=(n+7)+5=5l+5=5(l+1)$$

よって $7(k+1)=5(l+1)$

7 と 5 は互いに素であるから，$k+1$ は 5 の倍数である。 ←このとき，$l+1$ は 7 の倍数である。したがって，$l+1=7m$ と表されるから $n+12=5\cdot7m=35m$ としてもよい。

したがって，$k+1=5m$ (m は自然数) と表される。

ゆえに $n+12=7(k+1)=7\cdot5m=35m$

したがって，$n+12$ を 35 で割った余りは **0** である。

(2) $2n-1$ と $2n+1$ の最大公約数を g とすると，互いに素である自然数 a, b を用いて ←$g=1$ を示す方針。

$$2n-1=ga\ \cdots\cdots\ ①,\quad 2n+1=gb\ \cdots\cdots\ ②$$

と表される。

②−① から $2=g(b-a)$ ←n を消去する。

$2n-1<2n+1$ から $a<b$ すなわち $b-a>0$ であり，g, a, b は自然数であるから $g=1$ または $g=2$ ←g は 2 の約数。

$2n-1$，$2n+1$ は奇数であるから，g も奇数である。
よって　　$g=1$
ゆえに，$2n-1$ と $2n+1$ の最大公約数は 1 であるから，
$2n-1$ と $2n+1$ は互いに素である。

←x または y が偶数ならば xy は偶数。

練習 ③121　a，b は自然数とする。このとき，次のことを証明せよ。
(1)　a と b が互いに素ならば，a^2 と b^2 は互いに素である。
(2)　$a+b$ と ab が互いに素ならば，a と b は互いに素である。

(1)　a^2 と b^2 が互いに素でないと仮定すると，a^2 と b^2 は共通の素因数 p をもつ。
a^2 は p の倍数であるから，a は p の倍数である。
同様に，b も p の倍数である。
これは，a と b が互いに素であることに矛盾する。
したがって，a^2 と b^2 は互いに素である。

←背理法によって示す。
←なぜなら，a が p を含まないとすると，a^2 も p を含まないからである。

(2)　a と b が互いに素でない，すなわち a と b はある素数 p を公約数にもつと仮定すると
$a=pk$，$b=pl$　(k，l は自然数)　　と表される。
このとき　　$a+b=p(k+l)$，$ab=p^2kl$
よって，$a+b$ と ab は素数 p を公約数にもつ。
このことは，$a+b$ と ab が互いに素であることに矛盾する。
したがって，a と b は互いに素である。

←(1) と同じように，背理法で証明する。

検討　練習 121 (1) の結果を利用すると，本冊 $p.210$ の基本例題 121 を **最大公約数=1 を示す方法** によって証明できる。
$a+b$ と ab の最大公約数を g とすると
$a+b=gk$，$ab=gl$ (k，l は互いに素な自然数)
と表される。
$b=gk-a$ を $ab=gl$ に代入して　　$a(gk-a)=gl$
よって　　$agk-a^2=gl$
ゆえに　　$a^2=g(ak-l)$ ……①
同様に，$a=gk-b$ を $ab=gl$ に代入することにより
$b^2=g(bk-l)$ ……②
①，② から，g は a^2，b^2 の公約数であるが，a と b は互いに素であるから a^2 と b^2 も互いに素である。
よって　　$g=1$
したがって，$a+b$ と ab は互いに素である。

練習 ④122　n を自然数とするとき，$m \leqq n$ で，m と n が互いに素であるような自然数 m の個数を $f(n)$ とする。
(1)　$f(77)$ の値を求めよ。
(2)　$f(pq)=24$ となる 2 つの素数 p，q ($p<q$) の組をすべて求めよ。
(3)　$f(3^k)=54$ となる自然数 k を求めよ。　〔類 早稲田大〕

(1)　$77=7\cdot11$ であり，7 と 11 は互いに素である。
$f(77)$ は 1 から 77 までの 77 個の自然数のうち，

4章 練習〔数学と人間の活動〕

$1\cdot7,\ 2\cdot7,\ \cdots\cdots,\ 10\cdot7,\ 11\cdot7\ ;\ 1\cdot11,\ 2\cdot11,\ \cdots\cdots,\ 6\cdot11$
を除いたものの個数である。

よって　$f(77)=77-(11+7-1)=77-17=\mathbf{60}$

←$7\cdot11$ が重複していることに注意。

←オイラー関数の性質より　$\phi(7\cdot11)=\phi(7)\phi(11)=(7-1)(11-1)=60$

(2)　**[重要例題 122 (2) の結果を用いる]**

$p,\ q\ (p<q)$ は素数であるから　$f(pq)=(p-1)(q-1)$

$(p-1)(q-1)=24$ とすると，$1\leqq p-1<q-1$ であるから

$(p-1,\ q-1)=(1,\ 24),\ (2,\ 12),\ (3,\ 8),\ (4,\ 6)$

ゆえに　$(p,\ q)=(2,\ 25),\ (3,\ 13),\ (4,\ 9),\ (5,\ 7)$

$p,\ q$ がともに素数である組は　$\boldsymbol{(p,\ q)=(3,\ 13),\ (5,\ 7)}$

←$p\geqq2$ であるから　$p-1\geqq2-1$

(3)　**[重要例題 122 (3) の結果を用いる]**

p は素数，k は自然数とするとき，$f(p^k)=p^k-p^{k-1}$ が成り立つから　$f(3^k)=3^k-3^{k-1}=3^{k-1}(3-1)=2\cdot3^{k-1}$

$54=2\cdot3^3$ であるから，$f(3^k)=54$ とすると　$2\cdot3^{k-1}=2\cdot3^3$

指数部分を比較して　$k-1=3$　　よって　$\boldsymbol{k=4}$

←素因数分解の一意性（本冊 $p.199$ 参照）。

練習 ④123　2 以上の自然数 n に対し，n の n 以外の正の約数の和を $S(n)$ とする。
(1)　$S(120)$ を求めよ。
(2)　$n=2^{m-1}(2^m-1)\ (m=2,\ 3,\ 4\cdots\cdots)$ とする。2^m-1 が素数であるとき，$S(n)=n$ であることを，$1+2+\cdots\cdots+2^{m-1}=2^m-1$ を使って示せ。

(1)　$S(120)=(1+2+2^2+2^3)(1+3)(1+5)-120=15\cdot4\cdot6-120$
$=\mathbf{240}$

←$120=2^3\cdot3\cdot5$
$p^aq^br^c$（$p,\ q,\ r$ が互いに異なる素数）の正の約数の総和は
$(1+p+\cdots+p^a)(1+q+\cdots+q^b)\times(1+r+\cdots+r^c)$

(2)　$2^m-1=p$ とおき，p は素数であるとする。

$p\neq2$ であるから，$n=2^{m-1}p$ の約数の総和は

$(1+2+\cdots\cdots+2^{m-1})(1+p)=(2^m-1)(1+p)$

よって　$S(n)=(2^m-1)(1+p)-2^{m-1}p$
$=(2^m-1)\cdot2^m-2^{m-1}(2^m-1)$
$=(2^m-1)(2^m-2^{m-1})=2^{m-1}(2^m-1)=n$

←$p=2^m-1$ を代入。

←$2^m-2^{m-1}=2\cdot2^{m-1}-2^{m-1}=2^{m-1}$

検討　完全数は，ユークリッドの原論にその定義があり（第 7 巻），2^m-1 が素数であるとき，$2^{m-1}(2^m-1)$ が完全数であることも示されている（第 9 巻，36）。
メルセンヌ数 2^m-1 が素数であるのは，$m=2,\ 3,\ 5,\ 7,\ 13,\ 17,\ 19$ の場合であることが知られていたが，オイラーが 1772 年に $m=31$ の場合が素数であることを示した。メルセンヌ素数は 2018 年までに 51 個が知られているが，メルセンヌ素数が無数にあるかどうかは，未解決（2021 年）である。
「偶数の完全数は，$2^{m-1}(2^m-1)$ の形で 2^m-1 が素数であるときに限る」ということも，オイラーによって示された。
奇数の完全数があるかどうかも，現在（2021 年）のところ未解決である。

練習 ②124　$a,\ b$ は整数とする。a を 5 で割ると 2 余り，a^2-b を 5 で割ると 3 余る。このとき，次の数を 5 で割った余りを求めよ。
(1)　b　　(2)　$3a-2b$　　(3)　b^2-4a　　(4)　a^{299}

$a=5k+2$, $a^2-b=5l+3$ (k, l は整数) と表される。

(1) $a^2-b=5l+3$ から

$$b=a^2-(5l+3)=(5k+2)^2-(5l+3)$$
$$=(25k^2+20k+4)-(5l+3)$$
$$=5(5k^2+4k-l)+1$$

←5×○+▲ の形に表す。

したがって，求める余りは　**1**

(2) (1)の結果から，$b=5m+1$ (m は整数) と表される。

$$3a-2b=3(5k+2)-2(5m+1)=15k+6-10m-2$$
$$=5(3k-2m)+4$$

←5×○+▲ の形に表す。

したがって，求める余りは　**4**

(3) $b^2-4a=(5m+1)^2-4(5k+2)=25m^2+10m+1-20k-8$
$$=5(5m^2+2m-4k-2)+3$$

←5×○+▲ の形に表す。

したがって，求める余りは　**3**

(4) a^2 を 5 で割った余りは，2^2 を 5 で割った余り 4 に等しい。

a^3 を 5 で割った余りは，2^3 を 5 で割った余り 3 に等しい。

a^4 を 5 で割った余りは，$(2^2)^2$ を 5 で割った余り 1 に等しい。

$a^{299}=a^{296}a^3=(a^4)^{74}a^3$ であるから，求める余りは，$1^{74}\cdot3=3$ を 5 で割った余りに等しい。

←$299=4\cdot74+3$

したがって，求める余りは　**3**

←$3=5\cdot0+3$

別解 [(1)～(3) **割り算の余りの性質を利用した解法**]

←本冊 $p.216$ 基本事項 3 参照。

(1) b を 5 で割った余りを r とすると

$$r=0,\ 1,\ 2,\ 3,\ 4 \cdots\cdots ①$$

a を 5 で割った余りは 2 であるから，a^2 を 5 で割った余りは，2^2 を 5 で割った余り 4 に等しい。

←$2^2=5\cdot0+4$

ゆえに，a^2-b と $4-r$ を 5 で割った余りは等しいから

$$4-r=3 \quad すなわち \quad r=1$$

これは ① を満たす。

したがって，b を 5 で割った余りは　**1**

(2) $3a$ を 5 で割った余りは $3\cdot2=6$ を 5 で割った余り 1 に等しい。

←$6=5\cdot1+1$

また，$2b$ を 5 で割った余りは $2\cdot1=2$ を 5 で割った余り 2 に等しい。

←$2=5\cdot0+2$

ゆえに，$3a-2b$ を 5 で割った余りは $1-2=-1$ を 5 で割った余りに等しい。

$-1=5\cdot(-1)+4$ であるから，求める余りは　**4**

(3) b^2 を 5 で割った余りは $1^2=1$ を 5 で割った余り 1 に等しい。

←$1=5\cdot0+1$

また，$4a$ を 5 で割った余りは $4\cdot2=8$ を 5 で割った余り 3 に等しい。

←$8=5\cdot1+3$

ゆえに，b^2-4a を 5 で割った余りは $1-3=-2$ を 5 で割った余りに等しい。

$-2=5\cdot(-1)+3$ であるから，求める余りは　**3**

練習 ②125 n は整数とする。次のことを証明せよ。
(1) n^9-n^3 は9の倍数である。 〔(1) 京都大〕
(2) n^2 を5で割ったとき，余りが3になることはない。

k は整数とする。

(1) すべての整数 n は，$3k$，$3k+1$，$3k+2$ のいずれかの形で表される。ここで　$n^9-n^3=n^3(n^6-1)=n^3(n^3+1)(n^3-1)$

←n^9-n^3 に代入して調べると計算が大変。そこで，因数分解し，因数のいずれかが9の倍数であることを示す。

[1] $n=3k$ のとき　$n^3=3^3k^3=9\cdot 3k^3$

[2] $n=3k+1$ のとき

$n^3-1=(3k+1)^3-1=(27k^3+27k^2+9k+1)-1$
$=9(3k^3+3k^2+k)$

←$(a+b)^3$
$=a^3+3a^2b+3ab^2+b^3$

[3] $n=3k+2$ のとき

$n^3+1=(3k+2)^3+1=(27k^3+54k^2+36k+8)+1$
$=9(3k^3+6k^2+4k+1)$

以上から，n^3，n^3-1，n^3+1 のいずれかが9の倍数となる。
したがって，n^9-n^3 は9の倍数である。

(2) すべての整数 n は，$5k$，$5k+1$，$5k+2$，$5k+3$，$5k+4$ のいずれかの形で表される。

←$5k-2$，$5k-1$，$5k$，$5k+1$，$5k+2$ と表してもよい。

[1] $n=5k$ のとき　$n^2=25k^2=5\cdot 5k^2$

[2] $n=5k+1$ のとき　$n^2=5(5k^2+2k)+1$

[3] $n=5k+2$ のとき　$n^2=5(5k^2+4k)+4$

[4] $n=5k+3$ のとき

$n^2=5(5k^2+6k)+9=5(5k^2+6k+1)+4$

[5] $n=5k+4$ のとき

$n^2=5(5k^2+8k)+16=5(5k^2+8k+3)+1$

よって，n^2 を5で割った余りは，0，1，4のいずれかであるから，余りが3になることはない。

練習 ②126 n は整数とする。次のことを示せ。なお，(3)は対偶を考えよ。
(1) n が3の倍数でないならば，$(n+2)(n+1)$ は6の倍数である。
(2) n が奇数ならば，$(n+3)(n+1)$ は8の倍数である。
(3) $(n+3)(n+2)(n+1)$ が24の倍数でないならば，n は偶数である。 〔類 東北大〕

(1) n が3の倍数でないとき，n を3で割った余りは1または2である。

余りが1のとき $n+2$ は3の倍数であり，余りが2のとき $n+1$ は3の倍数である。

←m は整数とする。
$n=3m+1$ のとき
$n+2=3m+1+2$
$=3(m+1)$
$n=3m+2$ のとき
$n+1=3m+2+1$
$=3(m+1)$

よって，n が3の倍数でないとき，$n+2$，$n+1$ のいずれかは3の倍数である。

ゆえに，$(n+2)(n+1)$ は3の倍数である。

また，$(n+2)(n+1)$ は連続する2つの整数の積であるから，2の倍数である。

したがって，$(n+2)(n+1)$ は3の倍数かつ2の倍数であるから，6の倍数である。

(2)　n が奇数のとき，整数 k を用いて $n=2k+1$ と表される。
このとき　$(n+3)(n+1)=(2k+4)(2k+2)$
$=4(k+2)(k+1)$
ここで，$(k+2)(k+1)$ は連続する2つの整数の積であるから，2の倍数である。
よって，$(n+3)(n+1)$ は2の倍数と4の積であるから，8の倍数である。

←n が奇数のとき，$n+1$ と $n+3$ はともに偶数で，
$n+3=(n+1)+2$
であるから，$n+1$ または $n+3$ が4の倍数であることは予想できる。

(3)　対偶「n が奇数ならば，$(n+3)(n+2)(n+1)$ が24の倍数である」を証明する。
(2)から，n が奇数のとき $(n+3)(n+1)$ は8の倍数である。
また，$n+3$，$n+2$，$n+1$ は連続する3つの整数であるから，いずれかは3の倍数である。
よって，$(n+3)(n+2)(n+1)$ は3の倍数である。
したがって，$(n+3)(n+2)(n+1)$ は8の倍数かつ3の倍数であるから，24の倍数である。
よって，対偶は真である。
したがって，$(n+3)(n+2)(n+1)$ が24の倍数でないならば，n は偶数である。

(3)　命題 $p \Longrightarrow q$ に対して，$\overline{q} \Longrightarrow \overline{p}$ を**対偶**という。また，**もとの命題の真偽とその対偶の真偽は一致する**。よって，命題 $p \Longrightarrow q$ を証明する代わりに，その対偶 $\overline{q} \Longrightarrow \overline{p}$ を証明してもよい。

4章 練習 [数学と人間の活動]

練習 ④127　正の整数 a，b，c，d が等式 $a^2+b^2+c^2=d^2$ を満たすとき，d が3の倍数でないならば，a，b，c の中に3の倍数がちょうど2つあることを示せ。〔一橋大〕

整数は，n を整数として，$3n$，$3n+1$，$3n+2$ のいずれかで表される。
それぞれの2乗を計算すると
$$(3n)^2=3\cdot3n^2,\quad (3n+1)^2=3(3n^2+2n)+1,$$
$$(3n+2)^2=3(3n^2+4n+1)+1$$
よって，3の倍数の2乗は3で割り切れる。　…… ①
また，3の倍数でない整数の2乗を3で割った余りは1である。　…… ②
ゆえに，d が3の倍数でないとき，d^2 を3で割った余りは1である。　…… ③
次に，a，b，c の中に含まれる3の倍数の個数が2でないと仮定する。

[1]　a，b，c がすべて3の倍数のとき
①から，$a^2+b^2+c^2$ は3の倍数である。
これと③は，$a^2+b^2+c^2=d^2$ であることに矛盾する。

[2]　a，b，c のうち1つが3の倍数で，他の2つが3の倍数でないとき
①，②から，$a^2+b^2+c^2$ を3で割った余りは2である。
これと③は，$a^2+b^2+c^2=d^2$ であることに矛盾する。

[3]　a，b，c のすべてが3の倍数でないとき
②から，$a^2+b^2+c^2$ は3で割り切れる。

HINT　まず，d^2 を3で割ったときの余りはどうなるかを調べてみる。

←背理法を利用する。

←a，b，c の中の3の倍数の個数は3

←a，b，c の中の3の倍数の個数は1
←3●+(3▲+1)
+(3■+1)
=3(●+▲+■)+2

←a，b，c の中の3の倍数の個数は0

これと③は，$a^2+b^2+c^2=d^2$ であることに矛盾する。
[1]～[3] から，いずれの場合も矛盾が生じる。
したがって，d が3の倍数でないならば，a，b，c の中に3の倍数がちょうど2つある。

←(3●+1)+(3▲+1)+(3■+1)=3(●+▲+■+1)

練習 ④128 n と n^2+2 がともに素数になるような自然数 n の値を求めよ。〔類 京都大〕

n が素数でない場合は，明らかに条件を満たさない。
n が素数の場合について
[1] $n=2$ のとき，$n^2+2=2^2+2=6$ となり，条件を満たさない。
[2] $n=3$ のとき，$n^2+2=3^2+2=11$ で，条件を満たす。
[3] n が5以上の素数のとき，n は $3k+1$，$3k+2$（k は自然数）のいずれかで表され

(i) $n=3k+1$ のとき
$$n^2+2=(3k+1)^2+2=9k^2+6k+3=3(3k^2+2k+1)$$
(ii) $n=3k+2$ のとき
$$n^2+2=(3k+2)^2+2=9k^2+12k+6=3(3k^2+4k+2)$$
$3k^2+2k+1$，$3k^2+4k+2$ はともに2以上の自然数であるから，(i)，(ii) いずれの場合も n^2+2 は素数にならず，条件を満たさない。

以上から，n と n^2+2 がともに素数になるのは $\boldsymbol{n=3}$ のときである。

素数 $n=2$，3，5，7，11，13，…… に対して，n^2+2 の値は順に 6，11，27，51，123，171，……
このうち，素数は11だけであるから，$n=3$ の場合だけが条件を満たすらしい，ということがわかる。このことから，左のような解答の方針が見えてくる。

←$3k^2+2k+1$ や $3k^2+4k+2$ が1になるときは，n^2+2 が3の場合も起こりうる。

練習 ③129 (1) a，b，c，d は整数，m は正の整数とする。$a\equiv b \pmod{m}$，$c\equiv d \pmod{m}$ のとき，$ac\equiv bd \pmod{m}$ が成り立つことを示せ。
(2) 次の合同式を満たす x を，それぞれの法 m において，$x\equiv a \pmod{m}$ の形で表せ。ただし，a は m より小さい自然数とする。
(ア) $x-7\equiv 6 \pmod{7}$　(イ) $4x\equiv 5 \pmod{11}$　(ウ) $6x\equiv 3 \pmod{9}$

(1) 条件から，$a-b=mk$，$c-d=ml$（k，l は整数）と表され
$$a=b+mk,\ c=d+ml$$
よって　$ac=(b+mk)(d+ml)=bd+m(bl+dk+mkl)$
ゆえに　$ac-bd=m(bl+dk+mkl)$
したがって　$ac\equiv bd \pmod{m}$

←●≡■ (mod m) ⟺ ●−■ が m の倍数

←$bl+dk+mkl$ は整数。

(2) (ア) 与式から　$x\equiv 6+7 \pmod{7}$
$13\equiv 6 \pmod{7}$ であるから　$\boldsymbol{x\equiv 6 \pmod{7}}$

別解 $7\equiv 0 \pmod{7}$ であるから，与式は
$x-0\equiv 6 \pmod{7}$　すなわち　$\boldsymbol{x\equiv 6 \pmod{7}}$

←合同式でも移項は可能。

(イ) $5\equiv 16 \pmod{11}$ であるから，与式は　$4x\equiv 16 \pmod{11}$
法11と4は互いに素であるから　$\boldsymbol{x\equiv 4 \pmod{11}}$

別解1 $x=0$，1，2，……，10 の各値について，$4x$ の値は次の表のようになる。
$4x\equiv 5 \pmod{11}$ となるのは，$x=4$ のときであるから
$$\boldsymbol{x\equiv 4 \pmod{11}}$$

←a と m が互いに素
$ax\equiv ay \pmod{m} \Longrightarrow x\equiv y \pmod{m}$

x	0	1	2	3	4	5	6	7	8	9	10
$4x$	0	4	8	$12\equiv1$	$16\equiv5$	$20\equiv9$	$24\equiv2$	$28\equiv6$	$32\equiv10$	$36\equiv3$	$40\equiv7$

別解 **2**　$4x\equiv5 \pmod{11}$ の両辺に 3 を掛けて

$$12x\equiv15 \pmod{11}$$

$12x\equiv1\cdot x \pmod{11}$，$15\equiv4 \pmod{11}$ であるから

$$\boldsymbol{x\equiv4 \pmod{11}}$$

←左辺の x の係数を 1 にすることを考える。$12\equiv1 \pmod{11}$ であることに着目し，両辺に 3 を掛ける。

(ウ)　$x=0,\ 1,\ 2,\ \cdots\cdots,\ 8$ の各値について，$6x$ の値は次の表のようになる。

$6x\equiv3 \pmod 9$ となるのは，$x=2,\ 5,\ 8$ のときであるから

$$\boldsymbol{x\equiv2,\ 5,\ 8 \pmod 9}$$

x	0	1	2	3	4	5	6	7	8
$6x$	0	6	$12\equiv3$	$18\equiv0$	$24\equiv6$	$30\equiv3$	$36\equiv0$	$42\equiv6$	$48\equiv3$

検討　$6x\equiv3 \pmod 9$ の両辺を 3 で割って，$2x\equiv1 \pmod 9$ とするのは誤りである。

例えば，$x=2$ のとき　$6x\equiv12\equiv3 \pmod 9$，$2x\equiv4 \pmod 9$

ゆえに，$6x\equiv3 \pmod 9 \Longrightarrow 2x\equiv1 \pmod 9$ は成り立たない。

つまり，a と m が互いに素でないとき

$$ax\equiv ay \pmod m \Longrightarrow x\equiv y \pmod m$$

は成り立たないから，注意が必要である。

←法 9 と 3 は互いに素ではない。

練習 ③130　合同式を利用して，次のものを求めよ。

(1) (ア) 7^{203} を 5 で割った余り　　(イ) 3000^{3000} を 14 で割った余り

(2) 83^{1234} の一の位の数

(1) (ア)　$7\equiv2 \pmod 5$ であり　$2^2\equiv4 \pmod 5$，

$2^3\equiv8\equiv3 \pmod 5$，　$2^4\equiv16\equiv1 \pmod 5$

ゆえに　$2^{203}\equiv(2^4)^{50}\cdot2^3\equiv1^{50}\cdot3\equiv3 \pmod 5$

よって　$7^{203}\equiv2^{203}\equiv3 \pmod 5$

したがって，求める余りは　**3**

←7 と 2 は 5 を法として合同であることに着目し，2^n に関する余りを調べる。7^2，7^3 を 5 で割った余りを調べてもよいが，一般に 2^2，2^3 の方がらく。

(イ)　$3000\equiv4 \pmod{14}$ であり　$4^2\equiv16\equiv2 \pmod{14}$，

$4^3\equiv64\equiv8 \pmod{14}$，　$4^4\equiv(4^2)^2\equiv2^2\equiv4 \pmod{14}$

4^k (k は自然数) の余りは，4，2，8 を周期として繰り返され，

特に　$4^{3k}\equiv8 \pmod{14}$

ゆえに　$4^{3000}\equiv4^{3\cdot1000}\equiv8 \pmod{14}$

よって　$3000^{3000}\equiv4^{3000}\equiv8 \pmod{14}$

したがって，求める余りは　**8**

←3000 を 14 で割った余りは 4 であるから，3000 と 4 は 14 を法として合同。したがって，4^n に関する余りを調べる。

(2)　$83\equiv3 \pmod{10}$ であり　$3^2\equiv9 \pmod{10}$，

$3^3\equiv27\equiv7 \pmod{10}$，　$3^4\equiv9^2\equiv1 \pmod{10}$

←$83=10\cdot8+3$

ゆえに　$3^{1234}\equiv(3^4)^{308}\cdot3^2\equiv1^{308}\cdot3^2\equiv1\cdot9\equiv9 \pmod{10}$

←$1234=4\cdot308+2$

よって　$83^{1234}\equiv3^{1234}\equiv9 \pmod{10}$

したがって，83^{1234} の一の位の数は　**9**

練習 ③131
(1) n が自然数のとき，n^3+1 が3で割り切れるものをすべて求めよ。
(2) 整数 a, b, c が $a^2+b^2=c^2$ を満たすとき，a, b, c のうち少なくとも1つは5の倍数である。このことを合同式を利用して証明せよ。

(1) n^3+1 が3で割り切れるものを考えるから

$$n^3+1\equiv 0 \pmod 3$$

を満たす自然数 n を求めればよい。
3を法として，$n\equiv 0$, 1, 2の各場合に関し，n^3+1 を計算すると，次の表のようになる。

n	0	1	2
n^3	$0^3\equiv 0$	$1^3\equiv 1$	$2^3\equiv 8\equiv 2$
n^3+1	$0+1\equiv 1$	$1+1\equiv 2$	$2+1\equiv 3\equiv 0$

よって，$n^3+1\equiv 0 \pmod 3$ を満たすのは，$n\equiv 2 \pmod 3$ の場合であるから　　$\boldsymbol{n=3k+2}$ **(k は0以上の整数)**

←3で割った余りを考えるから，3を法とする合同式を利用する。$n=3l$, $3l+1$, $3l+2$ (l は0以上の整数，$n\neq 0$) として代入してもよい。

←n は自然数であるから，「k は0以上の整数」であることに注意。

(2) a, b, c はどれも5の倍数でないと仮定する。
a は5で割り切れないから，5を法とすると，$a\equiv 1$, 2, 3, 4の各場合について右の表が得られる。すなわち　$a^2\equiv 1$, $4 \pmod 5$

a	1	2	3	4
a^2	$1^2\equiv 1$	$2^2\equiv 4$	$3^2\equiv 4$	$4^2\equiv 1$

←$3^2\equiv 9\equiv 4 \pmod 5$
$4^2\equiv 16\equiv 1 \pmod 5$

b^2 についても同様に $b^2\equiv 1$, $4 \pmod 5$ が成り立つから，5を法とすると，a^2+b^2 について右の表が得られる。

a^2	1	1	4	4
b^2	1	4	1	4
a^2+b^2	2	$5\equiv 0$	$5\equiv 0$	$8\equiv 3$

よって，a^2+b^2 を5で割った余りは0, 2, 3のいずれかである。
一方，c^2 についても $c^2\equiv 1$, $4 \pmod 5$ が成り立つから，c^2 を5で割った余りは1か4である。
これは $a^2+b^2=c^2$ に矛盾している。
ゆえに，a, b, c のうち少なくとも1つは5の倍数である。

←a^2 の場合と同様。

練習 ④132
(1) n が5で割り切れない奇数のとき，n^4-1 は80で割り切れることを証明せよ。
(2) n が2でも3でも5でも割り切れない整数のとき，n^4-1 は240で割り切れることを証明せよ。

(1) n は5で割り切れない数であるから
　$n\equiv 1$, 2, 3, $4 \pmod 5$
このとき，右の表から
　$n^4-1\equiv 0 \pmod 5$
ゆえに，n^4-1 は5で割り切れる。

n	1	2	3	4
n^4	1	$2^4\equiv 1$	$3^4\equiv 1$	$4^4\equiv 1$
n^4-1	0	0	0	0

←5を法として
$2^4\equiv 16\equiv 1$, $3^4\equiv 81\equiv 1$
$4^4\equiv (4^2)^2\equiv (16)^2\equiv 1$

次に　$n^4-1=(n^2+1)(n^2-1)$
n が奇数であるとき，n^2+1, n^2-1 はともに偶数である。
ここで，$80=5\cdot 16=5\cdot 2\cdot 8$ であり，$3^2-1=8$, $7^2-1=6\cdot 8$ であるから，n^2-1 は8で割り切れると予想できる。

←(奇数)×(奇数)=(奇数)
(奇数)±1=(偶数)

このことを証明する。

n は奇数であるから

$n\equiv1,\ 3,\ 5,\ 7 \pmod 8$

n	1	3	5	7
n^2	1	$9\equiv1$	$25\equiv1$	$49\equiv1$
n^2-1	0	0	0	0

このとき，右の表から

$n^2-1\equiv0 \pmod 8$

よって，n が奇数のとき，n^2-1 は 8 で割り切れる。

また，n が奇数のとき，n^2+1 も偶数であるから，

$(n^2+1)(n^2-1)$ すなわち n^4-1 は 16 で割り切れる。

以上から，n が 5 で割り切れない奇数のとき，n^4-1 は 80 で割り切れる。

←n^4-1 =(偶数)×(8 の倍数) の形となっているから，16 で割り切れる。

(2) (1) から，n が 2 でも 5 でも割り切れない整数のとき，n^4-1 は 80 で割り切れる。

更に，n は 3 で割り切れない整数であるから　$n\equiv1,\ 2 \pmod 3$

$n\equiv1 \pmod 3$ のとき　　$n^4-1\equiv1^4-1\equiv0 \pmod 3$

$n\equiv2 \pmod 3$ のとき　　$n^4-1\equiv2^4-1\equiv15\equiv0 \pmod 3$

よって，n が 3 で割り切れないとき，n^4-1 は 3 で割り切れる。

ゆえに，n が 2 でも 3 でも 5 でも割り切れない整数のとき，

n^4-1 は $80\cdot3=240$ で割り切れる。

練習 ①133 次の 2 つの整数の最大公約数を，互除法を用いて求めよ。

(1) 817，988　　(2) 997，1201　　(3) 2415，9345

(1) $988=817\cdot1+171$

$817=171\cdot4+133$

$171=133\cdot1+38$

$133=38\cdot3+19$

$38=19\cdot2$

よって，最大公約数は　**19**

$$\begin{array}{r|r|r|r|r} 2 & 3 & 1 & 4 & 1 \\ \mathbf{19})\ 38 &)\ 133 &)\ 171 &)\ 817 &)\ 988 \\ 38 & 114 & 133 & 684 & 817 \\ \hline 0 & 19 & 38 & 133 & 171 \end{array}$$

(2) $1201=997\cdot1+204$

$997=204\cdot4+181$

$204=181\cdot1+23$

$181=23\cdot7+20$

$23=20\cdot1+3$

$20=3\cdot6+2$

$3=2\cdot1+1$

$2=1\cdot2$

よって，最大公約数は　**1**

←997 と 1201 は互いに素。

$$\begin{array}{r|r|r|r|r|r|r|r} 2 & 1 & 6 & 1 & 7 & 1 & 4 & 1 \\ \mathbf{1})\ 2 &)\ 3 &)\ 20 &)\ 23 &)\ 181 &)\ 204 &)\ 997 &)\ 1201 \\ 2 & 2 & 18 & 20 & 161 & 181 & 816 & 997 \\ \hline 0 & 1 & 2 & 3 & 20 & 23 & 181 & 204 \end{array}$$

(3) $9345=2415\cdot3+2100$

$2415=2100\cdot1+315$

$2100=315\cdot6+210$

$315=210\cdot1+105$

$210=105\cdot2$

よって，最大公約数は　**105**

$$\begin{array}{r|r|r|r|r} 2 & 1 & 6 & 1 & 3 \\ \mathbf{105})\ 210 &)\ 315 &)\ 2100 &)\ 2415 &)\ 9345 \\ 210 & 210 & 1890 & 2100 & 7245 \\ \hline 0 & 105 & 210 & 315 & 2100 \end{array}$$

練習 ③134

(1) a, b が互いに素な自然数のとき，$\dfrac{3a+7b}{2a+5b}$ は既約分数であることを示せ。

(2) $3n+1$ と $4n+3$ の最大公約数が 5 になるような 50 以下の自然数 n は全部でいくつあるか。

2 数 A, B の最大公約数を (A, B) で表す。

(1) $3a+7b=(2a+5b)\cdot1+(a+2b)$,

$2a+5b=(a+2b)\cdot2+b$, $a+2b=b\cdot2+a$

ゆえに $(3a+7b, 2a+5b)=(2a+5b, a+2b)$

$=(a+2b, b)$

$=(b, a)$

←$A=BQ+R$ のとき $(A, B)=(B, R)$

よって，$3a+7b$ と $2a+5b$ の最大公約数は，a と b の最大公約数に一致する。

ここで，a, b は互いに素であるから，$3a+7b$, $2a+5b$ も互いに素である。

←最大公約数は 1

したがって，$\dfrac{3a+7b}{2a+5b}$ は既約分数である。

別解 $\begin{cases}3a+7b=m\\2a+5b=n\end{cases}$ …… ① とおくと $\begin{cases}a=5m-7n\\b=-2m+3n\end{cases}$ …… ②

m と n の最大公約数を g とする。

② より，$5m-7n$ と $-2m+3n$ はともに g で割り切れる。

すなわち，g は a と b の公約数である。

ここで，a と b は互いに素であるから，a と b の最大公約数は 1 である。よって $g=1$

ゆえに，m と n すなわち $3a+7b$ と $2a+5b$ は互いに素である。

←$m=gm'$, $n=gn'$ とすると，② は $\begin{cases}a=g(5m'-7n')\\b=g(-2m'+3n')\end{cases}$

したがって，$\dfrac{3a+7b}{2a+5b}$ は既約分数である。

(2) $4n+3=(3n+1)\cdot1+n+2$, $3n+1=(n+2)\cdot3-5$

ゆえに $(4n+3, 3n+1)=(3n+1, n+2)=(n+2, 5)$

←$A=BQ-R$ のとき $(A, B)=(B, R)$

よって，$n+2$ と 5 の最大公約数も 5 であるから，k を整数として，$n+2=5k$ と表される。

$1\leqq n\leqq50$ すなわち $1\leqq5k-2\leqq50$ を満たす整数 k の個数は，

$\dfrac{3}{5}\leqq k\leqq\dfrac{52}{5}$ から $k=1, 2, \cdots\cdots, 10$ の **10 個**。

←$n+2=5k$ から，n の一の位は 3 または 8 である。これを数え上げてもよい。

別解 $3n+1=5a$ …… ①, $4n+3=5b$ …… ②

(a, b は互いに素である整数)

①, ② から n を消去すると

←①×4−②×3

$-5=20a-15b$ すなわち $4a-3b=-1$

ゆえに $4(a+1)-3(b+1)=0$

←基本例題 135 参照。

よって $a=3k-1$, $b=4k-1$ (k は整数)

① に代入して $3n+1=5(3k-1)$ ゆえに $n=5k-2$

以後，上の解答と同じ。

練習 ②135 次の方程式の整数解をすべて求めよ。
(1) $4x-7y=1$　　(2) $55x+23y=1$

(1) $4x-7y=1$ …… ①
$x=2,\ y=1$ は ① の整数解の1つである。
よって　$4\cdot2-7\cdot1=1$ …… ②
①−② から　$4(x-2)-7(y-1)=0$
すなわち　$4(x-2)=7(y-1)$ …… ③
4と7は互いに素であるから，$x-2$ は7の倍数である。
ゆえに，k を整数として，$x-2=7k$ と表される。
③ に代入して　$4\cdot7k=7(y-1)$　すなわち　$y-1=4k$
よって，解は　**$x=7k+2,\ y=4k+1$（k は整数）**

←先に $y-1=4k$ と表して，その後に $x-2=7k$ を求めてもよい。

(2) $55x+23y=1$ …… ①
$x=-5,\ y=12$ は ① の整数解の1つである。
よって　$55\cdot(-5)+23\cdot12=1$ …… ②
①−② から　$55(x+5)+23(y-12)=0$
すなわち　$55(x+5)=-23(y-12)$ …… ③
55と23は互いに素であるから，$x+5$ は23の倍数である。
ゆえに，k を整数として，$x+5=23k$ と表される。
③ に代入して　$55\cdot23k=-23(y-12)$
すなわち　$y-12=-55k$
よって，解は　**$x=23k-5,\ y=-55k+12$（k は整数）**

←1組の解が見つからないときは，55と23について，互除法を利用するとよい。

検討　55と23に互除法の計算を行うと
$55=23\cdot2+9,\ 23=9\cdot2+5,\ 9=5\cdot1+4,\ 5=4\cdot1+1$
よって，最大公約数は1であり，$1=$…… から，計算の過程を逆にたどることによって，$1=55\cdot(-5)+23\cdot12$ が導かれる。
しかし，数を数におき換えて変形していくと間違いやすい。
そこで，文字を使って変形の過程を見てみよう。
$m=55,\ n=23$ とすると，次のようになる。
$55=23\cdot2+9$ から　$9=55-23\cdot2=m-2n$ …… ①
$23=9\cdot2+5$ から　$5=23-9\cdot2=n-(m-2n)\cdot2$
$=-2m+5n$ …… ②
$9=5\cdot1+4$ から　$4=9-5\cdot1=(m-2n)-(-2m+5n)\cdot1$
$=3m-7n$ …… ③
$5=4\cdot1+1$ から　$1=5-4\cdot1=-2m+5n-(3m-7n)\cdot1$
$=-5m+12n$
m を55，n を23に戻して　$55\cdot(-5)+23\cdot12=1$

←$1=5-4\cdot1$
$=5-(9-5\cdot1)\cdot1$
$=5\cdot2-9\cdot1$
$=(23-9\cdot2)\cdot2-9\cdot1$
$=23\cdot2-9\cdot5$
$=23\cdot2-(55-23\cdot2)\cdot5$
$=55\cdot(-5)+23\cdot12$

←9に ① を代入して整理する。

←9に ① を，5に ② を代入して整理する。

←5に ② を，4に ③ を代入して整理する。

4章
練習
［数学と人間の活動］

練習 ②136 次の方程式の整数解をすべて求めよ。
(1) $12x-17y=2$　　(2) $71x+32y=3$　　(3) $73x-56y=5$

(1) $x=3,\ y=2$ は $12x-17y=2$ の整数解の1つである。
よって，方程式は　$12(x-3)-17(y-2)=0$
すなわち　$12(x-3)=17(y-2)$

←$12x-17y=2$ から
$2(6x-1)=17y$
よって，y は2の倍数。

12 と 17 は互いに素であるから，k を整数として

$$x-3=17k,\ y-2=12k$$

と表される。したがって，解は

$$\boldsymbol{x=17k+3,\ y=12k+2}\ (\boldsymbol{k}\text{ は整数})$$

検討 ［合同式を利用して解く］

$12x-17y=2$ から　$17y-(-2)=12x$ …… ①

ゆえに　$17y\equiv-2\pmod{12}$ …… ②

また　$12y\equiv0\pmod{12}$ …… ③

②−③ から　$5y\equiv-2\pmod{12}$ …… ④

③−④×2 から　$2y\equiv4\pmod{12}$ …… ⑤

④−⑤×2 から　$y\equiv-10\pmod{12}$

よって，k を整数とすると，$y=12k-10$ と表される。

① から　$12x=17y+2=17(12k-10)+2=12\cdot17k-168$

ゆえに，解は　$\boldsymbol{x=17k-14,\ y=12k-10}$ （$\boldsymbol{k}$ は整数）

←$17y-(-2)$ は 12 の倍数。合同式の定義から，① ⟺ ② である。

←$17=12\cdot1+5$

←$12=5\cdot2+2$

←$5=2\cdot2+1$

解の k を $k+1$ におき換えると，$x=17k+3$，$y=12k+2$ が得られる。

(2) ［解法 1］ $71x+32y=3$ …… ①　$m=71$，$n=32$ とする。

$71=32\cdot2+7$ から　$7=71-32\cdot2=m-2n$

$32=7\cdot4+4$ から　$4=32-7\cdot4=n-(m-2n)\cdot4$
$=-4m+9n$

$7=4\cdot1+3$ から　$3=7-4=(m-2n)-(-4m+9n)$
$=5m-11n$

$4=3\cdot1+1$ から　$1=4-3=(-4m+9n)-(5m-11n)$
$=-9m+20n$

したがって　$71\cdot(-9)+32\cdot20=1$

両辺に 3 を掛けて　$71\cdot(-27)+32\cdot60=3$ …… ②

①−② から　$71(x+27)+32(y-60)=0$

すなわち　$71(x+27)=-32(y-60)$

71 と 32 は互いに素であるから，k を整数として

$$x+27=32k,\ y-60=-71k$$

と表される。したがって，解は

$$\boldsymbol{x=32k-27,\ y=-71k+60}\ (\boldsymbol{k}\text{ は整数})$$

←**互除法** の計算過程をたどりやすいように，文字におき換える。

←7 を $m-2n$，4 を $-4m+9n$ におき換える。

←4 を $-4m+9n$，3 を $5m-11n$ におき換える。

←m を 71，n を 32 に戻す。$x=-9$，$y=20$ は $71x+32y=1$ を満たす。

［解法 2］ $71=32\cdot2+7$ から，$71x+32y=3$ は

$(32\cdot2+7)x+32y=3$　すなわち　$7x+32(2x+y)=3$

$2x+y=s$ …… ① とおくと　$7x+32s=3$

$32=7\cdot4+4$ から　$7x+(7\cdot4+4)s=3$

整理して　$7(x+4s)+4s=3$

$x+4s=t$ …… ② とおくと　$7t+4s=3$

$t=1$，$s=-1$ は $7t+4s=3$ の整数解の 1 つである。

$t=1$，$s=-1$ を ①，② に代入して連立して解くと

$$x=5,\ y=-11$$

$x=5$，$y=-11$ は $71x+32y=3$ の整数解の 1 つであるから

$71(x-5)+32(y+11)=0$　すなわち　$71(x-5)=-32(y+11)$

71 と 32 は互いに素であるから，k を整数として

←**係数下げ** による。

←$7(t-1)+4(s+1)=0$
7 と 4 は互いに素であるから，k を整数として
$t=4k+1$，$s=-7k-1$
これを ②，① の順に代入して，$x=32k+5$，
$y=-71k-11$
を導いてもよい。

$x-5=32k,\ y+11=-71k$　　と表される。

したがって，解は　　$\boldsymbol{x=32k+5,\ y=-71k-11}$（$\boldsymbol{k}$ **は整数**）

←k を $k-1$ におき換えると〔**解法** 1〕と同じ式が得られる。

検討　**[合同式を利用して解く]**

$71x+32y=3$ から　　$71x-3=-32y$ …… ①

ゆえに　　$71x\equiv 3\pmod{32}$ …… ②

←$71x-3$ は 32 の倍数。合同式の定義から ①⇔②

また　　$32x\equiv 0\pmod{32}$ …… ③

②－③×2 から　　$7x\equiv 3\pmod{32}$ …… ④

←$71=32\cdot 2+7$

③－④×4 から　　$4x\equiv -12\pmod{32}$ …… ⑤

←$32=7\cdot 4+4$

④－⑤ から　　$3x\equiv 15\pmod{32}$

←$7=4\cdot 1+3$

法 32 と 3 は互いに素であるから　　$x\equiv 5\pmod{32}$

←法 32 と 3 は互いに素であるから，両辺を 3 で割ることができる。

よって，k を整数とすると，$x=32k+5$ と表される。

① から　$32y=-71x+3=-71(32k+5)+3=-71\cdot 32k-352$

ゆえに，解は　　$\boldsymbol{x=32k+5,\ y=-71k-11}$（$\boldsymbol{k}$ **は整数**）

(3)　$73x-56y=5$ …… ①　　$m=73,\ n=56$ とする。

$73=56\cdot 1+17$ から　$17=73-56\cdot 1=m-n$

$56=17\cdot 3+5$ から　　$5=56-17\cdot 3=n-(m-n)\cdot 3=-3m+4n$

←**余りが方程式の定数項と同じになったから，ここで互除法は終了。**

したがって　　$73\cdot(-3)-56\cdot(-4)=5$

ゆえに，$x=-3,\ y=-4$ は ① の整数解の 1 つであるから

$73(x+3)-56(y+4)=0$　すなわち　$73(x+3)=56(y+4)$

73 と 56 は互いに素であるから，k を整数として

$x+3=56k,\ y+4=73k$　　と表される。

したがって，解は　　$\boldsymbol{x=56k-3,\ y=73k-4}$（$\boldsymbol{k}$ **は整数**）

←この問題に関しては，互除法の方が 1 つの解を見つけやすいので，係数下げの解法は省略する。

検討　**[合同式を利用して解く]**

$73x-56y=5$ から　　$73x-5=56y$ …… ①

ゆえに　　$73x\equiv 5\pmod{56}$ …… ②

また　　$56x\equiv 0\pmod{56}$ …… ③

②－③ から　　$17x\equiv 5\pmod{56}$ …… ④

←$73=56\cdot 1+17$

③－④×3 から　　$5x\equiv -15\pmod{56}$

←$56=17\cdot 3+5$

法 56 と 5 は互いに素であるから　　$x\equiv -3\pmod{56}$

←法 56 と 5 は互いに素であるから，両辺を 5 で割ることができる。

よって，k を整数とすると，$x=56k-3$ と表される。

① から　　$56y=73x-5=73(56k-3)-5=73\cdot 56k-224$

ゆえに，解は　　$\boldsymbol{x=56k-3,\ y=73k-4}$（$\boldsymbol{k}$ **は整数**）

練習 ③137　3 で割ると 2 余り，5 で割ると 1 余り，11 で割ると 5 余る自然数 n のうちで，1000 を超えない最大のものを求めよ。

n は $x,\ y,\ z$ を整数として，次のように表される。

$n=3x+2,\ n=5y+1,\ n=11z+5$

$3x+2=5y+1$ から　　$3x-5y=-1$ …… ①

$x=3,\ y=2$ は，① の整数解の 1 つであるから

←$3\cdot 3-5\cdot 2=-1$

$3(x-3)-5(y-2)=0$　すなわち　$3(x-3)=5(y-2)$

3 と 5 は互いに素であるから，k を整数として，$x-3=5k$ と表される。よって　　$x=5k+3$

←このとき　$y=3k+2$

次に，$3x+2=11z+5$ に $x=5k+3$ を代入して

$3(5k+3)+2=11z+5$　　ゆえに　$11z-15k=6$ …… ②

$z=6$，$k=4$ は，② の整数解の 1 つであるから

$11(z-6)-15(k-4)=0$　すなわち　$11(z-6)=15(k-4)$

11 と 15 は互いに素であるから，l を整数として，$z-6=15l$ と表される。よって　　$z=15l+6$

$n=11z+5$ に代入して　　$n=11(15l+6)+5=165l+71$

$165l+71 \leqq 1000$ すなわち $165l \leqq 929$ を満たす最大の整数 l は，$l=5$ である。このとき　　$n=165 \cdot 5+71=$ **896**

←$11 \cdot 6-15 \cdot 4=6$

←$k-4=11l$ として $k=11l+4$ を $n=3x+2=3(5k+3)+2$ に代入してもよい。

別解 **1.** 3 で割ると 2 余る数のうち，5 でも 11 でも割り切れる数は，$5 \cdot 11=3 \cdot 18+1$ の両辺を 2 倍して

$2 \cdot 5 \cdot 11=2 \cdot 3 \cdot 18+2$

5 で割ると 1 余る数のうち，11 でも 3 でも割り切れる数は，$11 \cdot 3=5 \cdot 6+3$ の両辺を 2 倍して

$2 \cdot 11 \cdot 3=2 \cdot 5 \cdot 6+6$ から　　$2 \cdot 11 \cdot 3=5(2 \cdot 6+1)+1$

11 で割ると 5 余る数のうち，3 でも 5 でも割り切れる数は，$3 \cdot 5=11 \cdot 1+4$ の両辺を 4 倍して

$4 \cdot 3 \cdot 5=4 \cdot 11 \cdot 1+16$ から　　$4 \cdot 3 \cdot 5=11(4+1)+5$

ゆえに，$2 \cdot 5 \cdot 11+2 \cdot 11 \cdot 3+4 \cdot 3 \cdot 5=110+66+60=236$

は，3 で割ると 2 余り，5 で割ると 1 余り，11 で割ると 5 余る数である。

3，5，11 の最小公倍数は 165 であるから，問題の自然数 n は，k を 0 以上の整数として，次のように表される。

$n=(236-165)+165k$　すなわち　$n=71+165k$

ここで，$71+165k \leqq 1000$ とすると　　$k \leqq \dfrac{929}{165}=5.6\cdots$

この不等式を満たす整数 k で最大のものは　　$k=5$

よって，求める自然数 n は　　$n=71+165 \cdot 5=$ **896**

←余りの部分が 2 となるように，両辺を 2 倍している。

←余りの部分が 1 となるように，6 を 5 で割った余りが 1 であることに着目して，両辺を 2 倍している。

←16 を 11 で割った余りが 5 であることに着目して，両辺を 4 倍している。

←3，5，11 はすべて素数であるから，最小公倍数は　　$3 \cdot 5 \cdot 11=165$

別解 **2.** 3 で割ると 2 余り，5 で割ると 1 余り，11 で割ると 5 余る自然数を n とすると　　$n \equiv 2 \pmod 3$ …… ①，

$n \equiv 1 \pmod 5$ …… ②，$n \equiv 5 \pmod{11}$ …… ③

① から　　$n=3s+2$（s は整数）…… ④

④ を ② に代入して　　$3s+2 \equiv 1$　すなわち　$3s \equiv -1$

$-1 \equiv 9$ であるから　　$3s \equiv 9$

法 5 と 3 は互いに素であるから　　$s \equiv 3$（以上 mod 5）

ゆえに，$s=5t+3$（t は整数）と表され，④ に代入すると

$n=3(5t+3)+2=15t+11$　…… ⑤

⑤ を ③ に代入して　　$15t+11 \equiv 5$　すなわち　$15t \equiv -6$

$15t \equiv 4t$，$-6 \equiv 16$ であるから　　$4t \equiv 16$

法 11 と 4 は互いに素であるから　$t \equiv 4$（以上 mod 11）

ゆえに，$t=11k+4$（k は整数）と表され，⑤ に代入すると

$n=15(11k+4)+11=165k+71$　　以後，別解 **1.** と同じ。

←合同式を用いた解法。

←法 5 と 3 は互いに素であるから，$3s \equiv 9$ の両辺を 3 で割ることができる。

←$11t \equiv 0 \pmod{11}$

←法 11 と 4 は互いに素であるから $4t \equiv 16$ の両辺を 4 で割ることができる。

練習 ④138 どのような自然数 m, n を用いても $x=4m+7n$ とは表すことができない最大の自然数 x を求めよ。

m, n は自然数であるから　$m\geqq 1$, $n\geqq 1$

[1]　$n=1$ とすると　$x=4m+7=4(m+1)+3$

ここで，$m\geqq 1$ から　$x\geqq 4(1+1)+3=11$

よって，x が 11 以上の 4 で割って 3 余る数 ($x=11$, 15, 19, 23, 27, 31, ……) のときは，$x=4m+7n$ の形に表すことができる。

←$n=1$, 2, 3, 4 を代入して調べる。

←11 未満の 4 で割って 3 余る整数のうち，最大のものは　7

[2]　$n=2$ とすると　$x=4m+14=4(m+3)+2$

ここで，$m\geqq 1$ から　$x\geqq 4(1+3)+2=18$

よって，x が 18 以上の 4 で割って 2 余る数 ($x=18$, 22, 26, 30, ……) のときは，$x=4m+7n$ の形に表すことができる。

←18 未満の 4 で割って 2 余る整数のうち，最大のものは　14

[3]　$n=3$ とすると　$x=4m+21=4(m+5)+1$

ここで，$m\geqq 1$ から　$x\geqq 4(1+5)+1=25$

よって，x が 25 以上の 4 で割って 1 余る数 ($x=25$, 29, ……) のときは，$x=4m+7n$ の形に表すことができる。

←25 未満の 4 で割って 1 余る整数のうち，最大のものは　21

[4]　$n=4$ とすると　$x=4m+28=4(m+7)$

ここで，$m\geqq 1$ から　$x\geqq 4(1+7)=32$

よって，x が 32 以上の 4 の倍数 ($x=32$, 36, ……) のときは，$x=4m+7n$ の形に表すことができる。

←32 未満の 4 の倍数のうち，最大のものは　28

以上から，$x=4m+7n$ の形に表すことができない x の値のうち最大のものは，4 の倍数で 32 未満のものの中で最大のものであるから　$\boldsymbol{x=28}$

←$7<14<21<28$

練習 ③139 整式 $f(x)=x^3+ax^2+bx+c$ (a, b, c は実数) を考える。$f(-1)$, $f(0)$, $f(1)$ がすべて整数ならば，すべての整数 n に対し，$f(n)$ は整数であることを示せ。〔類　名古屋大〕

$$f(-1)=-1+a-b+c,\ f(0)=c,\ f(1)=1+a+b+c$$

←c は整数である。

これらがすべて整数であるから，p, q を整数として

$f(-1)=p$, $f(1)=q$ とおける。

このとき，$f(-1)+f(1)=2(a+c)$ であるから

$$2(a+c)=p+q \qquad ゆえに \qquad a=\frac{p+q}{2}-c$$

これと $-1+a-b+c=p$ から

$$b=a+c-p-1=\frac{q-p}{2}-1$$

よって　$f(n)=n^3+an^2+bn+c$

$$=n^3+\left(\frac{p+q}{2}-c\right)n^2+\left(\frac{q-p}{2}-1\right)n+c$$

$$=\frac{n^2-n}{2}p+\frac{n^2+n}{2}q+n^3-cn^2-n+c$$

$$=\frac{n(n-1)}{2}p+\frac{n(n+1)}{2}q+n^3-cn^2-n+c$$

←参考　連続する 3 つの整数 m, $m+1$, $m+2$ に対して $f(m)$, $f(m+1)$, $f(m+2)$ がすべて整数になるならば，すべての整数 n に対して $f(n)$ は整数になる。

←p, q について整理。

$n(n-1)$, $n(n+1)$ はともに2の倍数であるから，$\dfrac{n(n-1)}{2}$，$\dfrac{n(n+1)}{2}$ はともに整数である。
また，c は整数であるから，n^3-cn^2-n+c は整数である。
したがって，すべての整数 n に対し，$f(n)$ は整数である。

←連続2整数の積は2の倍数である。

練習 ③140
(1) 方程式 $9x+4y=50$ を満たす自然数 x，y の組をすべて求めよ。
(2) 方程式 $4x+2y+z=15$ を満たす自然数 x，y，z の組をすべて求めよ。 〔(2) 京都産大〕

(1) $9x+4y=50$ から　$4y=50-9x$ …… ①
$y>0$ であるから　$50-9x>0$ …… ②
ゆえに　$x<\dfrac{50}{9}=5.5\cdots\cdots$
① において，$4y$ は偶数であるから，$9x$ は偶数である。
ゆえに，② を満たす自然数 x の値は　$x=2,\ 4$
① から　$x=2$ のとき　$4y=32$　よって　$y=8$
$x=4$ のとき　$4y=14$　y は自然数にならない。
したがって　$\boldsymbol{(x,\ y)=(2,\ 8)}$

←係数が大きい x の値を絞り込む。
←$y\geqq1$ であるから，$50-9x\geqq4$ としてもよい。
←$9x$ の9は奇数であるから，x は偶数である。

別解　$x=2$，$y=8$ は $9x+4y=50$ の整数解の1つであるから
$9(x-2)+4(y-8)=0$　すなわち　$9(x-2)=-4(y-8)$
9と4は互いに素であるから，k を整数として
$x-2=4k$，$-(y-8)=9k$　と表される。
よって，解は　$x=4k+2$，$y=-9k+8$（k は整数）…… ①
$x>0$，$y>0$ より，$4k+2>0$，$-9k+8>0$ であるから，
この不等式の解の共通範囲を求めて　$-\dfrac{1}{2}<k<\dfrac{8}{9}$
k は整数であるから　$k=0$
① に代入して　$\boldsymbol{(x,\ y)=(2,\ 8)}$

←$9x=2(25-2y)$ から，x は2の倍数である。
←$x\geqq1$，$y\geqq1$ としてもよい。

(2) $4x+2y+z=15$ から　$4x=15-(2y+z)\leqq15-(2\cdot1+1)$
ゆえに　$4x\leqq12$　よって　$x\leqq3$
x は正の整数であるから　$x=1,\ 2,\ 3$
[1] $x=1$ のとき，方程式は　$2y+z=11$ …… ①
ゆえに　$2y=11-z\leqq11-1$　よって　$y\leqq5$
y は正の整数であるから　$y=1,\ 2,\ 3,\ 4,\ 5$
① より，$z=11-2y$ であるから
$(y,\ z)=(1,\ 9),\ (2,\ 7),\ (3,\ 5),\ (4,\ 3),\ (5,\ 1)$
[2] $x=2$ のとき，方程式は　$2y+z=7$ …… ②
ゆえに　$2y=7-z\leqq7-1$　よって　$y\leqq3$
y は正の整数であるから　$y=1,\ 2,\ 3$
② より，$z=7-2y$ であるから
$(y,\ z)=(1,\ 5),\ (2,\ 3),\ (3,\ 1)$
[3] $x=3$ のとき，方程式は　$2y+z=3$
この等式を満たす正の整数 y，z の値は　$(y,\ z)=(1,\ 1)$

←係数が大きい x の値を絞り込む。
y，z は自然数であるから　$y\geqq1$，$z\geqq1$
←$2y\leqq10$
←$2y\leqq6$
←$2y=3-z\leqq3-1=2$
ゆえに　$y\leqq1$

以上から　$(x, y, z)=(1, 1, 9), (1, 2, 7), (1, 3, 5),$
$(1, 4, 3), (1, 5, 1), (2, 1, 5),$
$(2, 2, 3), (2, 3, 1), (3, 1, 1)$

練習 ④**141**　次の等式を満たす自然数 x, y, z の組をすべて求めよ。
(1)　$x+3y+4z=2xyz$　$(x \leqq y \leqq z)$　　(2)　$\dfrac{1}{x}+\dfrac{1}{y}+\dfrac{1}{z}=\dfrac{1}{2}$　$(4 \leqq x<y<z)$

(1)　$1 \leqq x \leqq y \leqq z$ であるから

$$2xyz=x+3y+4z \leqq z+3z+4z=8z$$

←$x \leqq z$, $y \leqq z$

よって　$xy \leqq 4$

←$2xyz \leqq 8z$ の両辺を $2z\ (>0)$ で割る。

この不等式を満たす自然数 x, y $(x \leqq y)$ の組は

$$(x, y)=(1, 1), (1, 2), (1, 3), (1, 4), (2, 2)$$

これらの各組 (x, y) に対して，等式 $x+3y+4z=2xyz$ を満たす z の値は次のようになる。

$(x, y)=(1, 1)$ のとき　$z=-2$
$(x, y)=(1, 2)$ のとき　解 z はない。
$(x, y)=(1, 3)$ のとき　$z=5$
$(x, y)=(1, 4)$ のとき　$z=\dfrac{13}{4}$
$(x, y)=(2, 2)$ のとき　$z=2$

←$7+4z=4z$ から　$7=0$

←＿＿のみが，z は自然数，$x \leqq y \leqq z$という条件を満たしている。

したがって　**$(x, y, z)=(1, 3, 5), (2, 2, 2)$**

(2)　$0<x<y<z$ であるから　$\dfrac{1}{z}<\dfrac{1}{y}<\dfrac{1}{x}$

←$0<a<b$ のとき $\dfrac{1}{b}<\dfrac{1}{a}$

よって　$\dfrac{1}{2}=\dfrac{1}{x}+\dfrac{1}{y}+\dfrac{1}{z}<\dfrac{1}{x}+\dfrac{1}{x}+\dfrac{1}{x}=\dfrac{3}{x}$

ゆえに　$\dfrac{1}{2}<\dfrac{3}{x}$　　よって　$\dfrac{1}{x}>\dfrac{1}{6}$

ゆえに　$x<6$　　$4 \leqq x$ であるから　$x=4, 5$

←条件 $4 \leqq x$ を忘れずに。

[1]　$x=4$ のとき，等式は　$\dfrac{1}{y}+\dfrac{1}{z}=\dfrac{1}{4}$　…… ①

←$\dfrac{1}{4}+\dfrac{1}{y}+\dfrac{1}{z}=\dfrac{1}{2}$

ここで　$\dfrac{1}{4}=\dfrac{1}{y}+\dfrac{1}{z}<\dfrac{1}{y}+\dfrac{1}{y}=\dfrac{2}{y}$

ゆえに　$\dfrac{1}{4}<\dfrac{2}{y}$　　よって　$\dfrac{1}{y}>\dfrac{1}{8}$

ゆえに　$y<8$　　$4<y$ であるから　$y=5, 6, 7$

$y=5$ のとき，① は　$\dfrac{1}{5}+\dfrac{1}{z}=\dfrac{1}{4}$　　よって　$z=20$

←$\dfrac{1}{z}=\dfrac{1}{20}$

これは $y<z$ を満たす。

$y=6$ のとき，① は　$\dfrac{1}{6}+\dfrac{1}{z}=\dfrac{1}{4}$　　よって　$z=12$

←$\dfrac{1}{z}=\dfrac{1}{12}$

これは $y<z$ を満たす。

$y=7$ のとき，① は　$\dfrac{1}{7}+\dfrac{1}{z}=\dfrac{1}{4}$　　よって　$z=\dfrac{28}{3}$

←$\dfrac{1}{z}=\dfrac{3}{28}$

これは条件を満たさない。

[2] $x=5$ のとき，等式は $\frac{1}{y}+\frac{1}{z}=\frac{3}{10}$ …… ②

ここで $\frac{3}{10}=\frac{1}{y}+\frac{1}{z}<\frac{1}{y}+\frac{1}{y}=\frac{2}{y}$

ゆえに $\frac{3}{10}<\frac{2}{y}$ よって $\frac{1}{y}>\frac{3}{20}$

ゆえに $y<\frac{20}{3}=6.6\cdots\cdots$ $5<y$ であるから $y=6$

このとき，② は $\frac{1}{6}+\frac{1}{z}=\frac{3}{10}$ よって $z=\frac{15}{2}$

これは条件を満たさない。

[1]，[2] から **$(x, y, z)=(4, 5, 20), (4, 6, 12)$**

←$\frac{1}{5}+\frac{1}{y}+\frac{1}{z}=\frac{1}{2}$

検討 ① の分母を払うと $yz-4y-4z=0$
∴ $(y-4)(z-4)=16$
ここで，$4<y<z$ より
$0<y-4<z-4$
ゆえに $(y-4, z-4)$
$=(1, 16), (2, 8)$
よって (y, z)
$=(5, 20), (6, 12)$

練習 ④142 次の等式を満たす自然数 x，y の組をすべて求めよ。
(1) $x^2+2xy+3y^2=27$ (2) $x^2+3xy+y^2=44$

(1) $x^2+2xy+3y^2=27$ から $(x+y)^2+2y^2=27$

よって $(x+y)^2=27-2y^2$ …… ①

$(x+y)^2\geqq 0$ であるから $27-2y^2\geqq 0$ ゆえに $2y^2\leqq 27$

この不等式を満たす自然数 y は $y=1, 2, 3$

[1] $y=1$ のとき，① から $(x+1)^2=25$

よって $x+1=\pm 5$ x は自然数であるから $x=4$

[2] $y=2$ のとき，① から $(x+2)^2=19$

これを満たす自然数 x はない。

[3] $y=3$ のとき，① から $(x+3)^2=9$

よって $x+3=\pm 3$ これを満たす自然数 x はない。

[1]～[3] から **$(x, y)=(4, 1)$**

別解 $x^2+2xy+3y^2=27$ から

$$x^2+2yx+3y^2-27=0 \cdots\cdots ②$$

x が自然数であるとき，x の 2 次方程式 ② は実数解をもつから，② の判別式を D とすると $D\geqq 0$

ここで $\frac{D}{4}=y^2-1\cdot(3y^2-27)=-2y^2+27$

よって，$D\geqq 0$ から $-2y^2+27\geqq 0$ ゆえに $2y^2\leqq 27$

以後の解答は同様。

←$(x^2+2xy+y^2)+2y^2=27$

←**(実数)$^2\geqq 0$**

←$y^2\leqq\frac{27}{2}=13.5$

←各 y の値を ① に代入。

←$x+2=\pm\sqrt{19}$

←$x=0, -6$

←**判別式 $D\geqq 0$** を利用して y の値を絞り込む方法。

(2) 左辺は x，y の対称式であるから，$x\leqq y$ とすると

$$x^2+3x\cdot x+x^2\leqq x^2+3xy+y^2=44$$

よって $5x^2\leqq 44$

この不等式を満たす自然数 x は $x=1, 2$

[1] $x=1$ のとき，等式は $1+3y+y^2=44$

よって $y^2+3y-43=0$

ゆえに $y=\frac{-3\pm\sqrt{3^2-4\cdot 1\cdot(-43)}}{2\cdot 1}=\frac{-3\pm\sqrt{181}}{2}$

この y の値は不適。

検討 (2) 等式から
$x^2=44-(3xy+y^2)$
$3xy+y^2\geqq 3\cdot 1\cdot 1+1^2=4$
から $x^2\leqq 44-4=40$
よって
$x=1, 2, 3, 4, 5, 6$
この方針の場合，x の値が多くなって，y の値を求めるのも大変になる。

[2]　$x=2$ のとき，等式は　$4+6y+y^2=44$

よって　$y^2+6y-40=0$　　ゆえに　$(y-4)(y+10)=0$

$x \leqq y$ であるから　$y=4$

[1]，[2] から　$(x,\ y)=(2,\ 4)$

$x>y$ のときも含めて，求める解は

$$(x,\ y)=(2,\ 4),\ (4,\ 2)$$

←$x \leqq y$ の制限をはずす。

練習 ③143　(1)　$xy=2x+4y-5$ を満たす正の整数 x，y の組をすべて求めよ。　〔(1) 学習院大〕

(2)　$\dfrac{2}{x}+\dfrac{3}{y}=1$ を満たす整数の組 $(x,\ y)$ をすべて求めよ。　〔(2) 類 自治医大〕

(1)　$xy=2x+4y-5$ から　$xy-2x-4y=-5$ …… ①

ここで　$xy-2x-4y=x(y-2)-4(y-2)-8$

$=(x-4)(y-2)-8$

① に代入して　$(x-4)(y-2)-8=-5$

よって　$(x-4)(y-2)=3$ …… ②

x，y は正の整数であるから，$x-4$，$y-2$ は整数である。

また，$x \geqq 1$，$y \geqq 1$ であるから

$x-4 \geqq -3$，$y-2 \geqq -1$

ゆえに，② から　$(x-4,\ y-2)=(-3,\ -1),\ (1,\ 3),\ (3,\ 1)$

したがって　$(x,\ y)=(1,\ 1),\ (5,\ 5),\ (7,\ 3)$

←$xy-2x=x(y-2)$ に注目し，$-4y=-4(y-2)-8$ と変形。

←(　)(　)=(整数) の形。

←x は正の整数。

←$(x-4,\ y-2)=(-1,\ -3)$ は $y-2 \geqq -1$ を満たさない。

(2)　両辺に xy を掛けて　$2y+3x=xy$

よって　$xy-3x-2y=0$

ゆえに　$(x-2)(y-3)=6$ …… ①

x，y は整数であるから，$x-2$，$y-3$ は整数である。

よって，① から

$(x-2,\ y-3)=(1,\ 6),\ (2,\ 3),\ (3,\ 2),\ (6,\ 1),$
$(-1,\ -6),\ (-2,\ -3),\ (-3,\ -2),$
$(-6,\ -1)$

ゆえに　$(x,\ y)=(3,\ 9),\ (4,\ 6),\ (5,\ 5),\ (8,\ 4),$
$(1,\ -3),\ (0,\ 0),\ (-1,\ 1),\ (-4,\ 2)$

このうち，$(x,\ y)=(0,\ 0)$ は適さないから，求める組は

$$(x,\ y)=(3,\ 9),\ (4,\ 6),\ (5,\ 5),\ (8,\ 4),\ (1,\ -3),\ (-1,\ 1),\ (-4,\ 2)$$

←$xy-3x-2y=x(y-3)-2(y-3)-6=(x-2)(y-3)-6$

←(分母)≠0 から $x \neq 0$ かつ $y \neq 0$

検討　(x の式)(y の式)=(整数) の形から，約数を求め，その後に x，y の値を求めるときには，次のような表を作ると計算しやすい。

(1)　$(x-4)(y-2)=3$

$x-4 \geqq -3$，$y-2 \geqq -1$

①	$x-4$	-3	1	3
②	$y-2$	-1	3	1
①+4	x	1	5	7
②+2	y	1	5	3

(2)　$(x-2)(y-3)=6$

①	$x-2$	1	2	3	6	-1	-2	-3	-6
②	$y-3$	6	3	2	1	-6	-3	-2	-1
①+2	x	3	4	5	8	1	0	-1	-4
②+3	y	9	6	5	4	-3	0	1	2

練習 ④144
(1) $3x^2+4xy-4y^2+4x-16y-15$ を因数分解せよ。
(2) $3x^2+4xy-4y^2+4x-16y-28=0$ を満たす整数 x, y の組を求めよ。 〔神戸学院大〕

(1) $3x^2+4xy-4y^2+4x-16y-15$
$=3x^2+(4y+4)x-(4y^2+16y+15)$
$=3x^2+(4y+4)x-(2y+3)(2y+5)$
$=\{x+(2y+3)\}\{3x-(2y+5)\}$
$=\boldsymbol{(x+2y+3)(3x-2y-5)}$

←
1	$2y+3$	→ $6y+9$
3	$-(2y+5)$	→ $-2y-5$
3	$-(2y+3)(2y+5)$	$4y+4$

(2) $3x^2+4xy-4y^2+4x-16y-28$
$=(3x^2+4xy-4y^2+4x-16y-15)-13$ であるから，(1) の結果より　$(x+2y+3)(3x-2y-5)=13$
x, y は整数であるから，$x+2y+3$, $3x-2y-5$ も整数である。
よって
$\begin{cases}x+2y+3=-13\\3x-2y-5=-1\end{cases}$　$\begin{cases}x+2y+3=-1\\3x-2y-5=-13\end{cases}$
$\begin{cases}x+2y+3=1\\3x-2y-5=13\end{cases}$　$\begin{cases}x+2y+3=13\\3x-2y-5=1\end{cases}$
これらの連立方程式の解は，順に
$$(x,\ y)=\left(-3,\ -\frac{13}{2}\right),\ \left(-3,\ -\frac{1}{2}\right),\ (4,\ -3),\ (4,\ 3)$$
x, y がともに整数であるものは　$\boldsymbol{(x,\ y)=(4,\ -3),\ (4,\ 3)}$

←(1) の結果を利用。
←(　)(　)=(整数) の形。
←$13=(-13)(-1)$, $(-1)(-13)$, $1\cdot13$, $13\cdot1$
←$\begin{cases}x+2y+3=m\\3x-2y-5=n\end{cases}$ の解は $x=\dfrac{m+n+2}{4}$, $y=\dfrac{3m-n-14}{8}$

検討　$(x+2y+3)(3x-2y-5)=13$ から，約数を求め，その後に連立方程式を解くときには，次のような表を作ると計算しやすい。

	①	$x+2y+3$	-13	-1	1	13
	②	$3x-2y-5$	-1	-13	13	1
①−3	③	$x+2y$	-16	-4	-2	10
②+5	④	$3x-2y$	4	-8	18	6
③+④	⑤	$4x$	-12	-12	16	16
⑤÷4	⑥	x	-3	-3	4	4
③−⑥	⑦	$2y$	-13	-1	-6	6

…（＊）

（＊）$2y$ が奇数となるものは不適である。

練習 ④145　$5x^2+2xy+y^2-12x+4y+11=0$ を満たす整数 x, y の組を求めよ。

$5x^2+2xy+y^2-12x+4y+11=0$ を y について整理すると
$$y^2+2(x+2)y+5x^2-12x+11=0 \quad\cdots\cdots ①$$
この y についての 2 次方程式の判別式を D とすると
$$\frac{D}{4}=(x+2)^2-1\cdot(5x^2-12x+11)=-4x^2+16x-7$$
$$=-(4x^2-16x+7)=-(2x-1)(2x-7)$$
① の解は整数 (実数) であるから　$D\geqq0$
よって　$(2x-1)(2x-7)\leqq0$　ゆえに　$\dfrac{1}{2}\leqq x\leqq\dfrac{7}{2}$
x は整数であるから　$x=1,\ 2,\ 3$ ……（＊）

←y^2 の係数が 1 であることに注目し，(x でなく) y について降べきの順に整理する。
←実数解をもつ $\Longleftrightarrow$ $\boldsymbol{D\geqq0}$
←$\dfrac{1}{2}=0.5$, $\dfrac{7}{2}=3.5$

$x=1$ のとき，① は　$y^2+6y+4=0$

これを解いて　$y=-3\pm\sqrt{5}$　←整数でない。

$x=2$ のとき，① は　$y^2+8y+7=0$

よって　$(y+1)(y+7)=0$　ゆえに　$y=-1,\ -7$

$x=3$ のとき，① は　$y^2+10y+20=0$

これを解いて　$y=-5\pm\sqrt{5}$　←整数でない。

x，y がともに整数であるものは

$$(\boldsymbol{x},\ \boldsymbol{y})=(\mathbf{2},\ \mathbf{-1}),\ (\mathbf{2},\ \mathbf{-7})$$

検討　解答で，① を解くと　$y=-(x+2)\pm\sqrt{\dfrac{D}{4}}$

よって，y が整数になるには，$\dfrac{D}{4}$ は 0 または平方数でなければならない。

←**平方数** とは，自然数の2乗になっている数のこと。

(＊) の x の値に対して，$\dfrac{D}{4}$ の値は次のようになる。

$x=1,\ 3$ のとき　$\dfrac{D}{4}=5$　(平方数でない。)

$x=2$ のとき　$\dfrac{D}{4}=9$　(平方数である。)

ゆえに，$x=1,\ 3$ は不適である。

別解　① から　$\{y+(x+2)\}^2-(x+2)^2+5x^2-12x+11=0$　←y について基本形に。

ゆえに　$(y+x+2)^2+4x^2-16x+7=0$

よって　$(y+x+2)^2+4(x-2)^2-4\cdot2^2+7=0$　←x について基本形に。

ゆえに　$(y+x+2)^2+\{2(x-2)\}^2=9$

x，y が整数のとき，$y+x+2$ は整数，$2(x-2)$ は偶数である。

よって　$(y+x+2,\ 2(x-2))=(3,\ 0),\ (-3,\ 0)$…Ⓐ　←Ⓐ：0 と平方数 1，4，9，……のうち，和が 9 になる 2 数は 0 と 9 のみ。

したがって　$(\boldsymbol{x},\ \boldsymbol{y})=(\mathbf{2},\ \mathbf{-1}),\ (\mathbf{2},\ \mathbf{-7})$

4章　練習　[数学と人間の活動]

練習 ①146

(1) 10 進数 1000 を 5 進法で表すと ア□，9 進法で表すと イ□ である。
(2) n は 5 以上の整数とする。$(2n+1)^2$ と表される数を n 進法で表せ。
(3) $32123_{(4)}$，$41034_{(5)}$ をそれぞれ 10 進数で表せ。

(1)

		余り
5)	1000	
5)	200 …	0
5)	40 …	0
5)	8 …	0
5)	1 …	3
	0 …	1

		余り
9)	1000	
9)	111 …	1
9)	12 …	3
9)	1 …	3
	0 …	1

よって　(ア) $\mathbf{13000_{(5)}}$　(イ) $\mathbf{1331_{(9)}}$

別解
(ア) $1000=1\cdot5^4+3\cdot5^3+0\cdot5^2+0\cdot5^1+0\cdot5^0$
であるから　$\mathbf{13000_{(5)}}$
$(5^4=625,\ 5^3=125)$
(イ) $1000=1\cdot9^3+3\cdot9^2+3\cdot9^1+1\cdot9^0$
であるから　$\mathbf{1331_{(9)}}$
$(9^3=729)$

(2) $(2n+1)^2=4n^2+4n+1=4\cdot n^2+4\cdot n^1+1\cdot n^0$

n は 5 以上の整数であるから，n 進法では　$\mathbf{441_{(n)}}$

(3) $32123_{(4)}=3\cdot4^4+2\cdot4^3+1\cdot4^2+2\cdot4^1+3\cdot4^0$

$=768+128+16+8+3=\mathbf{923}$

$41034_{(5)}=4\cdot5^4+1\cdot5^3+0\cdot5^2+3\cdot5^1+4\cdot5^0$

$=2500+125+0+15+4=\mathbf{2644}$

練習 ②147
(1) $21.201_{(5)}$ を 10 進法で表せ。
(2) 10 進数 0.9375 を 8 進法で表すと ア□，10 進数 0.9 を 6 進法で表すと イ□ である。

(1) $21_{(5)}=2\cdot5+1=11$

$$0.201_{(5)}=\frac{2}{5}+\frac{0}{5^2}+\frac{1}{5^3}=\frac{2\cdot5^2+1}{5^3}=\frac{51}{125}=0.408$$

よって　$21.201_{(5)}=$**11.408**

(2) (ア) 0.9375 に 8 を掛け，小数部分に 8 を掛けることを繰り返すと，右のようになる。
したがって　**$0.74_{(8)}$**

$$\begin{array}{r} 0.9375 \\ \times\quad 8 \\ \hline 7.5000 \\ \times\quad 8 \\ \hline 4.0 \end{array}$$

←整数部分は 7
←整数部分は 4 で，小数部分は 0 となり終了。

別解　$0.9375=\frac{15}{16}=\frac{60}{8^2}=\frac{8\cdot7+4}{8^2}=\frac{7}{8}+\frac{4}{8^2}$

よって　**$0.74_{(8)}$**

(イ) 0.9 に 6 を掛け，小数部分に 6 を掛けることを繰り返すと，右のようになる。
ゆえに，2 回目以後の計算は，$0.4\times6=2.4$ が繰り返される。
したがって　**$0.5\dot{2}_{(6)}$**

$$\begin{array}{r} 0.9 \\ \times\quad 6 \\ \hline 5.4 \\ \times\quad 6 \\ \hline 2.4 \\ \times\quad 6 \\ \hline 2.4 \\ \vdots \end{array}$$

←循環小数となる。

練習 ②148
次の計算の結果を，[　　] 内の記数法で表せ。
(1) $1222_{(3)}+1120_{(3)}$　[3 進法]
(2) $110100_{(2)}-101101_{(2)}$　[2 進法]
(3) $2304_{(5)}\times203_{(5)}$　[5 進法]
(4) $110001_{(2)}\div111_{(2)}$　[2 進法]

(1) $1222_{(3)}+1120_{(3)}=$**$10112_{(3)}$**

$$\begin{array}{r} 1222 \\ +\ 1120 \\ \hline 10112 \end{array}$$

10 進法で計算 →
$$\begin{array}{r} 53 \\ +\ 42 \\ \hline 95 \end{array}$$

(2) $110100_{(2)}-101101_{(2)}=$**$111_{(2)}$**

$$\begin{array}{r} 110100 \\ -\ 101101 \\ \hline 111 \end{array}$$

10 進法で計算 →
$$\begin{array}{r} 52 \\ -\ 45 \\ \hline 7 \end{array}$$

(3) $2304_{(5)}\times203_{(5)}=$**$1024222_{(5)}$**

$$\begin{array}{r} 2304 \\ \times\ \ 203 \\ \hline 12422 \\ 10113 \\ \hline 1024222 \end{array}$$

10 進法で計算 →
$$\begin{array}{r} 329 \\ \times\ \ 53 \\ \hline 987 \\ 1645 \\ \hline 17437 \end{array}$$

(4) $110001_{(2)}\div111_{(2)}=$**$111_{(2)}$**

$$\begin{array}{r} 111 \\ 111\,\overline{)\,110001} \\ 111 \\ \hline 1010 \\ 111 \\ \hline 111 \\ 111 \\ \hline 0 \end{array}$$

10 進法で計算 →
$$\begin{array}{r} 7 \\ 7\,\overline{)\,49} \\ 49 \\ \hline 0 \end{array}$$

練習 ③149
(1) ある自然数 N を 5 進法で表すと 3 桁の数 $abc_{(5)}$ となり，3 倍して 9 進法で表すと 3 桁の数 $cba_{(9)}$ となる。a，b，c の値を求めよ。また，N を 10 進法で表せ。　[(1) 阪南大]
(2) n は 2 以上の自然数とする。3 進数 $1212_{(3)}$ を n 進法で表すと $101_{(n)}$ となるような n の値を求めよ。

(1) $abc_{(5)}$ と $cba_{(9)}$ はともに3桁の数であり，底について $5<9$ であるから　$1\leqq a\leqq 4$，$0\leqq b\leqq 4$，$1\leqq c\leqq 4$

$$abc_{(5)}=a\cdot 5^2+b\cdot 5^1+c\cdot 5^0=25a+5b+c \quad \cdots\cdots ①$$

これを3倍したものが $cba_{(9)}$ であるから

$$3(25a+5b+c)=c\cdot 9^2+b\cdot 9^1+a\cdot 9^0$$

ゆえに　$3(25a+5b+c)=81c+9b+a$

よって　$37a=3(13c-b)$ ……②

37と3は互いに素であるから，a は3の倍数である。

$1\leqq a\leqq 4$ であるから　$a=3$

このとき，②から　$b=13c-37$ ……③

$0\leqq b\leqq 4$ であるから　$0\leqq 13c-37\leqq 4$

よって　$\dfrac{37}{13}\leqq c\leqq \dfrac{41}{13}$

$1\leqq c\leqq 4$ であるから　$c=3$

③に代入して　$b=2$

$\boldsymbol{a=3}$，$\boldsymbol{b=2}$，$\boldsymbol{c=3}$ を①に代入して

$$N=25\cdot 3+5\cdot 2+3=\mathbf{88}$$

←底が小さい5について，各位の数の範囲を考える。

←$a=3$ を②に代入すると　$37\cdot 3=3(13c-b)$

←c は $1\leqq c\leqq 4$ を満たす整数である。

(2) $1212_{(3)}=1\cdot 3^3+2\cdot 3^2+1\cdot 3^1+2\cdot 3^0=50$

$101_{(n)}=1\cdot n^2+0\cdot n^1+1\cdot n^0$

ゆえに　$50=n^2+1$　すなわち　$n^2=49$

よって　$n=\pm 7$

n は2以上の自然数であるから　$\boldsymbol{n=7}$

練習 ③150
(1) 5進法で表すと3桁となるような自然数 N は何個あるか。
(2) 4進法で表すと20桁となる自然数 N を，2進法，8進法で表すと，それぞれ何桁の数になるか。

(1) N は5進法で表すと3桁となる自然数であるから

$$5^{3-1}\leqq N<5^3 \quad すなわち \quad 5^2\leqq N<5^3$$

この不等式を満たす自然数 N の個数は

$$5^3-5^2=5^2(5-1)=25\cdot 4=\mathbf{100}\ (\text{個})$$

別解　5進法で表すと，3桁となる数は，○□□$_{(5)}$ の○に1～4，□に0～4のいずれかを入れた数であるから，この場合の数を考えて　$4\cdot 5^2=\mathbf{100}$ **(個)**

←$5^3\leqq N<5^{3+1}$ は誤り！

←$125-25=100$ と直接計算してもよい。

←最高位に0は入らないことに注意。

(2) N は4進法で表すと20桁となる自然数であるから

$$4^{20-1}\leqq N<4^{20} \quad すなわち \quad 4^{19}\leqq N<4^{20} \quad \cdots\cdots ①$$

①から　$(2^2)^{19}\leqq N<(2^2)^{20}$

すなわち　$2^{38}\leqq N<2^{40}$ ……②

ゆえに，N を2進法で表すと，**39桁，40桁** の数となる。

また，②から　$(2^3)^{12}\cdot 2^2\leqq N<(2^3)^{13}\cdot 2$

よって　$4\cdot 8^{12}\leqq N<2\cdot 8^{13}$

$8^{12}<4\cdot 8^{12}$，$2\cdot 8^{13}<8^{14}$ であるから　$8^{12}<N<8^{14}$

ゆえに，N を8進法で表すと，**13桁，14桁** の数となる。

←$2^{38}\leqq N<2^{39}$ から39桁
$2^{39}\leqq N<2^{40}$ から40桁

←$8^{12}<N<8^{13}$ から13桁
$8^{13}\leqq N<8^{14}$ から14桁

練習 ③151 4種類の数字0，1，2，3を用いて表される数を，0から始めて1桁から4桁まで小さい順に並べる。すなわち　0，1，2，3，10，11，12，13，20，21，……
(1) 1032は何番目か。　(2) 150番目の数は何か。　(3) 整数は全部で何個並ぶか。

題意の数の列は，整数の列0，1，2，3，4，…… を4進数で表したものと一致する。

(1) $1032_{(4)}=1\cdot4^3+0\cdot4^2+3\cdot4+2=78$
よって，1032は1から数えて78番目で，0から数えると，$1+78=$**79**(**番目**)である。

(2) 150番目は，1から数えると149番目である。
$$149=2\cdot4^3+1\cdot4^2+1\cdot4+1$$
よって，10進法による149は4進法では$2111_{(4)}$である。
すなわち，この数の列の150番目の数は**2111**である。

(3) 最大の数は3333であり
$$3333_{(4)}=3\cdot4^3+3\cdot4^2+3\cdot4+3=255$$
よって，0の分も入れると　$255+1=$**256**(**個**)

別解 □□□□ の □ に0，1，2，3のいずれかの数字を入れる場合の数と等しく　$4^4=$**256**(**個**)

(1)~(3)とも……の部分に注意。

(2)
```
4) 149 … 余り
4)  37 …  1
4)   9 …  1
4)   2 …  1
     0 …  2
```

←最大数が何番目かを調べる。

←各□にはそれぞれ4通りの入れ方がある。

練習 ②152 次の条件を満たす自然数nは何個あるか。
(1) $\dfrac{19}{n}$の分子を分母で割ると，整数部分が1以上の有限小数となるようなn
(2) $\dfrac{100}{n}$の分子を分母で割ると，循環小数となるような100以下のn

(1) $\dfrac{19}{n}$の整数部分は1以上であるから　$\dfrac{19}{n}>1$
nは自然数であるから　$1<n<19$ …… ①
分母nの素因数が2，5だけからなるとき，有限小数となるから，①の範囲で素因数が2，5だけのものを求めると，
$n=2$，4，5，8，10，16の**6個**ある。

(2) 100以下の自然数nは100個ある。
このうち，$\dfrac{100}{n}$が整数となるものの個数は，$100\ (=2^2\cdot5^2)$の正の約数の個数に等しく　$(2+1)(2+1)=9$(個)
また，$\dfrac{100}{n}$が有限小数となるものは，nの素因数が2，5だけからなる。このような100以下の自然数nについて
素因数が2だけのものは，$n=2^3$，2^4，2^5，2^6の4個
素因数が5だけのものはない。
素因数が2と5を含むものは，$n=2^3\cdot5$，$2^4\cdot5$の2個
よって，求めるnの個数は　$100-9-(4+2)=$**85**(**個**) …（＊）

←整数は有限小数ではないから，$\dfrac{19}{n}=1$，19となるようなnは除く。

←2だけのものは2，2^2，2^3，2^4で，5だけのものは5のみ。2と5を含むものは$2\cdot5=10$のみ。

←$n=2$，2^2は$\dfrac{100}{n}$が整数になるので含めない。

（＊）(全体)−(整数の個数)−(有限小数の個数)

練習 ③153 (1) $0.1\dot{1}1\dot{0}_{(2)}$を10進法における既約分数で表せ。
(2) $\dfrac{5}{16}$を2進法，7進法の小数でそれぞれ表せ。

(1)　$x=0.1\dot{1}1\dot{0}_{(2)}$ とおくと

$$x=\frac{1}{2}+\left(\frac{1}{2^2}+\frac{1}{2^3}\right)+\left(\frac{1}{2^5}+\frac{1}{2^6}\right)+\cdots\cdots \quad \cdots\cdots ①$$

←10 進法の分数で表す。

① の両辺に 2^3 を掛けて

$$2^3x=2^2+2+1+\left(\frac{1}{2^2}+\frac{1}{2^3}\right)+\left(\frac{1}{2^5}+\frac{1}{2^6}\right)+\cdots\cdots \quad \cdots\cdots ②$$

←循環部分が 3 桁
⟶ 両辺を 2^3 倍。

②−① から　　$7x=2^2+2+\frac{1}{2}$

←循環部分〰〰が消える。

よって　　$7x=\frac{13}{2}$　　したがって　　$x=\boldsymbol{\frac{13}{14}}$

別解　$x=0.1\dot{1}1\dot{0}_{(2)}$ …… ① とおき，① の両辺に $1000_{(2)}$ を掛けると　　$1000_{(2)}x=111.0\dot{1}1\dot{0}_{(2)}$ …… ②

←10 進法の循環小数を分数に直すのと同様の方法。

②−① から　　$\{1000_{(2)}-1_{(2)}\}x=111_{(2)}-0.1_{(2)}$

よって　　$(8-1)x=7-\frac{1}{2}$　　ゆえに　　$x=\boldsymbol{\frac{13}{14}}$

←ここで 10 進法に直す。

(2)　[1]　$\frac{5}{16}\times2=\frac{5}{8}$　　…… 整数部分は　0

[2]　$\frac{5}{8}\times2=\frac{5}{4}=1+\frac{1}{4}$　　…… 整数部分は　1

[3]　$\frac{1}{4}\times2=\frac{1}{2}$　　…… 整数部分は　0

[4]　$\frac{1}{2}\times2=1$　　…… 整数部分は　1

別解
$\frac{5}{16}=\frac{4+1}{2^4}=\frac{1}{2^2}+\frac{1}{2^4}$
から　$\frac{5}{16}=\mathbf{0.0101}_{(2)}$

←分数の整数部分以外が 0 になると計算終了。

したがって，$\frac{5}{16}$ を 2 進法の小数で表すと　　$\mathbf{0.0101}_{(2)}$

次に　[1]　$\frac{5}{16}\times7=\frac{35}{16}=2+\frac{3}{16}$　　…… 整数部分は　2

[2]　$\frac{3}{16}\times7=\frac{21}{16}=1+\frac{5}{16}$　　…… 整数部分は　1

[3]　$\frac{5}{16}\times7=\frac{35}{16}=2+\frac{3}{16}$　　…… 整数部分は　2

よって，[3] 以後は，[1]，[2] の順に計算が繰り返される。

したがって，$\frac{5}{16}$ を 7 進法の小数で表すと　　$\mathbf{0.\dot{2}\dot{1}}_{(7)}$

練習 ②154　x 軸の正の部分に原点に近い方から 3 点 A，B，C があり，y 軸の正の部分に原点に近い方から 3 点 D，E，F がある。AB=2，BC=1，DE=3，EF=4 であり，AF=BE=CD が成り立つとき，2 点 B，E の座標を求めよ。

2 点 B，E の座標をそれぞれ $(x,\ 0)$，$(0,\ y)$ $(x>0,\ y>0)$ とすると，条件から，

$A(x-2,\ 0)$，
$C(x+1,\ 0)$，
$D(0,\ y-3)$，

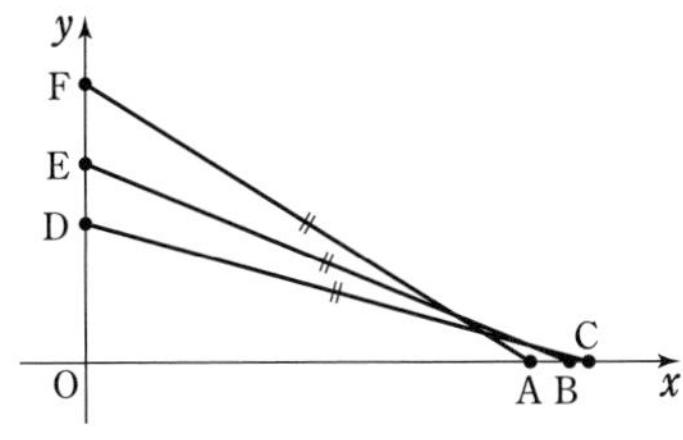

←求める 2 点 B，E の座標をそれぞれ $(x,\ 0)$，$(0,\ y)$ として，座標平面の 2 点間の距離の公式を用いる。

$F(0,\ y+4)$

と表される。

AF=BE=CD から　　$AF^2=BE^2=CD^2$

$AF^2=BE^2$ から　　$(x-2)^2+(y+4)^2=x^2+y^2$

よって　　$x-2y=5$ …… ①

$BE^2=CD^2$ から　　$x^2+y^2=(x+1)^2+(y-3)^2$

よって　　$x-3y=-5$ …… ②

①，② を解いて　　$x=25,\ y=10$

よって，求める2点B，Eの座標は

B(25, 0)，E(0, 10)

←条件 AF=BE のままでは扱いにくいから，これと同値な条件 $AF^2=BE^2$ を利用する。

練習 ①155 点 P(4, −3, 2) に対して，次の点の座標を求めよ。
(1) 点Pから x 軸に下ろした垂線と x 軸の交点Q
(2) xy 平面に関して対称な点R
(3) 原点Oに関して対称な点S

図から

(1) **Q(4, 0, 0)**

(2) **R(4, −3, −2)**

(3) **S(−4, 3, −2)**

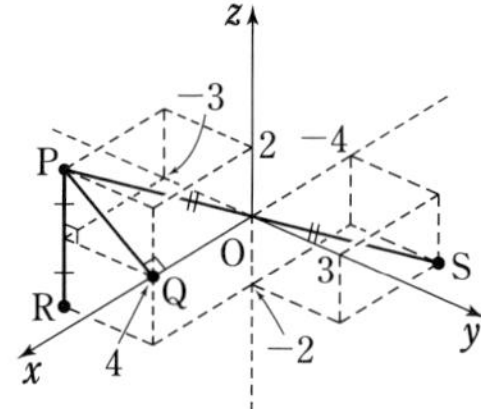

←(2)，(3) 本冊 $p.272$ の 検討 を利用すると，符号に注目するだけで求められる。

練習 ③156 座標空間内の3点 O(0, 0, 0)，A(0, 0, 4)，B(1, 1, 0) からの距離がともに $\sqrt{29}$ である点Cの座標を求めよ。

点Cの座標を $(x,\ y,\ z)$ とする。

条件から　　$OC=AC=BC=\sqrt{29}$

ゆえに　　$OC^2=AC^2=BC^2=29$

$OC^2=AC^2$ から　　$x^2+y^2+z^2=x^2+y^2+(z-4)^2$

よって　　$8z=16$　　ゆえに　$z=2$ …… ①

$OC^2=BC^2$ から　　$x^2+y^2+z^2=(x-1)^2+(y-1)^2+z^2$

よって　　$2x+2y=2$　　ゆえに　　$y=-x+1$ …… ②

$OC^2=29$ から　　$x^2+y^2+z^2=29$ …… ③

①，② を ③ に代入して　　$x^2+(-x+1)^2+2^2=29$

整理して　　$x^2-x-12=0$

すなわち　　$(x+3)(x-4)=0$　　よって　　$x=-3,\ 4$

①，② から，求める点Cの座標は

(−3, 4, 2)，(4, −3, 2)

←2乗した形で扱う。

←座標空間の2点間の距離の公式利用

←両辺から x^2，y^2，z^2 の項が消える。

←1つの文字だけの方程式を作る。

EX ②77 4つの数字3，4，5，6を並べ替えてできる4桁の数をmとし，mの各位の数を逆順に並べてできる4桁の数をnとすると，$m+n$は99の倍数となることを示せ。

$3+4+5+6=18$であるから，3，4，5，6を並べ替えてできる4桁の数m，nは9の倍数である。
よって，$m+n$は9の倍数である。…… ①
また，$m=1000a+100b+10c+d$（a，b，c，dは3，4，5，6のいずれかで，すべて互いに異なる）とすると

$$\begin{aligned} m+n&=(1000a+100b+10c+d)+(1000d+100c+10b+a)\\ &=1001(a+d)+110(b+c)\\ &=11\{91(a+d)+10(b+c)\} \end{aligned}$$

ゆえに，$m+n$は11の倍数である。…… ②
①，②から，$m+n$は99の倍数である。

←9の倍数 ⟺ 各位の数の和が9の倍数
←9の倍数の和は9の倍数。
←nはmの各位の数を逆順に並べたもの。
←$1001=11\cdot91$
←9と11は互いに素。

EX ③78 2から20までの10個の偶数から異なる5個をとり，それらの積をa，残りの積をbとする。このとき，$a\neq b$であることを証明せよ。〔広島修道大〕

$a=b$であると仮定すると　$ab=a^2$
すなわち　$2\cdot4\cdot6\cdot8\cdot10\cdot12\cdot14\cdot16\cdot18\cdot20=a^2$ …… ①
ここで，2から20までの10個の偶数のうち，7の倍数は14だけであるから，①の左辺を素因数分解したときの素因数7の個数は1である。一方，①の右辺を素因数分解したときの素因数7の個数は0または2であるから，①は矛盾している。
したがって，$a\neq b$である。

←背理法。**素因数分解の一意性**（素因数分解は，積の順序の違いを除けばただ1通り）を用いて，矛盾を導く。
←aが14を含めば2個，含まなければ0個。

EX ③79
(1) 1080の正の約数の個数と，正の約数のうち偶数であるものの総和を求めよ。
(2) 正の約数の個数が28個である最小の正の整数を求めよ。〔(2) 早稲田大〕

(1) $1080=2^3\cdot3^3\cdot5$であるから，正の約数の個数は

$(3+1)(3+1)(1+1)=4\cdot4\cdot2=$**32（個）**

また，正の約数のうち偶数であるものの総和は

$(2+2^2+2^3)(1+3+3^2+3^3)(1+5)=14\cdot40\cdot6=$**3360**

(2) 正の約数の個数が28個であるような正の整数をnとする。
$28=28\cdot1$，$14\cdot2$，$7\cdot4$，$7\cdot2\cdot2$であるから，nは

p^{27}，$p^{13}q$，p^6q^3，p^6qr　（p，q，rは異なる素数）

の形で表される。
最小のものを考えるから，$p=2$，$q=3$，$r=5$としてよい。
このとき　$p^{27}=2^{27}$，$p^{13}q=2^{13}\cdot3$，$p^6q^3=2^6\cdot3^3$，$p^6qr=2^6\cdot3\cdot5$
$2^{27}>2^{13}\cdot4>2^{13}\cdot3$，$2^{13}\cdot3>2^6\cdot2^5>2^6\cdot3^3$，$2^6\cdot3^3>2^6\cdot3\cdot5$であるから，求める最小の正の整数は　$2^6\cdot3\cdot5=$**960**

←正の約数で偶数のものは，素因数2を少なくとも1個もつ。
←$7\cdot4$は$p^{7-1}q^{4-1}$
$7\cdot2\cdot2$は$p^{7-1}q^{2-1}r^{2-1}$の形を表す。

EX ④80
(1) 自然数nでn^2-1が素数になるものをすべて求めよ。
(2) $0\leqq n\leqq m$を満たす整数m，nの組$(m,\ n)$で，$3m^2+mn-2n^2$が素数になるものをすべて求めよ。
(3) 0以上の整数m，nの組$(m,\ n)$で，$m^4-3m^2n^2-4n^4-6m^2-16n^2-16$が素数になるものをすべて求めよ。〔大阪府大〕

(1) $n^2-1=(n-1)(n+1)$

$n-1<n+1$ であるから，n^2-1 が素数となるのは，$n-1=1$ すなわち，$n=2$ のときに限る。

このとき，$n^2-1=3$ となり，3 は素数であるから適する。

したがって　　$\boldsymbol{n=2}$

←素数 p の正の約数は 1 と p（自分自身）だけである。

(2) $3m^2+mn-2n^2=(m+n)(3m-2n)$

$m \geqq n \geqq 0$ であるから　　$m+n \geqq 0$，$3m-2n \geqq 0$

←$3m-2n \geqq 3(m-n) \geqq 0$

$3m^2+mn-2n^2$ が素数となるための必要条件は

$m+n=1$　または　$3m-2n=1$

[1]　$m+n=1$ のとき

←$m+n$ と $3m-2n$ の大小関係はわからないから，2 通りの場合に分けて考える。

$0 \leqq n \leqq m$ であるから　　$(m,\ n)=(1,\ 0)$

このとき　　$3m^2+mn-2n^2=1\cdot3=3$

3 は素数であるから，適する。

[2]　$3m-2n=1$ のとき　　$3(m-n)=1-n$

←$n \leqq m$ より $m-n \geqq 0$ であるから，$m-n$ が出てくるように変形。

$n \leqq m$ より $m-n \geqq 0$ であるから　　$1-n \geqq 0$

ゆえに　　$n \leqq 1$　　　$n \geqq 0$ と合わせて　　$0 \leqq n \leqq 1$

$n=1$ のとき，$3m-2\cdot1=1$ から　　$m=1$

$n=0$ のとき，$3m=1$ から　　$m=\dfrac{1}{3}$（不適）

←m は整数であるから，$m=\dfrac{1}{3}$ は不適。

よって　　$(m,\ n)=(1,\ 1)$

このとき　　$3m^2+mn-2n^2=(1+1)\cdot1=2$

2 は素数であるから，適する。

[1]，[2] から　　$\boldsymbol{(m,\ n)=(1,\ 0),\ (1,\ 1)}$

(3) $N=m^4-3m^2n^2-4n^4-6m^2-16n^2-16$ とすると

←m について降べきの順に整理する。

$$N=m^4-3(n^2+2)m^2-4(n^4+4n^2+4)$$
$$=m^4-3(n^2+2)m^2-4(n^2+2)^2$$
$$=(m^2-4n^2-8)(m^2+n^2+2)$$

←$m^2=A$，$n^2+2=B$ とおくと
$A^2-3AB-4B^2$
$=(A-4B)(A+B)$

$m^2+n^2+2>0$，$m^2-4n^2-8<m^2+n^2+2$ であるから，N が素数となるための必要条件は　　$m^2-4n^2-8=1$

このとき，$m^2-4n^2=9$ から　　$(m-2n)(m+2n)=9$

←(　)(　)=(整数)

$0 \leqq n \leqq m$ であるから　　$m-2n \leqq m+2n$，$m+2n \geqq 0$

m，n は整数であるから，$m-2n$，$m+2n$ も整数であり，9 の正の約数である。

ゆえに　　$(m-2n,\ m+2n)=(1,\ 9),\ (3,\ 3)$

よって　　$(m,\ n)=(5,\ 2),\ (3,\ 0)$

$(m,\ n)=(5,\ 2)$ のとき　　$N=1\cdot(m^2+n^2+2)=31$

$(m,\ n)=(3,\ 0)$ のとき　　$N=1\cdot(m^2+n^2+2)=11$

←必要条件から求めた値が，十分条件であることを確認する。

ゆえに，いずれの場合も N は素数となるから適する。

したがって　　$\boldsymbol{(m,\ n)=(5,\ 2),\ (3,\ 0)}$

EX ②81

分数 $\dfrac{104}{21}$，$\dfrac{182}{15}$ のいずれに掛けても積が自然数となるような分数のうち，最小のものを求めよ。〔大阪経大〕

題意を満たす分数を $\frac{a}{b}$（a，b は互いに素な自然数）とすると，a は 21 と 15 の公倍数，b は 104 と 182 の公約数である。

よって，$\frac{a}{b}$ が最小となるのは，21 と 15 の最小公倍数を a，104 と 182 の最大公約数を b としたときである。

$21=3\cdot7$，$15=3\cdot5$，$104=2^3\cdot13$，$182=2\cdot7\cdot13$ であるから，

$a=3\cdot7\cdot5=105$，$b=2\cdot13=26$ としたとき最小値 $\boldsymbol{\frac{105}{26}}$

←$\frac{104}{21}\times\frac{a}{b}$ が自然数
⟶ a は 21 の倍数，b は 104 の約数。
$\frac{182}{15}\times\frac{a}{b}$ が自然数
⟶ a は 15 の倍数，b は 182 の約数。

EX ③82 自然数 m，n $(m\geqq n>0)$ がある。$m+n$ と $m+4n$ の最大公約数が 3 で，最小公倍数が $4m+16n$ であるという。このような m，n をすべて求めよ。〔東北学院大〕

$m+n$ と $m+4n$ の最大公約数は 3 であるから，

$m+n=3a$，$m+4n=3b$ と表される。

ただし，a，b は互いに素である整数で，$m\geqq n>0$ より

$m+4n>m+n$ であるから，$0<a<b$ である。

また，$m+n$ と $m+4n$ の最小公倍数は $4m+16n=4(m+4n)$

であるから　$4(m+4n)=3ab$　すなわち　$4\cdot3b=3ab$

よって　$a=4$　このとき　$m+n=12$

$m=12-n$ と $m\geqq n>0$ から　$12-n\geqq n>0$

したがって　$2n\leqq12$　かつ　$n>0$

この不等式を満たす整数は　$n=1, 2, 3, 4, 5, 6$ …… ①

また，$m=12-n$ を $m+4n=3b$ に代入すると

$12+3n=3b$　すなわち　$b=n+4$

① の n の値において，$n=2, 4, 6$ のとき，$b=n+4$ は偶数となるが，この場合 $a=4$ と互いに素でないから不適である。

$n=1$ のとき　$m=11$，$b=5$　　$n=3$ のとき　$m=9$，$b=7$

$n=5$ のとき　$m=7$，$b=9$

いずれの場合も $a=4$ と b は互いに素で $a<b$，$m\geqq n$ を満たす。

したがって　$\boldsymbol{(m, n)=(11, 1), (9, 3), (7, 5)}$

←A，B の最大公約数を g とし，最小公倍数を l，$A=ga$，$B=gb$ とすると
a と b は互いに素
$l=gab$，$AB=gl$

←$m+n=12$ を満たす自然数 m，n の組をすべて求めるのは面倒。問題の条件の不等式を利用して値を絞り込む。

←偶数どうしの最大公約数は必ず 2 以上の整数である。

EX ③83 N は $100\leqq N\leqq199$ を満たす整数とする。N^2 と N の下 2 桁が一致するとき，N の値を求めよ。〔類 中央大〕

N^2 と N の下 2 桁が一致するための条件は，

$N^2-N=N(N-1)$ が 100 の倍数となることである。

$100=2^2\cdot5^2$ であるが，N と $N-1$ は互いに素であるから，

$N(N-1)$ が 100 の倍数となるとき，N と $N-1$ がともに 5 を素因数にもつことはない。

すなわち，N，$N-1$ のどちらか一方は 25 で割り切れるから

$N=100, 125, 150, 175$ または $N-1=100, 125, 150, 175$

ゆえに　$N=100, 101, 125, 126, 150, 151, 175, 176$

このうち，$N(N-1)$ が 4 で割り切れるものが求める整数 N であるから　$\boldsymbol{N=100, 101, 125, 176}$

←連続する 2 つの自然数は互いに素である。

←各 N の値に対し
$N-1=99, 100, 124, 125, 149, 150, 174, 175$

EX ③84 $\frac{n}{144}$ が1より小さい既約分数となるような正の整数 n は全部で何個あるか。 〔千葉工大〕

n は143以下で144と互いに素である正の整数である。
$144=2^4\cdot3^2$ であるから，このような数は，1から143までの143個の自然数のうち，偶数または3の倍数を除いたものである。
1から143までの自然数のうち，
　2の倍数の個数は，143を2で割った商で　　71
　3の倍数の個数は，143を3で割った商で　　47
　6の倍数の個数は，143を6で割った商で　　23
よって，求める個数は　　$143-(71+47-23)=$**48**(個)

←$143\div2=71.5$
←$143\div3=47.6\cdots$
←$143\div6=23.8\cdots$

検討 n 以下の自然数で，n と互いに素であるものの個数は，本冊 $p.213$ 検討 PLUS ONE で紹介した，オイラー関数④の性質を利用して求められる。

$$\phi(144)=\phi(2^4\cdot3^2)=2^4\cdot3^2\times\left(1-\frac{1}{2}\right)\left(1-\frac{1}{3}\right)$$
$$=144\times\frac{1}{2}\cdot\frac{2}{3}=48$$

EX ②85 (1) 整数 n に対し，n^2+n-6 が13の倍数になるとき，n を13で割った余りを求めよ。
(2) (ア) x が整数のとき，x^4 を5で割った余りを求めよ。
　(イ) $x^4-5y^4=2$ を満たすような整数の組 $(x,\ y)$ は存在しないことを示せ。 〔(2) 類 岩手大〕

(1) $n^2+n-6=(n-2)(n+3)$ であるから，n^2+n-6 が13の倍数になるのは，$n-2$ または $n+3$ が13の倍数のときである。
k，l を整数とすると
[1] $n-2$ が13の倍数のとき，$n-2=13k$ と表され
$$n=13k+2$$
[2] $n+3$ が13の倍数のとき，$n+3=13l$ と表され
$$n=13l-3=13(l-1)+10$$
したがって，n を13で割った余りは　**2または10**

←13は素数。
←$n=13q+r$（q，r は整数，$0\leqq r<13$）に変形すると余りがわかる。

(2) (ア) x を5で割った余りを r $(r=0,\ 1,\ 2,\ 3,\ 4)$ とすると，x^4 を5で割った余りは r^4 を5で割った余りに等しい。
ここで，$r=0$ のとき　$r^4=0=5\cdot0$
　　　$r=1$ のとき　$r^4=1=5\cdot0+1$
　　　$r=2$ のとき　$r^4=2^4=16=5\cdot3+1$
　　　$r=3$ のとき　$r^4=3^4=81=5\cdot16+1$
　　　$r=4$ のとき　$r^4=4^4=256=5\cdot51+1$
よって，r^4 を5で割った余りは0または1であるから，
x^4 を5で割った余りは　**0または1**

←本冊 $p.216$ 基本事項③④（割り算の余りの性質）を利用。

(イ) (ア)から，x，y が整数のとき
　　x^4-5y^4 を5で割った余りは0か1
　　2を5で割った余りは2
ゆえに，$x^4-5y^4=2$ を満たす整数の組 $(x,\ y)$ は存在しない。

←$-5y^4$ を5で割った余りは0

EX ④86

n を自然数とする。$A_n=2^n+n^2$, $B_n=3^n+n^3$ とおく。A_n を 3 で割った余りを a_n とし，B_n を 4 で割った余りを b_n とする。

(1) $A_{n+6}-A_n$ は 3 で割り切れることを示せ。

(2) $1 \leqq n \leqq 2018$ かつ $a_n=1$ を満たす n の個数を求めよ。

(3) $1 \leqq n \leqq 2018$ かつ $b_n=2$ を満たす n の個数を求めよ。〔神戸大〕

(1) $A_{n+6}-A_n=\{2^{n+6}+(n+6)^2\}-(2^n+n^2)$
$=63\cdot 2^n+12n+36$
$=3(21\cdot 2^n+4n+12)$

よって，$A_{n+6}-A_n$ は 3 で割り切れる。

←$2^{n+6}-2^n=2^n\cdot 2^6-2^n=2^n(2^6-1)=2^n(64-1)$

←$A_{n+6}-A_n=3\times$(整数)の形。

(2) $A_{n+6}-A_n$ を 3 で割った余りは，$a_{n+6}-a_n$ を 3 で割った余りに等しい。

よって，(1) の結果から　$a_{n+6}=a_n$

$A_n=2^n+n^2$ に $n=1, 2, \cdots\cdots, 6$ を代入すると

$A_1=3$, $A_2=8$, $A_3=17$, $A_4=32$, $A_5=57$, $A_6=100$

これらを 3 で割ったときの余りは，それぞれ

$a_1=0$, $a_2=2$, $a_3=2$, $a_4=2$, $a_5=0$, $a_6=1$

したがって，a_n は，0, 2, 2, 2, 0, 1 を繰り返す。

よって，$a_n=1$ となるのは n が 6 の倍数のときである。

$2018=336\cdot 6+2$ から，$1 \leqq n \leqq 2018$ かつ $a_n=1$ を満たす n は

336 個

←$A_{n+6}-A_n$ は 3 で割り切れるから，$a_{n+6}-a_n$ は 3 で割り切れる。このとき，すべての n について $0 \leqq a_n < 3$ であるから　$a_{n+6}-a_n=0$

(3) $B_{n+4}-B_n=\{3^{n+4}+(n+4)^3\}-(3^n+n^3)$
$=80\cdot 3^n+12n^2+48n+64$
$=4(20\cdot 3^n+3n^2+12n+16)$

よって，$B_{n+4}-B_n$ は 4 で割り切れる。

←$3^{n+4}-3^n=3^n\cdot 3^4-3^n=3^n(3^4-1)=3^n(81-1)$

$B_{n+4}-B_n$ を 4 で割った余りは，$b_{n+4}-b_n$ を 4 で割った余りに等しいから　$b_{n+4}=b_n$

←$B_{n+4}-B_n$ は 4 で割り切れるから，$b_{n+4}-b_n$ は 4 で割り切れる。このとき，すべての n について $0 \leqq b_n < 4$ であるから　$b_{n+4}-b_n=0$

$B_n=3^n+n^3$ に $n=1, 2, 3, 4$ を代入すると

$B_1=4$,　$B_2=17$,　$B_3=54$,　$B_4=145$

これらを 4 で割ったときの余りは，それぞれ

$b_1=0$,　$b_2=1$,　$b_3=2$,　$b_4=1$

したがって，b_n は，0, 1, 2, 1 を繰り返す。

よって，$b_n=2$ となるのは，n を 4 で割った余りが 3 のときである。このとき n は整数 l を用いて $n=4l+3$ と表される。

$1 \leqq n \leqq 2018$ から　$1 \leqq 4l+3 \leqq 2018$

したがって　$-\frac{1}{2} \leqq l \leqq \frac{2015}{4}=503.75$

この不等式を満たす整数 l は 504 個ある。

←$0 \leqq l \leqq 503$

よって，$1 \leqq n \leqq 2018$ かつ $b_n=2$ を満たす n は　**504 個**

EX ③87

自然数 P が 2 でも 3 でも割り切れないとき，P^2-1 は 24 で割り切れることを証明せよ。

〔ノートルダム清心女子大〕

k を 0 以上の整数とすると，すべての自然数は，

$6k+1,\ 6k+2,\ 6k+3,\ 6k+4,\ 6k+5,\ 6(k+1)$

の形に表され，P は 2 でも 3 でも割り切れない自然数であるから　　$P=6k+1$　または　$P=6k+5$

←k を自然数として，$6k-5,\ 6k-4,\ \cdots\cdots,\ 6k$ としてもよい。

←$6k+2,\ 6k+4$ は 2 で，$6k+3$ は 3 で割り切れる。また，$6(k+1)$ は 2 でも 3 でも割り切れる。

[1]　$P=6k+1$ の場合

$$P^2-1=(P+1)(P-1)=(6k+2)\cdot 6k=12k(3k+1)$$

(i)　k が偶数のとき，$12k$ は 24 の倍数となるから，P^2-1 は 24 で割り切れる。

(ii)　k が奇数のとき，$3k+1$ は偶数であり，$12(3k+1)$ は 24 の倍数となるから，P^2-1 は 24 で割り切れる。

←k が奇数のとき，$3k$ は奇数であるから，それに奇数 1 を加えた $3k+1$ は偶数になる。

[2]　$P=6k+5$ の場合

$$P^2-1=(P+1)(P-1)=(6k+6)(6k+4)=12(k+1)(3k+2)$$

(i)　k が偶数のとき，$3k+2$ は偶数であり，$12(3k+2)$ は 24 の倍数となるから，P^2-1 は 24 で割り切れる。

(ii)　k が奇数のとき，$k+1$ は偶数であり，$12(k+1)$ は 24 の倍数となるから，P^2-1 は 24 で割り切れる。

←k が偶数のとき，$3k$ は偶数であり，それに偶数 2 を加えた $3k+2$ は偶数になる。

以上から，自然数 P が 2 でも 3 でも割り切れないとき，P^2-1 は 24 で割り切れる。

参考　**[連続する 2 整数の積が 2 の倍数であることを利用する。]**

[1]　$P^2-1=12k(3k+1)=12k(2k+k+1)=24k^2+12k(k+1)$

$k(k+1)$ は連続する 2 整数の積であるから，2 の倍数である。

よって，$k(k+1)=2m$（m は 0 以上の整数）とおくと

$$P^2-1=24k^2+12\cdot 2m=24(k^2+m)$$

したがって，P^2-1 は 24 で割り切れる。

←k は 0 以上の整数であるから，$k(k+1)$ は 0 以上の整数である。

[2]　$P^2-1=12(k+1)(3k+2)=12(k+1)(k+2k+2)$
$$=12k(k+1)+24(k+1)^2$$

[1] と同様に考えて

$$P^2-1=12\cdot 2m+24(k+1)^2=24\{m+(k+1)^2\}$$

したがって，P^2-1 は 24 で割り切れる。

EX ②88　すべての自然数 n に対して $\dfrac{n^3}{6}-\dfrac{n^2}{2}+\dfrac{4n}{3}$ は整数であることを証明せよ。　〔学習院大〕

$$\frac{n^3}{6}-\frac{n^2}{2}+\frac{4n}{3}=\frac{1}{6}n(n^2-3n+8)$$
$$=\frac{1}{6}n\{(n-1)(n-2)-2+8\}$$
$$=\frac{1}{6}n(n-1)(n-2)+n\ \cdots\cdots\ ①$$

←$\dfrac{1}{6}n$ でくくる。

←$(n-1)(n-2)=n^2-3n+2$ 連続する 3 整数の積を作り出すように変形。

$n(n-1)(n-2)$ は連続する 3 整数の積であるから，6 の倍数である。よって，$\dfrac{1}{6}n(n-1)(n-2)+n$ は整数である。

ゆえに，① から，すべての自然数 n に対して $\dfrac{n^3}{6}-\dfrac{n^2}{2}+\dfrac{4n}{3}$ は整数である。

検討　本冊 $p.218$ 基本例題 125 (1) を，連続する 3 整数の積を作り出す方針で解くと，次のようになる。

$$n^4+2n^2=n^2(n^2+2)=n^2\{(n^2-1)+3\}$$
$$=n\cdot(n-1)n(n+1)+3n^2$$

$(n-1)n(n+1)$，$3n^2$ は 3 の倍数であるから，n^4+2n^2 も 3 の倍数である。

EX ③89　x，y を自然数，p を 3 以上の素数とするとき
(1)　$x^3-y^3=p$ が成り立つとき，p を 6 で割った余りが 1 となることを証明せよ。
(2)　$x^3-y^3=p$ が自然数の解の組 $(x,\ y)$ をもつような p を，小さい数から順に p_1，p_2，p_3，…… とするとき，p_5 の値を求めよ。　〔類 早稲田大〕

(1)　$x^3-y^3=p$ から　$(x-y)(x^2+xy+y^2)=p$ …… ①

$x-y$ は整数，x^2+xy+y^2 は自然数で　$x^2+xy+y^2\geqq 3$

よって，① から

$x-y=1$ …… ②，$x^2+xy+y^2=p$ …… ③

② から　$x=y+1$ …… ④

④ を ③ に代入して　$(y+1)^2+(y+1)y+y^2=p$

よって　$p=3y^2+3y+1=3y(y+1)+1$ …… ⑤

$y(y+1)$ は連続する 2 整数の積であるから，2 の倍数である。

ゆえに，$3y(y+1)$ は 6 の倍数である。

したがって，p を 6 で割った余りは 1 となる。

(2)　y が自然数であるとき，④ から x も自然数となる。

また，⑤ から y の値が大きくなると p の値も大きくなり

$y=1$ のとき　$p=3\cdot1\cdot2+1=7$　(素数)

$y=2$ のとき　$p=3\cdot2\cdot3+1=19$　(素数)

$y=3$ のとき　$p=3\cdot3\cdot4+1=37$　(素数)

$y=4$ のとき　$p=3\cdot4\cdot5+1=61$　(素数)

$y=5$ のとき　$p=3\cdot5\cdot6+1=91$

　$91=7\times13$ であるから，このとき p は素数ではない。

$y=6$ のとき　$p=3\cdot6\cdot7+1=127$　(素数)

以上から　$\boldsymbol{p_5=127}$

←左辺を因数分解。

←$x^2+xy+y^2\geqq 1^2+1\cdot1+1^2=3$

←素数 p の正の約数は 1 と p だけである。

←$p=(6$ の倍数$)+1$

←$y=1$，2，……を順に ⑤ に代入して得られる p の値のうち，5 番目に小さい素数が p_5 となる。

4章 EX【数学と人間の活動】

EX ④90　a，b，c はどの 2 つも 1 以外の共通な約数をもたない正の整数とする。a，b，c が $a^2+b^2=c^2$ を満たしているとき，次の問いに答えよ。
(1)　a，b のうちの一方は偶数で他方は奇数であり，c は奇数であることを示せ。
(2)　a，b のうち 1 つは 4 の倍数であることを示せ。　〔類 旭川医大〕

$a^2+b^2=c^2$ …… ① とする。

(1)　[1]　a，b がともに偶数であると仮定すると，a，b は 2 を共通の約数にもつから，1 以外の共通な約数をもたないという条件を満たさず，矛盾。

[2]　a，b がともに奇数であると仮定すると

$a=2m+1$，$b=2n+1$ (m，n は 0 以上の整数)

と表される。

←問題文で与えられた条件を利用。

←$a=2m-1$，$b=2n-1$ (m，n は自然数) と表してもよい。

$$a^2+b^2=(2m+1)^2+(2n+1)^2$$
$$=(4m^2+4m+1)+(4n^2+4n+1)$$
$$=4(m^2+n^2+m+n)+2$$

$a^2+b^2=c^2$ とすると

$$c^2=4(m^2+n^2+m+n)+2$$

よって　$c^2=2\{2(m^2+n^2+m+n)+1\}$ …… ②

ゆえに，c^2 は偶数であるから，c は偶数である。

よって，$c=2k$（k は整数）と表されるから，② より

$$4k^2=2\{2(m^2+n^2+m+n)+1\}$$

すなわち　$2k^2=2(m^2+n^2+m+n)+1$ …… ③

ここで，③ の左辺は偶数，右辺は奇数であるから，矛盾。

ゆえに，a^2，b^2 のうちの一方は偶数で，他方は奇数である。

よって，a^2+b^2 は奇数であるから，① より c^2 も奇数であり，c も奇数となる。

整数 k について
k が偶数 ⟺ k^2 が偶数
k が奇数 ⟺ k^2 が奇数
が成り立つ。これは証明なしに用いてもよい。

←③ は（偶数）=（奇数）となっている。

(2) [1]　a が偶数，b が奇数，c が奇数の場合

$$a=2a',\ b=2m+1,\ c=2n+1$$
（a' は正の整数，m，n は 0 以上の整数）

と表される。

←(1) の結果から，[1]，[2] の 2 つの場合に分けられる。

よって　$a^2=4a'^2$ …… ④

また，① から　$a^2=c^2-b^2=(2n+1)^2-(2m+1)^2$
$=4(n^2+n-m^2-m)$ …… ⑤

④，⑤ から　$a'^2=n^2+n-m^2-m$

すなわち　$a'^2=n(n+1)-m(m+1)$

ここで，$n(n+1)$，$m(m+1)$ は連続した 2 つの整数の積であるから，偶数である。

よって，a'^2 は偶数であり，a' も偶数である。

ゆえに，$a\ (=2a')$ は 4 の倍数である。

←⑤ を更に変形すると
$a^2=4(n+m+1)(n-m)$
また　a'^2 について
$a'^2=(n+m+1)(n-m)$
ゆえに，m，n の偶奇が一致するとき，$n-m$ は偶数となる。また，m，n の偶奇が一致しないとき，$n+m+1$ が偶数となる。このことを利用してもよい。

[2]　a が奇数，b が偶数，c が奇数の場合も，[1] と同様にして，b が 4 の倍数であることが示される。

したがって，a，b のうち 1 つは 4 の倍数である。

EX ③91　2 つの自然数 a と b が互いに素であるとき，$3a+b$ と $5a+2b$ も互いに素であることを証明せよ。〔山口大〕

2 数 A，B の最大公約数を $(A,\ B)$ で表すと

$$5a+2b=(3a+b)\cdot 1+2a+b$$
$$3a+b=(2a+b)\cdot 1+a,\quad 2a+b=a\cdot 2+b$$

ゆえに　$(5a+2b,\ 3a+b)=(3a+b,\ 2a+b)$
$=(2a+b,\ a)=(a,\ b)$

←$A=BQ+R$ のとき
$(A,\ B)=(B,\ R)$

よって，a，b の最大公約数と $5a+2b$，$3a+b$ の最大公約数は一致する。

したがって，a と b が互いに素であるとき，$3a+b$ と $5a+2b$ も互いに素である。

別解　$3a+b$ と $5a+2b$ が互いに素でないと仮定すると

$$3a+b=gm \cdots\cdots ①,\quad 5a+2b=gn \cdots\cdots ②$$
$$(m,\ n,\ g \text{ は自然数},\ g \geqq 2)$$

と表される。

①×2−② から　　$g(2m-n)=a$

$2m-n$ は整数であるから，g は a の約数である。

②×3−①×5 から　　$g(3n-5m)=b$

$3n-5m$ は整数であるから，g は b の約数である。

したがって，g は a と b の 1 以外の公約数となり，a と b が互いに素であることに矛盾する。

よって，$3a+b$ と $5a+2b$ は互いに素である。

←背理法

←b を消去する。

←a を消去する。

EX ④92

自然数 n について，以下の問いに答えよ。

(1) $n+2$ と n^2+1 の公約数は 1 または 5 に限ることを示せ。

(2) (1) を用いて，$n+2$ と n^2+1 が 1 以外に公約数をもつような自然数 n をすべて求めよ。

(3) (1), (2) を参考にして，$2n+1$ と n^2+1 が 1 以外に公約数をもつような自然数 n をすべて求めよ。〔神戸大〕

(1) 等式 $n^2+1=(n+2)(n-2)+5$ …… ① が成り立つ。

ゆえに，n^2+1 と $n+2$ の公約数は，$n+2$ と 5 の公約数に一致する。

5 の約数は 1，5 であるから，n^2+1 と $n+2$ の公約数は 1 または 5 に限る。

別解　等式 $(n^2+1)-(n+2)(n-2)=5$ …… ①′ が成り立つ。

$n+2$ と n^2+1 の公約数を g とすると

$$n+2=ga,\quad n^2+1=gb\ (a,\ b \text{ は自然数})$$

と表される。よって，①′ により

$$gb-ga(n-2)=5 \quad \text{すなわち} \quad g\{b-a(n-2)\}=5$$

$b-a(n-2)$ は整数であるから，g は 5 の約数である。

したがって，g すなわち $n+2$ と n^2+1 の公約数は 1 または 5 に限る。

←$a=bq+r$ が成り立つとき，a と b の公約数と，b と r の公約数は一致する。

(2) $n+2$ と n^2+1 の 1 以外の公約数は，(1) より 5 だけであるから，$n+2=5k$ (k は自然数) と表すことができる。

よって　　$n=5k-2$

このとき，① から，n^2+1 も 5 を約数にもち，確かに 1 以外に公約数 5 をもつ。

ゆえに，求める自然数 n は，**5 で割ると 3 余る自然数** である。

←$n^2+1=(5k-2)^2+1$
$=5(5k^2-4k+1)$

←$5k-2=5(k-1)+3$ と変形できるから，$5k-2$ を 5 で割ったときの余りは 3

(3) 等式 $4(n^2+1)-(2n+1)(2n-1)=5$ …… ② が成り立つ。

ゆえに，(1) と同様に考えると，$2n+1$ と n^2+1 の公約数は 1 または 5 に限る。

よって，$2n+1$ と n^2+1 が 1 以外の公約数をもつとき，それは 5 に限るから，$2n+1=5m$ (m は自然数) と表すことができる。

このとき，② および 4 と 5 が互いに素であることから，n^2+1 も 5 を約数にもち，確かに 1 以外の公約数 5 をもつ。

ここで，$2n+1=5m$ において，$2n+1$ は奇数であるから，m は奇数である。

ゆえに　$2n+1=5(2l-1)$　（l は自然数）

整理して　$n=5l-3$

よって，求める自然数 n は，**5 で割ると 2 余る自然数** である。

←$m=2l-1$ とおいた。

←$5l-3=5(l-1)+2$

EX ②93

3 が記されたカードと 7 が記されたカードがそれぞれ何枚ずつかある。3 のカードの枚数は 7 のカードの枚数よりも多く，7 のカードの枚数の 2 倍は，3 のカードの枚数よりも多い。また，各カードに記された数をすべて合計すると 140 になる。このとき，3 のカード，7 のカードの枚数をそれぞれ求めよ。〔成蹊大〕

3，7 のカードの枚数をそれぞれ x，y とすると，条件から

$x>y$ …… ①，$x<2y$ …… ②，$3x+7y=140$ …… ③

③ から　$3x=7(20-y)$ …… ④

3 と 7 は互いに素であるから，x は 7 の倍数である。

ゆえに，$x=7k$（k は整数）として，④ に代入すると

$3\cdot 7k=7(20-y)$　すなわち　$y=20-3k$

① から　$7k>20-3k$　よって　$k>2$ …… ⑤

② から　$7k<2(20-3k)$　よって　$k<\dfrac{40}{13}$ …… ⑥

⑤，⑥ から　$2<k<\dfrac{40}{13}$

$\dfrac{40}{13}=3.07\cdots\cdots$ であり，k は整数であるから　$k=3$

このとき　$x=7\cdot 3=21$，$y=20-3\cdot 3=11$

したがって，**3 のカードは 21 枚，7 のカードは 11 枚** ある。

←まず，③ の整数解を求める。
140=7・20 に注目。

←求めた ③ の解を ①，② にそれぞれ代入し，k の値の範囲を絞る。

EX ③94

(1) x，y を正の整数とする。$17x-36y=1$ となる最小の x は ア□ である。また，$17x^3-36y=1$ となる最小の x は イ□ である。

(2) 整数 a，b が $2a+3b=42$ を満たすとき，ab の最大値を求めよ。〔早稲田大〕

(1) まず，不定方程式 $17x-36y=1$ …… ① を解く。

$x=17$，$y=8$ は ① の整数解の 1 つであるから

$17\cdot 17-36\cdot 8=1$ …… ②

① − ② から　$17(x-17)-36(y-8)=0$

すなわち　$17(x-17)=36(y-8)$

17 と 36 は互いに素であるから，k を整数として

$x-17=36k$，$y-8=17k$　と表される。

よって　$x=36k+17$，$y=17k+8$

$x\geqq 1$ かつ $y\geqq 1$ となるのは $k\geqq 0$ のときである。

したがって，① を満たす最小の正の整数 x は

$36\cdot 0+17=$ア**17**

また，$x^3=X$ とおくと，$x\geqq 1$ のとき $X\geqq 1$ である。

不定方程式 $17X-36y=1$ の解は

$X=36l+17$，$y=17l+8$　（l は整数）

$X\geqq 1$ かつ $y\geqq 1$ となるのは $l\geqq 0$ のときである。

←互除法を利用。
$36=17\cdot 2+2$，
$17=2\cdot 8+1$ から
$1=17-2\cdot 8$
$=17-(36-17\cdot 2)\cdot 8$
$=17\cdot 17-36\cdot 8$

←$k\leqq -1$ のとき
$x<0$，$y<0$

←$17x^3-36y=1$

←前半の結果を利用。

$l=0$ のとき　$X=17$　　このとき，x は正の整数にならない。
$l=1$ のとき　$X=53$　　このとき，x は正の整数にならない。
$l=2$ のとき　$X=89$　　このとき，x は正の整数にならない。
$l=3$ のとき　$X=125=5^3$　　このとき　$x=5$（正の整数）
よって，$17x^3-36y=1$ を満たす最小の正の整数 x は

$$x={}^{イ}\mathbf{5}$$

←$X=36l+17$ に $l=0,\ 1,$ ……と順に代入し，X が（正の整数)^3［立方数］となる場合を調べる。
なお，$1^3=1,\ 2^3=8,\ 3^3=27,\ 4^3=64,\ 5^3=125$

(2)　$2a+3b=42$ から　　$2a=3(14-b)$
2 と 3 は互いに素であるから　$a=3k,\ 14-b=2k$（k は整数）と表される。
よって　　$a=3k,\ b=14-2k$

$$ab=3k(14-2k)=-6(k^2-7k)$$
$$=-6\left(k-\frac{7}{2}\right)^2+6\left(\frac{7}{2}\right)^2$$
$$=-6\left(k-\frac{7}{2}\right)^2+\frac{147}{2}$$

←k の 2 次式 ⟶ 基本形 $p(k-q)^2+r$ に変形。

$y=-6\left(k-\frac{7}{2}\right)^2+\frac{147}{2}$ のグラフは上に凸の放物線で，軸は直線 $k=\frac{7}{2}$ である。
この軸に最も近い整数値は　　$k=3,\ 4$
ゆえに，ab は $k=3,\ 4$ のとき最大となり，その値は　72
よって　　**$(a,\ b)=(9,\ 8),\ (12,\ 6)$ のとき最大値 72**

←グラフが上に凸の 2 次関数であるから，軸に近いほど値が大きくなる。

EX ⑤95
$a,\ b$ は 0 でない整数の定数とし，$ax+by$（$x,\ y$ は整数）の形の数全体の集合を M とする。M に属する最小の正の整数を d とするとき
(1)　M の要素は，すべて d で割り切れることを示せ。
(2)　d は $a,\ b$ の最大公約数であることを示せ。
(3)　$a,\ b$ が互いに素な整数のときは，$as+bt=1$ となるような整数 $s,\ t$ が存在することを示せ。
〔類　大阪教育大，東京理科大，中央大〕

(1)　$d\in M$ であるから，$d=as+bt$（$s,\ t$ は整数）とする。
$ax+by$ を d で割った商を q，余りを r とすると，

$$ax+by=qd+r=q(as+bt)+r,\ 0\leqq r<d$$

←$A=BQ+R$ の形。

ゆえに　　$r=ax+by-q(as+bt)=a(x-qs)+b(y-qt)$
$x-qs,\ y-qt$ は整数であるから　　$r\in M$
$0\leqq r<d$ であるから，$r\neq 0$ であれば，d が M に属する最小の正の整数であることに反する。
よって　　$r=0$
すなわち，$ax+by$ は d で割り切れる。

←$r\neq 0$ のとき，$0<r<d$ から，r は d より小さい正の整数となる。

(2)　$a=a\cdot 1+b\cdot 0\in M,\ b=a\cdot 0+b\cdot 1\in M$ であるから，(1) より，$a,\ b$ は d で割り切れる。
したがって，d は $a,\ b$ の公約数である。
ここで，c を $a,\ b$ の任意の公約数とすると

$$a=ca',\ b=cb'\quad (a',\ b' \text{ は整数})$$

←M の要素は，すべて d で割り切れる。

ゆえに　$d=as+bt=(ca')s+(cb')t=c(a's+b't)$

$a's+b't$ は整数であるから，d は c の倍数である。

また，d は a，b の公約数で，任意の公約数の倍数であるから，最大公約数である。

←公約数は最大公約数の約数であるから，最大公約数はすべての公約数の倍数。

(3)　a，b は互いに素であるから　$d=1$

よって，$as+bt=1$ となるような整数 s，t が存在する。

EX ③96

自然数 x，y，z は方程式 $15x+14y+24z=266$ を満たす。

(1)　$k=5x+8z$ としたとき，y を k の式で表すと $y=$ □ である。

(2)　x，y，z の組は，$(x, y, z)=$ □ である。　〔慶応大〕

(1)　$15x+14y+24z=266$ から　$3(5x+8z)+14y=266$

$k=5x+8z$ とすると　$3k+14y=266$

よって　$y=-\dfrac{3}{14}k+19$

(2)　y は自然数であり，3 と 14 は互いに素であるから，k は 14 の倍数である。

←(1)の結果から。

$y\geqq1$ であるから　$-\dfrac{3}{14}k+19\geqq1$

よって　$k\leqq84$

←絞り込み。

$k\geqq5\cdot1+8\cdot1=13$ でもあるから，$k=14l$ $(l=1, 2, \cdots\cdots, 6)$ と表される。

←$k=5x+8z$ で $x\geqq1$，$z\geqq1$

$5x+8z=14l$ …… ① とすると，$x=-2l$，$z=3l$ は ① の整数解の1つであるから

$$5\cdot(-2l)+8\cdot3l=14l \quad \cdots\cdots ②$$

←$5\cdot(-2)+8\cdot3=14$ であることを利用。また，**係数下げ** でも導くことができる。
$5(x+z)+3z=14l$
$x+z=s$ とおくと
$5s+3z=14l$
$\therefore\ s=l,\ z=3l$
$\therefore\ x=s-z=l-3l=-2l$

①−② から　$5(x+2l)+8(z-3l)=0$

すなわち　$5(x+2l)=-8(z-3l)$

5 と 8 は互いに素であるから，m を整数として

$$x+2l=8m,\ z-3l=-5m$$

と表される。

したがって　$x=8m-2l$，$z=3l-5m$

$x>0$，$z>0$ であるから　$8m-2l>0$，$3l-5m>0$

m について解くと　$\dfrac{1}{4}l<m<\dfrac{3}{5}l$ …… ③

$l=1, 2, \cdots\cdots, 6$ のそれぞれの値について，③ を満たす整数 m の値を求めると

$(l, m)=(2, 1), (3, 1), (4, 2), (5, 2), (6, 2), (6, 3)$

($l=1$ のとき，③ を満たす整数 m は存在しない)

←$l=6$ のとき，③ は $\dfrac{3}{2}<m<\dfrac{18}{5}$
この不等式を満たす整数 m は　$m=2, 3$

これらの (l, m) の組それぞれについて，

$x=8m-2l$，　$y=-3l+19$，　$z=3l-5m$

に代入して x，y，z の組を求めると

$(x, y, z)=$**(4, 13, 1), (2, 10, 4), (8, 7, 2), (6, 4, 5), (4, 1, 8), (12, 1, 3)**

EX ③97 $2 \leqq p < q < r$ を満たす整数 p, q, r の組で，$\dfrac{1}{p}+\dfrac{1}{q}+\dfrac{1}{r} \geqq 1$ となるものをすべて求めよ。〔群馬大〕

$\dfrac{1}{p}+\dfrac{1}{q}+\dfrac{1}{r} \geqq 1$ …… ①　とする。

$2 \leqq p < q < r$ から　$\dfrac{1}{r}<\dfrac{1}{q}<\dfrac{1}{p} \leqq \dfrac{1}{2}$ …… ②

ゆえに　$1 \leqq \dfrac{1}{p}+\dfrac{1}{q}+\dfrac{1}{r}<\dfrac{1}{p}+\dfrac{1}{p}+\dfrac{1}{p}=\dfrac{3}{p}$

よって　$1<\dfrac{3}{p}$　すなわち　$p<3$

p は $2 \leqq p<3$ を満たす整数であるから　$p=2$

$p=2$ のとき，① は　$\dfrac{1}{q}+\dfrac{1}{r} \geqq \dfrac{1}{2}$

② から　$\dfrac{1}{2} \leqq \dfrac{1}{q}+\dfrac{1}{r}<\dfrac{1}{q}+\dfrac{1}{q}=\dfrac{2}{q}$

よって　$\dfrac{1}{2}<\dfrac{2}{q}$　すなわち　$q<4$

q は $2<q<4$ を満たす整数であるから　$q=3$

$p=2$，$q=3$ を ① に代入して整理すると

$\dfrac{1}{r} \geqq \dfrac{1}{6}$　すなわち　$r \leqq 6$

r は $3<r \leqq 6$ を満たす整数であるから　$r=4$，5，6

以上から，求める整数 p，q，r の組は

$(p,\ q,\ r)=(2,\ 3,\ 4),\ (2,\ 3,\ 5),\ (2,\ 3,\ 6)$

←逆数をとると，不等号の向きが変わる。

←$\dfrac{1}{q}<\dfrac{1}{p}$，$\dfrac{1}{r}<\dfrac{1}{p}$

←両辺に正の数 p を掛けて　$p<3$

←$\dfrac{1}{r}<\dfrac{1}{q}$

←両辺に正の数 $2q$ を掛けて　$q<4$

←両辺正であるから，逆数をとって　$r \leqq 6$

EX ④98 連立方程式 $\begin{cases} x^2=yz+7 \\ y^2=zx+7 \\ z^2=xy+7 \end{cases}$ を満たす整数の組 $(x,\ y,\ z)$ で $x \leqq y \leqq z$ となるものを求めよ。〔一橋大〕

$\begin{cases} x^2=yz+7 & \cdots\cdots ① \\ y^2=zx+7 & \cdots\cdots ② \\ z^2=xy+7 & \cdots\cdots ③ \end{cases}$　とする。

① から　$x^2>yz$

$x \geqq 0$ とすると，$0 \leqq x \leqq y$，$0 \leqq x \leqq z$ であるから　$x^2 \leqq yz$

これは $x^2>yz$ と矛盾する。よって，$x<0$ である。

また，③ から　$z^2>xy$

$z<0$ とすると，$x \leqq z<0$，$y \leqq z<0$ であるから　$xy \geqq z^2$

これは $z^2>xy$ と矛盾する。よって，$z \geqq 0$ である。

$x<0$，$z \geqq 0$ より $zx \leqq 0$ であるから，② より　$y^2 \leqq 7$ …（＊）

この不等式を満たす整数 y は　$y=0$，± 1，± 2

ここで，③−① から　$z^2-x^2=-(z-x)y$

ゆえに　$(z-x)(z+x+y)=0$

$x<0$，$z \geqq 0$ より，$z-x \neq 0$ であるから　$z+x+y=0$

よって　$y=-(z+x)$ …… ④

←$x \leqq y \leqq z$ であるから，最小の数 x と最大の数 z の値の範囲を絞ることができないかを考える。

←$0<-z \leqq -x$
　$0<-z \leqq -y$
の辺々掛けて　$z^2 \leqq xy$
と考えるとわかりやすい。

（＊）$y^2=zx+7 \leqq 7$ から。

[1]　$y=0$ のとき，①，③ から　$x^2=z^2=7$
この等式を満たす整数 x，z は存在しない。

[2]　$y=1$ のとき，②，④ から　$zx=-6$，$z+x=-1$
$x<0$，$z\geqq 0$ であるから　$x=-3$，$z=2$
これは $x\leqq y\leqq z$ を満たすから適する。

←積が -6，和が -1 となる2つの整数を見つける。

[3]　$y=-1$ のとき，②，④ から　$zx=-6$，$z+x=1$
$x<0$，$z\geqq 0$ であるから　$x=-2$，$z=3$
これは $x\leqq y\leqq z$ を満たすから適する。

←$x^2+(p+q)x+pq=(x+p)(x+q)$ の因数分解と同じ要領で見つける。

[4]　$y=2$ のとき，②，④ から　$zx=-3$，$z+x=-2$
$x<0$，$z\geqq 0$ であるから　$x=-3$，$z=1$
これは $x\leqq y\leqq z$ を満たさないから不適。

[5]　$y=-2$ のとき，②，④ から　$zx=-3$，$z+x=2$
$x<0$，$z\geqq 0$ であるから　$x=-1$，$z=3$
これは $x\leqq y\leqq z$ を満たさないから不適。

以上から，求める整数の組は

$$(x,\ y,\ z)=(-3,\ 1,\ 2),\ (-2,\ -1,\ 3)$$

EX ③99

(1)　等式 $x^2-y^2+x-y=10$ を満たす自然数 x，y の組を求めよ。　〔(1) 広島工大〕
(2)　$55x^2+2xy+y^2=2007$ を満たす整数の組 $(x,\ y)$ をすべて求めよ。　〔(2) 立命館大〕

(1)　$x^2-y^2+x-y=10$ から
$$(x+y)(x-y)+(x-y)=10$$

←$(x^2-y^2)+(x-y)=10$

よって　$(x-y)(x+y+1)=10$ ……①

←$x-y$ が共通因数。

x，y は自然数であるから，$x-y$，$x+y+1$ は整数である。
また　$x+y+1\geqq 1+1+1=3$
これと $x-y<x+y+1$ であることに注意すると，① から

←$x-y<x+y<x+y+1$

$$\begin{cases}x-y=1\\x+y+1=10\end{cases},\quad \begin{cases}x-y=2\\x+y+1=5\end{cases}$$

←(第1式)+(第2式)から，まず x の値を求める。

したがって　$(\boldsymbol{x},\ \boldsymbol{y})=\mathbf{(5,\ 4),\ (3,\ 1)}$

(2)　$55x^2+2xy+y^2=2007$ から　$54x^2+(x+y)^2=2007$

←$2xy+y^2$ に注目し，$54x^2+(x^2+2xy+y^2)=2007$ と変形。

よって　$(x+y)^2=2007-54x^2=9(223-6x^2)$ ……①
$(x+y)^2\geqq 0$ であるから　$223-6x^2\geqq 0$

←**(実数)$^2\geqq 0$**

ゆえに　$x^2\leqq \dfrac{223}{6}=37.1\cdots\cdots$

x は整数であるから　$x^2=0,\ 1,\ 4,\ 9,\ 16,\ 25,\ 36$
ここで，① より $223-6x^2$ は整数の2乗となるが，そのような x^2 の値は $x^2=9$ のみである。

←① は $(x+y)^2=3^2(223-6x^2)$
また，$x^2=0,\ 1,\ 4,\ \cdots\cdots,\ 36$ に対し，$223-6x^2$ の値は順に 223，217，199，169，127，73，7

このとき，$x=\pm 3$ で　$223-6x^2=169=13^2$
よって，① から　$(x+y)^2=3^2\cdot 13^2$　すなわち　$(x+y)^2=39^2$
したがって　$x+y=\pm 39$
よって　$(x,\ x+y)=(3,\ 39),\ (3,\ -39),\ (-3,\ 39),\ (-3,\ -39)$
ゆえに　$(\boldsymbol{x},\ \boldsymbol{y})=\mathbf{(3,\ 36),\ (3,\ -42),\ (-3,\ 42),\ (-3,\ -36)}$

←$x=3$，$x+y=39$ のとき　$y=39-3=36$

EX ④100

x，y を正の整数とする。

(1) $\dfrac{2}{x}+\dfrac{1}{y}=\dfrac{1}{4}$ を満たす組 $(x,\ y)$ をすべて求めよ。

(2) p を3以上の素数とする。$\dfrac{2}{x}+\dfrac{1}{y}=\dfrac{1}{p}$ を満たす組 $(x,\ y)$ のうち，$x+y$ を最小にする $(x,\ y)$ を求めよ。〔類 名古屋大〕

(1) $\dfrac{2}{x}+\dfrac{1}{y}=\dfrac{1}{4}$ から　$8y+4x=xy$

ゆえに　$xy-4x-8y=0$

よって　$(x-8)(y-4)=32$ …… ①

x，y は正の整数であるから，$x-8$，$y-4$ は整数である。

また，$x\geqq1$，$y\geqq1$ であるから　$x-8\geqq-7$，$y-4\geqq-3$

ゆえに，① から

$(x-8,\ y-4)=(1,\ 32),\ (2,\ 16),\ (4,\ 8),\ (8,\ 4),\ (16,\ 2),\ (32,\ 1)$

よって　$\boldsymbol{(x,\ y)=(9,\ 36),\ (10,\ 20),\ (12,\ 12),\ (16,\ 8),\ (24,\ 6),\ (40,\ 5)}$

←両辺に $4xy$ を掛ける。

←$xy+ax+by=(x+b)(y+a)-ab$

←$x>0$，$y>0$ としてもよい。

←練習143の検討のような表をかいてもよい。

(2) $\dfrac{2}{x}+\dfrac{1}{y}=\dfrac{1}{p}$ から　$2py+px=xy$

ゆえに　$xy-px-2py=0$

よって　$(x-2p)(y-p)=2p^2$ …… ①

x，y は正の整数，p は素数であるから，$x-2p$，$y-p$ は整数である。また，$x\geqq1$，$y\geqq1$ であるから

$x-2p\geqq1-2p$，$y-p\geqq1-p$ …… ②

p は3以上の素数であるから，$2p^2$ の正の約数は

$1,\ 2,\ p,\ 2p,\ p^2,\ 2p^2$

ゆえに，①，② を満たす整数 $x-2p$，$y-p$ の組と，そのときの x，y，$x+y$ の値は，次の表のようになる。

←両辺に pxy を掛ける。

←素数 p の正の約数は1と p だけである。

$x-2p$	1	2	p	$2p$	p^2	$2p^2$
$y-p$	$2p^2$	p^2	$2p$	p	2	1
x	$2p+1$	$2p+2$	$3p$	$4p$	p^2+2p	$2p^2+2p$
y	$2p^2+p$	p^2+p	$3p$	$2p$	$p+2$	$p+1$
$x+y$	$2p^2+3p+1$	p^2+3p+2	$6p$	$6p$	p^2+3p+2	$2p^2+3p+1$

ここで，$p\geqq3$ であるから

$(2p^2+3p+1)-(p^2+3p+2)=p^2-1>0$

$(p^2+3p+2)-6p=p^2-3p+2=(p-1)(p-2)>0$

よって　$2p^2+3p+1>p^2+3p+2>6p$

表より，$x+y=6p$ のとき　$(x,\ y)=(3p,\ 3p),\ (4p,\ 2p)$

すなわち，$x+y$ を最小にする $(x,\ y)$ は

$\boldsymbol{(x,\ y)=(3p,\ 3p),\ (4p,\ 2p)}$

注意　$x-2p$ と $y-p$ がともに負となることはない。

例えば，$x-2p=-1$，$y-p=-2p^2$ とすると

$y=-2p^2+p=-p(2p-1)<0$

←p に適当な値を代入して，大小の目安をつけるとよい。例えば，$p=3$ を代入すると
$2p^2+3p+1=28$,
$p^2+3p+2=20$，$6p=18$
よって，$2p^2+3p+1>p^2+3p+2>6p$ ではないかと予想できる。

←$p>3$ から　$2p-1>5$

よって，y の値が正にならないので，不適。
他に，$y-p=-p^2$，$y-p=-2p$，$y-p=-p$，$x-2p=-p^2$，$x-2p=-2p^2$ などから y や x の値が正にならないことが示されるから，① を満たす $x-2p$，$y-p$ の組で，$x-2p$，$y-p$ がともに負となるものはない。

EX ④101
n は整数とする。x の 2 次方程式 $x^2+2nx+2n^2+4n-16=0$ …… ① について考える。
(1) 方程式 ① が実数解をもつような最大の整数 n は ア□ で，最小の整数 n は イ□ である。
(2) 方程式 ① が整数の解をもつような整数 n の値を求めよ。 ［金沢工大］

(1) 方程式 ① の判別式を D とすると

$$\frac{D}{4}=n^2-(2n^2+4n-16)=-n^2-4n+16$$

方程式 ① が実数解をもつための条件は　$D \geqq 0$
ゆえに　$-n^2-4n+16 \geqq 0$　よって　$n^2+4n-16 \leqq 0$
これを解いて　$-2-2\sqrt{5} \leqq n \leqq -2+2\sqrt{5}$
ゆえに，最大の整数 n は ア**2**，最小の整数 n は イ**−6**

←$n^2+4n-16=0$ の解は $n=-2\pm2\sqrt{5}$

←$2<-2+2\sqrt{5}<3$，$-7<-2-2\sqrt{5}<-6$

(2) 方程式 ① の解は　$x=-n\pm\sqrt{\dfrac{D}{4}}$ …… ②
よって，方程式 ① が整数解をもつための条件は，$\dfrac{D}{4}$ が平方数となることである。
(1) の結果より，整数 n は $-6 \leqq n \leqq 2$ の範囲にあり，
$\dfrac{D}{4}=-(n+2)^2+20$ であるから

←$\dfrac{D}{4}$ の計算をらくにするための工夫。いわゆる，$n=-2$ に関して対称である。

$n=-2$ のとき　$\dfrac{D}{4}=20$　$n=-3$，-1 のとき　$\dfrac{D}{4}=19$

$n=-4$，0 のとき　$\dfrac{D}{4}=16$　$n=-5$，1 のとき　$\dfrac{D}{4}=11$

$n=-6$，2 のとき　$\dfrac{D}{4}=4$

したがって，$\dfrac{D}{4}$ が平方数となるような n の値は

$$\boldsymbol{n=-6,\ -4,\ 0,\ 2}$$

注意　この n の値に対応した方程式 ① の解は，② から
$n=-6$ のとき，$x=-(-6)\pm\sqrt{4}=6\pm2$ から　$x=8$，4
$n=-4$ のとき，$x=-(-4)\pm\sqrt{16}=4\pm4$ から　$x=8$，0
$n=0$ のとき，$x=\pm\sqrt{16}$ から　$x=\pm4$
$n=2$ のとき，$x=-2\pm\sqrt{4}=-2\pm2$ から　$x=0$，-4

EX ③102
16 進数は 0，1，2，3，4，5，6，7，8，9，A，B，C，D，E，F の計 16 個の数字と文字を用いて表され，A から F はそれぞれ 10 進数の 10 から 15 を表す。
(1) 16 進数 $120_{(16)}$，$B8_{(16)}$ をそれぞれ 10 進数で表せ。
(2) 2 進数 $10111011_{(2)}$，8 進数 $6324_{(8)}$ をそれぞれ 16 進数で表せ。

(1) $120_{(16)}=1\cdot16^2+2\cdot16^1+0\cdot16^0=256+32=\boldsymbol{288}$
$B8_{(16)}=11\cdot16^1+8\cdot16^0=176+8=\boldsymbol{184}$

←16 進数の底は 16

(2) $10111011_{(2)}=1\cdot2^7+1\cdot2^5+1\cdot2^4+1\cdot2^3+1\cdot2^1+1\cdot2^0$
$=2^4\cdot2^3+2\cdot2^4+1\cdot2^4+2^3+2+1$
$=(2^3+2+1)\cdot2^4+8+2+1$
$=11\cdot16^1+11\cdot16^0=\mathbf{BB_{(16)}}$

←16 進数の底は $16=2^4$ であるから，2^4 について整理するようにして変形。

$6324_{(8)}=6\cdot8^3+3\cdot8^2+2\cdot8^1+4\cdot8^0$
$=6\cdot(2^3)^3+3\cdot(2^3)^2+2\cdot2^3+4$
$=6\cdot2^9+3\cdot2^6+2^4+4$
$=6\cdot(2^4)^2\cdot2+3\cdot2^2\cdot2^4+2^4+4$
$=12\cdot16^2+13\cdot16+4=\mathbf{CD4_{(16)}}$

別解　それぞれの数を 10 進法で表し，16 進数に直す。

$10111011_{(2)}=187$

		余り	よって
16)	187		
16)	11	… 11	$\mathbf{BB_{(16)}}$
	0	… 11	

$6324_{(8)}=3284$

		余り	よって
16)	3284		
16)	205	… 4	$\mathbf{CD4_{(16)}}$
16)	12	… 13	
	0	… 12	

←10 進数　16 進数
11 ⟶ B
12 ⟶ C
13 ⟶ D

EX ③103
(1) 2 進法で表された数 $11010.01_{(2)}$ を 8 進法で表せ。
(2) 8 進法で表された $53.54_{(8)}$ を 2 進法で表せ。〔立正大〕

(1) $11010.01_{(2)}=1\cdot2^4+1\cdot2^3+1\cdot2^1+\frac{1}{2^2}=(2+1)\cdot2^3+2+\frac{2}{2^3}$
$=3\cdot8^1+2\cdot8^0+\frac{2}{8}=\mathbf{32.2_{(8)}}$

←底が 8 になるように変形。

(2) $53.54_{(8)}=5\cdot8^1+3\cdot8^0+\frac{5}{8}+\frac{4}{8^2}$
$=(2^2+1)\cdot2^3+(2+1)\cdot2^0+\frac{2^2+1}{2^3}+\frac{2^2}{(2^3)^2}$
$=1\cdot2^5+1\cdot2^3+1\cdot2^1+1\cdot2^0+\frac{1}{2}+\frac{1}{2^3}+\frac{1}{2^4}$
$=\mathbf{101011.1011_{(2)}}$

←底が 2 になるように変形。

検討　2 進数を 8 進数に変換するには，$2^3=1000_{(2)}$ に注目して，3 桁ずつ区切るとよい。例えば，(1) は　11 | 010 | .01　と区切ると，$011_{(2)}=3_{(8)}$，$010_{(2)}=2_{(8)}$ であるから
　$\mathbf{32.2_{(8)}}$　とすぐに変換できる。

EX ③104
自然数 N を 8 進法と 7 進法で表すと，それぞれ 3 桁の数 $abc_{(8)}$ と $cba_{(7)}$ になるという。a，b，c の値を求めよ。また，N を 10 進法で表せ。〔神戸女子薬大〕

$abc_{(8)}$ と $cba_{(7)}$ はともに 3 桁の数であり，底について $7<8$ であるから　$1\leqq a\leqq6$，$0\leqq b\leqq6$，$1\leqq c\leqq6$

←底が小さい 7 について，各位の数の範囲を考えればよい。

$abc_{(8)}=a\cdot8^2+b\cdot8^1+c\cdot8^0=64a+8b+c$ …… ①
$cba_{(7)}=c\cdot7^2+b\cdot7^1+a\cdot7^0=49c+7b+a$
この 2 数は同じ数であるから　$64a+8b+c=49c+7b+a$
ゆえに　$b=48c-63a$　すなわち　$b=3(16c-21a)$ …… ②
b は 3 の倍数であり，$0\leqq b\leqq6$ から　$b=0,\ 3,\ 6$

[1]　$b=0$ のとき，② から　　$16c=21a$

16 と 21 は互いに素であるから，k を整数とすると

$$a=16k,\ c=21k$$

$1 \leqq a \leqq 6$，$1 \leqq c \leqq 6$ を満たす整数 k は存在しない。

←例えば，a は 16 の倍数となるが，$1 \leqq a \leqq 6$ の範囲に 16 の倍数は存在しない。

したがって，$b=0$ は不適である。

[2]　$b=3$ のとき，② から　　$1=16c-21a$

ゆえに　　$16c=21a+1$ …… ③

この等式の左辺は偶数であるから，$21a$ は奇数である。

←(奇数)+1=(偶数)

よって，a は奇数であり，$1 \leqq a \leqq 6$ から　$a=1,\ 3,\ 5$

←(奇数)×(奇数)=(奇数)

③ に $a=1,\ 3,\ 5$ を代入すると，それぞれ

$$16c=22,\quad 16c=64,\quad 16c=106$$

これらを解いて，$1 \leqq c \leqq 6$ を満たすものは　　$c=4$

したがって　　$a=3,\ c=4$

[3]　$b=6$ のとき，② から　　$2=16c-21a$

←$16c=21a+2$ として，$c=1,\ 2,\ \cdots\cdots\ 6$ を代入し，$1 \leqq a \leqq 6$ の範囲に解がないことを調べてもよいが手間がかかる。

ゆえに　　$21a=2(8c-1)$

21 と 2 は互いに素であるから，$8c-1$ は 21 の倍数である。

$1 \leqq c \leqq 6$ より，$7 \leqq 8c-1 \leqq 47$ であるから　　$8c-1=21,\ 42$

この等式を満たす整数 c は存在しない。

したがって，$b=6$ は不適である。

以上から　　$\boldsymbol{a=3,\ b=3,\ c=4}$

この値を ① に代入して　　$N=64\cdot3+8\cdot3+4=\mathbf{220}$

←$49c+7b+a$ に代入してもよい。

EX ③105

(1)　5 進法により 2 桁で表された正の整数で，8 進法で表すと 2 桁となるものを考える。このとき，8 進法で表したときの各位の数の並びは，5 進法で表されたときの各位の数の並びと逆順にはならないことを示せ。

(2)　5 進法により 3 桁で表された正の整数で，8 進法で表すと 3 桁となるものを考える。このとき，8 進法で表したときの各位の数の並びが 5 進法で表されたときの各位の数の並びと逆順になるものをすべて求め，10 進法で表せ。　〔類　宮崎大〕

(1)　5 進法で表された 2 桁の整数を $ab_{(5)}$ とし，$ab_{(5)}=ba_{(8)}$ が成り立つと仮定する。

←背理法により示す。

ただし，a，b は $1 \leqq a \leqq 4$，$1 \leqq b \leqq 4$ を満たす整数である。

←それぞれ 2 桁で表されるから，$a=0$，$b=0$ は除かれる。

$ab_{(5)}=ba_{(8)}$ から　　$5a+b=8b+a$　すなわち　$4a=7b$

4 と 7 は互いに素であるから，a は 7 の倍数となる。

これは，$1 \leqq a \leqq 4$ であることに矛盾する。

よって，8 進法で表したときの各位の数の並びは，5 進法で表されたときの各位の数の並びと逆順にはならない。

(2)　5 進法で表された 3 桁の整数を $abc_{(5)}$ とし，$abc_{(5)}=cba_{(8)}$ とする。ただし，a，b，c は，$1 \leqq a \leqq 4$ …… ①，$0 \leqq b \leqq 4$ …… ②，$1 \leqq c \leqq 4$ …… ③ を満たす整数である。

←それぞれ 3 桁で表されるから，$a=0$，$c=0$ は除かれる。

$abc_{(5)}=cba_{(8)}$ から　　$25a+5b+c=64c+8b+a$

したがって　　$b=8a-21c$ …… ④

② から　　$0 \leqq 8a-21c \leqq 4$

$0 \leqq 8a-21c$ から　　$8a \geqq 21c$
① より $8 \leqq 8a \leqq 32$，③ より $21 \leqq 21c \leqq 84$ であるから，
①，③ の範囲において，$8a \geqq 21c$ を満たす整数 a，c の組は
$(a,\ c)=(3,\ 1),\ (4,\ 1)$
$8a-21c \leqq 4$ を満たすものは　　$(a,\ c)=(3,\ 1)$ …… ⑤
⑤ を ④ に代入して　　$b=3$　　　$b=3$ は ② を満たす。
条件を満たす3桁の5進数 $abc_{(5)}$ は $331_{(5)}$ のみで，これを10進法で表すと　　$3 \cdot 5^2+3 \cdot 5+1=\mathbf{91}$

注意　8進数 $cba_{(8)}$ すなわち $133_{(8)}$ を10進法で表すと
$1 \cdot 8^2+3 \cdot 8+3=91$

←$8a \geqq 21$，$21c \leqq 32$ とすると，それぞれ $a \geqq \frac{21}{8}$，$c \leqq \frac{32}{21}$ となり，a，c のとりうる値が絞られる。

EX ③106
(1) 自然数のうち，10進法で表しても5進法で表しても，3桁になるものは全部で何個あるか。
(2) 自然数のうち，10進法で表しても5進法で表しても，4桁になるものは存在しないことを示せ。　〔東京女子大〕

(1) 10進法で表しても5進法で表しても，3桁になる自然数 N について，次の不等式が成り立つ。
$10^2 \leqq N < 10^3$，$5^2 \leqq N < 5^3$
ゆえに　　$100 \leqq N < 1000$，$25 \leqq N < 125$
共通範囲をとって　　$100 \leqq N < 125$
よって，このような N は **25個** ある。

←$125-100=25$

(2) 10進法で表しても5進法で表しても，4桁になる自然数 N があるとすると，次の不等式が成り立つ。
$10^3 \leqq N < 10^4$，$5^3 \leqq N < 5^4$
ゆえに　　$1000 \leqq N < 10000$，$125 \leqq N < 625$
この2つの不等式を同時に満たす自然数 N は存在しない。
よって，10進法で表しても5進法で表しても，4桁になる自然数は存在しない。

EX ③107
次の3点を頂点とする三角形はどのような三角形か。
(1) A(3, −1, 2), B(1, 2, 3), C(4, −4, 0)
(2) A(4, 1, 2), B(6, 3, 1), C(4, 2, 4)

(1) $AB^2=(1-3)^2+\{2-(-1)\}^2+(3-2)^2=4+9+1=14$
$BC^2=(4-1)^2+(-4-2)^2+(0-3)^2=9+36+9=54$
$CA^2=(3-4)^2+\{-1-(-4)\}^2+(2-0)^2=1+9+4=14$
よって　　$AB^2=CA^2$　　　ゆえに　　$AB=CA$
したがって，△ABC は **AB=CA の二等辺三角形** である。

←どの辺が等しいかも記す。

(2) $AB^2=(6-4)^2+(3-1)^2+(1-2)^2=4+4+1=9$
$BC^2=(4-6)^2+(2-3)^2+(4-1)^2=4+1+9=14$
$CA^2=(4-4)^2+(1-2)^2+(2-4)^2=0+1+4=5$
よって　　$AB^2+CA^2=BC^2$
したがって，△ABC は **∠A=90° の直角三角形** である。

←どの角が直角であるかも記す。

総合 1 A, B, C, D, Eの5人の紳士から，それぞれの帽子を1つずつ受け取り，それらを再び1人に1つずつ配る。帽子は必ずしももとの持ち主に戻されるわけではない。

(1) 帽子を配る方法は全部で ア□ 通りある。そのうち，Aが自分の帽子を受け取るのは イ□ 通り，Bが自分の帽子を受け取るのは同じく イ□ 通り，AとBがともに自分の帽子を受け取るのは ウ□ 通りである。したがって，AもBも自分の帽子を受け取らない場合は エ□ 通りである。

(2) A, B, Cの3人が誰も自分の帽子を受け取らない場合は何通りか。 〔早稲田大〕

➡ 本冊 数学A 例題 2,4,15

(1) (ア) 5種類の帽子を5人に配る方法の総数であるから

$$5!={}^{ア}\mathbf{120}\ (\text{通り})$$

←順列 $_5P_5$

(イ) Aには自分の帽子を，残り4人に4種類の帽子を配る方法の総数であるから $4!={}^{イ}\mathbf{24}$ (通り)

←A以外の並び方を考える。

(ウ) AとBにはそれぞれ自分の帽子を，残り3人に3種類の帽子を配る方法の総数であるから $3!={}^{ウ}\mathbf{6}$ (通り)

←A, B以外の並び方を考える。

(エ) 人物X (X=A, B, C, D, E) が自分の帽子を受け取る方法の集合を X で表すことにすると，(イ), (ウ)から

$$n(A)=24,\ n(B)=24,\ n(A\cap B)=6$$

←$n(A)=n(B)$

AまたはBが自分の帽子を受け取る方法の総数は

$$n(A\cup B)=n(A)+n(B)-n(A\cap B)$$
$$=24+24-6=42\ (\text{通り})$$

←個数定理

よって，AもBも自分の帽子を受け取らない方法の総数は

$$n(\overline{A}\cap\overline{B})=n(\overline{A\cup B})=120-n(A\cup B)$$
$$=120-42={}^{エ}\mathbf{78}\ (\text{通り})$$

←ド・モルガンの法則

(2) (1)から $n(A)=24,\ n(B)=24,\ n(C)=24,$

$$n(A\cap B)=6,\ n(B\cap C)=6,\ n(C\cap A)=6$$

←$n(A)=n(B)=n(C)$, $n(A\cap B)=n(B\cap C)=n(C\cap A)$

また，AとBとCにはそれぞれ自分の帽子を，残り2人に2種類の帽子を配る方法の総数は $n(A\cap B\cap C)=2!=2$ (通り)

←D, Eの並び方を考える。

よって，AまたはBまたはCの少なくとも1人が自分の帽子を受け取る方法の総数は

$$n(A\cup B\cup C)=n(A)+n(B)+n(C)-n(A\cap B)-n(B\cap C)$$
$$-n(C\cap A)+n(A\cap B\cap C)$$
$$=24+24+24-6-6-6+2=56\ (\text{通り})$$

←個数定理

よって，A, B, Cの3人が誰も自分の帽子を受け取らない方法の総数は $n(\overline{A}\cap\overline{B}\cap\overline{C})=n(\overline{A\cup B\cup C})=120-n(A\cup B\cup C)$

$$=120-56=\mathbf{64}\ (\text{通り})$$

←ド・モルガンの法則

総合 2 n を自然数とする。同じ数字を繰り返し用いてよいことにして，0, 1, 2, 3の4つの数字を使って n 桁の整数を作る。ただし，0以外の数字から始まり，0を少なくとも1回以上使うものとする。

(1) 全部でいくつの整数ができるか。個数を n を用いて表せ。

(2) $n=5$ のとき，すべての整数を小さいものから順に並べる。ちょうど真ん中の位置にくる整数を求めよ。 〔大阪府大〕

➡ 本冊 数学A 例題 14,20

(1) 0を使わない場合も含めて考えると，n 桁の整数は，先頭の数字の選び方が0以外の3通り，それ以外の位の数字の選び方が4通りであるから　$3\cdot4^{n-1}$ 個
そのうち，0を使わない整数は，それぞれの位の数字を1，2，3のいずれかより選ぶから　3^n 個
よって，求める個数は　$\mathbf{3\cdot4^{n-1}-3^n}$ **(個)**

←0の使用回数に関する条件をはずして考える。

←「少なくとも」には，余事象の考え方が有効。

(2) $n=5$ のとき，(1)から，$3\cdot4^4-3^5=525$ (個) の整数ができる。
ゆえに，ちょうど真ん中の位置にくる整数は
$\dfrac{525+1}{2}=263$ (番目) の数である。

←525個：○, …, ○, ○, ○, … ○（262個　中央　262個）

[1] 1△△△△ の形の整数の個数
0を使わない場合も含めて考えると，千，百，十，一の位の数字の選び方はそれぞれ4通りあるから
$4^4=256$ (個)
そのうち，0を使わない整数は，千，百，十，一の位の数字を1，2，3のいずれかより選ぶから
$3^4=81$ (個)
よって，1△△△△ の形の整数の個数は
$256-81=175$ (個)

[2] 20△△△ の形の整数の個数
百，十，一の位の数字の選び方はそれぞれ4通りあるから
$4^3=64$ (個)

←2△△△△ の形も175個あり，これを含めると263個を超えるから，次に20△△△ の形を考える。なお，[2]，[3]では，0の使用回数に関する条件は既に満たしている。

[3] 210△△ の形の整数の個数
[2]と同様に考えて　$4^2=16$ (個)

[4] 211△△ の形の整数の個数
[1]と同様に考えて　$4^2-3^2=7$ (個)

[1]～[4]の整数の個数の合計は
$175+64+16+7=262$ (個)
ゆえに，263番目の数は，212△△ の形の最初の整数で，その整数は　**21200**
これがちょうど真ん中の位置にくる整数である。

総合

総合 3　4つの合同な正方形と2つの合同なひし形（正方形でない）を面としてもつ多面体がある。この多面体の各面を，白，黒，赤，青，緑，黄の6色のうちの1つの色で塗り，すべての面が異なる色になるように塗り分ける方法は何通りあるか。ただし，回転させて一致するものは同じものとみなす。　〔類 東京理科大〕

➡ 本冊 数学A 例題19

右の図のように，正方形でないひし形の面が，底面となるように多面体をおく。まず，上面と底面を塗るとすると，塗り方の総数は
${}_6P_2=6\cdot5=30$ (通り)

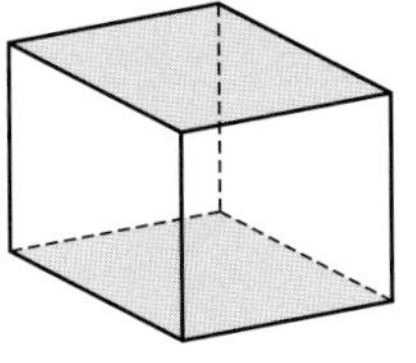

←6色から2色を選び，上面，底面の順に塗る。

そのおのおのに対し，残りの4色を a, b, c, d とする。
この4色を円形に並べる並び方の総数は　$(4-1)!$ 通り
ここで，a, b, c, d をこの順に時計回りに塗る方法は，下の図のように2通りある。

←このことに注意。

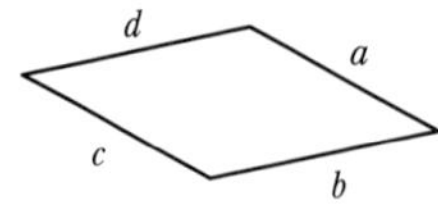

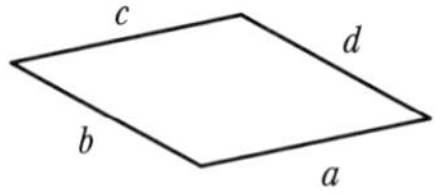

また，底面と上面をひっくり返すことにより，塗り方が一致するものが必ずただ1つずつ存在する。

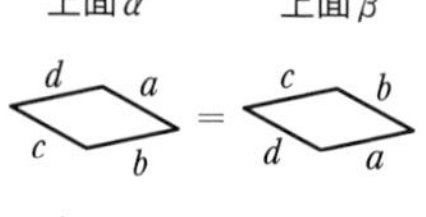

よって，求める総数は

$$30\times(4-1)!\times2\div2=\mathbf{180}\ (\textbf{通り})$$

総合 4　座標平面上に8本の直線 $x=a$ ($a=1, 2, 3, 4$), $y=b$ ($b=1, 2, 3, 4$) がある。以下，16個の点 (a, b) ($a=1, 2, 3, 4$, $b=1, 2, 3, 4$) から異なる5個の点を選ぶことを考える。
(1) 次の条件を満たす5個の点の選び方は何通りあるか。
　　上の8本の直線のうち，選んだ点を1個も含まないものがちょうど2本ある。
(2) 次の条件を満たす5個の点の選び方は何通りあるか。
　　上の8本の直線は，いずれも選んだ点を少なくとも1個含む。〔東京大〕

➡ 本冊 数学A 例題 23, 24

(1) 8本の直線のうち，選んだ点を1個も含まないものがちょうど2本あるとき，その2本について
　[1] 2本とも y 軸に平行である
　[2] 2本とも x 軸に平行である
　[3] x 軸に平行な直線が1本，y 軸に平行な直線が1本
の場合がある。
[1] 2本とも y 軸に平行であるとき
そのような2本の直線の選び方は ${}_4C_2$ 通りある。
例えば，それら2本が直線 $x=1$ と直線 $x=2$ であるとする。
このとき，選んだ5個の点は，直線 $x=3$ 上または直線 $x=4$ 上にある。
2本の直線 $x=3$, $x=4$ 上の8個の点から5個の点を選ぶ選び方は　${}_8C_5$ 通り

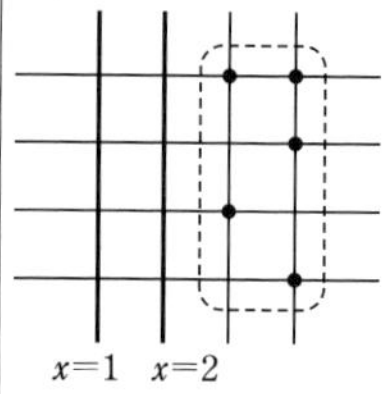

この選び方の中には，4本の直線
　$y=b$ ($b=1, 2, 3, 4$)
のうち1本の直線上の点が選ばれていないものが含まれている。

←例えば，下のような場合は選んだ点を含まない直線が3本になるので，このような場合を除く。

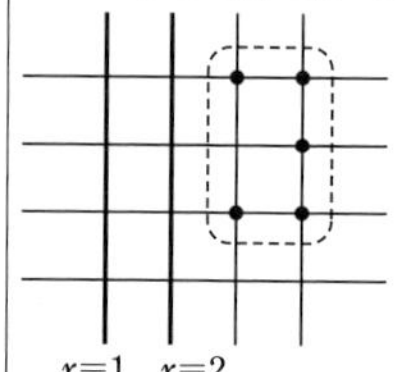

4本の直線のうち1本の選び方は　${}_4C_1$ 通り
選ばなかった3本の直線上にある6個の点から5個の点を選ぶ選び方は　${}_6C_5$ 通り
他の場合も同様であるから，[1] の場合の点の選び方は

$${}_4C_2\times({}_8C_5-{}_4C_1\cdot{}_6C_5)=192\ (\text{通り})$$

[2] 2本とも x 軸に平行であるとき

[1] と同様に考えて　192 通り

[3]　x 軸に平行な直線が 1 本，y 軸に平行な直線が 1 本の場合
そのような 2 本の直線の選び方は 4^2 通りある。
例えば，それらが直線 $x=1$ と直線 $y=1$ であるとする。
このとき，選んだ 5 個の点は 6 本の直線
$$x=a\ (a=2,\ 3,\ 4),\ y=b\ (b=2,\ 3,\ 4)$$
上にある。

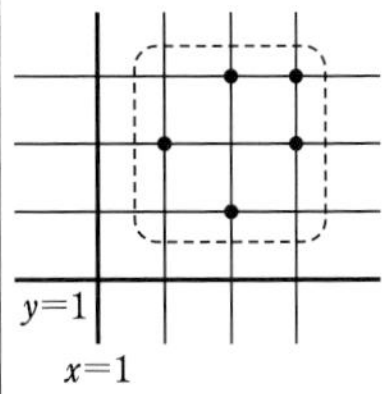

6 本の直線上の 9 個の点から 5 個の点を選ぶ選び方は
$_9C_5$ 通り
この選び方の中には，6 本の直線
$$x=a\ (a=2,\ 3,\ 4),\ y=b\ (b=2,\ 3,\ 4)$$
のうち 1 本の直線上の点が選ばれていないものが含まれている。

←例えば，下のような場合は選んだ点を含まない直線が 3 本になるので，このような場合を除く。

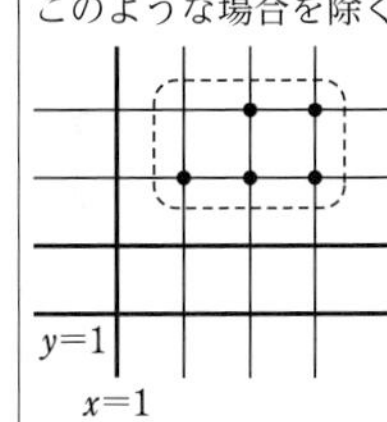

6 本の直線のうち 1 本の選び方は　$_6C_1$ 通り
選ばなかった 5 本の直線上にある 6 個の点から 5 個の点を選ぶ選び方は　$_6C_5$ 通り
他の場合も同様であるから，[3] の場合の点の選び方は
$$4^2\times({}_9C_5-{}_6C_1\cdot{}_6C_5)=1440\ (通り)$$
[1]～[3] より，求める選び方は
$$192+192+1440=\mathbf{1824}\ (\textbf{通り})$$

(2)　与えられた条件が成り立つとき，4 本の直線
$$x=a\ (a=1,\ 2,\ 3,\ 4)$$
のうち，1 本には選んだ点がちょうど 2 個，残りの 3 本には選んだ点がちょうど 1 個ある。
ちょうど 2 個ある直線の選び方は　$_4C_1$ 通り
例えば，直線 $x=1$ 上に選んだ点がちょうど 2 個あるとする。
このとき，直線 $x=1$ 上の 4 個の点から 2 個選ぶ選び方は
$_4C_2$ 通り
この 2 個の点が直線 $y=1$ 上と直線 $y=2$ 上にあるとする。

[1]　この 2 個の点のほかに，直線 $y=1$ 上または直線 $y=2$ 上に選んだ点があるとき
その点の個数は 1 個であるから，6 個の点から 1 個の点を選ぶ選び方は　$_6C_1$ 通り
この点の座標が (2, 1) であるとする。
残りの 2 点の選び方は，
(3, 3) と (4, 4)　または　(3, 4) と (4, 3)
のいずれかの　2 通り

←4 本の直線 $y=b$ $(b=1,\ 2,\ 3,\ 4)$ の中にも，選んだ点を 2 個含むものが 1 本だけある。それが，$y=1$ または $y=2$ である場合とそうではない場合で分けて考える。

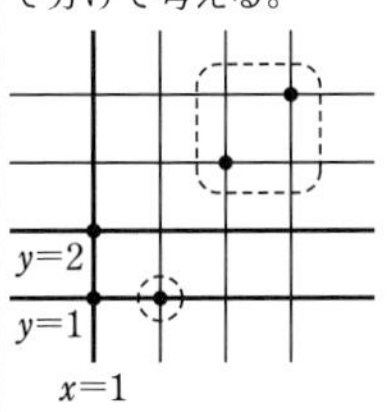

[2]　この 2 個の点のほかに，直線 $y=1$ 上または直線 $y=2$ 上に選んだ点がないとき
3 本の直線
$$x=a\ (a=2,\ 3,\ 4)$$
上に選んだ点がそれぞれちょうど 1 個ずつあるが，それらの

総合

点の y 座標は3または4である。
その点の選び方は，3個とも y 座標が3，あるいは3個とも y 座標が4である場合を除いて

$$2^3-2=6\ (\text{通り})$$

他の場合も同様であるから，[1]，[2] より，求める選び方は

$${}_4C_1\times{}_4C_2\times({}_6C_1\cdot 2+6)=\mathbf{432}\ (\textbf{通り})$$

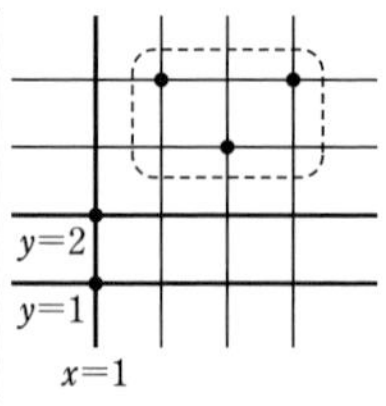

総合 5 縦4個，横4個のマス目のそれぞれに1，2，3，4の数字を入れていく。このマス目の横の並びを行といい，縦の並びを列という。どの行にも，どの列にも同じ数字が1回しか現れない入れ方は何通りあるか求めよ。右図はこのような入れ方の1例である。

〔京都大〕

➡ **本冊 数学A 例題15**

1	2	3	4
3	4	1	2
4	1	2	3
2	3	4	1

k 行目 $(k=1,\ 2,\ 3,\ 4)$ の数字を左から並べた4桁の数を R_k とする。例えば，1行目が右の図のような数字の並びであるとき，$R_1=1234$ となる。

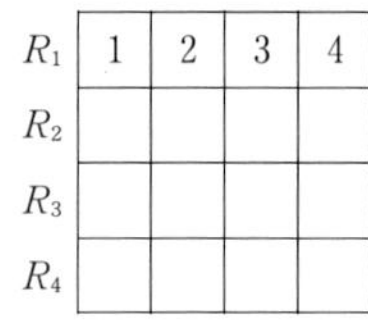

R_1	1	2	3	4
R_2				
R_3				
R_4				

R_1 の場合の数は，異なる4つの数字を並べる順列の総数に等しいから　$4!=24$ (通り)　…… ①
ここで，$R_1=1234$ のときを考える。
このとき，R_2，R_3，R_4 は
　2143，2341，2413，3142，3412，3421，4123，4312，4321
のうち，条件を満たす3つの組合せとなる。

[1]　$R_2=2143$ のとき
　R_3，R_4 の組 $(R_3,\ R_4)$ のうち，3行目1列目の数字が3であるものは　$(R_3,\ R_4)=(3412,\ 4321)$，$(3421,\ 4312)$ の2個。

[2]　$R_2=2341$ のとき
　R_3，R_4 の組 $(R_3,\ R_4)$ のうち，3行目1列目の数字が3であるものは　$(R_3,\ R_4)=(3412,\ 4123)$ の1個。

[3]　$R_2=2413$ のとき
　R_3，R_4 の組 $(R_3,\ R_4)$ のうち，3行目1列目の数字が3であるものは　$(R_3,\ R_4)=(3142,\ 4321)$ の1個。

[1]～[3] から，$R_1=1234$ のときの，R_2，R_3，R_4 の組 $(R_2,\ R_3,\ R_4)$ の総数は　$4\cdot 3!=24$ (通り)　…… ②
これが R_1 のすべての場合についていえる。
したがって，求める場合の数は，①，② から　$24\cdot 24=\mathbf{576}$ (**通り**)

←例えば，下のように数を並べたとき，R_2～R_4 を入れ替えたものもすべて条件を満たす。

R_1	1	2	3	4
R_2	2	1	4	3
R_3	3	4	1	2
R_4	4	3	2	1

↓

R_1	1	2	3	4
R_2	3	4	1	2
R_3	2	1	4	3
R_4	4	3	2	1

総合 6 碁石を n 個1列に並べる並べ方のうち，黒石が先頭で白石どうしは隣り合わないような並べ方の総数を a_n とする。ここで，$a_1=1$，$a_2=2$ である。このとき，a_{10} を求めよ。　〔早稲田大〕

➡ **本冊 数学A 例題30**

碁石を10個並べるとき，条件を満たすように並べるには，黒石が5個以上必要である。

[1]　黒石5個，白石5個のとき
　黒石の間と末尾の5か所に白石5個を並べるとよい。

←●○●○●○●○●○ の場合。

●∧●∧●∧●∧●∧

よって　${}_5C_5$ 通り

[2]　黒石6個，白石4個のとき

黒石の間と末尾の6か所から4か所を選んで白石を並べるとよい。

●∧●∧●∧●∧●∧●∧

よって　${}_6C_4$ 通り

[3]　黒石7個，白石3個のとき

黒石の間と末尾の7か所から3か所を選んで白石を並べるとよい。

●∧●∧●∧●∧●∧●∧●∧

よって　${}_7C_3$ 通り

以下，同様に考えると

[4]　黒石8個，白石2個のとき　${}_8C_2$ 通り

[5]　黒石9個，白石1個のとき　${}_9C_1$ 通り

[6]　黒石10個，白石0個のとき　${}_{10}C_0$ 通り

←[1]～[5]の流れに合わせて ${}_{10}C_0$ 通りとしているが，1通りと書いてもよい。

よって　$\boldsymbol{a_{10}}={}_5C_5+{}_6C_4+{}_7C_3+{}_8C_2+{}_9C_1+{}_{10}C_0$

$=1+15+35+28+9+1$

$=\boldsymbol{89}$

別解　碁石を $(n+2)$ 個並べるとき，条件を満たす並べ方には，次の2つの場合がある（$n=1,\ 2,\ 3,\ \cdots\cdots$）。

[1]　先頭が黒石，2番目が黒石　（●●……………）

[2]　先頭が黒石，2番目が白石　（●○●…………）

←白石の両隣は必ず黒石である。

[1]の場合，2番目以降の並べ方は a_{n+1} 通りある。

[2]の場合，3番目以降の並べ方は a_n 通りある。

よって，次の関係式が成り立つ。

←漸化式ともいう。

$$a_{n+2}=a_{n+1}+a_n \quad (n=1,\ 2,\ 3,\ \cdots\cdots)$$

これを用いると，$a_1=1$，$a_2=2$ であるから

$a_3=a_2+a_1=2+1=3$，$a_4=a_3+a_2=3+2=5$，

$a_5=a_4+a_3=5+3=8$，$a_6=a_5+a_4=8+5=13$，

$a_7=a_6+a_5=13+8=21$，$a_8=a_7+a_6=21+13=34$，

$a_9=a_8+a_7=34+21=55$，$\boldsymbol{a_{10}}=a_9+a_8=55+34=\boldsymbol{89}$

総合 7

1個のさいころを3回投げる。1回目に出る目を a_1，2回目に出る目を a_2，3回目に出る目を a_3 とし，整数 n を $n=(a_1-a_2)(a_2-a_3)(a_3-a_1)$ と定める。

(1)　$n=0$ である確率を求めよ。　　(2)　$|n|=30$ である確率を求めよ。　〔千葉大〕

➡ 本冊 数学A 例題 35, 44

(1)　$n=0$ となるのは，a_1，a_2，a_3 の中に同じ値がある場合である。

←$(a_1-a_2)(a_2-a_3)\times(a_3-a_1)=0$ ならば $a_1=a_2$ または $a_2=a_3$ または $a_3=a_1$

これは，a_1，a_2，a_3 がすべて異なる場合の余事象であるから，求める確率は

$$1-\frac{{}_6P_3}{6^3}=1-\frac{6\cdot5\cdot4}{6^3}=1-\frac{5}{9}=\boldsymbol{\frac{4}{9}}$$

(2)　$|n|=30$ のとき　$|(a_1-a_2)(a_2-a_3)(a_3-a_1)|=30$

よって，$a_1-a_2 \neq 0$，$a_2-a_3 \neq 0$，$a_3-a_1 \neq 0$ であり，a_1，a_2，a_3 はすべて異なる。

また，$|a_1-a_2|$，$|a_2-a_3|$，$|a_3-a_1|$ がとりうる値は，1，2，3，4，5 のいずれかである。

←$1 \leqq a_1 \leqq 6$，$1 \leqq a_2 \leqq 6$，$1 \leqq a_3 \leqq 6$ であり，例えば $-5 \leqq a_1-a_2 \leqq 5$ これと $a_1-a_2 \neq 0$ から $1 \leqq |a_1-a_2| \leqq 5$

30 を 1 以上 5 以下の 3 個の自然数の積で表す方法は，積の順序を無視すると，$30=2 \cdot 3 \cdot 5$ だけである。

ゆえに，$|a_1-a_2|$，$|a_2-a_3|$，$|a_3-a_1|$ は，2，3，5 のいずれかの値をとる。

さいころの目で差が 5 となる 2 数は，1 と 6 だけであるから，a_1，a_2，a_3 のうちの 2 つは 1 と 6 である。

ここで，$a_1=1$，$a_3=6$ とすると，$|a_1-a_2|=|1-a_2|$，$|a_2-a_3|=|a_2-6|$ は 2，3 のいずれかの値をとるから

←$|a_3-a_1|=5$ の場合を一例として考える。

$|1-a_2|=2$，$|a_2-6|=3$ より　　$a_2=3$

$|1-a_2|=3$，$|a_2-6|=2$ より　　$a_2=4$

よって，$|n|=30$ となるような a_1，a_2，a_3 は，3 つの数 1，3，6 または 1，4，6 を並べて順に対応させればよい。

したがって，求める確率は　$\dfrac{2 \times 3!}{6^3}=\mathbf{\dfrac{1}{18}}$

総合 8 1 から 9 までの数字が 1 つずつ重複せずに書かれた 9 枚のカードがある。そのうち 8 枚のカードを A，B，C，D の 4 人に 2 枚ずつ分ける。

(1) 9 枚のカードの分け方は全部で何通りあるか。

(2) 各人が持っている 2 枚のカードに書かれた数の和が 4 人とも奇数である確率を求めよ。

(3) 各人が持っている 2 枚のカードに書かれた数の差が 4 人とも同じである確率を求めよ。ただし，2 枚のカードに書かれた数の差とは，大きい方の数から小さい方の数を引いた数である。

〔岐阜大〕

➡ **本冊 数学 A 例題 38**

(1) ${}_9C_2 \times {}_7C_2 \times {}_5C_2 \times {}_3C_2=36 \times 21 \times 10 \times 3=$ **22680 (通り)**

←A → B → C → D の順に 2 枚ずつ分け与える。

(2) 2 枚のカードの数の和が奇数となるのは，偶数と奇数のカードを 1 枚ずつ持っている場合である。

←偶 + 奇 = 奇　偶 + 偶 = 偶　奇 + 奇 = 偶

偶数のカード 4 枚を A，B，C，D の 4 人に 1 枚ずつ分ける方法は　${}_4P_4=24$ (通り)

そのおのおのについて，奇数のカード 5 枚を 4 人に 1 枚ずつ分ける方法は　${}_5P_4=120$ (通り)

よって，求める確率は　$\dfrac{24 \times 120}{36 \times 21 \times 10 \times 3}=\mathbf{\dfrac{8}{63}}$

←$36 \times 21 \times 10 \times 3$ のままの方が約分しやすい。

(3) 2 枚のカードの数の差を k とすると，k が 4 人とも同じであるようなカード 4 組の分け方は，次のようになる。

[1] $k=1$ のとき

←$k=1$ ⟶ 各人の 2 枚のカードは連続する 2 整数で，偶数と奇数のカードが 1 枚ずつ。

{(1，2)，(3，4)，(5，6)，(7，8)}，

{(1，2)，(3，4)，(5，6)，(8，9)}，

{(1，2)，(3，4)，(6，7)，(8，9)}，

{(1，2)，(4，5)，(6，7)，(8，9)}，

$\{(2,\ 3),\ (4,\ 5),\ (6,\ 7),\ (8,\ 9)\}$ の5通り。

[2] $k=2$ のとき

$\{(1,\ 3),\ (2,\ 4),\ (5,\ 7),\ (6,\ 8)\}$,

$\{(1,\ 3),\ (2,\ 4),\ (6,\ 8),\ (7,\ 9)\}$,

$\{(2,\ 4),\ (3,\ 5),\ (6,\ 8),\ (7,\ 9)\}$ の3通り。

←$k=2$ ⟶ 各人の2枚のカードはともに奇数かともに偶数。

[3] $k=3$ となる分け方はない。

←$k=3$ となる組は $(1,\ 4),\ (2,\ 5),\ (3,\ 6),\ (4,\ 7),\ (5,\ 8),\ (6,\ 9)$ この中から4つをどのように選んでも重複する数が出てくる。

[4] $k=4$ のとき

$\{(1,\ 5),\ (2,\ 6),\ (3,\ 7),\ (4,\ 8)\}$,

$\{(2,\ 6),\ (3,\ 7),\ (4,\ 8),\ (5,\ 9)\}$ の2通り。

[5] $k=5$ のとき

$\{(1,\ 6),\ (2,\ 7),\ (3,\ 8),\ (4,\ 9)\}$ の1通り。

[6] $k\geqq 6$ となる分け方はない。

←$k=6$ となる組は $(1,\ 7),\ (2,\ 8),\ (3,\ 9)$ の3つだけ。

[1]~[6] から，カード4組の分け方は

$$5+3+2+1=11\ (\text{通り})$$

そのおのおのについて，A，B，C，D の4人にそれぞれの組のカードを分ける方法は　　$4!=24$ (通り)

よって，求める確率は　　$\dfrac{11\times 24}{36\times 21\times 10\times 3}=\boldsymbol{\dfrac{11}{945}}$

総合

総合 9 トランプのハートとスペードの1から10までのカードが1枚ずつ総計20枚ある。$i=1,\ 2,\ \cdots\cdots,\ 10$ に対して，番号 i のハートとスペードのカードの組を第 i 対とよぶことにする。20枚のカードの中から4枚のカードを無作為に取り出す。取り出された4枚のカードの中に第 i 対が含まれているという事象を A_i で表すとき，次の問いに答えよ。

(1) 事象 A_1 が起こる確率 $P(A_1)$ を求めよ。

(2) 確率 $P(A_1\cap A_2)$ を求めよ。

(3) 確率 $P(A_1\cup A_2\cup A_3)$ を求めよ。

(4) 取り出された4枚のカードの中に第1対，第2対，第3対，第4対，第5対，第6対の中の少なくとも1つが含まれる確率を求めよ。　〔早稲田大〕

➡ 本冊 数学A 例題 43, 45

(1) 20枚のカードの中から4枚のカードを取り出す方法の総数は

$${}_{20}C_4=\frac{20\cdot 19\cdot 18\cdot 17}{4\cdot 3\cdot 2\cdot 1}=5\cdot 19\cdot 3\cdot 17=4845\ (\text{通り})$$

事象 A_1 は，取り出された4枚のカードにハートの1とスペードの1が含まれている場合で，残り2枚は18枚から2枚を取り出すことになる。

よって　　$\boldsymbol{P(A_1)}=\dfrac{{}_{18}C_2}{4845}=\dfrac{18\cdot 17}{2\cdot 1}\times\dfrac{1}{5\cdot 19\cdot 3\cdot 17}=\boldsymbol{\dfrac{3}{95}}$

←$5\cdot 19\cdot 3\cdot 17$ のままの方が約分しやすい。

(2) 事象 $A_1\cap A_2$ は，取り出された4枚のカードがハートの1と2，スペードの1と2になる場合である。

この取り出し方は1通りであるから　　$\boldsymbol{P(A_1\cap A_2)=\dfrac{1}{4845}}$

(3) (1)，(2) と同様に考えて　　$P(A_2)=P(A_3)=\dfrac{3}{95}$

$$P(A_2\cap A_3)=P(A_3\cap A_1)=\frac{1}{4845}$$

←一般に　$P(A_i)=\dfrac{3}{95}$

$i\neq j$ のとき　$P(A_i\cap A_j)=\dfrac{1}{4845}$

また，4 枚取り出すとき，対が 3 つできることはないから

$P(A_1\cap A_2\cap A_3)=0$

よって　$\boldsymbol{P(A_1\cup A_2\cup A_3)}$

$=P(A_1)+P(A_2)+P(A_3)-P(A_1\cap A_2)$
$-P(A_2\cap A_3)-P(A_3\cap A_1)+P(A_1\cap A_2\cap A_3)$

$=\dfrac{3}{95}\times3-\dfrac{1}{4845}\times3+0$

$=\dfrac{9}{95}-\dfrac{1}{1615}=\dfrac{152}{1615}=\boldsymbol{\dfrac{8}{85}}$

←3 つの和事象の確率

(4)　対が 2 つできる場合の数は　${}_6C_2=15$ (通り)

対が 3 つ以上できることはない。

よって，求める確率は (3) と同様に考えて

$\dfrac{3}{95}\times6-\dfrac{1}{4845}\times15=\dfrac{18}{95}-\dfrac{5}{1615}=\boldsymbol{\dfrac{301}{1615}}$

←$P(A_1\cup A_2\cup\cdots\cup A_6)$ を求める。

総合 10

ボタンを 1 回押すたびに 1, 2, 3, 4, 5, 6 のいずれかの数字が 1 つ画面に表示される機械がある。このうちの 1 つの数字 Q が表示される確率は $\dfrac{1}{k}$ であり，Q 以外の数字が表示される確率はいずれも等しいとする。ただし，k は $k>6$ を満たす自然数とする。ボタンを 1 回押して表示された数字を確認する試行を繰り返すとき，1 回目に 4 の数字，2 回目に 5 の数字が表示される確率は，1 回目に 5 の数字，2 回目に 6 の数字が表示される確率の $\dfrac{8}{5}$ 倍である。このとき，

(1)　Q は ア□ であり，k は イ□ である。

(2)　この試行を 3 回繰り返すとき，表示された 3 つの数字の和が 16 となる確率は ウ□ である。

(3)　この試行を 500 回繰り返すとき，そのうち Q の数字が n 回表示される確率を P_n とおくと，P_n の値が最も大きくなる n の値は エ□ である。　〔慶応大〕

➡ 本冊 数学 A 例題 47, 49, 57

(1)　4, 5, 6 の数字が表示される確率をそれぞれ $P(4)$, $P(5)$, $P(6)$ とすると，条件から　$P(4)\cdot P(5)=\dfrac{8}{5}P(5)\cdot P(6)$

←$P(5)$ ($\neq0$) で割る。

よって　$P(4)=\dfrac{8}{5}P(6)$ …… ①

ゆえに　$P(4)>P(6)$

←$\dfrac{8}{5}P(6)>P(6)$

1 から 6 までの数字のうち，1 つの数字 Q が表示される確率のみが他より小さい確率 $\dfrac{1}{k}$ $(k>6)$ であるから

←$k>6$ のとき　$\dfrac{1}{k}<\dfrac{1}{6}$

$Q=$ ア$\boldsymbol{6}$,　$P(6)=\dfrac{1}{k}$

よって，6 以外の 1 から 5 までの数字が表示される確率は，それぞれ　$\dfrac{1}{5}\left(1-\dfrac{1}{k}\right)$

←$P(1)$, $P(2)$, ……, $P(5)$ はすべて等しく，$P(1)$, $P(2)$, ……, $P(6)$ の和は 1 である。

これらを ① に代入して　$\dfrac{1}{5}\left(1-\dfrac{1}{k}\right)=\dfrac{8}{5}\cdot\dfrac{1}{k}$

両辺に $5k$ を掛けて　$k-1=8$　ゆえに　$k=$ イ$\boldsymbol{9}$

←$k>6$ を満たす。

(2)　表示された 3 つの数字の和が 16 となるときの 3 つの数字の組は　(4, 6, 6)　または　(5, 5, 6)

(1) より，6 が表示される確率は $\frac{1}{9}$ であり，1 から 5 までの数字が表示される確率はそれぞれ $\frac{1}{5}\left(1-\frac{1}{9}\right)=\frac{8}{45}$ であるから，

求める確率は

$$\frac{3!}{1!2!}\times\left(\frac{1}{9}\right)^2\cdot\frac{8}{45}+\frac{3!}{2!1!}\times\frac{1}{9}\cdot\left(\frac{8}{45}\right)^2$$

$$=3\cdot\frac{1}{9}\cdot\frac{8}{45}\left(\frac{1}{9}+\frac{8}{45}\right)=\frac{8}{135}\cdot\frac{13}{45}={}^{ウ}\mathbf{\frac{104}{6075}}$$

←(1) の結果を利用。

←4，6，6 を並べる方法は $\frac{3!}{1!2!}$ 通り

(3)　$P_n={}_{500}\mathrm{C}_n\left(\frac{1}{9}\right)^n\left(\frac{8}{9}\right)^{500-n}$ であり

←反復試行の確率

$$\frac{P_{n+1}}{P_n}=\frac{{}_{500}\mathrm{C}_{n+1}\left(\frac{1}{9}\right)^{n+1}\left(\frac{8}{9}\right)^{499-n}}{{}_{500}\mathrm{C}_n\left(\frac{1}{9}\right)^n\left(\frac{8}{9}\right)^{500-n}}=\frac{500-n}{n+1}\cdot\frac{\frac{1}{9}}{\frac{8}{9}}=\frac{500-n}{8(n+1)}$$

確率の大小比較
比 $\frac{P_{n+1}}{P_n}$ をとり，1 との大小を比べる

$\frac{P_{n+1}}{P_n}<1$ とすると，$\frac{500-n}{8(n+1)}<1$ から　　$500-n<8(n+1)$

これを解くと　　$n>\frac{164}{3}=54.6\cdots\cdots$

よって，$55\leqq n\leqq 499$ のとき　　$P_n>P_{n+1}$

←$0\leqq n\leqq 499$

$\frac{P_{n+1}}{P_n}>1$ とすると，$\frac{500-n}{8(n+1)}>1$ から　　$n<\frac{164}{3}=54.6\cdots\cdots$

ゆえに，$0\leqq n\leqq 54$ のとき　　$P_n<P_{n+1}$

よって　$P_0<P_1<\cdots\cdots<P_{54}<P_{55}$，$P_{55}>P_{56}>\cdots\cdots>P_{499}>P_{500}$

したがって，P_n の値が最も大きくなる n の値は　　$n={}^{エ}\mathbf{55}$

総合

総合 11

白球と赤球の入った袋から 2 個の球を同時に取り出すゲームを考える。取り出した 2 球がともに白球ならば「成功」でゲームを終了し，そうでないときは「失敗」とし，取り出した 2 球に赤球を 1 個加えた 3 個の球を袋に戻してゲームを続けるものとする。最初に白球が 2 個，赤球が 1 個袋に入っていたとき，$n-1$ 回まで失敗し n 回目に成功する確率を求めよ。ただし，$n\geqq 2$ とする。〔京都大〕

➡ 本冊 数学A 例題 48

最初に白球が 2 個，赤球が 1 個袋に入っていて，失敗のたびに赤球が 1 個加えられるから，k 回目 $(k\geqq 1)$ に取り出すとき，袋の中には白球が 2 個，赤球が k 個入っている。

その中から 2 球を取り出すとき，

成功する確率は　　$\frac{1}{{}_{k+2}\mathrm{C}_2}=\frac{2}{(k+1)(k+2)}$

失敗する確率は　　$1-\frac{2}{(k+1)(k+2)}=\frac{(k+1)(k+2)-2}{(k+1)(k+2)}$

$$=\frac{k^2+3k}{(k+1)(k+2)}$$

$$=\frac{k(k+3)}{(k+1)(k+2)}$$

←余事象の確率

よって，求める確率は

←各回の試行は独立。

$$\frac{1\cdot4}{2\cdot3}\times\frac{2\cdot5}{3\cdot4}\times\frac{3\cdot6}{4\cdot5}\times\cdots\cdots\times\frac{(n-1)(n+2)}{n(n+1)}\times\frac{2}{(n+1)(n+2)}$$

$$=\frac{(n-1)!\times\frac{(n+2)!}{3!}}{n!\times\frac{(n+1)!}{2}}\times\frac{2}{(n+1)(n+2)}$$

$$=\frac{n+2}{n\times3}\times\frac{2}{(n+1)(n+2)}=\boldsymbol{\frac{2}{3n(n+1)}}$$

←$\frac{k(k+3)}{(k+1)(k+2)}$ に $k=1,\ 2,\ \cdots\cdots,\ n-1$ を代入。

←$4\cdot5\cdot6\cdot\cdots\cdots\cdot(n+2)=\frac{(n+2)!}{3\cdot2\cdot1}$

総合 12 n を2以上の自然数とする。1個のさいころを続けて n 回投げる試行を行い，出た目を順に X_1，X_2，……，X_n とする。

(1) X_1，X_2，……，X_n の最大公約数が3となる確率を n の式で表せ。

(2) X_1，X_2，……，X_n の最大公約数が1となる確率を n の式で表せ。

(3) X_1，X_2，……，X_n の最小公倍数が20となる確率を n の式で表せ。〔北海道大〕

➡ 本冊 数学A 例題46

n 回の目の出方は全部で 6^n 通りあり，これらは同様に確からしい。X_1，X_2，……，X_n の最大公約数を d_n とする。

(1) $d_n=3$ となるのは，

X_1，X_2，……，X_n がすべて3，6のいずれかであり，かつ，

X_1，X_2，……，X_n のうち少なくとも1つは3のときである。

よって，$d_n=3$ となるような組 $(X_1,\ X_2,\ \cdots\cdots,\ X_n)$ の総数は

(2^n-1) 通りであり，求める確率は　$\boldsymbol{\frac{2^n-1}{6^n}}$

←3または6しか出ない場合から，6だけが出る場合を除く。

(2) X_1，X_2，……，X_n はすべて，1以上6以下の整数であるから，d_n は1以上6以下の整数である。

$d_n=3$ となるような組 $(X_1,\ X_2,\ \cdots\cdots,\ X_n)$ の総数は，

(1)から　2^n-1（通り）

$d_n=5$ となるのは，X_1，X_2，……，X_n がすべて5のときで，

そのような組 $(X_1,\ X_2,\ \cdots\cdots,\ X_n)$ の総数は　1通り

$d_n=2$ または $d_n=4$ または $d_n=6$ となるのは，

X_1，X_2，……，X_n がすべて2の倍数のときで，

そのような組 $(X_1,\ X_2,\ \cdots\cdots,\ X_n)$ の総数は　3^n 通り

ゆえに，$d_n=1$ となるような組 $(X_1,\ X_2,\ \cdots\cdots,\ X_n)$ の総数は

$$6^n-(2^n-1+1+3^n)=6^n-3^n-2^n\ (\text{通り})$$

よって，求める確率は　$\boldsymbol{\frac{6^n-3^n-2^n}{6^n}}$

←$d_n=2$，4，6となる場合をそれぞれ求めてもよい。
$d_n=4$ となるのは，出た目がすべて4であるときなので，その総数は1通り。
$d_n=6$ となる組の総数も同様に1通り。よって，$d_n=2$ となる組の総数は 3^n-2 通り。

(3) $20=2^2\times5$ から，X_1，X_2，……，X_n の最小公倍数が20となるのは，

X_1，X_2，……，X_n がすべて1，2，4，5のいずれかであり，かつ

X_1，X_2，……，X_n のうち少なくとも1つは4で，かつ

X_1，X_2，……，X_n のうち少なくとも1つは5　のときである。

X_1，X_2，……，X_n がすべて1，2，4，5のいずれかであるような組 $(X_1,\ X_2,\ \cdots\cdots,\ X_n)$ の総数は　4^n 通り

これらの 4^n 通りの組のうち，4を1つも含まないような組は

3^n 通り，5 を 1 つも含まないような組は 3^n 通り，4 および 5 を 1 つも含まないような組は 2^n 通りある。

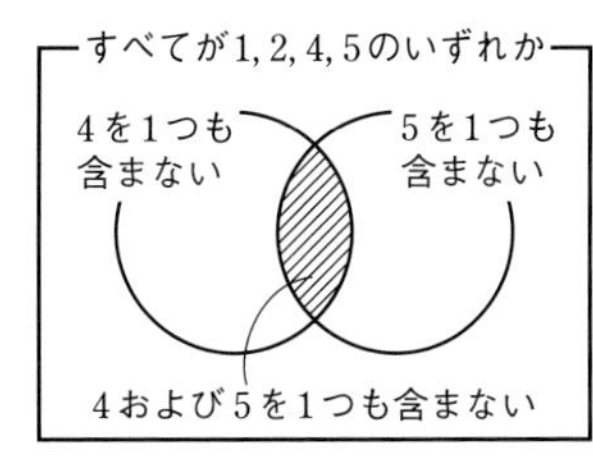

ゆえに，X_1，X_2，……，X_n の最小公倍数が 20 となるような組 $(X_1,\ X_2,\ \cdots\cdots,\ X_n)$ の総数は

$$4^n-(3^n+3^n-2^n)=4^n-2\cdot3^n+2^n \text{（通り）}$$

よって，求める確率は　$\boldsymbol{\dfrac{4^n-2\cdot3^n+2^n}{6^n}}$

総合 13

4 人でじゃんけんをして，負けた者から順に抜けていき，最後に残った 1 人を優勝者とする。ただし，あいこの場合も 1 回のじゃんけんを行ったものとする。

(1) 1 回目で 2 人が負け，2 回目で優勝者が決まる確率は ア□ である。また，ちょうど 2 回目で優勝者が決まる確率は イ□ である。

(2) ちょうど 2 回目で優勝者が決まった場合，1 回目があいこである条件付き確率は ウ□ である。

〔類　京都産大〕

➡ 本冊 数学 A 例題 39, 62

(1) (ア) 1 回目のじゃんけんで 2 人が負ける確率について

←(2 人が負ける確率)＝(2 人が勝つ確率)

4 人の手の出し方の総数は　$3^4=81$（通り）

敗者 2 人の選び方は　${}_4C_2$ 通り

そのおのおのに対し，敗者の手の出し方は　3 通り

←グー，チョキ，パーの 3 通り。敗者の手の出し方が決まれば勝者の手の出し方も 1 通りに決まる。

よって，1 回目のじゃんけんで 2 人が負ける確率は

$$\frac{{}_4C_2\times3}{3^4}=\frac{6\times3}{81}=\frac{2}{9}\ \cdots\cdots\ ①$$

また，残った 2 人による 2 回目のじゃんけんで，1 人が負ける確率は，同様に考えて　$\dfrac{{}_2C_1\times3}{3^2}=\dfrac{2\times3}{9}=\dfrac{2}{3}$

←敗者 1 人の選び方 ${}_2C_1$，敗者の手の出し方 3 通り。

ゆえに，1 回目で 2 人が負け，2 回目で優勝者が決まる確率は

$$\frac{2}{9}\times\frac{2}{3}={}^{ア}\boldsymbol{\frac{4}{27}}$$

←独立 ⟶ 確率を掛ける。

(イ) ちょうど 2 回目で優勝者が決まるのには，次の [1]～[3] の場合がある。

[1] 1 回目で 2 人が負け，2 回目で 1 人が負ける場合

←残る人数は 4 人 ⟶ 2 人 ⟶ 1 人

その確率は，(ア) から　$\dfrac{4}{27}$

[2] 1 回目で 1 人が負けて，2 回目で 2 人が負ける場合

←残る人数は 4 人 ⟶ 3 人 ⟶ 1 人

その確率は

$$\frac{{}_4C_1\times3}{3^4}\times\frac{{}_3C_2\times3}{3^3}=\frac{4}{27}\times\frac{1}{3}=\frac{4}{81}\ \cdots\cdots\ ②$$

←(ア) と同様の計算。

[3] 1 回目があいこで，2 回目で 3 人が負ける場合

←残る人数は 4 人 ⟶ 4 人 ⟶ 1 人

4 人でじゃんけんをして，3 人が負ける確率は

$\dfrac{{}_4C_3\times3}{3^4}=\dfrac{4}{27}$ であるから，①，② も利用すると，1 回目があいこになる確率は　$1-\dfrac{4}{27}-\dfrac{2}{9}-\dfrac{4}{27}=\dfrac{13}{27}$

←余事象の確率を利用。

よって，[3] の場合の確率は　$\dfrac{13}{27}\times\dfrac{4}{27}=\dfrac{52}{729}$ …… ③

[1]～[3] は互いに排反であるから，ちょうど2回目で優勝者が決まる確率は　$\dfrac{4}{27}+\dfrac{4}{81}+\dfrac{52}{729}=\dfrac{108+36+52}{729}={}^{イ}\mathbf{\dfrac{196}{729}}$

←加法定理

(2) ちょうど2回目で優勝者が決まるという事象を A，1回目があいこであるという事象を B とすると，求める確率は　$P_A(B)$

③ から　$P(A\cap B)=\dfrac{52}{729}$

(1)(イ) から　$P(A)=\dfrac{196}{729}$

よって，求める確率は

$$P_A(B)=\frac{P(A\cap B)}{P(A)}=\frac{52}{729}\div\frac{196}{729}=\frac{52}{196}={}^{ウ}\mathbf{\frac{13}{49}}$$

総合 14　1つのさいころを3回投げる。1回目に出る目の数，2回目に出る目の数，3回目に出る目の数をそれぞれ X_1，X_2，X_3 とし，5つの数 2，5，$2-X_1$，$5+X_2$，X_3 からなるデータを考える。

(1) データの範囲が7以下である確率を求めよ。
(2) X_3 がデータの中央値に等しい確率を求めよ。
(3) X_3 がデータの平均値に等しい確率を求めよ。
(4) データの中央値と平均値が一致するとき，X_3 が中央値に等しい条件付き確率を求めよ。

〔熊本大〕

➡ 本冊 数学A 例題59

(1) さいころの目は1以上6以下であるから

←$1\leqq X_k\leqq 6$ $(k=1,\ 2,\ 3)$

$$2-X_1<2<5<5+X_2$$

$X_1\geqq 1$ から　$2-X_1\leqq 1$　　$X_2\geqq 1$ から　$5+X_2\geqq 6$

←$-X_1\leqq -1$

また　$1\leqq X_3\leqq 6$

←(最大値)$=5+X_2$，(最小値)$=2-X_1$

ゆえに，データの範囲が7以下となるのは，

$(5+X_2)-(2-X_1)\leqq 7$　すなわち　$X_1+X_2\leqq 4$

←(範囲)$=$(最大値)$-$(最小値)

のときである。これを満たす X_1，X_2 の組は

$(X_1,\ X_2)=(1,\ 1)$，$(1,\ 2)$，$(1,\ 3)$，$(2,\ 1)$，$(2,\ 2)$，$(3,\ 1)$

の6通り。

よって，求める確率は　$\dfrac{6}{6^2}=\mathbf{\dfrac{1}{6}}$

←X_3 はどの数でもよい。

(2) X_3 がデータの中央値となるのは，

$2-X_1<2\leqq X_3\leqq 5<5+X_2$　のときである。

←データの大きさは5であるから，小さい方から3番目の数が中央値となる。

これを満たす X_3 は　$X_3=2,\ 3,\ 4,\ 5$　の4通り。

よって，求める確率は　$\dfrac{4}{6}=\mathbf{\dfrac{2}{3}}$

←X_1，X_2 はどの数でもよい。

(3) データの平均値は

$$\frac{1}{5}\{2+5+(2-X_1)+(5+X_2)+X_3\}=\frac{1}{5}(14-X_1+X_2+X_3)$$

←(平均値)$=\dfrac{(データの総和)}{(データの大きさ)}$

X_3 がデータの平均値となるのは，

$\dfrac{1}{5}(14-X_1+X_2+X_3)=X_3$ …… ①　のときである。

① から　$4X_3=(X_2-X_1)+14$ …… ②

ここで，$-5 \leqq X_2-X_1 \leqq 5$ であるから

$9 \leqq (X_2-X_1)+14 \leqq 19$　すなわち　$9 \leqq 4X_3 \leqq 19$

ゆえに　$\dfrac{9}{4} \leqq X_3 \leqq \dfrac{19}{4}$　よって　$X_3=3,\ 4$

[1]　$X_3=3$ のとき

② から　$12=(X_2-X_1)+14$　すなわち　$X_2-X_1=-2$

よって，② を満たす X_1，X_2 の組は

$(X_1,\ X_2)=(6,\ 4),\ (5,\ 3),\ (4,\ 2),\ (3,\ 1)$　の 4 通り。

[2]　$X_3=4$ のとき

② から　$16=(X_2-X_1)+14$　すなわち　$X_2-X_1=2$

よって，② を満たす X_1，X_2 の組は

$(X_1,\ X_2)=(1,\ 3),\ (2,\ 4),\ (3,\ 5),\ (4,\ 6)$　の 4 通り。

[1]，[2] から，求める確率は　$\dfrac{4+4}{6^3}=\mathbf{\dfrac{1}{27}}$

(4)　データの中央値と平均値が一致するという事象を A，X_3 が中央値に等しいという事象を B とし，$n(A)$，$n(A \cap B)$ について調べる。ここで，$2-X_1<2<5<5+X_2$ であるから，データの中央値となりうる数は，2，5，X_3 である。

[1]　中央値が 2 のとき　$X_3=1$ または $X_3=2$

平均値も 2 となるような目の出方について

(i)　$X_3=1$ のとき，$\dfrac{1}{5}(14-X_1+X_2+1)=2$ とすると

$X_2-X_1=-5$　よって　$(X_1,\ X_2)=(6,\ 1)$

(ii)　$X_3=2$ のとき，$\dfrac{1}{5}(14-X_1+X_2+2)=2$ とすると

$X_2-X_1=-6$

これを満たす X_1，X_2 の組は存在しない。

ゆえに，中央値と平均値がともに 2 となる目の出方は

1 通り。

[2]　中央値が 5 のとき　$X_3=5$ または $X_3=6$

平均値も 5 となるような目の出方について

(i)　$X_3=5$ のとき，$\dfrac{1}{5}(14-X_1+X_2+5)=5$ とすると

$X_2-X_1=6$

これを満たす X_1，X_2 の組は存在しない。

(ii)　$X_3=6$ のとき，$\dfrac{1}{5}(14-X_1+X_2+6)=5$ とすると

$X_2-X_1=5$　よって　$(X_1,\ X_2)=(1,\ 6)$

ゆえに，中央値と平均値がともに 5 となる目の出方は

1 通り。

[3]　中央値が X_3（ただし $X_3 \neq 2$，$X_3 \neq 5$）のとき

$X_3=3$ または $X_3=4$

←$1 \leqq X_2 \leqq 6$，$-6 \leqq -X_1 \leqq -1$ から。

←$\dfrac{9}{4}=2.25$，$\dfrac{19}{4}=4.75$

←[1] の組で，X_1 と X_2 の値を入れ替えたもの。

←求める確率は $P_A(B)=\dfrac{P(A \cap B)}{P(A)}=\dfrac{n(A \cap B)}{n(A)}$

←$X_3 \leqq 2<5$

←(平均値)=2

←$2<5 \leqq X_3$

←(平均値)=5

←$2<X_3<5$

総合

よって，X_3 が中央値かつ平均値となる目の出方は，(3) から 8 通り。

ゆえに，求める確率は　$P_A(B)=\dfrac{n(A\cap B)}{n(A)}=\dfrac{8}{1+1+8}=\mathbf{\dfrac{4}{5}}$

←$n(A\cap B)=8$

総合 15　袋の中に青玉が 7 個，赤玉が 3 個入っている。袋から 1 回につき 1 個ずつ玉を取り出す。一度取り出した玉は袋に戻さないとして，次の問いに答えよ。

(1)　4 回目に初めて赤玉が取り出される確率を求めよ。

(2)　8 回目が終わった時点で赤玉がすべて取り出されている確率を求めよ。

(3)　赤玉がちょうど 8 回目ですべて取り出される確率を求めよ。

(4)　4 回目が終わった時点で取り出されている赤玉の個数の期待値を求めよ。　〔東北大〕

➡ 本冊 数学 A 例題 65

10 個の玉はすべて区別がつくものとして考える。

(1)　1 回目から 3 回目までは青玉が出て，4 回目に赤玉が出る確率であるから　$\dfrac{{}_7\mathrm{P}_3\times 3}{{}_{10}\mathrm{P}_4}=\mathbf{\dfrac{1}{8}}$

←確率の乗法定理を使って　$\dfrac{7}{10}\times\dfrac{6}{9}\times\dfrac{5}{8}\times\dfrac{3}{7}=\dfrac{1}{8}$ としてもよい。

(2)　8 回目までに起こりうる場合の数は，10 個から 8 個を取り出す順列であるから　${}_{10}\mathrm{P}_8$ 通り

8 回のうち赤玉を取り出す 3 回の選び方は　${}_8\mathrm{C}_3$ 通り

そのおのおのに対して，赤玉 3 個の取り出し方は 3! 通りあり，青玉 5 個の取り出し方は ${}_7\mathrm{P}_5$ 通りある。

したがって，求める確率は

$$\frac{{}_8\mathrm{C}_3\times 3!\times{}_7\mathrm{P}_5}{{}_{10}\mathrm{P}_8}=\mathbf{\frac{7}{15}}$$

←$\dfrac{{}_7\mathrm{P}_5}{{}_{10}\mathrm{P}_8}=\dfrac{\frac{7!}{2!}}{\frac{10!}{2!}}=\dfrac{7!}{10!}=\dfrac{1}{10\cdot 9\cdot 8}$

別解　8 回目までに，青玉は 5 回，赤玉は 3 回出ているから，求める確率は　$\dfrac{{}_7\mathrm{C}_5\times{}_3\mathrm{C}_3}{{}_{10}\mathrm{C}_8}=\dfrac{{}_7\mathrm{C}_2\times 1}{{}_{10}\mathrm{C}_2}=\dfrac{7\cdot 6}{10\cdot 9}=\mathbf{\dfrac{7}{15}}$

(3)　赤玉を取り出す回は，8 回目は確定していて，1 回目から 7 回目のうちの 2 回を選ぶから，その場合の数は　${}_7\mathrm{C}_2$ 通り

そのおのおのに対して，赤玉 3 個の取り出し方は 3! 通りあり，青玉 5 個の取り出し方は ${}_7\mathrm{P}_5$ 通りある。

したがって，求める確率は

$$\frac{{}_7\mathrm{C}_2\times 3!\times{}_7\mathrm{P}_5}{{}_{10}\mathrm{P}_8}=\mathbf{\frac{7}{40}}$$

別解　7 回目までに，青玉は 5 回，赤玉は 2 回出ていて，8 回目に赤玉が出る場合であるから，求める確率は

$$\frac{{}_7\mathrm{C}_5\times{}_3\mathrm{C}_2}{{}_{10}\mathrm{C}_7}\times\frac{1}{3}=\frac{{}_7\mathrm{C}_2\times 3}{{}_{10}\mathrm{C}_3}\times\frac{1}{3}=\frac{21}{120}=\mathbf{\frac{7}{40}}$$

←確率の乗法定理を用いた。

(4)　4 回目が終わった時点で取り出されている赤玉の個数を X とする。

X のとりうる値は　$X=0,\ 1,\ 2,\ 3$

$$P(X=0)=\frac{{}_7\mathrm{P}_4}{{}_{10}\mathrm{P}_4}=\frac{5}{30},$$

$$P(X=1)=\frac{{}_4C_1\times 3\times {}_7P_3}{{}_{10}P_4}=\frac{15}{30},$$

$$P(X=2)=\frac{{}_4C_2\times {}_3P_2\times {}_7P_2}{{}_{10}P_4}=\frac{9}{30},$$

$$P(X=3)=\frac{{}_4C_3\times 3!\times 7}{{}_{10}P_4}=\frac{1}{30}$$

←$X=1$ のとき，赤玉を取り出す1回の選び方は ${}_4C_1$ 通り
そのおのおのに対して，赤玉1個の取り出し方は3通りあり，青玉3個の取り出し方は ${}_7P_3$ 通りある。

よって，求める期待値は

$$0\times\frac{5}{30}+1\times\frac{15}{30}+2\times\frac{9}{30}+3\times\frac{1}{30}=\frac{36}{30}=\boldsymbol{\frac{6}{5}}$$

別解　各確率は，組合せを用いて計算してもよい。

$$P(X=0)=\frac{{}_7C_4}{{}_{10}C_4}=\frac{5}{30},$$

$$P(X=1)=\frac{{}_7C_3\times {}_3C_1}{{}_{10}C_4}=\frac{15}{30},$$

$$P(X=2)=\frac{{}_7C_2\times {}_3C_2}{{}_{10}C_4}=\frac{9}{30},$$

$$P(X=3)=\frac{{}_7C_1\times {}_3C_3}{{}_{10}C_4}=\frac{1}{30}$$

総合

総合 16

右図の △ABC において，AB：AC=3：4 とする。また，∠A の二等分線と辺 BC との交点を D とする。更に，
　線分 AD を 5：3 に内分する点を E，
　線分 ED を 2：1 に内分する点を F，
　線分 AC を 7：5 に内分する点を G　とする。
直線 BE と辺 AC との交点を H とするとき，次の各問いに答えよ。

(1)　$\dfrac{AH}{HC}$ の値を求めよ。　　(2)　BH∥FG であることを示せ。

(3)　FG=7 のとき，線分 BE の長さを求めよ。　〔宮崎大〕

➡ 本冊 数学A 例題 70, 71, 82

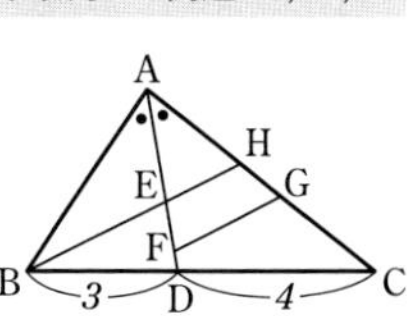

(1)　AD は ∠A の二等分線であるから　$\dfrac{BD}{DC}=\dfrac{AB}{AC}=\dfrac{3}{4}$

また，△ADC と直線 BH について，メネラウスの定理により

$$\frac{DB}{BC}\cdot\frac{CH}{HA}\cdot\frac{AE}{ED}=1\quad すなわち\quad \frac{3}{7}\cdot\frac{HC}{AH}\cdot\frac{5}{3}=1$$

よって　$\dfrac{AH}{HC}=\boldsymbol{\dfrac{5}{7}}$

(2)　(1)から　AH：HC=5：7　　ゆえに　AH：AC=5：12

仮定から　AG：GC=7：5　　ゆえに　AG：AC=7：12

よって　AH：AG=5：7 …… ①

一方，仮定から　EF：FD=2：1

ゆえに　EF：ED=2：3

更に，仮定から　AE：ED=5：3

ゆえに　AE：EF=5：2

よって　AE：AF=5：7 …… ②

①，② から　AH：AG=AE：AF

したがって　　　BH∥FG

←平行線と線分の比の性質の逆

(3)　△BCH と直線 AD について，メネラウスの定理により

$$\frac{BD}{DC}\cdot\frac{CA}{AH}\cdot\frac{HE}{EB}=1 \quad すなわち \quad \frac{3}{4}\cdot\frac{12}{5}\cdot\frac{EH}{BE}=1$$

ゆえに　　　BE：EH＝9：5 …… ③

(2) より，EH∥FG であるから　EH：FG＝AH：AG＝5：7

FG＝7 から　　　EH＝5 …… ④

③，④ から　　　BE＝**9**

総合 17　平面上の鋭角三角形 △ABC の内部（辺や頂点は含まない）に点 P をとり，A′ を B，C，P を通る円の中心，B′ を C，A，P を通る円の中心，C′ を A，B，P を通る円の中心とする。このとき，A，B，C，A′，B′，C′ が同一円周上にあるための必要十分条件は，P が △ABC の内心に一致することであることを示せ。　〔京都大〕

➡ 本冊 数学A 例題 00

HINT　「A，B，C，A′，B′，C′ が同一円周上にある ⟹ AP が ∠BAC の二等分線である」ことと，「P が △ABC の内心である ⟹ 4 点 A，B，C，A′ が同一円周上にある」ことを示す。

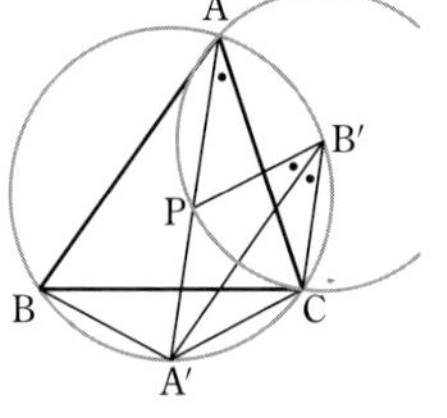

A，B，C，A′，B′，C′ が同一円周上にあるとする。

$\overset{\frown}{A'C}$ の円周角から

$\angle A'AC=\angle A'B'C$ …… ①

$\overset{\frown}{PC}$ の円周角と中心角から

←円 B′ に着目。

$\angle PAC=\dfrac{1}{2}\angle PB'C$ …… ②

A′C＝A′P，B′C＝B′P，A′B′ は共通であるから　　$\triangle A'B'C\equiv\triangle A'B'P$

←A′ は △PBC の外心であるから　A′C＝A′P
B′ は △PCA の外心であるから　B′C＝B′P

よって　　$\angle A'B'C=\dfrac{1}{2}\angle PB'C$ …… ③

①，②，③ から　　∠A′AC＝∠PAC

したがって，A，P，A′ は一直線上にある。

A′B＝A′C から　　∠A′AB＝∠A′AC

←A′B＝A′C から $\overset{\frown}{A'B}=\overset{\frown}{A'C}$

よって，直線 AA′ すなわち直線 AP は ∠BAC の二等分線である。同様にして，直線 BP が ∠ABC の二等分線であることがいえる。

←CP が ∠ACB の二等分線であることもいえる。

したがって，P は △ABC の内心である。

←「P が内心」は必要条件。

逆に，P が △ABC の内心であるとすると

←四角形 ABA′C を考える。

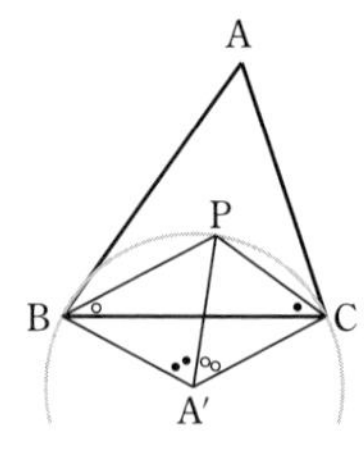

∠BAC＋∠BA′C
＝∠BAC＋∠BA′P＋∠CA′P
＝∠BAC＋2∠BCP＋2∠CBP
　（中心角と円周角の関係）
＝∠BAC＋∠BCA＋∠CBA＝180°
　（P は △ABC の内心）

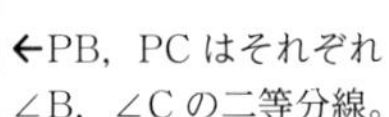
←PB，PC はそれぞれ ∠B，∠C の二等分線。

よって，A′ は △ABC の外接円上にある。

←四角形 ABA′C の対角の和が 180°

同様にして，B′，C′ も △ABC の外接円上にあることがいえる。

ゆえに，A，B，C，A′，B′，C′ は同一円周上にある。

←「P が内心」は十分条件。

総合 18 四面体 OABC が次の条件を満たすならば，それは正四面体であることを示せ。

条件：頂点 A，B，C からそれぞれの対面を含む平面へ下ろした垂線は対面の重心を通る。ただし，四面体のある頂点の対面とは，その頂点を除く他の 3 つの頂点がなす三角形のことをいう。 〔京都大〕

➡ 本冊 数学 A 例題 105, 106

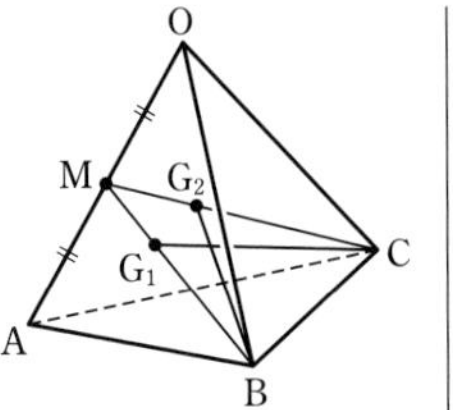

辺 OA の中点を M とし，△OAB の重心を G_1，△OAC の重心を G_2 とすると，G_1 は線分 BM 上に，G_2 は線分 CM 上にある。

問題の条件より，$BG_2\perp$(平面 OAC)，$CG_1\perp$(平面 OAB) であるから

$BG_2\perp OA$，$CG_1\perp OA$

よって　OA⊥(平面 MBC)

ゆえに　OA⊥BM

よって，△OBM と △ABM について，

∠OMB＝∠AMB＝90°，OM＝AM，BM は共通であるから

△OBM≡△ABM

ゆえに　OB＝AB …… ①

また，辺 OB の中点を N とし，同様に考えると，

△OAN≡△BAN であるから　OA＝BA …… ②

よって，①，② から，△OAB は正三角形である。

同様にして，△OBC，△OCA は正三角形となるから，△ABC も正三角形である。

したがって，四面体 OABC は正四面体である。

←直線 h⊥平面 α ⟹ 直線 h は平面 α 上のすべての直線に垂直

←直線 h が平面 α 上の交わる 2 直線に垂直 ⟹ 直線 h⊥平面 α

←2 辺とその間の角がそれぞれ等しい。

総合

総合 19 立方体の各辺の中点は全部で 12 個ある。頂点がすべてこれら 12 個の点のうちのどれかであるような正多角形は全部でいくつあるか。 〔早稲田大〕

➡ 本冊 数学 A p.189 問

立方体の 1 辺の長さを 2 として考えてよい。

このとき，立方体の各辺の中点を結んでできる線分の長さは，

$\sqrt{2}$，2，$\sqrt{6}$，$2\sqrt{2}$ の 4 通りある。

このうち，長さ $2\sqrt{2}$ の線分を 1 辺とする正多角形はない。

[1]　1 辺の長さが $\sqrt{2}$ である正多角形には，次の場合がある。

①　正三角形　　②　正方形　　③　正六角形

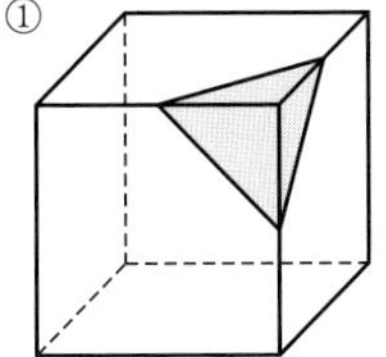

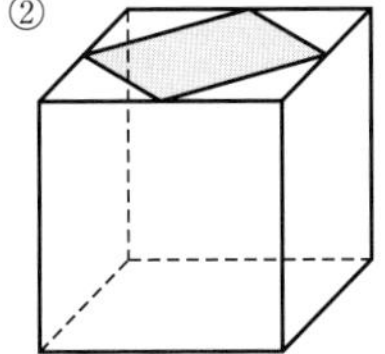

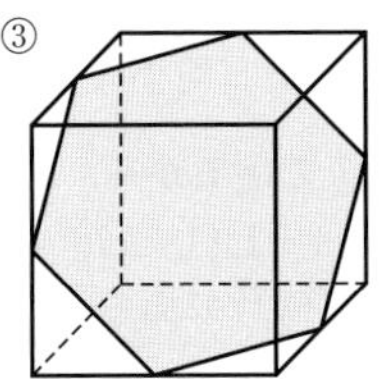

① の正三角形は，立方体の頂点と同じ個数だけあるから，8

←1 辺の長さを具体的に与えても，一般性は失われない。
また，中点を考えるから，偶数にするとらく。

←立方体の面の数は 6 であるから，できる正多角形の辺の数は 6 以下である。

個ある。

② の正方形は，立方体の面と同じ個数だけあるから，6 個ある。

③ の正六角形は，立方体の各面の $\sqrt{2}$ の線分を 1 本ずつ辺にもち，1 つの面で共有する辺を決めると 1 つに決まる。

よって，4 個ある。

[2]　1 辺の長さが 2 である正多角形は，

④　正方形

の場合がある。

この正方形は，立方体の平行な面が 3 組あるから，3 個ある。

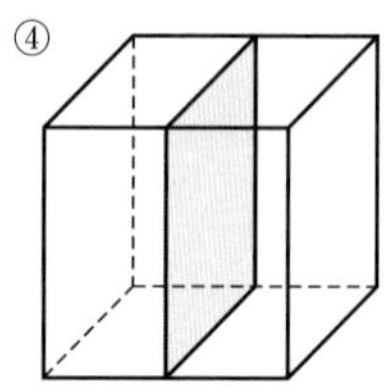

[3]　1 辺の長さが $\sqrt{6}$ である正多角形は，　⑤　正三角形

の場合がある。

この正三角形は，③ の正六角形上に 2 個ずつあるから，$2\times4=8$ 個ある。

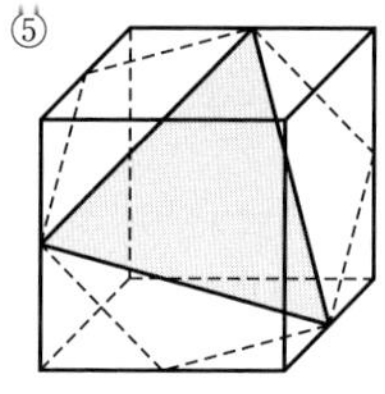

←三平方の定理から $2^2+1^2=(\sqrt{5})^2$，$(\sqrt{5})^2+1^2=(\sqrt{6})^2$

[1]～[3] から，条件を満たす正多角形の個数は

$$8+6+4+3+8=\mathbf{29}\ (\text{個})$$

総合 20

(1)　$\dfrac{n!}{1024}$ が整数となる最小の正の整数 n を求めよ。　〔摂南大〕

(2)　自然数 2520 の正の約数の個数は ア□ である。また，$2520=ABC$ となる 3 つの正の偶数 A，B，C の選び方は イ□ 通りある。　〔類 北里大〕

➡ 本冊 数学A 例題 113,116

(1)　$1024=2^{10}$ であるから，$\dfrac{n!}{1024}$ が整数となるのは $n!$ の素因数 2 の個数が 10 個以上のときである。

正の偶数について，素因数 2 の個数を考えると

2 は 1 個，4 は 2 個，6 は 1 個，8 は 3 個，10 は 1 個，12 は 2 個である。また，奇数は素因数 2 をもたない。

←$4=2^2$，$6=2\cdot3$，$8=2^3$，$10=2\cdot5$，$12=2^2\cdot3$

$n=10$ のとき，$n!$ の素因数 2 の個数は

$$1+2+1+3+1=8\ (\text{個})$$

$n=12$ のとき，$n!$ の素因数 2 の個数は

$$1+2+1+3+1+2=10\ (\text{個})$$

ゆえに，$\dfrac{n!}{1024}$ が整数となる最小の正の整数 n は　$\boldsymbol{n=12}$

(2)　(ア)　$2520=2^3\cdot3^2\cdot5\cdot7$ であるから，2520 の正の約数の個数は

$$(3+1)(2+1)(1+1)(1+1)=4\cdot3\cdot2\cdot2={}^{ア}\mathbf{48}\ (\text{個})$$

(イ)　A，B，C がすべて偶数であるとき，A，B，C はいずれも素因数 2 をもつ。

←2520 がもつ素因数 2，2，2 は，A，B，C に 1 つずつ分ける。

よって，残りの因数である 3，3，5，7 が A，B，C のいずれ

の因数となるかを考える。
3 が A，B，C のうち 2 つの数の因数となるのは

$${}_3\mathrm{C}_2=3\ (\text{通り})$$

←A, B, C から 2 つ選ぶ。

3^2 が A，B，C のうち 1 つの数の因数となるのは

$${}_3\mathrm{C}_1=3\ (\text{通り})$$

←A, B, C から 1 つ選ぶ。

よって，3，3 の分け方は

$$3+3=6\ (\text{通り})$$

また，5，7 の分け方はそれぞれ 3 通りであるから，A，B，C がすべて偶数であるような選び方は

←A または B または C の 3 通り。

$$6\times 3^2=^{イ}\mathbf{54}\ (\text{通り})$$

総合 21　2 以上の整数 m，n は $m^3+1^3=n^3+10^3$ を満たす。m，n を求めよ。〔一橋大〕

➡ 本冊 数学 A 例題 114

$m^3+1^3=n^3+10^3$ から　　$m^3-n^3=999$

←$10^3=1000$

よって　　$(m-n)(m^2+mn+n^2)=3^3\cdot 37$ …… ①

$m\geqq 2$，$n\geqq 2$ から，$m^2+mn+n^2>0$ であり，

$m^3-n^3>0$ であるから　　$m-n>0$

$n>0$ であるから　　$0<m-n<m$

更に，$m\geqq 2$ であるから　　$m<m^2<m^2+mn+n^2$

よって　　$0<m-n<m^2+mn+n^2$

←$m-n<m^2+mn+n^2$ を示す。
なお　$m^2+mn+n^2-(m-n)=m(m-1)+mn+n^2+n>0$ としてもよい。

したがって，① から

$$\begin{aligned}&(m-n,\ m^2+mn+n^2)\\&=(1,\ 3^3\cdot 37),\ (3,\ 3^2\cdot 37),\ (3^2,\ 3\cdot 37),\ (3^3,\ 37)\\&=(1,\ 999),\ (3,\ 333),\ (9,\ 111),\ (27,\ 37)\end{aligned}$$

[1]　$m-n=1$，$m^2+mn+n^2=999$ のとき

$m=n+1$ を $m^2+mn+n^2=999$ に代入して

$$(n+1)^2+(n+1)n+n^2=999$$

整理すると　　$3n^2+3n=998$

左辺は 3 で割り切れ，右辺は 3 で割り切れないから，この等式を満たす整数 n は存在しない。

←$m^2+mn+n^2=(m-n)^2+3mn$ から　$1^2+3mn=999$ として進めてもよい。

←998 を 3 で割ったときの余りは 2

[2]　$m-n=3$，$m^2+mn+n^2=333$ のとき

$$(n+3)^2+(n+3)n+n^2=333$$

←$3n^2+9n+9=333$

整理すると　　$n^2+3n-108=0$

$$(n-9)(n+12)=0$$

$n\geqq 2$ であるから　　$n=9$

このとき　　$m=n+3=9+3=12$

←$m^2+mn+n^2=(m-n)^2+3mn$ から　$3^2+3mn=333$ として進めてもよい。

[3]　$m-n=9$，$m^2+mn+n^2=111$ のとき

$$(n+9)^2+(n+9)n+n^2=111$$

整理すると　　$n^2+9n-10=0$

$$(n-1)(n+10)=0$$

この等式を満たす 2 以上の整数 n は存在しない。

←$m^2+mn+n^2=(m-n)^2+3mn$ から　$9^2+3mn=111$ ゆえに　$mn=10$ これに $m=n+9$ を代入してもよい。

[4] $m-n=27$, $m^2+mn+n^2=37$ のとき

$$(n+27)^2+(n+27)n+n^2=37$$

整理すると $3n^2+81n+729=37$

$$3(n^2+27n+243)=37$$

左辺は3で割り切れ，右辺は3で割り切れないから，この等式を満たす整数 n は存在しない。

←$(m-n)^2+3mn=37$ から $27^2+3mn=37$ この左辺は3で割り切れるが，右辺は3で割り切れない，としてもよい。

以上から $\boldsymbol{m=12,\ n=9}$

検討 **ラマヌジャンのタクシー数**

本問の解 $m=12$, $n=9$ を等式に代入した $12^3+1^3=10^3+9^3=1729$ については，次のエピソードが知られている。

イギリスの数学者ハーディがインド出身の天才数学者ラマヌジャンが入院していた病院に見舞いに行ったとき，乗ってきたタクシーの番号が1729であった。
ハーディは「1729はつまらない数だ」と言ったところ，ラマヌジャンは即座に「とても興味深い数です。それは2通りの2つの立方数の和で表される最小の数です。」と言ったと伝えられている。

後に，このことは一般化され，異なる2つの正の立方数の和として n 通りに表される最小の正の整数を **タクシー数** と呼び，$\mathrm{Ta}(n)$ と書くようになった。
例えば， $\mathrm{Ta}(2)=12^3+1^3=10^3+9^3=1729$ である。

総合 22 自然数 a, b, c, d は $c=4a+7b$, $d=3a+4b$ を満たしているものとする。〔千葉大〕

(1) $c+3d$ が5の倍数ならば $2a+b$ も5の倍数であることを示せ。

(2) a と b が互いに素で，c と d がどちらも素数 p の倍数ならば，$p=5$ であることを示せ。

➡ 本冊 数学A 例題121

(1) $c+3d=(4a+7b)+3(3a+4b)=13a+19b$

$$=15a+20b-(2a+b)$$

ゆえに $2a+b=5(3a+4b)-(c+3d)$

よって，$c+3d$ が5の倍数ならば $2a+b$ も5の倍数である。

(2) a と b が互いに素で，c と d はどちらも素数 p の倍数とする。
このとき，$c=c'p$, $d=d'p$ (c', d' は自然数) と表される。
$c=4a+7b$, $d=3a+4b$ から

$$5a=-4c+7d,\qquad 5b=3c-4d$$

よって $5a=p(-4c'+7d')$, $5b=p(3c'-4d')$

$p\neq5$ と仮定すると，p は素数であるから，p と5は互いに素である。よって，a も b も p を約数にもつ。
これは，a と b が互いに素であることに矛盾する。
したがって，$p=5$ である。

←$\begin{cases} c=4a+7b & \cdots\cdots ① \\ d=3a+4b & \cdots\cdots ② \end{cases}$
②×7−①×4 から $5a=-4c+7d$
①×3−②×4 から $5b=3c-4d$

総合 23 m, n $(m<n)$ を自然数とし，$a=n^2-m^2$, $b=2mn$, $c=n^2+m^2$ とおく。3辺の長さが a, b, c である三角形の内接円の半径を r とし，その三角形の面積を S とする。〔神戸大〕

(1) $a^2+b^2=c^2$ を示せ。 (2) r を m, n を用いて表せ。

(3) r が素数のときに，S を r を用いて表せ。

(4) r が素数のときに，S が6で割り切れることを示せ。

➡ 本冊 数学A 例題115,126,127

(1) $a^2+b^2=(n^2-m^2)^2+(2mn)^2$
$=n^4-2m^2n^2+m^4+4m^2n^2$
$=n^4+2m^2n^2+m^4=(n^2+m^2)^2$
$=c^2$

よって　$a^2+b^2=c^2$

←a^2+b^2 を m, n の式で表して，それが $c^2\ [=(n^2+m^2)^2]$ に等しくなることを示す。

検討　(1)から，$(n^2-m^2,\ 2mn,\ n^2+m^2)$ は **ピタゴラス数** である（ピタゴラス数については，本冊 $p.220\sim221$ 参照）。

(2) $S=\dfrac{1}{2}r(a+b+c)$ である。

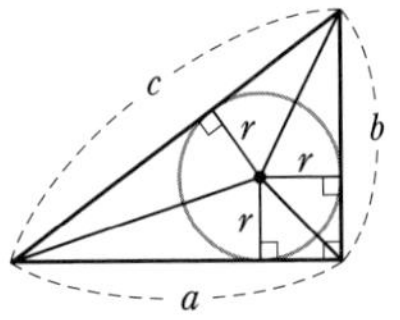

一方，(1)より，この三角形は長さ c の辺を斜辺とする直角三角形であるから　$S=\dfrac{1}{2}ab$

よって　$\dfrac{1}{2}r(a+b+c)=\dfrac{1}{2}ab$

$a+b+c\neq0$ であるから

$$\boldsymbol{r}=\frac{ab}{a+b+c}=\frac{(n^2-m^2)\cdot2mn}{(n^2-m^2)+2mn+(n^2+m^2)}$$
$$=\frac{2mn(n+m)(n-m)}{2n(n+m)}=\boldsymbol{m(n-m)}$$

←m, n の式で表す。

(3) $n-m>0$ であるから，r が素数のとき，(2)より
$(m,\ n-m)=(1,\ r),\ (r,\ 1)$

すなわち　$(m,\ n)=(1,\ r+1),\ (r,\ r+1)$

←素数 r の正の約数は1と r のみ。

←$m=1$, $n-m=r$ のときは，$n-1=r$ から $n=r+1$

また　$S=\dfrac{1}{2}ab=\dfrac{1}{2}(n^2-m^2)\cdot2mn$
$=mn(n+m)(n-m)$

よって　**$(m,\ n)=(1,\ r+1)$ のとき**
$\boldsymbol{S}=1\cdot(r+1)(r+2)\cdot r=\boldsymbol{r(r+1)(r+2)}$
$(m,\ n)=(r,\ r+1)$ のとき
$\boldsymbol{S}=r(r+1)(2r+1)\cdot1=\boldsymbol{r(r+1)(2r+1)}$

(4) [1] $S=r(r+1)(r+2)$ のとき
$r(r+1)(r+2)$ は連続する3整数の積であるから，S は6で割り切れる。

[2] $S=r(r+1)(2r+1)$ のとき
$S=r(r+1)\{(r-1)+(r+2)\}$
$=(r-1)r(r+1)+r(r+1)(r+2)$

←連続する3整数の積を作り出すように，工夫して変形。

$(r-1)r(r+1)$, $r(r+1)(r+2)$ はどちらも連続する3整数の積であるから，S は6で割り切れる。

[1], [2] から，r が素数のとき，S は6で割り切れる。

総合 24　n を2以上の自然数とする。
(1) n が素数または4のとき，$(n-1)!$ は n で割り切れないことを示せ。
(2) n が素数でなくかつ4でもないとき，$(n-1)!$ は n で割り切れることを示せ。〔東京工大〕

➡ 本冊 数学A $p.203$, 例題116

(1) [1] n が素数であるとき

1, 2, 3, ……, $n-1$ はすべて n と互いに素である。

よって, $(n-1)!$ は素因数に n をもたない。

したがって, $(n-1)!$ は n で割り切れない。

[2] $n=4$ のとき

$(4-1)!=3!=6$ であるから, $(n-1)!$ は n で割り切れない。

[1], [2] から, n が素数または 4 であるとき, $(n-1)!$ は n で割り切れない。

←「**素数 p は 1, 2, ……, $p-1$ のすべてと互いに素である**」この素数の性質を利用する。

←6 は 4 で割り切れない。

(2) n は素数ではないから, 2 以上 $n-1$ 以下の 2 つの自然数 a, b を用いて, $n=ab$ と表される。

[1] $a \neq b$ のとき

1, 2, 3, ……, $n-1$ の中に a と b が含まれるから, $(n-1)!$ は $ab=n$ の倍数である。

よって, $(n-1)!$ は n で割り切れる。

[2] $a=b$ のとき

$n=a^2$ であり, $n \neq 4$ であるから　$a \geqq 3$

$n=a^2 \geqq 3a > 2a > a$ であるから, 1, 2, 3, ……, $n-1$ の中に a と $2a$ が含まれる。

よって, $(n-1)!$ は $a \times 2a=2a^2=2n$ の倍数であるから, $(n-1)!$ は n で割り切れる。

[1], [2] から, n が素数でなくかつ 4 でもないとき, $(n-1)!$ は n で割り切れる。

←**素数でない 2 以上の整数(合成数)は, 複数の素因数をもつ。**

←$a<n$, $b<n$

←$a=2$ のとき　$n=4$

←$n>2a>a$

総合 25　素数 p, q を用いて p^q+q^p と表される素数をすべて求めよ。〔京都大〕

➡ 本冊 数学A $p.203$, 例題 115,127,131

HINT　$p \leqq q$ としてよい。このとき, $p \geqq 3$ とすると, 奇数^{奇数}=奇数 を利用することで, $p=2$ が導かれる。よって, 2^q+q^2 について考えるが, この値は $q=2$ のとき 8, $q=3$ のとき 17, $q=5$ のとき 57(=3・19), $q=7$ のとき 177(=3・59) である。これから, $q \geqq 5$ のとき 2^q+q^2 は 3 の倍数になるのではないかと予想できる。

$p \leqq q$ としても一般性は失われない。

ここで, $r=p^q+q^p$ とおく。

$p \geqq 3$ のとき, p, q はともに 3 以上の素数であるから, 奇数である。よって, p^q+q^p は偶数となる。…… ①

また, $3 \leqq p \leqq q$ であるから　$p^q+q^p>3$ …… ②

①, ② から, p^q+q^p は素数にならない。

ゆえに　$p=2$　このとき　$r=2^q+q^2$

[1] $q=2$ のとき, $r=2^2+2^2=8$ となり, 不適。

[2] $q=3$ のとき, $r=2^3+3^2=17$ となり, 適する。

[3] $q \geqq 5$ のとき

q は 3 の倍数ではないから, 自然数 n を用いて $3n+1$, $3n+2$ のいずれかの形で表される。

$(3n+1)^2=3(3n^2+2n)+1$, $(3n+2)^2=3(3n^2+4n+1)+1$

であるから, q^2 を 3 で割った余りは 1 である。…… ③

←p^q+q^p は p, q の対称式。

←**素数のうち, 偶数は 2 だけ, 3 以上の素数はすべて奇数である** ことを利用して, まず p の値を決める。

←8 は合成数。

←17 は素数。

←まず, q^2 を 3 で割った余りがどうなるかを調べる。

また，q は奇数であることに注意すると，二項定理により

$$2^q=(3-1)^q$$
$$=3^q+{}_qC_1\cdot3^{q-1}(-1)^1+{}_qC_2\cdot3^{q-2}(-1)^2+\cdots\cdots$$
$$+{}_qC_{q-1}\cdot3^1(-1)^{q-1}+(-1)^q$$
$$=3\{3^{q-1}+{}_qC_1\cdot3^{q-2}(-1)+{}_qC_2\cdot3^{q-3}(-1)^2+\cdots\cdots$$
$$+{}_qC_{q-1}(-1)^{q-1}-1\}+2$$

よって，2^q を 3 で割った余りは 2 である。…… ④

③，④ から，$r=2^q+q^2$ は 3 の倍数である。

すなわち，$q\geqq5$ のとき r は素数ではない。

以上から，求める素数は　**17**

←2^q を 3 で割った余りが 2 となることがいえれば r は 3 の倍数となることが示される。
二項定理については，本冊 $p.68$ 参照。

別解　[3] では，合同式を利用すると簡単に示される。

$q\geqq5$ のとき，$2\equiv-1 \pmod 3$ であるから

$$2^q\equiv(-1)^q\equiv-1 \pmod 3$$

また，q は 3 の倍数ではないから，q^2 を 3 で割った余りは 1 である。ゆえに　$q^2\equiv1 \pmod 3$

よって　$2^q+q^2\equiv-1+1\equiv0 \pmod 3$

したがって，$r=2^q+q^2$ は 3 の倍数である。

←$(-1)^{奇数}=-1$

←証明は [3] で ③ を導いたのと同様のため，ここでは省略した。

総合

総合 26

(1) x が自然数のとき，x^2 を 5 で割ったときの余りは 0，1，4 のいずれかであることを示せ。
(2) 自然数 x，y，z が $x^2+5y=2z^2$ を満たすとき，x，y，z はすべて 5 の倍数であることを示せ。
(3) $x^2+5y^2=2z^2$ を満たす自然数 x，y，z の組は存在しないことを示せ。　〔熊本大〕

➡ 本冊 数学A 例題 127

(1) すべての自然数 x は，整数 n を用いて

$x=5n$，$5n\pm1$，$5n\pm2$ のいずれかで表される。

[1] $x=5n$ のとき

$$x^2=25n^2=5\cdot5n^2$$

よって，x^2 を 5 で割ったときの余りは　0

[2] $x=5n\pm1$ のとき

$$x^2=25n^2\pm10n+1=5(5n^2\pm2n)+1$$

よって，x^2 を 5 で割ったときの余りは　1

[3] $x=5n\pm2$ のとき

$$x^2=25n^2\pm20n+4=5(5n^2\pm4n)+4$$

よって，x^2 を 5 で割ったときの余りは　4

[1]～[3] から，x^2 を 5 で割ったときの余りは 0，1，4 のいずれかである。

←$x=5n-1$ は 5 で割った余りが 4，$x=5n-2$ は 5 で割った余りが 3 である整数を表す。

(2) (1) から，x^2 および z^2 を 5 で割ったときの余りは 0，1，4 のいずれかである。

それぞれの場合について，$x^2+5y=2z^2$ の左辺および右辺を 5 で割ったときの余りは下の表のようになる。

x^2 の余り	0	1	4
左辺の余り	0	1	4

z^2 の余り	0	1	4
右辺の余り	0	2	3

←$z^2\equiv4 \pmod 5$ のとき，$2z^2\equiv2\cdot4\equiv8\equiv3 \pmod 5$

よって，左辺を 5 で割ったときの余りと，右辺を 5 で割ったと

きの余りが一致するのは，x^2 および z^2 を5で割ったときの余りがともに0，すなわち x，z がともに5の倍数であるときである。このとき，$x=5m$，$z=5n$ （m，n は自然数）とおけるので，
$x^2+5y=2z^2$ より　$(5m)^2+5y=2(5n)^2$
よって，$y=5(2n^2-m^2)$ より y も5の倍数となる。
したがって，x，y，z はすべて5の倍数である。

(3)　$x^2+5y^2=2z^2$ を満たす自然数 x，y，z が存在すると仮定する。
$x^2+5y^2=2z^2$ を満たす自然数 x，y，z の組のうち，x が最小となるような組を x_1，y_1，z_1 とする。
$y_1{}^2=Y_1$ とすると　　$x_1{}^2+5Y_1=2z_1{}^2$
このとき，(2)から x_1，Y_1，z_1 はすべて5の倍数である。
よって，x_1，z_1 は自然数 x_2，z_2 を用いて $x_1=5x_2$，$z_1=5z_2$ と表される。
また，$Y_1=y_1{}^2$ より，$y_1{}^2$ は5の倍数である。
よって，y_1 は5の倍数である。
ゆえに，自然数 y_2 を用いて $y_1=5y_2$ と表される。
したがって，$x_1{}^2+5y_1{}^2=2z_1{}^2$ より　　$25x_2{}^2+5\cdot 25y_2{}^2=2\cdot 25z_2{}^2$
すなわち　　$x_2{}^2+5y_2{}^2=2z_2{}^2$
よって，x_2，y_2，z_2 は $x^2+5y^2=2z^2$ を満たす。
しかし，$x_2<x_1$ となり，これは x_1 が最小であることに矛盾する。
ゆえに，$x^2+5y^2=2z^2$ を満たす自然数 x，y，z は存在しない。

←背理法
←この **最小性の利用** がポイント
←(2)で証明したことを用いるために，$y_1{}^2=Y_1$ とおく。
←$x_1=5x_2$ より $x_2<x_1$

総合 27　m，n は異なる正の整数とする。x の2次方程式 $5nx^2+(mn-20)x+4m=0$ が1より大きい解と1より小さい解をもつような m，n の組 $(m,\ n)$ をすべて求めよ。〔関西大〕

➡ 本冊 数学A 例題143

$f(x)=5nx^2+(mn-20)x+4m$ とする。
$5n>0$ であるから，$f(x)=0$ が1より大きい解と1より小さい解をもつための条件は　　$f(1)<0$
よって　　$5n\cdot 1^2+(mn-20)\cdot 1+4m<0$
すなわち　　$mn+4m+5n<20$
ゆえに　　$(m+5)(n+4)<40$ …… ①

[1]　$m=1$ のとき，①は　　$6(n+4)<40$
　よって　　$n<\dfrac{8}{3}$
　ゆえに，①を満たす n $(n\neq 1)$ は　　$n=2$
[2]　$m=2$ のとき，①は　　$7(n+4)<40$
　よって　　$n<\dfrac{12}{7}$
　ゆえに，①を満たす n $(n\neq 2)$ は　　$n=1$
[3]　$m\geqq 3$ のとき，$m+5\geqq 8$ であり，$n+4\geqq 5$ から
$$(m+5)(n+4)\geqq 40$$
　よって，①を満たす正の整数 m，n は存在しない。
[1]～[3]から　　$\boldsymbol{(m,\ n)=(1,\ 2),\ (2,\ 1)}$

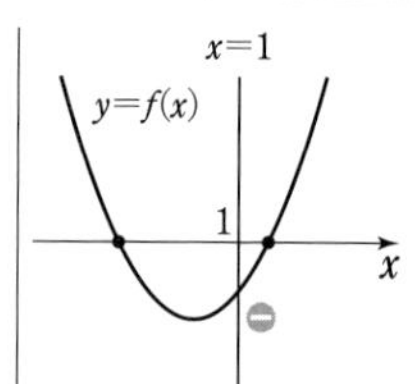

①は
$mn+4m+5n$
$=m(n+4)+5(n+4)-5\cdot 4$
$=(m+5)(n+4)-20$
の変形を利用して導く。

総合 28

(1) 方程式 $65x+31y=1$ の整数解をすべて求めよ。
(2) $65x+31y=2016$ を満たす正の整数の組 (x, y) を求めよ。
(3) 2016 以上の整数 m は，正の整数 x, y を用いて $m=65x+31y$ と表せることを示せ。

〔福井大〕

➡ 本冊 数学 A 例題 135, 138, *p*.245

HINT (1) 互除法の計算を利用して整数解を 1 つ見つける。
(2) $2016=65\cdot31+1$ に注目すると，(1) の結果が利用できる。
(3) $m=65x+31y$ から　$65x=m-31y$　この右辺の $m-31y$ において $y=1, 2, \cdots\cdots, 65$ とした 65 個の整数の，65 で割った余りに注目する。

(1) $x=-10$, $y=21$ は $65x+31y=1$ …… ① の整数解の 1 つであるから　　$65\cdot(-10)+31\cdot21=1$ …… ②

①−② から　　$65(x+10)+31(y-21)=0$

すなわち　　$65(x+10)=-31(y-21)$

65 と 31 は互いに素であるから，k を整数として

$x+10=31k$, $y-21=-65k$　　と表される。

よって，求める整数解は

$\boldsymbol{x=31k-10, \ y=-65k+21}$ (**k は整数**)

←互除法を利用。
$65=31\cdot2+3$,
$31=3\cdot10+1$ から
$1=31-3\cdot10$
$=31-(65-31\cdot2)\cdot10$
$=65\cdot(-10)+31\cdot21$

(2) $2016=65\cdot31+1$ から　　$65x+31y=65\cdot31+1$

よって　　$65(x-31)+31y=1$

$x-31$, y は整数であるから，(1) より，k を整数として

$x-31=31k-10$, $y=-65k+21$　　と表される。

←(1) の結果が利用できる。

すなわち　　$x=31k+21$, $y=-65k+21$

$x\geqq1$ とすると　$k\geqq-\dfrac{20}{31}$　　$y\geqq1$ とすると　$k\leqq\dfrac{4}{13}$

ゆえに，x, y がともに正の整数であるための条件は，

$-\dfrac{20}{31}\leqq k\leqq\dfrac{4}{13}$ かつ k が整数であること，すなわち $k=0$ である。したがって　　$\boldsymbol{(x, \ y)=(21, \ 21)}$

←$31k+21\geqq1$ から
$k\geqq-\dfrac{20}{31}$
$-65k+21\geqq1$ から
$k\leqq\dfrac{20}{65}=\dfrac{4}{13}$

(3) $m=65x+31y$ を変形すると　　$65x=m-31y$

$m-31y$ において，$y=1, 2, 3, \cdots\cdots, 65$ とした

$m-31\cdot1, \ m-31\cdot2, \ \cdots\cdots, \ m-31\cdot65$　　…… ③

の 65 個の数を考える。

$31\cdot65=2015$ であり，$m\geqq2016$ であるから，③ はすべて正の整数であり，65 で割った余りはすべて互いに異なる。

なぜなら，もし $m-31i$ と $m-31j$ $(1\leqq i<j\leqq65)$ を 65 で割った余りが等しいと仮定すると，l を整数として

$(m-31i)-(m-31j)=65l$ …… ④　　と表される。

④ から　　$31(j-i)=65l$

31 と 65 は互いに素であるから，$j-i$ は 65 の倍数でなければならない。しかし，$1\leqq j-i\leqq64$ であるから，$j-i$ は 65 の倍数ではない。

これは矛盾している。

検討　一般に，次のことが成り立つ。
a, b を互いに素な自然数とするとき，$ab+1$ 以上のすべての自然数は $ax+by$ (x, y は自然数) と表される。
このことの証明は (3) の解答と同様である。

←$1\leqq i<j\leqq65$

よって，③ の中に 65 の倍数が 1 つ存在する。③ の中で左から q 番目が 65 の倍数であるとすると

$$m-31q=65p \quad (p \text{ は正の整数})$$

と表される。ゆえに　$m=65p+31q$

p, q は正の整数であるから，題意は示された。

←**部屋割り論法**（本冊 $p.246$）。整数を 65 で割った余りは 0, 1, 2, ……, 64 のいずれかである。

総合 29　10 進法で表された自然数を 2 進法に直すと，桁数が 3 増すという。このような数で，最小のものと最大のものを求めよ。〔類　東京理科大〕

➡ 本冊　数学 A 例題 150

題意を満たす自然数を N とし，N が 10 進法で n 桁であるとすると　$10^{n-1} \leqq N < 10^n$

すなわち　$(2\cdot5)^{n-1} \leqq N < (2\cdot5)^n$ …… ①

N を 2 進法に直すと $n+3$ 桁になるから

$$2^{n+2} \leqq N < 2^{n+3} \quad \cdots\cdots ②$$

←桁数が 3 増す。

ここで　$(2\cdot5)^n-2^{n+2}=2^n(5^n-2^2)>0$

←$(2\cdot5)^n=2^n\cdot5^n$, $2^{n+2}=2^n\cdot2^2$

よって，$(2\cdot5)^n>2^{n+2}$ であるから，①，② を同時に満たす N が存在するには　$(2\cdot5)^{n-1}<2^{n+3}$　すなわち　$5^{n-1}<2^4$ …… ③ となることが条件である。

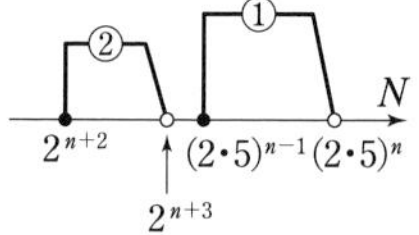

の場合，共通範囲はない。$(2\cdot5)^{n-1}<2^{n+3}$ となれば，$2^{n+2}<(2\cdot5)^n$ から，共通範囲ができる。

$2^4=16$ であるから，③ を満たす自然数 n の値は　$n=1$, 2

$n=1$ のとき　① は　$1 \leqq N < 10$　② は　$8 \leqq N < 16$

ゆえに，①，② を同時に満たす N の値は　$N=8$, 9

$n=2$ のとき　① は　$10 \leqq N < 100$　② は　$16 \leqq N < 32$

ゆえに，①，② を同時に満たす N の値は

$$N=16,\ 17,\ \cdots\cdots,\ 31$$

以上から，N の **最小のものは 8，最大のものは 31**

※解答・解説は数研出版株式会社が作成したものです。

発行所
数研出版株式会社
〒101-0052 東京都千代田区神田小川町2丁目3番地3
〔振替〕00140-4-118431
〒604-0861 京都市中京区烏丸通竹屋町上る
大倉町205番地
〔電話〕代表（075）231-0161
ホームページ　https://www.chart.co.jp
印刷　株式会社　加藤文明社
乱丁本・落丁本はお取り替えします。　240608

10528A
数研出版
https://www.chart.co.jp

Blue Chart Method Mathematics A

中学で学んだ平面図形の性質

▶対頂角

対頂角は等しい。

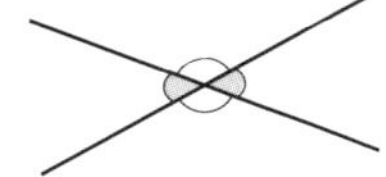

▶平行線と角

① 2 直線が平行 ⟺ 同位角が等しい

② 2 直線が平行 ⟺ 錯角が等しい

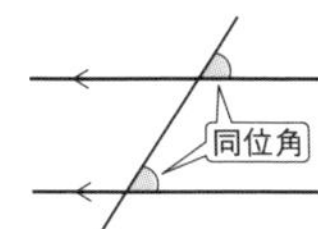

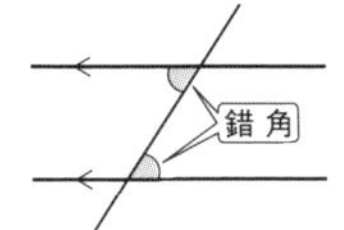

▶三角形の内角と外角

① 内角の和は 180°

② 外角は，それと隣り合わない 2 つの内角の和に等しい。

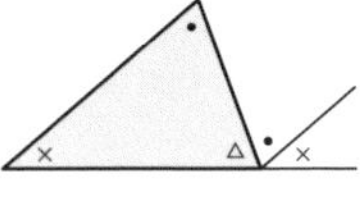

▶二等辺三角形の性質

① 底角は等しい。

② 頂角の二等分線は底辺を垂直に 2 等分する。

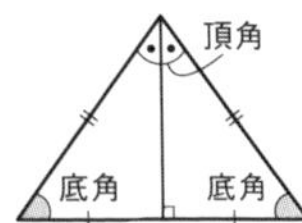

▶三角形の合同条件

① 3 辺がそれぞれ等しい。

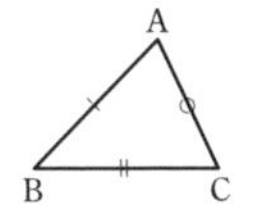

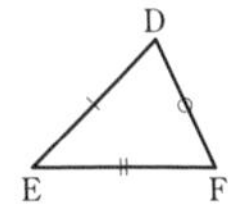

AB＝DE
BC＝EF
CA＝FD

② 2 辺とその間の角がそれぞれ等しい。

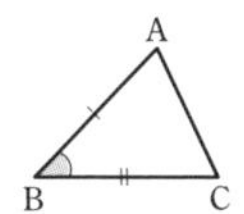

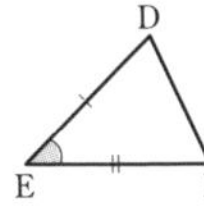

AB＝DE
BC＝EF
∠B＝∠E

③ 1 辺とその両端の角がそれぞれ等しい。

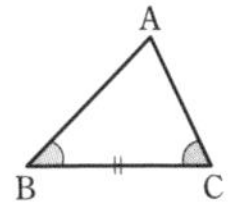

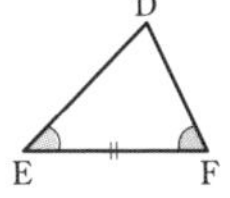

BC＝EF
∠B＝∠E
∠C＝∠F

▶三角形の相似条件

① 3 組の辺の比が等しい。

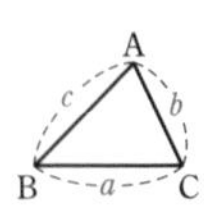

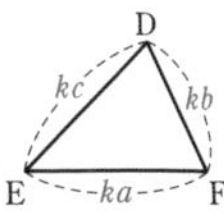

AB：DE
＝BC：EF
＝CA：FD

② 2 組の辺の比が等しく，その間の角が等し

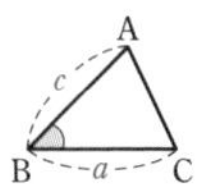

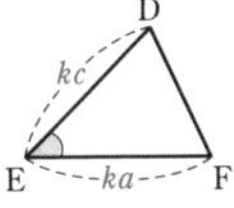

AB：DE
＝BC：EF
∠B＝∠E

③ 2 組の角がそれぞれ等しい。

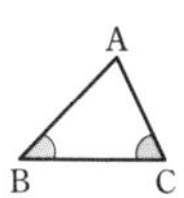

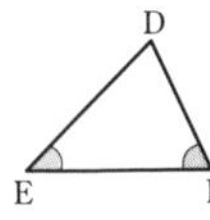

∠B＝∠E
∠C＝∠F

▶平行線と線分の比

右の図において

PQ∥BC ならば

AP：AB＝AQ：AC …①

AP：PB＝AQ：QC …②

AP：AB＝PQ：BC

注意　①と②は逆も成り立つ。

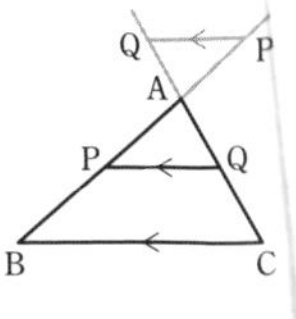

▶中点連結定理

AM＝MB，AN＝NC

ならば

MN∥BC，MN＝$\frac{1}{2}$BC

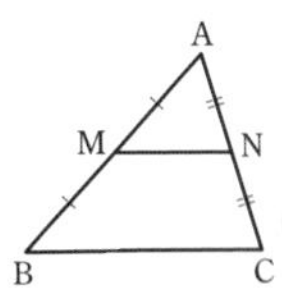

▶円周角の定理

右の図において

∠APB＝∠AQB

∠APB＝$\frac{1}{2}$∠AOB

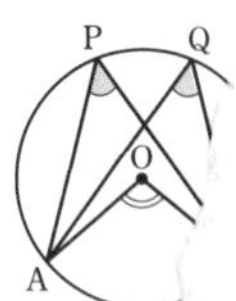

▶三平方の定理

△ABC において

∠C＝90°

⟺ $a^2+b^2=c^2$

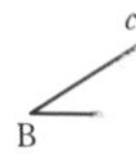

10528

Blue Chart Method Mathematics A

3 微分法

□ 微分法の基本

▶微分係数

$$f'(a)=\lim_{h\to 0}\frac{f(a+h)-f(a)}{h}=\lim_{x\to a}\frac{f(x)-f(a)}{x-a}$$

▶微分可能と連続，導関数の公式

・$f(x)$ が $x=a$ で微分可能なら連続。
ただし，逆(連続なら微分可能)は成立しない。

・導関数の定義　$f'(x)=\lim_{h\to 0}\frac{f(x+h)-f(x)}{h}$

・u，v は x の関数で微分可能とする。
$(uv)'=u'v+uv'$
$\left(\frac{u}{v}\right)'=\frac{u'v-uv'}{v^2}$　特に $\left(\frac{1}{v}\right)'=-\frac{v'}{v^2}$

・$(x^\alpha)'=\alpha x^{\alpha-1}$ (α は実数で $x>0$)

□ 三角，指数，対数関数の導関数

▶三角関数の導関数

・$(\sin x)'=\cos x$，$(\cos x)'=-\sin x$，
$(\tan x)'=\frac{1}{\cos^2 x}$

▶指数・対数関数の導関数　$a>0$，$a\neq 1$ とする。

・$\lim_{h\to 0}(1+h)^{\frac{1}{h}}=\lim_{x\to\pm\infty}\left(1+\frac{1}{x}\right)^x=e$ ($e=2.71828\cdots\cdots$)

・$(e^x)'=e^x$，$(a^x)'=a^x\log a$
$(\log|x|)'=\frac{1}{x}$，$(\log_a|x|)'=\frac{1}{x\log a}$

▶対数微分法　$y=f(x)$ の両辺の絶対値の自然対数をとって，両辺を微分する。

4 微分法の応用

□ 接線と法線

▶接線と法線の方程式

曲線 $y=f(x)$ 上の点 $\mathrm{A}(a,\ f(a))$ における
[1]　接線の方程式は　$y-f(a)=f'(a)(x-a)$
[2]　法線の方程式は，$f'(a)\neq 0$ のとき

$$y-f(a)=-\frac{1}{f'(a)}(x-a)$$

□ 平均値の定理

▶ロルの定理　関数 $f(x)$ が区間 $[a,\ b]$ で連続，区間 $(a,\ b)$ で微分可能で，$f(a)=f(b)$ ならば $f'(c)=0$，$a<c<b$ を満たす実数 c が存在する。

▶平均値の定理　関数 $f(x)$ が区間 $[a,\ b]$ で連続，区間 $(a,\ b)$ で微分可能ならば

$$\frac{f(b)-f(a)}{b-a}=f'(c),\ a<c<b$$

を満たす実数 c が存在する。

□ 関数の増減と極値

▶関数の増減　関数 $f(x)$ が，区間 $[a,\ b]$ で連続，区間 $(a,\ b)$ で微分可能であるとき
区間 $(a,\ b)$ で
常に $f'(x)>0$ なら区間 $[a,\ b]$ で単調に増加
常に $f'(x)<0$ なら区間 $[a,\ b]$ で単調に減少
常に $f'(x)=0$ なら区間 $[a,\ b]$ で定数

▶関数の極大・極小

・$x=a$ を含む十分小さい開区間において
$x\neq a$ なら $f(x)<f(a)$ のとき $f(x)$ は $x=a$ で極大
$x\neq a$ なら $f(x)>f(a)$ のとき $f(x)$ は $x=a$ で極小
といい，$f(a)$ をそれぞれ極大値，極小値という。
極大値と極小値をまとめて，極値という。

・$f(x)$ が $x=a$ で微分可能であるとき
$x=a$ で極値をとる $\Longrightarrow f'(a)=0$ (逆は不成立)

▶極値と第2次導関数

$x=a$ を含むある区間で $f''(x)$ は連続とする。
$f'(a)=0$ かつ $f''(a)<0$ なら $f(a)$ は極大値
$f'(a)=0$ かつ $f''(a)>0$ なら $f(a)$ は極小値

▶曲線 $y=f(x)$ の凹凸・変曲点

・ある区間で $f''(x)>0$ ならば，その区間で下に凸
ある区間で $f''(x)<0$ ならば，その区間で上に凸
・変曲点　凹凸が変わる曲線上の点のこと。
・点 $(a,\ f(a))$ が曲線 $y=f(x)$ の変曲点ならば
$f''(a)=0$

□ 方程式・不等式への応用

▶方程式 $f(x)=g(x)$ の実数解の個数

$y=f(x)$ のグラフと $y=g(x)$ のグラフの共有点の個数を調べる。

▶不等式 $f(x)>g(x)$ の証明

$F(x)=f(x)-g(x)$ として，$F(x)$ の最小値 m を求め，$m>0$ を示す。

□ 速度・加速度，近似式

▶平面上の運動の速度・加速度

平面上を点Pが曲線を描いて運動し，時刻 t のときの位置(座標)が t の関数 $x=f(t)$，$y=g(t)$ で与えられるとき，速度 $\vec{v}$，加速度 $\vec{\alpha}$ は

$$\vec{v}=\left(\frac{dx}{dt},\ \frac{dy}{dt}\right),\ \vec{\alpha}=\left(\frac{d^2x}{dt^2},\ \frac{d^2y}{dt^2}\right)$$

また，速さ $|\vec{v}|$，加速度 $\vec{\alpha}$ の大きさ $|\vec{\alpha}|$ は，順に

$$\sqrt{\left(\frac{dx}{dt}\right)^2+\left(\frac{dy}{dt}\right)^2},\ \sqrt{\left(\frac{d^2x}{dt^2}\right)^2+\left(\frac{d^2y}{dt^2}\right)^2}$$

▶1次の近似式

・$|h|$ が十分小さいとき　$f(a+h)\fallingdotseq f(a)+f'(a)h$
・$|x|$ が十分小さいとき　$f(x)\fallingdotseq f(0)+f'(0)x$

5 積分法

□ 不定積分

▶基本的な関数の不定積分　C は積分定数とする。

・$\int x^{\alpha}dx=\dfrac{x^{\alpha+1}}{\alpha+1}+C$ （α は実数，$\alpha \neq -1$）

$\int \dfrac{dx}{x}=\log|x|+C$

・$\int \sin x\,dx=-\cos x+C$

$\int \cos x\,dx=\sin x+C$，$\int \dfrac{dx}{\cos^2 x}=\tan x+C$

・$\int e^x dx=e^x+C$，$\int a^x dx=\dfrac{a^x}{\log a}+C$ $\begin{pmatrix} a>0 \\ a\neq 1 \end{pmatrix}$

▶置換積分法　C は積分定数とする。

・$\int f(g(x))g'(x)dx=\int f(u)du$，$g(x)=u$

$\int f(x)dx=\int f(g(t))g'(t)dt$，$x=g(t)$

特に　$\int \dfrac{f'(x)}{f(x)}dx=\log|f(x)|+C$

$\int \{f(x)\}^{\alpha}f'(x)dx=\dfrac{\{f(x)\}^{\alpha+1}}{\alpha+1}+C$ （$\alpha \neq -1$）

▶部分積分法

$\int f(x)g'(x)dx=f(x)g(x)-\int f'(x)g(x)dx$

特に　$\int f(x)dx=xf(x)-\int xf'(x)dx$

□ 定積分

▶定積分の置換積分法

$x=g(t)$，$a=g(p)$，$b=g(q)$ のとき

$\int_a^b f(x)dx=\int_p^q f(g(t))g'(t)dt$

▶定積分の部分積分法

$\int_a^b f(x)g'(x)dx=\Big[f(x)g(x)\Big]_a^b-\int_a^b f'(x)g(x)dx$

▶偶関数・奇関数の定積分　$f(x)$ が

偶関数のとき　$\int_{-a}^a f(x)dx=2\int_0^a f(x)dx$

奇関数のとき　$\int_{-a}^a f(x)dx=0$

▶定積分で表された関数　a，b は定数とする。

・$\int_a^b f(x,\ t)dt$ は t に無関係で，x の関数である。

・$\dfrac{d}{dx}\int_a^x f(t)dt=f(x)$

$\dfrac{d}{dx}\int_{h(x)}^{g(x)} f(t)dt=f(g(x))g'(x)-f(h(x))h'(x)$

▶定積分と和の極限（区分求積法）

$f(x)$ が区間 $[a,\ b]$ で連続で，この区間を n 等分して両端と分点を $a=x_0$，x_1，x_2，……，$x_n=b$ とし，$\dfrac{b-a}{n}=\Delta x$ とおくと

$$\int_a^b f(x)dx=\lim_{n\to\infty}\sum_{k=0}^{n-1}f(x_k)\Delta x=\lim_{n\to\infty}\sum_{k=1}^{n}f(x_k)\Delta x$$

特に $a=0$，$b=1$ とすると

$$\int_0^1 f(x)dx=\lim_{n\to\infty}\frac{1}{n}\sum_{k=0}^{n-1}f\left(\frac{k}{n}\right)=\lim_{n\to\infty}\frac{1}{n}\sum_{k=1}^{n}f\left(\frac{k}{n}\right)$$

6 積分法の応用

□ 面積，体積，曲線の長さ

▶曲線 $x=g(y)$ と y 軸の間の面積

曲線 $x=g(y)$ と y 軸と 2 直線 $y=c$，$y=d$ $(c<d)$ で囲まれた部分の面積

$S=\int_c^d |g(y)|dy$

▶ $x=f(t)$，$y=g(t)$ で表される曲線と面積

$S=\int_a^b y\,dx=\int_{\alpha}^{\beta} g(t)f'(t)dt$

ただし，常に $y\geqq 0$，$a=f(\alpha)$，$b=f(\beta)$

▶立体の体積

切り口の面積が $S(x)$ の立体の体積は，$a<b$ のとき　$V=\int_a^b S(x)dx$

▶回転体の体積

曲線 $y=f(x)$ と x 軸と 2 直線 $x=a$，$x=b$ $(a<b)$ で囲まれた部分を x 軸の周りに 1 回転してできる立体の体積

$V=\pi\int_a^b \{f(x)\}^2 dx=\pi\int_a^b y^2 dx$

▶曲線の長さ

・曲線 $x=f(t)$，$y=g(t)$ $(\alpha\leqq t\leqq \beta)$ の長さは

$\int_{\alpha}^{\beta}\sqrt{\left(\dfrac{dx}{dt}\right)^2+\left(\dfrac{dy}{dt}\right)^2}\,dt=\int_{\alpha}^{\beta}\sqrt{\{f'(t)\}^2+\{g'(t)\}^2}\,dt$

・曲線 $y=f(x)$ $(a\leqq x\leqq b)$ の長さは

$\int_a^b \sqrt{1+\left(\dfrac{dy}{dx}\right)^2}\,dx=\int_a^b \sqrt{1+\{f'(x)\}^2}\,dx$

□ 発展事項（微分方程式）

▶簡単な微分方程式と一般解

・変数分離形 $f(y)\dfrac{dy}{dx}=g(x)$ に変形できるときは，両辺を x で積分する。$\int f(y)dy=\int g(x)dx$

・$\dfrac{dy}{dx}=ky$ の一般解は $y=Ce^{kx}$ （C は任意定数）